# Periodic Table of the Elements

| | 1A<br>1 | 2A<br>2 | 3B<br>3 | 4B<br>4 | 5B<br>5 | 6B<br>6 | 7B<br>7 | 8B<br>8 | 8B<br>9 | 8B<br>10 | 1B<br>11 | 2B<br>12 | 3A<br>13 | 4A<br>14 | 5A<br>15 | 6A<br>16 | 7A<br>17 | 8A<br>18 | |
|---|---|---|---|---|---|---|---|---|---|---|---|---|---|---|---|---|---|---|---|
| 1 | 1<br>**H**<br>1.008 | | | | | | | | | | | | | | | | | 2<br>**He**<br>4.003 | 1 |
| 2 | 3<br>**Li**<br>6.941 | 4<br>**Be**<br>9.012 | | | | | | | | | | | 5<br>**B**<br>10.81 | 6<br>**C**<br>12.01 | 7<br>**N**<br>14.01 | 8<br>**O**<br>16.00 | 9<br>**F**<br>19.00 | 10<br>**Ne**<br>20.18 | 2 |
| 3 | 11<br>**Na**<br>22.99 | 12<br>**Mg**<br>24.31 | | | | | | | | | | | 13<br>**Al**<br>26.98 | 14<br>**Si**<br>28.09 | 15<br>**P**<br>30.97 | 16<br>**S**<br>32.07 | 17<br>**Cl**<br>35.45 | 18<br>**Ar**<br>39.95 | 3 |
| 4 | 19<br>**K**<br>39.10 | 20<br>**Ca**<br>40.08 | 21<br>**Sc**<br>44.96 | 22<br>**Ti**<br>47.88 | 23<br>**V**<br>50.94 | 24<br>**Cr**<br>52.00 | 25<br>**Mn**<br>54.94 | 26<br>**Fe**<br>55.85 | 27<br>**Co**<br>58.93 | 28<br>**Ni**<br>58.69 | 29<br>**Cu**<br>63.55 | 30<br>**Zn**<br>65.41 | 31<br>**Ga**<br>69.72 | 32<br>**Ge**<br>72.64 | 33<br>**As**<br>74.92 | 34<br>**Se**<br>78.96 | 35<br>**Br**<br>79.90 | 36<br>**Kr**<br>83.80 | 4 |
| 5 | 37<br>**Rb**<br>85.47 | 38<br>**Sr**<br>87.62 | 39<br>**Y**<br>88.91 | 40<br>**Zr**<br>91.22 | 41<br>**Nb**<br>92.91 | 42<br>**Mo**<br>95.94 | 43<br>**Tc**<br>(98) | 44<br>**Ru**<br>101.1 | 45<br>**Rh**<br>102.9 | 46<br>**Pd**<br>106.4 | 47<br>**Ag**<br>107.9 | 48<br>**Cd**<br>112.4 | 49<br>**In**<br>114.8 | 50<br>**Sn**<br>118.7 | 51<br>**Sb**<br>121.8 | 52<br>**Te**<br>127.6 | 53<br>**I**<br>126.9 | 54<br>**Xe**<br>131.3 | 5 |
| 6 | 55<br>**Cs**<br>132.9 | 56<br>**Ba**<br>137.3 | 57<br>**La**<br>138.9 | 72<br>**Hf**<br>178.5 | 73<br>**Ta**<br>180.9 | 74<br>**W**<br>183.8 | 75<br>**Re**<br>186.2 | 76<br>**Os**<br>190.2 | 77<br>**Ir**<br>192.2 | 78<br>**Pt**<br>195.1 | 79<br>**Au**<br>197.0 | 80<br>**Hg**<br>200.6 | 81<br>**Tl**<br>204.4 | 82<br>**Pb**<br>207.2 | 83<br>**Bi**<br>209.0 | 84<br>**Po**<br>(209) | 85<br>**At**<br>(210) | 86<br>**Rn**<br>(222) | 6 |
| 7 | 87<br>**Fr**<br>(223) | 88<br>**Ra**<br>(226) | 89<br>**Ac**<br>(227) | 104<br>**Rf**<br>(267) | 105<br>**Db**<br>(268) | 106<br>**Sg**<br>(271) | 107<br>**Bh**<br>(272) | 108<br>**Hs**<br>(270) | 109<br>**Mt**<br>(276) | 110<br>**Ds**<br>(281) | 111<br>**Rg**<br>(280) | 112<br>**Cn**<br>(285) | 113<br>**Nh**<br>(284) | 114<br>**Fl**<br>(289) | 115<br>**Mc**<br>(289) | 116<br>**Lv**<br>(293) | 117<br>**Ts**<br>(294) | 118<br>**Og**<br>(294) | 7 |

| | | | | | | | | | | | | | | | | |
|---|---|---|---|---|---|---|---|---|---|---|---|---|---|---|---|---|
| 6 | 58<br>**Ce**<br>140.1 | 59<br>**Pr**<br>140.9 | 60<br>**Nd**<br>144.2 | 61<br>**Pm**<br>(145) | 62<br>**Sm**<br>150.4 | 63<br>**Eu**<br>152.0 | 64<br>**Gd**<br>157.3 | 65<br>**Tb**<br>158.9 | 66<br>**Dy**<br>162.5 | 67<br>**Ho**<br>164.9 | 68<br>**Er**<br>167.3 | 69<br>**Tm**<br>168.9 | 70<br>**Yb**<br>173.0 | 71<br>**Lu**<br>175.0 | 6 |
| 7 | 90<br>**Th**<br>232.0 | 91<br>**Pa**<br>231.0 | 92<br>**U**<br>238.0 | 93<br>**Np**<br>(237) | 94<br>**Pu**<br>(244) | 95<br>**Am**<br>(243) | 96<br>**Cm**<br>(247) | 97<br>**Bk**<br>(247) | 98<br>**Cf**<br>(251) | 99<br>**Es**<br>(252) | 100<br>**Fm**<br>(257) | 101<br>**Md**<br>(258) | 102<br>**No**<br>(259) | 103<br>**Lr**<br>(262) | 7 |

## The Elements

| Element | Symbol | Atomic Number | Relative Atomic Mass* | Element | Symbol | Atomic Number | Relative Atomic Mass* |
|---|---|---|---|---|---|---|---|
| Actinium | Ac | 89 | (227) | Mendelevium | Md | 101 | (258) |
| Aluminum | Al | 13 | 26.98 | Mercury | Hg | 80 | 200.6 |
| Americium | Am | 95 | (243) | Molybdenum | Mo | 42 | 95.94 |
| Antimony | Sb | 51 | 121.8 | Moscovium | Mc | 115 | (289) |
| Argon | Ar | 18 | 39.95 | Neodymium | Nd | 60 | 144.2 |
| Arsenic | As | 33 | 74.92 | Neon | Ne | 10 | 20.18 |
| Astatine | At | 85 | (210) | Neptunium | Np | 93 | (237) |
| Barium | Ba | 56 | 137.3 | Nickel | Ni | 28 | 58.69 |
| Berkelium | Bk | 97 | (247) | Nihonium | Nh | 113 | (284) |
| Beryllium | Be | 4 | 9.012 | Niobium | Nb | 41 | 92.91 |
| Bismuth | Bi | 83 | 209.0 | Nitrogen | N | 7 | 14.01 |
| Bohrium | Bh | 107 | (272) | Nobelium | No | 102 | (259) |
| Boron | B | 5 | 10.81 | Oganesson | Og | 118 | (294) |
| Bromine | Br | 35 | 79.90 | Osmium | Os | 76 | 190.2 |
| Cadmium | Cd | 48 | 112.4 | Oxygen | O | 8 | 16.00 |
| Calcium | Ca | 20 | 40.08 | Palladium | Pd | 46 | 106.4 |
| Californium | Cf | 98 | (251) | Phosphorus | P | 15 | 30.97 |
| Carbon | C | 6 | 12.01 | Platinum | Pt | 78 | 195.1 |
| Cerium | Ce | 58 | 140.1 | Plutonium | Pu | 94 | (244) |
| Cesium | Cs | 55 | 132.9 | Polonium | Po | 84 | (209) |
| Chlorine | Cl | 17 | 35.45 | Potassium | K | 19 | 39.10 |
| Chromium | Cr | 24 | 52.00 | Praseodymium | Pr | 59 | 140.9 |
| Cobalt | Co | 27 | 58.93 | Promethium | Pm | 61 | (145) |
| Copernicium | Cn | 112 | (285) | Protactinium | Pa | 91 | 231.0 |
| Copper | Cu | 29 | 63.55 | Radium | Ra | 88 | (226) |
| Curium | Cm | 96 | (247) | Radon | Rn | 86 | (222) |
| Darmstadtium | Ds | 110 | (281) | Rhenium | Re | 75 | 186.2 |
| Dubnium | Db | 105 | (268) | Rhodium | Rh | 45 | 102.9 |
| Dysprosium | Dy | 66 | 162.5 | Roentgenium | Rg | 111 | (280) |
| Einsteinium | Es | 99 | (252) | Rubidium | Rb | 37 | 85.47 |
| Erbium | Er | 68 | 167.3 | Ruthenium | Ru | 44 | 101.1 |
| Europium | Eu | 63 | 152.0 | Rutherfordium | Rf | 104 | (267) |
| Fermium | Fm | 100 | (257) | Samarium | Sm | 62 | 150.4 |
| Flerovium | Fl | 114 | (289) | Scandium | Sc | 21 | 44.96 |
| Fluorine | F | 9 | 19.00 | Seaborgium | Sg | 106 | (271) |
| Francium | Fr | 87 | (223) | Selenium | Se | 34 | 78.96 |
| Gadolinium | Gd | 64 | 157.3 | Silicon | Si | 14 | 28.09 |
| Gallium | Ga | 31 | 69.72 | Silver | Ag | 47 | 107.9 |
| Germanium | Ge | 32 | 72.64 | Sodium | Na | 11 | 22.99 |
| Gold | Au | 79 | 197.0 | Strontium | Sr | 38 | 87.62 |
| Hafnium | Hf | 72 | 178.5 | Sulfur | S | 16 | 32.07 |
| Hassium | Hs | 108 | (270) | Tantalum | Ta | 73 | 180.9 |
| Helium | He | 2 | 4.003 | Technetium | Tc | 43 | (98) |
| Holmium | Ho | 67 | 164.9 | Tellurium | Te | 52 | 127.6 |
| Hydrogen | H | 1 | 1.008 | Tennessine | Ts | 117 | (294) |
| Indium | In | 49 | 114.8 | Terbium | Tb | 65 | 158.9 |
| Iodine | I | 53 | 126.9 | Thallium | Tl | 81 | 204.4 |
| Iridium | Ir | 77 | 192.2 | Thorium | Th | 90 | 232.0 |
| Iron | Fe | 26 | 55.85 | Thulium | Tm | 69 | 168.9 |
| Krypton | Kr | 36 | 83.80 | Tin | Sn | 50 | 118.7 |
| Lanthanum | La | 57 | 138.9 | Titanium | Ti | 22 | 47.88 |
| Lawrencium | Lr | 103 | (262) | Tungsten | W | 74 | 183.8 |
| Lead | Pb | 82 | 207.2 | Uranium | U | 92 | 238.0 |
| Lithium | Li | 3 | 6.941 | Vanadium | V | 23 | 50.94 |
| Livermorium | Lv | 116 | (293) | Xenon | Xe | 54 | 131.3 |
| Lutetium | Lu | 71 | 175.0 | Ytterbium | Yb | 70 | 173.0 |
| Magnesium | Mg | 12 | 24.31 | Yttrium | Y | 39 | 88.91 |
| Manganese | Mn | 25 | 54.94 | Zinc | Zn | 30 | 65.41 |
| Meitnerium | Mt | 109 | (276) | Zirconium | Zr | 40 | 91.22 |

*Values in parentheses represent the mass number of the most stable isotope.

4판

# SMITH 핵심 유기화학

GENERAL, ORGANIC, & BIOLOGICAL CHEMISTRY

4판

# SMITH
# 핵심 유기화학


Janice Gorzynski Smith 지음

이경림 감수

김민경 · 박경호 · 이경림 · 정윤성 옮김

McGraw Hill

교문사

**General Organic & Biological Chemistry, 4th Edition**



1 2 3 4 5 6 7 8 9 10 Gyomoonsa 20 21

Original: General Organic & Biological Chemistry, 4th Edition © 2019
By Janice Gorzynski Smith
ISBN 978-1259883989

This authorized Korean translation edition is jointly published by McGraw-Hill Education Korea, Ltd. and Gyomoonsa. This edition is authorized for sale in the Republic of Korea.

This book is exclusively distributed by Gyomoonsa.

**When ordering this title, please use ISBN 978-89-363-2126-0 (93430)**

**Printed in Korea**

# 저자 소개

Janice Gorzynski Smith는 뉴욕 주 스케넥터디(Schenectady)에서 태어났다. 그녀는 고등학교 시절 화학에 관심을 갖게 되었으며 코넬 대학교에 입학하여 화학을 전공하고 최우등생(summa cum laude)으로 졸업했다. Jan은 하버드 대학교에서 노벨상 수상자인 E. J. Corey의 지도 하에 유기 화학 박사 학위를 받았으며, 하버드에서 국립과학재단 박사 후 연구원으로 1년간 재직했다. 코리(Corey) 그룹에서 재직하는 동안 그녀는 식물 성장 호르몬인 지베렐린산(gibberellic acid)의 전합성을 완성했다.

Jan은 박사 후 과정을 마친 다음 마운트 홀리요크 대학교(Mount Holyoke College)의 교수진으로 21년 동안 일을 했다. 이 기간 동안 그녀는 유기 합성에서 연구 프로그램을 수행하고 학과장을 역임하면서 화학 강의 및 실험 수업을 가르쳤다. 그녀의 유기 화학 수업은 보스턴 잡지의 설문 조사에서 마운트 홀리요크의 '놓쳐서는 안 될 강좌' 중 하나로 선정되었다. 1990년대에 하와이의 자연미와 다양성 속에서 두 번의 안식년을 보낸 후 Jan과 그녀의 가족은 2000년에 하와이로 영구 이주했다. 최근에는 마노아(Mānoa)에 있는 하와이 대학교에서 교수로 재직하면서 두 학기용 유기 화학 강의 및 실험 수업뿐만 아니라 간호 학생들을 대상으로 한 학기용 유기 및 생물 화학을 가르쳤다. 그녀는 또한 미국 화학협회(American Chemical Society)의 학생 제휴 지부의 교수 고문을 역임했다. 2003년에는 우수 강의에 대한 표창을 받았다.

Jan은 응급의학과 의사인 남편 Dan과 함께 하와이에 거주하고 있다. 사진은 2016년 파타고니아에서 하이킹할 때의 모습이다. 그녀에게는 4명의 자녀와 5명의 손주가 있다. 학생들을 가르치거나 글을 쓰거나 가족들과 함께 있지 않을 때는 햇볕이 잘 드는 하와이에서 자전거, 하이킹, 스노클링, 스쿠버 다이빙을 하며 시간이 허락하는 한 여행과 하와이안 퀼팅을 즐긴다.

이 책을 나의 가족에게 바치며…

# 저자 머리말

이 교재를 쓰는 목표는 일반 화학, 유기 화학 및 생물 화학의 기본 개념을 우리 주변의 세계와 연관시키는 것이었고, 이런 관계 속에서 화학이 어떻게 일상생활의 여러 양상에 대해 설명하는지를 보이는 것이었다. 다음과 같은 두 가지 원칙을 세웠다.

- 모든 기본 화학 개념에 대해 관련된 흥미로운 응용 사례를 들어 설명한다.
- 글머리 기호 목록, 광범위한 삽화 및 단계별 문제 풀이를 사용하여 이해하기 쉬운 친숙한 방식으로 자료를 제시한다.

이 교재는 디자인 면에서 다르다. 오늘날의 학생들은 이전보다 학습에 훨씬 더 시각적 이미지에 의존하기 때문에 이 교재는 화학의 주요 주제를 강화하기 위해 산문을 줄이고 도표와 그림을 더 많이 사용한다. 주요 특징은 우리가 매일 접하는 일상의 현상을 설명하기 위해 분자 그림(molecular art)을 이용하는 것이다. 각 주제는 다루기 용이하고 쉽게 배울 수 있는 작은 정보 덩어리로 나뉜다. 학생들은 비누가 먼지를 어떻게 씻어 내는지, 식단에서 트랜스 지방이 왜 바람직하지 않은지 등의 기본 개념을 충분히 이해할 수 있도록, 그러나 과도하지는 않을 정도로 세부 사항을 제공받는다.

이 교재는 간호, 영양, 환경 과학, 식품 과학 및 기타 다양한 건강 관련 직업에 관심이 있는 학생들을 위해 쓰인다. 이 교재의 내용은 화학의 어떠한 선수 조건 없이 화학 입문 과정을 위해 설계되었으며 한 학기 과정 또는 연이은 두 학기 과정에 적합하다. 한 번에 하나의 새로운 개념을 도입하고, 기본 주제에 초점을 맞추며, 복잡한 문제를 작은 조각으로 분해함으로써 화학 과정의 많은 학생들이 인체와 주변의 더 큰 세계에 대해 새로운 인식을 얻게 될 것이다.

#### 텍스트 작성 (Building Text)

교재를 쓰는 것은 다면적인 과정이다. McGraw-Hill의 360° 개발 프로세스는 정확하고 혁신적인 인쇄 및 디지털 제품을 구축하기 위한 지속적인 시장 지향적 접근 방식이다. 여러 고객 피드백 루프와 체크 포인트를 통해 지속적으로 대규모의 점진적 개선에 전념한다. 이것은 신제품의 초기 계획 단계에서 시작되고 개발 및 생산 단계에서 강화되며 다음 판을 예상하여 출판 시 다시 시작된다. 이 프로세스는 학생과 강사 모두에게 학습 도구의 개선 및 혁신을 위한 광범위하고 포괄적인 피드백을 제공하도록 설계된다. 360° 개발 프로세스에는 시장 조사, 내용 검토, 교수진 및 학생 초점 그룹, 과목 및 제품별 심포지엄, 정확성 확인 및 미술 검토가 포함된다.

**일반 화학, 유기 화학 및 생화학에 사용되는 학습 시스템(The learning System used in general, organic, & biology Chemistry)**

- **작문 스타일**: 간결하게 설명되어 학생들이 일반 화학, 유기 화학 및 생물 화학의 주요 개념과 주제를 배우는 데 집중할 수 있다. 일상생활과 관련된 자료를 사용하여 개념을 설명하고 주제는 보다 쉽게 배울 수 있는 작은 정보 덩어리로 세분되어 있다.
- **장 개요**: 장 개요에는 학생들이 각 장 내용의 구성을 계획할 수 있도록 장의 주요 제목이 열거되어 있다.
- **장의 후반부 주요 개념에 연계된 장 목표**: 각 장의 시작 부분에 있는 장 목표는 학생들이 배울 내용을 식별하는 데 용이하며, 가장 중요한 학습 개념에 대한 요약으로 제공되는 장 끝부분의 주요 개념과 숫자로 연계된다.
- **Macro-to-Micro 삽화**: 오늘날의 학생들은 시각적 학습자이므로 거시적 현상의 분자 수준 표현을 시각화하는 것이 모든 화학 과정을 이해하는 데 중요하다. 따라서 이 교재의 많은 삽화에는 일상적인 물체의 사진이나 그림이 포함되어 분자를 표현한 도해와 함께 학생들이 평범한 일상생활 속에 있는 화학을 이해할 수 있도록 돕는다.
- **문제 풀이**: 예제는 분석 및 해답 부분을 이용하여 성공적인 문제 풀이와 관련된 사고 과정을 유도한다. 예제는 연습문제와 짝을 이루어 학생들이 방금 배운 것을 응용할 수 있게 한다. 장의 다른 문제들은 예제 및 연습문제에서 배운 개념을 기반으로 한다. 책 끝부분에 수록되어 있는 부록에서 연습문제와 장의 선별된 문제에 대한 답을 확인할 수 있다.

# 역자 머리말

화학의 기초 지식 없이 유기 화학을 공부하기란 쉽지 않다. 그런 이유로 유기 화학을 공부하기 전에 일반 화학 공부가 선행되는 것이 일반적이다. 일반 화학 공부가 마무리된 후에 유기 화학 공부를 하려는 학생들이 선택할 수 있는 교재의 가짓수는 상당히 많으며 교재마다 그 내용 또한 나무랄 데 없이 좋다. 그런데 주어진 여건이나 설정해 놓은 목표에 따라서 화학의 기초 지식을 습득할 여유도 없이 비교적 짧은 기간 안에 유기 화학을 공부해야만 하는 학생들도 있다. 이러한 학생들을 위한 유기 화학 교재는 그리 많지 않은 것이 현실이다. 그러한 교재들 중 일부는 유기 화학의 너무 개괄적인 내용만을 포함하거나 일반 화학 중에서 유기 화학 공부를 위해 필요한 최소한의 내용도 배제하여 이해하기 어렵게 만드는 경우도 있다. 그래서 주변에서 좀 더 쉽고 친숙하게 공부할 수 있는 유기 화학 책을 찾는 학생들에게 나는 이 책을 권하고 싶다.

이 책의 첫인상은 간결하면서 흥미로웠다. 책의 시작은 일반 화학, 그 다음은 유기 화학, 그리고 마지막은 생물 화학이다. 이 세 영역의 순서와 내용은 유기적으로 잘 연계되어 있다. 처음에는 일반 화학 중에서 유기 화학 및 생물 화학 공부에 꼭 필요한 내용으로 학생들에게 화학의 바탕 지식을 쌓게 하고 그 다음에 각자 목표에 따라 유기 화학 또는 생물 화학을 선택하여 공부할 수 있게 한다. 이 책은 유기 화학 공부를 원하는 학생들에 초점을 두고 있기 때문에 생물 화학의 일부 내용은 생략했다. 이 책의 가장 큰 장점은 간호, 영양, 식품 과학 등 다양한 직업에 관심이 있는 학생들뿐만 아니라 기초 화학의 지식 없이 단순히 유기 화학을 공부하고자 하는 학생들에게도 아주 적합하다는 것이다. 다시 말해 이 책은 유기 화학의 기본 입문서라 할 수 있다. 이해를 돕기 위해 기본 화학 개념이 소개된 다음 바로 흥미로운 응용 내용이 뒤를 따른다. 또 다양한 삽화를 이용하고 단계별 문제 풀이 방식으로 학생들의 학습을 돕고 있다. 특히, 산문을 줄이고 더 많은 도표와 그림을 사용하여 시각적 인식을 통해 보다 즉각적으로 이해할 수 있도록 돕는다. 화학 개념을 실제로 접하는 일상의 현상에 접목하여 학생들로 하여금 좀 더 친숙하게 내용을 파악하도록 한다. 이 책의 또 다른 장점은 군더더기 없이 유기 화학의 기본 핵심 내용을 전달한다는 것이다. 유기 화학 공부에 있어서 반드시 알아야 할 내용을 짜임새 있게 전개했기 때문에 한 학기 과정으로도 충분한 내용과 난이도를 포함한다. 이러한 여러 장점 때문에 유기 화학에 첫걸음을 내딛는 학생들에게는 손색이 없는 교재라고 할 수 있다. 이것은 이 책을 번역한 이유이기도 하다.

이 책을 번역하면서 저자의 의도를 최대한 전달하기 위해 직역을 원칙으로 번역했으며, 다만 그 표현이 어색한 경우에만 이해를 돕기 위해 쉽게 풀어 번역했다. 이 번역서는 유기 화학 공부를 하는 학생들에 초점을 맞추었기 때문에 원서에서 관련이 적은 일부 내용은 번역 시 제외되었다. 책에서 소개되는 화합물의 명명은 대한화학회에서 발행한 술어집과 그 밖의 화합물 명명은 편수 자료를 참조했다. 처음 나오는 사람 이름, 화합물 이름, 지역 이름 등은 혼란을 피하기 위해 괄호 안에 영어명을 추가했다. 이 책의 번역, 교정 및 감수에는 현재 일선에서 학생들을 가르치고 계신 네 분의 교수님(김민경, 박경호, 이경림, 정윤성)이 참여했다. 교재로서의 완성도를 위해 여러 번의 교정과 감수를 거쳤지만 초판이므로 오역과 어색함이 있을 것으로 생각된다. 이러한 부분은 앞으로 꾸준히 수정되고 보완될 것이다. 이러한 책의 부족함은 독자 여러분의 관심과 의견으로 더욱 개선될 수 있으므로 아낌없는 의견을 구한다. 이 책을 통해 학생들이 유기 화학 공부에 쉽게 접근할 수 있기를 바라며 원하는 목표에 한걸음 더 가까워지기를 바란다. 마지막으로 이 책의 출판을 위해 애써 주신 교수님들과 교문사 여러분의 노고에 진심으로 감사드린다.

2021년 4월
역자 대표 이경림

# 간략한 차례


1 물질과 측정 20

2 공유 결합 화합물 50

3 산과 염기 78

4 유기 분자와 작용기 110

5 알케인 142

6 불포화탄화수소 164

7 산소, 할로젠, 황을 포함한 유기 화합물 194

8 분자의 3차원 모양 218

9 알데하이드와 케톤 240

10 카복실산, 에스터 및 아마이드 264

11 아민과 신경 전달 물질 292

12 지질 312

13 탄수화물 338

14 아미노산, 단백질 및 효소 366

# 차례

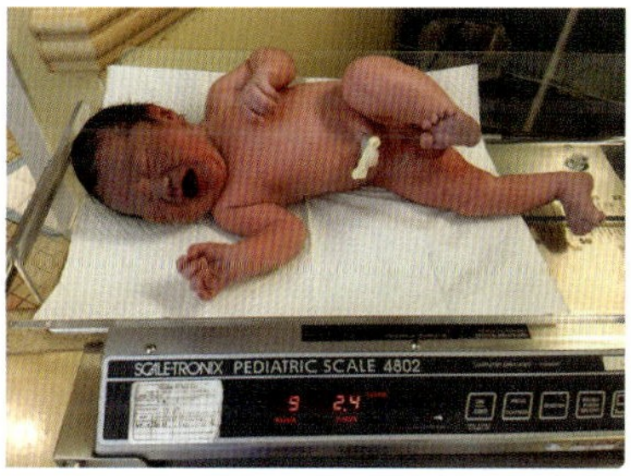


## 1 물질과 측정Matter and Measurement 20

1.1 화학 – 일상 경험에서의 과학 21
1.2 물질의 상태 22
1.3 물질의 분류 24
1.4 측정 27
1.4A 미터법 28
1.4B 길이의 측정 29
1.4C 질량의 측정 29
1.4D 부피의 측정 30
1.5 유효 숫자 31
1.5A 유효 숫자 개수의 결정 32
1.5B 곱셈과 나눗셈에서 유효 숫자 고려하는 방법 33
1.5C 덧셈과 뺄셈에서 유효 숫자를 고려하는 방법 35
1.6 과학적 표기법 35
1.7 환산 인자를 사용하여 문제 해결하기 38
1.7A 환산 인자 39
1.7B 하나의 환산 인자를 사용하여 문제 해결하기 39
1.7C 2개 이상의 환산 인자를 사용하여 문제 해결하기 42
1.8 온도 43
1.9 밀도 및 비중 44
1.9A 밀도 44
1.9B 비중 47
종합문제 47

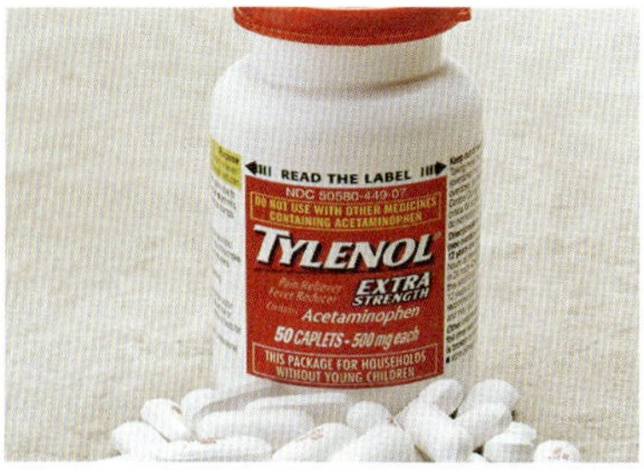


## 2 공유 결합 화합물Covalent Compounds 50

2.1 원소 및 주기율표 51
2.1A 원소와 주기율표 52
2.1B 화합물 53

**2.2 공유 결합의 소개** 55
- 2.2A 공유 결합과 주기율표 56

**2.3 루이스 구조** 58
- 2.3A 루이스 구조 그리기 58
- 2.3B 다중 결합 61

**2.4 팔전자 규칙에 대한 예외** 63
- 2.4A 3A족의 원소 63
- 2.4B 3주기 원소 63

**2.5 공명** 63
- 2.5A 공명 구조 그리기 64

**2.6 분자 모양** 65
- 2.6A 중심 원자 주위에 2개의 군이 있는 경우 66
- 2.6B 중심 원자 주위에 3개의 군이 있는 경우 67
- 2.6C 중심 원자 주위에 4개의 군이 있는 경우 67

**2.7 전기음성도 및 결합 극성** 70

**2.8 분자의 극성** 72

종합문제 74

## 3 산과 염기Acids and Bases 78

**3.1 산과 염기의 소개** 79
- 3.1A 브뢴스테드 – 로우리 산 80
- 3.1B 브뢴스테드 – 로우리 염기 83

**3.2 브뢴스테드 – 로우리 산과 브뢴스테드 – 로우리 염기의 반응** 85

**3.3 산과 염기의 세기** 88
- 3.3A 산과 염기의 세기에 대한 관련성 88
- 3.3B 산의 세기를 사용하여 평형 방향의 예측 94

**3.4 평형 및 산 해리 상수** 95

**3.5 pH 척도** 97
- 3.5A pH의 계산 97
- 3.5B 계산기를 사용하여 pH 계산 100

**3.6 일반적인 산 – 염기 반응** 101
- 3.6A 산과 수산화물 염기와의 반응 102
- 3.6B 산과 탄산수소 이온 및 탄산 이온의 반응 103

**3.7 루이스 산과 염기** 104

종합문제 107

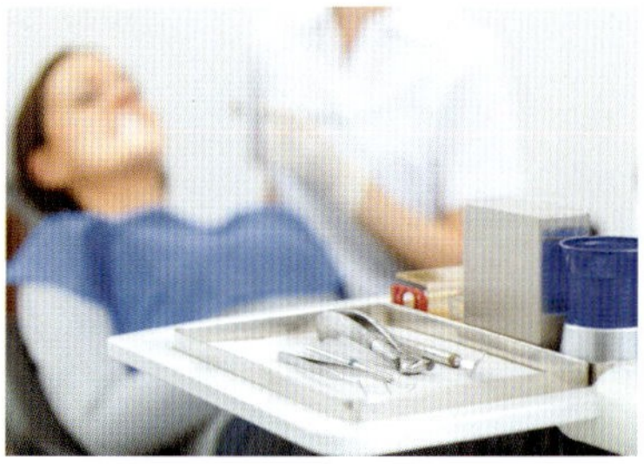


**4 유기 분자와 작용기**
Introduction to Organic Molecules and Functional Groups 110

**4.1** 유기 화학의 소개 111
**4.2** 유기 화합물의 특징 111
**4.3** 유기 분자의 모양 115
**4.4** 유기 분자 그리기 119
4.4A 축약 구조 120
4.4B 골격 구조 123
**4.5** 작용기 126
4.5A 탄화수소 127
4.5B 헤테로 원자와 단일 결합을 이루고 있는 화합물 127
4.5C C=O기(카보닐기)를 포함하는 화합물 128
**4.6** 유기 화합물의 성질 133
4.6A 극성 133
4.6B 용해도 135

종합문제 137

**5 알케인**Alkanes 142

**5.1** 알케인 소개 143
**5.2** 단순한 알케인 143
5.2A 탄소가 5개 미만인 사슬형 알케인 144
5.2B 5개 이상의 탄소를 갖는 사슬형 알케인 146
5.2C 탄소 원자 분류하기 148
5.2D 사슬형 알케인의 결합 회전과 골격 구조 149
**5.3** 명명법 소개 149
5.3A IUPAC 체계의 명명법 149
**5.4** 알케인 명명법 150
5.4A 치환기 명명하기 150
5.4B 사슬형 알케인의 명명 151
**5.5** 사이클로알케인 156
5.5A 단순한 사이클로알케인 156
5.5B 사이클로알케인 명명하기 157
**5.6** 물리적 성질 159
**5.7** 알케인의 할로젠화 반응 159

종합문제 161

# 6 불포화탄화수소Unsaturated Hydrocarbons 164

6.1 알켄과 알카인 165
6.2 알켄과 알카인의 명명법 167
6.3 시스 – 트랜스 이성질체 171
6.3A 입체 이성질체 – 새로운 종류의 이성질체 171
6.4 음식과 의학에서 흥미로운 알켄 174
6.5 알켄의 반응 175
6.5A 수소 첨가 반응 – 수소화 반응 176
6.5B 할로젠 첨가 반응 – 할로젠화 반응 177
6.5C 할로젠화 수소의 첨가 / 할로젠화 수소 첨가 반응 178
6.5D 물의 첨가 – 수화 반응 179
6.6 고분자 – 현대 사회의 직물 181
6.6A 합성 고분자 181
6.7 방향족 화합물 183
6.8 벤젠 유도체의 명명법 184
6.8A 단일 치환된 벤젠 184
6.8B 이중 치환된 벤젠 185
6.8C 다중 치환된 벤젠 186
6.8D 하나 이상의 고리를 가진 방향족 화합물 186
6.9 방향족 화합물의 반응 187
6.9A 염소화 반응과 농약 DDT의 합성 188
6.9B 나이트로화 반응과 설파 약품 188
6.9C 설폰화 반응과 세제 합성 189

종합문제 190

# 7 산소, 할로젠, 황을 포함한 유기 화합물
Organic Compounds That Contain Oxygen, Halogen, or Sulfur 194

7.1 소개 195
7.2 알코올의 구조와 성질 196
7.3 알코올의 명명법 198
7.4 흥미로운 알코올 200
7.5 알코올의 반응 202
7.5A 탈수 반응 202
7.5B 산화 204
7.6 에터의 구조와 성질 207

7.6A 물리적 성질 208
7.6B 에터의 명명법 209
7.7 알킬 할라이드 211
7.7A 물리적 성질 211
7.7B 명명법 212
7.7C 흥미로운 알킬 할라이드 212
7.8 황을 포함한 유기 화합물 213
종합문제 215

8 분자의 3차원 모양 The Three – Dimensional Shape of Molecules 218
8.1 이성질체 – 복습 219
8.2 거울 화학 – 분자 및 그 거울상 221
8.2A 카이랄 또는 비카이랄의 의미 221
8.2B 분자의 카이랄성 222
8.2C 자연에서 카이랄성 223
8.3 카이랄성 중심 223
8.3A 카이랄성 중심 찾기 223
8.3B 거울상 이성질체 그리기 227
8.4 고리 화합물의 카이랄성 중심 228
8.4A 고리 탄소에서 카이랄성 중심 찾기 228
8.5 피셔 투영법 230
8.6 광학 활성 232
8.6A 거울상 이성질체의 물리적 성질 232
8.6B 고유 회전도 233
8.7 2개 이상의 카이랄성 중심을 갖는 화합물 234
종합문제 237

9 알데하이드와 케톤 Aldehydes and Ketones 240
9.1 구조와 결합 241
9.2 명명법 242
9.2A 알데하이드 명명하기 1 242
9.2B 알데하이드 명명하기 2 244
9.3 물리적 성질 245
9.4 알데하이드와 케톤의 반응 246

9.4A 일반적인 고려 사항 246
9.4B 알데하이드의 산화 반응 247
**9.5 알데하이드와 케톤의 환원** 249
9.5A 카보닐 환원 반응의 특징 250
9.5B 유기 합성에서 카보닐 환원의 예 251
**9.6 아세탈의 형성** 252
9.6A 아세탈과 헤미아세탈 252
9.6B 고리형 헤미아세탈 255
9.6C 아세탈의 가수 분해 259

종합문제 260

## 10 카복실산, 에스터 및 아마이드
Carboxylic Acids, Esters, and Amides 264

**10.1 구조와 결합** 265
**10.2 명명법** 267
10.2A 카복실산(RCOOH)의 명명 267
10.2B 에스터(RCOOR′)의 명명 268
10.2C 아마이드 명명하기 270
**10.3 물리적 성질** 271
**10.4 소비재 및 의약에서 흥미로운 카복실산** 273
**10.5 흥미로운 에스터와 아마이드** 273
**10.6 카복실산의 산도** 274
10.6A 염기와의 반응 275
10.6B 카복실산 음이온 – 카복실산의 염 276
10.6C 비누는 어떻게 오염물을 제거하는가 278
**10.7 카복실산으로부터 에스터 및 아마이드로의 전환** 279
10.7A 에스터 형성 280
10.7B 아마이드 형성 281
**10.8 에스터와 아마이드의 가수 분해** 282
10.8A 에스터 가수 분해 283
10.8B 아마이드 가수 분해 284
**10.9 현대 사회에서 합성 고분자 – 폴리아마이드와 폴리에스터** 285
10.9A 나일론–폴리아마이드 286
10.9B 폴리에스터 288

종합문제 289

## 11 아민과 신경 전달 물질Amines and Neurotransmitters 292

**11.1** 구조와 결합 293
**11.2** 명명법 296
- 11.2A 1차 아민 296
- 11.2B 2차 및 3차 아민 296
- 11.2C 방향족 아민 297
- 11.2D 기타 명명법 298

**11.3** 물리적 성질 298
**11.4** 알칼로이드 – 식물에서 얻은 아민 300
- 11.4A 모르핀과 관련 알칼로이드 300
- 11.4B 퀴닌 301
- 11.4C 아트로핀 301

**11.5** 염기로서 아민 301
- 11.5A 아민과 산의 반응 302
- 11.5B 암모늄 염 303

**11.6** 신경 전달 물질 305
- 11.6A 노르에피네프린과 도파민 306
- 11.6B 세로토닌 307
- 11.6C 아세틸콜린 및 니코틴 중독 309

종합문제 309

## 12 지질Lipids 312

**12.1** 지질의 소개 313
**12.2** 지방산 315
**12.3** 왁스 318
**12.4** 트라이아실글리세롤 – 지방과 기름 320
- 12.4A 일반적인 특징 320

**12.5** 트라이아실글리세롤의 가수 분해 323
- 12.5A 비누 합성 325

**12.6** 인지질 326
- 12.6A 포스포아실글리세롤 327
- 12.6B 스핑고마이엘린 329

**12.7** 세포막 330
- 12.7A 세포막의 구조 330
- 12.7B 세포막을 통한 물질 수송 332

12.8 스테로이드 호르몬 332

종합문제 335

## 13 탄수화물Carbohydrates 338

13.1 소개 339
13.2 단당류 341
13.2A 피셔 투영식(Fischer Projection Formula) 342
13.2B 2개 이상의 카이랄성 중심이 있는 단당류 343
13.2C 일반적인 단당류 346
13.3 단당류의 고리 형태 347
13.3A D-글루코스의 고리 형태 347
13.3B 하워드 투영도(Haworth Projection) 349
13.3C 케토헥소스인 프룩토스의 고리 형태 352
13.4 단당류의 산화와 환원 353
13.4A 알데하이드 카보닐기의 환원 353
13.4B 알데하이드 카보닐기의 산화 354
13.5 이당류 356
13.6 다당류 359
13.6A 셀룰로스 359
13.6B 전분 361
13.6C 글리코겐 362

종합문제 363

## 14 아미노산, 단백질 및 효소Amino Acids, Proteins, and Enzymes 366

14.1 소개 367
14.2 아미노산 368
14.2A 일반적인 아미노산의 특징 368
14.2B 아미노산의 입체화학 369
14.3 아미노산의 산 – 염기 역할 371
14.4 펩타이드 373
14.5 단백질 379
14.5A 1차 구조 379
14.5B 2차 구조 380
14.5C 3차 및 4차 구조 383

**14.6 단백질 가수 분해 및 변성** 386
14.6A 단백질 가수 분해 386
14.6B 단백질 변성 388
**14.7 효소 – 특징과 분류** 388
14.7A 효소의 특징 388
14.7B 효소의 분류 389
14.7C 효소의 명명 393
**14.8 효소는 어떻게 작용하는가** 394
14.8A 효소 특이성 394
14.8B 효소 활동에 영향을 미치는 요인 395
14.8C 다른 자리 입체성 조절 396
14.8D 효소 억제제 397
14.8E 효소원 398

종합문제 399

**정답** 403

**찾아보기** 433

CHAPTER 1

# 물질과 측정

Matter and Measurement


1.1 화학–일상 경험에서의 과학

1.2 물질의 상태

1.3 물질의 분류

1.4 측정

1.5 유효 숫자

1.6 과학적 표기법

1.7 환산 인자를 사용하여 문제 해결하기

1.8 온도

1.9 밀도 및 비중

신생아의 몸무게와 키를 확인하는 것은 의료 전문가가 수행하는 일반적인 측정이다.

**물질과 측정에 대한 공부를 왜 할까**

당신이 만지고, 느끼며, 맛보는 모든 것은 화학 물질, 즉 물질로 구성되어 있으므로 그 구성과 특성을 이해하는 것은 우리 주변 세계를 이해하는 데 매우 중요하다. 일부 물질(호수, 나무, 모래 및 토양)은 자연에 존재하는 물질인 반면, 예를 들어 아스피린, CD, 나일론 직물, 플라스틱 주사기 및 백신과 같은 다른 물질들은 인간에 의해 만들어진다. 물질의 특성과 물질의 한 형태가 다른 형태로 어떻게 변환되는지 이해하려면 측정에 대해서도 배워야 한다. 조리법을 따라하고, 휘발유를 주유하며, 약물 복용량을 파악하려면 숫자를 다루어야 한다. 이번 장에서는 물질과 측정의 핵심 개념을 검토하여 화학에 대한 연구를 시작한다.

## 1.1 화학–일상 경험에서의 과학

한 평범한 학생의 하루에는 어떤 활동들이 포함될 수 있을까? 여러분은 아마도 다음 활동 중 일부 또는 전부를 수행했을 수 있다. 식사를 하고 커피나 콜라를 마시고, 비누로 샤워를 하고, 수업 시간에 메모를 하고, 컴퓨터에서 이메일을 확인하고, 텔레비전을 보고, 자전거나 자동차를 이용하고, 아르바이트를 하고 두통을 완화하기 위해 아스피린을 복용하고, 저녁 시간에 친구들과 함께 간식과 다과를 즐겼을 것이다. 아마도 특별한 의식 없이 여러분의 삶은 이러한 각 활동에서 화학의 영향을 받았을 것이다. 그렇다면 우리가 화학이라고 부르는 이 분야는 무엇일까?

- **화학**은 물질의 구성, 특성 및 변형에 관한 연구이다.

그러면 물질은 무엇인가?

- **물질**은 질량이 있고 부피를 차지하는 모든 것이다.

다시 말해서 화학은 물과 소금과 같은 단순한 물질부터 인체를 형성하는 단백질, 탄수화물과 같은 복합 물질에 이르기까지 우리가 만지고, 느끼며, 보고, 냄새를 맡으며, 맛볼 수 있는 모든

**그림 1.1** 자연적으로 발생하는 물질과 합성된 물질

(a) 자연적으로 발생한 물질 (b) 합성 물질

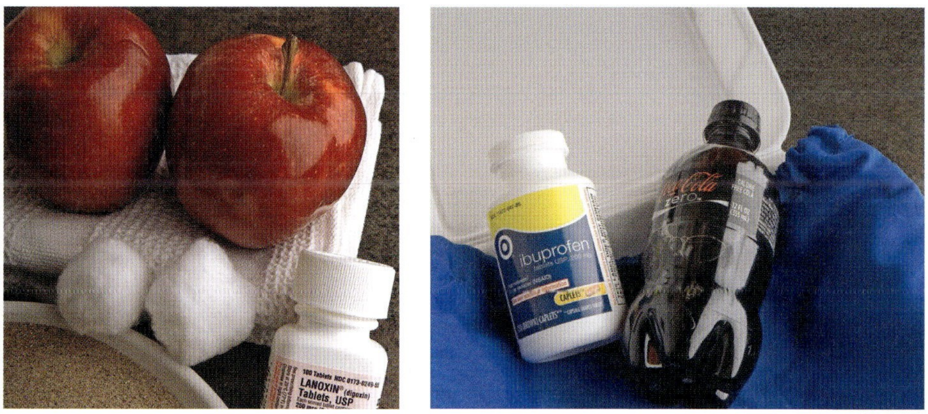


물질은 자연에서 발생하거나 실험실에서 합성된다. (a) 모래와 사과는 천연 재료의 두 가지 예이다. 목화 직물은 목화 식물에서 얻은 목화 섬유로 짜여진다. 울혈성 심부전 환자를 위해 수십 년 동안 널리 처방된 약물인 디곡신(digoxin, 상품명 Lanoxin)은 털북숭이 잎에서 추출된다. (b) 나일론은 실험실에서 만든 최초의 합성 섬유이다. 낙하산과 여성용 스타킹의 천연 섬유인 실크를 빠르게 대체했다. 청량음료병에 사용되는 플라스틱인 스티로폼과 PET(폴리에틸렌 테레프탈레이트)는 식품 보관에 용이하고 튼튼하면서도 가벼운 합성 소재이다. 이부프로펜(ibuprofen)과 같은 일반 의약품 진통제는 합성 물질이다. 이러한 모든 유용한 제품들의 출발 물질은 석유에서 얻는다.

그림 1.2 천연 재료를 사용하여 유용한 합성 제품으로 전환

(a) (b)

(a) 고무 나무를 절단할 때 흘러 나오는 끈적끈적한 액체인 라텍스(latex)는 대부분의 용도로 사용하기에 너무 부드럽다. (b) 가황 공정은 라텍스를 타이어 및 기타 제품에 사용할 수 있도록 더 강하고 탄력 있는 고무로 변환시킨다.

것에 대하여 연구하는 학문이다. 목화, 모래, 사과, 심장약 디곡신(digoxin) 등 일부 물질들은 자연적으로 발생하기도 한다. 즉, 자연에서 추출된 것이다. 하지만 나일론, 스티로폼, 청량음료병에 사용되는 플라스틱 및 진통제 이부프로펜(ibuprofen)과 같은 물질은 합성 물질이므로 실험실에서 화학자들이 만든다(그림 1.1 참조).

때때로 화학자는 물질이 무엇으로 만들어졌는지 연구하기도 하지만, 어떤 경우에는 그 성질에 관심을 가질 수 있다. 또는 하나의 재료를 독특하고 유용한 특성을 가진 새로운 재료로 변환하는 방법에 초점을 둘 수 있다. 예를 들어, 천연 고무는 끈적끈적한 액체인 라텍스(latex)로 존재하는데 대부분의 응용 분야에 적용하기에는 너무 부드럽다. 실험실에서 가황 공정은 이것을 타이어 및 기타 제품에 사용되는 더 강하고 더 탄력적인 재료로 변환한다(그림 1.2 참조).

화학은 참으로 일상 경험에 관한 과학이다. 비누와 세제, 신문과 CD, 콘돔과 경구 피임약, 타이레놀과 페니실린 등 모든 품목들은 화학 제품이다. 의심할 여지 없이 화학의 발전은 현대의 인간의 삶을 변화시켜 왔다.

## 1.2 물질의 상태

물질은 고체, 액체 및 기체의 세 가지 일반적인 상태로 존재한다.

- **고체**는 부피가 한정되어 있으며 담겨진 용기에 상관없이 자체의 모양을 유지한다. 고체의 입자는 서로 가깝게 놓여 있으며 규칙적인 3차원 배열을 가진다.
- **액체**는 일정한 부피를 가지지만 그것을 담고 있는 용기의 모양을 가지게 된다. 액체의 입자는 서로 가깝지만 무작위로 움직여 서로 지나갈 수 있다.
- **기체**에는 명확한 모양이나 부피가 없다. 기체 입자는 무작위로 이동하며 자체의 크기보다 훨씬 더 큰 거리로 떨어져 있다. 기체 입자들은 팽창하여 담고 있는 용기의 전체 부피를 채우고 그 용기의 모양을 가지게 된다.

예를 들어, 물은 얼음 또는 눈의 고체 상태, 액체 물의 액체 상태, 증기 또는 수증기의 기체 상태로 존재한다. **그림 1.3**에서 원 모양의 그림은 물질을 구성하는 입자의 구성과 상태를 나타내기 위해 이 교재에서 일반적으로 사용된다. 이 분자 그림에서는 다양한 유형의 입자가 색으로 구분된 구 모양으로 표시되며, 구 사이의 거리는 고체, 액체 또는 기체의 상태를 나타낸다.

물질은 물리적 성질과 화학적 성질을 가진다.

- **물리적 성질**은 물질의 구성을 변경하지 않고 관찰하거나 측정할 수 있는 성질이다.

일반적인 물리적 성질에는 녹는점(mp), 끓는점(bp), 용해도, 색상 및 냄새 등이 포함된다. 물리적 변화는 조성의 변화 없이 물질을 바꾼다. 가장 일반적인 물리적 변화는 **상태의 변화**, 즉 물질이 한 상태에서 다른 상태로 전환되는 것이다. 얼음을 녹여 액체의 물을 만들고, 액체인 물을 끓여 수증기를 만드는 것은 물리적 변화의 두 가지 예이다. 물은 이 두 가지 물리적 변화의 시작과 끝부분에 있는 물질이다.

**그림 1.3** 물의 세 가지 상태–고체, 액체 및 기체

- 고체 입자는 서로 가깝고 매우 질서가 있다. (사진: 하와이 빅아일랜드의 눈 덮인 마우나 케아)
- 액체 입자는 서로 가깝지만 고체보다 무질서하다. (사진: 하와이 빅아일랜드의 아카카 폭포)
- 기체 입자는 멀리 떨어져 있고 무질서하다. (사진: 하와이 빅아일랜드의 용암류에 의해 형성된 증기)

2개의 회색 구와 연결된 빨간색 구는 하나의 물 입자를 나타낸다. 왼쪽에서 오른쪽으로, 고체에서 액체로, 액체에서 기체로 변할 때 분자 그림은 물 입자들 사이의 인력이 감소함을 보여 준다.

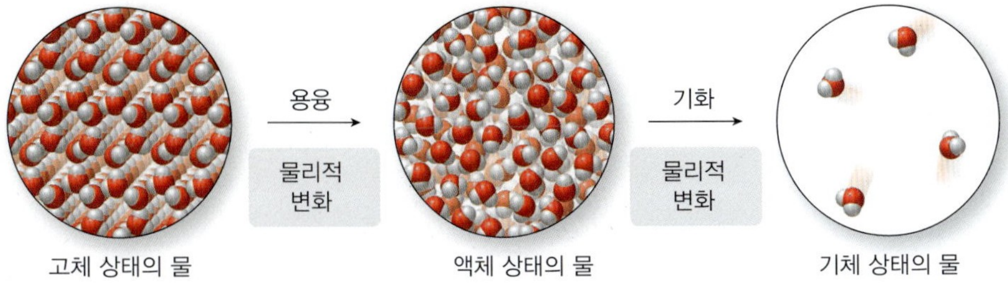


- **화학적 성질**은 물질이 다른 물질로 변환되는 방법을 결정하는 속성이다.

화학적 변화 또는 화학 반응은 한 물질을 다른 물질로 변환한다. 수소와 산소를 물로 변환하는 것은 그 과정의 시작과 끝에 해당하는 물질들의 조성이 다르기 때문에 화학 반응이다.

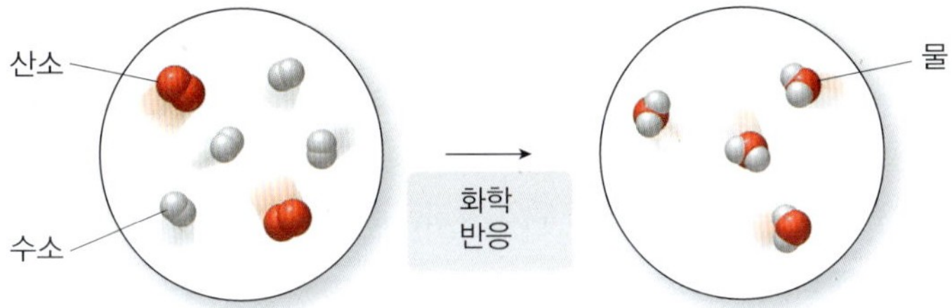


## 1.3 물질의 분류

모든 물질은 순수한 물질 또는 혼합물로 분류될 수 있다.

- **순수한 물질**은 단일 성분으로 구성되며 시료의 크기 및 시료의 출처에 관계없이 일정한 조성을 가진다.

물이나 설탕과 같은 순수한 물질은 그 물리적 성질이 시료에 따라 변하지 않기 때문에 이를 물리적 성질로 특징지을 수 있다. 순수한 물질은 물리적 변화에 의해 다른 순수한 물질로 분해될 수 없다.

- **혼합물**은 둘 이상의 물질로 구성된다. 혼합물의 조성은 시료에 따라 다를 수 있다.

혼합물의 물리적 성질은 시료에 따라 다를 수 있다. 혼합물은 물리적 변화에 의해 여러 개의 구성 요소로 분리될 수 있다. 설탕을 물에 녹이면 혼합물이 형성되며 단맛은 첨가된 설탕의 양에 따라 달라진다. 물이 혼합물에서 증발하도록 허용하면 순수한 설탕과 순수한 물이 얻어진다.

혼합물은 **그림 1.4**와 같이 고체, 액체 및 기체로부터 형성될 수 있다. 스쿠버 다이버가 호흡하는 압축 공기는 주로 산소와 질소 기체로 구성된다. 수액에 들어 있는 식염수에는 액체에 용해된 고체 염화소듐(소금)이 들어 있다.

순수한 물질은 원소 또는 화합물로 분류된다.

- **원소**는 화학 반응에 의해 더 간단한 물질로 분해될 수 없는 순수한 물질이다.
- **화합물**은 둘 이상의 원소들이 화학적으로 함께 결합하여 형성된 순수한 물질이다.

원소의 알파벳 순 목록은 이 교재의 앞 표지 안쪽에 있다. 원소는 앞 표지 안쪽에 있는 주기율표에 정리되어 있다.

질소 기체, 알루미늄 호일 및 구리 도선 모두 원소이다. 물은 수소와 산소로 구성되어 있기 때문에 화합물이다. 소금으로 불리는 염화소듐은 소듐과 염소로 형성되기 때문에 화합물이다(그림 1.5 참조). 현재 118개의 원소만 알려져 있지만 5,000만 개 이상의 화합물이 자연적으로 발생하거나 실험실에서 합성되었다. 2장에서 원소와 화합물에 대해 더 많이 배울 것이다. 그림 1.6은 물질의 분류를 요약한 것이다.

그림 1.4 혼합물의 두 가지 예

그림 1.5 원소와 화합물

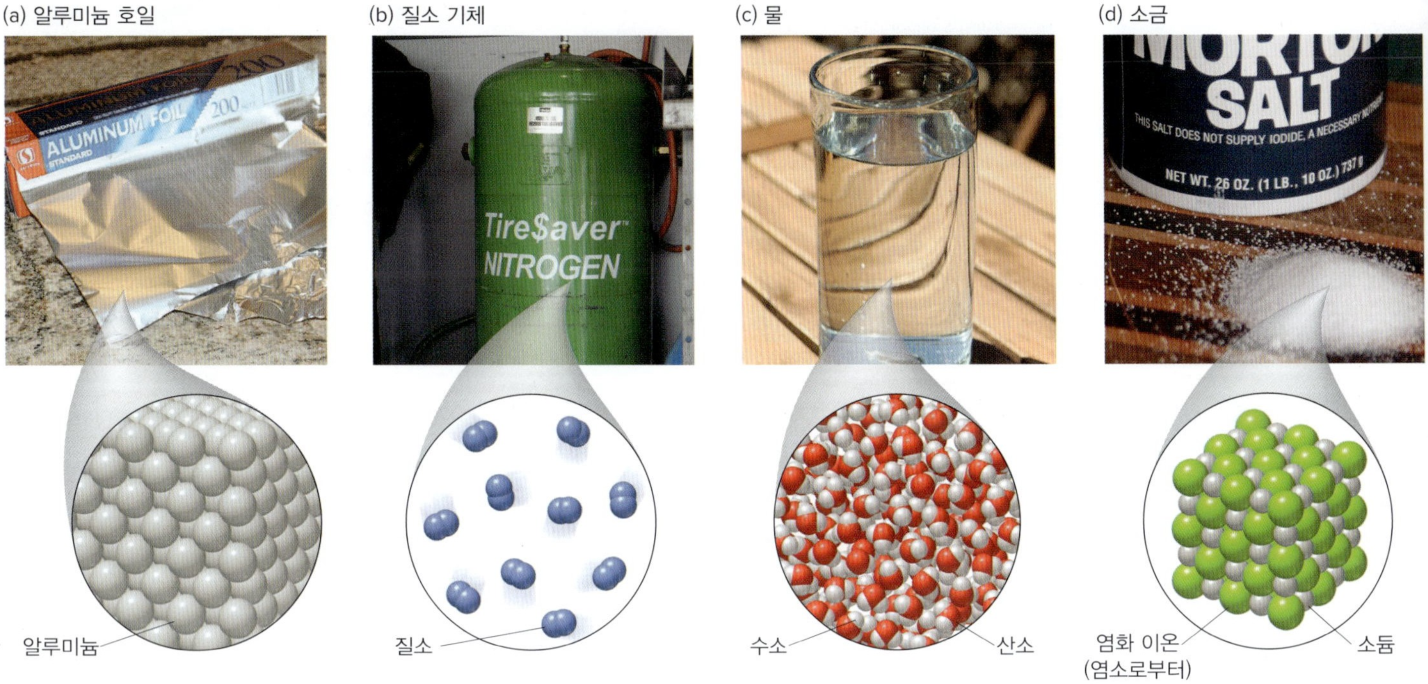


• 알루미늄 호일과 질소 기체는 원소이다. 원소를 나타낸 분자 그림은 한 가지 색으로 된 구를 보여 준다. 따라서 알루미늄은 회색 구로 표시된 고체이고, 질소는 파란색 구로 표시된 기체이다. 물과 소금은 화합물이다. 분자 그림에 사용된 구의 색 구분은 물이 회색 구로 표시된 수소와 빨간색 구로 표시된 산소 이 두 가지 원소로 구성되어 있음을 나타낸다. 마찬가지로 회색(소듐)과 녹색(염소) 구는 염화나트륨이 두 가지 원소로도 형성된다는 것을 보여 준다.

그림 1.6 물질의 분류

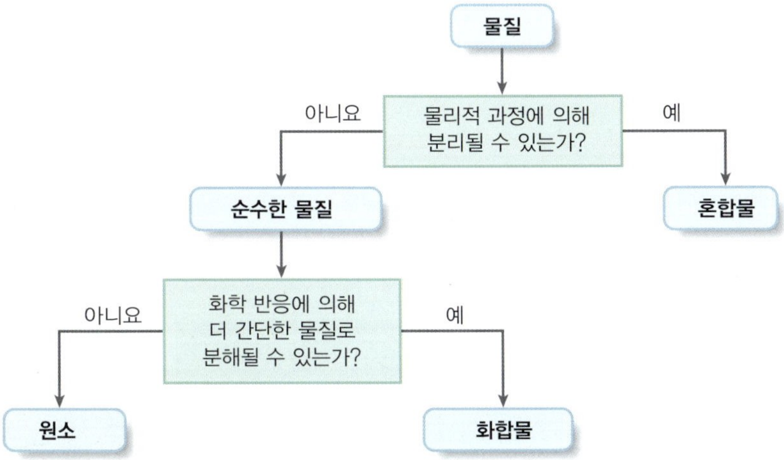

### 예제 1.1 원소와 화합물에 대한 분자 그림의 사용

각 분자 그림을 원소 또는 화합물로 분류하시오.

a.

b.

**분석**

분자 그림에서 원소는 같은 색의 구로 구성되어 있는 반면, 화합물은 다른 색의 구로 구성된다.

**해답**

a는 각 입자가 회색 구만 포함하기 때문에 원소이다.

b는 각 입자가 빨간색과 검은색 구를 모두 포함하기 때문에 화합물이다.

**연습문제 1.1**

각 분자 그림을 순수한 물질 또는 혼합물로 분류하시오.

a.

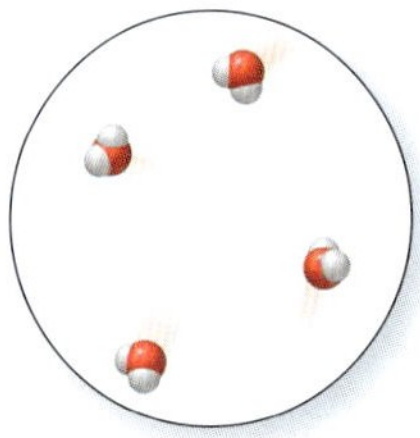

b.

## 1.4 측정

체중계에서 체중을 확인하거나, 요리의 재료를 측정하거나, 한 위치에서 다른 위치까지의 거리를 파악할 때마다 양을 측정하게 된다. 체중, 혈압, 맥박 및 체온을 사용하여 환자의 상황을 차트로 표시하는 의료 전문가는 측정을 일상적으로 수행한다.

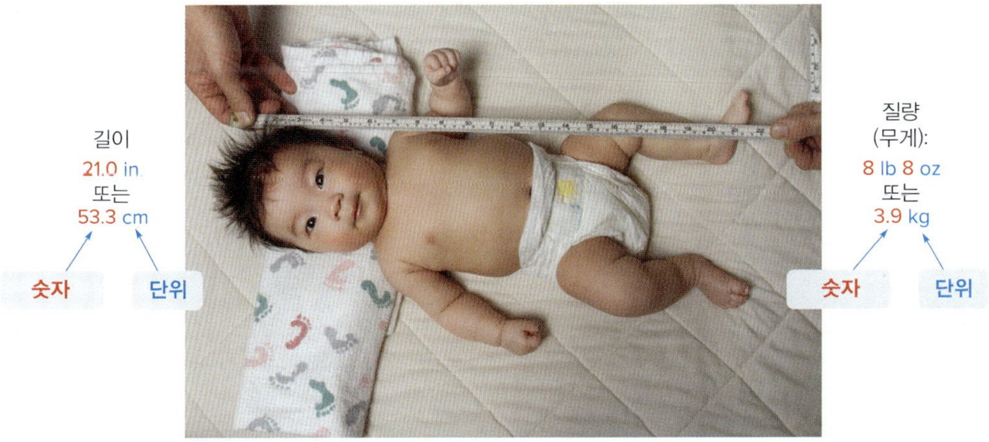


1960년에 **국제 단위 체계**(international system of units)는 과학의 통일 단위 체계로 공식적으로 채택되었다. SI 단위는 미터법을 기반으로 하며 이 체계는 다른 단위보다는 미터법 단위의 사용을 권장한다. SI는 프랑스어 단어 Système Internationale을 나타낸다.

- 모든 측정은 **숫자**와 **단위**로 구성된다.

측정값을 보고할 때 단위가 없다면 의미가 없다. 예를 들어, 환자에게 325의 아스피린 용량을 제공하라는 지시를 받았다면, 이것은 325 온스, 파운드, 그램, 밀리그램 또는 정제 중 어떤 것을 의미하는 것인가? 분명히 이 양들 사이에는 큰 차이가 있다.

**소비자 노트**

미터법은 갤런 우유통과 2리터 소다병에서 볼 수 있듯이 미국에서 서서히 수용되고 있다.

## 1.4A 미터법

미국에서 대부분의 측정은 마일(mi), 갤런(gal), 파운드(lb) 등과 같은 단위를 사용한 영국식 체계(English system)로 이루어진다. 이 체계의 단점은 단위가 서로 체계적으로 관련되어 있지 않아 암기가 필요하다는 것이다. 예를 들어 1 lb = 16 oz, 1 gal = 4 qt 및 1 mi = 5,280 ft이다.

다른 대부분의 국가의 과학자, 의료 전문가 및 사람들의 경우 길이는 미터(m), 질량은 그램(g), 부피는 리터(L) 등의 단위를 갖는 미터법을 사용한다. 미국에서 미터법은 서서히 대중에게 받아들여지고 있다. 포장된 식품의 무게는 종종 온스와 그램으로 표시된다. 많은 도로 표지판의 거리는 마일과 킬로미터로 표시되고 있다. 이 교재에서 대부분의 측정은 미터법을 사용하여 보고되지만, 영국식 체계 단위를 미터법 단위로 변환하는 방법을 배우는 것도 반드시 필요하며, 이는 1.7절에서 설명할 것이다.

미터법의 중요한 기능은 다음과 같다.

- 각 측정의 유형에는 기본 단위[길이에 대해서는 미터(m)]가 있다. 질량에 대해서는 그램(g), 부피에 대해서는 리터(L), 시간에 대해서는 초(s)가 있다.
- 다른 모든 단위는 10의 거듭제곱을 한 기본 단위와 관련된다.
- 단위 이름의 접두사는 단위가 기본 단위보다 큰지 또는 작은지를 나타낸다.

**표 1.1 미터법 단위**

| 양 | 미터법 기본 단위 | 기호 |
|---|---|---|
| 길이 | 미터 | m |
| 질량 | 그램 | g |
| 부피 | 리터 | L |
| 시간 | 초 | s |

미터법의 기본 단위는 **표 1.1**에 요약되어 있으며 기본 단위를 더 작거나 큰 단위로 변환하는 데 사용되는 가장 일반적인 접두사는 **표 1.2**에 요약되어 있다. 모든 유형의 측정에 동일한 접두사가 사용된다. 예를 들어, 킬로-(kilo-) 접두사는 1,000배 더 크다는 것을 의미한다.

**표 1.2 미터법 단위에 사용되는 공통 접두사**

| 접두어 | 기호 | 의미 | 수치적 값[a] | 과학적 표기법[b] |
|---|---|---|---|---|
| 기가- | G | 십억 | 1,000,000,000 | $10^9$ |
| 메가- | M | 백만 | 1,000,000 | $10^6$ |
| 킬로- | k | 천 | 1,000 | $10^3$ |
| 데시- | d | 십분의 일 | 0.1 | $10^{-1}$ |
| 센티- | c | 백분의 일 | 0.01 | $10^{-2}$ |
| 밀리- | m | 천분의 일 | 0.001 | $10^{-3}$ |
| 마이크로- | μ[c] | 백만분의 일 | 0.000 001 | $10^{-6}$ |
| 나노- | n | 십억분의 일 | 0.000 000 001 | $10^{-9}$ |

a: 소수점 오른쪽에 다섯 자리 이상의 숫자가 포함된 숫자는 세 자리의 각 그룹을 구분하는 작은 공백을 넣는다.
b: 과학적 표기법으로 숫자를 표현하는 방법은 1.6절에 설명되어 있다.
c: 기호 $\mu$는 그리스 소문자 mu이다. 접두사 마이크로-(micro-)는 때때로 mc로 축약되기도 한다.

미터법 기호는 단위 **리터**(L)와 접두사 **메가**-(M) 및 **기가**-(G)를 제외하고 모두 소문자이다. 리터는 숫자 1과 구별하기 위해 대문자로 표시한다. 메가는 접두사 밀리-(milli-)의 기호와 구별하기 위해 대문자로 표시한다. 기가는 그램(g)의 약어와 구별하기 위해 대문자로 표시한다.

1 킬로미터 = 1,000 미터 또는 1 km = 1,000 m
1 킬로그램 = 1,000 그램 또는 1 kg = 1,000 g
1 킬로리터 = 1,000 리터 또는 1 kL = 1,000 L

접두사 **밀리**-(milli-)는 1,000분의 1을 의미한다(1/1,000 또는 0.001).

1 밀리미터 = 0.001 미터 또는 1 mm = 0.001 m
1 밀리그램 = 0.001 그램 또는 1 mg = 0.001 g
1 밀리리터 = 0.001 리터 또는 1 mL = 0.001 L

### 예제 1.2 측정을 미터 단위로 변환

다음 각 단위에 사용되는 기호는 무엇인가?

a. 천 초 b. 백만 분의 일 그램

**분석**

표 1.2를 사용하여 접두사를 결정하고, 기본 단위 앞에 접두사를 추가한다.

**해답**

a. 접두사 킬로-(kilo-)는 1,000배 크기이므로 1,000 초 = 1 킬로초이다.

b. 접두사 마이크로-(micro-)는 100만분의 1을 의미하므로 (0.000,001) 0.000,001g = 1 마이크로그램이다.

**연습문제 1.2**

다음 각 단위에 사용되는 기호는 무엇인가?

a. 백만 리터 b. 1,000분의 1 초

c. 100분의 1 그램 d. 10분의 1 리터

## 1.4B 길이의 측정

미터법에서 길이의 기본 단위는 **미터**(m)이다. 영국식 체계로 39.4 인치에 해당하는 1 미터는 1 야드(36 인치)보다 약간 더 길다. 미터에서 파생된 가장 일반적인 세 가지 단위는 킬로미터(km), 센티미터(cm) 및 밀리미터(mm)이다.

1,000 m = 1 km
1 m = 100 cm
1 m = 1,000 mm

이러한 값이 표 1.2의 값과 어떻게 관련되어 있는지 확인한다. 1 센티미터는 100분의 1 미터(0.01 미터)이므로 1 미터는 100 센티미터이다.

## 1.4C 질량의 측정

질량과 무게라는 용어는 종종 구분 없이 사용되지만 실제로는 다른 의미를 가지고 있다.

- **질량**은 물체에 있는 물질의 양을 측정한 것이다.
- **무게**는 중력으로 인해 물질이 느끼는 힘이다.

물체의 질량은 위치와 무관하다. 물체의 무게는 지구상의 위치에 따라 약간씩 다르며, 물체가

지구에서 달로 이동하면 중력이 지구의 6분의 1에 불과하다. 우리는 종종 물체의 **무게**를 측정한다고 말하지만 실제로는 그 **질량**을 측정하고 있다.

미터법의 기본 질량 단위는 **그램**(g)으로 영국 체계의 파운드(1 lb = 454 g)에 비해 작은 단위이다. 그램에서 파생된 가장 일반적인 두 가지 단위는 킬로그램(kg)과 밀리그램(mg)이 있다.

$$1{,}000\ \text{g} = 1\ \text{kg}$$
$$1\ \text{g} = 1{,}000\ \text{mg}$$

### 1.4D 부피의 측정

단위 **cm**와 **cm³**의 차이에 유의해야 한다. 센티미터(cm)는 길이 단위이다. 입방센티미터($cm^3$ 또는 cc)는 부피 단위이다.

미터법에서 부피의 기본 단위는 리터(L)로 영국식 체계의 쿼트(1 L = 1.06 qt)보다 약간 큰 단위이다. 1 리터는 모서리의 길이가 10 cm인 정육면체의 부피로 정의된다.

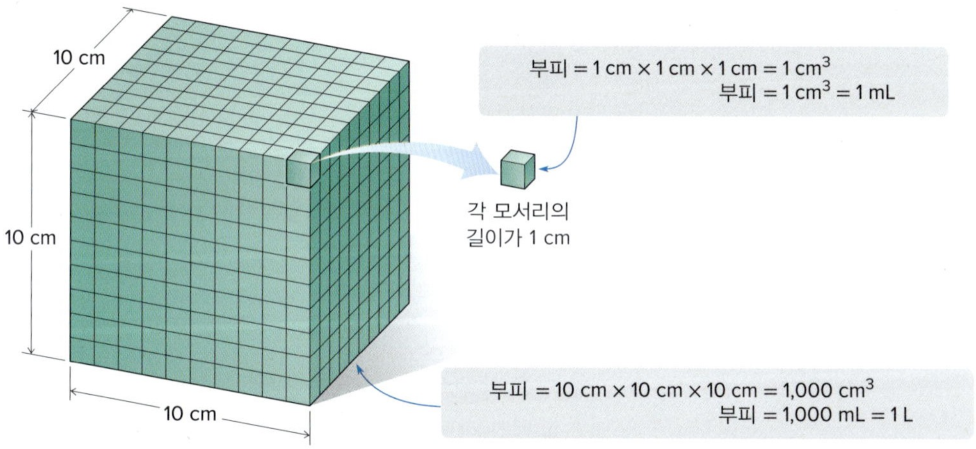


의학 및 실험실 연구에 사용되는 리터 단위에서 파생된 세 가지 일반적인 단위는 데시리터(dL), 밀리리터(mL) 및 마이크로리터(μL)이다. 1 밀리리터는 1 입방센티미터($cm^3$)와 같으며 1 cc와도 같다.

$$1\ \text{L} = 10\ \text{dL}$$
$$1\ \text{L} = 1{,}000\ \text{mL}$$
$$1\ \text{L} = 1{,}000{,}000\ \mu\text{L}$$
$$1\ \text{mL} = 1\ \text{cm}^3 = 1\ \text{cc}$$

**표 1.3**에 길이, 질량 및 부피에 대한 일반적인 미터법 단위를 요약했다. **표 1.4**에는 영국식 체계의 측정 단위와 이에 상응하는 미터법이 소개되어 있다.

**표 1.3 길이, 질량 및 부피에 대한 일반적인 미터법 단위 요약**

| 길이 | 질량 | 부피 |
|---|---|---|
| 1 km = 1,000 m | 1 kg = 1,000 g | 1 L = 10 dL |
| 1 m = 100 cm | 1 g = 1,000 mg | 1 L = 1,000 mL |
| 1 m = 1,000 mm | 1 mg = 1,000 μg | 1 L = 1,000,000 μL |
| 1 cm = 10 mm | | 1 dL = 100 mL |
| | | 1 mL = 1 $cm^3$ = 1 cc |

**표 1.4 영국식 체계의 단위와 그에 상응하는 미터법 단위와의 관계**

| | | |
|---|---|---|
| 길이 | 1 ft = 12 in. | 2.54 cm = 1 in. |
| | 1 yd = 3 ft | 1 m = 39.4 in. |
| | 1 mi = 5,280 ft | 1 km = 0.621 mi |
| 질량 | 1 lb = 16 oz | 1 kg = 2.20 lb |
| | 1 ton = 2,000 lb | 454 g = 1 lb |
| | | 28.3 g = 1 oz |
| 부피 | 1 qt = 4 cups | 946 mL = 1 qt |
| | 1 qt = 2 pt | 1 L = 1.06 qt |
| | 1 qt = 32 fl oz | 29.6 mL = 1 fl oz |
| | 1 gal = 4 qt | |

영국식 단위의 일반적인 단위에는 인치(in.), 피트(ft), 야드(yd), 마일(mi), 파운드(lb), 온스(oz), 갤런(gal), 쿼트(qt), 파인트(pt), 유동성 온스(fl oz)가 있다.

## 1.5 유효 숫자

화학에서 사용되는 숫자는 정확할 수도 부정확할 수도 있다.

- **정확한** 숫자는 물체의 수를 세어서 알게 된 결과이거나 어떤 정의의 일부이다.

우리 몸에는 손가락이 10개, 발가락이 10개, 신장이 2개 있다. 1 미터는 100 센티미터이다. 이 수치들은 불확실성이 없기 때문에 정확하다.

- **불확실한** 숫자는 측정 또는 관찰에서 얻어지며, 이 수치들은 약간의 불확실성을 포함한다.

어떤 값을 측정할 때마다 어느 정도는 그 결과와 관련된 불확실성이 있다. 마지막 숫자(오른쪽으로 가장 먼)는 추정치이며, 이를 얻기 위해 사용하는 측정 장치의 유형에 따라 달라진다. 예를 들어, 어떤 호수에서 잡은 물고기의 길이는 사용한 줄자에 따라 53 cm 또는 53.5 cm로 측정될 수 있다.

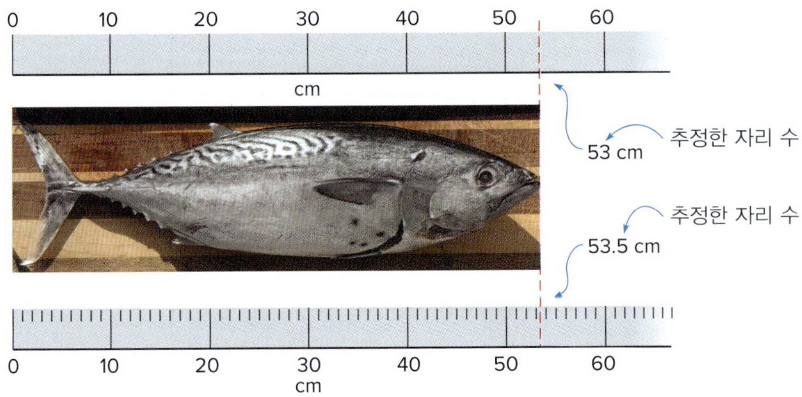


- **유효 숫자**는 하나의 추정한 숫자를 포함하여 측정된 값의 모든 자릿수의 숫자가 해당된다.

따라서 길이 53 cm에는 2개의 유효 숫자가 있고, 길이 53.5 cm에는 3개의 유효 숫자가 있다.

### 1.5A 유효 숫자 개수의 결정

수가 가지는 유효 숫자는 몇 개일까?

- **0이 아닌 모든 숫자는 항상 유효 숫자이다.**

| | |
|---|---|
| 65.2 g | 유효 숫자 3개 |
| 1,265 m | 유효 숫자 4개 |
| 25 μL | 유효 숫자 2개 |
| 255.345 g | 유효 숫자 6개 |

0이 유효 숫자로 고려되는지 여부는 측정값에서 어떤 위치에 있는지에 따라 다르다.

**0이 유효 숫자인지 결정하는 규칙**

**규칙 [1] 다음과 같은 경우에 0은 유효 숫자이다.**

- 0이 아닌 두 수 사이에 있을 때: 29.05 g — 4개의 유효 숫자; 1.0087 mL — 5개의 유효 숫자
- 소수점이 있는 수의 오른쪽 끝: 25.70 cm — 4개의 유효 숫자; 3.7500 g — 5개의 유효 숫자; 620. lb — 3개의 유효 숫자

**규칙 [2] 다음과 같은 경우에 0은 유효 숫자가 아니다.**

- 수의 시작 부분: 0.0245 mg — 3개의 유효 숫자; 0.008 mL — 1개의 유효 숫자
- 소수점이 없는 수의 끝: 2,570 m — 3개의 유효 숫자; 1,245,500 m — 5개의 유효 숫자

#### 예제 1.3 유효 숫자 개수의 결정

다음 수에는 유효 숫자가 몇 개 포함되어 있는가?

a. 34.08 b. 0.0054 c. 260.00 d. 260

**분석**

0이 아닌 모든 숫자는 유효 숫자이다. 0은 0이 아닌 두 자리 사이 또는 소수점이 있는 수의 끝에 있을 때 유효 숫자이다.

**해답**

유효 숫자는 빨간색으로 표시되었다.

a. 34.08 (4개) b. 0.0054 (2개) c. 260.00 (5개) d. 260 (2개)

#### 연습문제 1.3

다음 수에는 유효 숫자가 몇 개 포함되어 있는가?

a. 23.45 b. 23.057 c. 230 d. 231.0
e. 0.202 f. 0.003 60 g. 1,245,006 h. 1,200,000
i. 10,040 j. 10,040

### 1.5B 곱셈과 나눗셈에서 유효 숫자를 고려하는 방법

종종 개수가 다른 유효 숫자를 가진 수들로 계산을 수행해야 하는 경우가 있다. 문제의 답에서 유효 숫자의 개수는 곱셈(과 나눗셈) 또는 덧셈(과 뺄셈)과 같은 수학적 계산 유형에 따라 다르다.

- 곱셈과 나눗셈에서 답은 유효 숫자가 **가장 적은** 원래 수와 동일한 유효 숫자 개수를 가진다.

자동차를 5.5시간 동안 351.2 마일 운전했을 때 시간당 몇 마일을 여행했는지 계산해 보자. 계산기에 이 수들을 입력하면 다음과 같은 결과가 나타난다.

4개의 유효 숫자

$$\text{시간당 마일} = \frac{351.2\ \text{마일}}{5.5\ \text{시간}} = 63.854\,545\text{시간당 마일}$$

2개의 유효 숫자

답에는 **2개**의 유효 숫자만을 포함해야 한다.

원래 수들 중 하나에 유효 숫자가 2개(5.5시간)만 있기 때문에 이 문제에 대한 답은 유효 숫자가 2개가 된다. 올바른 형식으로 답을 작성하려면 수를 반올림하여 2개의 유효 숫자로만 답해야 한다. 반올림에는 다음과 같은 두 가지 규칙이 사용된다.

- 제거해야 하는 첫 번째 숫자가 4 이하인 경우 그 숫자와 나머지 모든 숫자를 제거한다.
- 제거해야 하는 첫 번째 숫자가 5 이상인 경우 남게 될 마지막 숫자에 1을 더하여 숫자를 **반올림**한다.

이 문제를 세세히 살펴보면 다음과 같다.

이 숫자들은 남아야 한다.

제거해야 하는 첫 번째 숫자

63.854 545

이 숫자들은 제거해야 한다.

- 제거해야 할 첫 번째 숫자는 8(5 이상)이므로 왼쪽 숫자에 1을 더한다.
- 두 자리로 반올림한 63.854 545의 답은 **시속 64 마일**이 된다.

표 1.5는 숫자를 반올림하는 다른 예들을 보여 준다.

**표 1.5 반올림**

| 원래 수 | 반올림 후 자리 수 | 반올림해서 얻은 숫자 |
|---|---|---|
| 61.2537 | 두 자리 | 61 |
| 61.2537 | 세 자리 | 61.3 |
| 61.2537 | 네 자리 | 61.25 |
| 61.2537 | 다섯 자리 | 61.254 |

제거할 첫 번째 숫자는 각각의 원래 숫자에 빨간색으로 표시되었다. 이 숫자가 4 이하이면 그 숫자와 오른쪽의 다른 모든 숫자가 제거된다. 이 숫자가 5 이상이면 왼쪽 숫자에 1을 더한다.

계산기를 사용하는 경우 디스플레이에 유효 숫자보다 더 많은 숫자가 표시되고, 때로는 더 적은 숫자가 표시되기도 한다. 예를 들어, 23.2에 1.1을 곱하면 계산기는 답으로 25.52를 보여 준다. 숫자 1.1에는 유효 숫자가 2개이므로 답에도 유효 숫자가 2개만 포함되어야 하고, 따라서 25.25는 26으로 반올림되어야 한다.

| 23.2 | × | 1.1 | = | 25.52 | 반올림 → | 26 |
|---|---|---|---|---|---|---|
| 3개의 유효 숫자 | | 2개의 유효 숫자 | | 계산기 디스플레이 | | 2개의 유효 숫자 **정답** |

반대로 25.0을 0.50으로 나누면 유효 숫자가 1개인 50으로 답이 표시된다. 0.50에는 2개의 유효 숫자가 있으므로 답에도 2개의 유효 숫자가 포함되어야 하며, 이는 소수점(50.)을 추가하여 표시할 수 있다.

| 25.0 | × | 0.50 | = | 50 | 소수점 추가 → | 50. |
|---|---|---|---|---|---|---|
| 3개의 유효 숫자 | | 2개의 유효 숫자 | | 계산기 디스플레이 | | 2개의 유효 숫자 **정답** |

### 예제 1.4 반올림

다음 수를 3개의 유효 숫자를 가진 수로 반올림하시오.

a. 1.2735　　b. 0.002 536 22　　c. 3,836.9

**분석**

3개의 유효 숫자를 가지게 하기 위해서는 먼저 왼쪽에서 네 번째 숫자를 본다. 이 숫자가 4 이하이면 해당 숫자와 오른쪽 나머지 모든 숫자를 제거한다. 왼쪽에서 네 번째 숫자가 5 이상이면 세 번째 숫자에 1을 더하여 반올림한다.

**해답**

a. 1.27　　b. 0.002 54

c. 3,840 (0 뒤의 소수점은 생략하고 숫자 3,840은 4개의 유효 숫자를 가진다)

**연습문제 1.4**

예제 1.4의 각 수를 2개의 유효 숫자를 가진 수로 반올림하시오.

### 예제 1.5 곱셈과 나눗셈에서 유효 숫자의 결정

다음 계산을 수행하고, 알맞은 개수의 유효 숫자를 사용하여 답하시오.

a. $3.81 \times 0.046$　　b. $120.085 \div 106$

**분석**

이러한 계산에는 곱셈과 나눗셈이 포함되므로 답은 유효 숫자 개수가 적은 원래 숫자와 동일한 개수의 유효 숫자를 가져야 한다.

**해답**

a. $3.81 \times 0.046 = 0.1753$

- 0.046에는 유효 숫자가 2개이므로 답을 반올림하여 유효 숫자 개수를 2개로 만든다.
  0.1753의 세 번째 숫자는 5(5 이상)이므로 7에 1을 더해 왼쪽으로 반올림한다.
  **답: 0.18**

b. $120.085 \div 106 = 1.132\ 877\ 36$

- 106은 유효 숫자가 3개이므로 답을 반올림하여 유효 숫자 개수를 3개로 만든다.
  1.132 877 36의 네 번째 숫자는 2(4 이하)이므로 이 숫자를 포함한 오른쪽 모든 숫자를 제거한다.
  **답: 1.13**

**연습문제 1.5**

다음 계산을 수행하고, 알맞은 개수의 유효 숫자를 사용하여 답하시오.

a. $10.70 \times 3.5$　　b. $0.206 \div 25{,}993$

c. $1{,}300 \div 41.2$　　d. $120.5 \times 26$

### 1.5C 덧셈과 뺄셈에서 유효 숫자를 고려하는 방법

덧셈과 뺄셈에서 유효 숫자를 결정할 때 마지막 유효 숫자의 소수 자리가 답의 유효 숫자 수를 결정한다.

- 덧셈과 뺄셈에서의 답은 소수점 이하 자릿수가 **가장 적은** 원래 수와 동일한 소수 자릿수를 가진다.

아기의 몸무게는 태어날 때 3.6 kg, 첫 번째 생일에 10.11 kg이었다고 가정해 보자. 아기가 생후 첫해에 몸무게가 얼마나 늘었는지 알아보기 위해 이 두 수를 빼고 적절한 유효 숫자를 사용하여 답을 구해 보자.

첫 번째 생일의 몸무게 = 10.11 kg　　　10.11 kg ← 소수점 이하 두 자리

태어났을 때의 몸무게 = 3.6 kg　　　− 3.6 kg ← 소수점 이하 한 자리

늘어난 몸무게 = 6.51 kg

↑ 마지막 유효 숫자 자리

- 답은 소수점 뒤에 한 자리만 올 수 있다.
- 6.51을 6.5로 반올림한다.
- 아기는 생후 첫해에 6.5 kg이 늘었다.

3.6 kg은 소수점 뒤에 유효 숫자가 하나만 있기 때문에 답은 소수점 뒤에 유효 숫자가 하나만 있을 수 있다.

#### 예제 1.6 덧셈과 뺄셈에서 유효 숫자의 결정

다이어트를 하고 있는 어떤 여성은 첫 주에 3.52 파운드, 두 번째 주에 2.2 파운드, 세 번째 주에 0.59 파운드의 체중을 줄였다. 그녀는 모두 얼마나 많은 체중을 줄였는가?

**분석**

매주 체중 감소량을 더하여 총 체중 감소량을 계산한다. 더할 때 답은 가장 적은 소수점 이하 자릿수를 가진 원래 수와 동일한 소수 자릿수를 가진다.

**해답**

3.52 lb

2.2 lb ← 소수점 이하 한 자리

0.59 lb

6.31 lb - - - - - → 6.3 lb (반올림)

↑ 마지막 유효 숫자 자리

- 2.2 lb는 소수점 뒤에 한 자리만 있기 때문에 답은 소수점 뒤에 한 자리만 가질 수 있다.
- 6.31을 반올림하면 6.3이 된다.
- 총 체중 감소: 6.3 lb

**연습문제 1.6**

각 계산을 수행하고, 적절한 수의 유효 숫자를 사용하여 답하시오.

a. 27.8 cm + 0.246 cm　　　b. 102.66 mL + 0.857 mL + 24.0 mL

c. 54.6 mg − 25 mg　　　d. 2.35 s − 0.266 s

## 1.6 과학적 표기법

의료 전문가와 과학자는 종종 매우 크고 작은 수를 다루어야 한다. 예를 들어, 건강한 성인의

혈소판 수는 1 mL당 250,000개의 혈소판을 가질 수 있다. 다른 극단적인 경우에는 임신 중 여성 호르몬 에스트리올(estriol)의 수치는 혈장 1 mL당 0.000000250 g일 수 있다. 에스트리올은 태반에서 분비되며 그 농도는 태아 건강의 척도로 사용된다.

앞에 많은 0을 포함하거나 또는 뒤에 있는 많은 0을 포함하는 숫자를 작성하기 위해 과학자들은 **과학적 표기법**을 사용한다.

- 과학적 표기법에서 숫자는 $y \times 10^x$로 쓴다.
- 계수로 불리는 y는 1에서 10 사이의 숫자이다.
- 값 x는 지수이며 양수 또는 음수일 수 있다.

먼저, $10^2$ 또는 $10^5$과 같이 양의 지수를 가지는 10의 거듭제곱이 무엇을 의미하는지 생각해 보자. 이들은 1보다 큰 숫자에 해당하고 양의 지수는 숫자 1 뒤에 0이 몇 개나 쓰여지는지 알려 준다. 따라서 $10^2 = 100$, 숫자 1 뒤에 0이 2개 있는 수를 의미한다.

답에는 0이 2개 있다.

$$10^2 = 10 \times 10 = 100$$

지수 2는 '10을 두 번 곱하는 것'을 의미한다.

답에는 0이 5개 있다.

$$10^5 = 10 \times 10 \times 10 \times 10 \times 10 = 100,000$$

지수 5는 '10을 다섯 번 곱하는 것'을 의미한다.

$10^{-3}$과 같이 음의 지수를 포함하는 10의 거듭제곱은 1보다 작은 수에 해당한다. 이 경우 지수는 소수점 오른쪽에 몇 자리(0이 아님)가 있는지 알려 준다.

답은 숫자 1을 포함하여 소수점 오른쪽에 세 자리가 있다.

$$10^{-3} = \frac{1}{10 \times 10 \times 10} = 0.001$$

지수 −3은 '0으로 세 번 나누는 것'을 의미한다.

과학적 표기법으로 숫자를 쓰려면 단계적 절차를 따라야 한다.

### 일반 숫자를 과학적 표기법으로 변환하는 방법

**예** 다음 수를 과학적 표기법으로 쓰시오. (a) 2,500 (b) 0.036

**단계 [1] 소수점을 이동하여 1에서 10 사이의 숫자를 만든다.**

(a) 2500.

소수점을 왼쪽으로 세 자리 이동하여 수 2.5를 만든다.

(b) 0.036

소수점을 오른쪽으로 두 자리 이동하여 수 3.6을 만든다.

**단계 [2] 결과에 $10^x$을 곱한다. 여기서 x는 소수점이 이동한 자릿수이다.**

- 소수점을 **왼쪽**으로 이동하면 $x$는 **양수**이다.
- 소수점을 **오른쪽**으로 이동하면 $x$는 **음수**이다.

(a) 소수점이 왼쪽으로 세 자리 이동했기 때문에 지수는 +3이고 계수에 $10^3$을 곱한다.

**답: $2,500 = 2.5 \times 10^3$**

(b) 소수점이 오른쪽으로 두 자리 이동했기 때문에 지수는 −2이고 계수에 $10^{-2}$을 곱한다.

**답: $0.036 = 3.6 \times 10^{-2}$**

그림 1.7 일반 형식과 과학적 표기법의 숫자

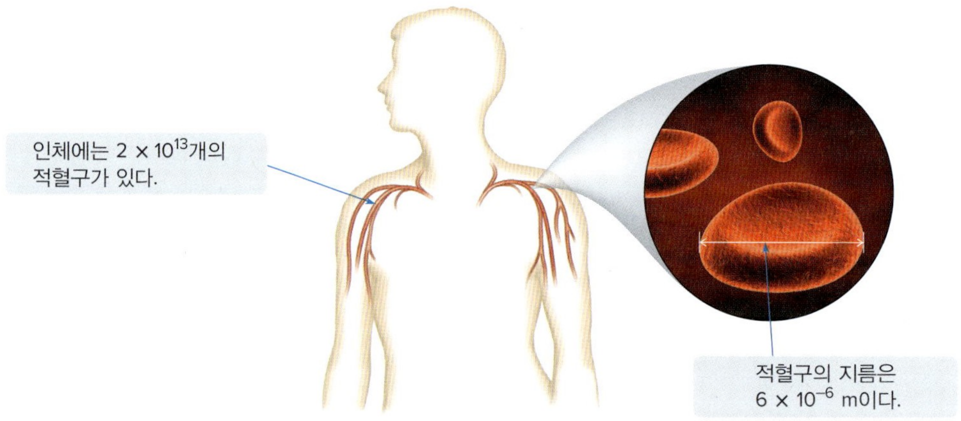


아주 크거나, 아주 작은 수는 과학적 표기법으로 더 편리하게 작성할 수 있다.

| 수의 종류 | 수 | 과학적 표기법 |
|---|---|---|
| 적혈구의 수 | 20,000,000,000,000 | $2 \times 10^{13}$ |
| 적혈구의 지름 | 0.000006 m | $6 \times 10^{-6}$ m |

과학적 표기법의 계수에 있는 유효 숫자의 개수는 원래 수의 유효 숫자의 수와 같아야 한다. 따라서 2,500 및 0.036에 대한 계수에는 2개의 유효 숫자가 필요할 뿐이며 더 이상 필요하지 않다. 그림 1.7은 일반 형식과 과학적 표기법으로 작성된 수의 두 가지 예를 보여 준다.

$$2{,}500 = 2.5 \times 10^3$$

2개의 유효 숫자

### 예제 1.7 과학적 표기법으로 숫자 쓰기

각 영양소의 일일 권장 섭취량을 과학적 표기법으로 작성하시오.

a. 소듐, 2,400 mg　　　　b. 비타민 $B_{12}$, 0.000006 g

#### 분석

소수점을 이동하여 1과 10 사이의 수를 만든다. 수에 $10^x$을 곱한다. 여기서 $x$는 소수점이 이동한 자릿수이다. 지수 $x$는 소수점이 왼쪽으로 이동하면 +, 오른쪽으로 이동하면 −이다.

#### 해답

a.

$2400. = 2.4 \times 10^3$ ← 소수점이 왼쪽으로 이동한 자릿수

소수점을 왼쪽으로 세 자리 이동한다.

- 2,400에는 2개의 유효 숫자가 포함되어 있으므로 계수를 2.4(유효 숫자 2개)로 작성한다.

b.

$0.000\,006 = 6 \times 10^{-6}$ ← 소수점이 오른쪽으로 이동한 자릿수

소수점을 오른쪽으로 여섯 자리 이동한다.

- 0.000006에는 유효 숫자가 1개 포함되어 있으므로 계수를 6(유효 숫자 1개)으로 작성한다.

**연습문제 1.7**

다음 수를 과학적 표기법으로 쓰시오.

| | | |
|---|---|---|
| a. 93,200 | b. 0.000725 | c. 6,780,000 |
| d. 0.000030 | e. 4,520,000,000,000 | f. 0.000000000028 |

과학적 표기법의 수를 일반 수로 변환하려면 **예제 1.8**에 표시된 절차를 반대로 수행해야 한다. 수를 쓰기 위해 앞쪽 또는 뒤쪽에 0을 추가할 필요가 있다.

- 지수 x가 양수이면 소수점을 x 자리만큼 오른쪽으로 이동시킨다.

$2.800 \times 10^{2}$ 2.800 ---→ 280.0

소수점을 오른쪽으로 두 자리 이동한다.

- 지수 x가 음수이면 소수점을 x 자리만큼 왼쪽으로 이동시킨다.

$2.80 \times 10^{-2}$ 002.80 ---→ 0.0280

소수점을 왼쪽으로 두 자리 이동한다.

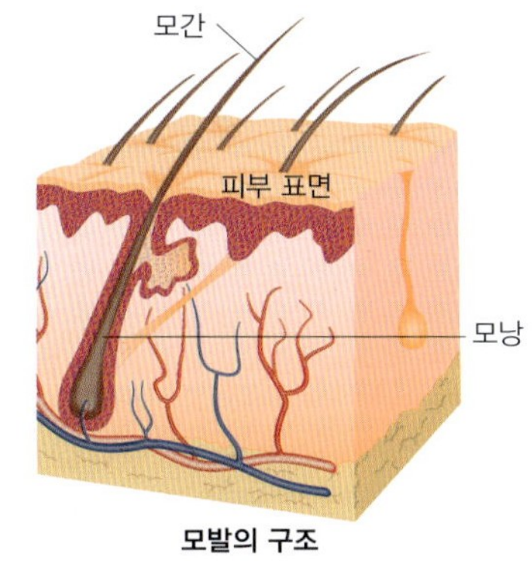


모발은 피부의 모낭에서 자라는 단백질이다.

**예제 1.8 과학적 표기법의 숫자를 일반 숫자로 변환**

머리카락의 평균 지름은 약 $1.2 \times 10^{-4}$ m이다. 이 값을 일반 수로 변환하시오.

**분석**

$10^x$의 지수는 일반 수를 만들기 위해 계수에서 소수점을 몇 자리 이동해야 하는지 알려 준다. $x$가 양수라면 소수점은 오른쪽으로 이동하고, $x$가 음수라면 왼쪽으로 이동한다.

**해답**

$1.21 \times 10^{-4}$ 000 01.2 ---→ 0.000 12 m

소수점을 왼쪽으로 네 자리 이동한다. 답

**답:** 0.00012는 $1.2 \times 10^{-4}$와 같이 2개의 유효 숫자를 가진다.

**연습문제 1.8**

다음 수를 일반 형식으로 변환하시오.

| | | |
|---|---|---|
| a. $6.5 \times 10^{3}$ | b. $3.26 \times 10^{-5}$ | c. $3.780 \times 10^{-2}$ |
| d. $1.04 \times 10^{8}$ | e. $2.221 \times 10^{6}$ | f. $4.5 \times 10^{-10}$ |

## 1.7 환산 인자를 사용하여 문제 해결하기

측정은 종종 어느 한 단위로 기록된 다음에 다른 단위로 변환되어야 하는 경우가 있다. 예를 들어, 환자의 체중은 130 lb로 측정될 수 있지만 약물 복용량을 계산하려면 체중을 kg 단위로 알아야 할 필요가 있다. 포타슘의 일일 권장 섭취량은 3,500 mg이지만 이것이 몇 그램에 해당하는지 알아야 할 때도 있다.

## 1.7A 환산 인자

하나의 단위를 다른 단위로 변환하기 위해 하나 또는 그 이상의 환산 인자를 사용한다.

원래의 양 × **환산 인자** = 원하는 양

이 두 수량은 동일하다.
단위만 다르다.

- **환산 인자**는 한 단위의 수량을 다른 단위의 수량으로 변환시킬 수 있다.

환산 인자는 2.20 lb = 1 kg과 같은 등식을 취하고, 이를 비율로 해서 만들어진다. 항상 두 가지 다른 방법으로 환산 인자를 쓸 수 있다.

$$\frac{2.20\ \text{lb}}{1\ \text{kg}} \quad \text{또는} \quad \frac{1\ \text{kg}}{2.20\ \text{lb}}$$

분자

분모

파운드를 킬로그램으로 변환시키는 환산 인자

문제 해결에 필요한 미터법 및 영국식 단위는 **표 1.3** 및 **표 1.4**를 참조한다. 일반적인 미터법과 영국식 단위도 뒷면 표지 안쪽에 나열되어 있다.

파운드와 킬로그램을 사용하면 이러한 값들 중 하나를 분수 분할선의 위쪽(분자) 또는 분할선의 아래(분모)에 쓸 수 있다. 환산 인자가 쓰여지는 방식은 문제에 따라 달라진다.

### 예제 1.9 한 쌍의 단위에 대한 환산 인자 작성하기

각 단위 쌍에 대해 2개의 환산 인자를 쓰시오.

a. 킬로그램과 그램 b. 쿼터와 리터

**분석**

**표 1.3**과 **표 1.4**의 등식을 사용하여 두 단위 사이의 관계를 보여 주는 비율식을 작성하시오.

**해답**

a. 킬로그램 및 그램의 환산 인자

$$\frac{1000\ \text{g}}{1\ \text{kg}} \quad \text{또는} \quad \frac{1\ \text{kg}}{1000\ \text{g}}$$

b. 쿼트 및 리터의 환산 인자

$$\frac{1.06\ \text{qt}}{1\ \text{L}} \quad \text{또는} \quad \frac{1\ \text{L}}{1.06\ \text{qt}}$$

**연습문제 1.9**

각 단위 쌍에 대해 2개의 환산 인자를 쓰시오.

a. 마일과 킬로미터 b. 미터와 밀리미터

c. 그램과 파운드 d. 밀리그램과 마이크로그램

## 1.7B 하나의 환산 인자를 사용하여 문제 해결하기

환산 인자를 사용하여 문제를 해결할 때 한 단위가 한 항의 분자와 다른 항의 분모에 단위가 나타나면 그 단위가 상쇄된다. 문제를 설정하는 목적은 원치 않는 모든 단위가 상쇄되도록 하는 것이다.

130 lb를 킬로그램으로 변환한다고 가정해 보자.

| 130 lb | × | **환산 인자** | = | ? kg |
|---|---|---|---|---|
| 원래의 양 | | | | 원하는 양 |

두 가지 가능한 환산 인자: $\frac{2.20\ \text{lb}}{1\ \text{kg}}$ 또는 $\frac{1\ \text{kg}}{2.20\ \text{lb}}$

이 문제를 해결하려면 두 가지 기준을 충족하는 환산 인자를 사용해야 한다.

- 환산 인자에는 문제의 두 가지 양(파운드와 킬로그램)이 포함되어야 한다.
- 환산 인자는 원하지 않는 단위(파운드)를 제거해야 한다.

이것은 원래 양의 파운드를 상쇄하기 위해 분모에 원하지 않는 단위(파운드)를 갖는 환산 인자를 선택하는 것을 말한다. 이것은 킬로그램을 유일한 단위로 남겨 두면서 문제를 해결한다.

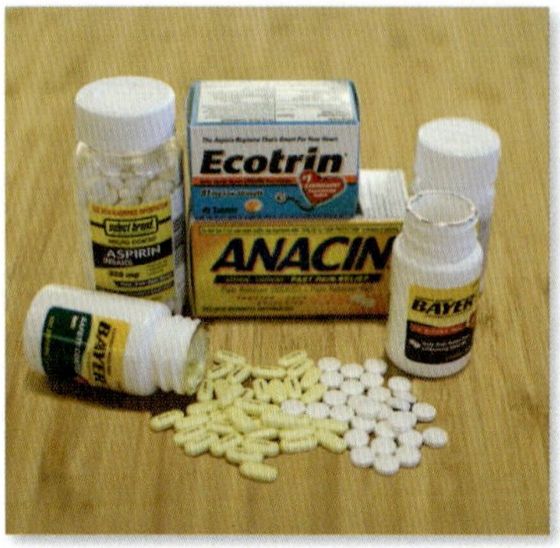

325mg 정제에는 아스피린이 몇 그램 들어 있는가?

환산 인자

$$130\ \cancel{\text{lb}} \times \frac{1\ \text{kg}}{2.20\ \cancel{\text{lb}}} = 59\ \text{kg}$$

킬로그램으로 된 답

원래 수량에서 원하지 않는 단위(lb)를 제거하려면 파운드(lb)가 분모여야 한다.

각 문제에 대한 답을 쓸 때 알맞은 개수의 유효 숫자를 사용해야 한다. 이 경우의 값 1 kg은 2.20 lb로 정의된다. 즉, 1 kg은 불확실성이 없는 정확한 숫자 '1'을 포함하므로 답의 자릿수를 제한하지 않는다. 130 lb에는 유효 숫자가 2개 있으므로 답은 유효 숫자 2개(59 kg)로 반올림된다.

단위와 관련된 문제가 더 복잡할 수도 있기 때문에 환산 인자를 사용하는 문제 해결에 유용한 다음의 일반적인 단계를 유념하자.

### 환산 인자를 사용하여 문제 해결하는 방법

**예** 325 mg 알약에는 몇 그램의 아스피린이 들어 있는가?

**단계 [1]** **단위를 포함하여 원래의 양과 원하는 양을 구별한다.**

- 이 문제에서 원래의 양은 밀리그램의 단위를, 원하는 양은 그램의 단위를 가진다.

| 325 mg | ? g |
|---|---|
| 원래의 양 | 원하는 양 |

**단계 [2]** **문제를 해결하는 데 필요한 환산 인자를 작성한다.**

- 밀리그램 및 그램과 관련된 환산 인자가 필요하다(표 1.3 참조). 원하지 않는 단위는 밀리그램이므로 분모에 밀리그램이 포함된 환산 인자를 선택하여 단위가 상쇄되도록 한다.

두 가지 가능한 환산 인자: $\dfrac{1000\ \text{mg}}{1\ \text{g}}$ 또는 $\dfrac{1\ \text{g}}{1000\ \text{mg}}$ ← 원하지 않는 단위인 mg을 제거하려면 이 인자를 선택한다.

- 종종 하나의 환산 인자만이 문제에서 필요하다. 다른 경우(1.7C절)에는 1개보다 많은 환산 인자가 필요하다.
- 원하는 답이 단일 단위(이 경우에는 그램)인 경우 환산 인자에는 분자에 원하는 단위와 분모에 원하지 않는 단위가 포함되어야 한다.

**단계 [3]** **문제를 설정하고 해결한다.**

- 원래의 양에 환산 인자를 곱하여 원하는 양을 얻는다.

환산 인자

$$\underset{\text{원래의 양}}{325\ \cancel{mg}} \times \frac{1\ g}{1000\ \cancel{mg}} = \underset{\text{원하는 양}}{0.325\ g\text{의 아스피린}}$$

mg(원하지 않는 단위)가 취소된다.

**단계 [4]** **알맞은 개수의 유효 숫자를 사용하여 답을 쓰고 추정하여 확인한다.**

- 각 부정확한 측정 숫자의 유효 숫자 개수를 사용하여 답의 유효 숫자 개수를 결정한다. 이 경우의 답은 원래 양(325 mg)에 의해 유효 숫자 3개로 제한한다.
- 다양한 방법을 사용하여 답을 추정해 본다. 이 경우 답은 1보다 작아야 한다. 325를 자신보다 큰 수로 나눈 값이기 때문이다.

**환경 노트**

물병에 사용되는 플라스틱인 PET는 가방, 용기, 플리스 재킷 및 카펫으로 재활용할 수 있다(6장 참조).

### 예제 1.10 환산 인자를 사용하여 문제를 해결하기

물병과 청량음료병에 사용되는 플라스틱 PET(폴리에틸렌 테레프탈레이트)가 1년에 재활용되는 양이 $1.65 \times 10^9$ lb라면, 이것은 몇 킬로그램의 PET인가?

**분석 및 해답**

**[1] 원래의 양과 원하는 양을 확인한다.**

| $1.65 \times 10^9$ lb | ? kg |
|---|---|
| 원래의 양 | 원하는 양 |

**[2] 환산 인자를 작성한다.**

- 파운드와 킬로그램을 연관시키는 환산 인자가 필요하다(표 1.3 참조). 단위가 상쇄되도록 분모에 파운드가 들어간 환산 인자를 선택한다.

$$\frac{2.20\ lb}{1\ kg} \quad \text{또는} \quad \frac{1\ kg}{2.20\ lb}$$

원하지 않는 단위인 lb를 제거하려면 이 인자를 선택한다.

**[3] 문제를 해결한다.**

- 원래의 양에 환산 인자를 곱하여 원하는 양을 얻는다. 원하지 않는 단위(파운드)가 제거되도록 문제를 설정한다.

환산 인자

$$1.65 \times 10^9\ \cancel{lb} \times \frac{1\ kg}{2.20\ \cancel{lb}} = 7.50 \times 10^8\ kg\text{의 PET}$$

lb(원하지 않는 단위)가 제거된다.

### 연습문제 1.10

다음 각 변환 과정을 수행하시오.

a. 25 L를 dL 단위로 변환　　b. 40.0 oz를 g 단위로 변환

c. 32 in.를 cm 단위로 변환　　d. 10 cm를 m 단위로 변환

### 1.7C 2개 이상의 환산 인자를 사용하여 문제 해결하기

일부 문제는 답에서 원하는 단위를 얻기 위해 둘 이상의 환산 인자를 사용해야 한다. 얼마나 많은 환산 인자가 필요한지에 관계없이 동일한 단계적 절차를 따르면 된다. 다음 사항에 유의해야 한다.

- 항상 한 항의 분모가 이전 항의 분자를 제거하도록 환산 인자를 배열한다.

예제 1.11은 2개의 환산 인자로 문제를 해결하는 방법을 보여 준다.

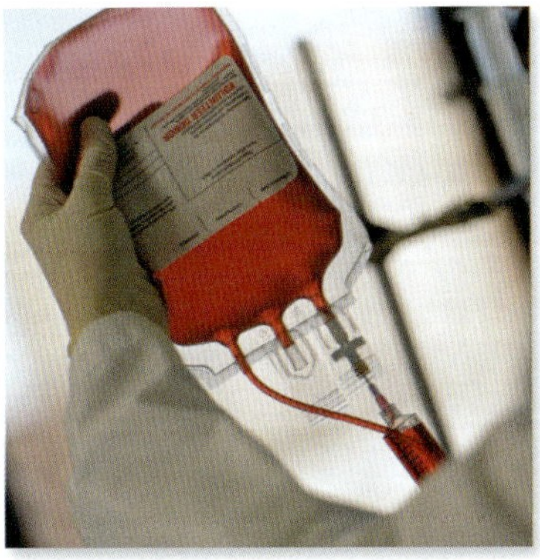

이 혈액 1 파인트 팩에는 혈액이 몇 리터의 들어 있는가?

**예제 1.11 2개 이상의 환산 인자를 사용하여 문제 해결하기**

어떤 사람이 거주 지역 혈액 은행에 1.0 pt의 혈액을 기증했다. 이것은 몇 리터의 혈액에 해당하는가?

**분석 및 해답**

**[1] 원래의 양과 원하는 양을 확인한다.**

| 1.0 pt | ? L |
|---|---|
| 원래의 양 | 원하는 양 |

**[2] 환산 인자를 작성한다.**

- 파인트를 리터로 직접 변환시키는 환산 인자가 없지만 파인트를 쿼트로, 쿼트를 리터로 변환하는 방법이 있다.

파인트–쿼트 변환: $\frac{2\ \text{pt}}{1\ \text{qt}}$ 또는 $\frac{1\ \text{qt}}{2\ \text{pt}}$

쿼트–리터 변환: $\frac{1.06\ \text{qt}}{1\ \text{L}}$ 또는 $\frac{1\ \text{L}}{1.06\ \text{qt}}$

분모에 원하지 않는 단위(pt 및 qt)가 있는 환산 인자를 선택한다.

**[3] 문제를 해결한다.**

- 원하지 않는 단위가 제거되도록 문제를 설정하려면 한 항의 분자에 있는 단위가 인접한 항의 분모에 있는 단위에 의해 상쇄되도록 각 항을 정렬해야 한다. 이 문제에서 우리는 리터를 얻기 위해 파인트와 쿼트를 모두 제거해야 한다.
- 원하는 단일 단위(리터)는 **분자** 위치에 남아야 한다.

$$1.0\ \text{pt} \times \frac{1\ \text{qt}}{2\ \text{pt}} \times \frac{1\ \text{L}}{1.06\ \text{qt}} = 0.47\ \text{L}$$

파인트 제거 / 쿼트 제거 / 리터는 제거되지 않음

**[4] 확인한다.**

- 1 쿼트에는 2 파인트가 있고, 1 쿼트는 거의 1 리터 크기이므로 1 파인트는 약 0.5 리터가 되어야 한다. **답:** 0.47은 약 0.5이다.
- 한 항인 1.0 pt에는 2개의 유효 숫자가 있으므로 2개의 유효 숫자로 답을 작성한다.

**연습문제 1.11**

다음 각 변환을 수행하시오.

a. 6,250 ft를 km 단위로 변환

b. 3 cup을 L 단위로 변환

c. 4.5 ft로 cm 단위로 변환

## 1.8 온도

온도는 물체가 얼마나 뜨겁거나 차가운지를 측정한다. **화씨**(미국에서 가장 많이 사용됨), **섭씨**(과학자들과 미국 이외의 국가에서 가장 일반적으로 사용됨), **켈빈**(그림 1.8 참조)과 같은 세 가지 온도 눈금이 사용된다.

화씨와 섭씨 눈금은 모두 **도**(°)로 나뉜다. 화씨 눈금에서 물은 32°F에서 얼고 212°F에서 끓는다. 섭씨 눈금에서 물은 0°C에서 얼고 100°C에서 끓는다. 온도 값을 한 눈금에서 다른 눈금으로 변환하기 위해 2개의 식을 사용해야 한다. 여기서 $T_C$는 섭씨 온도이고 $T_F$는 화씨 온도이다.

섭씨에서 화씨로 변환하려면:

$$T_F = 1.8(T_C) + 32$$

화씨에서 섭씨로 변환하려면:

$$T_C = \frac{T_F - 32}{1.8}$$

켈빈 눈금은 도가 아닌 **켈빈**(K)으로 나뉜다. 켈빈 눈금과 섭씨 눈금의 유일한 차이점은 영점이다. −273°C의 온도는 0K에 해당한다. 켈빈 눈금의 영점을 절대 영이라고 하며 가능한 최저 온도이다. 온도 값을 섭씨에서 켈빈으로 또는 그 반대로 변환하려면 두 가지 방정식을 사용하면 된다.

섭씨에서 켈빈으로 변환하려면:

$$T_K = T_C + 273$$

켈빈에서 섭씨로 변환하려면:

$$T_C = T_K - 273$$

**소비자 노트**

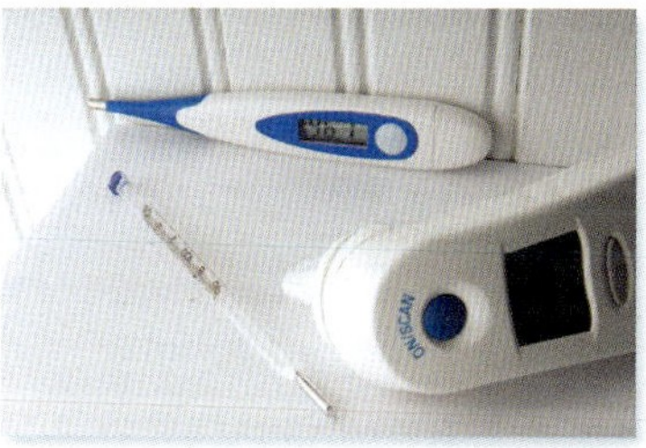

수은 온도계는 오랫동안 병원에서 온도를 측정하는 데 사용되었지만 이제는 디지털 온도계를 더 많이 사용한다. 귀에 적외선 감지 장치를 사용하는 고막 온도계도 일상적으로 사용된다.

그림 1.8 화씨, 섭씨 및 켈빈 온도의 눈금 비교

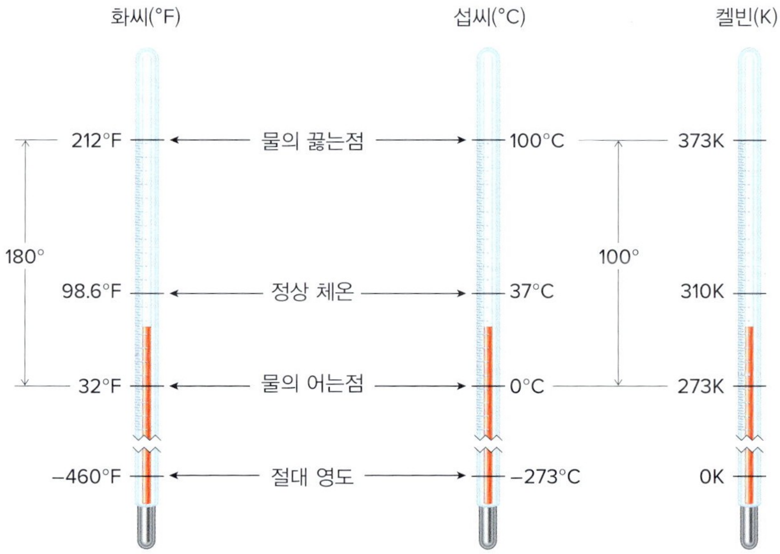


물의 어는점과 끓는점의 차이는 화씨 눈금에서는 180°이지만 섭씨 눈금에서는 100°에 불과하므로 화씨와 섭씨의 크기가 다르다. 켈빈 눈금은 도가 아닌 켈빈(K)으로 나뉜다. 물의 어는점과 끓는점은 100K에 걸쳐 있기 때문에 1K는 섭씨 1°C와 같은 크기이다.

**예제 1.12 한 온도 단위에서 다른 온도 단위로 변환**

영아의 체온은 104°F였다. 이 온도를 $T_C$와 $T_K$로 변환하시오.

**분석**

먼저, 식 $T_C = (T_F - 32)/1.8$을 사용하여 화씨 온도를 섭씨 온도로 변환한다. 그 다음 273을 더하여 섭씨 온도를 켈빈 온도로 변환한다.

**해답**

[1] $T_F$를 $T_C$로 변환

$$T_C = \frac{T_F - 32}{1.8} = \frac{104 - 32}{1.8} = 40°C$$

[2] $T_C$를 $T_K$로 변환

$$T_K = T_C + 273 = 40 + 273 = 313K$$

**연습문제 1.12**

인체가 극심한 추위에 노출되면 저체온증이 발생하고 체온이 28.5°C까지 떨어질 수 있다. 이 온도를 $T_F$ 및 $T_K$로 변환하시오.

## 1.9 밀도 및 비중

물질의 특성을 나타내기 위해 사용되는 물리량 중 두 가지가 **밀도**와 **비중**이다.

다이어트 청량음료의 캔은 밀도가 낮기 때문에 물에 뜨지만, 설탕이 포함된 일반 청량음료의 캔은 물보다 밀도가 높아 가라앉는다.

### 1.9A 밀도

밀도는 물질의 질량과 부피를 연결하는 물리적 성질이다. 밀도는 **질량**(그램) 대 **부피**(밀리미터 또는 입방센티미터)의 비율이다.

$$\text{밀도} = \frac{\text{질량(g)}}{\text{부피(mL 또는 cc)}}$$

물질의 밀도는 온도에 따라 다르다. 대부분의 물질에서 고체 상태는 액체 상태보다 밀도가 높으며 온도가 증가하면 밀도는 감소한다. 이 현상은 물질 시료의 부피가 일반적으로 온도 증가에 따라 증가하지만 질량은 항상 일정하기 때문에 발생하게 된다.

물은 이 일반적인 경우의 예외이다. 고체 상태인 얼음은 액체 상태인 물보다 밀도가 낮으며 0°C에서 4°C까지 물의 밀도가 증가한다. 4°C 이상에서는 물이 다른 액체처럼 거동하고 밀도가 감소한다. 따라서 물은 4°C에서 최대 밀도 1.00 g/mL를 가진다. 일부 물질들에 대한 대표적인 밀도는 **표 1.6**에 나타나 있다.

물질의 밀도(질량이 아님)는 액체에서 떠 있거나 가라앉는지를 결정한다.

- 밀도가 낮은 물질은 밀도가 더 높은 액체 위에 떠 있게 된다.

얼음은 밀도가 낮기 때문에 물 위에 뜬다. 유조선에서 석유가 누출되거나 보트에 연료 공급 시 휘발유를 흘리면 밀도가 낮아 물에 뜬다. 반대로 포탄문이나 어뢰는 물보다 밀도가 높기 때문에 가라앉는다.

**표 1.6 25°C에서 대표적인 물질들의 밀도**

| 물질 | 밀도[g/(mL 또는 cc)] | 물질 | 밀도[g/(mL 또는 cc)] |
|---|---|---|---|
| 산소(0°C) | 0.001 43 | 소변 | 1.003~1.030 |
| 가솔린 | 0.66 | 혈장 | 1.03 |
| 얼음(0°C) | 0.92 | 설탕 | 1.59 |
| 물(4°C) | 1.00 | 뼈 | 1.80 |

### 예제 1.13 밀도를 이용한 문제 해결

액체 A의 밀도는 액체 B의 밀도의 2배이다. 다음 문의에 답하시오.

a. 액체 A와 액체 B의 질량이 같다고 할 때 어떤 눈금실린더([1] 또는 [2])가 액체 A에 해당하고, 어느 것이 액체 B에 해당하는가?

b. 눈금실린더 [2]와 [3]에 있는 액체의 질량을 비교했을 때 어떻게 다른가?

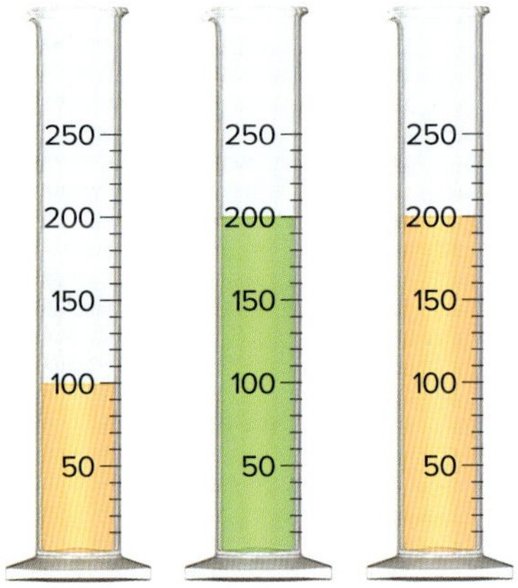


#### 분석

밀도는 물질의 밀리리터당 그램(g/mL) 또는 입방센티미터당 그램(g/cc)에 해당하는 양이다.

#### 해답

a. 액체 A의 밀도가 액체 B의 밀도의 2배인 경우 액체 A의 샘플과 동일한 질량을 갖기 위해서는 2배의 액체 B의 부피가 필요하다. 따라서 눈금실린더 액체 [1]은 액체 A(금색 액체)를 나타내고, 눈금실린더 [2]는 액체 B(녹색 액체)를 나타낸다.

b. 눈금실린더 [2]와 [3]에서 액체 A와 B의 동일한 부피를 갖지만 액체 A의 밀도는 액체 B의 2배이므로 눈금실린더 [3] (A)의 질량은 눈금실린더 [2] (B)의 질량의 2배이다.

#### 연습문제 1.13

각 경우에 있어서 실린더 [1]에 있는 액체 A의 질량은 실린더 [2]에 있는 액제 B의 질량과 어떻게 비교되는가?

a. 액체 A와 B의 밀도는 동일하다.

b. 액체 A의 밀도는 액체 B의 밀도의 2배이다.

c. 액체 B의 밀도는 액체 A의 밀도의 2배이다.

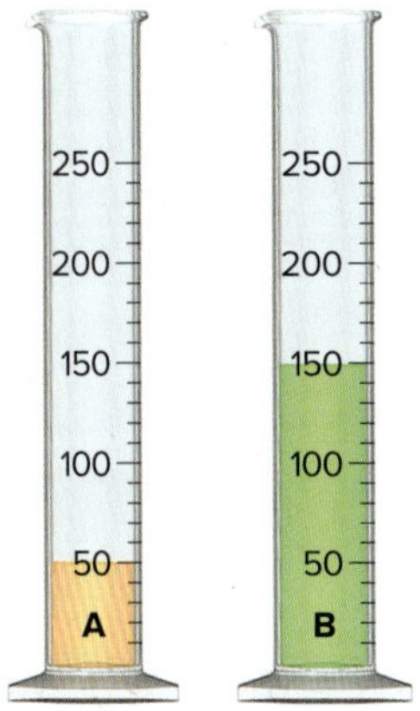


[1] [2]

액체의 밀도를 알면 물질의 부피를 질량으로, 물질의 질량을 부피로 변환할 수 있다.

부피(mL)를 질량(g)으로 변환하려면:

밀도

$$\text{mL} \times \frac{\text{g}}{\text{mL}} = \text{g}$$

밀리미터 제거

질량(g)을 부피(mL)로 변환하려면:

밀도의 역수

$$\text{g} \times \frac{\text{mL}}{\text{g}} = \text{mL}$$

그램 제거

스쿠버 다이버는 다이빙하는 동안 원하는 깊이로 내려 가기 위해 허리에 두른 벨트에 납을 사용한다.

예를 들어, 어떤 실험실에서 아스피린을 합성할 때 1.05 g/mL의 밀도를 가진 액체 아세트산을 사용한다. 합성을 위해 5.0 g이 필요한 경우 밀도를 이용하여 이 질량을 주사기 또는 피펫을 사용하여 쉽게 측정할 수 있는 부피로 변환할 수 있다.

$$5.0\ \text{g 아세트산} \times \frac{1\ \text{mL}}{1.05\ \text{g}} = 4.8\ \text{mL의 아세트산}$$

그램 제거

### 예제 1.14 밀도와 부피를 이용한 질량 결정

밀도가 1.05 g/mL인 식염수 15.0 mL의 질량을 그램 단위로 계산하시오.

**분석**

밀도(g/mL)를 이용하여 액체의 질량과 부피를 상호 변환한다.

**해답**

밀도

$$15.0\ \text{mL} \times \frac{1.05\ \text{g}}{1\ \text{mL}} = 15.8\ \text{g의 식염수}$$

밀리미터 제거

**답:** 15.8 g은 문제의 두 값 모두에서 유효 숫자의 개수와 일치하도록 유효 숫자 3개로 반올림된다.

**연습문제 1.14**

밀도가 0.713 g/mL인 마취제 다이에틸에테르 10.0 mL의 질량을 그램으로 계산하시오.

**건강 노트**

소변 시료의 비중을 측정하여 환자의 신진 대사의 불균형 여부를 확인한다.

### 1.9B 비중

비중은 물질의 밀도와 4°C에서 물의 밀도를 비교하는 양이다.

$$\text{비중} = \frac{\text{물의 밀도(g/mL)}}{\text{물질의 밀도(g/mL)}}$$

대부분의 다른 양과 달리 비중은 분자(g/mL)와 분모(g/mL)의 단위가 같기 때문에 단위가 없는 양이다. 물의 밀도는 4°C에서 1.00 g/mL이므로 물질의 비중은 밀도와 같지만 단위를 포함하지 않는다. 예를 들어, 액체의 밀도가 1.5 g/mL이면 비중은 1.5이다.

소변 시료의 비중은 종종 병원 실험실에서 측정된다. 정상 소변의 밀도는 1.003~1.030 g/mL 범위(표 1.6 참조)이므로 비중은 1.003~1.030 범위이다. 일관되게 높거나 낮은 값은 신진대사의 불균형을 나타낼 수 있다. 예를 들어, 제대로 조절되지 않는 당뇨병 환자의 소변 시료의 비중은 비정상적으로 높다. 왜냐하면 많은 양의 글루코스가 소변으로 배출되기 때문이다.

## 종합문제

물질

**1.1** 분자 그림의 각 예를 순수한 원소, 순수한 화합물 또는 혼합물로 분류하시오.

a.

b.

c.

d.

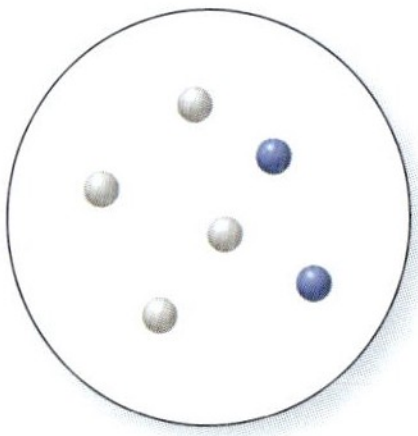

**1.2** 분자 그림에서 각 구성 요소를 원소 또는 화합물로 표시하시오.

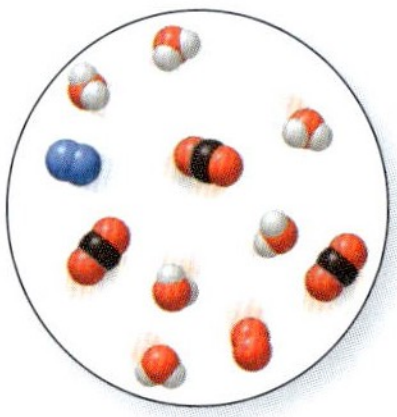

**1.3** 다음 질문에 답하시오.

a. 두 원소의 혼합물을 나타낸 그림은 무엇인가?

b. 화합물과 원소의 혼합물을 나타낸 그림은 무엇인가?

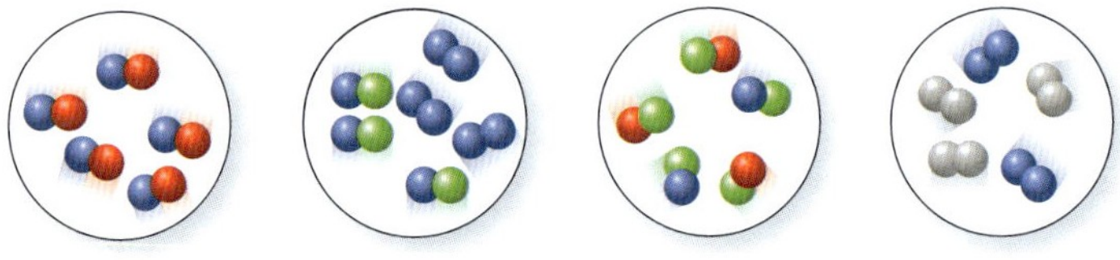

A B C D

**1.4** 아래 보기의 각 과정을 화학적 또는 물리적 변화로 분류하시오.

a. 물에 염화칼슘의 용해 과정

b. 자동차에 동력을 공급하기 위해 휘발유를 태우는 과정

c. 왁스가 녹도록 가열하는 과정

**1.5** 드라이아이스 덩어리(고체 이산화탄소)를 공기 중에 놓으면 고체가 점차 사라지고 고체 위에 기체가 형성된다. 아래에 그려진 분자 그림은 화학적 아니면 물리적 변화가 발생했음을 나타내는지 분류하고, 그 결정에 대해 설명하시오.

고체 기체

### 측정

**1.6** 다음 질문에 답하시오.

a. 주어진 화씨 온도계의 온도는 얼마인가?

b. 위의 답에는 유효 숫자가 몇 개 포함되어 있는가?

c. 이 온도를 $T_C$로 변환하시오.

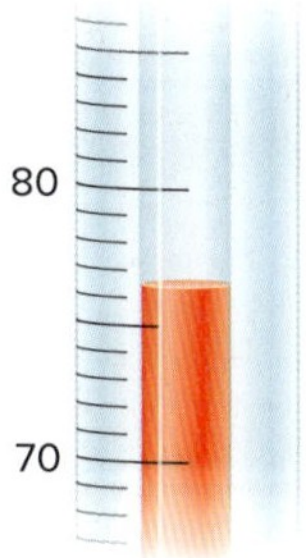


**1.7** 각 양이 정확한 수인지 부정확한 수인지 구분하시오.

a. 조리법에 마늘 10쪽과 기름 2큰술이 필요하다.

b. 어떤 개가 총 무게가 10 파운드인 다섯 마리의 강아지를 데리고 있다.

**1.8** 각 쌍에서 어느 것이 더 큰가?

a. 5 mL 또는 5 dL

b. 10 mg 또는 10 μg

c. 5 cm 또는 5 mm

d. 10 Ms 또는 10 ms

### 유효 숫자

**1.9** 각 수에는 유효 숫자가 몇 개 포함되어 있는가?

a. 16.00 b. 160

c. 0.001 60 d. 1,600,000

e. 1.06 f. 0.1600

g. $1.060\times10^{10}$ h. $1.6\times10^{-6}$

**1.10** 각 수를 반올림하여 유효 숫자가 3개인 수로 만드시오.

a. 25,401 b. 1,248,486

c. 0.001265982 d. 0.123456

e. 195.371 f. 196.814

**1.11** 각 계산을 수행하고, 알맞은 개수의 유효 숫자를 사용하여 답을 구하시오.

a. $53.6\times0.41$ b. $25.825-3.86$

c. $65.2\div12$ d. $41.0+9.135$

e. $694.2\times0.2$ f. $1{,}045-1.26$

### 과학적 표기법

**1.12** 다음 값을 과학적 표기법으로 나타내시오.

a. 1,234 g b. 0.0000162 m

c. 5,244,000 L d. 0.00562 g

e. 44,000 km

**1.13** 다음 값을 일반 형식으로 변환하시오.

a. $3.4\times10^{8}$ b. $5.822\times10^{-5}$

c. $3\times10^{2}$ d. $6.86\times10^{-8}$

**1.14** 각 쌍에서 어떤 수가 더 큰 수인가?

a. $4.44\times10^{3}$ 또는 $4.8\times10^{2}$

b. $5.6\times10^{-6}$ 또는 $5.6\times10^{-5}$

c. $1.3\times10^{8}$ 또는 52,300,000

d. $9.8\times10^{-4}$ 또는 0.000089

**1.15** 각 영양소의 일일 권장 섭취량을 과학적 표기법으로 나타내시오.

a. 0.000400 g의 엽산 b. 0.002 g의 구리

c. 0.000080 g의 비타민 K d. 3,400 mg의 염화물

### 문제 해결 및 단위 변환

**1.16** 그림은 체중이 파운드로 표시되는 저울이다. 이 사람의 체중은 몇 킬로그램인가?

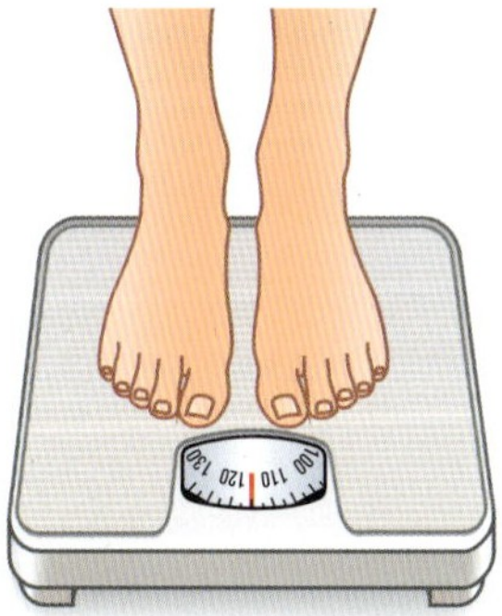

**1.17** 사람의 간의 평균 질량은 1.5 kg이다. 이 양을 (a) 그램, (b) 파운드, (c) 온스로 변환하시오.

**1.18** 일부 황다랑어의 독성 오염 물질인 수은의 농도는 물고기 $1.0\times10^{6}$ g에서 354 mg이다. 미국 식품의약국은 임신한 여성이 일주일에 6.0 oz보다 많은 양의 황다랑어를 섭취하지 않도록 권장한다. 한 사람이 생선 1인분으로부터 얼마나 많은 수은(밀리그램 단위)을 섭취하는가?

**1.19** 다음 각 변환을 수행하시오.

a. 키가 50 인치인 아이의 키는 몇 센티미터인가?

b. 어느 환자는 수술 중 3.0 pt의 혈액이 필요했다. 이것은 몇 리터에 해당하는가?

c. 어느 환자의 체온은 37.7°C였다. $T_F$로 환산하면 얼마인가?

**1.20** 다른 통화를 사용하는 국가를 여행할 때 환산 인자를 사용한다. 최근 아시아 여행에서 한 여행자가 부탄과 태국의 통화를 가지고 미국으로 돌아왔다. 그녀가 1,420 부탄 눌트럼(미국 1 달러에 65 눌트럼)과 5,750 태국 바트(미국 1 달러에 35 바트)를 가지고 있다면, 이 외화의 가치는 미국 달러로 얼마인가?

## 온도

**1.21** 다음 온도 변환을 수행하시오.

a. 처방전 없이 살 수 있는 진통제는 53°C에서 녹는다. 이 온도를 $T_F$ 및 $T_K$로 변환하시오.

b. 케이크를 350°F에서 굽는다. 이 온도를 $T_C$ 및 $T_K$로 변환하시오.

**1.22** 각 쌍에서 어느 온도가 더 높은가?

a. −10°C 또는 10°F

b. −50°C 또는 −50°F

## 밀도 및 비중

**1.23** 눈금실린더에 세 가지 액체 물(밀도＝1.00 g/mL), 옥수수 시럽(밀도＝1.37 g/mL), 옥수수 기름(밀도＝0.93 g/mL)이 담겨져 있다.

a. 눈금실린더에 들어 있는 A, B, C에 해당하는 액체를 구별하시오.

b. 액체 A, B, C는 각각 몇 그램인가?

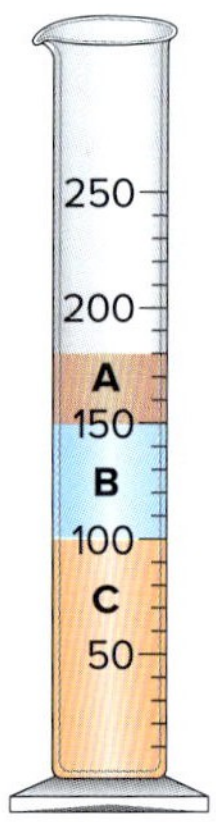


**1.24** 주어진 비커에는 물이 100 mL 들어 있다. 각 상황에서 무엇을 관찰할 것인지에 대한 그림을 그리시오.

a. 헥산(50 mL, 밀도＝0.65 g/mL)을 첨가한다.

b. 다이클로로메탄(50 mL, 밀도＝1.33 g/mL)을 첨가한다.

**1.25** 소변 시료의 질량이 122 g이고 부피가 121 mL인 경우 밀도는 g/mL로 얼마인가?

**1.26** 우유의 밀도가 1.03 g/mL인 경우 1 쿼트의 질량은 몇 킬로그램인가?

**1.27** 각 액체를 물에 넣었을 때의 상층은 무엇인가?

a. 헵탄(밀도＝0.684 g/mL)

b. 올리브 오일(밀도＝0.92 g/mL)

c. 클로로포름(밀도＝1.49 g/mL)

d. 사염화탄소(밀도＝1.59 g/mL)

CHAPTER 2

# 공유 결합 화합물

Covalent Compounds

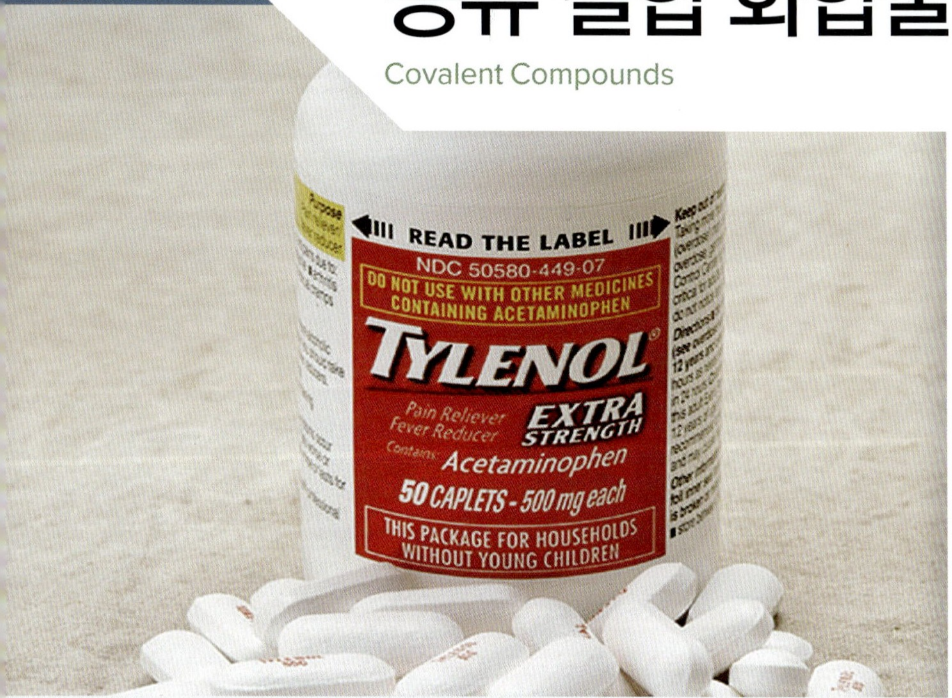


많은 약물과 마찬가지로 진통제 타이레놀의 활성 성분인 아세트아미노펜은 공유 결합으로 구성되어 있다.

2.1 원소 및 주기율표
2.2 공유 결합의 소개
2.3 루이스 구조
2.4 팔전자 규칙에 대한 예외
2.5 공명
2.6 분자 모양
2.7 전기음성도 및 결합 극성
2.8 분자의 극성

**공유 결합 화합물을 연구하는 이유는 무엇일까**

사실 우리가 일상생활에서 접하는 대부분의 화합물은 원자들 사이에 전자쌍을 공유하여 형성되는 **공유 결합 화합물**(covalent compound)이다. 우리가 호흡하는 공기는 주로 질소와 산소 기체로 이루어져 있는데 이 둘은 공유 결합 분자이다. 인체의 대부분은 물이며 2개의 수소–산소 공유 결합을 포함하고 있다. 일상적으로 사용되는 대부분의 약(아스피린, 아세트아미노펜, 이부프로펜 및 모든 항생제)은 공유 결합 화합물이다. 폴리에틸렌, 나일론, 합성 염료, 가솔린, 살충제 등 화학 산업의 거의 모든 제품들도 공유 결합 화합물이다. 이 장에서는 공유 결합 화합물의 중요한 특징에 대해 알아본다.

## 2.1 원소 및 주기율표

원소의 이름은 사람, 장소 및 사물의 이름으로 지정된다. 예를 들어, 탄소(C)는 '석탄' 또는 '목탄'을 의미하는 라틴어 carbo에서 유래했다. 넵투늄(Np, neptunium)은 행성 해왕성(Neptunium)의 이름을 따서 명명되었다. 아인슈타이늄(Es, einsteinium)은 과학자 알버트 아인슈타인(Albert Einstein)의 이름을 따서 명명되었다. 그리고 californium(Cf, californium)은 캘리포니아(California) 주의 이름을 따서 명명되었다.

1.3절에서 원소를 처음 소개했다.

- 원소는 화학 반응에 의해 단순한 물질로 분해될 수 없는 순수한 물질이다.

현재 알려진 118개의 원소 중 90개는 자연적으로 존재하고, 나머지 28개는 실험실의 과학자에 의해 만들어졌다. 공기 중의 산소와 청량음료 캔의 알루미늄과 같은 일부 원소는 익숙한 반면, 사마륨 및 시보그움과 같은 다른 원소는 익숙하지 않을 수 있다. 모든 원소를 알파벳 순서대로 나열한 목록이 표지 안쪽에 있다.

원소는 알파벳 한 글자 또는 두 글자 기호로 표기한다. 탄소 원소는 단일 글자 C로 표기하는 반면, 염소 원소는 Cl 두 글자로 표기한다. 원소 기호에 두 글자가 사용된 경우 첫 번째는 대문자이고, 두 번째는 소문자이다. 따라서 Co는 코발트 원소를 의미하지만 CO는 일산화탄소이며 탄소(C)와 산소(O) 원소로 구성된 것이다. 표 2.1에서 일반적인 원소들과 해당 기호를 찾아볼 수 있다.

대부분의 원소 기호는 원소 이름의 처음 한 두 글자에서 파생되지만, 11개의 원소에는 라틴어 또는 독일어 기원에서 파생된 기호가 있다. 표 2.2에는 이러한 원소와 해당 기호가 나열되어 있다.

**환경 노트**

휘발유와 같은 화석 연료의 연소 과정에서 소량 생성되는 일산화탄소(CO)는 여러 대도시에서 발생하는 스모그 공기의 독성 성분이다. 일산화탄소는 탄소(C)와 산소(O) 원소를 포함한다.

**표 2.1 일반적인 원소와 그 기호**

| 원소 | 기호 | 원소 | 기호 |
|---|---|---|---|
| 브로민 | Br | 마그네슘 | Mg |
| 칼슘 | Ca | 망간 | Mn |
| 탄소 | C | 몰리브데늄 | Mo |
| 염소 | Cl | 질소 | N |
| 크로뮴 | Cr | 산소 | O |
| 코발트 | Co | 인 | P |
| 구리 | Cu | 포타슘 | K |
| 플루오린 | F | 소듐 | Na |
| 수소 | H | 황 | S |
| 아이오딘 | I | 아연 | Zn |
| 납 | Pb | | |

**표 2.2 특이한 원소 기호**

| 원소 | 기호 |
|---|---|
| 안티몬 | Sb(stibium) |
| 구리 | Cu(cuprum) |
| 금 | Au(aurum) |
| 철 | Fe(ferrum) |
| 납 | Pb(plumbum) |
| 수은 | Hg(hydrargyrum) |
| 포타슘 | K(kalium) |
| 은 | Ag(argentum) |
| 소듐 | Na(natrium) |
| 주석 | Sn(stannum) |
| 텅스텐 | W(wolfram) |

### 2.1A 원소와 주기율표

같은 족의 원소들이 유사한 속성을 가지고 있으며 이러한 원소들이 주기율표라고 하는 표로 배열될 수 있다는 사실을 알게 된 것은 오래 전 일이다(**그림 2.1** 참조). **주기율표**(periodic table)에서 원소의 위치는 화학적 성질에 대해 많은 것을 알려 준다.

주기율표의 원소들은 **금속**(metals), **비금속**(nonmetals) 및 **준금속**(metalloids)의 세 가지 부류로 나뉜다. 붕소(B)에서 시작하는 실선과 아스타틴(At)까지 계단식으로 내려가는 각도는 이들 군에 해당하는 세 영역을 표시한다. 모든 금속은 굵은 실선의 왼쪽(left)에 있다. 수소를 제외한 모든 비금속은 실선의 오른쪽(right)에 있다. 준금속은 계단을 따라서 있다.

그림 2.1 원소 주기율표

| | 1A<br>1 | 2A<br>2 | 3B<br>3 | 4B<br>4 | 5B<br>5 | 6B<br>6 | 7B<br>7 | 8 | ← 8B →<br>9 | 10 | 1B<br>11 | 2B<br>12 | 3A<br>13 | 4A<br>14 | 5A<br>15 | 6A<br>16 | 7A<br>17 | 8A<br>18 | |
|---|---|---|---|---|---|---|---|---|---|---|---|---|---|---|---|---|---|---|---|
| 1 | 1<br>**H**<br>1.008 | | | | | | | | | | | | | | | | | 2<br>**He**<br>4.003 | 1 |
| 2 | 3<br>**Li**<br>6.941 | 4<br>**Be**<br>9.012 | | | | | | | | | | | 5<br>**B**<br>10.81 | 6<br>**C**<br>12.01 | 7<br>**N**<br>14.01 | 8<br>**O**<br>16.00 | 9<br>**F**<br>19.00 | 10<br>**Ne**<br>20.18 | 2 |
| 3 | 11<br>**Na**<br>22.99 | 12<br>**Mg**<br>24.31 | | | | | | | | | | | 13<br>**Al**<br>26.98 | 14<br>**Si**<br>28.09 | 15<br>**P**<br>30.97 | 16<br>**S**<br>32.07 | 17<br>**Cl**<br>35.45 | 18<br>**Ar**<br>39.95 | 3 |
| 4 | 19<br>**K**<br>39.10 | 20<br>**Ca**<br>40.08 | 21<br>**Sc**<br>44.96 | 22<br>**Ti**<br>47.88 | 23<br>**V**<br>50.94 | 24<br>**Cr**<br>52.00 | 25<br>**Mn**<br>54.94 | 26<br>**Fe**<br>55.85 | 27<br>**Co**<br>58.93 | 28<br>**Ni**<br>58.69 | 29<br>**Cu**<br>63.55 | 30<br>**Zn**<br>65.41 | 31<br>**Ga**<br>69.72 | 32<br>**Ge**<br>72.64 | 33<br>**As**<br>74.92 | 34<br>**Se**<br>78.96 | 35<br>**Br**<br>79.90 | 36<br>**Kr**<br>83.80 | 4 |
| 5 | 37<br>**Rb**<br>85.47 | 38<br>**Sr**<br>87.62 | 39<br>**Y**<br>88.91 | 40<br>**Zr**<br>91.22 | 41<br>**Nb**<br>92.91 | 42<br>**Mo**<br>95.94 | 43<br>**Tc**<br>(98) | 44<br>**Ru**<br>101.1 | 45<br>**Rh**<br>102.9 | 46<br>**Pd**<br>106.4 | 47<br>**Ag**<br>107.9 | 48<br>**Cd**<br>112.4 | 49<br>**In**<br>114.8 | 50<br>**Sn**<br>118.7 | 51<br>**Sb**<br>121.8 | 52<br>**Te**<br>127.6 | 53<br>**I**<br>126.9 | 54<br>**Xe**<br>131.3 | 5 |
| 6 | 55<br>**Cs**<br>132.9 | 56<br>**Ba**<br>137.3 | 57<br>**La**<br>138.9 | 72<br>**Hf**<br>178.5 | 73<br>**Ta**<br>180.9 | 74<br>**W**<br>183.8 | 75<br>**Re**<br>186.2 | 76<br>**Os**<br>190.2 | 77<br>**Ir**<br>192.2 | 78<br>**Pt**<br>195.1 | 79<br>**Au**<br>197.0 | 80<br>**Hg**<br>200.6 | 81<br>**Tl**<br>204.4 | 82<br>**Pb**<br>207.2 | 83<br>**Bi**<br>209.0 | 84<br>**Po**<br>(209) | 85<br>**At**<br>(210) | 86<br>**Rn**<br>(222) | 6 |
| 7 | 87<br>**Fr**<br>(223) | 88<br>**Ra**<br>(226) | 89<br>**Ac**<br>(227) | 104<br>**Rf**<br>(267) | 105<br>**Db**<br>(268) | 106<br>**Sg**<br>(271) | 107<br>**Bh**<br>(272) | 108<br>**Hs**<br>(270) | 109<br>**Mt**<br>(276) | 110<br>**Ds**<br>(281) | 111<br>**Rg**<br>(280) | 112<br>**Cn**<br>(285) | 113<br>**Nh**<br>(284) | 114<br>**Fl**<br>(289) | 115<br>**Mc**<br>(289) | 116<br>**Lv**<br>(293) | 117<br>**Ts**<br>(294) | 118<br>**Og**<br>(294) | 7 |

| | | | | | | | | | | | | | | | |
|---|---|---|---|---|---|---|---|---|---|---|---|---|---|---|---|
| 6 | 58<br>**Ce**<br>140.1 | 59<br>**Pr**<br>140.9 | 60<br>**Nd**<br>144.2 | 61<br>**Pm**<br>(145) | 62<br>**Sm**<br>150.4 | 63<br>**Eu**<br>152.0 | 64<br>**Gd**<br>157.3 | 65<br>**Tb**<br>158.9 | 66<br>**Dy**<br>162.5 | 67<br>**Ho**<br>164.9 | 68<br>**Er**<br>167.3 | 69<br>**Tm**<br>168.9 | 70<br>**Yb**<br>173.0 | 71<br>**Lu**<br>175.0 | 6 |
| 7 | 90<br>**Th**<br>232.0 | 91<br>**Pa**<br>231.0 | 92<br>**U**<br>238.0 | 93<br>**Np**<br>(237) | 94<br>**Pu**<br>(244) | 95<br>**Am**<br>(243) | 96<br>**Cm**<br>(247) | 97<br>**Bk**<br>(247) | 98<br>**Cf**<br>(251) | 99<br>**Es**<br>(252) | 100<br>**Fm**<br>(257) | 101<br>**Md**<br>(258) | 102<br>**No**<br>(259) | 103<br>**Lr**<br>(262) | 7 |

금속 준금속 비금속

- **금속**(metals)은 열과 전기를 전도하고 광택이 있는 물질이다. 금속은 연성을 가지고 있어 당겨져서 선을 만들 수 있고, 전성을 가지고 있어 망치로 내려치면 펴질 수 있다.
- **준금속**(metalloids)은 금속과 비금속의 중간 특성을 가지고 있다.
- **비금속**(nonmetals)은 열과 전기의 전도도가 좋지 않다.

- 금속(**metals**)은 열과 전기를 잘 전도하는 광택이 있는 물질이다. 액체인 수은을 제외한 모든 금속은 실온에서 고체이다.
- 비금속(**nonmetals**)은 광택이 나지 않으며 일반적으로 열과 전기 전도도가 좋지 않다. 황 및 탄소와 같은 비금속은 실온에서 고체이다. 브로민은 액체이고 질소, 산소 및 기타 9가지 원소는 기체이다.
- 준금속(**metalloids**)은 금속과 비금속의 중간 특성을 가지고 있다. 붕소(B), 규소(Si), 저마늄(Ge), 비소(As), 안티모니(Sb), 텔루륨(Te) 및 아스타틴(At)의 일곱 가지 원소만이 준금속으로 분류된다.

## 2.1B 화합물

1.3절에서 화합물은 둘 이상의 원소가 화학적으로 결합하여 형성된 순수한 물질임을 배웠다. 원소 기호는 화합물의 화학식을 작성하는 데 사용된다.

- **화학식**(chemical formula)은 원소 기호를 사용하여 화합물을 구성하는 원소를 표시하고 아래 첨자를 사용하여 화합물에 포함된 원자의 비를 표시한다.

예를 들어, 소금은 소듐(Na)과 염소(Cl)에서 1:1의 비율로 형성되므로 그 화학식은 NaCl이다. 반면, 물은 각 산소에 대해 2개의 수소로 구성되므로 그 화학식은 $H_2O$이다. 아래 첨자 '1'은 화학식에서 생략한다. 화학식의 예가 아래에 나타나 있다.

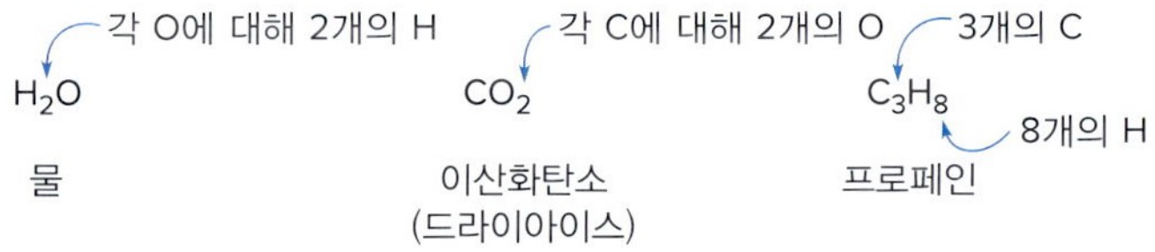


1.2절에서 배운 것처럼 분자 그림은 원소와 화합물의 조성과 상태를 설명하기 위해 자주 사용된다. 그림 2.2에 색을 띤 구는 화합물을 형성하는 일반적인 원소를 식별하는 데 사용된다.

예를 들어, 산소 원소에는 빨간색 구를, 수소 원소에는 회색 구를 사용하므로 $H_2O$는 2개의 회색 구가 연결된 빨간색 구로 그릴 수 있다. 때때로 구를 '막대'로 연결하여 화합물을 **공-막대**(ball-and-stick)로 표현할 수 있다. 또는 구를 서로 가깝게 그려 **공간 채우기**(space-filling) 표현을 사용하기도 한다. 구가 어떻게 표현되든지에 상관없이 $H_2O$는 항상 산소를 나타내는 빨간색 구 1개와 수소를 나타내는 회색 구 2개로 구성된다.

표현 방식과 상관없이 물은 각 산소에 대해 2개의 수소를 포함하는 화합물이다.

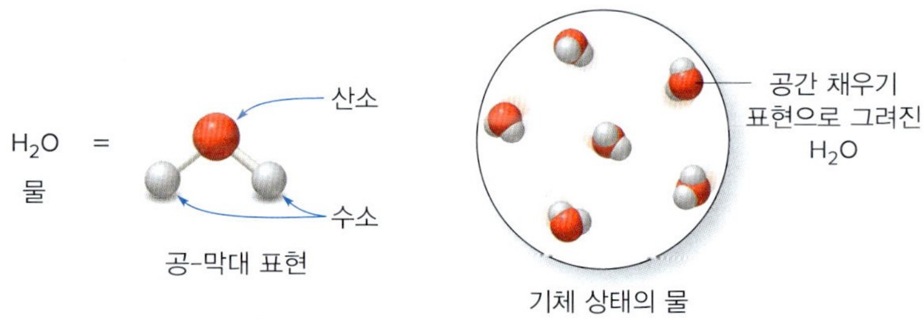


그림 2.2 분자 그림에 사용되는 일반적인 원소들의 색상

### 예제 2.1 분자 그림에서 원소의 구별

다음 분자 그림에서 사용된 원소를 확인하시오.

a.

b.

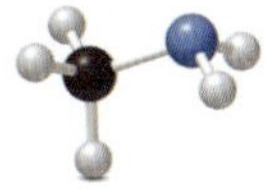

**분석**

그림 2.2를 사용하여 색으로 구분된 구가 어느 원소인지 결정한다.

**해답**

a. 이 공간 채우기 표현에서 파란색 구는 질소 원소에 해당하고, 빨간색 구는 산소 원소에 해당한다. 따라서 한 '입자'는 2개의 질소를 포함하고, 또 다른 입자는 2개의 산소를 포함하고, 나머지 두 입자는 1개의 산소와 1개의 질소를 포함하고 있다.

b. 이 공-막대 모형에는 탄소(검정), 질소(파란색) 및 수소(회색) 원소가 포함된다.

**연습문제 2.1**

분자 그림에서 사용된 원소를 확인하시오.

a.

b.

c.

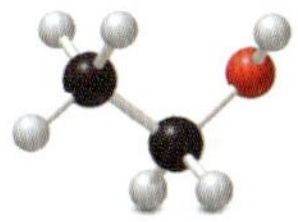

라이신(lysine) 함량이 상대적으로 높은 곡물인 퀴노아(quinoa)는 채식주의 식단에서 라이신과 같은 필수 아미노산의 좋은 공급원이다.

### 예제 2.2 복잡한 공-막대 표현에서 화학식의 결정

주어진 공-막대 표현에서 라이신의 화학식을 결정하시오. 라이신은 단백질 합성에 필요한 필수 아미노산으로 사람이 스스로 합성할 수 없기 때문에 꾸준히 섭취해야 한다.

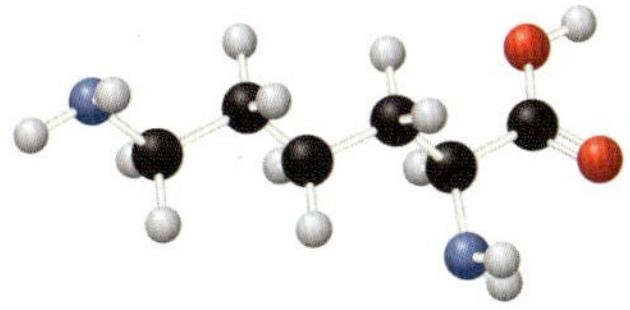

라이신(lysine)

**분석**

그림 2.2를 사용하여 색으로 구분된 구들을 확인한다. 원소의 원자 수를 사용하여 화학식에서 아래 첨자를 결정한다.

**해답**

라이신은 6개의 탄소(검은색), 2개의 산소(빨간색), 2개의 질소(파란색), 14개의 수소(회색)를 포함하고 있다. 따라서 라이신은 $C_6H_{14}N_2O_2$의 화학식을 가진다.

**연습문제 2.2**

주어진 공-막대 모형에서 카페인의 화학식을 결정하시오.

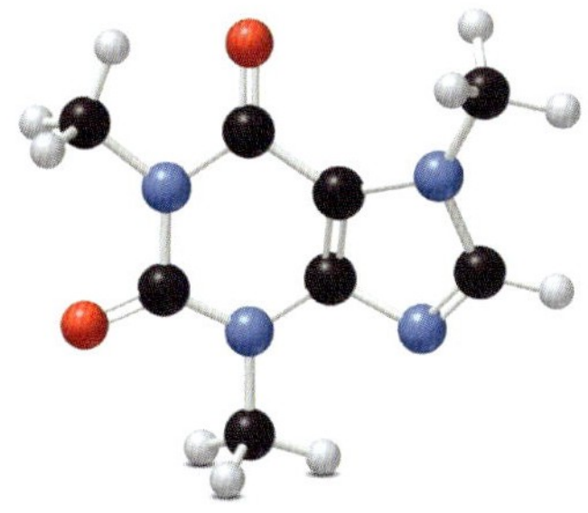

카페인(caffeine)

## 2.2 공유 결합의 소개

공유 결합은 두 원자 사이에 전자들을 공유(sharing)함으로써 발생한다. 예를 들어, 1개의 전자를 갖는 수소 원자(H·) 2개가 결합하면 2개의 전자를 포함하는 공유 결합을 형성한다. 음으로 하전된 두 전자는 양으로 하전된 수소 핵에 끌려 수소 **분자**(molecule) $H_2$를 형성한다. 이것은 공유 전자로 인해 각 수소 원자가 헬륨의 비활성 기체 전자 배치를 가질 수 있어서 특히 안정적인 배열이다.

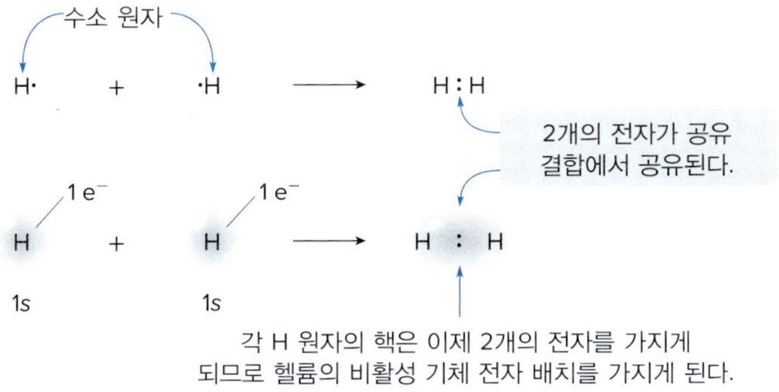


- 공유 결합은 결합 원자들이 원자가 전자를 공유하는 2-전자 결합이다.
- 분자는 공유 결합에 의해 결합된 화합물이다.

두 원소 기호 사이에 실선을 사용하여 2-전자 결합을 나타낸다. 따라서 $H_2$ 분자는 다음과 같이 그릴 수 있다.

$$H_2 \;=\; H\!:\!H \;=\; H\text{—}H$$

(2-전자 결합)

수소는 2개의 원자만을 포함하고 있기 때문에 **이원자 분자**(diatomic molecule)라고 한다. 수소 외에도 질소($N_2$), 산소($O_2$), 플루오린($F_2$), 염소($Cl_2$), 브로민($Br_2$), 아이오딘($I_2$)과 같은 6개의 원소도 이원자 분자로 존재한다.

플루오린화수소 HF는 2개의 서로 다른 원자인 수소와 플루오린 사이에 형성된 이원자 분자의 예이다. 수소에는 원자가 전자가 1개 있고, 플루오린에는 7개의 전자가 있다. H와 F는 각각 하나의 전자를 제공하여 하나의 2-전자 결합을 형성한다.

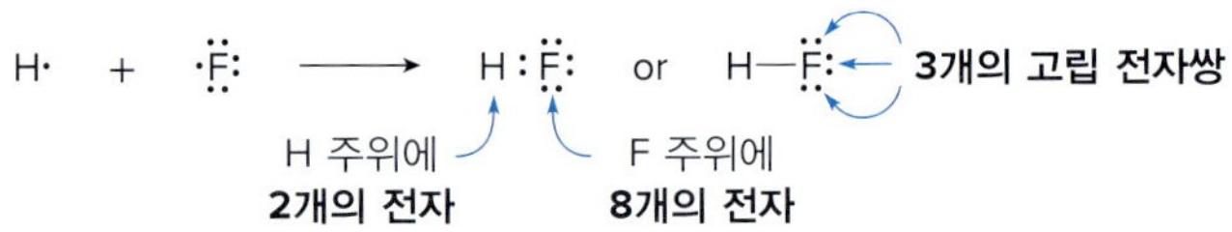

그 결과 분자는 H와 F 모두에 채워진 원자가 껍질을 갖게 된다. H는 2개의 전자로 둘러싸여 헬륨의 비활성 기체 전자 배치를 갖게 되고, F는 8개의 전자로 둘러싸여 네온의 비활성 기체 전자 배치를 갖게 된다. F 원자는 공유 결합에 공유된 2개의 전자와 수소 원자와 공유되지 않는 세 쌍의 전자들을 포함한다. 이러한 비공유 전자쌍을 **비결합 전자쌍**(nonbonded electron pairs) 또는 **고립 전자쌍**(lone pairs)이라고 한다.

비결합 전자쌍 = 고립 전자쌍

- 공유 결합에서 원자는 전자를 공유하여 주기율표에서 가장 가까운 비활성 기체의 전자 배치를 가진다.

결과적으로 수소는 2개의 전자를 공유하게 된다. 다른 주족 원소들은 최외곽 껍질에 8개의 전자(팔전자)를 가질 때 특히 안정적이다.

## 2.2A 공유 결합과 주기율표

2개의 비금속 원자들이 결합하면 공유 결합이 형성된다. 비금속 원자들은 전자를 쉽게 잃지 않으므로 결과적으로 하나의 비금속은 다른 비금속 원자에 전자를 쉽게 전달하지 못한다. 공유 결합은 준금속이 비금속과 결합할 때도 형성된다. 공유 결합은 최외곽 껍질에 전자들이 채워진 이온을 형성하기 위해 여러 전자들을 얻거나 잃어야만 하는 원소들에서 선호된다.

메테인($CH_4$), 암모니아($NH_3$) 및 물($H_2O$) 분자들은 8개의 전자로 둘러쌓인 주족 원소를 가지는 공유 분자의 세 가지 예이다. 범람이 발생한 논에서 유기 물질이 분해될 때 방출되는 기체 메테인은 4개의 탄소–수소 공유 결합을 포함하며, 각 결합은 2개의 전자를 가진다. 농업용 비료인 $NH_3$에서 질소 원자는 3개의 결합과 1개의 고립 전자쌍을 가지고 있기 때문에 8개의 전

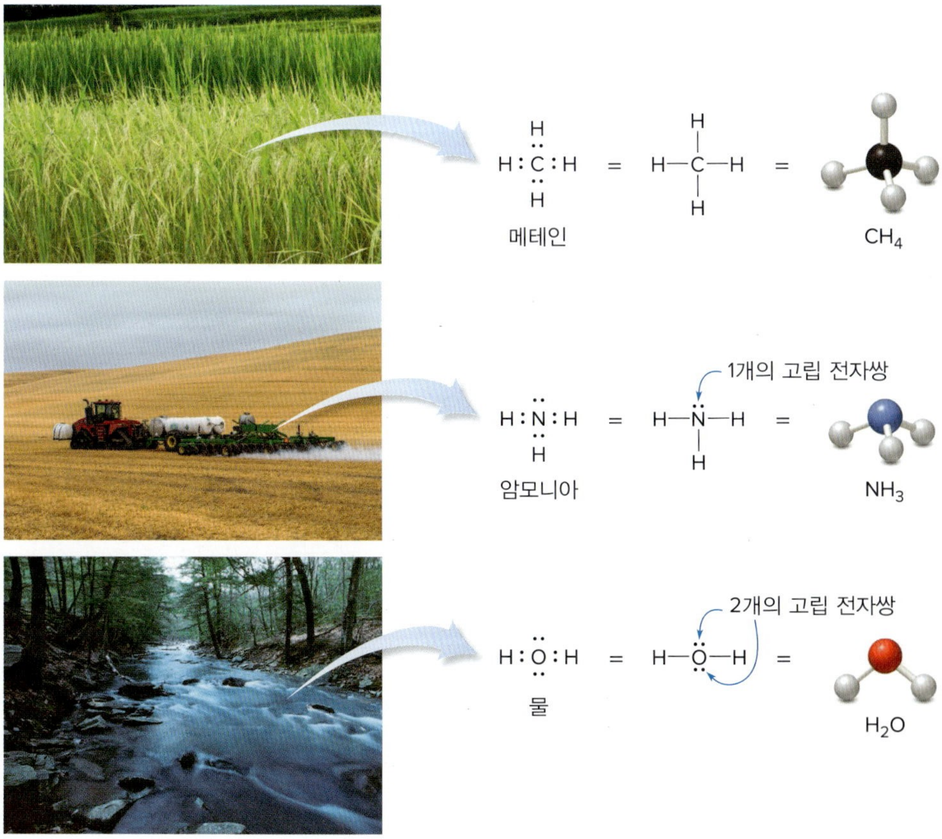

자(팔전자)로 둘러싸여 있다. $H_2O$에서 산소 원자는 2개의 결합과 2개의 고립 전자쌍을 가지고 있기 때문에 역시 팔전자로 둘러싸여 있다.

분자에 대한 전자 점 구조를 **루이스**(Lewis) **구조**라고 한다. 루이스 구조는 결합의 공유 전자 및 비결합 전자쌍을 포함한 분자의 모든 원자가 전자들의 위치를 보여 준다. 2.3절에서는 루이스 구조를 그리는 일반적인 절차를 배운다.

특정 원자는 전형적으로 공유 결합을 몇 개 형성할까? 예상할 수 있듯이 주기율표에 있는 원자의 위치에 따라 다르다. 첫 번째 열에서 수소는 하나의 원자가 전자를 가지고 하나의 공유 결합을 형성한다. 다른 주족 원소들은 일반적으로 주위에 8개보다 적은 수의 전자를 가진다. 중성 분자의 경우 두 가지 결과가 발생한다.

- 원자가 전자가 1개, 2개 또는 3개인 원자는 일반적으로 각각 1개, 2개 또는 3개의 결합을 형성한다.
- 원자가 전자가 4개 이상인 원자는 8전자(팔전자)를 이루기 위한 충분한 결합을 형성한다. 따라서 원자가 전자가 4개 이상인 원자의 경우는 다음과 같다.

**예상되는 결합 수** = **8** − **원자가 전자의 수**

그림 2.3에 이러한 지침을 이용하여 일반적인 원자에서 형성되는 공유 결합의 수를 요약해 두었다. 수소를 제외한 일반적인 원소들은 결합에서 다음의 규칙을 따른다.

**결합 수** + **고립 전자쌍의 수** = **4**

### 예제 2.3 공유 결합 수의 예측

그림 2.3을 참조하지 않고 각 원자에 대해 얼마나 많은 공유 결합이 만들어질 수 있는지 예측하시오.

a. B b. N

**분석**

- 원자가 전자가 1개, 2개 또는 3개인 원자는 각각 1개, 2개 또는 3개의 결합을 형성한다.
- 원자가 전자가 4개 이상인 원자는 팔전자를 이룰 수 있도록 충분한 결합을 형성한다.

**해답**

a. B는 3개의 원자가 전자를 가지고 있다. 따라서 3개의 공유 결합을 형성할 것으로 예측된다.
b. N에는 5개의 원자가 전자가 있다. 4개 이상의 원자가 전자를 포함하기 때문에 8 − 5 = 3개의 결합을 형성할 것으로 예측된다.

**연습문제 2.3**

각 원자에 대해 공유 결합 수를 예측하시오.

a. F b. Si
c. Br d. O
e. P f. S

그림 2.3 보편적인 주족 원소들의 결합 양식

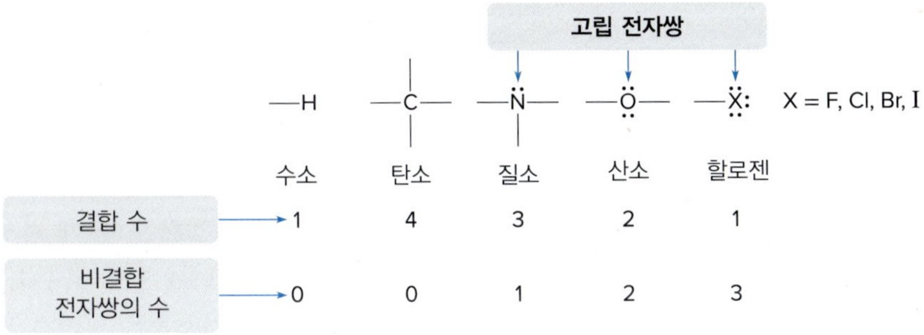


## 2.3 루이스 구조

분자식은 공유 화합물에 있는 모든 원자들과 그들의 수를 보여 주지만 어떤 원자들이 서로 결합되어 있는지 알려 주지는 않는다. 따라서 암모니아에 대한 분자식 $NH_3$는 암모니아가 질소 원자 1개와 수소 원자 3개를 포함한다는 것을 보여 주지만, 암모니아가 3개의 질소–수소 공유 결합을 갖고 있으며, N 원자가 고립 전자쌍을 가지고 있다는 것을 알려 주지는 않는다. 반면에 루이스 구조는 원자 사이의 연결성과 모든 결합 및 비결합 원자가 전자가 존재하는 위치를 보여 준다.

### 2.3A 루이스 구조 그리기

루이스 구조를 그리는 데는 세 가지 일반적인 규칙이 있다.

1. 원자가 전자만 그린다.
2. 모든 주족 원소(수소 제외)에 8개의 전자(팔전자, octet)를 부여한다.
3. 각 수소에 2개의 전자를 부여한다.

2.2절에서 여러 공유 분자에 대해 루이스 구조를 그렸다. 하나의 결합을 가진 이원자 분자에 대한 루이스 구조는 간단하게 그릴 수 있지만, 3개 이상의 원자를 가진 화합물에 대한 루이스 구조는 일반적인 절차를 따라야 그리기가 쉬워진다.

#### 루이스 구조를 그리는 방법

**단계 [1]** **서로 결합하고 있다고 생각되는 원자를 나란히 배열한다.**

- 수소와 할로젠은 하나의 결합만을 형성하기 때문에 항상 이 원자들을 주변부에 배치한다.

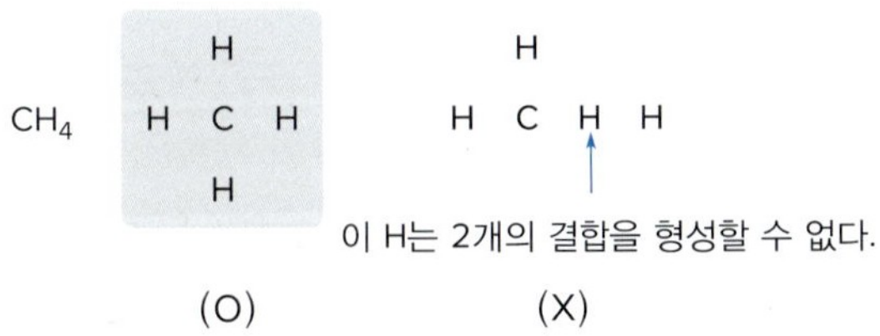

• 첫 번째 접근으로 **그림 2.3**의 보편적인 결합 양식을 사용하여 원자를 배열한다.

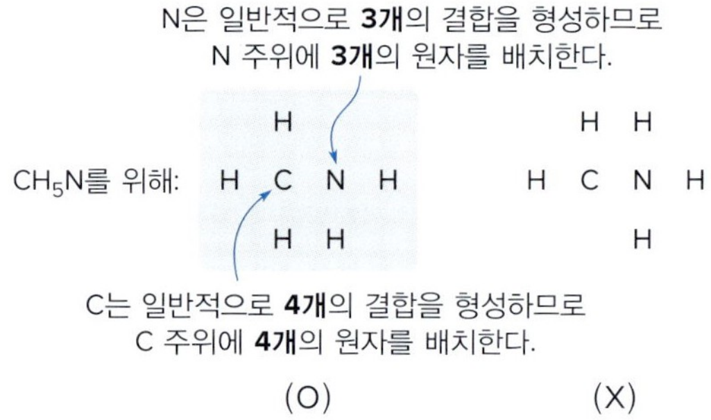


사실 때때로 원자 배열이 명확하지 않은 경우가 있다. 이러한 이유로 일부 문제에서는 원자 배열을 지정해 준다.

**단계 [2]** **원자가 전자의 수를 센다.**

• 원자가 전자의 수를 세기 위해 주족 원소의 족 번호를 사용한다.
• 이 합계는 루이스 구조를 그리는 데 사용해야 하는 총 전자 수가 된다.

**단계 [3]** **원자 주위에 전자를 배열한다.**

• 두 원자 사이에 하나의 결합을 배치하여 각 H에 2개의 전자를 주고 다른 모든 주족 원자에는 8개 이하의 전자를 준다.
• 나머지 모든 전자를 사용하여 주변부에 있는 원자부터 고립 전자쌍으로 팔전자를 채운다.
• 모든 원자가 전자가 사용되고 원자가 팔전자를 이루지 못한 경우에는 단계 [4]로 진행한다.

**단계 [4]** **필요한 경우 다중 결합을 사용하여 팔전자를 채운다.**

• 팔전자를 완성하는 데 필요한 두 전자마다 고립 전자쌍 1개를 결합 전자쌍 1개로 변환한다. 이것은 2.3B절에서처럼 일부 분자에서 이중 결합 또는 삼중 결합을 형성한다. 단일 공유 결합에는 2개의 전자가 포함되어 있지만 이중 결합은 4개의 전자로 구성되고, 삼중 결합은 6개의 전자로 구성된다.

**예제 2.4** 및 **예제 2.5**는 단일 결합만 포함하는 두 분자에 대해 루이스 구조를 그리는 방법을 보여 준다.

### 예제 2.4 루이스 구조 그리기

큰 해초에 의해 만들어지는 화합물이면서 화산 방출의 한 성분인 클로로메테인($CH_3Cl$)에 대한 루이스 구조를 그리시오.

**분석 및 해답**

[1] **원자를 배열한다.**

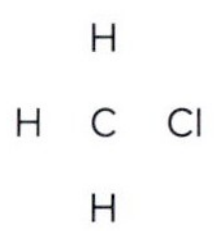

• 중앙에 C를, 주변부에 H 3개와 Cl 1개를 배치한다.
• 이 배열에서 C는 일반적인 수인 4개의 원자로 둘러싸여 있다.

[2] **전자의 수를 센다.**

• 원자가 전자의 수를 결정하기 위해 족 번호를 사용한다.

| 원소 | 족 번호 | 원자가 전자 수 | | 원자의 수 | | 전체 전자의 수 |
|---|---|---|---|---|---|---|
| C | 4A (14) | 4 | × | 1 | = | 4 $e^-$ |
| H | 1A (1) | 1 | × | 3 | = | 3 $e^-$ |
| Cl | 7A (17) | 7 | × | 1 | = | 7 $e^-$ |
| | | | | 전체의 원자가 전자의 수 | = | **14 $e^-$** |

[3] **결합과 고립 전자쌍을 추가한다.**

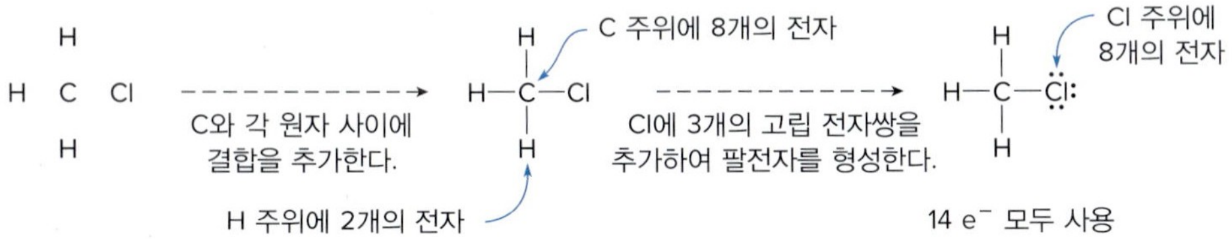


먼저 4개의 단일 결합, 즉 3개의 C—H 결합과 1개의 C—Cl 결합을 추가한다. 이것은 8개의 원자가 전자를 사용하며 탄소에 팔전자(4개의 2전자 결합)를 각각의 수소에 2개의 전자를 제공한다. 다음으로 3개의 고립 전자쌍을 추가하여 Cl에 팔전자를 제공한다. 이것으로 14개의 원자가 전자를 모두 사용하게 된다. 루이스 구조가 유효한지 확인하려면 세 가지 질문에 '예'라고 답해야 한다.

- 모든 전자가 사용되었는가?
- 각 H가 2개의 전자로 둘러싸여 있는가?
- 다른 모든 주족 원소가 8개의 전자로 둘러싸여 있는가?

세 가지 질문에 대한 답이 모두 '예'이므로 $CH_3Cl$에 대한 타당한 루이스 구조가 된다.

**연습문제 2.4**

각 공유결합 분자에 대한 루이스 구조를 그리시오.

a. HBr  b. $CH_3F$  c. $H_2O_2$  d. $N_2H_4$  e. $C_2H_6$  f. $CH_2Cl_2$

## 예제 2.5 루이스 구조 그리기

분자식이 $CH_4O$인 화합물 메탄올에 대한 루이스 구조를 그리시오. 메탄올은 소량 섭취 시 실명과 사망까지 유발할 수 있는 독성 화합물이다.

**분석 및 해답**

[1] **원자를 배열한다.**

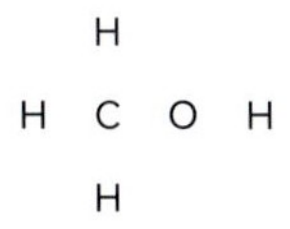

- C 주위에 4개의 원자
- O 주위에 2개의 원자

[2] **전자의 수를 센다.**

- 원자가 전자의 수를 결정하기 위해 족 번호를 사용한다.

| 원소 | 족 번호 | 원자가 전자 수 | | 원자의 수 | | 전체 전자의 수 |
|---|---|---|---|---|---|---|
| C | 4A (14) | 4 | × | 1 | = | 4 $e^-$ |
| O | 6A (16) | 6 | × | 1 | = | 6 $e^-$ |
| H | 1A (1) | 1 | × | 4 | = | 4 $e^-$ |
| | | | | 전체의 원자가 전자의 수 | = | **14 $e^-$** |

[3] **결합과 고립 전자쌍을 추가한다.**

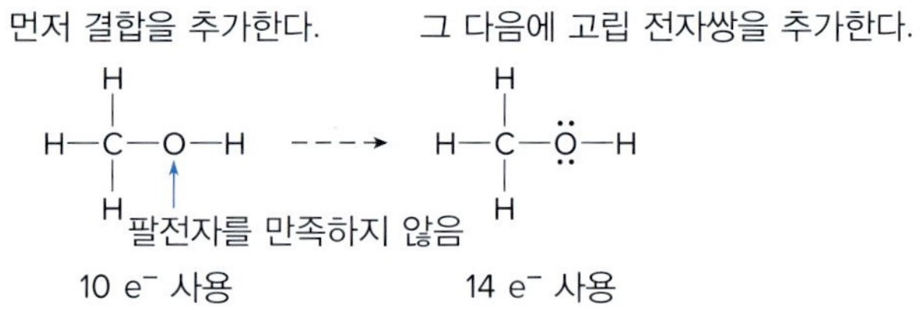


단계 [3]에서 모든 원자 사이에 결합을 배치하는 것에 10개의 전자만 사용되며, 전자가 4개인 O 원자는 아직 완전한 팔전자를 갖지 않는다. 구조를 완성하려면 O 원자에 2개의 고립 전자쌍을 제공한다. 이것은 모든 14개의 전자를 사용하여 모든 H에 2개의 전자를, 모든 주족 원소에 8개의 전자를 제공한다. 이것은 타당한 루이스 구조에 해당한다.

**연습문제 2.5**

주어진 원자 배열로 다이메틸에터(dimethyl ether, $C_2H_6O$)에 대한 루이스 구조를 그리시오.

## 2.3B 다중 결합

때로는 분자에 단일 결합만 배치하여 모든 주족 원소(수소 제외)에 팔전자를 제공하는 것이 불가능하다. 예를 들어, $N_2$에 대한 루이스 구조를 그릴 때 각 N에는 5개의 원자가 전자가 있으므로 배치할 전자가 10개 있다. N – N 결합이 하나만 있는 경우 고립 전자쌍을 추가하면 질소 1개 또는 2개가 8개 미만의 전자를 가질 수 있다.

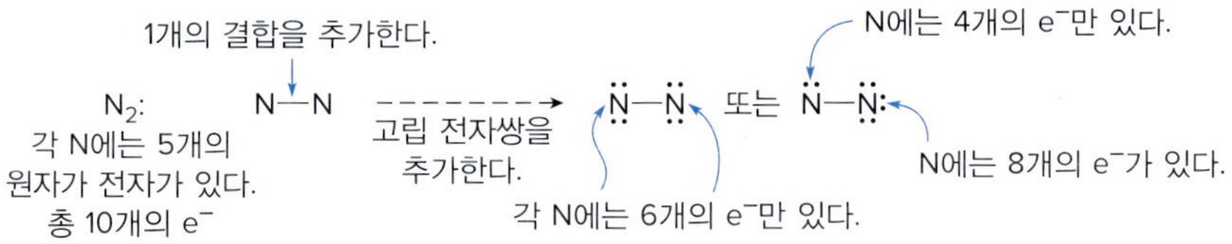


이 경우 고립 전자쌍을 전자의 결합 전자쌍으로 변환하여 다중 결합을 형성해야 한다. 필요한 것보다 4개의 전자가 적기 때문에 2개(two)의 고립 전자쌍을 2개(two)의 결합 전자쌍으로 변환하고 삼중(triple) 결합을 만들어야 한다.

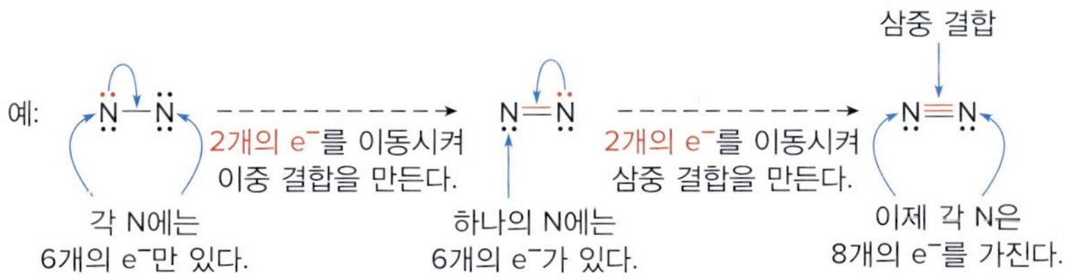


- **삼중 결합**은 3개의 2-전자 결합에 6개의 전자를 포함한다.

예제 2.4는 이중 결합을 포함하는 루이스 구조의 또 다른 예를 보여 준다.

- **이중 결합**은 2개의 2-전자 결합에 4개의 전자를 포함한다.

- 모든 전자를 결합과 고립 전자쌍으로 배치한 후 원자에 팔전자가 만족되지 않으면 고립 전자쌍을 사용하여 **다중 결합**을 만든다.

### 예제 2.6 다중 결합이 있는 화합물에 대한 루이스 구조 그리기

각 탄소가 2개의 수소와 결합되어 있는 분자식 $C_2H_4$를 가지는 화합물인 에틸렌의 루이스 구조를 그리시오.

**분석 및 해답**

루이스 구조를 그리기 위해 다음 [1] ~ [3] 단계를 따른다.

**[1] 원자들을 배열한다.**

- 각 C는 2개의 H를 가진다.

**[2] 족 번호를 사용하여 전자를 센다.**

| 원소 | 족 번호 | 원자가 전자 수 | | 원자 수 | | 전체 전자 수 |
|---|---|---|---|---|---|---|
| C | 4A (14) | 4 | × | 2 | = | 8 e⁻ |
| H | 1A (1) | 1 | × | 4 | = | 4 e⁻ |
| | | 전체의 원자가 전자 수 | | | = | **12 e⁻** |

**[3] 결합과 고립 전자쌍을 추가한다.**

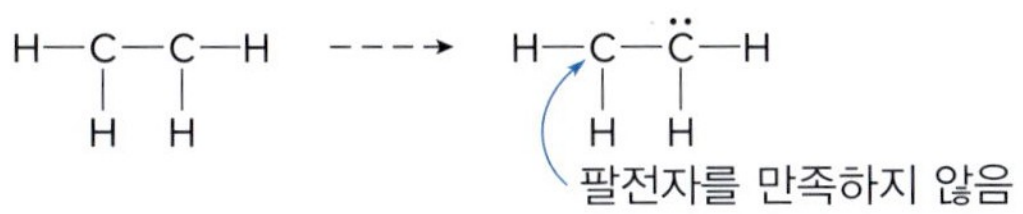


원자 사이에 5개의 결합을 배치하고 나머지 2개의 전자를 고립 전자쌍으로 추가한 후에도 하나의 C에는 여전히 팔전자가 만족되지 않고 있다.

**[4] 두 C에 팔전자를 제공하려면 고립 전자쌍 1개를 두 C 원자 사이에 결합 전자쌍 1개로 변환하여 이중 결합을 만든다.**

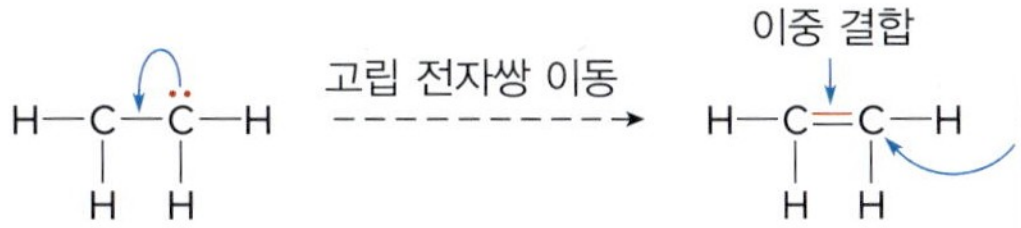


- 이제 각 C에는 4개의 결합이 있다.
- 이제 각 C는 8개의 전자로 둘러싸여 있다.

이것은 12개의 전자를 모두 사용하고 각 C는 팔전자를 만족하며 각 H에는 2개의 전자가 있다. 타당한 루이스 구조이다. 에틸렌은 탄소-탄소 이중 결합을 포함하고 있다.

**연습문제 2.6**

주어진 원자 배열을 사용하여 각 화합물에 대해 타당한 루이스 구조를 그리시오.

a. HCN  H C N
사이안화수소
(hydrogen cyanide)

b. $CH_2O$  H C O
폼알데하이드  H
(formaldehyde)

## 2.4 팔전자 규칙에 대한 예외

공유 결합 화합물(탄소, 질소, 산소 및 할로젠으로 이루어진 화합물)의 대부분의 원소들은 전형적으로 팔전자 규칙을 따른다. 수소는 결합에서 2개의 전자만 수용하기 때문에 주목할만한 예외이다. 추가적인 예외에는 3A족의 **붕소**(boron)와 같은 원소와 주기율표의 세 번째 주기 이후의 원소들, 특히 **인**(phosphorus)과 **황**(sulfur)이 포함된다.

### 2.4A 3A족의 원소

주기율표에서 붕소와 같은 3A족 원소는 중성 분자에서 팔전자를 형성하기에 충분한 원자가 전자를 가지고 있지 않다. $BF_3$의 루이스 구조는 붕소 원자 주위에 6개의 전자만이 있음을 보여준다. 이에 대해 다른 방법은 없다. 팔전자를 형성하기에 전자가 충분하지 않다.

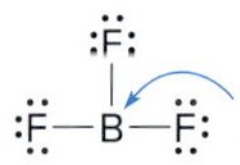


### 2.4B 3주기 원소

팔전자 규칙에 대한 또 다른 예외는 주기율표의 세 번째 주기와 그 이후에 있는 일부 원소에서 발생한다. 이 원소들은 전자를 받아들이는 데 사용할 수 있는 빈 *d* 오비탈을 가지고 있으므로 주위에 8개 이상의 전자를 가질 수 있다. 이에 해당하는 가장 일반적인 두 가지 원소는 인과 황으로 주위에 10개 또는 12개의 전자를 가질 수 있다.

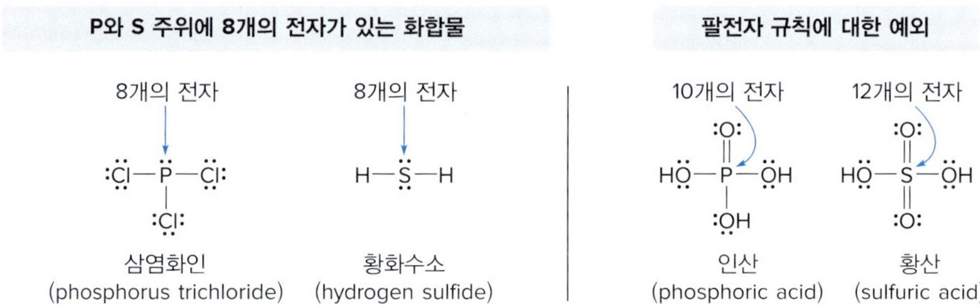


$PCl_3$ 및 $H_2S$에는 팔전자 규칙을 따르는 인 및 황 원자가 포함되어 있지만 $H_3PO_4$(인산) 및 $H_2SO_4$(황산)에는 그렇지 않다. $H_3PO_4$의 인 원자는 10개의 전자로 둘러싸여 있고, $H_2SO_4$의 황 원자는 12개의 전자로 둘러싸여 있다.

## 2.5 공명

공유 결합을 포함하는 이온, 즉 다원자 이온에 대해서도 루이스 구조를 그려야 할 때가 있다. 이 경우 원자 주위에 배치되어야 하는 원자가 전자의 수를 계산할 때 이온의 전하를 고려해야 한다. 원자가 전자의 수 계산에서 다음을 수행한다.

- 각 음전하에 대해 전자 하나를 추가한다.
- 각 양전하에 대해 전자 하나를 뺀다.

예를 들어, 사이안화 음이온 $CN^-$에 대한 루이스 구조에서 10개의 원자가 전자(탄소에서 4개, 질소에서 5개, 음전하에서 1개의 추가 전자)가 있다. 각 원자에 팔전자를 제공하려면 두 원자가 삼중 결합으로 연결되어야 하며 탄소와 질소는 모두 고립 전자쌍을 가진다.

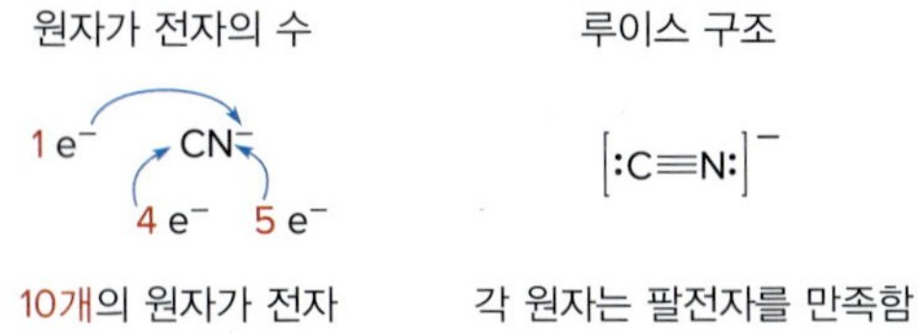


## 2.5A 공명 구조 그리기

때때로 주어진 원자 배열에 대해 둘 이상의 타당한 루이스 구조가 가능하다. **예제 2.7**은 중탄산 음이온($HCO_3^-$)에 대해 2개의 루이스 구조가 가능하다는 것을 보여 준다. 2개의 다른 루이스 구조를 **공명 구조**라고 한다.

- 공명 구조는 원자 배열은 같지만 전자 배열이 다른 2개 이상의 루이스 구조이다.

### 예제 2.7 공명 구조 그리기

다음과 같은 원자 배열로 $HCO_3^-$에 대한 루이스 구조를 그리시오.

O
H O C O

**분석 및 해답**

루이스 구조를 그리려면 다음 [1] ~ [3] 단계를 따른다.

**[1] 원자를 배열한다.**

O
H O C O

**[2] 족 번호를 사용하여 전자의 수를 센다.**

| 원소 | 족 번호 | 원자가 전자 수 | | 원자 수 | | 전체 전자 수 |
|---|---|---|---|---|---|---|
| C | 4A (14) | 4 | × | 1 | = | 4 e⁻ |
| O | 6A (16) | 6 | × | 3 | = | 18 e⁻ |
| H | 1A (1) | 1 | × | 1 | = | 1 e⁻ |
| (−) | | | | | | 1 e⁻ |
| | | | | 전체의 원자가 전자 수 | = | **24 e⁻** |

**[3] 결합과 고립 전자쌍을 추가한다.**

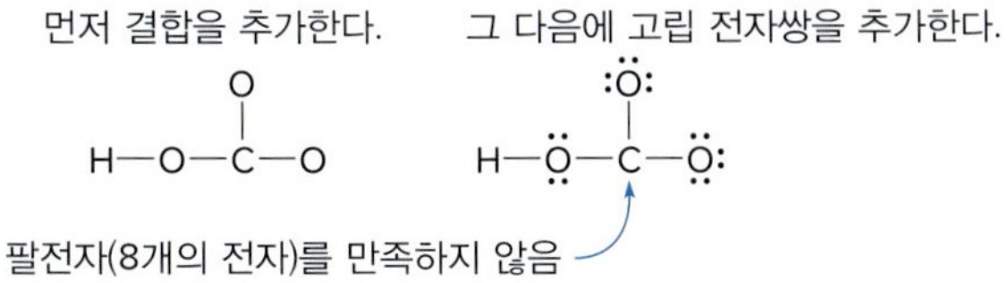


4개의 결합을 배치하고 나머지 16개의 전자를 고립 전자쌍으로 추가했을 때 탄소 원자는 팔전자를 만족하지 않는다.

**[4] O의 고립 전자쌍 1개를 하나의 결합쌍으로 변환하여 이중 결합을 형성한다. 이를 수행하기 위한 두 가지 방법이 있다.**

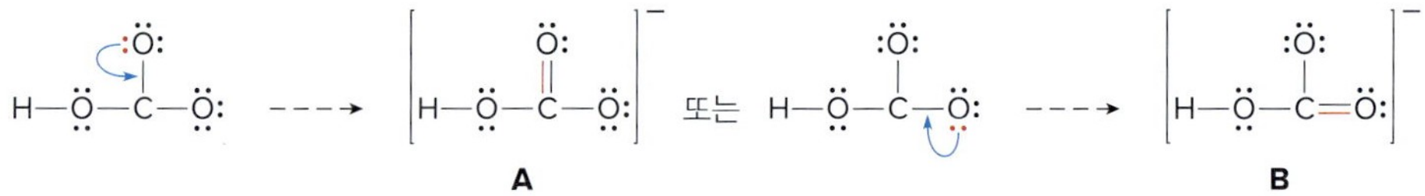


따라서 중탄산 음이온에 대해 A와 B는 서로 다른 두 가지 루이스 구조이다. A와 B는 공명 구조이다.

### 연습문제 2.7

각 이온에 대한 두 번째 공명 구조를 그리시오.

a. 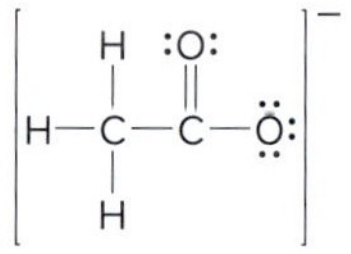

b. 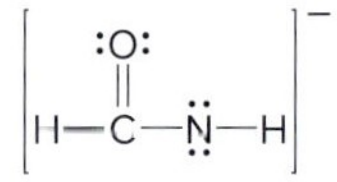

2개의 공명 구조는 다중 결합의 위치와 고립 전자쌍의 위치가 다르다. 루이스 구조 A와 B에서 하나의 C=O와 하나의 고립 전자쌍의 위치가 다르다. 종종 2개의 루이스 구조가 공명 구조임을 보여 주기 위해 **양방향 화살표**(⟷)를 사용한다.

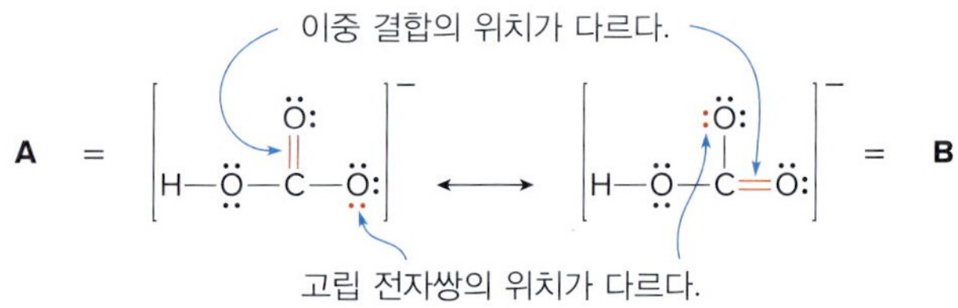


$HCO_3^-$에 대한 정확한 표현은 A 또는 B의 구조 중 어느 것인가? 답은 둘 다 아니다. 실제 구조는 두 공명 형태의 혼합이며 **하이브리드**(hybride)라고 한다. 실험적으로 하나의 공명 구조에서 이중 결합으로 나타나고 다른 하나에서는 단일 결합으로 나타나는 탄소－산소 결합이 실제로 C－O와 C=O 사이에 있는 것으로 나타났다. 공명은 고립 전자쌍과 다중 결합의 전자쌍을 더 큰 공간 영역에 분산시켜 분자를 안정화시킨다. 따라서 둘 이상의 공명 구조를 가진 분자 또는 이온을 **공명 안정화되었다**라고 한다.

## 2.6 분자 모양

이제 루이스 구조를 사용하여 분자의 특정 원자 주위의 모양을 결정할 수 있다. $H_2O$ 분자를 고려해 보자. 루이스 구조는 어떤 원자가 또 다른 원자와 연결되어 있는지 알려 주지만 기하학적 구조에 대해서는 아무런 정보도 주지 않는다. $H_2O$는 구부러진 분자 또는 선형 분자인가?

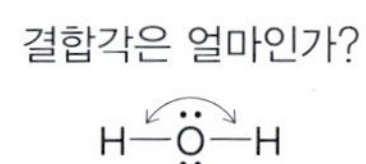


주어진 원자 주위의 모양을 결정하려면, 먼저 중심 원자를 둘러싼 군(group)의 수를 결정해야 한다. 여기서 군은 원자 또는 고립 전자쌍이 해당된다. 그런 다음 **원자가 껍질 전자쌍 반발**(VSEPR: valence shell electron pair repulsion) **이론**을 사용하여 모양을 결정한다. VSEPR는 전자쌍이 서로를 밀어 낸다는 사실에 기초를 두고 있다.

- 가장 안정적인 배치는 이러한 군들은 가능한 한 서로 멀리 있게 하려고 한다.

일반적으로 원자는 중심 원자를 둘러싸고 있는 군을 배치했을 때 세 가지 가능한 배열을 취한다.

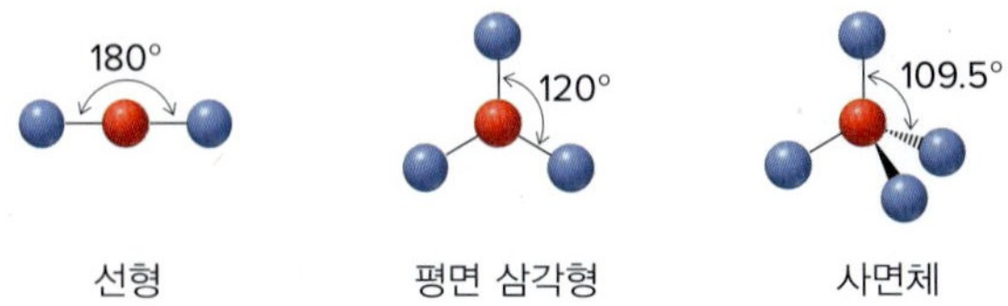


- 두 군으로 둘러싸인 중심 원자는 선형 구조이며 결합각은 180°이다.
- 세 군으로 둘러싸인 중심 원자는 평면 삼각형 구조이며 결합각은 120°이다.
- 네 군으로 둘러싸인 중심 원자는 사면체 구조이며 결합각은 109.5°이다.

몇 가지 분자를 살펴보자. 각각의 경우에 루이스 구조에서 주어진 중심 원자 주변의 군의 수를 사용하여 기하학적 구조를 예측한다.

## 2.6A 중심 원자 주위에 2개의 군이 있는 경우

기하 구조를 결정하려면
[1] 타당한 루이스 구조를 그린다.
[2] 주어진 중심 원자 주변의 군의 수를 센다.

2개의 군으로 둘러싸인 모든 중심 원자는 선형 구조를 가지며 결합각이 180°이다. 이러한 기하학적 구조를 보여 주는 두 가지 예는 $CO_2$(이산화탄소)와 HCN(사이안화수소)이 있다. 두 분자의 중심 원자 주변의 모양을 결정하기 위해 루이스 구조를 그리고, 중심 원자를 둘러싸고 있는 군(원자와 고립 전자쌍)의 수를 세어 보자.

$CO_2$에 대한 루이스 구조는 2개의 산소 원자로 둘러싸인 중심 탄소 원자를 포함한다. 모든 원자에 팔전자와 일반적인 결합의 수를 제공하려면 2개의 탄소–산소 이중 결합이 필요하다. 탄소 원자는 2개의 산소 원자로 둘러싸여 있으며, 고립 전자쌍이 없다. 즉, 두 군으로 둘러싸여 분자를 선형으로 만들고 O—C—O 결합 각도를 180°로 만든다.

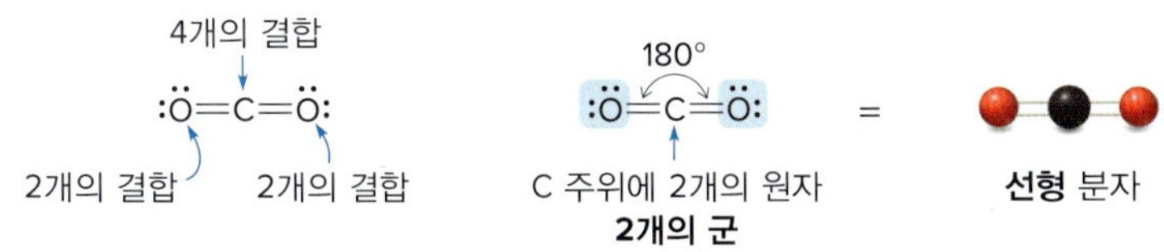


이산화탄소는 VSEPR 이론의 또 다른 중요한 특징을 보여 준다. 즉, 기하학적 구조를 예측할 때 다중 결합을 무시한다. 원자와 고립 전자쌍만을 고려한다.

유사하게 HCN의 루이스 구조는 하나의 수소와 하나의 질소로 둘러싸인 중심 탄소 원자를 포함하고 있다. 탄소와 질소에 팔전자와 일반적인 결합의 수를 제공하려면 탄소-질소 삼중 결합이 필요하다. 탄소 원자는 2개의 원자로 둘러싸여 있으며 고립 전자쌍은 없다. 즉, 두 군으로 둘러싸여 전체 분자를 선형으로 만들고 H—C—N 결합 각도를 180°로 만든다.

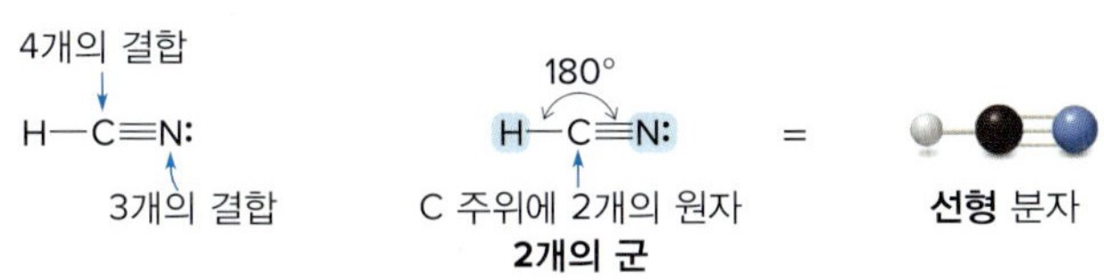

**건강 노트**

카사바(cassava)는 널리 재배된 뿌리 작물로 16세기에 브라질(Brazil)의 포르투갈 상인이 아프리카(Africa)에 처음 도입했다. 섭취하기 전에 리나마린(linamarin)을 제거하기 위해 뿌리를 끓이거나 구워야 한다. 가공하지 않고 뿌리를 먹으면 아몬드 특유의 냄새가 나는 독성 물질인 HCN이 많이 생성된다.

독성이 매우 강한 기체인 HCN은 자연에 존재하는 분자에 의해 생성된다. 예를 들어, 남미와 아프리카에서 뿌리 작물로 자라는 카사바(cassava)에는 화합물 리나마린(linamarin)이 포함되어 있다. 리나마린은 그 자체로는 독성이 없지만 물과 일부 효소가 있을 때 HCN을 형성한다. 카사바는 뿌리의 껍질을 벗기고 끓여서 리나마린을 제거한 후에 먹는 것이 안전하다. 뿌리를 가공하지 않고 먹으면 리나마린에서 생성된 많은 양의 HCN으로 인해 질병에 걸리거나 심지어 사망할 수도 있다.

## 2.6B 중심 원자 주위에 3개의 군이 있는 경우

3개의 군으로 둘러싸인 모든 중심 원자는 삼각형 평면의 구조를 가지며 120°의 결합각을 가진다. 이 구조를 보여 주는 두 가지 예는 $BF_3$(삼불화붕소)와 $H_2C{=}O$(폼알데하이드)이다.

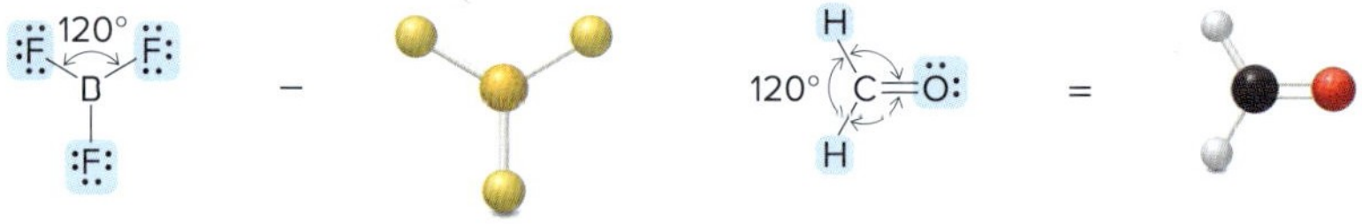


B 주위에 3개의 원자 **3개의 군** — **삼각 평면** 분자 — C 주위에 3개의 원자 **3개의 군** — **삼각 평면** 분자

$BF_3$에서 붕소 원자는 3개의 플루오린 원자들로 둘러싸여 있으며 고립 전자쌍은 없다. 즉, 붕소는 3개의 군으로 둘러싸여 있다. $H_2C{=}O$의 탄소 원자에서도 비슷한 상황이 발견된다. 탄소 원자는 3개의 원자(H 원자 2개와 O 원자 1개)로 둘러싸여 있으며 고립 전자쌍은 없다. 즉, 3개의 군이 있다. 세 군을 가능한 한 서로 멀리 유지하기 위해서는 결합각이 120°인 삼각 평면 구조로 배열된다.

삼각 = 3면

## 2.6C 중심 원자 주위에 4개의 군이 있는 경우

4개의 군으로 둘러싸인 모든 중심 원자는 사면체의 구조를 가지며 결합각은 약 109.5°이다. 예를 들어, 단순한 유기 화합물인 메테인($CH_4$)은 수소 원자와 4개의 결합을 이루고 있는 중심 탄소 원자를 가지고 있으며 각각은 사면체의 모서리를 가리킨다.

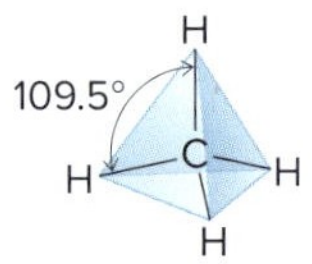


사면체 구조의 탄소 원자

2차원의 종이에 사면체의 3차원 기하학적 구조를 어떻게 표현할 수 있을까? 다음 규칙을 사용하여 평면의 종이에 2개의 결합을 배치하고, 하나는 앞쪽에, 다른 하나는 뒤쪽에 놓는다.

- 실선은 평면상의 결합에 사용된다.
- 진한 쐐기선은 평면으로부터 앞쪽으로 나온 결합에 사용된다.
- 점선 쐐기선은 평면으로부터 뒤쪽으로 들어가 있는 결합에 사용된다.

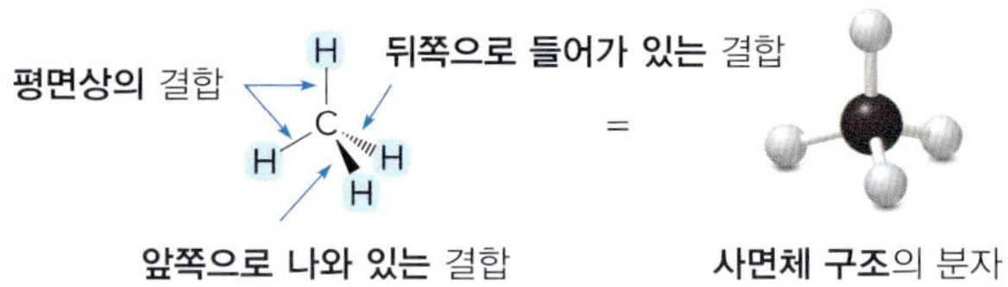

지금까지 중심 원자 주변의 각 군은 또 다른 원자였다. 군은 고립 전자쌍일 수도 있다. $NH_3$와 $H_2O$는 4개의 군으로 둘러싸인 원자를 가지는 분자의 두 가지 예를 나타내며, 그중 일부는 고립 전자쌍이다.

암모니아($NH_3$)의 루이스 구조는 3개의 수소 원자와 하나의 고립 전자쌍(4개의 군)으로 둘러싸인 N 원자를 가지고 있다. 4개의 군을 가능한 한 멀리 유지하기 위해 3개의 H 원자와 N 원자 주위의 고립 전자쌍 한 쌍이 사면체의 모서리를 가리킨다. 107°의 H—N—H 결합 각도는 109.5°의 사면체 결합 각도에 가깝다. N 원자 주변의 군 중 하나가 다른 원자가 아니라 비결합은 전자쌍이기 때문에 이 모양을 **삼각 피라미드**라고 한다.

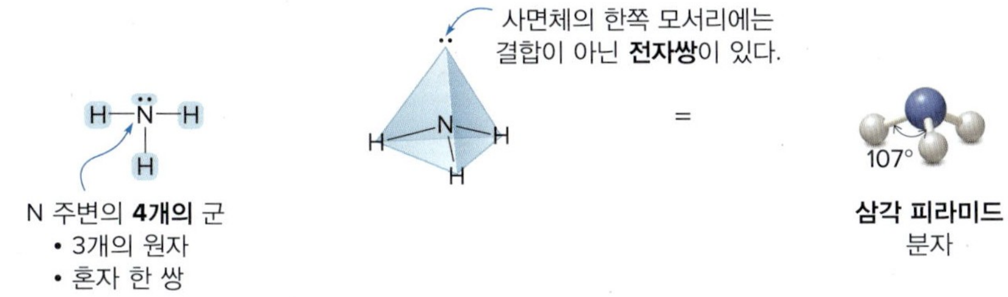


물에 대한 루이스 구조인 $H_2O$는 2개의 수소 원자와 2개의 고립 전자쌍(4개의 군)으로 둘러싸인 O 원자를 가진다. $H_2O$에서 2개의 H 원자와 O 주위의 2개의 고립 전자쌍은 사면체의 모서리를 가리킨다. 105°의 H–O–H 결합각은 109.5°의 사면체 결합각에 가깝다. 산소 원자 주위의 두 군이 고립 전자쌍이기 때문에 물은 **굽은**(bent) **구조**를 가진다.

**표 2.3 중심 원자 주변의 일반적인 분자 모양**

| 전체 군 수 | 원자 수 | 고립 전자쌍의 수 | 원자(A) 주위의 모양 | 대략적인 결합각(°) | 예 |
|---|---|---|---|---|---|
| 2 | 2 | 0 | 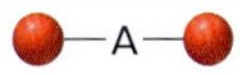 선형 | 180 | $CO_2$, HCN |
| 3 | 3 | 0 | 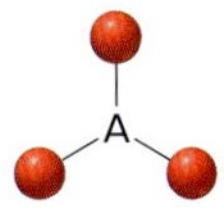 평면 삼각형 | 120 | $BF_3$, $H_2CO$ |
| 4 | 4 | 0 | 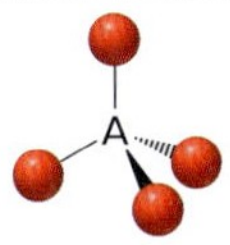 사면체 | 109.5 | $CH_4$ |
| 4 | 3 | 1 | 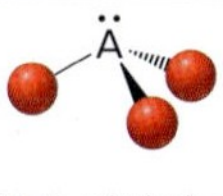 삼각 피라미드 | ~109.5[a] | $NH_3$ |
| 4 | 2 | 2 | 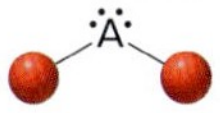 굽은 구조 | ~109.5[a] | $H_2O$ |

a: 기호 '~'은 대략을 의미한다.

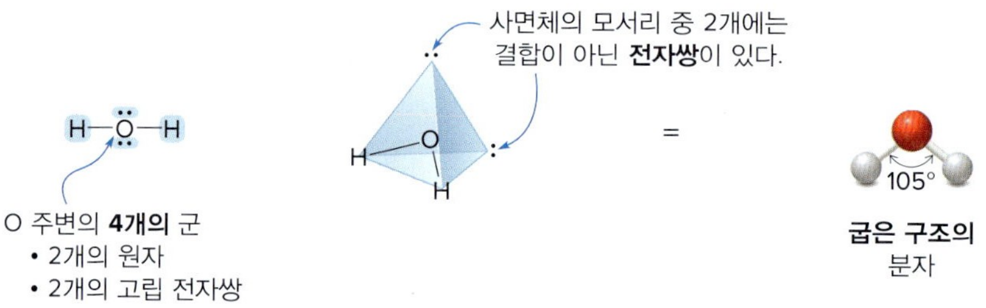


일반적인 분자의 모양은 표 2.3에 요약되어 있다. 3차원 모양은 분자의 극성을 결정하기 위해 사용되는데 2.8절에서 설명한다. 8장에서분자의 3차원 형태의 중요성에 대해 다룬다.

### 예제 2.8 중심 원자 주변의 모양 결정

주어진 루이스 구조를 사용하여 각 화합물에 포함된 2주기 원소 주위의 모양을 결정하시오.

a. H—C≡C—H

아세틸렌
(acetylene)

b. 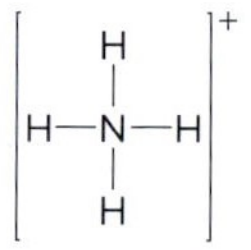

암모늄 이온
(ammonium ion)

**분석**

중심 원자 주위의 모양을 예측하려면 이 문제에서 주어진 타당한 루이스 구조가 필요하다. 그런 다음 표 2.3의 정보를 사용하여 분자 모양을 결정하기 위해 중심 원자 주변의 군을 센다.

**해답**

a. H—C≡C—H에서 각 C는 2개의 원자(하나의 C 원자와 하나의 H 원자)로 둘러싸여 있으며, 고립 전자쌍은 없다(즉, **2개의 군**). 2개의 군으로 둘러싸인 중심 원자는 180°의 결합각을 가지며 선형 구조이다.

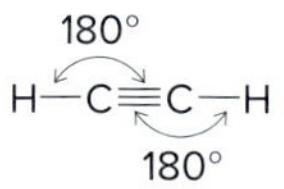


b. $NH_4^+$에서 N 원자는 4개의 H 원자, 즉 **4개의 군**으로 둘러싸여 있다. 4개의 군으로 둘러싸인 중심 원자는 결합각이 109.5°인 사면체 구조이다.

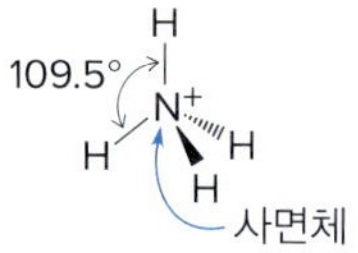


### 연습문제 2.8

각 분자에서 표시된 원자 주위의 모양은 무엇인가? 분자 모양을 결정하기 전에 필요한 모든 고립 전자쌍을 그리시오.

a. $H_2S$ (↑ S)

b. $CH_2Cl_2$ (↑ C)

c. $NCl_3$ (↑ N)

d. $H_2C—CH_2$ (↑ C)

## 2.7 전기음성도 및 결합 극성

두 원자가 공유 결합으로 전자를 공유할 때 결합을 이루고 있는 전자가 양쪽 원자의 두 핵에 같은 정도로 끌려가는가? 그것은 결합을 이루고 있는 원자가 가진 **전기음성도**(electronegativity)에 따라 다르다.

- 전기음성도(electronegativity)는 원자가 결합 전자를 끌어당기는 정도를 측정한 값이다. 전기음성도는 특정 원자가 전자를 '얼마나 강하게 원하는지'의 정도를 알려 준다.

원자의 전기음성도는 0에서 4까지의 값으로 지정된다. 값이 높을수록(higher) 원자는 더 큰 전기음성도(more electronegativity)를 가지며 결합에서 전자를 더 많이 끌어당긴다. 주족 원소의 전기음성도 값은 **그림 2.4**에 나타나 있다. 비활성 기체는 일반적으로 결합을 형성하지 않기 때문에 값이 지정되지 않는다.

전기음성도 값은 주기적인 경향을 나타낸다.

- 전기음성도는 핵 전하가 증가함에 따라 주기율표의 한 주기에서 오른쪽으로 갈수록 증가한다(increase)(비활성 기체는 제외).
- 전기음성도는 원자 반지름이 증가함에 따라 원자가 전자를 핵에서 더 멀리 밀어내므로 주기율표의 한 족에서 아래로 내려갈수록 감소한다(decrease).

따라서 비금속은 전자를 붙잡고 끌어당기는 경향이 강하기 때문에 금속에 비해 전기음성도 값이 높다. 그 결과 대부분의 큰 전기음성도를 가지는 원소(플루오린과 산소)는 주기율표의 오른쪽 상단 모서리(uper right－hand corner)에 위치하고, 작은 전기음성도를 가지는 원소는 왼쪽 하단 모서리에 있다.

전기음성도 값은 결합을 이루고 있는 전자가 두 원자 사이에 균등하게(equally) 공유되는지 또는 불균등하게(unequally) 공유되는지를 나타내는 척도로 사용된다. 예를 들어, 2개의 동일한 원자가 함께 결합될 때 각 원자는 결합을 이루고 있는 전자를 동일한 정도로 끌어당긴다. 이때 전자는 똑같이 공유되며 결합은 **비극성**(nonpolar)이라고 한다. 따라서 탄소－탄소 결합은 $F_2$의 F－F 결합처럼 비극성이다. 비슷한(similar) 전기음성도를 가진 2개의 서로 다른 원자가 결합

그림 2.4 주족 원소들에 대한 전기음성도 값

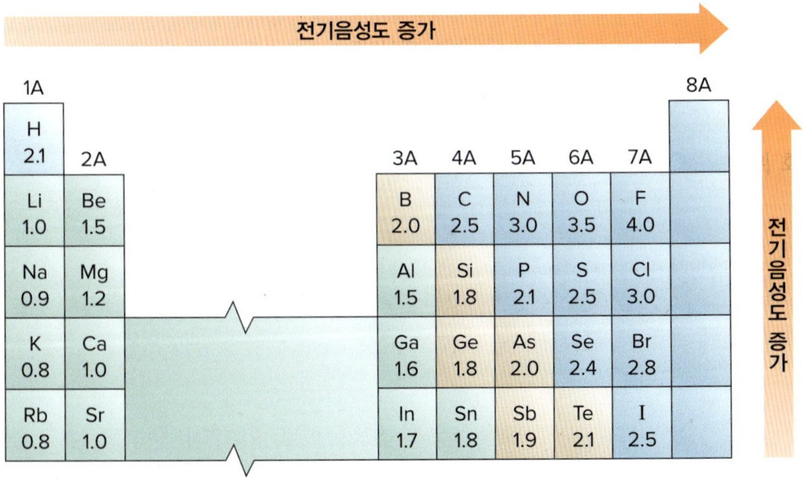

될 때도 마찬가지이다. C(2.5)와 H(2.1) 사이의 전기음성도 차이가 작기 때문에 C—H 결합은 비극성으로 간주된다.

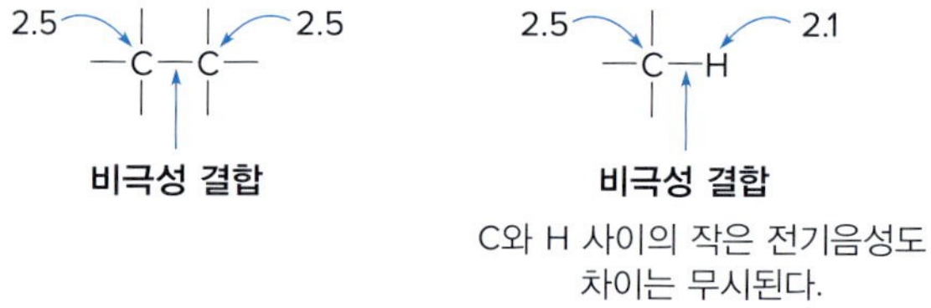


이와는 대조적으로 전기음성도가 다른 원자들 사이의 결합은 전자의 불균등한(unequal) 공유를 만든다. 예를 들어, C—O 결합에서 전자는 C(2.5)에서 더 높은 전기음성도를 가진 원소인 O(3.5) 쪽으로 당겨진다. 이런 결합은 **극성**(polar) 또는 **극성 공유 결합**(polar covalent)이다. 이러한 결합은 쌍극자(dipole), 즉 부분적으로 전하의 분리를 가지고 있다라고 한다.

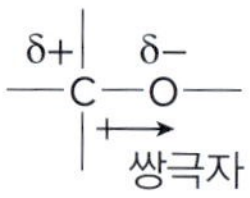


**C–O 결합은 극성(polar) 결합이다.**

결합에서 극성의 방향은 종종 화살표로 표시되며 화살표의 머리는 더 큰 전기음성도를 가진 원소를 가리킨다. 수선이 그어진 화살표의 꼬리는 전기음성도가 작은 원소 쪽에 그려진다. 또는 양전하 또는 음전하를 가진 그리스 소문자 **델타**(delta, δ)를 사용하여 전자 밀도의 불균등 공유 상태를 나타내는 기호 δ+ 및 δ−를 만든다.

- 기호 δ+는 전기음성도가 작은 원자에 주어진다.
- 기호 δ−는 전기음성도가 더 큰 원자에 주어진다.

학생들은 종종 결합이 극성이 되기 위해 전기음성도 차이가 얼마여야 하는지 궁금해한다. 이는 단정하기 어렵다. 이 차이에 대해 임의의 값을 설정하고 이를 근삿값으로 사용할 것이다. 일반적으로 극성 결합은 두 원자 간의 전기음성도 차이가 0.5 단위 이상인 결합을 말한다.

결합에서 두 원자 사이의 전기음성도 차이가 증가함에 따라 공유하고 있는 전자는 더 큰 전기음성도를 가진 원소 쪽으로 점점 더 당겨진다. 전기음성도 차이가 1.9 단위보다 크면 전자는 본질적으로 전기음성도가 작은 원소에서 전기음성도가 큰 원소로 전달되고 결합은 이온 결합으로 간주된다. 표 2.4는 결합에서 원자의 전기음성도 차이와 형성된 결합 유형 사이의 관계를 요약하고 있다.

**표 2.4 전기음성도 차이와 결합 유형**

| 전기음성도 차이 | 결합 유형 | 전자의 공유 |
|---|---|---|
| 0.5 단위 미만 | 비극성 공유 | 전자는 동등하게 공유된다. |
| 0.5~1.9 단위 | 극성 공유 | 전자는 불균등하게 공유된다. 전자는 더 전기음성도가 큰 원소 쪽으로 당겨진다. |
| 1.9 단위 초과 | 이온 | 전자는 전기음성도가 작은 원소에서 전기음성도가 큰 원소로 전달된다. |

**예제 2.9 결합을 비극성, 극성 공유 또는 이온 결합으로 분류**

전기음성도 값을 사용하여 각각의 결합을 비극성, 극성 공유 또는 이온 결합으로 분류하시오.

a. $Cl_2$ b. HCl c. NaCl

**분석**

두 원자 사이의 전기음성도 차이를 구하고 다음 규칙을 사용한다.

0.5 미만(비극성) 0.5~1.9 (극성 공유) 1.9 이상(이온)

**해답**

| | 전기음성도 차이 | 결합 유형 |
|---|---|---|
| a. $Cl_2$ | 3.0 (Cl) – 3.0 (Cl) = 0 | 비극성 |
| b. HCl | 3.0 (Cl) – 2.1 (H) = 0.9 | 극성 공유 |
| c. NaCl | 3.0 (Cl) – 0.9 (Na) = 2.1 | 이온 |

**연습문제 2.9**

전기음성도 값을 사용하여 각 화합물의 결합을 비극성, 극성 공유 또는 이온 결합으로 분류하시오.

a. HF b. MgO c. $F_2$

d. ClF e. $H_2O$ f. $NH_3$

## 2.8 분자의 극성

지금까지 한 결합의 극성에 대해 다루었다. 전체적으로 공유성 분자는 극성인가, 비극성인가? 그것은 두 가지 요인, 즉 **개별 결합의 극성**(polarity of individual bonds)과 **전체적인 모양**(overall shape)에 따라서 결정된다. 분자가 0개 또는 1개의 극성 결합을 포함하면 다음과 같이 말할 수 있다.

- 극성 결합이 없는 분자는 비극성 분자이다.
- 극성 결합이 하나뿐인 분자는 극성 분자이다.

따라서 $CH_4$는 모든 C—H 결합이 비극성이기 때문에 비극성 분자이다. 대조적으로 $CH_3Cl$은 극성 결합을 하나만 포함하므로 극성 분자이다. 이 분자의 쌍극자는 유일한 극성 결합의 쌍극자와 같은 방향이다.

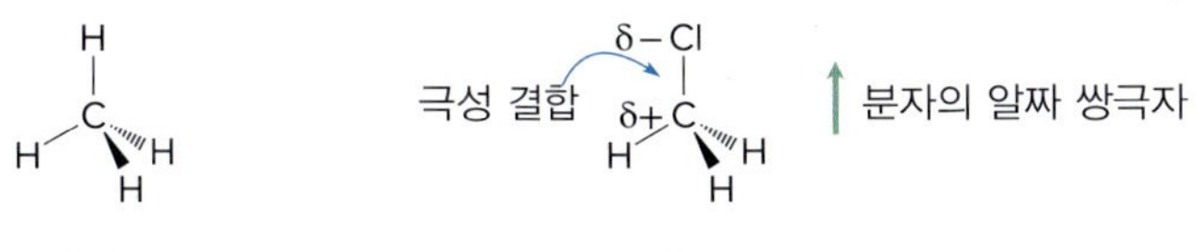


$CH_4$
**극성 결합 없음**
**비극성** 분자

$CH_3Cl$
**하나의 극성 결합**
**극성** 분자

2개 이상의 극성 결합을 가진 공유 결합 화합물의 경우에는 분자의 모양이 전체적인 극성을 결정한다.

- 각각의 결합 쌍극자가 상쇄되지 않으면 분자는 극성이다.
- 각각의 결합 쌍극자가 상쇄되면 분자는 비극성이다.

그림 2.5 극성 및 비극성 분자의 예

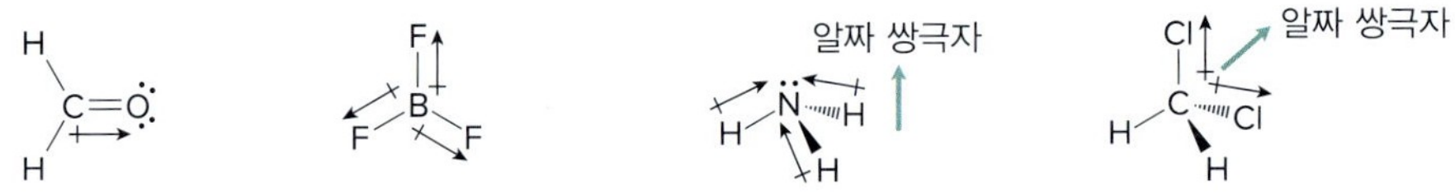


| 하나의 극성 결합 | 3개의 극성 결합<br>모든 쌍극자는 상쇄된다.<br>알짜 쌍극자 없음 | 3개의 극성 결합<br>모든 쌍극자가 강화된다. | 2개의 극성 결합<br>2개의 쌍극자가 강화된다. |
|---|---|---|---|
| **극성** 분자 | **비극성** 분자 | **극성** 분자 | **극성** 분자 |

2개 이상의 극성 결합이 있는 분자의 극성을 확인하려면 다음을 수행한다.

1. 전기음성도 차이를 기초로 모든 극성 결합을 구별한다.
2. 군을 세어 각 중심 원자 주변의 모양을 결정한다.
3. 각각의 쌍극자가 상쇄되는지 또는 강화되는지 결정한다.

그림 2.5는 극성 결합을 포함하고 있는 극성 및 비극성 분자의 몇 가지 예를 보여 준다. 알짜 쌍극자는 분자에 있는 모든 결합 쌍극자의 합이다.

### 예제 2.10 분자의 극성 결정

각 분자가 극성인지 비극성인지 결정하시오.

a. $H_2O$ b. $CO_2$

**분석**

분자의 전체적인 극성을 결정하려면 다음을 수행한다.

- 극성 결합을 확인한다.
- 각각의 중심 원자 주변의 모양을 결정한다.
- 각각의 결합 쌍극자가 상쇄 또는 강화되는지 결정한다.

**해답**

a. $H_2O$에서 O(3.5)와 H(2.1)의 전기음성도 차이가 1.4이기 때문에 각 O—H 결합은 극성이다. $H_2O$의 O 원자는 2개의 원자와 결합하고 있고, 2개의 고립 전자쌍을 가지고 있기 때문에 $H_2O$는 O 원자 주변이 구부러진(bent) 분자이다. 두 쌍극자가 강화(reinforce)[둘 다 위쪽(up)]되므로 $H_2O$에는 알짜 쌍극자가 있다. 즉, $H_2O$는 극성 분자이다.

**2개의 쌍극자가 강화된다.**

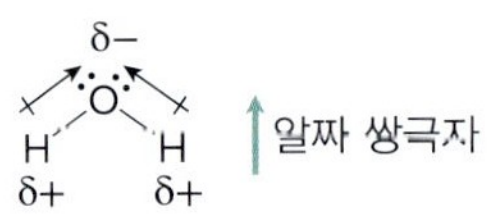


$H_2O$를 다음과 같이 그리지 않도록 한다.

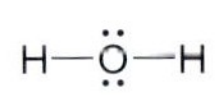


알짜 쌍극자는 H—O—H 결합 각도를 양분한다.
굽은 구조는 쌍극자가 강화되었음을 나타낸다.

참고로 두 쌍극자가 상쇄 또는 강화되는지 확인하려면 분자 모양을 알아야 한다. 예를 들어, $H_2O$를 선형 분자로 그리지 않도록 한다. 두 쌍극자가 실제로는 강화되는데 상쇄된다고 생각할 수 있기 때문이다.

b. $CO_2$에서 O(3.5)와 C(2.5) 사이의 전기음성도 차이가 1.0이기 때문에 각 CO 결합은 극성이다. $CO_2$의 루이스 구조(2.6A절)는 C 원자가 2개의 군(2개의 O 원자)으로 둘러싸여 있어 선형(linear)을 이루고 있음을 보여 준다. 이 경우 두 쌍극자의 크기는 동일하고 방향이 반대이므로 상쇄된다. 따라서 $CO_2$는 알짜 쌍극자가 없는(no net dipole) 비극성 분자(nonpolar molecule)이다.

두 쌍극자가 상쇄된다.

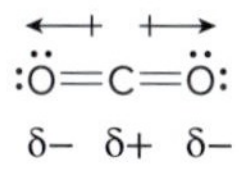


알짜 쌍극자가 없음

**연습문제 2.10**

각 분자의 극성 결합을 표시한 후, 분자가 극성인지 비극성인지 결정하시오.

a. HCl b. $C_2H_6$ c. $CH_2F_2$
d. HCN e. $CCl_4$

## 종합문제

### 원소들

**2.1** 분자 그림의 각 예에서 사용된 원소를 확인하시오.

a.

b.

**2.2** 각 보기에 있는 세 가지 원소 기호의 원소의 이름을 지정하시오.

a. Au, At, Ag b. N, Na, Ni
c. S, Si, Sn d. Ca, Cr, Cl
e. P, Pb, Pt f. Ti, Ta, Tl

**2.3** 각 화학식은 원소 또는 화합물을 나타내는가?

a. $H_2$ b. $H_2O_2$ c. $S_8$
d. $Na_2CO_3$ e. $C_{60}$

**2.4** 각 설명에 맞는 원소를 밝히시오.

a. 6주기의 알칼리 금속
b. 5주기, 8족의 전이 금속
c. 3주기, 7A족의 주족 원소
d. 2주기, 2A족의 주족 원소
e. 2주기의 할로젠
f. 하나의 4f 전자를 가진 내부 전이 금속

**2.5** 각 원소에 적용되는 모든 번호를 표기하시오.

[1] 금속 [2] 비금속
[3] 메탈 로이드 [4] 알칼리 금속
[5] 알칼리 토금속 원소 [6] 할로젠
[7] 비활성 기체 [8] 주족 원소
[9] 전이 금속 [10] 내부 전이 금속

a. 소듐 b. 은
c. 제논 기체 원소 d. 백금
e. 우라늄 f. 텔루르

### 공유 결합

**2.6** 각 화합물 쌍에 대해 이온 결합 또는 공유 결합으로 분류하고, 그것을 선택한 이유를 설명하시오.

a. LiCl와 HCl b. KBr와 HBr

**2.7** 각 원소에서 일반적으로 몇 개의 결합 전자쌍 및 고립 전자쌍이 관찰되는가?

a. C b. Se
c. I d. P

**2.8** 주족 원소(수소 제외)에 팔전자를 제공하는 데 필요한 고립 전자쌍을 채우시오.
아크릴로나이트릴(acrylonitrile)은 합성 올론(Orlon) 및 아크릴란(Acrilan) 섬유를 제조하는 데 사용되는 출발 물질이다. 시스테인(cysteine)은 단백질 합성에 사용되는 아미노산이다.

a. 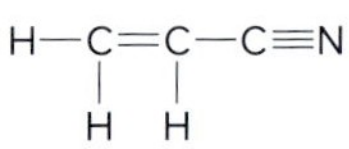
아크릴로나이트릴
(acrylonitrile)

b. 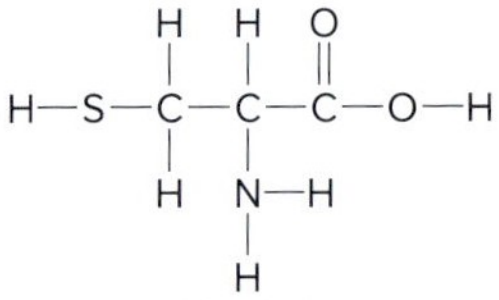
시스테인
(cysteine)

## 루이스(Lewis) 구조

**2.9** 옥살산의 3차원 모형을 루이스 구조로 변환하고, 원자에 결합되지 않은 모든 전자쌍을 포함시키시오.
옥살산은 시금치와 대황에서 자연적으로 발생한다. 옥살산은 독성이 있지만 한번에 약 9파운드의 시금치를 먹어야 치사량이 된다.

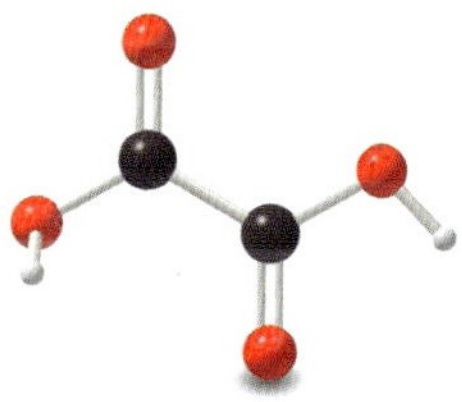
옥살산(oxalic acid)

**2.10** 각 분자에 대해 타당한 루이스 구조를 그리시오.
a. HI b. $CH_2F_2$
c. $H_2Se$ d. $C_2Cl_6$

**2.11** 주어진 원자 배열을 사용하여 각 화합물에 대해 타당한 루이스 구조를 그리시오.

a. $CH_5N$
```
   H
H  C  N  H
   H  H
```

b. $HNO_2$
```
H  O  N  O
   H
```

c. $C_3H_4$
```
H  C  C  C  H
   H
```

**2.12** 테프론(teflon)을 제조하는 데 사용되는 산업 출발 물질인 테트라플루오로 에틸렌(tetrafluoro ethylene), $C_2F_4$에 대한 타당한 루이스 구조를 그리시오. (단, 테프론은 냄비와 프라이팬의 들러붙지 않는 표면으로 가장 널리 사용되지만 배관의 연결 부위를 밀봉하는 테이프, 매니큐어 및 안경의 코팅에도 사용된다. 각 탄소가 2개의 불소 원자에 결합되어 있다고 가정한다)

**2.13** 각 이온에 대해 타당한 루이스 구조를 그리시오.
a. $OH^-$ b. $H_3O^+$

**2.14** 일부 원소가 팔전자 규칙을 위반한다는 점을 염두에 두고 가장 오래된 인공 감미료인 사카린(saccharin)의 3차원 모형을 그리고, 이 분자에 포함되는 원자의 모든 고립 전자쌍을 포함하는 루이스 구조로 변환하시오.

사카린(saccharin)

## 공명 구조

**2.15** 공명 구조와 공명 하이브리드의 차이점은 무엇인가?

**2.16** 다음 음이온에 대한 두 번째 공명 구조를 그리시오.

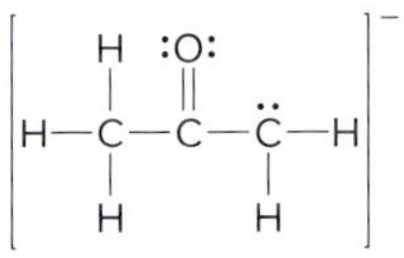

**2.17** 각 화합물 쌍을 공명 구조 또는 공명 구조가 아닌 것으로 구분하시오.

a. 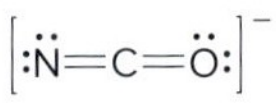 및 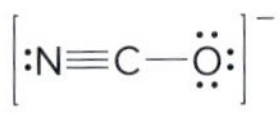

b. 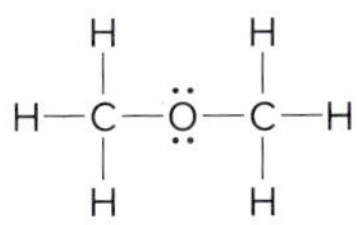 및 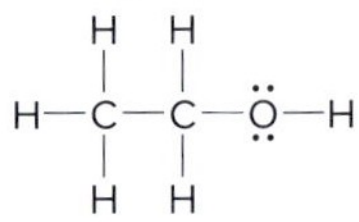

**2.18** 중심 탄소 원자를 포함하는 탄산 음이온($CO_3^{2-}$)에 대한 세 가지 공명 구조를 그리시오.

## 분자 구조

**2.19** 팔전자를 이루기 위해 필요한 곳에 고립 전자쌍을 추가한 다음, 표시된 각 원자 주변의 모양을 결정하시오.

a. 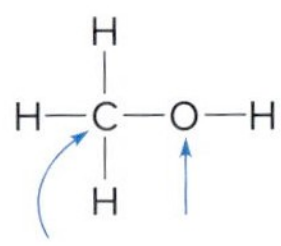

b. $NF_3$

c. 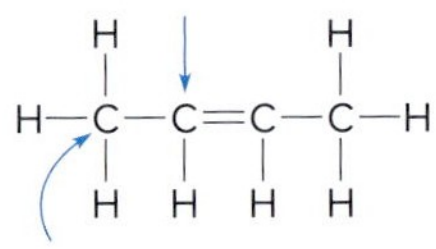

**2.20** 각 화합물을 아래 표시된 분자 모양(A 또는 B) 중 하나와 일치시키시오.

a. $BeCl_2$　　b. $OF_2$　　c. $SCl_2$

A　　B

**2.21** 팔전자를 이루기 위해 필요한 곳에 고립 전자쌍을 추가한 다음, 표시된 각 원자 주위의 모양을 결정하시오.

a. 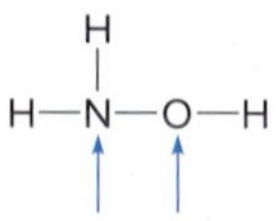

b. 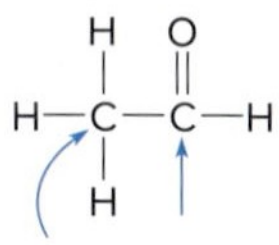

c. 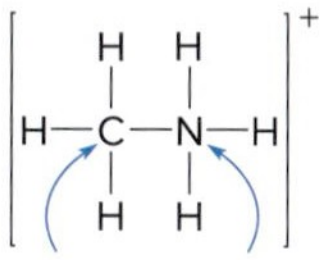

**2.22** 주어진 공-막대 모형을 고려하시오.

[1] 진한 빨간색 원자에 하나 이상의 고립 전자쌍이 있는가? 그것을 선택한 이유를 설명하시오.

[2] 표시된 기하학적 구조를 가진 분자의 예를 들어 보시오.

a. 

b. 

**2.23** 대황의 시금한 맛은 주로 말산 때문이다.

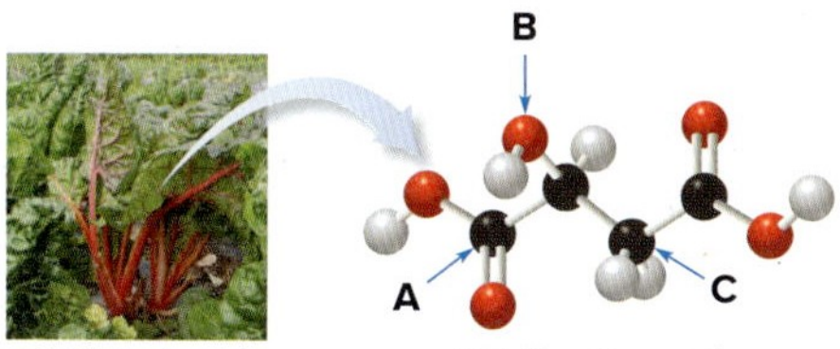


대황(rhubarb)　말산(malic acid)

a. 모든 결합과 고립 전자쌍을 포함한 말산에 대한 루이스 구조를 그리시오.

b. A~C 원자 주위의 분자 모양을 결정하시오.

**2.24** 각 화합물에서 표시된 원자 주위의 결합 각도를 예측하시오. 여기서 팔전자를 만족시켜야 하는 곳에 고립 전자쌍을 그리시오.

a. 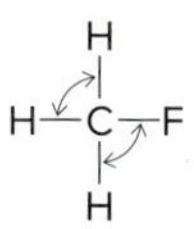

b. 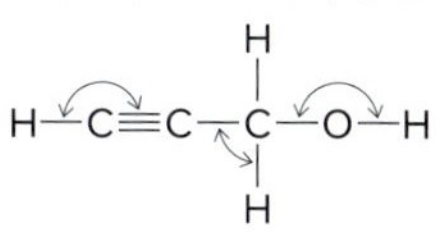

c. 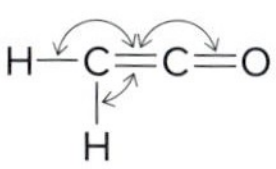

**2.25** $CCl_4$ 및 $C_2Cl_4$에 대한 루이스 구조를 그리시오. 각 탄소 원자 주위의 분자 모양을 결정하시오. 두 분자의 탄소 원자 주위의 모양이 다른 이유를 설명하시오.

## 전기음성도와 분자 극성

**2.26** 보기에 있는 각 원자들의 전기음성도가 증가하는 순서대로 나열하시오.

a. Se, O, S　　b. P, Na, Cl

c. Li, Be, Na

**2.27** 원소 A, B, C를 식별하고, 전기음성도가 증가하는 순서대로 나열하시오.

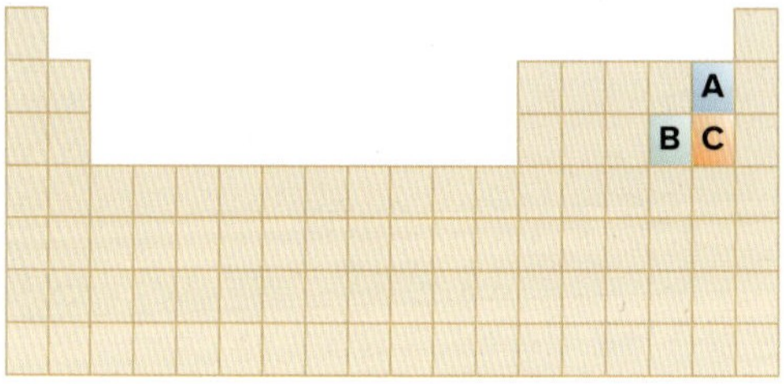


**2.28** 전기음성도 값을 사용하여 각 원소 쌍 사이에 형성된 결합을 극성 공유 결합 또는 이온 결합으로 분류하시오.

a. 수소와 브로민

b. 질소와 탄소

c. 소듐과 황

d. 리튬과 산소

**2.29** 탄소와 다음 각 원소 사이에 형성된 결합에 비극성, 극성 또는 이온성으로 표시하시오.

a. 탄소

b. 산소

c. 리튬

d. 염소

e. 수소

**2.30** 각 쌍에서 어떤 결합이 더 극성이 큰가? 즉, 어느 결합이 원자 사이의 전기음성도 차이가 더 큰가?

a. C—O 또는 C—N　　b. C—F 또는 C—Cl

c. Si—C 또는 P—H

**2.31** 위 문제 2.30의 각 결합에 δ+와 δ–를 붙여 극성의 방향을 표시하시오.

**2.32** 극성 결합을 표시하고, 각 분자가 극성인지 비극성인지 결정하시오.

a. 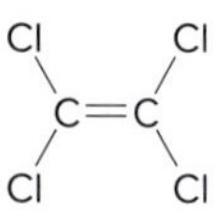

b. 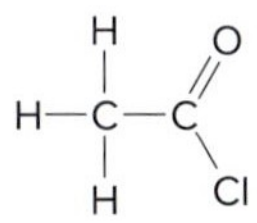

**2.33** $CHCl_3$은 극성 분자이지만 $CCl_4$는 극성 분자가 아닌 이유를 설명하시오.

### 일반 문제

**2.34** 다음 질문에 답하시오.

a. 각 공-막대 모형을 루이스 구조로 변환하고, 모든 고립 전자쌍을 포함시키시오.

b. 모든 극성 결합에 표시하시오.

c. 분자가 극성인가, 비극성인가?

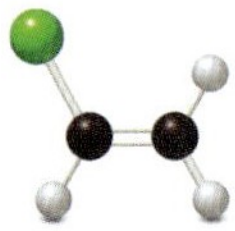

염화비닐
(vinyl chloride)
**A**

다이클로로아세틸렌
(dichloroacetylene)
**B**

**2.35** $Cl_2O$ 분자에 대하여 다음 질문에 답하시오.

a. $Cl_2O$에는 몇 개의 원자가 전자가 포함되어 있는가?

b. 타당한 루이스 구조를 그리시오.

c. 모든 극성 결합에 표시를 하시오.

d. O 원자 주위의 모양은 무엇인가?

e. $Cl_2O$는 극성 분자인가? 이를 설명하시오.

CHAPTER 3

# 산과 염기

## Acids and Bases


3.1 산과 염기의 소개

3.2 브뢴스테드-로우리 산과 브뢴스테드-로우리 염기의 반응

3.3 산과 염기의 세기

3.4 평형과 산 해리 상수

3.5 pH 척도

3.6 일반적인 산-염기 반응

3.7 루이스 산과 염기

감귤류 과일에는 식품에서 일상적으로 접할 수 있는 여러 종류의 산 중에서 구연산이 포함되어 있다.

**산과 염기에 대해 왜 학습해야 할까**

음이온 및 양이온과 같은 화학적 용어는 대부분의 비과학자에게는 익숙하지 않을 수 있지만 **산**(acid)은 일상적인 언어에서도 쉽게 볼 수 있다. 과도한 위산으로 인한 속쓰림에 쓰이는 최신 치료법을 소개하는 광고도 있다. 저녁 뉴스는 최근 산성비(acid rain)가 환경에 어떤 영향을 주는지를 보도하기도 한다. 와인 애호가는 종종 와인의 알코올이 **산**으로 변했기 때문에 와인이 시큼해졌다는 것을 알고 있다. 산은 신맛을 의미하는 라틴어 acidus에서 유래했다. 맛을 보는 것이 화합물의 식별 방법이었을 때 이러한 화합물은 신맛이 나는 것으로 밝혀졌기 때문이다. 산은 일반적으로 **염기**(bases)와 반응한다. 제산제, 유리 세정제, 배관 세정제를 포함한 많은 제품에 모두 염기가 포함되어 있다. 3장에서 산과 염기의 특성과 그들의 반응에 대해 배운다.

## 3.1 산과 염기의 소개

산과 염기에 대한 최초의 정의는 19세기 후반 스웨덴의 화학자 스반테 아레니우스(Svante Arrhenius)가 제안했다. 아레니우스에 따르면 다음과 같다.

- **산**은 수소 원자를 포함하고 물에 용해되어 수소 이온 $H^+$를 형성한다.
- **염기**는 수산화 이온을 포함하고 물에 용해되어 $OH^-$를 형성한다.

이 정의에 따르면 염화수소(HCl)는 물에 용해될 때 물에서 $H^+$ 및 $Cl^-$를 형성하기 때문에 산이다. 수산화소듐(NaOH)은 $OH^-$를 포함하고 물에 용해될 때 용매화된 $Na^+$ 및 $OH^-$ 이온을 형성하기 때문에 염기이다.

$$\text{HCl}(g) \longrightarrow \text{H}^+(aq) + \text{Cl}^-(aq)$$

HCl: 산 — $H^+$는 HCl로부터 형성된다.

$$\text{NaOH}(s) \longrightarrow \text{Na}^+(aq) + \text{OH}^-(aq)$$

NaOH: 염기 — $OH^-$ 는 NaOH로부터 형성된다.

> $H^+(aq)$와 $H_3O^+(aq)$는 때때로 화학자들이 서로 바꿔서 사용할 수 있다. 그러나 $H^+(aq)$는 실제로 수용액 속에 존재하지 않는다.

아레니우스 정의는 많은 산과 염기의 거동을 정확하게 예측하지만 이 정의는 제한적이며 때로는 부정확하다. 예를 들어, 우리는 수소 이온 $H^+$가 물에 존재하지 않는다는 것을 알고 있다. $H^+$는 전자가 없는 순수한 양성자이며, 이 양전하를 띤 입자는 $H_2O$ 분자와 빠르게 반응하여 **하이드로늄 이온**($H_3O^+$)을 형성한다. $H^+(aq)$는 때때로 강조를 하기 위해 반응식에 나타나지만 실제로는 $H_3O^+(aq)$가 수용액에서 실제로 반응하는 화학종이다.

$$\text{H}^+(aq) + \text{H}_2\text{O}(l) \longrightarrow \text{H}_3\text{O}^+(aq)$$

$H^+(aq)$: 수소 이온 — 수용액에는 실제로 존재하지 않는다.
$H_3O^+(aq)$: **하이드로늄 이온** — 실제로 수용액에 존재

또 몇몇 화합물은 수산화 음이온을 포함하지 않지만 여전히 염기의 특성을 나타낸다. 예로는 중성 분자인 암모니아($NH_3$)와 탄산소듐($Na_2CO_3$)이 있다. 그 결과 20세기 초에 요하네스 **브뢴스테드**(Johannes Brønsted)와 토마스 **로우리**(Thomas Lowry)가 제안한 산과 염기에 대한 정의가 오늘날 일반적으로 널리 사용되고 있다.

브뢴스테드-로우리(Brønsted-Lowry) 정의에서 산과 염기는 **양성자**(proton, 양전하를 띤 수소 이온 $H^+$)를 제공하거나 받을 수 있는지 여부에 따라 분류된다.

- 브뢴스테드-로우리 산은 양성자를 제공하는 화학종이다.
- 브뢴스테드-로우리 염기는 양성자를 받아들이는 화학종이다.

HCl이 물에 용해되면 어떤 일이 발생하는지 고려해 보자.

이 양성자가 제공된다. → HCl; $H_2O$가 양성자를 받아들인다. → $H_2O$

$$\underset{\text{브뢴스테드-로우리 산}}{HCl(g)} + \underset{\text{브뢴스테드-로우리 염기}}{H_2O(l)} \longrightarrow H_3O^+(aq) + Cl^-(aq)$$

- HCl은 용매인 물 분자에 양성자를 제공하기 때문에 브뢴스테드-로우리 산이다.
- $H_2O$는 HCl로부터 양성자를 받아들이기 때문에 브뢴스테드-로우리 염기이다.

이 과정에 대해 자세히 알아보기 전에 먼저 브뢴스테드-로우리 산과 염기의 특성에 대해 배우도록 한다.

## 3.1A 브뢴스테드-로우리 산

수소 원자를 포함해야 한다. HCl은 물 속에서 용해될 때 물 분자에 양성자($H^+$)를 제공(donate)하여 하이드로늄 이온($H_3O^+$)과 염화 이온($Cl^-$)을 형성하기 때문에 브뢴스테드-로우리 산이다.

$$HCl(g) + H_2O(l) \longrightarrow H_3O^+(aq) + Cl^-(aq)$$

이 양성자는 $H_2O$에 제공된다. (HCl)
**브뢴스테드-로우리 산**

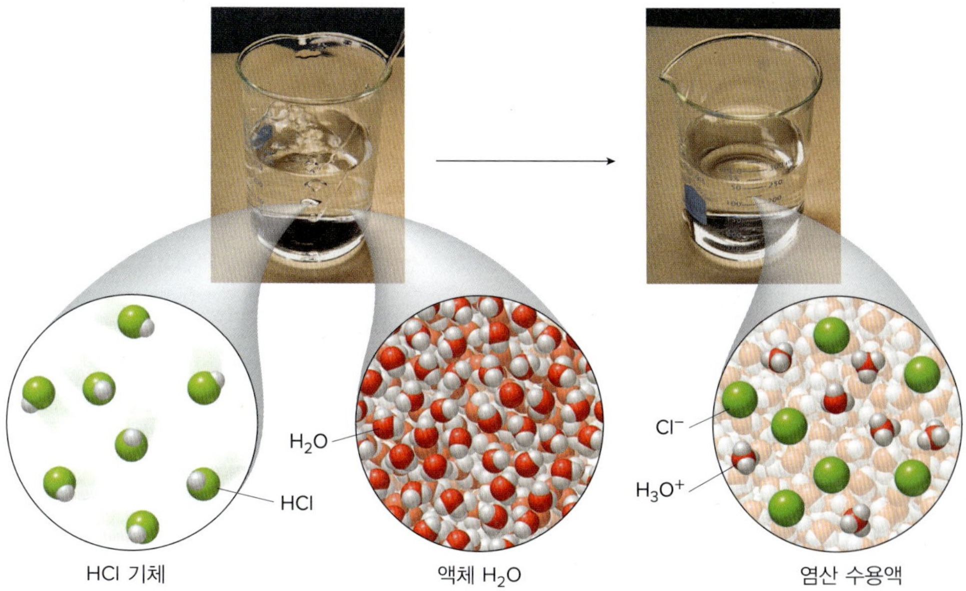

염화수소인 HCl은 상온에서 공유 결합으로 이루어진 분자이고 기체이지만, 물에 용해되면 반응하여 $H_3O^+$와 $Cl^-$의 두 이온을 형성한다. 염화수소 수용액을 **염산**(hydrochloric acid)이라고 한다.

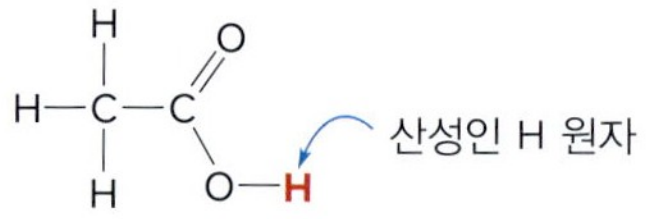


카복실산의 한 종류인 아세트산

브뢴스테드-로우리 산에는 수소 원자가 포함되어 있기 때문에 일반적인 브뢴스테드-로우리 산은 종종 HA로 표기된다. A는 Cl 또는 Br과 같은 단일 원자일 수 있다. 따라서 HCl과 HBr은 브뢴스테드-로우리 산이다. A는 다원자 이온일 수도 있다. 황산($H_2SO_4$) 및 질산($HNO_3$)도 브뢴스테드-로우리 산이다. **카복실산**(carboxylic acid)은 탄소 원자가 하나의 O 원자와 이중 결합을 이루고 또 다른 O 원자와 단일 결합을 이루어 배열된 COOH 원자들을 포함하고 있는 브뢴스테드-로우리 산이다. 아세트산($CH_3COOH$)은 간단한 카복실산이다. 카복실산은 여러 개의 수소 원자를 포함할 수 있지만 OH기의 H 원자는 다른 화학종에 제공되는 산성 양성자이다.

일반적인 산의 이름은 물에 용해될 때 생성되는 음이온에서 파생된다.

- 이름이 접미사 -화(**-ide**)로 끝나는 음이온에서 파생된 산의 경우 접두사 하이드로(**hydro**)를 추가하고 끝부분 -화(**-ide**)를 산(**-ic acid**)으로 변경한다.
- 이름이 접미사 **-ate**로 끝나는 다원자 음이온에서 파생된 산의 경우 끝부분(**-ate**)을 산(**-ic acid**)으로 변경한다.
- 이름이 접미사 아-(**-ite**)로 끝나는 다원자 음이온에서 파생된 산의 경우 끝부분 아-(**-ite**)를 아- 산(**-ous acid**)으로 변경한다.

| 음이온 | | 산 |
|---|---|---|
| $Cl^-$<br>염소 이온 | ------→ | HCl<br>염산<br>(염화수소산) |
| $SO_4^{2-}$<br>황산 이온 | ------→ | $H_2SO_4$<br>황산 |
| $SO_3^{2-}$<br>아황산 이온 | ------→ | $H_2SO_3$<br>아황산 |

추가적인 예는 **표 3.1**에 나타나 있다.

**표 3.1 일반적인 산의 이름**

| 음이온 | 음이온의 이름 | 산 | 산의 이름 |
|---|---|---|---|
| $Br^-$ | 브로민화 이온 | HBr | 브롬산(브로민화수소산) |
| $PO_4^{3-}$ | 인산 이온 | $H_3PO_4$ | 인산 |
| $CO_3^{2-}$ | 탄산 이온 | $H_2CO_3$ | 탄산 |
| $CH_3CO_2^-$ | 아세트산 이온 | $CH_3CO_2H$ | 아세트산 |
| $NO_2^-$ | 아질산 이온 | $HNO_2$ | 아질산 |

브뢴스테드-로우리 산은 제공할 수 있는 양성자를 하나 이상 포함할 수 있다.

- 일양성자 산은 1개의 산성 양성자를 포함한다. HCl은 일양성자 산이다.
- 이양자 산은 2개의 산성 양성자를 포함한다. $H_2SO_4$는 이양성자 산이다.
- 삼양성자 산은 3개의 산성 양성자를 포함한다. $H_3PO_4$는 삼양성자 산이다.

브뢴스테드-로우리 산은 수소 원자를 포함해야 하지만 중성 분자일 수도 있고, 알짜 양전하 또는 알짜 음전하를 띨 수도 있다. 따라서 $H_3O^+$, HCl 및 $HSO_4^-$는 전체 전하가 각각 +1, 0 및 -1이더라도 모두 브뢴스테드-로우리 산이다. 식초, 감귤류 및 탄산 청량음료는 모두 **그림 3.1**에 표시된 것과 같이 브뢴스테드-로우리 산을 포함한다.

### 예제 3.1 브뢴스테드-로우리 산의 구별

다음 중 브뢴스테드-로우리 산이 될 수 있는 화학종은 무엇인가?

a. HF　　b. $HSO_3^-$　　c. $Cl_2$

**분석**

브뢴스테드-로우리 산은 수소 원자를 포함해야 하지만 중성이거나 알짜 양전하 또는 음전하를 포함할 수 있다.

**해답**

a. HF는 H를 포함하기 때문에 브뢴스테드-로우리 산이다.
b. $HSO_3^-$는 H를 포함하기 때문에 브뢴스테드-로우리 산이다.
c. $Cl_2$는 H를 포함하지 않기 때문에 브뢴스테드-로우리 산이 아니다.

그림 3.1 식품에서 브뢴스테드-로우리 산의 예

(a) (b) (c)

아세트산 ($CH_3COOH$)　시트르산 ($C_6H_8O_7$)　탄산 ($H_2CO_3$)

(a) 아세트산은 식초의 신맛 성분이다. 공기 중에서 에탄올이 아세트산으로의 산화 과정은 '상한' 와인의 맛을 신맛으로 만드는 과정이다.
(b) 이 장의 시작 부분에서 언급한 구연산은 오렌지, 레몬 및 기타 감귤류에서 신맛을 나타낸다.
(c) 탄산음료에는 탄산($H_2CO_3$)이 포함되어 있다.

**연습문제 3.1**

다음 중 브뢴스테드-로우리 산이 될 수 있는 화학종은 무엇인가?

a. HI　　b. $SO_4^{2-}$

c. $H_2PO_4^-$　　d. $Cl^-$

### 3.1B 브뢴스테드-로우리 염기

브뢴스테드-로우리 염기는 양성자 받개(acceptor)이므로 양성자와 결합을 형성할 수 있어야 한다. 양성자는 전자가 없기 때문에 염기는 새로운 결합을 형성하기 위해 제공할 수 있는 고립된 전자쌍을 포함해야 한다. 따라서 암모니아($NH_3$)는 고립된 전자쌍을 가진 질소 원자를 포함하고 있기 때문에 브뢴스테드-로우리 염기이다. $NH_3$가 물속에 용해되면 N 원자가 $H_2O$로부터 양성자를 받아 암모늄($NH_4^+$)과 수산화 이온($OH^-$)을 형성한다.

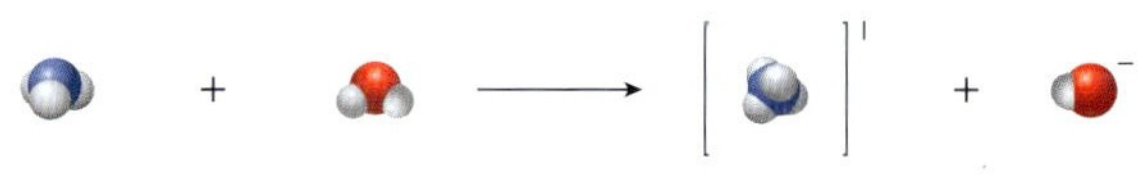

$$NH_3(g) + H_2O(l) \longrightarrow NH_4^+(aq) + OH^-(aq)$$

이 전자쌍은 $H_2O$의 H와 새로운 결합을 형성한다.
**브뢴스테드-로우리 염기**

브뢴스테드-로우리 염기는 종종 B:로 표기된다. 염기는 양성자와 결합하기 위해 고립 전자쌍을 포함해야 함을 강조하기 위해서이다. 염기는 중성일 수 있지만 보다 흔하게 알짜 음전하를 띠기도 한다. 3개의 고립 전자쌍을 가진 산소 원자를 포함하고 있는 수산화 이온($OH^-$)은 가장

그림 3.2 소비 제품에서 브뢴스테드-로우리 염기의 예

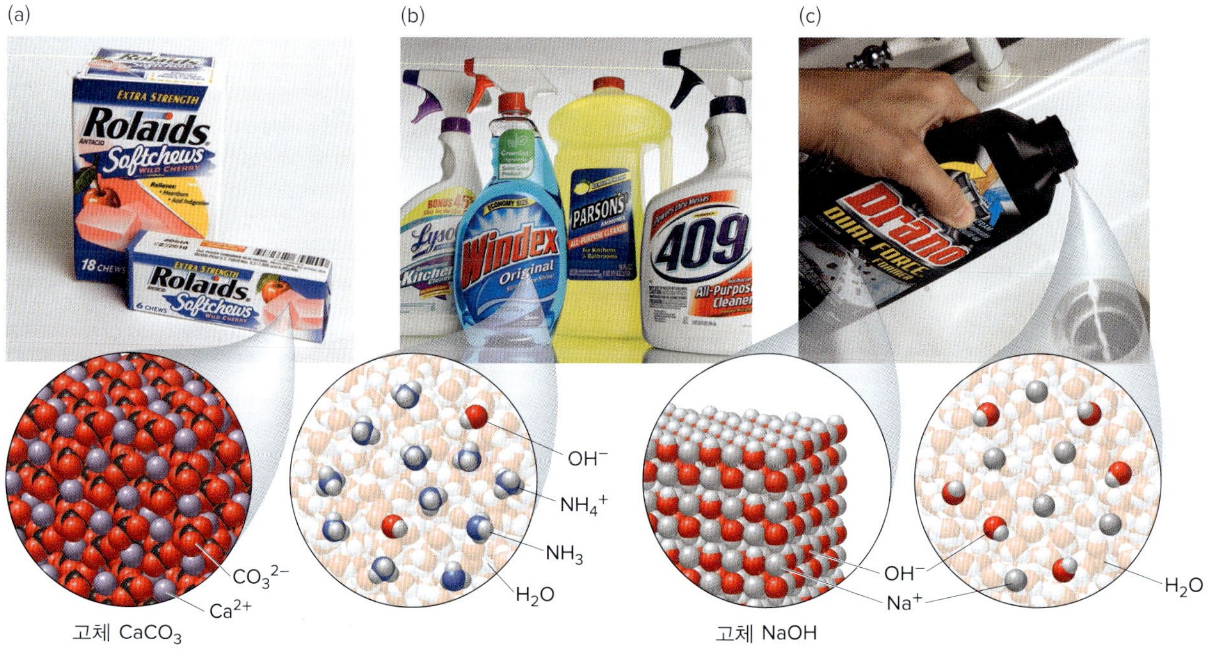


(a) 염기인 탄산칼슘($CaCO_3$)은 제산제 롤레이즈(Rolaids)의 활성 성분이다.
(b) 윈덱스(Windex) 및 기타 가정용 세제에는 물에 용해된 암모니아($NH_3$)가 포함되어 있어 $NH_4^+$ 양이온과 $OH^-$ 음이온을 형성한다.
(c) 배관 클리너에는 고체 수산화소듐(NaOH) 알약이 포함되어 있으며 물과 혼합하면 $Na^+$ 양이온과 $OH^-$ 음이온을 형성한다.

일반적인 브뢴스테드-로우리 염기이다. 수산화 음이온의 원천은 NaOH, KOH, $Mg(OH)_2$ 및 $Ca(OH)_2$를 포함한 다양한 금속 염일 수 있다. 암모니아($NH_3$)와 물($H_2O$)은 모두 브뢴스테드-로우리 염기이다. 이들은 각각 고립 전자쌍을 가진 원자를 포함하고 있기 때문이다.

| 일반적인 브뢴스테드-로우리 염기 | | | |
|---|---|---|---|
| | NaOH<br>수산화소듐 | $Mg(OH)_2$<br>수산화마그네슘 | $\ddot{N}H_3$<br>암모니아 |
| | KOH<br>수산화포타슘 | $Ca(OH)_2$<br>수산화칼슘 | $H_2\ddot{O}:$<br>물 |
| | | $OH^-$는 각 금속 염에서 염기이다. | 고립 전자쌍은 이러한 중성 화합물을 염기로 만든다. |

그림 3.2에 표시된 것과 같이 많은 소비 제품에는 브뢴스테드-로우리 염기가 포함되어 있다.

### 예제 3.2 브뢴스테드-로우리 염기의 구별

다음 화학종들 중 브뢴스테드-로우리 염기가 될 수 있는 화학종은 무엇인가?

a. LiOH b. $Cl^-$ c. $CH_4$

**분석**

브뢴스테드-로우리 염기는 고립 전자쌍을 포함해야 하지만 중성이거나 알짜 음전하를 가질 수도 있다.

**해답**

a. LiOH는 O 원자에 3개의 고립 전자쌍을 가진 수산화 음이온 $OH^-$를 포함하고 있기 때문에 염기이다.
b. $Cl^-$는 4개의 고립 전자쌍을 가지고 있으므로 염기이다.
c. $CH_4$는 고립 전자쌍이 없으므로 염기가 아니다.

**연습문제 3.2**

다음 중 브뢴스테드-로우리 염기가 될 수 있는 화학종은 무엇인가?

a. $Al(OH)_3$ b. $Br^-$
c. $NH_4^+$ d. $CN^-$

### 예제 3.3 브뢴스테드-로우리 산과 염기의 구별

각 반응물을 브뢴스테드-로우리 산 또는 염기로 분류하시오.

a. $HF(g) + H_2O(l) \longrightarrow F^-(aq) + H_3O^+(aq)$
b. $SO_4^{2-}(aq) + H_2O(l) \longrightarrow HSO_4^-(aq) + OH^-(aq)$

**분석**

각 반응식에서 브뢴스테드-로우리 산은 양성자를 잃고, 브뢴스테드-로우리 염기는 양성자를 얻는다.

**해답**

a. HF는 양성자($H^+$)를 잃어 $F^-$를 형성하기 때문에 산이고, $H_2O$는 양성자를 얻어 $H_3O^+$를 형성하기 때문에 염기이다.

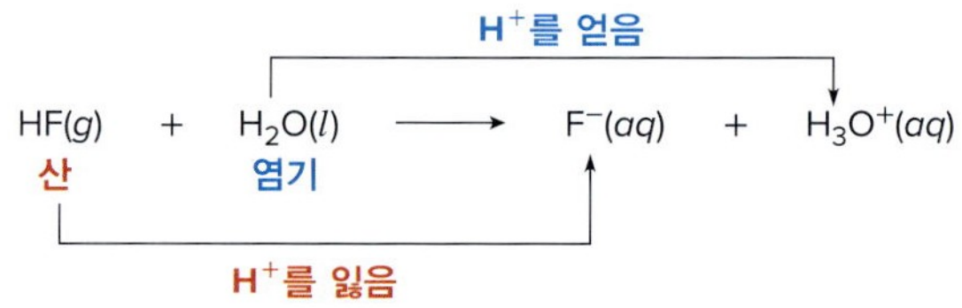


b. $H_2O$는 $OH^-$를 형성하기 위해 양성자($H^+$)를 잃기 때문에 산이고, $SO_4^{2-}$는 $HSO_4^-$를 형성하기 위해 양성자를 얻으므로 염기이다.

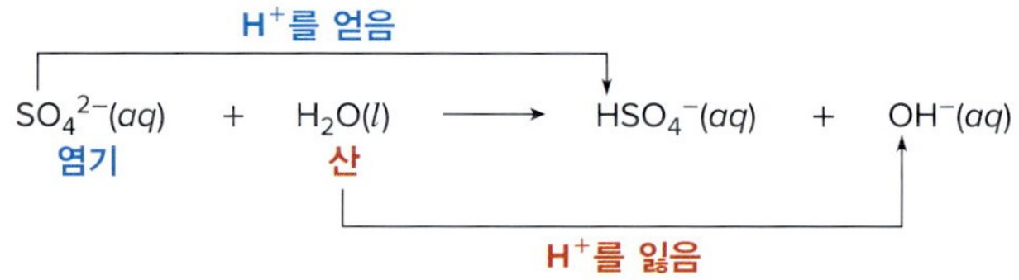


**연습문제 3.3**

다음 반응의 반응물을 브뢴스테드-로우리 산 또는 염기로 분류하시오.

a. $HCl(aq) + NH_3(aq) \longrightarrow Cl^-(aq) + NH_4^+(aq)$

b. $CH_3COOH(l) + H_2O(l) \longrightarrow CH_3COO^-(aq) + H_3O^+(aq)$

c. $OH^-(aq) + HSO_4^-(aq) \longrightarrow H_2O(l) + SO_4^{2-}(aq)$

## 3.2 브뢴스테드-로우리 산과 브뢴스테드-로우리 염기의 반응

브뢴스테드-로우리 산이 브뢴스테드-로우리 염기와 반응하면 양성자가 산에서 염기로 이동한다(transferred). 브뢴스테드-로우리 산은 브뢴스테드-로우리 염기에 양성자를 제공한다.

예를 들어, 일반적인 산 H-A와 일반적인 염기 B:의 반응을 생각해 보자. 산-염기 반응에서 하나의 결합은 끊어지고 하나의 결합이 형성된다. 염기 B:의 전자쌍은 산의 양성자와 새로운 결합을 형성하여 $H-B^+$를 형성한다. 산 H-A는 양성자를 잃고 H-A 결합에서의 전자쌍을 A한테 남겨 $A:^-$를 형성한다.

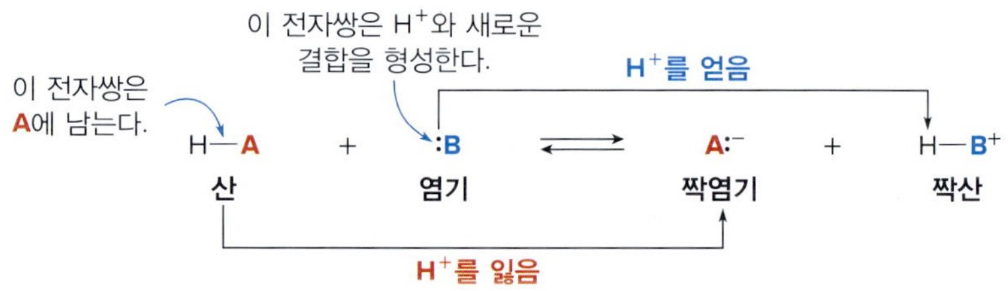


- 산이 양성자를 잃어 형성된 생성물을 **짝염기**(conjugate base)라고 한다.
- 염기가 양성자를 얻어 형성된 생성물을 **짝산**(conjugate acid)이라고 한다.

따라서 산 HA의 짝염기는 $A:^-$이다. 염기 B:의 짝산은 $HB^+$이다.

- 1개의 양성자의 존재에 따라 다른 두 화학종을 **짝산-염기 쌍**이라고 한다.

따라서 산-염기 반응에서 반응식의 왼쪽에 있는 산과 염기(HA 및 B:)는 또 다른 산과 염기($HB^+$ 및 $A:^-$)인 두 가지 생성물을 생성한다. 평형 화살표(⇌)는 반응이 정방향 또는 역방향으로 진행될 수 있기 때문에 반응물과 생성물을 분리하는 데 자주 사용된다. 일부 반응에서는 3.3절에서 논의된 바와 같이 생성물이 크게 선호된다.

예를 들어, HBr이 물에 용해되면 산인 HBr은 양성자를 잃어 짝염기 $Br^-$를 형성하고, 염기인 $H_2O$는 양성자를 얻어 $H_3O^+$를 형성한다.

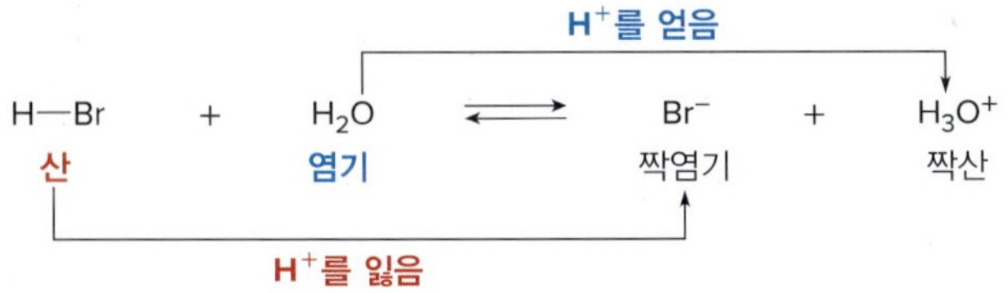


따라서 HBr과 $Br^-$는 1개의 양성자($H^+$)의 존재 유무에 따라 다르기 때문에 짝 산-염기 쌍이다. $H_2O$와 $H_3O^+$도 1개의 양성자의 존재 유무에 따라 다르기 때문에 짝 산-염기 쌍이다.

알짜 전하는 반응식의 양쪽에서 동일해야 한다. 이 예에서 두 반응물은 중성(알짜 전하는 0이다)이고 생성물들의 −1 및 +1 전하의 합도 0이다.

각 짝 산-염기 쌍의 전하에 어떤 일이 일어나는지 주의를 기울인다. 어떤 화학종이 1개의 양성자($H^+$)를 얻으면 +1 전하를 얻는다. 따라서 반응물이 처음부터 중성이었다면 +1의 전하가 생긴다. 어떤 화학종이 1개의 양성자($H^+$)를 잃으면, 생성물이 반응물보다 양성자(+1 전하)가 하나 적기 때문에 그 결과로 −1의 전하를 얻는다. 따라서 반응물이 중성으로 시작했다면 −1의 전하로 끝난다.

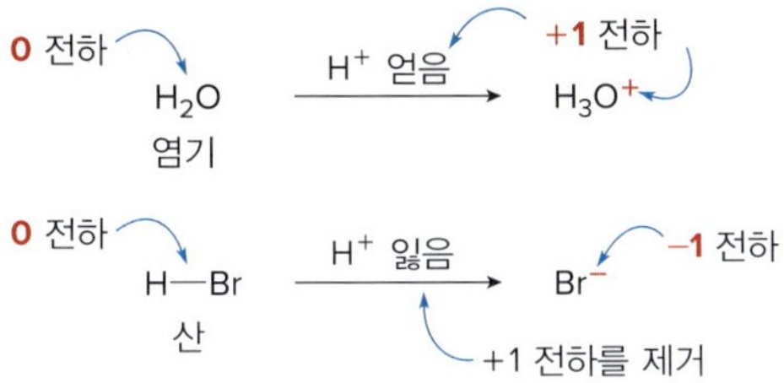

HCl이 물이 없는 상태에서 $NH_3$에 양성자를 제공하면 $NH_4^+$와 $Cl^-$가 형성되어 고체 염화암모늄 $NH_4Cl$을 형성한다.

암모니아($NH_3$)와 HCl의 반응도 브뢴스테드-로우리 산-염기 반응이다. 이 예에서 $NH_3$는 1개의 양성자를 얻어 짝산인 $NH_4^+$를 형성하기 때문에 염기이다. HCl은 1개의 양성자를 제공하여 짝염기인 $Cl^-$를 형성하기 때문에 산이다.

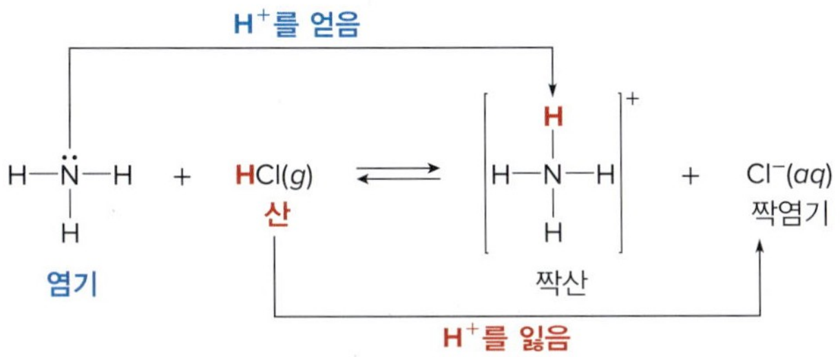


- 브뢴스테드-로우리 산-염기 반응은 항상 산에서 염기로 양성자가 전달되기 때문에 양성자 전달 반응(proton transfer reaction)이다.

주어진 반응물로부터 짝산 또는 짝염기를 구별하고 추론하는 연습은 반드시 필요하며, **예제 3.4** 및 **예제 3.5**를 통해 익힐 수 있다.

### 예제 3.4 염기의 짝산 추론하기

각 염기의 짝산을 결정하시오.

a. $F^-$ b. $NO_3^-$

**분석**

짝 산-염기 쌍은 1개 양성자의 존재 유무에 따라 다르다. 염기로부터 짝산을 만들려면 1개의 양성자 $H^+$를 추가(add)한다. 이것은 염기에 전하 +1을 더하여 짝산에 전하를 부여하게 된다.

**해답**

a. $F^-$ + $H^+$는 짝산 HF를 만든다. +1 전하를 가진 양성자가 -1 전하를 가진 음이온에 추가되므로 HF는전하를 갖지 않는다.

b. $NO_3^-$ + $H^+$는 짝산 $HNO_3$(질산)를 만든다. +1 전하를 가진 양성자가 -1 전하를 가진 음이온에 추가되므로 $HNO_3$는 전하를 갖지 않는다.

**연습문제 3.4**

각 화학종의 짝산을 결정하시오.

a. $H_2O$ b. $I^-$ c. $HCO_3^-$

### 예제 3.5 산의 짝염기 추론하기

각 산의 짝염기를 결정하시오.

a. $H_2O$ b. $HCO_3^-$

**분석**

짝 산-염기 쌍은 1개 양성자의 존재 유무에 따라 다르다. 산으로부터 짝염기를 만들려면 1개의 양성자 $H^+$를 제거(remove)한다. 이것은 산의 전하에 −1을 더하여 짝염기에 전하를 부여하게 된다.

**해답**

a. $H_2O$에서 $H^+$를 제거하여 짝염기인 $OH^-$를 만든다. $OH^-$는 반응물인 중성 분자에 -1이 추가되기 때문에 -1의 전하를 가진다.

b. $HCO_3^-$에서 $H^+$를 제거하여 짝염기인 $CO_3^{2-}$를 만든다. $CO_3^{2-}$는 −2의 전하를 가지는데 이는 처음부터 −1 전하를 띠는 음이온에 −1이 추가되기 때문이다.

**연습문제 3.5**

각 화학종의 짝염기를 결정하시오.

a. $H_2S$ b. HCN c. $HSO_4^-$

수소 원자와 고립 전자쌍을 모두 포함하는 화합물은 특정 반응에 따라 산 또는 염기가 될 수 있다. 이러한 화합물은 **양쪽성**(amphoteric)이라고 한다. 예를 들어, $H_2O$는 염기로 작용할 때 $H_3O^+$를 만들기 위해 양성자를 얻는다. 따라서 $H_2O$와 $H_3O^+$는 짝 산-염기 쌍이다. $H_2O$가 산으로 작용하면 양성자를 잃고 $OH^-$를 만든다. $H_2O$와 $OH^-$는 또한 짝 산-염기 쌍이다.

염기로서의 $H_2O$

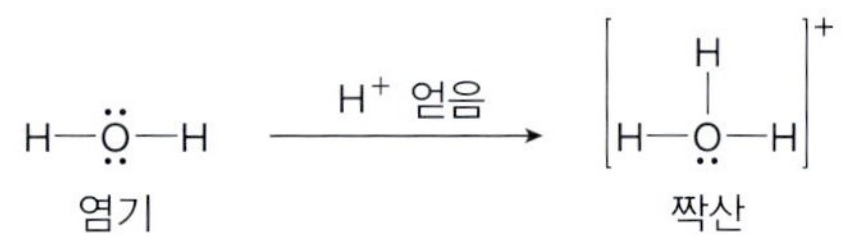


산으로서의 $H_2O$

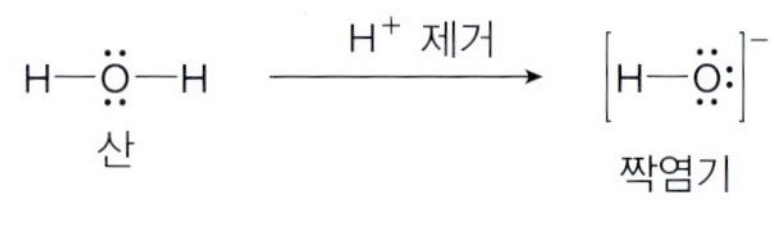

### 예제 3.6 반응에서 산, 염기, 짝산 및 짝염기의 구별

다음 반응에서 산, 염기, 짝산 및 짝염기를 구별하고 표시하시오.

$$NH_4^+(aq) + OH^-(aq) \rightleftharpoons NH_3(g) + H_2O(l)$$

**분석**

- 브뢴스테드-로우리 산은 양성자를 잃고 짝염기를 형성한다.
- 브뢴스테드-로우리 염기는 양성자를 얻어 짝산을 형성한다.

**해답**

$NH_4^+$는 양성자를 잃어 짝염기인 $NH_3$를 형성하기 때문에 산성이다. $OH^-$는 양성자를 얻어 짝산인 $H_2O$를 형성하기 때문에 염기이다.

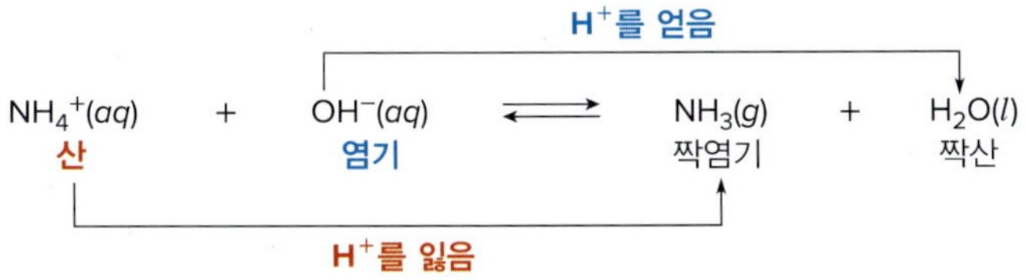


**연습문제 3.6**

각 반응에서 산, 염기, 짝산 및 짝염기를 구별하고 표기하시오.

a. $H_2O(l) + HI(g) \longrightarrow I^-(aq) + H_3O^+(aq)$

b. $Br^-(aq) + HNO_3(aq) \longrightarrow HBr(aq) + NO_3^-(aq)$

## 3.3 산과 염기의 세기

모든 브뢴스테드-로우리 산에는 양성자가 포함되어 있는데 쉽게 양성자를 제공하는 산이 있는 반면, 그렇지 못한 산도 있다. 비슷하게 일부의 브뢴스테드-로우리 염기는 다른 염기보다 훨씬 더 쉽게 양성자를 받아들인다. 양성자 전달이 얼마나 쉽게 발생하는지는 산과 염기의 세기에 의해 결정된다.

### 3.3A 산과 염기의 세기에 대한 관련성

산이 물에 용해되면 양성자가 전달이 일어나고 $H_3O^+$와 음이온을 형성한다. 공유 결합 분자(또는 이온 결합 화합물)를 개별적인 이온으로 분리하는 것을 **해리**(dissociation) **반응**이라고 한다. 산은 양성자를 제공하는 정도가 각기 다르다. 즉, 산은 물 속에서 해리되는 정도가 다르다.

- 강산은 양성자를 쉽게 제공한다. 강산이 물에 용해되면 산의 100%가 이온으로 해리된다.
- 약산은 양성자를 쉽게 제공하지 않는다. 약산이 물에 용해되면 산의 일부만이 이온으로 해리된다.

일반적인 강산에는 HI, HBr, HCl, $H_2SO_4$ 및 $HNO_3$가 포함된다(표 3.2 참조). HCl과 $H_2SO_4$와 같은 산이 물에 용해되면 용해된 산의 100%가 해리되어 $H_3O^+$와 짝염기를 형성한다.

**표 3.2 산과 그 짝염기의 상대적인 세기**

| 산 | | 짝염기 | |
|---|---|---|---|
| **강산** | | | |
| 아이오딘산 | HI | $I^-$ | 아이오딘화 이온 |
| 브롬산 | HBr | $Br^-$ | 브로민화 이온 |
| 염산 | HCl | $Cl^-$ | 염화 이온 |
| 황산 | $H_2SO_4$ | $HSO_4^-$ | 황산수소화 이온 |
| 질산 | $HNO_3$ | $NO_3^-$ | 질산 이온 |
| **하이드로늄 이온** | $\mathbf{H_3O^+}$ | $\mathbf{H_2O}$ | **물** |
| **약산** | | | |
| 인산 | $H_3PO_4$ | $H_2PO_4^-$ | 인산이수소화 이온 |
| 플루오린산 | HF | $F^-$ | 플루오린화 이온 |
| 아세트산 | $CH_3COOH$ | $CH_3COO^-$ | 아세테이트 이온 |
| 탄산 | $H_2CO_3$ | $HCO_3^-$ | 탄산수소 이온 |
| 암모늄 이온 | $NH_4^+$ | $NH_3$ | 암모니아 |
| 사이안화 수소산 | HCN | $CN^-$ | 사이안화 이온 |
| 물 | $H_2O$ | $OH^-$ | 수산화 이온 |

산의 세기 증가 (아래에서 위로) / 염기의 세기 증가 (위에서 아래로)

- 한 방향 반응 화살표를 사용한다.
- 평형 상태에서 생성물이 크게 선호된다.

$$\underset{\text{강산}}{HCl(g)} + H_2O(l) \longrightarrow H_3O^+(aq) + \underset{\text{짝염기}}{Cl^-(aq)}$$

$$\underset{\text{강산}}{H_2SO_4(l)} + H_2O(l) \longrightarrow H_3O^+(aq) + \underset{\text{짝염기}}{HSO_4^-(aq)}$$

염산(HCl)은 음식 소화를 위해 위에서 분비되며(**그림 3.3** 참조) 황산($H_2SO_4$)은 인산염 비료 합성에서 중요한 산업적인 출발 물질이다. 한 방향 반응 화살표($\longrightarrow$)를 그려 본질적으로 모든 반응물이 생성물로 전환되었음을 보여 준다.

아세트산($CH_3COOH$)은 약산이다. 아세트산이 물에 용해되면 아세트산 분자의 극히 일부만이 물에 양성자를 제공하여 $H_3O^+$와 짝염기인 $CH_3COO^-$를 형성한다. 평형 상태에 존재하는 주요 화학종은 해리되지 않은 산 $CH_3COOH$이다. 길이가 같지 않은 평형 화살표($\leftleftharpoons$)는 평형이 왼쪽에 치우쳐 있음을 표시하는 데 사용된다. 기타 약산 및 이들의 짝염기는 **표 3.2**에 나열되어 있다.

- 길이가 같지 않은 반응 화살표를 사용한다.
- 평형 상태에서 반응물이 선호된다.

$$\underset{\text{약산}}{CH_3COOH(l)} + H_2O(l) \rightleftharpoons H_3O^+(aq) + \underset{\text{짝염기}}{CH_3COO^-(aq)}$$

**그림 3.4**는 완전히 해리된 강산 수용액과 해리되지 않은 산을 많이 포함하고 있는 약산의 차이를 보여 준다. **예제 3.7** 및 **예제 3.8**에서 해리 정도와 산의 세기의 연관성을 볼 수 있다.

그림 3.3 위 속의 염산

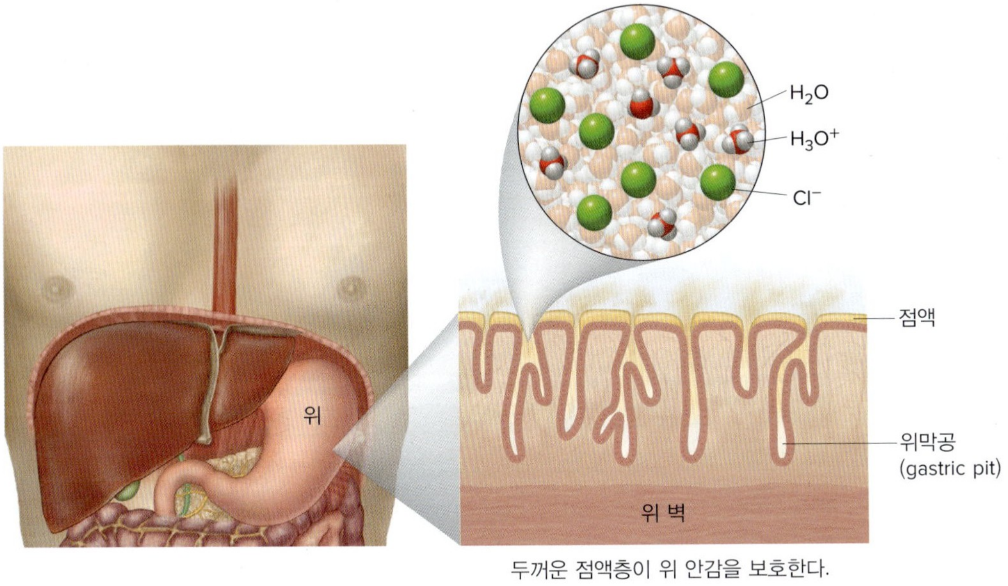


HCl은 위에서 분비되는 부식성 산이지만 위벽을 덮고 있는 두꺼운 점액층이 강산에 의한 손상으로부터 위를 보호한다. 강산 HCl은 $H_3O^+$ 및 $Cl^-$로 완전히 해리된다.

그림 3.4 물에 용해된 강산과 약산

- 강한 산인 HCl은 물에서 $H_3O^+$와 $Cl^-$로 완전히 해리된다.
- 식초에는 $H_2O$에 용해된 $CH_3COOH$가 포함되어 있다. 약한 산 $CH_3COOH$는 $H_3O^+$ 및 $CH_3COO^-$로 약간만 해리되므로 대부분은 $CH_3COOH$가 평형 상태에 존재한다. $CH_3COOH$의 공간 채우기 모델은 빨간색 구(O)에 결합된 회색 구(H)를 보여 준다. $CH_3COO^-$에는 O에 결합된 H가 없으므로 빨간색 구에 연결된 회색 구가 없다.

### 예제 3.7 산의 세기를 해리의 정도와 관련시키기

다음 중 물에 용해된 질산($HNO_3$) 용액을 올바르게 나타낸 것은?

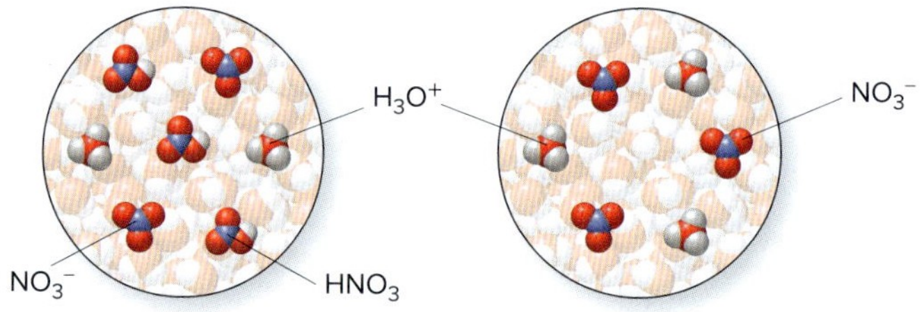


A B

**분석**

- 강산은 이온으로 완전히 해리되므로 물에는 중성인 산이 없다.
- 약산은 이온으로 약간만 해리되므로 대부분 중성인 산이 물속에 존재한다.

**해답**

표 3.2에 따르면 질산은 강산이므로 물에서 완전히 해리된다. 그림 B가 용액 속에 $H_3O^+$ 및 $NO_3^-$만 있고 해리되지 않은 산인 $HNO_3$는 존재하지 않기 때문에 질산 수용액을 나타낸다.

**연습문제 3.7**

다음 그림 A와 B는 물에 용해된 2개의 산을 나타낸다. 일반적인 원소 색을 사용하여 각 그림의 화학종을 구별하고, 각 산을 강산 또는 약산으로 표시하시오.

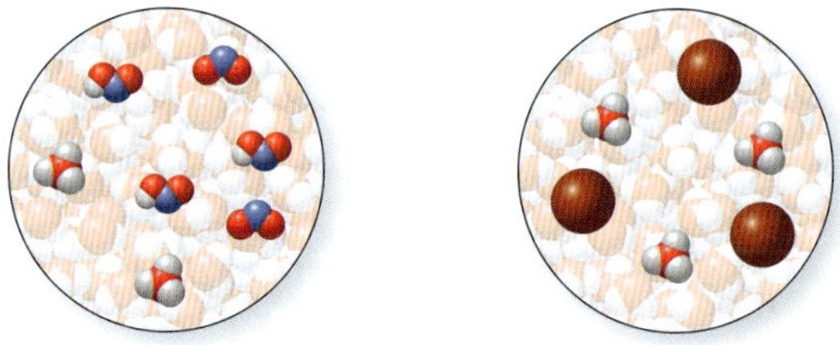

A B

### 예제 3.8 해리 정도를 이용하여 산의 상대적인 세기 결정

그림 A~C는 물에 용해된 세 가지 산(HA)을 나타낸다. 가장 강한 산을 나타낸 그림은 무엇인가? 또 가장 약한 산을 나타낸 그림은 무엇인가?

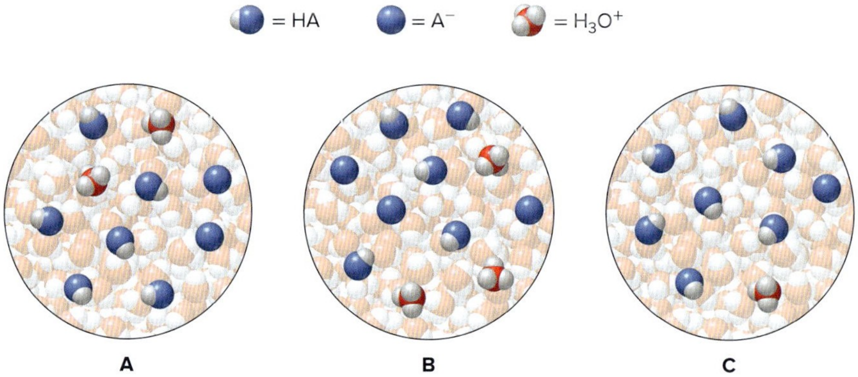


A B C

**분석**

강산일수록 더 쉽게 해리되어 짝염기인 $A^-$와 $H_3O^+$를 형성한다. 분자 그림에서 가장 강한 산은 $A^-$와 $H_3O^+$ 이온을 가장 많이 가지며 해리되지 않은 HA 분자가 가장 적다.

**해답**

그림 B는 가장 많은 수의 $A^-$와 $H_3O^+$ 이온(각각 3개), 그리고 가장 적은 수(5개)의 해리되지 않은 HA 분자를 포함하고 있기 때문에 가장 강한 산이다. 그림 C는 가장 적은 수의 $A^-$와 $H_3O^+$ 이온(각각 1개), 그리고 가장 많은 수(7개)의 해리되지 않은 HA 분자를 포함하고 있기 때문에 가장 약한 산이다.

**연습문제 3.8**

그림 D~F는 물에 용해된 세 가지 산(HA)을 나타낸다. 산의 세기가 증가하는 순서대로 세 가지 산(D~F)을 나열하시오.

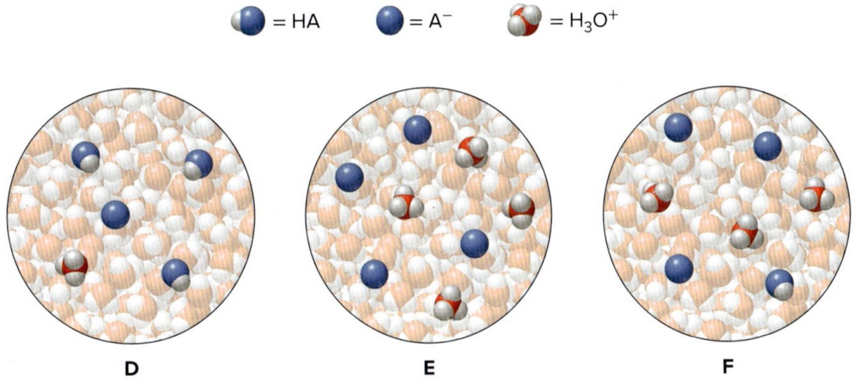


염기 역시 양성자를 받아들이는 능력이 다르다.

- 강한 염기는 양성자를 쉽게 받아들인다. 강한 염기가 물에 용해되면 염기의 100%가 이온으로 해리된다.
- 약한 염기는 양성자를 쉽게 받아들이지 않는다. 약한 염기가 물에 용해되면 염기의 극히 일부만이 이온을 형성한다.

가장 일반적인 강염기는 NaOH와 KOH를 포함한 다양한 금속 염으로 사용되는 수산화 이온 $OH^-$이다. 고체 NaOH는 물에 용해되어 용매화된 $Na^+$ 양이온과 $OH^-$ 음이온을 형성한다. 반대로 약염기인 $NH_3$가 물에 용해되면 $NH_3$ 분자의 극히 일부만이 반응하여 $NH_4^+$와 $OH^-$를 형성한다. 평형 상태에 존재하는 주요 화학종은 해리되지 않은 분자인 $NH_3$이다.

**그림 3.5**는 강염기와 약염기 수용액의 차이를 보여 준다. **표 3.2**는 일반적인 염기들을 나타낸다.

- 한 방향 반응 화살표를 사용한다.
- 평형 상태에서 생성물이 매우 선호된다.

$$NaOH(s) + H_2O(l) \longrightarrow Na^+(aq) + OH^-(aq)$$

강산

$$NH_3(g) + H_2O(l) \rightleftharpoons NH_4^+(aq) + OH^-(aq)$$

약산

- 길이가 같지 않은(unequal) 반응 화살표를 사용한다.
- 평형 상태에서 반응물이 선호된다.

그림 3.5 물에 용해된 강염기와 약염기

- 강염기 NaOH는 물 속에서 $Na^+$와 $OH^-$로 완전히 해리된다.
- 약염기 $NH_3$는 $NH_4^+$와 $OH^-$로 약간만 해리되므로 대부분의 $NH_3$가 평형 상태에 존재한다.

산과 염기의 세기 사이에는 반비례 관계가 있다.

- 강산은 쉽게 양성자를 제공하여 약한 짝염기를 형성한다.
- 강염기는 양성자를 쉽게 받아들여 약한 짝산을 형성한다.

이 반비례 관계가 존재하는 이유는 무엇일까? 강산은 쉽게 양성자를 제공하기 때문에 양성자를 받아들이는 능력이 거의 없는 짝염기를 형성한다. 강염기는 양성자를 쉽게 받아들이기 때문에 양성자를 단단히 붙잡고, 약산인 짝산을 형성한다.

따라서 HCl과 같은 강한 산은 약한 짝염기($Cl^-$)를 형성하고, $OH^-$와 같은 강한 염기는 약한 짝산($H_2O$)을 형성한다. 표 3.2의 항목들은 산의 세기가 감소하는(decreasing) 순서대로 정렬되어 있다. 이것은 표 3.2가 생성된 짝염기의 세기를 증가시키는(increasing) 순서대로 배열되어 있음을 의미한다. 두 산의 상대적인 세기를 알면 그 짝염기의 상대적인 세기를 예측할 수 있다.

### 예제 3.9 산과 염기의 세기를 관련시키기

표 3.2를 사용하여 다음 질문에 답하시오.

a. $H_3PO_4$와 HF 중 어느 것이 더 강한 산인가?

b. 위 산의 짝염기를 그리고, 어느 염기가 더 강한지 예측하시오.

**분석**

산이 강할수록 짝염기는 약해진다.

**해답**

a. $H_3PO_4$는 **표 3.2**에서 HF 위에 위치하여 더 강한 산이다.

b. 각각의 짝염기를 그리려면 먼저 양성자($H^+$)를 제거한다. 각 산은 중성이므로 두 짝염기 모두 −1의 전하를 가진다. HF는 더 약한 산이기 때문에 $F^-$는 더 강한 짝염기이다.

$$\underset{\text{더 강한 산}}{H_3PO_4} \xrightarrow{H^+\text{를 잃음}} H_2PO_4^- \quad \text{더 약한 염기}$$

$$\underset{\text{더 약한 산}}{HF} \xrightarrow{H^+\text{를 잃음}} F^- \quad \text{더 강한 염기}$$

**연습문제 3.9**

다음 각 쌍에서 더 강한 산을 표시하시오. 어떤 산이 더 강한 짝염기를 가지고 있는가?

a. $H_2SO_4$ or $H_3PO_4$
b. HF or HCl
c. $H_2CO_3$ or $NH_4^+$
d. HCN or HF

## 3.3B 산의 세기를 사용하여 평형 방향의 예측

브뢴스테드-로우리 산-염기 반응은 평형을 나타낸다. 산은 염기에 양성자를 제공하여 짝산과 짝염기를 형성하므로 반응 혼합물에는 항상 2개의 산과 2개의 염기가 존재한다. 평형 상태에서 선호되는 산과 염기의 쌍은 무엇일까? 평형의 위치는 산과 염기의 세기에 따라 달라진다.

- 강한 산은 강한 염기와 반응하여 약한 산과 약한 염기를 형성한다.

강산은 쉽게 양성자를 제공하고 강염기는 쉽게 양성자를 받아들이므로 이 두 화학종은 서로 반응하여 양성자를 쉽게 제공하지도 않고 받아들이지도 않는 약한 짝산과 짝염기를 형성한다. 따라서 더 강한 산과 염기가 왼쪽의 반응물일 때 반응이 쉽게 일어나고 반응은 오른쪽으로 진행한다.

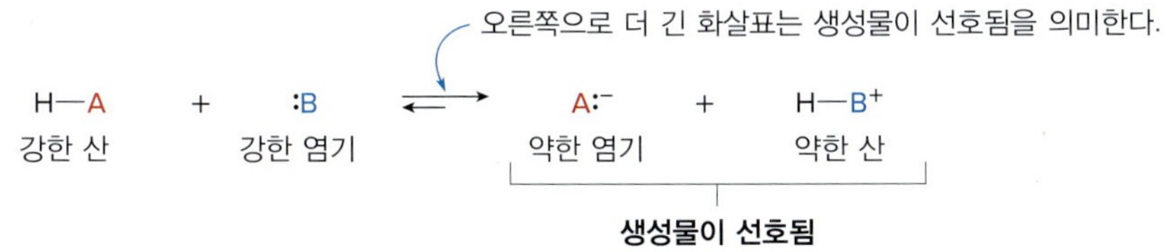


반면에 산-염기 반응이 더 강한 산과 염기를 형성한다면 평형 상태에서는 반응물이 선호되고 생성물은 거의 형성되지 않는다.

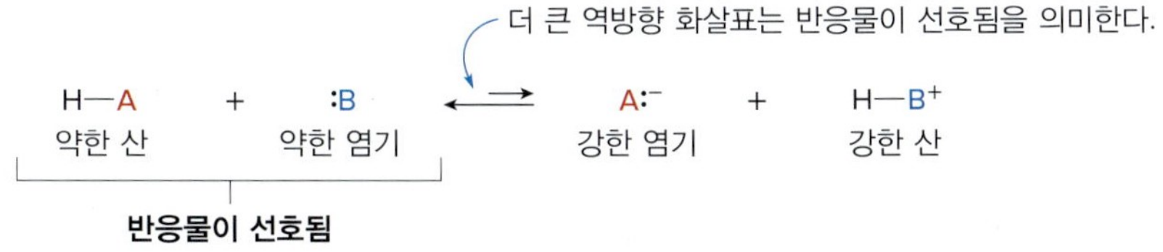


**표 3.2**의 내용을 참조하여 평형 방향을 예측하는 것은 아래의 단계별 절차에 설명되어 있다.

### 산-염기 반응에서 평형 방향을 예측하는 방법

**예** 다음 산-염기 반응에서 반응물과 생성물 중 어느 것이 선호되는가?

$$HCN(g) + OH^-(aq) \rightleftharpoons CN^-(aq) + H_2O(l)$$

**단계 [1] 반응물에서 산과 생성물에서 짝산을 확인한다.**

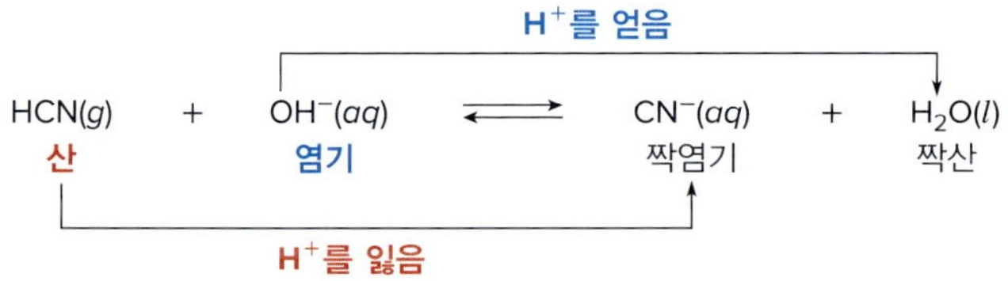


- HCN은 양성자를 제공하기 때문에 산이다.
- $H_2O$는 수산화 이온인 염기에서 만들어진 짝산이다.

**단계 [2] 산과 짝산의 상대적 세기를 결정한다.**

- 표 3.2에 따르면 HCN은 $H_2O$보다 강한 산이다.

**단계 [3] 평형은 더 약한 산의 형성을 선호한다.**

- 더 강한 산 HCN이 반응물이기 때문에 반응은 더 약산인 $H_2O$를 형성하기 위해 오른쪽으로 진행된다. 길이가 다른 평형 화살표는 오른쪽의 생성물 쪽으로 더 긴 화살표로 그려야 한다.

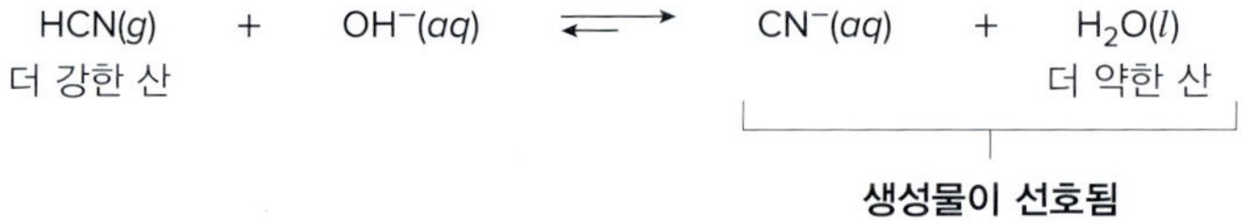


## 3.4 평형과 산 해리 상수

모든 평형과 마찬가지로 산 HA가 물속에서 용해될 때 일어나는 산-염기 반응에 대한 평형 상수에 대한 표현을 작성할 수 있다. 평형 상수($K$)는 평형에서 반응물의 농도에 대한 생성물의 농도의 비를 나타낸다.

**반응** $$HA(aq) + H_2O(l) \rightleftharpoons H_3O^+(aq) + A\!:^-$$

**평형 상수** $$K = \frac{[H_3O^+][A\!:^-]}{[HA][H_2O]}$$

(분자: 생성물의 농도, 분모: 반응물의 농도)

여기서 물은 염기와 용매의 역할을 한다. 물은 액체이고 그 농도는 본질적으로 일정하기 때문에 반응식은 양쪽에 $[H_2O]$를 곱하여 재배열할 수 있다. 이것은 **산 해리 상수**($K_a$)라는 새로운 상수를 만든다.

$$K_a = K[H_2O] = \frac{[H_3O^+][A\!:^-]}{[HA]}$$

$K_a$: 산 해리 상수

$K_a$ 는 산의 세기와 어떤 관련이 있을까? 산이 강할수록 산–염기 반응에 대한 생성물의 농도가 높아지고 $K_a$ 에 대한 식에서 분자의 값이 커진다.

- 산이 강할수록 $K_a$ 값이 커진다.

**표 3.2**에 나열된 강산은 모두 $K_a$ 값이 1보다 훨씬 크다. 약산은 $K_a$ 값이 1보다 작다. 여러 가지 약산에 대한 $K_a$는 **표 3.3**에 나열되어 있다.

### 예제 3.10 $K_a$를 사용하여 산의 세기 결정

다음 각 쌍에서 더 강한 산은 어느 것인가?

a. HCN 또는 $HSO_4^-$　　　　b. $CH_3COOH$ 또는 $NH_4^+$

**분석**

**표 3.3**을 사용하여 각 산에 대한 $K_a$ 를 찾으시오. 더 큰 $K_a$를 가진 산이 더 강한 산이다.

**해답**

| | a. HCN | $HSO_4^-$ | b. $CH_3COOH$ | $NH_4^+$ |
|---|---|---|---|---|
| | $K_a = 4.9 \times 10^{-10}$ | $K_a = 1.2 \times 10^{-2}$ | $1.8 \times 10^{-5}$ | $5.6 \times 10^{-10}$ |
| | | 큰 $K_a$ | 큰 $K_a$ | |
| | | **더 강한 산** | **더 강한 산** | |

### 연습문제 3.10

산의 세기가 증가하는 순서대로 나열하시오.

a. $H_3PO_4$, $H_2PO_4^-$, $HPO_4^{2-}$　　　　b. HCN, HF, $CH_3COOH$

**표 3.3 일반적인 약산에 대한 산 해리 상수($K_a$)**

| | 산 | 구조 | $K_a$ |
|---|---|---|---|
| ↑ | 황산수소 이온 | $HSO_4^-$ | $1.2 \times 10^{-2}$ |
| | 인산 | $H_3PO_4$ | $7.5 \times 10^{-3}$ |
| | 플루오린화 수소산 | HF | $7.2 \times 10^{-4}$ |
| 산도의 증가 | 아세트산 | $CH_3COOH$ | $1.8 \times 10^{-5}$ |
| | 탄산 | $H_2CO_3$ | $4.3 \times 10^{-7}$ |
| | 인산이수소 이온 | $H_2PO_4^-$ | $6.2 \times 10^{-8}$ |
| | 암모늄 이온 | $NH_4^+$ | $5.6 \times 10^{-10}$ |
| | 사이안화 수소산 | HCN | $4.9 \times 10^{-10}$ |
| | 탄산수소 이온 | $HCO_3^-$ | $5.6 \times 10^{-11}$ |
| | 인산수소 이온 | $HPO_4^{2-}$ | $2.2 \times 10^{-13}$ |

$K_a$ 값은 두 산의 상대적인 세기를 알려 주기 때문에 **예제 3.11**에서 볼 수 있듯이 $K_a$를 사용하여 산–염기 반응에서 평형 방향을 예측할 수 있다.

- 평형은 $K_a$ 값이 더 작은 약한 산의 형성을 선호한다.

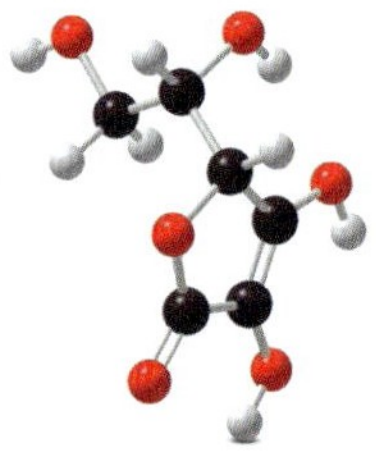

비타민 C
(아스코르브산, $C_6H_8O_6$)

**건강 노트**

감귤류(오렌지, 자몽, 레몬)는 비타민 C(아스코르브산, 예제 3.11)의 잘 알려진 공급원이지만 구아바, 키위, 로즈힙도 훌륭한 공급원이다.

**예제 3.11 $K_a$ 를 사용하여 평형의 방향을 결정**

아스코르브산인 비타민 C는 근육과 혈관의 결합 조직에 있는 공통 단백질인 콜라겐 형성에 필요하다. 비타민 C의 $K_a$가 $7.9\times10^{-5}$인 경우 다음 산-염기 반응에서 반응물과 생성물 중 어느 것이 선호되는가?

$$\underset{\text{비타민 C}}{C_6H_8O_6(aq)} + NH_3(aq) \rightleftharpoons \underset{\text{비타민 C의 짝염기}}{C_6H_7O_6^-(aq)} + NH_4^+(aq)$$

**분석**

평형의 방향을 결정하려면 반응물에서의 산과 생성물에서의 짝산을 확인해야 한다. 그 다음 그들의 $K_a$를 비교한다. 평형은 $K_a$ 값이 더 작은 산의 형성을 선호한다.

**해답**

반응물 쪽에서 비타민 C는 산이고 $NH_3$는 염기이다. $NH_3$는 양성자를 얻어 $5.6\times10^{-10}$의 $K_a$를 갖는 짝산 $NH_4^+$를 형성한다(표 3.3 참조). 따라서 이 짝산은 비타민 C($7.9\times10^{-5}$)보다 $K_a$가 작아서 더 약한 산이 된다. 따라서 생성물이 평형에서 선호된다.

생성물 선호

$$\underset{\substack{\text{비타민 C} \\ K_a = 7.9\times10^{-5} \\ \text{더 큰 } K_a \\ \textbf{더 강한 산}}}{C_6H_8O_6(aq)} + NH_3(aq) \rightleftharpoons C_6H_7O_6^-(aq) + \underset{\substack{\text{짝산} \\ K_a = 5.6\times10^{-10} \\ \text{더 작은 } K_a \\ \textbf{더 약한 산}}}{NH_4^+(aq)}$$

**연습문제 3.11**

표 3.3의 산 해리 상수를 사용하여 다음 반응에서 반응물과 생성물 중 어느 것이 선호되는지 결정하시오.

$$HCO_3^-(aq) + NH_3(aq) \rightleftharpoons CO_3^{2-}(aq) + NH_4^+(aq)$$

## 3.5 pH 척도

하이드로늄 이온의 농도를 아는 것은 많은 경우에 필요하다. 혈액은 개인의 건강을 위해 매우 좁은 범위에 해당하는 $H_3O^+$ 농도를 가져야만 한다. 식물은 산성 또는 염기성이 너무 강한 토양에서는 번성하지 않는다. 수영장은 깨끗하고 박테리아와 조류가 생기지 않도록 유지하기 위해 물의 $H_3O^+$ 농도를 측정해서 조절해야 한다.

### 3.5A pH의 계산

하이드로늄 이온의 농도는 10의 음수 거듭제곱으로 매우 작기 때문에 **pH 척도**를 사용하여 $[H_3O^+]$를 보다 편리하게 나타낸다. 용액의 pH는 $H_3O^+$ 농도의 음수 로그(logarithm, log) 값으로 정의되고, 일반적으로 0에서 14 사이의 숫자이다.

$$\mathbf{pH = -log\,[H_3O^+]}$$

로그 값은 10의 거듭제곱의 지수이다.

로그 값은 지수이다.

$\log(10^5) = 5$  $\log(10^{-10}) = -10$  $\log(0.001) = \log(10^{-3}) = -3$

로그 값은 지수이다. 과학적 표기법으로 변환한다.

사과 주스는 pH가 약 4이므로 산성 용액이다.

pH를 계산할 경우, 과학적 표기법으로 수를 썼을 때 계수가 1인 $H_3O^+$ 농도를 먼저 고려한다. 예를 들어, 사과 주스의 $[H_3O^+]$ 값은 약 $1\times10^{-4}$ 또는 계수 없이 $10^{-4}$로 쓴다. 이 용액의 pH는 다음과 같이 계산된다.

$$pH = -\log[H_3O^+] = -\log(10^{-4}) = -(-4) = 4$$

사과 주스의 pH

pH는 $[H_3O^+]$의 음(negative)의 로그 값으로 정의되고, 이러한 농도는 음(negative)의 지수($10^{-x}$)를 갖기 때문에 pH 값은 양(positive)의 수이다.

용액이 산성, 중성 또는 염기성인지 이제 pH로 정의될 수 있다.

- 산성 용액: $pH < 7 \longrightarrow [H_3O^+] > 1\times10^{-7}$
- 중성 용액: $pH = 7 \longrightarrow [H_3O^+] = 1\times10^{-7}$
- 염기성 용액: $pH > 7 \longrightarrow [H_3O^+] < 1\times10^{-7}$

$[H_3O^+]$와 pH 사이의 관계에 유의하시오.

- pH가 낮을수록(lower) $H_3O^+$의 농도는 높아진다(higher).

pH는 로그(logarithmic) 척도로 측정되기 때문에 pH의 작은 차이는 $H_3O^+$ 농도의 큰 변화를 의미한다. 예를 들어, pH 값 1의 차이는 $H_3O^+$ 농도의 10배 차이를 의미한다. pH 값 3의 차이는 $H_3O^+$ 농도의 1,000배 차이를 의미한다.

**그림 3.6** pH의 측정

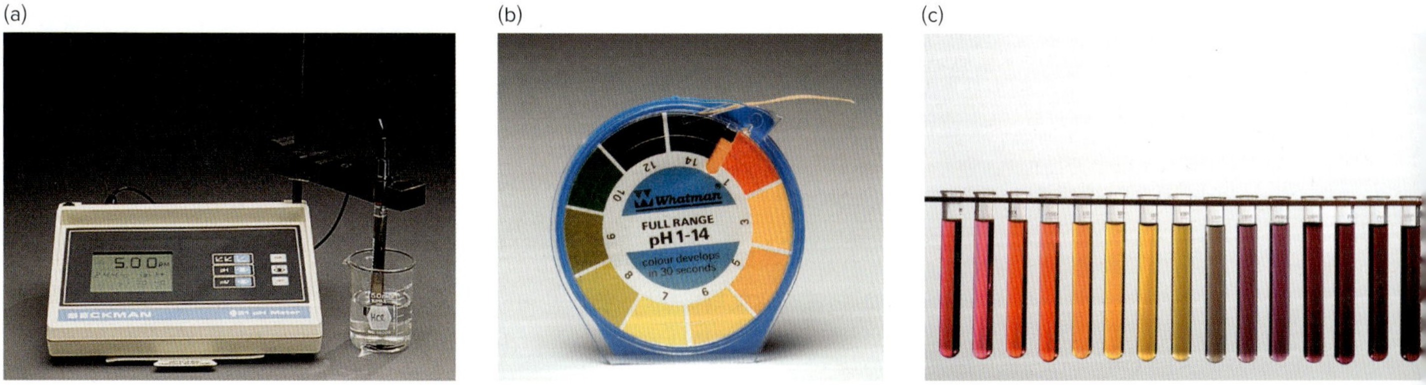


(a) pH 미터는 전극을 용액에 넣어서 pH를 측정하는 소형 전자 장치이다.
(b) pH 시험지(pH paper)라고 불리는 종이에 수용액 한 방울을 떨어뜨리면, 특정 pH에 해당하는 색상으로 변한다.
(c) 산-염기 지시약을 사용하여 대략적인 pH를 알 수 있다. 지시약은 용액의 pH에 따라 색이 변하는 염료이다.

**그림 3.7** 일반 물질들의 pH

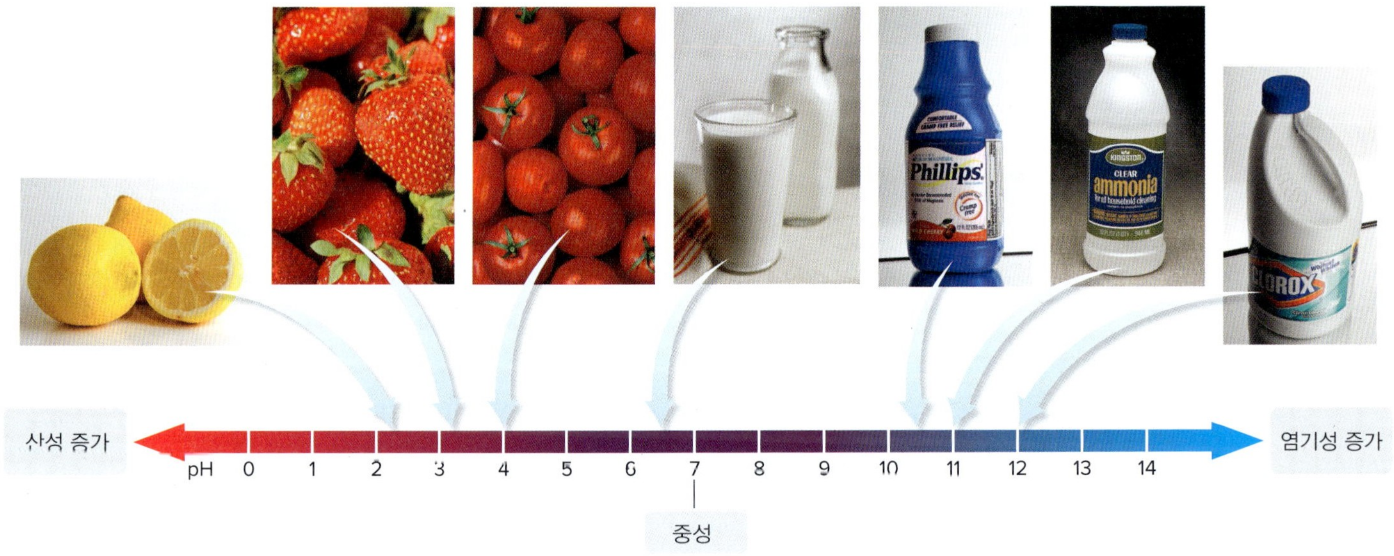


많은 과일의 pH는 7 미만으로 산성이다. 가정용 암모니아 및 표백제와 같은 많은 세제는 염기성이다(pH > 7).

pH 값에서 1의 차이는

pH = 2 $[H_3O^+] = 1 \times 10^{-2}$

pH = 3 $[H_3O^+] = 1 \times 10^{-3}$

$[H_3O^+]$ 값의 10배 차이가 난다.

pH 값에서 3의 차이는

pH = 2 $[H_3O^+] = 1 \times 10^{-2}$

pH = 5 $[H_3O^+] = 1 \times 10^{-5}$

$[H_3O^+]$ 값의 1,000배 차이가 난다.

용액의 pH는 그림 3.6과 같이 pH 미터를 사용하여 측정할 수 있다. 대략적인 pH 값은 용액의 pH에 따라 다른 색상으로 변하는 pH 종이 또는 지시약을 사용하여 결정된다. 다양한 물질의 pH가 그림 3.7에 나타나 있다.

주어진 $H_3O^+$ 농도를 pH 값으로 변환하는 것은 예제 3.12에 나와 있다. pH 값을 $H_3O^+$ 농도로 변환하는 반대 과정은 예제 3.13에 나타나 있다.

## 예제 3.12 $[H_3O^+]$로부터 pH 계산

$H_3O^+$ 농도가 $1 \times 10^{-5}$ M인 소변 샘플의 pH는 얼마인가? 이 용액을 산성, 염기성 또는 중성으로 분류하시오.

### 분석

식 pH = $-\log [H_3O^+]$를 사용한다. 과학적 표기법으로 쓰여진 숫자의 계수가 1이면 pH는 $10^{-x}$의 값 $x$와 같다.

### 해답

$$\text{pH} = -\log[H_3O^+] = -\log(10^{-5})$$
$$= -(-5) = 5 \quad \text{소변 샘플의 pH}$$

답

이 소변 샘플은 pH가 7보다 작기 때문에 산성이다.

### 연습문제 3.12

각 $H_3O^+$ 농도를 pH 값으로 변환하시오.

a. $1 \times 10^{-6}$ M b. $1 \times 10^{-12}$ M c. 0.00001 M d. 0.00000000001 M

**예제 3.13 pH로부터 $[H_3O^+]$ 결정**

pH가 약 2인 레몬 주스의 $H_3O^+$ 농도는 얼마인가? 이 용액을 산성, 염기성 또는 중성으로 분류하시오.

**분석**

로그 값인 pH로부터 $[H_3O^+]$를 계산하려면, 주어진 로그 값에 해당하는 수를 결정해야 한다. pH가 정수 $x$이면, $x$의 값은 식 $1 \times 10^{-x} = [H_3O^+]$에서 지수가 된다.

**해답**

레몬 주스의 pH가 2이면 $[H_3O^+] = 1 \times 10^{-2}$ M이다. pH가 7 미만이므로 레몬 주스는 산성이다.

**연습문제 3.13**

다음 각 pH 값에 해당하는 $H_3O^+$의 농도는 얼마인가? 각 용액을 산성, 염기성 또는 중성으로 구분하시오.

a. 13 b. 7 c. 3

## 3.5B 계산기를 사용하여 pH 계산

전자 계산기를 사용하여 로그 함수와 로그 역함수를 계산하는 방법은 부록 A에 나와 있다.

하이드로늄 이온 농도를 과학 표기법으로 나타냈을 때, 1이 아닌 계수를 갖는 용액의 pH를 계산하려면($2.0 \times 10^{-3}$과 같이) 로그 함수 기능이 있는 계산기가 필요하다. 키에 레이블을 지정하는 방법과 단계의 순서는 특정 계산기에 따라 다르다.

계산기에 이 숫자를 입력한다.

$$\text{pH} = -\log[H_3O^+] = -\log(2.0 \times 10^{-3})$$
$$= -(-2.70) = 2.70$$

바닷물에는 용해된 염분이 포함되어 있기 때문에 pH는 8.50이고 순수한 물처럼 중성이 아닌 약한 염기성이다.

마찬가지로 보고된 pH가 정수가 아닌 경우(예: 해수 샘플의 pH = 8.50)에는 로그 역함수(antilogarithm)를 계산해야 한다. 즉, 8.50의 로그 값을 갖는 수를 계산하려면 계산기가 필요하다. 계산이 정확한지 확인하려면 해수의 pH가 8에서 9 사이이므로 $H_3O^+$ 농도는 $10^{-8}$에서 $10^{-9}$ 사이여야 한다.

$$[H_3O^+] = \text{antilog}(-\text{pH}) = \text{antilog}(-8.50)$$
$$= 3.2 \times 10^{-9}\ \text{M}$$

로그를 사용할 때 주의해서 유효 숫자를 고려해야 한다.

- 로그 값은 과학적 표기법을 사용한 원래 수의 계수에 포함된 것과 동일한 개수만큼 소수점 이하의 자릿수를 가진다.

$$[H_3O^+] = 3.2 \times 10^{-9}\ \text{M} \qquad \text{pH} = 8.50$$

2개의 유효 숫자 → 소수점 이하에 2개의 자릿수

**예제 3.14 계산기를 사용하여 $[H_3O^+]$로부터 pH 결정**

$H_3O^+$의 농도가 $3.2 \times 10^{-4}$ M인 와인의 pH는 얼마인가?

**분석**

계산기를 사용하여 정수가 아닌 과학적 표기법의 계수를 포함하는 숫자의 로그 값을 결정한다.

$$\text{pH} = -\log[H_3O^+]$$

**해답**

계산기는 버튼의 레이블도 다르고, 전자 계산기를 사용하는 순서도 다양하다. 경우에 따라 다음 세 단계에 따라 pH를 계산할 수 있다. $H_3O^+$의 농도에 해당하는 수를 입력하고 로그(log) 버튼을 누르고 부호를 변경하는 키를 누른다. 이 단계가 원하는 값을 제공하지 않으면 계산기 설명서를 참조한다. 원래 수의 계수에는 2개의 유효 숫자가 있으므로 pH는 소수점 오른쪽에 두 자리의 숫자가 있어야 한다.

$$pH = -\log[H_3O^+] = -\log(3.2 \times 10^{-4})$$
$$= -(-3.49) = 3.49$$

(3.2 → 2개의 유효 숫자; 3.49 → 소수점 오른쪽에 2개의 자릿수)

**연습문제 3.14**

각 $H_3O^+$의 농도를 pH 값으로 변환하시오.

a. $1.8 \times 10^{-6}$ M
b. $9.21 \times 10^{-12}$ M
c. 0.000088 M
d. 0.0000000000762 M

**예제 3.15 계산기를 사용하여 pH로부터 $[H_3O^+]$의 결정**

pH가 5.8인 땀의 $H_3O^+$ 농도는 얼마인가?

**분석**

계산기를 사용하여 pH의 음의 로그 역함수를 결정하시오.

$$[H_3O^+] = \text{antilog}(-pH)$$

**해답**

계산기 버튼의 레이블도 다르고, 전자 계산기 사용 단계의 순서도 다양하다. 경우에 따라 다음 단계를 통해 $[H_3O^+]$를 계산할 수 있다. pH 값을 입력한다. 변경 부호 키를 누른다. 2nd + log 버튼을 누른다. pH는 소수점 오른쪽에 하나의 숫자만 있기 때문에 $H_3O^+$ 농도도 계수에 1개의 유효 숫자만 있어야 한다.

$$[H_3O^+] = \text{antilog}(-pH) = \text{antilog}(-5.8)$$
$$[H_3O^+] = 2 \times 10^{-6}\ M$$

(5.8 → 소수점 오른쪽에 1개의 자릿수; 2 → 1개의 유효 숫자)

**연습문제 3.15**

각 pH 값에 해당하는 $H_3O^+$의 농도는 얼마인가?

a. 10.2
b. 7.8
c. 4.3

**건강 노트**

스포츠 음료는 운동선수에게 수분 공급과 전해질 대체물을 제공하지만, 낮은 pH를 가지고 있기 때문에 많이 섭취하면 치아 침식으로 이어질 수 있다.

## 3.6 일반적인 산–염기 반응

3.2절에서 3.4절까지에서 다양한 산–염기 반응을 이미 살펴보았지만 두 가지 일반적인 반응인, 즉 산과 수산화물 염기($OH^-$)의 반응, 산과 중탄산 이온($HCO_3^-$) 또는 탄산 이온($CO_3^{2-}$)과의 반응을 주목해 보자.

### 3.6A 산과 수산화물 염기와의 반응

브뢴스테드-로우리 산(HA)과 수산화 염기(MOH)인 금속 염과의 반응은 **중화 반응**(neutralization reaction)의 한 예이다. 중화 반응은 염과 물을 생성물로 생성하는 산-염기 반응이다.

$$\underset{\text{산}}{\text{HA}(aq)} + \underset{\text{염기}}{\text{MOH}(aq)} \longrightarrow \underset{\text{물}}{\text{H–OH}(l)} + \underset{\text{염}}{\text{MA}(aq)}$$

- 산 HA는 양성자($H^+$)를 $OH^-$ 염기에 제공하여 $H_2O$을 생성한다.
- 산의 음이온 $A^-$는 염기의 양이온 $M^+$와 결합하여 염 MA를 형성한다.

예를 들어, 염산(HCl)은 수산화소듐(NaOH)과 반응하여 물과 염화소듐(NaCl)을 형성한다. 평형이 생성물 쪽으로 크게 선호되기 때문에 반응물과 생성물 사이에 한 방향 반응 화살표가 그려진다.

$$\underset{\text{산}}{\text{HCl}(aq)} + \underset{\text{염기}}{\text{NaOH}(aq)} \longrightarrow \underset{\text{물}}{\text{H–OH}(l)} + \underset{\text{염}}{\text{NaCl}(aq)}$$

이 반응에서 중요한 반응 화학종은 산 HCl의 $H^+$와 염기 NaOH의 $OH^-$이다. 산-염기 반응을 더 명확하게 보기 위해 실제로 반응에 관여한 화학종만 포함하는 반응식을 만들 수 있다. 이러한 반응식을 **알짜 이온 반응식**(net ionic equation)이라고 한다.

- 알짜 이온 반응식에는 반응에 관여한 화학종만 포함된다.

산-염기 반응에 대한 알짜 이온 반응식을 만들기 위해 먼저 용액에서 산, 염기 및 염을 개별 이온으로 쓴다. 반응하는 산을 $H_3O^+$가 아니라 $H^+$로 쓰면 이 과정은 단순해진다. 이는 염기로 전달되는 것은 $H^+$ 이온이기 때문이다. 개별 이온을 사용하여 HCl과 NaOH의 반응을 쓰면 다음과 같다.

$$H^+(aq) + Cl^-(aq) + Na^+(aq) + OH^-(aq) \longrightarrow H\text{–}OH(l) + Na^+(aq) + Cl^-(aq)$$

이런 식으로 반응식을 작성했을 때 반응에서 $Na^+$와 $Cl^-$ 이온들은 변하지 않음을 알 수 있다. 반응식의 양쪽에는 나타나지만 반응 과정에서 변화가 없는 이온을 **구경꾼 이온**(spectator ions)이라고 한다. 반응식에서 구경꾼 이온을 제거하면 알짜 이온 반응식이 만들어진다.

$$H^+(aq) + \cancel{Cl^-}(aq) + \cancel{Na^+}(aq) + OH^-(aq) \longrightarrow H\text{—}OH(l) + \cancel{Na^+}(aq) + \cancel{Cl^-}(aq)$$

구경꾼 이온을 생략한다. 구경꾼 이온을 생략한다.

**알짜 이온 반응식** $H^+(aq) + OH^-(aq) \longrightarrow H\text{—}OH(l)$

- 강산과 강염기가 반응할 때마다 알짜 이온 반응식은 항상 같다. $H^+$는 $OH^-$와 반응하여 $H_2O$를 형성한다.

이러한 중화 반응의 생성물을 도출하려면 물과 금속 염이라는 두 생성물이 항상 만들어진다는 점을 유념해야 한다. 균형을 맞춤 산-염기 반응식에서 계수는 각 $OH^-$ 음이온과 반응하기 위해 항상 하나의 $H^+$ 이온이 필요함을 보여 준다.

**건강 노트**

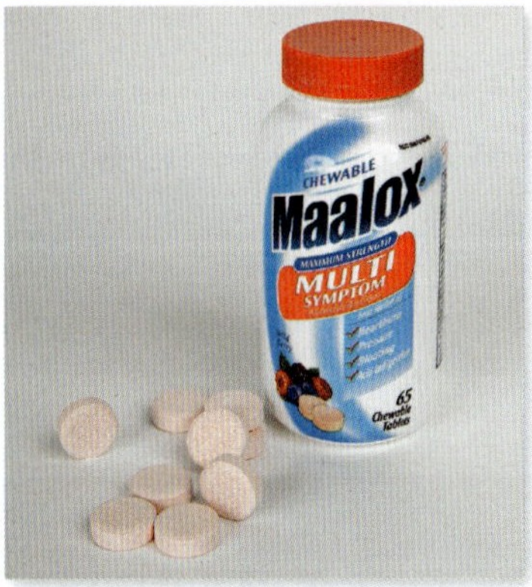


제산제인 마알록스(Maalox)와 미란타(Mylanta)는 모두 과량의 위산과 반응하는 두 가지 염기인 $Mg(OH)_2$와 $Al(OH)_3$을 포함하고 있다. 알루미늄 염의 변비 효과가 마그네슘 염의 완하제 효과에 의해 상쇄되도록 이 두 염기의 조합으로 사용된다.

### HA와 MOH 사이의 중화 반응에 대한 균형 맞춤 반응식 쓰기 방법

**예** 제산제 마알록스(Maalox)의 활성 성분인 $Mg(OH)_2$와 위장의 염산(HCl)의 반응에 대한 균형 맞춤 반응식을 작성한다.

**단계 [1]** **반응물에서 산과 염기를 구별하고 $H_2O$를 하나의 생성물로 쓴다.**

- HCl은 산이고 $Mg(OH)_2$는 염기이다. 산의 $H^+$는 염기의 $OH^-$와 반응하여 $H_2O$를 형성한다.

$$\underset{\text{산}}{HCl(aq)} + \underset{\text{염기}}{Mg(OH)_2(aq)} \longrightarrow H_2O(l) + \text{염}$$

**단계 [2]** **생성물 염의 구조를 결정한다.**

- 염은 $H_2O$를 형성하는 데 사용되지 않은 산과 염기의 원소들로 형성된다. 염의 음이온은 산에서 오고, 염의 양이온은 염기에서 온다.
- 이 경우에는 $Cl^-$(HCl로부터)와 $Mg^{2+}$[$Mg(OH)_2$로부터]가 결합하여 염 $MgCl_2$를 형성한다.

H와 O의 균형을 맞추기 위해 2를 넣는다.

$$2\,HCl(aq) + Mg(OH)_2(aq) \longrightarrow 2\,H_2O(l) + MgCl_2$$

Cl의 균형을 맞추기 위해 2를 넣는다.

**단계 [3]** **반응식의 균형을 맞춘다.**

- 균형 맞춤 반응식에서 $Mg(OH)_2$ 1몰은 2몰의 $OH^-$를 포함하고 있기 때문에 $Mg(OH)_2$ 1몰에 대해 2몰의 HCl이 필요함을 보여 주어야 한다.

## 3.6B 산과 탄산수소 이온 및 탄산 이온의 반응

산은 염기 탄산수소 이온($HCO_3^-$) 및 탄산 이온($CO_3^{2-}$)과 반응한다. 염기 탄산수소 이온은 하나(one)의 양성자와 반응하여 탄산($H_2CO_3$)을 만든다. 또 다른 염기 탄산 이온은 2개(two)의 양성자와 반응한다. 이러한 반응에서 만들어진 탄산은 불안정하기 때문에 분해되어 $CO_2$와 $H_2O$를 형성한다. 따라서 산이 두 염기 중 어느 것과 반응하더라도 $CO_2$ 기체의 기포가 방출된다.

$$\underset{\text{1개의 } H^+ \text{ 필요}}{H^+(aq)} + \underset{\text{탄산수소 이온}}{HCO_3^-(aq)} \longrightarrow [H_2CO_3(aq)] \longrightarrow H_2O(l) + CO_2(g)$$

$$\underset{\text{2개의 } H^+ \text{ 필요}}{2\,H^+(aq)} + \underset{\text{탄산 이온}}{CO_3^{2-}(aq)} \longrightarrow [H_2CO_3(aq)] \longrightarrow H_2O(l) + CO_2(g)$$

$CO_2$ 기포

**건강 노트**

다른 일반 의약품 복용과 마찬가지로 제산제를 사용할 때는 주의를 기울여야 한다. 다량의 $CaCO_3$를 섭취하면 신장 결석의 발생률이 높아질 수 있다.

처방전 없이 살 수 있는 제산제인 알카셀처(Alka-Seltzer)의 성분인 탄산수소소듐($NaHCO_3$)은 과다 분비된 위산과 반응하여 $CO_2$를 방출하는 탄산수소 이온 염기를 갖는 금속 염이다. 3.5A절의 중화 반응과 마찬가지로 염 NaCl이 만들어지는데, 여기에서 양이온($Na^+$)은 염기에서 온 것이고 음이온($Cl^-$)은 산에서 온 것이다.

$$\underset{\text{산}}{HCl(aq)} + \underset{\text{염기}}{NaHCO_3(aq)} \longrightarrow \underset{\text{염}}{NaCl(aq)} + H_2CO_3(aq)$$

$$H_2CO_3(aq) \longrightarrow H_2O(l) + CO_2(g)$$

텀스(Tums)의 칼슘 보충제 및 제산제인 탄산칼슘($CaCO_3$)은 과다 분비된 위산과 반응하여 $CO_2$를 방출한다. 하나의 탄산 이온은 2개의 양성자와 반응하기 때문에 균형 맞춤 반응식에서 HCl 대비 $CaCO_3$의 비율은 2 : 1로 나타난다.

$$\underset{\text{산}}{2\,HCl(aq)} + \underset{\text{염기}}{CaCO_3(aq)} \longrightarrow \underset{\text{염}}{CaCl_2(aq)} + H_2CO_3(aq)$$

$$H_2CO_3(aq) \longrightarrow H_2O(l) + CO_2(g)$$

**예제 3.16 염기 $NaHCO_3$를 사용하여 균형 맞춤 산-염기 반응식 쓰기**

$H_2SO_4$와 $NaHCO_3$의 반응에 대한 균형 맞춤 반응식을 작성하시오.

**분석**

산과 염기가 반응하여 염과 탄산($H_2CO_3$)을 생성하고, 이 탄산은 $CO_2$와 $H_2O$로 분해된다.

**해답**

- $H_2SO_4$는 산이고, $NaHCO_3$는 염기이다.
- 산에서 온 $H^+$는 염기에서 온 $HCO_3^-$와 반응하여 $H_2CO_3$를 생성하고 이것은 $H_2O$와 $CO_2$로 분해된다.
- 염($Na_2SO_4$)은 염기에서 온 양이온($Na^+$)과 산에서 온 음이온 ($SO_4^{2-}$)으로부터 형성된다.

불균형 반응식: $$\underset{\text{산}}{H_2SO_4(aq)} + \underset{\text{염기}}{NaHCO_3(aq)} \longrightarrow \underset{\text{염}}{Na_2SO_4(aq)} + \underbrace{H_2O(l) + CO_2(g)}_{H_2CO_3\text{로부터}}$$

반응식의 균형을 맞추기 위해 화살표 양쪽에 원자 수가 같도록 계수를 놓는다.

$$\underset{\text{산}}{H_2SO_4(aq)} + \underset{\text{염기}}{2\,NaHCO_3(aq)} \longrightarrow \underset{\text{염}}{Na_2SO_4(aq)} + 2\,H_2O(l) + 2\,CO_2(g)$$

Na의 균형을 맞추기 위해 2를 놓는다.

그 다음에 C, H, O의 균형을 맞추기 위해 2를 놓는다.

**연습문제 3.16**

산성비에서 산은 일반적으로 황산($H_2SO_4$)이다. 이 빗물이 대리석($CaCO_3$)으로 구성된 조각상에 떨어지면 $H_2SO_4$가 천천히 $CaCO_3$를 용해시킨다. 이 산-염기 반응에 대한 균형 맞춤 반응식을 작성하시오.

## 3.7 루이스 산과 염기

루이스(Lewis)의 산-염기 정의는 앞에서 정의한 브뢴스테드-로우리(Brønsted-Lowry)의 산-염기보다 더 광범위하다.

- 루이스 산은 전자쌍 받개이다.
- 루이스 염기는 전자쌍 주개이다.

루이스 염기는 브뢴스테드-로우리 염기와 동일한 구조를 가지고 있다. 이들 모두 다른 화학종에게 제공할 수 있는 전자쌍을 가지고 있는데, 고립 전자쌍이나 $\pi$ 결합 전자쌍이 이에 해당한다. 브뢴스테드-로우리 염기는 전자쌍을 항상 양성자에게만 제공한다고 정의되어 있으나, 루이스 염기는 전자가 부족한 어떤 화학종에게도 전자를 내어 줄 수 있다. **그림 3.8**에 루이스 염기를 나타내었다.

모든 브뢴스테드-로우리 산은 루이스 산이지만, 모든 루이스 산이 브뢴스테드-로우리 산인 것은 아니다. 루이스 산은 여러 가지 방법에 의해 전자쌍을 받아들일 수 있다. **그림 3.8**에 나타

**그림 3.8** 간단한 루이스 산과 염기의 예

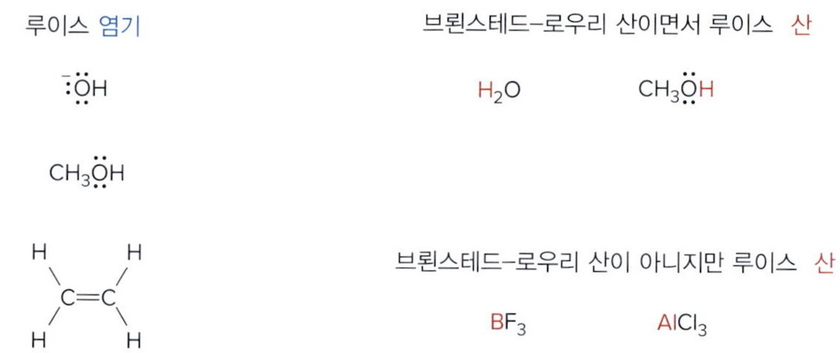


낸 것과 같이 전자가 부족한 상태여서 전자쌍을 받아들일 수 있는 모든 화학종이 루이스 산에 해당한다.

브뢴스테드-로우리 산이 아니지만 루이스 산의 일반적인 예로는 $BF_3$와 $AlCl_3$가 있다. 주기율표상에서 13(3A)족의 원자들이 화합물을 만들었을 때 이 원자는 팔전자 규칙을 만족시키지 못하므로 다른 화학종으로부터 전자쌍을 받아들일 수 있다.

루이스 산-염기 반응에서 루이스 염기는 루이스 산에게 전자쌍을 제공한다. 대부분의 유기화학 반응들은 전자쌍의 이동과 관련되어 있기 때문에 루이스 산-염기 반응이다.

- 전자를 많이 가진 화학종은 전자가 부족한 화학종과 반응한다.

어떤 간단한 루이스 산-염기 반응에서는 하나의 결합이 생성되지만 깨지는 결합은 없다. 예를 들어, $BF_3$와 $H_2O$의 반응을 생각해 보자. $BF_3$의 B 원자는 3개의 단일 결합에 따른 주위에 전자 6개를 가지고 있어 전자가 부족한 상태인(팔전자 규칙을 만족시키지 못하고 있다) 루이스 산이다. $H_2O$는 O 원자에 2개의 고립 전자쌍을 가지고 있어 전자를 많이 가진 화학종인 루이스 염기이다.

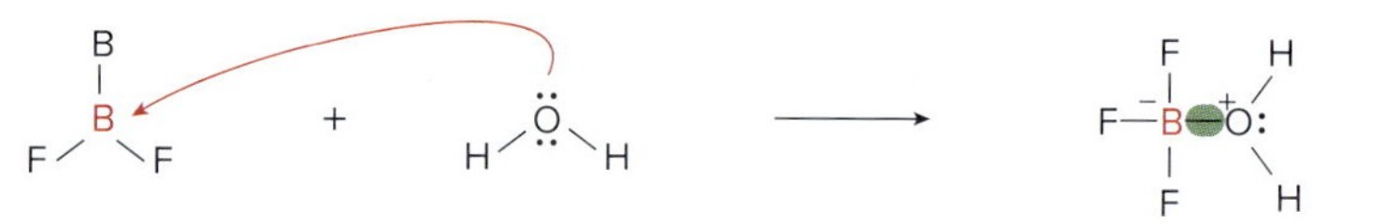

1개의 새로운 결합 형성

위 반응에서 $H_2O$는 전자쌍을 $BF_3$에 제공해서 새로운 결합을 만든다. 구부러진 화살표는 1개의 전자쌍이 이동함을 나타낸다. 위 반응의 생성물에서 만들어진 새로운 B – O 결합의 전자쌍은 모두 산소 원자로부터 제공된 것이다. 이 생성물에 있는 B와 O 원자들 모두 형식 전하를 가지고 있지만 화합물 전체적으로는 중성이다.

- 루이스 산을 **친전자체**(electrophile)라고 부른다.
- 양성자를 제외한 루이스 산과 반응하는 루이스 염기를 **친핵체**(nucleophile)라고 부른다.

위 반응에서는 $BF_3$가 친전자체이고, $H_2O$는 친핵체이다.

다음 두 가지 예를 고려해 보자. 각각의 반응에서 전자쌍은 루이스 염기에서 떨어져 나가는 것이 아니라 루이스 산에 제공되어 새로운 공유 결합을 만든다는 것을 유념해야 한다.

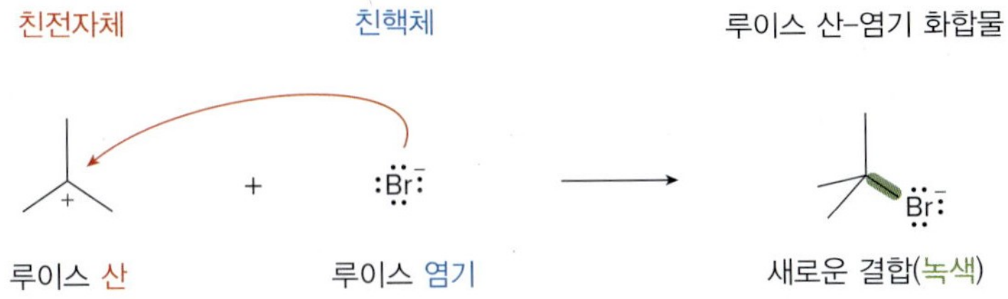


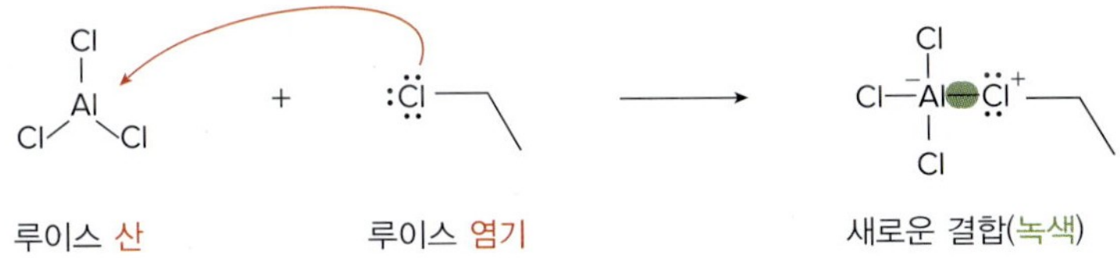


어떤 루이스 산–염기 반응에서는 하나의 결합을 생성하면서 다른 하나의 결합이 끊어진다. 이러한 반응의 생성물을 만들기 위해서는 다음 세 단계를 기억해야 한다.

[1] 먼저, 루이스 산과 염기를 확인한다.

[2] 루이스 염기가 가진 전자쌍을 루이스 산에서 전자가 부족한 원자로 향하도록 구부러진 화살표를 그린다.

[3] 새로운 결합을 이룬 원자들이 가진 전자쌍을 세어 알맞은 원자가 전자의 수를 유지하도록 하게 하며, 필요한 경우에는 결합 하나를 끊는다.

예를 들어, 사이클로헥센과 H–Cl 사이의 루이스 산–염기 반응을 고려해 보자. 이 반응에서 HCl은 브뢴스테드–로우리 산이면서 루이스 산이다. 사이클로헥센은 $\pi$ 전자를 가진 루이스 염기이다.

위 두 반응물이 반응해서 만드는 생성물을 그리기 위해서는 먼저 루이스 염기의 $\pi$ 결합 전자쌍이 루이스 산에 제공되어 새로운 결합을 만들게 되고, 탄소 양이온이 생긴다. H–Cl의 결합을 이루고 있던 전자쌍은 Cl 원자 쪽으로 이동해서 $Cl^-$가 생성된다.

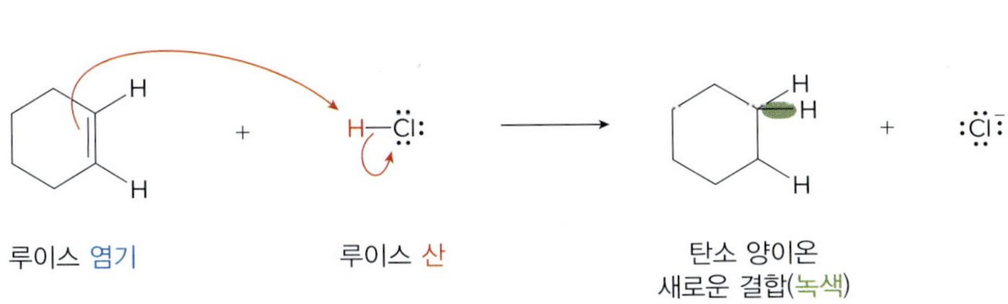


사이클로헥센과 HCl 사이의 루이스 산–염기 반응은 C═C 이중 결합을 가지고 있는 화합물의 염기 화학종들의 특수한 반응의 예이다.

## 종합문제

### 산과 염기

**3.1** 다음 중 브뢴스테드-로우리 산이 될 수 있는 화학종은 무엇인가?

a. HBr　　b. $Br_2$
c. $AlCl_3$　　d. HCOOH
e. $NO_2^-$　　f. $HNO_2$

**3.2** 다음 중 브뢴스테드-로우리 염기가 될 수 있는 화학종은 무엇인가?

a. $OH^-$　　b. $Ca^{2+}$
c. $C_2H_6$　　d. $PO_4^{3-}$
e. $OCl^-$　　f. $MgCO_3$

**3.3** 다음 염기의 짝산을 그리시오.

a. $HS^-$　　b. $CO_3^{2-}$
c. $NO_2^-$　　d.

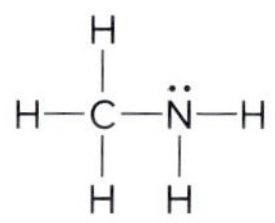

**3.4** 다음 산의 짝염기를 그리시오.

a. $HNO_2$　　b. $NH_4^+$
c. $H_2O_2$

**3.5** 다음 산의 짝염기 구조를 그리시오.

a.

b.

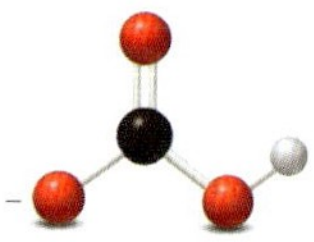

**3.6** 다음 그림에서 산, 염기, 짝산 및 짝염기를 구별하시오. 회색 구는 H 원자에 해당한다.

a.

b.

**3.7** 다음 반응식에서 짝 산-염기 쌍에 표시를 하시오.

a. $HI(aq) + NH_3(aq) \rightleftharpoons NH_4^+(aq) + I^-(aq)$
b. $HCOOH(aq) + H_2O(l) \rightleftharpoons H_3O^+(aq) + HCOO^-(aq)$
c. $HSO_4^-(aq) + H_2O(l) \rightleftharpoons H_2SO_4(aq) + OH^-(aq)$

**3.8** $H_2O$와 마찬가지로 $HCO_3^-$는 양쪽성이다. 질문에 답하시오.

a. $HCO_3^-$의 짝산을 그리시오.
b. $HCO_3^-$의 짝염기를 그리시오.

**3.9** 다음 산-염기 반응식에서 빈칸의 생성물을 완성하시오.

a. $CH_3NH_2 + OH^- \rightleftharpoons (CH_3NH)^- + \square$
b. $CH_3NH_2 + H_2SO_4 \rightleftharpoons \square + HSO_4^-$

**3.10** 질산($HNO_3$)이 $H_2O$에 용해될 때 일어나는 산-염기 반응에 대한 반응식을 작성하시오.

### 산과 염기의 세기

**3.11** 다음 중 HF 수용액을 나타내고 HCl을 나타내는 그림은 각각 어느 것인가? 그것을 선택한 이유를 설명하시오.

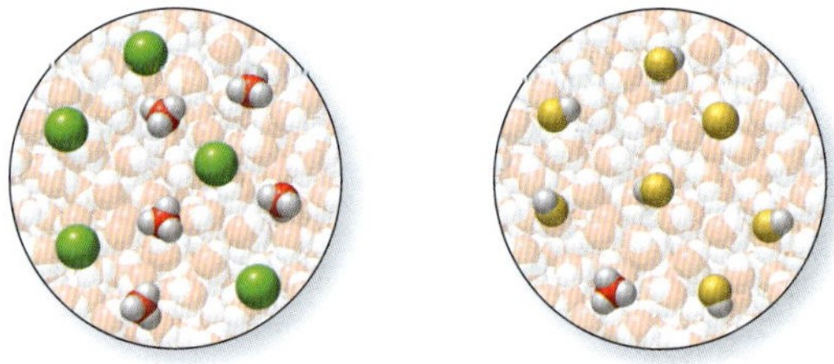


**3.12** 다음 질문에 답하시오.

a. 물에 용해된 강산 HZ를 나타내고 있는 것은 어느 것인가?
b. 물에 용해된 약산 HZ를 나타내고 있는 것은 어느 것인가?

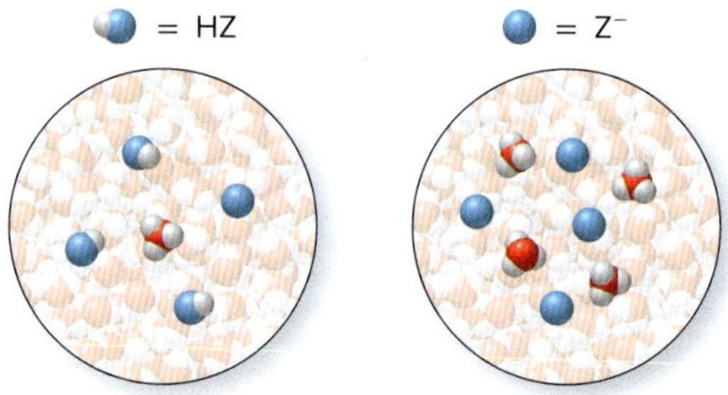


**3.13** 표 3.2 및 표 3.3의 자료를 사용하여 각 쌍에서 더 강한 산을 표시하시오. 각 쌍에서 어떤 산이 더 강한 짝염기를 가지는가?

a. $H_2O$ 또는 $CH_3COOH$
b. $H_3PO_4$ 또는 $HCO_3^-$
c. $H_2SO_4$ 또는 $HSO_4^-$

**3.14** 각 보기에서 A 또는 B 중 어떤 산이 더 강한가?

a. A는 물에서 더 많이 해리된다.
b. A는 $K_a$가 더 작다.
c. A의 짝염기는 B의 짝염기보다 강하다.

**3.15** 표에서 빈칸의 용어(강함 또는 약함)와 분자식을 완성하시오.

| | 산 | 분자식 | 짝염기 | 분자식 |
|---|---|---|---|---|
| a. | 강함 | $H_2SO_4$ | | |
| b. | | HOBr | 강함 | |
| c. | | | 약함 | $NO_3^-$ |
| d. | 약함 | | | $HCO_2^-$ |

## 평형 상수 및 산 해리 상수

**3.16** 각 산의 쌍에 대한 질문에 답하시오.
[1] 더 강한 산을 표시하고, [2] 짝염기를 그리고, [3] 더 강한 짝염기에 표시하시오.

a. $HSO_4^-$ 황산수소 이온 $K_a = 1.2 \times 10^{-2}$ 또는 $H_2PO_4^-$ 인산이수소 이온 $K_a = 6.2 \times 10^{-8}$

b. $CH_3CH_2COOH$ 프로판 산 $K_a = 1.3 \times 10^{-5}$ 또는 $CH_3COOH$ 아세트산 $K_a = 1.8 \times 10^{-5}$

**3.17** 다음 질문에 답하시오.
a. 더 강한 산을 나타내는 그림은 어느 것인가?
b. $K_a$가 더 큰 산을 나타내는 그림은 어느 것인가?
c. 더 강한 짝염기를 포함하고 있는 그림은 어느 것인가?

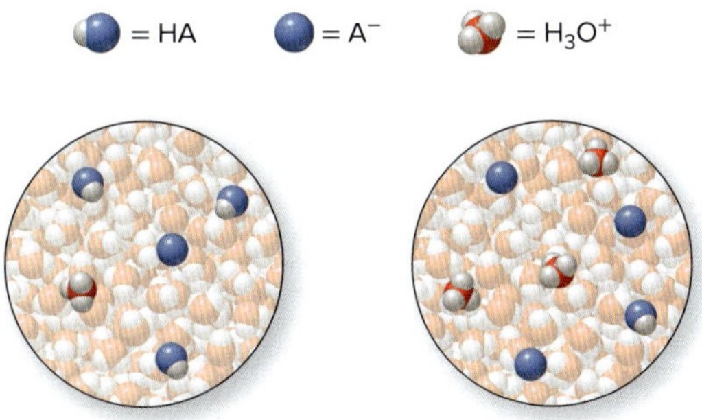


A B

**3.18** 분자 그림에서 묘사된 물에 용해된 약산 HA에 대해 $K_a$를 계산하시오.

$$HA + H_2O \rightarrow A^- + H_3O^+$$

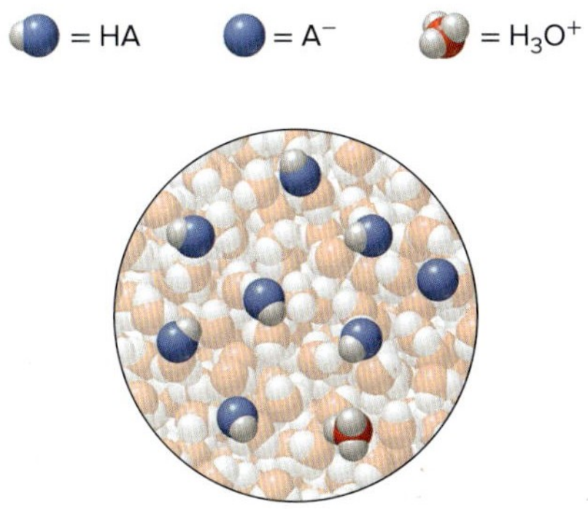


**3.19** 각 반응에서 반응물에 있는 산과 생성물에 있는 짝산에 표시를 하시오. 표 3.2 및 표 3.3의 자료를 사용하여 평형 상태에서 반응물 또는 생성물이 선호되는지 여부를 결정하시오. 그 결정에 대해 설명하시오.
a. $H_3PO_4(aq) + CN^-(aq) \rightleftharpoons H_2PO_4^-(aq) + HCN(aq)$
b. $Br^-(aq) + HSO_4^-(aq) \rightleftharpoons SO_4^{2-}(aq) + HBr(aq)$
c. $CH_3COO^-(aq) + H_2CO_3(aq) \rightleftharpoons CH_3COOH(aq) + HCO_3^-(aq)$

## pH 척도

**3.20** 각 보기에 참 또는 거짓으로 표시하시오. 또 거짓 진술을 수정하여 참으로 만드시오.
a. pH가 5인 용액은 pH가 6인 용액보다 10배 더 산성이다.
b. pH가 2인 용액은 pH가 4인 용액보다 산성도가 2배 더 높다.

**3.21** 필요한 $[H_3O^+]$, $[OH^-]$ 및 pH로 다음 표를 완성하고, 용액을 산성, 염기성 또는 중성으로 구분하시오.

| $[H_3O^+]$ | $[OH^-]$ | pH | 구분 |
|---|---|---|---|
| $5.3 \times 10^{-3}$ | | | |
| | $2.0 \times 10^{-8}$ | | |
| | | 4.4 | |
| | $6.8 \times 10^{-10}$ | | |

**3.22** 다음 각 pH로부터 $H_3O^+$의 농도를 계산하시오.
a. 12 b. 1
c. 1.80 d. 8.90

**3.23** 다음 각 수용액의 pH를 계산하시오.
a. 0.0025 M HCl
b. 0.015 M KOH

**3.24** 0.10 M HCl의 pH가 0.10 M $CH_3COOH$ 용액의 pH(1.0 vs. 2.88)보다 낮은 이유는 무엇인가?

## 산–염기 반응

**3.25** 다음 각 반응에 대한 균형 맞춤 반응식을 작성하시오.
a. $HBr(aq) + KOH(aq) \longrightarrow$
b. $HNO_3(aq) + Ca(OH)_2(aq) \longrightarrow$
c. $HCl(aq) + NaHCO_3(aq) \longrightarrow$
d. $H_2SO_4(aq) + Mg(OH)_2(aq) \longrightarrow$

**3.26** 탄산칼슘($CaCO_3$)으로 구성된 대리석 조각상은 산성비의 질산($HNO_3$)에 의해 서서히 부식된다. $CaCO_3$와 $HNO_3$의 반응에 대한 균형 맞춤 반응식을 작성하시오.

## 루이스 산과 염기

**3.27** 다음 각 화학종을 루이스 염기, 브뢴스테드-로우리 염기, 양쪽 모두, 둘 다 아닌 것으로 분류하시오.

a. 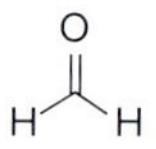

b. 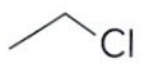

c. 

d. 

**3.28** 다음 각 화학종을 루이스 산, 브뢴스테드-로우리 산, 양쪽 모두, 둘 다 아닌 것으로 분류하시오.

a. $H_3O^+$

b. $Cl_3C^+$

c. $BCl_3$

d. $BF_4^-$

**3.29** 각 반응에 루이스 산과 루이스 염기를 표시하시오. 구부러진 화살표를 이용하여 전자쌍의 이동을 표시하시오.

a. 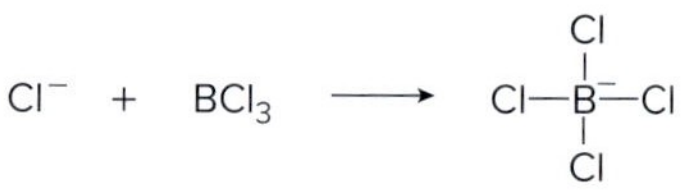

b. 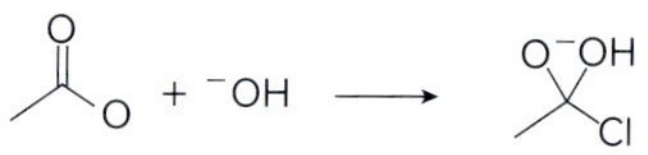

**3.30** 루이스 산-염기 반응의 생성물을 그리시오. 어느 것이 친전자체인지, 어느 것이 친핵체인지 표시하시오.

a. 

b. 

c. 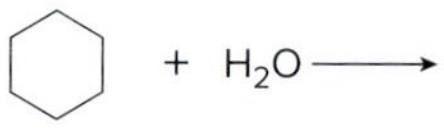

**3.31** 루이스 산, $(CH_3CH_2)_3C^+$이 다음 각 루이스 염기와 반응할 때 형성되는 생성물을 그리시오.

a. $H_2O^+$

b. $CH_3OH$

c. $(CH_3)_2O$

d. $NH_3$

e. $(CH_3)_2NH$

CHAPTER 4

# 유기 분자와 작용기

## Introduction to Organic Molecules and Functional Groups


4.1 유기 화학의 소개

4.2 유기 화합물의 특징

4.3 유기 분자의 모양

4.4 유기 분자 그리기

4.5 작용기

4.6 유기 화합물의 성질


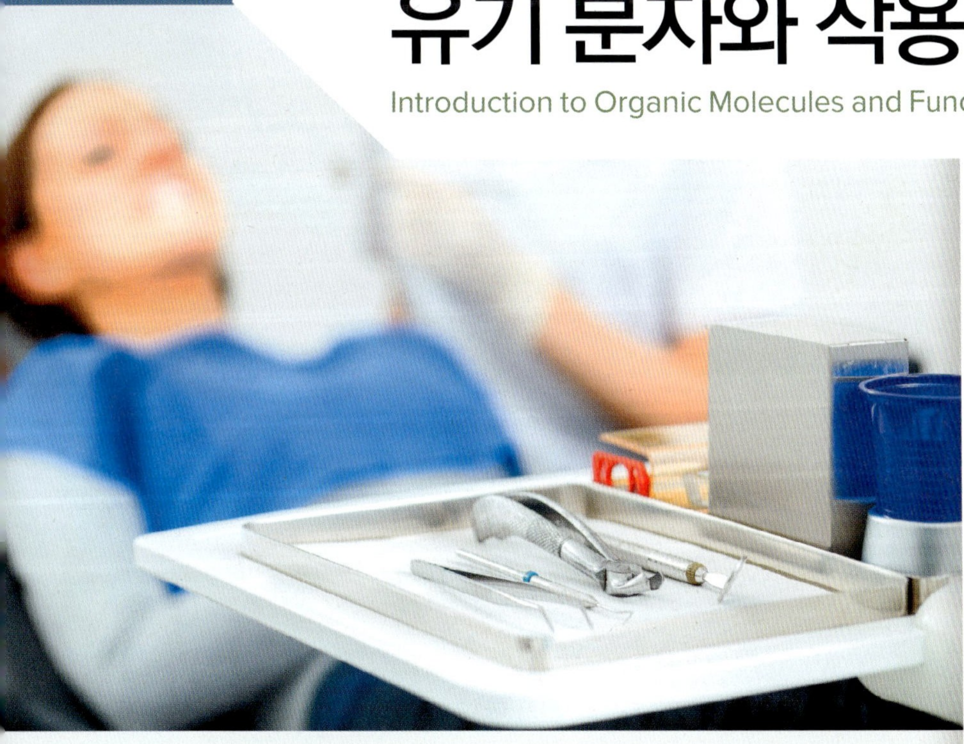

자일로카인(Xylocaine)이라는 상표명으로 알려진 리도카인(lidocaine)은 치과 의사나 내과 의사들이 국소 마취제로 사용하는 유기 화합물이다.

## 유기 분자를 왜 배워야 할까

지난 24시간 동안의 활동을 잠시 생각해 보자. 비누로 샤워하고, 카페인 음료를 마시며, 몇 끼 식사를 하고, CD를 들으며, 화석 연료로 구동되는 고무 타이어가 달려 있는 차량을 타고 이곳저곳을 다녔을 것이다. 이런 활동 중 하나라도 시행했다면, 당신의 삶은 유기 화학의 영향을 받은 것이다. 4장에서는 유기 분자들의 특징에 대해 알아볼 것이다.

## 4.1 유기 화학의 소개

유기 화학에 대해 알아보자.

- **유기 화학은 탄소 원소를 포함하는 화합물에 대한 연구이다.**

탄소 원소를 포함하지만 유기 화합물이 아닌 물질들이 있다. 이산화탄소($CO_2$), 탄산소듐($Na_2CO_3$), 그리고 탄산수소소듐($NaHCO_3$) 같은 물질들이 그 예이다.

하나의 학문이 주기율표에 있는 단일 원소 연구에 전념하는 것은 이상하게 보일 수 있지만, 유기 하합물은 수백만개가 알려져 있으며 이는 무기 화합물보다 훨씬 많다. 이러한 유기 화학 물질은 사실상 우리 삶의 모든 측면에 영향을 미치고 있으므로 그것에 대해 아는 것은 유용하고 중요하다.

의류, 식품, 의약품, 휘발유, 냉매 및 비누는 거의 유기 화합물로만 구성된다. 면, 양모 또는 실크와 같은 것들은 자연적으로 생성된다. 즉, 천연 자원에서 직접 분리되어질 수 있다. 나일론 및 폴리에스터와 같은 것들은 합성 물질로 실험실의 화학자들에 의해 만들어진다. 유기 화학의 원리와 개념을 공부함으로써 이와 같은 화합물이 우리를 둘러싼 세계에 미치는 영향에 대해 더 많이 배울 수 있다. 그림 4.1은 의학에서 사용되는 유기 화학의 몇 가지 일반적인 제품을 보여 준다.

## 4.2 유기 화합물의 특징

유기 화합물의 다양성을 이해하는 가장 좋은 방법은 몇몇 분자들을 알아보는 것이다. 1개 또는 2개의 탄소 원자를 포함하는 단순한 유기 화합물인 메테인과 에탄올을 살펴보자.

그림 4.1 의학에서 사용되는 유기 화학의 일반적인 제품

(a) 경구 피임약 (b) 플라스틱 주사기 (c) 항생제 (d) 합성 심장 판막

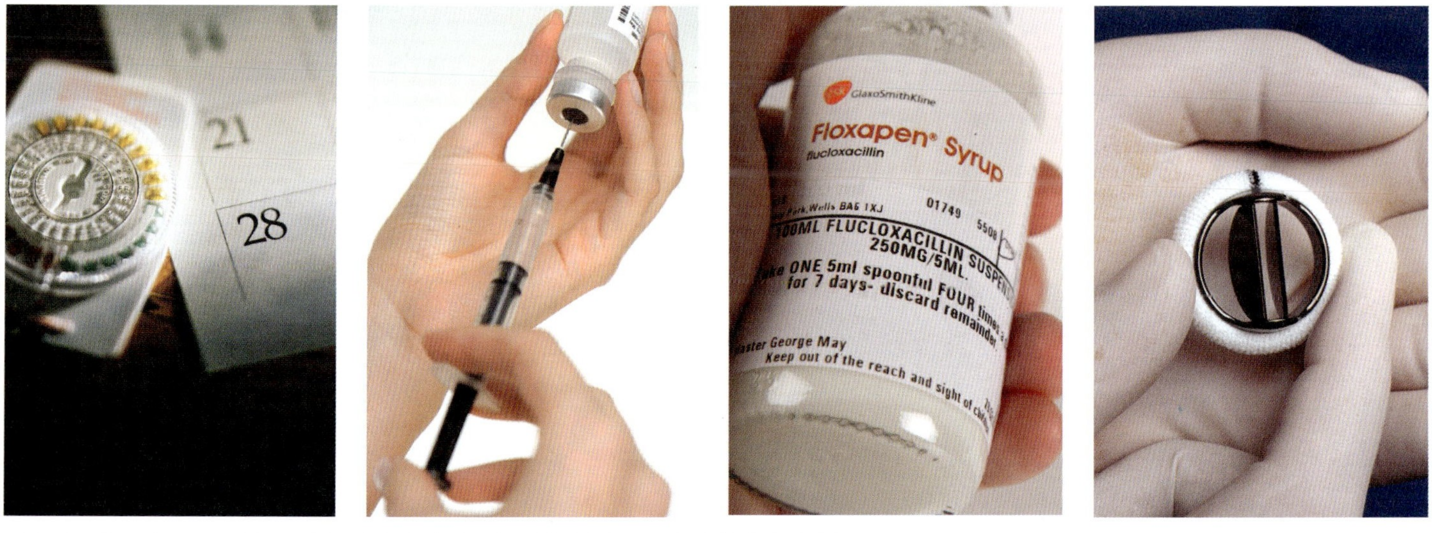


유기 화학은 우리에게 피임약, 플라스틱, 항생제, 합성 심장 판막 및 기타 수많은 물질을 제공했다.
이러한 유기 화학 제품이 없었다면 오늘날 우리의 삶은 크게 달라졌을 것이다.

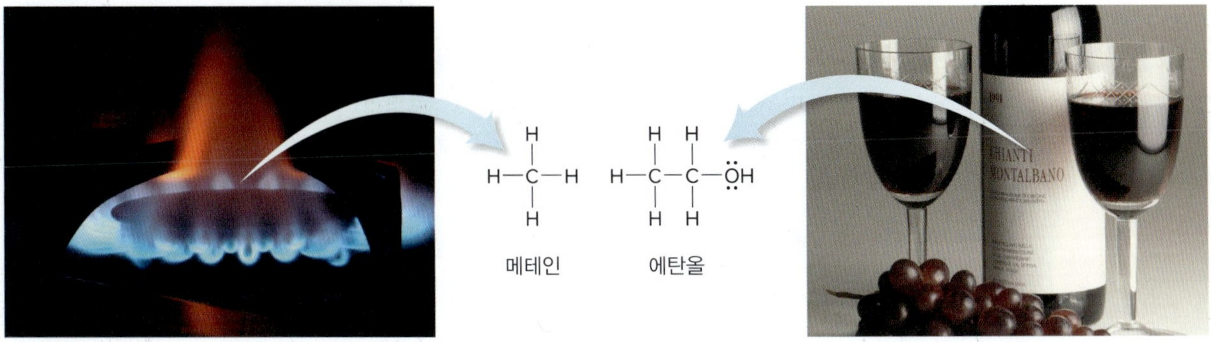

메테인 에탄올

천연가스의 주성분인 **메테인**(methane)은 산소가 있는 상태에서 연소된다. 오늘날 우리가 사용하는 천연가스는 수백만 년 전의 유기 물질이 분해되어 생성되었다. 포도주를 비롯한 알코올성 음료에 함유된 알코올인 **에탄올**(ethanol)은 당분의 발효에 의해 생성된다. 에탄올은 완전히 다른 과정을 통해 실험실에서 만들 수도 있다. 실험실에서 합성된 에탄올은 발효를 통해 생성된 에탄올과 동일하다.

더 복잡한 유기 분자인 캡사이신과 카페인을 살펴보자. 고추의 특징적인 매운맛을 담당하는 화합물인 **캡사이신**(capsaicin)은 통증 완화를 위한 몇몇 국소 크림의 활성 성분이다. **카페인**(caffeeine)은 커피, 차, 콜라 음료 및 초콜릿에서 발견되는 쓴맛이 나는 자극 성분이다.

이러한 유기 화합물의 공통적인 특징은 무엇인가?

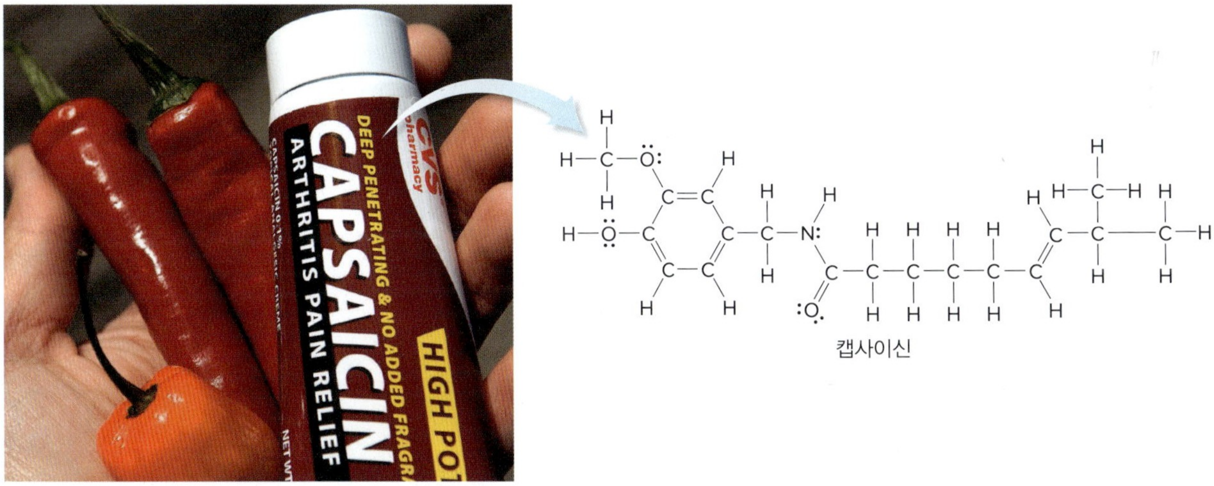


캡사이신

카페인

[1] 모든 유기 화합물은 탄소 원자를 포함하고 그중 대부분은 수소 원자도 포함한다. 탄소는 항상 4개의 공유 결합을 형성하고 수소는 하나의 공유 결합을 형성한다.

탄소는 주기율표의 4A족에 위치하므로 탄소 원자에는 결합에 사용될 수 있는 4개의 원자가 전자가 있다(2.1절 참조). 수소는 1개의 원자가 전자를 갖기 때문에 메테인($CH_4$)은 수소 원자의 전자 1개와 탄소 원자의 전자 1개로 이루어진 4개의 단일 결합을 가진다.

각 실선은 2개의 전자로 구성된 결합 1개를 의미한다.

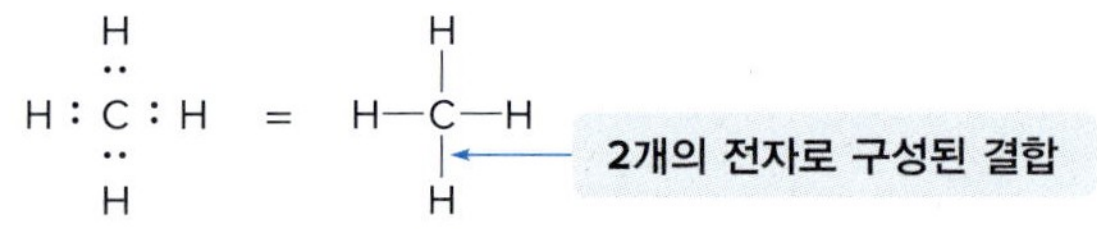


메테인

[2] 탄소는 다른 탄소 원자와 단일, 이중 및 삼중 결합을 형성한다.

화합물이 2개 이상의 탄소 원자를 포함하는 경우 결합 유형은 탄소 주변의 원자 수에 의해 결정된다. 아래에 그려진 세 가지 화합물을 고려해 보자.

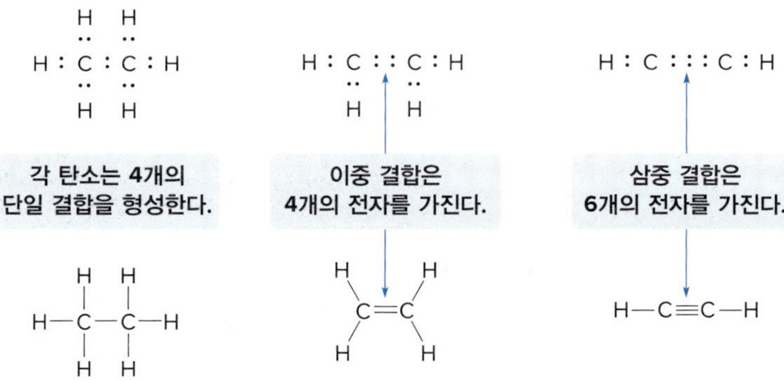


에테인 에틸렌 아세틸렌

- 4개의 원자로 둘러싸인 C 원자는 4개의 단일 결합을 형성한다. **에테인**($C_2H_6$)에서 각 탄소 원자는 3개의 수소 원자와 1개의 탄소 원자에 결합되어 있다. 모든 결합은 단일 결합이다.
- 3개의 원자로 둘러싸인 C 원자는 하나의 이중 결합을 형성한다. **에틸렌**($C_2H_4$)에서 각 탄소 원자는 3개의 원자(수소 2개와 탄소 1개)로 둘러싸여 있다. 따라서 각 C는 각 수소 원자와 단일 결합을 그리고 탄소와 이중 결합을 형성한다.
- 2개의 원자로 둘러싸인 C 원자는 일반적으로 하나의 삼중 결합을 형성한다. **아세틸렌**($C_2H_2$)에서 각 탄소 원자는 2개의 원자(수소 1개와 탄소 1개)로 둘러싸여 있다. 따라서 각 C는 수소와 단일결합을 그리고 탄소와 삼중 결합을 형성한다.

[3] 원자 사슬을 포함하는 화합물이 있는가 하면 고리를 포함하는 화합물도 있다.

예를 들어, 3개의 탄소 원자가 연속으로 결합하여 **프로페인**을 형성하거나 **사이클로 프로페인**이라는 고리를 형성할 수 있다. 프로페인은 가스 그릴에서 연소되는 연료이고, 사이클로 프로페인은 마취제이다.

그림 4.2 유기 화합물을 구성하는 원자들의 일반적인 결합 유형

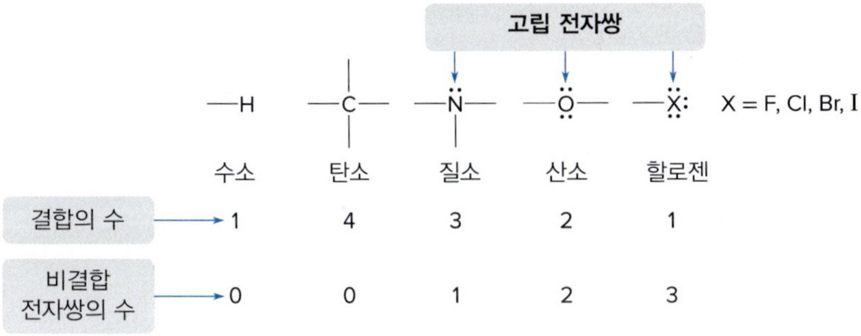


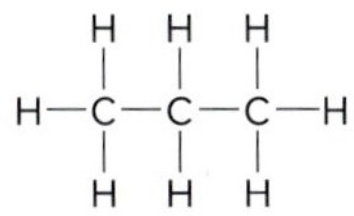

프로페인
($C_3H_8$)

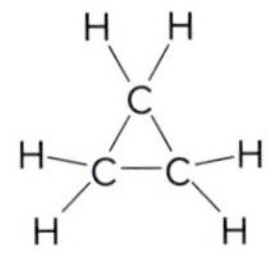

사이클로 프로페인
($C_3H_6$)

[4] 유기 화합물은 탄소 및 수소 이외의 원소도 포함할 수 있다. 탄소나 수소가 아닌 모든 원자를 헤테로 원자라고 한다.

가장 일반적인 **헤테로 원자**는 질소, 산소 및 할로젠(F, Cl, Br 및 I) 원자이다.

- 각 헤테로 원자는 주기율표의 위치에 따라 결정되는 특징적인 수의 결합을 형성한다.
- 일반적으로 헤테로 원자는 결합되지 않은 고립 전자쌍을 가지고 있고, 각 원자는 8개의 전자로 둘러싸여 있다.

따라서 질소는 3개의 결합을 형성하고 하나의 고립 전자쌍을 가지는 반면, 산소는 2개의 결합을 형성하고 2개의 고립 전자쌍을 가진다. 할로젠 원자들은 하나의 결합과 3개의 고립 전자쌍을 가진다. 유기 화합물의 원자들이 형성하는 일반적인 결합 유형은 그림 4.2에 요약되어 있다. 수소를 제외한 유기 화합물의 원소들은 모두 결합을 할 때 한 가지 규칙을 따른다.

**결합의 수** + **고립 전자쌍의 수** = **4**

산소와 질소는 탄소와 단일 및 다중 결합을 할 수 있다. 탄소와 헤테로 원자 사이의 가장 일반적인 다중 결합은 탄소-산소 이중 결합(C═O)이다. 이 결합 규칙은 **메탄올**($CH_3OH$)과 **폼알데하이드**($H_2C{=}O$, 방부제)의 구조에서 알 수 있는 것처럼 원자가 다중 결합의 일부인 경우에도 동일하게 유지된다.

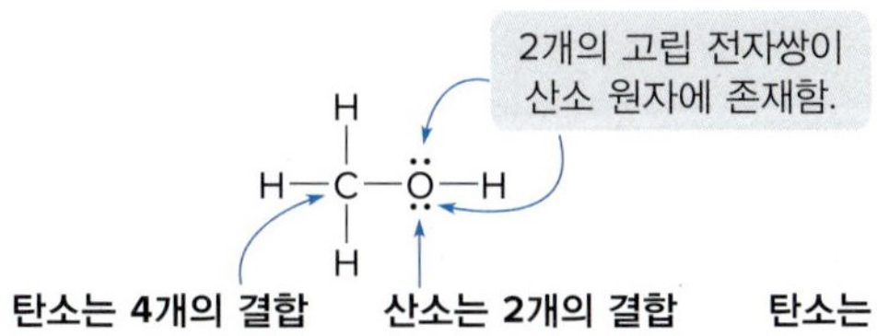


메탄올

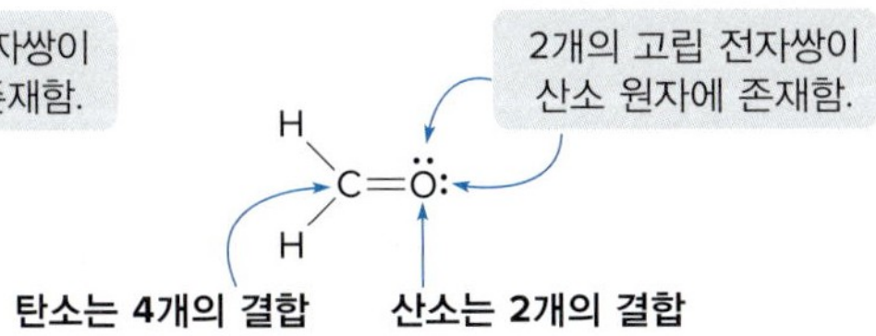


폼알데하이드

이러한 특징은 왜 유기 화합물이 그렇게 많은지를 설명할 수 있다. 탄소는 탄소들끼리 또는 다른 원소와 4개의 강한 결합을 형성하고 고리와 사슬을 만든다.

**아세틸렌**은 연소할 때 매우 뜨거운 불꽃을 생성하므로 용접 불꽃으로 사용된다.

### 예제 4.1 유기 화합물에 수소와 고립 전자쌍 그리기

각 유기 화합물에 수소와 고립 전자쌍을 그리시오.

a. C—C—Cl  b. C—C=O  c. C—C≡N

**분석**

각 탄소와 헤테로 원자들은 8개의 전자로 둘러싸여야 한다. **그림 4.2**에 나타낸 일반적인 결합 유형을 참조하여 필요한 수소와 고립 전자쌍을 그려 넣는다. 탄소는 4개의 결합을, 염소는 1개의 결합과 3개의 고립 전자쌍을, 산소는 2개의 결합과 2개의 고립 전자쌍, 그리고 질소는 3개의 결합과 1개의 고립 전자쌍을 가진다.

**풀이**

a. 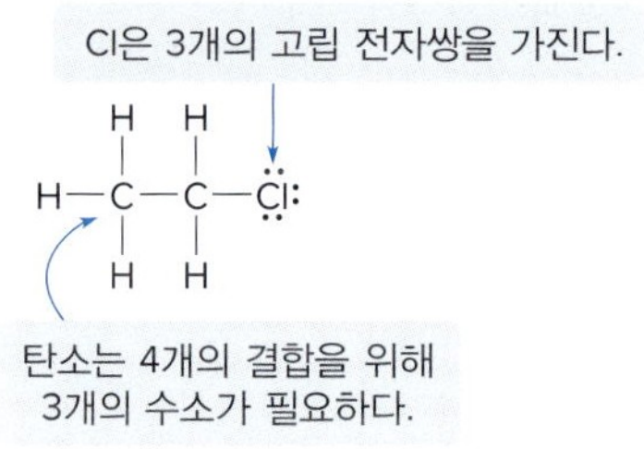


b. 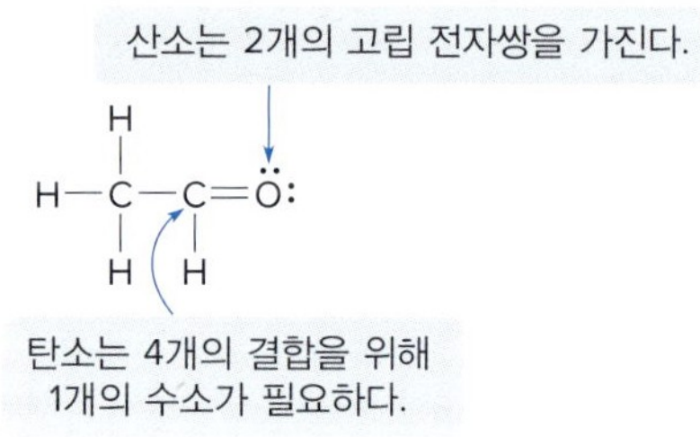


c. 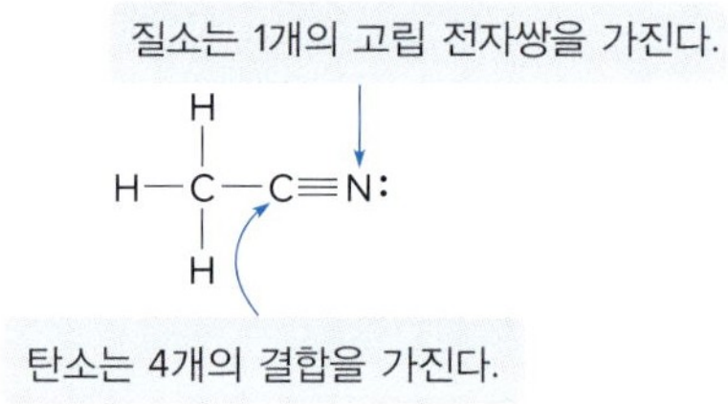


### 연습문제 4.1

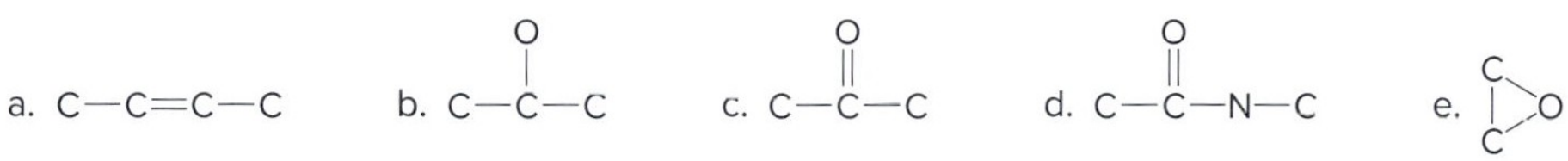


#### 소비자 노트

**에틸렌**은 플라스틱 폴리에틸렌을 제조하는 과정에 중요한 출발 물질이다. 폴리에틸렌은 1930년대에 처음 생산된 합성 플라스틱으로 제2차 세계 대전 중 레이더의 절연 재료로 사용되었으나 최근에는 우유 용기, 샌드위치 봉지 및 비닐 봉투를 만드는 데 사용되는 플라스틱이다. 매년 1,000억 파운드가 넘는 폴리에틸렌이 생산된다.

## 4.3 유기 분자의 모양

유기 분자에서 원자 주위의 모양은 **VSEPR 이론**(2.6절 참조)을 사용하여 원자를 둘러싼 전자 군의 개수를 세어 결정한다. 전자 군은 다른 원자와의 결합이거나 고립 전자쌍이다. 가장 안정적인 배열은 원자 주위의 전자 군을 가능한 한 서로 멀리 떨어뜨리는 것이다.

- 2개의 전자 군으로 둘러싸인 원자는 선형이며 결합 각도가 180°이다.

**아세틸렌**(HC≡CH)의 각 탄소는 2개의 원자로 둘러싸여 있으며 고립 전자쌍은 없다. 따라서 각 H—C—C 결합 각도는 180°이며 아세틸렌의 4개 원자는 모두 직선형이 된다.

각 탄소는 2개의 원자로 둘러싸여 있다.  아세틸렌 공-막대 모형

- 3개의 전자 군으로 둘러싸인 원자는 삼각 평면 모양이며 결합 각도가 120°이다.

**에틸렌**($CH_2CH_2$)의 각 탄소는 3개의 원자로 둘러싸여 있으며 고립 전자쌍은 없다. 따라서 각 H—C—C 결합 각도는 120°이고 에틸렌의 원자 6개는 모두 한 평면에 있다.

각 탄소는 3개의 원자로 둘러싸여 있다. 에틸렌

- 4개의 전자 군으로 둘러싸인 원자는 사면체의 꼭짓점에 각 전자 군을 배치하고 약 109.5°의 결합 각도를 나타낸다.

**메테인**($CH_4$)의 탄소 원자는 정사면체의 꼭짓점에 놓인 4개의 수소 원자와 결합하고 있다.

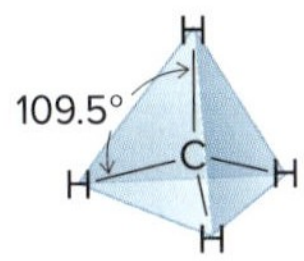


사면체의 탄소

공간 도형인 사면체를 평면에 나타내기 위해 2개의 탄소-수소 공유 결합은 평면에, 하나는 평면의 앞쪽으로 그리고, 나머지 하나는 평면의 뒤쪽을 향한다고 가정한다. 그런 다음 2.6절에서 제시된 그리기 규칙을 이용한다.

- 실선은 평면의 결합에 사용된다.
- 쐐기선은 평면 앞의 결합에 사용된다.
- 점선 쐐기선은 평면 뒤의 결합에 사용된다.

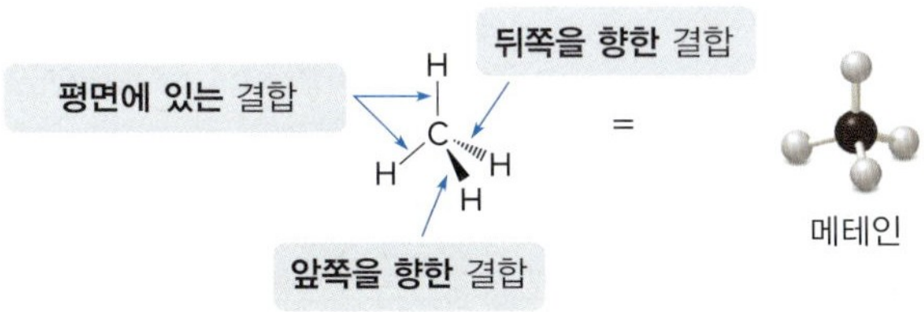


4개의 단일 결합을 갖는 모든 탄소는 사면체이다. 예를 들어, **에테인**의 각 탄소는 사변제이며 2개의 실선으로 평면에 있는 결합을, 하나의 쐐기선으로 앞쪽을 향한 결합을 그리고, 점선 쐐기선으로 뒤쪽을 향한 결합을 그린다.

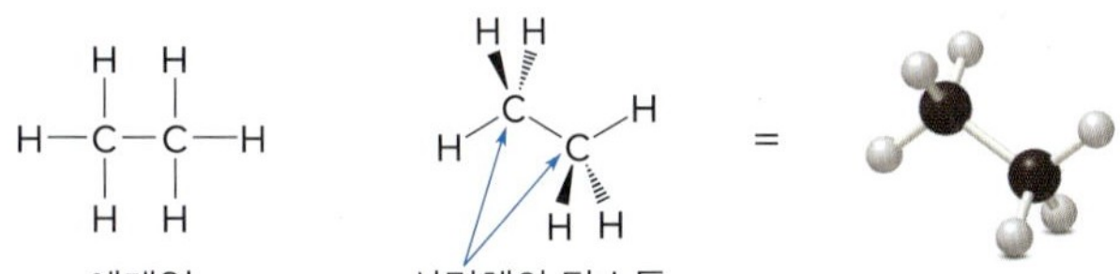


에테인 사면체의 탄소들

**에테인**은 천연가스의 구성 성분이다.

질소 및 산소 원자 주위의 모양을 결정할 때 그 원자들의 고립 전자쌍을 잊지 말아야 한다. 메틸아민($CH_3NH_2$)의 N 원자는 3개의 원자와 1개의 고립 전자쌍, 총 4개의 군으로 둘러싸여 있다. 이 네 군을 가능한 한 멀리 배치하기 위해 각 군을 사면체의 꼭짓점에 놓는다. 즉, **메틸아민**의 N 원자는 2.6절에서 논의된 **암모니아**($NH_3$)의 N 원자와 유사하다. 112°인 H—N—C 결합 각도는 109.5°의 사면체 결합 각도에 가깝고 N 주변의 군 중 하나가 다른 원자가 아니라 고립 전자쌍이기 때문에 이 분자 모양을 **삼각 피라미드**라고 한다.

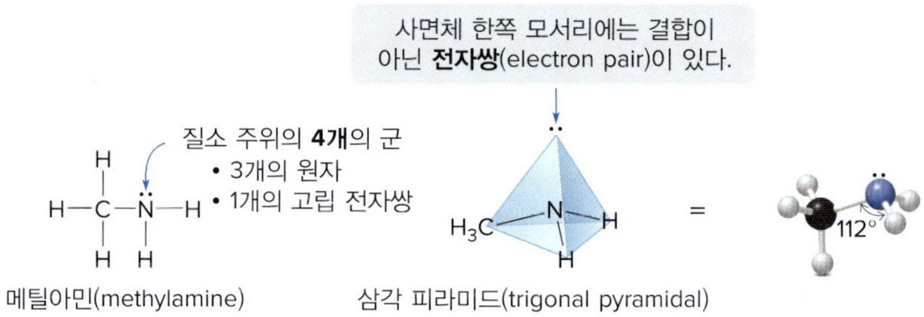


마찬가지로 **메탄올**($CH_3OH$)의 O 원자는 2개의 원자와 2개의 고립 전자쌍으로 구성된 4개의 전자 군으로 둘러싸여 있으며, 각 군은 사면체의 꼭짓점에 위치하여 가능한 한 멀리 떨어져 있다. 메탄올의 O 원자도 2.6절에서 논의된 물의 O 원자($H_2O$)와 유사하고 109°의 C—O—H 결합 각도는 109.5°의 사면체 결합 각도에 가깝다. 메탄올은 산소 주위의 두 군이 고립 전자쌍이기 때문에 산소 원자 주위는 굽은 분자 모양을 나타낸다. 표 4.1은 유기 화합물을 구성하는 원자 주변의 가능한 분자 모양을 요약한 것이다.

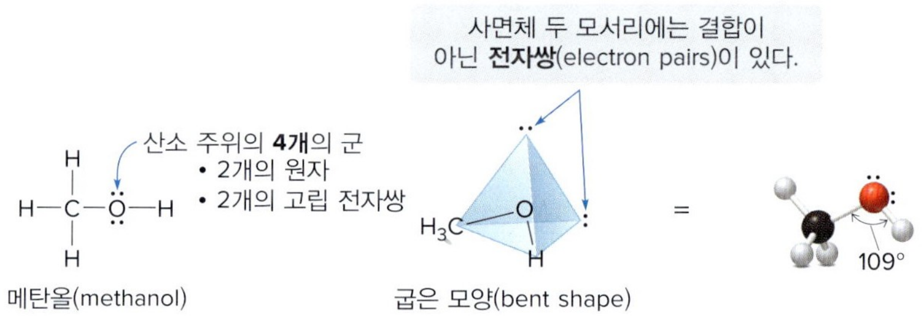


**표 4.1 유기 화합물의 원자를 둘러싼 분자 모양**

| 총 군 수 | 원자 수 | 고립 전자쌍 수 | 원자 A 주위의 모양 | 대략적인 결합 각도(°) |
|---|---|---|---|---|
| 2 | 2 | 0 | 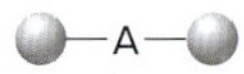 선형 | 180 |
| 3 | 3 | 0 | 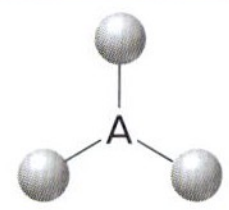 삼각 평면 | 120 |
| 4 | 4 | 0 | 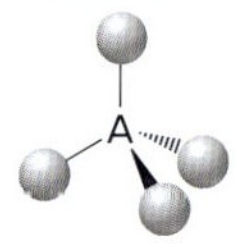 사면체 | 109.5 |
| 4 | 3 | 1 | 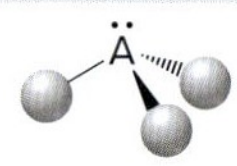 삼각 피라미드 | ~109.5[a] |
| 4 | 2 | 2 | 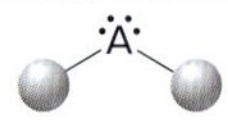 굽은 모양 | ~109.5[a] |

a: 기호 ~은 '대략'이라는 의미이다.

### 예제 4.2 원자 주위의 모양 결정하기

다이메틸 에터의 각 탄소와 산소 원자 주위의 모양을 결정하시오.

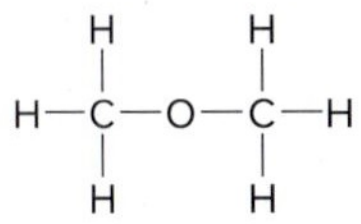

다이메틸 에터(dimethyl ether)

**분석**

- **헤테로 원자의 모든 고립 전자쌍을 그린다.** 헤테로 원자는 8개의 전자로 둘러싸이므로 산소는 2개의 고립 전자쌍이 필요하다.
- **분자 모양을 결정하기 위해 전자 군의 총수를 센다.**

**해답**

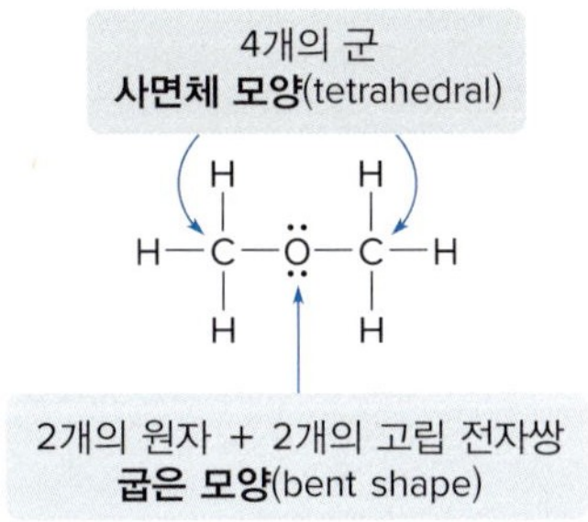


- 각 탄소는 4개의 원자들(3개의 수소 원자와 1개의 산소 원자)로 둘러싸이므로 사면체 모양이다.
- 각 산소는 2개의 탄소 원자들과 2개의 고립 전자쌍으로 둘러싸이므로 굽은 모양이다.
- 이 결과는 다음과 같은 3차원 모양을 나타낸다.

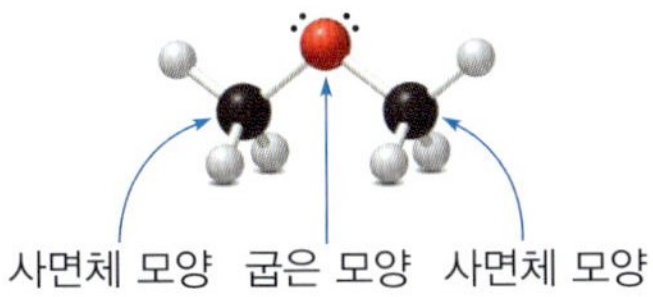


**연습문제 4.2**

각 화합물에서 표시된 원자 주위의 모양을 결정하시오. 모양을 결정하기 전에 헤테로 원자에 전자쌍을 잊지 않고 추가한다.

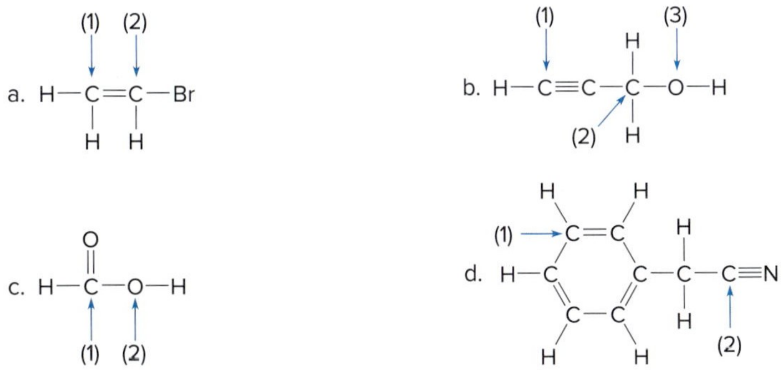

유기 분자의 크기나 복잡함 때문에 위축될 필요는 없다. 4.3절에 있는 원리를 이용하여 아무리 복잡한 분자라도 그 분자에서 한 원자 주위의 모양을 예측할 수 있다.

### 예제 4.3 복잡한 분자의 원자 주위의 모양 결정하기

L-도파는 파킨슨 병에 사용되는 약이다. 화살표가 표시된 원자 주위의 모양을 결정하시오.

헴록(hemlock)에는 독극물인 에난토톡신(enanthotoxin)이 들어 있다.

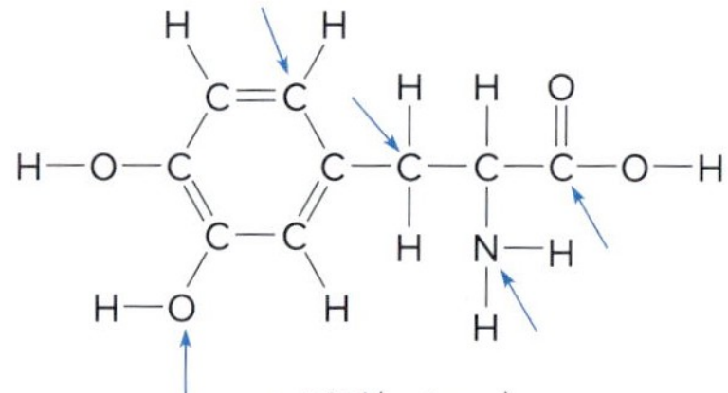

L-도파(L-dopa)

### 분석

- **각 헤테로 원자가 8개의 전자로 둘러싸이도록 고립 전자쌍을 배치한다.** 각 산소 원자는 2개, 질소 원자는 1개의 고립 전자쌍이 필요하다.
- 전자 군의 수를 세어 모양을 예측한다.

### 해답

산소와 질소 주변에 전자쌍을 추가한다.

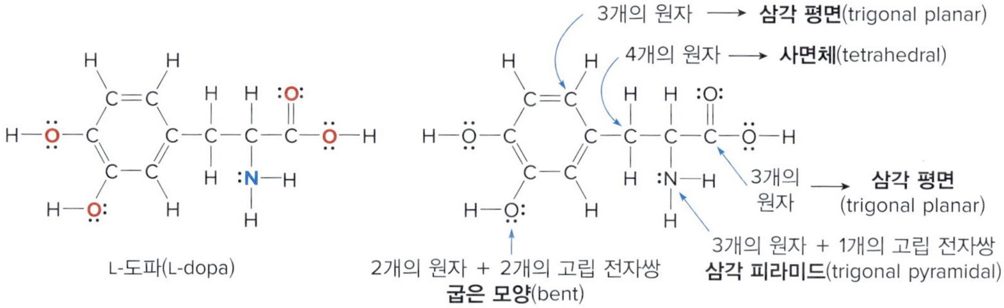


분자 모양을 결정하기 전에 산소와 질소에 특별히 주의를 기울여서 고립 전자쌍을 배치해야 한다. 산소 원자는 4개의 전자 군-2개의 결합 전자쌍과 2개의 고립 전자쌍-으로 둘러싸인 굽은 모양이 된다. 산소 원자는 절대로 2개의 군으로 둘러싸인 선형 모양이 되지 않는다.

### 연습문제 4.3

에난토톡신(enanthotoxin)은 영국에서 자란 일반적 헴록(hemlock)에서 분리된 독성 화합물이다. 에난토톡신에서 표시된 원자 주변의 모양을 예측하시오.

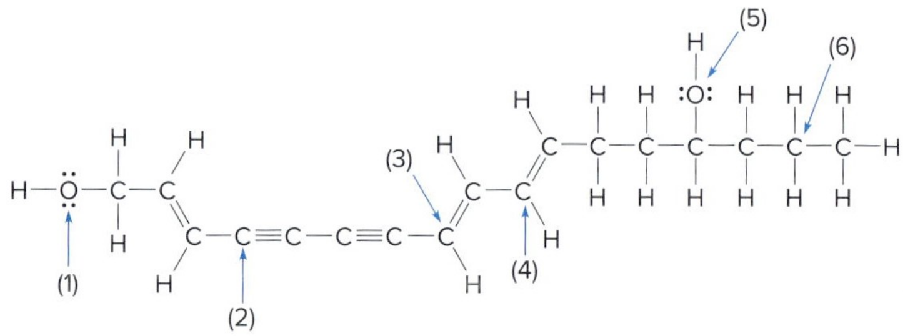


에난토톡신(enanthotoxin)

## 4.4 유기 분자 그리기

4.1~4.3절은 유기 분자가 다양한 방식으로 표현될 수 있음을 보여 준다. 예를 들어, 펜테인($C_5H_{12}$)의 모든 원자와 결합을 그림 A처럼 그릴 수도 있고 그림 B처럼 **공-막대 모형**을 이용하여 펜테인의 3차원 구조를 보여 줄 수도 있다. 많은 원자를 포함하는 유기 분자를 표현할 때에는 이를 단순화하기 위해 **축약 구조** 그림 C 또는 **골격 구조** 그림 D를 사용하여 나타내기도 한다.

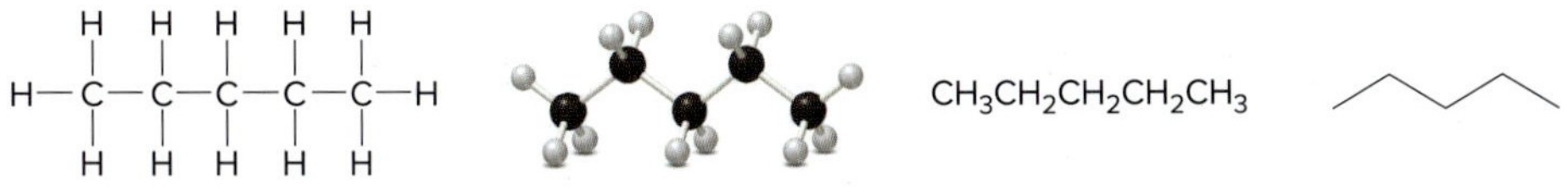


펜테인의 완전한 구조 (pentane complete structure) **A**

펜테인의 공-막대 모형 (pentane ball-and-stick model) **B**

펜테인의 축약 구조 (pentane condensed structure) **C**

펜테인의 골격 구조 (pentane skeletal structure) **D**

축약 구조와 골격 구조를 그리고 해석하는 방법은 각각 4.4A와 4.4B에 설명되어 있다.

## 4.4A 축약 구조

**축약 구조**는 결합된 원자들이 고리 형태가 아닌 사슬 형태로 된 화합물에 자주 사용되며, 다음 규칙을 적용한다.

- 모든 원자를 표기하지만 일반적으로 2-전자 결합선은 생략한다.
- 헤테로 원자의 고립 전자쌍은 생략한다.

축약 구조식을 해석할 때 보통 분자의 왼쪽에서 시작하고, 탄소 원자가 4개의 결합을 가져야만 한다는 것을 기억해야 한다.

- 탄소가 3개의 H와 결합하면 $CH_3$가 된다.
- 탄소가 2개의 H와 결합하면 $CH_2$가 된다.
- 탄소가 1개의 H와 결합하면 CH가 된다.

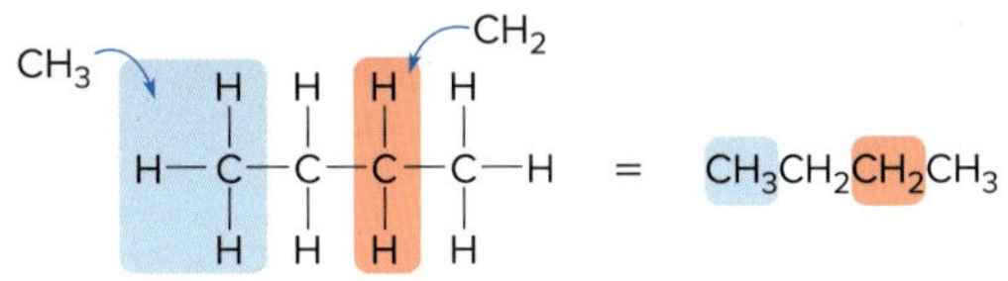


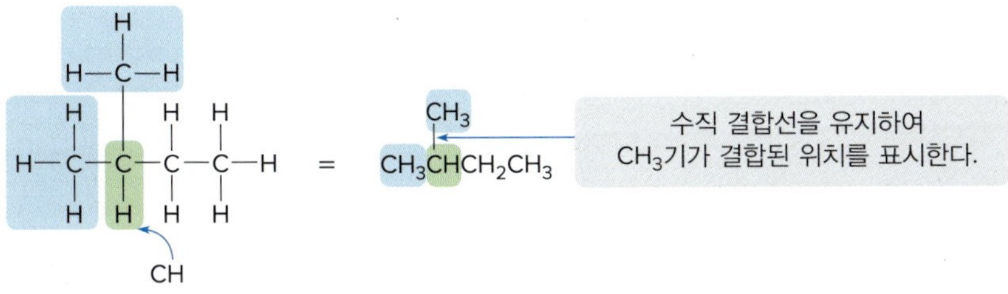


때때로 이러한 구조는 동일한 기(group)에 괄호를 사용하여 더욱 단순화될 수 있다. 2개의 연속한 $CH_2$기는 $(CH_2)_2$라 쓰고, 동일한 탄소에 결합된 2개의 $CH_3$기는 $(CH_3)_2C$라고 쓴다.

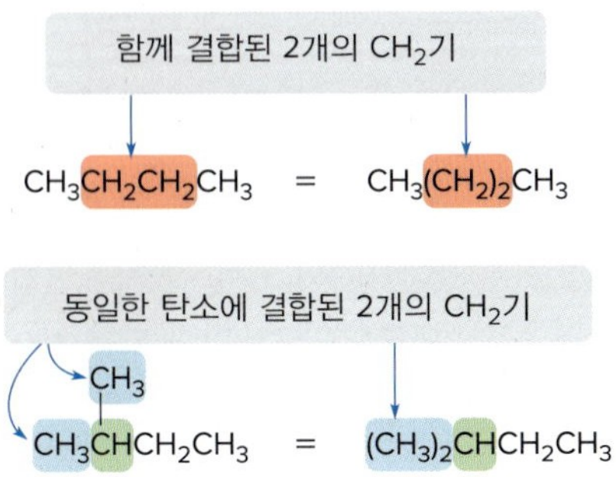

축약 구조를 쓰는 다양한 예가 **그림 4.3**에 나타나 있다.

**그림 4.3** 축약 구조의 예

[1] 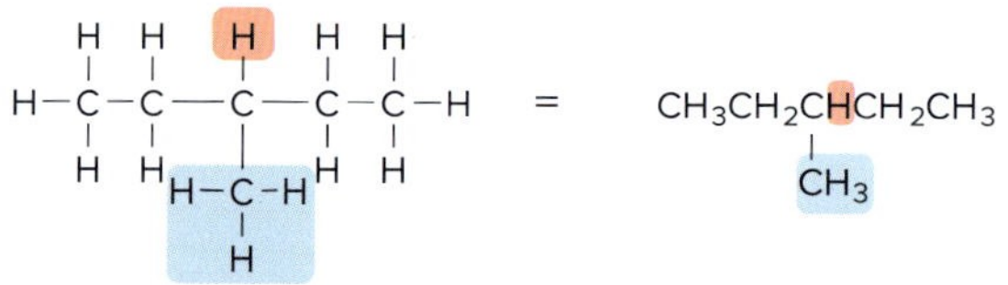 또는 $CH_3CH_2CH(CH_3)CH_2CH_3$

[2] 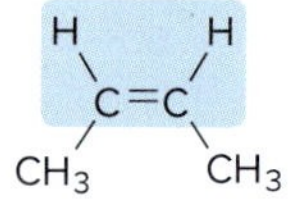 = $CH_3CH{=}CHCH_3$

[3] 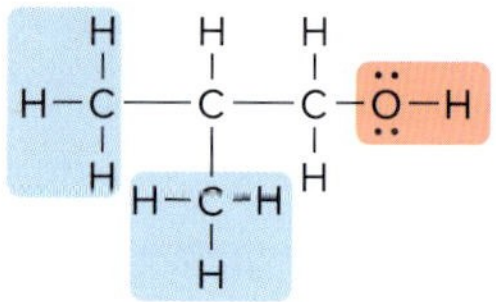 = $(CH_3)_2CHCH_2OH$

[4] 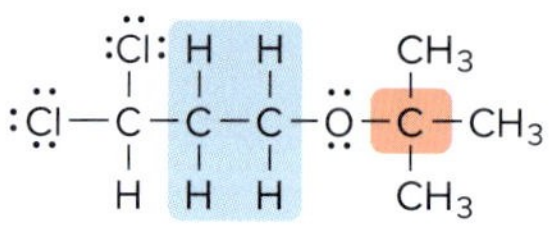 = $Cl_2CH(CH_2)_2OC(CH_3)_3$

- [1]: C 원자 바로 옆에 쓴 H 원자는 그 탄소와 직접 결합한 수소를 의미하고, 괄호로 묶인 $CH_3$는 탄소 사슬에 결합하고 있음을 나타낸다.
- [2]: 탄소와 탄소 사이의 이중 결합은 표기하고 직접 결합한 각 탄소 뒤에 수소를 그린다.
- [3]: 축약 구조에서 산소의 고립 전자쌍은 생략한다.
- [4]: 염소와 산소의 고립 전자쌍은 생략하고 2개의 $CH_2$기는 $(CH_2)_2$라고 쓴다.

### 예제 4.4 축약 구조 그리기

각 화합물을 축약 구조로 전환하시오.

a. 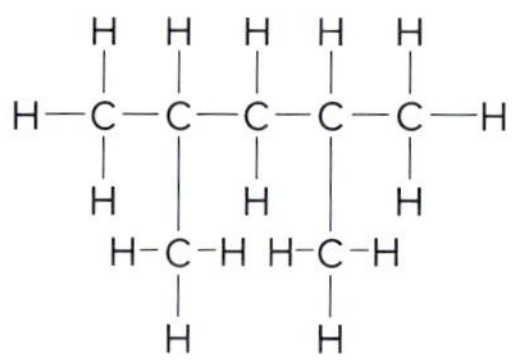

b. 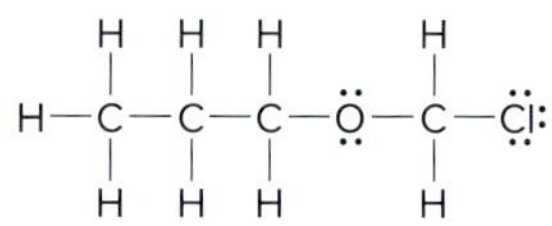

**분석**

- 왼쪽에서 시작하여 오른쪽으로 진행하고 각 탄소는 4개의 결합을 반드시 가져야 한다.
- 헤테로 원자인 산소와 염소의 고립 전자쌍은 생략한다.
- 동일한 기가 연속적으로 결합하거나 특정 원자에 동시에 결합한 경우라면 괄호를 사용하여 더욱 간단히 표기한다.

**해답**

축약 구조 (condensed structure) | 더욱 단순화 (further simplified)

a. 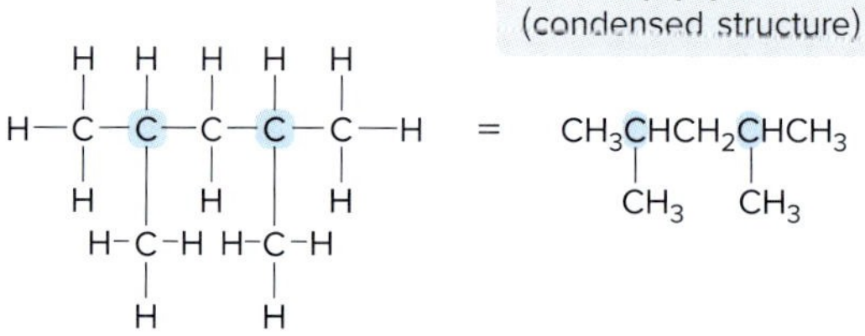 = $(CH_3)_2CHCH_2CH(CH_3)_2$

하나의 탄소에 2개의 $CH_3$기를 표시하려면 괄호를 사용한다.

b. 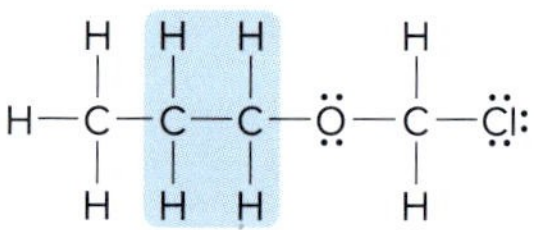 = $CH_3CH_2CH_2OCH_2Cl$ = $CH_3(CH_2)_2OCH_2Cl$

### 연습문제 4.4

각 화합물을 축약 구조로 변환하시오.

a. 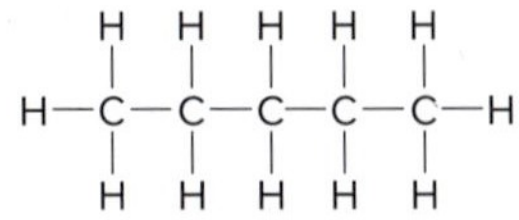

b. 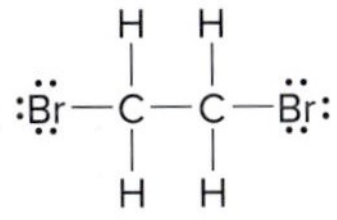

c. 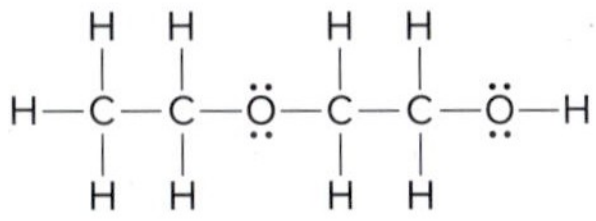

d. 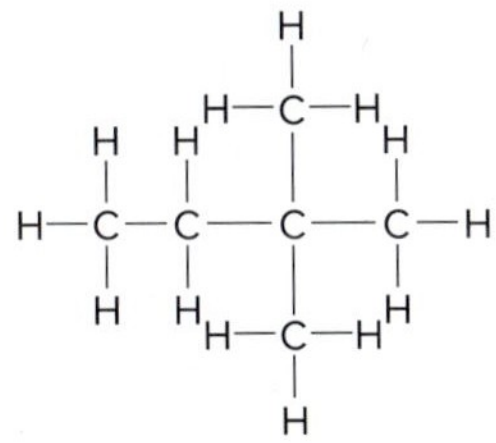

### 예제 4.5 축약 구조를 완전한 구조식으로 변환하기

각 축약 구조를 헤테로 원자에 있는 고립 전자쌍까지 나타낸 완전한 구조식으로 변환하시오.

a. $(CH_3)_3CCH_2NH_2$

b. $CH_3CH_2OCH(CH_3)_2$

#### 분석

- 왼쪽에서 시작하여 오른쪽으로 진행하고 각 탄소는 4개의 결합을 반드시 가져야 한다.
- 헤테로 원자가 8개의 전자를 갖도록 고립 전자쌍을 배치한다.

#### 해답

a. 파란색으로 표시한 3개의 $CH_3$기를 빨간색으로 표시한 탄소 옆으로 배치한다. 질소 원자에 고립 전자쌍 하나를 추가하여 질소가 8개의 전자를 가지게 한다.

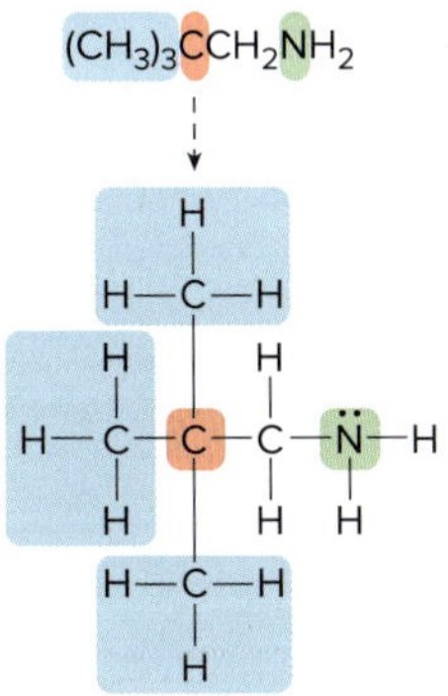

b. 파란색으로 표시한 2개의 $CH_3$기를 빨간색으로 표시한 탄소 옆으로 배치한다. 산소 원자에 고립 전자쌍 2개를 추가하여 산소가 8개의 전자를 가지게 한다.

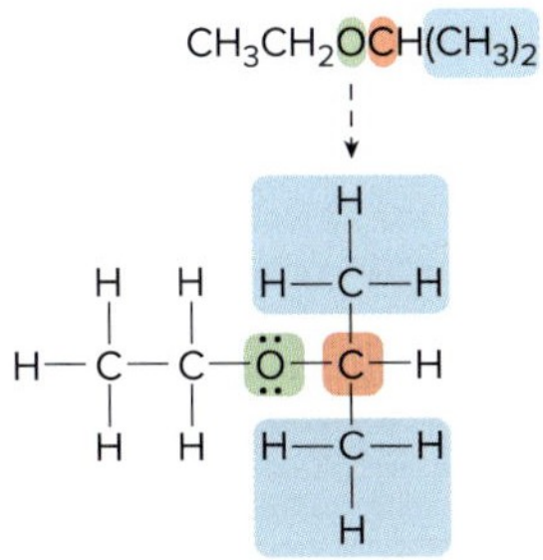

### 연습문제 4.5

각 축약식을 헤테로 원자에 고립 전자쌍이 있는 완전한 구조로 변환하시오.

a. $CH_3(CH_2)_8CH_3$

b. $CH_3(CH_2)_4OH$

c. $CH_3CCl_3$

d. $CH_3(CH_2)_4CH(CH_3)_2$

e. $(CH_3)_2CHCH_2NH_2$

### 4.4B 골격 구조

**골격 구조**는 고리와 사슬을 포함하는 유기 화합물에 사용된다. 골격 구조를 그릴 때 다음 세 가지 중요한 규칙을 이용한다.

- 두 선의 교차점이나 선의 끝에는 탄소 원자가 있다고 가정한다.
- 각 탄소 주위에 4개의 결합을 제공하기에 충분한 수소가 있다고 가정한다.
- 모든 헤테로 원자에 직접 결합된 수소는 꼭 표기한다.

고리는 **사이클로헥세인** 및 **사이클로펜탄올**의 예처럼 각 꼭짓점에 탄소 원자가 있다고 '간주하고' 다각형으로 그린다. 이 분자에 헤테로 원자에 결합된 H를 제외하고 모든 탄소와 수소는 표기하지 않지만 있다고 간주한다.

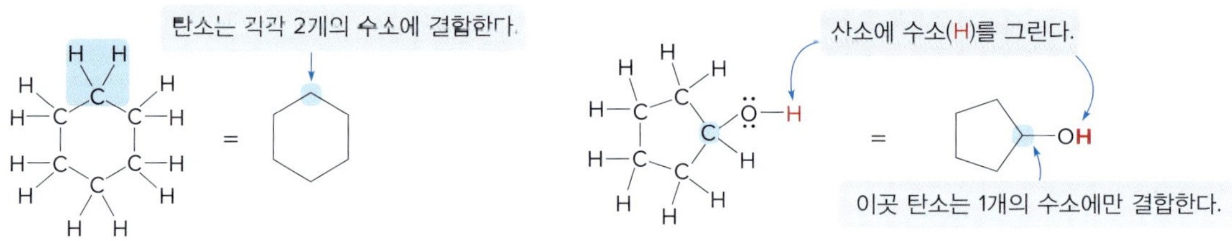


사이클로헥세인 (cyclohexane) | 골격 구조 (skeletal structure) | 사이클로펜탄올 (cyclopentanol) | 골격 구조 (skeletal structure)

고리 골격 구조를 완전한 구조식으로 변환하는 예를 **그림 4.4**는 보여 준다.

**그림 4.4** 고리가 있는 분자의 골격 구조

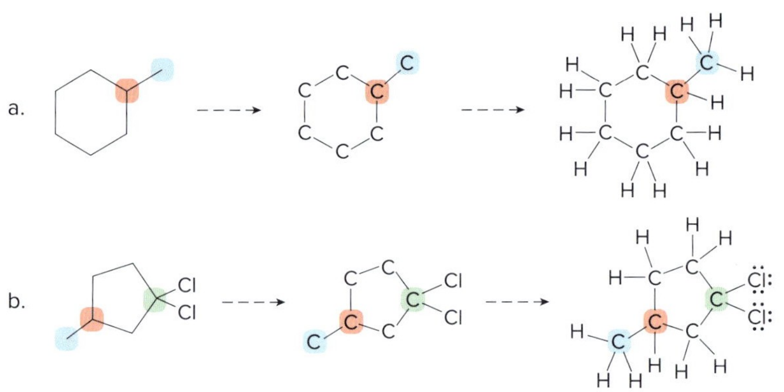

- 파란색으로 표시된 탄소는 3개의 수소를 가지므로 각 탄소는 4개의 결합을 한다.
- 빨간색으로 표시된 탄소는 1개의 수소를 갖고 4개의 결합을 한다.
- 녹색으로 표시된 탄소는 이미 4개의 결합을 했으므로 수소와 결합하지 않는다.
- 모든 다른 탄소는 2개의 수소를 갖고 4개의 결합을 한다.

**예제 4.6 고리 화합물의 골격 구조 해석**

각 골격 구조를 C와 H가 모두 표기된 완전한 구조식으로 변환하시오.

a. 

b. 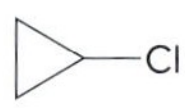

**분석**

완전한 구조식을 그리기 위해서는 각 다각형의 꼭짓점에 탄소를 배치하고 각 탄소가 4개의 결합을 갖도록 수소를 배분한다. 헤테로 원자가 팔전자를 갖도록 고립 전자쌍을 추가한다.

**해답**

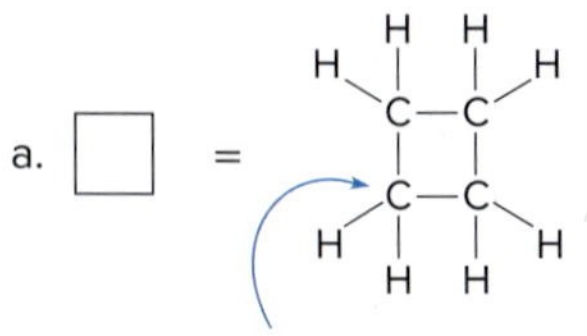


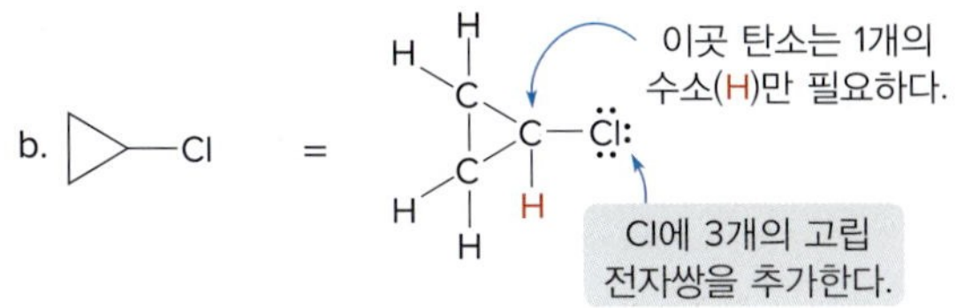


**연습문제 4.6**

각 골격 구조를 모든 탄소와 수소가 그려진 완전한 구조로 변환하시오. 모든 헤테로 원자에 고립 전자쌍을 추가하시오.

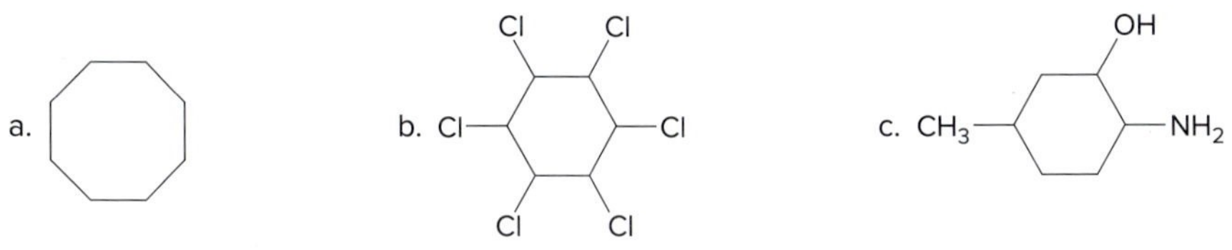


살충제 린든 (lindane)

탄소 사슬도 동일한 원리를 사용하여 골격 구조로 그릴 수 있다. 헥세인의 예에서 볼 수 있듯이 사슬은 공-막대 모형에 표시된 지그재그 배열과 유사하게 그려진다.

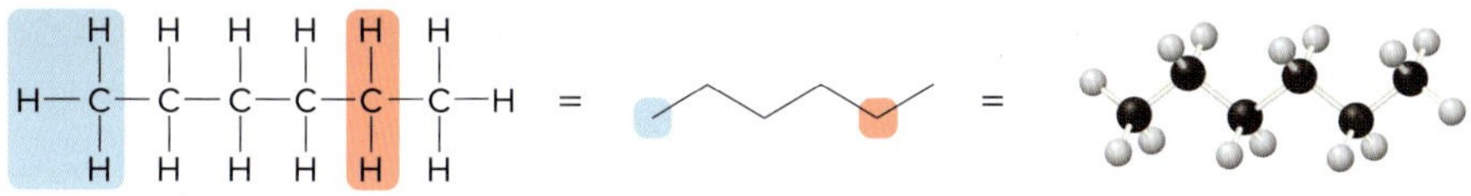

헥세인(hexane) | 헥세인의 골격 구조 (hexane skeletal structure) | 헥세인의 공-막대 모형 (hexane ball-and-stick model)

탄소 사슬과 헤테로 원자를 모두 포함하는 유기 분자의 골격 구조를 해석하는 방법이 다음 단계별 절차에 나타나 있다.

## 골격 구조 해석하기

**예** 다음 분자에 탄소 원자, 수소 원자 및 고립 전자쌍을 그리시오.

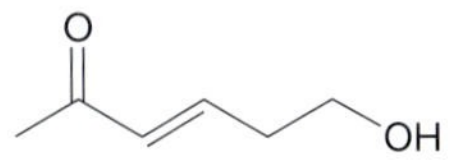


**단계 [1] 두 선의 교점과 선의 끝점에 탄소 원자를 배치한다.**

- 이 분자는 사슬의 왼쪽 끝에 위치한 빨간색으로 표시한 탄소까지 포함하여 6개의 탄소 원자를 가진다.
- C=C와 OH기 사이에 초록색으로 표시한 2개의 탄소 원자가 있다.

**단계 [2]** **탄소가 4개의 결합을 갖도록 탄소 주위에 수소를 더한다.**

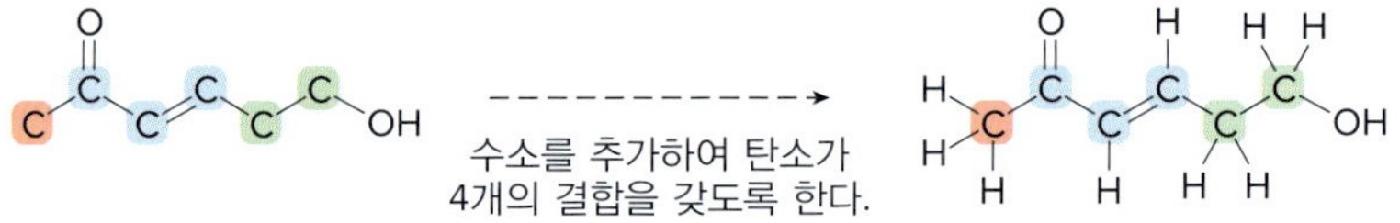


- 빨간색으로 표시된 말단의 탄소는 3개의 수소 원자가 필요하다.
- C═C 이중 결합 탄소는 이미 3개의 결합을 하고 있으므로 1개의 수소 원자만 그린다.
- C═C와 OH기 사이에 2개의 $CH_2$기가 존재한다.

**단계 [3]** **헤테로 원자는 팔전자를 만족하도록 고립 전자쌍을 더한다.**

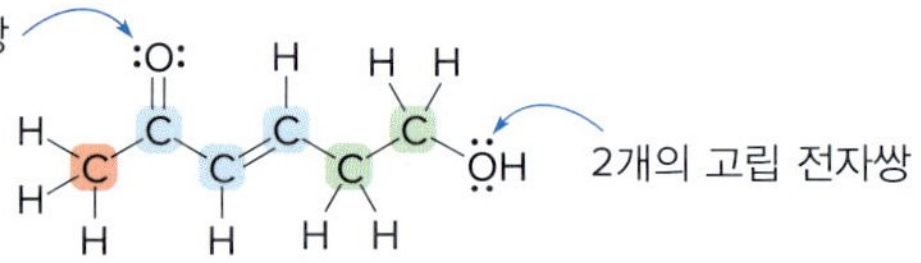


각 산소에는 2개의 고립 전자쌍이 필요하다.

### 예제 4.7 복잡한 분자의 골격 구조 해석

복잡한 유기 분자의 골격 구조를 그릴 때에도 지금까지 배운 간단한 유기 분자의 골격 구조를 그리는 방법과 동일한 원리를 적용한다. 2차 성질 발현에 작용하는 여성 호르몬인 에스트라다이올에 대한 다음 질문에 답하시오.

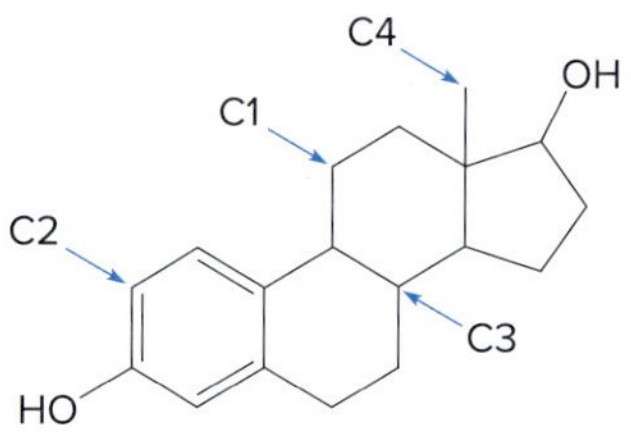


여성 호르몬
에스트라다이올(estradiol)

a. 에스트라다이올을 구성하는 탄소 원자는 몇 개인가?
b. C1, C2, C3, C4에 결합한 수소는 각각 몇 개씩인가?
c. 산소 원자의 고립 전자쌍을 포함한 에스트라다이올의 완전한 구조를 그리시오.

**분석**

다각형의 모든 꼭짓점과 헤테로 원자가 없는 모든 선의 끝에 탄소 원자를 그려 넣는다. 탄소가 4개의 결합을 갖도록 충분한 수소 원자를 더하고 각 산소 원자에는 팔전자를 만족하도록 2개의 고립 전자쌍을 더해 준다.

**해답**

a. 에스트라다이올은 총 18개의 탄소를 가진다. 7개의 탄소는 다각형의 꼭짓점에 있고 C4로 표시한 탄소는 고리에 결합하고 있다.
b. 빨간색으로 표시된 C1은 4개의 결합을 하기 위해 수소 2개가, 파란색으로 표시된 C2와 녹색으로 표시된 C3는 수소 1개가, 그리고 회색으로 표시된 C4는 수소 3개가 필요하다.
c.

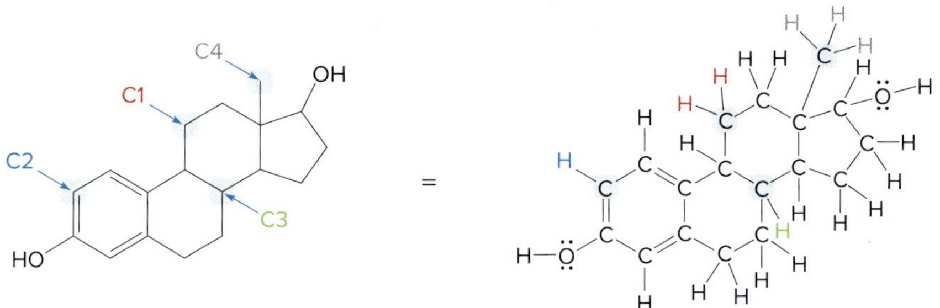


에스트라다이올(estradiol)

**연습문제 4.7**

다음 약물에서 표시된 탄소(C1~C8)에 각각 몇 개의 수소가 결합되어 있는가?

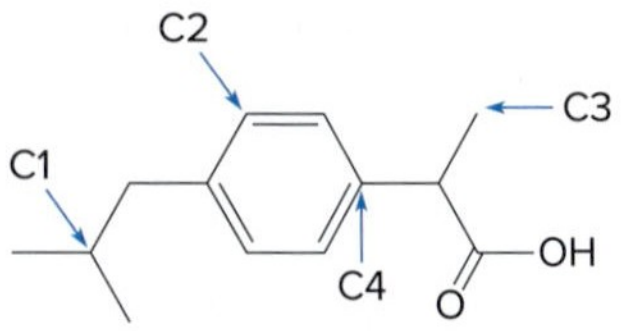

소염제 이부프로펜
(ibuprofen)

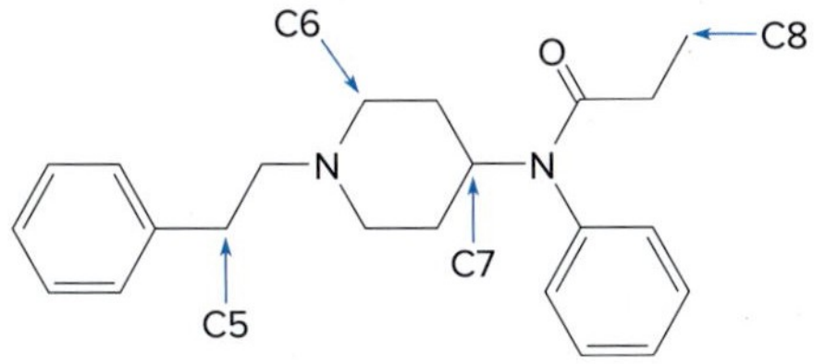

마약성 진통제 펜타닐
(fentanyl)

## 4.5 작용기

유기 분자는 강한 C—C 및 C—H 결합 이외의 다른 구조적 특징도 가진다. 현재 5,000만 개 이상의 유기 화합물이 알려져 있지만 이들 분자에서 단지 한정된 수의 공통적인 구조적 특징, 즉 작용기가 발견된다.

- 작용기는 특정한 화학적, 물리적 성질을 지닌 원자 또는 원자단이다.
- 작용기는 헤테로 원자나 다중 결합 또는 헤테로 원자와 다중 결합을 모두 포함한다.

**작용기**는 분자의 모양, 특성 및 반응 유형을 결정한다. 작용기는 탄소가 단지 2개인 골격에 결합하든지 20개 이상 되는 큰 골격에 결합하든지 상관없이 동일하게 행동한다. 이런 이유로 우리는 종종 분자의 탄소와 수소 부분을 대문자 R로 축약하고, 특정 작용기와 R의 결합을 표기한다.

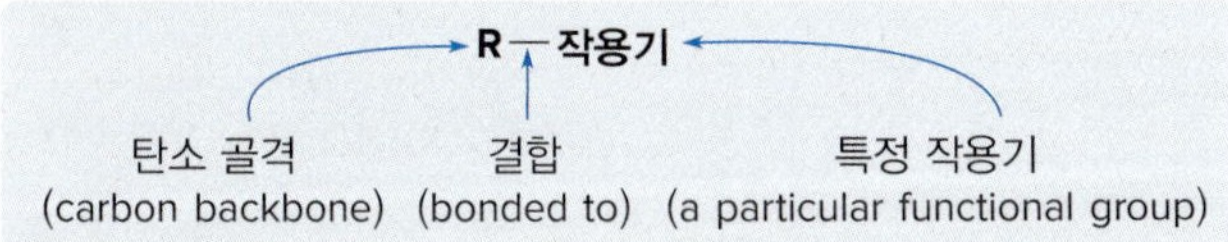


예를 들어, **에탄올**($CH_3CH_2OH$)은 탄소 골격에 2개의 탄소와 5개의 수소를 가지고 있을 뿐만 아니라 **하이드록시기**라고 부르는 작용기 OH를 가지고 있다. 하이드록시기는 에탄올의 물리적 특성과 반응 유형을 결정한다. 또 하이드록시기를 포함하는 유기 분자는 에탄올과 유사한 특성을 가지고 있으며, 이런 화합물을 **알코올**이라고 명명한다.

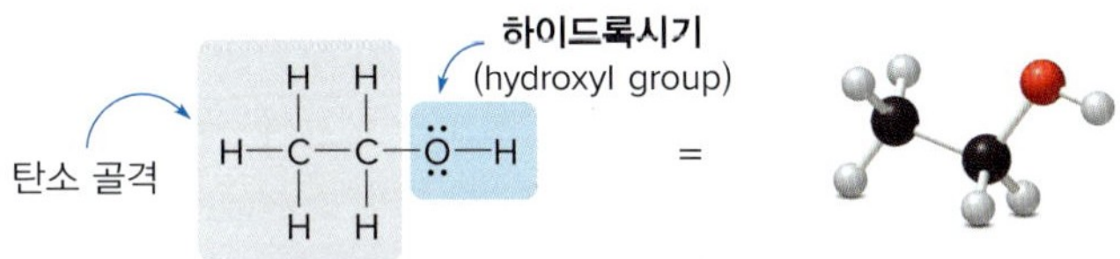

에탄올(ethanol)

가장 일반적인 작용기는 세 가지 유형으로 나눌 수 있다.

- 탄화수소
- 헤테로 원자와 단일 결합을 포함하는 화합물
- C=O기를 포함하는 화합물

## 4.5A 탄화수소

**탄화수소**(hydrocarbon)는 **표 4.2**에 표시된 것처럼 탄소와 수소만을 포함하는 화합물이다.

- **알케인**에는 C—C 단일 결합만 있고 작용기는 없다. 에테인, $CH_3CH_3$는 간단한 알케인의 예이다.
- **알켄**은 작용기로 C=C 이중 결합을 가지고 있다. 에틸렌, $CH_2{=}CH_2$는 간단한 알켄의 예이다.
- **알카인**은 작용기로 C≡C 삼중 결합을 가지고 있다. 아세틸렌, HC≡CH는 간단한 알카인의 예이다.
- **방향족 화합물**에는 3개의 이중 결합이 있는 6개의 원자로 이루어진 고리인 벤젠 고리가 포함되어 있다.

알케인을 제외한 모든 탄화수소는 **다중 결합**을 포함한다. 작용기가 없어서 반응 영역이 없는 알케인은 매우 극한 조건을 제외하고는 반응하지 않는 것으로 유명하다. 예를 들어, **폴리에틸렌**은 합성 플라스틱 및 고분자 알케인으로 서로 결합된 $CH_2$기의 긴 사슬, 즉 수백 또는 수천 개의 원자로 구성되어 있고 반응 영역이 없기 때문에 쉽게 분해되지 않고 매립지에서 오랫동안 썩지 않는 매우 안정적인 화합물이다.

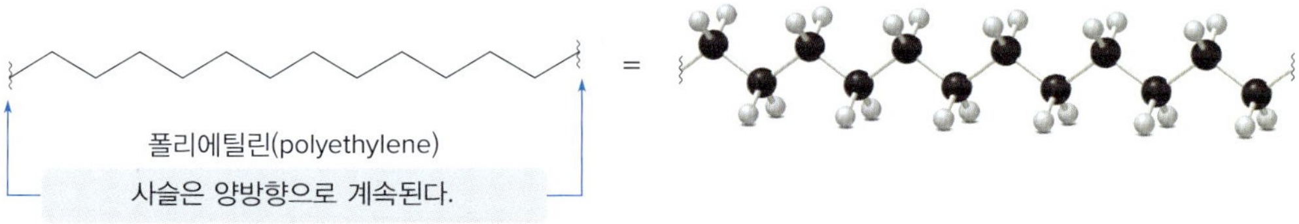


## 4.5B 헤테로 원자와 단일 결합을 이루고 있는 화합물

헤테로 원자와 단일 결합한 탄소 원자를 포함하는 여러 유형의 작용기가 있다. 일반적인 예로는 **표 4.3**에 표시된 대로 알킬 할라이드(또는 **할로젠화 알킬**), **알코올**, **에터**, **아민** 및 **싸이올**이 있다.

여기에 포함되는 몇 가지 간단한 화합물들은 널리 사용되고 있다. 브로모메테인($CH_3Br$)은 치명적인 아시아 긴 뿔 딱정벌레가 미국으로 퍼지는 것을 통제하는 데 사용되는 알킬 할라이드이고, 클로로에테인($CH_3CH_2Cl$, 일반적으로 에틸클로라이드라고 함)은 국소 마취제로 사용되

**표 4.2 탄화수소**

| 화합물의 종류 | 일반식 | 예 | 입체 구조 | 작용기 |
|---|---|---|---|---|
| 알케인 | R—H | $CH_3CH_3$ | 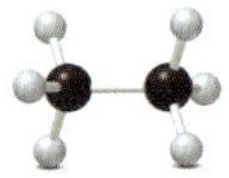 | — |
| 알켄 | 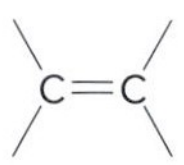 | 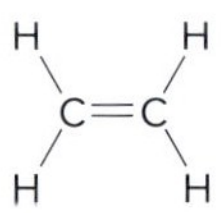 | 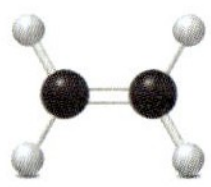 | 탄소–탄소 이중 결합 |
| 알카인 | —C≡C— | H—C≡C—H |  | 탄소–탄소 이중 결합 |
| 방향족 화합물 |  |  | 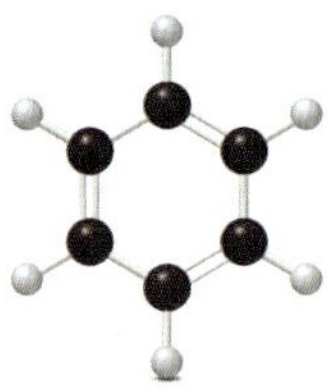 | 벤젠 고리 |

**표 4.3 탄소와 헤테로 원자 간 단일 결합을 포함하는 화합물**

| 화합물의 종류 | 일반식 | 예 | 입체 구조 | 작용기 |
|---|---|---|---|---|
| **할로젠화 알킬** | $R-\ddot{X}:$<br>(X = F, Cl, Br, I) | $CH_3-\ddot{Br}:$ | 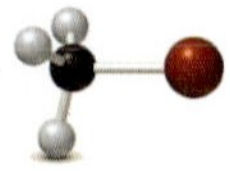 | —X<br>할로기<br>(halo) |
| **알코올** | $R-\ddot{O}H$ | $CH_3-\ddot{O}H$ | 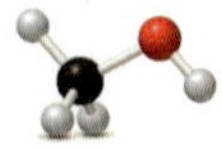 | —OH<br>하이드록시기<br>(hydroxy) |
| **에터** | $R-\ddot{O}-R$ | $CH_3-\ddot{O}-CH_3$ |  | —OR<br>알콕시기<br>(alkoxy) |
| **아민** | $R-\ddot{N}H_2$ 또는<br>$R_2\ddot{N}H$ 또는 $R_3\ddot{N}$ | $CH_3-\ddot{N}H_2$ | 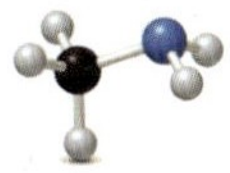 | $-NH_2$<br>아미노기<br>(amino) |
| **싸이올** | $R-\ddot{S}H$ | $CH_3-\ddot{S}H$ |  | —SH<br>설프하이드릴기<br>(sulfhydryl) |

는 알킬 할라이드이다. 클로로에테인은 상처에 뿌려지면 빠르게 증발하여 부상 부위를 마비시키는 냉감을 유발한다.

이러한 작용기를 포함하는 분자는 단순하거나 매우 복잡할 수 있다. 분자의 나머지 부분에 무엇이 존재하는지는 중요하지 않다. 작용기를 식별하기 위해 분자를 작은 조각으로 나누어 살펴보아야 한다. 예를 들어, 첫 번째 전신 마취제인 **다이에틸 에터**는 2개의 C에 결합된 O 원자를 가지고 있기 때문에 에터이고, 마리화나의 활성 성분인 테트라 하이드로칸나비놀(Tetrohydrocannabinol, THC)도 2개의 탄소 원자에 결합된 O 원자를 포함하고 있기 때문에 에터인데 이 분자의 경우 O 원자가 고리의 일부이다.

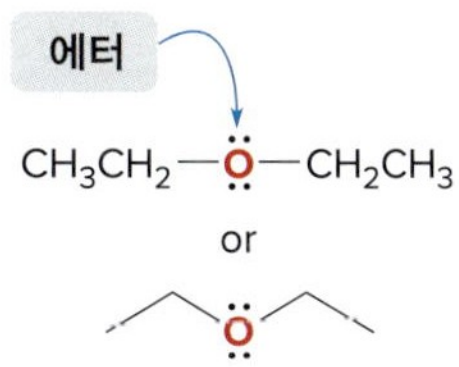


다이에틸 에터
(diethyl ether)

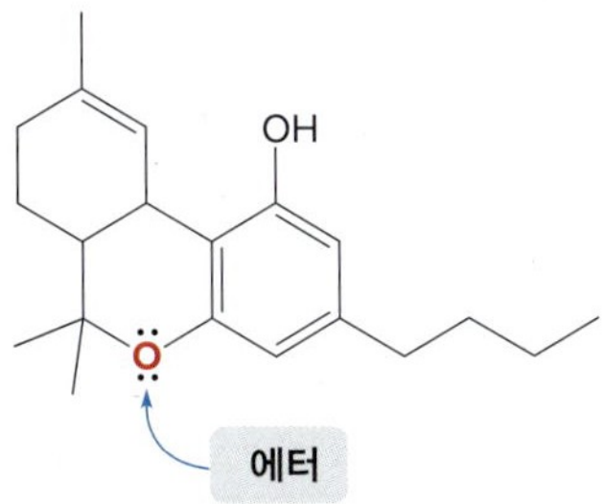


테트라하이드록칸나비놀
(THC: tetrahydrocannabinol)

### 4.5C C=O기(카보닐기)를 포함하는 화합물

**표 4.4**에 표시된 것처럼 여러 종류의 화합물이 탄소-산소 이중 결합(C=O, **카보닐기**)을 포함한다. 카보닐 화합물에는 **알데하이드**, **케톤**, **카복실산**, **에스터** 및 **아마이드**가 포함된다. 카보닐 탄소에 결합된 원자의 종류-수소, 탄소 또는 헤테로 원자-에 따라 카보닐 화합물의 유형이 결정된다.

**표 4.4 C═O기를 갖는 화합물**

| 화합물의 종류 | 일반식 | 예 | 축약 구조 | 입체 구조 | 작용기 |
|---|---|---|---|---|---|
| **알데하이드** | 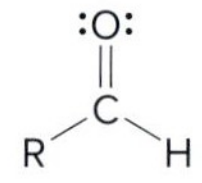 | 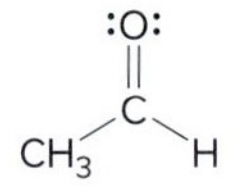 | $CH_3CHO$ | 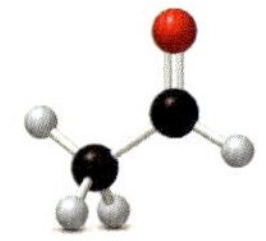 | 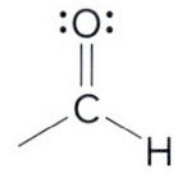 |
| **케톤** | 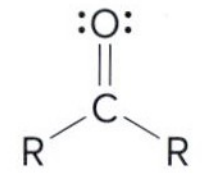 | 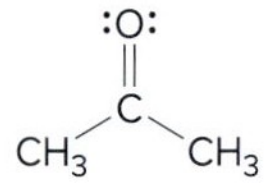 | $(CH_3)_2CO$ | 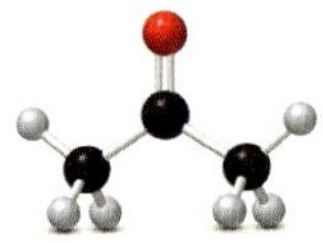 | 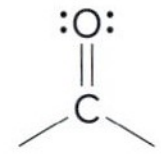 |
| **카복실산** | 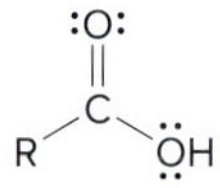 | 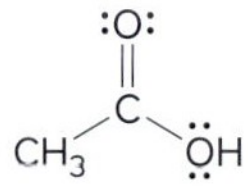 | $CH_3CO_2H$ | 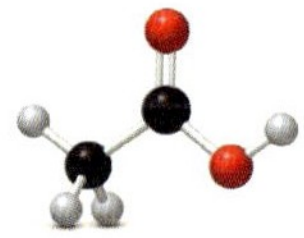 | 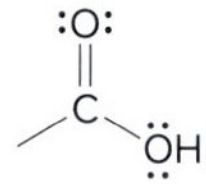 카복시기 |
| **에스터** | 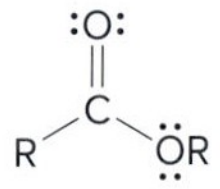 | 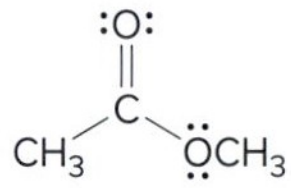 | $CH_3CO_2CH_3$ | 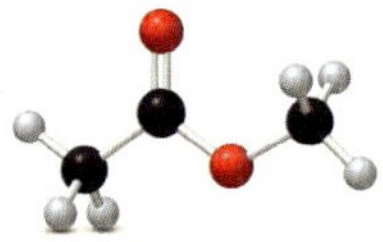 | 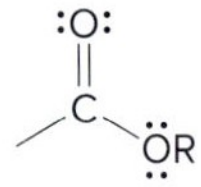 |
| **아마이드** | 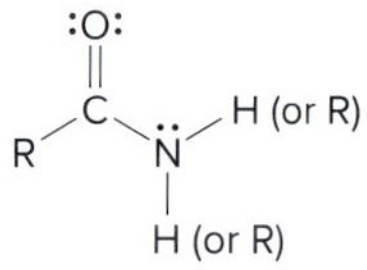 | 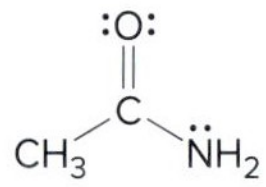 | $CH_3CONH_2$ | 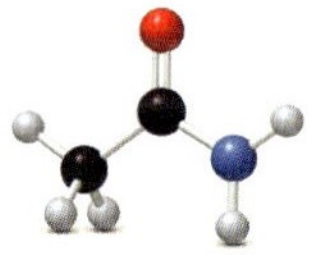 | 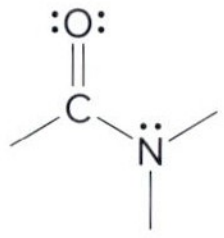 |

카보닐기

다음은 알데하이드, 카복실산 및 에스터의 축약 구조를 그릴 때 사용되는 규칙이다.

- 알데하이드는 카보닐 탄소에 직접 결합된 수소 원자를 가진다.

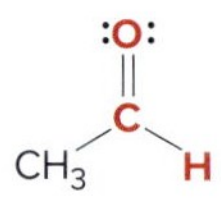

= $CH_3CHO$ C는 H와 O에 모두 결합되어 있다.

아세트알데하이드 (acetaldehyde)

축약 구조

- 카복실산은 카보닐 탄소에 직접 결합된 OH기를 포함한다.

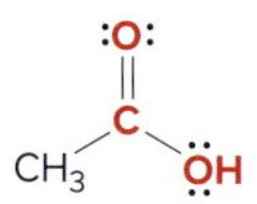

= $CH_3COOH$ 또는 $CH_3CO_2H$ C는 두 O 원자에 결합되어 있다.

아세트산 (acetic acid)

축약 구조

• 에스터는 카보닐 탄소에 직접 결합된 OR기를 포함한다.

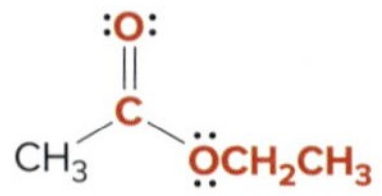

에틸 아세테이트
(ethyl acetate)

= $CH_3COOCH_2CH_3$ 또는 $CH_3CO_2CH_2CH_3$

축약 구조

C는 두 O 원자에 결합되어 있다.

카보닐 화합물은 자연에서 광범위하게 발생하며 **그림 4.5**에 표시된 과일의 특유한 냄새 또는 풍미를 일으키는 원인 물질이다.

**그림 4.5** 과일에서 자연적으로 발생하여 우리가 먹는 카보닐 화합물

- 벤즈알데하이드는 알데하이드를 포함하고 구연산은 1개의 하이드록시기와 3개의 카복실기를 포함한다. 아이소아밀 아세테이트와 에틸 뷰타노에이트는 모두 에스터를 포함한다.
- 과일 및 다른 식품에는 물 외에도 맛, 냄새, 질감 및 영양분을 제공하는 다양한 유기 화합물이 포함되어 있다. 하나의 유기 화합물이 식품의 맛 또는 냄새의 주요 구성 요소일 수도 있지만 우리가 맛과 냄새를 맡는 것은 일반적으로 다양한 화합물의 복잡한 혼합물이다. 이러한 구성 요소 중 하나라도 누락되면 냄새와 맛이 다소 달라진다. 이것은 인공 향과 색상이 자연적인 것을 모방은 하지만 대체하지는 못하는 이유를 설명한다.

### 예제 4.8 작용기 결정

각 화합물에서 작용기를 찾으시오.

a. 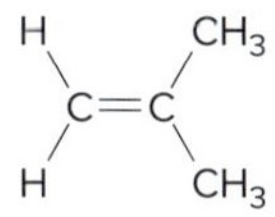

**A**

b. 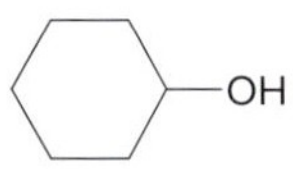

**B**

c. 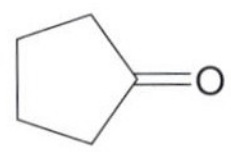

**C**

**분석**

**표 4.2**, **표 4.3**, **표 4.4**를 참조하여 다중 결합과 헤테로 원자를 확인한다.

### 해답

a. 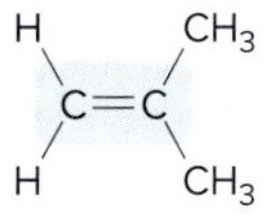


**A**

그림 A: 탄소-탄소 이중 결합이 있는 탄화수소이므로 알켄이다.

b. 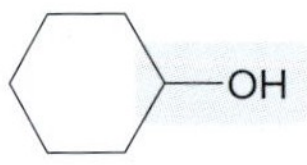


**B**

그림 B: 하이드록시(OH)기와 결합한 탄소가 있으므로 알코올이다.

c. 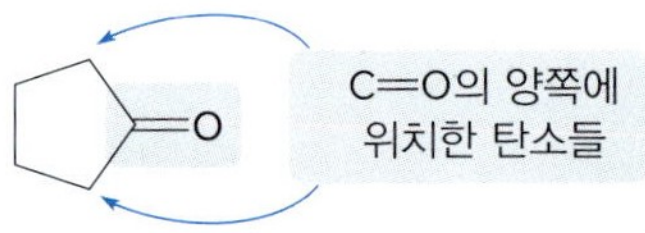


**C**

그림 C: C=O기가 있고 카보닐 탄소가 고리에서 2개의 다른 탄소와 결합하므로 케톤이다.

### 연습문제 4.8

각 화합물에 대해 [1] 작용기를 식별하시오. 또 [2] 헤테로 원자에 대한 고립 전자쌍을 포함하여 완전한 화합물을 그리시오.

a. 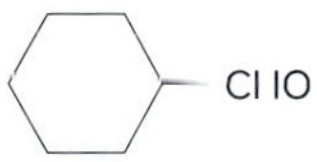


b. $CH_3CH_2CH_2CO_2H$

c. 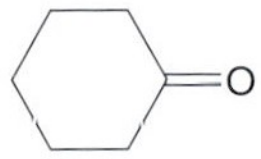


d. $CH_3CH_2CO_2CH_2CH_3$

e. 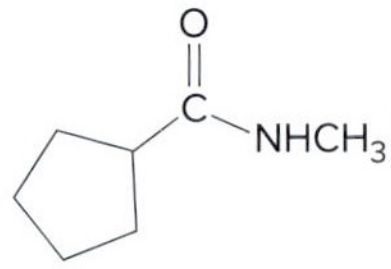


많은 유용한 유기 화합물들이 2개 이상의 작용기를 포함한 복잡한 구조를 가진다. **예제 4.9**는 하나의 분자에 있는 다양한 작용기를 찾는 문제이다.

### 예제 4.9 복잡한 분자에 있는 작용기 찾기

항바이러스제인 타미플루에 들어 있는 작용기를 모두 찾으시오.

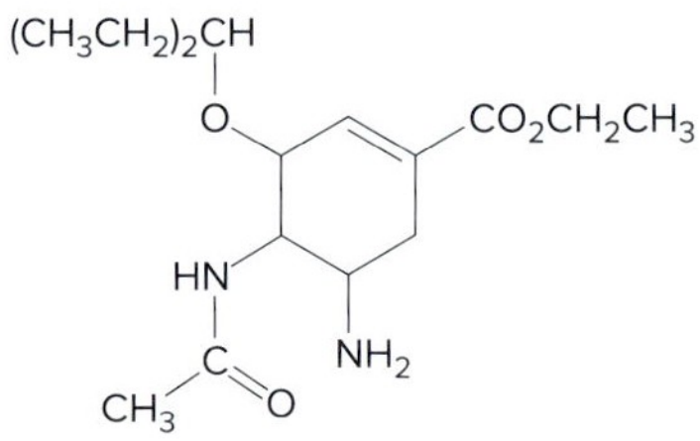


타미플루(Tamiflu)

### 분석

작용기를 찾기 위해서는 먼저 다중 결합이나 헤테로 원자를 찾아야 한다. 산소 원자를 포함하는 작용기라면 산소 원자가 결합하고 있는 원자의 종류에 따라 알코올, 에터, 또는 다른 종류의 물질이 된다. 카보닐기를 포함하는 물질이라면 카보닐 탄소에 결합한 원자의 종류를 확인해야 한다.

### 해답

타미플루를 다시 그리면서 작용기를 명확히 한다.

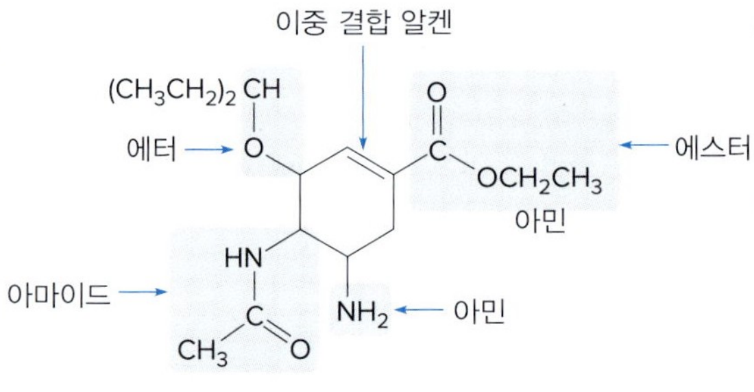


- 타미플루는 총 5개의 작용기를 가진다. 탄소-탄소 이중 결합(알켄), 에터, 에스터, 아마이드, 그리고 아민
- 아민과 아마이드의 차이를 확인한다. 아민에서 N 원자는 있지만 C=O는 없다. 아마이드는 C=O에 직접 결합된 N 원자를 가진다.

#### 건강 노트

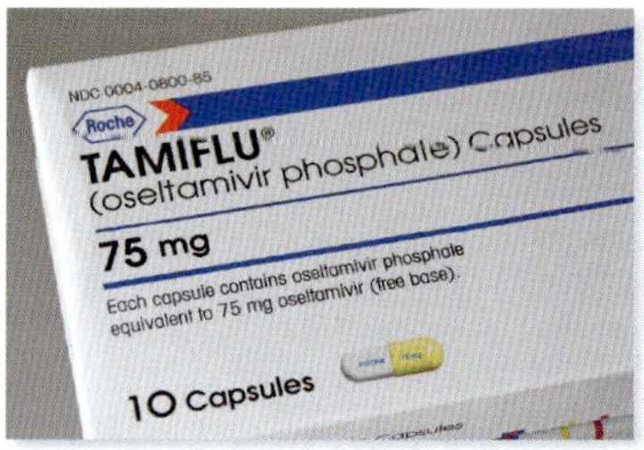


타미플루(Tamiflu)는 오셀타미비어(oseltamivir)의 상표명으로 인플루엔자를 치료하는 데 사용되는 항바이러스제이다.

**건강 노트**

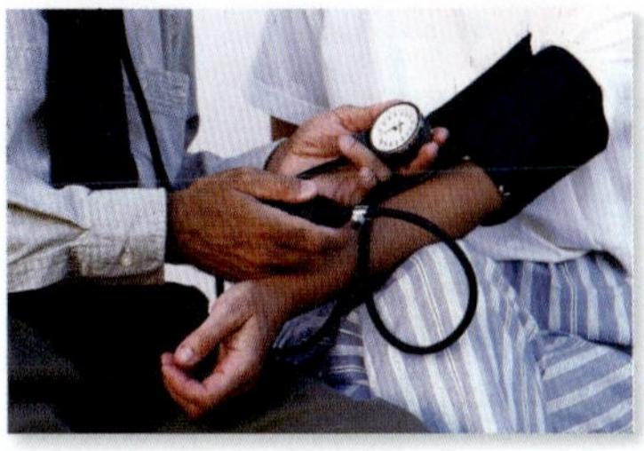

아테놀롤(atenolol)과 트랜돌라프릴(trandolapril)은 고혈압 환자를 치료하는 많은 약물 중 두 가지이다.

**소비자 노트**

메틸 안트라닐산(methyl anthranilate, 예제 4.10)은 네롤리(neroli) 오일의 성분으로, 쌉쌀한 오렌지 나무의 꽃에서 얻어지고 향수에 사용되는 향기로운 오일이다. 이 화합물이 포함된 상업용 제품을 과일 나무에 뿌려 새들을 쫓아낸다.

### 연습문제 4.9

고혈압을 치료하는 데 사용되는, 즉 항고혈압제인 아테놀롤(atenolol)의 모든 작용기를 확인하시오.

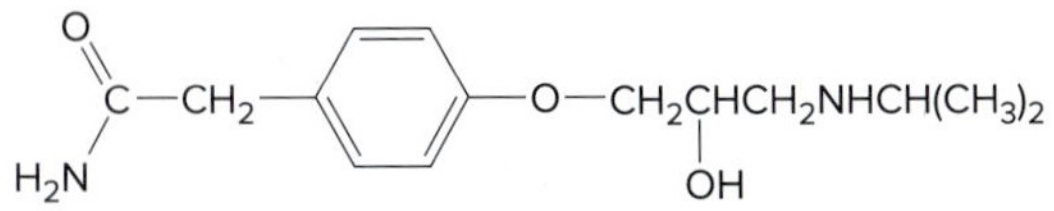


아테놀롤(atenolol)

### 예제 4.10 공-막대 모형을 축약 구조나 골격 구조로 변환하기

각각의 공-막대 모형을 축약 구조나 골격 구조로 변환하고, 작용기를 찾으시오.

a. 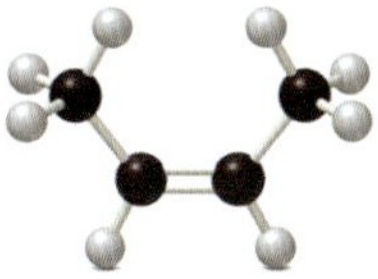

시스-2-부텐
(*cis*-2-butene)

b. 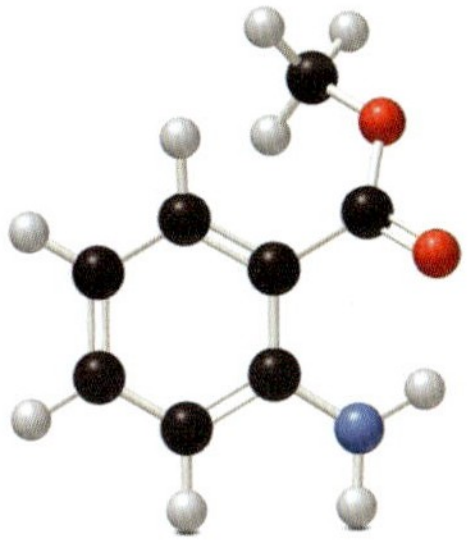

메틸 안트라닐산
(methyl anthranilate)

#### 분석

공-막대 모형을 구성하는 원소들의 일반적인 색깔로 원소의 종류를 알아내고 표 4.2, 표 4.3, 표 4.4를 참조하여 다중 결합과 헤테로 원자를 찾아서 작용기를 결정한다.

a. 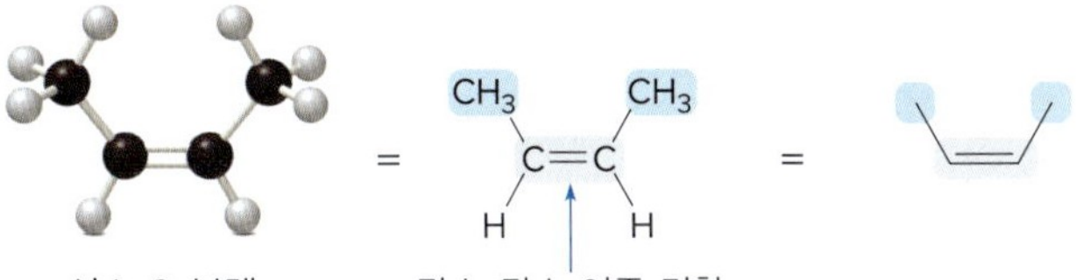


시스-2-부텐
(*cis*-2-butene)

탄소-탄소 이중 결합
(알켄)

b. 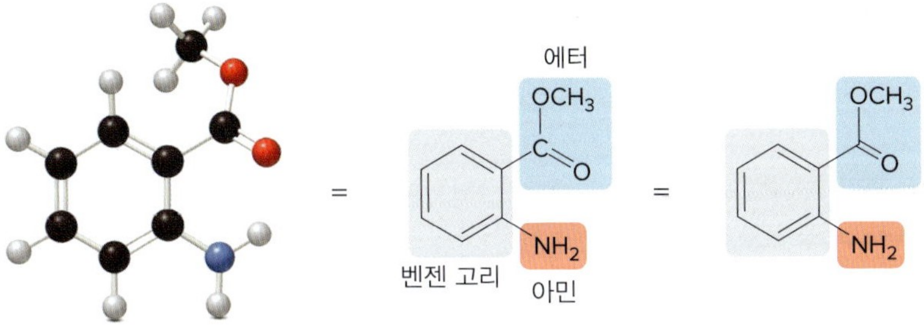


메틸 안트라닐산
(methyl anthranilate)

### 연습문제 4.10

공-막대 모형을 축약 구조 또는 골격 구조로 변환하고, 작용기를 찾으시오.

a. 

b. 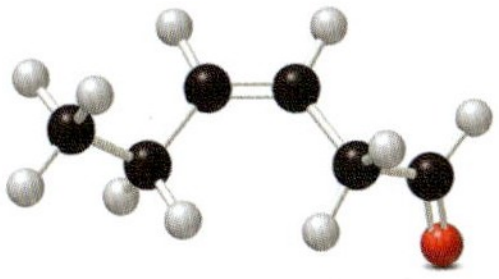

## 4.6 유기 화합물의 성질

유기 화합물은 **공유 결합**으로 구성되기 때문에 그 특성은 **이온성 무기 화합물**의 성질과 크게 다르다.

- 유기 화합물은 반대로 하전된 이온의 매우 강한 상호 작용에 의해 서로 붙들려 있는 **이온 결합 화합물**에 비해 분자들 사이에 존재하는 훨씬 약한 분자 간 힘을 갖는 별개의 분자로서 존재한다.

결과적으로 유기 화합물은 다른 **공유 결합 화합물**과 유사하게 이온 결합 화합물보다 녹는점과 끓는점이 훨씬 낮다. 이온 결합 화합물은 일반적으로 실온에서 고체이지만 많은 유기 화합물은 액체이고 일부는 기체이다. 표 4.5는 전형적인 유기 화합물(**뷰테인**, $CH_3CH_2CH_2CH_3$)과 전형적인 이온성 무기 화합물(**염화소듐**, NaCl)의 이러한 특성을 비교한다.

### 4.6A 극성

유기 화합물은 **극성**인가, **비극성**인가? 상황에 따라서 다르다. 다른 공유 결합 화합물과 마찬가지로 유기 화합물의 극성은 개별 결합의 극성과 분자의 전체 모양이라는 두 가지 요소에 의해

**표 4.5 유기 화합물($CH_3CH_2CH_2CH_3$)과 이온성 무기 화합물(NaCl)의 특성 비교**

| 특성 | $CH_3CH_2CH_2CH_3$(유기 화합물) | NaCl(무기 화합물) |
|---|---|---|
| **결합** | 공유 결합 | 이온 결합 |
| **물리적 상태** | 실온에서 기체 | 실온에서 고체 |
| **끓는점** | 낮음(−0.5°C) | 높음(1,413°C) |
| **녹는점** | 낮음(−138°C) | 높음(801°C) |
| **물에서의 용해도** | 불용성 | 가용성 |
| **유기 용매에 대한 용해도** | 가용성 | 불용성 |
| **가연성** | 가연성 | 불연성 |

전기음성도, 결합 쌍극자 및 극성 분자에 대해 나타나 있는 2.6절과 2.7절을 상기해 보자. **전기음성도**는 특정 원자가 결합에서 전자 밀도를 얼마나 '원하는지' 측정한 값이다.

결정된다. 개별 결합의 극성은 그 결합을 형성하는 원자의 전기음성도에 따라 달라진다.

- 동일한 두 원자 또는 유사한 전기음성도를 가진 두 원자 사이의 공유 결합은 **비극성**이다. 따라서 C—C 및 C—H 결합은 비극성 결합이다.
- 전기음성도가 다른 원자 사이의 공유 결합은 **극성**이다. 따라서 탄소와 일반적인 헤테로 원자(질소, 산소 및 할로젠) 사이의 결합은 극성 결합이다.

일반적인 헤테로 원자는 탄소보다 **전기음성도**가 높기 때문에 전자 밀도를 탄소로부터 끌어당겨서 탄소를 부분적으로 양전하를 띠게 만들고, 헤테로 원자는 부분적으로 음의 부호를 띠게 만든다.

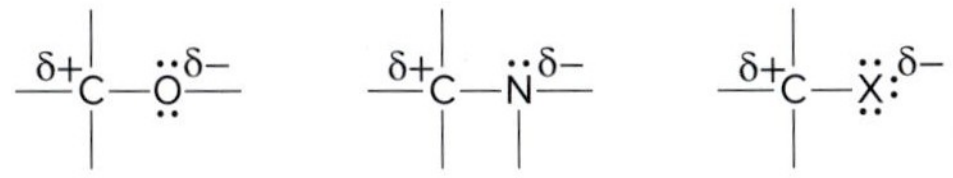

X = halogen

- δ+ 기호는 전기음성도가 낮은 원자(보통 C 또는 H)에 주어진다.
- δ− 기호는 전기음성도가 높은 원자(일반적으로 N, O 또는 할로젠)에 부여된다.

탄화수소는 비극성 C—C 결합과 C—H 결합만을 가지므로 탄화수소는 모두 비극성 분자이다. 대조적으로 알킬 할라이드 $CH_3CH_2Cl$ 같이 극성 단일 결합을 갖는 유기 화합물은 분자가 알짜 극성을 가지므로 극성 분자이다.

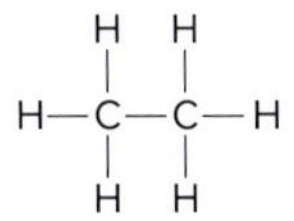

에테인
(ethane)

극성 결합 없음
비극성 분자

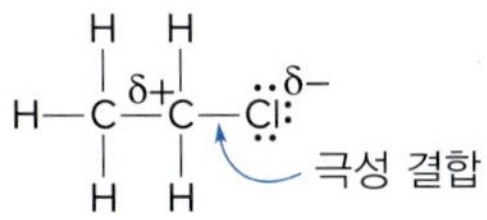


클로로에테인
(chloroethane)

하나의 극성 결합
극성 분자

유기 화합물이 2개 이상의 극성 결합을 가진다면 분자의 모양이 분자 전체의 극성을 결정한다.

- 각각의 결합 쌍극자가 분자 내에서 상쇄되면 분자는 비극성이다.
- 각각의 결합 쌍극자가 분자 내에서 상쇄되지 않으면 분자는 극성이다.

**결합 쌍극자**는 화살표(↦)로 나타낼 수 있는데, 여기서 화살표의 머리는 전기음성도가 더 큰 원소 쪽으로 향하게 하고 화살표의 꼬리는 수선을 추가해서 전기음성도가 더 작은 원소 쪽에 놓는다.

**2개의 결합 쌍극자가 상쇄된다.**

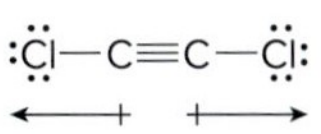

다이클로로아세틸렌
비극성 분자

**2개의 결합 쌍극자가 상쇄되지 않는다.**

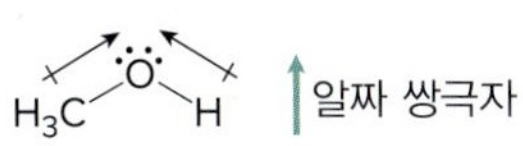


메탄올
극성 분자

### 예제 4.11 분자의 극성 결정

페인트 제거제의 용매로 사용되는 다이클로로메테인($CH_2Cl_2$)이 극성 분자인 이유를 설명하시오.

**분석**

$CH_2Cl_2$는 2개의 극성 결합을 가진다. 탄소 원자 주변의 분자 모양을 결정하고 2개의 결합 쌍극자가 상쇄되는지 아닌지를 확인해야 한다.

**해답**

$CH_2Cl_2$의 탄소 원자는 4개의 원자들로 둘러싸여 있으므로 사면체 구조이다. 2개의 결합 쌍극자는 상쇄되지 않으며 따라서 $CH_2Cl_2$는 극성 분자이다.

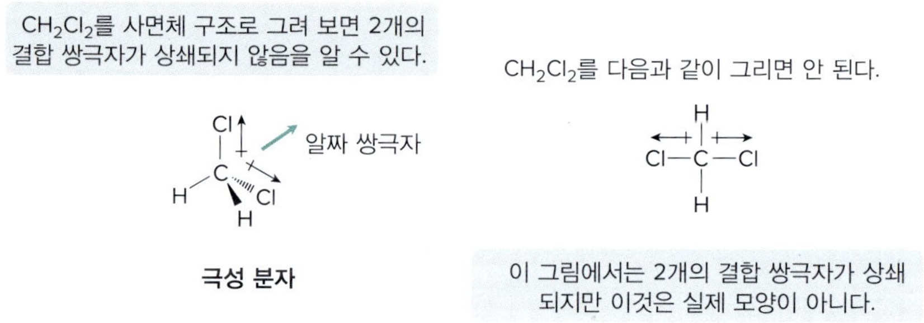


### 연습문제 4.11

각 분자를 극성 또는 비극성으로 표시하고, 선택 사항을 설명하시오.

a. 

b. 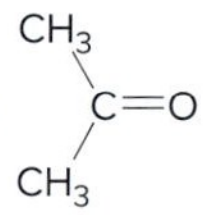


c. $CCl_4$

d. $CH_3CH_2CH_2NH_2$

## 4.6B 용해도

유기 화합물의 **용해도** 특성을 이해하면 많은 흥미로운 현상을 알게 된다. 용해도를 지배하는 규칙을 하나 들면 다음과 같다. '비슷한 것끼리 녹인다(like dissolves like)'. 그 밖에 다음 세 가지 사실을 사용하여 유기 화합물의 용해도를 설명할 수 있다.

- 대부분의 유기 화합물은 유기 용매에 용해된다.
- 탄화수소 및 기타 비극성 유기 화합물은 물에 용해되지 않는다.
- 극성 유기 화합물은 크기가 작으면서(탄소 6개 미만) 물과 수소 결합할 수 있는 질소 또는 산소 원자를 포함하는 경우에만 수용성이다.

세 가지 화합물 **헥세인**, 에탄올 및 **콜레스테롤**은 용해도 규칙을 잘 보여 준다. 이 화합물들은 모두 유기 분자이므로 다이에틸 에터($CH_3CH_2OCH_2CH_3$)와 같은 유기 용매에 용해되지만 물에 대한 용해도는 극성과 크기에 따라 다르다.

헥세인($CH_3CH_2CH_2CH_2CH_2CH_3$)은 비극성 탄화수소이므로 물에 녹지 않지만 에탄올($CH_3CH_2OH$)은 작고 물과 수소 결합할 수 있는 극성 OH기를 포함하고 있으므로 수용성이다. 진의 에탄올은 토닉 워터의 물에 용해되어 진토닉이라 불리는 알코올 음료가 된다.

콜레스테롤은 27개의 탄소 원자와 단 하나의 OH기를 가지고 있는 분자로 비극성 탄화수소 부분이 너무 커서 물에 녹지 않는다. 결과적으로 콜레스테롤은 물이 대부분인 혈액에는 용해되지 않으므로 혈류를 통해 몸 전체로 운반될 때 수용성인 다른 물질과 함께 결합한 상태로 존재한다.

$CH_3CH_2$—OH
에탄올
**수용성**($H_2O$ soluble)

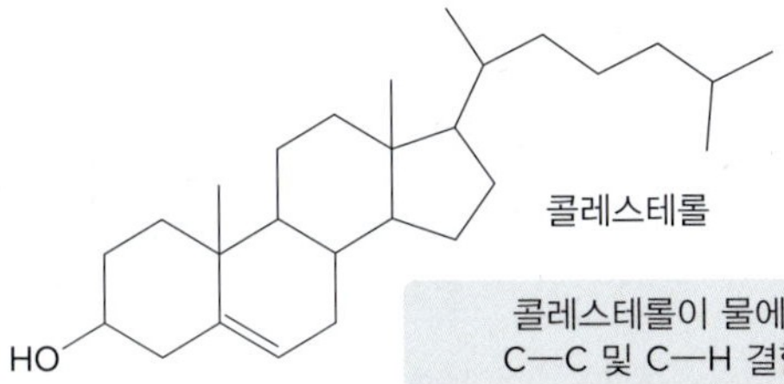


콜레스테롤

콜레스테롤이 물에 용해되기에는 C—C 및 C—H 결합이 너무 많다.

**불용성**($H_2O$ insoluble)

헥세인, 에탄올 및 콜레스테롤의 용해도 특성을 **표 4.6**에 요약했다.

**표 4.6 세 가지 대표적인 유기 분자의 용해도 특성**

| 화합물 | 유기 용매에 대한 용해도 | 물에서의 용해도 |
|---|---|---|
| $CH_3CH_2CH_2CH_2CH_2CH_3$ 헥세인 | 가용성 | 불용성 |
| $CH_3CH_2OH$ 에탄올 | 가용성 | 가용성 |
| 콜레스테롤 | 가용성 | 불용성 |

### 예제 4.12 유기 분자의 용해도 결정

**그림 4.6**에 나타나 있는 아세트산($CH_3CO_2H$)과 올레인산[$CH_3(CH_2)_7CH=CH(CH_2)_7CO2H$]의 유기 용매에 대한 용해도와 물에 대한 용해도를 예측하시오.

**분석**

일반 규칙 '비슷한 것끼리 녹인다'를 이용한다.

- 유기 화합물은 유기 용매에 녹는다.
- 유기 화합물은 분자 내 탄소 수가 6개 미만이고, 물과 수소 결합할 수 있는 극성 작용기가 있을 때만 물에 녹는다.

**해답**

아세트산과 올레인산은 모두 탄소 원자를 포함하는 유기 화합물이므로 유기 용매에 녹는다. 아세트산은 탄소 원자가 단지 2개뿐이고 물과 수소 결합을 할 수 있는 COOH기가 있으므로 물에 녹지만 올레인산은 COOH기가 1개 있지만 총 18개의 탄소를 갖는 비극성 탄소 사슬이 긴 분자이므로 물에 녹지 않는다.

**연습문제 4.12**

각 화합물의 수용성을 예측하시오.

a. 
옥테인(octane)
(가솔린 성분)

b. 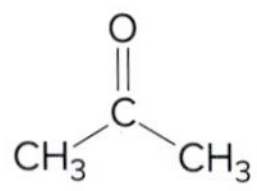

아세톤(acetone)
(용제)

c. $CH_3(CH_2)_{16}CO_2H$
스테아르산(stearic acid)
(지방산)

그림 4.6 식초와 올리브 오일의 카복실산

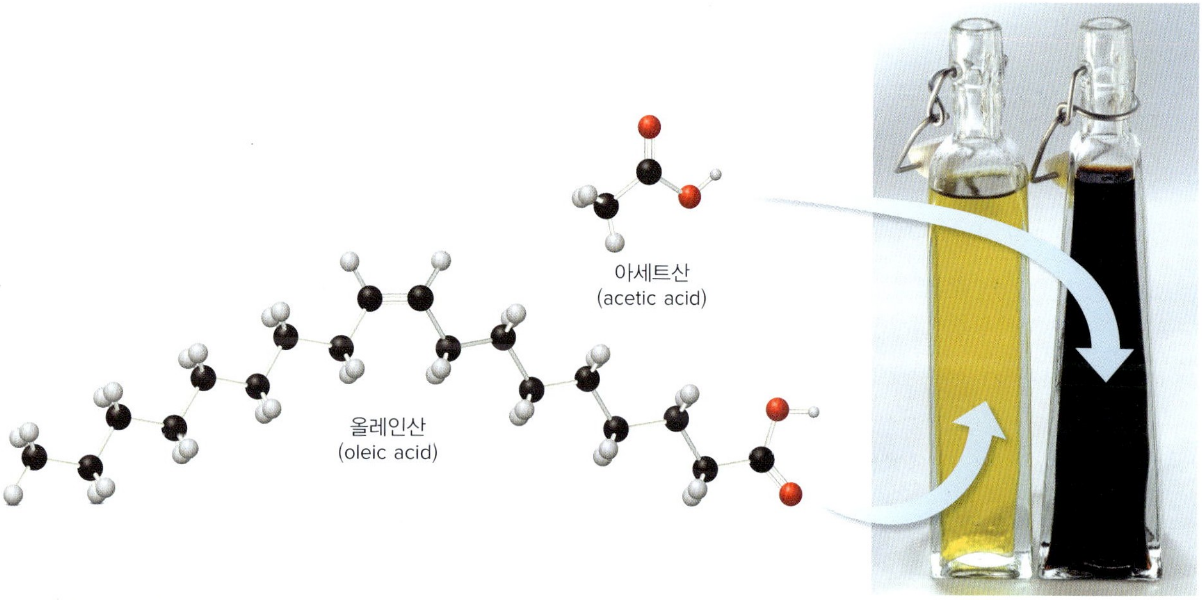


- 발사믹 식초에는 탄소가 2개인 카복실산인 아세트산이 포함되어 있고, 올리브 오일에는 18개 탄소의 카복실산인 올레인산으로부터 형성된 에스터가 포함되어 있다.

## 종합문제

### 유기 분자의 일반적인 특성

**4.1** 다음 화학식을 보고 유기 화합물과 무기 화합물로 분류하시오.

a. $H_2SO_4$ b. $Br_2$ c. $C_5H_{12}$

**4.2** 모든 H와 고립 전자쌍을 채워 각 구조를 완성하시오.

a. C−C=C−C≡C b. C=C−C−O

c. 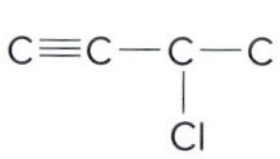

d. 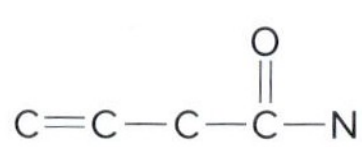

### 모양 및 결합 각도의 예측

**4.3** 각 화합물에서 표시된 원자 주위의 모양을 결정하시오. 모양을 결정하기 전에 헤테로 원자에 고립 전자쌍을 추가하는 것을 잊지 마시오.

a. 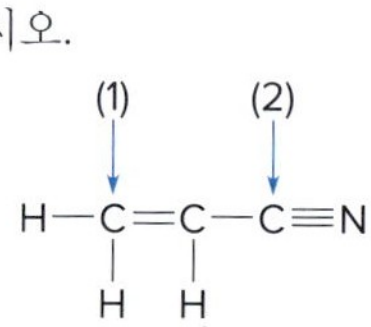

아크릴로나이트릴
(acrylonitrile)
[올론(Orlon) 섬유를 준비하는 데 사용]

b. 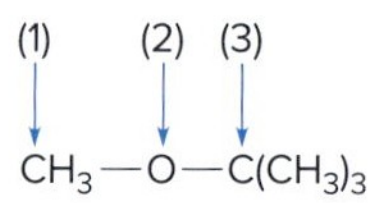

MTBE
(가솔린 첨가제)

**4.4** 화합물에서 표시된 결합 각도를 예측하시오.

a. 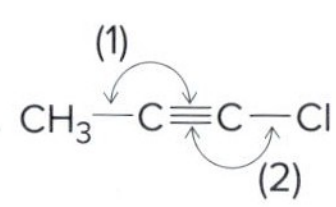

b. 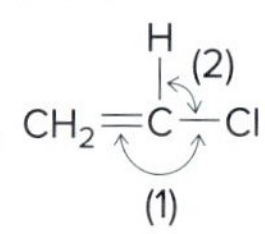

c. 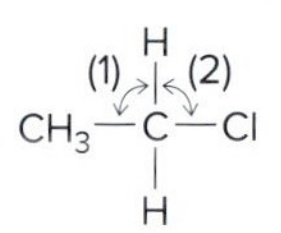

**4.5** 엑스터시는 널리 사용되는 불법 흥분제이다. 표시된 각 원자 주위의 모양을 결정하시오.

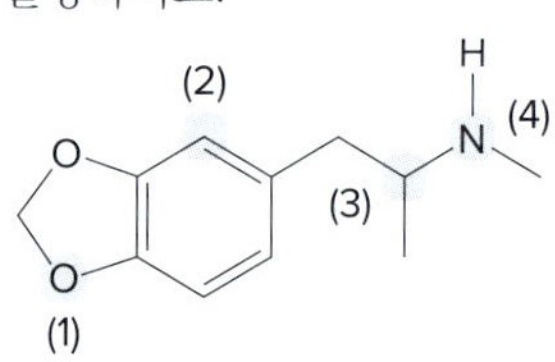

엑스터시(MDMA)

**4.6** 벤젠의 각 C—C—C 결합 각도(**표 4.2** 참조)가 120°인 이유를 설명하시오.

## 유기 분자 그리기

**4.7** 각 화합물을 축약 구조로 변환하시오.

a. 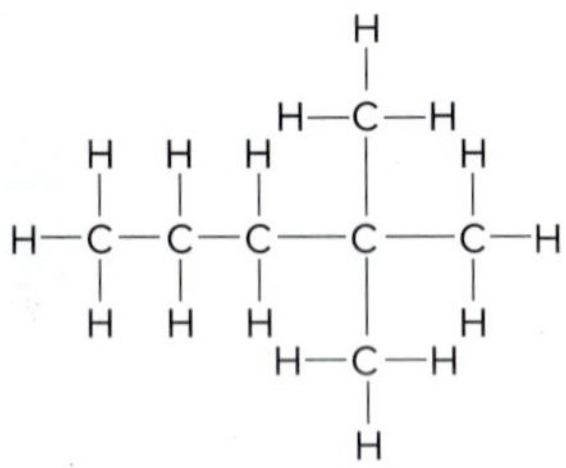

b. 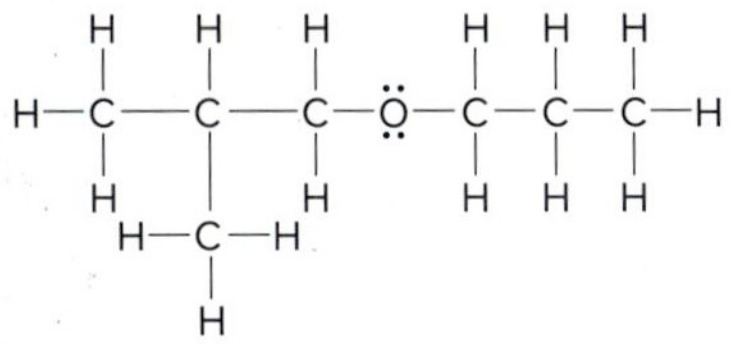

c. 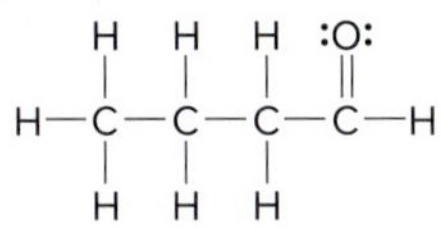

**4.8** 각 화합물을 골격 구조로 변환하시오.

a. 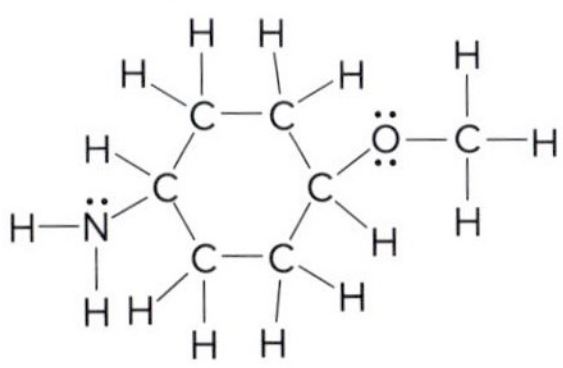

b. 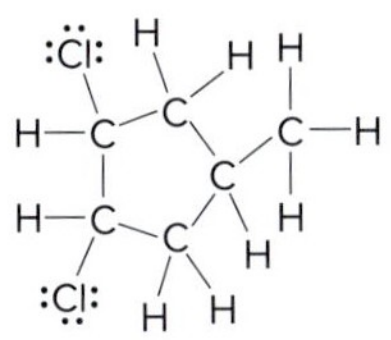

**4.9** 다음 간략한 구조를 모든 원자와 고립 전자쌍이 그려진 완전한 구조로 변환하시오.

a. $(CH_3)_2CH(CH_2)_6CH_3$
b. $(CH_3)_3COH$
c. $CH_3CO_2(CH_2)_3CH_3$
d. 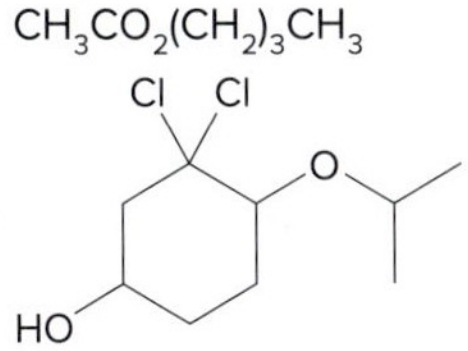

**4.10** 각 골격 구조를 모든 C와 H가 그려진 완전한 구조로 변환하시오. 또 모든 헤테로 원자에 고립 전자쌍을 추가하시오.

a. 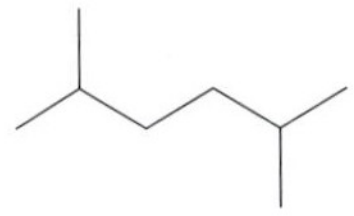

b. 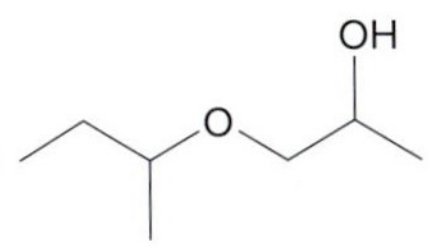

**4.11** 그림 A와 그림 B는 남미에 서식하는 관상용 식물인 '천사의 트럼펫'의 향기를 부분적으로 담당하는 두 가지 화합물의 공-막대 모형이다.

a. 그림 A와 그림 B를 모든 원자와 고립 전자쌍으로 구성된 완전한 구조로 변환하시오.
b. 각 공-막대 모형을 간략 구조로 변환하시오.

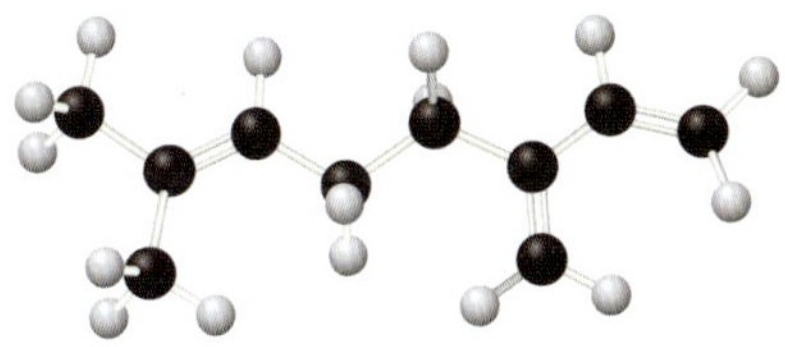

A

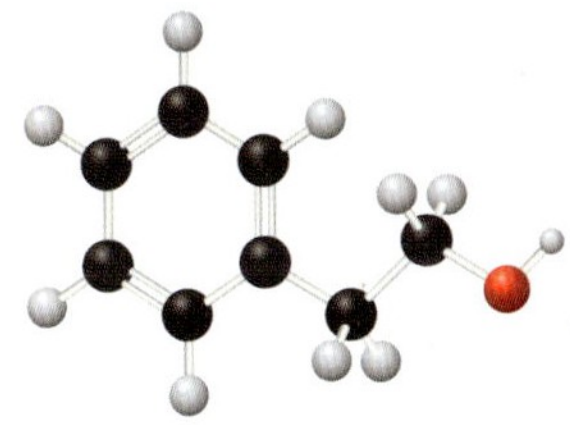

B

**4.12** 다음 각 간략 구조에서 잘못된 부분을 찾으시오.

a. $(CH_3)_3CHCH_2CH_3$

b. $CH_3(CH_2)_4CH_3OH$

c. $(CH_3)_2C{=}CH_3$

d. 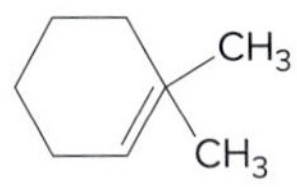

e. 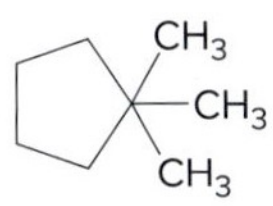

**4.13** 타이로신의 간략 구조를 모든 원자와 고립 전자쌍이 그려진 완전한 구조로 변환하시오. 타이로신은 단백질 합성에 사용되는 20개 아미노산 중의 하나이다.

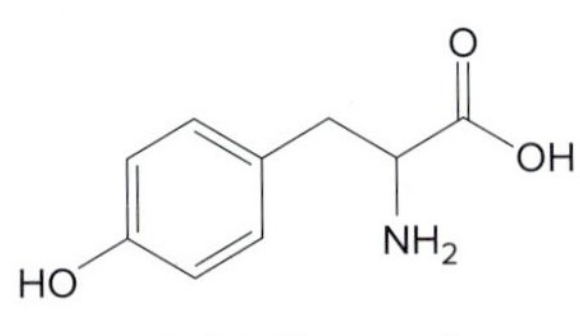

타이로신(tyrosine)

## 작용기

**4.14** 각 분자의 작용기를 결정하시오.

a. 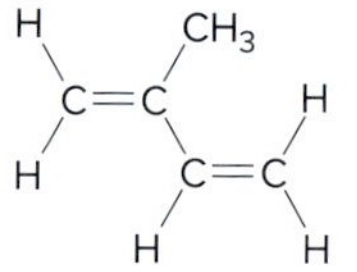

아이소프렌(isoprene)
(식물에서 추출)

b. 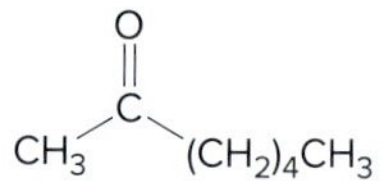

2-헵탄온(2-heptanone)
(블루치즈에서)

c. 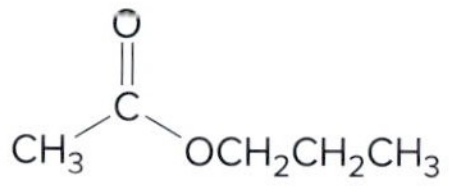

아세트산프로필(propyl acetate)
[배(pears)에서]

**4.15** 각 분자의 작용기를 결정하시오.

a. 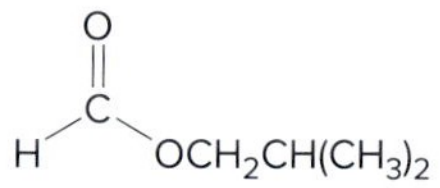

아이소뷰틸 폼산(isobutyl formate)
(라스베리 냄새)

b. $CH_2{=}CHCH(OH)CH_2{-}C{\equiv}C{-}C{\equiv}C{-}CH_2CH{=}CH(CH_2)_5CH_3$

카로타톡신(carotatoxin)
(당근의 신경독)

c. 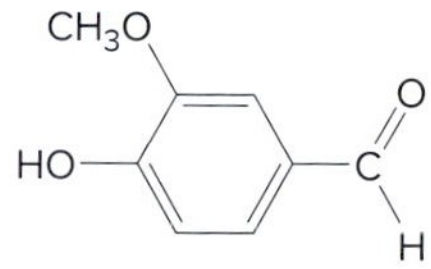

바닐린(vanillin)
(바닐라 콩에서 분리)

**4.16** 뇌의 신경 세포에서 합성되는 분자인 도파민은 움직임, 감정 및 쾌락에 영향을 미친다. 도파민을 생성하는 신경 세포가 죽으면 파킨슨 병이 발생한다. 도파민의 작용기를 모두 찾으시오.

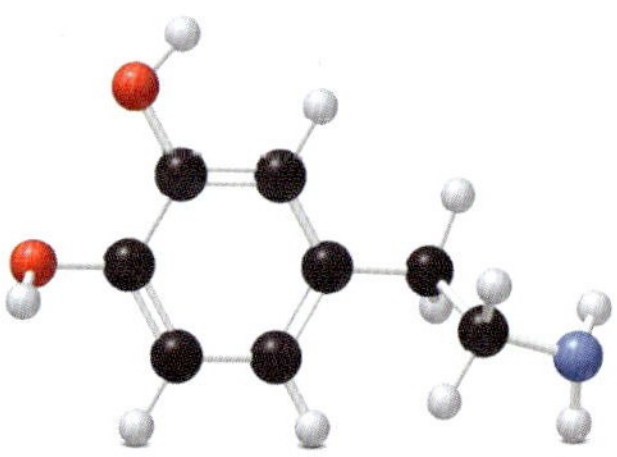

도파민(dopamine)

**4.17** 레몬과 라임에서 추출된 화합물인 네랄(neral)의 공-막대 모형을 축약 또는 골격 구조로 변환하고, 작용기를 찾으시오.

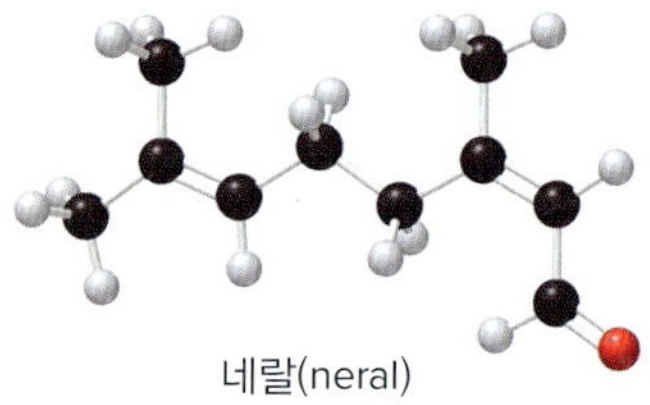

네랄(neral)

**4.18** 다음 기준에 각각 맞는 유기 화합물을 그리시오.

a. 삼중 결합을 포함하는 분자식 $C_3H_4$를 갖는 탄화수소
b. 탄소가 3개인 알코올
c. 3개의 탄소를 포함하는 알데하이드
d. 분자식 $C_4H_8O$를 갖는 케톤

**4.19** 각각 5개의 탄소 원자를 가진 알케인, 알켄, 알카인의 구조를 그리시오. 또 각 화합물의 분자식은 무엇인가?

## 유기 화합물의 특성

**4.20** 라벨 없이 고체를 담은 병이 2개 있다. 하나는 염화소듐(NaCl)을 다른 하나는 콜레스테롤($C_{27}H_{46}O$, 4.6B절)이 들어 있다. 이번에는 라벨이 있는 2개의 병, 즉 물이 들어 있는 액체 병과 다이클로로메테인($CH_2Cl_2$)이 들어 있는 액체를 담은 병 2개가 제공된다면 어떤 고체가 염화소듐이고, 어떤 고체가 콜레스테롤인지 알 수 있는 방법을 설명하시오.

**4.21** 주어진 비커에는 유기 용매 펜테인($C_5H_{12}$, 밀도 = 0.63 g/mL) 100 mL가 들어 있다. 각 상황에서 관찰될 수 있는 현상에 대한 그림을 그리시오.

a. 물(50 mL)을 첨가한다.
b. 에탄올(50 mL, $CH_3CH_2OH$, 밀도 = 0.79 g/mL)을 첨가한다.
c. 1-데칸올(50 mL, $CH_3(CH_2)_9OH$, 밀도 = 0.83 g/mL)을 첨가한다.

**4.22** 분자가 극성인지 비극성인지를 결정하기 전에 극성 결합이 있는 분자의 모양을 알아야 하는 이유는 무엇인가?

**4.23** 각 분자의 극성 결합을 표시하고, 결합 쌍극자를 그리시오.

a. 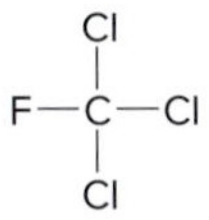

트리클로로플루오르메테인(trichlorofluoromethane)
(대기 오존 파괴의 원인)

b. 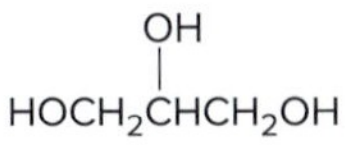

글리세롤(glycerol)
(화장품에 사용)

**4.24** 각 분자를 극성 또는 비극성으로 분류하시오.

a. 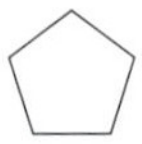

b. 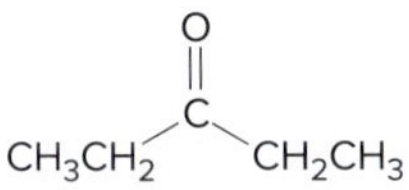

c. $CH_2Br_2$

**4.25** 어느 분자가 더 수용성인지 설명하시오.

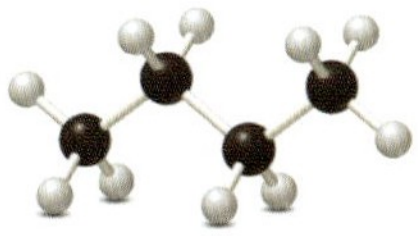

뷰테인(butane)

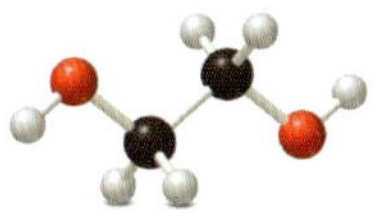

에틸렌글리콜
(ethylene glycol)

**4.26** 설탕과 1-도데칸올 [$(CH_3(CH_2)_{11}OH)$]은 모두 12개의 탄소 원자와 하이드록시기를 포함한다. 설탕은 수용성이지만 1-도데칸올은 수용성이 아닌 이유를 설명하시오.

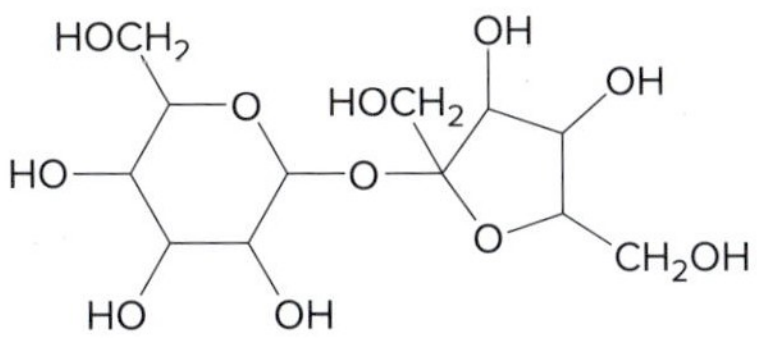

수크로스(sucrose)

## 비타민

**4.27** 과량의 지용성 비타민을 정기적으로 섭취하면 심각한 건강 문제가 발생할 수 있는 반면, 수용성 비타민을 과량 섭취하더라도 큰 건강 문제가 발생하지 않는 이유를 설명하시오.

**4.28** 비타민 E는 어유, 아몬드, 헤이즐넛 및 잎이 많은 채소에서 발견되는 천연 항산화제이다. 물과 유기 용매에서 비타민 E의 용해도를 예측하시오.

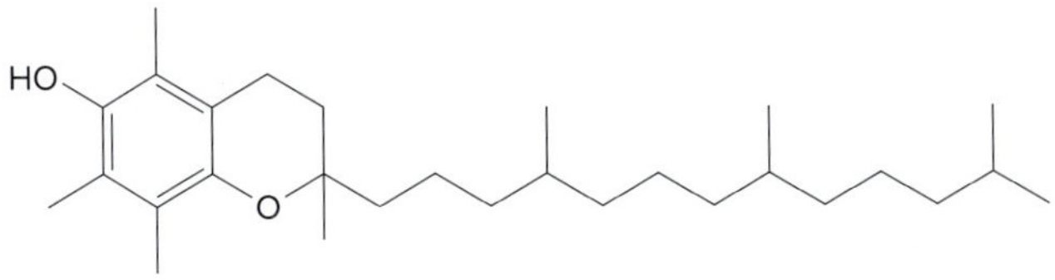

비타민 E(vitamin E)

## 일반적인 질문 및 응용

**4.29** 탄화수소가 다음과 같은 분자식을 가질 수 있는지를 결정하고, 그 이유를 설명하시오.

a. $C_3H_8$
b. $C_3H_9$
c. $C_3H_6$

**4.30** 다음 질문에 답하시오.

a. 분자식 $C_4H_{11}N$을 갖는 아민의 축약 구조를 그리시오.
b. 모든 극성 결합에 δ+와 δ−를 표시하시오.
c. N 원자 주위의 분자 모양을 결정하시오.
d. 이 화합물이 극성인지 비극성인지 결정하시오.

**4.31** 벤조카인(benzocaine)은 오라젤(Orajel) 및 앤베졸(Anbesol)과 같은 국소 진통제의 활성 성분이다. 다음 질문에 답하시오.

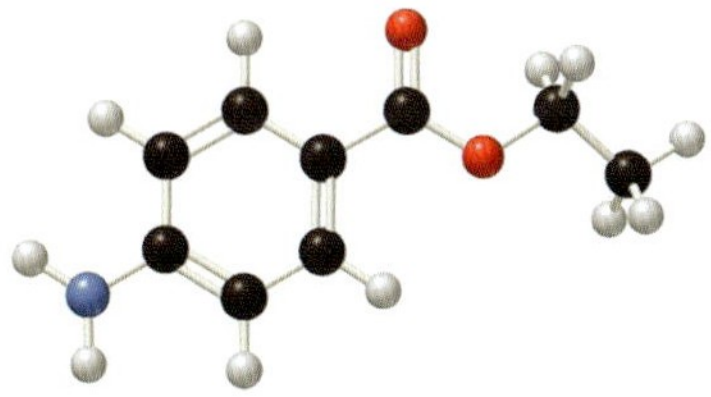

벤조카인(benzocaine)

a. 벤조카인의 분자식을 제시하시오.
b. 골격 구조를 사용하여 헤테로 원자에 모든 고립 전자쌍을 그리시오.
c. 벤조카인에는 얼마나 많은 삼각 평면 탄소가 포함되는지 찾으시오.
d. 벤조카인의 수용성을 예측하시오.
e. 모든 극성 결합을 표시하시오.

**4.32** $Na^+$와 $Cl^-$의 흡수를 조절하는 화합물인 알도스테론에 대한 다음 질문에 답하시오. 신장에 있는 이온은 결과적으로 수분 보유량에 영향을 준다.

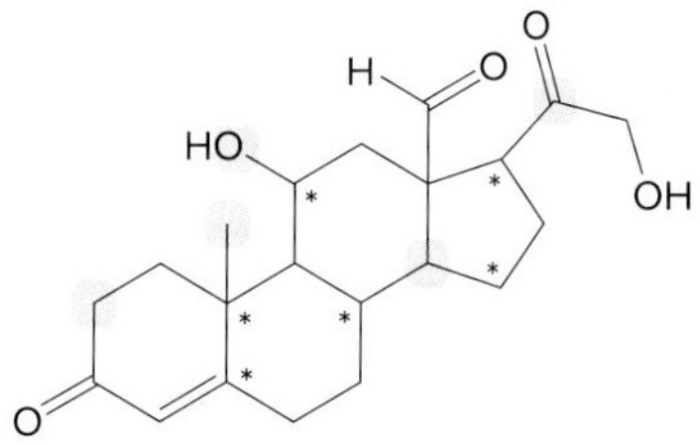


알도스테론(aldosterone)

a. 작용기를 찾으시오.
b. O 원자의 모든 고립 전자쌍을 그리시오.
c. 알도스테론에는 몇 개의 C가 포함되어 있는지 구하시오.
d. 별표(*)로 표시된 각 C에는 몇 개의 H가 있는지 결정하시오.
e. 회색으로 표시된 각 원자 주위의 모양을 결정하시오.
f. 모든 극성 결합을 표시하시오.

**4.33** 양배추 잎은 분자식 $C_{29}H_{60}$의 탄화수소로 코팅되어 있다. 이 탄화수소 코팅은 어떤 용도로 사용되는지 설명하시오.

CHAPTER 5

# 알케인

## Alkanes

5.1 소개

5.2 단순한 알케인

5.3 명명법 소개

5.4 알케인 명명법

5.5 사이클로알케인

5.6 물리적 성질

5.7 알케인의 할로젠화 반응


해양에 누출된 원유는 물에 섞이지 않아서 기름막을 형성한다. 석유는 **알케인**이라고 부르는 유기 화합물 계열을 포함한 복잡한 혼합물이다.

알케인을 왜 공부해야 하는가

이 장에서는 4장에서 배운 결합, 모양, 물리적 성질의 원리를 첫 번째 유기 화합물 계열인 알케인에 적용한다. 알케인은 작용기가 없기 때문에 화학 반응이 제한적이며, 5장의 상당 부분은 알케인을 명명하고 그리는 방법을 배우는 데 집중된다. 알케인은 자동차에 동력을 공급하고 집을 난방하는 데 필요한 연소 반응을 잘하는데 지난 50년 동안 대기 중의 이산화탄소 농도를 증가시킨 알케인의 연소는 또한 장기적이고 광범위한 환경 문제를 가져올 수 있다.

## 5.1 알케인 소개

**알케인**(alkane)은 C—C와 C—H의 단일 결합만을 가진 탄화수소이다. 알케인의 탄소 원자들은 함께 결합되어 원자 사슬이나 고리를 형성할 수 있다.

- 탄소 원자 사슬을 포함하지만 고리가 없는 알케인을 **비고리형 알케인**(acyclic alkane)이라고 한다. 비고리형 알케인은 일반식 $C_nH_{2n+2}$를 가지며 n은 분자가 포함하는 탄소의 수이다. 비고리형 알케인은 탄소당 최대 수의 수소 원자를 가지기 때문에 포화 탄화수소라고도 불린다.
- **고리형 알케인**은 하나 이상의 탄소 고리를 포함하며 같은 수의 탄소를 가진 비고리형 알케인보다 H가 2개 적기 때문에 일반식은 $C_nH_{2n}$이다.

**운데케인**(undecane)과 **사이클로헥세인**(cyclohexane)은 자연적으로 발생하는 두 알케인의 예이다. 운데케인은 분자식 $C_{11}H_{24}$를 가진 비고리형 알케인으로 곤충 개체군과 같은 특정한 동물종에서 의사소통에 사용되는 화학 물질인 **페로몬**이다. 예를 들어, 특정 바퀴벌레에 의해 분비되면 그 종의 다른 개체들을 모여들게 한다. 분자식 $C_6H_{12}$를 가진 사이클로헥세인(cyclohexane)은 세계에서 가장 널리 소비되는 과일인 망고 성분 중의 하나이다.

## 5.2 단순한 알케인

비고리형 알케인(사슬형 알케인)을 먼저 살펴본 다음 5.5절에서 고리형 알케인을 배우게 될 것이다.

## 5.2A 탄소가 5개 미만인 사슬형 알케인

가장 단순한 탄소 2개짜리 사슬형 알케인의 구조는 4장에 제시되었다.

> 알케인(alkane)의 구조를 그리려면 탄소는 단일 결합으로 연결하고 모든 탄소가 4개의 결합을 갖도록 수소 원자를 첨가한다.

- 메테인($CH_4$)은 4개의 수소로 둘러싸인 하나의 탄소 원자를 가지므로 4개의 결합을 가진다.
- 에테인($CH_3CH_3$)은 2개의 탄소 원자가 단일 결합으로 연결되어 있고, 각 탄소는 총 4개의 결합을 하기 위해 3개의 수소와 결합한다.

알케인의 각 탄소는 4개의 원자로 둘러싸여 있으므로 각 탄소 주위 모양은 **사면체**이며, 모든 결합 각도는 109.5°이다.

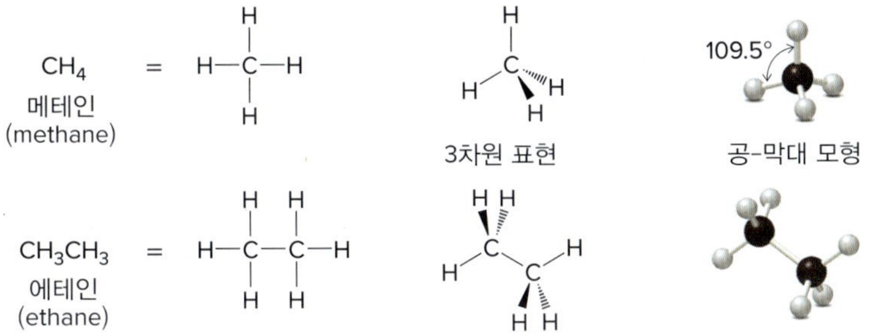


### 소비자 노트

프로페인(propane)은 자동차와 조리에 사용되는 연료인 LPG(액화 석유 가스)의 주요 알케인이다. LPG는 에어로졸 분사 기체로도 사용되어 오존을 감소시키는 프레온 가스(염화불화탄소, chlorofluorocarbons)를 대체하고 있다.

탄소 3개짜리 알케인을 그리려면 단일 결합으로 결합된 3개의 탄소를 그리고, 각 탄소에 4개의 결합을 채울 수 있는 충분한 수소를 첨가하여 **프로페인**($CH_3CH_2CH_3$)을 완성한다.

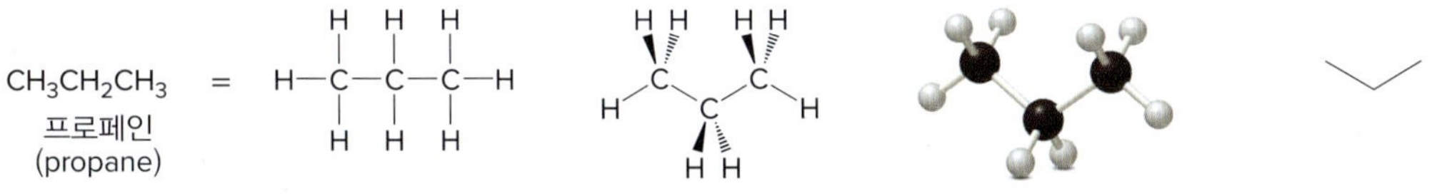


프로페인과 다른 알케인의 탄소 골격은 다양한 방법으로 그려질 수 있지만 동일한 분자를 나타낸다. 예를 들어, 프로페인의 탄소 3개를 가로로 한 줄이나 꺾인 모양으로 다르게 그릴 수 있지만 결국 동일한 것을 나타낸다. 만약 탄소 사슬의 한쪽 끝에서 다른 쪽 끝으로 따라가 보면 양쪽 표현에서 같은 3개의 탄소 원자를 가로질러 움직이게 된다.

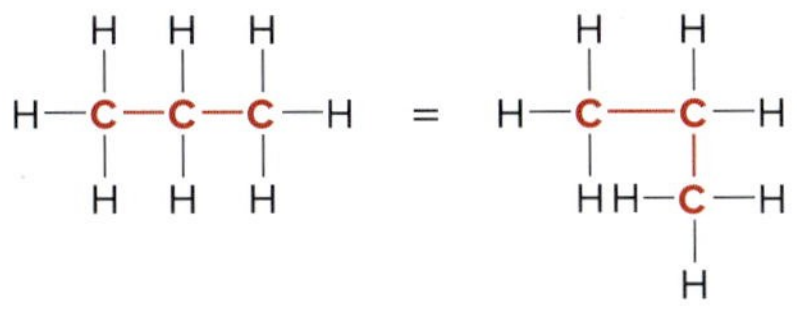

한 줄로 연결된 3개의 탄소　　　꺾인 3개의 탄소

마찬가지로 골격 구조가 3개의 탄소를 연이어 가지고 있다면 프로페인을 나타낸다.

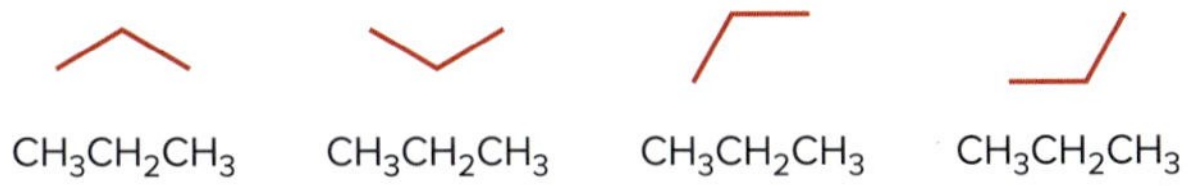


이 모든 골격 구조는 프로페인 $C_3H_8$을 나타낸다.

- 탄소 사슬의 꺾임은 서로 다른 화합물을 구별하는 데 있어서 문제가 되지 않는다.

분자식 $C_4H_{10}$에서 4개의 탄소를 두 가지 다른 방법으로 배열할 수 있는데, 이는 2개의 다른 화합물을 만든다.

- **뷰테인**($CH_3CH_2CH_2CH_3$)은 4개의 탄소 원자를 연이어 가지는 곧은 사슬형 알케인으로 하나의 연속한 사슬에 탄소를 모두 가지고 있다.
- **아이소뷰테인**[$(CH_3)_3CH$]은 연이어 놓여진 3개의 탄소와 그 가운데 탄소에 결합된 1개의 탄소를 가진다. 아이소뷰테인은 가지 달린 사슬형 알케인이며, 이것은 탄소 사슬에 1개 이상의 탄소 가지가 달려 있는 것을 말한다.

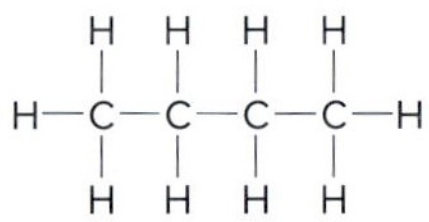
= $CH_3CH_2CH_2CH_3$

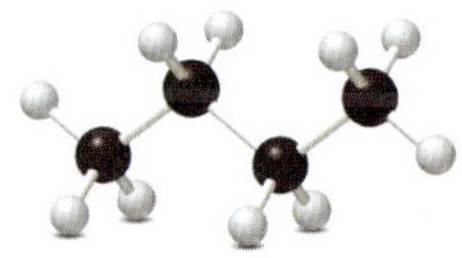

뷰테인(butane) | 연결된 4개의 탄소 | 골격 구조 | **곧은 사슬 알케인**

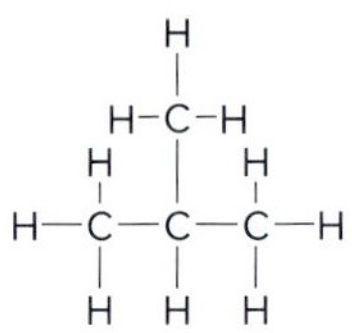
=
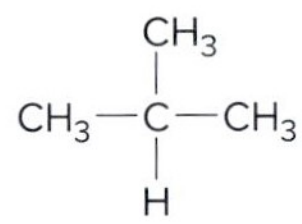

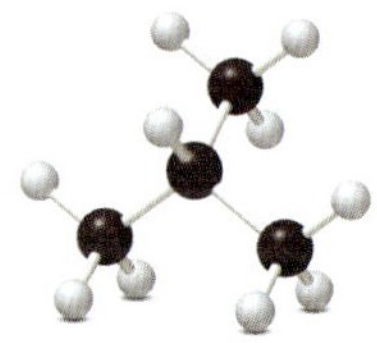

아이소뷰테인(isobutane) | 1-탄소 가지를 갖는 3개의 탄소 | 골격 구조 | **가지 달린 사슬 알케인**

뷰테인과 아이소뷰테인은 같은 분자식을 가진 2개의 다른 화합물인 이성질체이다. 이들은 구조 이성질체라고 불리며 이성질체의 주요 두 가지 종류 중 하나에 속한다.

- **구조 이성질체**(constitutional isomer)는 원자가 서로 연결되는 방식에 차이가 있다.

뷰테인 및 아이소뷰테인과 같은 구조 이성질체는 동일한 화합물군인 **알케인**에 속한다. 하지만 항상 그런 것은 아니다. 예를 들어, 분자식 $C_2H_6O$인 화합물에 대해서 서로 다른 원자들의 배열은 두 가지가 있다.

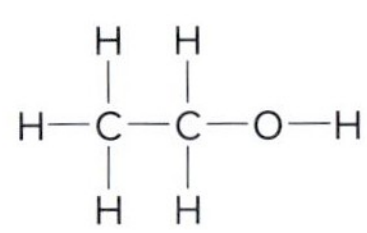

$CH_3CH_2OH$

에탄올(ethanol)

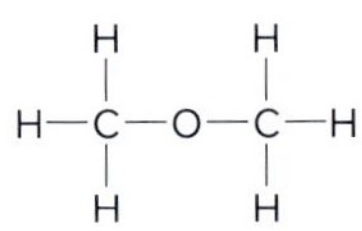

$CH_3OCH_3$

다이메틸 에터(dimethyl ether)

**에탄올**($CH_3CH_2OH$)과 **다이메틸 에터**($CH_3OCH_3$)는 서로 다른 작용기를 가진 구조 이성질체로서 $CH_3CH_2OH$는 **알코올**이고 $CH_3OCH_3$는 **에터**이다.

### 예제 5.1 구조 이성질체 식별하기

각 쌍의 화합물이 구조 이성질체인지 또는 서로 이성질체 관계가 아닌지 구별하시오.

a. $CH_3CH_2CH_3$ 및 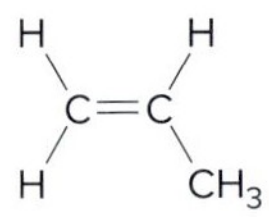

b. $CH_3CH_2CH_2NH_2$ 및 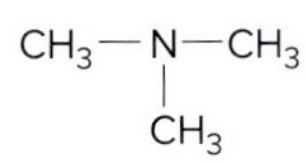

**분석**

- **분자식을 비교한다.** 두 화합물은 동일한 분자식을 가지고 있는 경우에만 이성질체이다.
- **원자들이 서로 어떻게 연결되어 있는지 확인한다.** 구조 이성질체는 서로 다른 원자에 연결된 원자를 가지고 있다.

**해답**

a. $CH_3CH_2CH_3$ 및 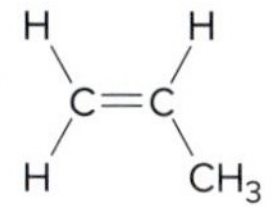

분자식 $C_3H_8$ 분자식 $C_3H_6$

두 화합물은 C의 수는 같지만 H의 수가 다르기 때문에 분자식이 다르다. 그러므로 서로 이성질체가 아니다.

b. $CH_3CH_2CH_2NH_2$ 및 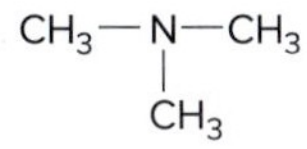

두 화합물 모두 분자식 $C_3H_9N$을 가지고 있다. 한 화합물은 C—C 결합을 가지고 있고 다른 화합물은 그렇지 않기 때문에 원자는 다르게 연결되어 있다. 이 화합물들은 구조 이성질체이다.

**연습문제 5.1**

각 쌍의 화합물이 구조 이성질체인지, 구조 이성질체가 아닌지 확인하시오.

a. $CH_3CH_2CH_2CH_3$ 및 $CH_3CH_2CH_3$ b. $CH_3CH_2CH_2OH$ 및 $CH_3OCH_2CH_3$

c. 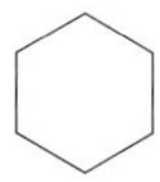 및 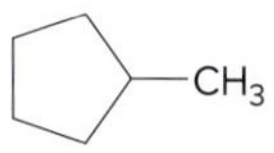

d.  및 

## 5.2B 5개 이상의 탄소를 갖는 사슬형 알케인

알케인에 들어 있는 탄소 원자의 수가 증가함에 따라 이성질체의 수도 증가한다. 5-탄소 알케인에는 3개의 구조 이성질체가 있는데, 분자식은 $C_5H_{12}$로 동일하지만 각각 **펜테인**(pentane), **아이소펜테인**[isopentane 또는 **2-메틸뷰테인**(2-methylbutane)], **네오펜테인**[neopentane 또는 **2,2-다이메틸프로페인**(2,2-dimethyl propane)]이라는 이름을 가진다.

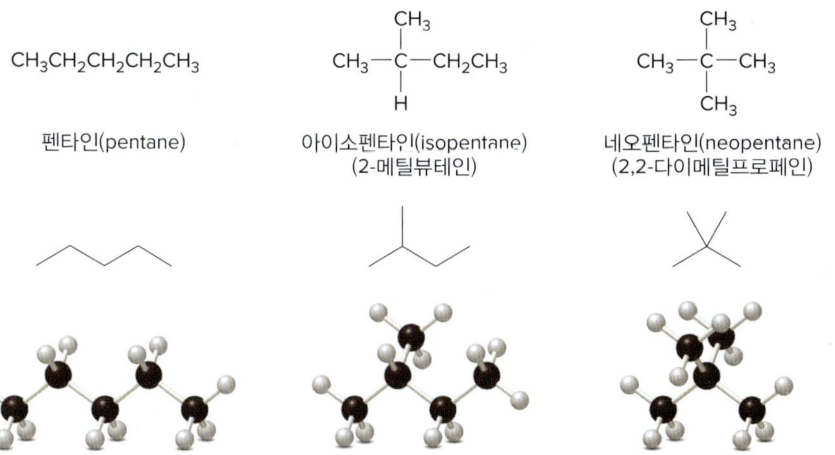


접미사 -ane은 분자를 알케인으로 식별한다.

알케인이 5개 이상의 탄소를 가지고 있는 상태에서 곧은 사슬 이성질체의 이름은 그리스어를 어원으로 하는데 5개의 탄소는 펜테인(pent-), 6개는 헥세인(hex-) 등이 그 예이다. **표 5.1**에는 탄소가 10개까지 있는 곧은 사슬형 알케인의 명칭과 구조가 나열되어 있다. 접미사 -ane은 분자를 알케인으로 식별한다. 나머지 meth-, eth-, prop- 등은 긴 사슬에 있는 탄소의 수를 나타낸다.

### 예제 5.2 이성질체 그리기

분자식이 $C_6H_{14}$이고 가장 긴 사슬에 5개의 탄소 원자가 있으며, 1개짜리 탄소 가지를 가진 2개의 이성질체를 그리시오.

**분석**

이성질체는 동일한 분자식을 가진 다른 화합물들이기 때문에 2개의 서로 다른 탄소에 1개짜리 탄소 가지를 배치해야만 2개의 다른 분자를 만들 수 있다. 그런 후에 각각의 C가 4개의 결합을 하기에 충분한 H를 추가한다.

**해납**

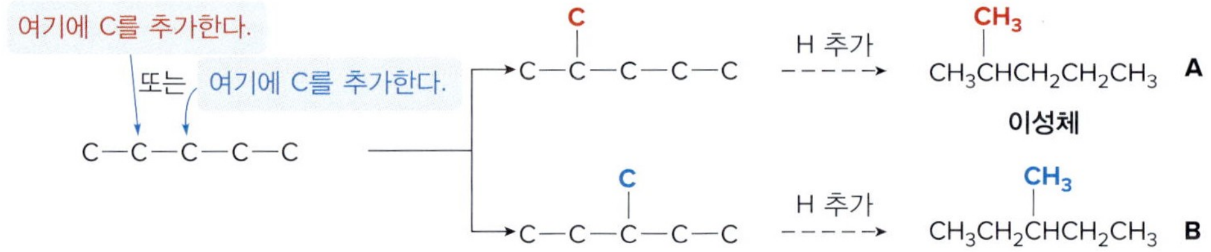


화합물 A와 B는 $CH_3$기가 5-탄소 사슬의 서로 다른 원자에 결합되기 때문에 이성질체이다. 또 탄소 가지를 사슬의 끝에 놓인 탄소에 추가할 수 없다는 것을 기억해야 한다. 그런 과정은 연속적인 6-탄소 사슬을 만들기 때문이다. 탄소 사슬의 꺾임 또한 문제가 되지 않는다.

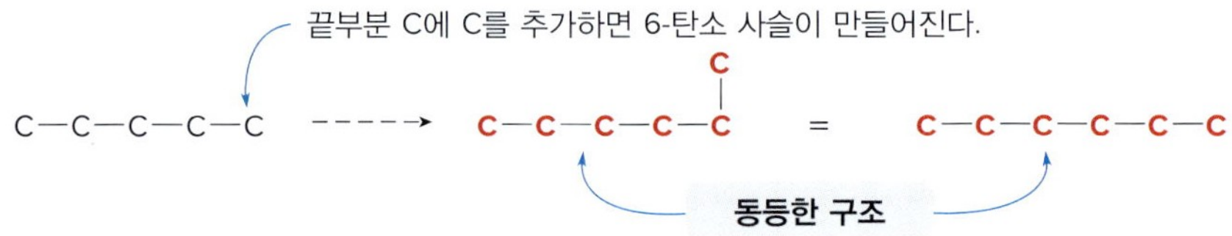


### 연습문제 5.2

가장 긴 사슬에 4개의 탄소 원자가 있고, 사슬에 2개의 1개짜리 탄소 가지가 있는 분자식 $C_6H_{14}$를 갖는 2개의 이성질체를 그리시오.

**표 5.1 곧은 사슬 알케인**

| 탄소 수 | 분자식 | 구조 | 이름 |
|---|---|---|---|
| 1 | $CH_4$ | $CH_4$ | 메테인(methane) |
| 2 | $C_2H_6$ | $CH_3CH_3$ | 에테인(ethane) |
| 3 | $C_3H_8$ | $CH_3CH_2CH_3$ | 프로페인(propane) |
| 4 | $C_4H_{10}$ | $CH_3CH_2CH_2CH_3$ | 뷰테인(butane) |
| 5 | $C_5H_{12}$ | $CH_3CH_2CH_2CH_2CH_3$ | 펜테인(pentane) |
| 6 | $C_6H_{14}$ | $CH_3CH_2CH_2CH_2CH_2CH_3$ | 헥세인(hexane) |
| 7 | $C_7H_{16}$ | $CH_3CH_2CH_2CH_2CH_2CH_2CH_3$ | 헵테인(heptane) |
| 8 | $C_8H_{18}$ | $CH_3CH_2CH_2CH_2CH_2CH_2CH_2CH_3$ | 옥테인(octane) |
| 9 | $C_9H_{20}$ | $CH_3CH_2CH_2CH_2CH_2CH_2CH_2CH_2CH_3$ | 노네인(nonane) |
| 10 | $C_{10}H_{22}$ | $CH_3CH_2CH_2CH_2CH_2CH_2CH_2CH_2CH_2CH_3$ | 데케인(decane) |

### 5.2C 탄소 원자 분류하기

알케인 및 다른 유기 화합물에서 탄소 원자는 그 원자에 직접적으로 결합된 다른 탄소의 수에 의해 분류된다.

- 1차 탄소(1° C)는 1개의 다른 C와 결합된다.
- 2차 탄소(2° C)는 2개의 다른 C와 결합된다.
- 3차 탄소(3° C)는 3개의 다른 C와 결합된다.
- 4차 탄소(4° C)는 4개의 다른 C와 결합된다.

**탄소 원자의 분류** **예**

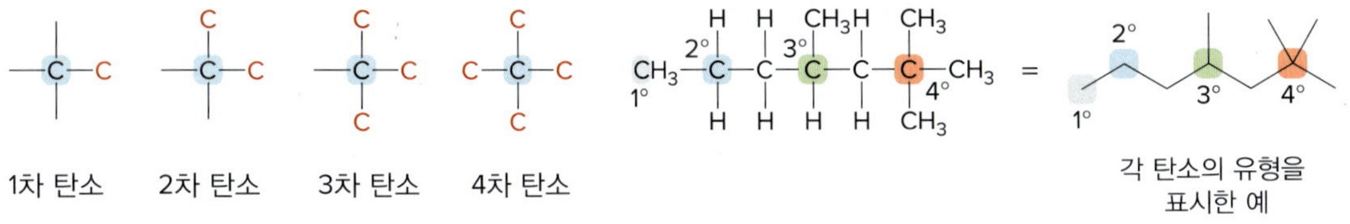


#### 예제 5.3 탄소 원자의 분류

각 탄소 원자를 1차, 2차, 3차, 4차로 분류하시오.

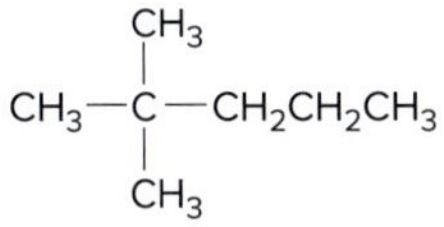

**분석**

탄소 원자를 분류하기 위해서는 그 탄소와 직접적으로 결합한 탄소 원자의 수를 알아야 한다. 필요하다면 모든 원자들과 결합을 가지는 완전한 구조를 그려야 한다.

**해답**

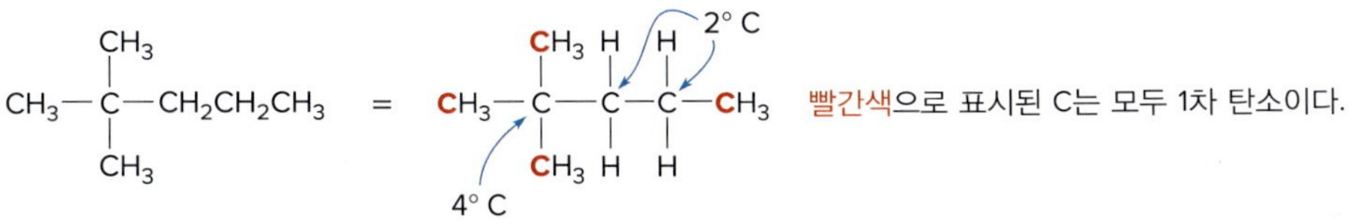


#### 연습문제 5.3

다음 화합물의 각 탄소 원자를 1차, 2차, 3차, 4차로 분류하시오.

a. $CH_3CH_2CH_2CH_3$

b. $(CH_3)_3CH$

c. 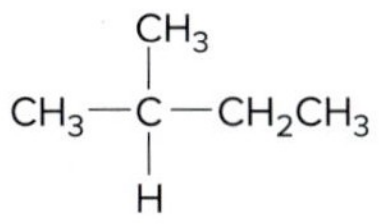

d. 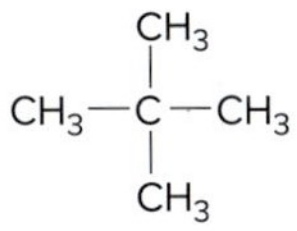

### 5.2D 사슬형 알케인의 결합 회전과 골격 구조

표시가 되어 있는 2개의 수소를 가진 에테인의 공-막대 모형은 중요한 특징을 보여 준다. **회전**(rotation)은 탄소-탄소 단일 결합 중심으로 일어날 수 있다. 이를 통해 한 $CH_3$기의 수소가 다른 $CH_3$기의 수소들과 다른 방향을 취할 수 있다. 이것은 모든 탄소-탄소 단일 결합의 특징이다.

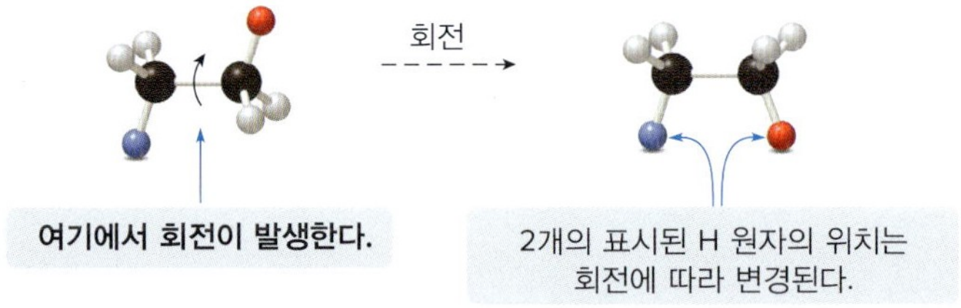


이러한 방식으로 뷰테인($CH_3CH_2CH_2CH_3$)의 각 탄소-탄소 결합은 상온에서 빠르게 회전하며, 그 결과 뷰테인의 탄소 주 사슬은 다양한 방법으로 배열될 수 있다. 가장 안정적인 배열은 인접한 탄소 사이의 혼잡을 피하기 위해 탄소 골격을 지그재그 방식으로 놓는 것이다.

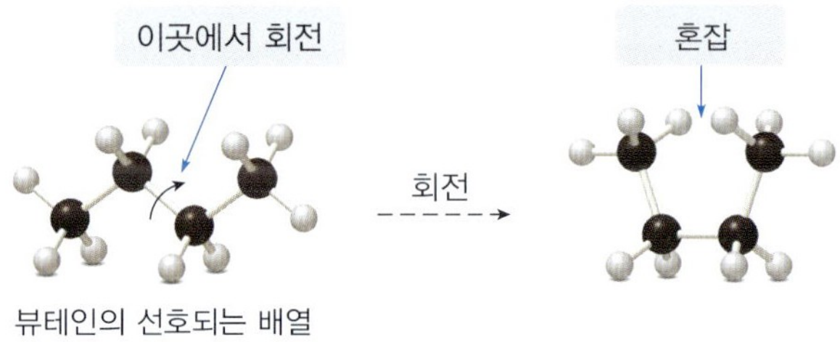


골격 구조를 해석할 때 주의가 필요하다. 펜테인은 일반적으로 지그재그 구조로 그려지지만 탄소 골격은 다양한 방법으로 그릴 수 있으며, 여전히 같은 화합물을 나타낸다. 다음의 각 표현은 5개의 탄소 원자를 연속해서 가지고 있기 때문에 모두 펜테인의 이성질체가 아니라 동일한 펜테인을 나타낸다.

마늘은 4,000년 이상 중국 한약에 사용되어 왔고 최근에는 건강상의 이점 때문에 식이 요법 보조제로 판매되고 있다. 마늘의 냄새를 담당하는 분자인 **알리신**은 마늘 자체에 저장된 것이 아니고, 마늘이 찌그러지거나 상처를 입었을 때 효소의 작용에 의해 생성된다.

## 5.3 명명법 소개

### 5.3A IUPAC 체계의 명명법

유기 화합물의 명칭은 어떻게 붙인 것일까? 오래 전 화합물의 이름은 종종 그 성분을 얻은 식물이나 동물에 기초했다. 예를 들어, 마늘 냄새의 주성분인 알리신(allicin)이라는 이름은 마늘의 식물명인 **알리움 사티붐**(*Allium sitivum*)에서 유래되었다. 다른 화합물들은 더 개인적인 이유로 발견자에 의해 명명되었다. 아돌프 폰 배이어(Adolf von Baeyer)는 바바라(Barbara)라는 여성의 이름을 따서 바비투르산(barbituric acid)이라고 이름을 지었을 것으로 추측되는데 아무도 바바라가 그 학자의 연인이었는지, 뮌헨의 어떤 가게 종업원이었는지, 아니면 성 바바라 성인이었는지 알지 못한다.

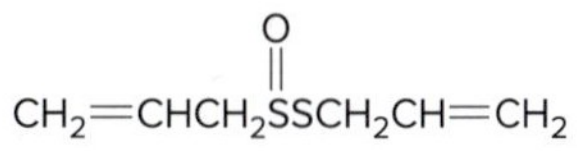

알리신(allicin)
(마늘 냄새)

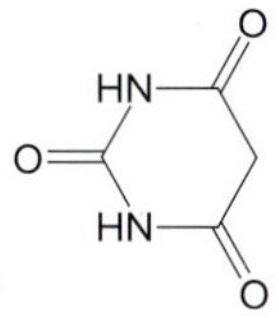

바르비투르산(barbituric acid)

수천 개의 새로운 유기 화합물들이 분리 및 제조되면서 분명한 것은 각각의 유기 화합물들은 모호하지 않은 이름을 가지고 있어야 한다는 것이다. 화합물 명명법(명칭 체계)은 **국제 순수 및 응용 화학 연합**(International Union of Pure and Applied Chemistry)에 의해 개발되었다. 이것을 명칭의 **IUPAC 체계**라고 하며, 알케인의 명칭에 사용할 수 있는 방법은 5.4절에서 설명할 것이다.

## 5.4 알케인 명명법

탄소 10개 이하의 곧은 사슬 알케인의 이름이 **표 5.1**에 이미 제시되었지만, **치환기**(substituent)라고 불리는 탄소 가지가 사슬에 결합된 알케인의 명칭도 배워야 한다. 이 유기 분자의 이름은 세 부분으로 되어 있다.

- **모체 사슬**(parent chain) 이름은 분자에서 가장 길고 연속적인 사슬에 있는 탄소의 수를 나타낸다.
- **접미사**(suffix)는 존재하는 작용기(있는 경우)를 나타낸다.
- **접두사**(prefix)는 탄소 사슬에 붙은 치환기의 종류, 위치, 개수를 알려 준다.

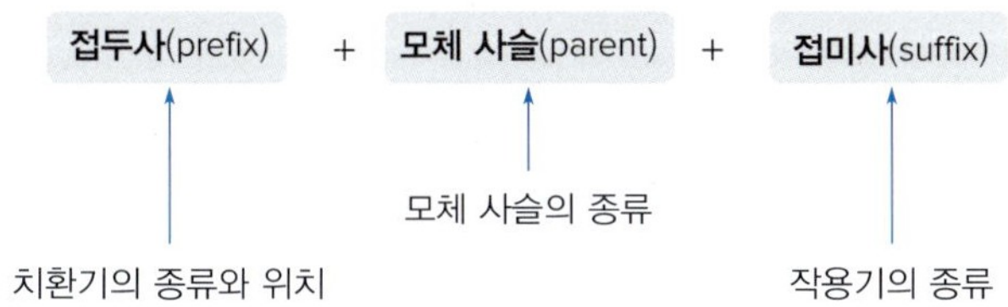


**표 5.1**의 곧은 사슬 알케인의 명칭은 두 부분으로 구성된다. -ane이라는 접미사는 화합물이 알케인이라는 것을 나타내고, 나머지 부분은 가장 긴 탄소 사슬에 있는 탄소 원자의 수를 나타낸다. 예를 들어, 모체 사슬이 탄소 1개라면 meth-이고, 탄소 2개라면 eth-가 된다. 따라서 우리는 이미 유기 화합물 이름의 두 부분을 잘 알게 된 것이다.

이름의 세 번째 부분인 접두사를 결정하려면 가장 긴 탄소 사슬에 결합된 치환기의 이름을 어떻게 붙이는지 알아야 한다.

### 5.4A 치환기 명명하기

긴 탄소 사슬에 결합한 탄소 치환기를 **알킬기**(alkyl group)라고 한다.

- 알킬기는 알케인에서 수소 하나를 제거하여 형성된다.

알킬기는 다른 원자나 작용기와 결합할 수 있는 분자의 한 부분이다. 알킬기의 이름을 정할 때 모체 알케인의 -ane을 -yl로 바꾼다. 따라서 메테인($CH_4$)은 메틸($CH_3$)이 되고, 에테인($CH_3CH_3$)은 에틸($CH_3CH_2$)이 된다.

**표 5.2 일반적인 일킬기**

| 탄소 수 | 구조 | 이름 |
|---|---|---|
| 1 | $CH_3$— | 메틸(methyl) |
| 2 | $CH_3CH_2$— | 에틸(ethyl) |
| 3 | $CH_3CH_2CH_2$— | 프로필(propyl) |
| 4 | $CH_3CH_2CH_2CH_2$— | 뷰틸(butyl) |
| 5 | $CH_3CH_2CH_2CH_2CH_2$— | 펜틸(pentyl) |
| 6 | $CH_3CH_2CH_2CH_2CH_2CH_2$— | 헥실hexyl) |

그림 5.1 골격 구조에 그려진 알킬기

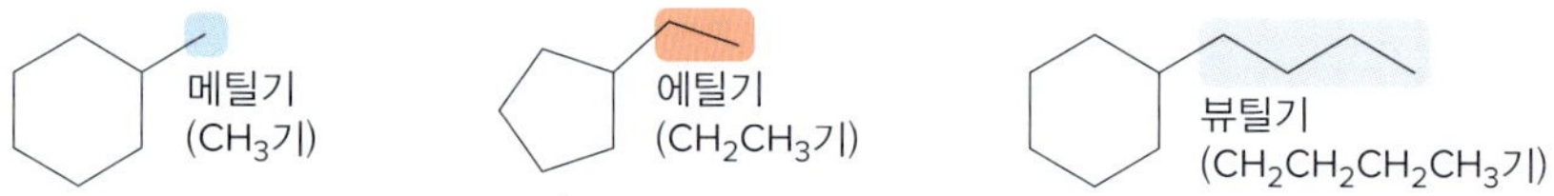


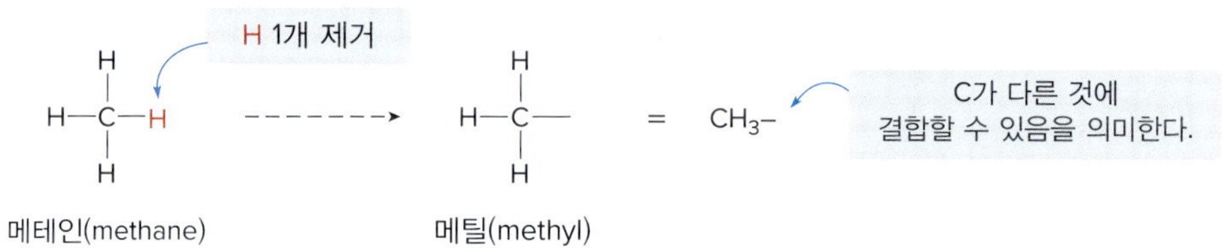


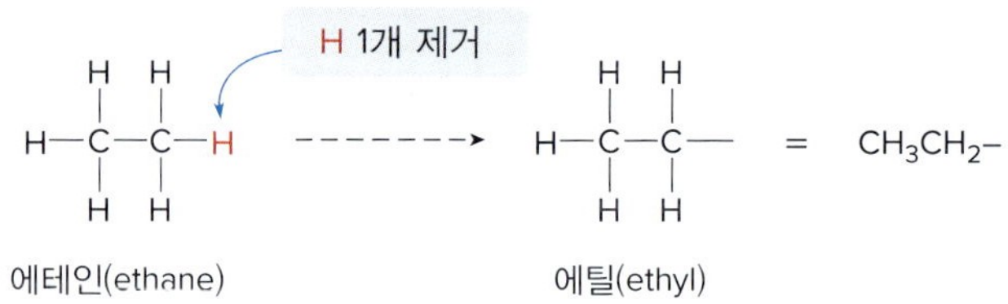


어떤 곧은 사슬 알케인에서 끝에 놓인 탄소로부터 수소 하나를 제거하는 것은 유사한 방식으로 명명된 다른 알킬기를 만드는 방법이다. 따라서 프로페인($CH_3CH_2CH_3$)은 **프로필**($CH_3CH_2CH_2$)이 되고, 뷰테인($CH_3CH_2CH_3$)은 **뷰틸**($CH_3CH_2CH_2$)이 된다. 탄소가 6개 이하인 알킬기의 이름은 표 5.2에 요약되어 있다. 그림 5.1은 골격 구조에 그려진 몇 가지 알킬기를 보여 준다.

## 5.4B 사슬형 알케인의 명명

알케인의 이름을 짓기 위해서는 네 단계가 필요하다.

## IUPAC 체계를 사용하여 알케인의 이름을 정하는 법

**단계 [1] 탄소 모체 사슬을 찾아 접미사(-ane)를 붙인다.**

- 연속된 가장 긴 탄소 사슬을 찾고 **표 5.1**에 제시된 탄소의 수에 따른 모체 사슬 이름을 사용하여 분자의 이름을 정한다. 모체 사슬 이름에 알케인의 접미사 **-에인**(-ane)을 추가한다. 각 작용기에는 고유한 접미사가 있다.

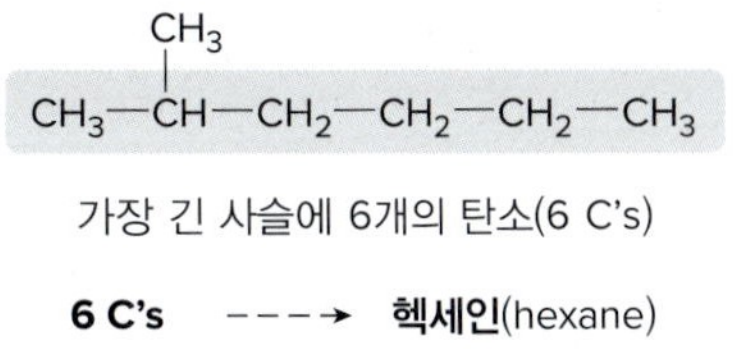


- 가장 긴 사슬이 반드시 수평한 선 형태로 있을 필요는 없다. 사슬이 직선이거나 꺾임이 있는 것은 문제가 되지 않는다. 즉, 다음 표현은 모두 동일하다.

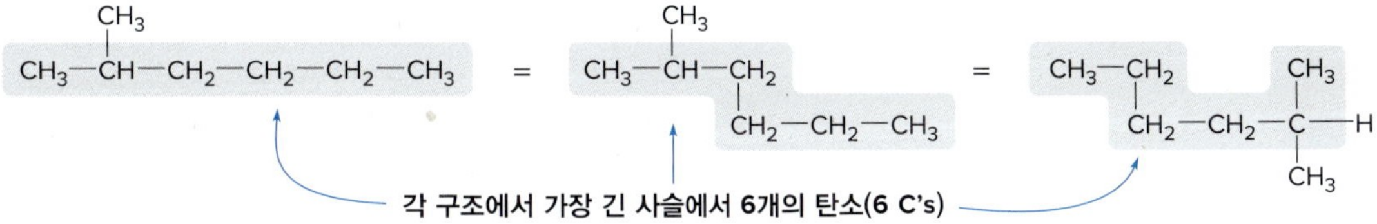


**단계 [2] 탄소 사슬의 원자에 번호를 부여할 때 첫 번째 치환기에 낮은 숫자가 오도록 한다.**

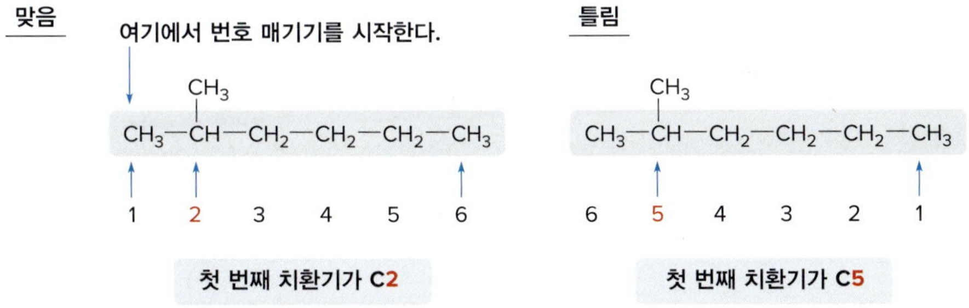


**단계 [3] 치환기의 이름과 번호를 정한다.**

- 치환기의 이름을 알킬기로 정하고 단계 [2]의 번호를 사용하여 위치를 정한다.

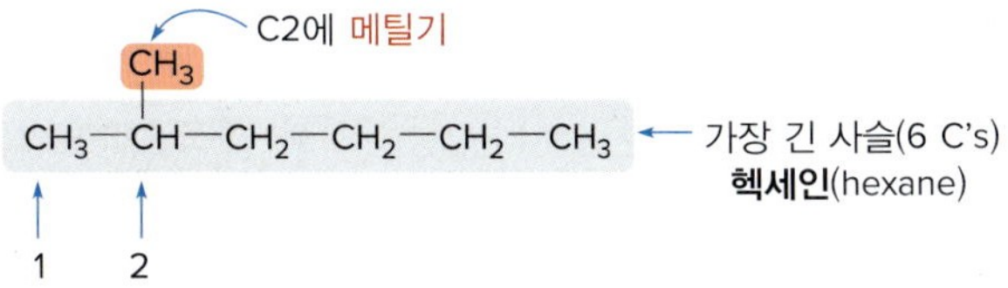


- 모든 탄소는 가상 긴 사슬 또는 치환기에 속하지만 둘 다에 속할 수는 없다.
- 각 치환기는 각자의 번호가 필요하다.
- 둘 이상의 동일한 치환기가 가장 긴 사슬에 결합되는 경우 접두사를 사용한다. 치환기가 2개이면 di-, 3개이면 tri-, 4개이면 tetra-라는 접두사를 사용해서 치환기의 수를 표시한다. 다음 화합물에는 2개의 메틸기가 있으므로 이름은 di를 메틸 앞에 붙여 다이메틸이 된다.

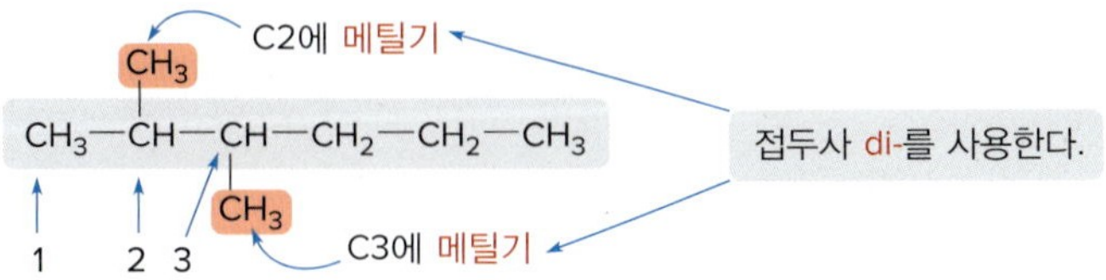

**단계 [4]** **치환기의 이름과 번호, 모체 사슬, 접미사를 결합한다.**

- 치환기의 이름을 모체 사슬 이름 앞에 붙인다. di-와 같은 접두사는 무시하고 치환기의 이름을 알파벳 순으로 한다. 예를 들어, 에틸의 e는 알파벳에서 메틸의 m보다 먼저 나오기 때문에 트라이에틸은 다이메틸보다 앞쪽에 써야 한다.
- 각 치환기의 이름 앞에 위치를 나타내는 번호를 붙인다. 각 치환기마다 1개의 번호가 있어야 한다.
- 쉼표로 숫자를 구분하고 문자와 숫자 사이에는 대시(-)를 쓴다.

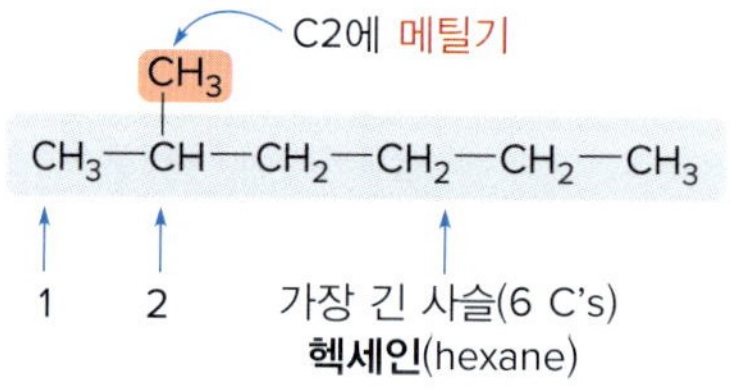


답: **2-메틸헥세인**(2-methylhexane)

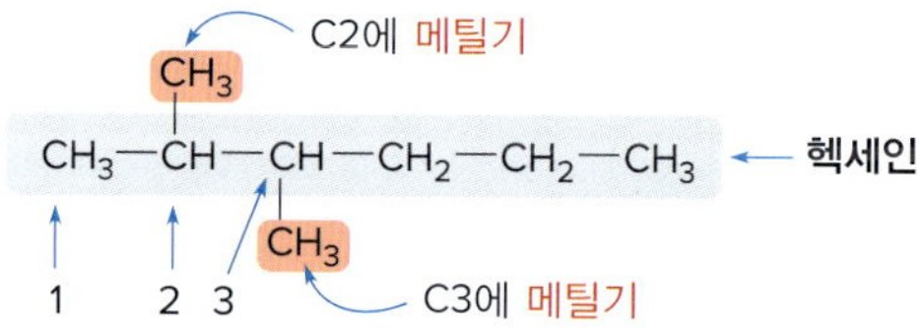


- 각 메틸기에 대해 하나씩 총 2개의 숫자가 필요하다.

답: **2,3-다이메틸헥세인**(2,3-dimethylhexane)

예제 5.4는 C와 H가 모두 그려진 구조의 이름을 붙이는 문제이고, 예제 5.5는 골격 구조로 그려진 알케인의 이름을 붙이는 문제이다.

### 예제 5.4 알케인 명명하기

다음 화합물의 IUPAC 이름을 쓰시오.

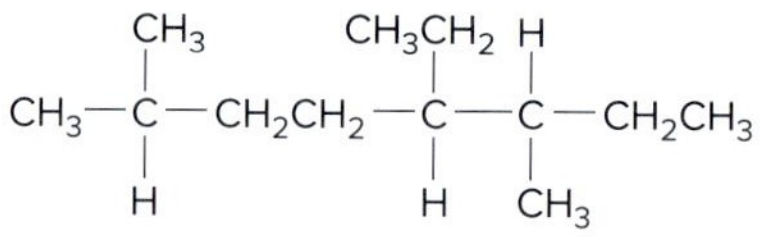

#### 분석과 해답

**[1] 이 화합물은 알케인이므로 모체 사슬의 탄소 수에 접미사 -ane을 붙인다.**

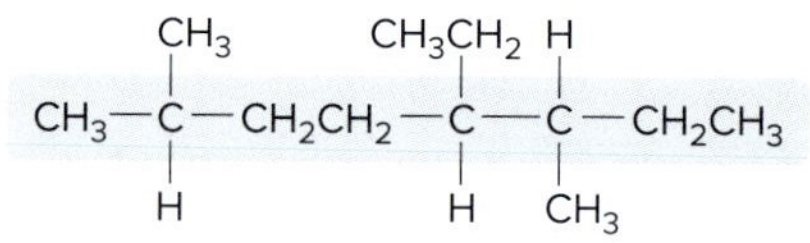

모체 사슬에 8개의 탄소(8 C's) ---→ **옥테인**(octane)

- 가장 긴 사슬을 박스로 표시하여 어떤 탄소가 가장 긴 사슬에 있고, 어떤 탄소가 치환기에 있는지 알 수 있게 한다.

**[2] 첫 번째 치환기에 낮은 번호가 오도록 모체 사슬에 번호를 붙인다.**

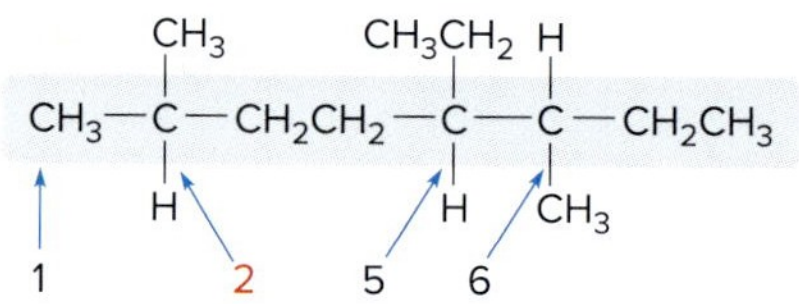


- 왼쪽으로부터 오른쪽으로 번호를 붙여야 첫 번째 치환기가 C2에 온다.

**[3] 치환기의 이름과 번호를 정한다.**

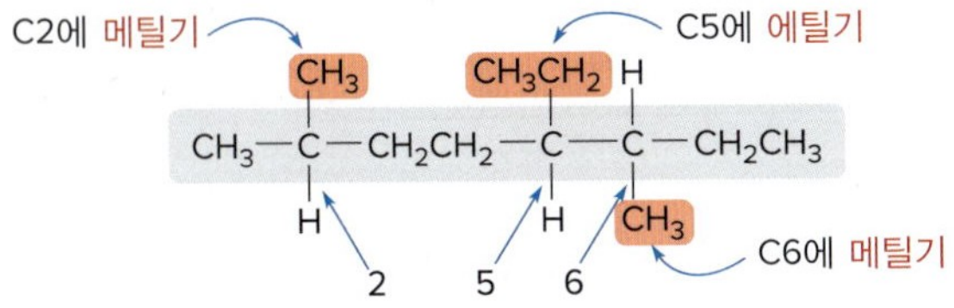


- 이 화합물은 3개의 치환기를 가진다. 2개의 메틸기는 C2와 C6에, 1개의 에틸기는 C5에 결합해 있다.

**[4] 각 부분을 연결한다.**

- 이름을 하나의 단어로 쓰고 메틸기가 2개이므로 앞에 다이-를 붙인다.
- 접두사 di-는 알파벳으로 순서를 정할 때 무시하고 에틸기(e-)와 메틸기(m-)를 쓸 때 알파벳 순서에 맞추어 에틸기를 먼저 쓴다.

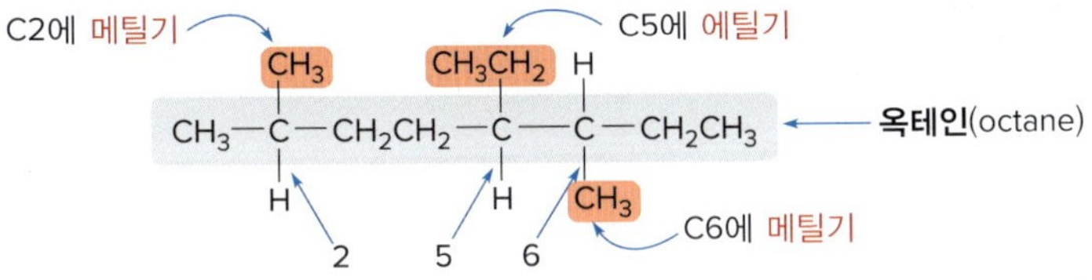


**답: 5-에틸-2,6-다이메틸옥테인**(5-ethyl-2,6-dimethyloctane)

## 연습문제 5.4

각 화합물에 알맞은 이름을 쓰시오.

a. 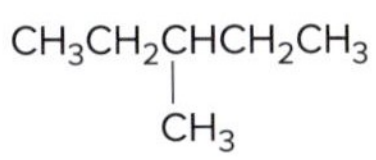

b. 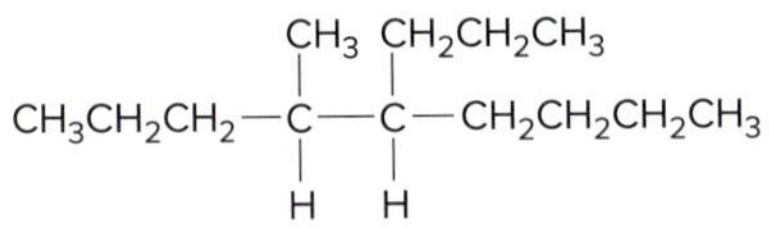

c. 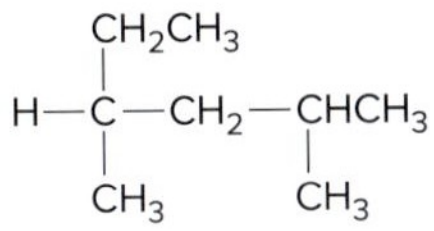

## 예제 5.5 분자의 골격 구조를 보고 IUPAC 이름 결정하기

다음 화합물의 IUPAC 이름을 결정하시오.

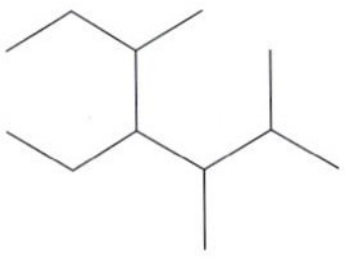

### 분석 및 해답

**[1] 이 화합물은 알케인이므로 모체 사슬을 명명하고 접미사 -ane을 붙인다.**

- 가장 긴 사슬에 있는 탄소 원자를 표시한다. 모체 사슬이 꼭 가로로 한 줄에 놓일 필요는 없다는 것을 유념한다.

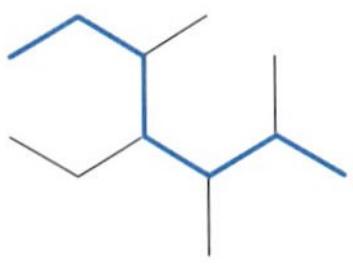

모체 사슬의 탄소가 7개 → **헵테인**(heptane)

**[2] 첫 번째 치환기에 낮은 번호가 오도록 모체 사슬에 번호를 붙인다.**

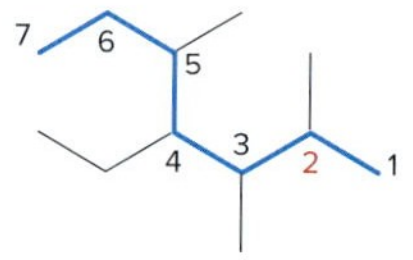


- 오른쪽으로부터 왼쪽으로 번호를 붙여야 첫 번째 치환기가 C2에 온다.

**[3] 치환기의 이름과 번호를 결정한다.**

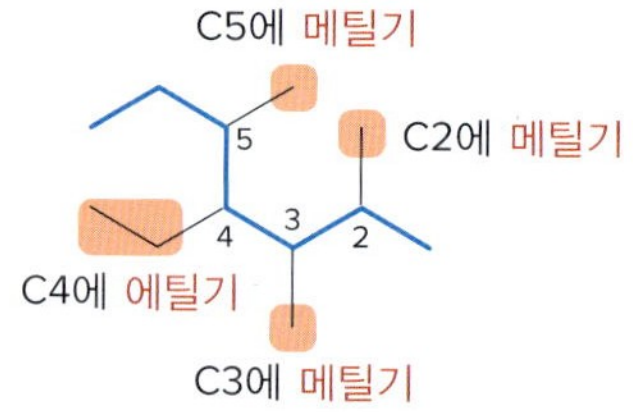


- 이 화합물은 4개의 치환기를 가진다. 3개의 메틸기는 C2, C3 및 C5에, 1개의 에틸기는 C4에 결합해 있다.

**[4] 각 부분을 연결한다.**

- 이름을 하나의 단어로 쓰고 메틸기가 3개이므로 앞에 트라이(tri-)를 붙인다.
- 에틸기(e-)와 메틸기(m-)를 쓸 때 알파벳 순서에 맞추어 에틸기를 먼저 쓴다.

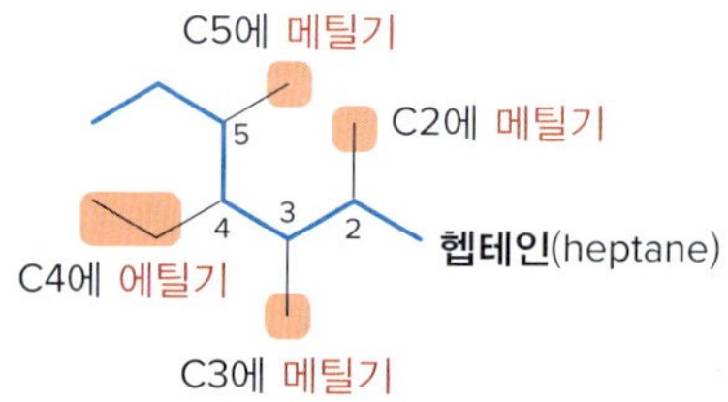


3개의 메틸기 ---→ **트라이**메틸(**tri**methyl)

**답: 4-에틸-2,3,5-트라이메틸헵테인**(4-ethyl-2,3,5-trimethylheptane)

### 연습문제 5.5

각 화합물에 알맞은 이름을 쓰시오.

a. 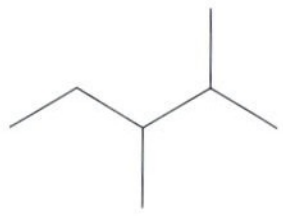

b. 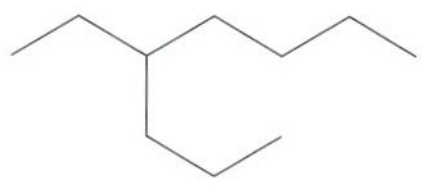

화합물의 이름으로부터 화합물의 구조를 그리는 방법도 알아야 한다. 예제 5.6에 단계별로 푸는 방법이 제시되어 있다.

### 예제 5.6 이름으로부터 화합물 구조 결정하기

IUPAC 이름이 2,3,3-트라이메틸펜테인(2,3,3-trimethylpentane)인 화합물의 구조를 그리시오.

**분석**

이름으로부터 구조를 결정하기 위해서는 이름의 끝부분으로부터 모체 사슬과 화합물의 종류를 알아내야 한다. 모체 사슬로부터 가장 긴 탄소 사슬의 탄소 개수를 알 수 있고, 접미사로부터 작용기를 알 수 있다. 접미사 -ane은 화합물이 알케인이라는 것을 알려 준다.

**해답**

2,3,3-트라이메틸펜테인은 가장 긴 사슬인 펜테인[pentane(5 C's)]과 탄소 C2, C3 및 C3에서 3개의 메틸기를 가지고 있다.

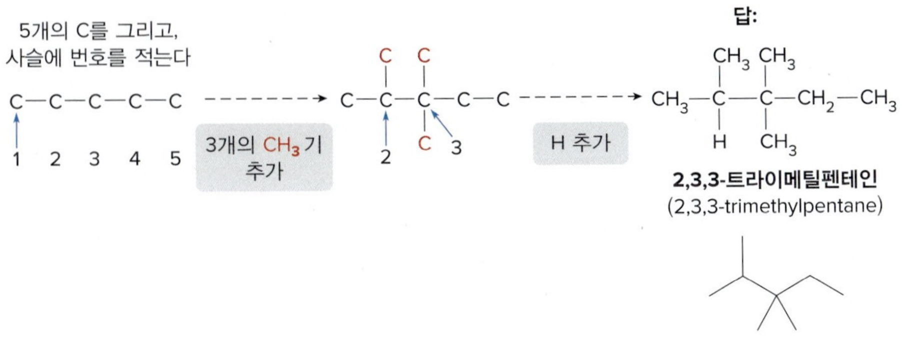


**연습문제 5.6**

각 IUPAC 이름에 알맞은 구조를 그리시오.

a. 3-메틸헥세인(3-methylhexane)
b. 3,3-다이메틸펜테인(3,3-dimethylpentane)
c. 3,5,5-트라이메틸옥테인(3,5,5-trimethyloctane)
d. 3-에틸-4-메틸헥세인(3-ethyl-4-methylhexane)

## 5.5 사이클로알케인

**사이클로알케인**(cycloalkane)은 고리 모양으로 결합한 탄소 원자들을 가진다. 사이클로알케인은 사슬의 말단 탄소들에서 H를 1개씩 제거한 다음, 두 탄소를 결합시켜 생성된다고 생각할 수 있다.

### 5.5A 단순한 사이클로알케인

단순한 사이클로알케인은 동일한 수의 탄소를 가진 사슬형 알케인의 이름에 사이클로(cyclo-)라는 접두사를 붙여서 명명한다. 3~6개의 탄소 원자를 가진 사이클로알케인이 아래에 있다. 사이클로알케인을 골격 구조로 나타낼 때에는 다각형을 사용한다(4.4절 참조). 다각형의 각 꼭짓점에는 2개의 수소 원자와 결합하여 총 4개의 결합을 가진 탄소 원자가 있다.

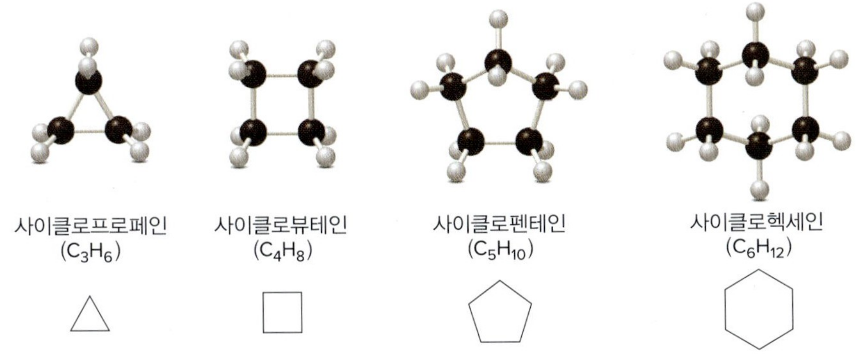


고리 화합물은 자연에 광범위하게 존재하며 대부분 흥미롭고 중요한 생물학적 특성을 가지고 있다. 예를 들어, 국화에서 추출되는 천연 살충제인 **피레드린** I(pyrethrin I)은 탄소 3개짜리 고리와 5개짜리 고리를 모두 가진다. 칼슘과 인의 신진대사를 조절하는 지용성 비타민 $D_3$에는

탄소 6개짜리 고리와 5개짜리 고리가 들어 있다. 많은 음식들, 특히 우유에는 **비타민 $D_3$**가 강화되어 있어서 이 중요한 영양소를 충분히 섭취할 수 있다.

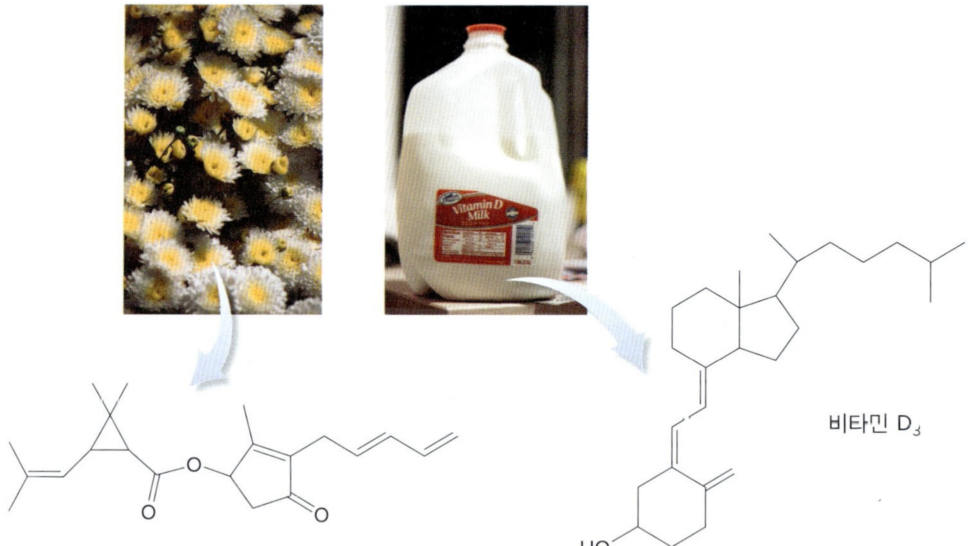

피레드린 I

비타민 $D_3$

사이클로알케인을 평평한 다각형으로 그리기는 하지만 실제로 탄소 4개 이상의 사이클로알케인은 평면 분자가 아니다. 예를 들어, 사이클로헥세인은 **의자 형태**라고 불리는 일그러진 배치를 가지며 모든 결합 각도는 109.5°이다.

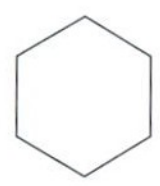

사이클로헥세인(cyclohexane)

골격 구조

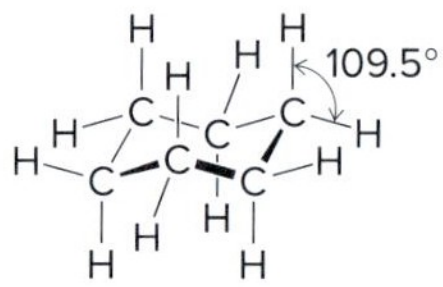


비평면 사이클로헥세인

**의자 형태**

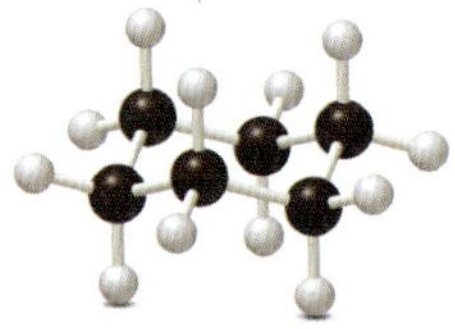

공-막대 모형

## 5.5B 사이클로알케인 명명하기

사이클로알케인은 5.4절의 규칙을 사용하여 명명되지만 접두사 사이클로-(cyclo-)는 모체 사슬 이름 바로 앞에 쓴다.

**접두사**(prefix) + **사이클로**-(cyclo-) + **모체**(parent) + **접미사**(suffix)

- 접두사: 치환기는 무엇이고 위치는 어디인가?
- 사이클로: 고리 화합물을 알림
- 모체: 고리에 몇 개의 C가 있는가?
- 접미사: 작용기는 무엇인가?

## IUPAC 체계를 사용하여 사이클로알케인 이름 정하기

**단계 [1]** 모체 사이클로알케인을 찾는다.

- 고리에 있는 탄소 원자의 수를 세고 그 탄소 수에 대한 모체 사슬의 이름을 사용한다. 이름 앞에 cyclo-를 붙이고 접미사 -ane으로 마무리한다.

고리에 6개의 탄소 →

**사이클로헥세인**(cyclohexane)

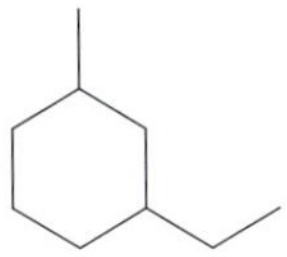

**단계 [2]** 치환기의 이름과 번호를 지정한다.

- 단일 치환기의 경우 위치를 나타내는 번호는 필요하지 않다.

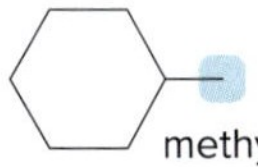


메틸사이클로헥세인

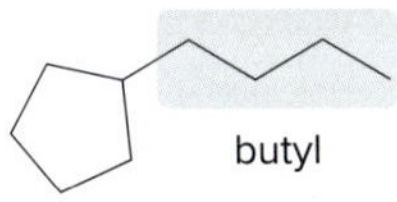


뷰틸사이클로펜테인

- 둘 이상의 치환기가 있는 고리의 경우 하나의 치환기에서 번호를 매기기 시작한 다음, 두 번째 치환기에 더 낮은 번호를 부여하도록 한다. 2개의 다른 치환기가 있다면 낮은 숫자를 알파벳 순으로 붙이는 방법으로 고리에 번호를 매긴다.

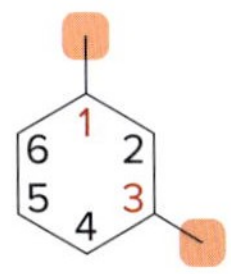


- $CH_3$기를 C1과 C3에 배치한다.

**1,3-dimethylcyclohexane**
(1,5-dimethylcyclohexane은 오답)

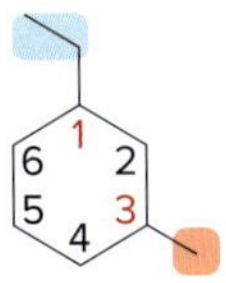


알파벳에 먼저 나오는 문자 → 낮은 번호

- **C1**에 에틸기(ethyl group)
- **C3**에 메틸기(methyl group)

**1-ethyl-3-methylcyclohexane**
(3-ethyl-1-methylcyclohexane은 오답)

### 예제 5.7 사이클로알케인 명명하기

다음 화합물의 IUPAC 이름을 쓰시오.

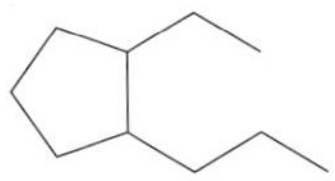

**분석 및 해답**

**[1] 고리의 이름을 붙인다.** 탄소 5개짜리 고리이므로 사이클로펜테인이다.

**[2] 치환기의 이름과 번호를 결정한다.**

- 두 종류의 치환기가 있다. $CH_3CH_2$-는 에틸기이고 $CH_3CH_2CH_2$-는 프로필기이다.
- 두 치환기를 C1과 C2에 놓이도록 번호를 정한다(C1과 C5가 아니다).
- 알파벳으로 에틸(ethyl)의 e가 프로필(propyl)의 p보다 먼저 나오므로 에틸기가 붙은 탄소를 1번으로 한다.

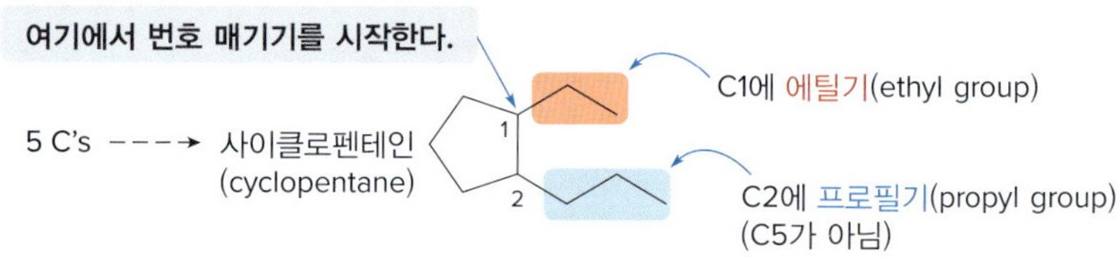


**답: 1-에틸-2-프로필사이클로펜테인**(1-ethyl-2-propylcyclopentane)

### 연습문제 5.7

각 화합물에 알맞은 이름을 쓰시오.

a. 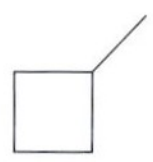

b. 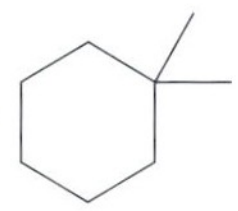

c. 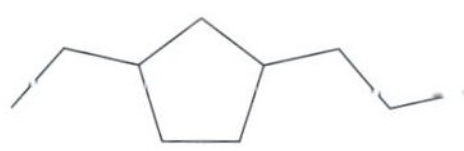

d. 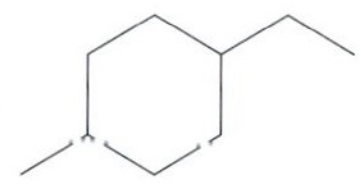

## 5.6 물리적 성질

알케인은 비극성 C—C와 C—H 결합만 포함하고 있어 분자 간 힘이 약하다. 그 결과 알케인은 녹는점과 끓는점이 낮다. 낮은 분자량 알케인은 실온에서 기체이고 휘발유로 사용되는 알케인은 모두 액체이다.

알케인의 녹는점과 끓는점은 탄소의 수가 증가함에 따라 높아진다. 표면적이 증가하면 분자 간 인력이 증가하므로 녹는점과 끓는점이 높아진다. 이런 특성은 세 종류의 곧은 사슬 알케인의 끓는점을 비교해 보면 확실히 알 수 있다.

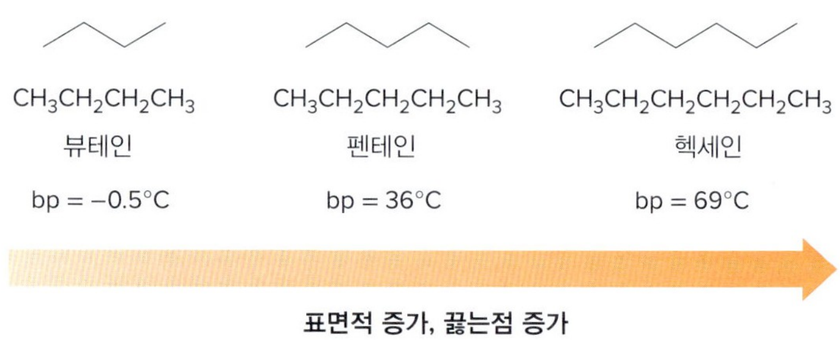


**환경 노트**

바다에 누출된 원유는 바닷물 표면에 불용성 층을 형성한다.

비극성 알케인은 물과 섞이지 않고 물보다 밀도가 낮기 때문에 파열된 유조선으로부터 바다로 유출된 원유가 바닷물 표면에 불용성 기름띠를 만들어 낸다. 불용성 탄화수소 기름은 단열을 위해 천연 비극성 기름으로 덮인 깃털을 가진 새들에게 특별한 위협이 되고 있다. 새가 깃털에 보유하고 있는 기름은 원유에 용해되므로 자연 보호막을 잃게 되어 많은 새들이 죽게 된다.

## 5.7 알케인의 할로젠화 반응

보통 염소($Cl_2$)나 브로민($Br_2$)과 같은 할로젠과 알케인의 반응을 **할로젠화 반응**(halogenation)이라고 한다. 알케인의 할로젠화는 알킬 할라이드(RCl 또는 RBr)와 할로젠화수소(HCl 또는 HBr)를 형성한다. 이 반응은 반응 물질들이 함께 가열되거나 빛에 노출되었을 때에만 일어나며, 이러한 조건은 일반적으로 반응 화살표의 위나 아래에 표시된다.

**할로젠화 반응**

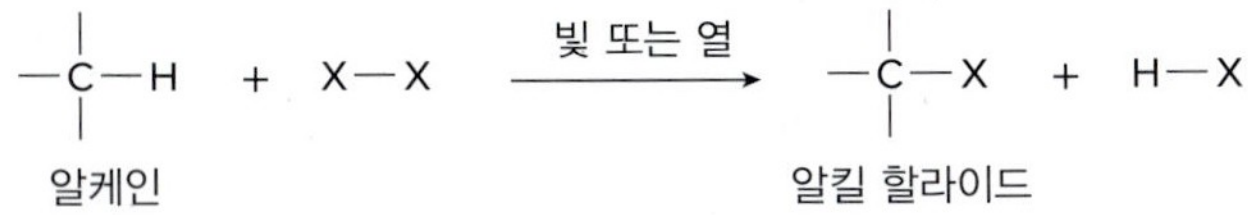


예를 들어, 빛이 존재하는 곳에서메테인을 $Cl_2$로 처리하면 $CH_3Cl$(클로로메테인)과 HCl을 형성한다. 브로민을 사용한 가열 반응에서 에테인은 $CH_3CH_2Br$(브로모에테인)과 HBr을 형성한다.

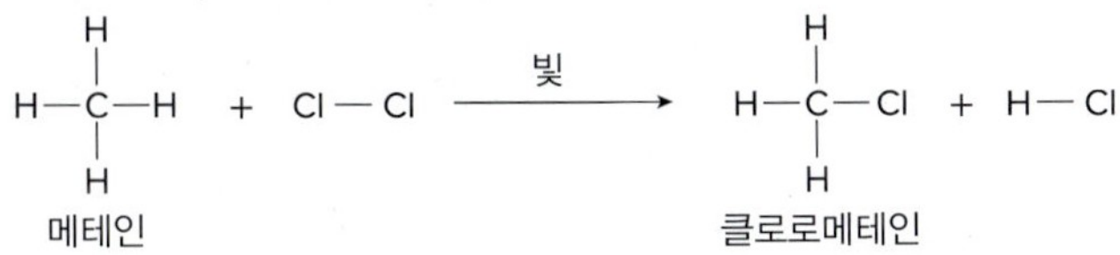


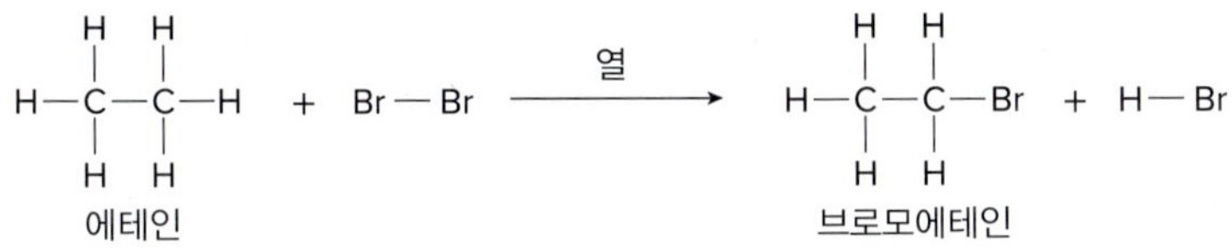


할로젠화 반응은 **치환 반응**(substitution reaction)의 한 예이다.

- 치환이란 한 원자가 다른 원자나 원자단에 의해 대체되는 반응이다.

할로젠화 반응에서 알케인의 수소 원자가 할로젠 원자로 치환된다. 사슬형 알케인과 사이클로 알케인은 모두 치환 반응을 한다.

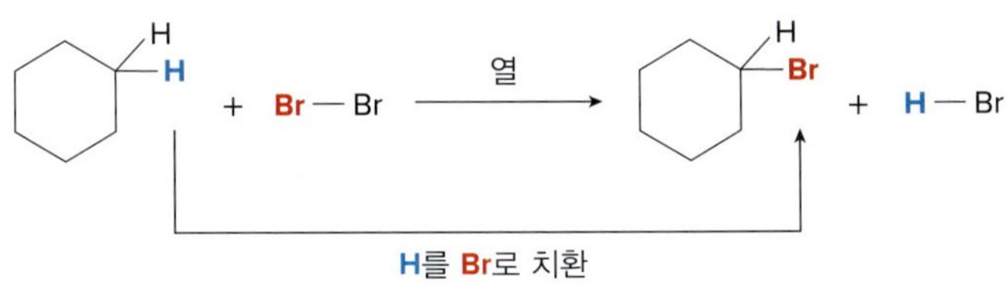


7장에서 이 반응으로 형성된 알킬 할라이드에 대해 더 많이 배울 것이다.

## 종합문제

### 알케인

**5.1** 담뱃잎을 덮고 있는 밀랍 코팅은 31개의 탄소를 가진 사슬형 알케인을 함유하고 있다. 이 알케인에는 수소가 몇 개 들어 있는가?

**5.2** 사과 껍질 표면의 밀랍 코팅은 27개의 탄소 원자를 가진 알케인을 함유하고 있다. 이 알케인의 분자식은 무엇인가?

**5.3** 각 탄소를 1차, 2차, 3차, 4차로 각각 분류하시오.

a. $CH_3(CH_2)_3CH_3$

b. 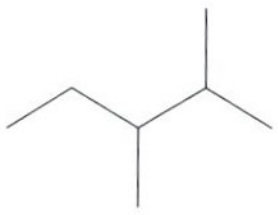

c. $(CH_3)_3CC(CH_3)_3$

d. 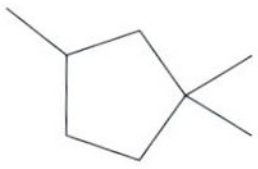

**5.4** 각 화합물 쌍이 구조 이성질체인지, 동일한 분자인지 표시하시오.

a. 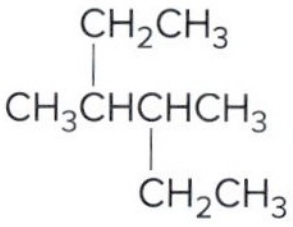

와 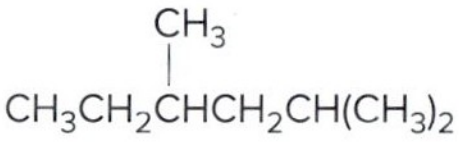


b. 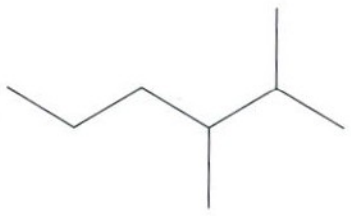 와 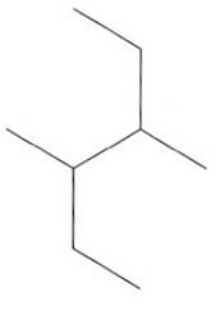

c.  와 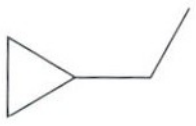

d. 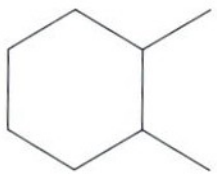 와 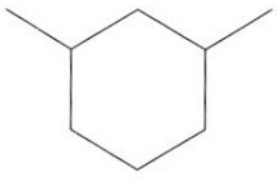

**5.5** 화합물 A, B, C를 보고 각 화합물 쌍이 구조 이성질체 관계인지 동일한 분자인지 고르시오.

a. A와 B b. A와 C c. B와 C

A

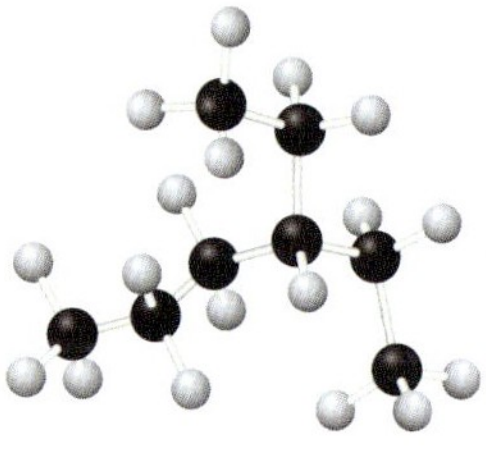
B

C

**5.6** 다음 각 화합물이 $(CH_3)_2CHCH_2CH_2CH_3$와 구조 이성질체 관계인지, 동일한 분자인지 고르시오.

a. 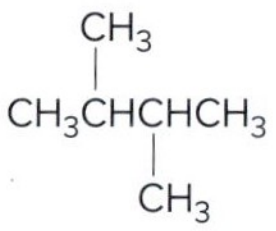


b. 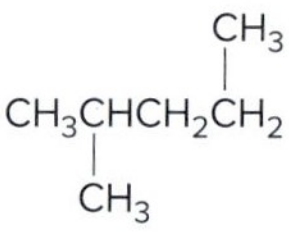


c. 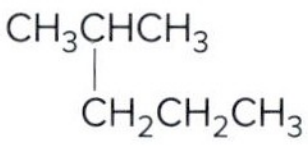


d. 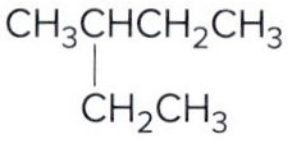


e. 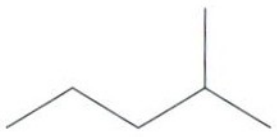

**5.7** 다음 설명에 맞는 구조를 그리시오.

a. 분자식 $C_7H_{14}$를 가진 구조 이성질체인 2개의 사이클로알케인

b. 분자식 $C_5H_{12}O$를 갖는 구조 이성질체인 에터와 알코올

c. 분자식 $C_3H_7Cl$을 갖는 2개의 구조 이성질체

**5.8** 각 분자의 가장 긴 사슬에 얼마나 많은 탄소가 존재하는가?

a. 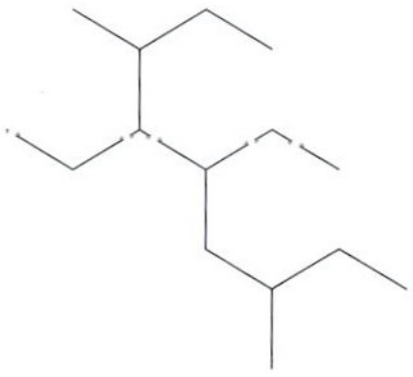

b. 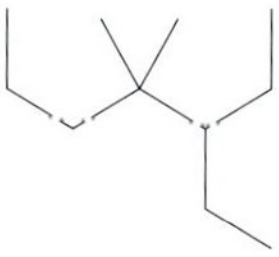

**5.9** 분자식이 $C_5H_{10}$이고 고리가 1개 들어 있는 5개의 구조 이성질체를 그리시오.

## 알케인 명명법

**5.10** 분자식 $C_6H_{14}$의 5개 구조 이성질체 각각에 대해 IUPAC 이름을 쓰시오.

**5.11** 각 화합물에 대한 IUPAC 이름을 쓰시오.

a. 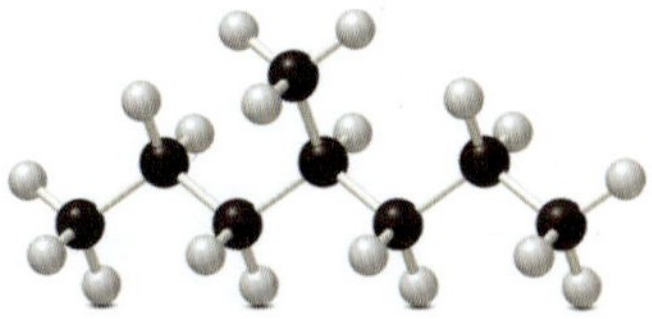

b. 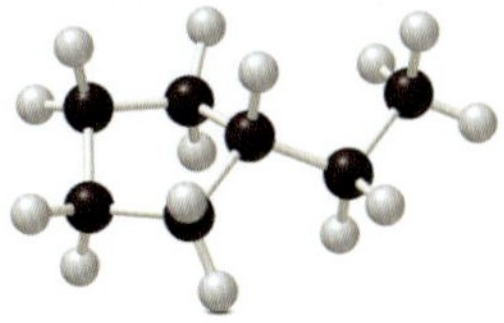

**5.12** 각 화합물에 대한 IUPAC 이름을 쓰시오.

a. $CH_3CH_2CHCH_2CH_2CH_2CH_3$
   (C3에 $CH_3$)

b. $CH_3CH_2CHCH_2CHCH_2CH_2CH_3$
   (C3, C5에 각각 $CH_3$)

c. $CH_3CH_2CH_2C(CH_2CH_3)_3$

d. 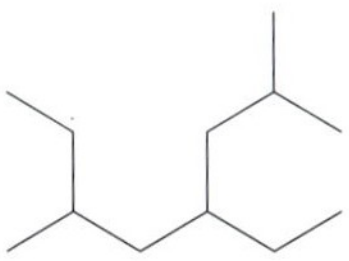

e. $(CH_3CH_2)_2CHCH_2CH_2CH_2CH(CH_3)_2$

f. 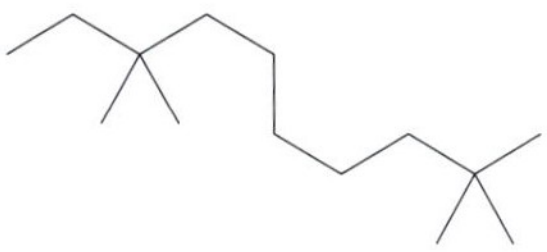

**5.13** 각 사이클로알케인의 IUPAC 이름을 쓰시오.

a. 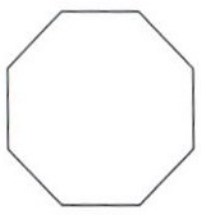

b. 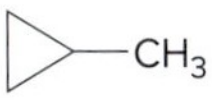

c. 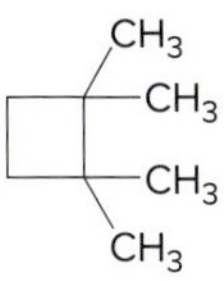

d. 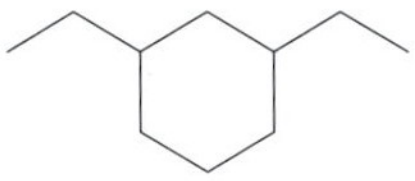

**5.14** 각 IUPAC 이름에 해당하는 구조를 그리시오.

a. 3-에틸헥세인(3-ethylhexane)
b. 3-에틸-3-메틸옥테인(3-ethyl-3-methyloctane)
c. 2,3,4,5-테트라메틸데케인(2,3,4,5-tetramethyldecane)
d. 사이클로노네인(cyclononane)
e. 1,1,3-트라이메틸사이클로헥세인(1,1,3-trimethylcyclohexane)
f. 1-에틸-2,3-다이메틸사이클로펜테인 (1-ethyl-2,3-dimethylcyclopentane)

**5.15** 다음 각 IUPAC 이름은 부정확하다. 잘못된 이유를 설명하고, 올바른 IUPAC 이름을 쓰시오.

a. 3-메틸뷰테인(3-methylbutane)
b. 1-메틸사이클로펜테인(1-methylcyclopentane)
c. 1,3-다이메틸뷰테인(1,3-dimethylbutane)
d. 5-에틸-2-메틸헥세인(5-ethyl-2-methylhexane)
e. 1,5-메틸사이클로헥세인(1,5-dimethylcyclohexane)
f. 1-프로필-2-에틸사이클로펜테인 (1-propyl-2-ethylcyclopentane)

**5.16** 5-탄소 고리와 고리에 연결된 $CH_3$기 2개를 포함하는 분자식 $C_7H_{14}$를 가진 3개의 구조 이성질체를 그리고, IUPAC 이름을 쓰시오.

## 사슬형 알케인과 사이클로알케인 그리기

**5.17** 각 화합물에 대한 골격 구조를 그리시오.

a. 옥테인(octane)
b. 1,2-다이메틸사이클로펜테인(1,2-dimethylcyclopentane)
c. $CH_3CHCH_2CH_2CH_2CH_2CH_3$
   (C2에 $CH_3$)

**5.18** 각 골격 구조를 모든 원자가 표시된 완전한 구조로 변환하시오.

a. 

b. 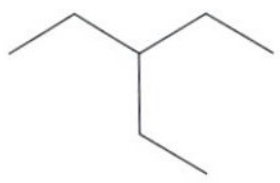

c. 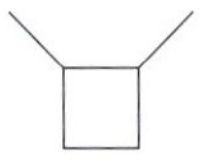

## 물리적 성질

**5.19** 각 쌍에서 녹는점이 더 높은 화합물을 고르시오.

a. 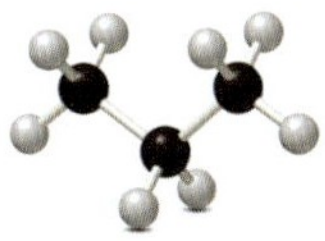 또는 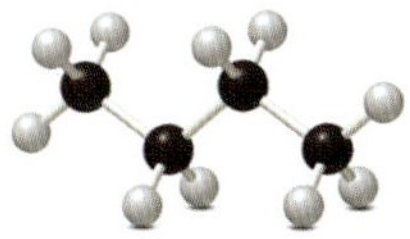

b. 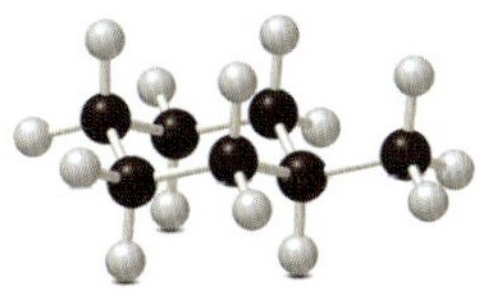 또는 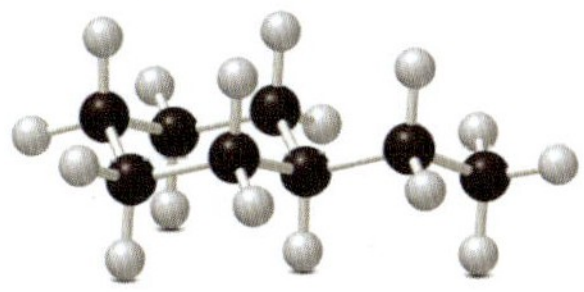

**5.20** 알케인 사슬에서 가지는 표면적을 감소시킨다. 그 결과, 가지 달린 알케인은 같은 수의 탄소를 가진 곧은 사슬 알케인보다 끓는점이 낮은 경향이 있다. 이 사실에 기초하여 끓는점을 증가시키는 순서로 알케인 이성질체를 나열하시오.

a. $CH_3CH_2CH_2CH_3$, $(CH_3)_2CH_2CH_3$, $(CH_3)_4C$
b. $(CH_3)2CH(CH_3)_2$, $CH_3(CH_2)4CH_3$, $CH_3CH_2CH(CH_3)_2$

**5.21** 헥세인이 물보다 다이클로로메테인($CH_2Cl_2$)에 더 용해되는 이유를 설명하시오.

## 반응

**5.22** 각 알케인의 연소 반응을 균형 맞춤 반응식을 쓰시오.

a. $CH_3CH_3$ b. $(CH_3)_2CH_2CH_3$

**5.23** 각 알케인의 불완전 연소 반응에 대한 균형 맞춤 반응식을 쓰시오.

a. $CH_3CH_2CH_3$ b. $CH_3CH_2CH_2CH_3$

**5.24** 체내에서는 분자식 $C_6H_{12}O_6$의 단순 탄수화물인 글루코스가 다량의 에너지를 방출하면서 $CO_2$와 $H_2O$로 산화된다. 따라서 글루코스의 신진대사는 우리 몸에 에너지를 공급하는 것인데, 알케인의 산화 작용이 자동차에 동력을 공급해 주는 것과 거의 같은 방식으로 작용한다. $CO_2$와 $H_2O$를 형성하기 위한 글루코스 산화에 대한 균형 맞춤 반응식을 작성하시오.

**5.25** 다음 각 화합물이 브로민과 함께 가열될 때 어떤 알킬 할라이드가 생성되는가?

a. $CH_4$ b. 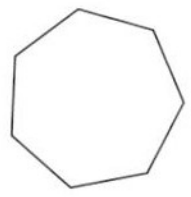 c. 

**5.26** $(CH_3)_3CC(CH_3)_3$을 다음 각 시약으로 처리할 때 생성되는 반응물을 그리시오.

a. $O_2$ (불꽃) b. $Cl_2$와 빛

c. $Br_2$와 열

CHAPTER 6

# 불포화 탄화수소

Unsaturated Hydrocarbons

하와이에서 쿠쿠이 너트(kukui nut)로 알려진 캔들넛(candlenut)은 리놀레산과 리놀렌산과 같은 불포화 지방산에서 유래된 기름이 풍부하게 들어 있다.


6.1 알켄과 알카인

6.2 알켄과 알카인의 명명법

6.3 시스–트랜스 이성질체

6.4 음식과 의학에서 흥미로운 알켄

6.5 알켄의 반응

6.6 고분자 – 현대 사회의 직물

6.7 방향족 화합물

6.8 벤젠 유도체의 명명법

6.9 방향족 화합물의 반응

## 알켄, 알카인 및 방향족 탄화수소를 왜 연구할까

이 장에서는 탄소-탄소 다중 결합을 포함하는 세 가지 계열의 화합물을 대상으로 탄화수소에 대해 공부한다. 알켄은 이중 결합을 포함하고, 알카인은 삼중 결합을 포함한다. 방향족 탄화수소에는 3개의 이중 결합이 있는 6-원자 고리인 벤젠 고리가 포함되어 있다. 이 화합물은 각각 작용기를 가지고 있어 반응성이 훨씬 더 높기 때문에 5장의 알케인과는 매우 다르다. 수천 개의 생물학적 활성 분자가 이러한 작용기를 포함하고 있으며, 많은 유용한 합성 생성물이 이들의 반응을 통해 생성된다.

# 6.1 알켄과 알카인

**소비자 노트**

잘 익은 바나나는 식물 성장 호르몬인 에틸렌을 방출하기 때문에 덜 익은 토마토의 숙성을 가속화한다.

**알켄**(alkene)과 **알카인**(alkyne)은 다중 결합을 포함하는 두 종류의 유기 분자이다.

- 알켄은 탄소-탄소 **이중 결합**을 포함하는 화합물이다.

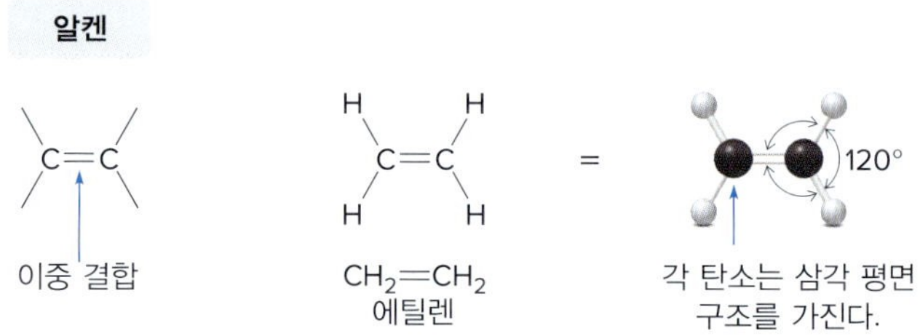


알켄의 일반식은 $C_nH_{2n}$이므로 알켄은 일반식이 $C_nH_{2n+2}$인 사슬형 알케인보다 수소 2개가 적다. **에틸렌**($C_2H_4$)은 가장 단순한 알켄으로 에틸렌의 각 탄소는 3개의 원자로 둘러싸여 있기 때문에 **삼각 평면** 구조를 가진다. 에틸렌의 6개 원자는 모두 같은 평면에 있고 모든 결합 각도는 120°이다.

에틸렌은 식물 성장과 과일 숙성을 조절하는 호르몬이다. 이것 때문에 먼 나라에서 재배된 바나나, 딸기, 토마토를 즐길 수 있다. 과일을 덜 익은 상태에서 수확한 후, 목적지에 도착해서 숙성을 원할 때 에틸렌을 분사할 수 있다.

- 알카인은 탄소-탄소 **삼중 결합**을 포함하는 화합물이다.

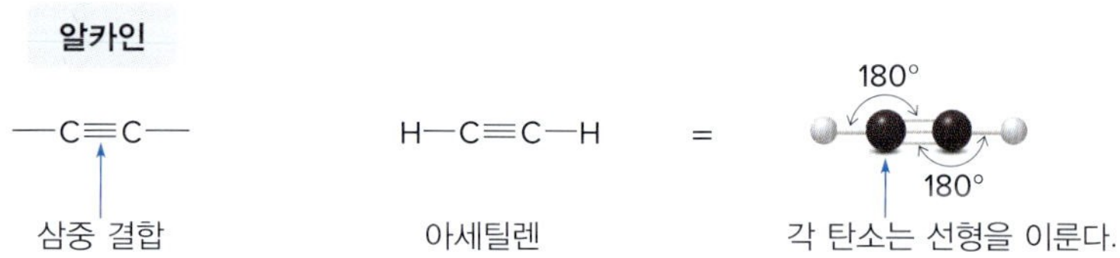


알카인의 일반적인 분자식은 $C_nH_{2n-2}$이므로 알카인은 사슬형 알케인보다 수소 4개가 적다. 아세틸렌($C_2H_2$)은 가장 단순한 알카인으로 각 탄소는 2개의 원자로 둘러싸여 있으므로 결합 각도가 180°인 **선형**을 이룬다.

알켄과 알카인은 비극성인 탄소-탄소와 탄소-수소 결합으로 구성되어 있기 때문에 물리적 성질은 다른 탄화수소, 즉 알케인과 유사하다.

- 알켄과 알카인은 녹는점과 끓는점이 낮으며 물에 녹지 않는다.

5장에서 사슬형 알케인은 탄소당 최대 수의 수소 원자를 포함하기 때문에 **포화 탄화수소**라고 불렀으나 이와는 대조적으로 알켄과 알카인은 **불포화 탄화수소**라고 한다.

- 불포화 탄화수소는 탄소당 수소 원자가 최대 개수보다 적게 결합된 화합물이다.

알켄 또는 알카인의 다중 결합은 항상 **축약 구조**로 그려진다. 축약 구조를 모든 결합선이 그려진 완전한 구조로 변환하려면 **예제 6.1**에서와 같이 이중 결합의 각 탄소 주위에 3개의 원자가 있고 삼중 결합의 각 탄소 주위에 2개의 원자가 있는지 확인해야 한다. 모든 구조에서 각 탄소에는 항상 4개의 결합이 있다.

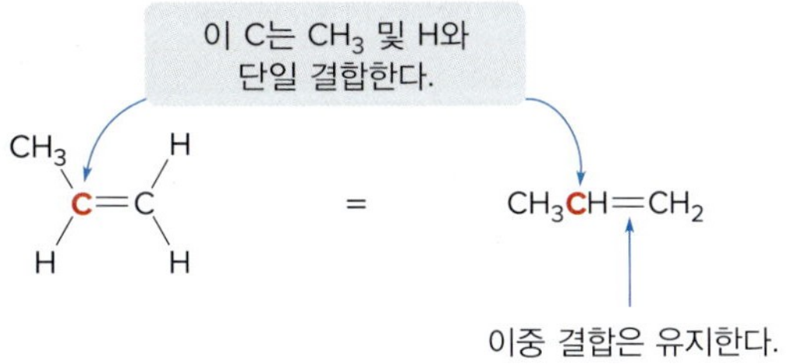


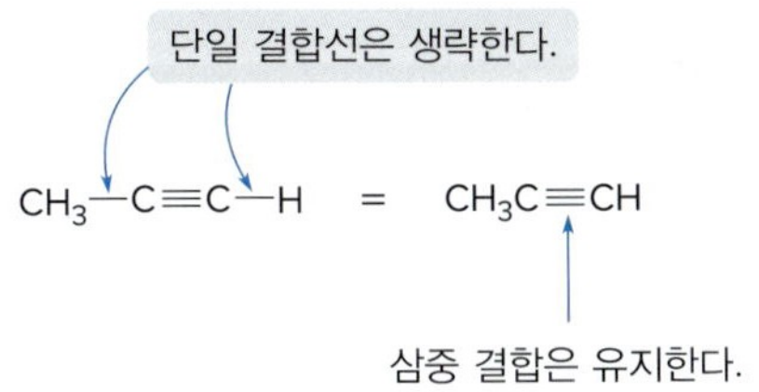


### 예제 6.1 알켄과 알카인의 축약 구조 해석

각 알켄 또는 알카인에 대한 완전한 구조를 그리시오.

a. $CH_2{=}CHCH_2CH_3$ b. $CH_3C{\equiv}CCH_2CH_3$

**분석**

먼저, 각 구조에 다중 결합을 그린다. 이중 결합의 각 C가 주위에 3개의 원자를 갖도록 알켄을 그리고, 삼중 결합의 각 C가 주위에 2개의 원자를 갖도록 알카인을 그린다. 그 밖의 다른 C에는 4개의 단일 결합이 있다.

**해답**

a. 빨간색으로 표시된 C는 2개의 H와 단일 결합을, 파란색으로 표시된 C는 1개의 H 및 $CH_2CH_3$ 기와 단일 결합을 가진다.

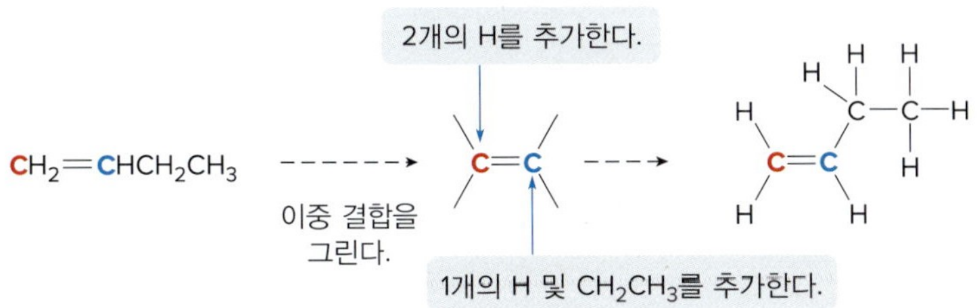


b. 빨간색으로 표시된 C는 $CH_3$기와 단일 결합을, 파란색으로 표시된 C는 $CH_2CH_3$기와 단일 결합을 가진다.

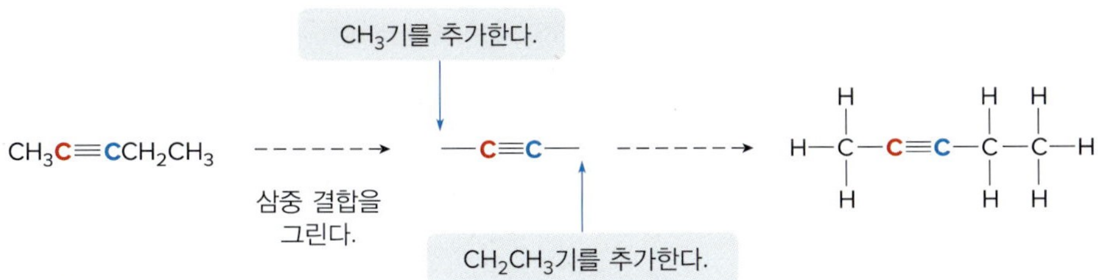

**연습문제 6.1**

각 축약 구조를 모든 원자, 결합선 및 고립 전자쌍이 그려진 완전한 구조로 변환하시오.

a. $CH_2{=}CHCH_2OH$  b. $(CH_3)_2C{=}CH(CH_2)_2CH_3$  c. $(CH_3)_2CHC{\equiv}CCH_2C(CH_3)_3$

## 6.2 알켄과 알카인의 명명법

새로운 작용기가 나올 때마다 IUPAC 체계를 사용하여 이름을 정하는 방법을 배우기 위해서는 두 가지 새로운 원칙, 즉 작용기를 식별하는 접미사 이름을 지정하는 규칙과 탄소 골격에 번호를 매기는 규칙을 알아야 한다. IUPAC 체계에서 다음을 확인한다.

- 알켄은 접미사 -ene로 식별된다.
- 알카인은 접미사 -yne로 식별된다.

### 알켄 또는 알카인의 이름을 지정하는 방법

**예** 각 알켄과 알카인의 IUPAC 이름을 정하시오.

a. $CH_2{=}CHCH(CH_3)CH_3$ (CH₃ 가지가 세 번째 탄소에 결합)  b. $CH_3CH_2CH(CH_2CH_3)C{\equiv}CCH_3$

**단계 [1] 이중 또는 삼중 결합의 탄소 원자를 모두 포함하는 가장 긴 사슬을 찾는다.**

a. $CH_2{=}CHCH(CH_3)CH_3$

가장 긴 사슬에 탄소가 4개

뷰테인 ---→ 뷰텐

(but**ane**) (but**ene**)

- 화합물은 알켄이므로 모체 사슬 알케인의 -ane 끝부분을 -ene로 변경한다.

b. $CH_3CH_2CH(CH_2CH_3)C{\equiv}CCH_3$

가장 긴 사슬에 탄소가 6개

헥세인 ---→ 헥사인

(hex**ane**) (hex**yne**)

- 화합물은 알카인이므로 모체 사슬 알케인의 -ane 끝부분을 -yne로 변경한다.

**단계 [2] 다중 결합에 더 낮은 숫자를 부여하도록 탄소 사슬에 번호를 매긴다.**

각 화합물에 대해 사슬에 번호를 매기고, 다중 결합에 할당된 첫 번째 번호를 사용하여 화합물의 이름을 지정한다.

여기에서 번호 매기기를 시작한다.

a. $CH_2{=}CHCH(CH_3)CH_3$

1 2 3 4

1-뷰텐(1-butene)

- 사슬의 왼쪽에서 시작하여 오른쪽으로 번호를 정하면 이중 결합이 C1(C3이 아님)에 놓인다. 알켄은 이중 결합에 할당된 첫 번째 숫자를 사용하여 명명되므로 1-뷰텐이 된다.

여기에서 번호 매기기를 시작한다.

b. $CH_3CH_2CH(CH_2CH_3)C{\equiv}CCH_3$

6 5 4 3 2 1

2-헥사인(2-hexyne)

- 사슬의 오른쪽에서 왼쪽으로 번호를 매기면 삼중 결합이 C2(C4가 아님)에 놓인다. 알카인은 삼중 결합에 할당된 첫 번째 숫자를 사용하여 이름이 정해져서 2-헥사인이 된다.

**단계 [3]** **치환기의 번호와 이름을 지정하고 완성된 이름을 쓴다.**

a. 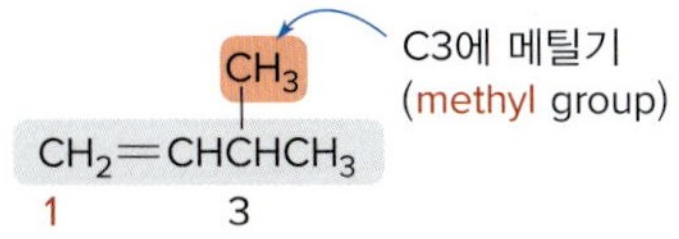


**답: 3-메틸-1-뷰텐**(3-methyl-1-butene)

b. 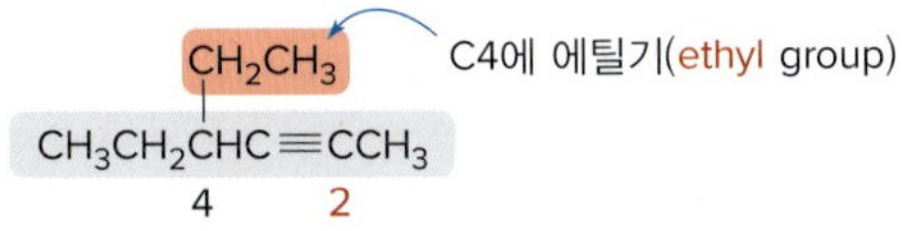


**답: 4-에틸-2-헥사인**(4-ethyl-2-hexyne)

2개의 이중 결합을 가진 화합물을 **다이엔**(dienes)이라고 한다. 주 사슬 알케인의 -ane 끝부분을 접미사 -adiene으로 변경하여 이름을 정하고, 각 이중 결합은 각자 번호를 가진다.

번호 매기기: 1 2 3 4

이름: **1,3-부타다이엔**(1,3-butadiene)

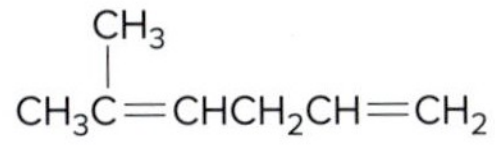

번호 매기기: 6 5 4 3 2 1

이름: **5-메틸-1,4-헥사다이엔**(5-methyl-1,4-hexadiene)

사이클로알켄의 이름을 정할 때 이중 결합을 C1과 C2 사이에 두고 일반적으로 이름에서 1을 생략한다. 고리는 첫 번째 치환기에 더 낮은 숫자를 부여하도록 번호가 매겨진다.

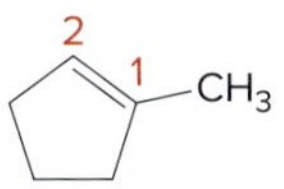


**1-메틸사이클로펜텐**
(1-methylcyclopentene)

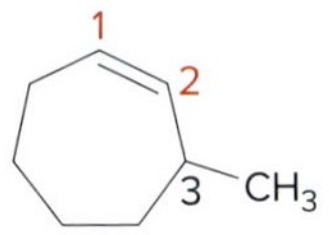


**3-메틸사이클로헵텐**
(3-methylcycloheptene)

[C=C에서 시계 방향으로 번호를 매기고 C3에 $CH_3$를 놓는다.]

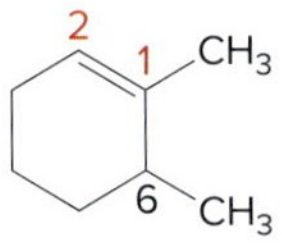


**1,6-다이메틸사이클로헥센**
(1,6-dimethylcyclohexene)

[C=C에서 반시계 방향으로 번호를 매기고 C1에 $CH_3$를 놓는다.]

몇 가지 간단한 알켄과 알카인에는 IUPAC 체계를 따르지 않는 이름이 있다. 가장 단순한 알켄인 $CH_2{=}CH_2$는 IUPAC 체계에서 에텐이라고 하지만, 일반적으로 **에틸렌**(ehylene)이라고 한다. 가장 단순한 알카인인 $HC{\equiv}CH$는 IUPAC 체계에서 에타인이라고 하지만, 일반적으로 **아세틸렌**(acetylene)이라고 한다. 이러한 관용명은 체계적인 IUPAC 이름보다 더 널리 알려졌기 때문에 일반적으로 이 이름들을 사용한다.

### 예제 6.2 알켄 이름 정하기

다음 화합물에 대한 IUPAC 이름을 정하시오.

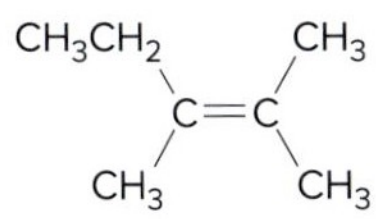

**분석 및 해답**

**[1] 다중 결합의 두 탄소 원자를 포함하는 가장 긴 사슬을 찾는다.**

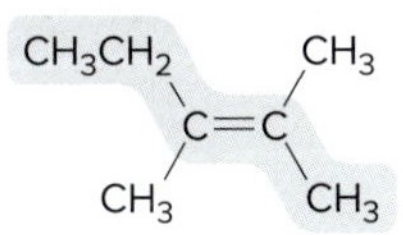

가장 긴 사슬에 5개의 탄소 ---→ **펜텐**(pentene)

**[2] 이중 결합에 낮은 번호가 부여되도록 사슬에 번호를 붙인다.**

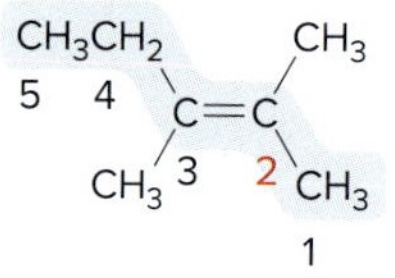

- 이중 결합이 C2(C3가 아님)에서 시작하기 때문에 오른쪽에서 왼쪽으로 번호를 붙인다. 분자는 **2-펜텐**(2-pentene)으로 명명된다.

**[3] 치환기의 이름과 번호를 정하고 완전한 이름을 쓴다.**

알켄에는 C2와 C3에 2개의 메틸기가 있다. 메틸 앞에 접두사 di-를 사용하여 2,3-다이메틸이라고 쓴다.

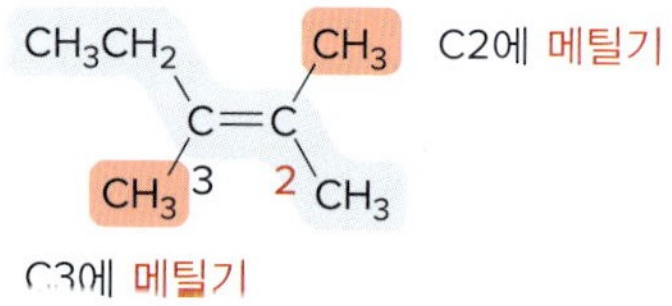


**답: 2,3-다이메틸-2-펜텐**(2,3-dimethyl-2-pentene)

### 연습문제 6.2

각 알켄에 알맞은 IUPAC 이름을 정하시오.

a. $CH_2{=}CHCH(CH_3)CH_2CH_3$

b. $(CH_3CH_2)_2C{=}CHCH_2CH_2CH_3$

c. $CH_3CH_2CH{=}CHCH{=}CHCH_3$

d. 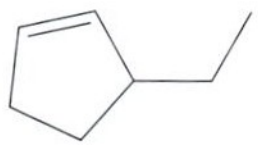

### 예제 6.3 골격 구조에서 알켄 이름 정하기

다음 알켄에 알맞은 IUPAC 이름을 정하시오.

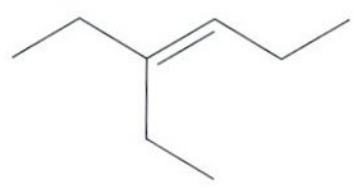

#### 분석 및 해답

**[1] 이중 결합의 두 원자를 포함하는 가장 긴 연속 탄소 사슬을 찾는다.**

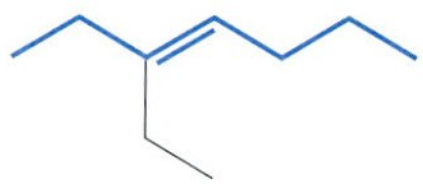

가장 긴 사슬에 7개의 탄소 ---→ **헵텐**(heptene)

**[2] 이중 결합에 낮은 번호가 부여되도록 사슬에 번호를 붙인다.**

- 왼쪽에서 오른쪽으로 번호를 매기면 이중 결합은 C3(C4가 아님)에 위치하므로 분자는 3-헵텐으로 명명된다.

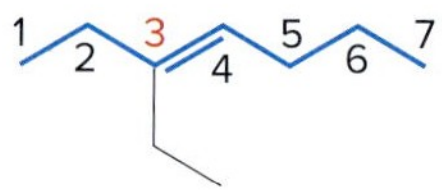

3-헵텐(3-heptene)

**[3] 치환기의 이름과 번호를 붙이고 완전한 이름을 쓴다.**

- 알켄은 C3에 하나의 에틸기를 가지고 있다.

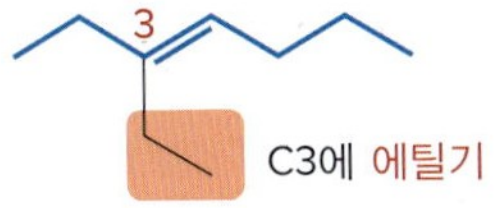


**답: 3-에틸-3-헵텐**(3-ethyl-3-heptene)

### 연습문제 6.3

다음 알켄의 IUPAC 이름을 정하시오.

a. 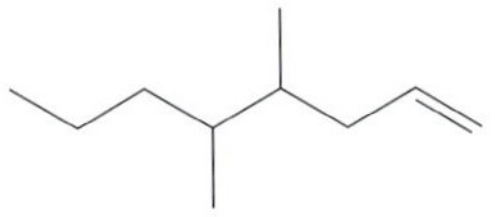

b. 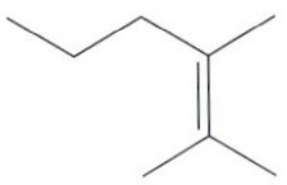

### 예제 6.4 알켄 또는 알카인 구조 그리기

각 IUPAC 이름에 해당하는 구조를 그리시오.

a. 5,5-다이메틸-3-헵타인(5,5-dimethyl-3-heptyne)

b. 1,3-다이메틸사이클로헥센(1,3-dimethylcyclohexene)

**분석**

먼저, 모체 사슬 이름을 식별하여 가장 긴 탄소 사슬 또는 고리를 찾은 다음, 접미사 -ene 또는 -yne를 사용하여 작용기를 결정한다. 접미사 -ene은 알켄이고 접미사 -yne은 알카인이다. 그런 다음 탄소 사슬 또는 고리에 번호를 매기고 표시된 탄소에 작용기를 놓는다. 각 탄소에 4개의 결합을 맞추기 위해 치환기와 충분한 수소를 추가한다.

**해답**

a. 5,5-다이메틸-3-헵타인은 가장 긴 사슬(hept-)로 7개의 C와 C3(3-heptyne)에서 시작하는 삼중 결합을 가지고 있으며, 2개의 메틸기가 C5에 결합되어 있다.

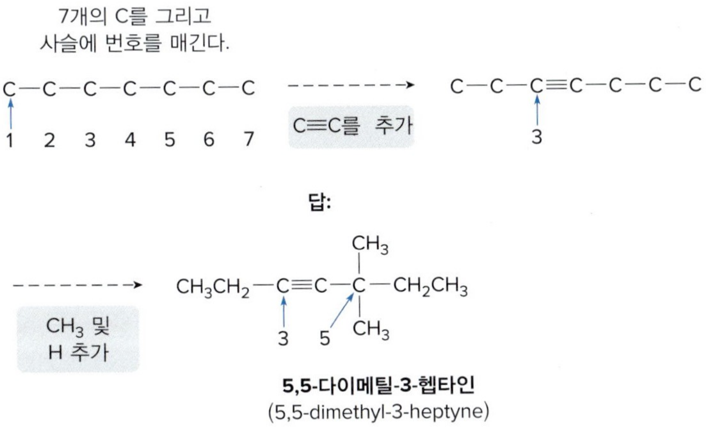


b. 1,3-다이메틸사이클로헥센은 이중 결합이 있는 6-원자 고리(cyclohexene)를 포함한다. 고리에 번호를 매겨 C1과 C2 사이에 이중 결합을 넣은 다음, 2개의 메틸기를 C1과 C3에 추가한다.

- 6-탄소 고리를 그린다.
- 임의의 C에서 번호 매기기를 시작한다.

답:

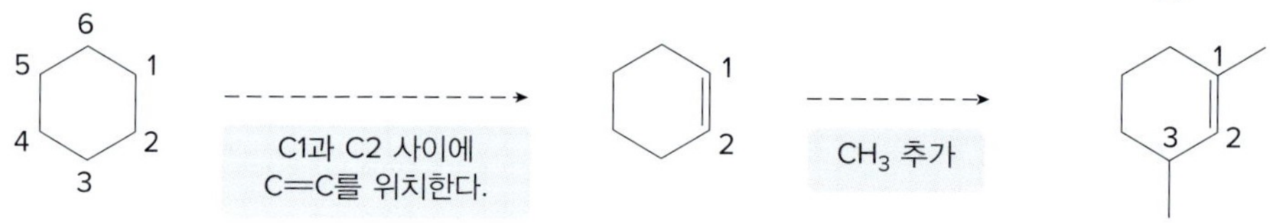


**1,3-다이메틸사이클로헥센**
(1,3-dimethylcyclohexene)

**연습문제 6.4**

각 이름에 해당하는 구조를 그리시오.

a. 4-메틸-1-헥센(4-methyl-1-hexene)
b. 5-에틸-2-메틸-2-헵텐(5-ethyl-2-methyl-2-heptene)
c. 2,5-다이메틸-3-헥사인(2,5-dimethyl-3-hexyne)
d. 1-프로필사이클로뷰텐(1-propylcyclobutene)
e. 1,3-사이클로헥사다이엔(1,3-cyclohexadiene)
f. 4-에틸-1-데카인(4-ethyl-1-decyne)

## 6.3 시스–트랜스 이성질체

5.2절에서 알케인에 대해 배웠듯이 주어진 분자식의 알켄에 대해 구조 이성질체가 가능하다. 예를 들어, 분자식 $C_4H_8$인 알켄은 1-뷰텐, 2-뷰텐 및 2-메틸프로펜의 세 가지 구조 이성질체가 있다.

| $CH_2{=}CHCH_2CH_3$ | $CH_3CH{=}CHCH_3$ | $CH_2{=}C(CH_3)CH_3$ |
|---|---|---|
| 1-뷰텐 | 2-뷰텐 | 2-메틸프로펜 |

이 화합물은 원자가 다른 방식으로 서로 결합되어 있기 때문에 구조 이성질체이다. 1-뷰텐과 **2-뷰텐**은 모두 4-탄소 사슬을 가지고 있지만 이중 결합의 위치가 다르며, 2-메틸프로펜은 가장 긴 사슬에 탄소 원자 3개만을 가지고 있다.

### 6.3A 입체 이성질체–새로운 종류의 이성질체

2-뷰텐은 알켄에 대한 또 다른 중요한 측면을 보여 준다. 탄소-탄소 **단일 결합** 중심으로 관찰되는 자유 회전(5.2D절 참조)과 달리 이중 결합의 탄소 원자 주변으로 회전은 제한되며, 결과적으로 이중 결합의 한쪽에 있는 기는 다른 쪽으로 회전할 수 없다.

$CH_3CH{=}CHCH_3$
2-뷰텐(2-butene)

2-뷰텐의 경우 이중 결합을 기준으로 원자를 배열하는 두 가지 방법이 있다. 2개의 $CH_3$기는 이중 결합의 같은 쪽에 있거나 이중 결합의 반대쪽에 위치할 수 있고, 이 분자들은 같은 분자식을 가졌지만 다른 화합물, 즉 **이성질체**이다.

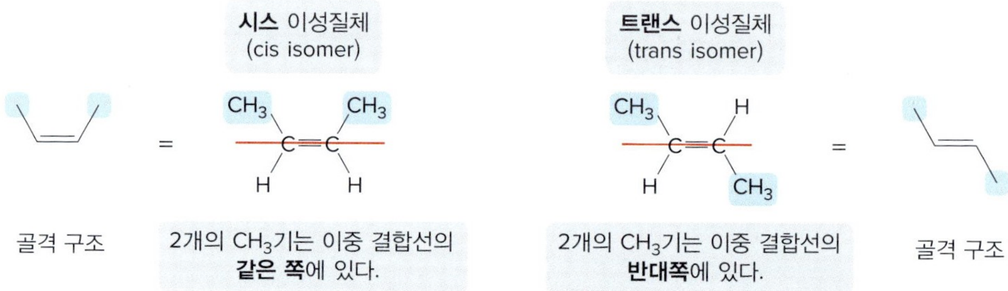

- 2개의 $CH_3$기가 이중 결합의 같은 쪽에 위치할 때 이 화합물을 **시스 이성질체**라고 한다.
- 2개의 $CH_3$기가 이중 결합의 반대쪽에 있을 때 이 화합물을 **트랜스 이성질체**라고 한다.

이러한 화합물에 고유한 IUPAC 이름을 부여하기 위해 이름 앞에 접두사 시스 및 트랜스를 사용하여 이중 결합에서 두 알킬 그룹의 상대적 위치를 나타낸다. 따라서 한 이성질체는 **시스-2-뷰텐**(*cis*-2-butene)이라 하고, 다른 이성질체는 **트랜스-2-뷰텐**(*trans*-2-butene)이라고 한다.

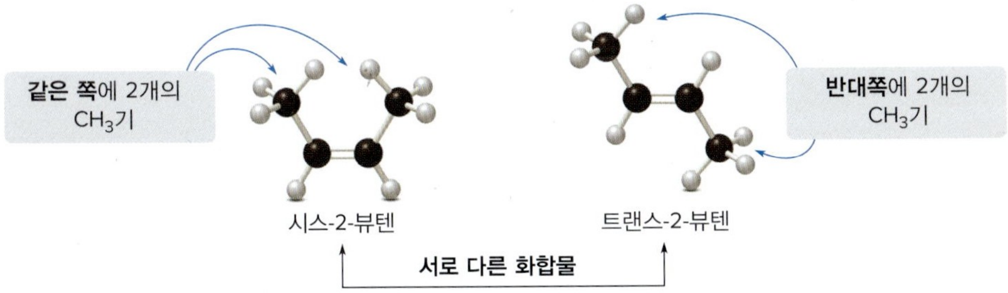


2-뷰텐의 시스 및 트랜스 이성질체는 탄소-탄소 이중 결합에서 발생하는 일반적인 이성질체의 구체적인 예이다. C=C의 각 끝에 있는 두 기가 서로 다를 때마다 2개의 이성질체가 가능하다.

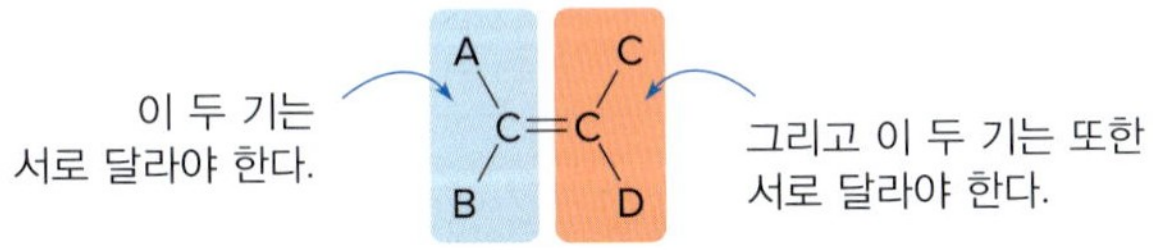


이중 결합의 한쪽 끝에 있는 두 기가 동일한 경우 여전히 회전이 제한되지만 시스 및 트랜스 이성질체는 가능하지 않다. 1-뷰텐(1-butene), $CH_2CHCH_2CH_3$의 경우, 이중 결합의 한쪽 끝에는 2개의 수소가 있으므로 에틸기($CH_2CH_3$)는 분자가 어떻게 그려지든 관계없이 항상 수소에 대해 시스이다.

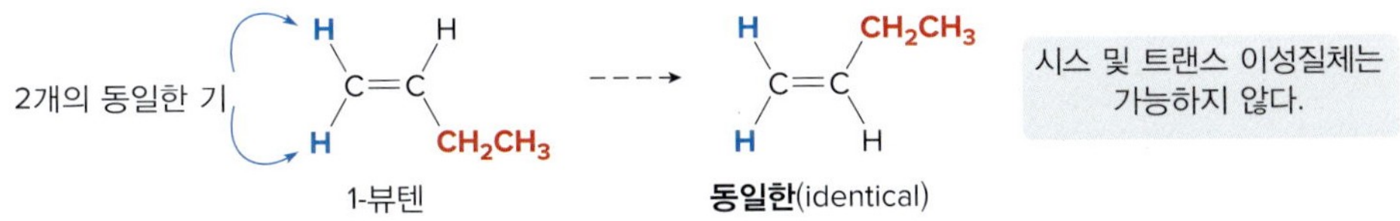


### 예제 6.5 시스 및 트랜스 이성질체 그리기

시스- 및 트랜스-3-헥센을 그리시오.

**분석**

먼저, 모체 사슬 이름을 사용하여 탄소 골격을 그리고, 올바른 위치의 탄소에 이중 결합을 배치한다. 3-헥센은 이중 결합이 C3에서 시작하는 6-C 사슬을 나타낸다. 그런 다음 시스 및 트랜스의 정의를 사용하여 이성질체를 그린다.

**해답**

이중 결합의 각 C는 $CH_3CH_2$기와 수소에 결합된다. 시스 이성질체는 이중 결합의 동일한 쪽에 결합된 2개의 $CH_3CH_2$기를 갖고 트랜스 이성질체는 이중 결합의 반대쪽에 결합된 2개의 $CH_3CH_2$기를 가진다.

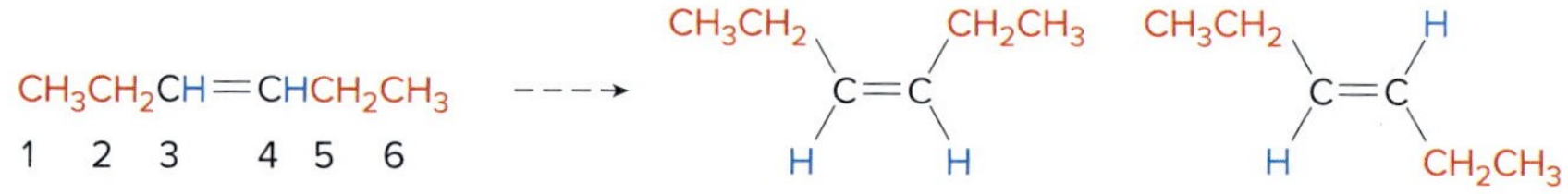

3-헥센 (3-hexene) | 시스-3-헥센 (*cis*-3-hexene) | 트랜스-3-헥센 (*trans*-3-hexene)

### 연습문제 6.5

각 화합물에 대한 축약 구조를 그리시오.

a. 시스-2-옥텐(*cis*-2-octene) b. 트렌스-3-헵텐(*trans*-3-heptene)

c. 트렌스-4-메틸-2-펜텐(*trans*-4-methyl-2-pentene)

시스 및 트랜스 화합물은 이성질체이지만 구조 이성질체는 아니다. 시스- 및 트랜스-2-뷰텐의 각 탄소 원자는 동일한 원자에 결합되어 있다. 유일한 차이점은 이중 결합 주위에 있는 기들의 3차원 배열이다. 이런 종류의 이성질체를 **입체 이성질체**라고 한다.

- 입체 이성질체는 원자의 3차원 배열만 다른 이성질체이다.

따라서 시스-2-뷰텐과 트랜스-2-뷰텐은 입체 이성질체이지만 그림 6.1과 같이 각 화합물은 1-뷰텐의 구조 이성질체이다.

지금까지 우리는 이성질체의 두 가지 주요 종류를 배웠다.

- 구조 이성질체는 원자들이 서로 결합하는 방식이 다르다.
- 입체 이성질체는 원자들의 3차원 배열만 다르다.

그림 6.1 세 가지 이성질체 비교 : 1–뷰텐, 시스–2–뷰텐 및 트랜스–2–뷰텐

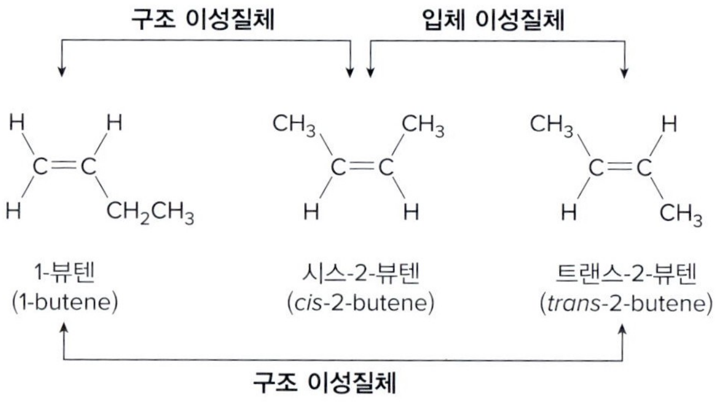


### 예제 6.6 입체 이성질체 및 구조 이성질체 식별

각 쌍의 화합물을 입체 이성질체 또는 구조 이성질체로 표시하시오.

a. A와 B b. A와 C

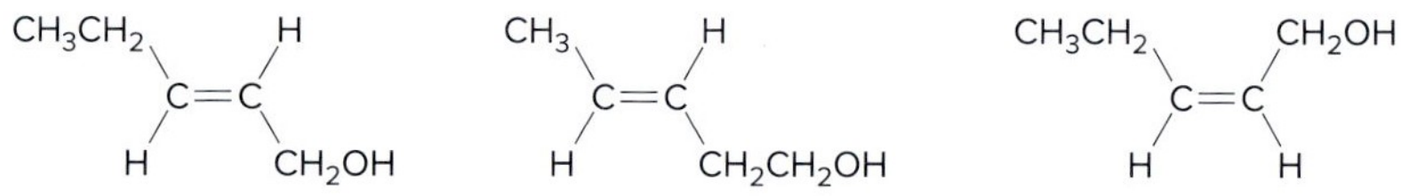

A B C

### 분석

- 구조 이성질체는 원자가 서로 결합하는 방식이 다르다. **원자는 서로 다른 원자에 결합되어 있다.**
- 입체 이성질체는 원자의 3차원 배열에서만 다르다. **원자는 같은 원자에 결합되어 있다.**

### 해답

a. 화합물 A와 B는 이중 결합이 사슬의 다른 원자 사이에 위치하기 때문에 구조 이성질체이다. 화합물 A에는 C=C에 결합된 에틸기($CH_3CH_2$)가 있는 반면, 화합물 B에는 C=C에 메틸기($CH_3$)가 있다.

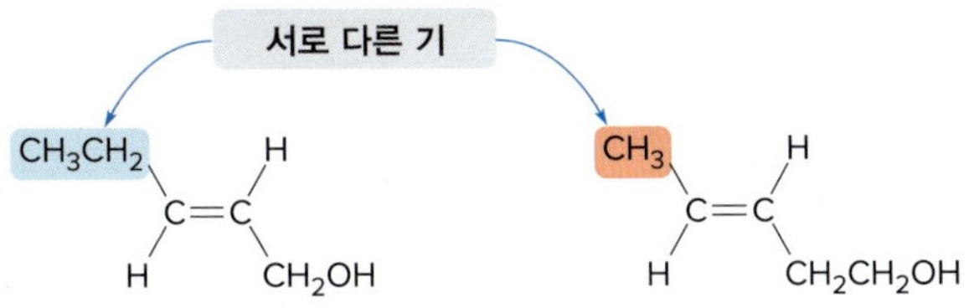


A B

b. 화합물 A와 C는 모든 원자가 동일한 원자에 결합되어 있지만 탄소-탄소 이중 결합에 결합한 원자단의 배열이 다르므로 입체 이성질체이다. 화합물 A에서 $CH_3CH_2$ 및 $CH_2OH$ 기는 이중 결합의 반대쪽에 있어 트랜스인 반면, 화합물 C에서는 $CH_3CH_2$ 및 $CH_2OH$ 기가 이중 결합의 같은 쪽에 있어 시스이다.

A
트랜스 이성질체
반대쪽에 있는 두 기

C
시스 이성질체
같은 쪽에 있는 두 기

8장에서 입체 이성질체에 대해 자세히 알아볼 것이다.

시스-트랜스 이성질체는 기하 이성질체라고도 한다.

### 연습문제 6.6

각 알켄 쌍을 구조 이성질체 또는 입체 이성질체로 표시하시오.

a. $CH_3CH{=}CHCH_2CH_3$ 및 $CH_2{=}CHCH_2CH_2CH_3$

b. 

c. 

## 6.4 음식과 의학에서 흥미로운 알켄

식물 호르몬인 에틸렌 $CH_2{=}CH_2$(6.1절 참조) 외에도 많은 유용한 화합물에는 하나 이상의 탄소-탄소 이중 결합이 포함되어 있다.

토마토와 수박의 붉은 색소인 **라이코펜**(lycopene)은 13개의 이중 결합을 포함한다. 라이코펜은 원하지 않는 산화 반응이 일어나는 것을 방지하는 화합물인 **항산화제**이다. 라이코펜과 같은 항산화제를 많이 섭취하는 식단은 심장병 및 특정 형태의 암 위험을 줄이는 것으로 나타났다. 신선한 과일이나 채소를 가공할 때 파괴될 수 있는 다른 항산화제와 달리, 토마토 페이스트, 토마토 주스, 케첩과 같은 음식에도 라이코펜은 많이 함유되어 있다.

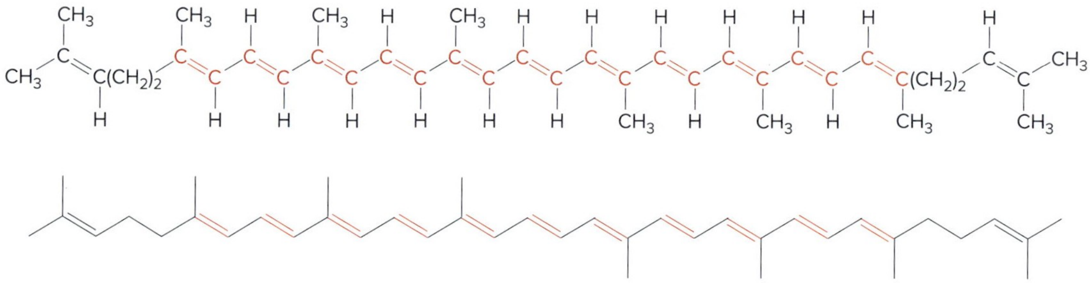

라이코펜

가공된 토마토 제품에는 항산화 라이코펜이 포함되어 있다.

라이코펜의 붉은색은 각각 하나의 단일 결합으로 분리된 11개의 이중 결합(빨간색으로 표시됨)에 기인한다. 이 이중 결합은 가시광선의 일부(전부는 아님) 파장을 흡수한다. 화합물은 가시 광선을 흡수할 때 흡수하지 않는 빛의 파장의 색상을 나타낸다. 라이코펜은 청록광을 흡수하므로 가시광선의 적색광을 흡수하지 않기 때문에 빨간색으로 보인다.

라이코펜은 가시광선 영역의 이 부분을 흡수한다.

가시광선 영역

스펙트럼의 이 부분은 흡수되지 않는다.

**라이코펜은 빨간색으로 보인다.**

**타목시펜**(tamoxifen)은 다른 작용기뿐만 아니라 탄소-탄소 이중 결합을 포함하는 강력한 항암제이다. 타목시펜은 성장에 여성 호르몬인 에스트로겐을 이용하는 특정 유방암 치료에 널리 사용된다. 타목시펜은 에스트로겐 수용체에 결합하여 에스트로겐 의존성 유방암의 성장을 억제한다. 타목시펜은 놀바덱스(Nolvadex)라는 상품명으로 판매된다.

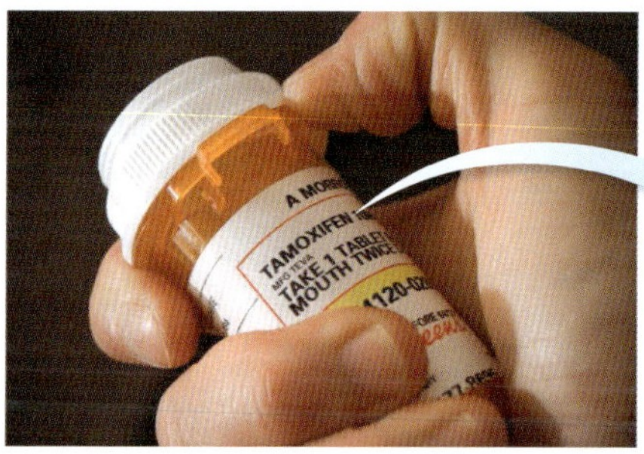


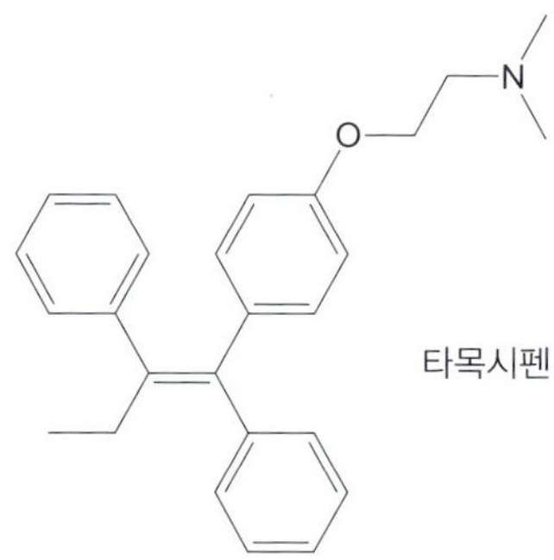

타목시펜

## 6.5 알켄의 반응

대부분의 유기 화합물 계열은 특징적인 유형의 반응을 하는데 알켄의 경우는 **첨가 반응**이다. 첨가 반응에서 새로운 기 X 및 Y가 출발 물질에 첨가된다. 하나의 이중 결합이 끊어지고 2개의 새로운 단일 결합이 생성된다.

- 첨가 반응은 원소가 화합물에 첨가되는 반응이다.

그림 6.2 알켄의 네 가지 첨가 반응

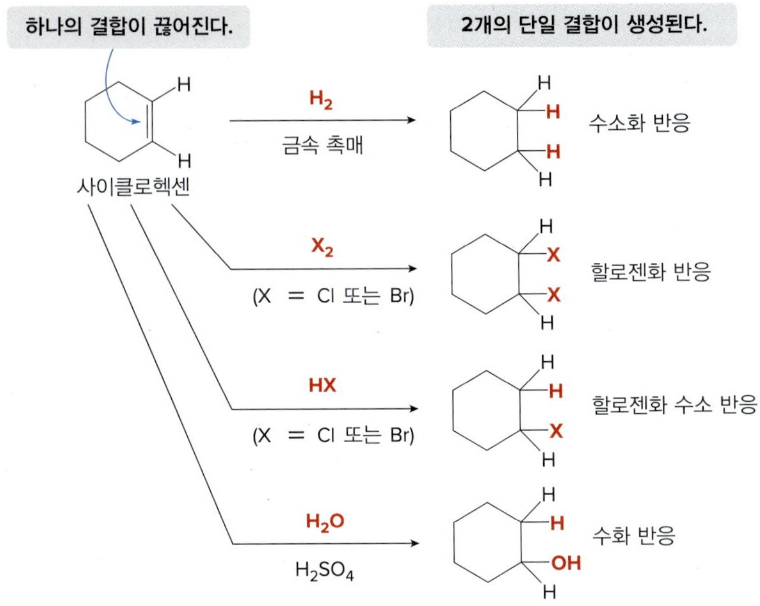


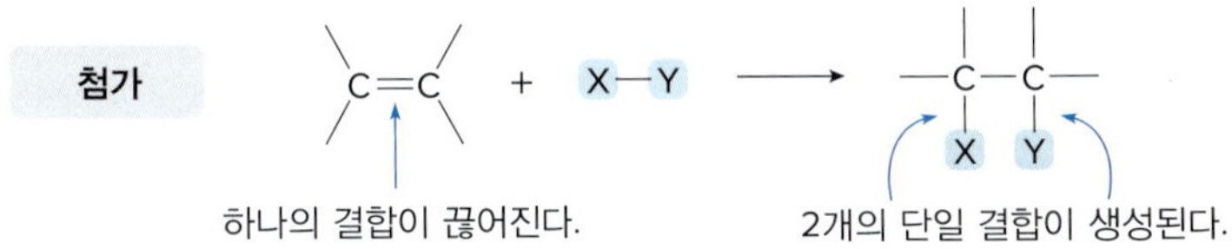


첨가 반응이 일어나는 이유는 무엇일까? 이중 결합은 하나의 강한 결합과 하나의 약한 결합으로 구성된다. 첨가 반응으로 약한 결합이 끊어지고 2개의 새롭고 강한 단일 결합이 생성된다. 알켄은 수소($H_2$), 할로젠($Cl_2$ 및 $Br_2$), 할로젠화 수소(HCl 및 HBr), 그리고 물($H_2O$)과 반응한다. 이러한 반응은 단일 알켄을 출발 물질로 사용하여 그림 6.2에 설명되어 있다.

## 6.5A 수소 첨가 반응–수소화 반응

알켄(alkene)과 수소($H_2$)의 반응을 **수소화 반응**이라고 한다. 수소화 반응은 탄소-탄소 이중 결합과 H—H 결합이 끊어지고 2개의 새로운 C—H 결합이 생성되는 첨가 반응이다.

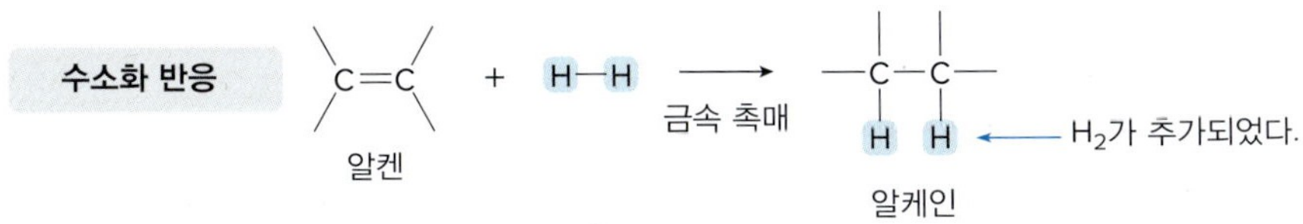


$H_2$의 첨가는 팔라듐(Pd)과 같은 **금속 촉매**가 있는 경우에만 발생한다. 금속은 알켄과 $H_2$가 결합할 수 있는 표면을 제공하여 반응 속도를 높인다. 알켄의 수소화 반응은 생성물에 C—C 단일 결합만 있기 때문에 결국 알케인(alkane)을 생성한다.

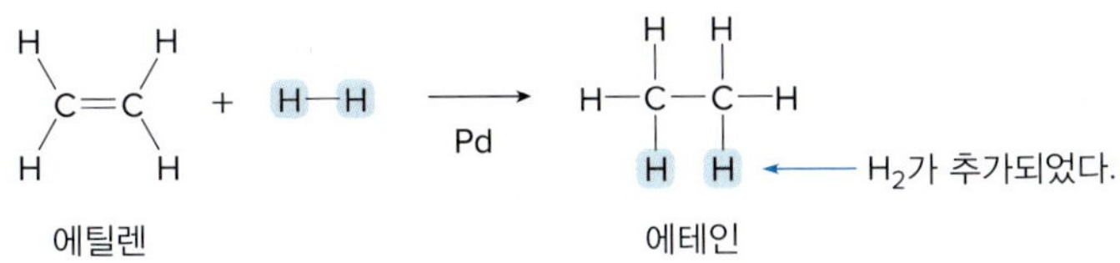

### 예제 6.7 수소화 반응의 생성물 그리기

다음 반응의 생성물을 그리시오.

$$CH_3CH_2CH_2CH{=}CH_2 \;+\; H_2 \xrightarrow[Pd]{}$$

**분석**

수소화 반응의 생성물을 그리는 방법은 다음과 같다.

- C=C를 찾고 이중 결합에서 하나의 결합을 끊는다.
- 반응물의 H-H 결합을 끊는다.
- 이중 결합을 했던 각 C에 H 원자를 하나 추가하여 2개의 새로운 C—H 단일 결합을 생성한다.

**해답**

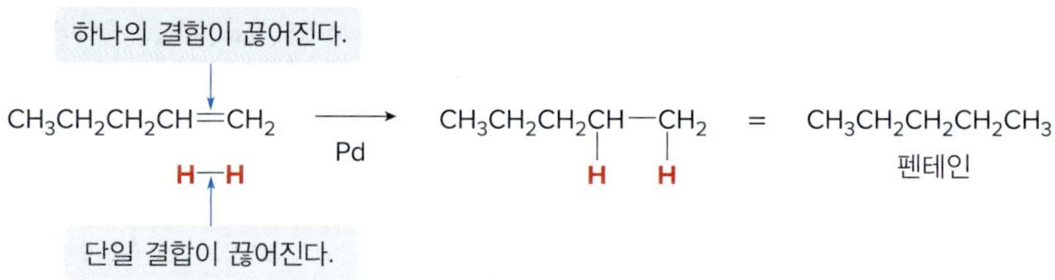


### 연습문제 6.7

각 알켄을 $H_2$와 Pd 촉매로 처리하면 어떤 생성물이 생성되는가?

a. $CH_3CH_2CH{=}CHCH_2CH_3$

b. 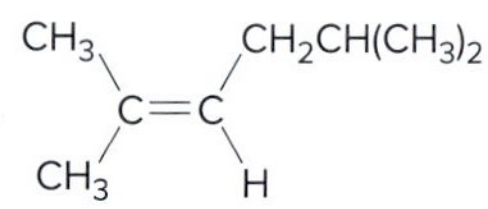


c. 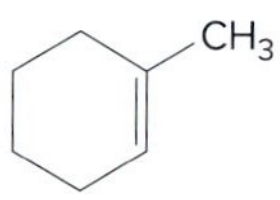


## 6.5B 할로젠 첨가 반응–할로젠화 반응

할로젠화 반응은 알켄(alkene)에 할로젠($X_2$)을 추가한다. 탄소 이중 결합과 X—X 결합이 끊어지고 2개의 새로운 C—X 결합이 생성된다.

알케인(alkane)의 할로젠화는 5.7절에서 설명했다.

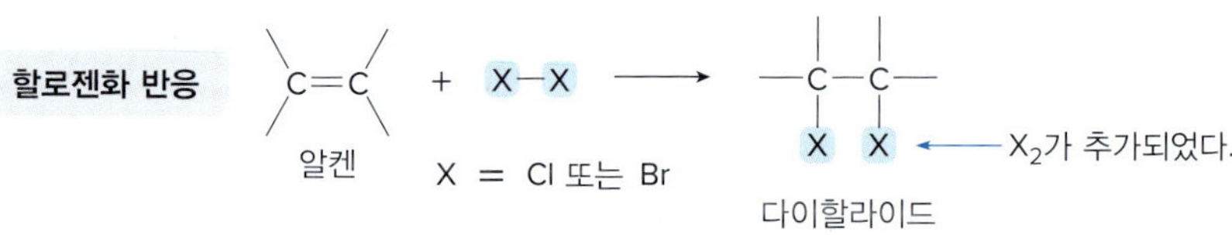


할로젠화 반응은 $Cl_2$ 및 $Br_2$와 결합할 때 쉽게 발생한다. 할로젠화 반응의 산물은 다이할라이드(dihalide)이다.

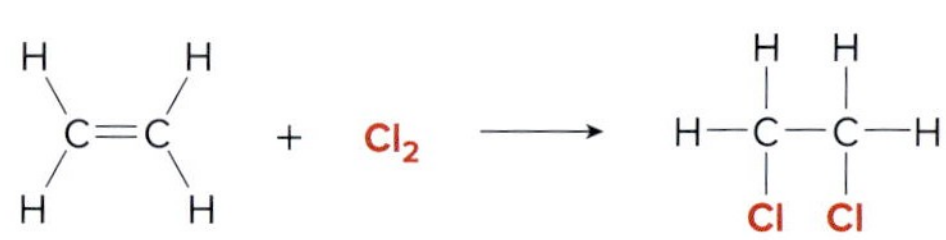

브로민(bromine)을 사용한 할로젠화 반응은 미지의 화합물에 이중 결합이 있는지 확인하는 데 사용되는 간단한 화학 반응이다. 브로민은 쉽게 기화되는 붉은 액체이다. 알켄에 브로민을 첨가하면 브로민이 이중 결합에 추가되어 빨간색이 사라진다. 즉, 빨간색이 사라지면 이중 결합이 있음을 나타낸다.

## 6.5C 할로젠화 수소의 첨가 / 할로젠화 수소 첨가 반응

**할로젠화 수소 첨가 반응**(hydrohalogenation)은 알켄(alkene)에 HX(X = Cl 또는 Br)를 첨가한다. 탄소 이중 결합 중 하나와 HX 결합이 끊어지고 새로운 C—H 및 C—X 결합이 생성된다.

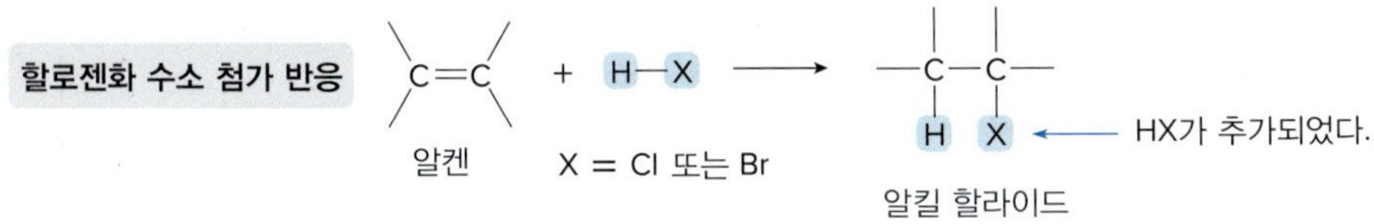


할로젠화 수소 첨가 반응은 반응물이 HCl 및 HBr일 때 쉽게 발생하며, 생성물은 **알킬 할라이드**(alkyl halide)이다.

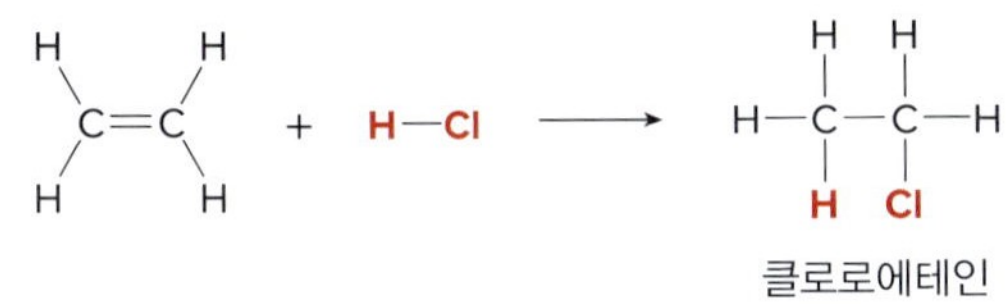


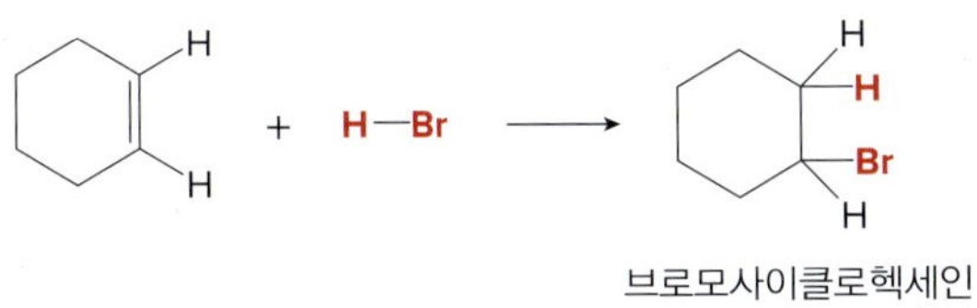


$H_2$ 및 $X_2$의 첨가와 비교했을 때 할로젠화 수소 첨가 반응에는 한 가지 중요한 차이점, 즉 이중 결합의 두 탄소에 다른 원자 H와 X가 추가된다는 특징이 있다. 결과적으로 HX는 비대칭 알켄을 출발 물질로 사용할 때 이중 결합에 첨가되어 두 가지 구조 이성질체를 생성할 수 있다.

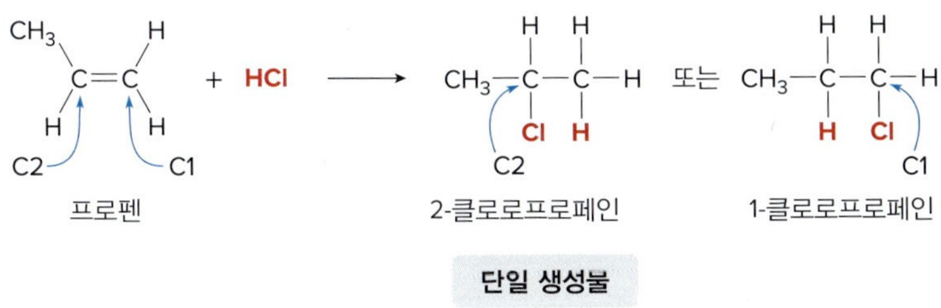


예를 들어, 프로펜(propene)에 HCl을 첨가하면 이론적으로 두 가지 생성물이 생성될 수 있다. H가 말단 탄소(C1로 표시)에 추가되고 Cl이 중간 탄소(C2)에 추가되면 2-클로로프로페인이 생성될 것이고, Cl이 말단 탄소(C1)에 추가되고 H가 중간 탄소(C2)에 추가되면 1-클로로프로페인이 생성될 것이다. 하지만 실제로는 **2-클로로프로페인**(2-chloropropane)만 생성되며 이것은 알켄에 HX가 첨가될 때 일어나는 선택성을 처음으로 밝혀 낸 러시아 화학자의 이름을 딴 **마르코브니코프 규칙**(Markovnikov's rule)이라는 중요한 원리의 구체적인 예이다.

- 비대칭 알켄에 HX를 추가하면 H 원자는 치환기를 덜 가진 탄소 원자, 즉 수소 원자가 더 많이 붙은 탄소에 결합한다.

**프로펜**(propene)의 말단 탄소(C1)에는 2개의 수소가 있고 중간 탄소(C2)에는 1개의 수소만 있다. C1에 더 많은 수소(2 대 1)가 있었기 때문에 HCl의 H는 C1에 결합한다.

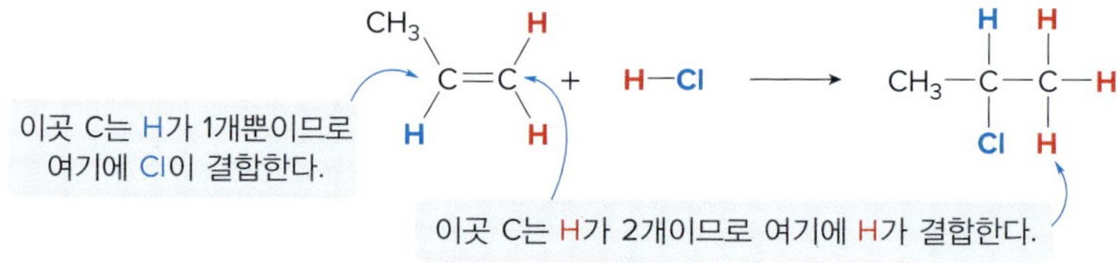


### 예제 6.8 할로젠화 수소 첨가 반응의 생성물 그리기

2-메틸프로펜 [$(CH_3)_2C{=}CH_2$]이 HBr로 처리될 때 어떤 생성물이 생기는가?

**분석**

알켄은 첨가 반응을 거치므로 H와 Br이 이중 결합에 첨가되어야 한다. 알켄이 비대칭이기 때문에 HBr의 H 원자는 H가 더 많은 탄소에 결합한다.

**해답**

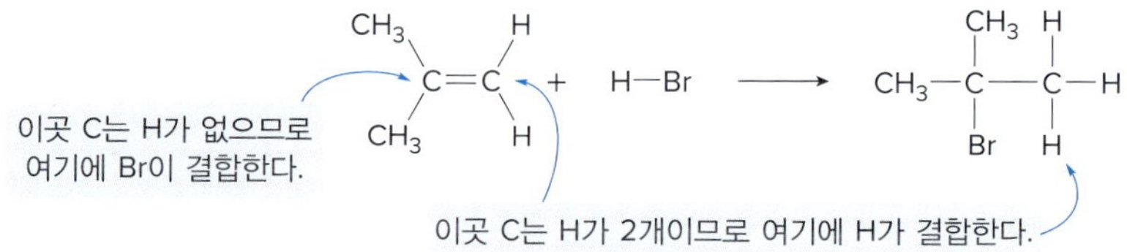


**연습문제 6.8**

다음 각 반응에서 어떤 생성물이 형성되는가?

a. $CH_3CH{=}CHCH_3 + HBr \longrightarrow$

b. 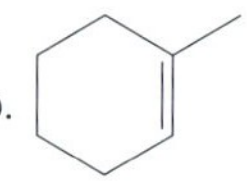 + HBr ⟶

c. $(CH_3)_2C{=}CHCH_3 + HCl \longrightarrow$

d.  + HCl ⟶

## 6.5D 물의 첨가 – 수화 반응

**수화 반응**의 결과 알켄(alkene)에 물이 첨가된다. 탄소-탄소 이중 결합과 H—OH 결합이 끊어지고 새로운 C—H 및 C—OH 결합이 생성된다.

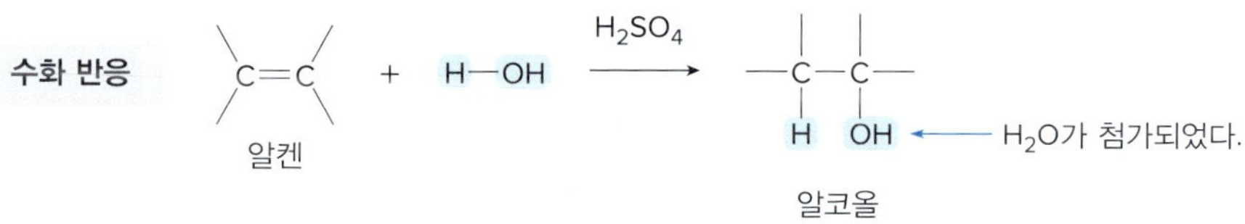


수화 반응은 $H_2SO_4$와 같은 강산이 반응 혼합물에 첨가되는 경우에만 발생한다. 수화 반응의 생성물은 **알코올**이다. 예를 들어, 에틸렌(ethylene)의 수화는 에탄올을 생성한다.

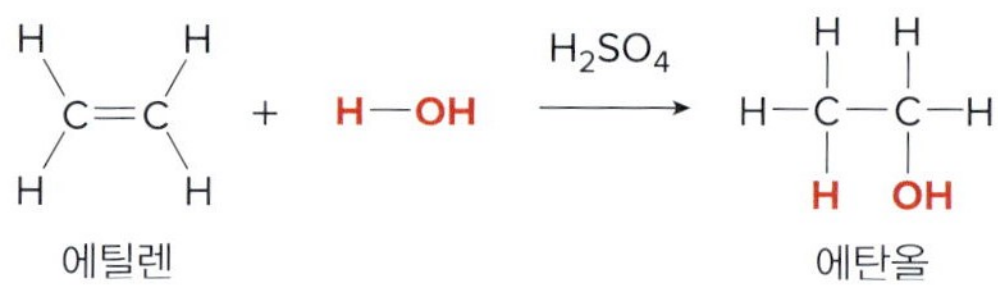


**소비자 노트**

가소홀(Gasohol)은 10% 에탄올을 포함한다. 출처: 에탄올 홍보 및 정보위원회(EPIC)

**에탄올**(ethanol)은 실험실의 많은 반응에서 용매로 사용된다. 에탄올은 또한 알케인과 마찬가지로 산소가 있을 때 연소되어 많은 에너지를 방출하면서 $CO_2$와 $H_2O$를 생성하기 때문에 가솔린 첨가제로도 사용된다. 에탄올은 곡물과 감자의 탄수화물 발효에 의해서도 생성될 수 있지만, 현재 가솔린과 용매에 사용되는 에탄올의 대부분은 에틸렌의 수화 반응으로부터 만들어진다.

비대칭 알켄의 수화는 마르코브니코프의 규칙을 따른다.

- 비대칭 알켄에 $H_2O$를 추가하면 H 원자는 치환기를 덜 가진 탄소 원자, 즉 H가 더 많은 탄소에 결합한다.

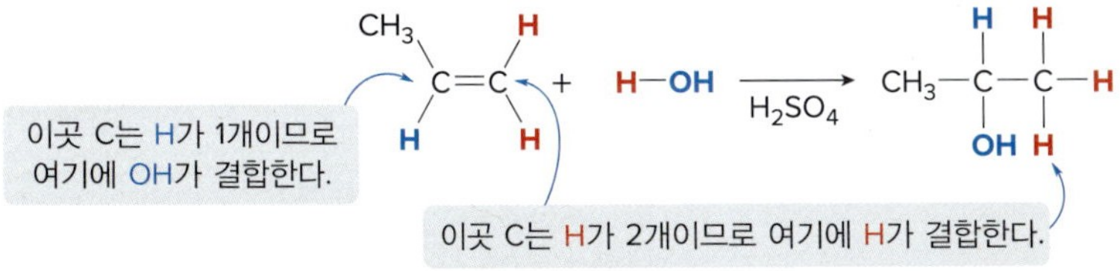


## 예제 6.9 수화 반응 생성물 그리기

1-메틸사이클로헥센(1-methylcyclohexene)에 $H_2O$를 첨가했을 때의 생성물을 쓰시오.

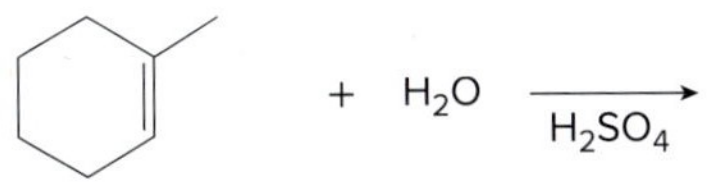

1-메틸사이클로헥센

### 분석

- 이중 결합에 H와 OH를 첨가한다.
- 알켄이 비대칭이기 때문에 H 원자는 처음부터 더 많은 H를 가진 탄소에 결합한다.

### 해답

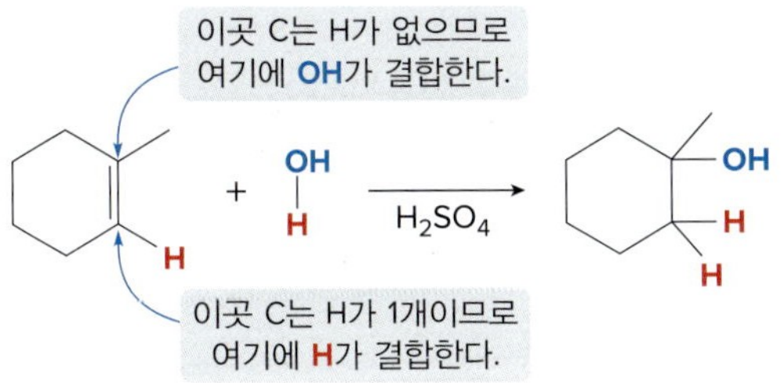


### 연습문제 6.9

각 알켄을 $H_2SO_4$의 존재 하에 $H_2O$로 처리하면 어떤 알코올이 형성되는가?

a. $CH_3CH{=}CHCH_3$

b. $CH_3CH_2CH{=}CH_2$

c. 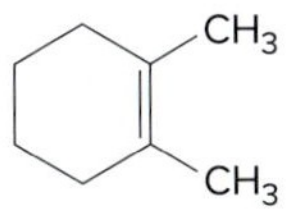

## 6.6 고분자 – 현대 사회의 직물

고분자는 단량체라고 불리는 작은 분자의 반복 단위가 서로 공유결합을 이루며 구성된 큰 분자이다. 고분자에는 머리카락, 힘줄 및 손톱을 만드는 자연 발생 단백질이 포함될 뿐만 아니라 폴리에틸렌, 폴리염화비닐(PVC) 및 폴리스타이렌과 같은 산업적으로 중요한 플라스틱도 포함된다. 1976년 이후 미국의 합성 고분자 생산량은 철강 생산량을 초과했다.

### 6.6A 합성 고분자

**소비자 노트**

HDPE(고밀도 폴리에틸렌) 및 LDPE(저밀도 폴리에틸렌)는 서로 다른 반응 조건에서 제조되는 일반적인 유형의 폴리에틸렌이고 물리적 성질도 서로 다르다. HDPE는 불투명하고 단단하며 우유 용기 및 물병에 사용된다. LDPE는 덜 불투명하고 더 유연하며 비닐봉지 및 전기 절연에 사용된다.

많은 **합성 고분자**, 즉 실험실에서 합성된 고분자는 현대 사회에서 가장 널리 사용되는 유기 화합물 중의 하나이다. 청량음료병, 비닐봉지, 식품 포장지, 컴팩트 디스크, 테프론 및 스티로폼은 모두 합성 고분자로 만들어진다. 그림 6.3은 여러 소비자 제품과 그 원료가 되는 고분자를 보여 준다.

알켄 단량체로부터 고분자를 생성하기 위해 두 탄소를 연결하는 이중 결합 중 약한 결합이 끊어지고 새로운 강한 탄소-탄소 단일 결합이 단량체를 반복적으로 결합시킨다. 예를 들어, **에틸렌 단량체**(ethylene monomers)를 결합하면 우유 용기 및 샌드위치 봉투에 사용되는 플라스틱인 고분자 **폴리에틸렌**(polyethylene)이 생성된다.

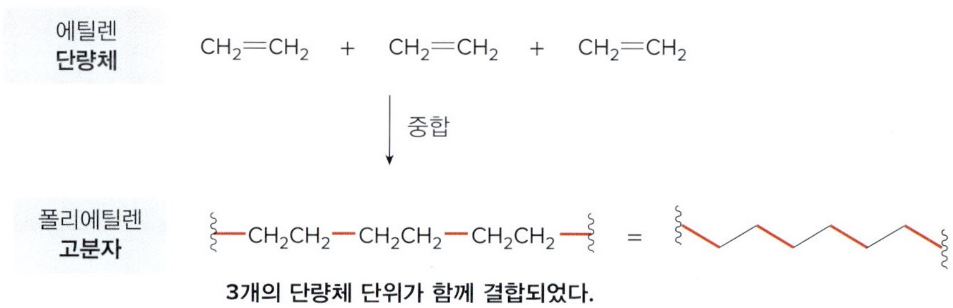


[새로운 결합은 빨간색으로 표시한다.]

- 중합은 단량체를 결합하여 고분자를 만드는 것이다.

그림 6.3 일부 일반 제품의 고분자

**표 6.1 의학 및 치과에서 사용되는 일반적인 단량체 및 고분자**

| 단위체 → | 고분자 | 생성물 |
|---|---|---|
| 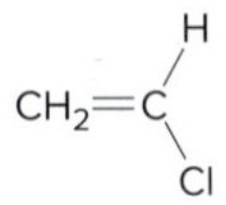<br>염화비닐<br>(vinyl chloride) | 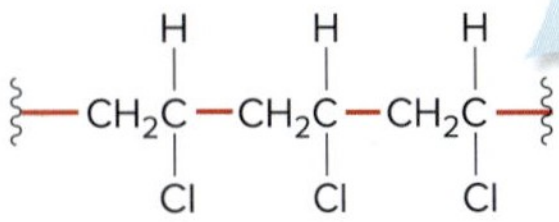<br>폴리(염화비닐)<br>PVC | 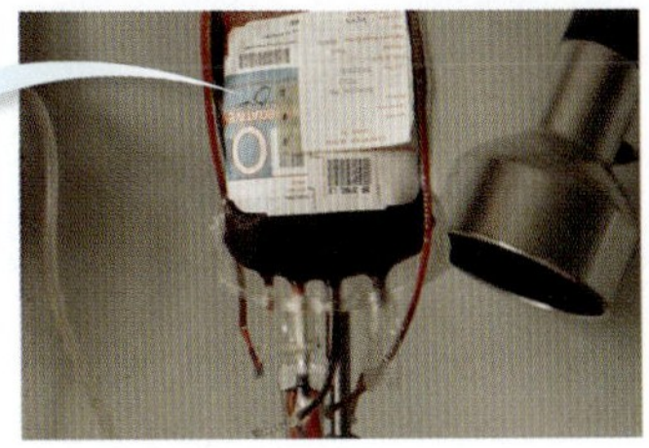<br>PVC 혈액 주머니 및 튜브 |
| 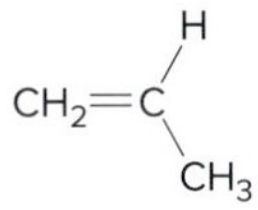<br>프로펜<br>(propene) | 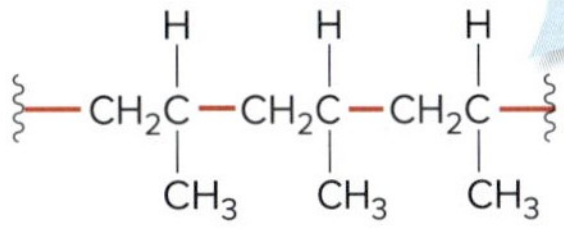<br>폴리프로필렌 | 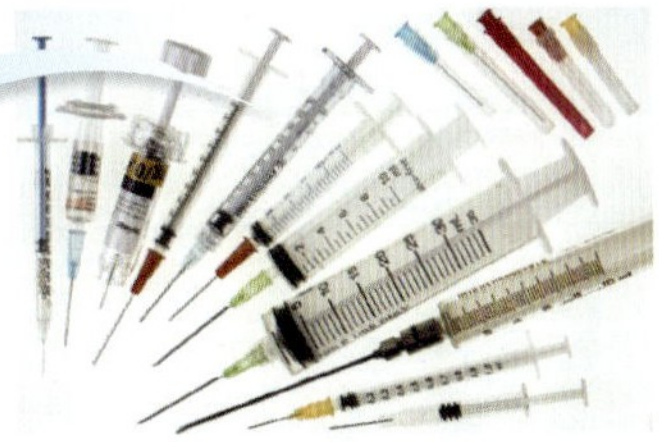<br>폴리프로필렌 주사기 |
| 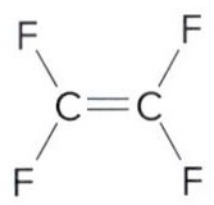<br>테트라플루오로에틸렌<br>(tetrafluoroethylene) | 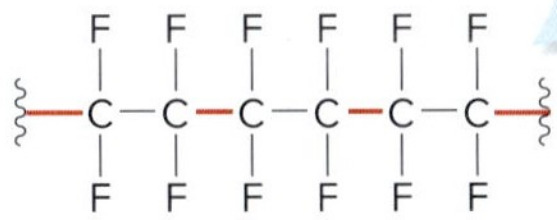<br>폴리테트라플루오로에틸렌<br>테프론(Teflon) | 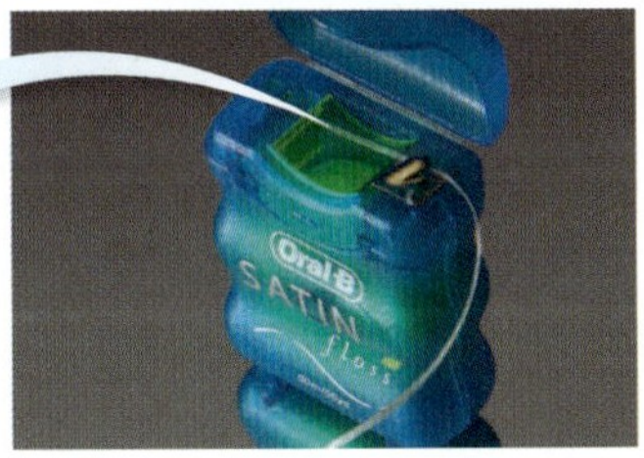<br>치실 |

일반 구조 $CH_2{=}CHZ$를 갖는 많은 에틸렌 유도체도 중합을 위한 단량체로 사용된다. Z가 무엇이냐에 따라서 생성되는 고분자의 물리적 성질에 영향을 미치므로 어떤 고분자는 다른 제품(예: 청량음료병 또는 콤팩트 디스크)보다 한 소비자 제품(예: 비닐봉지 또는 식품 포장)에 더 적합하게 된다. $CH_2CHZ$의 중합은 일반적으로 사슬의 하나 건너 모든 탄소 원자에 Z기를 가진 중합체를 생성한다.

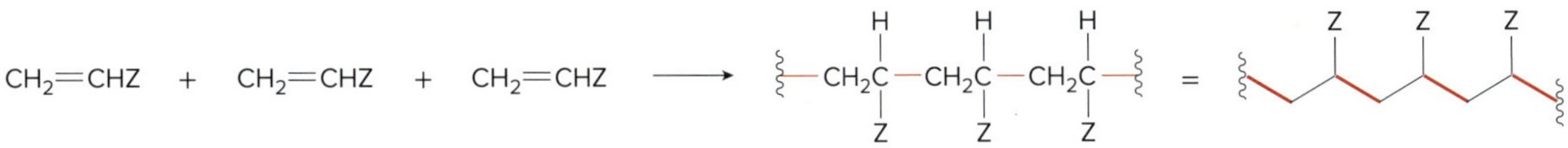

**반복 단위:**

축약 구조

위 그림에서처럼 고분자 구조는 반복 단위의 원자들은 괄호로 묶어 약어로 표시하는 경우가 많다. **표 6.1**은 의학 및 치과에서 사용되는 몇 가지 일반적인 단량체 및 고분자를 나열한 것이다.

### 예제 6.10 중합 생성물 그리기

$CH_2{=}CHCO_2CH_3$(아크릴산 메틸)가 중합되었을 때 생기는 고분자는 무엇인가?

**소비자 노트**

일회용 기저귀에는 무게의 30배를 물에 흡수할 수 있는 고분자인 폴리(아크릴산)가 함유되어 있다.

**분석**

3개 이상의 알켄 분자를 그리고, 이중 결합의 탄소를 나란히 배열한다. 또 각 이중 결합의 하나의 결합을 끊고 알켄을 단일 결합으로 결합한다. 비대칭 알켄을 사용하면 치환기가 하나 건너 모든 탄소에 결합된다.

**해답**

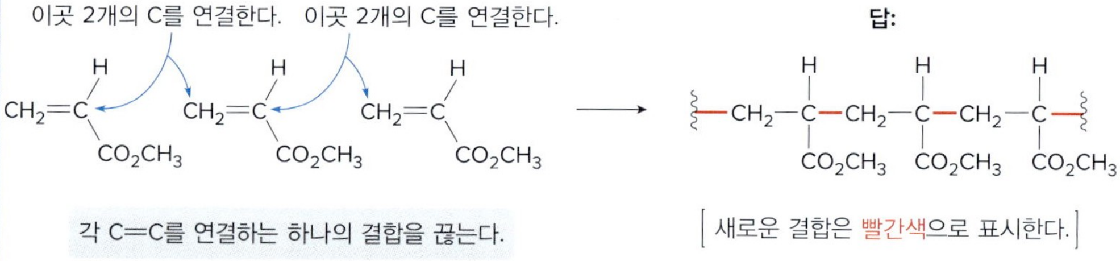


**연습문제 6.10**

각 화합물이 중합될 때 어떤 고분자가 형성되는가?

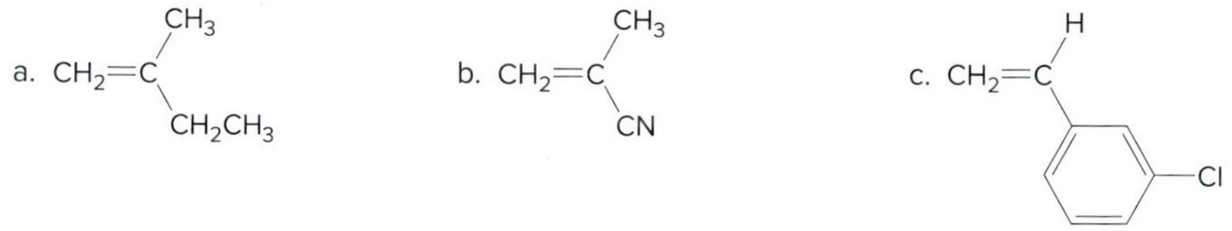

## 6.7 방향족 화합물

**방향족 화합물**은 불포화 탄화수소의 또 다른 예를 나타낸다. 방향족 화합물이란 이름은 원래 이 계열의 많은 단순한 화합물이 독특한 냄새를 가지고 있기 때문에 붙여졌다. 오늘날 방향족이라는 단어는 **벤젠 고리**(benzene ring)를 포함하는 화합물 또는 벤젠과 유사한 방식으로 반응하는 고리를 의미한다.

가장 간단하고 가장 널리 알려진 방향족 화합물인 **벤젠**(benzene)은 6원자 고리와 3개의 이중 결합을 포함한다. 고리의 각 탄소는 수소 원자에도 결합되어 있으므로 벤젠의 분자식은 $C_6H_6$이다. 각 탄소는 3개의 군으로 둘러싸여 삼각 평면을 만들므로 **벤젠은 평면 분자**이며, 모든 결합 각도는 120°이다.

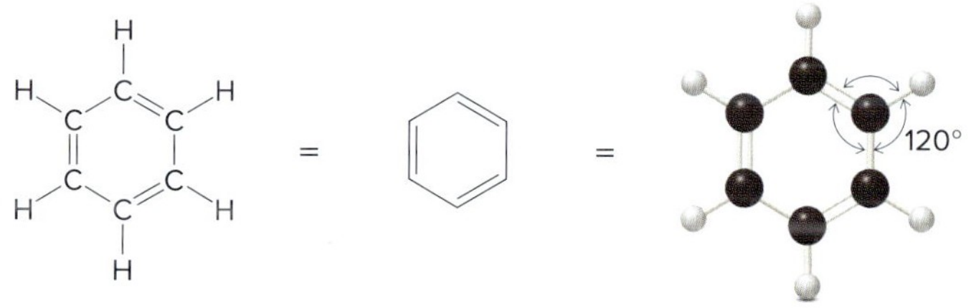


벤젠($C_6H_6$) 평면 분자

벤젠은 6원자 고리와 3개의 이중 결합으로 그려지지만 이중 결합을 고리 주변의 단일 결합과 번갈아 가며 배열하는 두 가지 방법이 있다.

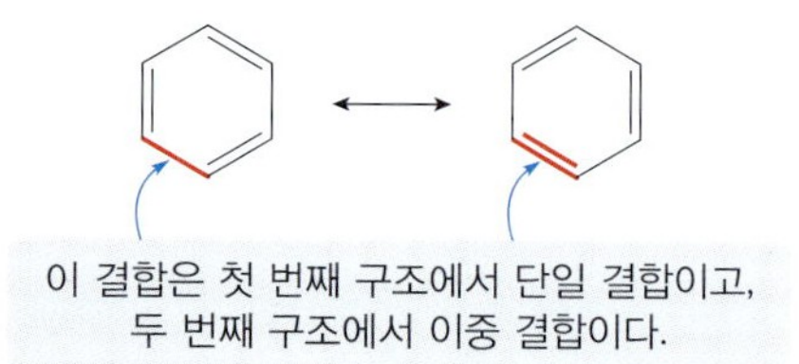

공명 구조 그리기는 2.4절에서 처음 제시되었다.

이러한 각 표현에서 원자 배열은 동일하고 전자의 위치만 다르다. 이러한 구조를 **공명 구조**(resonance structures)라고 한다.

- 공명 구조는 원자 배열은 같지만 전자 배열은 다른 루이스 구조이다.

**양쪽머리 화살표**는 두 구조가 공명 구조임을 나타낸다. 실제로 두 구조 모두 벤젠의 실제 구조를 나타내지 않는다. 벤젠의 실제 구조는 실제로 **혼성**이라고 불리는 두 공명 구조의 조합이다. 벤젠 고리에서 주어진 이중 결합의 전자쌍은 실제로 2개의 특정 탄소 원자 사이에 위치하지 않기 때문에 이중 결합에서의 3개의 전자쌍이 6원자 고리에서 비편재화되었다고 말한다. 이것은 다른 불포화 탄화수소에 비해 벤젠에게 추가 안정성을 제공한다.

때로는 벤젠 고리를 3개의 이중 결합 대신 육각형 내부에 원으로 그려진다.

벤젠의 세 가지 표현

원은 3개의 이중 결합에서 나온 6개의 전자가 고리 주위를 자유롭게 움직인다는 것을 보여 준다. 공명 구조 또는 내부에 원이 있는 벤젠 고리를 사용하여 벤젠을 그릴 수 있으며 이러한 각각의 표현은 동일하다는 것을 유념하도록 한다.

방향족 탄화수소의 물리적 성질은 다른 탄화수소와 유사하며 녹는점과 끓는점이 낮고 물에 대해 불용성이다. 그러나 방향족 화합물의 화학적 성질은 매우 다르다. 방향족 탄화수소는 알켄의 특징인 첨가 반응을 하지 않는다. 예를 들어, 브로민은 에틸렌에 추가되어 2개의 새로운 C—Br 결합을 갖는 첨가 생성물을 생성하지만 벤젠은 유사한 조건에서 반응하지 않는다.

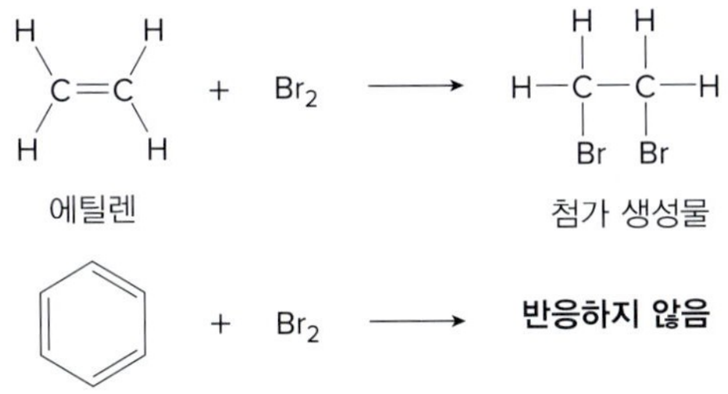


- 방향족 화합물은 벤젠과 유사하며 알켄 특유의 첨가 반응을 하지 않는 불포화 화합물이다.

## 6.8 벤젠 유도체의 명명법

많은 유기 분자에는 하나 이상의 치환기가 있는 벤젠 고리가 포함되어 있으므로 이름을 지정하는 방법을 배워야 한다. 그러나 IUPAC 체계는 많은 관용명들을 인식하므로 **벤젠 유도체**의 명명법이 다소 복잡해진다.

### 6.8A 단일 치환된 벤젠

하나의 치환기를 갖는 벤젠 고리의 이름을 지정하려면 치환기의 이름을 정하고 벤젠(benzene)

이라는 단어를 추가한다. 탄소 치환기는 알킬기로 명명된다. 할로젠이 치환기인 경우 할로젠 이름의 끝부분 -ine를 접미사 -o로 변경하여 할로젠 이름을 정한다. 예를 들어, 염소(chlor**ine**)→ 클로로(chlor**o**).

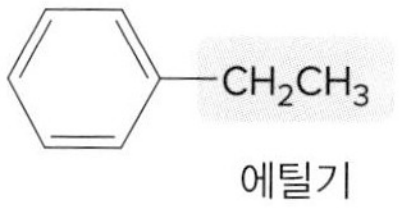

에틸벤젠(ethylbenzene)

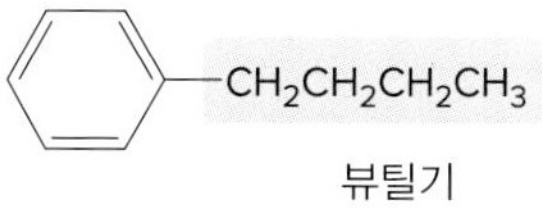

뷰틸벤젠(butylbenzene)

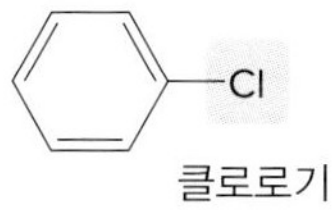

클로로벤젠(chlorobenzene)

메틸($CH_3$), 하이드록실(OH) 및 아미노($NH_2$) 기와 같은 단일 치환기를 갖는 여러 벤젠도 반드시 배워야 하는 관용적인 이름을 가지고 있다.

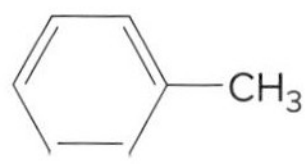

톨루엔
(메틸벤젠)

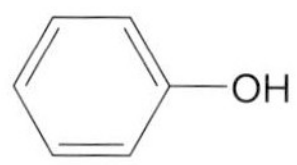

페놀
(하이드록시벤젠)

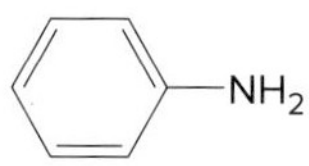

아닐린
(아미노벤젠)

## 6.8B 이중 치환된 벤젠

두 치환기가 벤젠 고리에 결합될 수 있는 세 가지 다른 방법이 있는데 두 치환기의 상대적 위치를 지정하는 데 접두사 **오르토**(ortho), **메타**(meta) 및 **파라**(para)가 사용되며 일반적으로 각각 ***o***, ***m*** 및 ***p***로 축약된다.

**1,2**-이중 치환된 벤젠
**오르토** 이성질체

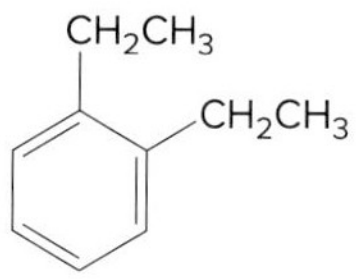

***o***-다이에틸벤젠
또는
**1,2**-다이에틸벤젠

**1,3**-이중 치환된 벤젠
**메타** 이성질체

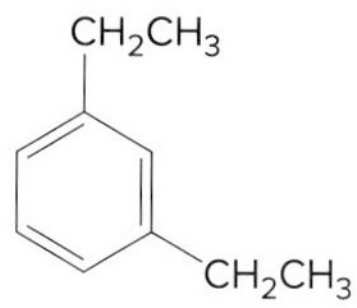

***m***-다이에틸벤젠
또는
**1,3**-다이에틸벤젠

**1,4**-이중 치환된 벤젠
**파라** 이성질체

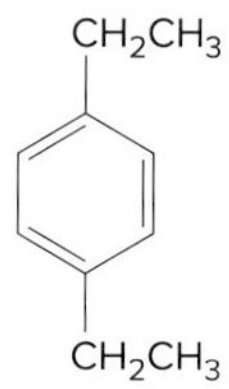

***p***-다이에틸벤젠
또는
**1,4**-다이에틸벤젠

벤젠 고리의 두 치환기가 다른 경우 벤젠이라는 단어 앞에 있는 치환기의 이름을 알파벳 순으로 지정한다. 치환기 중 하나가 공통 어근의 일부인 경우 분자 이름을 단일 치환된 벤젠의 유도체로 지정한다.

**2개의 다른 치환기 이름을 알파벳 순으로 지정한다.**

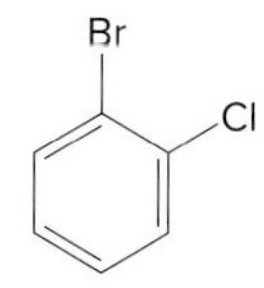

*o*-브로모클로로-
벤젠

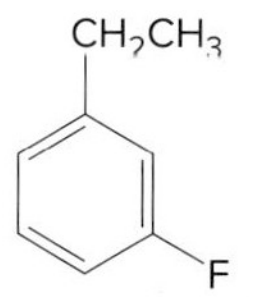

*m*-에틸플루오로-
벤젠

**공통 어근 이름을 사용한다.**

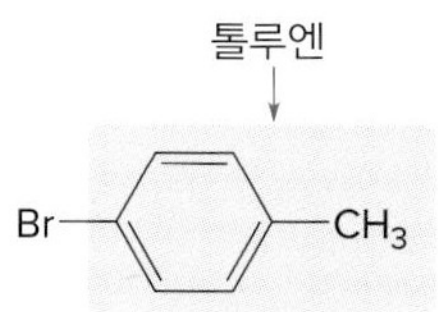

*p*-브로모톨루엔

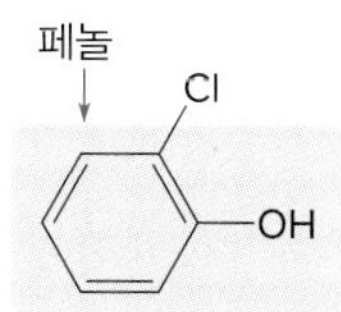

*o*-클로로페놀

### 6.8C 다중 치환된 벤젠

3개 이상의 치환기가 벤젠 고리에 있는 경우는 다음과 같다.

1. 고리 주위에 가능한 한 가장 낮은 숫자로 번호를 매긴다.
2. 치환기 이름을 알파벳으로 표기한다.
3. 치환기가 공통 어근의 일부인 경우 분자를 단일 치환된 벤젠의 유도체로 정하고, 공통 어근을 구성하는 치환기를 C1에 두지만 1은 이름에서 생략한다.

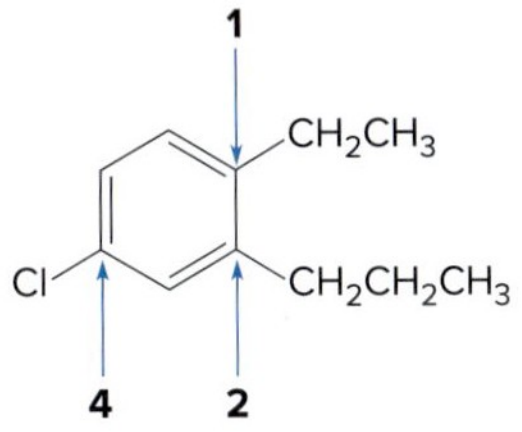


- 가장 낮은 숫자 조합을 지정한다.
- 모든 치환기의 이름을 알파벳 순으로 지정한다.

**4**-클로로-**1**-에틸-**2**-프로필벤젠
(4-chloro-1-ethyl-2-propylbenzene)

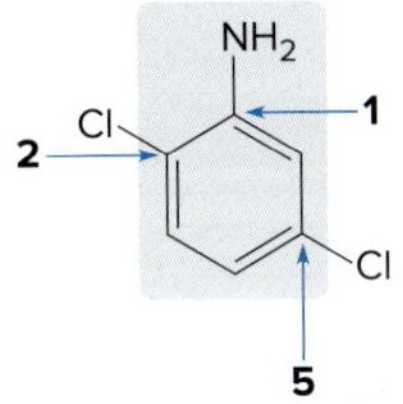


- 분자 이름을 공통 어근 **아닐린**(aniline)의 유도체로 지정한다.
- $NH_2$기의 위치를 '1'로 지정한 다음, 가능한 한 가장 낮은 숫자 조합을 다른 치환기에 지정한다.

**2,5**-다이클로로아닐린
(2,5-dichloroaniline)

### 6.8D 하나 이상의 고리를 가진 방향족 화합물

일부 방향족 화합물은 서로 결합된 둘 이상의 벤젠 고리를 포함한다. 나프탈렌(naphthalene)에는 2개의 벤젠 고리가 결합되어 있다. 안트라센(anthracene)과 페난트렌(phenanthrene)은 3개의 벤젠 고리를 가진 두 가지 다른 방향족 탄화수소이다.

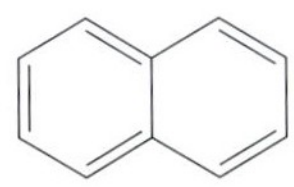

나프탈렌

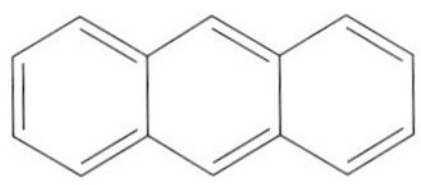

안트라센

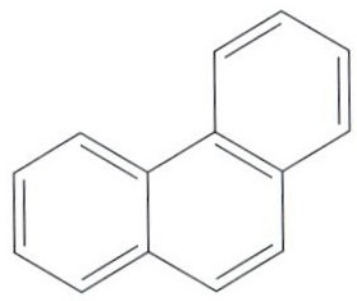

페난트렌

#### 예제 6.11 방향족 화합물 명명하기

다음 각 방향족 화합물의 이름을 정하시오.

a.

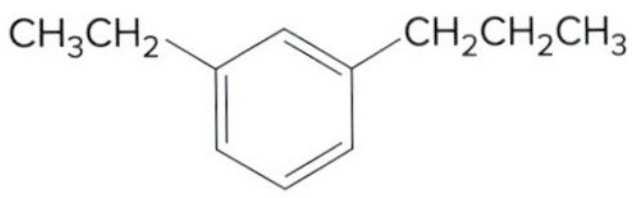


b.

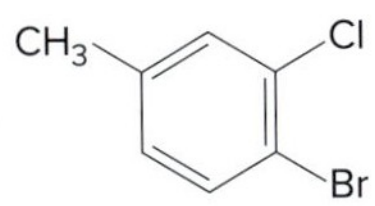


**분석**

- 벤젠 고리에 붙은 치환기의 이름을 정한다.
- 치환기가 2개라면 알파벳 순서로 명명하고 오르토(ortho), 메타(meta), 파라(para)를 사용하여 위치를 나타낸다.
- 치환기가 3개라면 알파벳 순서대로 하고 가장 낮은 번호의 조합이 되도록 번호를 매긴다.

**해답**

a. 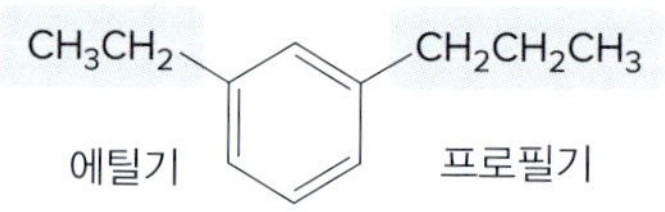


- 두 치환기는 서로 1,3-또는 메타(meta) 위치에 있다.
- 알파벳 순서대로 프로필(propyl)의 p 앞에 에틸(ethyl)의 e가 온다.

**답: m-에틸프로필벤젠**(m-etylpropylbenzene)

b. 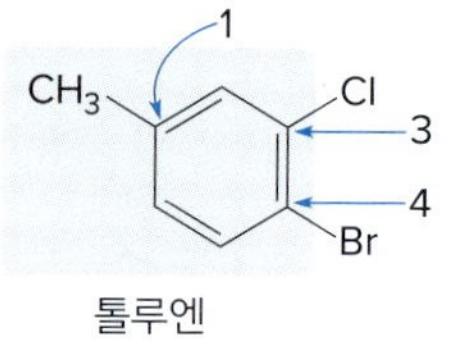


- $CH_3$기가 고리에 결합되어 있으므로 분자 이름을 톨루엔의 유도체로 지정한다.
- $CH_3$기를 '1' 위치에 놓고, 가장 낮은 숫자 조합을 제공하는 번호를 지정한다.

**답: 4-브로모-3-클로로톨루엔**(4-bromo-3-chlorotoluene)

**연습문제 6.11**

각 화합물의 IUPAC 이름을 정하시오.

a. 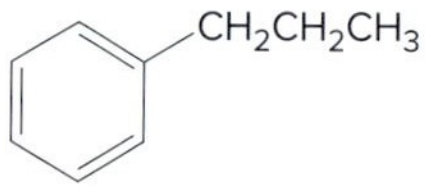


b. 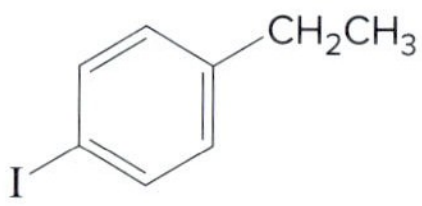


c. 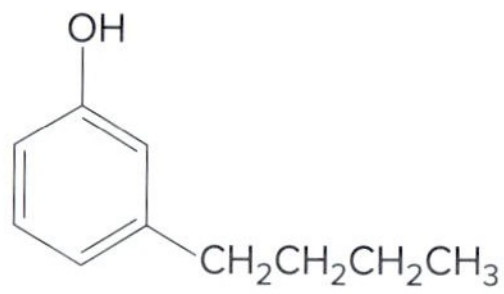


d. 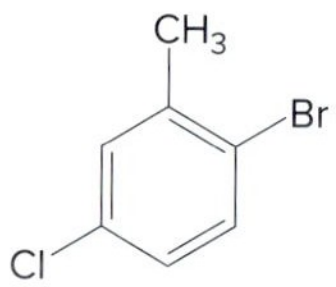


## 6.9 방향족 화합물의 반응

알켄과 마찬가지로 방향족 화합물은 특징적인 유형의 반응을 한다. 그러나 알켄과 달리 방향족 화합물은 첨가가 아닌 **치환**(substitution) **반응**을 한다. 치환에서 벤젠 고리의 수소 원자는 다른 원자 또는 원자단으로 대체된다.

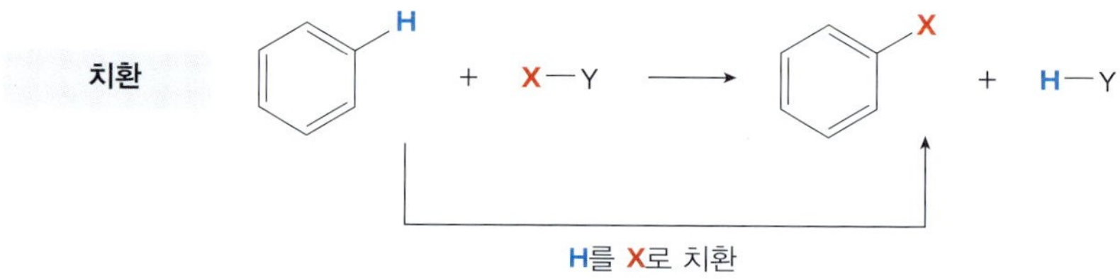


치환 반응을 하는 이유는 무엇일까? H를 X로 치환하면 안정된 방향족 고리가 손상되지 않는다. 벤젠은 다른 불포화 탄화수소들과 같은 첨가 반응을 하지 않는다. 왜냐하면 그런 생성물은 벤젠 고리를 포함하지 않기 때문이다.

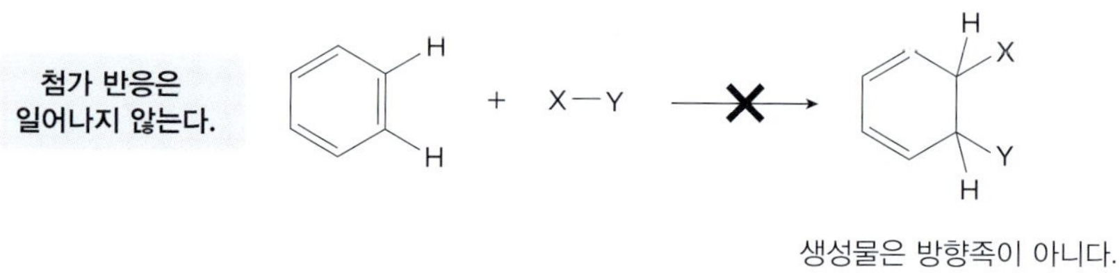


벤젠의 중요한 세 가지 특정 반응은 염소화, 나이트로화 및 설폰화이다. 각 반응에서 벤젠 고리에서의 수소 원자 1개가 Cl, $NO_2$ 또는 $SO_3H$와 같은 다른 원자 또는 원자단으로 치환된다.

### 6.9A 염소화 반응과 농약 DDT의 합성

벤젠은 철 촉매($FeCl_3$)의 존재 하에 $Cl_2$와 반응하여 클로로벤젠을 생성한다. 클로로벤젠은 할로젠이 방향족 고리에 직접 결합된 유기 할로젠화물인 **아릴 할라이드**(aryl halide)이다. 염소와의 반응을 **염소화 반응**(chlorination)이라고 한다. 염소화 반응에서 Cl 원자는 벤젠 고리의 수소 원자를 치환한다.

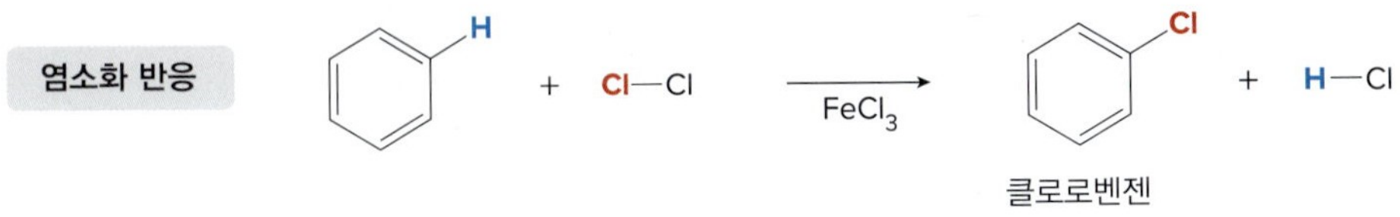


벤젠의 염소화 반응은 살충제 DDT(dichlorodiphenyltrichloroethane)를 합성하는 2단계 중 첫 번째 단계이다.

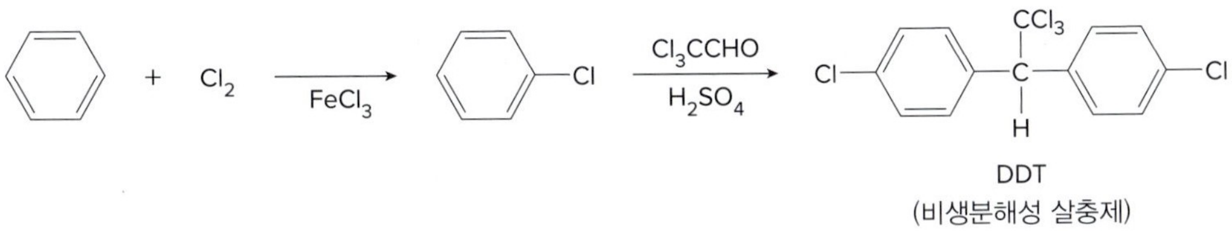


DDT는 장기적으로는 문제를 일으키지만 단기 효과가 엄청난 유기 분자이다. DDT는 말라리아 및 발진티푸스와 같은 질병을 퍼뜨리는 곤충을 죽이고 곤충 개체 수를 통제하여 전 세계적으로 수백만 명의 생명을 구했다. DDT는 극성이 약하고 매우 안정적인 유기 화합물이므로 환경에서 수년 동안 분해되지 않는다. DDT는 유기 매질에 용해되기 때문에 주로 동물의 지방 조직에 축적된다. 미국의 성인 대부분은 DDT(또는 DDT의 분해 산물) 농도가 낮다. 사람에 대한 장기적인 영향은 알려져 있지 않지만 DDT는 독수리와 매와 같은 특정 육식 동물의 알 껍데기 생성에는 직접적으로 해로운 영향을 미쳤다.

### 6.9B 나이트로화 반응과 설파 약품

벤젠은 황산($H_2SO_4$) 존재 하에 질산($HNO_3$)과 반응하여 나이트로벤젠을 생성한다. 수소를 나이트로($NO_2$)기로 치환하는 것을 나이트로화 반응(nitration)이라고 한다.

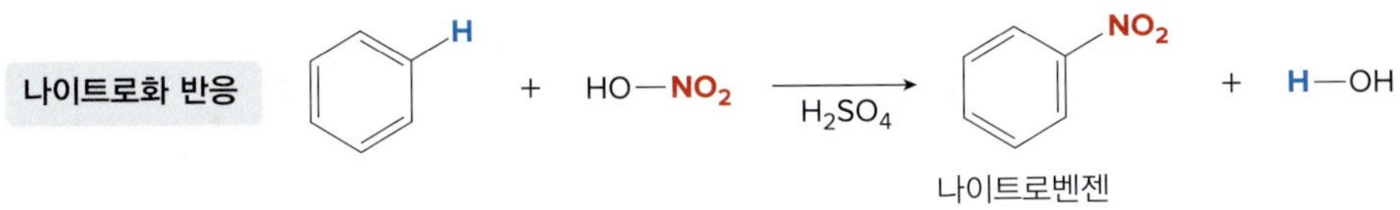


나이트로화 반응은 나이트로기가 $H_2$ 및 팔라듐 촉매와 반응하여 선뜻 아미노($NH_2$)기로 변환될 수 있기 때문에 중요한 반응이다.

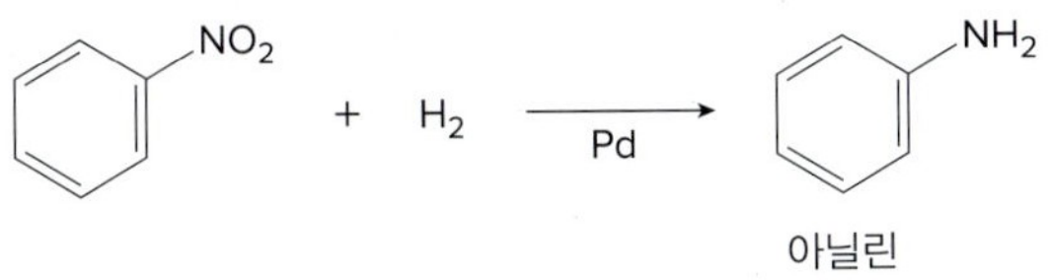


많은 항균 설파 약물은 벤젠 고리에 결합된 $NH_2$기를 가진다. 그 예로는 1930년대에 합성된 최초의 항생제 중 하나인 설파닐아마이드(sulfanilamide)와 최신 설파 약물로는 귀 및 요로 감염을 치료하는 데 사용되는 설파메톡사졸(sulfamethoxazole, 상표명 Bactrim)과 설피속사졸

(sulfisoxazole, 상표명 Gantrisin)과 같은 것이 있다.

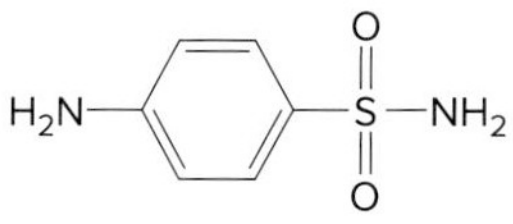

설파닐아마이드
(sulfanilamide)

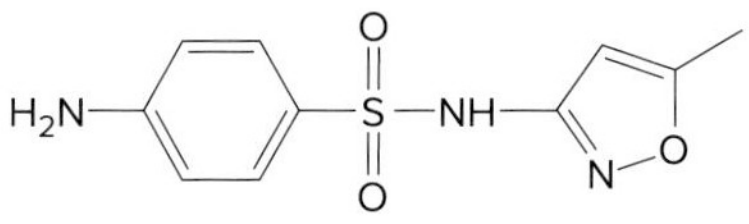

설파메톡사졸
(sulfamethoxazole, 상표명 Bactrim)

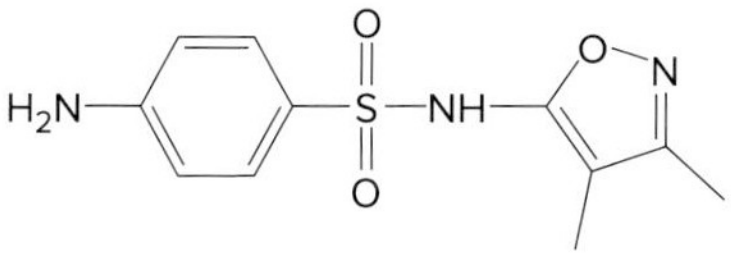

설피속사졸
(sulfisoxazole, 상표명 Gantrisin)

## 6.9C 설폰화 반응과 세제 합성

벤젠은 황산($H_2SO_4$) 존재 하에서 삼산화황($SO_3$)과 반응하여 벤젠설폰산(bezenesulfonic acid)을 생성한다. 수소를 $SO_3H$로 대체하는 것을 **설폰화 반응**(sulfonation)이라고 한다.

**설폰화 반응**

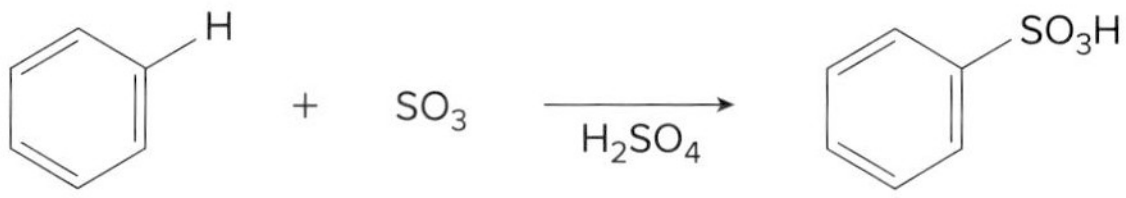

벤젠설폰산

염소화 및 나이트로화 반응보다 많이 사용되지는 않지만 설폰화 반응은 세제 합성에서 중요한 단계이다. 많은 세제는 설폰산의 소듐 염이며, 그림 6.4에 표시된 2단계 순서로 제조된다.

그림 6.4 설폰화 반응을 이용한 세제의 합성

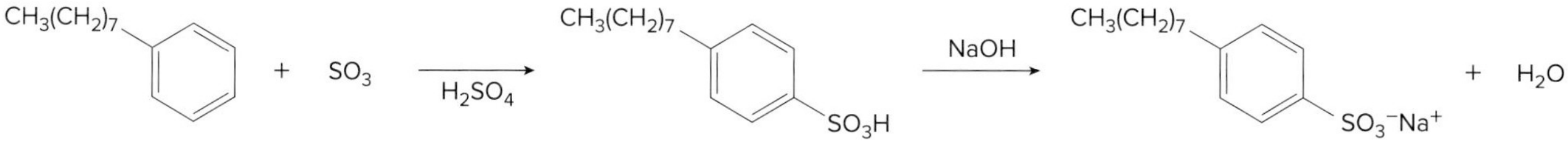

벤젠설폰산

벤젠설폰산의 소듐 염

합성 세제

## 종합문제

### 알켄, 알카인 및 벤젠 구조

**6.1** 아니스 오일의 주성분인 아네톨(anethole)은 감초 향과 브랜디 향이 나는 과자에 사용된다. 아네톨의 공-막대 모형을 사용하여 다음 질문에 답하시오.

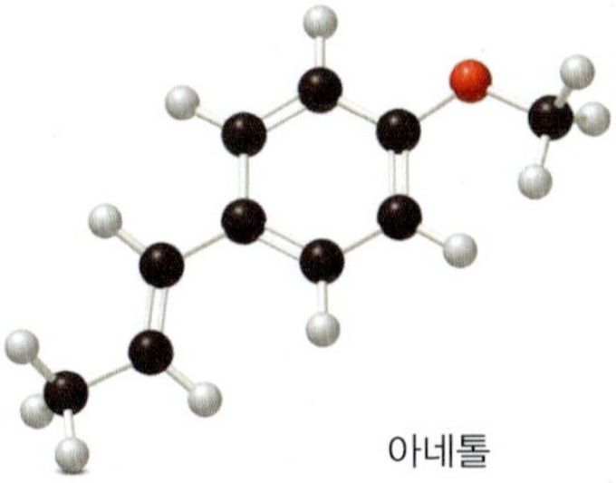

아네톨

a. 아네톨(anethole)의 분자식은 무엇인가?
b. 작용기를 식별하시오.
c. 탄소-탄소 이중 결합을 시스 또는 트랜스로 표시하시오.
d. 아네톨(anethole)의 구조를 그리고, 각 탄소를 삼각 평면 또는 사면체로 표시하시오.

**6.2** 10개의 탄소를 갖는 탄화수소의 분자식을 쓰시오
a. 완전히 포화된 탄화수소
b. 알켄
c. 알카인

**6.3** 분자식 $C_5H_8$을 갖는 3개의 알카인에 대한 구조를 그리시오.

**6.4** 다음 분자의 각 탄소를 사면체, 삼각 평면 또는 선형으로 표시하시오.

a. 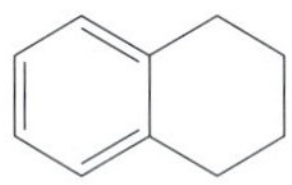

b. 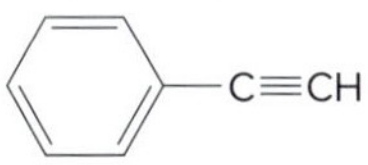

c. 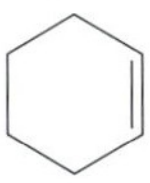

### 알켄과 알카인의 명명법

**6.5** 공-막대 모형으로 표현된 각 분자에 대한 IUPAC 이름을 쓰시오.

a. 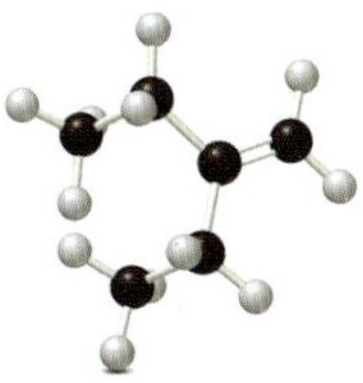

b. 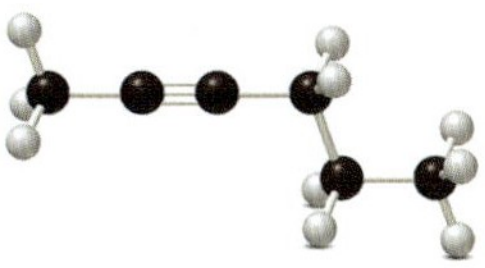

**6.6** 각 화합물에 대한 IUPAC 이름을 쓰시오.

a. $CH_2{=}CHCH_2CH_2C(CH_3)_3$

b. 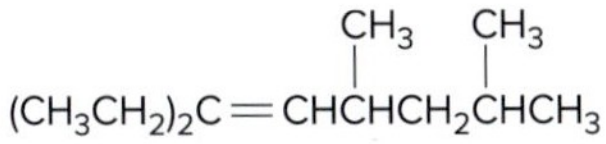

c. 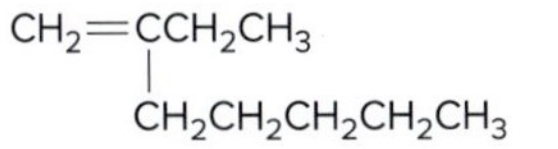

d. $CH_3C{\equiv}CCH_2C(CH_3)_3$

e. 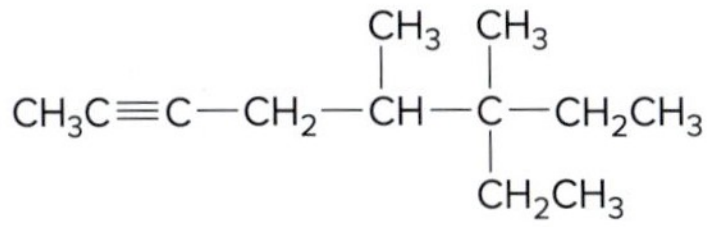

f. 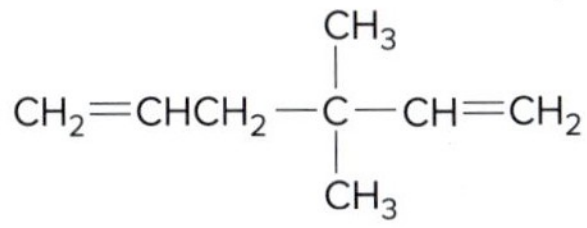

**6.7** 각 알켄에 대해 IUPAC 이름을 쓰시오.

a. 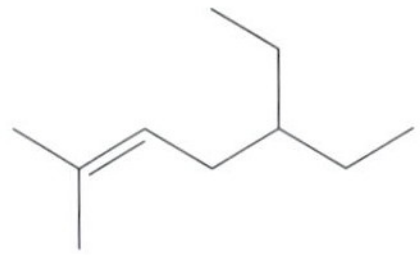

b. 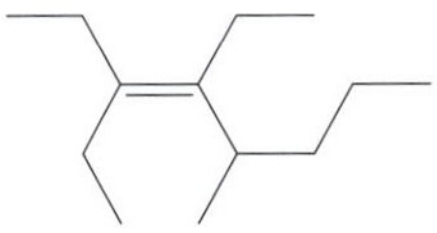

**6.8** 각 고리 화합물에 대한 IUPAC 이름을 쓰시오.

a. 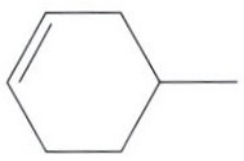

b. 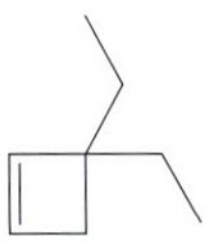

**6.9** 각 IUPAC 이름에 해당하는 구조를 그리시오.
a. 3-메틸-1-옥텐(3-methyl-1-octene)
b. 1-에틸사이클로뷰텐(1-ethylcyclobutene)
c. 2-메틸-3-헥사인(2-methyl-3-hexyne)
d. 3,5-다이에틸-2-메틸-3-헵텐(3,5-diethyl-2-methyl-3-heptene)
e. 1,3-헵타다이엔(1,3-heptadiene)
f. 시스-7-메틸-2-옥텐(*cis*-7-methyl-2-octene)

**6.10** 다음 IUPAC 이름은 올바르지 않다. 잘못된 이유를 설명하고, 올바른 IUPAC 이름을 쓰시오.

a. 5-메틸-4-헥센(5-methyl-4-hexene)

b. 1-메틸뷰텐(1-methylbutene)

c. 2,3-다이메틸사이클로헥센(2,3-dimethylcyclohexene)

d. 3-부틸-1-부틴(3-butyl-1-bytyne)

## 이성질체

**6.11** 그림 A는 일벌의 난소 성장을 방지하기 위해 여왕벌이 분비하는 혼합 물질의 한 성분이다. 그림 A의 알켄을 시스 또는 트랜스로 표시하시오.

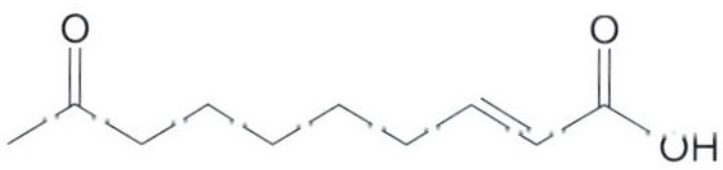

A

**6.12** 류코트리엔(leukotriene) $C_4$는 모세 기관지를 수축시키는 주요 화합물이며, 이러한 방식으로 천식 반응에 대응한다. 류코트리엔 $C_4$의 각 이중 결합을 시스 또는 트랜스로 표시하시오.

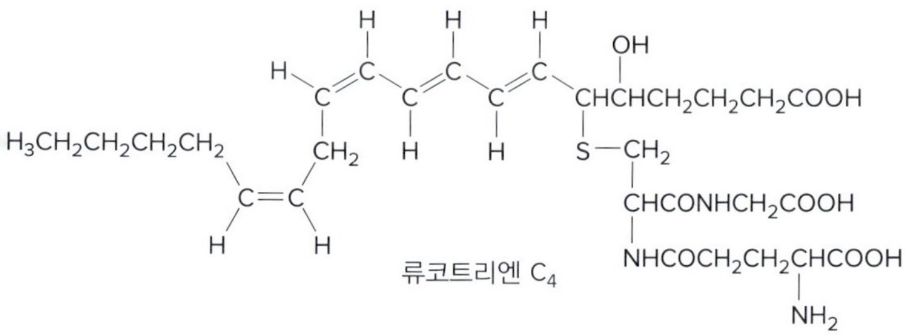

류코트리엔 $C_4$

**6.13** 탄소-탄소 이중 결합에 시스 또는 트랜스로 표시하고, 공-막대 모형으로 표현된 알켄에 대한 IUPAC 이름을 쓰시오.

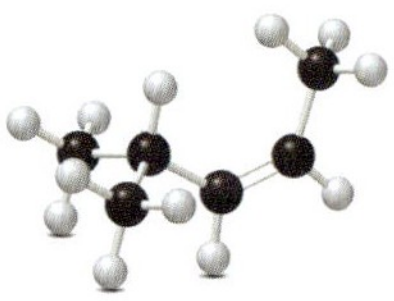

**6.14** 각 화합물에 대한 시스 및 트랜스 이성체의 골격 구조를 그리시오.

a. 2-노넨(2-nonene)

b. 2-메틸-3-헵텐(2-methyl-3-heptene)

**6.15** 사이클로알켄의 이중 결합은 시스 또는 트랜스로 특성화될 수 있다. 다음 화합물의 각 이중 결합을 시스 또는 트랜스로 표시하시오.

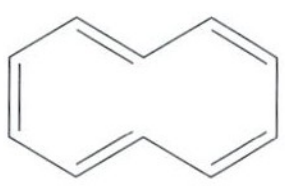

**6.16** 각 쌍의 화합물 사이의 관계를 구조 이성질체, 입체 이성질체 또는 동일 화합물 중 선택하시오.

a. 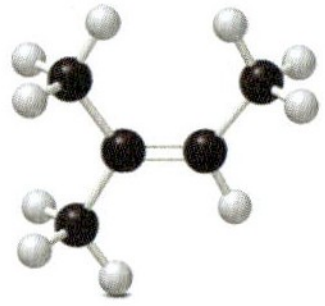 및 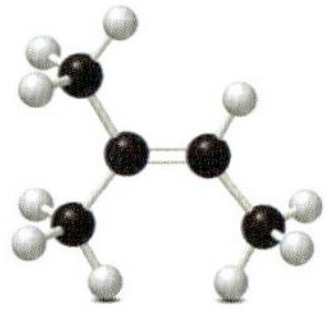

b.  및 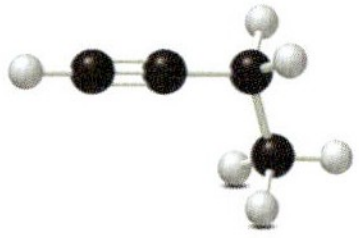

**6.17** 화합물 A, B 및 C를 살펴보고 각 쌍의 화합물을 구조 이성질체, 입체 이성질체 또는 서로의 이성질체가 아닌 것으로 표시하시오.

a. A와 B b. A와 C c. B와 C

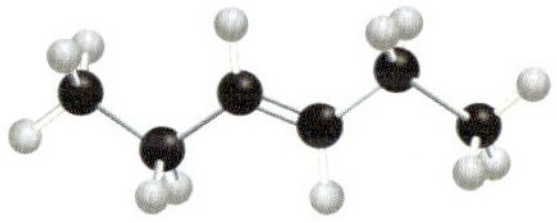

A

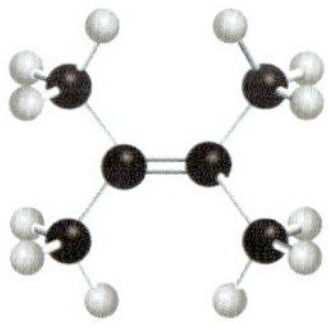

B

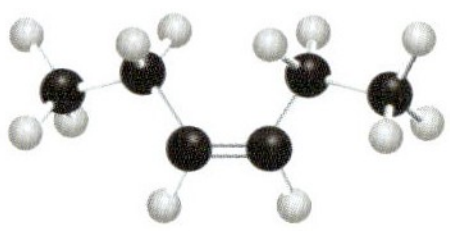

C

## 알켄의 반응

**6.18** 각 알켄이 팔라듐 촉매의 존재 하에 $H_2$로 처리될 때 어떤 알케인이 생성되는지 쓰시오.

a. $CH_2{=}CHCH_2CH_2CH_2CH_3$

b. $(CH_3)_2C{=}CHCH_2CH_2CH_3$

c. 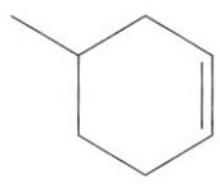

d. 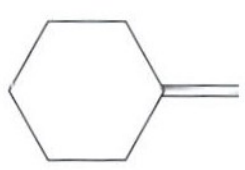

**6.19** 각 알켄이 HCl로 처리될 때 어떤 알킬 할라이드가 생성되는지 쓰시오.

a. 

b. $(CH_3)_2C{=}C(CH_3)_2$

c. $CH_2{=}CHCH_2CH(CH_3)_2$

d. 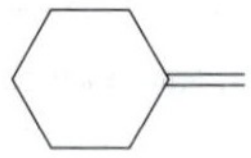

**6.20** 1-에틸사이클로헥센(1-ethylcyclohexene)을 각 시약으로 처리할 때 생성되는 생성물을 그리시오.

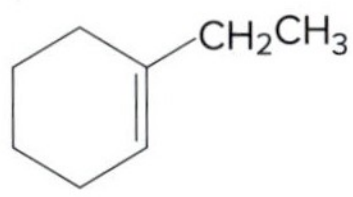

1-에틸사이클로헥센

a. $H_2$, Pd
b. $Cl_2$
c. $Br_2$
d. HCl
e. HBr
f. $H_2O$, $H_2SO_4$

**6.21** 다음 알킬 할라이드(alkyl halides) 또는 다이할라이드(dihalides)를 각각 제조하기 위해 출발 물질로 필요한 알켄을 쓰고, 각 경우에 알켄과 반응하는 데 필요한 시약도 표시하시오.

a. $CH_3CH_2Br$

b. 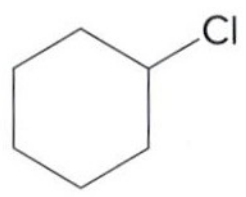

c. 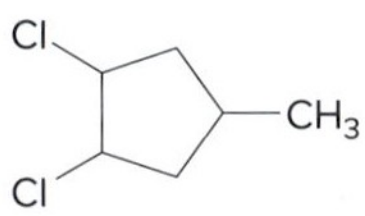

d. $BrCH_2CH(Br)CH_2CH(CH_3)_2$

## 고분자

**6.22** 클로로트라이플루오로에틸렌($F_2C{=}CFCl$)을 중합하여 생성된 고분자인 폴리클로로트라이플루오로에틸렌(polychlorotrifluoroethylene)의 구조를 쓰시오. 폴리클로로트라이플루오로에틸렌은 일부 의약품의 포장재에 사용된다.

**6.23** 각 화합물이 중합될 때 어떤 고분자가 생성되는지 쓰시오.

a. 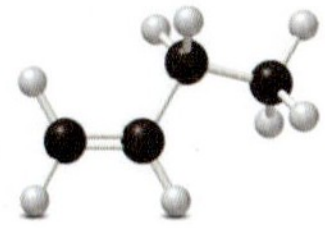

b. 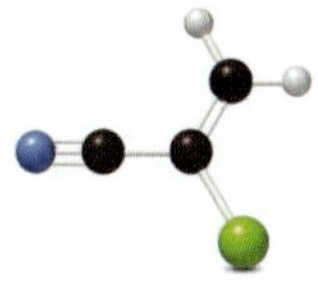

**6.24** 다음 고분자를 생성하기 위해 어떤 단량체가 사용되는지 쓰시오.

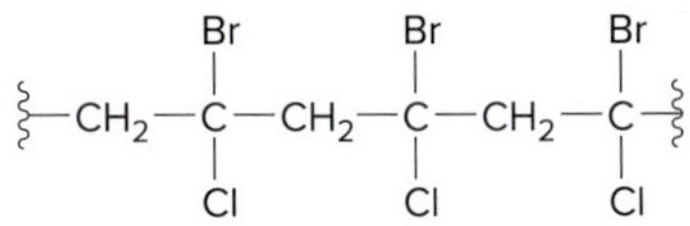

## 벤젠의 구조 및 명명법

**6.25** 클로로벤젠(chlorobenzene)에 대한 2개의 공명 구조를 그리시오.

**6.26** 각 방향족 화합물의 이름을 정하시오.

a. 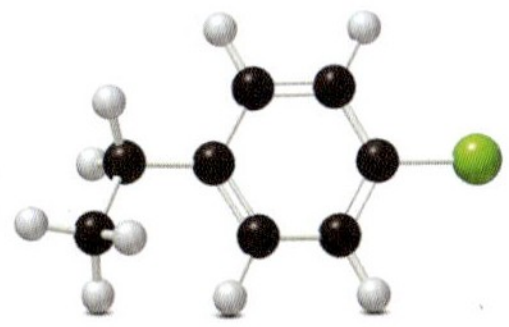

b. 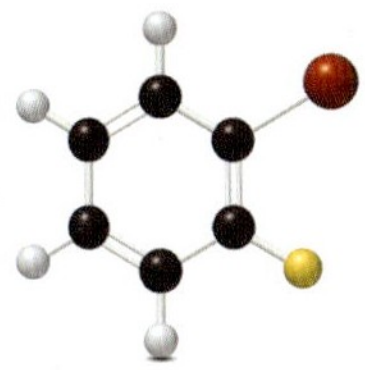

**6.27** 각각의 치환된 벤젠에 대한 IUPAC 이름을 쓰시오.

a. 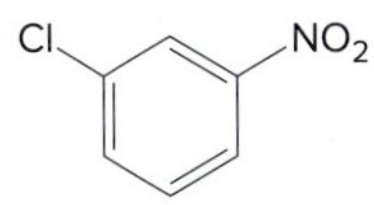

b. 

c. 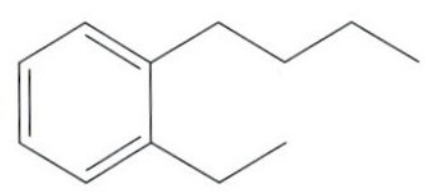

d. 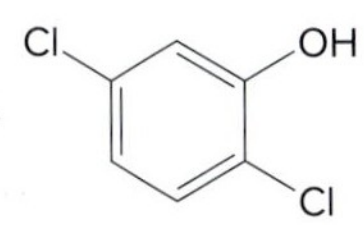

**6.28** Cl 원자와 $NH_2$ 그룹이 벤젠 고리에 결합된 세 가지 구조 이성질체의 구조를 그리시오. 또 IUPAC 체계를 사용하여 각 화합물의 이름을 정하시오.

**6.29** 각 IUPAC 이름에 해당하는 구조를 그리시오.
a. *p*-나이트로프로필벤젠(*p*-nitropropylbenzene)
b. *m*-다이뷰틸벤젠(*m*-dibutylbenzene)
c. *o*-아이오도페놀(*o*-iodophenol)
d. 2-브로모-4-클로로톨루엔(2-bromo-4-chlorotoluene)
e. 2-클로로-6-아이오도아닐린(2-chloro-6-iodoaniline)

## 방향족 화합물의 반응

**6.30** *p*-다이메틸벤젠(*p*-dimethylbenzene)[*p*-자일렌(*p*-xylene)이라고도 함]을 각 시약으로 처리하면 어떤 생성물이 생성되는지 쓰시오.

*p*-다이메틸벤젠

a. $Cl_2$, $FeCl_3$
b. $HNO_3$, $H_2SO_4$
c. $SO_3$, $H_2SO_4$

**6.31** 브로모벤젠(bromobenzene)을 $HNO_3$ 및 $H_2SO_4$로 처리하면 세 가지 다른 생성물이 생성된다. 이 세 가지 생성물의 구조를 그리시오.

CHAPTER 7

# 산소, 할로겐, 황을 포함한 유기 화합물

Organic Compounds That Contain Oxygen, Halogen, or Sulfur

7.1 소개
7.2 알코올의 구조와 성질
7.3 알코올의 명명법
7.4 흥미로운 알코올
7.5 알코올의 반응
7.6 에터의 구조와 성질
7.7 알킬 할라이드
7.8 황을 포함한 유기 화합물

라벤더 오일의 성분인 리날로올(linalool)은 비누와 로션의 향을 내는 데 사용된다. 벼룩과 바퀴벌레를 방제하기 위한 살충제로도 사용된다.

**알코올, 에터, 알킬 할라이드 및 싸이올을 왜 연구할까**

이 장은 헤테로 원자에 단일 결합된 탄소를 함유한 유기 화합물인 **알코올**(ROH), **에터**(ROR), **알킬 할라이드**(RX, X = F, Cl, Br 또는 I), **싸이올**(RSH)의 4개 계열을 집중하여 소개한다. 이러한 화합물들은 극성의 탄소-헤테로 원자 간 결합 때문에 5장과 6장의 탄화수소와는 다른 성질을 가진다. 4개 계열의 화합물 중 알코올이 가장 광범위하게 발생하며, 에탄올($CH_3CH_2OH$)과 같은 단순 화합물과 녹말, 셀룰로스 등의 복합 화합물로 대표된다. 에터는 오늘날 사용되고 있는 가장 흔한 마취제이고, 산업용 용매와 냉매로 널리 쓰이는 알킬 할라이드는 오존층 파괴의 원인이 되고 있다. 싸이올의 SH기는 단백질 화학에서 중요한 역할을 한다. 7장에서는 이 네 부류의 유기 화합물의 성질에 대해 배우게 될 것이다.

## 7.1 소개

**알코올**(alcohol), **에터**(ether), **알킬 할라이드**(alkyl halide), **싸이올**(thiol)은 헤테로 원자인 산소, 할로젠 또는 황에 단일 결합된 탄소 원자를 포함하는 화합물의 네 계열이다.

알코올과 에터는 $H_2O$의 유기 유도체로 각각 알킬기가 산소와 결합한 수소 1개 또는 2개를 치환하여 생성된다. 알코올은 사면체 탄소 원자에 결합한 **하이드록시기**(OH기)를 포함하고, 에터에는 산소 원자에 결합한 2개의 **알킬기**가 있다. 두 화합물의 산소 원자는 2개의 고립 전자쌍을 가지고 있기 때문에 8개의 전자로 둘러싸여 있다.

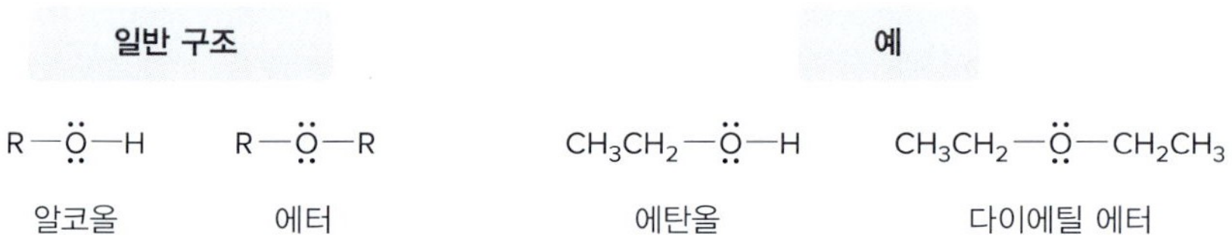


알킬 할라이드는 사면체 탄소에 결합된 **할로젠 원자**(X = F, Cl, Br 또는 I)를 포함한다. 각각의 할로젠 원자는 탄소와 하나의 결합을 이루고 세 쌍의 고립 전자를 가지고 있다. 싸이올은 사면체 탄소 원자에 결합된 **설프하이드릴기**(SH기)를 포함한다. 싸이올은 알코올의 황 유도체로, 산소를 황으로 대체함으로써 생성된다. 산소와 마찬가지로 황 원자 주위에는 2개의 고립 전자쌍이 있다.

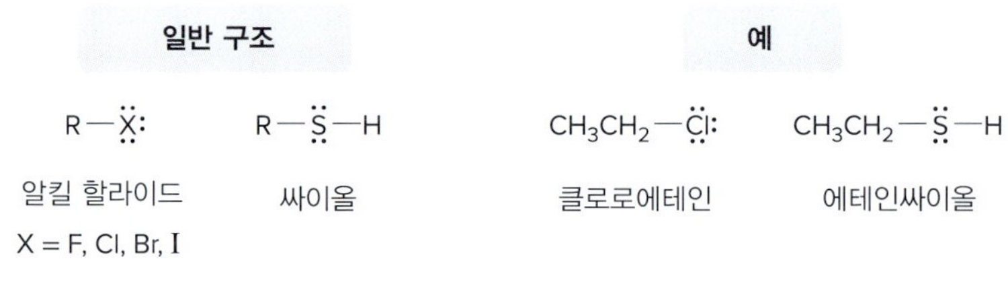


메르캡토메틸퓨란(mercaptomethylfuran, 커피 특유의 향기), 세보플루란(sevofluran, 전신 마취제), 택솔(Taxol, 항암제) 등은 이러한 작용기를 포함한 화합물이다.

난소, 유방 및 몇몇 폐종양에 효과적으로 작용하는 복합 항암제인 택솔이 특히 흥미롭다. 택솔을 사용한 초기 생물학적 연구는 태평양 주목나무의 껍질에서 분리된 천연 물질로 수행되었지만, 껍질을 벗기는 과정에서 이 웅장한 나무들이 너무 많이 죽었다. 택솔은 현재 식물 세포를 발효하는 과정에서 생산이 가능하고, 따라서 더 이상 나무를 죽이지 않아도 환자들에게 충분한 양을 제공할 수 있다.

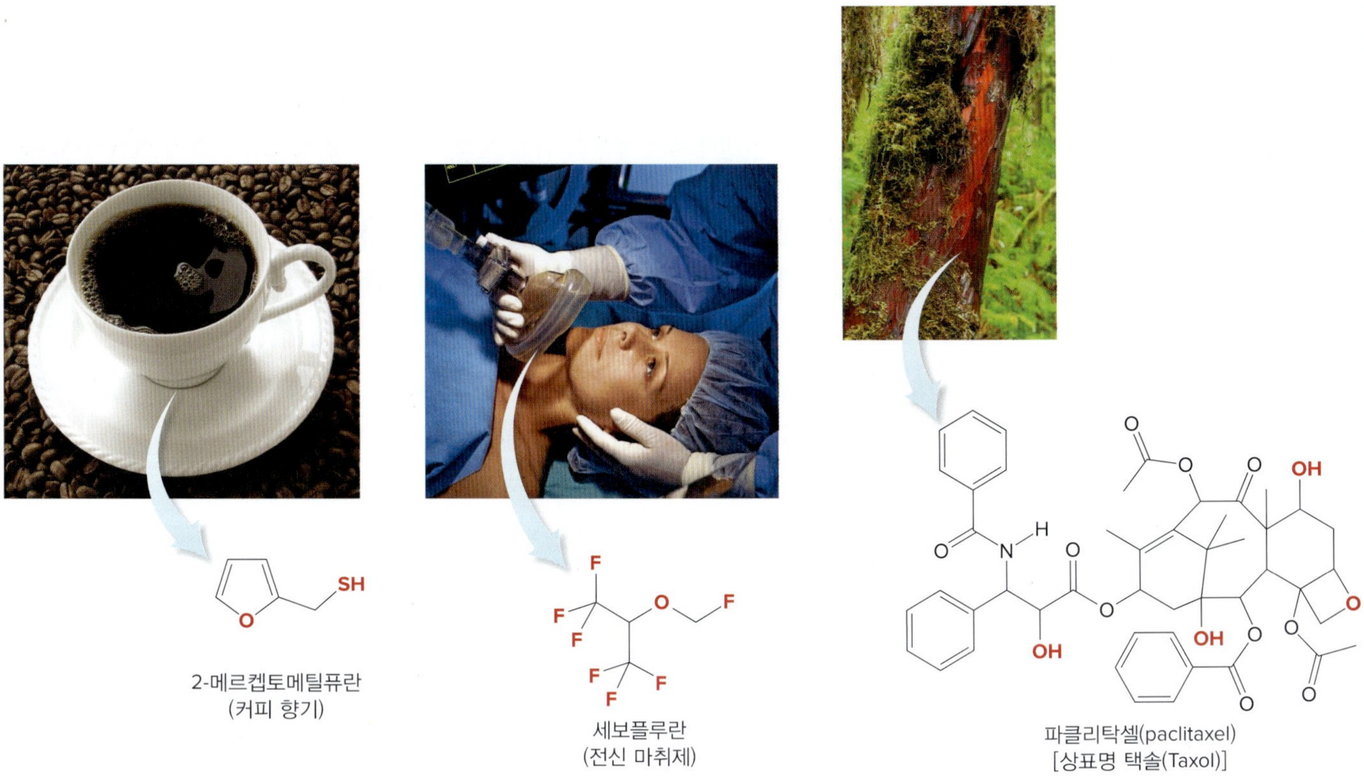


[OH, SH, 할로젠 및 에터 O 원자는 빨간색으로 표시한다.]

## 7.2 알코올의 구조와 성질

알코올(alcohol)은 사면체 탄소 원자에 결합된 하이드록시기(OH기)를 포함한다. 알코올은 OH기가 붙은 탄소에 결합된 탄소 원자의 수를 기준으로 1차(1°), 2차(2°), 3차(3°)로 분류된다.

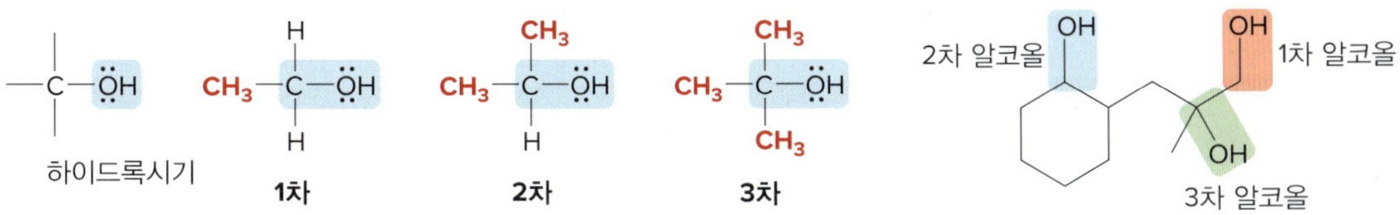


- 1차 알코올은 OH기가 연결된 탄소에 1개의 결합된 탄소를 가진다.
- 2차 알코올은 OH기가 연결된 탄소에 2개의 결합된 탄소를 가진다.
- 3차 알코올은 OH기가 연결된 탄소에 3개의 결합된 탄소를 가진다.

### 예제 7.1 알코올을 1차, 2차, 3차로 구별하기

다음 알코올을 1차, 2차, 3차로 구별하시오.

a. 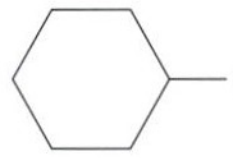 $CH_2CH_2OH$

b. 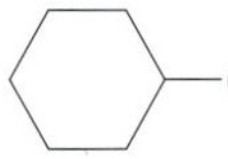 OH

**분석**

알코올이 1차, 2차, 3차인지 구별하기 위해서는 OH기가 붙은 탄소에 결합한 탄소 원자의 수를 세어 본다. 1차 알코올은 OH기가 붙은 탄소에 다른 탄소 원자가 1개 결합하고 있다.

**해답**

구조를 그리고 골격 구조에서 생략된 H 원자를 모두 표시하여 OH기가 붙은 탄소에 결합한 탄소 원자의 수를 정확하게 세어 본다.

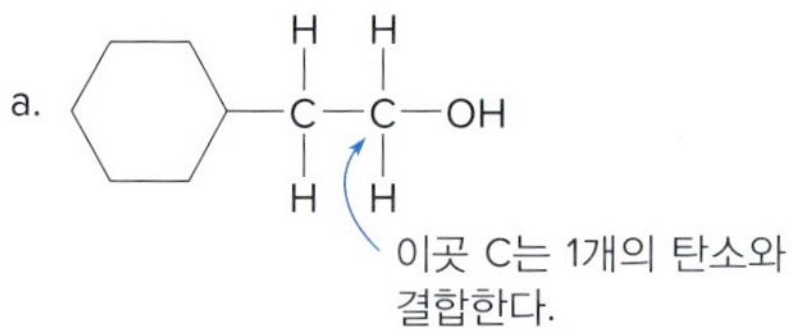

**1차 알코올**

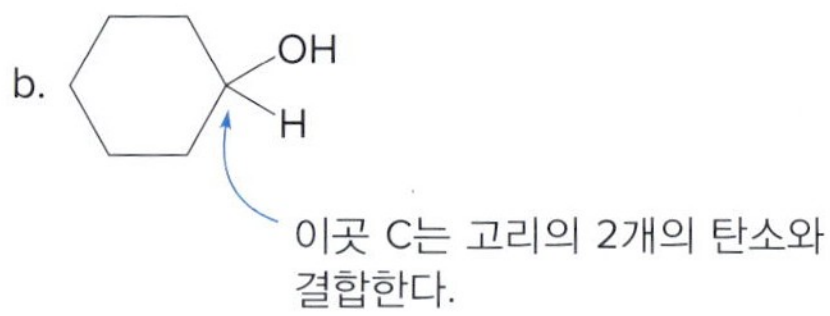

**2차 알코올**

### 연습문제 7.1

다음 알코올을 1차, 2차, 3차로 구별하시오.

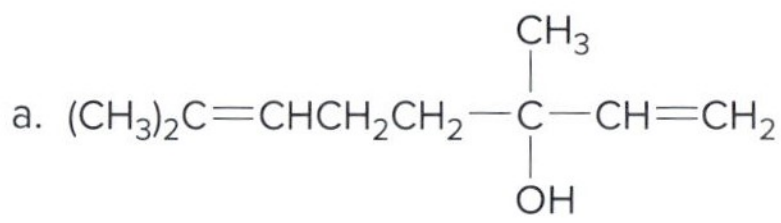

리날로올(linalool)
[라벤더(lavender)에서 분리]

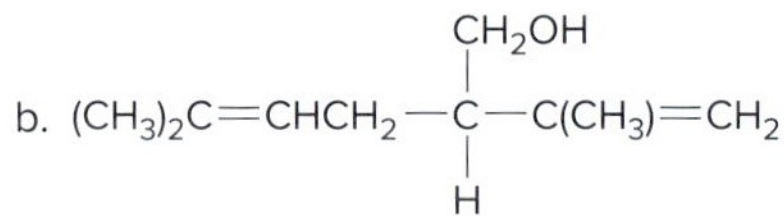

라반둘롤(lavandulol)
[라벤더(lavender)에서 분리]

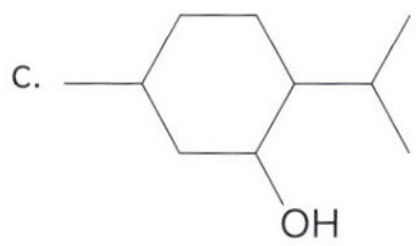

멘톨(menthol)

리나로올(linalool)과 라반둘롤(lavandulol, 연습문제 7.1 참조)은 라벤더의 특징적인 향기를 내는 300개 화합물 중 두 가지이다.

**소비자 노트**

솔비톨(sorbitol)은 몇몇 열매와 과일에서 자연적으로 발생한다. 설탕-프리타트(sugtreethat)는 수크로스-프리캔디(sucrose freecandy)와 껌에서 대체 감미료로 사용된다.

알코올은 2개의 원자와 2개의 고립 전자쌍으로 둘러싸인 산소 원자를 포함하며, 산소 원자는 $H_2O$처럼 굽은 모양을 갖게 한다. C—O—H 결합 각도는 사면체 결합각 109.5°와 유사하다.

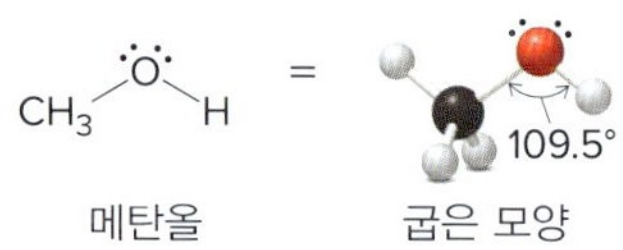


산소는 탄소나 수소보다 훨씬 더 전기음성도가 크기 때문에 C—O와 O—H 결합은 극성이다. 알코올은 2개의 극성 결합과 굽은 모양을 가지므로 극성 분자일 뿐만 아니라 산소에 직접 결합된 수소 원자를 가지고 있기 때문에 또한 분자 간 수소 결합도 할 수 있다. 이런 특성은 알코올이 5장과 6장의 탄화수소보다 훨씬 강한 분자 간 힘을 갖도록 한다.

알코올에는 알짜 쌍극자가 있다.

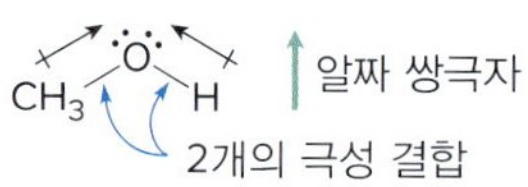


알코올은 분자 간 수소 결합을 한다.

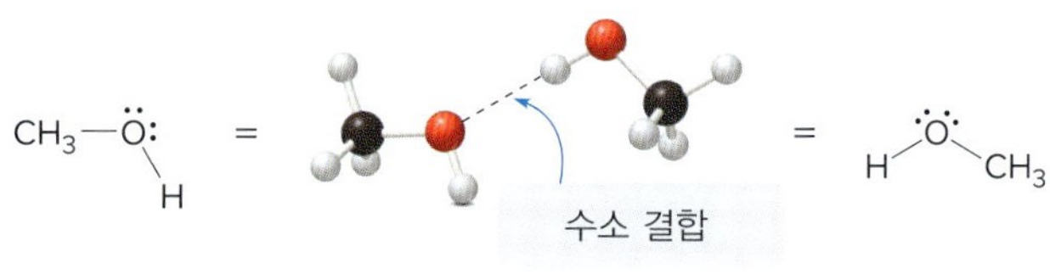


그 결과는 다음과 같다.

- 알코올은 분자량과 모양이 비슷한 탄화수소보다 끓는점과 녹는점이 높다.

| $CH_3CH_2CH_2CH_3$ | $CH_3CH_2CH_2OH$ ← 더 강한 분자 간 힘 더 높은 끓는점 및 녹는점 |
|---|---|
| 뷰테인 | 1-프로판올 |
| 녹는점: −138°C<br>끓는점: −0.5°C | 녹는점: −127°C<br>끓는점: 97°C |

용해도에 관한 일반적인 규칙은 우리가 4.6B절에서 배운 것처럼 알코올의 용해도 성질을 설명한다.

- 알코올은 유기 용매에 용해된다.
- 분자량이 작은 알코올(탄소 6개 미만의 알코올)은 물에 녹는다.
- 분자량이 큰 알코올(탄소 6개 이상의 알코올)은 물에 녹지 않는다.

따라서 에탄올($CH_3CH_2OH$) 및 1-옥탄올[$CH_3(CH_2)_7OH$]은 모두 유기 용매에 용해되지만 에탄올은 물에 녹고 1-옥탄올은 그렇지 않다.

$CH_3CH_2OH$ $CH_3CH_2CH_2CH_2CH_2CH_2CH_2CH_2OH$

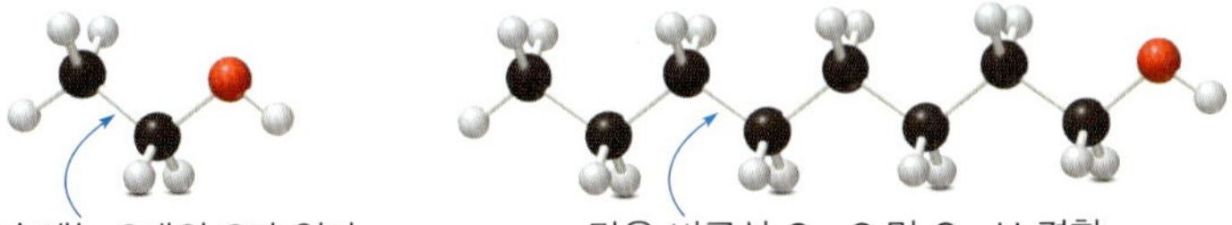

사슬에는 2개의 C가 있다. **수용성**

많은 비극성 C—C 및 C—H 결합 **물에 불용성**

## 7.3 알코올의 명명법

IUPAC 체계에서 알코올은 접미사 -ol로 식별된다.

### IUPAC 체계을 이용하여 알코올을 명명하는 방법

**예** 다음 알코올을 IUPAC 체계에 따라 명명하시오.

$$\begin{array}{l} \quad\ CH_3\quad\ OH \\ \quad\ \ |\qquad\ \ | \\ CH_3CHCH_2CHCH_2CH_3 \end{array}$$

**단계 [1]** OH기에 결합된 탄소를 포함하는 가장 긴 탄소 사슬을 찾는다.

$$\begin{array}{l} \quad\ CH_3\quad\ OH \\ \quad\ \ |\qquad\ \ | \\ CH_3CHCH_2CHCH_2CH_3 \end{array}$$

가장 긴 사슬에는 **6**개의 C가 있다.

**hexane** ---→ **hexanol**

- 모체 알케인의 마지막 철자 **-e**를 접미사 **-ol**로 변경한다.

**단계 [2]** OH기에 더 낮은 번호를 부여하도록 탄소 사슬의 번호를 매기고, 다른 모든 규칙을 적용한다.

a. 사슬에 번호를 매긴다.

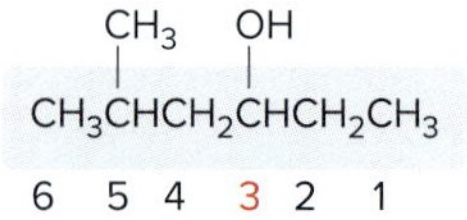


- OH기를 C4가 아니라 C3에 놓기 위해 사슬에 번호를 매긴다.

3-헥산올(3-hexanol)

b. 치환기의 이름과 번호를 부여한다.

5번 탄소(C5)에 메틸(methyl)기

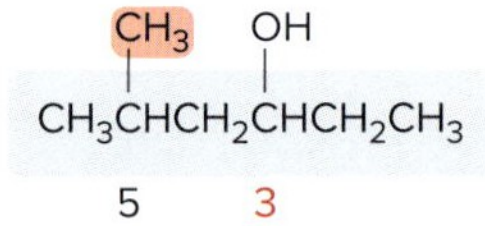


**답: 5-메틸-3-헥산올**(5-methyl-3-hexanol)

## 소비자 노트

부동액에는 에틸렌글리콜($HOCH_2CH_2OH$)이 사용된다. 그것은 달콤한 맛을 내지만 매우 독성이 있다. 에틸렌글리콜은 데이크론(10.9절 참조)과 같은 합성 섬유의 합성에서 시작 물질이다.

OH기가 고리 화합물에 결합될 때 고리 화합물에는 OH기부터 번호가 매겨지고, 일반적으로 1은 이름에서 생략된다. 그런 다음 시계 반대 방향으로 번호를 매겨서 다음 치환기에 낮은 번호를 부여한다.

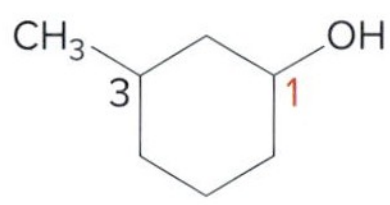


**3-메틸사이클로헥산올**
(3-methylcyclohexanol)

[ OH기는 C1에 있고, 두 번째 치환기($CH_3$)는 더 낮은 번호를 가진다. ]

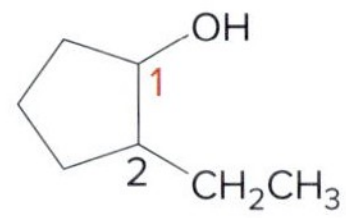


**2-에틸사이클로펜탄올**
(2-ethylcyclopentanol)

[ OH기는 C1에 있고, 두 번째 치환기($CH_3CH_2$)는 더 낮은 번호를 가진다. ]

보통 알코올에는 흔히 관용명이 쓰인다. 관용명을 붙이려면 다음과 같이 시행한다.

- 분자의 모든 탄소 원자의 이름을 단일 알킬기로 정한다.
- 알코올이라는 단어를 공백으로 구분하면서 추가한다.

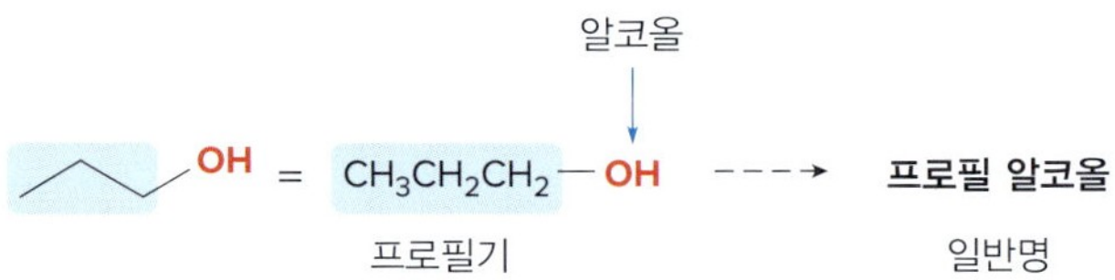


2개의 하이드록시기가 있는 화합물을 **다이올**(diols, IUPAC 체계 사용) 또는 **글라이콜**(glycol)이라고 한다. 3개의 하이드록시기가 있는 화합물을 **트라이올**(triol)이라고 한다. 다이올의 이름을 지정하기 위해 모체 알칸의 이름에 접미사 -diol을 추가하고, 접두사에는 숫자를 사용하여 두 OH기의 위치를 표시한다.

$HOCH_2CH_2OH$

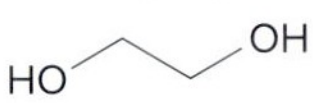


IUPAC 이름: 1, 2-에테인다이올(1,2-ethanediol)
일반명: **에틸렌글라이콜**(ethylene glycol)

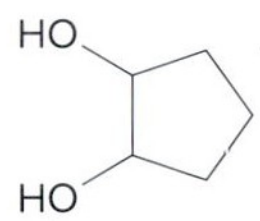


**1,2-사이클로펜테인다이올**
(1,2-cyclopentanediol)

### 예제 7.2 알코올 명명하기

다음 알코올의 IUPAC 이름을 정하시오.

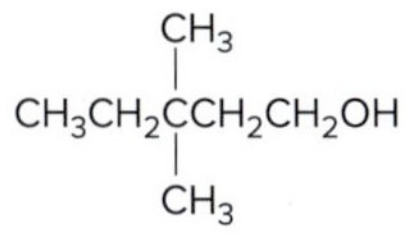


### 분석 및 해답

[1] OH기와 결합한 탄소를 포함하는 가장 긴 사슬을 찾는다.

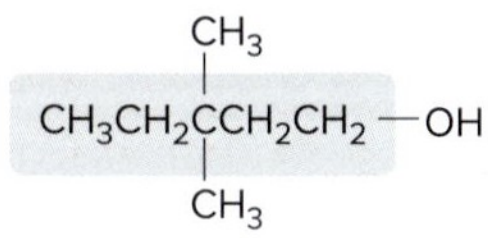


가장 긴 사슬에 5개의 C ---→ **펜탄올** (pentanol)

모체 알케인의 마지막 철자 **-e**를 접미사 **-ol**로 변경한다.

[2] OH기가 붙은 탄소에 낮은 번호가 부여되도록 탄소의 번호를 정하고 다른 일반적인 명명법 규칙을 적용한다.

a. 사슬에 번호를 매긴다.

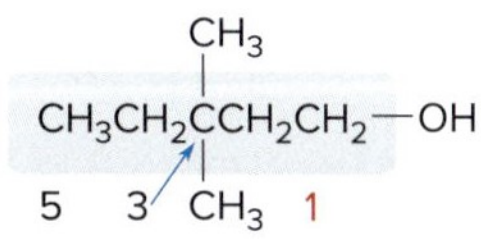


- OH기를 C5가 아니라 C1에 놓기 위해 사슬에 번호를 매긴다.

1-펜탄올(1-pentanol)

b. 치환기의 이름과 번호를 부여한다.

3번 탄소(C3)에 2개의 메틸(methyl)기 ⟶ 다이메틸 (dimethyl)

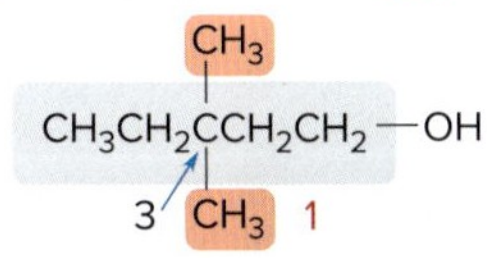


**답: 3,3-다이메틸-1-펜탄올**(3,3-dimethyl-1-pentanol)

### 연습문제 7.2

각 화합물에 대한 IUPAC 이름을 정하시오.

a. 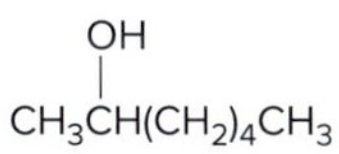


b. 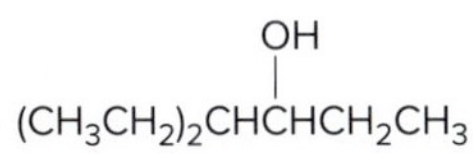


c. 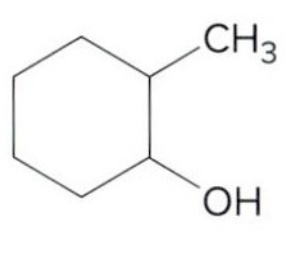


d. 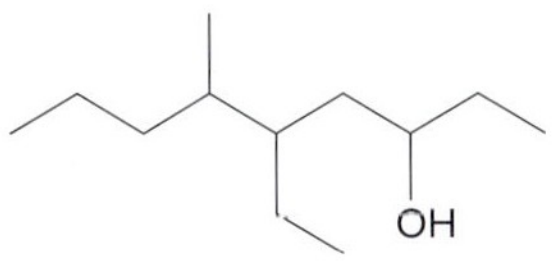


## 7.4 흥미로운 알코올

가장 잘 알려진 알코올은 에탄올 $CH_3CH_2OH$이다. 곡물과 포도의 탄수화물이 발효되어 생성된 **에탄올**(**그림 7.1** 참조)은 알코올 음료에 존재하는 알코올이다. 발효에는 전환에 필요한 효소를 제공하는 효모가 필요하다. 에탄올은 알코올이 최소한 4,000년 전부터 생산되었기 때문에 인간이 합성된 최초의 유기 화합물일 가능성이 높다.

에탄올은 또한 일반적인 실험실 용매로 쓰이는데, 이럴 경우 때로는 소량의 벤젠(benzene)이

그림 7.1 알코올 음료에서의 에탄올

에탄올은 포도를 발효시켜 얻은 적포도주에 들어 있는 알코올이다. 모든 알코올 음료는 다양한 비율의 에탄올과 물의 혼합물이다. 맥주는 3~8% 에탄올, 와인은 10~14% 에탄올, 다른 주류들은 35~90% 에탄올을 함유하고 있다.

그림 7.2 몇 가지 단순한 알코올

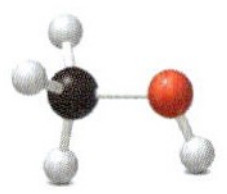

$CH_3OH$

- **메탄올**($CH_3OH$)은 플라스틱 합성에 유용한 용매 및 출발 물질이다. 메탄올은 간에서 대사할 때 생기는 폼알데하이드 때문에 매우 독성이 강하다. 15 mL(약 반 온스) 정도의 섭취는 실명을 일으키고 100 mL는 사망을 일으킨다.

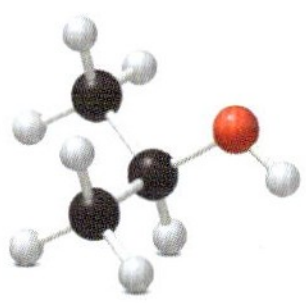

$(CH_3)_2CHOH$

- **2-프로판올**[$(CH_3)_2CHOH$, **아이소프로필 알코올**]은 소독용 알코올의 주요 성분이다. 피부에 문지르면 쉽게 증발해 시원해진다. 2-프로판올은 시술 전 피부를 깨끗하게 하고 의료 기기를 살균하는 데 쓰인다.

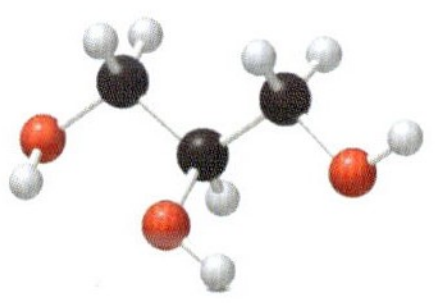

$HOCH_2CHCH_2OH$ (가운데 C에 OH)

- **글리세롤**[$(HOCH_2)_2CHOH$]은 로션, 액체 비누, 면도 크림 등에 쓰이는 트라이올이다. 달콤한 맛을 내고 무독성이기 때문에 사탕과 가공 식품의 첨가물이 되기도 한다. 수소 결합을 용이하게 하는 3개의 OH기가 있어서 이 제품에 수분을 유지하는 데 도움을 준다.

나 메탄올(methanol, $CH_3OH$) 같은 독성이 있는 용매를 첨가하여 섭취하지 않도록 한다. 에탄올은 쉽게 연소되어 이산화탄소와 $H_2O$를 생성하고 에너지를 방출하기 때문에 가솔린 첨가제로 사용된다. 기타 간단한 알코올은 그림 7.2에 수록되어 있다. 녹말과 셀룰로스는 많은 OH기를 포함하고 있으며 탄수화물이라고 불리는 분자 계열에 속하는 고분자이다. 전분은 식물의 씨앗과 뿌리에 있는 주요 탄수화물이다. 예를 들어, 인간이 밀, 쌀, 감자를 먹으면 녹말을 섭취하는 것이고, 녹말은 소화 기관에서 단순한 당인 글루코스로 가수 분해된다. 자연에서 가장 풍

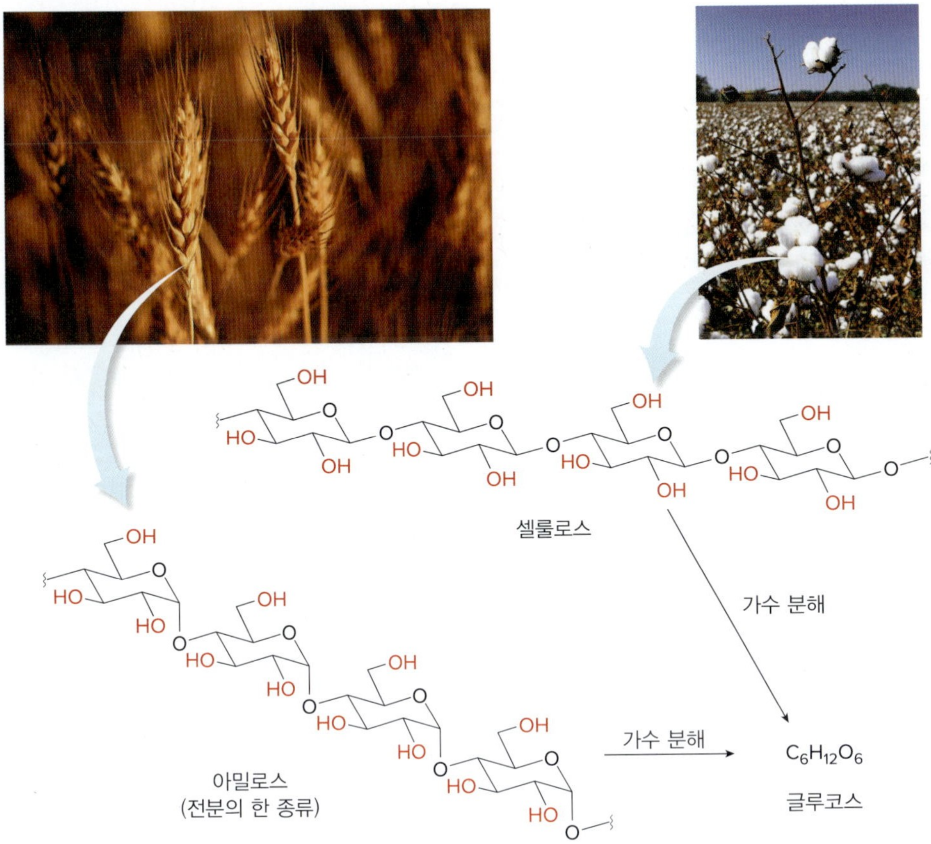


부한 유기물인 셀룰로스는 나무 줄기와 식물 줄기를 탄탄하게 한다. 나무, 면, 아마는 주로 셀룰로스로 이루어져 있다. 셀룰로스의 완전한 가수 분해 또한 글루코스를 생성하지만, 인간은 셀룰로스를 가수 분해할 수 없다. 즉, 인간은 녹말을 소화할 수 있지만 셀룰로스는 소화할 수 없다.

## 7.5 알코올의 반응

알코올은 **탈수 반응**(dehydration)과 **산화 반응**(oxidation)이라는 두 가지 유용한 반응을 한다.

### 7.5A 탈수 반응

알코올을 $H_2SO_4$와 같은 강한 산으로 처리하면 물이 빠지면서 알켄(alkene)이 생성된다. 출발 물질에서 $H_2O$가 빠지는 작용을 탈수 반응이라고 한다. 탈수 반응은 인접한 두 원자의 C—OH 결합과 C—H 결합을 깨트림으로써 발생한다.

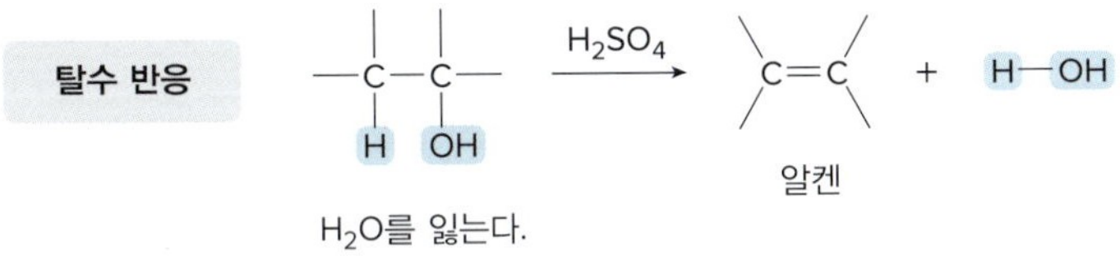


탈수 반응은 **제거 반응**이라 불리는 일반적인 형태의 유기 반응의 한 예이다.

- 제거 반응이란 출발 물질의 원소를 잃으면서 1개의 새로운 다중 결합이 생성되는 반응이다.

예를 들어, $H_2SO_4$를 사용하는 에탄올($CH_3CH_2OH$)의 탈수는 그림과 같이 에틸렌($CH_2{=}CH_2$)을 생성한다. 탈수의 생성물을 그리려면 인접한 두 탄소 원자에서 H와 OH의 원소를 제거하고 탄소-탄소 이중 결합을 그리면 된다.

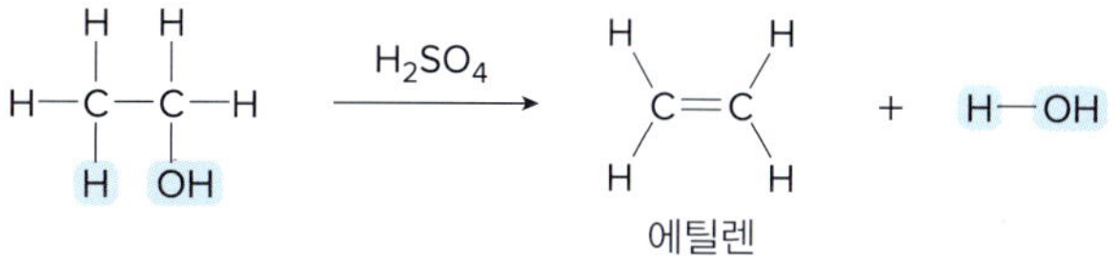


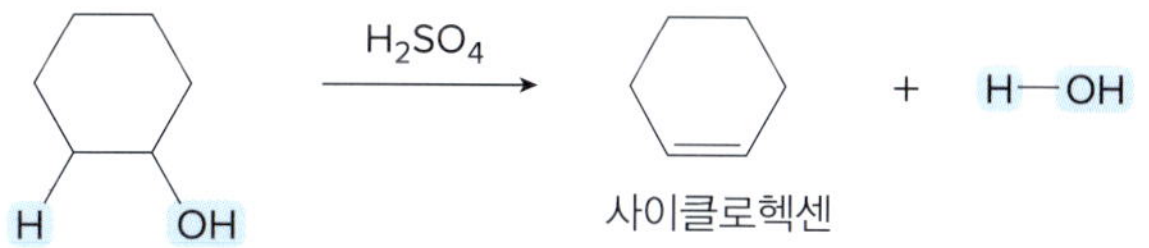


때로는 **2-뷰탄올**[2-butanol, $CH_3CH(OH)CH_2CH_3$]이 출발 물질인 경우처럼 둘 이상의 알켄이 탈수 반응의 생성물로 생성될 수 있다. C1과 C2에서 H와 OH를 제거하면 **1-뷰텐**(1-butene)이 생성된다. C3와 C2에서 H와 OH를 제거하면 2-뷰텐(2-butene)이 생성된다.

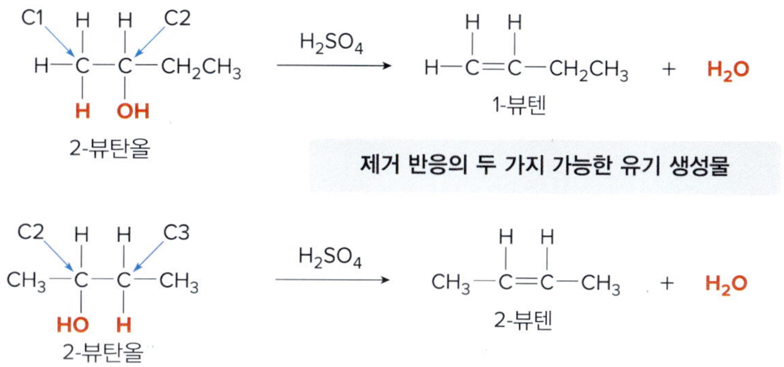


두 가지 생성물이 모두 생성되지만 이중 결합의 탄소에 더 많은 알킬기가 결합된 알켄이 주요 생성물이다. 따라서 이 경우 **2-뷰텐**이 주요 생성물인데 그 이유는 2-뷰텐의 C=C는 2개의 알킬기($CH_3$기 2개)가 결합되어 있는 반면, 1-뷰텐의 C=C는 하나의 알킬기($CH_2CH_3$기)만 결합되어 있기 때문이다.

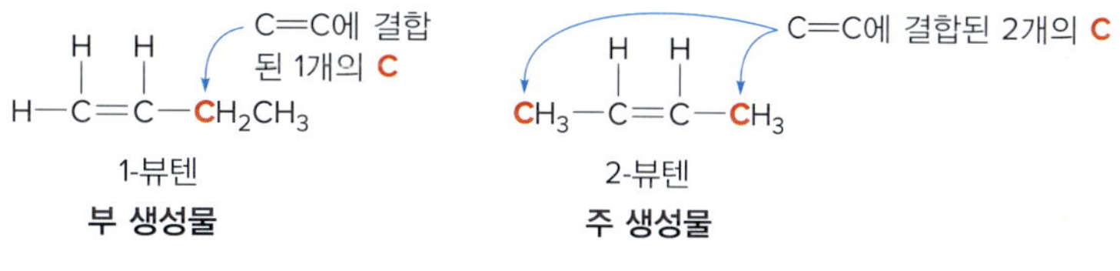


이것은 **자이체프 규칙**(Zaitsev rule)이라고 하는 일반적인 경향의 구체적인 예이다.

- 자이체프 규칙: 제거의 주 생성물은 알킬기가 더 많이 결합되어 있는 알켄이다.

### 예제 7.3 탈수 반응의 생성물 그리기

다음 알코올의 가능한 탈수 반응 생성물을 모두 그리고, 그중 주 생성물을 고르시오.

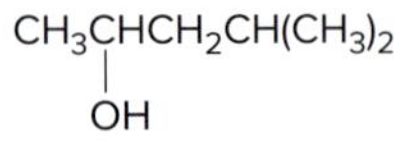


#### 분석

탈수 반응의 생성물을 그리기 위해 다음 과정을 시행한다.

- OH기가 붙은 탄소를 찾고 이 탄소와 결합한 다른 탄소에 붙은 수소를 모두 찾는다.
- 인접한 두 탄소에서 OH와 H를 제거하고 그 탄소들 사이에 이중 결합을 그린다.
- 2개의 다른 알켄이 생성되면 **주 생성물은 이중 결합한 탄소에 더 많은 탄소가 붙은 화합물이다.**

#### 해답

이 알코올은 OH가 붙은 탄소에 2개의 다른 탄소가 붙어 있다. C1과 C2에서 H와 OH가 빠지면 4-메틸-1-펜텐(4-methyl-1-pentene)이 생성되고, C3와 C2에서 H와 OH가 빠지면 4-메틸-2-펜텐(4-methyl-2-pentene)이 생성된다. 4-메틸-1-펜텐이 이중 결합한 탄소에 1개의 알킬기가 붙은 반면, 4-메틸-2-펜텐은 이중 결합한 탄소에 2개의 알킬기가 붙어 있으므로 주 생성물은 4-메틸-2-펜텐이다.

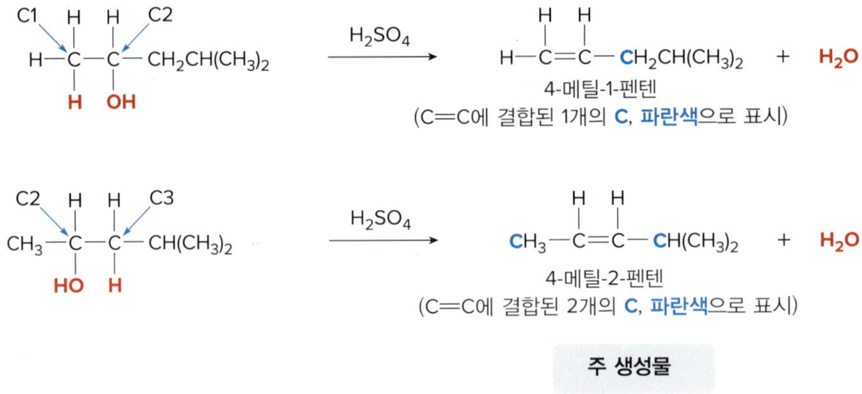


### 연습문제 7.3

각 알코올이 $H_2SO_4$로 탈수될 때 생성되는 생성물을 그리시오.

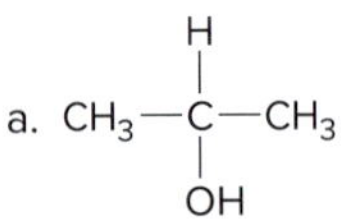
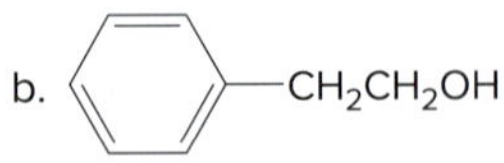
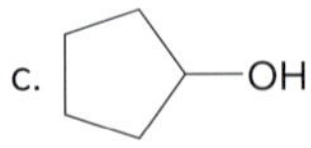

## 7.5B 산화

유기 화합물이 **산화**되었는지는 반응물과 생성물의 상대적인 C—H 및 C—O 결합 수를 비교하여 결정할 수 있다.

- 산화하면 C—O 결합 수가 증가하거나 C—H 결합 수가 감소한다.

따라서 $CH_4$와 같은 유기 화합물은 그림 7.3과 같이 C—H 결합을 C—O 결합으로 대체함으로써 산화될 수 있다. $CH_4$와 같은 알케인이 연소와 같은 완전한 산화를 겪을 때 모든 C—H 결합은 C—O 결합으로 전환되어 $CO_2$를 생성한다. 유기화학자들은 산화를 나타내기 위해 기호

그림 7.3 유기 화합물 산화의 일반적인 과정

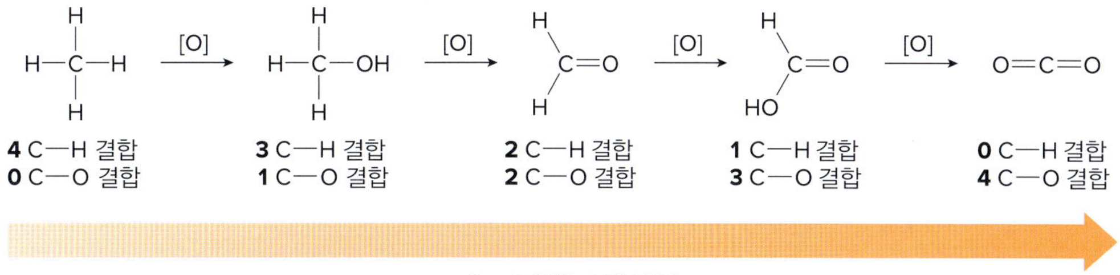


[O]를 사용한다.

다이크로뮴산 포타슘($K_2Cr_2O_7$)은 알코올 및 기타 유형의 유기 화합물로 산화시키는 데 사용되는 붉은색–주황색 고체이다.

알코올은 그 종류와 시약에 따라 다양한 화합물로 산화될 수 있다. 산화는 OH기가 있는 탄소의 C—H 결합을 C—O 결합으로 대체함으로써 발생한다. 알코올을 출발 물질로 하여 생성되는 모든 산화 생성물에는 카보닐(carbonyl)기인 CO가 포함되어 있다.

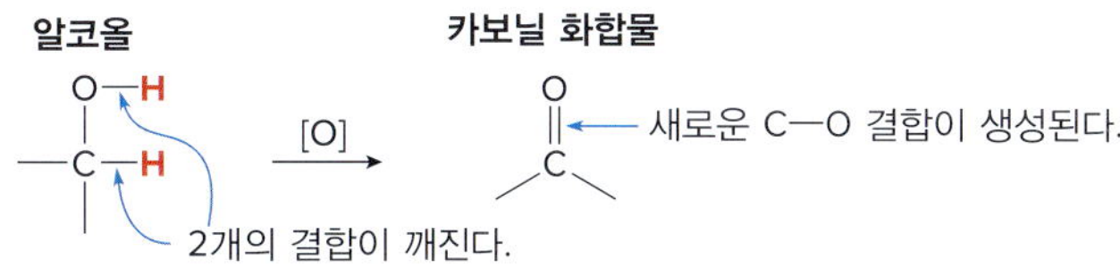


알코올 산화에 쓰이는 일반적인 시약은 **다이크로뮴산 포타슘**(potassium dichromate, $K_2Cr_2O_7$)이다. 산화되는 동안 시약은 녹색 $Cr^{3+}$ 이온으로 변환된다. 따라서 이러한 산화에는 특징적인 색 변화가 수반된다. 다양한 시약을 사용할 수 있기 때문에 일반 산화 기호인 [O]로 산화를 표기한다.

- 1차(1°) 알코올은 먼저 1개의 C—H 결합이 C—O 결합으로 변환되며 알데하이드(aldehyde, RCHO)로 산화되고 한 번 더 C—H 결합 1개가 더 C—O 결합으로 바뀌면서 카복실산(RCOOH)으로 최종 산화된다.

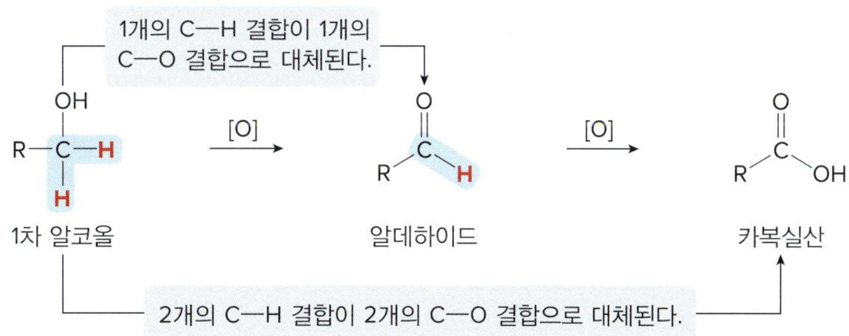


따라서 에탄올의 C—H 결합 1개의 산화는 **아세트알데하이드**를 생성한다. 아세트알데하이드는 카보닐 탄소에 수소 원자를 포함하고 있기 때문에 이 C—H 결합을 C—O 결합으로 전환하면 3개의 C—O 결합이 있는 카복실산인 **아세트산**을 생성한다.

- 2차(2°) 알코올은 1개의 C—H 결합을 1개의 C—O 결합으로 대체함으로써 케톤($R_2CO$)으로 산화된다.

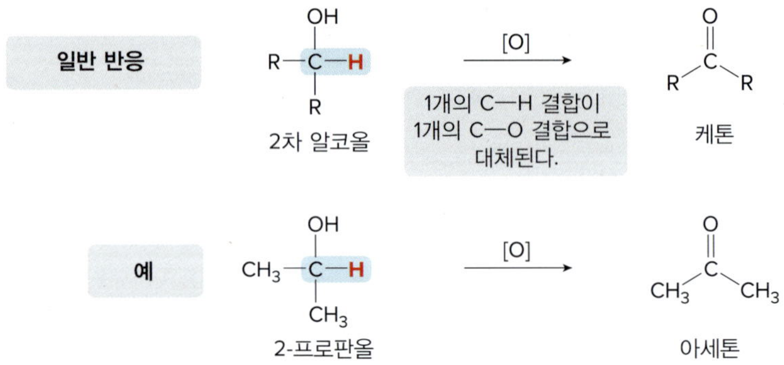


2차 알코올은 OH기를 가진 탄소에 결합한 수소 원자가 1개뿐이기 때문에 한 가지 유형의 화합물인 케톤으로만 산화가 가능하다. 따라서 2-프로판올은 산화되어 아세톤이 된다.

- 3차(3°) 알코올은 OH기를 가진 탄소에 H 원자가 없으므로 산화되지 않는다.

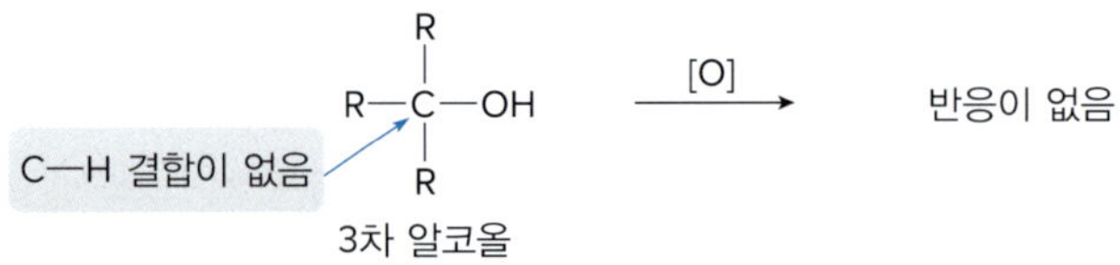


### 예제 7.4 알코올 산화 반응의 생성물 그리기

다음 알코올을 $K_2Cr_2O_7$으로 산화했을 때 생성되는 카보닐 화합물을 그리시오.

a. 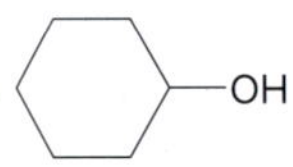

사이클로헥산올

b. $CH_3CH_2CH_2CH_2OH$

1-뷰탄올

**분석**

알코올을 1차, 2차, 3차로 나누고 OH기를 가진 탄소에 붙은 H의 수를 센다. OH기를 갖는 탄소에 집중하여 C—H 결합이 C—O 결합으로 바뀌는 것에 유념해야 한다.

- 1차 알코올은 알데하이드를 거쳐서 카복실산으로 산화된다.
- 2차 알코올은 케톤으로 산화된다.
- 3차 알코올은 OH기가 붙은 탄소에 H 원자가 없으므로 산화되지 않는다.

**해답**

a. 사이클로헥산올은 2차 알코올이므로 산화되어 케톤인 사이클로헥산온이 된다.

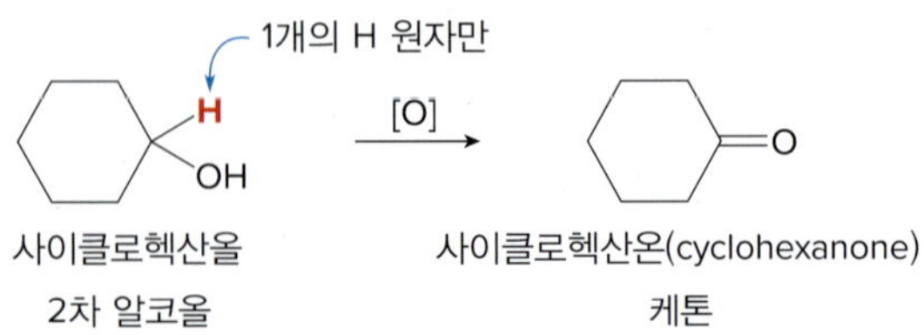

b. 1-뷰탄올은 1차 알코올이므로 알데하이드를 거쳐 카복실산으로 산화된다.

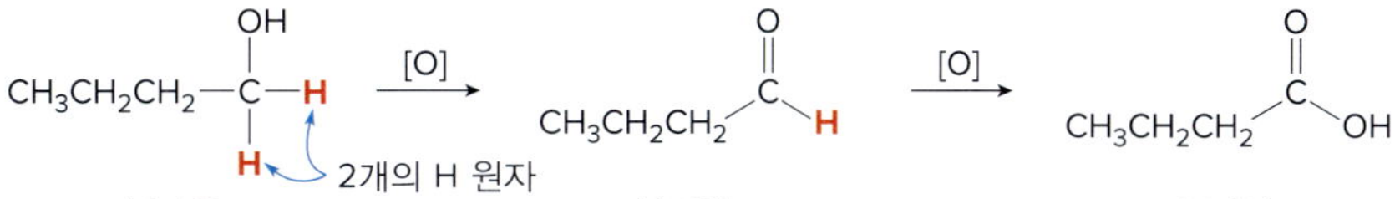


1-뷰탄올 1차 알코올 | 뷰탄알 알데하이드 | 뷰탄산 카복실산

**연습문제 7.4**

각 알코올이 $K_2Cr_2O_7$로 산화되면 어떤 생성물이 형성되는가? 어떤 경우에는 반응이 일어나지 않는다.

a. 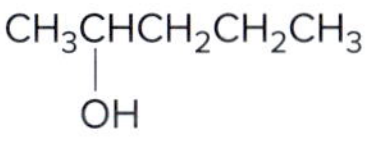


b. $(CH_3)_3CCH_2CH_2OH$

c. 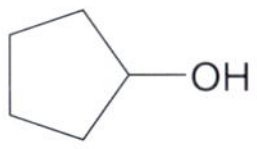


d. 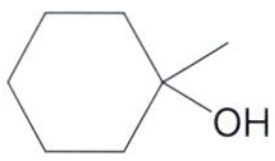


## 7.6 에터의 구조와 성질

에터란 산소 원자에 결합한 2개의 알킬기를 갖는 유기 화합물이다. 이 두 알킬기는 같거나 다를 수 있다.

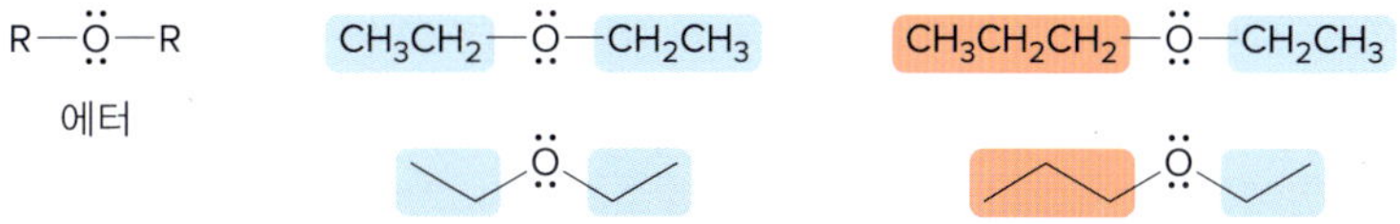


R기가 **동일하다.** R기가 **다르다.**

에터의 산소 원자는 2개의 탄소 원자와 두 쌍의 고립 전자로 둘러싸여 있어 $H_2O$의 산소처럼 **굽은 모양**(bent shape)을 하고 있다. COC 결합 각도는 사면체의 결합각 109.5 °와 유사하다.

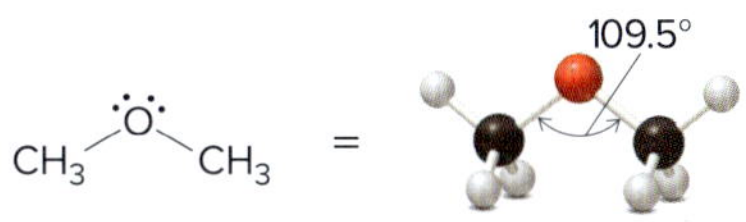


다이메틸 에터 굽은 모양

에터 산소는 고리에 포함될 수 있다. 헤테로 원자가 들어 있는 고리를 헤테로 고리 화합물이라고 한다. 에터가 3-원자 고리 화합물의 일부일 때 이 에터를 **에폭사이드**(epoxide)라고 한다.

에폭사이드 에터 O 원자를 갖는 3-원자 고리

에터 헤테로 고리를 포함하는 많은 화합물이 자연적으로 발생하고 있다. **암컷 집시 나방**(female gypsy moth)의 성 페로몬인 디스팔루어(disparlure)는 집시 나방 애벌레의 확산을 억제하는 데 사용되는 에폭사이드이다. 이 해충은 많은 그늘과 열매를 맺는 나무의 잎을 먹음으로써 미국 북동부의 숲을 주기적으로 황폐화시켰다. 4개의 에터 산소를 함유한 복합 신경 독성 물질인 **헤미브레브톡신 B**(hemibrevetoxin B)는 적조라고 불리는 조류의 증가에 의해 생성되는데, 이러한

**건강 노트**

적조가 발생한 시기에 채취한 조개류는 신경독이 많이 들어 있어 사람이 섭취하기에 부적합할 수 있다.

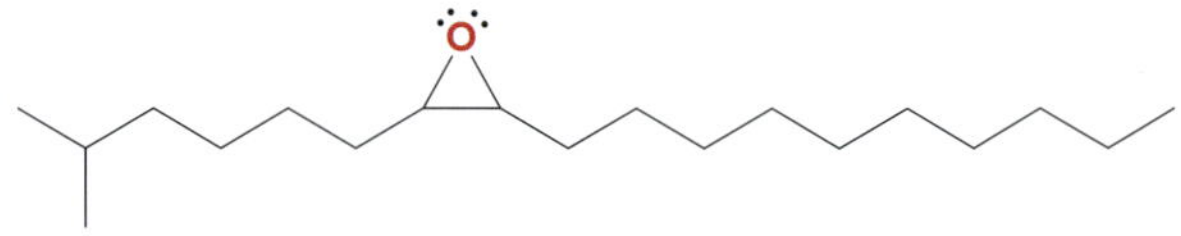

디스팔루어

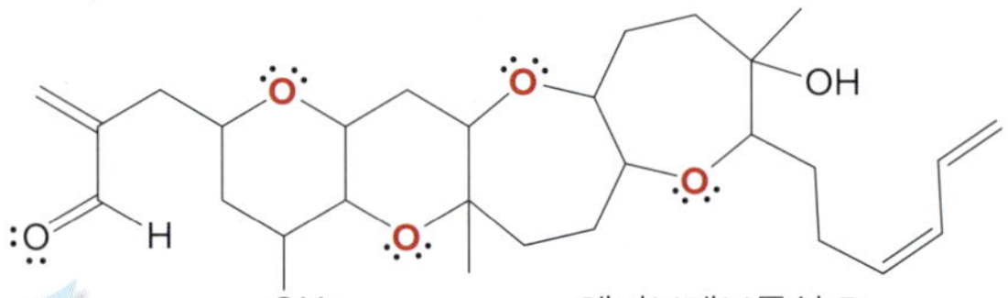


OH 헤미브레브톡신 B

[고리형 에터는 빨간색으로 표시된다.]

조류가 번식할 때 붉게 변하는 바닷물의 색깔 때문에 붙여진 명칭이다.

## 7.6A 물리적 성질

산소는 탄소보다 더 전기 음성적이기 때문에 에터의 C—O 결합은 둘 다 극성이다. 에터는 2개의 극성 결합을 가지며 굽은 모양을 취하기 때문에 **알짜 쌍극자**(net dipole)가 있다. 이런 면에서 보면 에터는 알코올과 비슷하다.

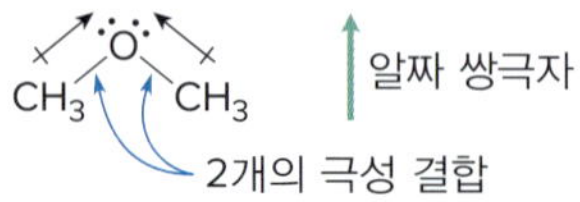


에터에는 산소에 결합된 수소 원자가 없기 때문에 알코올과 달리 두 에터 분자는 서로 분자 간 수소 결합을 할 수 없다. 이런 이유로 에터는 분자 간 힘이 알케인보다 강하지만 알코올보다는 약하다.

그 결과는 다음과 같다.

- 에터는 분자량이나 모양이 비슷한 탄화수소보다 녹는점과 끓는점이 높다.
- 에터는 분자량이나 모양이 비슷한 알코올에 비해 녹는점과 끓는점이 낮다.

| $CH_3CH_2CH_2CH_3$ | $CH_3OCH_2CH_3$ | $CH_3CH_2CH_2OH$ |
|---|---|---|
| 뷰테인 | 에틸메틸 에터 | 1-프로판올 |
| 끓는점: −0.5°C | 끓는점: 11°C | 끓는점: 97°C |

끓는점 증가 →

모든 에터는 유기 용매에 용해된다. 알코올과 마찬가지로 낮은 분자량 에터는 물에 녹을 수 있는데, 에터의 산소 원자는 물의 수소 원자 중 하나와 수소 결합할 수 있기 때문이다. 에터의 알킬기가 총 5개보다 많은 탄소를 가질 때, 분자의 비극성 부분이 너무 커져 에테는 물에 녹지 않는다.

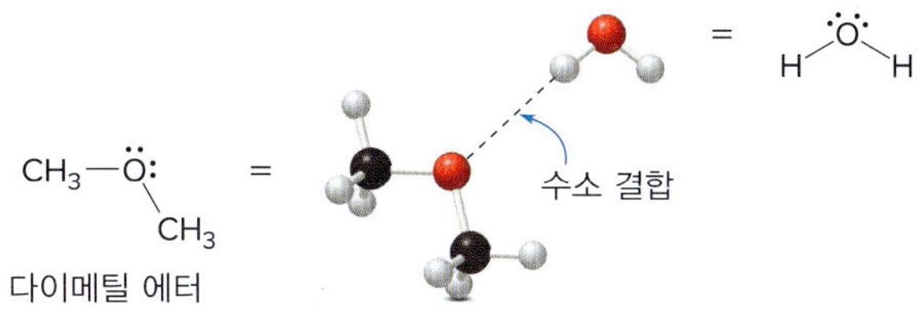


**예제 7.5 알코올, 에터, 알케인의 상대적인 끓는점 결정하기**

다음 화합물을 끓는점이 증가하는 순서로 배열하시오.

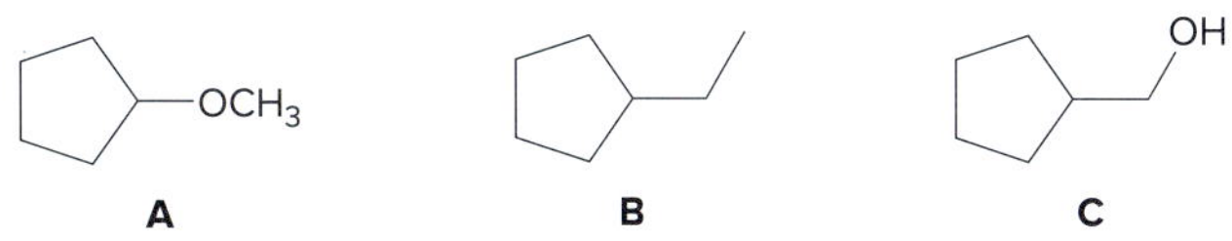


**분석**

작용기를 보고 분자 간 힘의 크기를 정한다. **분자 간 힘이 클수록 끓는점이 높아진다.**

**해답**

화합물 B는 C—C 결합과 C—H 결합을 가진 비극성 알케인이므로 가장 약한 분자 간 힘을 가져서 끓는점이 제일 낮다. 화합물 C는 알코올로 분자 간 수소 결합을 하므로 분자 간 힘이 제일 강해서 끓는 점이 제일 높다. 화합물 A는 에터로 극성 분자이지만 분자 간 수소 결합을 하지는 못하므로 분자 간 힘이 화합물 B와 C의 중간이고 따라서 끓는점도 화합물 B와 C 사이에 있다.

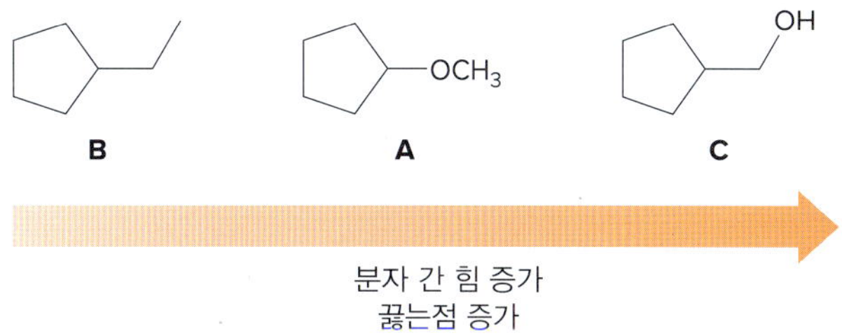


**연습문제 7.5**

제시된 두 화합물 중에서 끓는점이 더 높은 것을 고르시오.

a. $CH_3(CH_2)_6CH_3$ 또는 $CH_3(CH_2)_5OCH_3$

b. 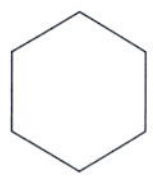 또는 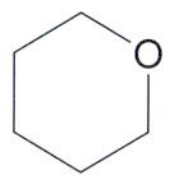

c. $CH_3(CH_2)_6OH$ 또는 $CH_3(CH_2)_5OCH_3$

d. $CH_3(CH_2)_5OCH_3$ 또는 $CH_3OCH_3$

## 7.6B 에터의 명명법

**단순한 에터**에 관용명을 붙일 때에는 산소에 결합된 알킬기 2개의 이름을 모두 정하고 알파벳 순으로 배열한 다음 에터라는 단어를 추가한다. 알킬기가 동일한 에터에 대해서는 그 알킬기의 이름을 정하고 접두사 다이-(di-)를 추가한다.

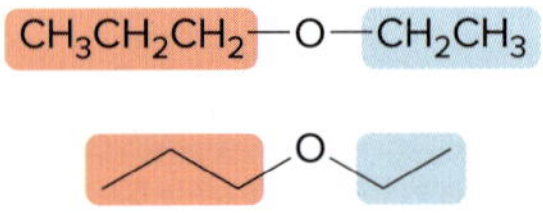


프로필 에틸

**에틸프로필 에터**

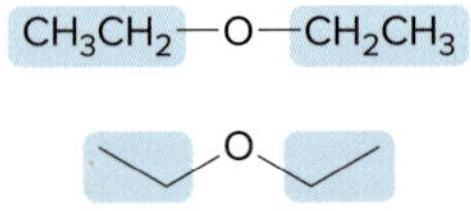


에틸 에틸

**다이에틸 에터**

**더 복잡한 에터**는 IUPAC 체계를 사용하여 명명된다. 한 알킬기가 탄화수소 사슬로 명명되고, 다른 기는 그 사슬에 결합된 치환체의 일부로 명명된다.

- 더 간단한 알킬기의 끝부분 철자 -yl을 -oxy로 변경하여 보다 단순한 알킬기 + O 원자 부분을 알콕시 치환기로 명명한다.

$CH_3O-$ 메톡시(methoxy) $CH_3CH_2O-$ 에톡시(ethoxy)

- 나머지 알킬기의 이름을 알케인으로 하고, 알콕시기를 이 사슬에 결합된 치환기로 한다.

### 예제 7.6 에터 명명하기

다음 에터의 IUPAC 이름을 정하시오.

$CH_3CH_2CH_2CH_2CHCH_2CH_2CH_3$ (CH에 $OCH_2CH_3$ 결합)

#### 분석 및 해답

[1] 가장 긴 사슬을 알케인으로 정하고, 짧은 사슬을 알콕시기로 정한다.

$CH_3CH_2CH_2CH_2CHCH_2CH_2CH_3$ (CH에 $OCH_2CH_3$ 결합)

에톡시기

8개의 C - - - → 옥테인(octane)

[2] 일반적인 명명법 규칙을 적용하여 완전한 이름을 정한다.

4 1

$CH_3CH_2CH_2CH_2CHCH_2CH_2CH_3$ (CH에 $OCH_2CH_3$ 결합)

**답: 4-에톡시옥테인**(4-ethoxyoctane)

#### 연습문제 7.6

각 화합물의 이름을 정하시오.

a. $CH_3-O-CH_2CH_2CH_2CH_3$

b. 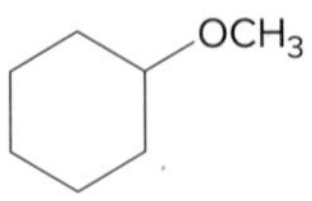


c. 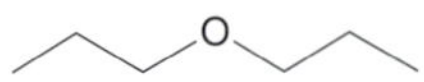

## 7.7 알킬 할라이드

**알킬 할라이드**(alkyl halide)는 사면체 탄소 원자에 결합된 할로젠 원자 X(X = F, Cl, Br, I)를 포함하는 유기 분자이다. 알킬 할라이드는 할로젠 원자를 갖는 탄소에 결합한 탄소의 수에 따라 1차(1°), 2차(2°), 3차(3°)로 분류된다.

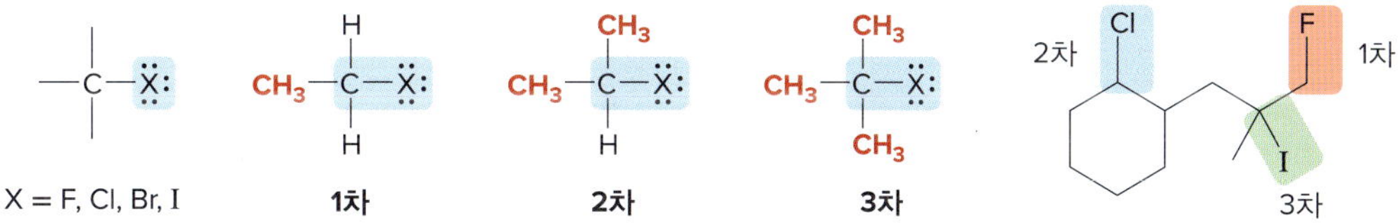


- 1차 알킬 할라이드는 할로젠이 연결된 탄소에 1개의 결합된 탄소를 가진다.
- 2차 알킬 할라이드는 할로젠이 연결된 탄소에 2개의 결합된 탄소를 가진다.
- 3차 알킬 할라이드는 할로젠이 연결된 탄소에 3개의 결합된 탄소를 가진다.

### 7.7A 물리적 성질

알킬 할라이드는 극성 C—X 결합을 포함하고 있지만 모든 수소가 탄소에 결합되어 있기 때문에 분자 간 수소 결합이 불가능하다. 할로젠 원자 1개를 가진 알킬 할라이드는 알짜 쌍극자를 가지므로 극성 분자이다. 그 결과 탄소 수가 같은 알케인보다 녹는점과 끓는점이 높다.

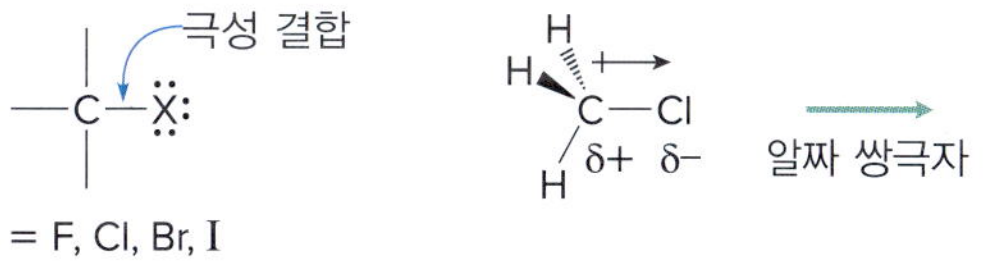


알킬기와 할로젠 원자의 크기는 알킬 할라이드의 물리적 특성에 영향을 미친다.

- 알킬 할라이드의 끓는점과 녹는점은 알킬기의 크기가 커지면서 표면적이 증가하기 때문에 높아진다.
- 알킬 할라이드의 끓는점과 녹는점은 할로젠 원자의 크기에 따라 증가한다.

따라서 $CH_3CH_2CH_2Cl$은 $CH_3CH_2Cl$보다 탄소 1개가 더 많아 표면적이 넓기 때문에 끓는점이 높다. $CH_3CH_2CH_2Br$은 Br이 주기율표에서 Cl의 아래에 있는 크기가 큰 원자라서 $CH_3CH_2CH_2Cl$보다 끓는점이 높다.

| $CH_3CH_2Cl$ | $CH_3CH_2CH_2Cl$ | $CH_3CH_2CH_2Br$ |
|---|---|---|
| 클로로에테인 | 1-클로로프로페인 | 1-브로모프로페인 |
| bp = 12°C | bp = 47°C | bp = 71°C |

끓는점 증가
알킬기의 크기 증가
할로젠의 크기 증가

알킬 할라이드는 수소 결합이 불가능하기 때문에 크기와 상관없이 물에 용해되지 않는다.

### 7.7B 명명법

IUPAC 체계에서 알킬 할라이드는 할로젠 치환기를 가진 알케인, 즉 **할로 알케인**으로 명명된다. 할로젠 치환기의 이름을 지정하려면 할로젠 이름의 끝부분 철자 -ine을 접미사 -o(예: chlorine→ chloro)로 변경하면 된다.

#### IUPAC 체계를 사용하여 알킬 할라이드의 이름 지정하는 법

**예** 다음 알킬 할라이드의 IUPAC 이름을 정하시오.

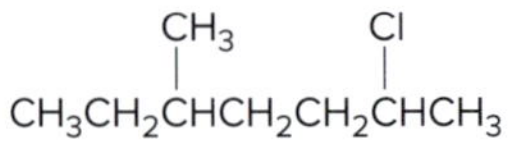

**단계 [1]** 할로젠 원자와 결합된 탄소가 들어 있는 모체 사슬을 찾으시오.

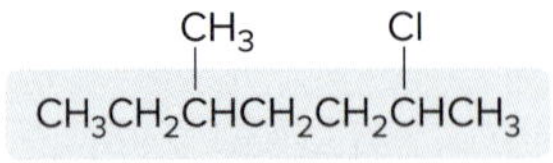

가장 긴 사슬에는 7개의 C

**7개의 C** ---→ **헵테인**(heptane)

- 모체 사슬을 **알케인**으로 명명하고, 할로젠은 가장 긴 사슬에 결합된 치환기로 명명한다.

**단계 [2]** 일반적인 명명법 규칙을 적용하여 이름을 정한다.

a. 사슬에 번호를 매긴다.

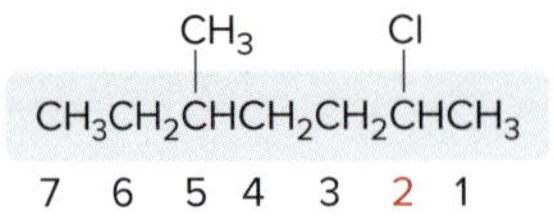

- 첫 번째 치환기인 알킬 또는 할로젠의 가장 가까운 끝부분에서 시작한다.

b. 치환기의 이름과 번호를 부여한다.

5번 탄소(C5)에 메틸기 2번 탄소(C2)에 클로로

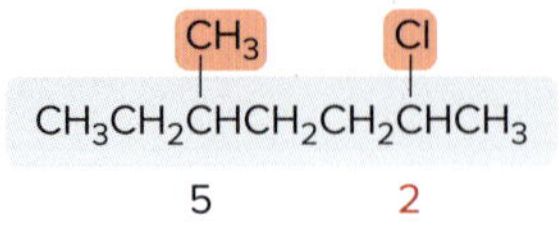

c. 클로로(**c**hloro)의 **c**, 메틸(**m**ethyl)의 **m**을 알파벳 순으로 배열한다.

**답: 2-클로로-5-메틸헵테인**(2-chloro-5-methylheptane)

알킬 할라이드의 관용명은 단순한 알킬 할라이드의 경우에만 사용된다. 관용명을 정하려면 탄소 사슬의 이름을 알킬기로 정하고, 할로젠 이름의 끝부분 철자 -ine를 접미사 -ide(예: bromine→ bromide)로 변경하여 할로젠 이름을 붙인다.

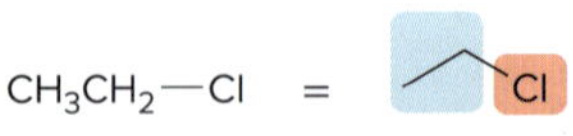

chlorine → chloride

에틸기

관용명: **에틸클로라이드**(ethyl chloride)

바다에 조성된 거대한 다시마 숲은 클로로메테인($CH_3Cl$)을 대기로 방출한다.

### 7.7C 흥미로운 알킬 할라이드

많은 단순한 알킬 할라이드는 인화성이 없고 다양한 유기 화합물을 녹이기 때문에 매우 좋은 용매가 된다. 이 범위에 적합한 두 화합물로는 $CHCl_3$[**클로로포름**(chlroform) 또는 트라이클로로메테인(trichloromethane)]와 $CCl_4$[**사염화탄소**(carbon tetrachloride) 또는 테트라클로로메테인(tetrachloromethane)]가 있다. 이러한 용매는 매년 산업적으로 대량 생산되지만, 많은 염소 처리된 유기 화합물과 마찬가지로 클로로포름과 사염화탄소는 흡입하거나 섭취할 경우 모두 독성이 있다. **그림 7.4**에 다른 간단한 2개의 알킬 할라이드가 제시되어 있다.

그림 7.4 두 간단한 알킬 할라이드

$CH_3Cl$

• **클로로메테인**($CH_3Cl$)은 거대 다시마와 해조류가 생산하며 하와이 킬라우에아 등의 화산의 배출에서도 발견된다. 대기의 거의 모든 클로로메테인은 이러한 자연적 공급원에서 발생한다.

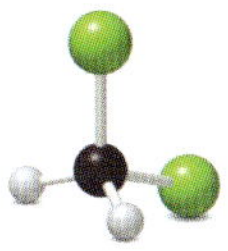

$CH_2Cl_2$

• **다이클로로메테인**(또는 염화메틸렌, $CH_2Cl_2$)은 중요한 용매로, 한때 커피의 카페인을 제거하는 데 사용되었다. 커피의 잔존 $CH_2Cl_2$의 미량 효과에 대한 우려 때문에 커피는 이제 액체 $CO_2$를 사용하여 디카페인 처리된다. 그러나 쥐에 대한 후속 연구는 동물들이 하루에 10만 컵 이상의 디카페인 커피를 섭취했을 때 어떤 암도 발생하지 않았다는 것을 보여 주었다.

## 7.8 황을 포함한 유기 화합물

싸이올(thiol)은 설프하이드릴기(sulfhydryl group, SH기)를 포함하는 유기 화합물이다. 황은 주기율표에서 산소 바로 아래에 있기 때문에 싸이올은 알코올의 황 유도체로 간주될 수 있다. 황 원자는 2개의 원자와 2개의 고립 전자쌍으로 둘러싸여 있기 때문에 싸이올은 황 주위에 굽은 모양을 가지고 있다.

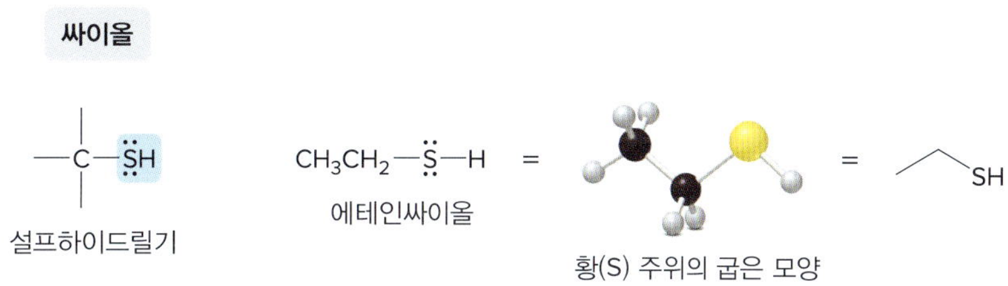


싸이올은 한 가지 중요한 면에서 알코올과 다르다. 싸이올은 하이드록시기를 포함하고 있지 않기 때문에 분자 간 수소 결합을 할 수 없으므로 크기와 모양이 같은 알코올에 비해 더 낮은 끓는점과 녹는점을 가진다.

| 수소 결합이 가능하다.<br>더 강한 분자 간 힘<br>**더 높은 끓는점** | → $CH_3CH_2$—OH<br>에탄올<br>bp 78°C | $CH_3CH_2$—SH ←<br>에테인싸이올<br>bp 35°C | 수소 결합이 불가능하다.<br>더 약한 분자 간 힘<br>**더 낮은 끓는점** |
|---|---|---|---|

IUPAC 체계에서 싸이올의 이름을 지정하려면 다음 과정을 시행한다.

• 모체 사슬의 이름을 알케인으로 하고 접미사 -thiol을 추가한다.
• 탄소 사슬에 번호를 매겨 SH기에 더 낮은 번호를 부여한다.

| $CH_3$—SH | $CH_3CH_2CH_2CH_2$—SH | $CH_3\overset{CH_3}{\underset{4}{C}}HCH_2CH_2\underset{1}{C}H_2$—SH |
|---|---|---|
| 메테인싸이올 | 1-뷰테인싸이올 | 4-메틸-1-펜테인싸이올 |

자몽 메르캅탄(grapefruit mercaptan)의 강력한 냄새는 자몽의 독특한 향기의 원인이 된다.

### 예제 7.7 싸이올 명명하기

다음 싸이올의 IUPAC 이름을 정하시오.

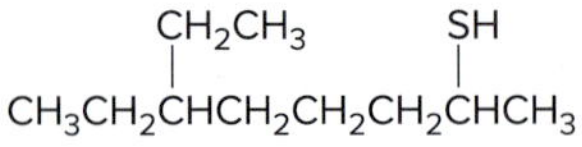

#### 분석 및 해답

[1] SH기를 포함한 가장 긴 탄소 사슬을 찾는다.

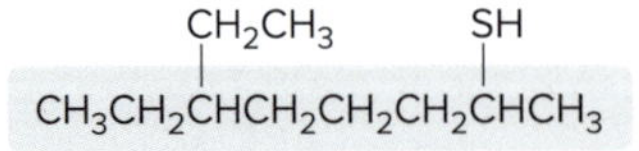

가장 긴 사슬에는 8개의 C ---→ **옥테인**(octane)

- 알케인의 이름을 정하고 접미사-싸이올을 붙인다: **옥테인싸이올**

[2] SH기에 낮은 번호가 부여되도록 탄소 사슬에 번호를 매기고, 다른 일반적인 명명법 규칙을 적용한다.

a. 사슬의 번호를 매긴다.

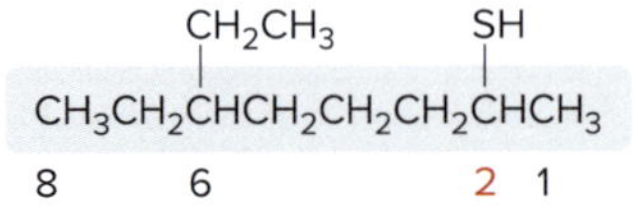

- SH를 C7이 아닌 C2에 있다고 번호를 부여한다.

2-옥테인싸이올

b. 치환기의 번호와 이름을 정한다.

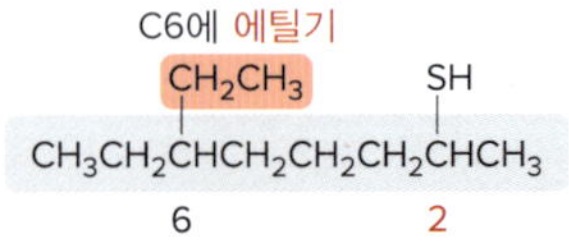


**답 : 6-에틸-2옥테인싸이올**

### 연습문제 7.7

각 싸이올에 대한 IUPAC 이름을 정하시오.

a. 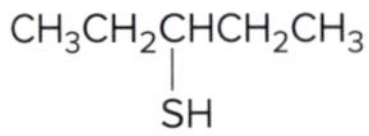

b. 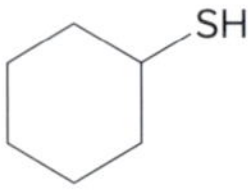

c. 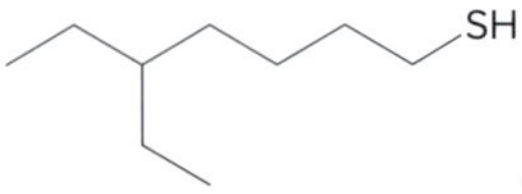

싸이올의 가장 명백한 물리적 성질을 독특한 악취이다. 예를 들어, 3-메틸-3-설판일-1-헥산올(3-methyl-3-sulfanyl-1-hexanol)은 인체의 땀에서 나는 양파 같은 냄새의 원인이 된다.

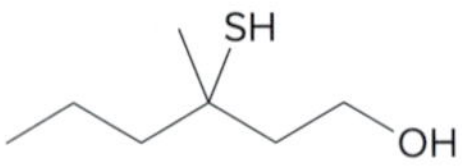

3-메틸-3-설판일-1-헥산올

싸이올은 한 가지 중요한 반응을 겪는다. 싸이올은 산화 반응을 통해 다이설파이드(disulfide)가 된다. 다이설파이드를 생성하는 과정에서 2개의 수소 원자가 제거되기 때문에 이 반응은 분명한 산화 반응이다.

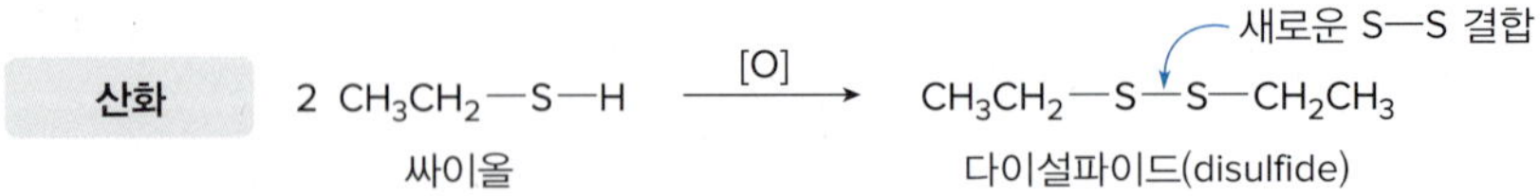


다이설파이드는 또한 환원제를 사용하여 다시 싸이올로 변환될 수 있다. 일반 환원제의 기호

그림 7.5 인체의 직모를 곱슬머리로 만들기

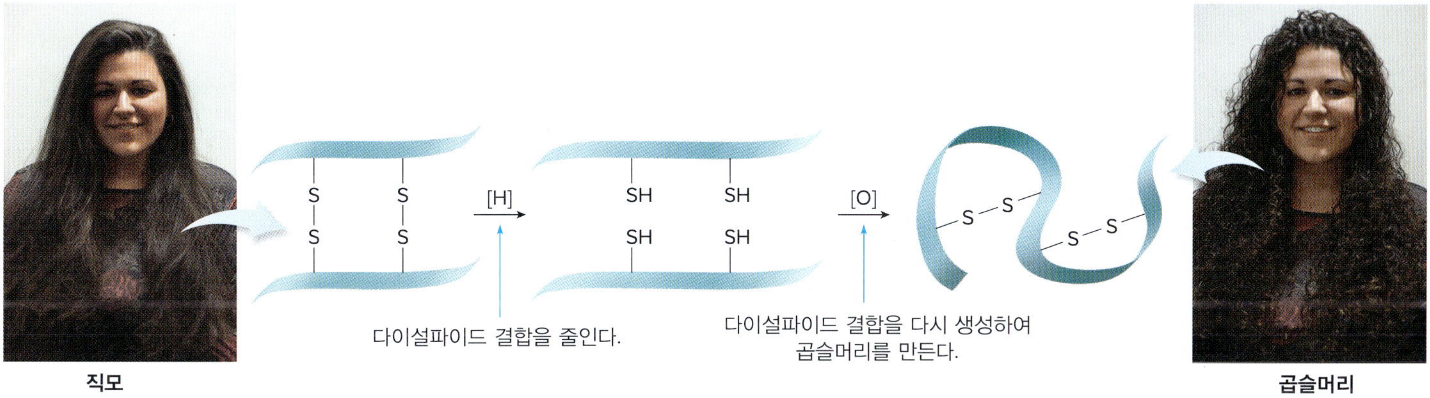


곧은 머리를 곱슬곱슬하게 만들기 위해서 단백질 사슬을 묶는 다이설파이드 결합을 환원시킨다. 이는 자유로운 SH기를 생성하는 것이다. 머리카락에 헤어롤을 감은 다음 산화제를 바른다. 이것은 머리카락의 다이설파이드 결합을 다시 생성하는 것이다. 그러고 나면 곱슬곱슬한 머리카락을 갖게 된다.

는 [H]인데 환원 과정에서 수소 원자가 분자에 첨가되는 경우가 많기 때문이다.

**환원** $CH_3CH_2—S—S—CH_2CH_3 \xrightarrow{[H]} 2\ CH_3CH_2—S—H$ (새로운 S—H 결합)

다이설파이드 → 싸이올

싸이올과 다이설파이드의 화학은 14장에서 배우게 될 일부 단백질의 성질과 모양을 결정하는 데 중요한 역할을 한다. 예를 들어, 머리카락의 단백질인 $\alpha$-케라틴은 다이설파이드 결합을 많이 함유하고 있다. 곧은 머리카락은 그림 7.5에 나타난 바와 같이 $\alpha$-케라틴의 다이설파이드 결합을 끊고, 재배결하고 재형성하여 곱슬곱슬하게 만들 수 있다.

첫째, 곧은 머리에서 다이설파이드 결합은 싸이올기로 환원되기 때문에 케라틴 사슬의 묶음은 더 이상 특정한 직선 방향으로 고정되지 않는다. 그리고 나서 머리카락을 헤어롤에 감싸고 싸이올기를 다시 다이설파이드 결합으로 변환시키는 산화제로 처리하게 되면, 케라틴 골격에 굴곡이 생기게 된다. 이것은 머리를 곱슬곱슬하게 보이게 하고 '파마'의 화학적 근간이 된다.

## 종합문제

### 알코올, 에터, 알킬 할라이드, 싸이올

**7.1** 다음 알코올이 1차, 2차 또는 3차인지 구분하시오.

a. $CH_3CH_2CH_2OH$   b. $(CH_3CH_2)_3COH$

c. 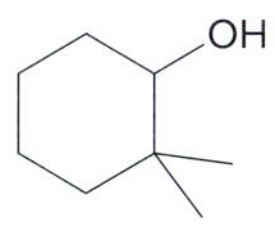   d. 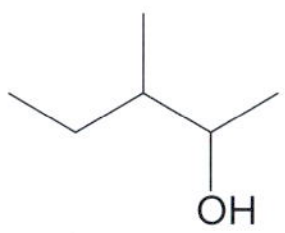

**7.2** 다음 알킬 할라이드가 1차, 2차 또는 3차인지 구분하시오.

a. 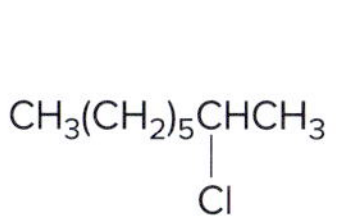   b. 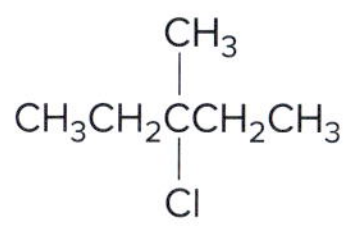

c. 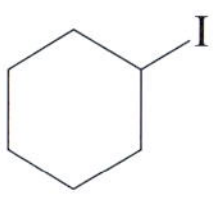   d. 

**7.3** 다음 각 설명에 부합하는 화합물의 구조를 그리시오.

a. 분자식 $C_6H_{14}O$의 2차 알코올

b. 분자식 $C_6H_{14}O$의 산소에 메틸기가 결합한 에터

c. 분자식 $C_5H_{11}Br$의 3차 알킬 할라이드

**7.4** 작용기로 에터를 포함하는 분자식 $C_5H_{12}O$의 6개 입체 이성질체의 구조를 그리시오.

## 명명법

**7.5** 양파의 특징적인 냄새를 담당하는 화합물인 1-프로페인싸이올(1-propanethiol)의 구조를 그리시오.

**7.6** 공-막대 모형으로 표현된 각 분자의 이름을 쓰시오.

a. 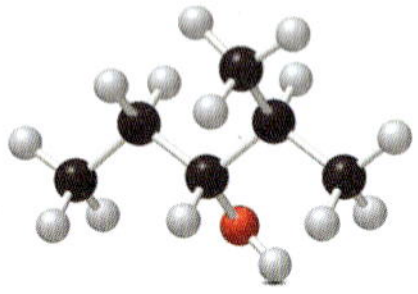

b. 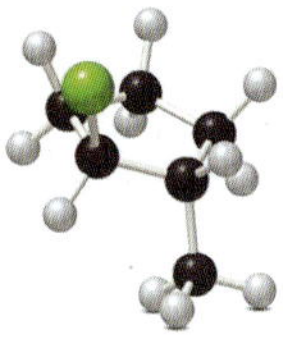

**7.7** 알코올 A에 대한 다음 질문에 답하시오.

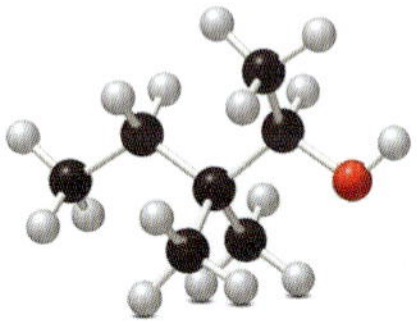

A

a. 알코올 A에 대한 축약 또는 골격 구조 그리시오.
b. 하이드록시기를 1차, 2차, 3차로 구분하시오.
c. 알코올 A의 IUPAC 명명법은 무엇인가?

**7.8** IUPAC 명명법으로 다음 알코올의 이름을 쓰시오.

a. 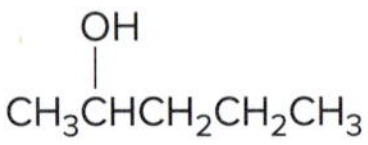

b. 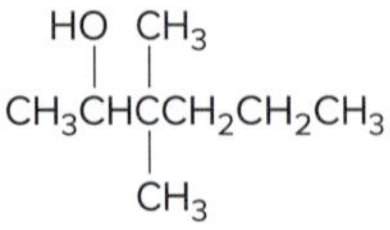

c. 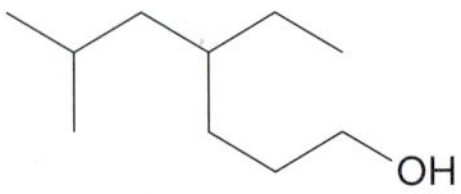

d. 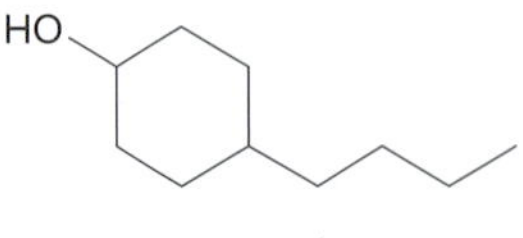

e. 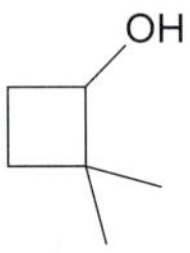

f. 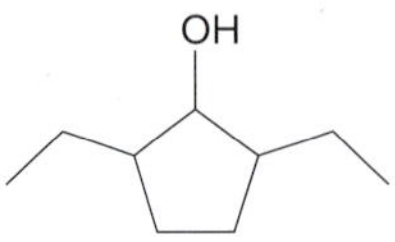

**7.9** 다음 IUPAC 명명법에 따른 구조를 그리시오.
a. 3-헥산올(3-hexanol)
b. 프로필 알코올(propyl alcohol)
c. 2-메틸사이클로프로판올(2-methylcyclopropanol)
d. 1,2-뷰테인다이올(1,2-butanediol)
e. 4,4,5-트라이메틸-3-헵탄올(4,4,5-trimethyl-3-heptanol)
f. 3,5-다이메틸-1-헵탄올(3,5-dimethyl-1-heptanol)

**7.10** 각 에터의 이름(IUPAC 또는 관용명)을 쓰시오.

a. $CH_3CH_2OCH_2CH_2CH_2CH_3$

b. 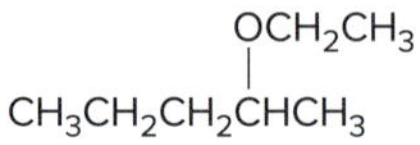

c. 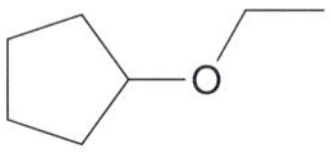

**7.11** OH기를 포함하고 가장 긴 사슬에 7개의 탄소를 가진 분자식 $C_7H_{16}O$의 모든 구조 이성질체에 대해 그 구조를 그리고 IUPAC 이름을 쓰시오.

**7.12** 각 알킬 할라이드와 싸이올의 IUPAC 이름을 쓰시오

a. $(CH_3CH_2CH_2)_2CHBr$

b. 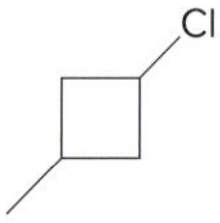

c. $CH_3CH_2CH_2CH_2CH_2SH$

**7.13** 다음 IUPAC 명명법에 따른 구조를 그리시오.
a. 2-메톡시프로페인(2-methoxypropane)
b. 사이클로뷰틸 에틸에터(cyclobutyl ethyl ether)
c. 1-에톡시-2-에틸사이클로헥세인
(1-ethoxy-2-ethylcyclohexane)
d. 뷰틸클로라이드(butyl chloride)
e. 2-메틸사이클로헥세인싸이올(2-methylcyclohexanethiol)
f. 1-에틸-2-플루오로사이클로뷰테인
(1-ethyl-2-fluorocyclobutane)

## 물리적 성질

**7.14** 두 화합물 중 끓는점이 높은 것은 무엇인가?
a. $CH_3CH_2CH_2CL$ 또는 $CH_3CH_2CH_2I$
b. $CH_3CH_2CH_2OH$ 또는 $HOCH_2CH_2OH$
c. $CH_3CH_2CH_2OH$ 또는 $CH_3CH_2CH_2F$

**7.15** 다음 화합물을 끓는점이 높아지는 순서대로 배열하시오.

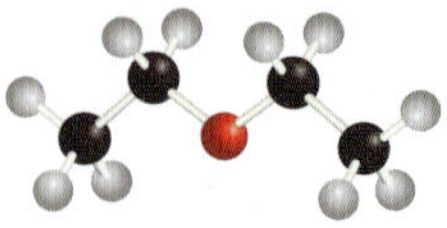

A

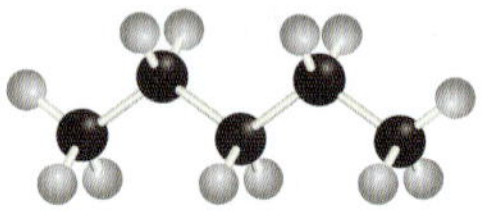

B

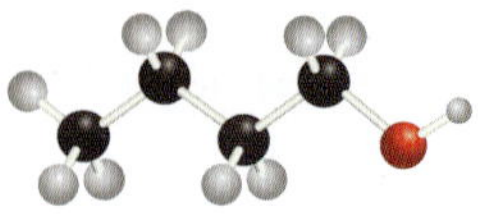

C

**7.16** 다이메틸에터[$(CH_3)_2O$]와 에탄올($CH_3CH_2OH$)은 모두 수용성 화합물이지만 에탄올의 끓는점(78°C)은 다이메틸에터(24°C)의 끓는점보다 훨씬 높은 이유를 설명하시오.

**7.17** 다음 화합물 A와 B를 관찰된 끓는점은 118°C, 98°C에 알맞게 짝지우시오. 또 그 이유를 설명하시오.

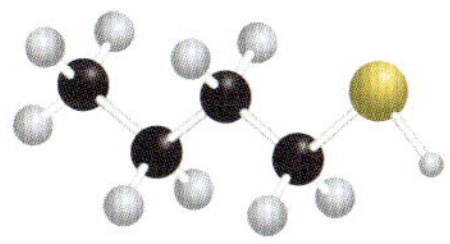

**A**

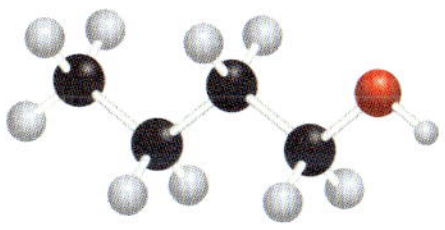

**B**

## 알코올의 반응

**7.18** 각각의 알코올이 $H_2SO_4$로 탈수되었을 때의 생성물을 자이체프 규칙을 사용하여 예측하시오.

a. 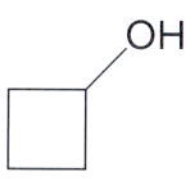

b. 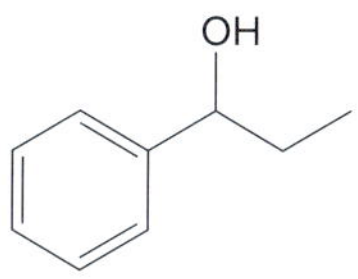

c. 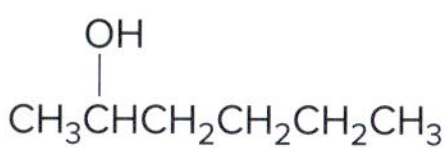

d. 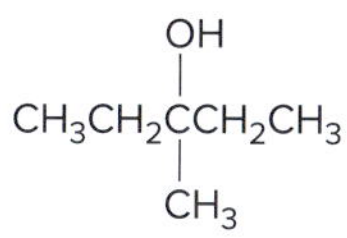

**7.19** 3-헥산올[$CH_3CH_2CH(OH)CH_2CH_3$]의 탈수 반응의 생성물은 2개의 알켄의 혼합물이다. 물음에 답하시오.

a. 생성된 2개의 입체 이성질체의 구조를 그리시오.

b. 자이체프 규칙을 사용하여 두 생성물이 대략 동일한 양으로 생성되는 이유를 설명하시오.

**7.20** 탈수 반응의 생성물로서 각 알켄을 생성하기 위해 필요한 알코올은 무엇인가?

a. 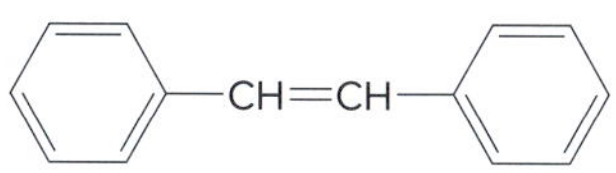

b. 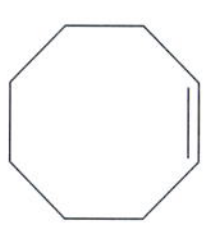

**7.21** 각 알코올을 $K_2Cr_2O_7$로 산화시킬 때의 생성물을 그리시오. (단, 반응이 일어나지 않을 수도 있다)

a. $CH_3(CH_2)_6CH_2OH$

b. $(CH_3CH_2)_2CHOH$

c. 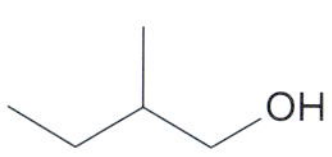

d. 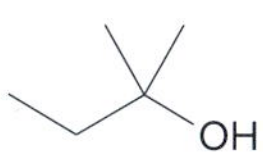

**7.22** 코티솔(cortisol)은 탄수화물 대사도 조절하는 항염증제이다. 코티솔을 $K_2Cr_2O_7$로 처리했을 때 어떤 산화물이 생성되는가?

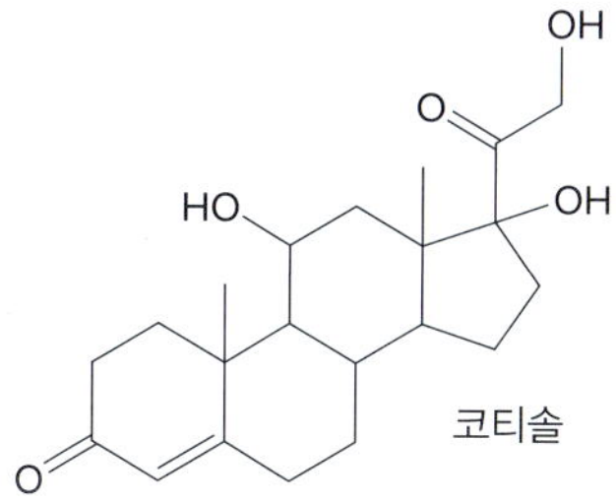

코티솔

**7.23** 각 카보닐 화합물을 산화 반응의 생성물로 준비하기 위해 필요한 알코올은 무엇인가?

a. 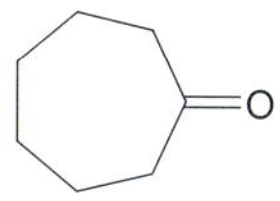

b. 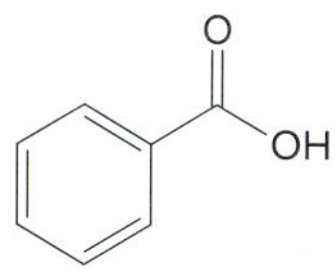

**7.24** 각 시약으로 X를 처리할 때 생성되는 생성물은 무엇인가?

a. $H_2SO_4$

b. $K_2Cr_2O_7$

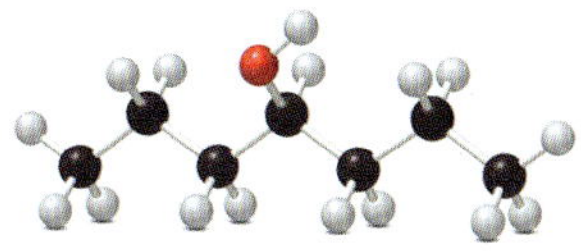

**X**

**7.25** 탈수 반응에서 $CH_3CH_2CH_2CH_2CH_2$을 생성하고, $K_2Cr_2O_7$을 산화시켰을 때 $CH_3(CH_2)_5CO_2H$를 생성하는 알코올의 구조를 그리시오.

**7.26** 분자식 $C_4H_{10}O$의 어떤 알코올은 $H_2SO_4$로 처리하면 한 종류의 알켄만 생성한다. 이 알코올을 산화제로 처리하면 어떤 반응도 일어나지 않는다. 이 알코올의 구조를 그리시오.

## 싸이올의 반응

**7.27** 각 싸이올을 산화시켰을 때 어떤 다이설파이드(disulfide)가 생성되는가?

a. 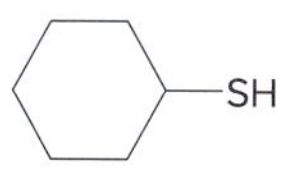

b. $CH_3(CH_2)_4SH$

**7.28** 양파 튀김 냄새는 부분적으로 아래의 2개의 다이설파이드에 의해 결정된다. 각 다이설파이드가 산화될 때 어떤 싸이올이 생성되는가?

a. $CH_3S{-}SCH_2CH_2CH_3$

b. $CH_2{=}CHCH_2S{-}SCH_2CH_2CH_3$

CHAPTER 8

# 분자의 3차원 모양

## The Three-Dimensional Shape of Molecules

8.1 이성질체-복습
8.2 거울 화학-분자 및 그 거울상
8.3 카이랄성 중심
8.4 고리 화합물의 카이랄성 중심
8.5 피셔 투영법
8.6 광학 활성
8.7 2개 이상의 카이랄성 중심을 갖는 화합물

나선형 조개껍데기처럼 많은 유기 분자들은 그들의 성질과 관련 있는 오른손 또는 왼손의 방향성을 가진다.

**분자의 3차원 모양을 왜 연구하는가**

여러분은 왼손잡이인가? 아니면 오른손잡이인가? 만약 오른손잡이라면 손잡이 선호에 대한 생각을 거의 하지 않을 것이다. 만약 왼손잡이라면 일찌감치 가위나 야구 글러브와 같은 물체는 오른손잡이에게는 '잘 맞지만', 왼손잡이에게는 '거꾸로'라는 것을 알았을 것이다. 양손의 거울상이 동일하지 않은 것처럼 우리 주변의 많은 물체들이 그러하다. 이 장에서 분자의 거울상을 조사하고 분자의 3차원 모양이 얼마나 중요한 것인지를 알아본다.

## 8.1 이성질체 – 복습

이 장은 **분자의 3차원 구조인 입체 화학**에 중점을 둔다. 입체 화학을 논의할 때 이성질체에 대한 이해가 필요하므로 이성질체의 복습으로 시작한다(5.2절의 내용을 상기해 본다).

- 이성질체는 동일한 분자식을 가지는 서로 다른 화합물들이다.

두 종류의 중요한 이성질체가 있다. **구조 이성질체**(constitutional isomers, 5.2절)와 **입체 이성질체**(stereoisomers, 6.3절 참조)이다.

- 구조 이성질체(constitutional isomers)는 원자들이 서로 연결되는 방식이 다르다.

구조 이성질체에서는 원자가 서로 다른 원자에 결합되어 있다. 그 결과 구조 이성질체는 서로 다른 IUPAC 이름을 가진다. 구조 이성질체는 동일한 작용기를 가질 수도 있고 다른 작용기를 가질 수도 있다.

예를 들어, 2-메틸펜테인과 3-메틸펜테인은 분자식 $C_6H_{14}$를 갖는 구조 이성질체이다. 2-메틸펜테인은 5-탄소 사슬의 2번째 원자(C2)에 결합되어 있는 $CH_3$기를 갖는 반면, 3- 메틸펜테인은 5-탄소 사슬의 중간 원자(C3)에 결합되어 있는 $CH_3$기를 가진다. 두 분자는 모두 알케인이므로 둘 다 동일한 계열의 유기 화합물에 속한다.

**동일한 작용기를 갖는 구조 이성질체**

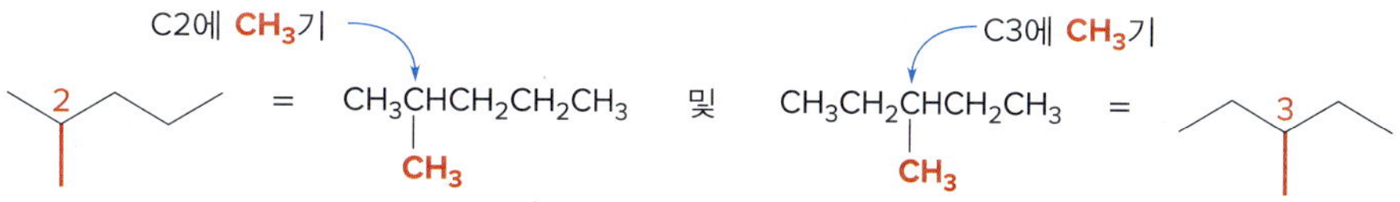


**2**-메틸펜테인(2-methylpentane) $C_6H_{14}$ | **3**-메틸펜테인(3-methylpentane) $C_6H_{14}$

에탄올과 다이메틸 에터는 분자식 $C_2H_6O$를 갖는 구조 이성질체이다. 에탄올은 O—H 결합을 갖고 있지만 다이메틸 에터는 그렇지 않다. 따라서 원자들이 서도 다른 원자들에 결합되어 있으면서 이들 구조 이성질체는 다른(different) 작용기를 가진다. 다이메틸 에터는 에터이고 에탄올은 알코올이다.

**다른 작용기를 갖는 구조 이성질체**

$CH_3CH_2—O—H$ 에탄올(ethanol) $C_2H_5O$

$CH_3—O—CH_3$ 다이메틸 에터(dimethyl ether) $C_2H_5O$

- 입체 이성질체(stereoisomers)는 원자들의 3차원 배열에서만 다르다.

입체 이성질체는 원자들이 공간에서 배향되는 방식만 다르기 때문에 항상 동일한 작용기를 가진다. 두 입체 이성질체를 구별을 위해 **시스**(cis) 또는 **트랜스**(trans)와 같은 접두사가 IUPAC 이름에 추가될 필요가 있다. 2-뷰텐의 시스 및 트랜스 이성질체는 입체 이성질체의 한 예이다. 2-뷰텐의 각 입체 이성질체는 동일한 순서의 원자들을 포함한다. 유일한 차이점은 이중 결합에서 두 메틸기의 3차원 배열이다.

**입체 이성질체의 한 예 — 이중 결합에서 이성질체**

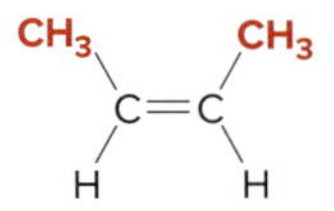

시스-2-뷰텐
(*cis*-2-butene)

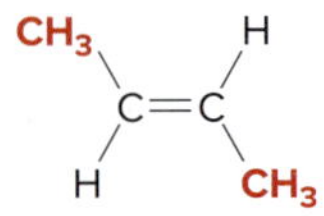

트랜스-2-뷰텐
(*trans*-2-butene)

- 2-뷰텐의 시스 이성질체는 두 $CH_3$기를 이중 결합의 동일한 쪽에 가진다.
- 2-뷰텐의 트랜스 이성질체는 두 $CH_3$기를 이중 결합의 반대쪽에 가진다.

탄소-탄소 이중 결합에서 시스 및 트랜스 이성질체는 입체 이성질체의 한 예이다. 8.2절에서 사면체 구조의 탄소에서 발생하는 다른 유형의 입체 이성질체에 대해 배운다.

### 예제 8.1 골격 구조 표현으로부터 이성질체 인식하기

다음 화합물의 각 쌍을 입체 이성질체, 구조 이성질체 또는 동일한 분자로 표시하시오.

a. A와 B b. A와 C

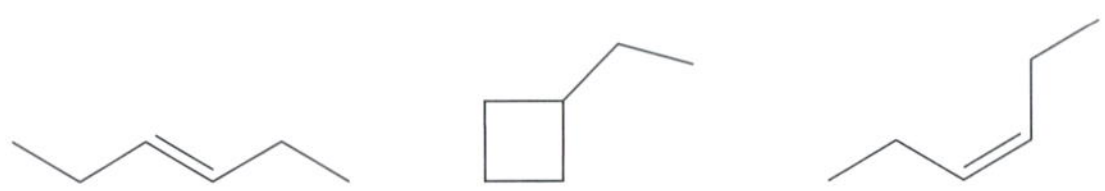

A B C

**분석**

- 구조 이성질체는 서로 다른 원자들에 결합된 원자들을 가진다.
- 입체 이성질체는 원자들의 3차원 배열만이 다르기 때문에 동일한 원자들에 결합된 원자들을 가진다.

**해답**

a. 화합물 A와 B는 동일한 분자식($C_6H_{12}$)을 갖지만 서로 다른 원자들에 결합된 원자들을 갖기 때문에 구조 이성질체이다. A는 알켄이고 B는 사이클로알케인이다.

b. 화합물 A와 C는 모든 원자들이 동일한 원자들과 결합되어 있지만 탄소-탄소 이중 결합에서 기들의 배열이 다르기 때문에 입체 이성질체이다. A에서 $CH_3CH_2$기들은 이중 결합의 탄소들의 반대쪽에 놓이면서 트랜스를 만든다. C에서 $CH_3CH_2$기들은 이중 결합의 탄소들의 같은 편에 놓이면서 시스를 만든다.

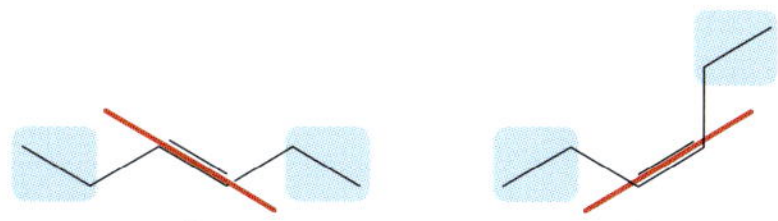


**연습문제 8.1 골격 구조 표현으로부터 이성질체 인식하기**

다음 화합물의 각 쌍을 입체 이성질체, 구조 이성질체 또는 동일한 분자로 표시하시오.

a. A와 B  b. A와 C  c. A와 D

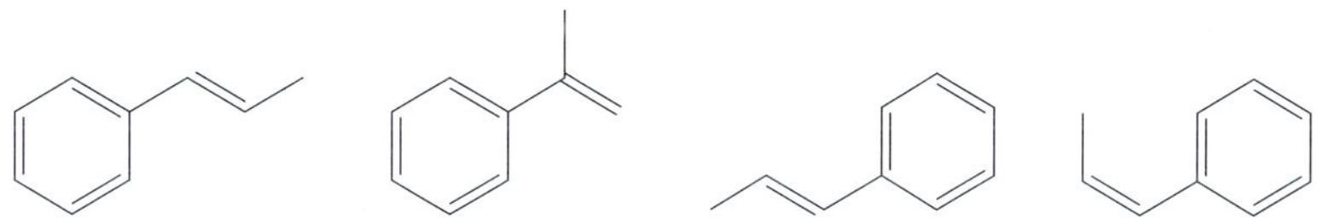


## 8.2 거울 화학 – 분자 및 그 거울상

사면체 구조의 탄소 원자에서 발생하는 입체 이성질체에 대해 더 배우려면 분자와 그 거울상에 주의를 기울여야 한다. 분자를 포함한 모든 것은 거울상을 가진다. 화학에서 중요한 것은 분자가 그 거울상과 동일한지 다른지 여부이다.

### 8.2A 카이랄 또는 비카이랄의 의미

왼손잡이에 비해 오른손잡이가 모든 인종과 문화에서 더 많이 나타난다. 이러한 사실에도 불구하고 심지어 일란성 쌍둥이도 손잡이 선호도에 있어서 차이를 나타낼 수 있다. 사진의 유아들은 작가의 일란성 쌍둥이 아들인 Zachary(왼손잡이)와 Matthew(오른손잡이)이다.

일부 분자들은 손과 같다. 왼손과 오른손은 서로 거울상이지만 똑같지는 않다. 마음속으로 한 손을 다른 손 위에 놓으려고 할 때 모든 손가락이나 위부분과 손바닥을 겹쳐 놓을 수 없다. 한 물체를 거울상 위에 겹쳐 놓는다는 것은 그 물체의 모든 부분을 거울상과 나란히 한다는 것을 의미한다. 분자로 따지면 모든 원자와 모든 결합을 정렬하는 것을 의미한다.

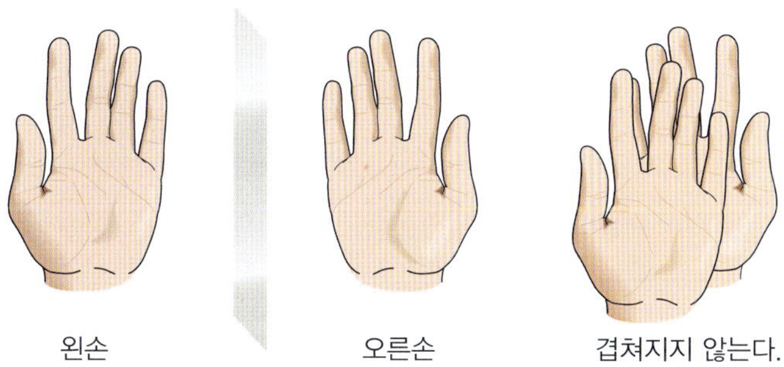


**카이랄**(chiral)이라는 형용사는 손을 뜻하는 그리스어 cheir에서 유래된다. 왼손과 오른손은 카이랄이다. 이들은 서로 겹쳐지지 않는 거울상이다.

- 거울상 위에 겹쳐지지 않는 분자(또는 물체)를 **카이랄**(chiral)이라고 한다.

다른 분자들은 양말과 같다. 한 켤레의 두 양말은 겹쳐 놓을 수 있는 거울상이다. 한쪽 양말은 발가락과 발꿈치를 그리고 위와 아래를 정렬하여 다른 쪽 양말 안에 들어갈 수 있다. 한쪽 양말과 그 거울상은 **동일**(identical)하다.

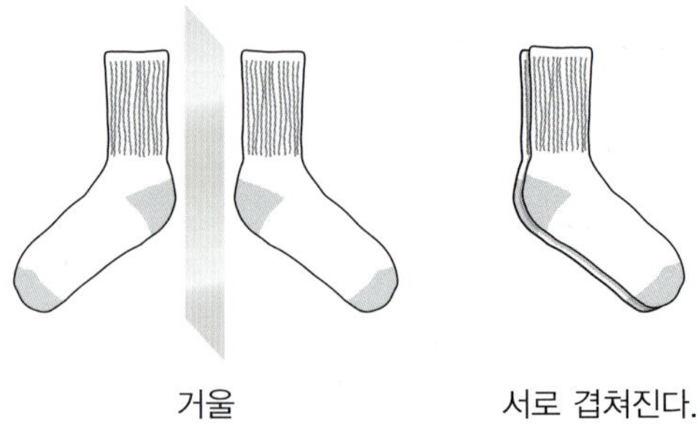


- 거울상에 서로 겹쳐지는 분자(또는 물체)는 **비카이랄**(achiral)이라고 한다.

## 8.2B 분자의 카이랄성

3개의 분자들($H_2O$, $CH_2BrCl$, CHBrClF)이 그들 거울상에 겹쳐지는지 그 여부를 결정해 보자. 즉, $H_2O$, $CH_2BrCl$ 및 CHBrClF는 카이랄인가, 비카이랄인가?

**카이랄성**(chirality)을 시험하기 위해서, 즉 분자와 그 거울상이 동일한지 또는 다른지 시험하기 위해서 다음을 수행한다.

1. 분자를 3차원 모양으로 그린다.
2. 거울상을 그린다.
3. 모든 결합과 원자들을 정렬한다. 분자와 거울상이 겹쳐지게 하기 위해 어떠한 회전도 수행할 수 있지만 결합을 끊을 수는 없다.

이 절차에 따르면 $H_2O$와 $CH_2BrCl$은 모두 **비카이랄**(achiral)이다. 즉, 각 분자는 그 거울상에 겹쳐질 수 있다.

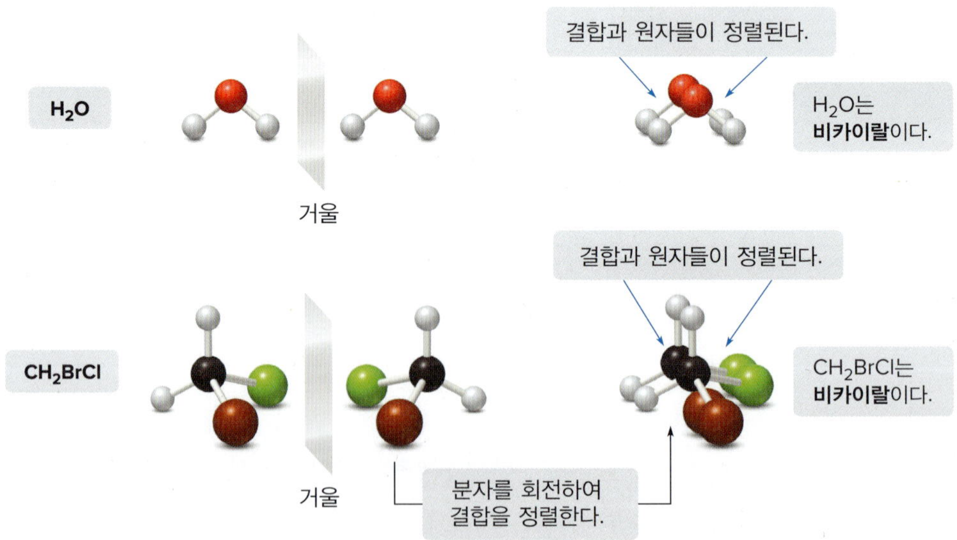


CHBrClF의 경우는 결과가 다르다. 분자(A로 표시)와 그 거울상(B로 표시)은 겹쳐질 수 없다. A와 B를 어떻게 회전하든 모든 원자가 정렬되지는 않는다. 따라서 CHBrClF는 카이랄 분자이고, A와 B는 다른 화합물이다.

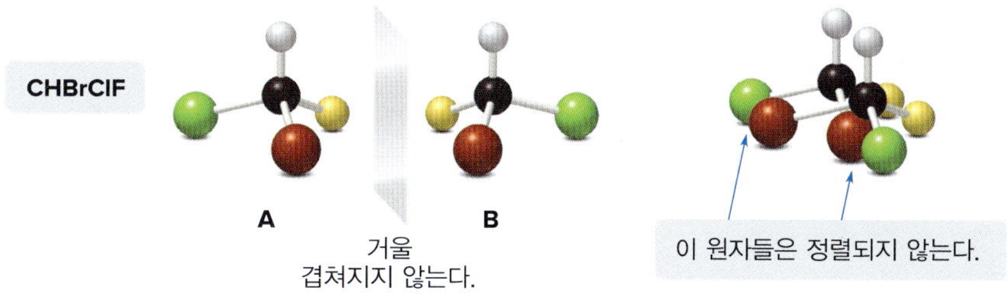


CHBrClF는 카이랄 분자이다.

A와 B는 치환기들의 3차원 배열만이 다른 이성질체이기 때문에 **입체 이성질체**이다. 이들은 사면체 탄소 원자에 발생하는 새로운 유형의 입체 이성질체를 나타낸다. 이러한 입체 이성질체를 **거울상 이성질체**(enantiomers)라고 한다.

- 거울상 이성질체는 서로 겹쳐지지 않는 거울상이다.

4개의 다른 기를 가지는 탄소 원자에 대한 명명은 현재 유기 화학자들 사이에서 확고한 합의를 갖지 못한 주제이다. IUPAC은 '카이랄성 중심'이라는 용어를 권장하므로 이 교재에서는 카이랄성 중심이라고 사용한다. 일반적으로 사용되는 다른 용어는 카이랄 중심, 카이랄 탄소, **비대칭 탄소**, **입체 중심**이다.

CHBrClF는 4개의 서로 다른 기가 결합되어 있는 하나의 탄소 원자를 포함한다. 4개의 서로 다른 기가 결합되어 있는 탄소 원자를 **카이랄성 중심**(chirality center)이라고 한다.
우리는 지금까지 2개의 관련성이 있지만 서로 다른 개념에 대해 학습했고 그것들을 구별할 필요가 있다.

- 거울상에 겹쳐지지 않는 분자는 **카이랄 분자**(chiral molecule)이다.
- 4개의 다른 기에 의해서 둘러싸여진 탄소 원자는 **카이랄성 중심**(chirality center)이다.

CHBrClF는 그 거울상에 겹쳐지지 않기 때문에 카이랄 분자이다. CHBrClF는 4개의 다른 기에 결합되어 있는 1개의 탄소 원자, 카이랄성 중심을 가진다. 분자들은 0개, 1개 또는 그 이상의 카이랄성 중심을 가진다.

### 8.2C 자연에서 카이랄성

우리는 왜 어려워 보이는 입체 화학과 같은 주제를 연구해야 하는가? 사실 카이랄성은 자연에 널리 분포되어 있다. 분자 수준으로 12~14장에서 논의되는 많은 생물학적 분자들은 카이랄이다. 거시적 수준으로 많은 자연적으로 발생하는 물체들은 손잡이 성질을 가진다. 오른쪽 나사 모양의 나선형 조개껍데기와 왼쪽 나선으로 감기는 인동 넝쿨과 같은 식물이 그 예이다(그림 8.1 참조). 인체는 카이랄이며 손, 발 및 귀는 서로 겹쳐지지 않는다.

## 8.3 카이랄성 중심

분자의 3차원 구조를 연구하는 데 필요한 기술은 4개의 서로 다른 기와 결합되어 있는 탄소 원자들, 즉 카이랄성 중심을 찾고 그리는 능력이다.

### 8.3A 카이랄성 중심 찾기

카이랄성 중심을 찾기 위해서는 한 분자에서 각 사면체 탄소 원자를 조사하고 그것에 결합되어 있는 4개의 기(4개의 원자가 아님)를 살펴야 한다. CBrClFI는 탄소 원자가 4개의 다른 원소들(Br, Cl, F, I)에 결합되어 있기 때문에 하나의 카이랄성 중심을 가진다. 3-브로모헥세인도 하나의 탄소가 H, Br, $CH_3CH_3$와 $CH_2CH_2CH_3$에 결합되어 있기 때문에 하나의 카이랄성 중심

그림 8.1 자연에서 카이랄성

(a) 많은 종류의 달팽이는 카이랄, 오른손잡이의 나선형 껍질을 가진다. 엄지손가락이 오른손잡이 껍질의 더 넓은 끝으로 가도록 오른손잡이 껍질을 잡을 때, 개구부는 오른쪽에 있다.
(b) 인동 넝쿨과 같은 식물은 카이랄 왼손잡이 나선형으로 감긴다.

을 가진다. 여기서 문제의 탄소에 직접적으로 결합되어 있는 원자만이 아니라 기에 있는 모든 원자들을 **전체 단위**(whole unit)로 간주한다.

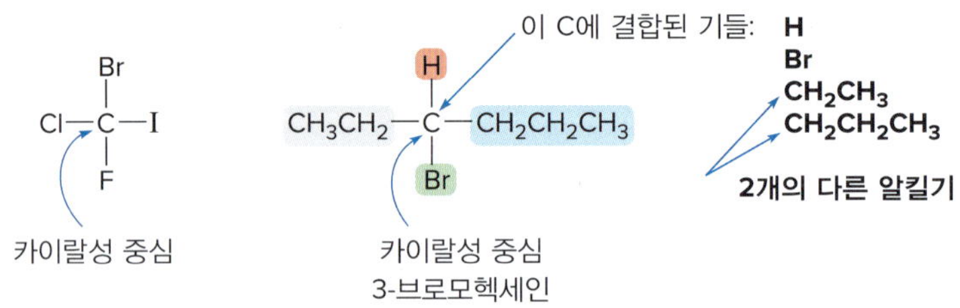


다음 내용을 유념해야 한다.

- 2개 이상의 동일한 기와 결합하고 있는 탄소 원자는 절대 카이랄성 중심 원자가 아니다. $CH_2$와 $CH_3$ 기는 동일한 탄소에 1개보다 더 많은 H 원자가 결합되어 있으므로 이들 각 탄소는 카이랄성 중심이 아니다.
- 다중 결합의 일부인 탄소는 주위에 4개의 기를 가질 수 없으므로 결코 카이랄성 중심이 될 수 없다.

### 예제 8.2 카이랄성 중심 찾기

다음 각 약물에서 카이랄성 중심을 찾으시오. 페니실라민은 간, 신장 및 뇌에 구리가 쌓이게 만드는 유전 질환인 윌슨 병을 치료하는 데 사용된다. 알부테롤은 기관지 확장제로 공기 통로를 넓히므로 천식 치료에 사용된다.

a. 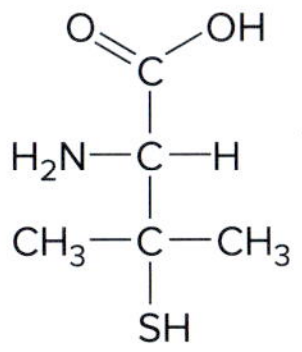

페니실라민(penicillamine)

b. 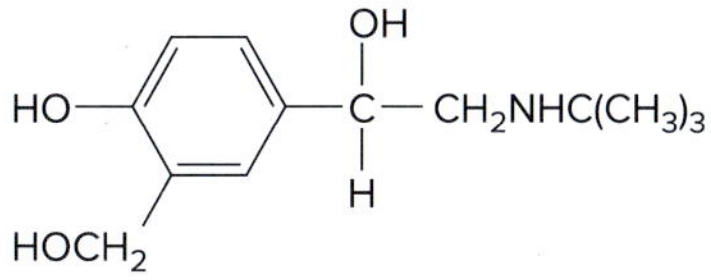

알부테롤(albuterol)

**분석**

탄소를 많이 포함하는 화합물에서는 개별적으로 각 C를 살펴보고 카이랄성 중심이 될 수 없는 C는 생략한다. 따라서 모든 $CH_2$와 $CH_3$기와 모든 다중 결합의 C를 생략한다. 남아 있는 모든 C에 대해서는 4개의 서로 다른 기와 결합되어 있는지 확인한다.

**해답**

a. 페니실라민에서 $CH_3$기와 COOH기는 카이랄성 중심이 아니다. 1개의 C는 2개의 $CH_3$기에 결합되어 있기 때문에 고려할 필요가 없다. 이렇게 되면 남아 있는 1개의 C가 4개의 서로 다른 기들과 결합되어 있다.

b. 알부테롤에서 모든 $CH_2$ 및 $CH_3$기들과 이중 결합의 일부분인 모든 탄소들은 생략된다. 또 3개의 $CH_3$와 결합된 1개의 C는 고려할 필요가 없다. 이렇게 되면 남아 있는 1개의 C가 4개의 서로 다른 기들과 결합되어 있다.

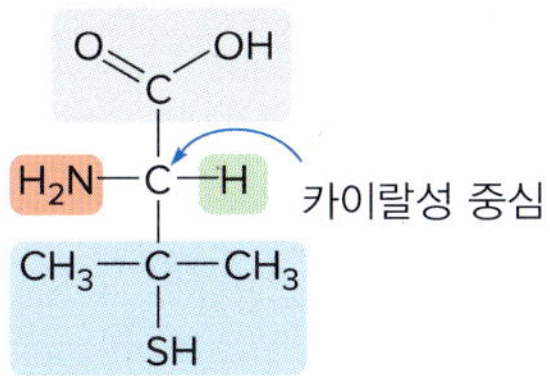


페니실라민

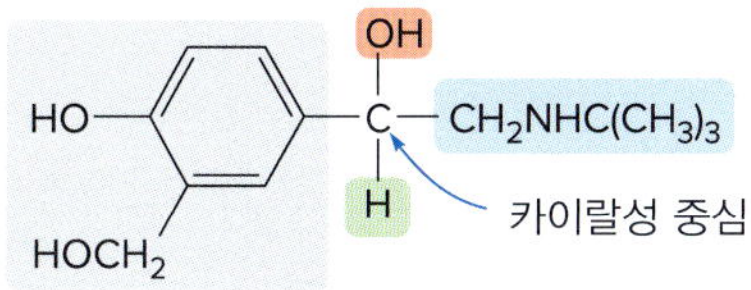


알부테롤

**연습문제 8.2**

다음 분자에서 카이랄성 중심을 표시하시오. 화합물들은 카이랄 중심이 없거나 또는 1개의 카이랄 중심을 가진다.

a. 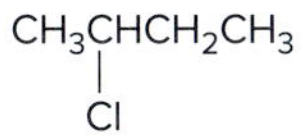

b. $(CH_3)_3CH$

c. 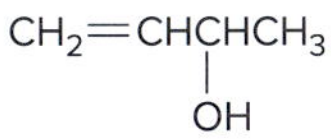

d. 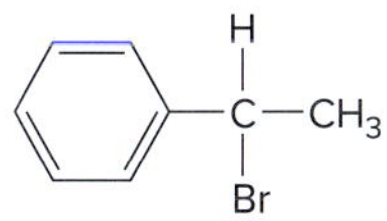

큰 유기 분자들은 2개, 3개 또는 심지어 수백 개의 카이랄성 중심을 가질 수 있다. 포도에서 분리된 타르타르산(tartaric acid)과 약초 마황(전통 한의학에서 호흡기 질환 치료에 사용됨)에서 분리된 에페드린(ephedrine)에는 각각 2개의 카이랄성 중심이 있다. 한때 체중 감량을 촉진하고 운동 능력을 향상시키는 데 인기 있는 약물이었던 에페드린의 사용은 이제 갑작스런 사망, 심장 마비 및 뇌졸중과 관련이 있음을 알게 되었다.

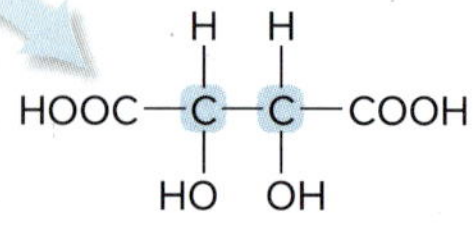

타르타르산(tartaric acid)

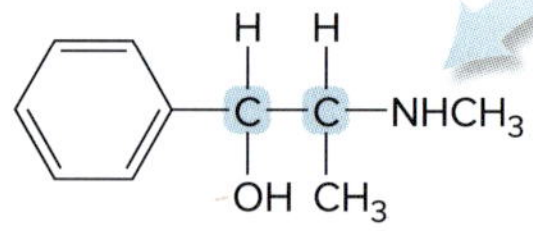

에페드린(ephedrine)
(기관지 확장제, 충혈 완화제)

(카이랄성 중심은 파란색으로 표시되어 있다)

골격 구조에서 카이랄성 중심을 찾을 때는 각 탄소가 4가(tetravalent)의 탄소가 되기에 충분한 수소를 가져야 한다는 것을 항상 유념해야 한다. 2-클로로펜테인은 C2가 4개의 서로 다른 기(H, $CH_3$, $CH_2CH_2CH_3$, Cl)와 결합되어 있기 때문에 하나의 카이랄성 중심을 가진다.

2-클로로펜테인
(2-chloropentane)

C2가 4개의 서로 다른 기에 결합되어 있다.

### 예제 8.3 골격 구조에서 카이랄성 중심 찾기

항우울제 플루옥세틴(fluoxetine, 상품명 Prozac)에서 카이랄성 중심을 찾으시오.

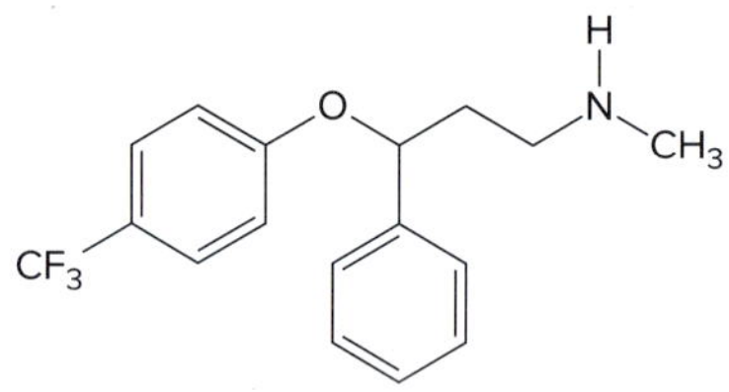

플루옥세틴(fluoxetine)

#### 분석

- 골격 구조에서 각 C는 4가가 되기에 충분한 수의 H를 가진다는 것을 기억한다.
- 다중 결합의 일부분인 C와 함께 모든 $CH_2$ 및 $CH_3$를 생략한다.
- 나머지 C가 4개의 서로 다른 기와 결합되어 있는지 확인한다.

#### 해답

플루옥세틴에서 다중 결합의 일부이거나 동일한 기와 결합된 모든 C를 생략한다. 이렇게 하면 4개의 서로 다른 기와 결합된 하나의 C가 남는다.

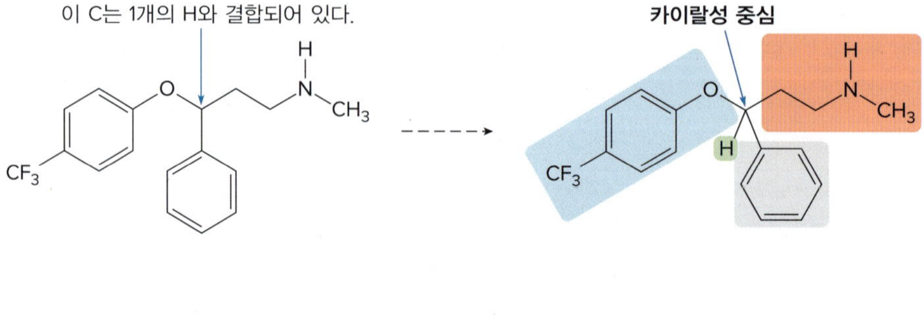

**연습문제 8.3**

항히스타민 브롬페니라민에서 카이랄성 중심을 찾으시오.

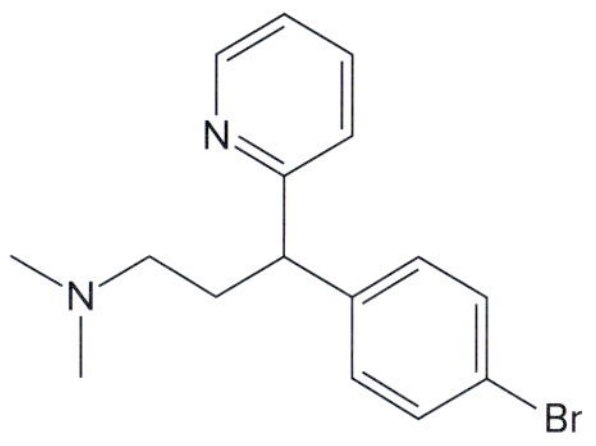


브롬페니라민(brompheniramine)

### 8.3B 거울상 이성질체 그리기

카이랄성 중심은 카이랄 분자와 어떻게 관련되어 있는가?

- 1개의 카이랄성 중심을 갖는 분자는 **카이랄 화합물**이다.

카이랄 화합물은 그 거울상에 겹쳐지지 않는다는 것과 이러한 이성질체를 **거울상 이성질체**(enantiomers)라고 한다는 것을 8.2절에서 배웠다. 하나의 예로, 1개의 카이랄성 중심을 갖는 2-뷰탄올[$CH_3CH(OH)CH_2CH_3$]을 이용하여 거울상 이성질체 그리는 방법을 배워 보자.

#### 카이랄 화합물의 두 거울상 이성질체를 그리는 방법

**예** 카이랄성 중심 주위에 3차원으로 2-뷰탄올의 두 거울상 이성질체를 그리시오.

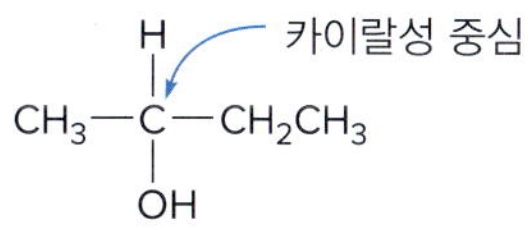


2-뷰탄올
(2-butanol)

**단계 [1]** **카이랄성 중심에 결합된 4개의 서로 다른 기를 임의로 배치하여 하나의 거울상을 그린다.**

- 사면체를 그리기 위해서는 4.3절에서 배운 규칙을 이용한다. 2개의 결합은 평면에 배치하고 하나는 쐐기를 이용하여 평면 앞으로, 다른 하나는 점선 쐐기를 이용하여 평면 뒤에 배치한다.
- 4개의 기(H, OH, $CH_3$, $CH_2CH_3$)를 카이랄성 중심의 결합에 임의로 배치하여 거울상 이성질체 A를 만든다.

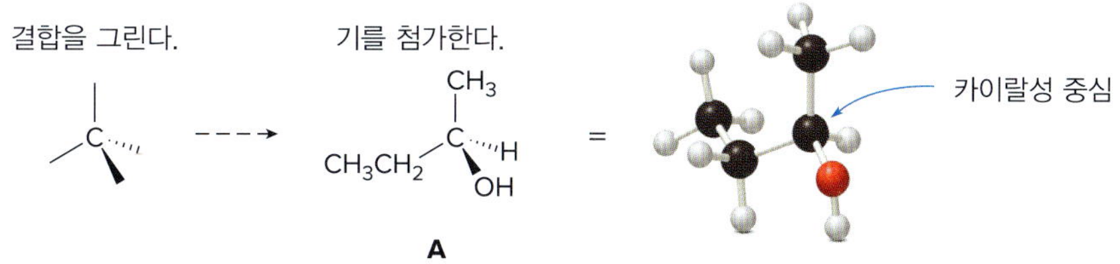


A

**단계 [2]** **거울 면을 그린 다음, 거울상의 치환기를 첫 분자의 기들의 반사가 되도록 배치한다.**

- 4개의 기(H, OH, $CH_3$, $CH_2CH_3$)를 거울상의 카이랄성 중심에 배치하여 거울상 이성질체 B를 만든다.

- A와 B는 거울상이지만 A와 B를 어떻게 회전하더라도 결합은 나란히 정렬되지 않기 때문에 A와 B는 카이랄 화합물이다.

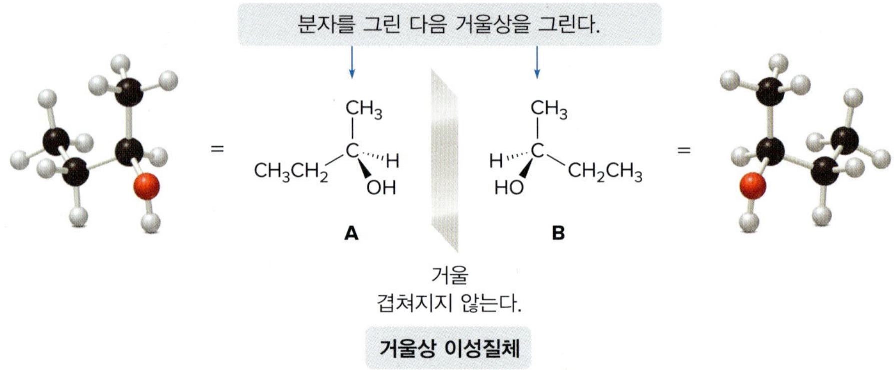


## 8.4 고리 화합물의 카이랄성 중심

카이랄성 중심은 고리의 일부인 탄소 원자에서도 발생할 수 있다. 고리 탄소에서 카이랄성 중심을 찾기 위해서는 항상 고리를 평면 다각형으로 그린 다음, 평소 하던대로 4개의 서로 다른 기들과 결합되어 있는 사면체 탄소를 찾는다.

### 8.4A 고리 탄소에서 카이랄성 중심 찾기

메틸사이클로펜테인은 카이랄성 중심을 가지는가?

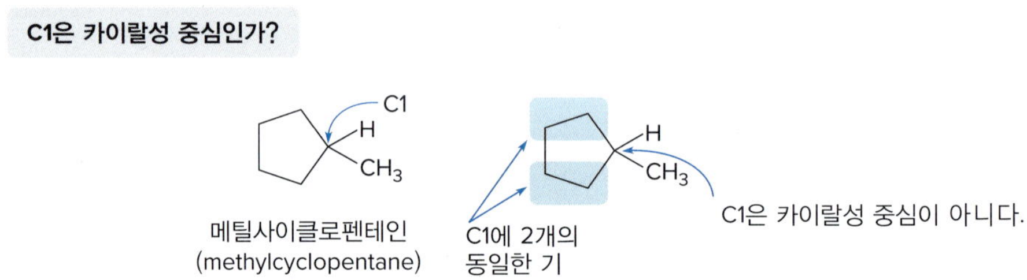


메틸기에 결합되어 있는 고리 탄소인 C1을 제외하고 모든 탄소 원자는 2개 또는 3개의 수소 원자에 결합되어 있다. 다음으로 C1으로부터 동일한 거리에서 양쪽의 고리 원자들과 결합들을 어떤 차이점이 나타날 때까지 또는 양쪽이 맞닿을 때까지 비교한다. 이 경우 어느 쪽이든 차이가 없기 때문에 C1은 고리의 일부인 동일한 알킬기에 결합된 것으로 간주된다. 따라서 C1은 카이랄성 중심이 아니다.

3-메틸사이클로헥센의 경우 그 결과는 다르게 된다.

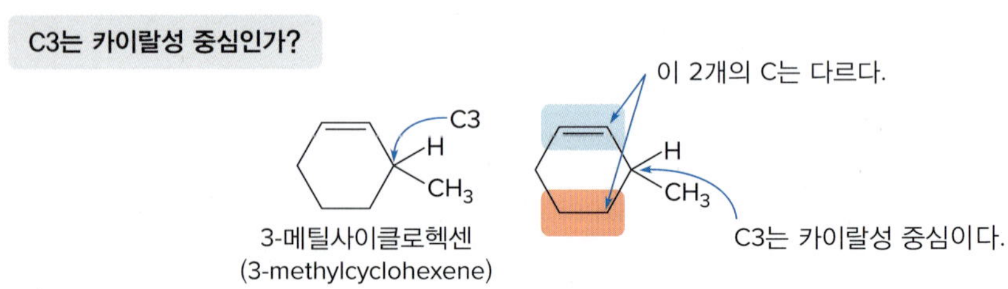

모든 탄소 원자는 메틸기에 결합되어 있는 고리 탄소인 C3를 제외하고 2개 또는 3개의 수소 원자에 결합되어 있다. 이 경우에는 C3로부터 같은 거리에 있는 원자들이 다르기 때문에 C3는 고리에서 서로 다른 알킬기에 결합되어 있다고 간주된다. 따라서 C3는 4개의 서로 다른 기에 결합되어 있고 카이랄성 중심이 된다.

3-메틸사이클로헥센은 1개의 사면체 카이랄성 중심을 갖기 때문에 카이랄 화합물이고 거울상 이성질체로서 존재한다. 고리 위와 아래의 치환기들을 쐐기와 점선 쐐기로 그린다.

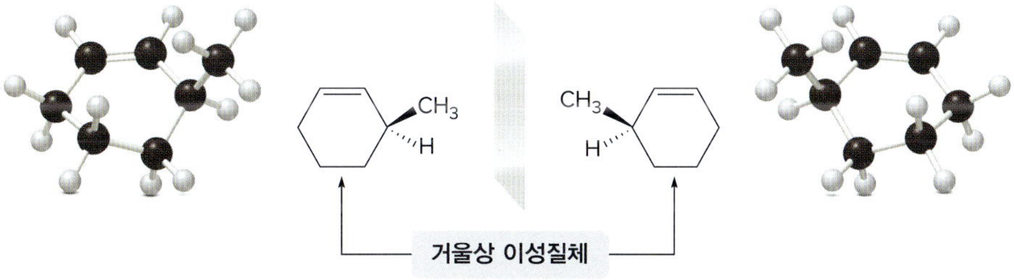


예제 8.4는 고리에 카이랄성 중심을 포함하는 화합물에 대한 **거울상 이성질체**와 **구조 이성질체**를 그리는 방법에 대한 설명이다.

### 예제 8.4 거울상 이성질체와 구조 이성질체 그리기

20개의 자연 발생 아미노산 중 하나인 프롤린(proline)에 대해 생각해 보자.

a. 프롤린의 거울상 이성질체를 그리시오.

b. 프롤린의 구조 이성질체를 그리시오.

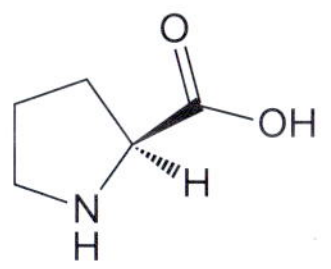


프롤린(proline)

#### 분석과 해답

a. 거울상 이성질체를 그리기 위해 거울 면을 그린 다음, 거울상의 치환기를 첫 분자의 기들의 반사가 되도록 배치한다. 프롤린의 거울상을 그릴 때 카이랄성 중심에 결합되어 있는 $CO_2H$기는 쐐기로 H 원자는 점선 쐐기로 유지한다.

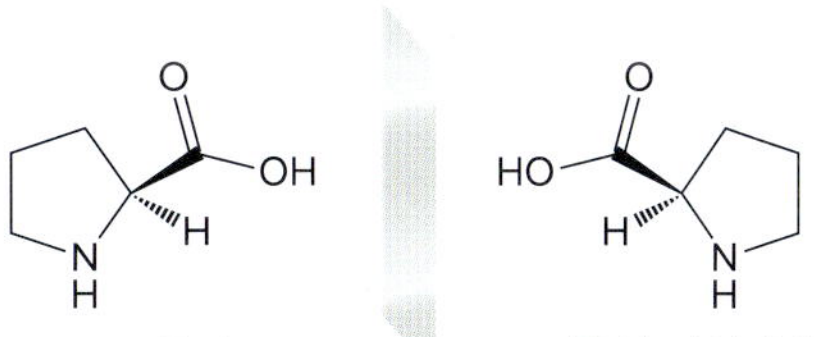


b. 구조 이성질체를 그리기 위해 동일한 분자식을 가지지만 다른 원자들에게 결합된 원자들을 가지는 분자를 그린다. 한 가지 가능한 구조 이성질체는 $CO_2H$기가 고리의 다른 탄소 원자에 결합된 것이다.

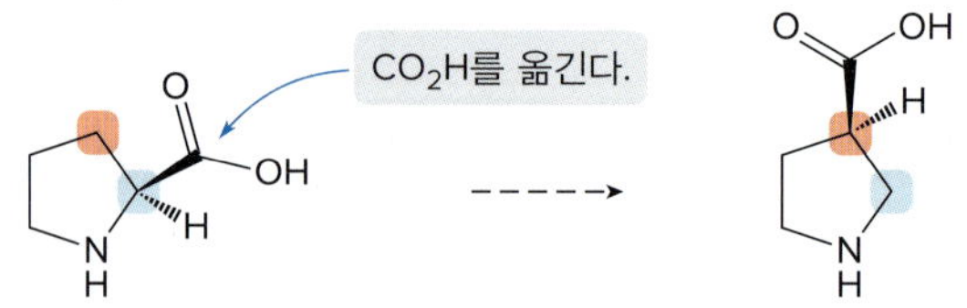


프롤린 $C_5H_9NO_2$ 　　　　구조 이성질체 $C_5H_9NO_2$

**연습문제 8.4**

a. 오렌지에서 분리된 화합물, (*R*)-리모넨(limonene)의 거울상 이성질체를 그리시오.

b. (*R*)-리모넨의 구조 이성질체를 그리시오.

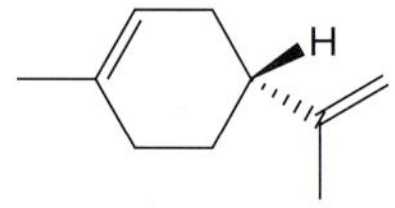

(*R*)-리모넨(limonene)

## 8.5 피셔 투영법

일부 유기 화합물, 특히 탄수화물에서 카이랄성 중심은 일반적인 카이랄성 중심에 대해 사용되는 것과 다른 규칙을 이용해서 그린다.

2개의 결합은 평면에, 다른 하나는 평면 앞쪽으로, 나머지 다른 하나는 평면 뒤쪽으로 그리는 대신에 사면체를 기울여서 2개의 수평 방향의 결합은 앞쪽으로 나오게 하고(쐐기로 표현), 2개의 수직 방향의 결합은 뒤쪽으로 가게 한다(점선 쐐기로 표현). 이러한 이 구조는 **피셔 투영식**(Fischer projection formula)으로도 불리는 **십자형 식**(cross formula)에 의해 축약된다. 따라서 피셔 투영식은 다음과 같이 표현된다.

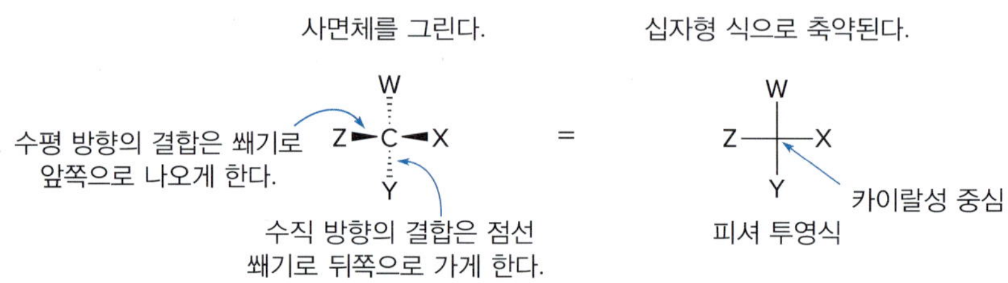


- 탄소 원자는 두 십자선의 교차점에 놓인다.
- 수평 방향의 결합은 쐐기로 앞쪽으로 나오게 한다.
- 수직 방향의 결합은 점선 쐐기로 뒤쪽으로 가게 한다.

예를 들어, 이 규칙을 이용하여 2-뷰탄올[$CH_3CH(OH)CH_2CH_3$, 8.3B절]의 카이랄성 중심을 그리기 위해 수평 방향의 결합은 쐐기로, 수직 방향의 결합은 점선 쐐기로 그린다. 그런 다음에는 피셔 투영식을 그리기 위해 카이랄성 중심을 십자로 바꾼다. 탄소 골격은 종종 수직으로 그린다.

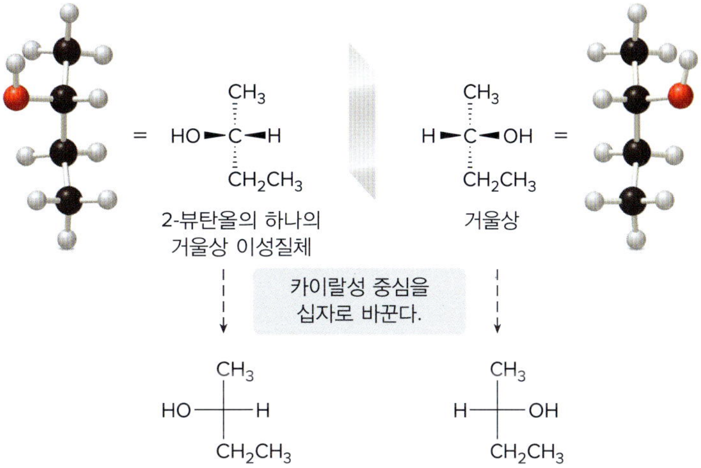


2-뷰탄올의 두 가지 거울상 이성질체에 대한 피셔 투영식

예제 8.5는 이 규칙을 이용하여 탄수화물의 두 가지 거울상 이성질체를 그리는 또 다른 예를 보여 준다. 탄수화물의 카보닐기는 피셔 투영법에서 상단 수직 방향 결합에 놓인다.

### 예제 8.5 피셔 투영식 그리기

피셔 투영식을 이용해서 간단한 탄수화물인 글리세르알데하이드의 두 가지 거울상 이성질체를 그리시오.

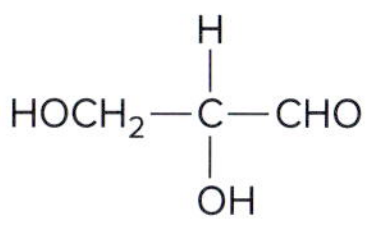


글리세르알데하이드(glyceraldehyde)

#### 분석

- **한 거울상 이성질체를 수평 방향의 결합은 쐐기로, 수직 방향의 결합은 점선 쐐기로 그린다.** 첫 번째 거울상 이성질체에서 카이랄성 중심의 4개의 기(H, OH, CHO, $CH_2OH$)를 임의로 배치한다.
- 거울상의 치환기들이 첫 번째 분자 기들의 반사가 되도록 두 번째 거울상 이성질체를 그린다.
- 피셔 투영식을 그리기 위해 카이랄성 중심을 십자로 바꾼다.

#### 해답

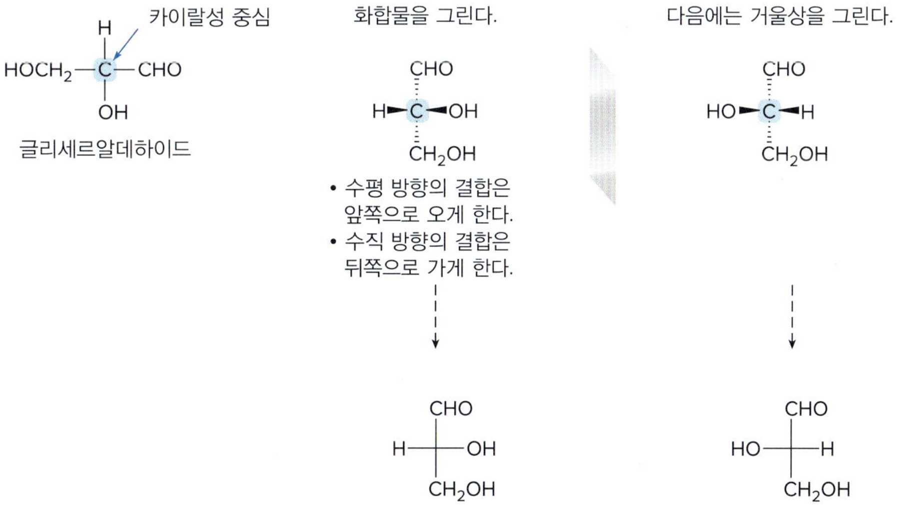


첫 번째 거울상 이성질체의 피셔 투영식

두 번째 거울상 이성질체의 피셔 투영식

**연습문제 8.5**

각 분자를 피셔 투영식으로 변환하시오.

a. 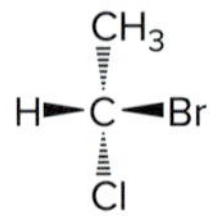

b. 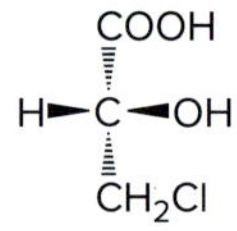

## 8.6 광학 활성

### 8.6A 거울상 이성질체의 물리적 성질

거울상 이성질체들의 물리적 성질은 어떻게 비교되는가?

- 두 거울상 이성질체는 **평면 편광**과 상호 작용하는 방식을 제외하고 동일한 물리적 성질(녹는점, 끓는점, 용해도)을 가진다.

**평면-편광**이란 무엇인가? 일반적인 빛은 진행 방향에 직각으로 모든 평면에서 진동하는 파로 구성된다. **편광판**이라는 장치를 통해 빛을 통과시키면 한 평면의 빛만 통과할 수 있다. 이것이 평면-편광이며 단일 평면의 빛의 파로 구성된다.

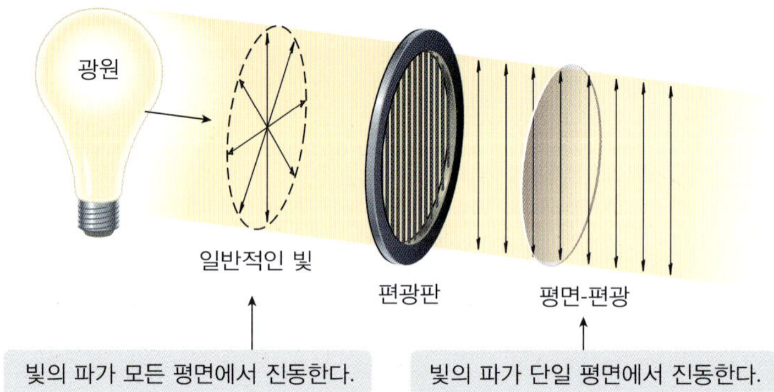


**편광계**(polarimeter)는 평면-편광이 유기 화합물을 포함하고 있는 시료 관을 통해 이동할 수 있게 만드는 기구이다. 빛이 시료 관을 빠져 나간 후 시료 관을 빠져 나가는 편광면의 방향을 결정하기 위해 분석기 슬릿은 회전된다.

- 비카이랄 화합물은 평면-편광의 방향을 바꾸지 않으며 광학적으로 비활성이라고 한다.
- 카이랄 화합물은 도(°)로 측정된 각도 α로 **편광면**을 회전시킨다. 평면 편광을 회전시키는 화합물은 **광학적으로 활성**이라고 한다.

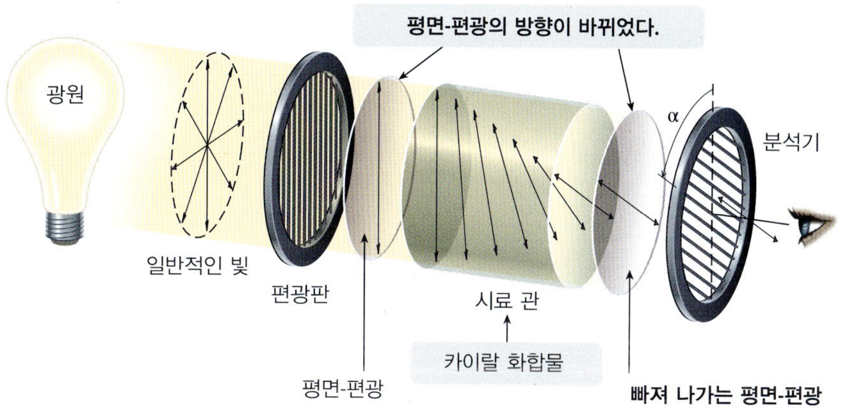


예를 들어, 비카이랄 화합물, $CH_2BrCl$은 **광학적으로 비활성**(inactive)인 반면, 카이랄 화합물인 CHBrClF의 거울상 이성질체는 **광학적으로 활성**(active)이다.

**편광의 회전**은 시계(clockwise) 방향이거나 반시계(counterclockwise) 방향이다.

- 회전이 시계 방향인 경우에는 화합물을 **우회전성**(dextrorotatory)이라 하며, (+)-거울상 이성질체로 표시한다.
- 회전이 반시계 방향인 경우에는 화합물을 **좌회전성**(levorotatory)이라고 하며, (−)-거울상 이성질체로 표시한다.

두 거울상 이성질체의 회전을 어떻게 비교해야 하는가?

- 두 거울상 이성질체는 평면-편광을 동일한 정도로 그러나 반대 방향으로 회전시킨다.

따라서 거울상 이성질체 A가 편광을 +5° 회전시킨다면 동일한 농도의 거울상 이성질체 B는 편광을 −5° 회전시킨다. 거울상 이성질체 A는 우회전성인 반면, 거울상 이성질체 B는 좌회전성이다.

## 8.6B 고유 회전도

광학 활성인 시료의 관찰된 회전은 편광과 상호 작용하는 카이랄 분자의 수에 의존한다. 이것은 시료의 농도와 시료 관의 길이에 의존한다. 자료를 표준화하기 위해 **고유 회전도**(specific rotation, [α])는 특정 시료 관 길이(보통 10 cm), 농도(g/mL로 보고됨), 온도(25℃) 및 파장을 사용하여 정의된다. 고유 회전도는 단위가 없는 양(+) 또는 음(−)의 값으로 보고된다.

예를 들어, 자연 발생의 (*S*)-글리세르알데하이드는 −8.7의 고유 회전도를 가지는 반면, 그것의 거울상 이성질체인 (*R*)-글리세르알데하이드는 +8.7의 고유 회전도를 가진다.

(*S*)-글리세르알데하이드
[α] = −8.7
좌회전성

(*R*)-글리세르알데하이드
[α]= +8.7
우회전성

장뇌 월계수에서 얻은 장뇌는 향기가 있는 화합물이며 수 세기 동안 요리, 연고 및 의약에 사용되었다. 오늘날 사용되는 장뇌의 대부분은 석유 제품으로부터 합성된다.

### 예제 8.6 거울상 이성질체의 물리적 성질 비교하기

아시아의 큰 상록수인 장뇌 월계수로부터 분리된 방향족 화합물인 장뇌(camphor)의 고유 회전도는 +44이다. 물음에 답하시오.

a. 장뇌는 우회전성 또는 좌회전성 화합물인가?
b. 장뇌의 거울상 이성질체의 고유 회전도는 무엇인가?
c. 장뇌가 174°C에서 녹는다면 그 거울상 이성질체의 녹는점은 무엇인가?

**분석**

두 거울상 이성질체는 동일한 녹는점, 끓는점 및 용해도 성질을 가진다. 두 거울상 이성질체의 고유 회전도는 동일한 값이지만 부호는 반대이다.

**해답**

a. 장뇌는 고유 회전도가 양의 값이므로 우회전성이다.
b. 그 거울상 이성질체는 장뇌의 고유 회전도와 크기는 같고 부호는 반대인 −44의 고유 회전도를 가진다.
c. 두 거울상 이성질체는 동일한 녹는점을 가지므로 장뇌의 거울상 이성질체는 174°C에서 녹는다.

**연습문제 8.6**

순수한 콜레스테롤은 −32의 고유 회전도를 가진다. 다음 물음에 답하시오.

a. 콜레스테롤은 우회전성 또는 좌회전성 화합물인가?
b. 콜레스테롤의 거울상 이성질체의 고유 회전도는 무엇인가?

## 8.7 2개 이상의 카이랄성 중심을 갖는 화합물

지금까지 살펴본 대부분의 카이랄 화합물은 하나의 카이랄성 중심을 가지고 있지만, 분자는 2개, 3개 또는 수백 개의 카이랄성 중심을 가질 수 있다. 두 가지 예로 타르타르산과 에페드린이 8.3절에 제시되었다.

- 1개의 카이랄성 중심을 갖는 화합물은 2개의 입체 이성질체, 즉 한 쌍의 거울상 이성질체를 가진다.
- 2개의 카이랄성 중심을 갖는 화합물은 최대 4개의 가능한 입체 이성질체를 가진다.

아미노산 트레오닌의 네 가지 입체 이성질체를 살펴보자. 트레오닌의 두 카이랄성 중심은 주어진 구조에 표시되어 있다. 트레오닌은 단백질 합성에 필요한 20개의 자연 발생 아미노산 중의 하나이다. 인간은 트레오닌을 합성할 수 없기 때문에 트레오닌은 필수 아미노산이며 음식에서 얻어야 한다.

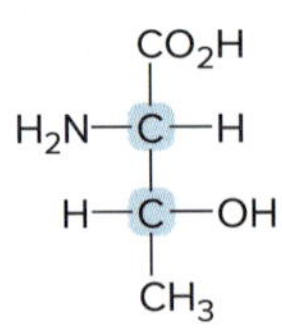


[카이랄성 중심은 파란색으로 표시된다.]

아미노산 트레오닌의
탄소 골격

두 카이랄성 중심 주변의 기가 배열될 수 있는 서로 다른 네 가지 방법이 구조 A~D로 나타내어진다.

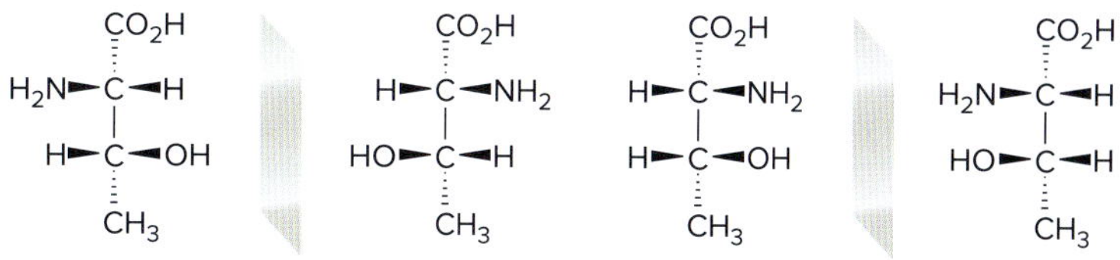

A B C D

거울상 이성질체 거울상 이성질체

거울상 이성질체 A와 B는 거울상인데 겹쳐지지 않으므로 거울상 이성질체이다. 거울상 이성질체 C와 D도 겹쳐지지 않으므로 역시 거울상 이성질체이다. 다시 말하면, 2개(two)의 카이랄성 중심의 경우에는 두(two) 쌍의 거울상 이성질체가 존재할 수 있다.

이러한 구조들은 카이랄성 중심의 수평 방향 결합을 쐐기로 수직 방향의 결합을 점선 쐐기로 그려지기 때문에 각 입체 이성질체에 대해 각 카이랄성 중심을 십자로 대체하여 피셔 투영식이 그려질 수 있다.

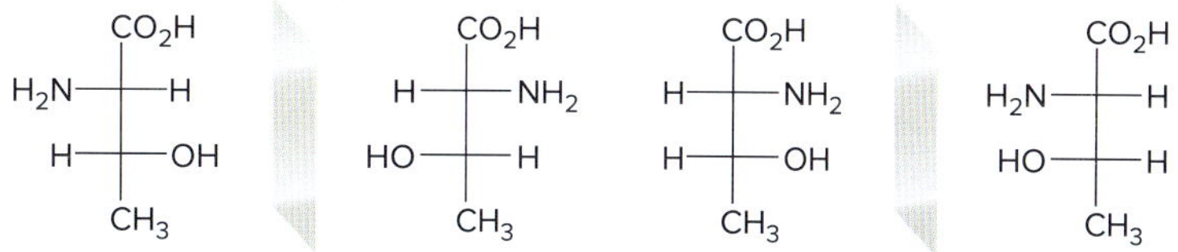

A B C D

거울상 이성질체 거울상 이성질체

따라서 트레오닌에 대해서는 네 가지 입체 이성질체가 있다. 거울상 이성질체 A와 B, 그리고 거울상 이성질체 C와 D, A와 C처럼 2개의 입체 이성질체 사이의 관계는 무엇인가? A와 C는 입체 이성질체이지만 A와 C 사이에 거울 평면을 배열하면 서로 거울상이 아님을 알 수 있다. A와 C는 **부분 입체 이성질체**(diastereomer)라고 하는 두 번째로 광범위한 종류의 입체 이성질체를 나타낸다.

- 부분 입체 이성질체(diastereomer)는 입체 이성질체이지만 서로 거울상은 아니다.

A와 B는 C와 D의 부분 입체 이성질체이고, 그 반대도 마찬가지이다. 자연 발생 트레오닌은 구조 A에 해당하는 단일 입체 이성질체이다. 다른 입체 이성질체는 자연적으로 발생하지 않

그림 8.1 요약-이성질체의 유형

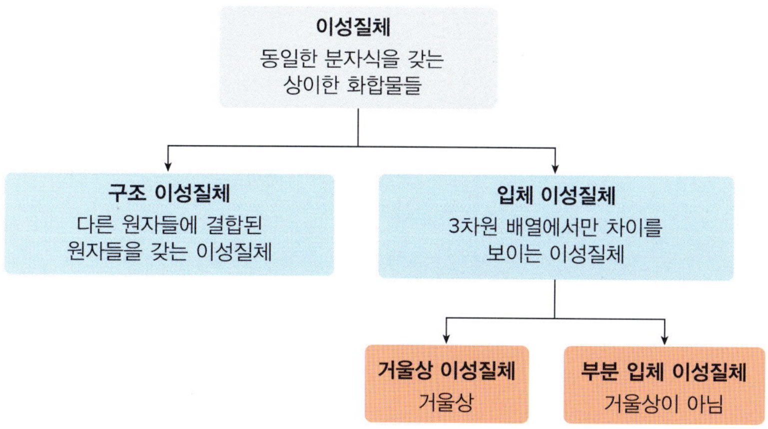

으며 생물학적 활성 단백질을 합성하는 데 사용될 수 없다. 지금까지 유기 분자에 가능한 모든 유형의 이성질체가 소개되었다. **그림 8.1**의 순서도는 주요 이성질체 부류 간의 관계를 보여준다.

### 예제 8.7 입체 이성질체를 거울상 이성질체 또는 부분 입체 이성질체로 분류하기

2,3-펜테인다이올(E~H)의 네 가지 입체 이성질체를 고려할 때 다음 물음에 답하시오.

a. 어떤 화합물이 E의 거울상 이성질체인가?

b. 어떤 화합물이 F의 거울상 이성질체인가?

c. 어떤 두 화합물이 G의 부분 입체 이성질체인가?

2,3-펜테인다이올(2,3-pentanediol)의 네 가지 입체 이성질체:

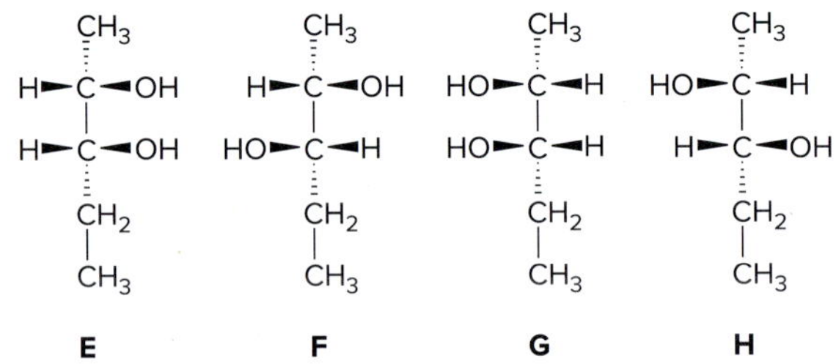


#### 분석

정의를 유념해야 한다.

- **거울상 이성질체는 서로 겹쳐질 수 없는 거울상인 입체 이성질체이다.** 옆으로 나란히 놓았을 때 두 카이랄성 중심의 기들이 서로의 **반사**(reflection)로 그려지는 두 화합물을 찾는다. 주어진 화합물은 단 하나의 가능한 거울상 이성질체를 가진다.
- **부분 입체 이성질체는 서로 거울상이 아닌 입체 이성질체이다.**

#### 해답

a. E와 G는 서로 겹쳐지지 않는 거울상이기 때문에 거울상 이성질체이다.

b. F 및 H는 동일한 이유로 거울상 이성질체이다.

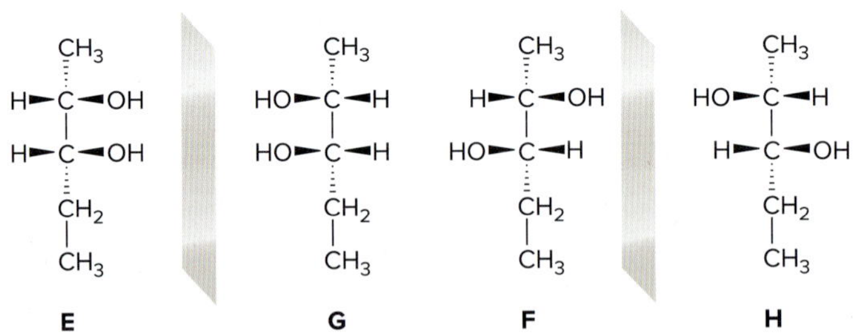


c. G의 입체 이성질체이지만 거울상이 아닌 화합물은 부분 입체 이성질체이다. 따라서 F와 H는 G의 부분 입체 이성질체이다.

#### 연습문제 8.7

3-브로모-2-클로로펜테인(W~Z)의 네 가지 입체 이성질체에 대한 다음 물음에 답하시오.

a. 어느 화합물이 W의 거울상 이성질체인가?

b. 어느 화합물이 X의 거울상 이성질체인가?

c. 어느 두 화합물이 Y의 부분 입체 이성질체인가?

d. 어느 두 화합물이 Z의 부분 입체 이성질체인가?

3-브로모-2-클로로펜테인 (3-bromo-2-chloropentane)의 네 가지 입체 이성질체:

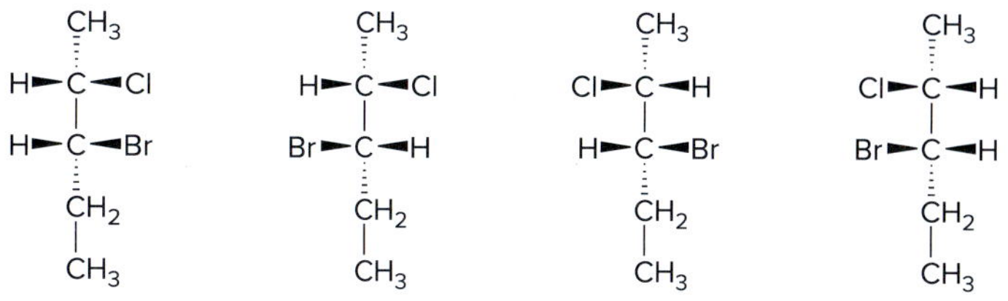

W X Y Z

## 종합문제

### 카이랄 화합물, 카이랄성 중심 및 거울상 이성질체

**8.1** 각 물체를 카이랄 또는 비카이랄로 분류하시오.

a. 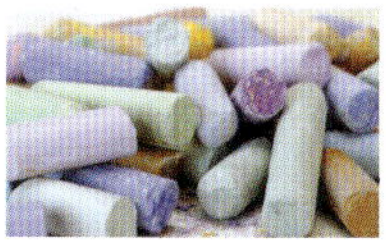

b. 

c. 

**8.2** 각 화합물에 대한 거울상을 그리시오. 각 화합물을 카이랄 또는 비카이랄로 표시하시오.

a. 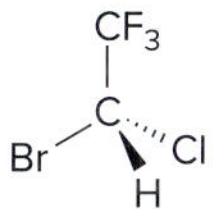

할로테인(halothane)
(일반적인 마취제)

b. 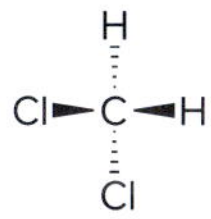

다이클로로에테인(dichloroethane)
(일반적인 용매)

**8.3** A의 공-막대 모형을 고려하여 B와 C를 A와 동일한 것 또는 A의 거울상 이성질체로 표시하시오.

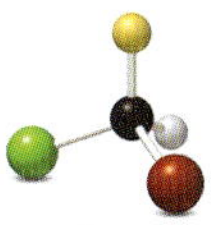

A

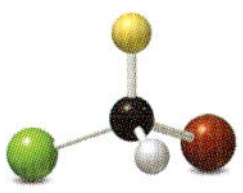

B

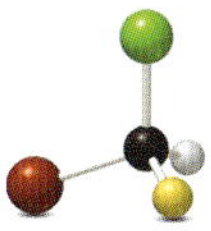

C

**8.4** 담배의 중독성 자극제인 니코틴에서 카이랄성 중심을 찾으시오.

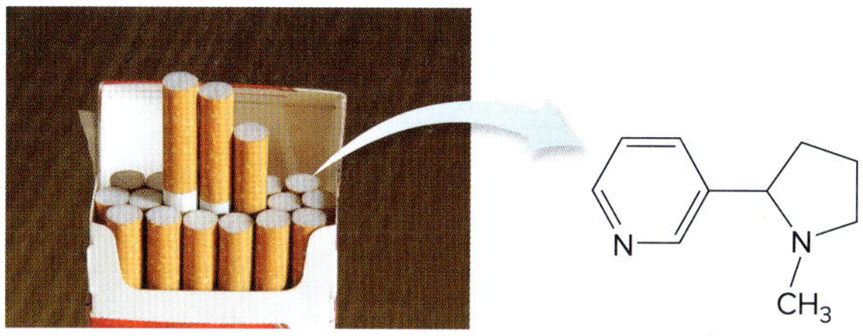

니코틴(nicotine)

**8.5** 각 화합물에서 카이랄성 중심이 존재한다면 이를 표시하시오. 이 화합물들은 카이랄성 중심이 없거나 1개의 카이랄성 중심이 있다.

a. 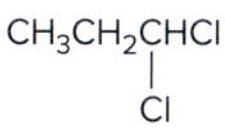

b. 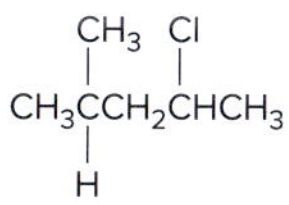

c. 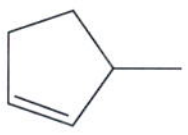

d. 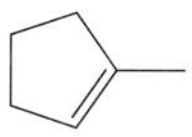

**8.6** 화합물에서 카이랄성 중심이 존재한다면 이를 표시하시오. 화합물들은 카이랄성 중심이 없거나 1개의 카이랄성 중심이 있다.

a. 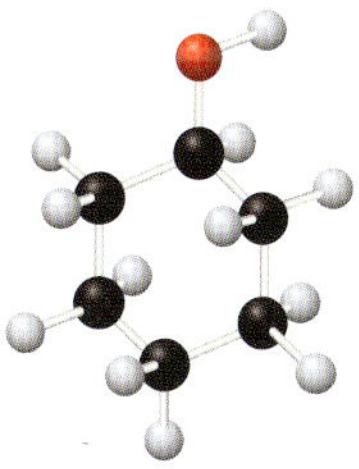

b. 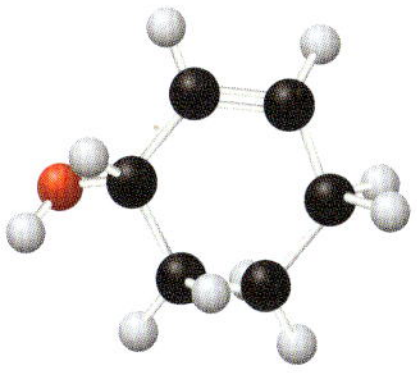

**8.7** 각 설명에 맞는 구조를 그리시오.

a. 1개의 카이랄성 중심을 포함하는 분자식 $C_7H_{16}$의 알케인

b. 1개의 카이랄성 중심을 포함하는 분자식 $C_6H_{14}O$의 알코올

**8.8** 메탐페타민(methamphetamine)은 불법적으로 '속도(speed)', '메트(meth)' 또는 '크리스탈 메트(crystal meth)'로 판매되는 중독성 자극제이다. 메탐페타민의 카이랄성 중심을 찾은 다음, 카이랄성 중심 주변으로 3차원 두 거울상 이성질체를 그리시오.

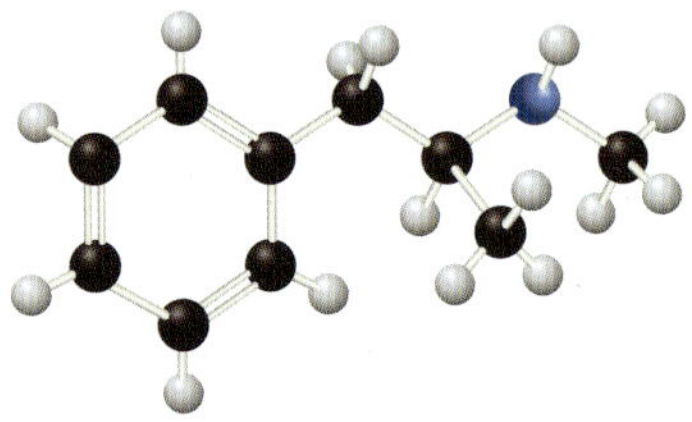

메탐페타민(methamphetamine)

## 이성질체

**8.9** 각 쌍의 화합물들은 어떤 관련이 있는가? 이들은 동일한 분자인가, 거울상 이성질체인가?

a. 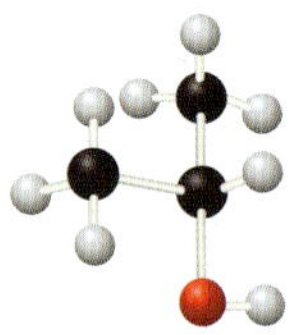 및 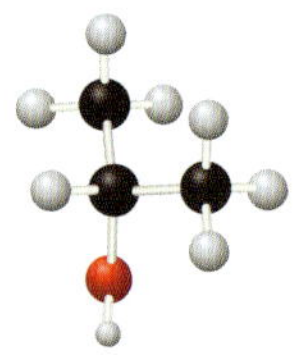

b. 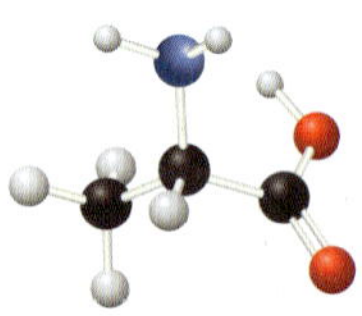 및 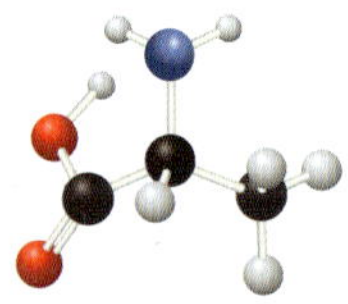

**8.10** 각 쌍의 분자들은 어떤 관련이 있는가? 동일한 분자, 구조 이성질체, 거울상 이성질체, 부분 입체 이성질체, 서로 이성질체가 아님 중에서 고르시오.

a. $CH_3CH_2CH_2OCH_3$ 및 $CH_3CH_2OCH_2CH_3$

b. 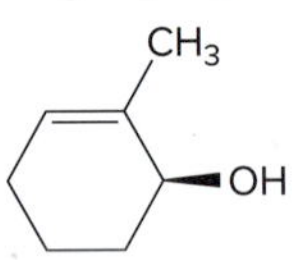 및 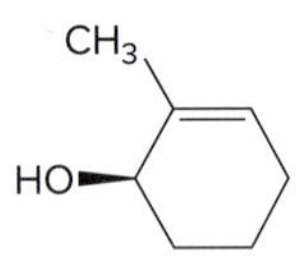

c. 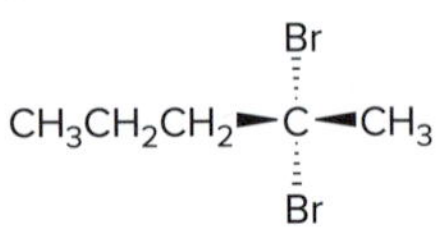 및 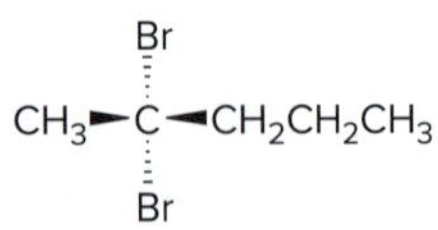

d. 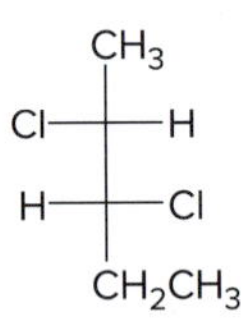 및 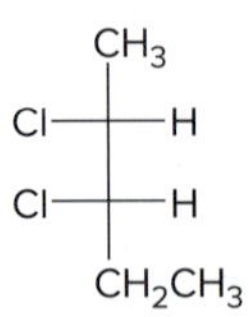

**8.11** 작용기로 알데하이드(–CHO)를 포함하는 분자식 $C_5H_{10}O$의 구조 이성질체에 대한 구조를 그리시오. 또 각 화합물에 존재하는 카이랄성 중심을 표시하시오(어떤 화합물들은 카이랄성 중심이 없다).

## 피셔 투영식

**8.12** 주어진 공-막대 모형을 피셔 투영식으로 변환하시오.

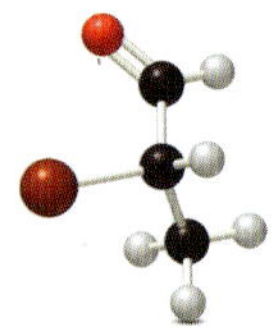

**8.13** 각 3차원 표현을 피셔 투영식으로 변환하시오.

a. 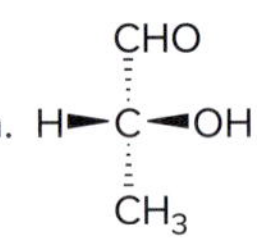

b. 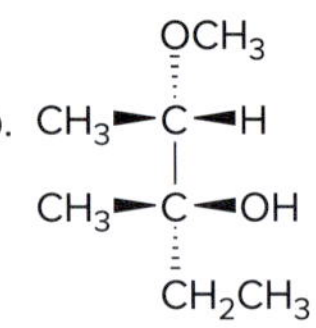

**8.14** 각 피셔 투영식을 쐐기와 점선 쐐기의 3차원 표현으로 변환하시오.

a. 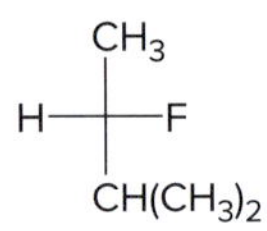

b. 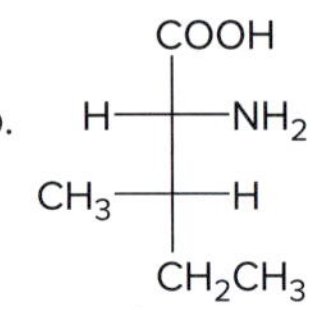

**8.15** 각 쌍의 피셔 투영식들은 어떤 관계인가? 이들은 동일한 것인가, 거울상 이성질체인가?

a. 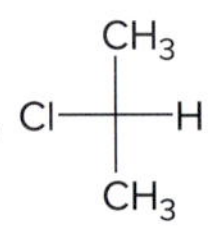 및 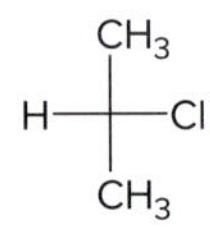

b. 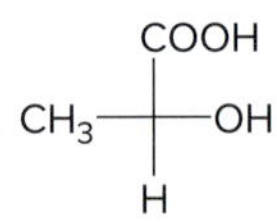 및 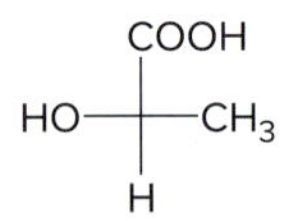

c. 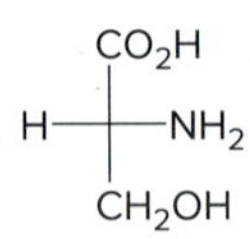 및 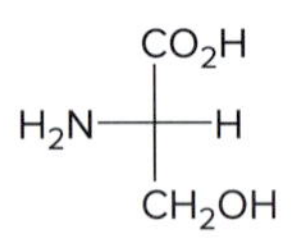

## 거울상 이성질체의 물리적 성질

**8.16** 다음 질문에 답하시오.

a. '광학 활성'과 '광학 비활성'이란 용어에 대한 정의를 내리시오.

b. 광학 비활성인 분자식 $C_4H_{10}O$의 화합물의 예를 보이시오.

c. 광학 활성인 분자식 $C_4H_{10}O$의 화합물의 예를 보이시오.

**8.17** 각 화합물을 광학 활성 또는 광학 비활성으로 표시하시오.

a.

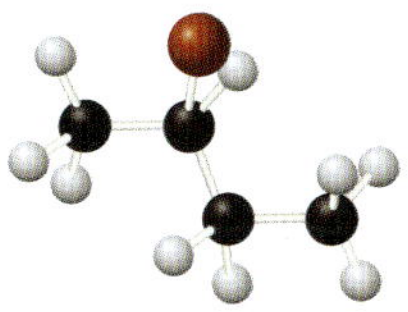

b.

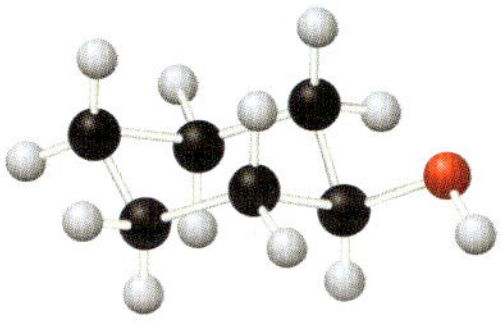

**8.18** 우유의 주요 탄수화물인 락토스(lactose)는 +52의 고유 회전도를 가지며 수용성($H_2O$ 100 mL당 22 g)이다. 질문에 답하시오.

a. 락토스는 우회전성 또는 좌회전성 화합물인가?

b. 락토스의 거울상 이성질체의 고유 회전도는 무엇인가?

c. 락토스의 거울상 이성질체는 100 mL의 물에 얼마나 많이 용해되는가?

## 거울상 이성질체와 부분 입체 이성질체

**8.19** 아래 그려진 입체 이성질체(A~D)를 고려하시오. 이 화합물들은 13장에서 배우게 될 네 가지 탄소의 설탕이다.

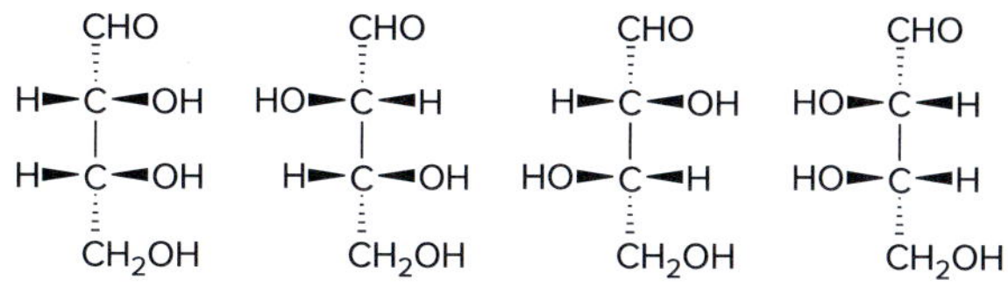

A B C D

a. 각 쌍의 화합물들은 어떤 관계인가? 화합물들은 거울상 이성질체 또는 부분 입체 이성질체인가?

[1] A와 B　　[2] A와 C

[3] A와 D　　[4] B와 C

[5] B와 D　　[6] C와 D

b. 알데하이드가 아닌 케톤을 포함하는 A의 구조 이성질체를 그리시오.

**8.20** 6장에서 시스와 트랜스가 입체 이성질체라는 것을 알게 되었다. 시스-2-뷰텐(*cis*-2-butene)과 트랜스-2-뷰텐(*trans*-2-butene)은 거울상 이성질체인가 또는 부분 입체 이성질체인가? 이를 설명하시오.

CHAPTER 9

# 알데하이드와 케톤

## Aldehydes and Ketones

9.1 구조와 결합

9.2 명명법

9.3 물리적 성질

9.4 알데하이드와 케톤의 반응

9.5 알데하이드와 케톤의 환원

9.6 아세탈의 형성


세 가지 아세탈을 함유한 독소인 솔라닌(solanine)은 곤충과 포식자에 대한 방어 수단으로 감자의 잎, 줄기 및 껍질의 녹색 반점에서 만들어진다.

**알데하이드와 케톤을 연구하는 이유는 무엇일까**

이 장은 유기 화학에서 가장 중요한 작용기인 **카보닐기**(C=O)를 함유한 화합물에 중점을 두는 두 장 중 첫 번째 장이다. 이 장에서는 수소 또는 탄소 원자에 결합된 카보닐기 탄소를 함유하는 화합물인 알데하이드와 케톤에 대해 검토한다. **알데하이드** 및 **케톤**은 자연에서 광범위하게 발생하며, 산업 공정에서 유용한 출발 물질 및 용매로서의 역할을 한다. 모든 단순 탄수화물에는 카보닐기가 포함되어 있으며 더 복잡한 탄수화물은 이 장에서 논의되는 반응들로부터 얻어진다.

## 9.1 구조와 결합

두 광범위한 부류의 화합물이 **카보닐기**(carbonyl group)를 포함한다.

카보닐기

1. 카보닐기에 탄소와 수소 원자만이 결합된 화합물

알데하이드　　　케톤

- **알데하이드**는 카보닐기에 결합된 최소 1개의 수소 원자를 가진다.
- **케톤**은 카보닐기에 결합된 2개의 알킬기를 가진다.

2. 카보닐기에 전기 음성적인 원자가 결합된 화합물

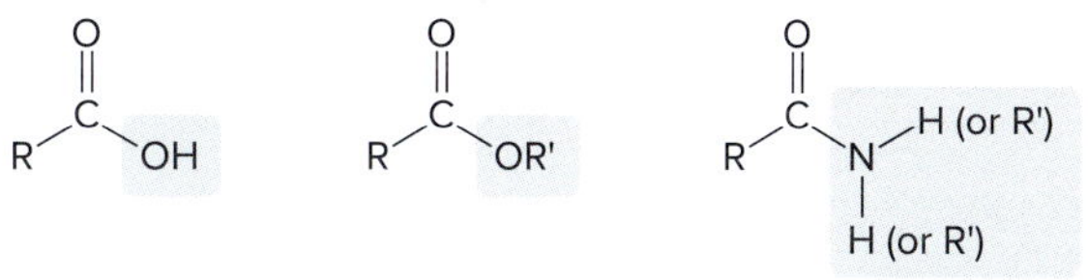

카복실산 (carboxylic acid)　　에스터 (ester)　　아마이드 (amide)

이들 화합물은 카보닐 탄소에 바로 결합된 전기 음성적인 산소 또는 질소 원자를 포함하는 **카복실산**(carboxylic acid), **에스터**(ester)와 **아마이드**(amide)를 포함한다. 에스터와 아마이드는 카복실산으로부터 제조될 수 있기 때문에 **카복실산 유도체**(carboxylic acid derivatives)라고 한다. 카복실산과 그 유도체는 10장에서 논의할 것이고, 알데하이드와 케톤은 이 장에서 알아볼 것이다.

두 가지 구조적 특징이 카보닐기의 성질과 화학을 결정한다.

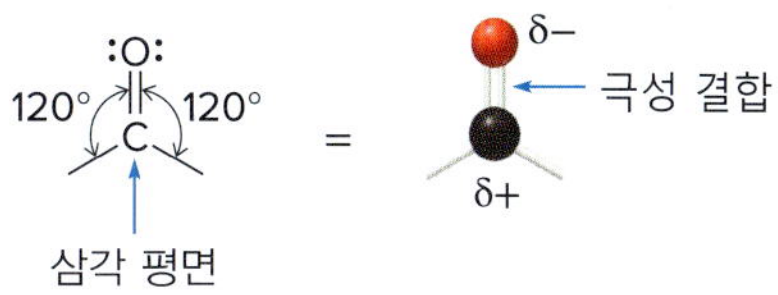

- 카보닐 탄소 원자는 삼각 평면 구조이고, 모든 결합 각도가 120°이다. 이러한 방식으로 카보닐 탄소는 탄소-탄소 이중 결합의 탄소와 유사하다.
- 산소는 탄소보다 전기 음성적이기 때문에 카보닐기는 극성이다. 카보닐 탄소는 전자가 부족(δ+)하며 산소는 전자가 풍부(δ−)하다. 이러한 방식으로 카보닐 탄소는 비극성 탄소-탄소 이중 결합의 탄소와는 매우 다르다.

4장에서 언급한 바와 같이 카보닐기의 이중 결합은 일반적인 간략 구조에서 생략된다. 알데하이드는 종종 RCHO로 쓴다. H 원자는 산소가 아닌 탄소 원자에 결합되어 있음을 기억해야 한다. 마찬가지로 케톤은 RCOR′로 쓰거나 또는 두 알킬기가 동일한 경우 $R_2CO$로 쓴다.

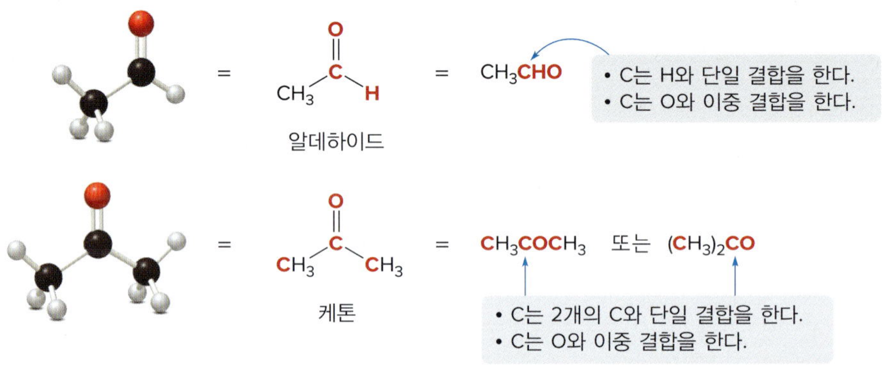


많은 알데하이드와 케톤은 자연 발생적이다. 예를 들어, 옥탄알(octanal), 데칸알(decanal) 및 피페리톤(piperitone)은 오렌지의 풍미와 향에 기여하는 70가지 유기 화합물에 속한다.

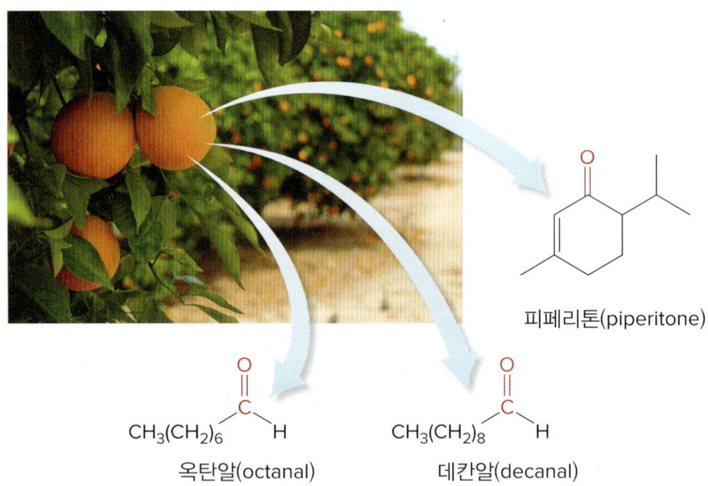


## 9.2 명명법

IUPAC와 관용명이 모두 알데하이드와 케톤에 사용된다.

### 9.2A 알데하이드 명명하기 1

- IUPAC 명명법에서 알데하이드는 접미사 -알(-al)로 식별된다.

IUPAC 체계를 이용하여 알데하이드를 명명하려면 다음 사항을 따른다.

1. CHO기를 포함하는 가장 긴 사슬을 찾고 모체 알케인의 -e 끝을 접미사 -al로 바꾼다.
2. 사슬 또는 고리를 CHO가 C1 위치에 놓이도록 번호를 매기되, 이름에서는 이 번호를 생략한다. 그 밖의 다른 일반적인 명명법 규칙을 모두 적용한다.

간단한 알데하이드는 널리 사용되는 관용명을 가지고 있다. 실제로 **폼알데하이드**(formaldehyde), **아세트알데하이드**(acetaldehyde) 및 **벤즈알데하이드**(benzaldehyde) 등의 관용명이 사실상 IUPAC 명칭 대신에 거의 항상 사용된다. 관용명은 모두 접미사 -알데하이드(-aldehyde)를 포함한다.

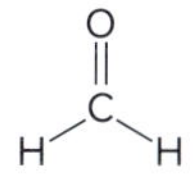

폼알데하이드(formaldehyde)
[메탄알(methanal)]

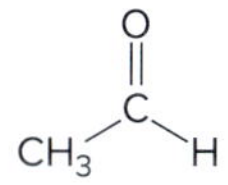

아세트알데하이드(acetaldehyde)
[에탄알(ethanal)]

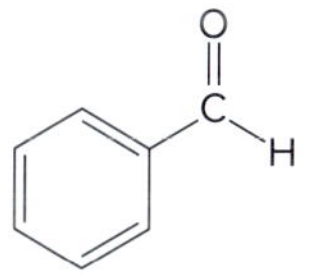

벤즈알데하이드(benzaldehyde)
[벤젠카브알데하이드(benzenecarbaldehyde)]

(IUPAC 이름은 대괄호에 있다)

### 예제 9.1 알데하이드 명명하기

각 알데하이드의 IUPAC 이름을 정하시오.

a. 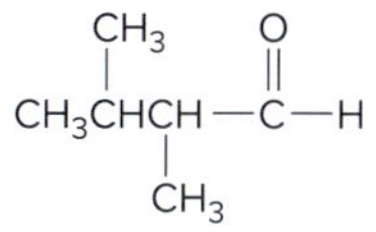

b. 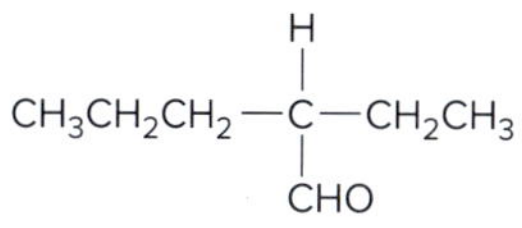

### 분석과 해답

a. [1] CHO를 포함하는 가장 긴 사슬을 찾는다.

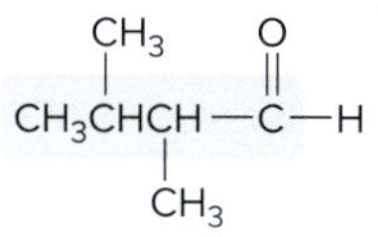

뷰테인 ---→ 뷰탄알
(4개의 탄소)

[2] CHO기가 C1이 되도록 번호를 매기고 치환기의 이름을 붙인다.

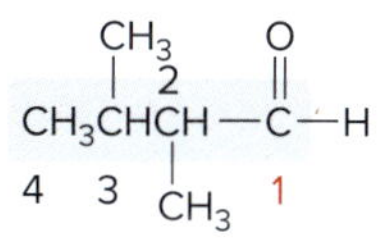

**답: 2,3-다이메틸뷰탄알**
(2,3-dimethylbutanal)

b. [1] CHO를 포함하는 가장 긴 사슬을 찾는다.

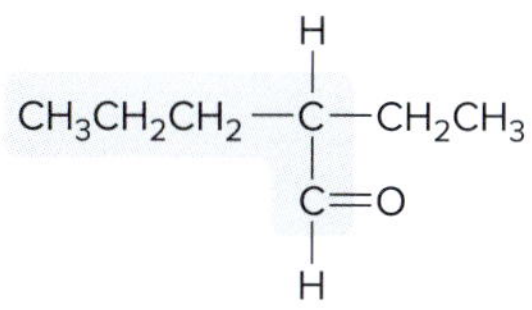

펜테인 ---→ 펜탄알
(5개의 탄소)

[2] CHO기가 C1이 되도록 번호를 매기고 치환기의 이름을 붙인다.

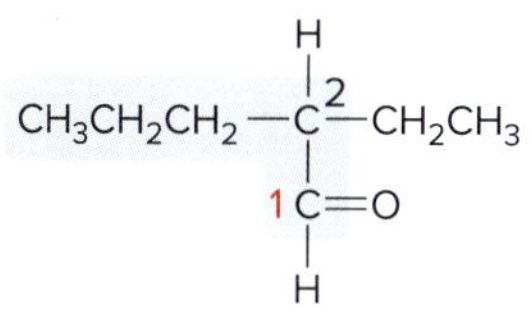

**답: 2-에틸펜탄알**
(2-ethylpentanal)

### 연습문제 9.1

각 알데하이드의 IUPAC 이름을 정하시오.

a. $(CH_3)_2CHCH_2CH_2CH_2CHO$ b. $(CH_3)_3CC(CH_3)_2CH_2CHO$ c. 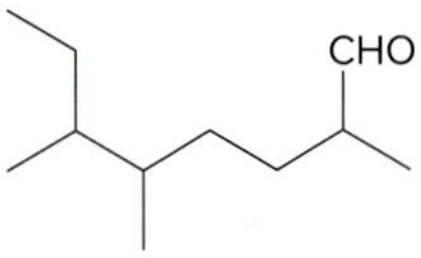


## 9.2B 알데하이드 명명하기 2

• IUPAC 체계에서 케톤은 접미사 -온(-one)으로 구별된다.

IUPAC 규칙을 이용하여 **비고리형 케톤**을 명명하려면 다음 사항을 따른다.

1. **카보닐기를 포함하는 가장 긴 사슬을 찾고 모체 알케인의 -e 끝을 접미사 -one으로 바꾼다.**
2. **탄소 사슬을 카보닐 탄소가 C1 위치에 놓이도록 번호를 매긴다. 그 밖의 다른 일반적인 명명법 규칙을 모두 적용한다.**

**고리형 케톤**의 경우 번호 매김은 항상 카보닐 탄소에서 시작하지만 '1'은 일반적으로 이름에서 생략된다. 그리고 나서 고리는 시계 방향 또는 반시계 방향으로 번호가 매겨져 첫 번째 치환기의 번호가 더 낮은 수가 되도록 한다.

케톤의 대부분의 관용명은 카보닐 탄소의 두 알킬기를 모두 알파벳 순으로 배열하고 **케톤**(ketone)이라는 단어를 추가하여 명명하면서 만들어진다. 이 방법을 이용하면 2-뷰탄온(2-butanone)의 관용명은 에틸메틸 케톤(ethyl methyl ketone)이 된다.

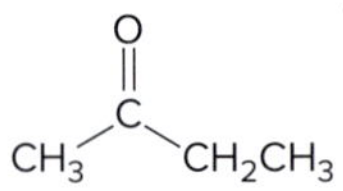


IUPAC 이름: **2-뷰탄온**(2-butanone)

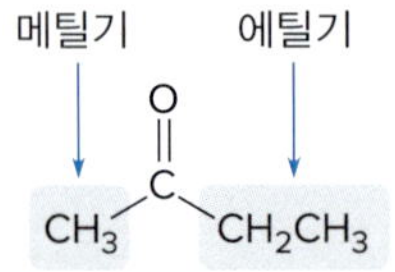


관용명: **에틸메틸 케톤**(ethyl methyl ketone)

일부 간단한 케톤에 대해 널리 사용되는 세 가지 관용명은 이러한 규칙을 따르지 않는다.

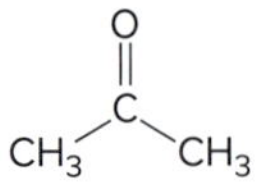

아세톤
(acetone)

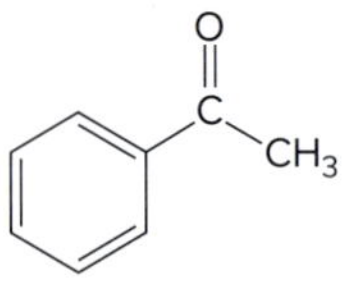

아세토페논
(acetophenone)

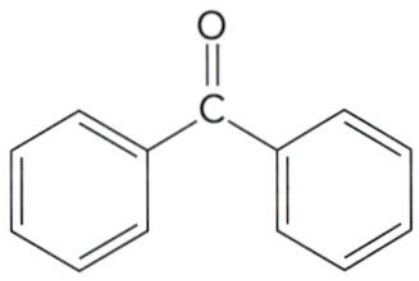

벤조페논
(benzophenone)

### 예제 9.2 케톤 명명하기

각 케톤의 IUPAC 이름을 정하시오.

a. $CH_3-\overset{O}{\overset{\|}{C}}-\underset{CH_3}{\underset{|}{C}H}CH_2CH_3$

b. 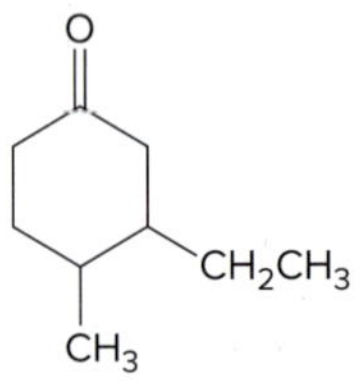

### 분석과 해답

a. [1] 카보닐기를 포함하는 가장 긴 사슬을 찾는다.

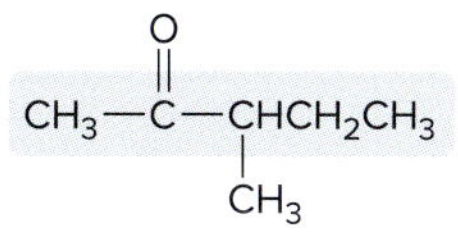

펜테인 ---→ 펜탄온
(5개의 탄소)

[2] 카보닐 탄소가 가장 낮은 번호를 갖도록 번호를 매기고 치환기의 이름을 붙인다.

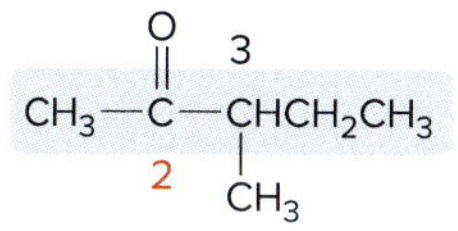

**답: 3-메틸-2-펜탄온**
(3-methyl-2-pentanone)

b. [1] 고리에 이름을 붙인다.

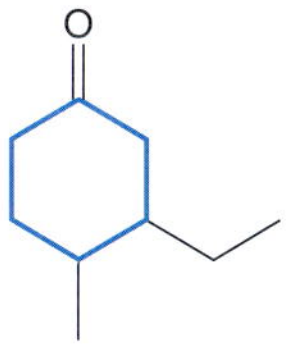

사이클로헥세인 ---→ 사이클로헥산온
(6개의 탄소)

[2] 카보닐 탄소가 C1이 되도록 번호를 매기고 치환기의 이름을 붙인다.

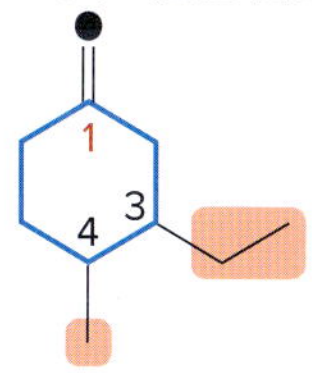

**답: 3-에틸-4-메틸사이클로헥산온**
(3-ethyl-4-methylcyclohexanone)

### 연습문제 9.2

각 케톤의 IUPAC 이름을 정하시오.

a. 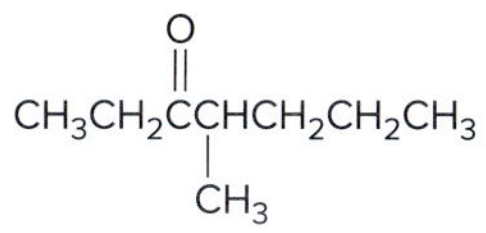

b. 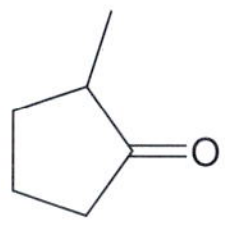

c. 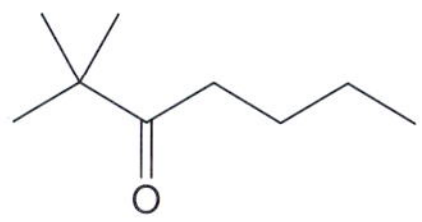

## 9.3 물리적 성질

알데하이드와 케톤은 극성 카보닐기를 가지고 있기 때문에 5장과 6장의 탄화수소보다 강한 분자 간의 힘을 갖는 **극성 분자**이다. 이들에게는 OH 결합이 없기 때문에 RCHO 또는 RCOR′의 두 분자는 분자 간 **수소 결합**이 불가능하여 알코올보다 분자 간의 힘이 약하다.

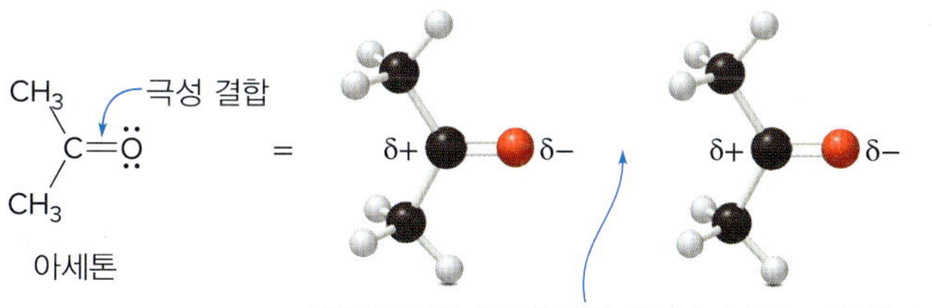


**쌍극자**의 반대로 하전된 끝단들이 상호 작용한다.

그 결과는 다음과 같다.

- 알데하이드와 케톤은 분자량이 비슷한 탄화수소보다 끓는점이 높다.
- 알데하이드와 케톤은 분자량이 비슷한 알코올보다 끓는점이 낮다.

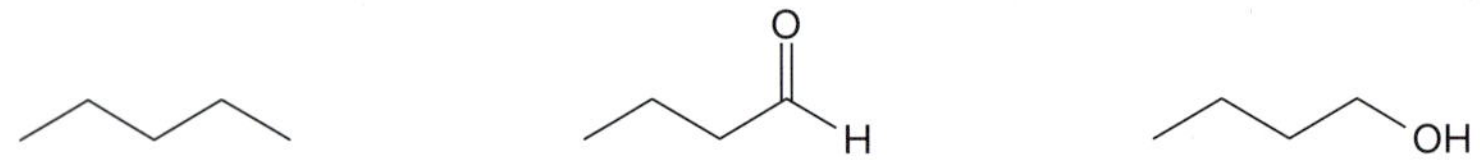

| $CH_3CH_2CH_2CH_2CH_3$ | $CH_3CH_2CH_2CHO$ | $CH_3CH_2CH_2CH_2OH$ |
|---|---|---|
| 펜테인 | 뷰탄알 | 1-뷰탄올 |
| bp 36°C | bp 76°C | bp 118°C |

**분자 간의 힘 증가, 끓는점 증가**

**용해도**에 관한 일반적인 규칙[즉, '비슷한 것끼리 녹인다(like dissolves like)']에 근거하여 알데하이드와 케톤은 유기 용매에 녹는다. 또 알데하이드와 케톤은 산소 원자에 활용할 수 있는 고립 전자쌍이 있기 때문에 물과 분자 간 수소 결합을 할 수 있다.

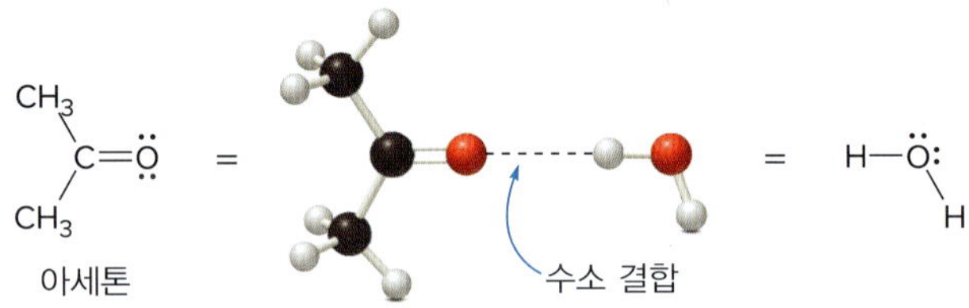


그 결과는 다음과 같다.

- 저분자량 알데하이드와 케톤(6개 미만의 탄소를 갖는 것)은 유기 용매 및 물 모두에 녹는다.
- 고분자량 알데하이드와 케톤(6개 이상의 탄소를 갖는 것)은 유기 용매에는 녹지만 물에는 녹지 않는다.

## 9.4 알데하이드와 케톤의 반응

### 9.4A 일반적인 고려 사항

알데하이드와 케톤은 두 가지 일반적인 유형의 반응을 한다.

1. 알데하이드는 카복실산으로 산화될 수 있다.

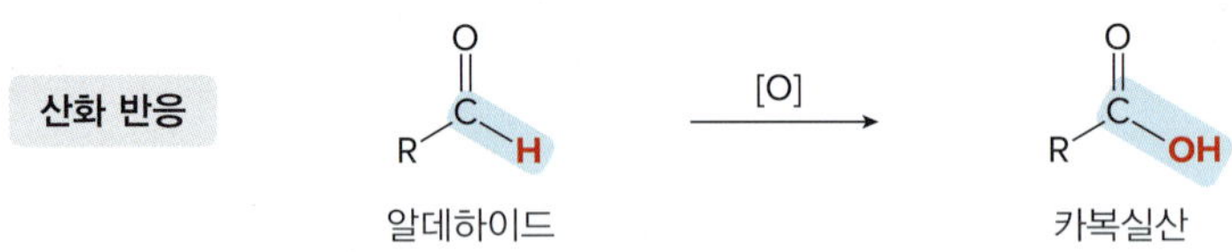


알데하이드는 카보닐 탄소에 결합된 수소 원자를 포함하기 때문에 **카복실산**으로 **산화**될 수 있다(9.4B에서 논의함).

2. 알데하이드와 케톤은 첨가 반응을 한다.

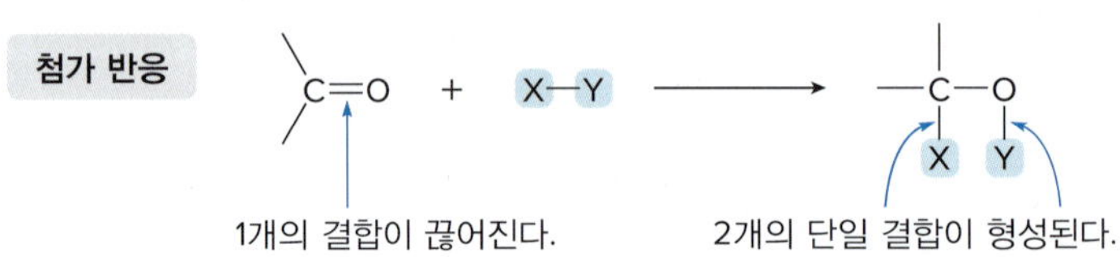

**알켄**과 마찬가지로 알데하이드와 케톤은 쉽게 끊어지는 **다중 결합**(카보닐기)을 포함한다. 결과적으로 알데하이드와 케톤은 다양한 시약으로 첨가 반응을 한다. 첨가 반응에서 새로운 X와 Y기가 출발 물질의 카보닐기에 첨가된다. 이중 결합에서 하나의 결합이 끊어지고 2개의 새로운 단일 결합이 만들어진다. 9.5절에서 $H_2$ 첨가 반응과 9.6절에서 알코올(ROH) 첨가 반응에 대해 알아본다.

## 9.4B 알데하이드의 산화 반응

알데하이드는 공기 중의 산소에 의해 쉽게 산화된다. $CH_3CH_2CH_2CHO$(뷰탄알)는 상온에 있을 때 그 산화 생성물인 $CH_3CH_2CH_2COOH$(뷰탄산)의 냄새가 난다. 이것은 사람 땀의 독특한 냄새에 기여하는 화합물이다.

알데하이드는 카보닐 탄소에 직접 결합된 수소 원자를 포함하기 때문에 카복실산으로 산화될 수 있다. 즉, 알데하이드 C—H 결합은 C—OH 결합으로 전환될 수 있다. 케톤은 카보닐기에 결합된 수소 원자를 갖지 않기 때문에 유사한 반응 조건 하에서 산화되지 않는다.

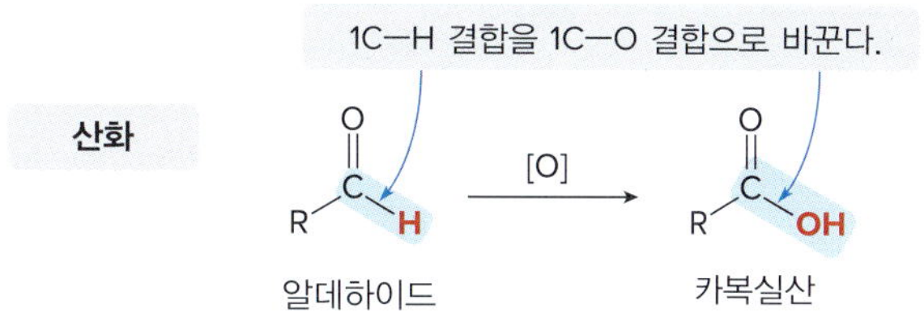


이러한 산화 반응에 대한 일반적인 시약은 산화되는 동안 녹색의 $Cr^{3+}$ 생성물로 전환되는 붉은 오렌지색 고체인 **다이크로뮴산 포타슘**($K_2Cr_2O_7$)이다.

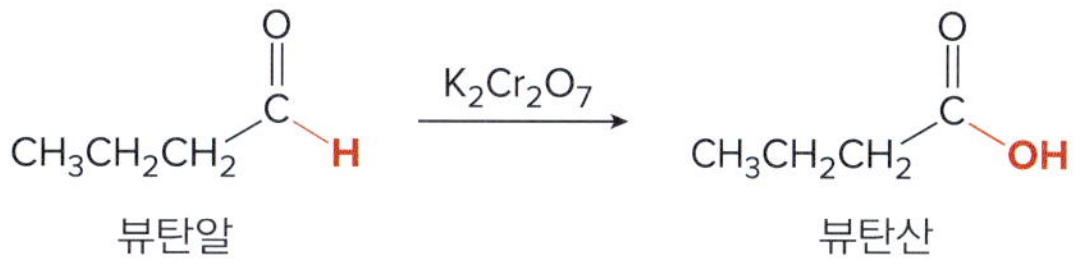


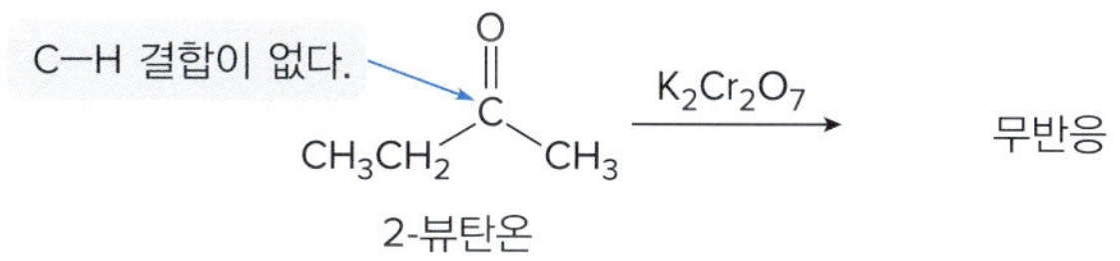


7.5절에서 배운 바와 같이 $K_2Cr_2O_7$은 다른 작용기[주로 1차(1°) 및 2차(2°) 알코올] 역시 산화시킨다. 알데하이드는 수산화암모늄($NH_4OH$) 수용액에서 산화은[$Ag_2O$(I)]을 사용하면 다른 작용기가 있어도 선택적으로 산화될 수 있다. 이것을 **Tollens 시약**이라고 한다. 알데하이드만이 Tollens 시약과 반응을 하고 다른 모든 작용기는 반응하지 않는다. Tollens 시약으로 산화하면 $Ag^+$ 시약이 은(Ag) 금속으로 환원되어 반응 혼합물에서 **은 거울**로 침전되기 때문에 뚜렷한 색 변화가 있다.

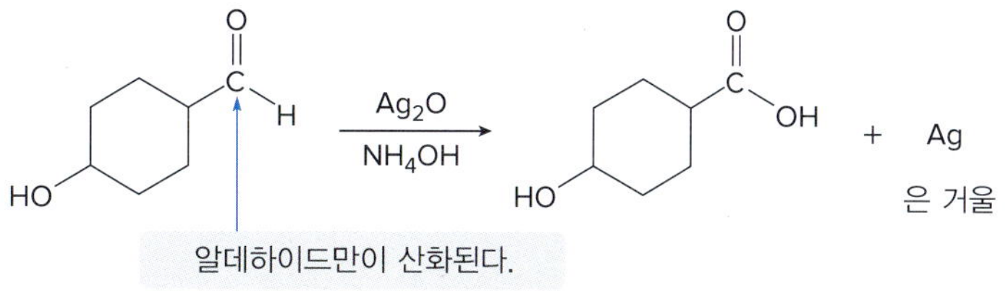

알데하이드는 Tollens 테스트에서 양성 반응을 보인다. 즉, 알데하이드는 $Ag^+$와 반응하여 RCOOH와 Ag를 형성한다. 반응이 유리 플라스크에서 수행될 때 은 거울이 그 벽에 형성된다. 다른 작용기들은 Tollens 테스트에 음성 반응을 보인다. 즉, 은 거울이 만들어지지 않는다.

### 예제 9.3 $K_2Cr_2O_7$을 이용한 카보닐 산화 생성물 그리기

각 카보닐 화합물이 $K_2Cr_2O_7$로 처리될 때 어떤 생성물이 형성되는가?

a. 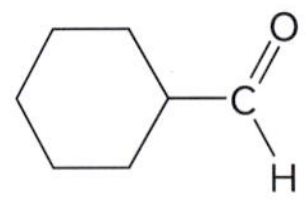

b. 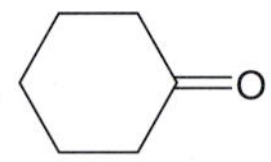

#### 분석

동일한 탄소에 C—H와 C—O 결합을 포함하는 화합물은 $K_2Cr_2O_7$로 산화된다. 따라서

- 알데하이드(RCHO)는 $RCO_2H$로 산화된다.
- 케톤($R_2CO$)은 $K_2Cr_2O_7$로 산화되지 않는다.

#### 해답

a에서 알데하이드는 $K_2Cr_2O_7$로 산화되어 카복실산이 되지만 b에서 케톤은 산화 반응을 일으키지 않는다.

a. 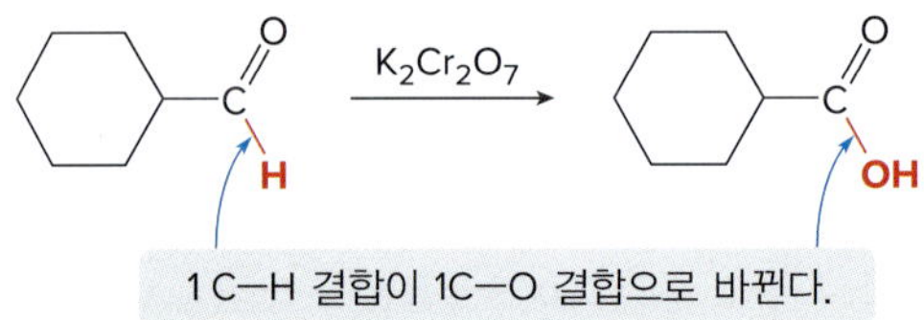


b. 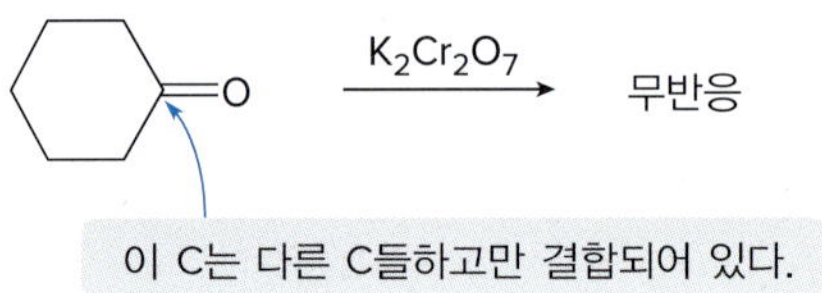


#### 연습문제 9.3

각 카보닐 화합물이 $K_2Cr_2O_7$로 처리될 때 어떤 생성물이 형성되는가? (단, 어떤 경우는 무반응일 수도 있다)

a. $CH_3CH_2CHO$

b. $(CH_3CH_2)_2C{=}O$

c. $CH_3C(CH_3){=}CHCH_2CH_2CH(CH_3)CH_2CHO$

### 예제 9.4 Tollens를 이용한 산화 생성물 그리기

각 화합물이 Tollens 시약($Ag_2O$, $NH_4OH$)으로 처리될 때 어떤 생성물이 형성되는가?

a. 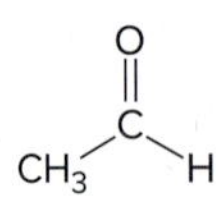

b. 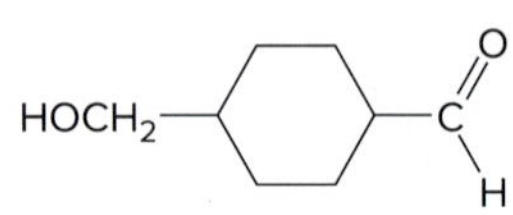

#### 분석

알데하이드(RCHO)만이 Tollens 시약과 반응한다. 케톤과 알코올은 반응하여 산화되지 않는다.

### 해답

두 화합물에서 알데하이드는 산화되어 $RCO_2H$가 되지만, b에서 1차 알코올은 Tollens 시약과 반응하지 않는다.

a. 

b. 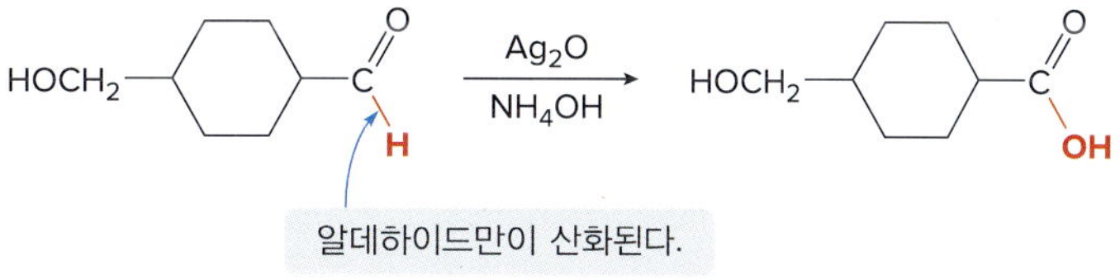


### 연습문제 9.4

각 화합물이 Tollens 시약($Ag_2O$, $NH_4OH$)으로 처리될 때 어떤 생성물이 형성되는가? (단, 어떤 경우는 무반응일 수도 있다)

a. $CH_3(CH_2)_6CHO$

b. 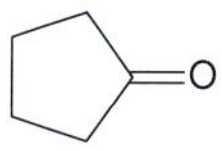

c. 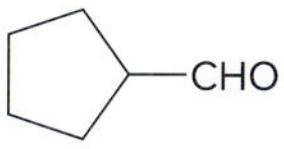


d. 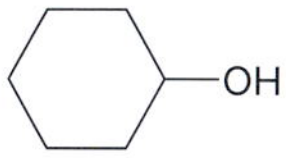


## 9.5 알데하이드와 케톤의 환원

7.5절에서 유기 화합물의 산화 및 환원의 여부를 결정하기 위해 C—H와 C—O 결합의 수를 비교한 것을 기억하자. **환원**은 산화의 반대이다.

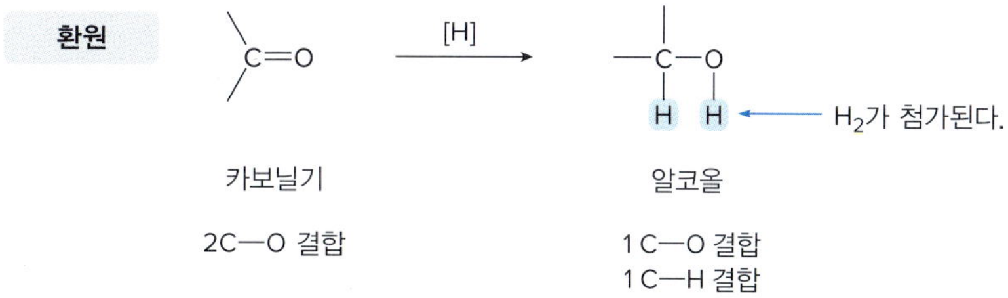


- 환원은 C—O 결합의 수를 **감소**(decrease)시키거나 C—H 결합의 수를 **증가**(increase)시킨다.

카보닐기(C═O)의 알코올(C—OH)로의 전환은 환원이다. 출발 물질이 생성물보다 더 많은 C—O 결합(2 대 1)을 가지기 때문이다. 카보닐의 환원은 또한 **첨가 반응**이다. $H_2$의 원소들이 이중 결합에 첨가되어 새로운 C—H와 O—H 결합을 형성하기 때문이다. 기호 [H]는 종종 일반적인 환원 반응을 나타내는 데 사용된다.

### 9.5A 카보닐 환원 반응의 특징

카보닐 출발 물질의 정체가 환원 반응의 생성물로서 생성되는 알코올의 종류를 정한다.

- 알데하이드(RCHO)는 환원되어 **1차 알코올**($RCH_2OH$)이 된다.

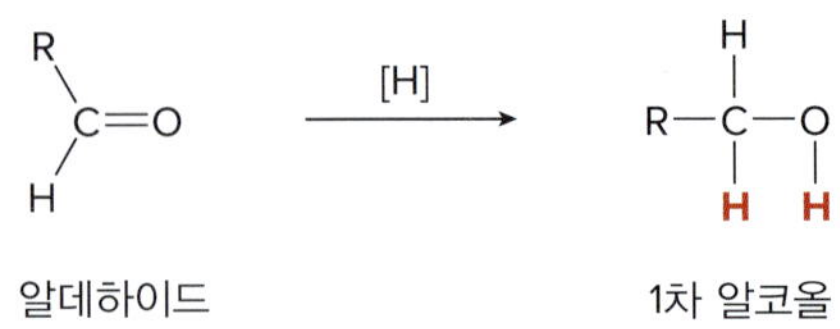

- 케톤(RCOR)은 환원되어 **2차 알코올**($R_2CHOH$)이 된다.

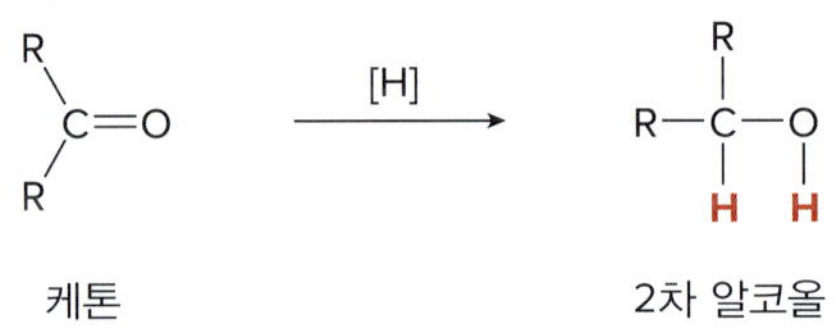

알데하이드 또는 케톤을 알코올로 환원시키기 위해 여러 가지 다른 시약을 사용할 수 있다. 예를 들어, 카보닐기(C═O)에 $H_2$의 첨가는 C═C에 $H_2$의 첨가에 사용된 것과 동일한 시약, 즉 팔라듐(Pd) 금속의 존재 하에 $H_2$를 이용하여 발생한다(6.5절 참조). 금속은 카보닐 화합물과 $H_2$ 모두에 결합하기 위한 표면을 제공하는 촉매이며, 이것은 환원 속도를 증가시킨다. 다중 결합에 수소를 첨가하는 것을 **수소화 반응**이라고 한다.

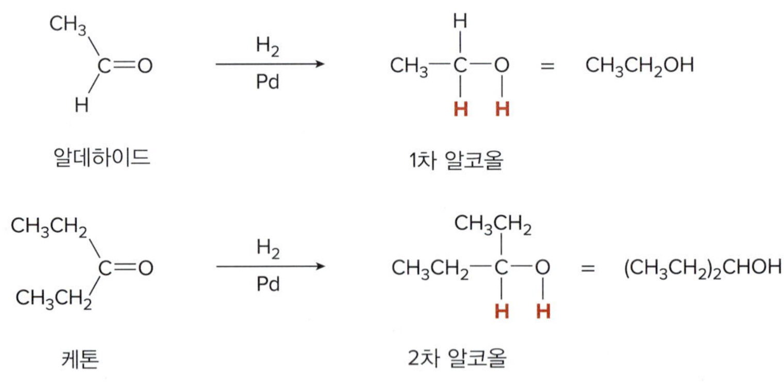

**예제 9.5 수소화 반응의 생성물 그리기**

각 알데하이드 또는 케톤이 Pd 촉매 하에 $H_2$와 반응하면 어떤 알코올이 생성되는가?

a. 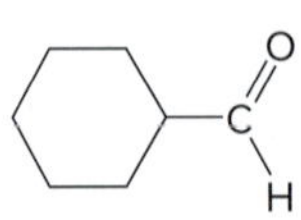 b. 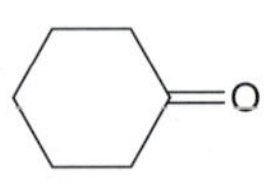

**분석**

환원 생성물을 그리기 위해 다음을 시행한다.

- C═O 결합을 찾고 이 이중 결합에서 하나의 결합을 끊는다.
- 시약의 H-H 결합을 끊는다.
- C═O 결합의 각 원자에 1개의 H 원자를 첨가하고, 새로운 결합 C—H와 O—H를 형성한다.

**해답**

a에서 알데하이드(RCHO)는 1차 알코올($RCH_2OH$)을 생성하고, b에서 케톤은 2차 알코올($R_2CHOH$)을 생성한다.

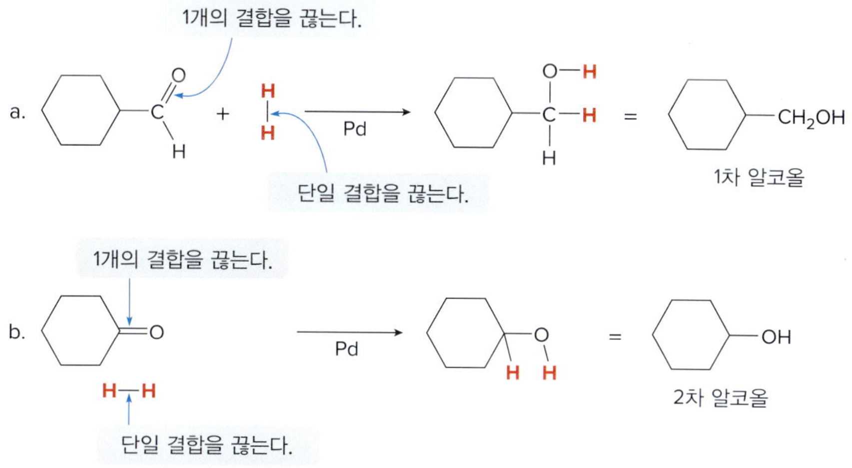


**연습문제 9.5**

각 화합물이 $H_2$와 Pd 촉매로 처리될 때 어떤 알코올이 생성되는가?

## 9.5B 유기 합성에서 카보닐 환원의 예

알데하이드와 케톤의 환원은 실험실에서 많은 유용한 화합물을 합성할 때 사용되는 일반적인 반응이다.

화학자들은 여러 가지 이유로 화합물을 합성한다. 때때로 자연 발생적인 화합물은 유용한 성질을 갖고 있지만 유기체에 의해 단지 미량으로 생성된다. 따라서 화학자들은 이 분자를 간단한 출발 물질로부터 쉽게 그리고 저렴하게 구할 수 있는 합성 방법을 개발한다. 예를 들어, 사향에서 분리된 강한 향을 지닌 케톤인 **무스콘**(muscone)은 다양한 향수의 성분이다. 원래 수컷 사향 사슴에서 분리되었던 무스콘은 이제 실험실에서 합성된다. 합성의 한 단계는 케톤을 **2차 알코올**로 환원시키는 것을 포함한다.

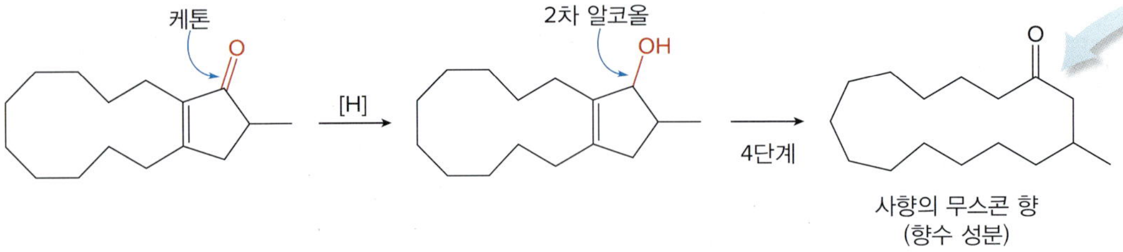

수컷 사향 사슴

때때로 화학자들은 자연적으로 발생하지는 않지만 의학적으로 유용한 성질을 지닌 분자들을 합성한다. 예를 들어, **플루옥세틴**(fluoxetine, 상품명 Prozac)은 자연적으로 발생하지 않는 처방 항우울제이다. 플루옥세틴의 실험실 합성에서 한 단계는 케톤을 2차 알코올로 환원시키는 것이다. 플루옥세틴은 우수한 의학적 성질을 지니고 있고, 실험실 합성으로 쉽게 구할 수 있기 때문에 널리 사용된다.

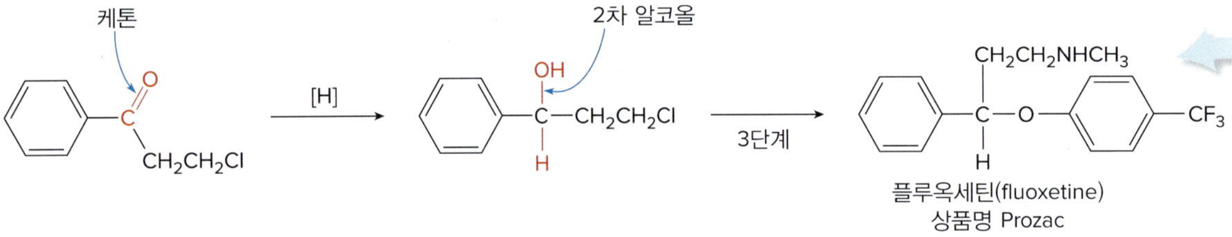


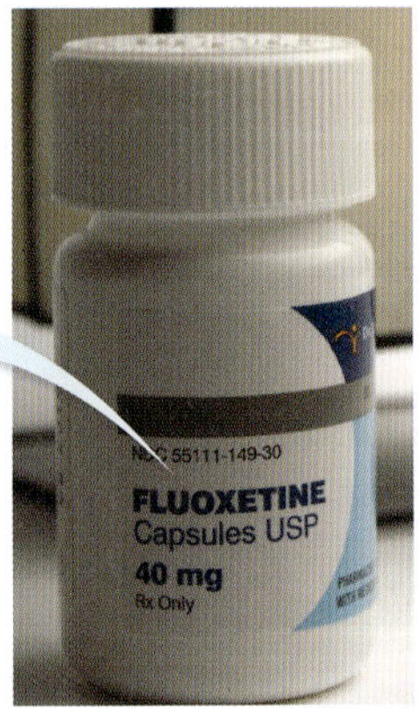


## 9.6 아세탈의 형성

알데하이드와 케톤은 알코올(ROH)과 첨가 반응을 하여 **헤미아세탈**과 **아세탈**을 생성한다. 아세탈 형성은 황산($H_2SO_4$) 존재 하에 이루어진다.

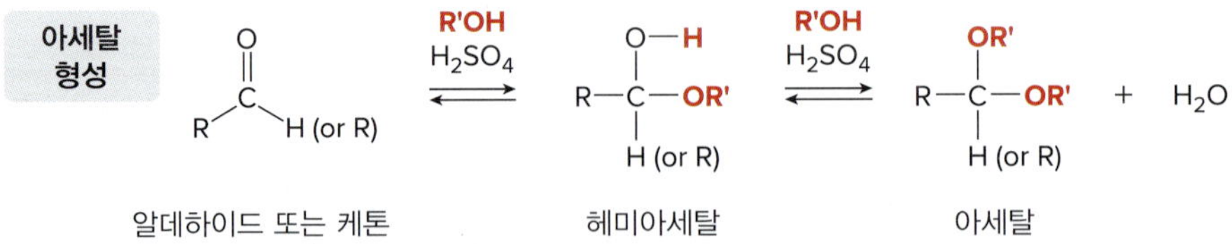


### 9.6A 아세탈과 헤미아세탈

알코올(ROH) 한 분자가 알데하이드 또는 케톤에 첨가되면 **헤미아세탈**(hemiacetal)을 형성한다. 다른 첨가 반응처럼 C=O 결합 중 하나의 결합이 끊어지고 2개의 새로운 결합이 형성된다. 비고리형 세미아세탈은 불안정하다. 이것은 알코올 두 번째 분자와 반응하여 **아세탈**(acetal)을 형성한다.

- 헤미아세탈은 동일한 탄소에 결합된 하나의 OH(하이드록실)기와 하나의 **OR(알콕시)기**를 가진다.
- 아세탈은 동일한 탄소에 결합된 2개의 OR(알콕시)기를 가진다.

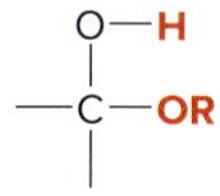

헤미아세탈

1개의 탄소에 결합된 기:
- 1개의 OH기
- 1개의 OR기

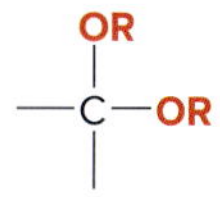

아세탈

1개의 탄소에 결합된 기:
- 2개의 OR기

알코올 성분으로 에탄올($CH_3CH_2OH$)을 사용하여 아세탈을 생성하는 예는 다음과 같다.

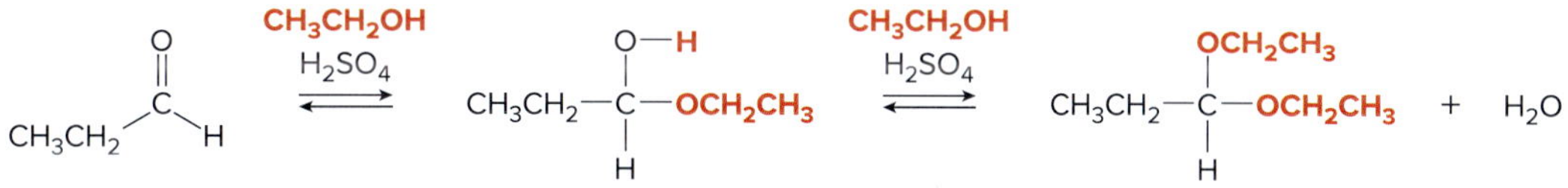

헤미아세탈　　아세탈

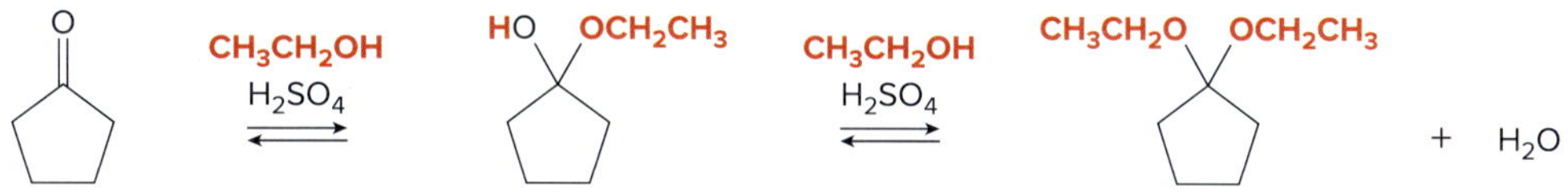

헤미아세탈　　아세탈

## 카보닐 화합물로부터 헤미아세탈과 아세탈을 그리는 방법

**예** 알데하이드를 $H_2SO_4$ 존재 하에 2 당량의 메탄올($CH_3OH$)로 처리할 때 생성되는 헤미아세탈 또는 아세탈을 그리시오.

**단계 [1]** 1 당량의 알코올(ROH)을 첨가하여 카보닐기를 헤미아세탈로 변환한다.

- 알데하이드 또는 케톤에서 C═O 결합을 찾는다.
- 하나의 C—O 결합을 끊고 이중 결합에 걸쳐서 1 당량의 $CH_3OH$를 첨가하는데, 이때 $OCH_3$를 카보닐 탄소에 배치하여 세미아세탈을 형성한다.

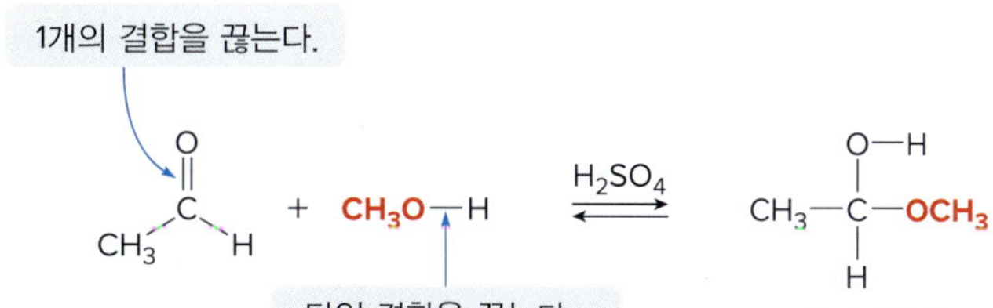


헤미아세탈

**단계 [2]** 두 번째 당량의 ROH를 첨가하여 헤미아세탈을 아세탈로 변환한다.

- 헤미아세탈의 OH기를 $OCH_3$로 치환하여 아세탈을 형성한다.

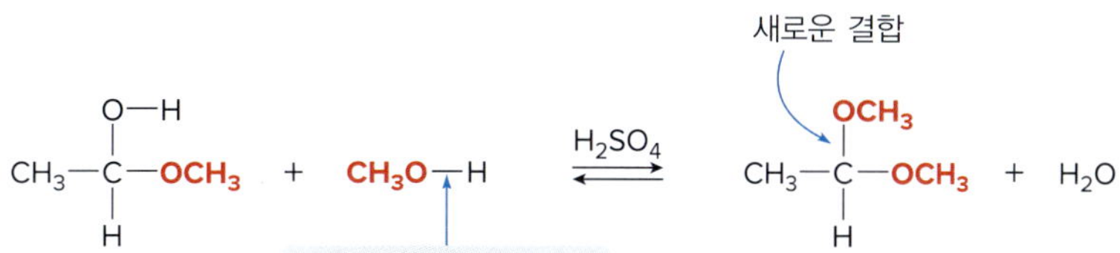


아세탈

**예제 9.6 헤미아세탈과 아세탈 그리기**

사이클로헥산온을 $H_2SO_4$ 존재 하에 메탄올($CH_3OH$)로 처리할 때 생성되는 헤미아세탈과 아세탈을 그리시오.

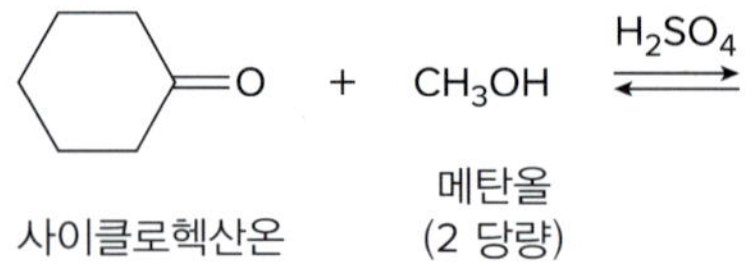


**분석**

카보닐 화합물로부터 헤미아세탈과 아세탈을 생성하기 위해 다음을 시행한다.

- 출발 물질에서 C═O 결합을 찾는다.
- 1개의 C—O 결합을 끊고 이중 결합에 걸쳐서 1 당량의 $CH_3OH$를 첨가하는데 이때 $OCH_3$기는 카보닐 탄소에 배치한다. 이것은 세미아세탈을 형성한다.
- OH기를 $OCH_3$로 치환하여 아세탈을 형성한다.

**해답**

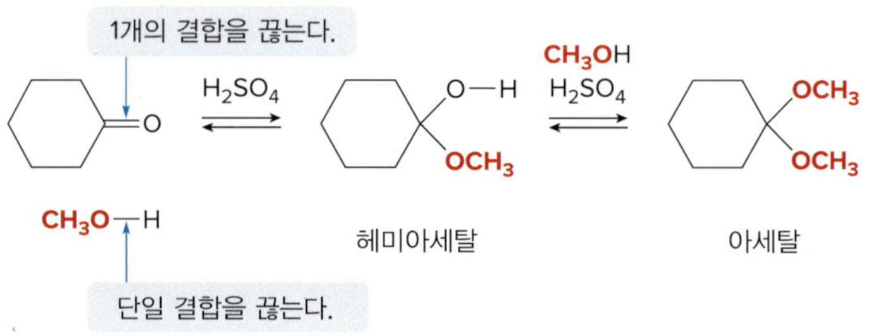


**연습문제 9.6**

각 카보닐 화합물을 $H_2SO_4$ 존재 하에 2 당량의 주어진 알코올로 처리할 때 생성되는 헤미아세탈과 아세탈을 그리시오.

a. 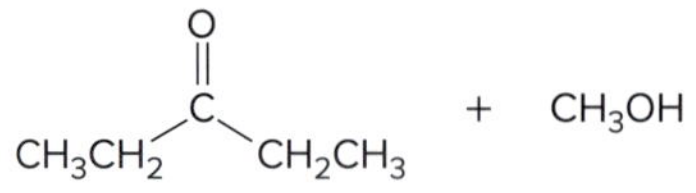


b. 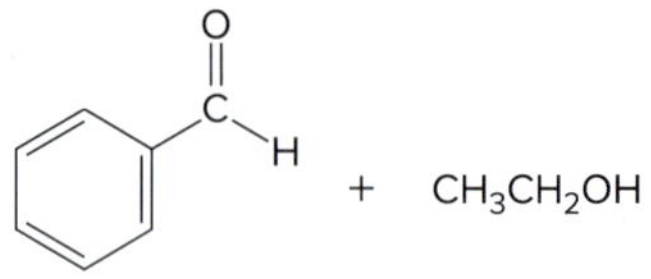


다음 두 화합물은 C—OR 결합을 포함하고 있지만 아세탈은 **에터**가 아니다.

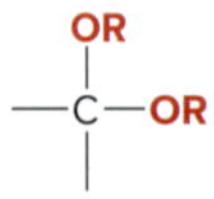


아세탈

1개의 탄소에 2개의 OR기

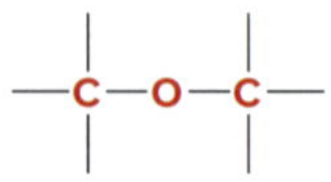


에터

1개의 산소에 2개의 C

- 아세탈은 2개의 OR기와 결합한 1개의 탄소 원자를 포함한다.
- 에터는 2개의 탄소와 결합한 단 1개의 산소를 포함한다.

### 예제 9.7 에터, 헤미아세탈 및 아세탈 식별하기

각 화합물을 에터, 헤미아세탈, 아세탈로 각각 식별하시오.

a. $CH_3CH_2—O—CH_2CH_3$

b. 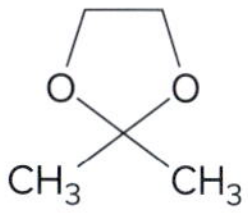

**분석**

작용기를 식별하는 정의를 기억한다.

- 에터는 구조 ROR를 가진다.
- 헤미아세탈은 1개의 C가 OH와 OR에 결합되어 있다.
- 아세탈은 1개의 C가 2개의 OR와 결합되어 있다.

**해답**

a. 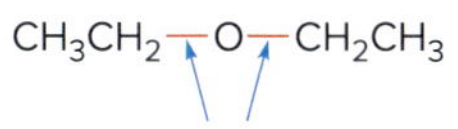

2개의 C가 1개의 O에 결합

에터

b. 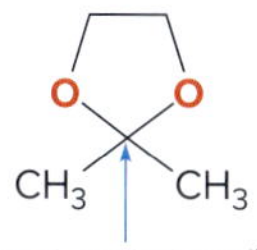

1개의 C가 2개의 O에 결합

아세탈

b.에서 아세탈은 고리의 일부분임을 인지한다. 이것은 2개의 산소에 결합된 1개의 고리 탄소를 포함하고 있어서 아세탈이다.

**연습문제 9.7**

각 화합물을 에터, 헤미아세탈, 아세탈로 각각 식별하시오.

a. 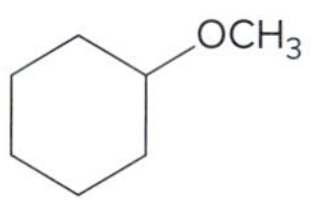

b. 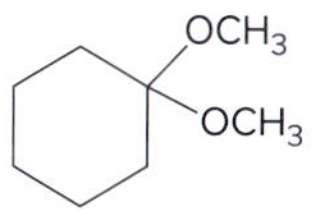

c. 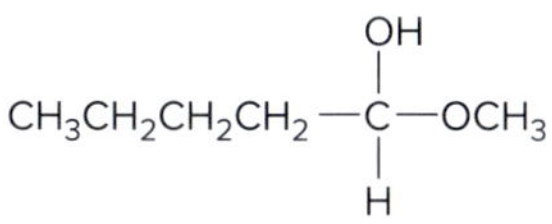

d. 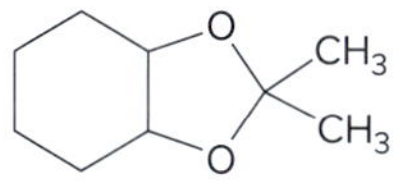

## 9.6B 고리형 헤미아세탈

**비고리형 헤미아세탈**은 일반적으로 불안정하지만 5-원자 및 6-원자 고리를 포함하는 **고리형 헤미아세탈**은 선뜻 분리되는 안정한 화합물이다.

**헤미아세탈 일반적인 구조**

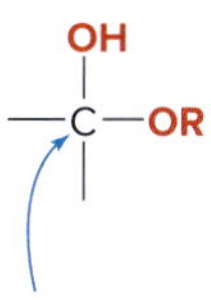

1개의 C에 결합된 기:
- 1개의 OH기
- 1개의 OR기

**고리형 헤미아세탈**

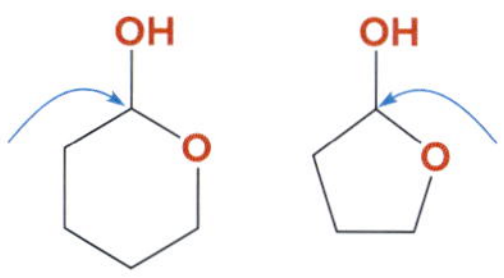

각 표시된 C에 결합된 기:
- 1개의 OH기
- 고리의 일부인 1개의 OR기

이 고리형 헤미아세탈은 하이드록실기와 알데하이드 또는 케톤을 모두 포함하는 화합물의 **분자 내**(intramolecular) **반응**에 의해 형성된다.

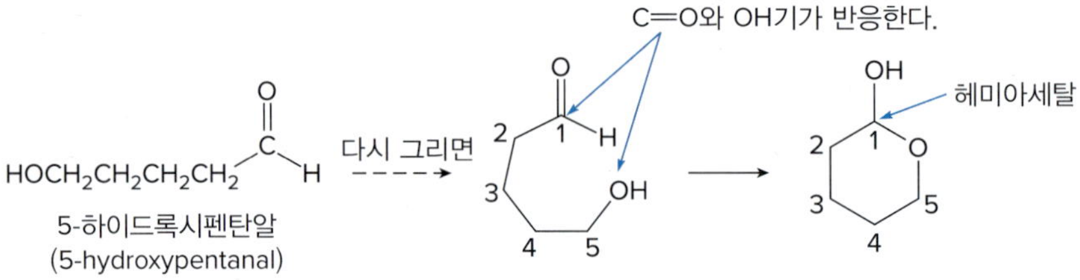


고리형 헤미아세탈은 **탄수화물 화학**에서 특히 중요하다. 가장 일반적인 단순한 탄수화물인 **글루코스**는 주로 고리형 헤미아세탈로 존재한다. 글루코스에는 5개의 OH기가 있지만 그중 1개의 OH기만이 또 다른 산소 원자와 결합한 탄소에 결합되기 때문에 헤미아세탈이 된다. 글루코스의 다른 모든 OH기들은 '일반적인' 알코올이다. 13장에서 이러한 안정적인 고리형 헤미아세탈에 대해 더 많은 것을 배울 것이다.

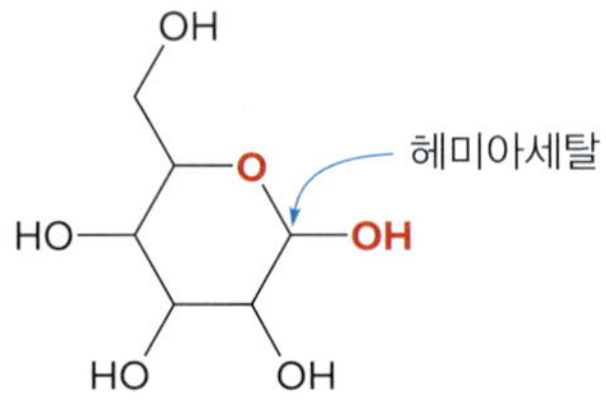


글루코스
(고리형 헤미아세탈 형태)

고리형 헤미아세탈은 또 다른 알코올(ROH)과 반응하여 아세탈로 전환된다. 그 결과로 얻어진 아세탈의 구조는 헤미아세탈의 OH기를 알코올의 OR기로 치환하여 그린다.

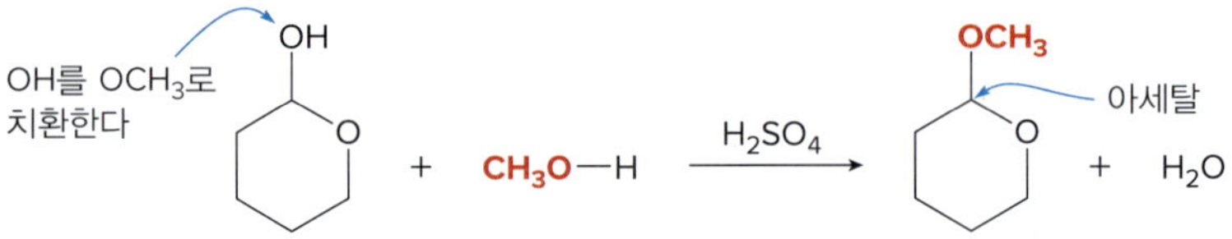


많은 생물학적 활성 분자는 아세탈과 고리형 헤미아세탈을 포함한다. 예를 들어, 우유에서 주요 탄수화물인 **락토스**(lactose)는 1개의 아세탈과 1개의 헤미아세탈을 포함한다. 주로 아시아와 아프리카계의 많은 사람들이 락토스를 소화하고 흡수하는 데 필요한 효소인 **락타제**가 부족하다. 이러한 상태의 락토스 소화 불내증은 복부 경련과 재발성 설사를 일으킬 수 있다.

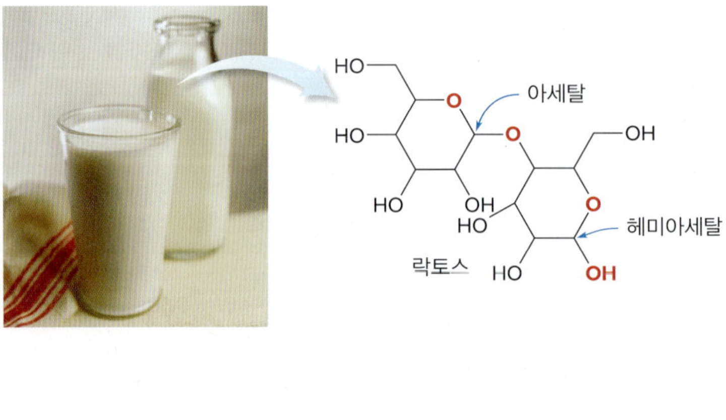


락토스

### 예제 9.8 고리형 화합물에서 아세탈, 헤미아세탈 및 에터 찾기

다음 화합물에서 아세탈, 헤미아세탈 및 에터를 찾으시오.

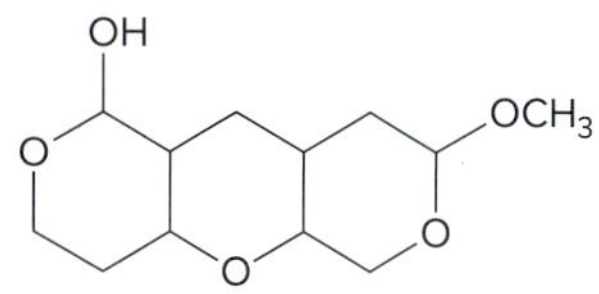


#### 분석

고리형 아세탈, 헤미아세탈 및 에터의 작용기를 비고리형 화합물과 동일한 방식으로 표시한다.

- 에터에는 2개의 C가 1개의 O 원자에 결합되어 있다.
- 아세탈에는 2개의 OR기가 1개의 C 원자에 결합되어 있다.
- 헤미아세탈에는 1개의 OH기와 1개의 OR기가 1개의 C에 결합되어 있다.

#### 해답

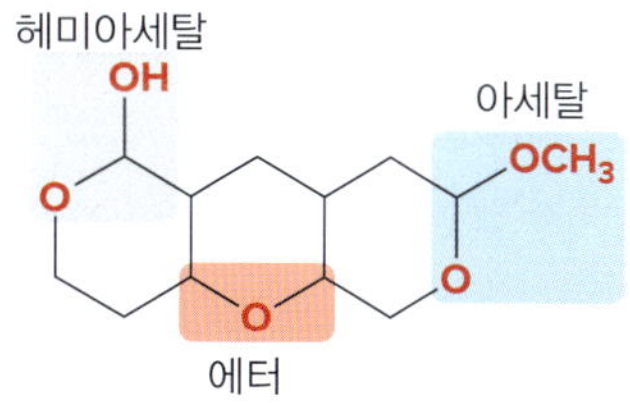


- 헤미아세탈은 OH기에 결합된 C 원자와 고리의 일분인 O 원자를 가진다.
- 에터는 고리의 일부인 2개의 탄소 원자에 결합된 1개의 O 원자를 가진다.
- 아세탈은 $OCH_3$기에 결합된 C 원자와 고리의 일부인 O 원자를 가진다.

### 연습문제 9.8

협죽도 식물의 수액에서 분리된 복합 독소인 올레안드린(oleandrin)에서 에터와 아세탈을 찾으시오.

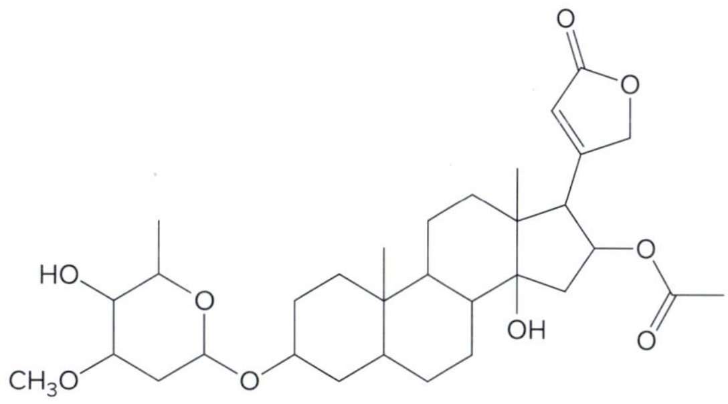


올레안드린(oleandrin)

**건강 노트**

협죽도 식물의 수액으로부터 얻어진 올레안드린(oleandrin)은 일부 국가에서 울혈성 심부전 치료에 사용된다.

### 예제 9.9 복잡한 분자에서 아세탈 식별하기

울혈성 심부전과 다른 심장 질환을 가진 환자를 위해 처방되는 자연 발생적 약제인 디곡신(digoxin)에서 3개의 아세탈을 찾으시오.

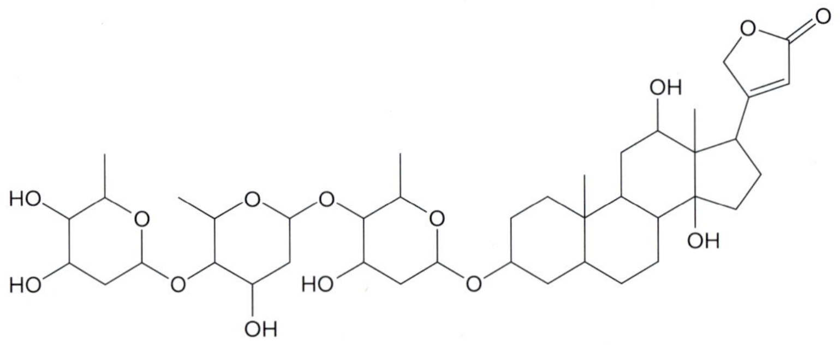

디곡신(digoxin)

#### 분석

디곡신의 구조가 복잡하지만 각 O 원자를 개별적으로 보고 아세탈이 1개의 C가 2개의 OR기에 결합되어 있는 것을 기억한다.

#### 해답

디곡신에서 아세탈 탄소가 화살표로 표시되고, 아세탈의 산소 원자는 빨간색으로 그려진다.

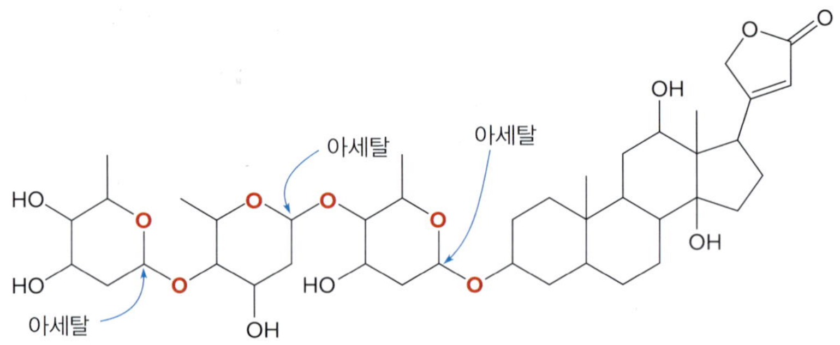


디곡신(digoxin)

### 연습문제 9.9

이 장의 도입부에서 언급한 독성 화합물인 솔라닌(solanine)에서 3개의 아세탈을 표시하시오.

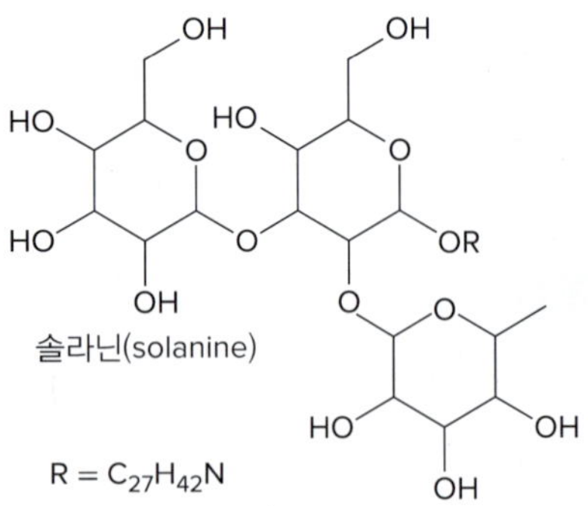

솔라닌(solanine)

$R = C_{27}H_{42}N$

## 9.6C 아세탈의 가수 분해

아세탈은 안정한 분자이지만 산과 물로 처리하여 알데하이드와 케톤으로 다시 변환될 수 있다. 이 반응은 결합이 물과의 반응으로 끊어지기 때문에 **가수 분해**(hydrolysis)이다.

아세탈 가수 분해

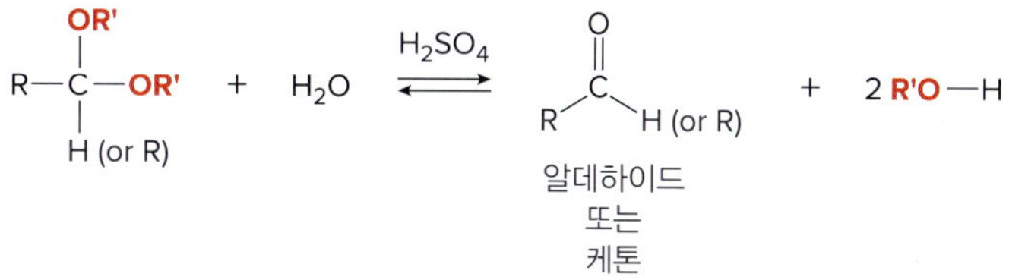


예

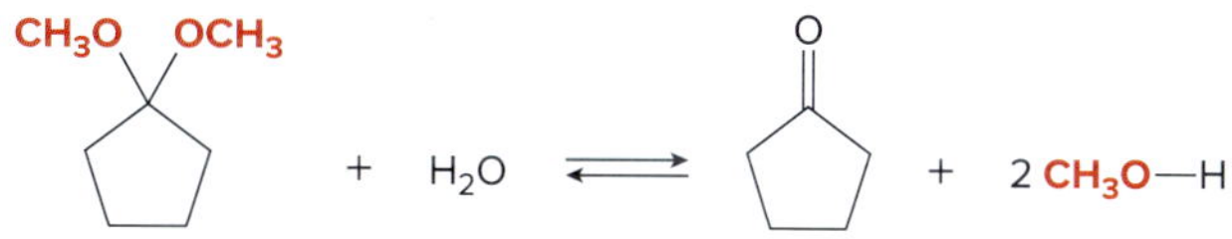

### 예제 9.10 아세탈 가수 분해의 생성물 그리기

아세탈, $(CH_3CH_2)_2C(OCH_3)_2$을 물에서 $H_2SO_4$로 처리할 때 어떤 가수 분해 생성물이 형성되는가?

**분석**

가수 분해 생성물을 그리기 위해 다음을 시행한다.

- 동일한 탄소에 있는 2개의 C—OR 결합을 찾는다.
- 2개의 C—O 단일 결합을 카보닐기(C═O)로 치환한다.
- 그리고 나면, 각 OR기가 알코올(ROH) 생성물의 분자가 된다.

**해답**

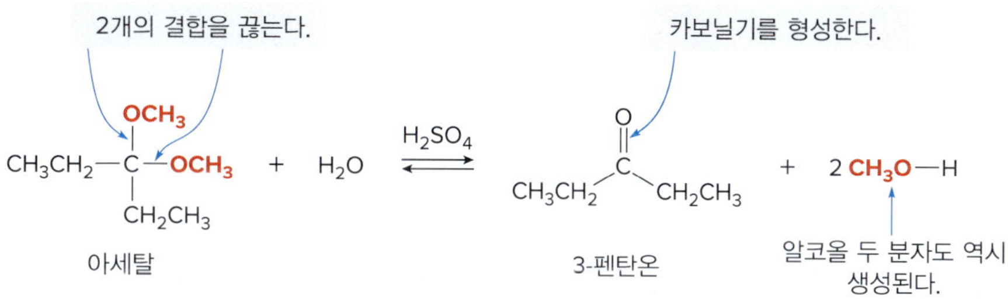


### 연습문제 9.10

각 아세탈의 가수 분해에 의해 어떤 생성물이 형성되는가?

a. 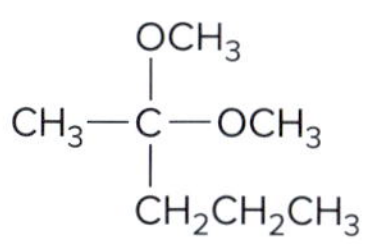

b. 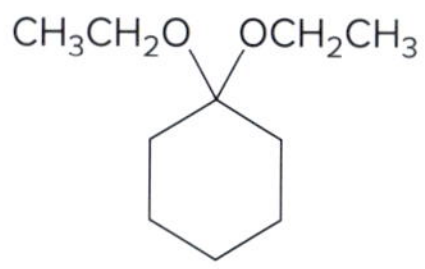

c. 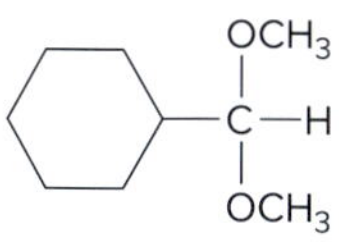

# 종합문제

## 구조와 결합

**9.1** 각 설명에 알맞은 화합물의 구조를 그리시오.

a. 가장 긴 사슬에 6개의 탄소를 갖는 분자식 $C_8H_{16}O$의 알데하이드

b. 가장 긴 사슬에 5개의 탄소를 포함하는 분자식 $C_6H_{12}O$의 케톤

c. 고리를 포함하는 분자식 $C_5H_8O$의 케톤

d. 고리에 CHO기를 갖는 분자식 $C_6H_{10}O$의 알데하이드

**9.2** C=O와 C=C를 다음의 관점에서 비교하시오.

a. 기하 구조 b. 극성 c. 반응의 유형

## 명명법

**9.3** 공-막대 모형으로 그려진 각 카보닐 화합물에 대해 알맞은 이름을 지어 주시오.

a. 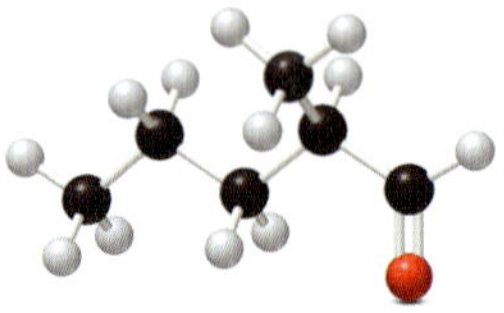

b. 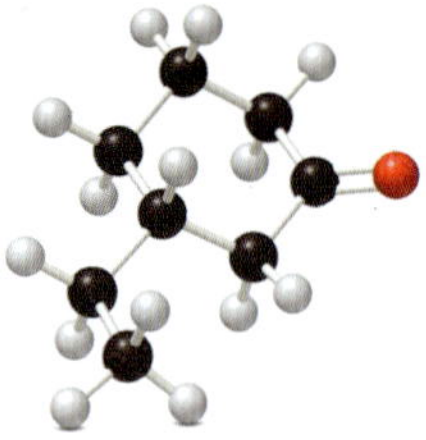

**9.4** 각 알데하이드에 대해 알맞은 이름을 지어 주시오.

a. 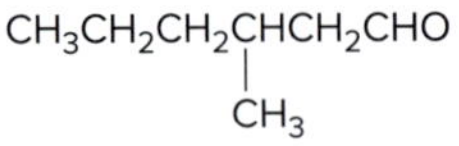

b. 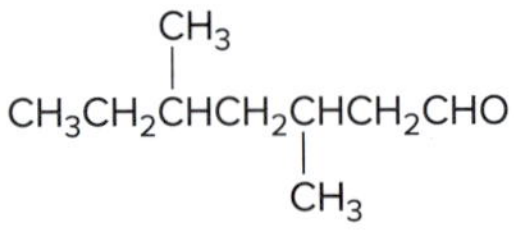

c. 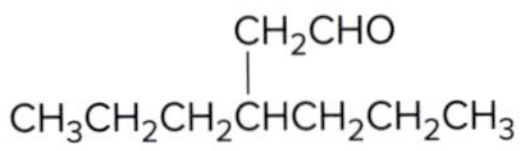

d. 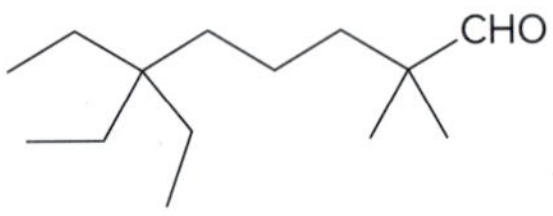

e. 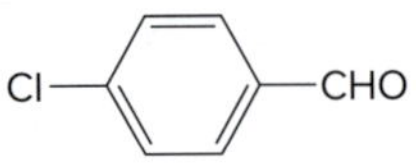

**9.5** 각 이름에 해당되는 구조를 그리시오.

a. 3,3-다이클로로펜탄알(3,3-dichloropentanal)

b. 3,4-다이메틸헥산알(3,4-dimethylhexanal)

c. o-브로모벤즈알데하이드(o-bromobenzaldehyde)

d. 4-하이드록시헵탄알(4-hydroxyheptanal)

**9.6** 각 케톤에 대해 알맞은 이름을 지어 주시오.

a. 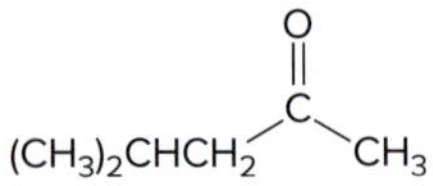

b. 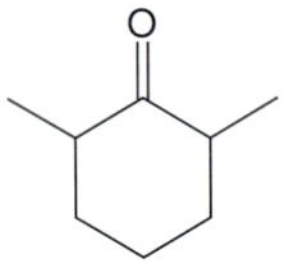

c. 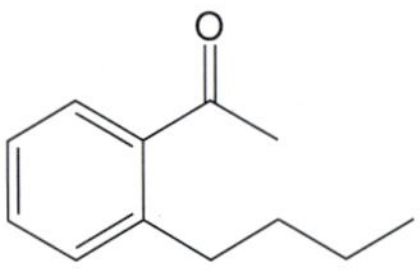

d. 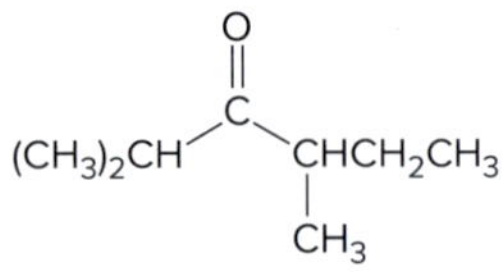

e. 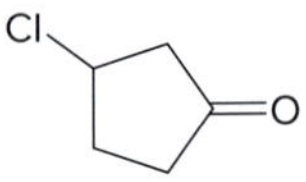

**9.7** 각 이름에 해당되는 구조를 그리시오.

a. 3,3-다이메틸-2-헥산온(3,3-dimethyl-2-hexanone)

b. 메틸프로필 케톤(methyl propyl ketone)

c. m-에틸아세토페논(m-ethylacetophenone)

d. 2,4,5-트라이사이클로헥산온(2,4,5-triethylcyclohexanone)

**9.8** 알데하이드와 가장 긴 사슬에 4개의 탄소를 포함하는 분자식 $C_6H_{12}O$의 네 가지 구조 이성질체의 구조를 그리시오. 또 각 알데하이드에 대해 IUPAC 이름을 지어 주시오.

**9.9** 다음 각 이름은 정확하지 않다. 화합물의 구조를 그리고, 정확하게 명명하시오.

a. 1-펜탄온(1-pentanone)

b. 4-헥산온(4-hexanone)

c. 3-프로필-2-뷰탄온(3-propyl-2-butanone)

d. 2-메틸-1-옥탄알(2-methyl-1-octanal)

## 물리적 성질과 분자 간의 힘

**9.10** 산소에 고립 전자쌍을 갖는 벤즈알데하이드의 구조를 그리시오. 그런 다음에 벤즈알데하이드와 물 사이에 수소 결합 상호작용을 보이시오.

**9.11** 각 쌍에서 어느 화합물이 더 높은 끓는점을 가지는가?

a. $(CH_3)_3CCH_2CH_2CH_3$ 또는 $(CH_3)_3CCH_2CHO$

b. 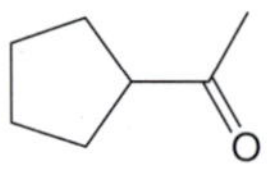 또는 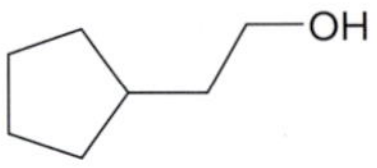

**9.12** 다음 화합물들을 녹는점이 높아지는 순서로 나열하시오.

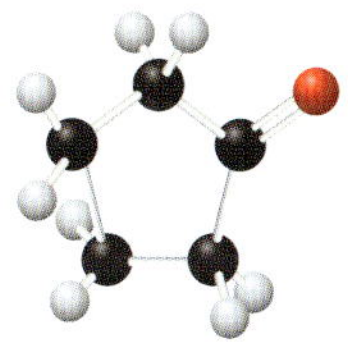
A

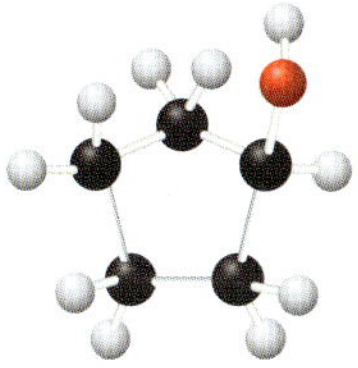
B

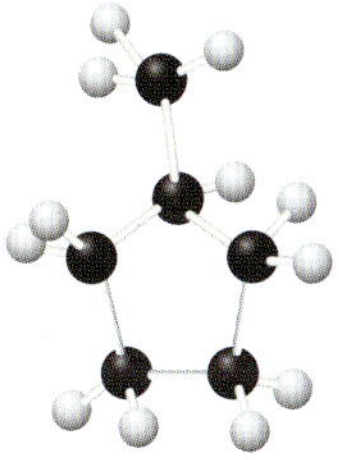
C

**9.13** 각 화합물을 물에 수용성인지 불용성인지 표시하시오.

a. 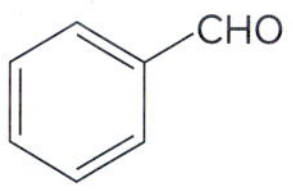

b. 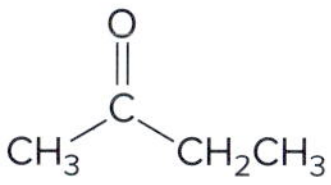

c. $CH_3CH_2CH_2CH_3$

산화 환원

**9.14** 각 화합물이 $K_2Cr_2O_7$로 처리될 때 어떤 생성물이 형성되는가? (단, 일부 화합물은 무반응이다)

a. $CH_3(CH_2)_4CHO$

b. 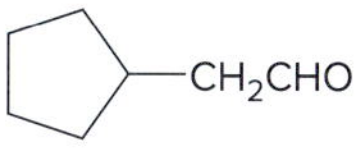

c. 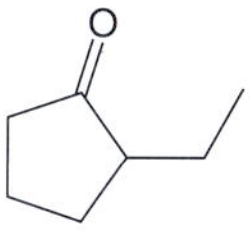

d. 

**9.15** 문제 9.14의 각 화합물이 Tollens 시약($Ag_2O$, $NH_4OH$)으로 처리될 때 어떤 생성물이 형성되는가? (단, 일부 화합물은 무반응이다)

**9.16** 햇볕을 이용하지 않는 태닝(tanning)제 성분인 탄수화물 에리트룰로스(erythrulose)에 관한 다음 질문에 답하시오.

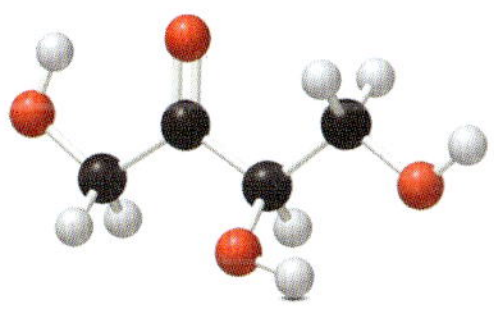
에리트룰로스(erythrulose)

a. 에리트룰로스는 알데하이드와 케톤 중 어느 것을 포함하는가?

b. 각 하이드록실기를 1차, 2차 또는 3차로 구분하시오.

c. 에리트룰로스를 Tollens 시약으로 처리할 때 어떤 생성물이 형성되는가?

d. 에리트룰로스를 $K_2Cr_2O_7$로 처리할 때 어떤 생성물이 형성되는가?

**9.17** 산화 반응으로 각 카복실산을 제조할 때 어떤 알데하이드가 필요한가?

a. 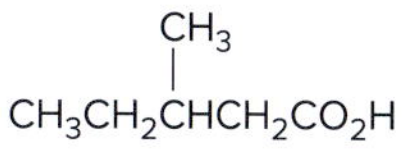

b. 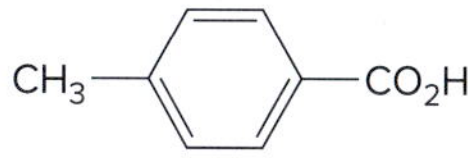

**9.18** 각 카보닐 화합물을 $H_2$와 Pd 촉매로 처리할 때 어떤 알코올이 생성되는가?

a. 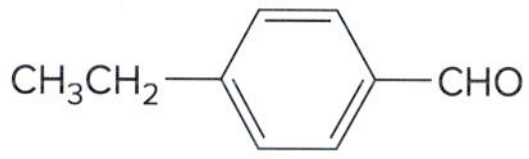

b. 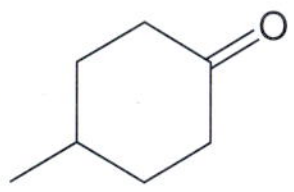

c. 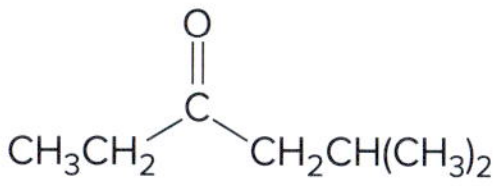

d. $CH_3(CH_2)_6CHO$

**9.19** 9.5절과 6.5A절의 정보를 이용하여 시트로넬랄(citronellal)을 Pd 촉매 하에 과량의 $H_2$로 처리했을 때, 그 결과로 얻어지는 생성물을 그리시오.

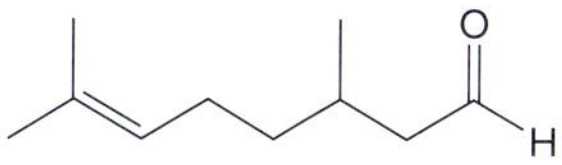
시트로넬랄(citronellal)

**9.20** 환원 반응으로 각 알코올을 만들 때 어떤 카보닐 화합물이 필요한가?

a. $CH_3CH_2CH_2CH_2CH_2OH$

b. 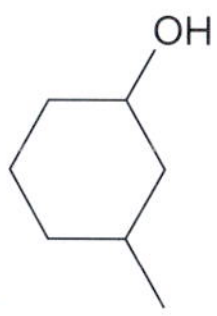

**9.21** 1-메틸사이클로헥산올(1-methylcyclohexanol)은 왜 카보닐의 환원 반응으로 만들어질 수 없는가?

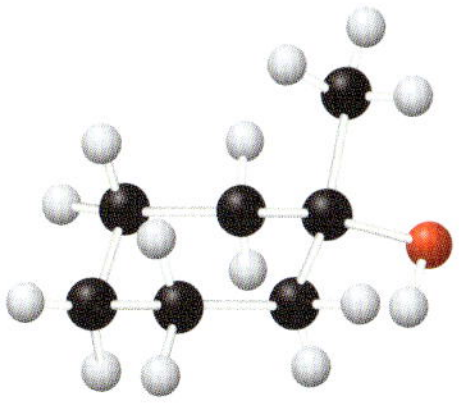
1-메틸사이클로헥산올(1-methylcyclohexanol)

### 헤미아세탈과 아세탈

**9.22** 각 설명에 적합한 분자식 $C_5H_{12}O_2$인 화합물의 구조를 그리시오.

a. 아세탈을 포함하는 화합물
b. 헤미아세탈을 포함하는 화합물
c. 2개의 에터를 포함하는 화합물
d. 알코올과 에터는 포함하지만 헤미아세탈이 아닌 화합물

**9.23** 각 화합물의 작용기들을 알코올, 에터, 아세탈 또는 헤미아세탈로 표시하시오.

a. 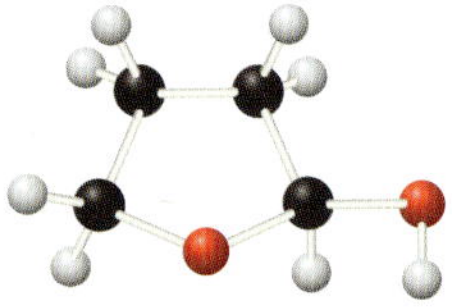

b. 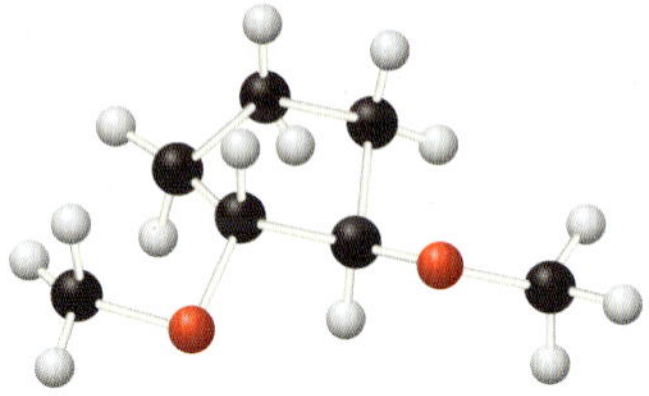

**9.24** 다음 질문에 답하시오.

a. 관절염 치료를 위해 처방전 없이 구입할 수 있는 글루코사민(glucosamine)에서 헤미아세탈을 표시하시오.
b. 글루코사민에서 모든 다른 작용기를 표시하시오.

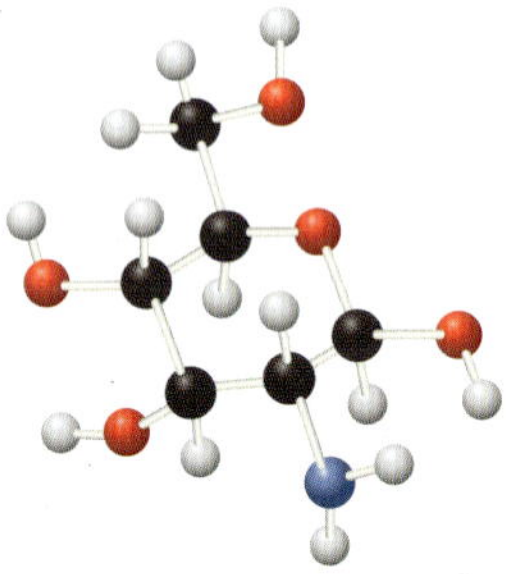

글루코사민(glucosamine)

**9.25** 각 알데하이드 또는 케톤이 $H_2SO_4$ 존재 하에 2 당량의 메탄올($CH_3OH$)로 처리되면 어떤 아세탈이 생성되는가?

a. 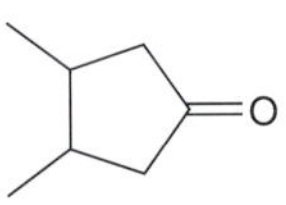

b. $CH_2{=}O$

c. 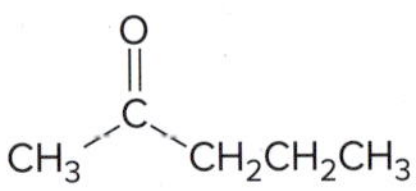

d. 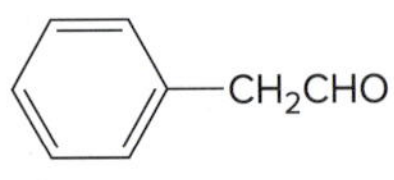

**9.26** 다음 질문에 답하시오.

a. 아세톤이 1 당량의 사이클로펜탄올로 처리되면 어떤 헤미아세탈이 생성되는가?
b. 아세톤이 $H_2SO_4$ 존재 하에 2 당량의 사이클로펜탄올로 처리되면 어떤 아세탈이 생성되는가?

**9.27** 다음 질문에 답하시오.

a. 화합물 A에서 헤미아세탈 탄소를 찾으시오.
b. 어떤 하이드록시 알데하이드가 고리화 반응에서 이 헤미아세탈을 생성하는가?
c. A가 $CH_3OH$와 $H_2SO_4$로 처리될 때 어떤 생성물이 형성되는가?

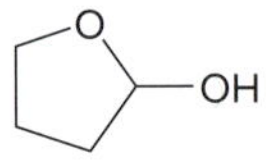

**A**

**9.28** 하이드록시 알데하이드 C가 고리화된다면 어떤 헤미아세탈이 생성되는가?

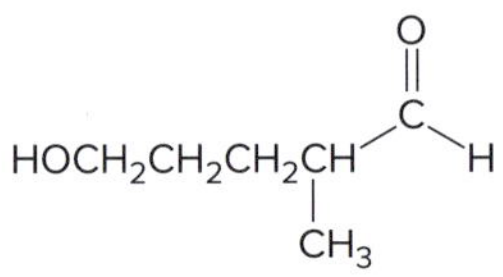

**C**

**9.29** 각 아세탈이 물과 황산으로 가수 분해될 때 어떤 생성물이 형성되는가?

a. 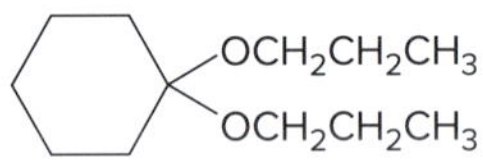

b. 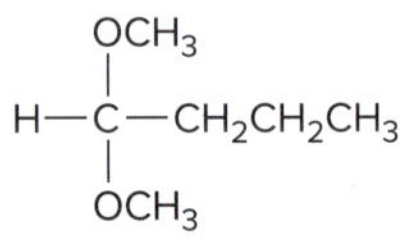

### 일반적인 반응

**9.30** 이것은 망고에 들어 있는 여러 성분 중 하나이다. 공-막대 모형으로 그려진 카보닐 화합물 A에 대한 각 질문에 답하시오.

**A**

a. A의 골격 구조를 그리시오.
b. A에 알맞은 이름을 지어 주시오.
c. 얼마나 많은 평면 삼각형 구조의 탄소가 A에 존재하는가?
d. A가 산 존재 하에 2 당량의 $CH_3OH$로 처리될 때 어떤 생성물이 형성되는가?

**9.31** 벤즈알데하이드(benzaldehyde)는 아몬드에서 풍기는 냄새의 향에 주된 성분이 되는 화합물이다. 벤즈알데하이드가 각 시약으로 처리될 때 어떤 생성물이 형성되는가?

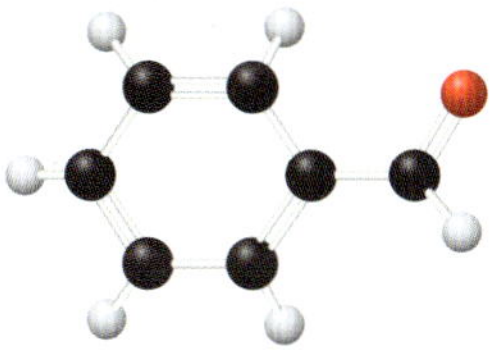

벤즈알데하이드
(benzaldehyde)

a. $H_2$, Pd
b. $K_2Cr_2O_7$
c. $Ag_2O$, $NH_4OH$
d. $CH_3OH$ (2 당량), $H_2SO_4$
e. $CH_3CH_2OH$ (2 당량), $H_2SO_4$
f. (e)의 생성물과 $H_2O$, $H_2SO_4$

**9.32** 2-헵탄온(2-heptanone)은 꿀벌의 알람 페로몬이다. 2-헵탄온이 각 시약으로 처리될 때 어떤 생성물이 형성되는가? (단, 일부 시약의 경우 무반응이다)

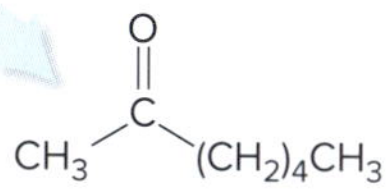

2-헵탄온
(2-heptanone)

a. $H_2$, Pd
b. $K_2Cr_2O_7$
c. $Ag_2O$, $NH_4OH$
d. $CH_3OH$ (2 당량), $H_2SO_4$
e. $CH_3CH_2OH$ (2 당량), $H_2SO_4$
f. (e)의 생성물과 $H_2O$, $H_2SO_4$

**9.33** 분자식 $C_5H_8O$의 세 가지 구조 이성질체는 Pd 촉매 하에 2 당량의 $H_2$로 처리하면 1-펜탄올(1-pentanol, $CH_3CH_2CH_2CH_2CH_2OH$)로 변환될 수 있다. 카보닐기를 포함하는 세 가지 가능한 화합물의 구조를 그리시오.

CHAPTER 10

# 카복실산, 에스터 및 아마이드

## Carboxylic Acids, Esters, and Amides


10.1 구조와 결합

10.2 명명법

10.3 물리적 성질

10.4 소비재 및 의약에서 흥미로운 카복실산

10.5 흥미로운 에스터와 아마이드

10.6 카복실산의 산도

10.7 카복실산으로부터 에스터 및 아마이드로의 전환

10.8 에스터와 아마이드의 가수 분해

10.9 현대 사회에서 합성 고분자–폴리아마이드와 폴리에스터

비누는 카복실산에서 유래한 염으로 긴 비극성 탄소 사슬에 오염된 부분의 먼지의 탄화수소를 녹여서 옷을 깨끗하게 한다.

카복실산, 에스터, 아마이드를 왜 연구할까

이 장은 **카보닐기**(C═O)를 포함한 화합물에 중점을 둔 두 번째 장이다. 9장에서는 알데하이드(RCHO)와 케톤($R_2CO$)에 중점을 두었지만, 10장에서는 **카복실산**(RCOOH), **에스터**(RCOOR′) 및 **아마이드**(RCONR′2)의 화학 및 성질에 대해 논의한다.

이러한 세 계열의 유기 화합물은 모두 자연에서 널리 발견되기도 하고, 유용한 합성 화합물은 많이 만들어지기도 한다. 아세트산($CH_3COOH$)과 같은 간단한 카복실산은 신맛과 지독한 냄새가 있으며 긴 사슬의 카복실산은 식물성 기름과 동물성 지방을 만든다. 간단한 에스터는 냄새가 있어서 쉽게 알아볼 수 있고 대부분의 지질은 3개의 에스터기를 포함한다. 몇몇 유용한 약물은 아마이드이고 모발, 근육 및 결합 조직을 형성하는 등의 모든 단백질은 많은 아마이드 단위를 포함한다.

## 10.1 구조와 결합

카복실산, 에스터 및 아마이드는 탄소보다 더 전기 음성적인 원소에 결합된 카보닐기를 포함하는 세 가지 부류의 유기 분자이다.

카복실(COOH기의 경우)이란 말은 카보닐(C═O)과 하이드록시(OH)로부터 유래되었다.

- **카복실산**은 **카복실기**를 포함하는 유기 화합물이다.

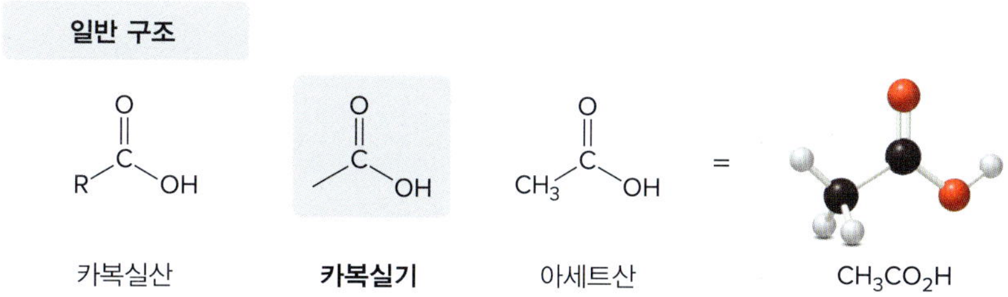


카복실산의 구조는 종종 RCOOH 또는 $RCO_2H$로 간략하게 쓰지만, 작용기의 중심 탄소 원자는 하나의 산소 원자와 이중 결합을 하고 또 다른 산소 원자와는 단일 결합을 한다는 것을 명심하자.

- **에스터**(ester)는 카보닐 탄소에 결합한 **알콕시기**(OR′)를 포함하는 카보닐 화합물이다.

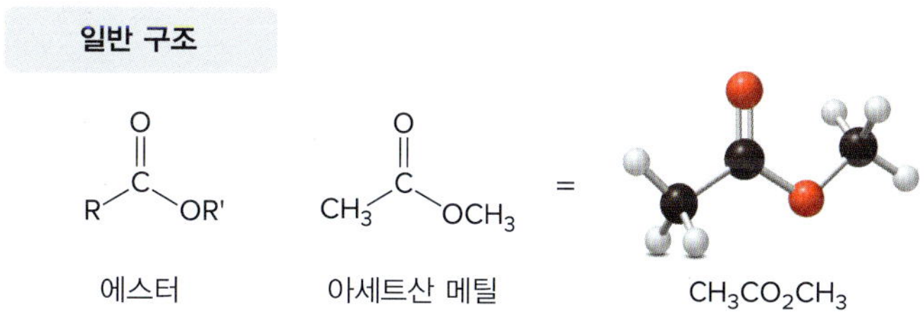


에스터의 구조는 종종 RCOOR′ 또는 $RCO_2R'$로 간략하게 쓴다.

- **아마이드**(amide)는 카보닐 탄소에 결합한 질소를 포함하는 카보닐 화합물이다.

**일반 구조**

| 아마이드<br>R'= H 또는 알킬기 | **1차** 아마이드<br>1개의 C—N 결합 | **2차** 아마이드<br>2개의 C—N 결합 | **3차** 아마이드<br>3개의 C—N 결합 |
|---|---|---|---|

아마이드의 N 원자는 다른 수소 원자나 알킬기와 결합을 한다. 아마이드 질소 원자에 직접 결합된 탄소 원자의 수에 따라 1차, 2차 또는 3차로 분류된다.

- **1차(1°) 아마이드**는 1개의 C—N 결합을 포함한다. 1차 아민은 $RCONH_2$의 구조를 가진다.
- **2차(2°) 아마이드**는 2개의 C—N 결합을 포함한다. 2차 아민은 RCONHR'의 구조를 가진다.
- **3차(3°) 아마이드**는 3개의 C—N 결합을 포함한다. 3차 아민은 $RCONR'_2$의 구조를 가진다.

**고리형 에스터** 및 **아마이드**가 알려져 있다. 고리형 에스터는 **락톤**(lactone)으로 불린다. 고리형 아마이드는 **락탐**(lactam)으로 불린다.

고리형 에스터
**락톤**(lactone)

고리형 아마이드
**락탐**(lactam)

카복실산, 에스터 및 아마이드는 전기 음성적인 원자에 결합되어 있는 **아실기**(RCO)를 포함하므로 **아실 화합물**(acyl compound)이라고 불린다.

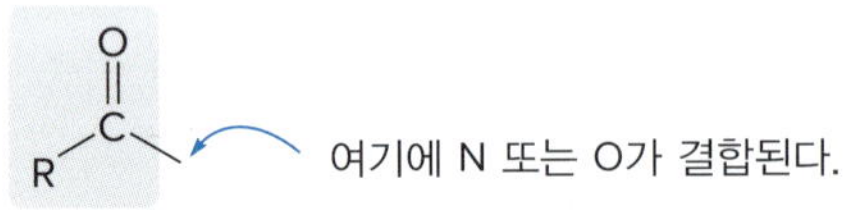


아실기

다른 카보닐 화합물과 같이 아실 화합물의 두 가지 가장 중요한 특징은 다음과 같다.

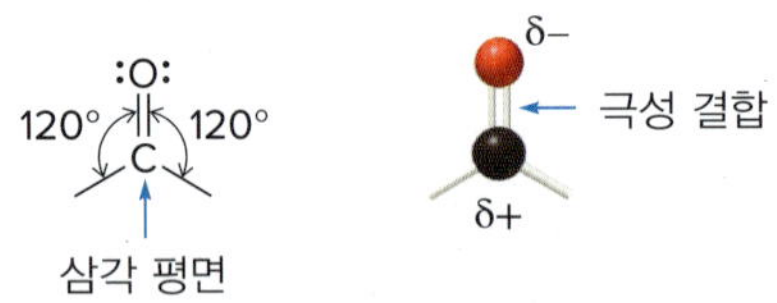


- 카보닐 탄소는 삼각 평면 구조이고, 모든 결합각이 120°이다.
- 전기 음성적인 산소 원자는 카보닐기를 극성으로 만들어 카보닐 탄소는 전자 결핍으로 되고, 카보닐 산소는 전자가 풍부하게 된다.

시금치의 **옥살산**(oxalic acid, 카복실산의 일종), 배의 **아세트산 프로필**(propyl acetate, 에스터의 일종) 및 매운 고추의 **캡사이신**(capsaicin, 아마이드의 일종)이 아실 화합물의 예이다.

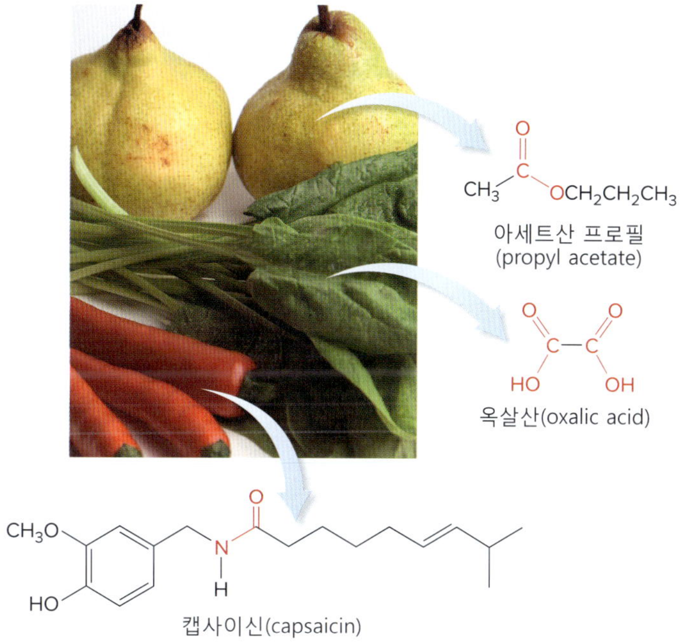


## 10.2 명명법

카복실산, 에스터 및 아마이드를 명명하기 위해서 IUPAC 체계에서 각 작용기를 식별하는 접미사를 배워야 한다. 에스터와 아마이드의 이름은 카복실산에서 파생되므로 먼저 카복실산을 명명하는 방법을 배워야 한다. 에스터, 2차 아마이드 및 3차 아마이드의 경우 아실 화합물의 이름에는 두 가지 명확한 부분(카보닐을 포함하는 아실기와 산소 또는 질소 원자에 결합된 1개 또는 2개의 알킬기)이 있다.

### 10.2A 카복실산(RCOOH)의 명명

- IUPAC 체계에서 카복실산은 접미사 -산(-oic acid)으로 식별된다.

IUPAC 체계를 이용하여 카복실산을 명명하려면 다음 사항을 따른다.

1. COOH기를 포함하는 가장 긴 사슬을 찾고 모체 알케인의 끝 -e를 접미사 -산(-oic acid)으로 바꾼다.
2. COOH기가 C1이 되도록 탄소 사슬에 번호를 매기되, 이름에서 C1 번호를 생략한다. 그 밖의 다른 일반적인 모든 명명법 규칙을 적용한다.

많은 간단한 카복실산은 종종 관용명으로 불린다. 관용명은 접미사 **-ic acid**를 사용한다. 3개의 관용명이 사실상 항상 사용된다.

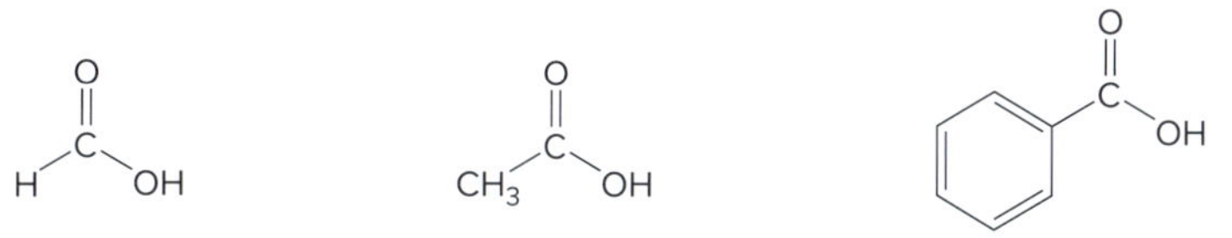

폼산(formic acid) [메탄산(methanoic acid)] | 아세트산(acetic acid) [에탄산(ethanoic acid)] | 벤조산(benzoic acid) [벤젠카복실산(benzencarboxylic acid)]

IUPAC 이름은 대괄호에 주어진 것인데 거의 사용되지 않는다.

때때로 카보닐기 근처의 탄소를 지정하는 데는 그리스 문자를 이용하여 표기한다. 이 용어는 어느 카보닐기에서든지 사용될 수 있다.

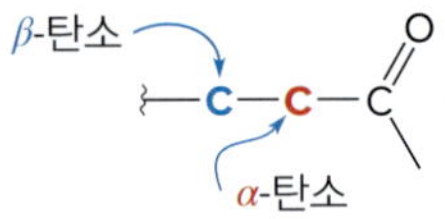


- COOH에 인접한 탄소는 α(알파)-탄소라고 불린다.
- α-탄소에 결합된 탄소는 β(베타)-탄소이다.

### 예제 10.1 카복실산 명명하기

다음 카복실산을 IUPAC 이름으로 명명하시오.

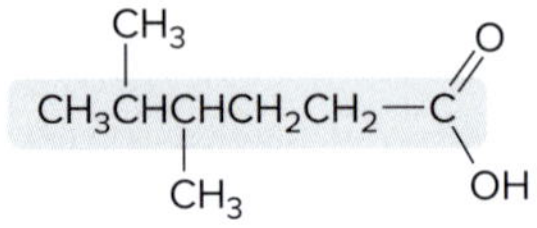

#### 분석과 해답

[1] COOH를 포함하는 가장 긴 사슬을 찾는다.

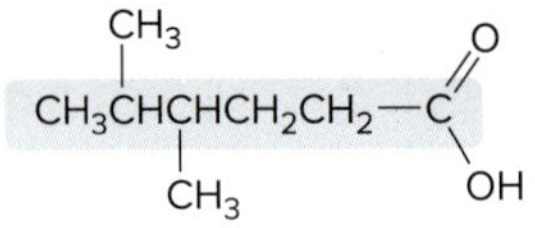

헥세인(hexane) ----→ 헥산산(hexanoic acid)
(6 C's)

COOH가 가장 긴 사슬의 C1에 해당된다.

[2] COOH기가 C1이 되도록 번호를 매기고 치환기의 이름을 붙인다.

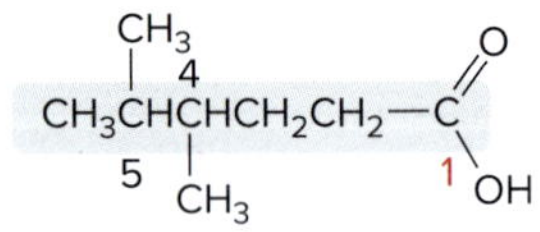

C4와 C5에 2개의 메틸(methyl) 치환기

**답: 4,5-다이메틸헥산산**
(4,5-dimethylhexanoic acid)

#### 연습문제 10.1

각 화합물을 IUPAC 이름으로 명명하시오.

a. 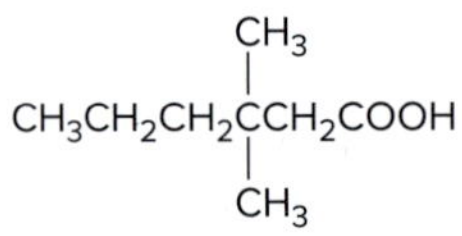

b. 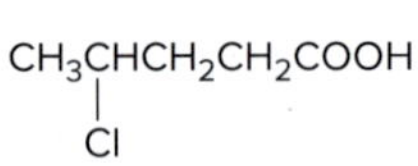

c. 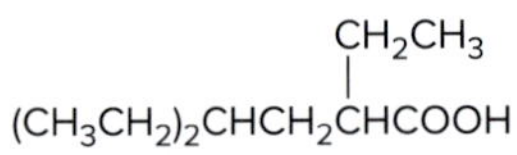

## 10.2B 에스터(RCOOR′)의 명명

에스터의 이름은 모체 카복실산의 이름으로부터 유래된다. **폼산**(formic acid), **아세트산**(acetic acid) 및 **벤조산**(benzoic acid) 등의 일반적인 이름은 모체 산으로 사용되어 이 모체 이름이 그들의 유도체에도 사용된다는 것을 유념해야 한다.

에스터는 구조상 두 부분으로 구성되며 각각은 따로 명명되어야 한다. 두 부분은 카보닐기(RCO—)를 포함하는 아실기와 산소 원자에 결합된 **알킬기**(R′로 지정됨)이다.

- IUPAC 체계에서 에스터는 접미사 -ate로 식별된다.

## IUPAC 체계를 이용하여 에스터를 명명하는 방법

**예** 에스터 $CH_3CO_2CH_2CH_3$의 계통명을 정하시오.

**단계 [1]** 산소 원자에 결합되어 있는 R′기를 알킬기 이름으로 명명한다.

- 접미사 -yl로 끝나는 알킬기의 이름은 에스터 이름의 첫 부분이 된다(우리말의 경우는 알킬기가 두 번째 부분이 된다). 이 경우에 2-탄소 에틸기가 에스터 산소 원자에 결합되어 있다.

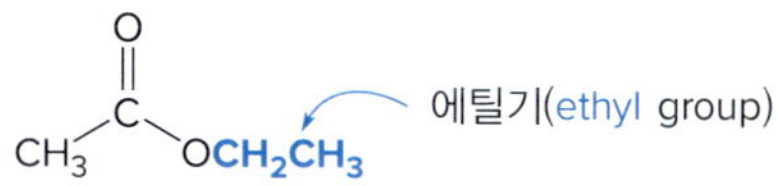


**단계 [2]** 모체 카복실산의 끝인 -ic acid를 접미사 -ate로 바꾸어 아실기를 명명한다.

- 아실기의 이름은 이름의 두 번째 부분이 된다(우리말은 첫 번째 부분이 된다).
- 이 경우에 모체 2-탄소 카복실산인 **아세트산**(acetic acid)의 이름은 **아세테이트**(acetate)가 된다.

에스터는 종종 RCOOR′으로 쓴다. 여기서 알킬기(R′)는 마지막에 쓴다. 그러나 에스터를 명명할 때 R′기는 이름의 처음에 나온다.

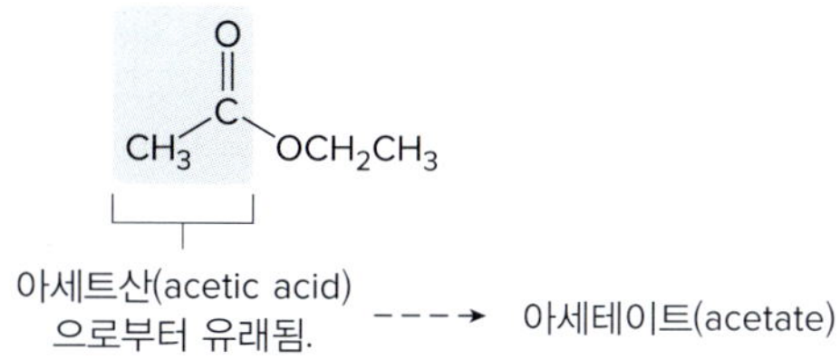


**답: 에틸아세테이트**(ethyl acetate) 또는 **아세트산 에틸**

### 예제 10.2 에스터 명명하기

사과에서 자연 발생하는 다음 에스터의 IUPAC 이름을 정하시오.

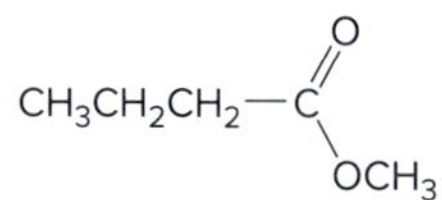


**분석과 해답**

[1] O 원자의 알킬기를 명명한다.

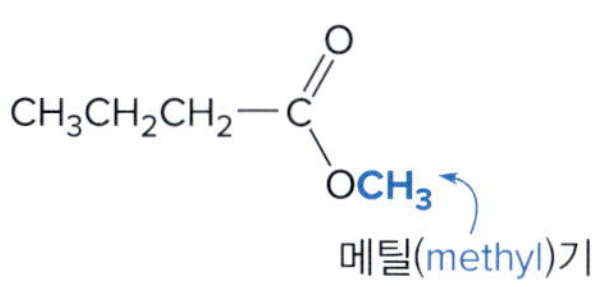


메틸(methyl)이란 말은 이름의 첫 부분이 된다.

[2] 아실기를 명명하기 위해 카복실기를 포함하는 가장 긴 사슬을 찾고 C=O를 C1로 한다.

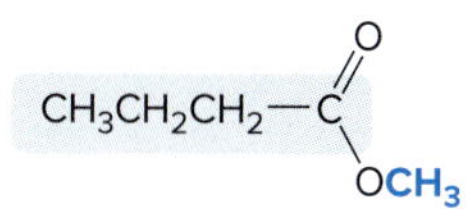


뷰탄산(butanoic acid) ----→ 뷰타노에이트(butanoate)
4개의 C

**답: 메틸뷰타노에이트**(methyl butanoate) □□ **뷰탄산 메틸**

**연습문제 10.2**
각 에스터에게 알맞은 이름을 명명하시오.

a. $CH_3(CH_2)_4CO_2CH_3$

b. 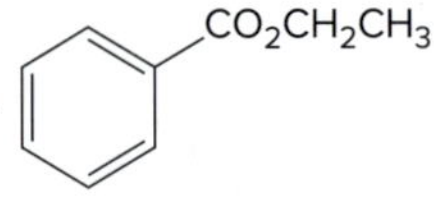

c. 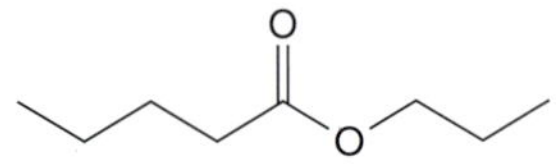

### 10.2C 아마이드 명명하기

- IUPAC 체계에서 아마이드는 접미사 -아마이드(-amide)로 식별된다.

모든 1차(1°) 아마이드는 -oic acid 끝(또는 일반적인 이름의 -ic acid 끝)을 접미사 -**아마이드**(-amide)로 바꿔서 명명한다.

**1차 아마이드의 명명**

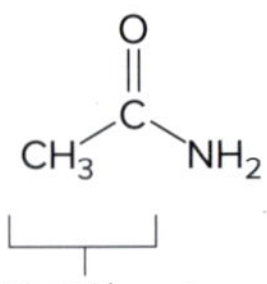

아세트산(acetic acid)으로부터 유래됨. ----→ **아세트아마이드** (acetamide)

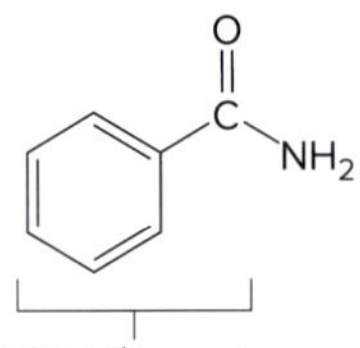

벤조산(benzoic acid)으로부터 유래됨. ----→ **벤즈아마이드** (benzamide)

2차(2°) 또는 3차(3°) 아마이드는 구조상 두 부분을 가진다. 그것은 카보닐기(RCO—)를 포함하는 **아실기**(acyl group)와 질소 원자에 결합되어 있는 1개 또는 2개의 **알킬기**(alkyl groups)이다.

#### 2차 또는 3차 아마이드를 명명하는 방법

**예** 각 아마이드의 체계명을 정하시오.

a. 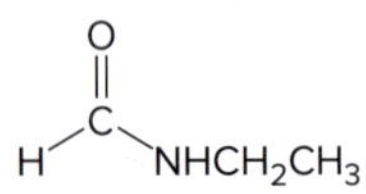

b. 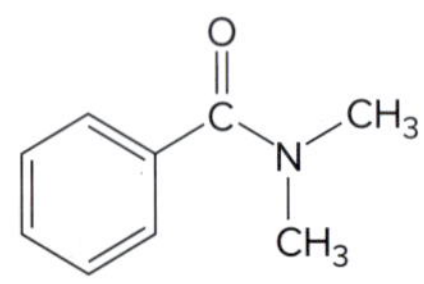

**단계 [1]** 아마이드의 N 원자에 결합된 알킬기를 명명한다. 각 알킬기의 이름 앞에 접두사 'N-'을 사용한다.

- 알킬기의 이름이 각 아마이드 이름의 첫 부분에 해당된다.
- 3차 아마이드의 경우 N에 2개의 알킬기가 동일한 것이면 접두사 di-를 사용한다. 2개의 알킬기가 다르다면 알파벳 순으로 이름을 짓는다. 알킬기가 동일하더라도 각 알킬기에 대해 'N-'이 필요하다.

a. 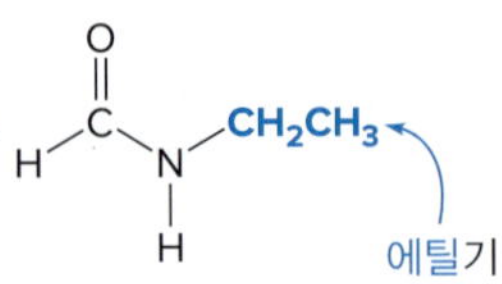


- 이 화합물은 에틸기를 갖는 2차 아마이드이다.
  → N-에틸

b. 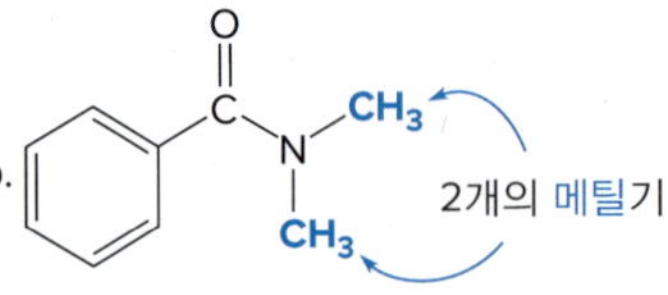


- 이 화합물은 2개의 메틸기를 갖는 3차 아마이드이다.
- 명명을 시작할 때 접두사 다이-(di-)와 2개의 'N-'을 사용한다.
  → N,N-다이메틸(N,N-dimethyl)

**단계 [2]** 접미사 -amide를 갖는 아실기(RCO-)를 명명한다.

a. 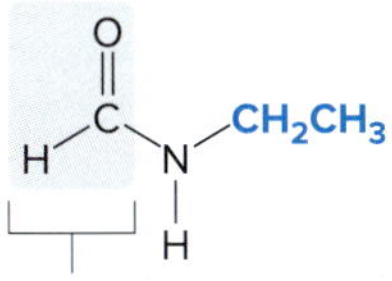

폼산(formic acid)로부터 유래됨. ---→ **폼아마이드**(formamide)

- 모체 카복실산의 -ic acid 또는 -oic acid 끝부분을 접미사 -amide로 바꾼다.
- 이름의 두 부분을 함께 합친다.

**답: N-에틸폼아마이드**(N-ethylformamide)

b. 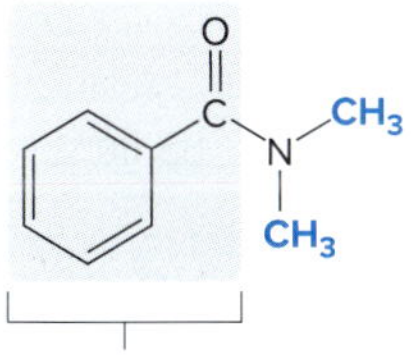

벤조산(benzoic acid)으로부터 유래됨. ---→ **벤즈아마이드**(benzamide)

- 벤조산(benzoic acid)을 벤즈아마이드(benzamide)로 바꾼다.
- 이름의 두 부분을 함께 합친다.

**답: N,N-다이메틸벤즈아마이드**(N,N-dimethylbenzamide)

## 10.3 물리적 성질

카복실산, 에스터 및 아마이드는 극성 카보닐기를 갖기 때문에 극성 화합물이다. 이들 화합물에서 모든 C—O, O—H, C—N 및 N—H 결합 역시 극성이며, 각 화합물의 알짜 쌍극자에 기여한다.

카복실산은 또한 전기 음성적인 산소 원자에 결합된 수소 원자를 갖기 때문에 분자 간의 수소 결합을 보인다. 카복실산은 종종 **그림 10.1**에 표시된 것처럼 두 분자 간 수소 결합에 의해 유지되는 이량체로 존재한다. 한 분자의 카보닐 산소 원자는 다른 분자의 수소 원자와 수소 결합을 한다. 그 결과는 다음과 같다.

- 카복실산은 에스터보다 더 강한 분자 간 힘을 가지므로 유사한 분자량의 화합물과 비교했을 때 더 높은 끓는점과 녹는점을 보인다.

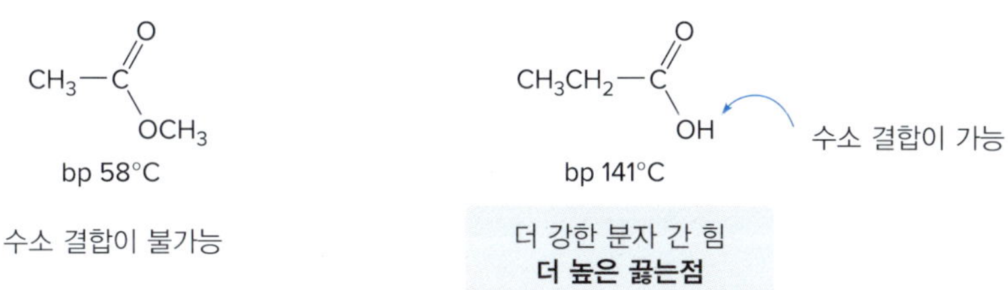


카복실산은 또한 수소 결합을 할 수 있는 작용기가 있는 알코올보다도 더 강한 분자 간 힘을

**그림 10.1** 2개의 수소 결합에 의해 붙들려 있는 두 분자의 아세트산($CH_3COOH$)

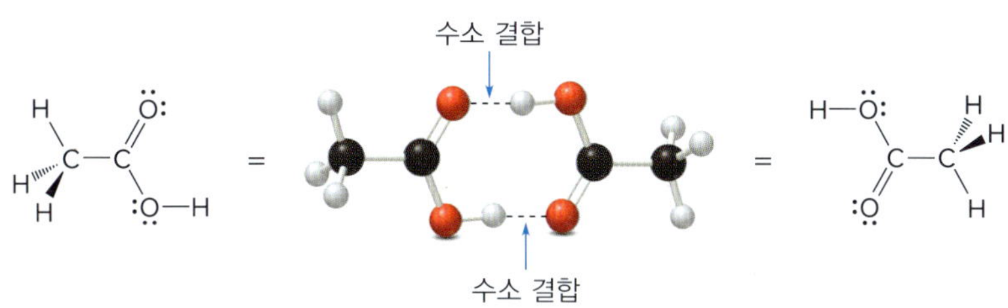

가진다. 두 분자의 카복실산은 2개의 분자 간 수소 결합에 의해 함께 붙들려 있는 반면, 두 분자의 알코올은 1개의 수소 결합만 가능하다. 그 결과는 다음과 같다.

- 카복실산은 비슷한 분자량의 알코올보다 더 높은 끓는점과 녹는점을 가진다.

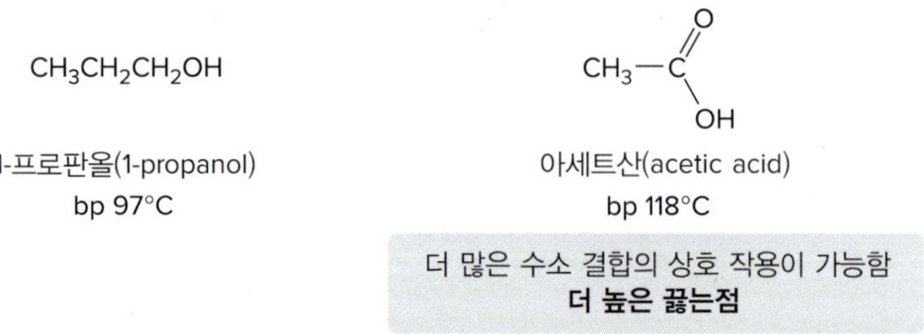


1차 및 2차 아마이드는 N—H 결합을 갖기 때문에 그림 10.2에서처럼 두 분자의 아마이드 사이에서 수소 결합이 가능하다. 이것 때문에 1차 및 2차 아마이드가 분자 간 수소 결합을 할 수 없는 3차 아마이드와 에스터보다 더 강한 분자 간 힘을 가진다(7.2절 참조). 그 결과는 다음과 같다.

- 1차 및 2차 아마이드는 유사한 분자량의 에스터와 3차 아마이드보다 더 높은 끓는점과 녹는점을 가진다.

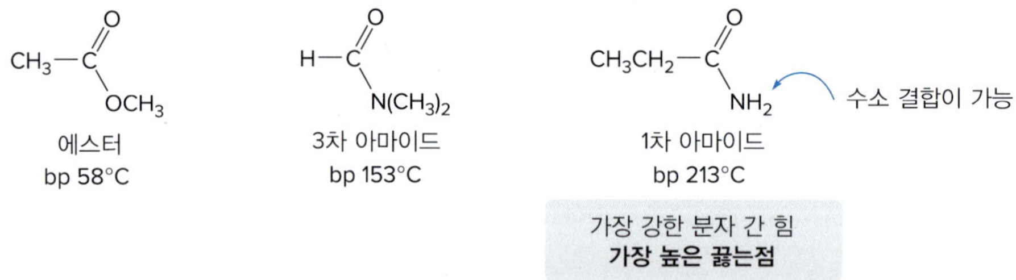


다른 산소-포함 화합물처럼 6개보다 적은 수의 탄소를 갖는 카복실산, 에스터 및 아마이드는 물에서 용해된다. 분자량이 큰 아실 화합물은 C—C 및 C—H 결합으로 이루어진 분자 비극성 영역이 극성 카보닐기보다 크기 때문에 물에서 불용성이다.

**그림 10.2** 두 $CH_3CONH_2$ 분자 사이의 분자 간 수소 결합

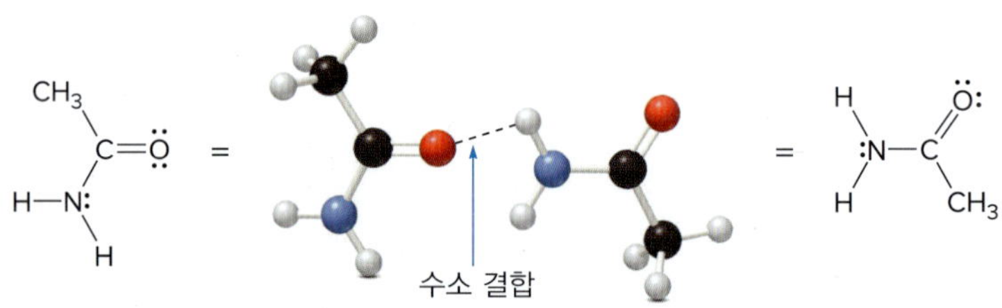

**건강 노트**

은행나무는 2억 8천 만년 동안 존재해 왔다. 은행나무의 추출액은 오랫동안 중국, 일본 및 인도에서 의약과 요리에서 사용되었다.

## 10.4 소비재 및 의약에서 흥미로운 카복실산

간단한 카복실산은 독한 악취가 있다.

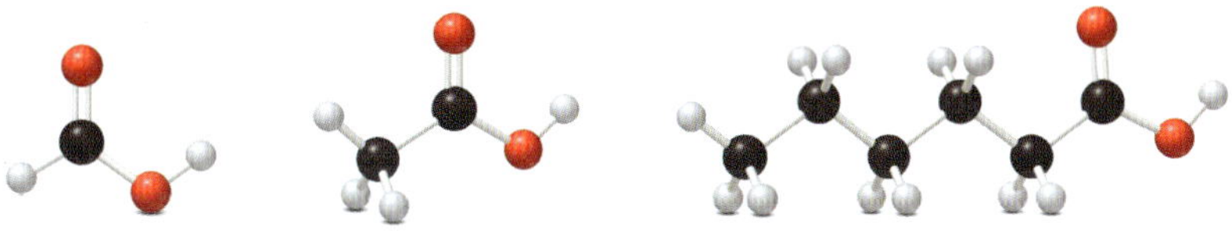

$HCO_2H$ $CH_3CO_2H$ $CH_3CH_2CH_2CH_2CH_2CO_2H$

- **폼산**($HCO_2H$)은 일부 종류의 개미의 침에 들어 있는 성분이다.
- 아세트산($CH_3COOH$)은 식초의 신맛의 성분이다.
- 에탄올($CH_3CH_2OH$)의 아세트산으로의 공기 중 산화는 '상한' 와인 신맛으로 된다.
- **헥산산**[$CH_3(CH_2)_4COOH$]은 더러운 양말과 탈의실과 관련된 냄새가 난다. 이것은 은행 씨앗에서 나는 불쾌한 냄새의 원인이기도 하다. 헥산산의 일반적인 이름은 '염소'를 의미하는 라틴어 단어 caper에서 유래된 **카프로산**(caproic acid)이다.

## 10.5 흥미로운 에스터와 아마이드

분자량이 작은 에스터는 상쾌하고 매우 독특한 냄새가 있다. 여기에는 뷰탄산 에틸(망고에서 추출), 뷰탄산 펜틸(살구에서 추출) 및 살리실산메틸(노루발풀에서 추출)이 포함된다.

뇌의 송과선에서 합성되는 아마이드인 **멜라토닌**(melatonin)은 수면을 유도하는 것으로 여겨진다. 몸의 멜라토닌 수치는 적은 양의 빛이 눈에 감지되면 오르고 새벽에는 빨리 떨어진다. 이러한 이유로 멜라토닌은 시차로 인해 수면 장애가 생기는 여행자와 가벼운 수면 장애를 가진 사람들에게 인기 있는 보충제가 되었다.

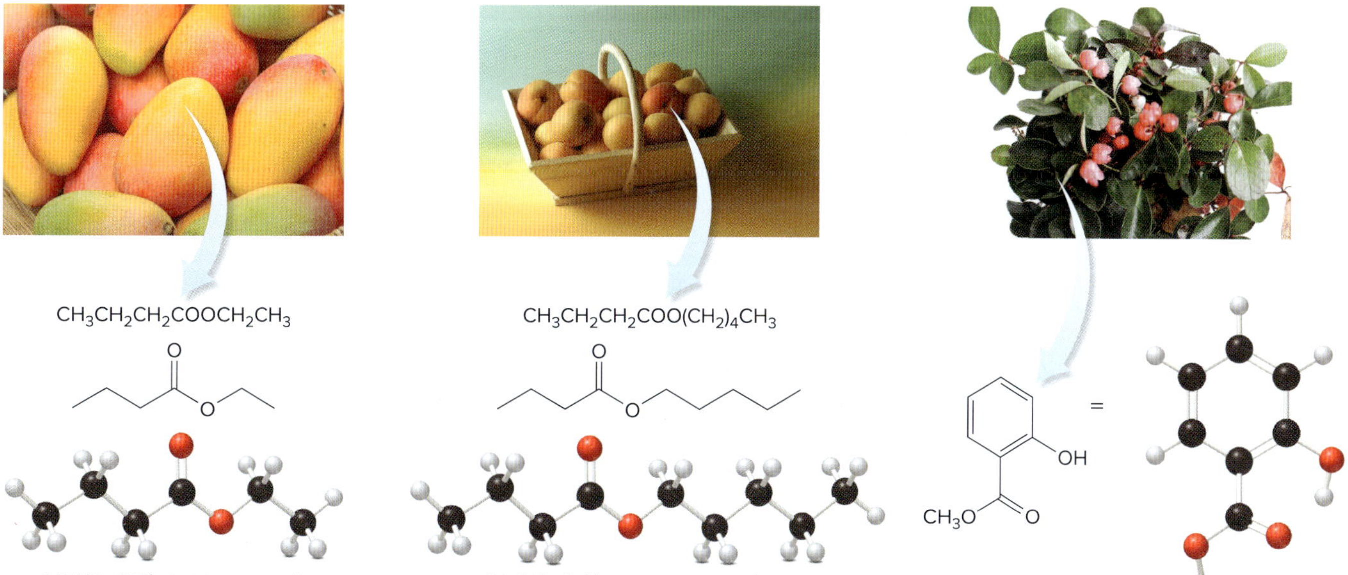


뷰탄산 에틸(ethyl butanoate) (망고에서 추출)

뷰탄산 펜틸(pentyl butanoate) (살구에서 추출)

살리실산 메틸(methyl salicylate) (노루발풀에서 추출)

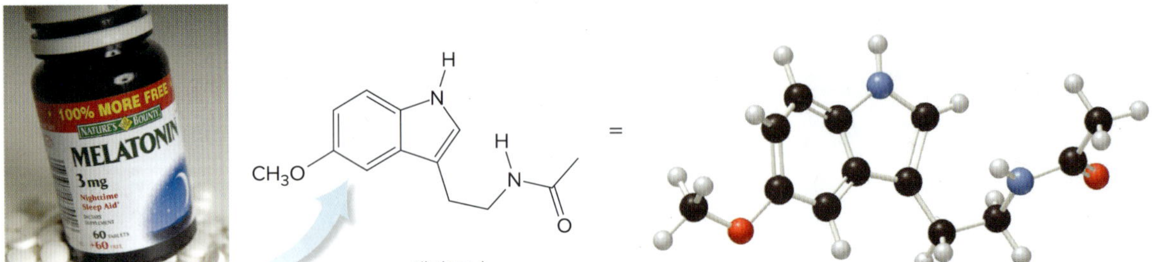


멜라토닌

에스터는 10.8절과 12장에서 배우게 될 많은 지질에 있는 일반적인 작용기이다.

14장에서 자연 발생 폴리아마이드인 단백질에 대해 알아볼 것이다.

많은 유용한 약물은 에스터 또는 아마이드이다. 에스터인 **벤조카인**(benzocaine)은 오라젤(Orajel)과 같은 처방전 없이 살 수 있는 많은 경구용 국소 마취제의 활성 성분이다. 아마이드인 **아세트아미노펜**(acetaminophen)은 타이레놀의 활성 성분이다. 아세트아미노펜은 통증과 열을 완화시킨다. 다량의 아세트아미노펜은 간 손상을 유발하므로 복용량 권장 사항에 유의해서 준수해야 한다.

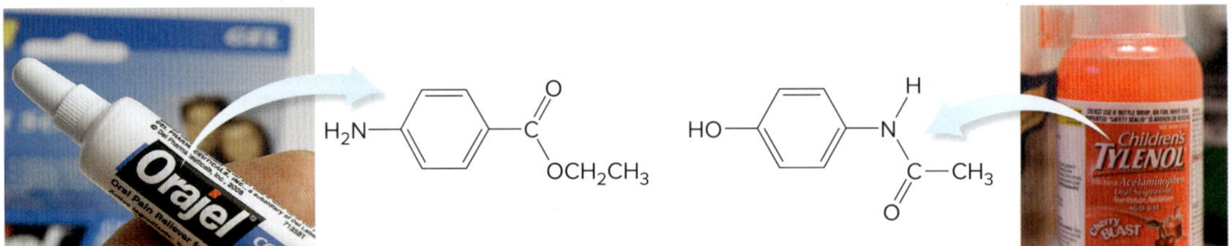


벤조케인(benzocaine)
(국소 마취제)

아세트아미노펜(acetaminophen)
(타이레놀의 진통 완화제)

## 10.6 카복실산의 산도

이름에서 알 수 있듯이 **카복실산**은 산이다. 즉, 이것은 **양성자 주개**이다. 카복실산이 물에 녹을 때 **산-염기 평형**이 일어난다. 카복실산은 $H_2O$에 양성자를 제공하여 짝염기인 **카복실산 음이온**(carboxylate)을 형성하고, 물은 양성자를 얻어서 짝산인 $H_3O^+$를 형성한다.

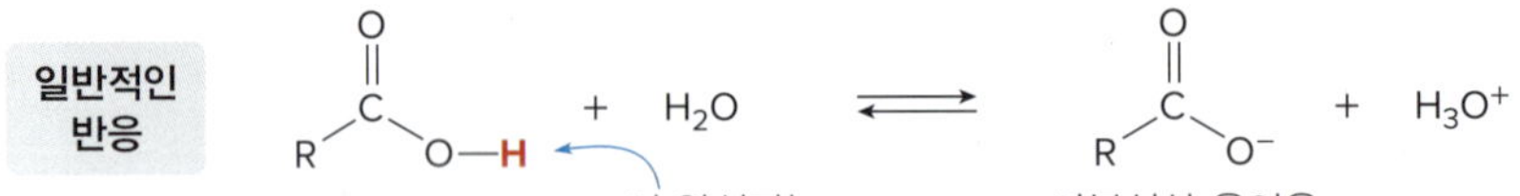


카복실산

카복실산 음이온
(carboxylate)

다양한 산에 대한 $K_a$ 값은 3.4절에 주어져 있다.

카복실산은 다른 계열의 유기 화합물보다 더 산성이지만 HCl 또는 $H_2SO_4$와 같은 무기산에 비해 약산이다. 카복실산의 전형적인 **산 해리 평형 상수**($K_a$)는 $10^{-4}$에서 $10^{-5}$ 사이에 있다. 그러므로 카복실산의 작은 비율만이 수용액에서 이온화된다. 예를 들어, 물에서 아세트산을 용해하면 낮은 농도의 아세트산 음이온(acetate)과 $H_3O^+$가 생성된다.

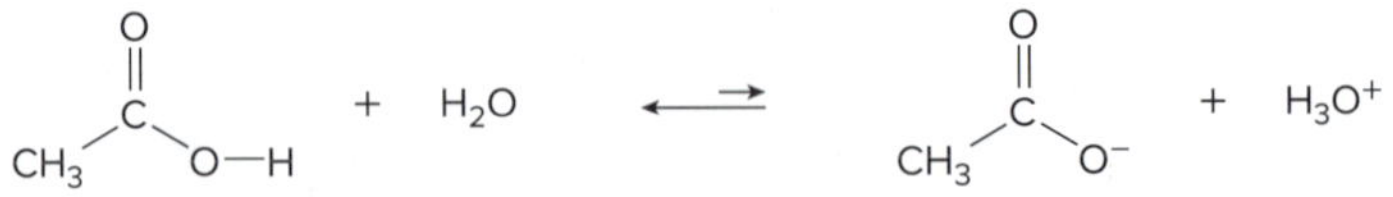


아세트산

아세트산 음이온
(acetate)

## 10.6A 염기와의 반응

카복실산은 NaOH와 같은 염기와 반응해서 물에 용해되는 염을 형성한다. 이 반응에서 산-염기 평형은 오른쪽으로 이동하고 근본적으로 카복실산은 모두 카복실산 음이온으로 변환된다.

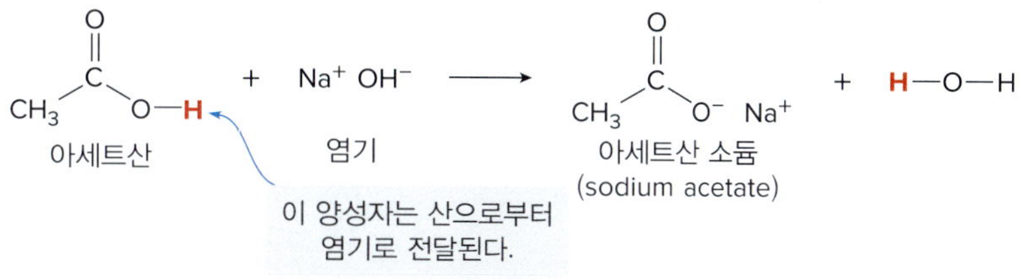


- 양성자는 아세트산($CH_3COOH$)으로부터 제거되어 그 **짝염기**인 아세트산 음이온($CH_3COO^-$)을 형성한다. 이 짝염기는 소듐 염인 아세트산 소듐의 형태로 용액에 존재한다.
- 수산화 이온($OH^-$)은 양성자를 얻어 중성인 $H_2O$를 형성한다.

유사한 산-염기 반응은 다른 수산화 염기(KOH), 중탄산 소듐($NaHCO_3$) 및 탄산 소듐($Na_2CO_3$)과 함께 일어난다. 각 반응에서 양성자는 산(RCOOH)에서 염기로 전달된다.

### 예제 10.3 카복실산과 염기와의 반응으로 형성되는 생성물 그리기

프로판산($CH_3CH_2COOH$)이 수산화 포타슘(KOH)과 반응할 때 어떤 생성물이 형성되는가?

**분석**

카복실산의 산-염기 반응에서

- 카복실산(COOH)으로부터 양성자를 제거하고 카복실산 음이온(carboxylate, $RCOO^-$)을 형성 한다.
- 양성자를 염기에 추가한다. 만일 염기가 처음에 -1의 전하를 가진다면 양성자($H^+$)가 첨가되어 중성 생성물이 된다.
- 카복실산 음이온의 전하는 금속 양이온을 가지는 염으로 그려서 균형을 맞춘다.

**해답**

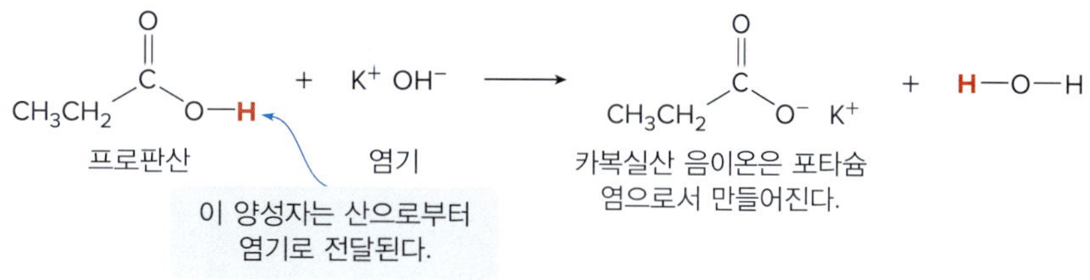


따라서 $CH_3CH_2COOH$는 양성자를 잃고 용액에 포타슘 염, $CH_3CH_2COO^-K^+$로 존재하는 $CH_3CH_2COO^-$를 형성한다. 수산화 이온($OH^-$)은 양성자를 얻어 $H_2O$를 만든다.

### 연습문제 10.3

각 산-염기 반응의 생성물을 그리시오.

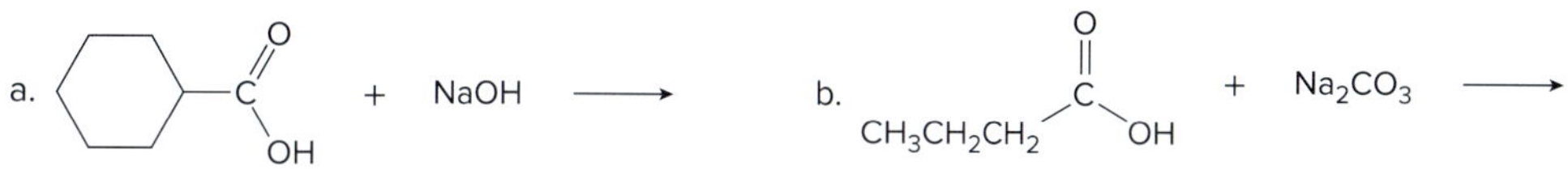

## 10.6B 카복실산 음이온 – 카복실산의 염

산-염기 반응에 의해 형성된 카복실산의 염은 수용성 이온성 고체이다. 따라서 옥탄산과 같은 불용성 카복실산은 NaOH와의 반응에 의해 수용성 소듐 염으로 전환될 수 있다. 이러한 반응은 카복실기를 포함하는 약물의 **용해도**를 결정하는 데 중요하다.

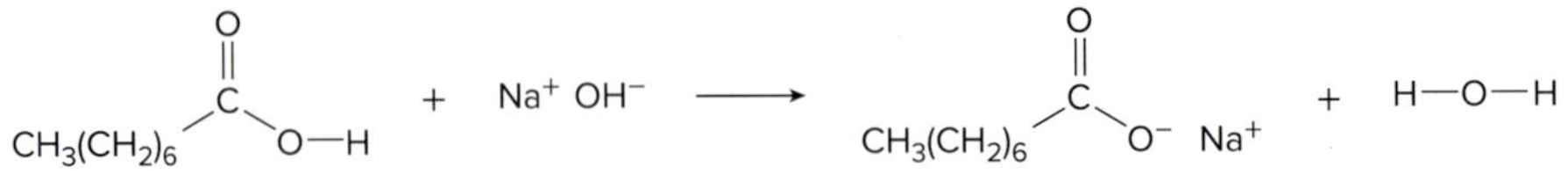

옥탄산　　염기　　옥탄산 소듐

이 산은 5개보다 많은 탄소를 포함하기 때문에 물에서 **불용성**이다.

이 이온성 염은 물에서 **용해**된다.

### 예제 10.4 카복실산과 카복실산 음이온의 물 용해도 결정

각 화합물이 물에 수용성인지 또는 불용성인지 표시하시오.

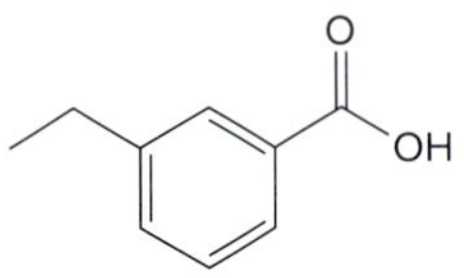

**A**

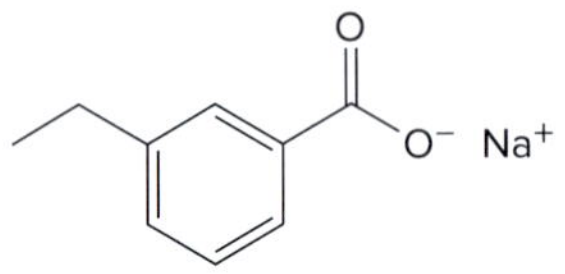

**B**

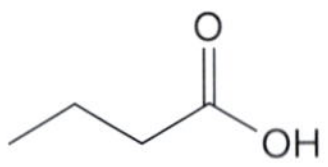

**C**

#### 분석

- 6개보다 더 적은 수의 탄소를 포함하는 카복실산은 물에 용해된다.
- 6개 이상의 탄소를 포함하는 카복실산은 분자의 비극성 영역이 극성 카복실기보다 더 크기 때문에 물에 불용성이다.
- 카복실산 음이온은 이온성이기 때문에 물에 용해된다.

#### 해답

- 화합물 A는 9개의 탄소를 갖는 카복실산이기 때문에 물에서 불용성이다.
- 화합물 B는 카복실산 음이온 염이기 때문에 물에 용해된다.
- 화합물 C는 작은 분자량의 카복실산(4개의 탄소)이기 때문에 물에 용해된다.

#### 연습문제 10.4

각 쌍에서 어느 화합물이 물에 더 용해되는가?

a. $CH_3(CH_2)_3CO_2H$ 와 $CH_3(CH_2)_6CO_2H$
b. $CH_3(CH_2)_6CO_2H$ 와 $CH_3(CH_2)_6CO_2^-Li^+$
c. $CH_3(CH_2)_3CO_2H$ 와 $CH_3CO_2H$

카복실산 음이온의 금속 염을 명명하려면 금속 양이온의 이름, 모체 카복실산의 탄소 수를 나타내는 모체 이름 및 이 화합물이 염이라는 것을 나타내는 접미사 등 세 부분을 함께 모아야 한다. 모체 카복실산의 -ic acid 끝부분을 접미사 -ate로 바꾼다. 우리말의 명명은 모체 카복실산의 이름을 먼저 말하고, 그 다음에 금속 양이온을 말한다.

**금속 양이온의 이름** + **모체** + **-ate**(접미사)

### 예제 10.5 카복실산 음이온 염을 명명하기

각 염에 알맞은 이름을 정하시오.

a. 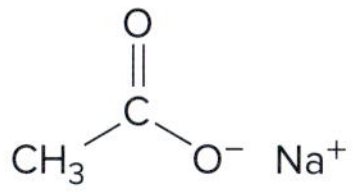

b. 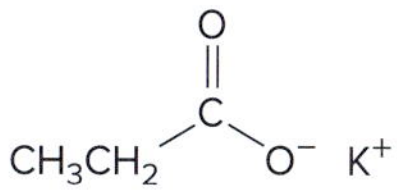

#### 분석

세 부분을 모아서 카복실산 염을 명명한다.

- 금속 양이온의 이름
- 모체 사슬에서 탄소의 수를 나타내는 모체 이름
- 접미사, -ate

#### 해답

a. 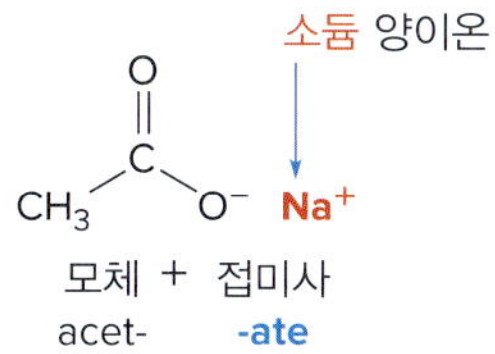


- 이름의 첫 부분은 금속 양이온, 소듐이다.
- 모체 이름은 일반적인 이름인 아세트산으로부터 유래된다. -ic acid 끝부분을 -ate로 바꾼다.

acetic acid → acetate.

**답: 영어명은 sodium acetate, 우리말 이름은 아세트산 소듐**

b. 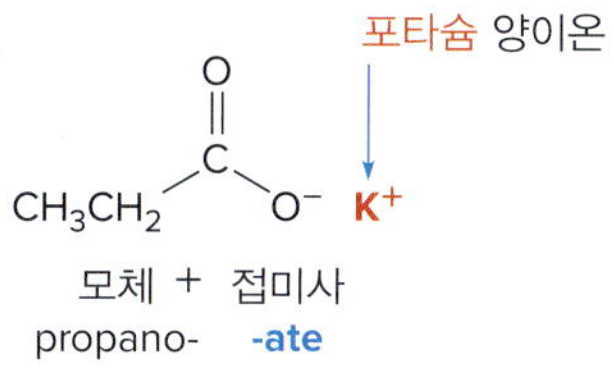


- 이름의 첫 부분은 금속 양이온, 포타슘이다.
- 모체 이름은 IUPAC 이름인 프로판산으로부터 유래된다. -ic acid 끝부분을 -ate로 바꾼다.

propanoic acid → propanoate

**답: 영어명은 potassium propanoate, 우리말 이름은 프로판산 포타슘**

### 연습문제 10.5

각 카복실산 염의 이름을 정하시오.

a. $CH_3CH_2CH_2CO_2^-\ Na^+$

b. 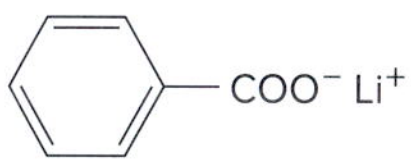

### 소비자 노트

프로판산 소듐 또는 프로판산 칼슘은 포장된 빵에 곰팡이가 생기는 것을 막기 위해 방부제로 사용된다.

**카복실산의 염**은 일반적으로 보존제로서 사용된다. 곰팡이의 성장을 억제하는 **벤조산 소듐**(sodium benzoate)은 청량음료에 사용되는 방부제이며, **소르브산 포타슘**(potassium sorbate)은 제빵 및 기타 식품의 저장 수명을 연장시키는 첨가제이다. 이러한 염은 박테리아나 곰팡이를 죽이지는 않는다. 이들은 제품의 pH를 증가시켜 미생물의 추가 성장을 막는다.

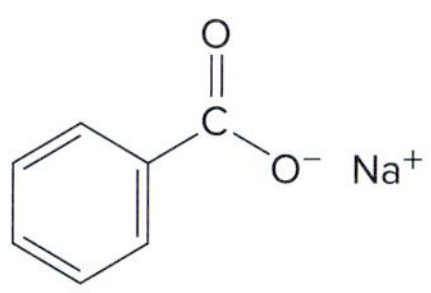

벤조산 소듐
(sodium benzoate)

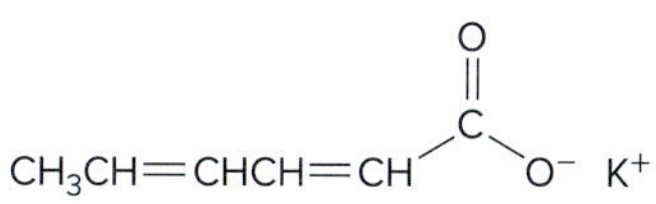

소르브산 포타슘
(potassium sorbate)

### 10.6C 비누는 어떻게 오염물을 제거하는가

인류는 약 2,000년 동안 비누를 사용해 왔다. 역사적 기록에서 1세기 비누의 제조에 대한 설명과 폼페이(Pompeii)에 비누 공장의 존재를 찾아볼 수 있다. 그 이전에는 옷을 물속에 있는 바위에 문지르거나 특정 식물의 뿌리, 껍질 및 잎을 이용해서 비누 거품을 만들어 세탁했다. 이러한 식물들은 **사포닌**(saponins)이라는 천연 물질을 만들었는데, 이것은 현대의 비누와 거의 같은 방식으로 작용을 한다.

**비누**는 긴 탄화수소 사슬에 많은 탄소 원자를 갖는 카복실산의 염이다. 비누에는 두 부분이 있다.

- 이온성 끝단은 **극성 머리**(polar head)이다.
- 비극성 C—C와 C—H 결합의 탄소 사슬은 **비극성 꼬리**(nonpolar tail)라고 한다.

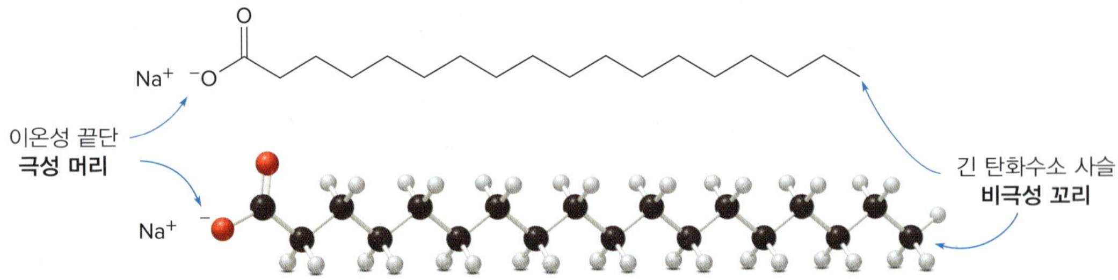


그림 10.3 물에서 비누의 용해

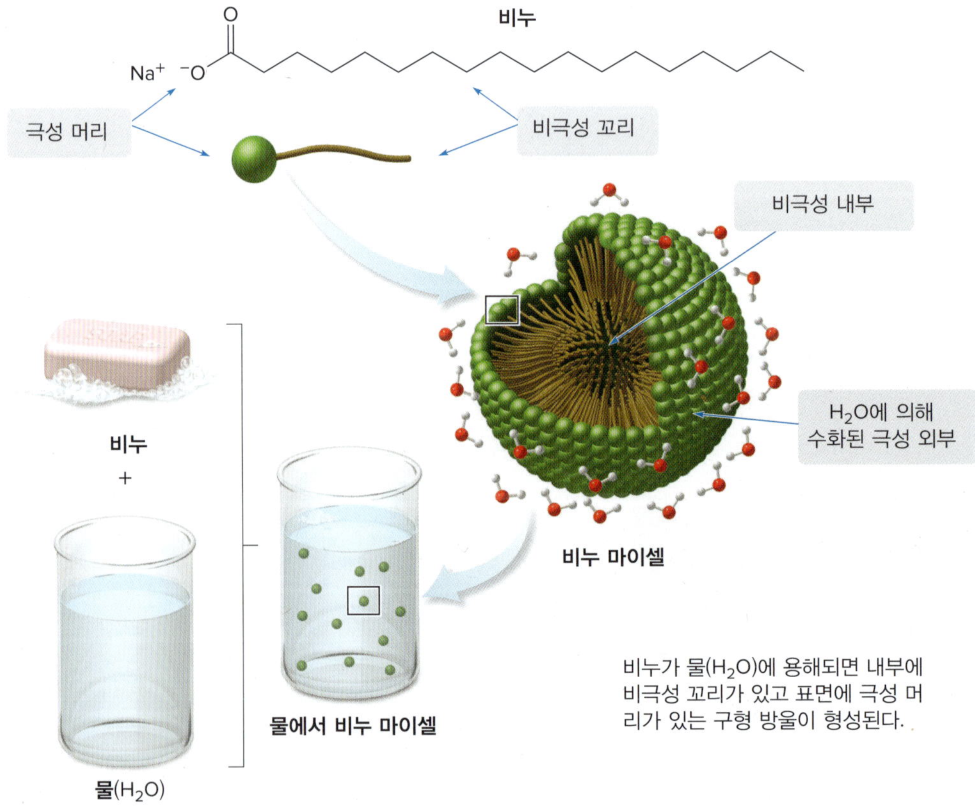


비누가 물($H_2O$)에 용해되면 내부에 비극성 꼬리가 있고 표면에 극성 머리가 있는 구형 방울이 형성된다.

**소비자 노트**

모든 비누는 카복실산 음이온의 금속 염이다. 상표별 주요 차이점은 세척 성질을 변경하지 않는 다른 성분의 첨가이다.

물에 비누를 용해시키면 표면에 이온성 머리가 있고 내부에 비극성 꼬리가 함께 들어 있는 구형 방울이 형성된다. 이 구형 방울을 **마이셀**(micelles)이라고 하며 그림 10.3에 설명되어 있다. 이러한 배열에서 이온성 머리는 극성 용매 물과 상호 작용할 수 있고, 이는 비누의 비극성, '기름기' 탄화수소 부분을 용액으로 끌어들인다.

비누는 어떻게 **그리스**(grease)와 기름을 용해하는가? 극성 용매 물만으로는 주로 비극성 탄화수소로 구성된 때를 용해시킬 수 없다. 그러나 비누와 물을 혼합하면 비극성 탄화수소 꼬리가 마이셀 내부에서 때를 용해시킨다. 비누의 극성 머리는 표면에 있으면서 물과 상호 작용을 한다. 비누 분자의 비극성 꼬리는 극성 머리에 의해 물에서 밀봉되는데 마이셀이 수용성이므로 옷의 섬유와 분리되어 물과 함께 배수구로 씻어 낼 수 있다. 이런 방식으로 비누는 겉보기에 불가능한 일을 수행한다. 비누는 비극성 탄화수소 물질을 극성 용매 물에 용해시켜 피부와 옷으로부터 제거한다.

내부에 용해된 그리스 입자를 가진 비누 마이셀의 단면

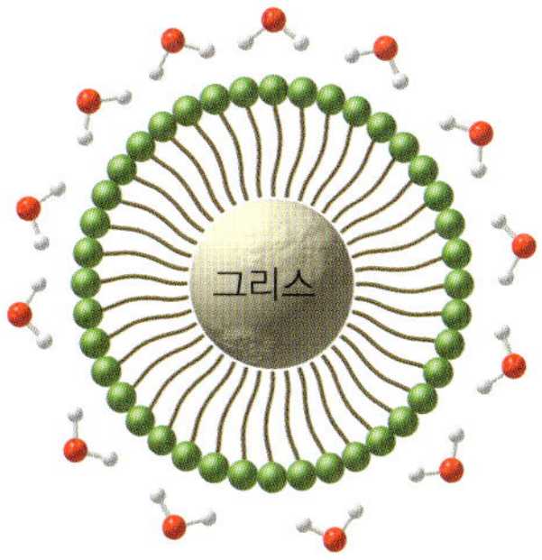


## 10.7 카복실산으로부터 에스터 및 아마이드로의 전환

모든 아실 화합물은 일반적인 유형의 반응인 **치환**(substitution)을 한다. 아실 화합물(RCOZ)이 치환 반응을 할 때 카보닐 탄소에 결합된 전기 음성적인 원자를 포함하는 그룹 Z가 다른 원자 또는 원자 그룹(Y)으로 치환된다.

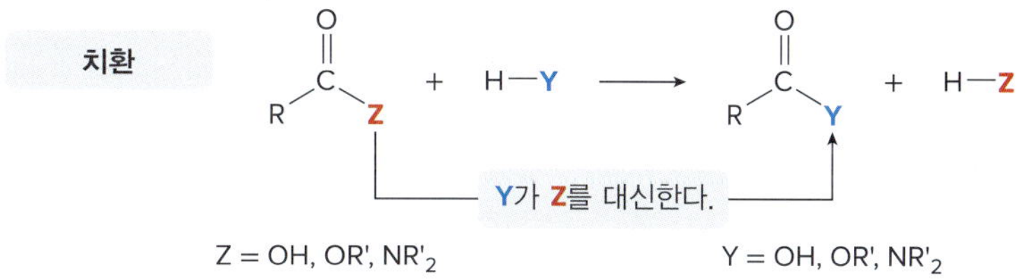


그리스 문자 Δ(델타, delta)는 반응이 열을 필요로 한다는 것을 나타내기 위해 화살표 위에 사용되었다.

예를 들어, 카복실산은 알코올과 반응하여 에스터를 만들고 암모니아와 반응하여 아마이드를 만든다.

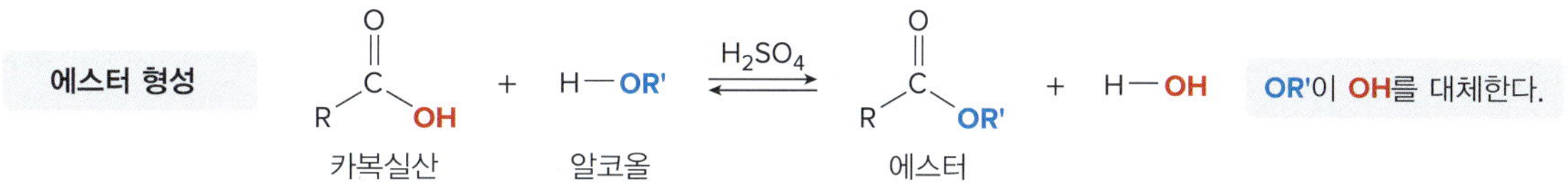


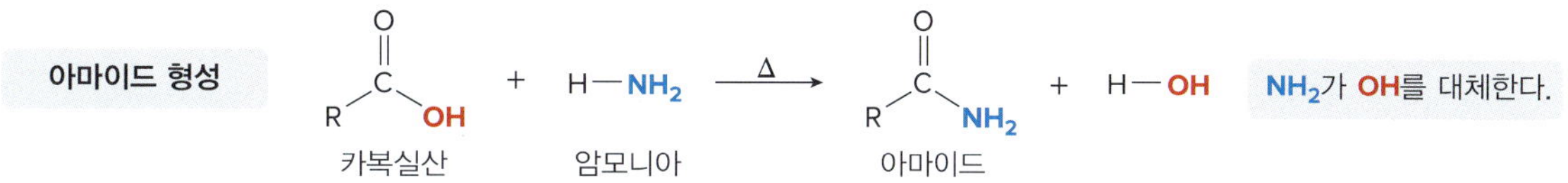

**소비자 노트**

에스터인 아세트산 에틸은 매우 독특한 향을 가진 일반적인 유기 용매인데 아세톤 계열이 아닌 매니큐어 제거제에 사용된다.

## 10.7A 에스터 형성

카복실산(RCOOH)을 산 촉매 하에 알코올(R′OH)로 처리하면 에스터(RCOOR′)가 만들어진다. 이 반응을 **피셔 에스터화**(Fischer esterification)라고 한다. 이 에스터화는 알코올의 OR′기가 초기 카복실산의 OH기를 대체하기 때문에 치환이다.

피셔 에스터화

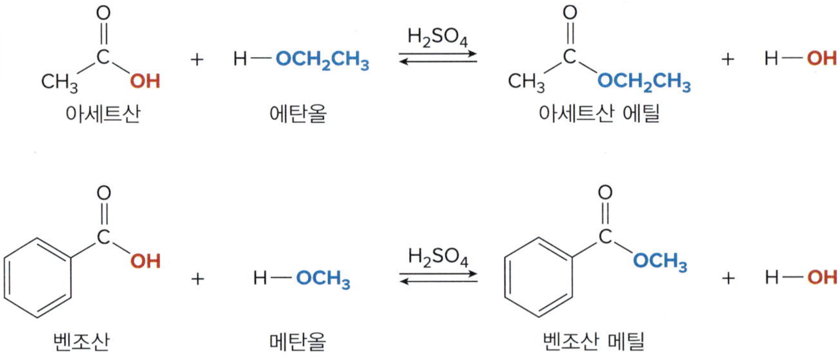


이 반응은 평형 과정이다. **르샤틀리에 원리**(Le Châtelier's principle)에 따르면, 평형에 있는 계는 방해 또는 스트레스를 받으면 방해에 대응하거나 스트레스를 완화하는 방향으로 반응한다. 따라서 과량의 알코올을 사용하거나 또는 생성되는 물을 제거하면 반응은 오른쪽으로 이동된다. $H_2O$의 원소들이 어디에서 나오는지 주목하자. OH기는 카복실산에서 나오고, H 원자는 알코올(R′OH)의 수소로부터 온다.

### 예제 10.6 피셔 에스터화의 생성물 그리기

프로판산($CH_3CH_2CHOOH$)이 $H_2SO_4$ 존재 하에 메탄올($CH_3OH$)로 처리될 때 어떤 에스터가 생성되는가?

**분석**

아실 치환의 생성물의 구조를 그리기 위해 카복실산의 카복실기를 반응하는 작용기(이 경우에는 알코올의 OH기)의 옆에 놓는다. 그리고 나서 카복실산의 OH기를 알코올의 OR′기로 치환하여 카보닐 탄소에 새로운 C—O 결합을 만든다.

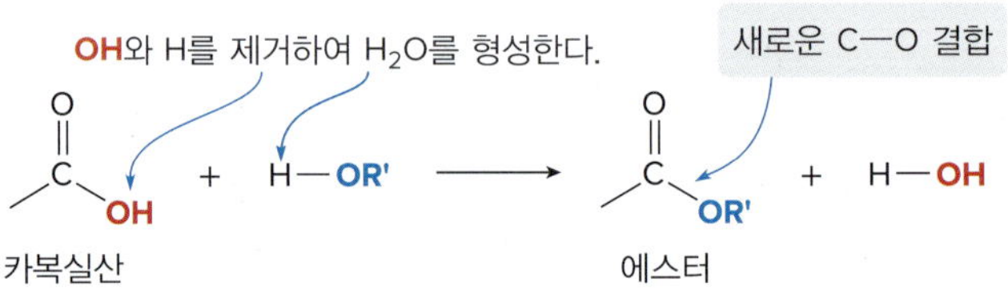


**해답**

프로판산의 OH기를 메탄올의 $OCH_3$기로 치환하여 에스터를 형성한다.

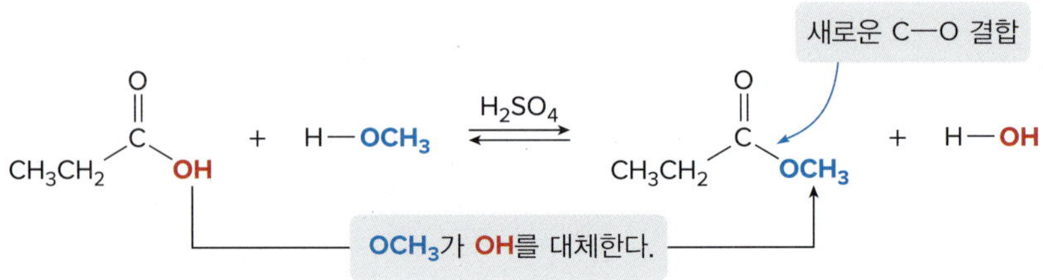

**연습문제 10.6**

각 카복실산이 $H_2SO_4$ 존재 하에 에탄올($CH_3CH_2OH$)로 처리되면 어떤 에스터가 생성되는가?

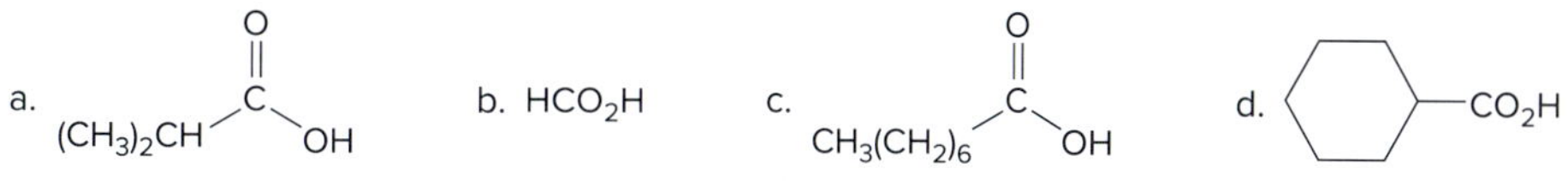


피셔 에스터화는 **살리실산**(salicylic acid)으로부터 **아스피린**(aspirin)을 합성하는 데 사용될 수 있다.

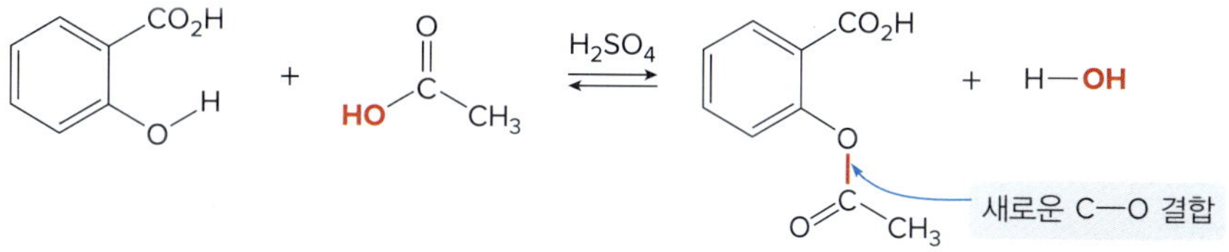


살리실산 아세트산 아스피린

## 10.7B 아마이드 형성

카복실산(RCOOH)을 암모니아($NH_3$) 또는 아민($R'NH_2$ 또는 $R'_2NH$)과 함께 가열하면 아마이드가 생성된다. 카복실산으로부터 아마이드의 생성은 산의 OH기가 질소를 포함하는 기에 의해 치환되므로 치환 반응이다.

**아마이드 형성**

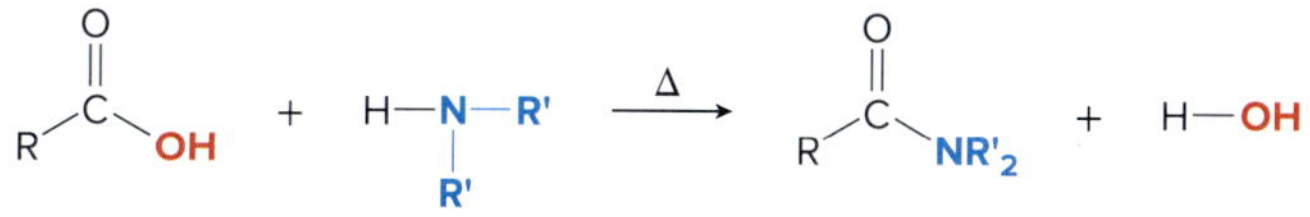


카복실산 R' = H 또는 알킬 아마이드

질소 화합물이 생성되는 아마이드의 유형을 결정한다.

- RCOOH와 $NH_3$의 반응은 1차 아마이드($RCONH_2$)를 생성한다.
- RCOOH와 $R'NH_2$의 반응은 2차 아마이드(RCONHR′)를 생성한다.
- RCOOH와 $R'_2NH$의 반응은 3차 아마이드($RCONR'_2$)를 생성한다.

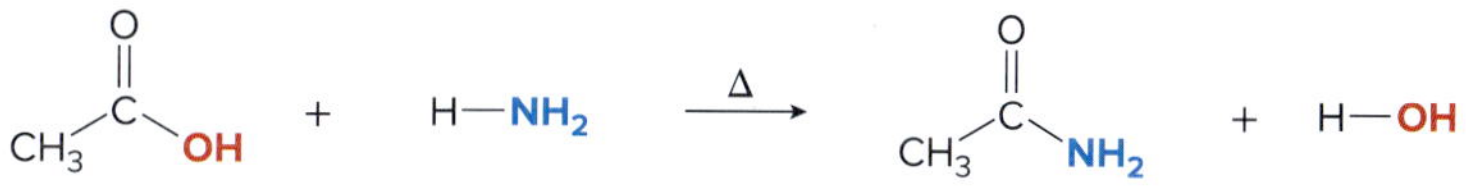


아세트산 암모니아 1차 아마이드

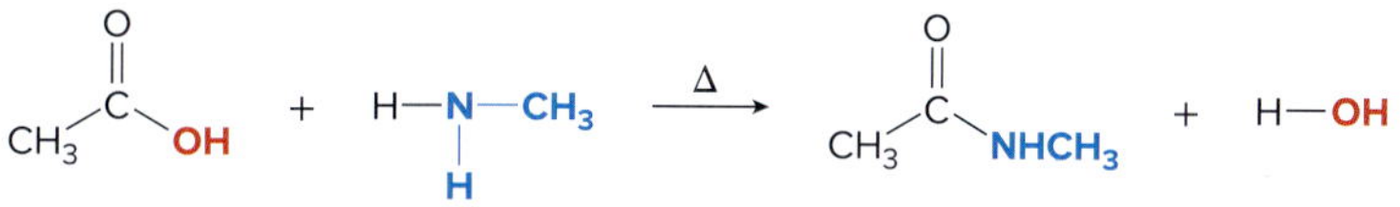


아세트산 메틸아민 2차 아마이드

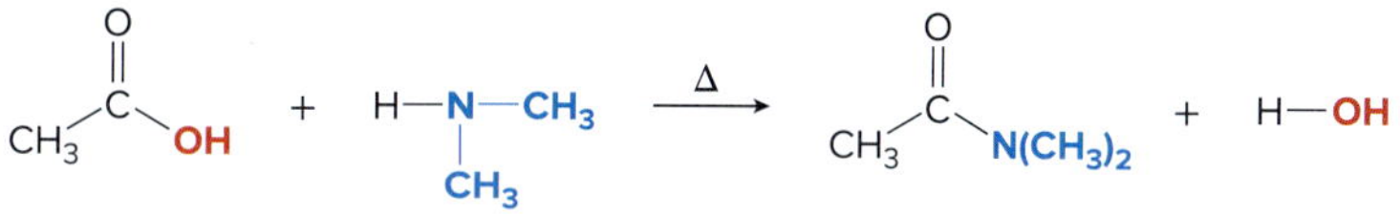


아세트산 다이메틸아민 3차 아마이드

유용한 아마이드는 이러한 반응으로 만들어질 수 있다. 카복실산 X와 다이에틸아민(diethylamine)과의 반응은 **DEET**로 잘 알려져 있는 3차 아마이드 *N,N*-다이에틸-*m*-톨루아마이드(*N,N*-diethyl-*m*-toluamide)를 생성한다. DEET는 가장 널리 사용되는 방충제의 활성 성분이며 모기, 벼룩, 진드기 제거에 효과적이다.

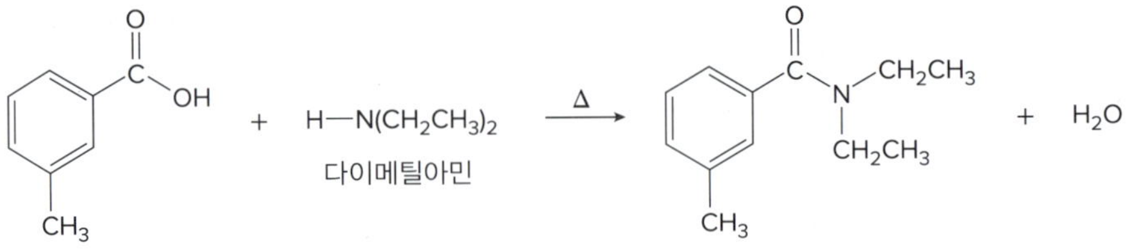


### 건강 노트

DEET를 포함하는 방충제는 웨스트 나일 바이러스(West Nile virus) 및 라임병(Lyme disease)과 같은 많은 곤충 매개 질병의 확산 때문에 특히 인기가 있다. DEET는 곤충을 죽이지 않고 내쫓는다. DEET는 어떤 방식으로든 곤충을 혼란하게 하여 인체 주변의 따뜻하고 습한 공기를 감지할 수 없게 하는 것으로 여겨진다.

### 예제 10.7 카복실산과 아민과의 반응의 생성물 그리기

프로판산($CH_3CH_2COOH$)이 에틸아민($CH_3CH_2NH_2$)과 함께 가열될 때 어떤 아마이드가 생성되는가?

**분석**

아마이드가 생성되는 생성물을 그리기 위해 카복실산의 카복실기를 아민의 H–N 결합 옆에 놓는다. 그리고 나서 카복실산의 OH기를 아민의 $NHCH_2CH_3$기로 대체하여 카보닐 탄소에 새로운 C—N 결합을 형성한다.

**해답**

RCOOH와 N 원자에 1개의 알킬기를 갖는 아민($R'NH_2$)과의 반응은 2차 아마이드(RCONHR′)를 생성한다.

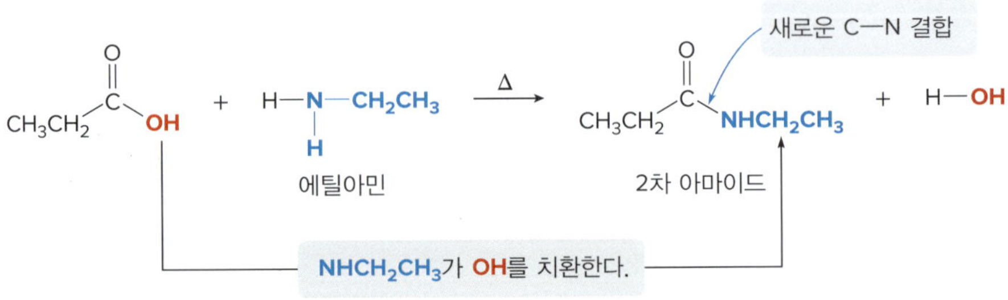


### 연습문제 10.7

$CH_3CH_2CH_2CH_2COOH$가 다음 각 화합물과 함께 반응하면 어떤 아마이드가 생성되는가?

a. $NH_3$ b. $(CH_3)_2NH$ c. 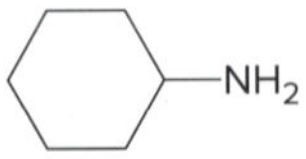 d. $CH_3NH_2$

## 10.8 에스터와 아마이드의 가수 분해

에스터와 아마이드도 또한 카보닐 탄소에서 치환 반응을 일으킨다. 예를 들어, 에스터와 아마이드는 물과 반응하여 카복실산을 형성한다. 이 반응은 물과 반응으로 결합이 깨진 것이기 때문에 **가수 분해**의 또 다른 예이다.

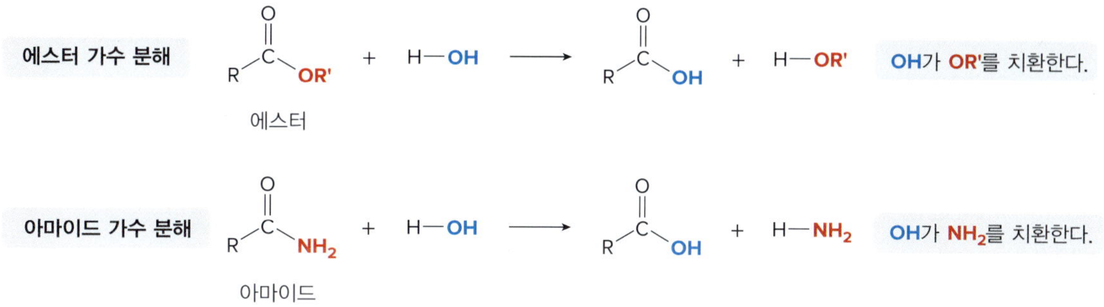


## 10.8A 에스터 가수 분해

에스터는 산이나 염기 존재 하에 물에 의해 가수 분해된다. 산 촉매 존재 하에 에스터 (RCOOR′)를 물로 처리하면 카복실산(RCOOH)과 한 분자의 알코올(R′OH)이 생성된다. 산성 수용액에서 에스터의 가수 분해는 과량의 물을 사용하여 오른쪽으로 이동하는 평형 반응이다.

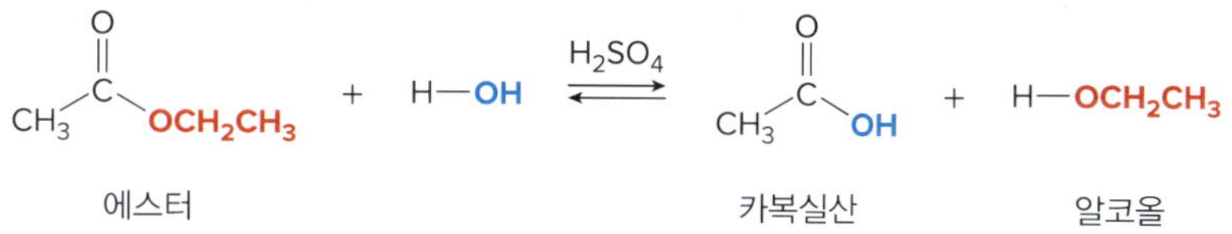


에스터는 염기성 수용액에서 가수 분해되어 카복실산 음이온과 한 분자의 알코올을 형성한다. 에스터의 염기성 가수 분해를 **비누화**라고 한다.

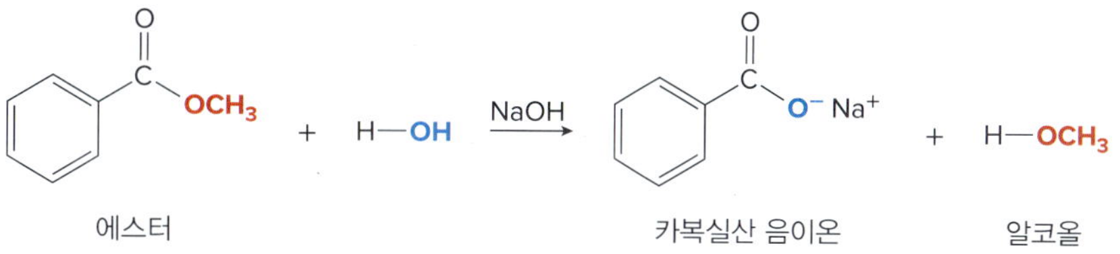


### 예제 10.8 산에서 에스터 가수 분해의 생성물 그리기

프로판산 에틸($CH_3CH_2CO_2CH_2CH_3$)이 $H_2SO_4$ 존재 하에 물에 의해 가수 분해될 때 어떤 생성물이 형성되는가?

**분석**

산에서 가수 분해 생성물을 그리기 위해 에스터의 OR′기를 물의 OH기로 대체하여 카보닐 탄소에 새로운 C—O 결합을 형성한다. 한 분자의 알코올(R′OH) 역시 에스터의 알콕시기(OR′)로부터 형성된다.

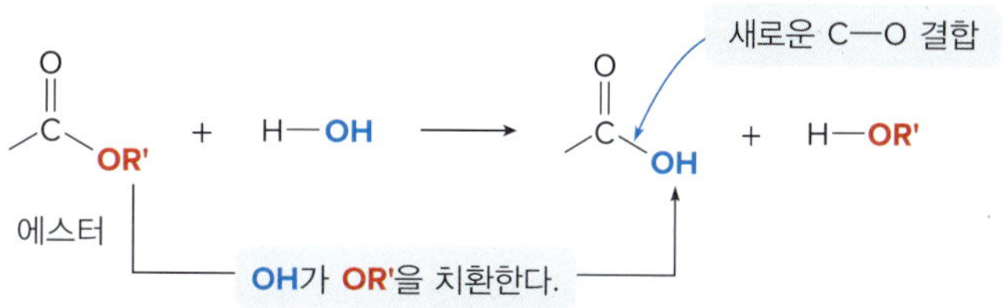


**해답**

프로판산 에틸의 $OCH_2CH_3$기를 물의 OH기로 치환하여 프로판산($CH_3CH_2CO_2H$)과 에탄올

$(CH_3CH_2OH)$을 형성한다.

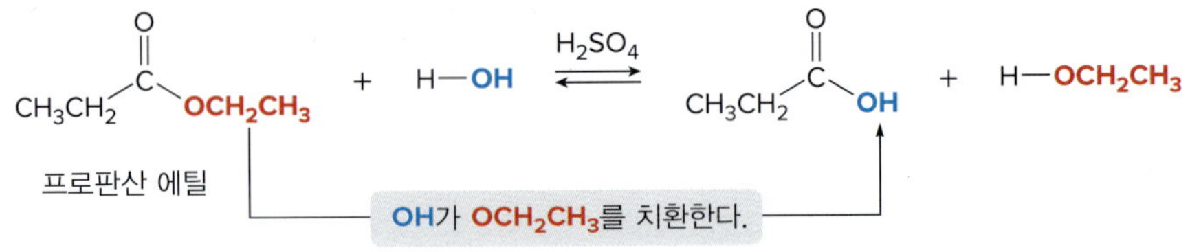


**연습문제 10.8**

각 에스터가 $H_2O$와 $H_2SO_4$로 처리되면 어떤 생성물이 생성되는가?

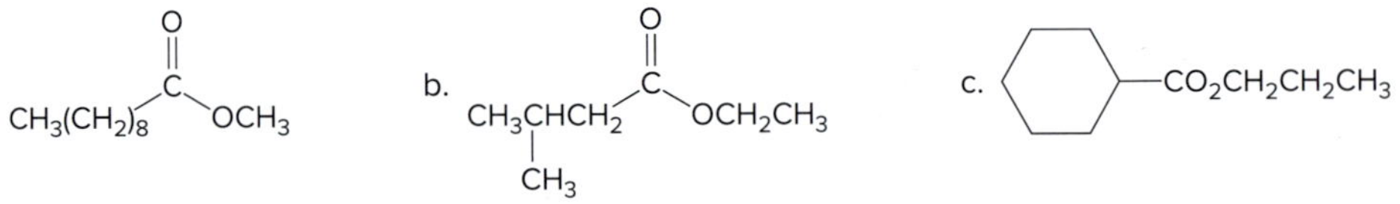


## 10.8B 아마이드 가수 분해

아마이드는 치환 반응에서 에스터보다 훨씬 반응성이 적다. 그럼에도 불구하고 강제적인 조건 하에서 아마이드는 산 또는 염기의 존재 하에 물에 의해 가수 분해될 수 있다. 산 촉매(HCl)의 존재 하에 아마이드(RCONHR')를 물로 처리하면 카복실산(RCOOH)과 **아민 염**($R'NH_3^+Cl^-$)이 형성된다.

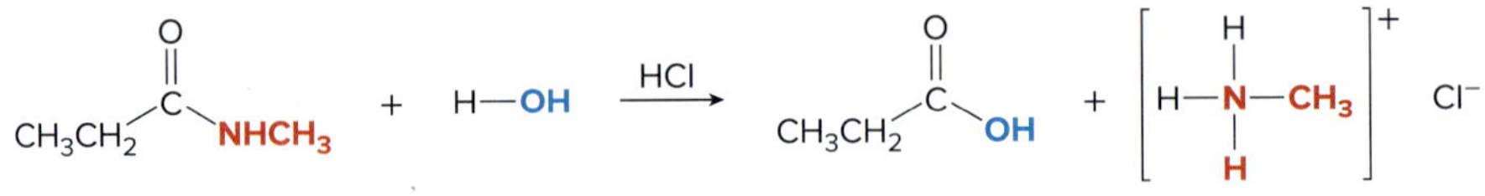

아마이드 카복실산 아민 염

아마이드는 염기성 수용액에서도 가수 분해되어 카복실산 음이온과 한 분자의 암모니아$(NH_3)$ 또는 아민을 형성한다.

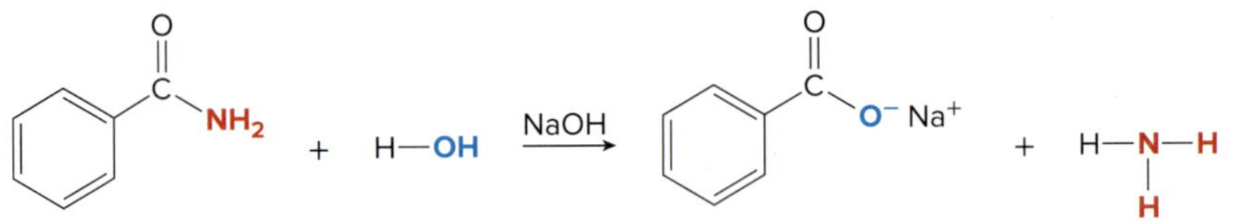

아마이드 카복실산 음이온 암모니아

아마이드 결합이 상대적으로 반응성이 적다는 것은 신체의 단백질에서 중요하다. 14장에서 알아볼 단백질은 아마이드 결합으로 연결된 고분자이다. 단백질은 산이나 염기가 없는 물에서 안정적이므로 분해되지 않고 세포에서 다양한 기능을 수행할 수 있다. 단백질에서 아마이드 결합의 가수 분해에는 다양한 특정 **효소**가 필요하다.

**예제 10.9 염기에서 아마이드 가수 분해의 생성물 그리기**

*N*-메틸아세트아마이드$(CH_3CONHCH_3)$가 NaOH 존재 하에 물에 의해 가수 분해되면 어떤 생성물이 형성되는가?

**분석**

염기에서 아마이드 가수 분해의 생성물을 그리려면 아마이드의 NHR′기를 산소 음이온$(O^-)$

으로 대체하여 카보닐 탄소에 새로운 C—O 결합을 만든다. 한 분자의 아민($R'NH_2$)도 아마이드의 질소 부분(NHR′)으로부터 생성된다.

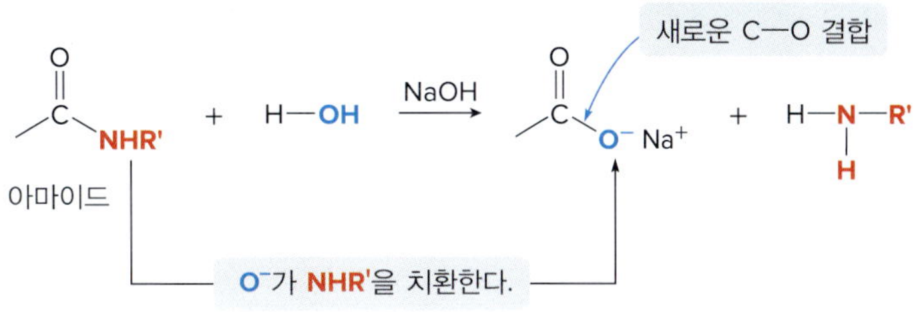


### 해답

*N*-메틸아세트아마이드(*N*-methylacetamide)의 $NHCH_3$기를 음의 전하를 갖는 산소 원자($O^-$)로 치환하여 아세트산 소듐($CH_3CO_2^-Na^+$)과 메틸아민($CH_3NH_2$)을 생성한다.

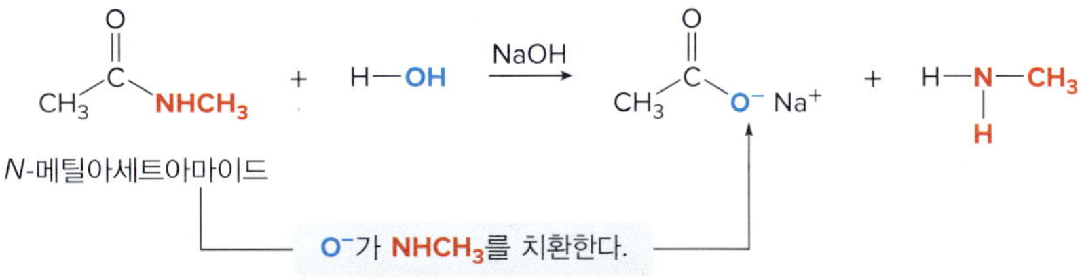


### 연습문제 10.9

각 아마이드가 $H_2O$와 $H_2SO_4$로 처리될 때 어떤 생성물이 생성되는가?

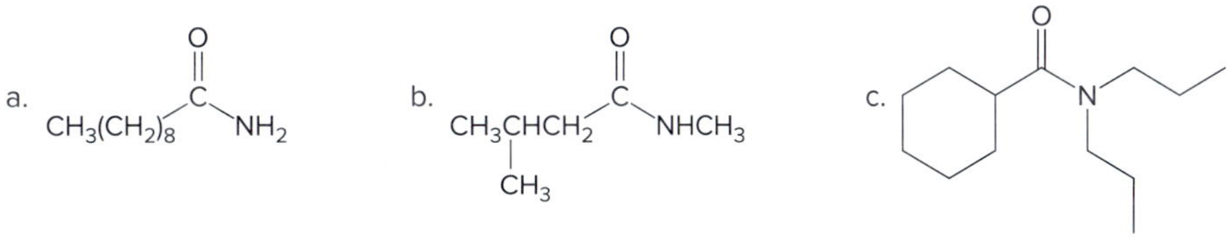

**소비자 노트**

듀폰(DuPont)은 1938년에 최초의 상업 나일론 공장을 건설했다. 나일론은 처음에 군대에서 낙하산을 만드는 데 사용되었지만, 2차 세계 대전 후 많은 일반적인 제품에서 실크를 빠르게 대체했다.

## 10.9 현대 사회에서 합성 고분자－폴리아마이드와 폴리에스터

모든 천연 및 합성 섬유는 **고분자**이다. **천연 섬유**는 식물 또는 동물 공급원에서 얻어질 수 있으며, 이는 화학 구조의 기본 성질을 결정한다. 동물에서 얻은 양모 및 실크와 같은 섬유는 단백질이며 많은 아마이드 결합으로 서로 연결되어 있다.

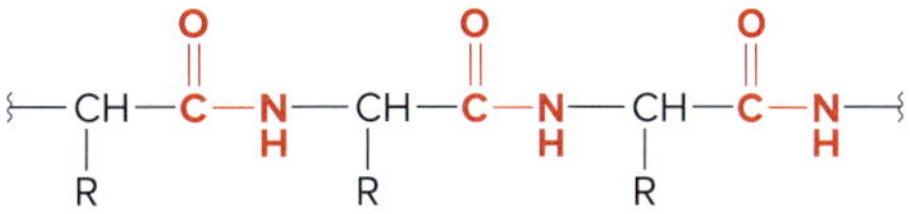

울과 실크—많은 아마이드 결합(빨간색으로 표시)을 포함하는 고분자

유기 화학의 중요한 실질적인 응용은 **합성 섬유**의 합성인데, 이들 중 다수는 천연 섬유와는 다른 성질을 가지며 때때로 훨씬 우수한 성질을 보인다. 두 가지 일반적인 부류의 합성 고분자는 **폴리아마이드**와 **폴리에스터**이다.

## 10.9A 나일론–폴리아마이드

**소비자 노트**

나일론은 밧줄, 직물, 배낭, 열기구 및 낙하산을 포함한 다양한 소비자 제품에 사용된다. 나일론 봉합사는 의약에 사용된다.

실크와 유사한 성질을 가진 합성 섬유를 찾은 결과 **폴리아마이드**(polyamide)인 **나일론**(nylon)을 발견했다. 나일론에는 여러 가지 종류가 있지만 가장 잘 알려진 것은 나일론 6,6이다.

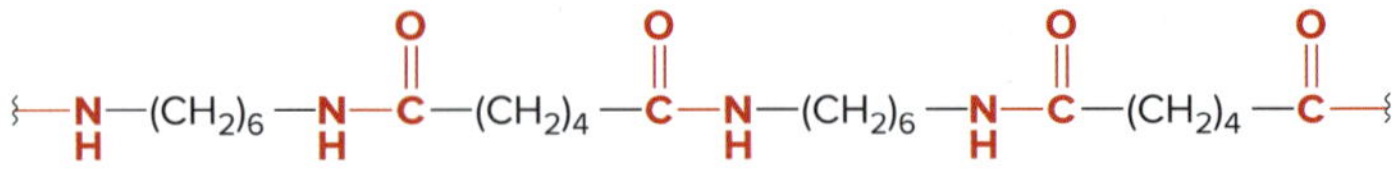

나일론 6,6
아마이드 결합은 빨간색으로 표시된다.

**나일론 6,6**을 합성하려면 두 가지의 **단량체**가 필요하다. 각 단량체는 6개의 탄소(이름에 명시)와 2개의 작용기를 가진다. 첫 번째 단량체는 다이카복실산인 아디프산[adipic acid, $HO_2C(CH_2)_4CO_2H$]이고, 두 번째 단량체는 다이아민인 헥사메틸렌다이아민[hexamethylenediamine, $H_2N(CH_2)_6NH_2$]이다. 두 가지 단량체를 고온에서 함께 가열하면 긴 고분자 사슬의 아마이드 결합이 형성된다. 각각의 아마이드가 형성될 때 $H_2O$ 분자는 출발 물질로부터 빠지게 된다. 나일론은 **축합 고분자**의 예이다.

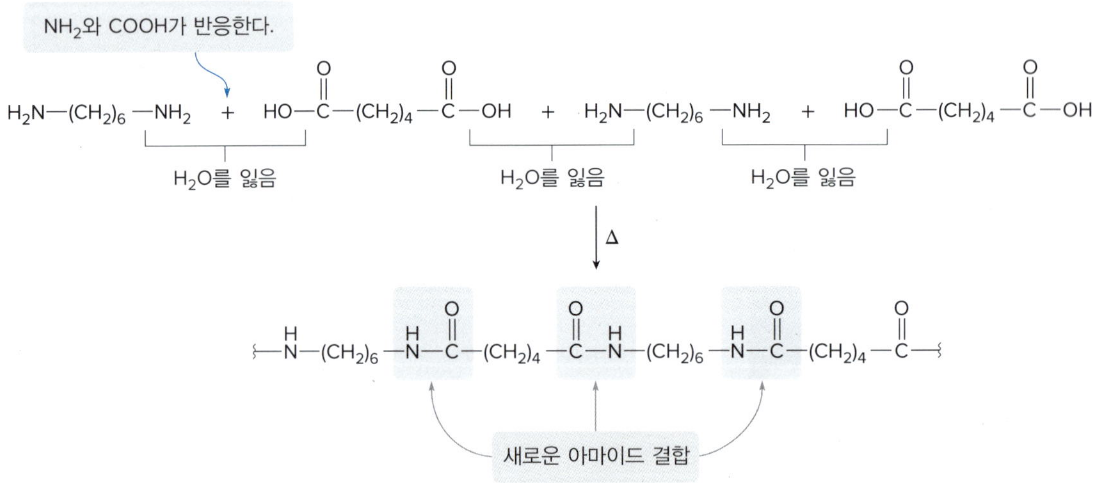


나일론 6,6

고분자는 처음에 6.6절에서 자세히 논의되었다.

- 축합 고분자는 2개의 작용기를 포함하는 단량체가 물과 같은 작은 분자를 함께 잃으면서 형성되는 고분자이다.

**케블라**(Kevlar)는 테레프탈산(terephthalic acid) 및 1,4-다이아미노벤젠(1,4-diaminobenzene)으로부터 형성된 폴리아마이드이다. 고분자 골격의 방향족 고리는 사슬을 나일론 6,6의 사슬보다 덜 유연하게 하여 결과적으로 매우 강한 물질을 만들게 된다. 케블라는 강도가 유사한 다른 재료에 비해 무게가 가벼우므로 방탄 조끼, 군용 헬멧 및 소방관이 사용하는 보호복과 같은 많은 제품에 사용된다.

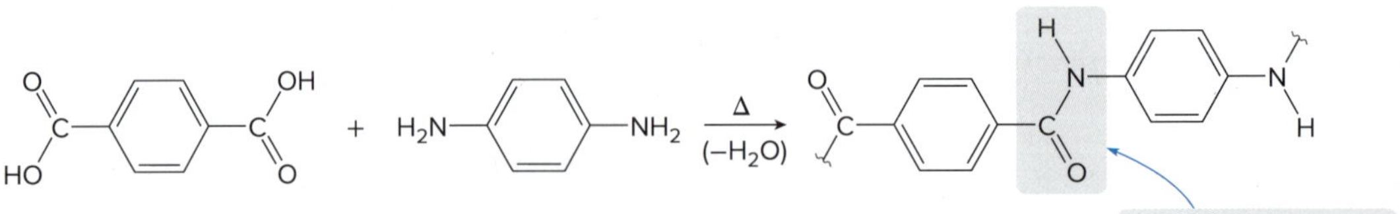


테레프탈산 (terephthalic acid) | 1,4-다이아미노벤젠 (1,4-diaminobenzene) | 케블라 (Kevlar) | 새로운 아마이드 결합

**소비자 노트**

케블라(Kevlar)로 강화된 아르마딜로(Armadillo) 자전거 타이어는 날카로운 물체로 잘 찔리지 않기 때문에 자전거 타는 사람에게는 거의 펑크 나는 경우가 없다.

## 예제 10.10 폴리아마이드를 만드는 데 필요한 다이아민과 다이카복실산 결정하기

폴리아마이드 A를 만들기 위해 어떤 다이아민과 어떤 다이카복실산이 필요한가?

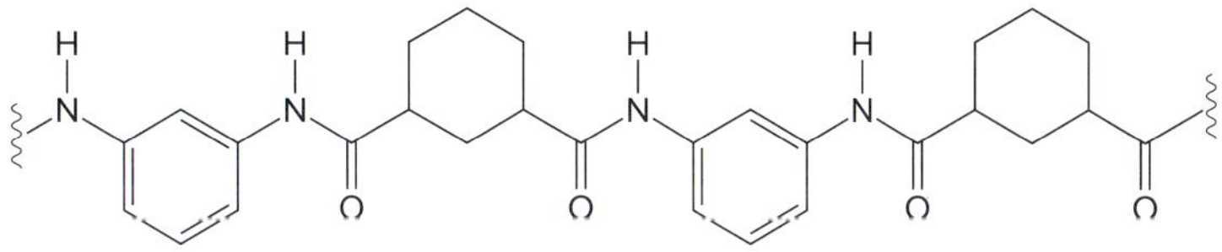

**A**

### 분석

출발 물질을 찾기 위해 다음을 수행한다.

- 고분자 사슬의 원자들을 연결하는 아마이드 결합을 찾는다.
- 아마이드의 N—C 결합을 아민을 형성하기 위한 N—H 결합과 카복실산을 형성하기 위한 HO–C 결합으로 대체한다.

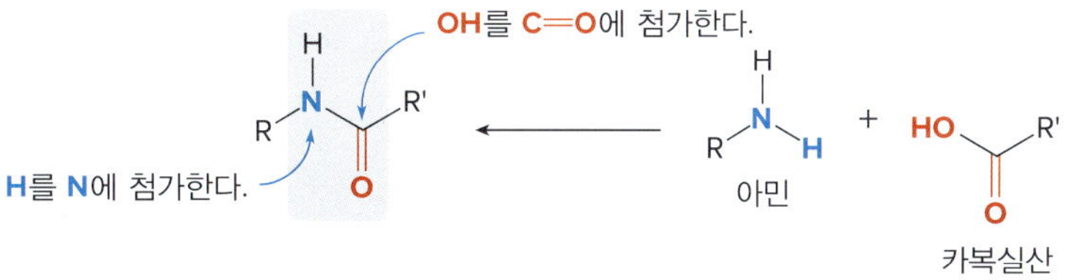


### 해답

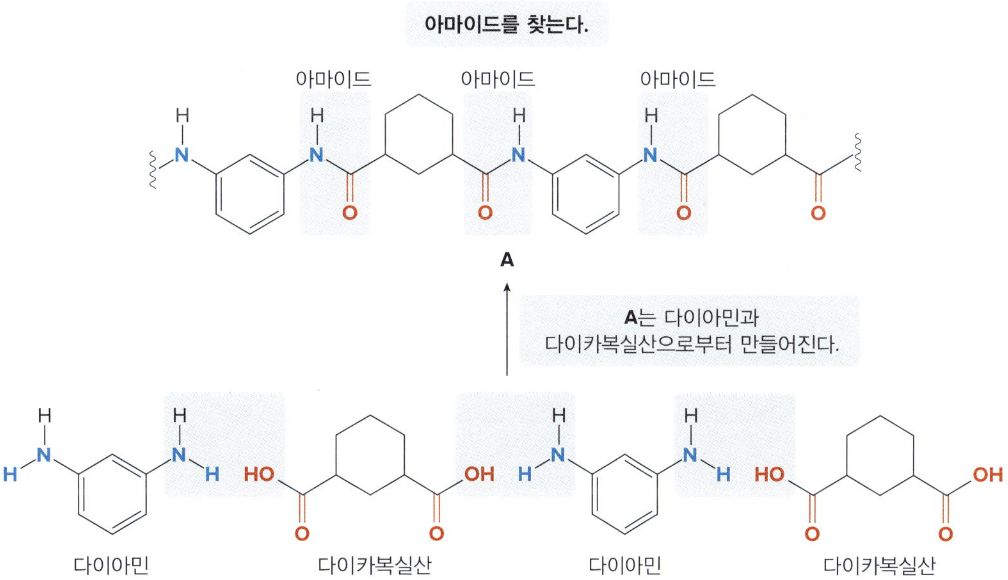


## 연습문제 10.10

나일론 6,10을 만드는 데 필요한 2개의 단량체는 무엇인가?

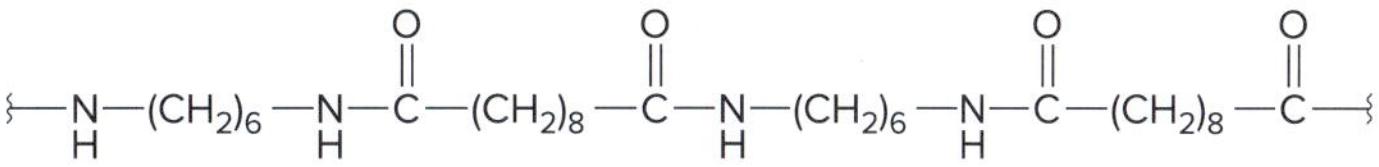

나일론 6,10

### 10.9B 폴리에스터

**폴리에스터**(polyester)는 **축합 고분자**의 두 번째 주요 부류를 구성한다. 가장 일반적인 폴리에스터는 **폴리에틸렌 테레프탈레이트**(PET: polyethylene terephthalate)이며, 이것은 용도에 따라 다양한 상표명[데이크론(Dacron), 테릴렌(Terylene) 및 마일라(Mylar)]으로 판매된다. 플라스틱 청량음료병은 PET로 만든다.

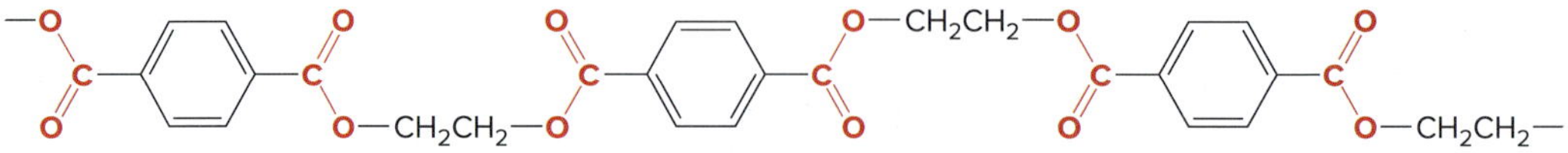

폴리에틸렌 테레프탈레이트
(PET: polyethylene terephthalate)
(에스터 결합은 빨간색으로 그려짐)

PET를 합성하는 한 가지 방법은 피셔 에스터화 반응에서 다이카복실산(terephthalic acid)과 에틸렌 글리콜($HOCH_2CH_2OH$)의 **산 촉매 반응**이다.

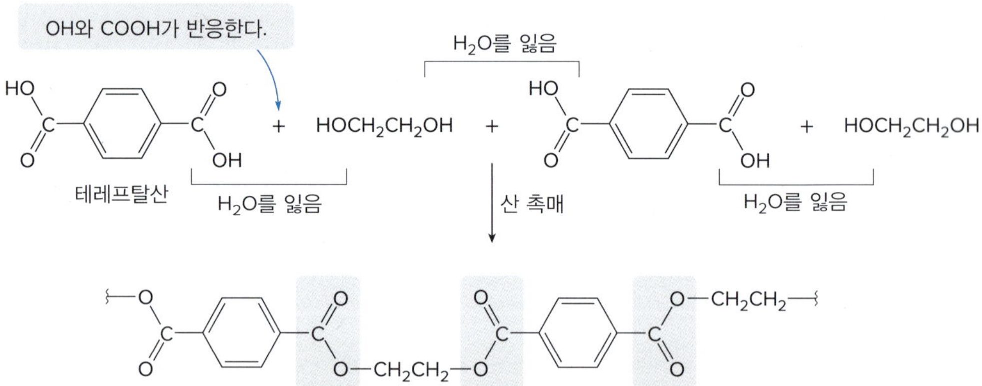


폴리에틸렌 테레프탈레이트
(PET: polyethylene terephthalate)

이 고분자는 쉽게 그리고 저렴하게 제조되며 강하면서 화학적으로 안정한 재료를 만들기 때문에 의류, 필름, 타이어 및 플라스틱 음료수 병에 사용되어 왔다. 폴리에스터 섬유는 인공 심장 판막 및 대체 혈관에도 사용된다(**그림 10.4** 참조).

**그림 10.4** PET의 의학적 사용

(a) PET는 인공 심장 판막에 있는 편직물을 만드는 데 사용된다.

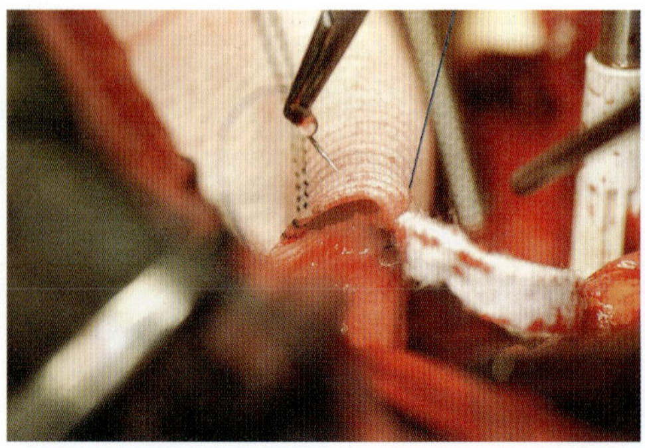

(b) 일부 대체 혈관은 PET로 만들어진다.

## 종합문제

### 구조와 결합

**10.1** 각 설명에 적합한 화합물의 구조를 그리시오.

a. 가장 긴 사슬에 6개 탄소를 갖는 분자식 $C_8H_{16}O_2$의 카복실산

b. 카보닐기에 연결된 메톡시기($OCH_3$)를 포함하는 분자식 $C_6H_{12}O_2$의 에스터

c. 고리 1개를 포함하는 분자식 $C_6H_{10}O_2$의 에스터

**10.2** 분자식 $C_5H_{11}NO$의 화합물의 구조를 그리시오.

a. 1차 아마이드

b. 2차 아마이드

c. 3차 아마이드

### 명명법

**10.3** 공-막대 모형으로 그려진 각 화합물의 알맞은 이름을 제시하시오.

a. 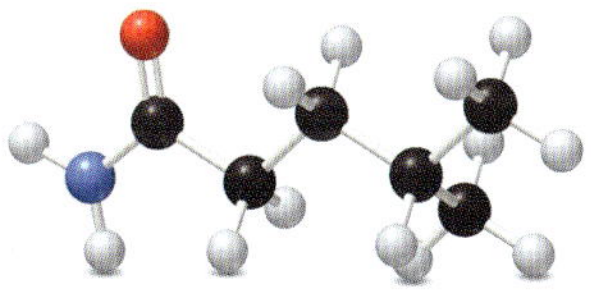

b. 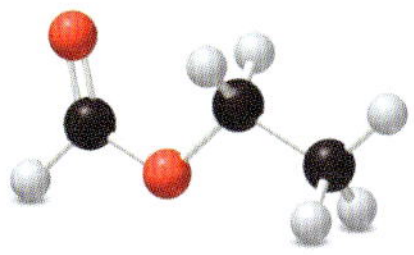

c. 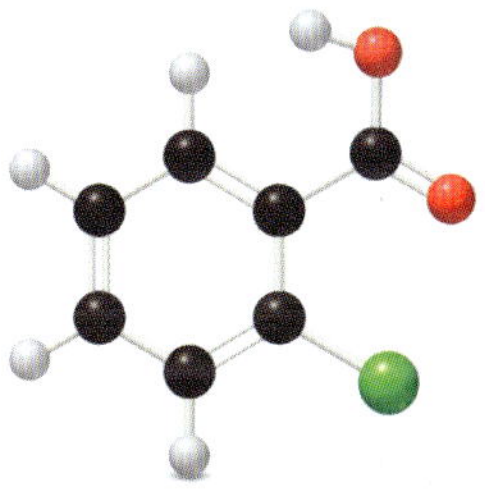

**10.4** 각 카복실산의 알맞은 이름을 제시하시오.

a. $(CH_3)_2CHCH_2CH_2COOH$

b. 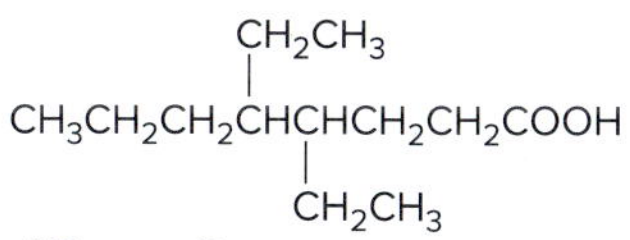

c. 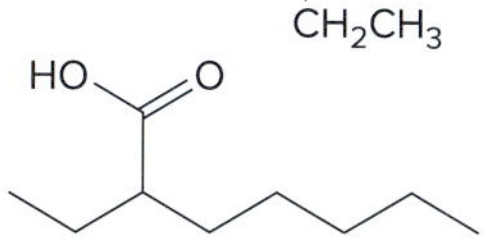

**10.5** 각 에스터의 알맞은 이름을 제시하시오.

a. $CH_3CH_2CH_2CO_2CH_2CH_2CH_3$

b. 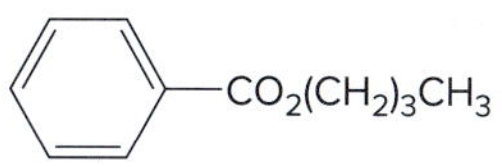

**10.6** 각 아마이드의 알맞은 이름을 제시하시오.

a. 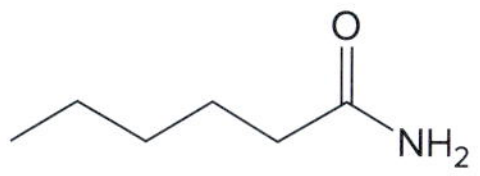

b. 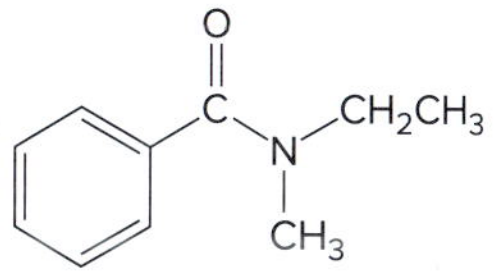

**10.7** 각 화합물의 알맞은 이름을 제시하시오.

a. $HCONH_2$

b. 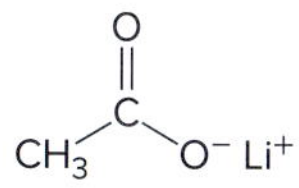

c. 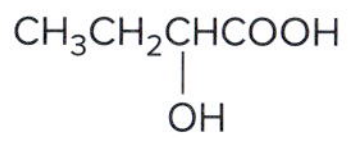

d. 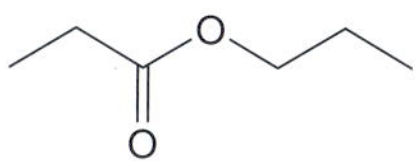

**10.8** 오렌지와 자몽에서 발견되는 화합물 $CH_3CO_2(CH_2)_7CH_3$의 알맞은 이름을 제시하시오.

**10.9** 각 이름에 해당하는 구조를 그리시오.

a. 2-하이드록시헵탄산(2-hydroxyheptanoic acid)

b. 4-클로로노난산(4-chlorononanoic acid)

c. 3,4-다이브로모벤조산(3,4-dibromobenzoic acid)

d. 프로판산 리튬(lithium propanoate)

e. 2,2-다이브로모뷰탄산(2,2-dibromobutanoic acid)

f. 2-메틸프로판산에틸(ethyl 2-methylpropanoate)

**10.10** 각 이름에 해당하는 구조를 그리시오.

a. 폼산 프로필(propyl formate)

b. 뷰탄산 뷰틸(butyl butanoate)

c. 벤조산 헵틸(heptyl benzoate)

d. *N*-에틸헤산아마이드(*N*-ethylhexanamide)

e. *N*-에틸-*N*-메틸헵탄아마이드(*N*-ethyl-*N*-methylheptanamide)

### 물리적 성질과 분자 간 힘

**10.11** 어떤 화합물(들)이 자신과 같은 또 다른 분자와 수소 결합할 수 있는가? 또 어떤 화합물이 물과 수소 결합할 수 있는가?

a. $HCO_2CH_3$

b. $CH_3CH_2CO_2H$

**10.12** 다음 화합물을 끓는점이 증가하는 순서대로 나열하시오.

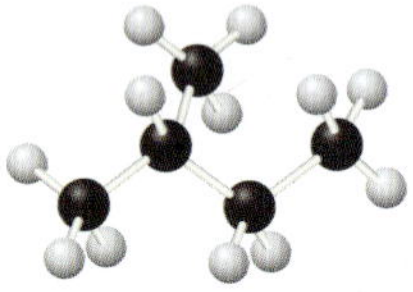

**A**

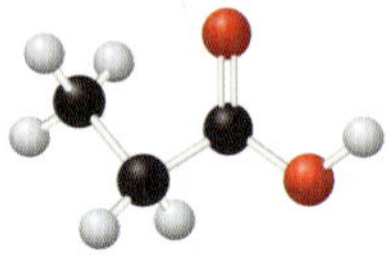

**B**

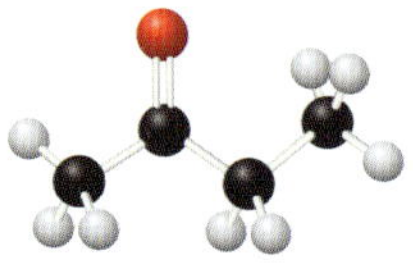

**C**

**10.13** $CH_3CH_2CONH_2$의 끓는점이 $CH_3CO_2CH_3$의 끓는점보다 높은 이유를 설명하시오.

## 산도

**10.14** 각 산-염기 반응의 생성물을 그리시오.

a. 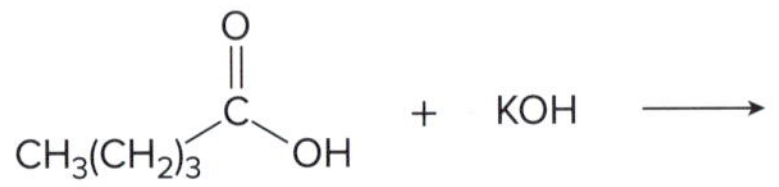

b. $(CH_3)_2CHCH_2CH_2COOH + Na_2CO_3 \longrightarrow$

## 에스터와 아마이드의 형성

**10.15** 뷰탄산($CH_3CH_2CH_2CO_2H$)이 $H_2SO_4$ 존재 하에 각 알코올과 반응할 때 생성되는 에스터는 무엇인가?

a. $CH_3OH$ b. $CH_3CH_2CH_2OH$

c. 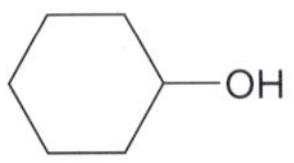 d. 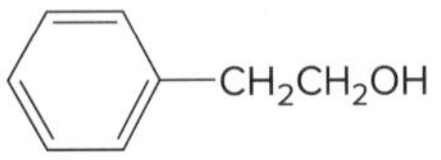

**10.16** 메틸파라벤은 화장품에 사용되는 일반적인 방부제이다. 피셔 에스터화에 의해서 메틸파라벤을 합성하기 위해 필요한 카복실산과 알코올은 무엇인가?

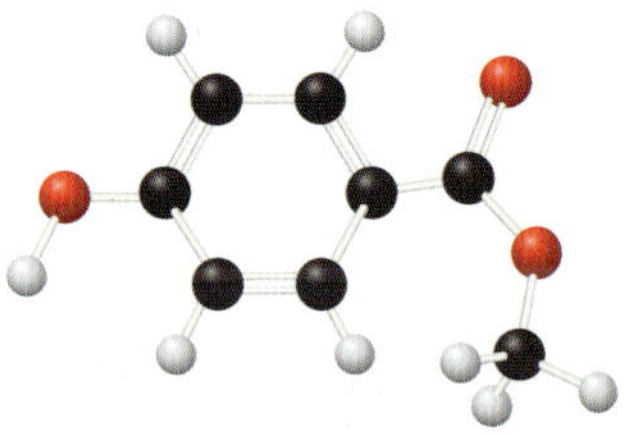

메틸파라벤(methylparaben)

**10.17** 뷰탄산($CH_3CH_2CH_2CO_2H$)이 각 질소 포함 화합물과 함께 가열될 때 어떤 아마이드가 생성되는가?

a. $NH_3$ b. $CH_3CH_2NH_2$
c. $(CH_3CH_2)_2NH$ d. $CH_3NHCH_2CH_3$

**10.18** 피셔 에스터화에 의해서 각 에스터를 합성하기 위해 필요한 에스터와 알코올은 무엇인가?

a. 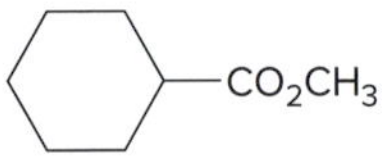

b. 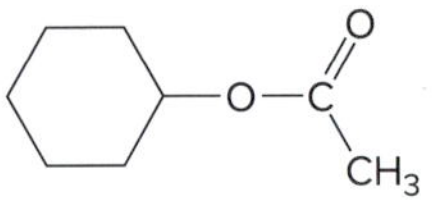

**10.19** 타이레놀(Tylenol)의 활성 성분인 아세트아미노펜을 합성하기 위해 필요한 카복실산과 아민은 무엇인가?

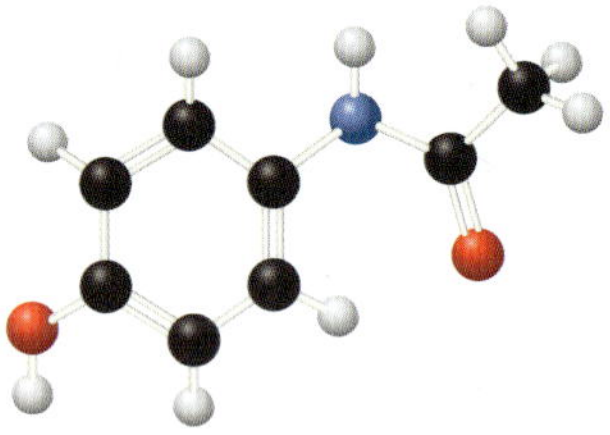

아세토아미노펜(acetoamnophen)

## 가수 분해

**10.20** 페닐아세트산에틸($C_6H_5CH_2CO_2CH_2CH_3$)은 꿀에서 자연 발생적으로 존재하는 에스터이다. 이 에스터가 물과 $H_2SO_4$로 처리될 때 생성되는 가수 분해 생성물은 무엇인가?

**10.21** 각 에스터가 물과 $H_2SO_4$에 의해서 가수 분해될 때 생성되는 생성물은 무엇인가?

a. 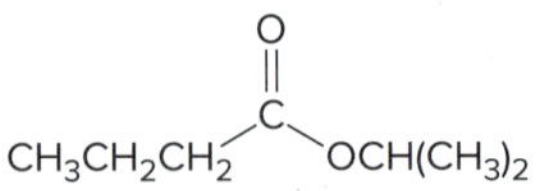

b. 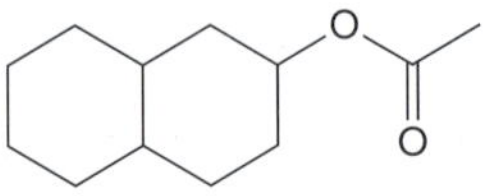

c. 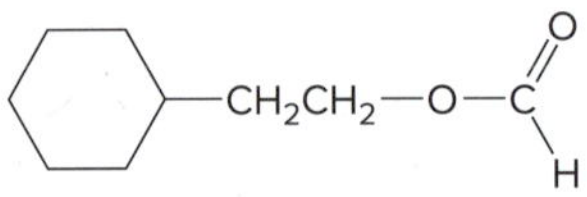

**10.22** 각 아마이드가 물과 HCl에 의해 가수 분해될 때 생성되는 생성물은 무엇인가?

a. 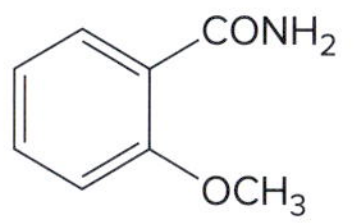

b. $(CH_3)_3CCON(CH_3)_2$

c. 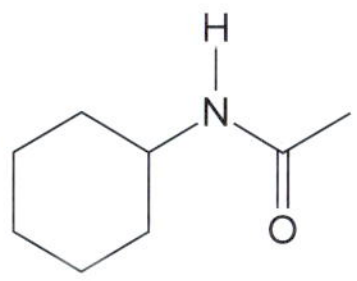

## 폴리에스터와 폴리아마이드

**10.23** 다음의 폴리아마이드를 만들기 위해 필요한 다이카복실산과 다이아민은 무엇인가?

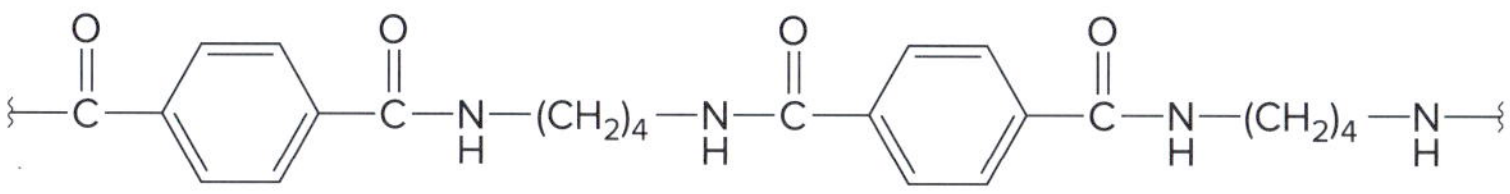

**10.24** PTT(폴리트라이메틸렌 테레프탈레이트, polytrimethylene terephthalate)는 주어진 반응에 의해 1,3-프로페인다이올($HOCH_2CH_2CH_2OH$)로부터 생성되는 폴리에스터이다. PTT는 듀퐁(DuPont)에 의해 상표명 소로나(Sorona)로 판매된다. 1,3-프로페인다이올은 이제 석유 출발 물질이 아닌 옥수수와 같은 식물원으로부터 만들어질 수 있다. 이것을 PTT를 PET보다 더 욱 친환경적인 폴리에스터로 만들 수 있다. PTT의 구조는 무엇인가?

테레프탈산 (terephthalic acid) 1,3-프로페인다이올 (1,3-propanediol)

## 일반적인 문제

**10.25** 각 반응에서 생성되는 생성물을 그리시오.

a. 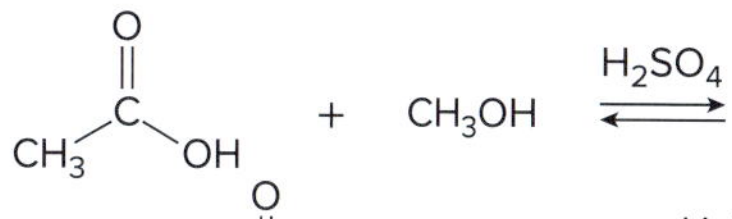

b. 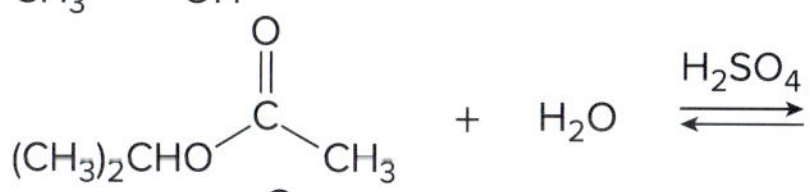

c. 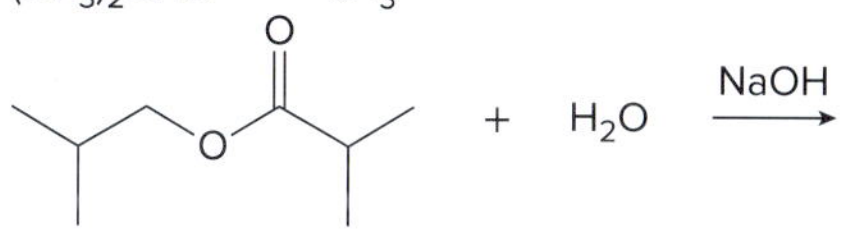

d. 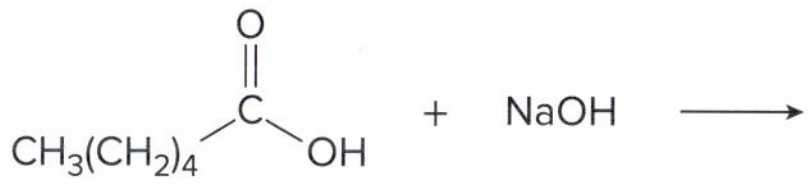

**10.26** 공-막대 모형으로 그려진 A에 대한 다음 물음에 답하시오.

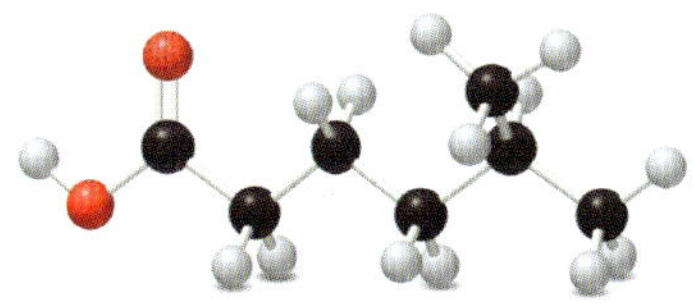

**A**

a. A의 IUPAC 이름은 무엇인가?
b. 동일한 작용기를 갖는 A의 이성질체를 그리시오.
c. 다른 작용기를 갖는 A의 이성질체를 그리시오.
d. A를 NaOH로 처리할 때 생성되는 생성물은 무엇인가?
e. $H_2O$와 유기 용매에서 A의 용해도 성질을 각각 예측하시오.
f. A를 $CH_3CH_2OH$와 $H_2SO_4$로 처리할 때 생성되는 생성물은 무엇인가?
g. A를 $CH_3CH_2NH_2$와 함께 가열할 때 생성되는 생성물은 무엇인가?

CHAPTER 11

# 아민과 신경 전달 물질

Amines and Neurotransmitters

11.1 구조와 결합

11.2 명명법

11.3 물리적 성질

11.4 알칼로이드-식물에서 얻은 아민

11.5 염기로서 아민

11.6 신경 전달 물질


페루 안데스 산맥과 알래스카 길가에서 발견되는 꽃식물 속인 루핀(lupin)은 식물에서 자연 발생하는 아민인 알칼로이드를 함유하고 있다.

## 아민과 신경 전달 물질을 왜 연구할까

이 장에서는 질소 원자를 포함하는 유기 화합물 **아민**(amines)에 주목한다. 아민의 질소 원자는 1개, 2개 또는 3개의 알킬기와 결합할 수 있으며 많은 아민이 질소 원자를 고리에 가지기도 한다. 모든 **단백질**은 많은 **비타민**과 **호르몬**과 마찬가지로 아민을 포함한다. 커피의 **카페인**과 담배의 **니코틴**과 같은 많은 일반적인 아민은 자연 발생적이다. 진정제, 항히스타민제 및 기관지 확장제로 사용되는 합성 약물도 아민 작용기를 포함한다. 11장은 신체의 중요한 화학적 전달자인 **신경 전달 물질**(neurotransmitters) 및 다른 많은 관련 생리 활성 아민에 대한 논의로 마무리된다.

## 11.1 구조와 결합

아민(amines)은 암모니아($NH_3$)에서 1개 이상의 수소를 알킬기로 치환하면서 형성되는 유기 질소 화합물이다. 아민은 질소(nitrogen) 원자에 결합되어 있는 알킬기의 수에 따라 1차(1°), 2차(2°), 3차(3°) 아민으로 분류된다.

아민을 1차, 2차, 또는 3차로 분류하는 것은 10장에서 아마이드의 분류를 연상시키지만 알코올과 알킬 할라이드(alkyl halides)를 1차, 2차, 3차로 분류하는 것과는 다르다. 예를 들어, 2차 아민과 2차 알코올을 비교해 보자. 2차 아민($R_2NH$)은 2개의 C—N 결합을 가진다. 2차 알코올($R_2CHOH$)은 단지 하나의 C—O 결합을 갖지만 산소와 결합하고 있는 탄소에 2개의 C—C 결합을 가진다.

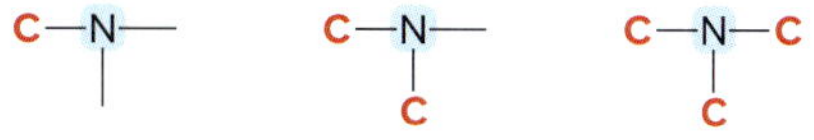

1차(1°) 아민 2차(2°) 아민 3차(3°) 아민

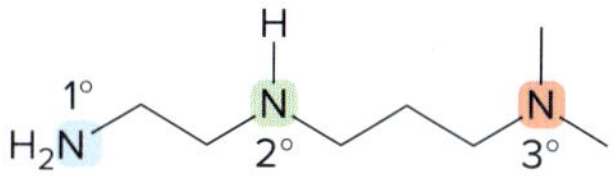


- **1차(1°) 아민**은 1개의 C—N 결합을 포함하며 일반적인 구조식은 $RNH_2$이다.
- **2차(2°) 아민**은 2개의 C—N 결합을 포함하며 일반적인 구조식은 $R_2NH$이다.
- **3차(3°) 아민**은 3개의 C—N 결합을 포함하며 일반적인 구조식은 $R_3N$이다.

암모니아와 마찬가지로 아민의 질소 원자는 일반적으로 축약 구조에서는 생략되는 1개의 고립 전자쌍을 가진다. 질소 원자에 결합된 네 번째 알킬기를 포함하는 것은 **4차 암모늄 이온**이다. 이런 경우에 질소 원자는 고립 전자쌍을 갖지 않고 양전하를 가진다.

**일반 구조** **예**

4차 암모늄 이온 N에 고립 전자쌍이 없다.

7.6절로부터 헤테로 고리는 N, O 또는 S과 같은 헤테로 원자를 포함하는 고리임을 상기해 보자.

아민의 질소 원자는 또한 고리의 일부가 되어 **헤테로 고리**를 형성할 수 있다. 예를 들어, 후추에서 분리되는 화합물 중 하나인 피페리딘(piperidine)과 독미나리(hemlock)의 독성인 코니인(coniine)은 모두 6-원자 고리를 포함한다.

후추 식물

독미나리

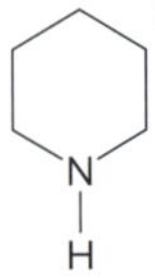

피페리딘(piperidine)

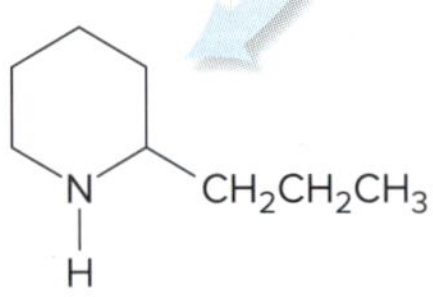

코니인(coniine)

아민의 질소 원자는 3개의 원자와 1개의 고립 전자쌍으로 둘러싸여 있어서 **삼각 피라미드**의 모양을 만들며 결합 각도는 약 109.5°이다.

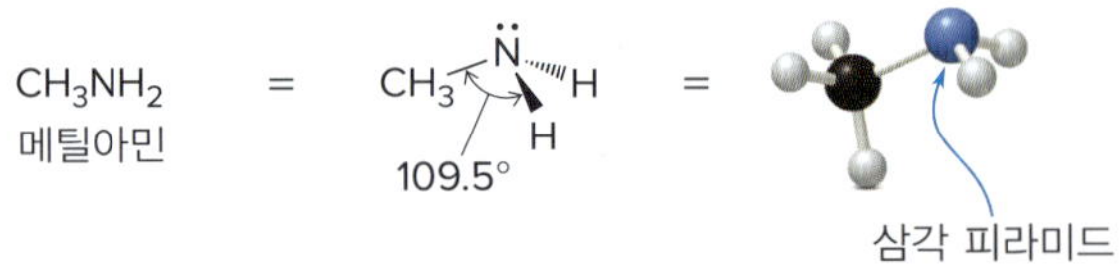


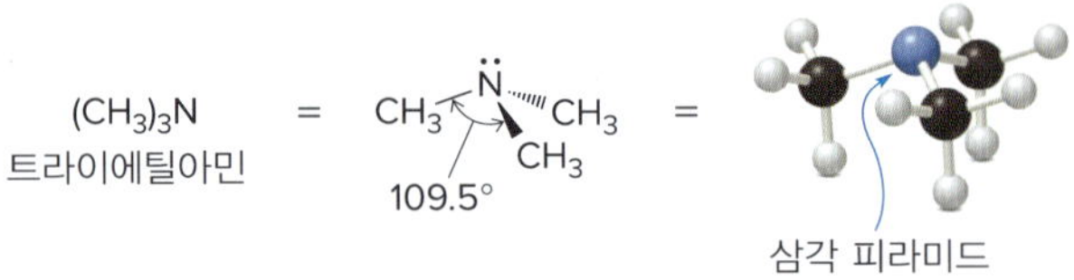


### 예제 11.1 아민 분류하기

다음 각 아민을 1차, 2차 또는 3차로 분류하시오.

퓨트레신(putrescine)은 물고기가 상했을 때 악취를 내는 성분 중의 하나이다. MDMA는 '엑스터시(ecstasy)'라고 불리는 불법 환각제이다.

a. $H_2N(CH_2)_4NH_2$

퓨트레신

b. 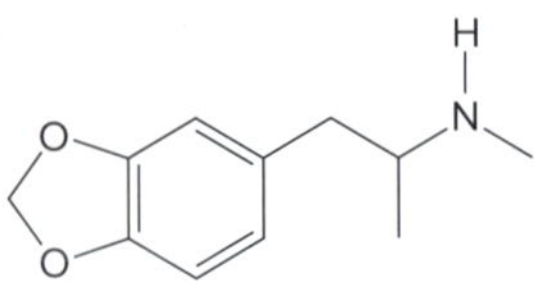

MDMA

**'엑스터시'**

#### 분석

아민이 1차, 2차 또는 3차인지 결정하기 위해 질소 원자와 결합한 탄소 원자의 수를 센다. 1차 아민은 1개의 C—N 결합을 가진다. 2차는 2개, 3차는 3개를 가진다.

#### 해답

구조를 그리거나 골격 구조에 H를 추가하여 아민에 포함된 C—N 결합 수를 확실하게 확인한다.

a. $H-\underset{|}{\overset{}{N}}-CH_2CH_2CH_2CH_2-\underset{|}{N}-H$ (각 N에 H가 하나 더 결합)

퓨트레신

각 N은 단지 1개의 C에 결합되어 있다.
두 아민은 1차이다.

b. 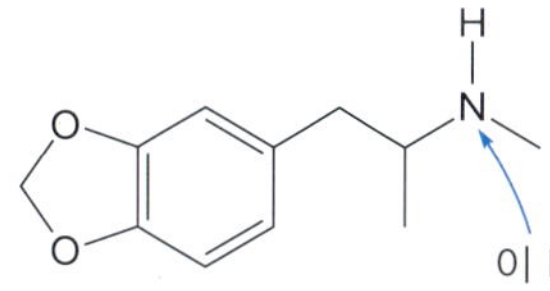

이 N은 2개의 C에 결합되어 있으므로 2차이다.

MDMA
'엑스터시'

### 연습문제 11.1

다음 각 아민을 1차, 2차 또는 3차로 분류하시오.

a. $H_2N(CH_2)_3NH(CH_2)_4NH(CH_2)_3NH_2$

스페르민(spermine,
정액으로부터 분리됨)

b. 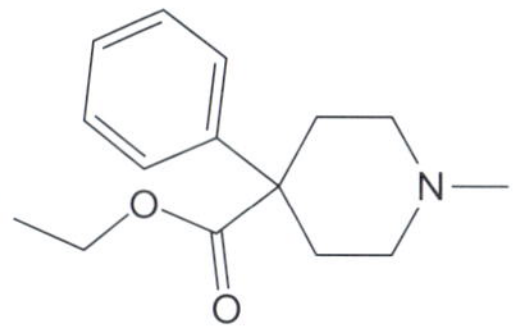

메페리딘(meperidine, 상품명 Demerol)

**메탐페타민**(methamphetamine, 그림 11.1)은 이 장에서 논의된 많은 생물학적 활성 아민 중의 하나이다. 사용자의 기분을 매우 좋게 만들기 때문에 메탐페타민은 몸과 정신에 심각한 영향을 끼치고 널리 남용되고 있는 불법 약물이다. 스피드, 메스 또는 크리스탈 메스로 알려진 메탐페타민은 중독성이 강하고 합성하기 쉬우며 심장, 폐, 혈관 및 기타 기관에 좋지 않은 영향을 준다. 장기간 사용하면 불면증, 발작, 환각, 편집증 및 심각한 심장병으로 이어질 수 있다.

그림 11.1 메탐페타민(methamphetamine) 사용의 효과

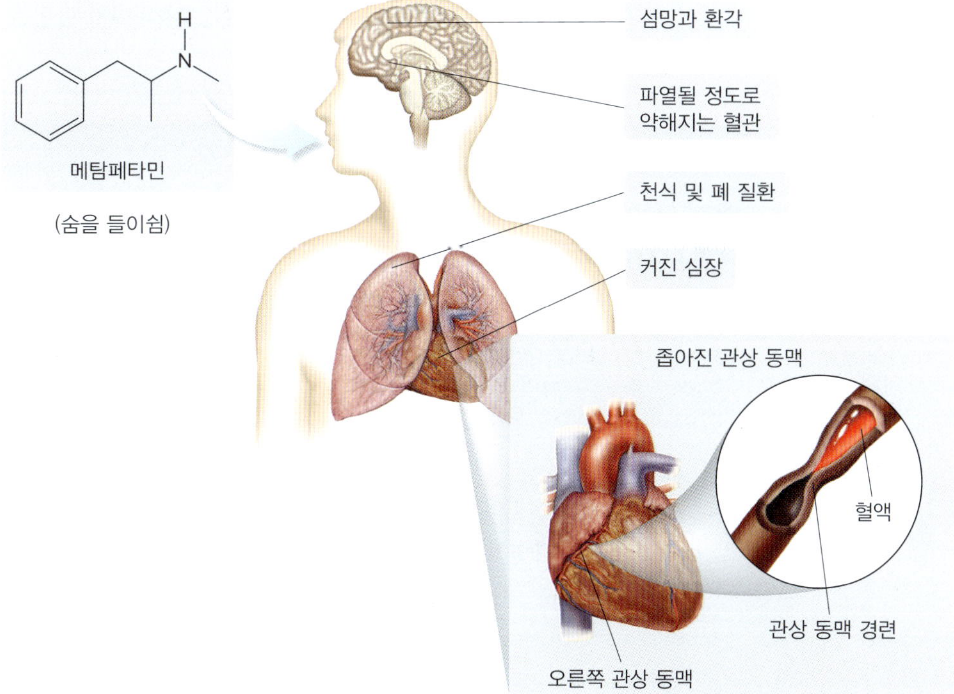


동맥 경련 시 혈류가 수축되어
심장 마비가 발생한다.

## 11.2 명명법

### 11.2A 1차 아민

1차(1°) 아민은 체계명 또는 관용명을 사용하여 명명된다. 어떤 아민이든 체계명을 사용할 수 있다. **체계명**(systematic name)을 지정하려면 아민 질소에 결합된 가장 긴 탄소 사슬을 찾고 모체 알케인의 -**e** 끝을 접미사-**아민**(amine)으로 변경한다. 그런 다음 일반적인 명명법 규칙을 사용하여 사슬에 번호를 매기고 치환기의 이름을 정한다.

관용명은 단순한 아민에만 사용된다. 관용명을 지정하려면 질소 원자에 결합된 알킬기의 이름을 정하고 접미사 -아민(-amine)을 추가하여 한 단어로 만든다.

$CH_3NH_2$
관용명: 메틸아민(methylamine)
체계명: 메탄아민(methanamine)

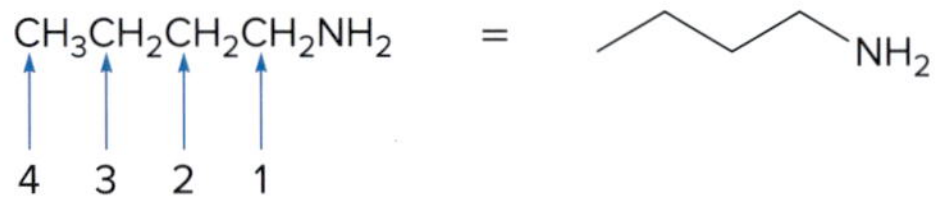

관용명: 뷰틸아민(butylamine)
체계명: 1-뷰탄아민(1-butanamine)

### 11.2B 2차 및 3차 아민

동일한 알킬기를 갖는 2차(2°)와 3차(3°) 아민은 1차 아민의 이름에 접두사 다이(di-) 또는 트라이(tri-)를 붙여 명명한다.

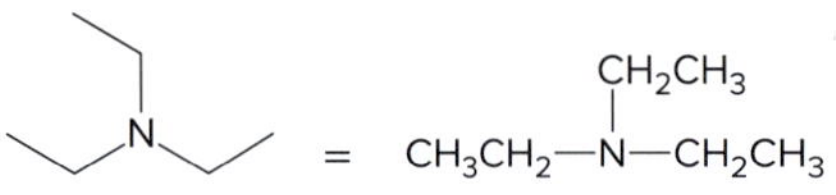

트라이에틸아민(triethylamine)

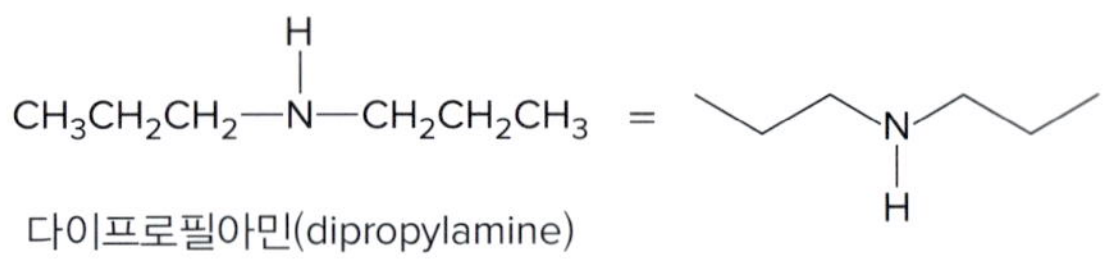

다이프로필아민(dipropylamine)

한 종류보다 더 많은 알킬기를 갖는 2차와 3차 아민은 다음 방법으로 N- 치환된 1차 아민으로 명명된다.

#### 상이한 알킬기를 갖는 2차와 3차 아민의 명명하는 방법

**예** 다음 2차 아민을 명명하시오. $(CH_3)_2CHNHCH_3$

**단계 [1]** N 원자에 결합된 가장 긴 알킬 사슬(또는 가장 큰 고리)을 모체 아민으로 명명한다.

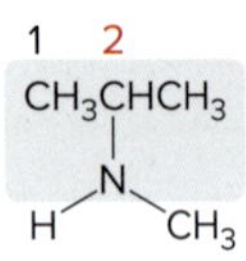


- 가장 긴 사슬이 3개의 C를 갖기 때문에 모체 이름은 프로판아민(propanamine)이다.
- N 원자가 가운데 탄소에 결합되어 있기 때문에 이름은 2-프로판아민(2-propanamine)이다.

**단계 [2]** N 원자에 있는 나머지 기들을 알킬기로 명명하되 1개보다 더 많은 치환기에 대해서 알파벳 순서로 나열하고 각 이름에 접두사 N-을 붙인다.

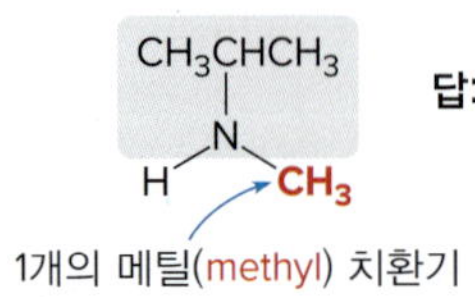


**답: *N*-메틸-2-프로판아민**(*N*-methyl-2-propanamine)

### 예제 11.2 아민 분류하기

각 아민에 대해 체계명을 작성하시오.

a. $CH_3CH_2CH_2CH_2CH_2NH_2$

b. 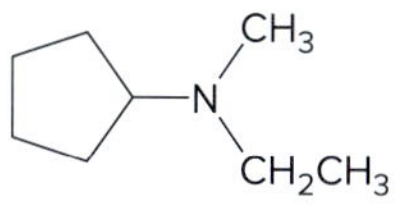


#### 분석과 해답

a. [1] 1차 아민의 경우 아민기를 포함하는 가장 긴 사슬을 찾고 명명한다.

$CH_3CH_2CH_2CH_2CH_2NH_2$

펜테인(pentane) (5개 탄소) ----→ 펜탄아민(pentanamine)

[2] 탄소 골격에 번호를 매긴다.

$CH_3CH_2CH_2CH_2CH_2NH_2$
5 2 1

숫자를 이용하여 $NH_2$기의 위치를 나타내야 한다.

**답: 1-펜탄아민**(1-pentanamine)

b. 3차 아민의 경우 N의 1개의 알킬기가 주요 R기가 되고 나머지는 치환기이다.

[1] N에 결합된 고리를 명명한다.

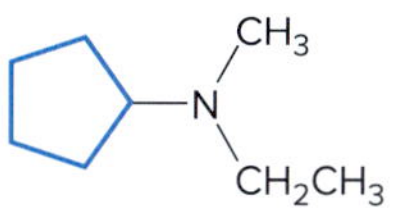


고리에 5개의 탄소
↓
사이클로펜탄아민

[2] 치환기를 명명한다.

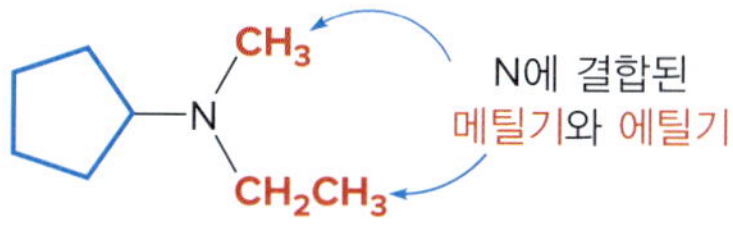


• N은 각 알킬기에 대해 필요하므로 2개가 필요하다.

**답: *N*-에틸-*N*-메틸사이클로펜탄아민**(*N*-ethyl-*N*-methylcyclopentanamine)

### 연습문제 11.2

각 아민에 알맞은 이름을 작성하시오.

a. 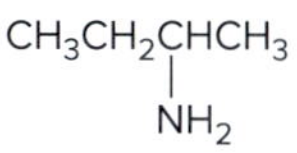


b. $CH_3CH_2CH_2NHCH_3$

c. 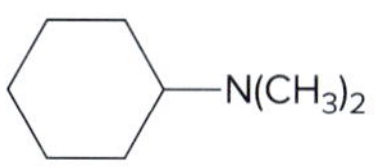


d. 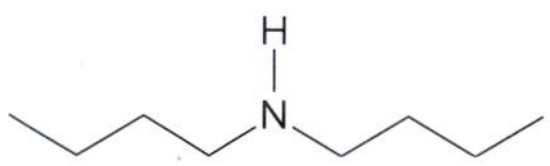


## 11.2C 방향족 아민

**방향족 아민**은 벤젠 고리에 직접 결합된 질소 원자를 포함하며 **아닐린**의 유도체로 이름을 짓는다.

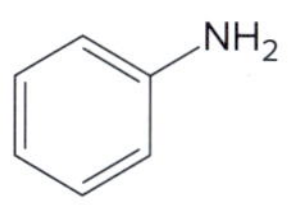


아닐린 (aniline)

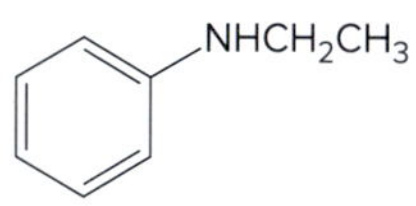


*N*-에틸아닐린 (*N*-ethylaniline)

*o*-브로모아닐린 (*o*-bromoaniline)

### 11.2D 기타 명명법

치환기로서 $NH_2$기는 **아미노기**(amino group)라고 한다.

다양한 질소 **헤테로 고리 화합물**이 있다. 각 고리의 유형은 고리에서 N 원자의 번호와 고리의 크기에 따라 다르게 명명된다. 네 가지 일반적인 질소 헤테로 고리 화합물의 구조와 이름은 다음에 주어진다.

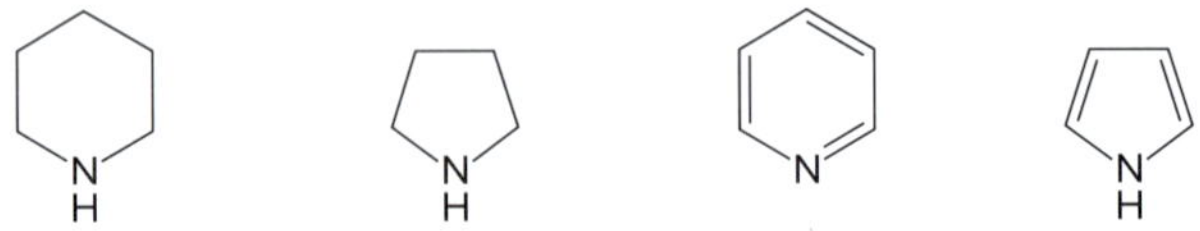


피페리딘 (piperidine) 파이롤리딘 (pyrrolidine) 피리딘 (pyridine) 파이롤 (pyrrole)

## 11.3 물리적 성질

분자량이 적은 대부분의 아민에서 좋지 않은 냄새가 난다. 효소가 특정 어류 단백질을 분해할 때 생성되는 **트라이에틸아민**[trimethylamine, $(CH_3)_3N$]에서는 썩어가는 어류 특유의 냄새가 난다. **카다베린**(cadaverine, $NH_2CH_2CH_2CH_2CH_2CH_2NH_2$)은 썩어가는 생선에서 발생하는 부패한 냄새의 원인인 유독한 **다이아민**이고 정액, 소변, 구취 냄새의 원인의 일부이기도 하다.

질소는 탄소 또는 수소보다 전기 음성적이기 때문에 아민은 극성 C—N과 N—H 결합을 포함한다. 1차와 2차 아민은 또한 N—H 결합을 갖기 때문에 분자 간 수소 결합을 형성할 수 있다.

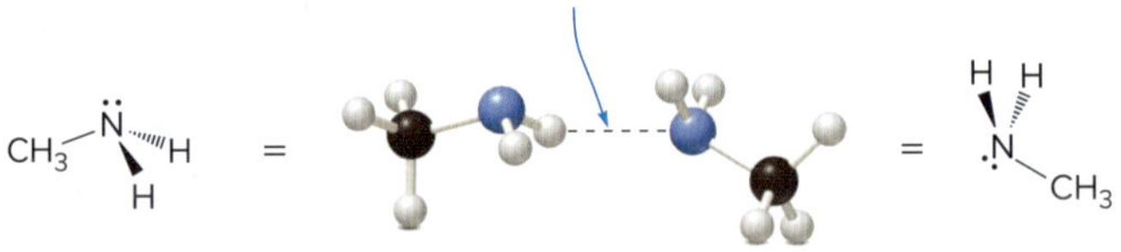


질소는 산소보다 덜 전기 음성적이기 때문에 N과 H 사이에 분자 간 수소 결합은 O와 H 사이의 수소 결합보다 약하다. 그 결과는 다음과 같다.

- 비슷한 분자량의 화합물과 비교해 보면 1차와 2차 아민은 수소 결합을 할 수 없는 화합물보다 더 높은 끓는점을 갖지만, 더 강한 수소 결합을 갖는 알코올보다 낮은 끓는점을 가진다.

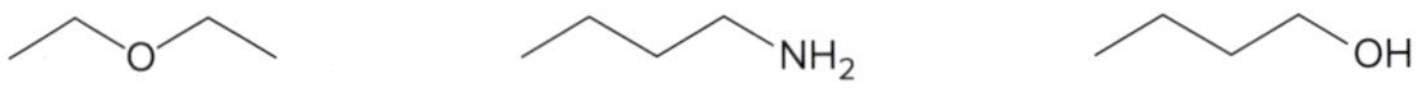


| $CH_3CH_2OCH_2CH_3$ | $CH_3CH_2CH_2CH_2NH_2$ | $CH_3CH_2CH_2CH_2OH$ |
|---|---|---|
| 다이에틸아민 (diethylamine) | 1-뷰탄아민 (1-butanamine) | 1-뷰탄올 (1-butanol) |
| bp 38°C | bp 78°C | bp 118°C |

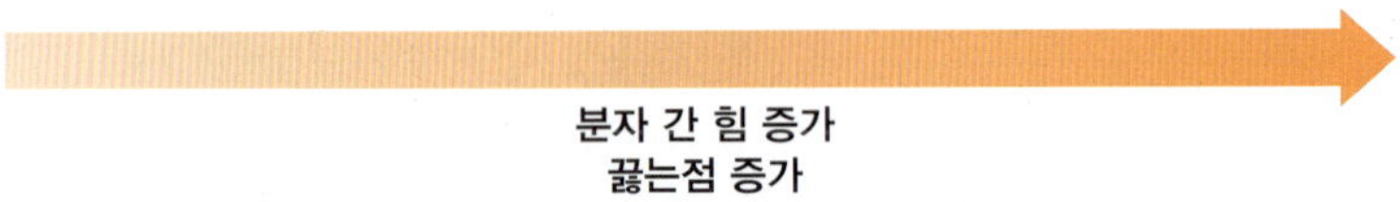


- 3차 아민은 N—H 결합을 갖고 있지 않기 때문에 비슷한 분자량의 1차 및 2차 아민보다 낮은 끓는점을 가진다.

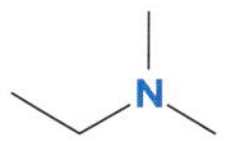

$= CH_3CH_2N(CH_3)_2$

3개의 C가 N에 결합
3차 아민

N—H 결합 없음
bp 38°C

$CH_3CH_2—N(H)—CH_2CH_3$ =

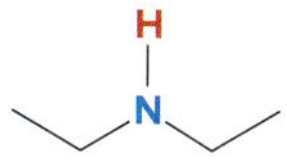

1개의 N—H 결합
bp 56°C

2개의 C가 N에 결합
2차 아민

**더 높은 끓는점**

아민은 크기에 관계없이 유기 용매에 녹는다. 6개 탄소보다 더 적은 수의 아민은 물과 수소 결합을 할 수 있기 때문에 물에 녹는다. 큰 아민은 비극성 알킬 부분이 너무 커서 극성 물 용매에 녹을 수 없기 때문에 물에 불용성이다.

### 예제 11.3 상대적인 끓는점 결정하기

각 쌍 중에 어느 화합물의 끓는점이 더 높은가?

a. $CH_3CH_2NHCH_3$ 또는 $CH_3CH_2OCH_3$

b. $(CH_3)_3N$ 또는 $CH_3CH_2CH_2NH_2$

#### 분석

일반적인 규칙을 유념해야 한다. 비슷한 분자량의 화합물의 경우 분자 간 힘이 강할수록 끓는점은 더 높다.

- 수소 결합을 형성하는 화합물은 그렇지 못한 화합물보다 더 높은 끓는점을 가진다.
- 극성 화합물은 비극성 화합물보다 더 높은 끓는점을 가진다.

#### 해답

a. 2차 아민($CH_3CH_2NHCH_3$)은 N—H 결합을 갖고 있기 때문에 분자 간 수소 결합이 가능하다. 다른 것($CH_3CH_2OCH_3$)은 단지 C—H 결합만을 가지기 때문에 분자 간 수소 결합을 가질 수 없다. 더 강한 분자 간 힘을 갖는 $CH_3CH_2NHCH$가 더 높은 끓는점을 가진다.

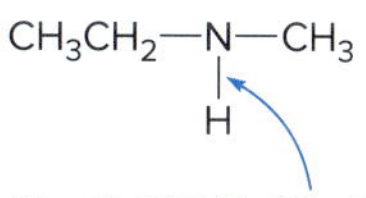

N—H 결합을 갖는 2차 아민
분자 간 수소 결합
더 높은 끓는점

$CH_3CH_2—O—CH_3$

C—H 결합만을 갖는 에터

b. 1차 아민($CH_3CH_2CH_2NH_2$)은 N—H 결합을 가지므로 분자 간 수소 결합은 가능하다. 3차 아민은[$(CH_3)_3N$]은 C—H 결합만을 가지므로 분자 간 수소 결합이 불가능하다. $CH_3CH_2CH_2NH_2$는 더 강한 분자 간 힘을 가지기 때문에 더 높은 끓는점을 가진다.

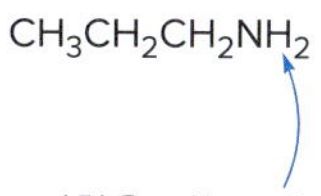

N—H 결합을 갖는 1차 아민
분자 간 수소 결합
더 높은 끓는점

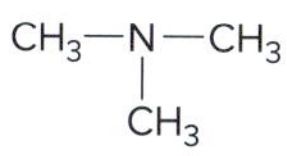

C—H 결합만을 갖는 3차 아민

**연습문제 11.3**

다음 각 쌍 중에서 어느 화합물의 끓는점이 더 높은가?

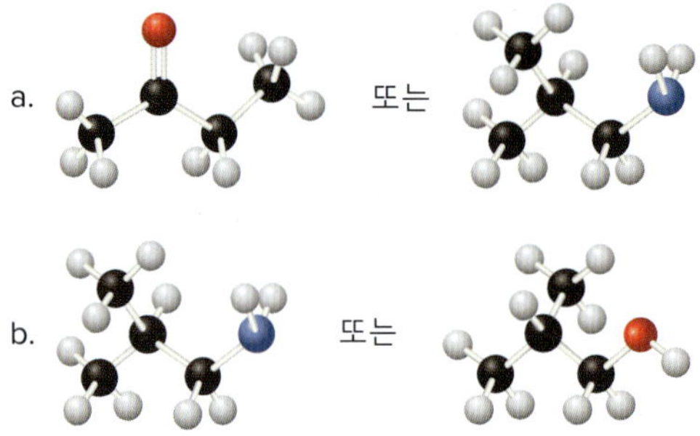


## 11.4 알칼로이드 – 식물에서 얻은 아민

**모르핀**, **퀴닌**(quinine) 및 **아트로핀**(atropine)은 유용한 약용 특성을 가진 세 가지 **알칼로이드**이다. 이 화합물 모두 질소 헤테로 고리를 포함하며 여러 작용기가 있는 복잡한 구조를 가진다.

용어 알칼로이드는 알칼로이드의 수용액이 약 염기성이기 때문에 알칼리라는 단어에서 유래한다.

### 11.4A 모르핀과 관련 알칼로이드

아편 양귀비(Papaver somniferum)의 심리적 및 진통 효과는 약 6,000년 동안 알려져 왔으며 수 세기 동안 기분 전환용 약물 및 진통제로 널리 사용되어 왔다. 아편의 진통 및 마약 효과는 주로 모르핀 때문이다. 메틸에터를 갖는 유사 구조의 알칼로이드인 **코데인**도 존재하지만 그 양은 훨씬 적다.

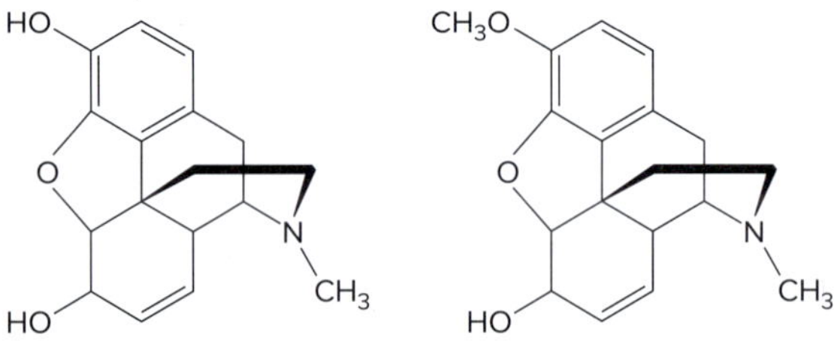


모르핀 코데인

모르핀은 중증 만성 통증 완화에 특히 유용하므로 말기 암 환자에게 종종 처방된다. 모르핀은 또한 매우 중독성이 있으며 시간이 지남에 따라 동일한 효과를 내기 위해 더 많은 용량이 필요하다. 합법적으로 재배된 양귀비에서 얻은 모르핀의 약 95%는 덜 심각한 통증 완화에 유용한 약물인 코데인으로 전환된다.

널리 사용되는 중독성이 강한 불법 약물인 **헤로인**(heroin)은 모르핀의 두 하이드록시기를 아세테이트 에스터로 전환하여 쉽게 제조할 수 있다. 헤로인은 모르핀보다 극성이 적어 체내 지방 세포에 더 잘 용해된다. 결과적으로 그것은 행복감과 통증 완화에 있어 모르핀보다 2~3배 더 강하다.

**소비자 노트**

모르핀을 함유한 양귀비씨 차는 제2차 세계 대전까지 영국에서 민간요법으로 사용되었다. 양귀비씨에는 모르핀이 포함되어 있기 때문에 양귀비씨 **케이크** 또는 베이글을 먹으면 약물 검사에서 양성 결과를 만들어 낼 정도로 모르핀이 몸에 유입될 수 있다.

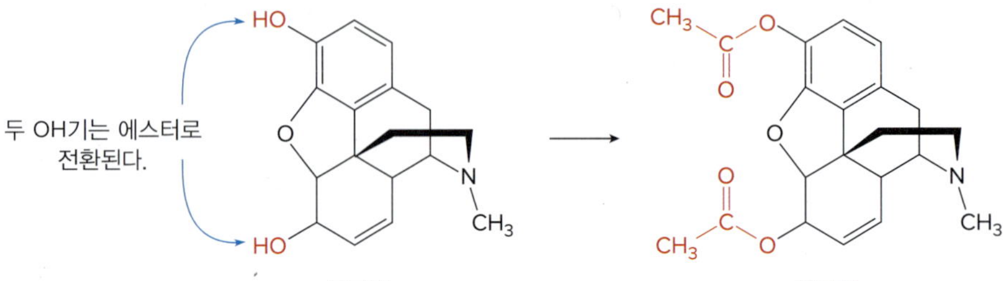


모르핀 헤로인

### 11.4B 퀴닌

**퀴닌**(quinine)은 안데스 산맥에 서식하는 기나(cinchona) 나무껍질에서 분리된 알칼로이드이다. 퀴닌은 강력한 해열제이다. 즉, 열을 낮추고 수세기 동안 말라리아의 유일한 효과적인 치료법이었다. 그것의 쓴맛은 음료 특유의 풍미를 만들어 준다.

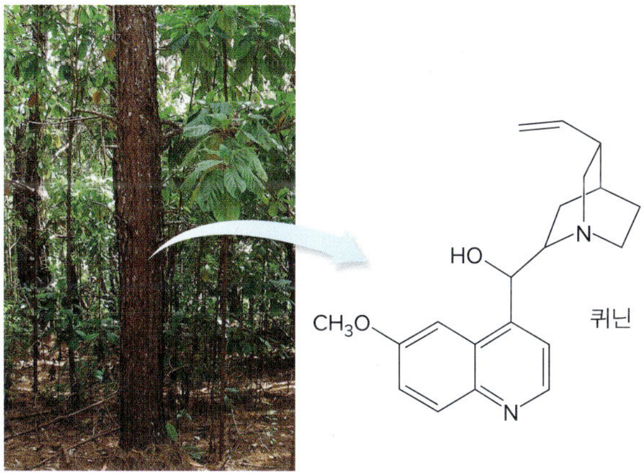

퀴닌

기나(cinchona) 나무

### 11.4C 아트로핀

**아트로핀**(atropine)은 치명적인 가짓과 식물인 벨라돈나(*Atropa belladonna*)로부터 분리되는 알칼로이드이다.

아트로핀

벨라돈나 식물

르네상스(14~17세기) 동안 여성들은 미용상의 이유로 눈동자를 확장하기 위해 가짓과 식물의 열매 주스를 사용했다. 때때로 안과 의사는 오늘날 아트로핀을 사용하여 동공을 확장한다. 아트로핀은 또한 심박수를 증가시키므로 의사는 이러한 목적으로 아트로핀을 투여한다. 아트로핀은 평활근을 이완시키고 신경 자극을 방해한다. 고용량에서 아트로핀은 독성이 있어 경련, 혼수 상태 및 사망을 초래한다.

## 11.5 염기로서 아민

암모니아($NH_3$)와 마찬가지로 아민은 염기이다. 즉, 이들은 **양성자 수용체**이다. 아민이 물에 용해되면 산-염기 평형이 일어난다. 아민은 $H_2O$에서 양성자를 받아 짝산 암모늄 이온을 형성하고, 물은 양성자를 잃어 수산화 이온 $OH^-$를 형성한다.

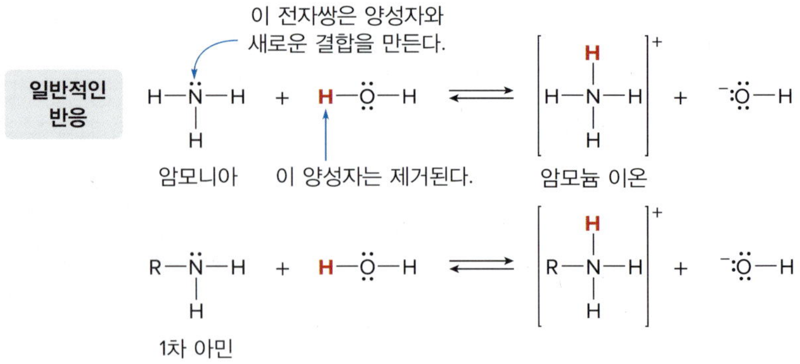


산-염기 반응은 1차, 2차 및 3차 아민과 함께 일어난다. 아민은 다른 부류의 유기 화합물보다 염기성이 더 높지만 NaOH와 같은 무기 염기보다는 약한 염기이다.

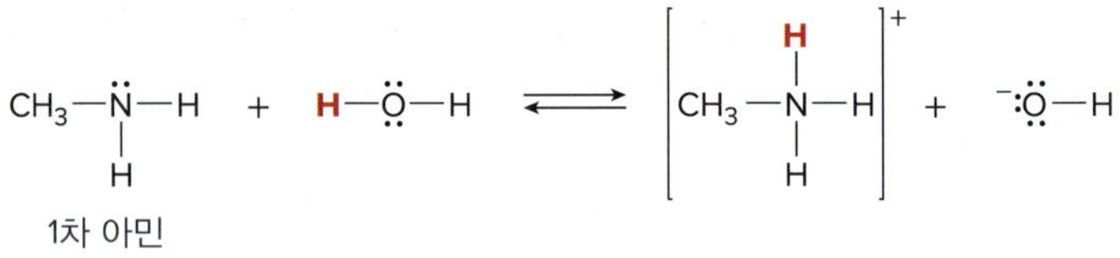


## 11.5A 아민과 산의 반응

아민은 또한 HCl과 같은 산과 반응하여 수용성 염을 형성한다. 아민의 질소 원자의 고립 전자쌍은 산의 양성자와 새로운 결합을 형성하는 데 항상 사용된다.

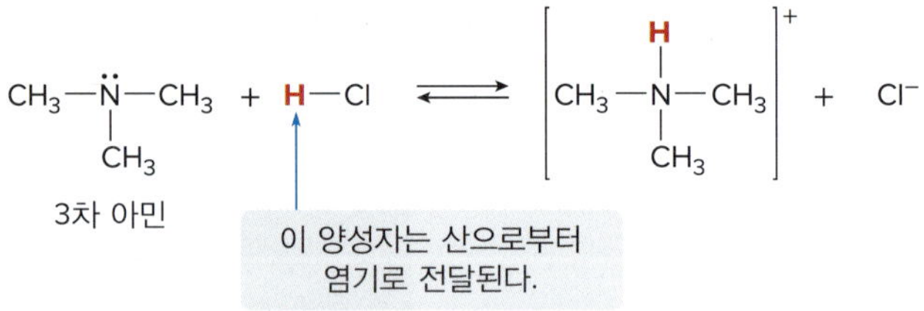


- 아민[$(CH_3)_3N$]은 양성자를 얻어 짝산인 **암모늄 양이온**[$(CH_3)_3NH^+$]을 형성한다.
- 양성자는 산(HCl)으로부터 제거되고 짝염기인 염화 음이온($Cl^-$)을 형성한다.

유사한 산-염기 반응은 다른 무기산($H_2SO_4$)과, 그리고 $CH_3COOH$과 같은 유기산과도 일어난다. 각 반응에서 아민은 양성자를 얻고 산은 양성자를 잃는다. 아민의 이러한 기본적인 반응은 **예제 11.4**에서 볼 수 있듯이 아민이 아무리 복잡하더라도 일어난다.

- 아민의 산-염기 반응에서 아민의 질소는 항상 양성자와 새로운 결합을 만들어 암모늄을 형성한다.

**예제 11.4 아민과 산이 반응할 때 생성물 그리기**

메탐페타민(methamphetamine, 11.1절)이 HCl과 반응할 때 어떤 생성물이 만들어지는가?

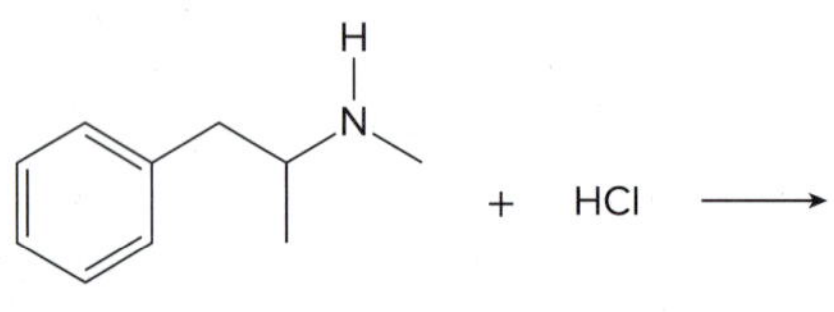

메탐페타민(methamphetamine)

**분석**

아민을 이용한 어떠한 산-염기 반응이든지 다음과 같다.

- 아민의 N 원자의 위치를 찾아서 양성자를 첨가한다. 아민 질소는 시작할 때는 전기적으로 중성이기 때문에 양성자를 첨가하면 +1의 전하를 가진다.
- 산(HCl)로부터 양성자를 제거하여 짝염기($Cl^-$)를 형성한다.

**해답**

양성자를 산으로부터 염기로 전달한다. N 원자의 고립 전자쌍을 이용하여 산의 양성자와 새로운 결합을 만든다.

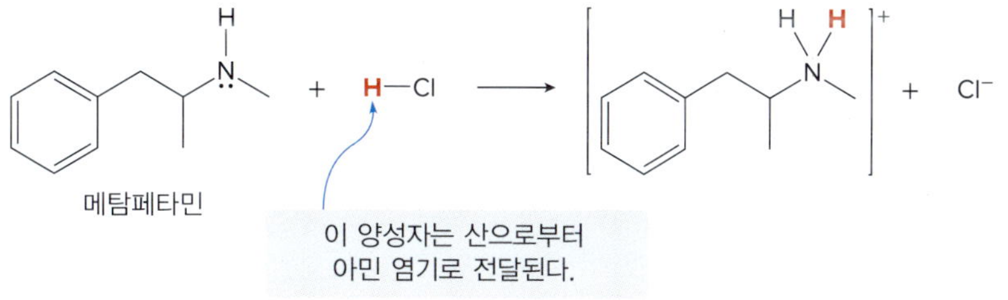


**연습문제 11.4**

다음 각 아민이 HCl과 반응할 때 어떤 생성물이 만들어지는가?

a. $CH_3CH_2NH_2$  b. $(CH_3CH_2)_2NH$  c. $(CH_3CH_2)_3N$

## 11.5B 암모늄 염

아민이 산과 반응하면 생성물은 **암모늄 염**(ammonium salts)이 된다. 아민은 짝산, 즉 양전하를 띤 암모늄 이온을 형성하고, 산은 짝염기인 음이온을 생성한다.

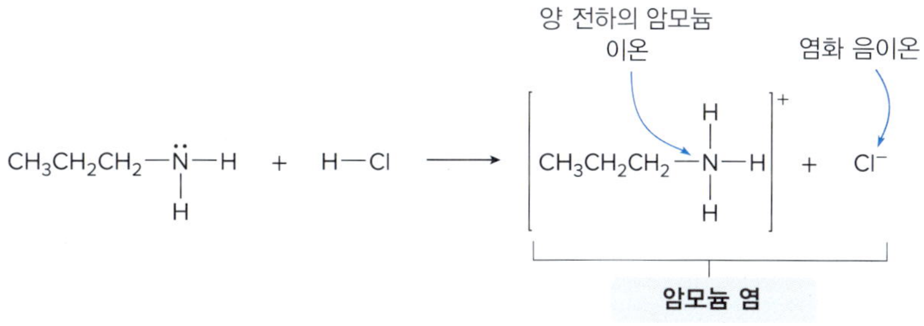


암모늄 염을 명명하려면 염을 형성하는 모체 아민의 접미사 아민(-amine)을 접미사 암모늄(-ammonium)으로 변경한다. 그런 다음 음이온의 이름을 별도의 단어로 추가한다. **예제 11.5**에 두 가지 예가 있다.

**예제 11.5 암모늄 염 명명하기**

각 암모늄 염을 명명하시오.

a. $(CH_3CH_2NH_3)^+$ $Cl^-$  b. $[(CH_3)_3NH]^+$ $CH_3COO^-$

**분석**

암모늄 염을 명명하려면 N 원자에 결합되어 있는 4개의 기를 확인한다. N 원자의 1개의 수소를 제거하고 모체 아민의 구조를 그린다. 그리고 나서 두 부분의 이름을 합친다.

- 모체 아민의 접미사 -아민(-amine)을 접미사 -암모늄(ammonium)으로 변경하여 암모늄 이온을 명명한다.

• 음이온의 이름을 추가한다.

**해답**

a. 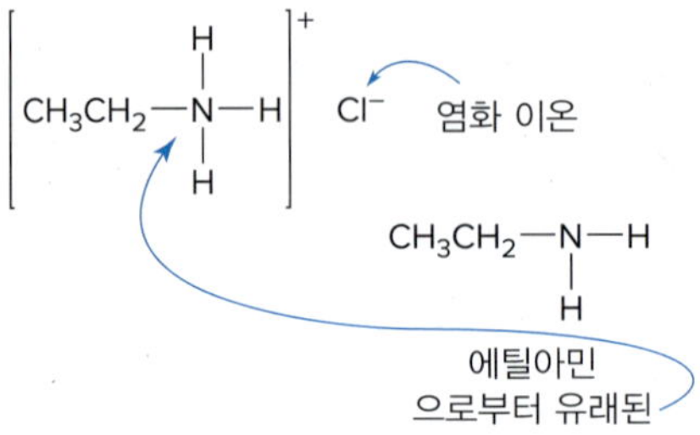


• 에틸아민을 에틸암모늄으로 바꾼다.
• 염화 음이온의 이름을 추가한다.

**답: 염화에틸암모늄**(ethylammonium chloride)

b. 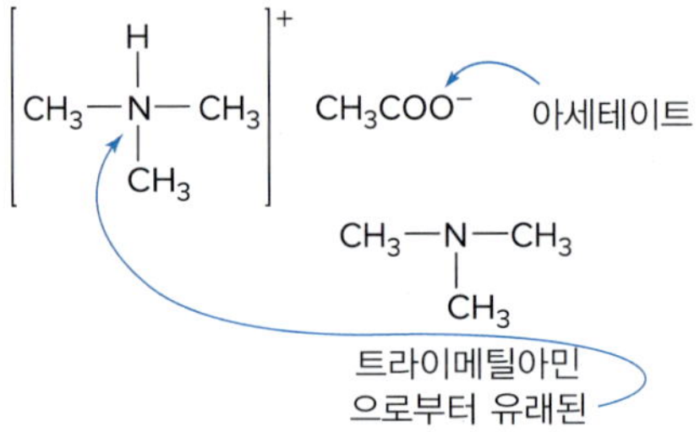


• 트라이메틸아민을 트라이메틸암모늄을 바꾼다.
• 아세테이트 음이온의 이름을 추가한다.

**답: 트라이메틸암모늄 아세테이트**(trimethylammonium acetate)

**연습문제 11.5**

각 암모늄 염을 명명하시오.

a. $(CH_3NH_3)^+\ Cl^-$ b. $[(CH_3CH_2CH_2)_2NH_2]^+\ Br^-$ c. $[(CH_3)_2NHCH_2CH_3]^+\ CH_3COO^-$

암모늄 염은 이온성 화합물이다. 따라서

• 암모늄 염은 수용성 고체이다.

이와 같은 방식으로 아민의 용해도 성질은 산 처리에 의해 변경될 수 있다. 예를 들어, 옥틸아민은 8개의 탄소를 가지고 있어 물에 불용성이다. HCl과의 반응은 염화 옥틸암모늄을 형성한다. 이러한 이온성 고체는 이제 물에 용해된다.

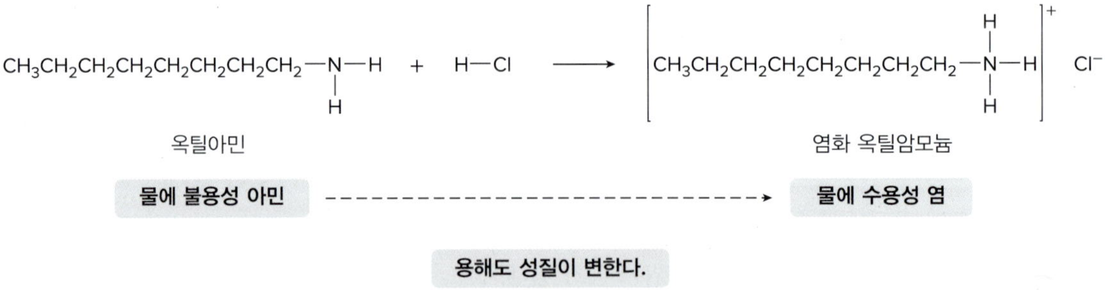


• 물에 불용성 아민은 산 처리에 의해서 물에 수용성인 암모늄 염으로 전환될 수 있다.

**예제 11.6 아민과 암모늄 염의 물에서 용해도 결정**

각 화합물이 물에서 수용성인지 불용성인지 표시하시오.

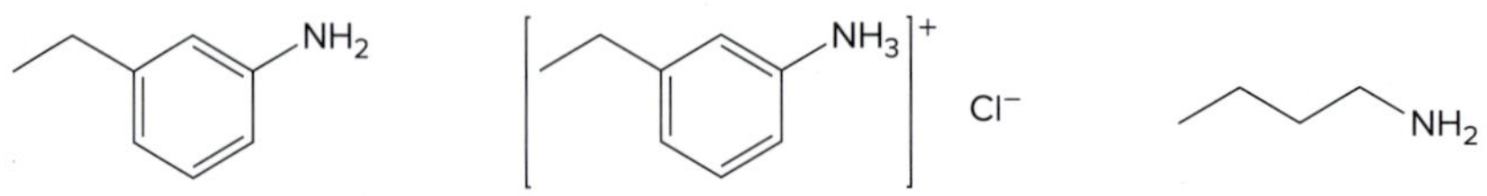

A B C

**분석**

- 6개 미만의 탄소를 포함하는 아민은 물에 용해된다.
- 6개 이상의 탄소를 포함하는 아민은 분자의 비극성 부분이 극성 $NH_2$기보다 크기 때문에 물에 불용성이다.
- 암모늄 염은 이온성이므로 물에 용해된다.

**해답**

- 화합물 A는 8개의 C를 갖는 아민이기 때문에 물에 녹지 않는다.
- 화합물 B는 암모늄 염이기 때문에 물에 녹는다.
- 화합물 C는 분자량이 적은 아민(4개의 C)이기 때문에 물에 녹는다.

**연습문제 11.6**

각 화합물이 물에서 수용성인지 불용성인지 표시하시오.

a. $(CH_3CH_2)_3N$

b. $[(CH_3CH_2)_3NH]^+$ $Br^-$

c. $CH_3CH_2NH_2$

d. 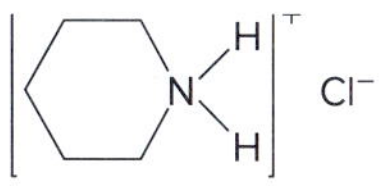

암모늄 염은 염기로 처리하여 아민으로 다시 전환될 수 있다. 염기는 아민의 질소 원자에서 양성자를 제거하여 중성 아민을 다시 만든다.

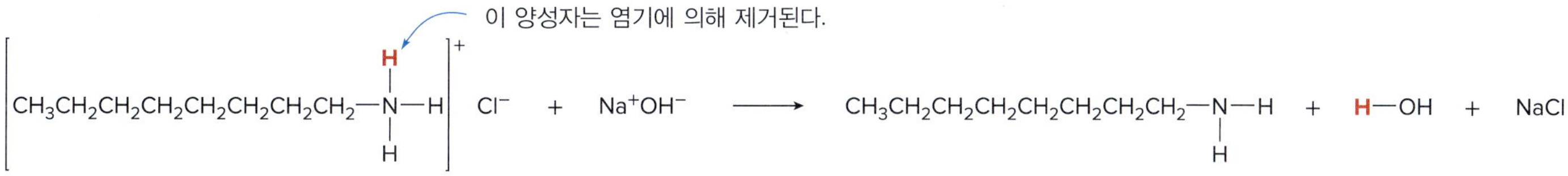


염화 옥틸암모늄
**물에 녹는 염**

옥틸아민
**물에 녹지 않는 아민**

## 11.6 신경 전달 물질

**신경 전달 물질**은 한 신경 세포-**뉴런**(neuron)-에서 다른 세포로 신경 자극을 전달하는 화학적 전달자이다. 그림 11.2에서 볼 수 있듯이 뉴런은 세포체에 연결된 **수상 돌기**(dendrites)라고 하는 짧은 필라멘트로 구성되어 있다. **축색 돌기**(axon)라고 하는 긴 줄기 역시 세포체로부터 튀어나온다. 축색 돌기는 반대쪽 끝에 수많은 작은 필라멘트로 끝이 난다. 이 필라멘트는 **시냅스**(synapse)라고 하는 작은 틈에 의해 인접한 뉴런의 수상 돌기와 분리된다.

신경 전달 물질은 시냅스 주변의 축색 돌기의 필라멘트에 있는 **소낭**(vesicles)이라고 하는 작은 주머니에 저장된다. 전기 신호가 축색 돌기를 따라 뉴런의 세포체에서 필라멘트로 흐르면 신경 전달 물질이 방출되고, 시냅스를 통해 확산되며 인접한 뉴런의 수상 돌기에 있는 수용체에 결합한다.

- 시냅스 전 뉴런은 신경 전달 물질을 방출한다.
- 시냅스 후 뉴런은 신경 전달 물질을 결합하는 수용체를 포함한다.

신경 전달 물질이 수용체에 결합되면 **화학적 메시지**가 전달된다. 그런 다음 신경 전달 물질은 분해되거나 시냅스 전 뉴런으로 돌아가 다시 과정을 시작한다.

그림 11.2 신경 전달 물질–뉴런 사이에서 정보를 전달

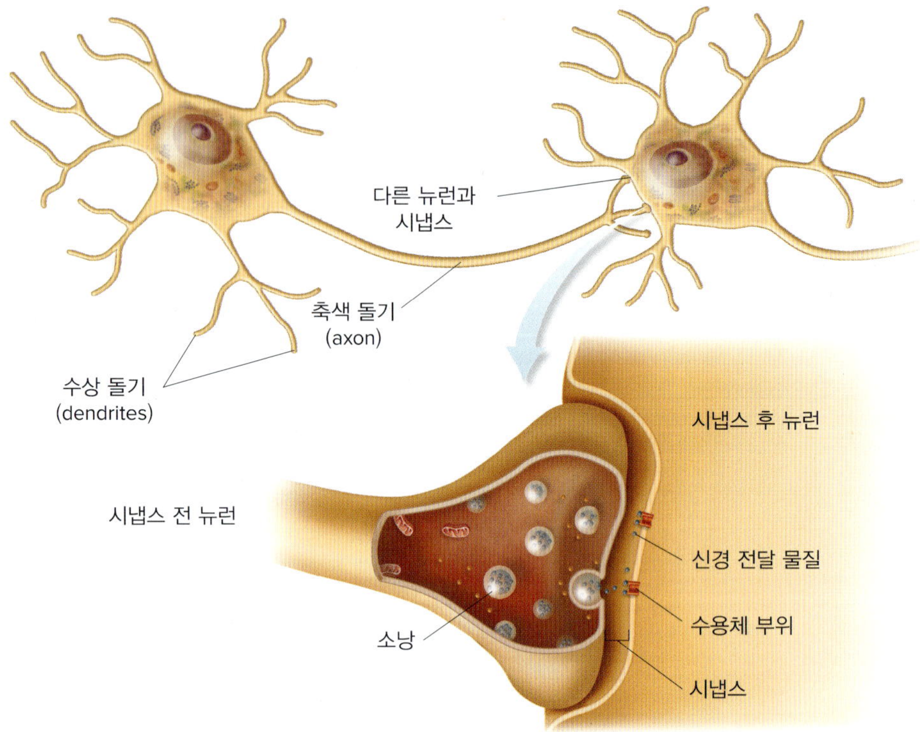


신경 전달 물질은 시냅스 전 뉴런의 소포에서 방출되고 시냅스를 통해 확산되어 시냅스 후 뉴런의 수용체 부위에 결합한다.

약물은 다양한 방식으로 신경 전달 물질에 영향을 미치는 데 사용될 수 있다. 일부 약물은 신경 전달 물질의 방출을 막거나 수용체에 대한 결합을 방해한다. 어떤 약물은 방출되는 신경 전달 물질의 양을 증가시킨다. 어떤 약물은 신경 전달 물질의 분해에 영향을 미치거나 시냅스 전 뉴런에 의한 재흡수를 막는다.

모든 신경 전달 물질에는 질소 원자가 포함되어 있다. 세 가지 중요한 신경 전달 물질은 아민 [**노르에피네프린**(norepinephrine), **도파민**(dopamine) 및 **세로토닌**(serotonin)]이고, 다른 하나는 암모늄 이온인 **아세틸콜린**이다.

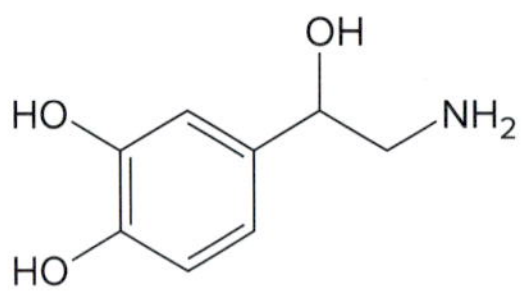

노르에피네프린
(norepinephrine,
noradrenaline)

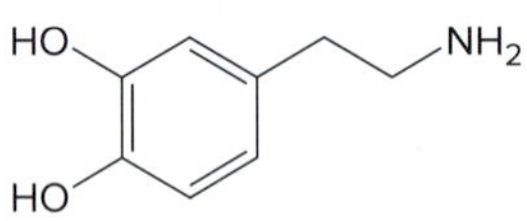

도파민(dopamine)

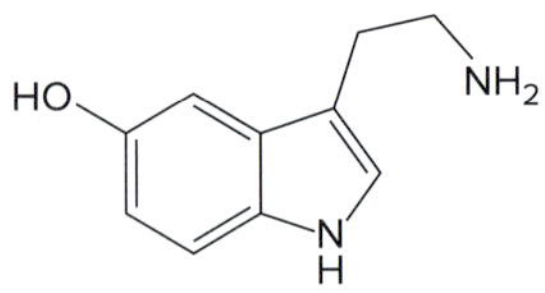

세로토닌(serotonin)

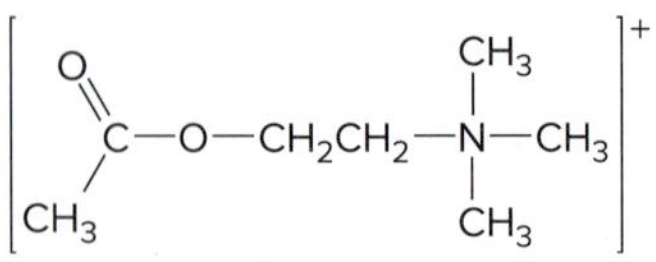

아세틸콜린(acetylcholine)

## 11.6A 노르에피네프린과 도파민

일반적으로 **노르아드레날린**(noradrenaline)이라고 불리는 **노르에피네프린**(norepinephrine)과 **도파**

민(dopamine)은 **그림 11.3**에서 볼 수 있듯이 구조적으로 관련된 2개의 신경 전달 물질인데, 이것은 모두 아미노산 **타이로신**으로부터 합성된다.

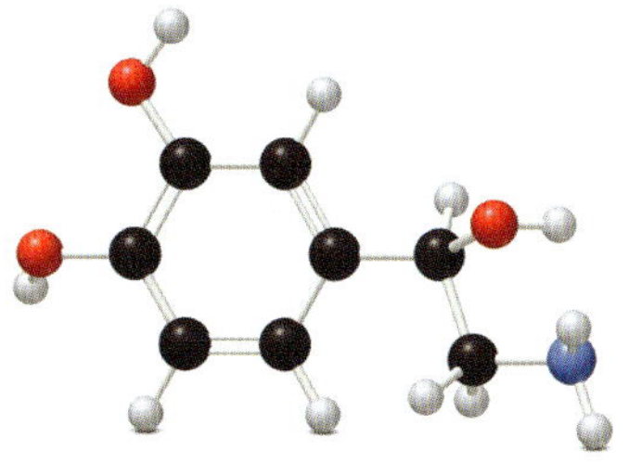

노르에피네프린(norepinephrine)

좋은 정신 건강을 유지하기 위해서는 두 아민이 적절한 수준에서 필요하다. 예를 들어, **노르에피네프린**(norepinephrine) 수치가 정상보다 높으면 사람은 비정상적으로 행복감을 느끼게 되는데 매우 높은 수치는 조증의 행동과 관련이 있다. 노르에피네프린은 사람이 두려움이나 스트레스를 경험할 때 아드레날린으로 전환된다.

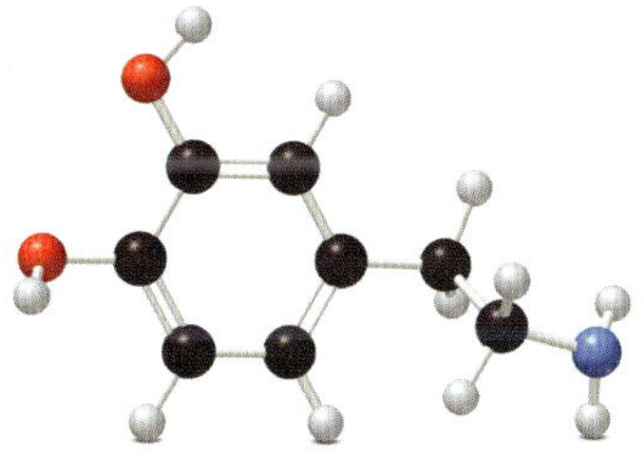

도파민(dopamine)

**도파민**(dopamine)은 움직임, 감정 및 즐거움을 제어하는 뇌 과정에 영향을 미친다. 도파민을 생성하는 뉴런이 죽고 뇌에 도파민이 너무 적으면 사람은 미세 운동 능력을 제어할 수 없게 되고 파킨슨병을 초래한다. 도파민은 혈액-뇌 장벽을 통과하지 않기 때문에 개별 도파민을 투여하는 것만으로는 뇌의 도파민 수치를 높일 수 없다. **그림 11.3**에 표시된 도파민의 전구체인 L-도파(L-dopa)는 혈류에서 뇌로 이동할 수 있으므로 파킨슨병 치료에 효과적이다. 높은 도파민 수치 역시 건강에 해롭고 정신 분열증(schizophrenia)과 관련이 있다.

도파민(dopamine)은 중독에서 중요한 역할을 한다. 정상적인 도파민 수치는 사람에게 즐겁고 만족스러운 느낌을 준다. 수치가 증가하면 강렬한 '높음'이 나타난다. 헤로인, 코카인 및 알코올과 같은 약물은 도파민 수치를 증가시킨다. 도파민 수용체에 자극이 정상보다 더 많아지면 수용체의 수와 민감도가 감소하고 사람은 동일한 쾌감을 느끼기 위해 더 많은 약물이 필요하다.

**그림 11.3** 노르아드레날린과 도파민의 합성

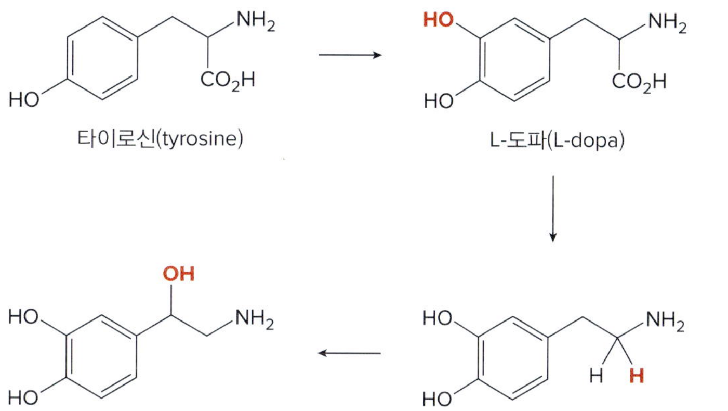


노르에피네프린과 도파민은 모두 여러 단계 경로를 통해 아미노산 타이로신으로부터 합성된다.
각 단계에서 새로 도입된 기는 빨간색으로 표시된다.

## 11.6B 세로토닌

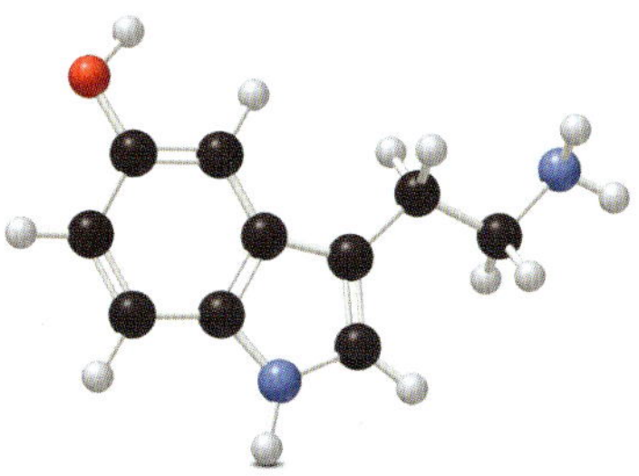

세로토닌

신경 전달 물질 **세로토닌**(serotonin)은 아미노산 **트립토판**으로부터 합성된다. 세로토닌은 기분, 수면, 지각 및 체온 조절에 중요한 역할을 한다. 추수 감사절에 칠면조 저녁 식사를 한 후 졸음이 오게 된다. 칠면조에서 비정상적으로 높은 수준의 트립토판이 세로토닌으로 전환되기 때문이다.

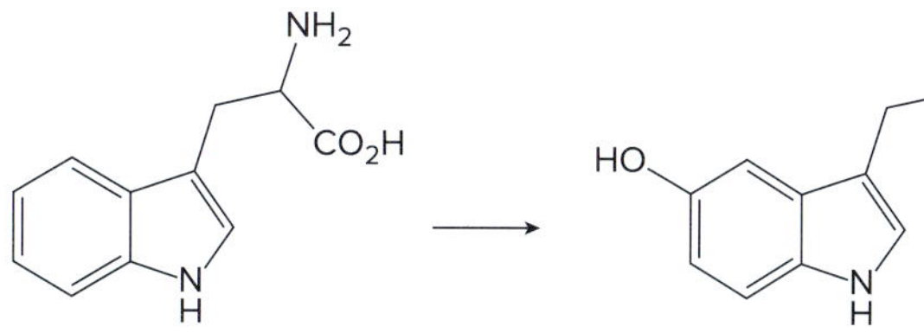


트립토판 세로토닌

세로토닌 결핍은 우울증을 유발한다. 기분을 결정하는 세로토닌의 중심 역할을 이해함으로써 우울증 치료를 위한 다양한 약물이 개발되었다. 오늘날 가장 널리 사용되는 항우울제는 선택적 **세로토닌 재흡수 억제제**(SSRI: selective serotonin reuptake inhibitors)이다. 이 약물은 시냅스전 뉴런에 의한 세로토닌의 재흡수를 억제하여 효과적으로 그 농도를 증가시킨다. **플루옥세틴**(fluoxetine, 상품명 Prozac)과 **세르트랄린**(sertraline, 상품명 Zoloft)은 이러한 방식으로 작용하는 두 가지 일반적인 항우울제이다.

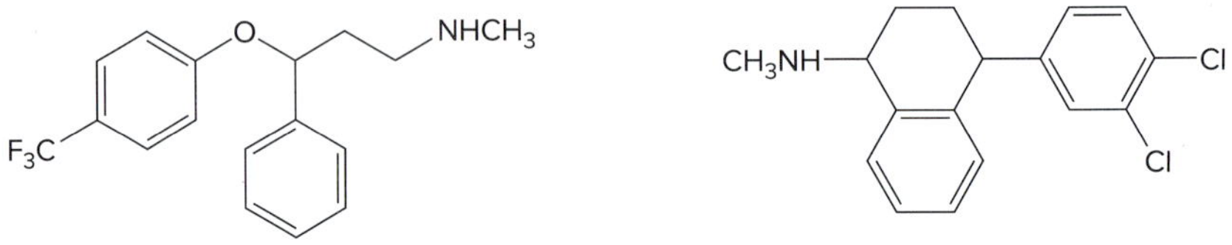

플루옥세틴 (fluoxetine, 상품명 Prozac)

세르트랄린 (sertraline, 상품명 Zoloft)

편두통이 뇌의 부적절한 세로토닌 수치로 생긴다는 발견은 이와 관련된 통증, 메스꺼움 및 빛 민감성을 퇴치하는 여러 약물의 합성으로 이어졌다. 이러한 약물에는 **수마트립탄**(sumatriptan, 상품명 Imitrex)과 **리자트립탄**(rizatriptan, 상품명 Maxalt)이 포함된다.

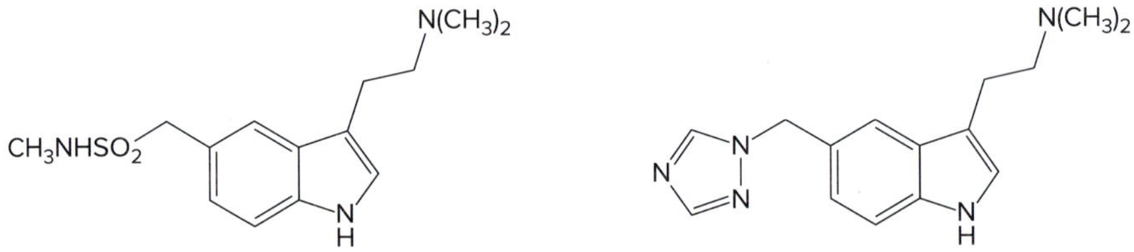

수마트립탄 (sumatriptan, 상품명 Imitrex)

리자트립탄 (rizatriptan, 상품명 Maxalt)

세로토닌의 대사를 방해하는 약물은 정신 상태에 큰 영향을 미친다. 예를 들어, 아마존 정글의 부포(Bufo) 두꺼비에서 분리된 부포테닌(bufotenin)과 실로시베(Psilocybe) 버섯에서 분리된 실로신(psilocin)은 구조가 세로토닌과 매우 유사하며 둘 다 강렬한 환각을 일으킨다.

부포(Bufo) 두꺼비

부포테닌(bufotenin)

실로시베(Psilocybe) 버섯

실로신(psilocin)

### 11.6C 아세틸콜린 및 니코틴 중독

**아세틸콜린**은 뉴런과 근육 세포 사이의 신경 전달 물질의 역할을 하는 4차 암모늄 이온이다. 아세틸콜린은 뇌에서 기억, 기분 및 기타 기능에 관여한다.

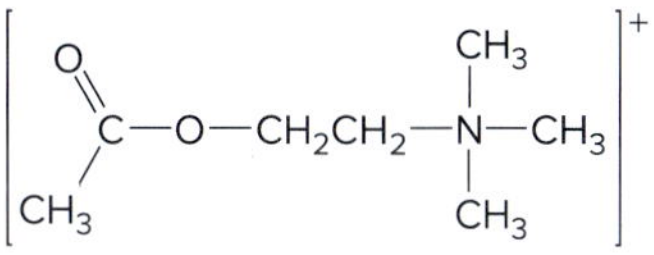

아세틸콜린
(acetylcholine)

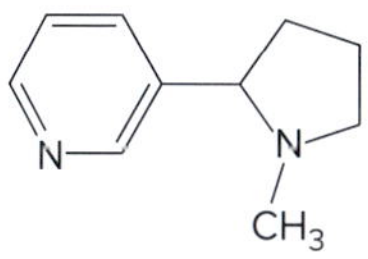

니코틴
(nicotine)

흡연자가 느끼는 즐거움은 **니코틴**이 아세틸콜린 수용체와 상호 작용하기 때문이다. 저농도에서 니코틴은 이러한 수용체에 결합하여 편안함과 경계심을 유발하기 때문에 자극제이다. 다른 신경 세포도 활성화되면서 도파민을 방출한다. 도파민 방출로 인한 쾌락감은 니코틴을 중독성 있게 만드는 원인이다. 시간이 지남에 따라 수용체가 비활성화되고 일부가 퇴화되므로 니코틴에 대한 내성이 발달하고 동일한 쾌감을 유지하기 위해 더 많은 양이 필요하다.

## 종합문제

### 구조와 결합

**11.1** 국소 마취제인 리도카인(lidocaine)의 각 질소 함유 작용기를 아민 또는 아마이드로 표시하고 1차, 2차 또는 3차로 분류하시오.

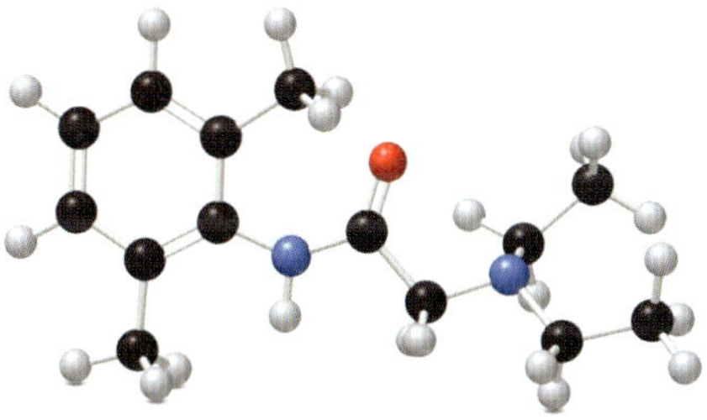

리도카인(lidocaine)

**11.2** 상품명 Abilify로 판매되는 아리피프라졸(aripiprazole)은 우울증과 양극성 장애를 치료하는 데 사용되는 약물이다. 각 질소 함유 작용기를 아민 또는 아마이드로 표시하고 각각을 1차, 2차 또는 3차로 분류하시오.

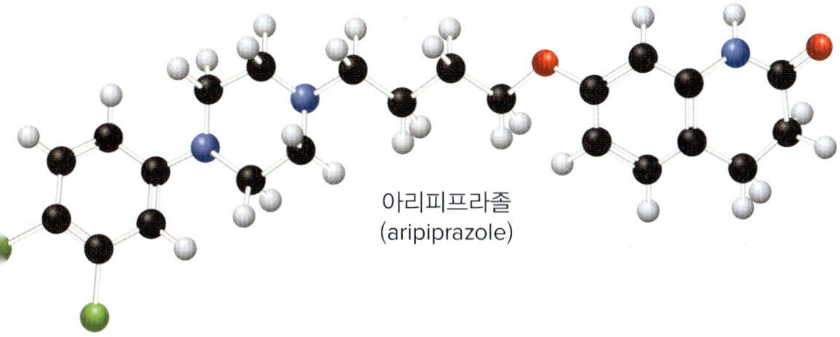

아리피프라졸
(aripiprazole)

**11.3** 각 아민을 1차, 2차 또는 3차로 분류하시오.

a. 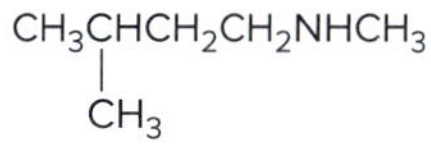

b. 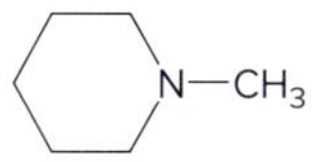

**11.4** 다음 설명을 화합물 A~D 중에서 하나와 짝을 지으시오.

a. 1차 아민과 1차 알코올을 포함하는 화합물
b. 2차 아민과 2차 알코올을 포함하는 화합물
c. 1차 아민과 3차 알코올을 포함하는 화합물
d. 3차 아민과 1차 알코올을 포함하는 화합물

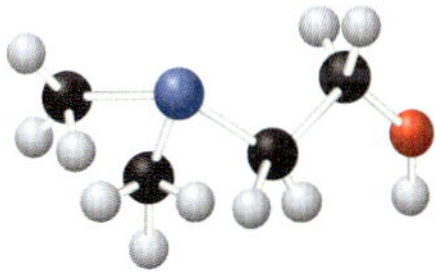

A

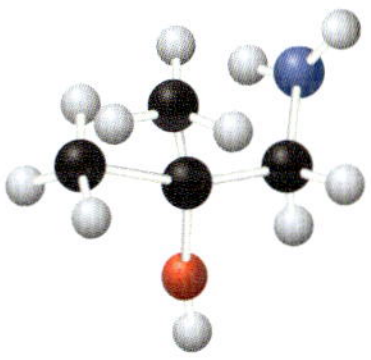

B

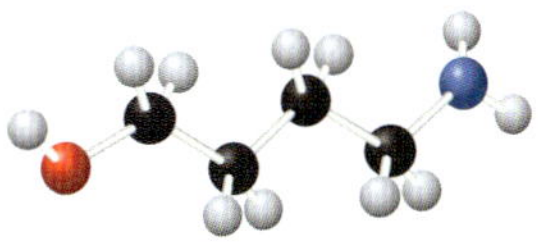

C

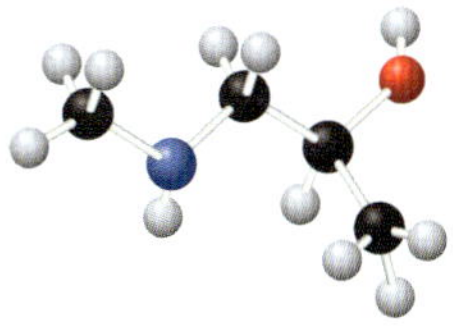

D

**11.5** 다음 설명을 화합물 E~H 중에서 하나와 짝을 지으시오.

a. 1차 아민과 1차 아마이드를 포함하는 화합물

b. 1차 아민과 2차 아마이드를 포함하는 화합물

c. 2차 아민과 3° 아마이드를 포함하는 화합물

d. 3차 아민과 3° 아마이드를 포함하는 화합물

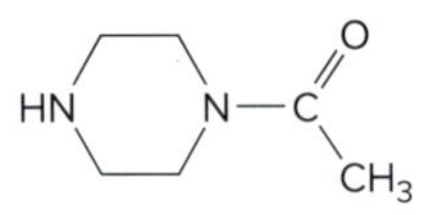

**E**

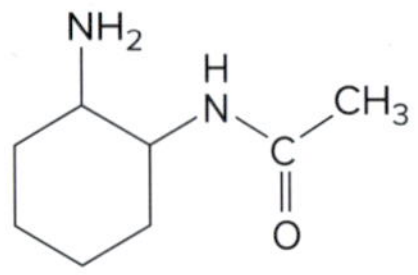

**F**

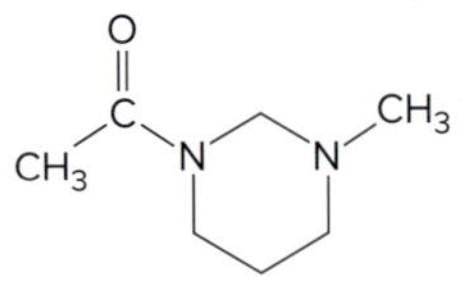

**G**

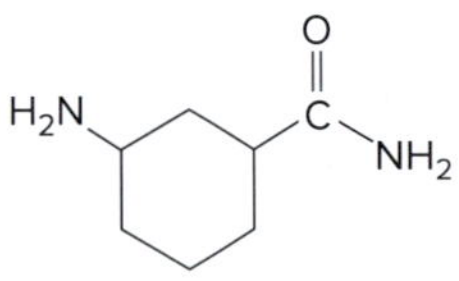

**H**

## 명명법

**11.6** 각 아민에 알맞은 이름을 제시하시오.

a. 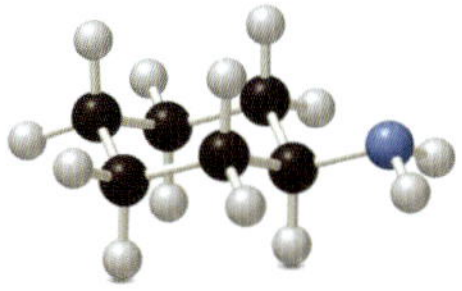

b. 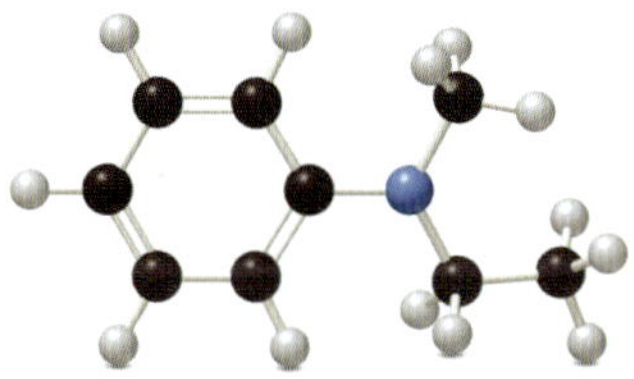

**11.7** 각 아민에 알맞은 이름을 제시하시오.

a. $CH_3CH_2-\underset{}{\overset{H}{N}}-CH_2CH_3$

b. $CH_3CH_2\overset{NH_2}{CH}CH_2CH_2CH_2CH_2CH_3$

c. $CH_3CH_2CH_2\overset{NHCH_3}{CH}CH_2CH_3$

d. 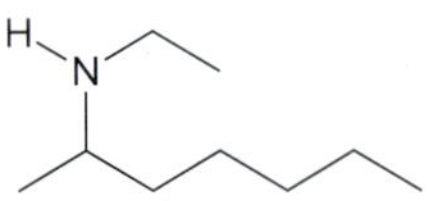

]

**11.8** 각 이름에 해당하는 구조를 그리시오.

a. 1-데칸아민(1-decanamine)

b. 트라이사이클로헥실아민(tricyclohexylamine)

c. *p*-브로모아닐린(*p*-bromoaniline)

d. 3-아미노뷰탄산(3-aminobutanoic acid)

e. *N*,*N*-다이프로필-2-옥탄아민(*N*,*N*-dipropyl-2-octanamine)

f. *N*-에틸헥실아민(*N*-ethylhexylamine)

**11.9** 각 암모늄 염의 구조를 그리시오.

a. 염화 다이프로필암모늄(dipropylammonium chloride)

b. 브로민화 뷰틸암모늄(butylammonium bromide)

c. 수산화 에틸다이메틸암모늄(ethyldimethylammonium hydroxide)

**11.10** 분자식 $C_3H_9N$의 네 가지 아민에 대한 구조를 그리시오. 또 각 아민의 체계명을 지으시오.

## 물리적 성질과 분자 간 힘

**11.11** 피리딘이 벤젠보다 물에 더 잘 녹는 이유를 설명하시오. 피리딘과 벤젠의 끓는점을 비교하시오.

**11.12** 각 쌍에서 어느 화합물이 더 높은 끓는점을 가지는가?

a. 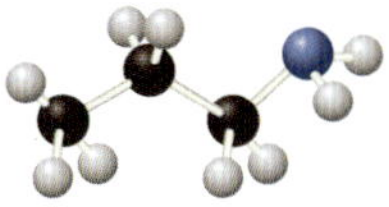 또는 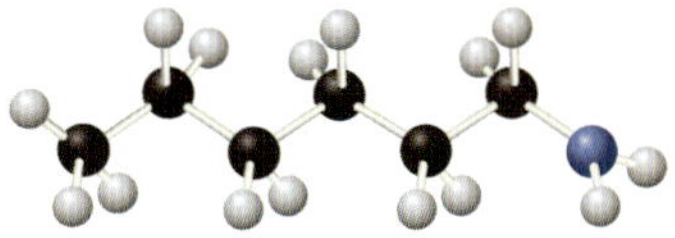

b. 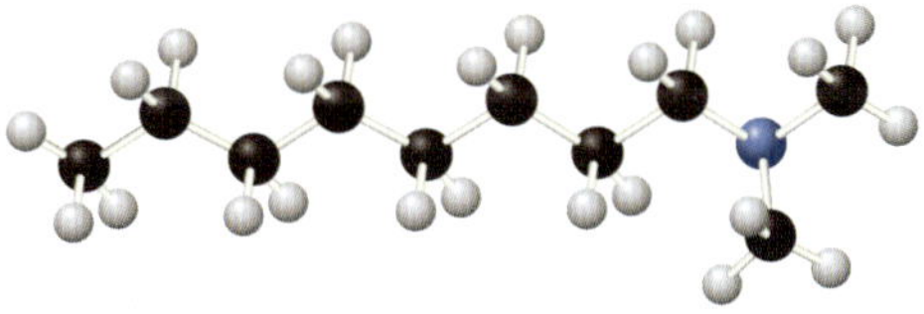

또는

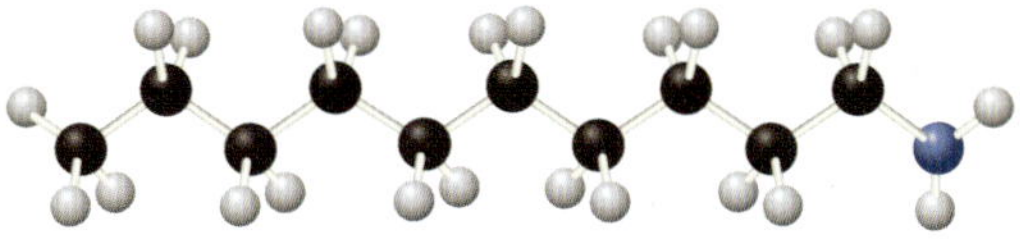

**11.13** 두 분자의 다이에틸아민$[(CH_3CH_2)_2NH]$ 사이에서 생기는 수소 결합의 상호 작용을 그리시오.

**11.14** 동일한 수의 탄소를 가진 1차 아민과 3차 아민이 물에 비슷한 정도로 용해되지만 1차 아민의 끓는점이 더 높은 이유를 설명하시오.

## 아민의 산-염기 반응

**11.15** 각 아민이 물에서 녹을 때 일어나는 산-염기 반응을 그리시오.

a. $CH_3CH_2NH_2$

b. $(CH_3CH_2)_2NH$

c. $(CH_3CH_2)_3N$

**11.16** 각 산-염기 반응의 생성물을 그리시오.

a. $CH_3CH_2CH_2N(CH_3)_2 \quad + \quad HCl \longrightarrow$

b. 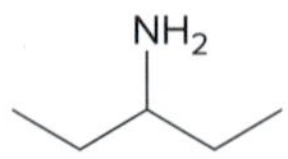 $+ \quad H_2SO_4 \longrightarrow$

c. 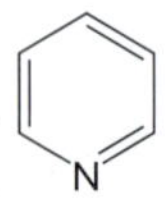 $+ \quad HBr \longrightarrow$

d. $\left[CH_3CH_2-\overset{H}{\underset{CH_2CH_3}{N}}-CH_2CH_3\right]^+ \quad + \quad NaOH \longrightarrow$

**11.17** 각 알칼로이드가 산으로 처리될 때 어떤 암모늄 염이 형성되는가?

a. 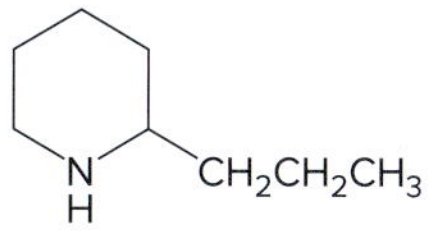


코니인(coniine)

b. 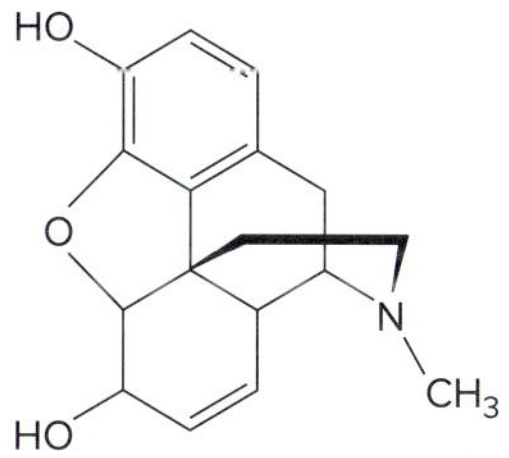


모르핀(morphine)

## 신경 전달 물질, 알칼로이드 및 다른 생물학적 활성 아민

**11.18** 코니인과 모르핀 모두에서 어떤 유형의 질소 헤테로 고리가 발생하는가? (문제 11.17 참조)

**11.19** 카페인은 신체에 어떤 생리적 영향을 미치는가?

**11.20** 알칼로이드 수용액은 왜 약염기성인가?

**11.21** 도파민의 생리적 효과는 무엇인가? 또 도파민 수치가 너무 높거나 낮으면 어떤 상황이 되는가?

**11.22** 세로토닌의 생리적 효과는 무엇인가? 또 세로토닌이 너무 적으면 어떤 상황이 되는가?

**11.23** 다음 아민 중 어느 것이 2-페닐에틸아민(2-phenylethylamine)의 유도체인가? 이 단위를 포함하는 아민에서 2-페닐에틸아민의 원자들을 표시하시오.

a. 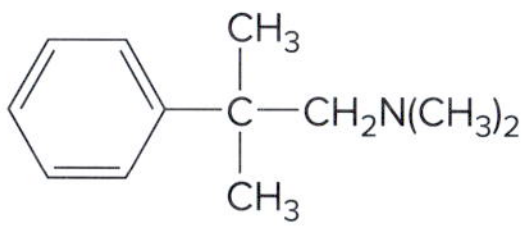


b. 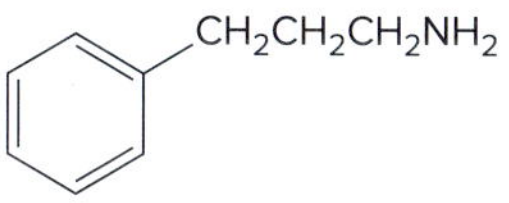


c. 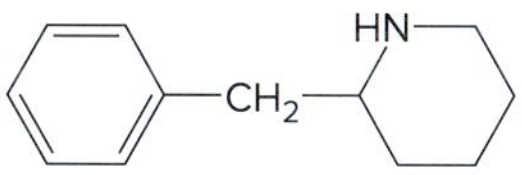


**11.24** 금지된 다이어트 약물 펜터민(phentermine)에서 2-페닐에틸아민(2-phenylethylamine)의 원자를 표시하시오.

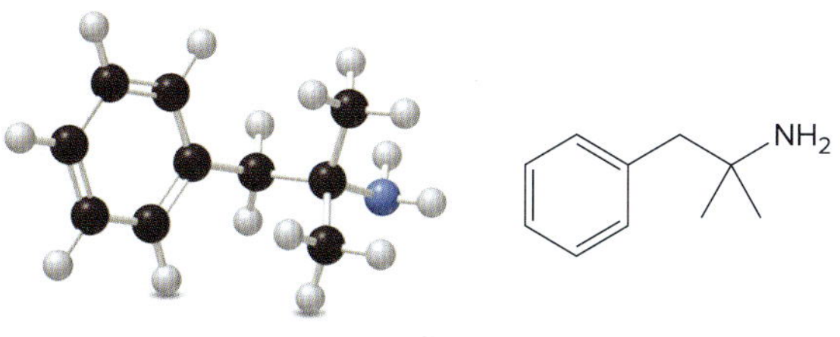


펜터민(phentermine)

## 일반적인 문제

**11.25** 벤즈페타민(benzphetamine, 상품명 Didrex)은 암페타민과 동일한 특성을 많이 가진 습관성 다이어트 알약이다. 다음 질문에 답하시오.

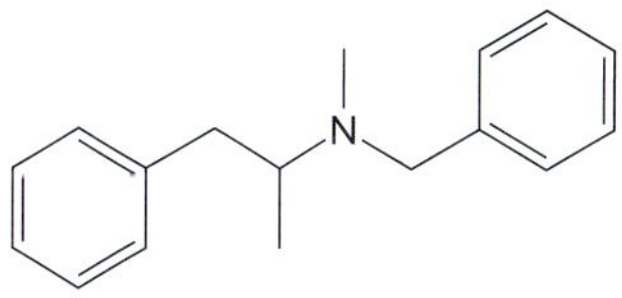


벤즈페타민(benzphetamine)

a. 아민이 1차, 2차 또는 3차인지 표시하시오.
b. 벤즈페타민의 카이랄 중심을 표시하시오.
c. 벤즈페타민의 거울상 이성질체를 그리시오.
d. 1차 아민을 포함하는 구조 이성질체를 그리시오.
e. 3차 아민을 포함하는 구조 이성질체를 그리시오.
f. 벤즈페타민 염화수소의 구조를 그리시오.
g. 벤즈페타민을 아세트산($CH_3COOH$)으로 처리하면 어떤 생성물이 형성되는가?

**11.26** 리탈린(Ritalin)은 주의력 결핍 과잉 행동 장애(ADHD) 치료에 사용되는 약물인 메틸페니데이트(methylphenidate)의 상표명이다. 다음 질문에 답하시오.

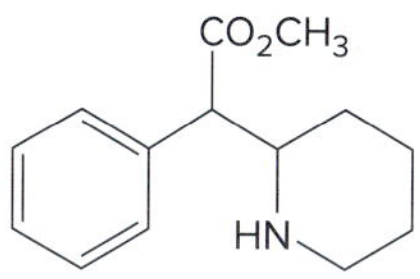


메틸페니데이트
(methylphenidate, 상표명 Ritalin)

a. 작용기를 찾으시오.
b. 아민이 1차, 2차 또는 3차인지 표시하시오.
c. 카이랄 중심을 찾으시오.
d. 2-페닐에틸아민(2-phenylethylamine)의 원자들을 찾으시오.
e. 메틸페니데이트 염화수소의 구조를 그리시오.

CHAPTER 12

# 지질

Lipids

12.1 지질의 소개

12.2 지방산

12.3 왁스

12.4 트라이아실글리세롤 – 지방과 기름

12.5 트라이아실글리세롤의 가수 분해

12.6 인지질

12.7 세포막

12.8 스테로이드 호르몬


초콜릿에 들어가는 코코아 버터에는 가장 흔한 지질인 트라이아실글리세롤이 풍부하다.

### 지질(lipid)을 왜 공부해야 할까

이 장은 생체 내에서 발견되는 유기 화합물인 바이오 분자(biomolecule)의 화학을 다루는 세 단원 중 첫 단원이다. 12단원에서는 유기 용매에서 용해되나 물에서는 잘 용해되지 않는 탄소-탄소 그리고 탄소-수소 사이의 결합이 있는 바이오 분자인 지질에 중점을 두고 있다. 13장은 자연에 존재하는 바이오 분자 중 가장 큰 비중을 차지하고 있는 탄수화물을 다룬다. 반면에 14장은 단백질과 단백질을 구성하는 아미노산에 중점을 두고 있다. 이 물질들은 모두 유기 분자로서 이전에 한번쯤은 공부했었던 화학 반응과 수많은 원리들을 다시 한 번 공부하게 될 것이다. 곧 알게 되겠지만 각 부류의 화합물은 고유한 성실을 보인다.

## 12.1 지질의 소개

- **지질**(lipid) 물에서는 용해되지 않고 유기 용매에서는 용해되는 바이오 분자이다.

유기 화합물 중에서도 지질이 독특한 이유는 특별한 작용기의 존재 유무가 아닌 물리적 성질을 기준으로 그 성질을 정의하기 때문이다. 이런 이유 때문에 지질은 분자 구조상 광범위한 종류가 있으며 상당히 다양한 기능을 가진다. 식물성 기름에서 발견되는 **트라이아실글리세롤**(triacylglycerol)과 달걀 노른자에 있는 **콜레스테롤**(cholesterol), 그리고 녹색잎 채소에 있는 비타민 E가 일반적인 지질에 해당된다.

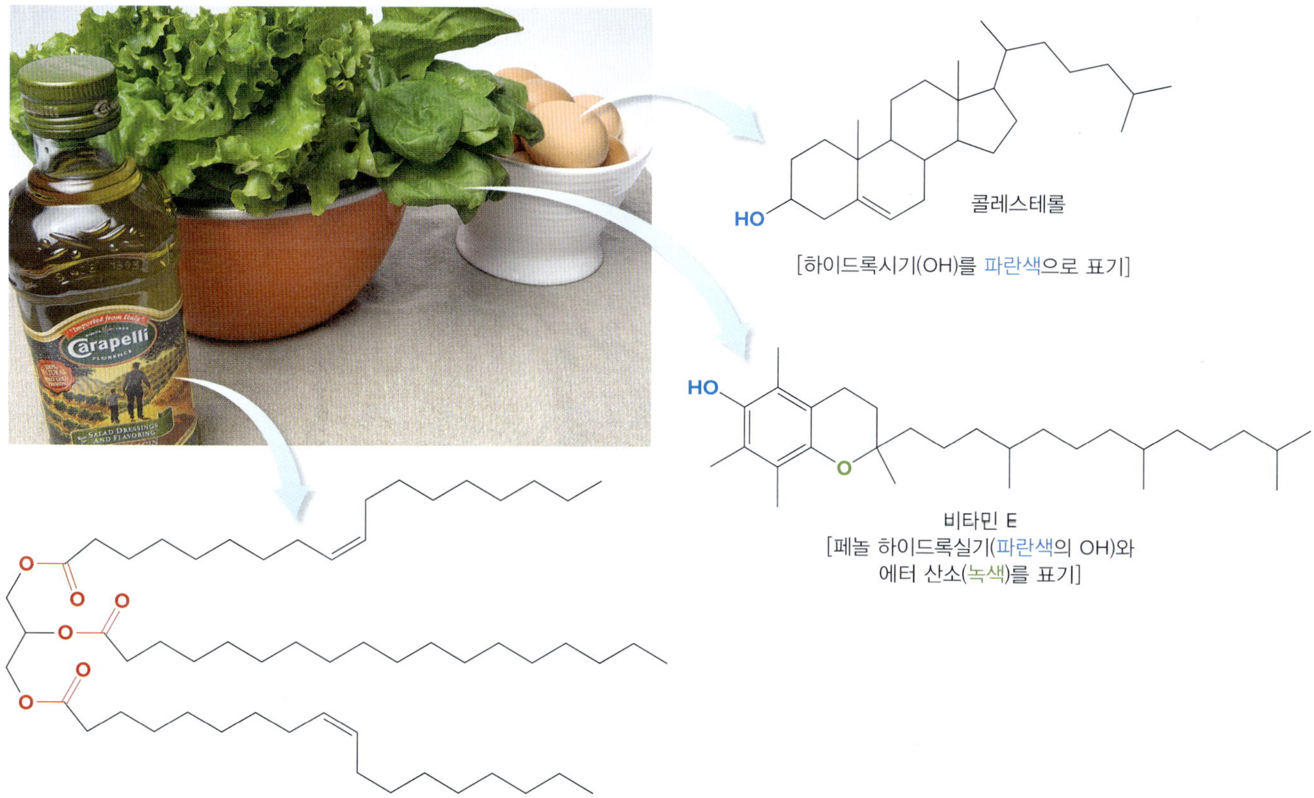


콜레스테롤
[하이드록시기(OH)를 파란색으로 표기]

비타민 E
[페놀 하이드록실기(파란색의 OH)와 에터 산소(녹색)를 표기]

트라이아실글리세롤
[3개의 에스터기를 빨간색으로 표기]

지질은 상당히 많은 수의 탄소-탄소 및 탄소-수소 결합을 가지고 있다. 게다가 대부분의 지질은 다양한 작용기에서 발견될 수 있는 적은 수의 극성 결합을 가진다. 예를 들어, 트라이아실글리세롤의 경우 3개의 에스터기가 있으며, 콜레스테롤의 경우는 하나의 하이드록시기를, 그리고 비타민 E는 벤젠 고리에 OH기가 붙어 있는 페놀기와 에터기를 가지고 있다. 분자 전체의 지질(lipid)이라는 단어는 그리스 어원의 '지방(lipos)'으로부터 유래되었다.

크기에 비해서 이 세 가지 작용기의 크기는 작다고 할 수 있다. 결과적으로 지질은 비극성이거나 미약한 극성 분자로서 헥세인(hexane)과 사염화탄소($CCl_4$)와 같은 유기 용매에는 매우 잘 녹고, 물과 같이 극성을 띠는 용매에는 잘 녹지 않는다.

### 예제 12.1 지질의 특성 파악하기

다음 중 어느 것이 지질과 성질이 비슷한가? 솔비톨(sorbitol)은 무설탕 껌에 사용된 단맛을 내는 첨가제이다. β-캐로틴(β-carotene)은 비타민 A의 전구체로서 당근에 들어 있는 주황색 염료이다.

a. 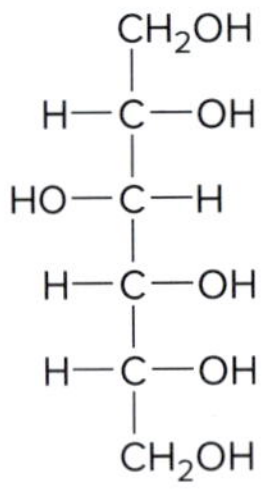

솔비톨

b. 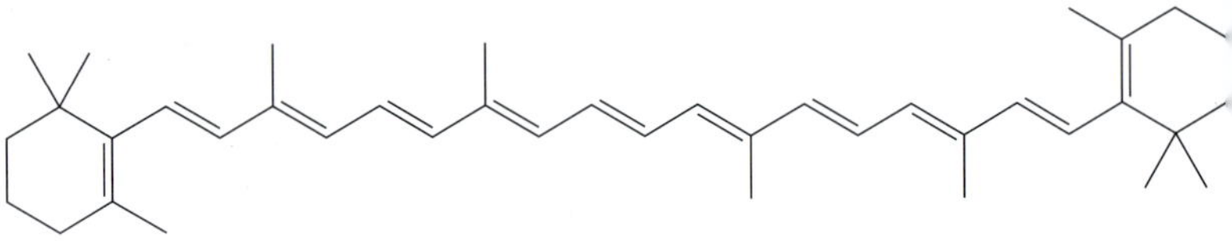

β-캐로틴

**분석**

지질은 많은 수의 비극성의 C—C와 C—H 결합, 그리고 약간의 극성 결합으로 이루어져 있다.

**해답**

a. 탄소가 단지 6개 밖에 없는 분자에 극성을 띠는 6개의 OH기가 있기 때문에 솔비톨의 경우 지질과는 성질이 다르다.

b. β-캐로틴은 비극성의 C—C와 C—H 결합만을 가지고 있기 때문에 지질과 성질이 비슷하다.

**연습문제 12.1**

다음 중 어느 화합물이 지질에 가까운가?

a. 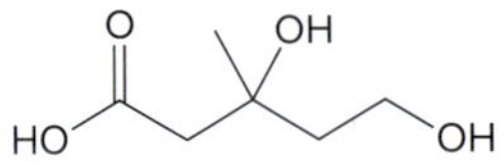

멜발론산(mevalonic acid)

b. 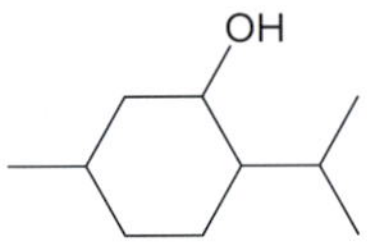

멘솔(menthol)

c. 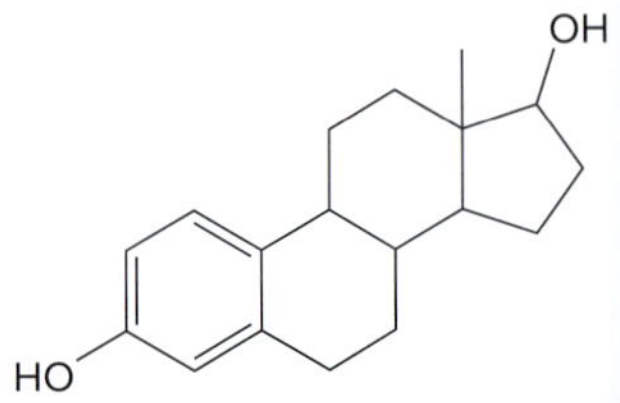

에스트라다이올(estradiol)

지질의 많은 성질은 탄화수소와 비슷하기 때문에 지질 구조와 성질의 특징에 관하여 표 12.1에 요약한 바와 같이 이미 앞 단원에서 언급했다. 지질은 **가수 분해성**(hydrolyzable)과 비가수 분해성(nonhydrolyzable)으로 구별할 수 있다.

1. 가수 분해성 지질(hydrolyzable lipide)은 물에 의해 작은 분자들로 분해될 수 있다. 그 결과 다음 세 가지 부류를 확인할 수 있을 것이다.
   왁스(waxe), 트라이아실글리세롤(triacylglycerol), 인지질(phospholipid)

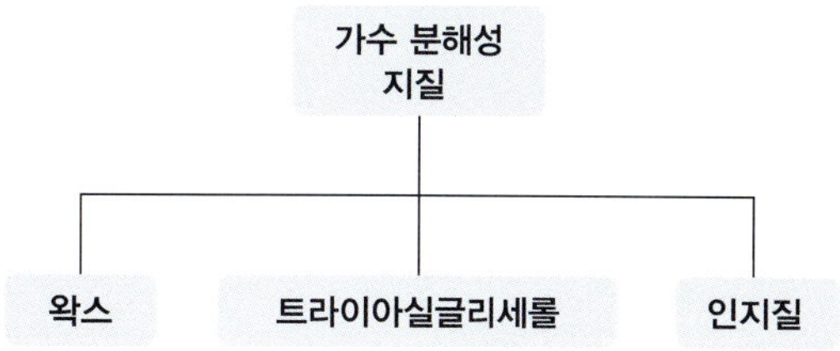


대부분이 가수 분해에서 지질은 에스터기가 있다. 산이나 염기, 그리고 효소가 있는 조건에서 에스터기의 C—O 결합은 끊어지고, 카복실산과 알코올을 생성한다.

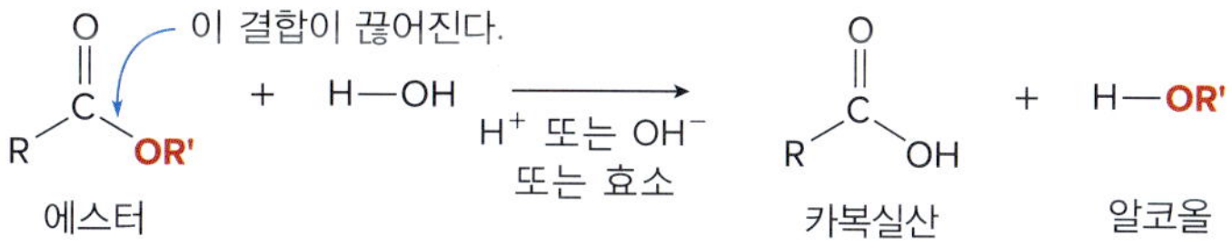


2. 비가수 분해성 지질은 가수 분해에 의해 작은 분자로 분해되지 않는다. 이런 경우에 해당하는 세 가지 다른 종류의 지질이 있다.
   스테로이드(steroids), **지용성 비타민**(fat-soluble vitamins), 에이코사노이드(eicosanoids)

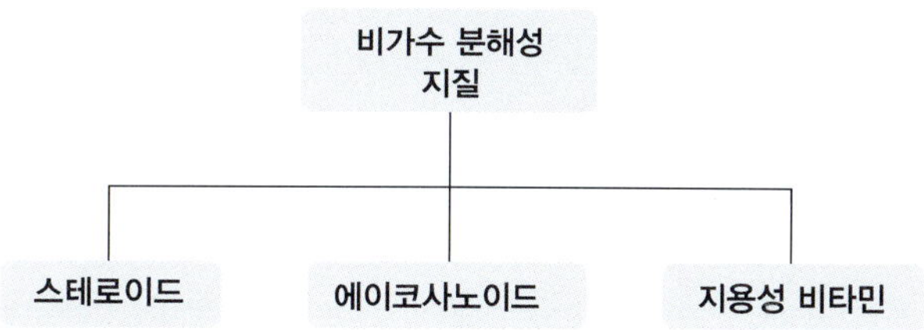


지질은 생체에서 많은 중요한 역할을 담당한다. 지질의 그램당 열량은 탄수화물이나 단백질보다 2배 이상이기 때문에 지질은 훌륭한 에너지원이다(지질의 열량은 9 kcal/g인 반면에 단백질과 탄수화물은 4 kcal/g이다). 더구나 지질은 세포막의 핵심 구성 요소이며, 체 내에서 화학 신호 전달의 역할을 한다. 지질 코팅은 식물의 잎이 마르는 것을 막는다. 오리의 날개는 지질 보호층 덕분에 보온 단열이 가능하다.

## 12.2 지방산

가수 분해성 지질은 앞서 언급한 것처럼(6.3B절 참조) 카복실산인 지방산(fatty acid)으로 변한다.

- **지방산**은 탄소 원자 12~20개로 이루어진 긴 탄소사슬 형태의 카복실산(RCOOH)이다.

극성 결합은 적고, 비극성의 C—C 및 C—H 결합이 많기 때문에 지방산은 물에서는 녹지 않고 유기 용매에서는 잘 녹는 지질이다. 팔미트산(Palmitic acid)은 통상적인 16개 탄소의 지방산이며 그 축약 구조식, 골격 구조식, 3차원 구조는 다음과 같다.

$CH_3CH_2CH_2CH_2CH_2CH_2CH_2CH_2CH_2CH_2CH_2CH_2CH_2CH_2CH_2COOH$

팔미트산($C_{16}H_{32}O_2$)

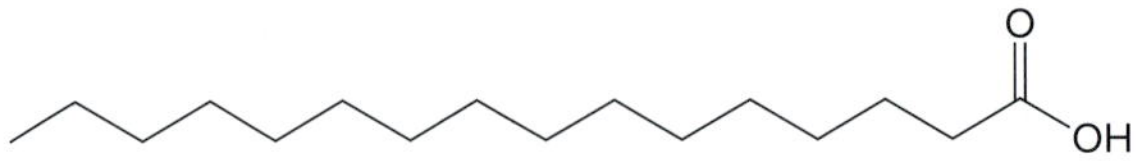


골격 구조식

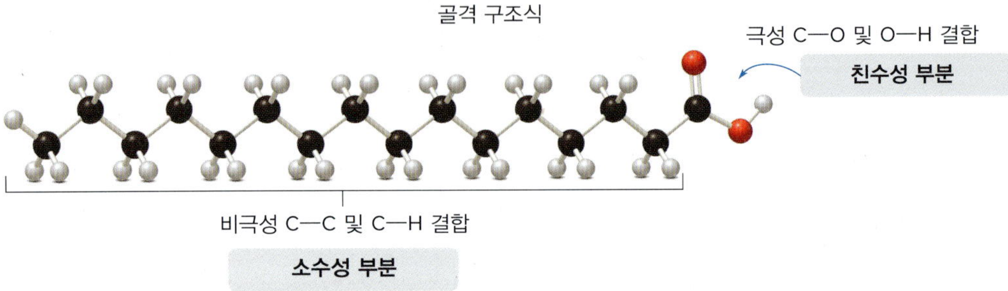


분자에서 C—C 및 C—H 결합으로 이루어진 비극성을 띤 부분은 물 분자와 인력이 없어서 **소수성**(hydrophobic, 물과 친하지 않음)이라고 부른다. 분자의 극성 부분은 물 분자와의 인력이 발생하기 때문에 **친수성**(hydrophilic, 물과 친함)이라고 부른다. 지질에서는 소수성을 띤 부분이 친수성을 띠는 부분보다 항상 크다. 자연적으로 생성되는 지방산은 짝수 개의 탄소로 이루어져 있다. 지방산에는 크게 두 종류가 있다.

6.3절에 따르면 시스(cis) 알켄(alkene)은 2개의 알킬기가 이중 결합을 기준으로 같은 방향에 있고, 반면에 트랜스(trans) 알켄은 2개의 알킬기가 이중 결합을 기준으로 서로 반대편에 있다.

- **포화 지방산**(saturated fatty acid)은 긴 탄화수소 사슬상에 이중 결합이 전혀 없다.
- **불포화 지방산**(unsaturated fatty acid)은 하나 이상의 이중 결합이 긴 탄화수소 사슬상에 존재한다. 자연적으로 생성되는 지방산의 이중 결합은 일반적으로 시스(cis) 구조이다.

3차원 구조를 살펴보면 **스테아르산**(stearic acid)은 포화 지방산이고, **올레산**(oleic acid)은 1개의 시스 형태의 이중 결합이 있는 불포화 지방산이다. 표 12.1에는 대부분의 일반적인 포화 지방산과 불포화 지방산이 나열되어 있다.

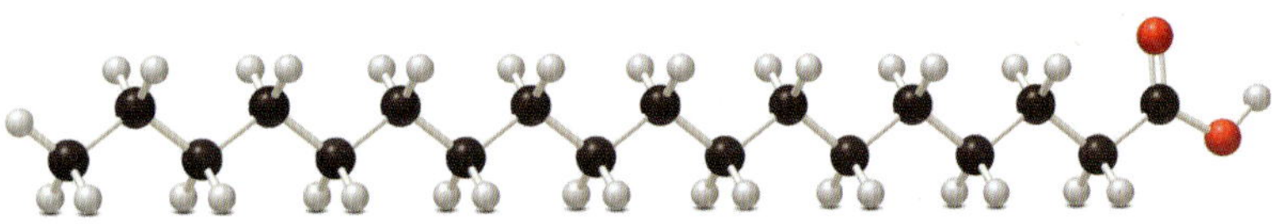

스테아르산

**포화 지방산**
긴 사슬에 이중 결합이 없음

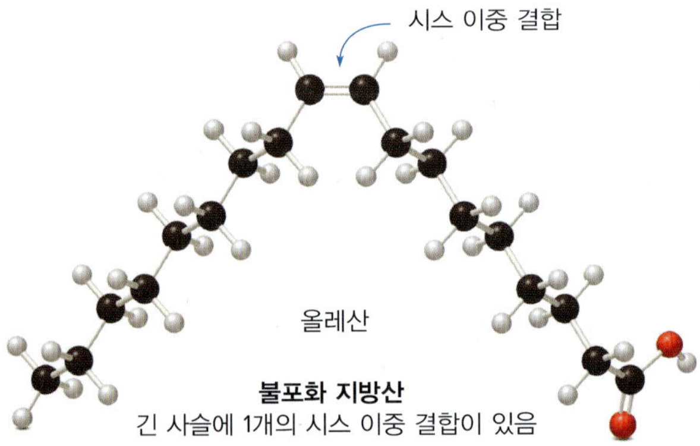


올레산

**불포화 지방산**
긴 사슬에 1개의 시스 이중 결합이 있음

12.4절에서 언급될 오메가-3 지방산(omega-3 fatty acid)으로 구성된 기름은 심혈관 질환 환자의 건강에 유익하다.

가장 일반적인 포화 지방산은 팔미트산과 스테아르산이다. 가장 일반적인 불포화 지방산은 올레산이다. **리놀레산**과 **리놀렌산**(linoleic and linolenic acid)은 사람의 몸에서 합성이 되지 않아 반드시 음식을 통해 섭취해야 하기 때문에 **필수 지방산**(essential fatty acid)이라고 한다.

불포화 탄화수소는 가끔 **오메가-n산**(omega-n acid)으로 분류하기도 한다. 여기서 n은 탄소 사슬에서 이중 결합을 하고 있는 것으로 발견된 가장 첫 번째 탄소의 위치를 알려 주는 숫자이다. 이때 사슬에서 $CH_3$기가 붙어 있는 사슬의 끝부터 헤아려서 따져야 한다. 그리하여 리놀레산은 오메가-6산(omega-6 acid)이고, 리놀렌산은 오메가-3산(omega-3 acid)이다.

**표 12.1 일반적인 지방산**

| 탄소(C) 개수 | C=C 결합 수 | 구 조 | 이 름 | 녹는점 Mp(°C) |
|---|---|---|---|---|
| | | **포화 지방산** | | |
| 12 | 0 | $CH_3(CH_2)_{10}COOH$ | 라우르산(lauric acid) | 44 |
| 14 | 0 | $CH_3(CH_2)_{12}COOH$ | 미리스트산(myristic acid) | 58 |
| 16 | 0 | $CH_3(CH_2)_{14}COOH$ | 팔미트산(palmitic acid) | 63 |
| 18 | 0 | $CH_3(CH_2)_{16}COOH$ | 스테아르산(stearic acid) | 71 |
| 20 | 0 | $CH_3(CH_2)_{18}COOH$ | 아라키드산(arachidic acid) | 77 |
| | | **불포화 지방산** | | |
| 16 | 1 | $CH_3(CH_2)_5CH{=}CH(CH_2)_7COOH$ | 팔미톨레산(palmitoleic acid) | 1 |
| 18 | 1 | $CH_3(CH_2)_7CH{=}CH(CH_2)_7COOH$ | 올레산(oleic acid) | 16 |
| 18 | 2 | $CH_3(CH_2)_4CH{=}CHCH_2CH{=}CH(CH_2)_7COOH$ | 리놀레산(linoleic acid) | −5 |
| 18 | 3 | $CH_3CH_2CH{=}CHCH_2CH{=}CHCH_2CH{=}CH(CH_2)_7COOH$ | 리놀렌산(linolenic acid) | −11 |
| 20 | 4 | $CH_3(CH_2)_4(CH{=}CHCH_2)_4(CH_2)_2COOH$ | 아라키돈산(arachidonic acid) | −49 |

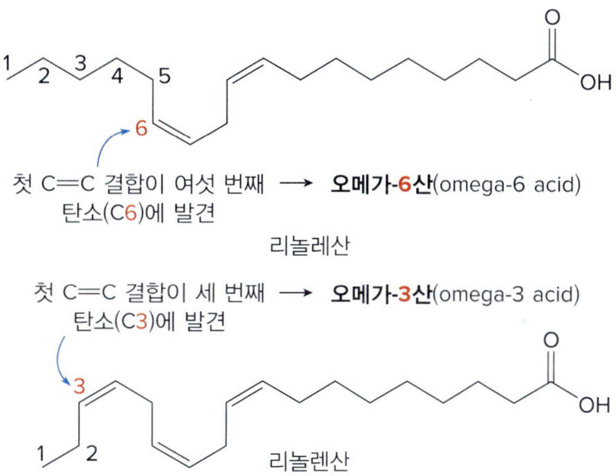


6.3B절에서 살펴본 것처럼 시스 이중 결합의 존재는 지방산의 녹는점에 지대한 영향을 미친다.

- 지방산의 이중 결합의 수가 증가할수록 녹는점은 감소한다.

시스 이중 결합은 긴 탄화수소 사슬을 구부러지게 만들어서 가깝게 뭉쳐서 고체 형태를 이루기 어렵게 만든다. 이중 결합의 수가 많아질수록 더욱 탄화수소 사슬이 구부러지고, 녹는점은 낮아진다.

가돌레산(Gadoleic acid, 예제 12.2)과 DHA는 참치 기름에서 추출된 두 가지 지방산이다.

**예제 12.2 지방산의 특성 파악하기**

a. 생선 기름으로부터 얻을 수 있는 가돌레산(gadoleic acid, $CH_3(CH_2)_9CH{=}CH(CH_2)_7COOH$, 탄소 20개짜리 지방산)의 골격 구조식을 그리시오.

b. 친수성 부분과 소수성 부분을 표기하시오.

c. 아라키드산과 아라키돈산의 녹는점을 비교하여 가돌레산의 녹는점을 예측하시오(표 12.1 참조).

**분석**

- 골격 구조식은 두 선이 만난 부분과 선의 시작과 끝부분에 탄소가 위치하고 있다. 불포화 지방산에서 반드시 이중 결합은 형태를 이루고 있어야 한다.
- 분자에서 비극성의 C—C 및 C—H 결합은 소수성 부분을, 극성 결합은 친수성 부분을 구성한다.
- 탄소 수가 동일할 때 이중 결합이 증가할수록 지방산의 녹는점은 낮아진다.

**해답**

a. 와 b. 가돌레산의 골격 구조식은 다음과 같다. 친수성 부분은 COOH기이고, 분자의 나머지 부분은 소수성 부분이다.

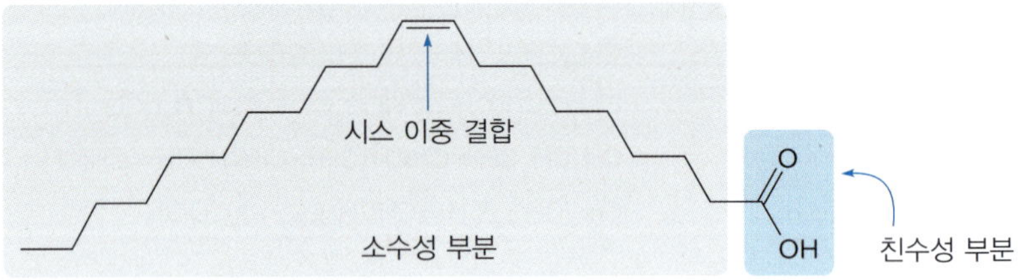


c. 가돌레산은 시스 이중 결합이 하나 있으므로(이중 결합이 전혀 없는) 아라키드산보다 녹는점이 낮다. 하지만 이중 결합이 4개 있는 아라키돈산보다는 녹는점이 높을 것이다.

**연습문제 12.2**

a. 각 지방산의 골격 구조식을 그리시오.

b. 각 분자에서 친수성 부분과 소수성 부분을 표기하시오.

c. **표 12.1**을 염두하지 않고 판단했을 때 지방산 A와 B 중 어느 것의 녹는점이 더 높은가? 그 이유를 설명하시오.

$CH_3(CH_2)_{16}COOH$ **A** $CH_3(CH_2)_4CH{=}CHCH_2CH{=}CH(CH_2)_7COOH$ **B**

**소비자 노트**

상업적인 고래 사냥이 가능한 시절에 향유고래로부터 얻은 경랍(향유고래 왁스)은 화장품과 양초 원료로 널리 쓰였다.

## 12.3 왁스

**왁스**는 가장 단순한 가수 분해성 지질이다.

- 왁스는 지방산(RCOOH)과 고분자 알코올(R′OH)로부터 만들어진 에스터(RCOOR′)이다.

**소비자 노트**

나뭇잎 표면은 왁스로 코팅되기 때문에 잎의 표면에는 물이 방울로 맺힌다.

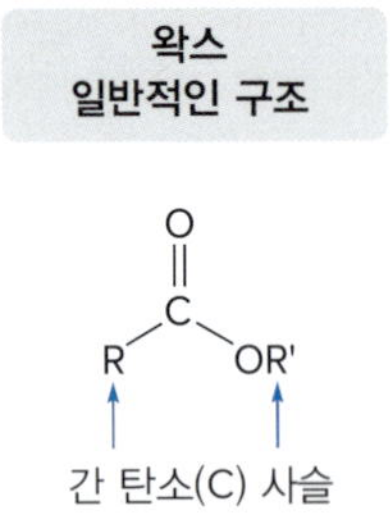


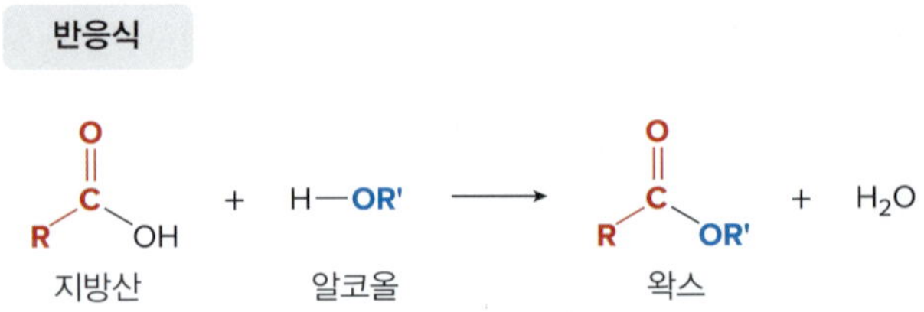


예를 들어, 향유고래의 머리에서 추출하는 향유고래 왁스는 대부분 세틸 팔미테이트(cetyl palmitate)로서 구조가 $CH_3(CH_2)_{14}COO(CH_2)_{15}CH_3$인 에스터이다. 탄소 16개로 이루어진 지방산[$CH_3(CH_2)_{14}COOH$]인 세틸 팔미테이트와 탄소 16개짜리 알코올[$CH_3(CH_2)_{15}OH$]로부터 합성된다.

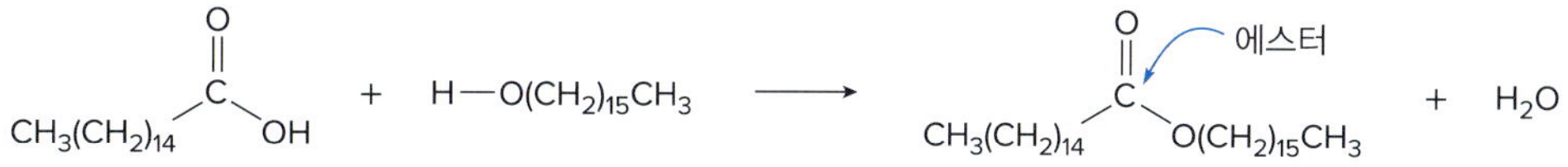

팔미트산 세틸 팔미테이트 (향유고래 왁스의 주요 성분)

긴 탄소 사슬 덕분에 왁스는 **매우 소수성이다.** 왁스는 새의 날개에 수분이 스며들지 않도록 보호 코팅을 형성하고, 나뭇잎에서 수분이 증발하는 것을 방지한다. 란돌린(Lanolin)은 양털 섬유를 코팅하는 왁스이다. 비즈 왁스는 200가지 이상의 성분이 섞여 있는 혼합물로서 주 성분으로 **미리클 팔미테이트**(myricyl palmitate)를 함유한다. 이 성분의 3차원 구조는 극성 에스터기가 긴 탄화수소 사슬에 비해 얼마나 작은지를 보여 준다.

## 예제 12.3 왁스 구조 그리기

탄소 14개의 지방산과 탄소 16개의 직선형 사슬 알코올로부터 만들어질 수 있는 향유고래 왁스의 주성분인 세틸 미리스테이트(cetyl myristate)의 구조를 그리시오.

### 분석

이 왁스의 구조를 그리려면 먼저 지방산(RCOOH)의 카복실산기를 함께 화학 반응을 할 알코올(R′OH)의 OH기 옆에 오도록 배치한다. 그 다음에 OH기를 알코올의 OR′기로 치환하여 카보닐 탄소에 새로운 C—O 결합이 형성되는 에스터(RCOOR′)를 만든다.

### 해답

지방산과 알코올의 구조를 그린 후 탄소 14개짜리 지방산의 OH기를 알코올의 $O(CH_2)_{15}CH_3$ 기로 대체하여 그린다.

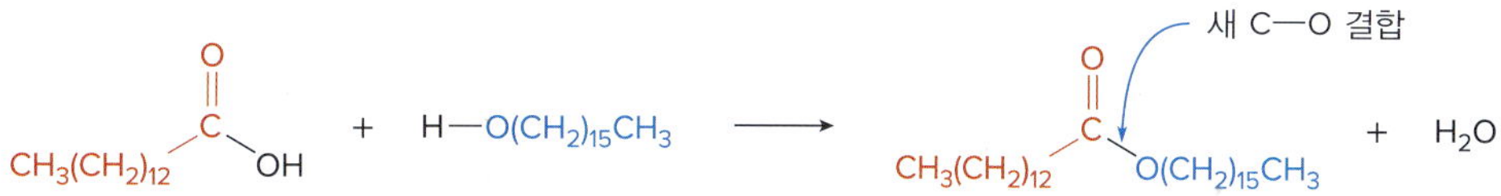

탄소 14개짜리 지방산 탄소 16개짜리 알코올 세틸 미리스테이트

## 연습문제 12.3

다음 각 알코올과 스테아르산[$CH_3(CH_2)_{16}COOH$]이 반응했을 때 만들어지는 왁스의 구조를 그리시오.

a. $CH_3(CH_2)_9OH$ b. $CH_3(CH_2)_{11}OH$ c. $CH_3(CH_2)_{29}OH$

**소비자 노트**

미국의 남서부에서 서식하는 식물 조조바(jojoba)의 씨앗은 화장품과 건강 보조 상품에서 사용하는 왁스가 풍부하다.

다른 에스터 분자들처럼 산 또는 염기 조건에서 왁스(RCOOR′)는 물에 의해 가수 분해되어 카복실산(RCOOH)과 알코올(R′OH)을 다시 형성한다. 그래서 $H_2SO_4$가 있는 조건에서 세틸 팔미테이트는 탄소-산소 사이의 단일 결합이 끊어지는 가수 분해로 지방산과 긴 사슬의 알코올이 된다.

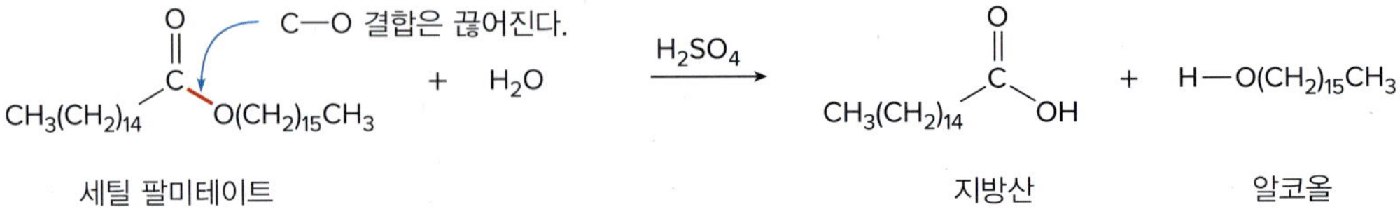


## 12.4 트라이아실글리세롤 – 지방과 기름

대부분의 액상 지질인 동물의 지방과 식물성 기름은 **트라이아실글리세롤**(triacylglycerol)로 이루어져 있다.

- 트라이아실글리세롤 또는 **트라이글리세라이드**(triglyceride)는 **글리세롤**(glycerol)과 3개의 지방산의 반응으로 만들어지는 **트라이에스터**(triester)이다.

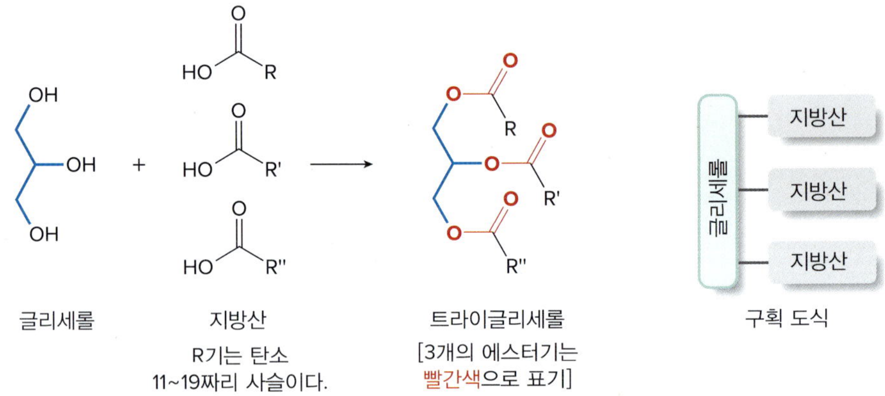


### 12.4A 일반적인 특징

**단순 트라이글리세롤**은 3개의 동일한 지방산 사슬이 있고, 반면에 **복합 트라이글리세롤**은 두 가지 또는 세 가지 종류의 다른 지방산들이 혼재된 **트라이아실글리세롤**(triacylglycerol)이다. 이 지방산들은 포화이거나 불포화 지방산이다. 단일 불포화 트라이아실글리세롤은 탄소-탄소 이중 결합이 1개 있는 반면, **고도 불포화 트라이아실글리세롤** 2개 이상의 탄소-탄소 이중 결합이 있다.

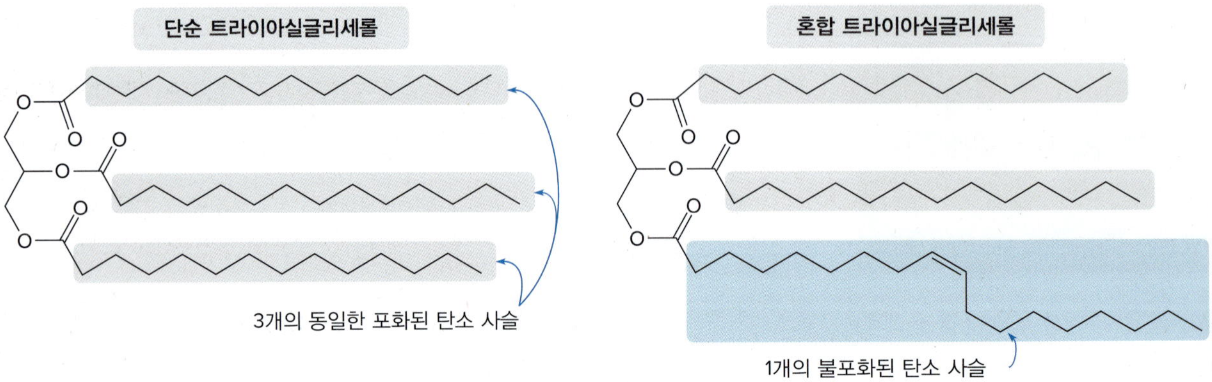

지방과 기름은 물리적 성질이 다른 트라이아실글리세롤이다.

- **지방**은 상온에서 고체이며 녹는점이 높다.
- **기름**은 상온에서 액체이며 녹는점이 낮다.

트라이아실글리세롤에 붙어 있는 세 지방산의 동일 여부로 지방과 기름을 구별할 수 있다. 지방산 사슬의 이중 결합의 수가 많아질수록 트라이아실글리세롤의 녹는점이 낮아진다.

- 지방은 이중 결합의 수가 적은 지방산으로부터 만들어진다.
- 기름은 이중 결합의 수가 많은 지방산으로부터 만들어진다.

표 12.2에서는 보편적인 지방과 기름의 지방산 구성이 나열되어 있다. 고체 기름은 상대적으로 높은 비율(백분율, percent)의 포화 지방산으로 되어 있고, 일반적으로 동물성이다. 그래서 비계(돼지 기름, lard), 버터, 그리고 고래 지방(whale blubber)은 높은 비율의 포화 지방으로 이루어져 있다. 이중 결합이 없기 때문에 3개의 포화 지질의 사슬이 서로 평행되게 잘 포개져서 트라이아실글리세롤 분자들이 결정 격자의 형태로 효과적으로 뭉칠 수 있게 되었고, 이는 결국 높은 녹는점의 원인이 된다.

**표 12.2 몇 가지 지방과 기름의 지질 구성**

| 물 질 | 포화 지질(%) | 단일 불포화 지질(%) | 고도 불포화 지질(%) | 트랜스[a]( %) |
|---|---|---|---|---|
| **식용 지방** | | | | |
| 비계 | 39 | 44 | 11 | 1 |
| 버터 | 60 | 26 | 5 | 5 |
| 쇼트닝 | 22 | 29 | 29 | 18 |
| **기름** | | | | |
| 카놀라유 | 7 | 58 | 29 | 0 |
| 홍화유 | 9 | 12 | 24 | 0 |
| 해바라기씨유 | 10 | 20 | 66 | 0 |
| 옥수수유 | 13 | 24 | 60 | 0 |
| 올리브유 | 13 | 72 | 8 | 0 |
| 완두콩유 | 16 | 44 | 37 | 0 |
| 땅콩 기름 | 17 | 49 | 32 | 0 |
| 팜유 | 50 | 37 | 10 | 0 |
| 코코넛 오일 | 87 | 6 | 2 | 0 |
| **마가린/스프레드** | | | | |
| 스틱형 70% 완두콩 기름 | 18 | 2 | 29 | 23 |
| 스프레드형 60% 식물성 기름 | 18 | 22 | 54 | 5 |

a: 부분적으로 환원(수소화)이 될 때 트랜스형 이중 결합으로 합성된 트라이아실글리세롤
출처: Harvard School of Public Health, 단, 일부 자료는 여타 참조를 통해 차용

동물성 식품
포화 지방 식품

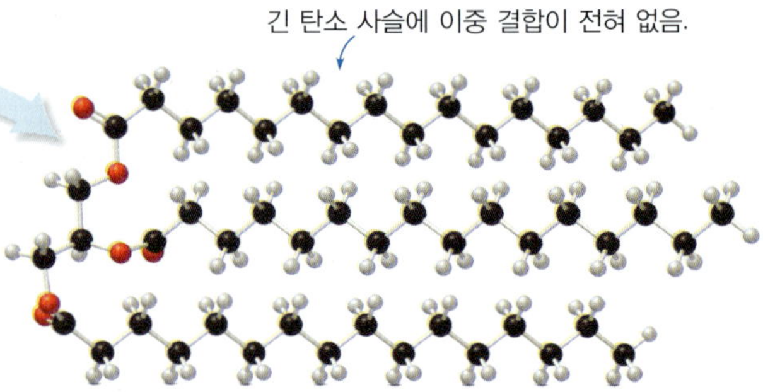


포화 트라이아실글리세롤

액체 기름은 불포화 지방산의 비율이 높으며 일반적으로 식물성이다. 그래서 기름은 옥수수, 완두콩 및 올리브에서 추출되는 기름은 더 많은 불포화 지질을 함유하고 있다. 불포화 지질에서는 시스 이중 결합이 분자 내 사슬을 구부러지게 하여 효과적으로 고체로 굳기에는 어렵게 되고 결국 오일의 녹는점을 낮추게 되는 원인이 된다.

**건강 노트**

열대 농장에서 재배된 코코넛 오일은 포화 지방이 높은 기름 중 하나로, 세간에서는 심장병에 나쁜 영향을 주는 요인으로 믿고 있다.

식물성 기름
불포화 오일의 원료

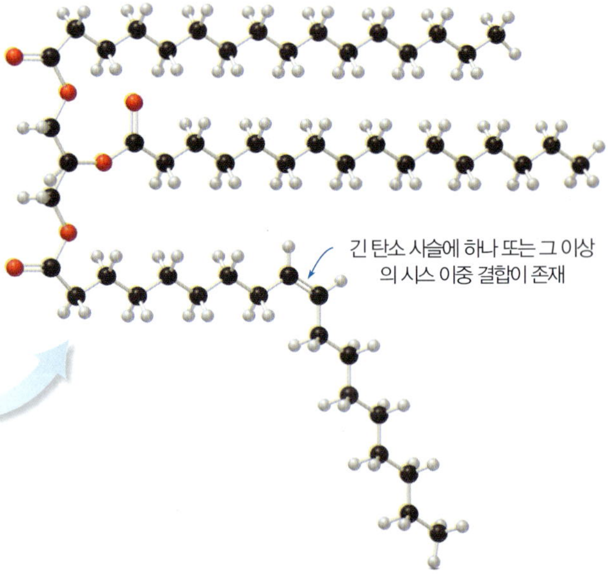


불포화 트라이아실글리세롤

다른 식물성 기름과는 달리 코코넛유와 팜유는 포화 지방의 비율이 높다. 포화 지방의 비율이 높은 식사가 심장병 질환에 매우 큰 위험이라는 증거가 제시되고 있다. 이런 이유 때문에 최근 몇 년간 팜유와 코코넛유의 수요가 상당히 줄었고, 남태평양 지역에서 한때 융성했던 많은 코코넛 농장은 더 이상 상업적으로 운영되지 않는다.

연어, 청어, 고등어, 정어리로부터 얻는 기름은 고도 불포화 트라이아실글리세롤이 매우 풍부하다. 이 트라이아실글리세롤은 듬성듬성 뭉쳐 있기 때문에 매우 낮은 녹는점을 가지고, 매우 찬물에서도 액체 상태이다. 특히, 오메가-3 지방산에서 추출한 어유는 관상 동맥 질환에 걸릴 위험이 있는 개인에게 유용한 것으로 여겨진다.

**건강 노트**

생선 기름은 오메가-3 지방산으로부터 파생되는 불포화 글리세롤의 비중이 높다.

**소비자 노트**

트라이아실글리세롤 외에도 초콜릿을 만드는 데 사용되는 코코아에는 항산화제와 카페인이 포함되어 있다.

### 예제 12.4 트라이아실글리세롤 구조 그리기

한 분자는 스테아르산이고, 다른 두 분자는 올레산 및 글리세롤(glycerol)로부터 만들어질 수 있는 트라이아실글리세롤의 구조를 그리시오. 스테아르산을 2차 OH(가운데 탄소 원자에 붙어 있는 OH)기에 결합시키시오.

**분석**

트라이아실글리세롤을 그리기 위해서는 글리세롤의 각 OH기를 지방산의 카복실기에 가깝게 배열한다. 그리고 글리세롤에 있는 각 산소 원자(O)와 지방산의 카보닐기의 탄소를 연결하여 3개의 새로운 C—O 결합을 만든다.

**해답**

글리세롤의 OH기와 3개의 지방산(RCOOH)으로부터 3개의 새로운 에스터 결합(RCOOR′)을 만든다.

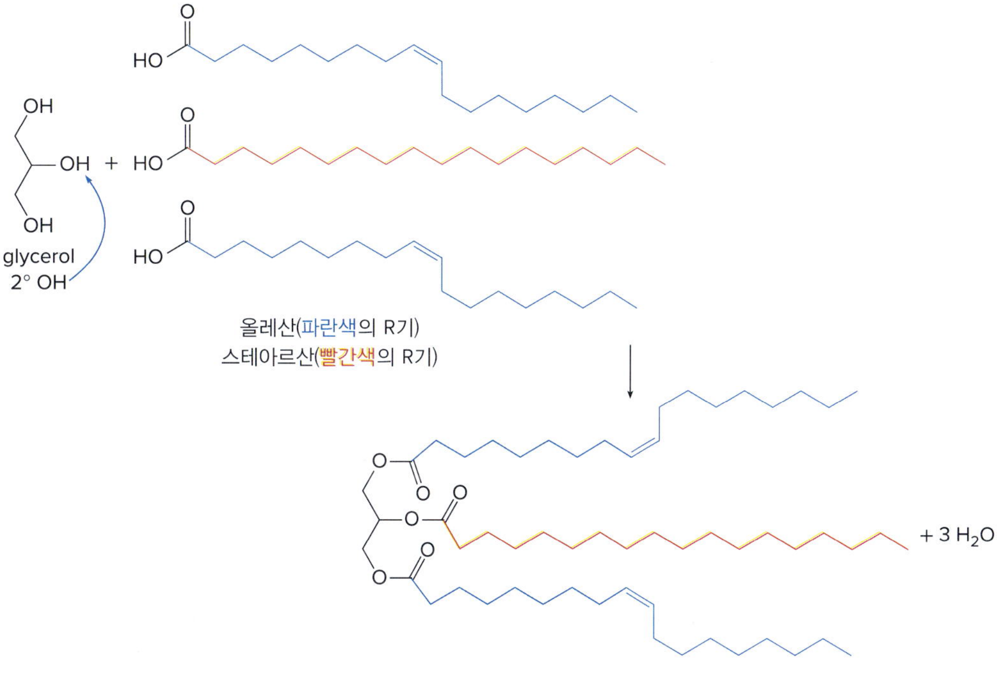


### 연습문제 12.4

다음 질문에 답하시오.

a. 3개의 스테아르산을 포함하는 구조를 그리시오.

b. 3개의 올레산을 포함하는 트라이아실글리세롤의 구조를 그리시오.

## 12.5 트라이아실글리세롤의 가수 분해

다음 에스터 화합물처럼 생물학적 시스템에서 트라이아실글리세롤은 산, 염기 또는 효소의 존재 하에 물로 가수 분해되어 글리세롤과 세 분자의 지방산을 형성한다. 그리하여 **트라이스테아린**(tristearin)은 황산 수용액에 의한 가수 분해로 글리세롤과 세 분자의 스테아르산을 형성한다.

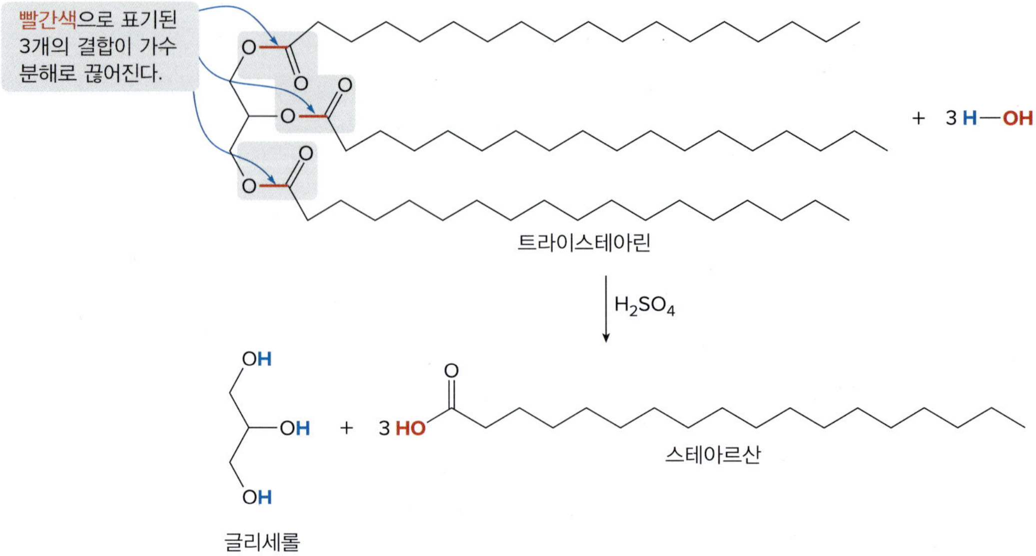


가수 분해는 카보닐기의 탄소와 에스터의 산소 원자 간의 단일 결합 3개를 끊는다(10.8절 참조). **예제 12.5**에서 알 수 있듯이 트라이스테아린은 카보닐기의 탄소에 3개의 동일한 R기를 포함하기 때문에 단일 지방산인 스테아르산 세 분자가 형성된다. 카보닐기의 탄소에 결합된 다른 R기를 포함하는 트라이아실글리세롤은 지방산의 혼합물을 형성한다.

### 예제 12.5 트라이아실글리세롤의 가수 분해 생성물 그리기

황산이 있는 상황에서 다음 트라이아실글리세롤이 물과 반응하여 가수 분해가 진행되었을 때 생성물을 그리시오.

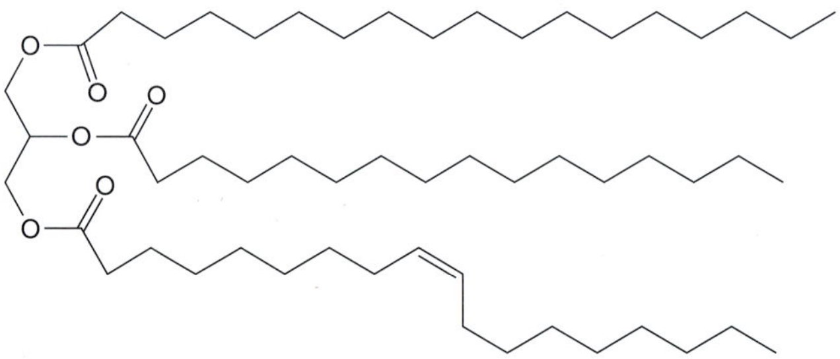

**분석**

에스터 가수 분해의 결과물을 그리기 위해 카보닐기의 탄소에서 3개의 C—O 단일 결합을 끊어 글리세롤과 3개의 지방산(RCOOH)을 만든다.

**해답**

가수 분해는 글리세롤과 스테아르산, 팔미트산, 팔미톨레산을 생성한다. 가수 분해 과정에서 끊어지는 결합은 아래 빨간색으로 표기했다.

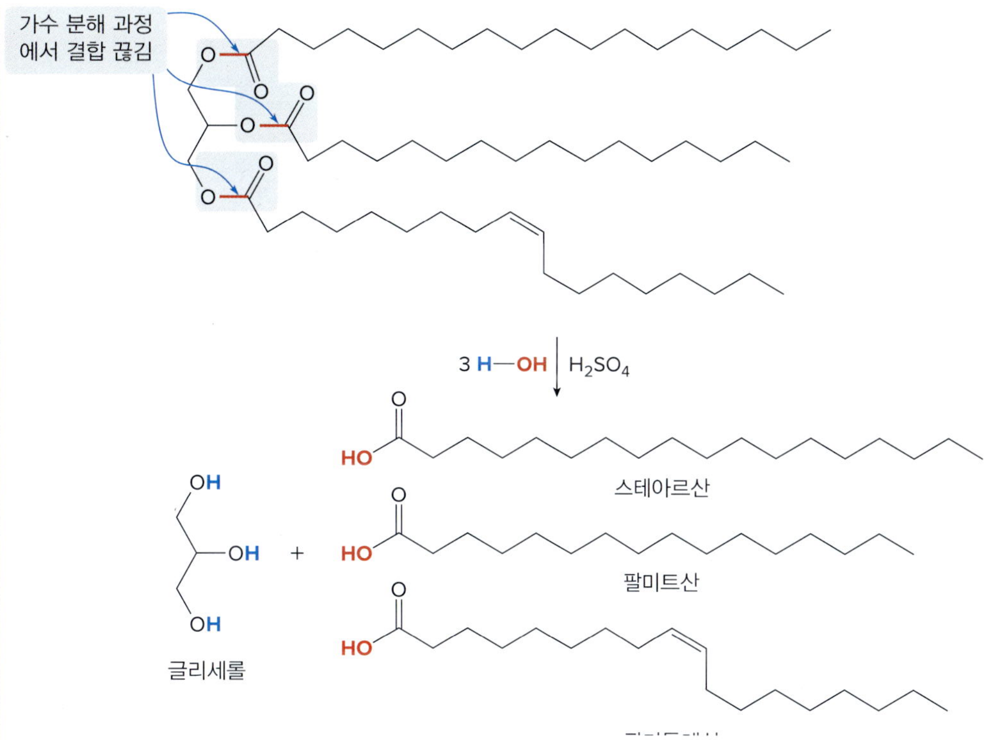


**연습문제 12.5**

각 트라이아실글리세롤의 가수 분해로부터 얻을 수 있는 생성물을 그리시오.

a.

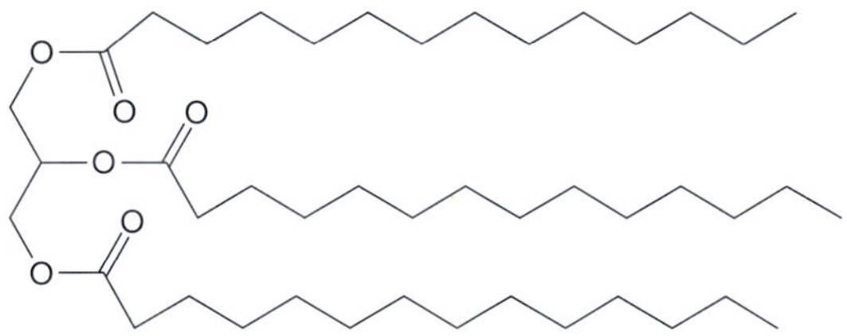

b.

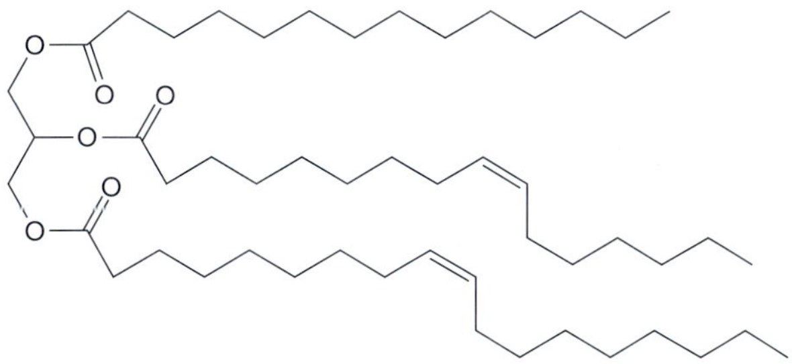

## 12.5A 비누 합성

금속염은 금속 양이온과 음이온이 정전기적 인력으로 결합되어 있는 형태이다.

비누는 긴 탄화수소 사슬에 많은 탄소 원자를 포함하는 카복실산의 **금속염**(metal salt)이다. 즉, 비누는 지방산의 금속염이다. 예를 들어, 소듐 스테아레이트는 18개의 탄소로 이루어진 포화 지방산인 스테아르산의 소듐염이다.

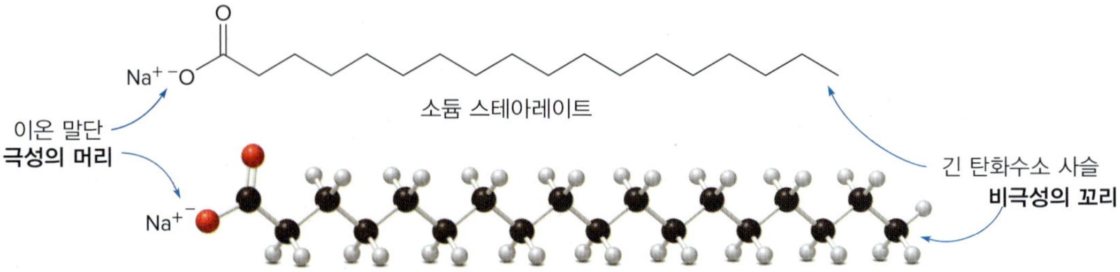


비누는 트라이아실글리세롤의 염기성 가수 분해(비누화 반응)에 의해 제조된다. 동물성 지방이나 식물성 기름을 염기 수용액에서 가열하면 3개의 에스터가 가수 분해되어 글리세롤과 3개의 지방산의 소듐염이 형성된다.

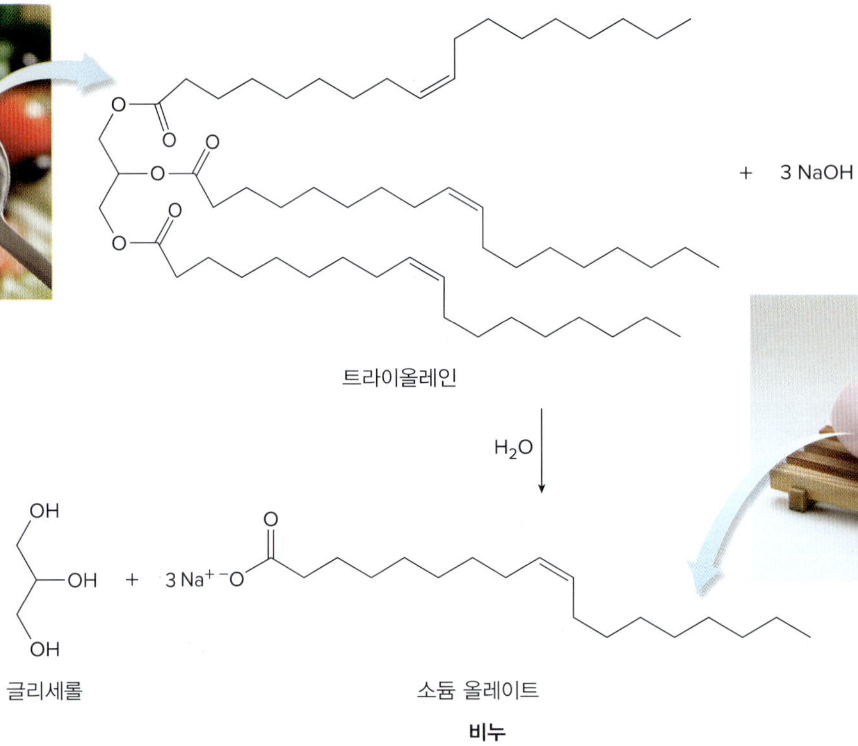

이러한 카복실레이트 염은 **비누**이며 먼지를 제거한다. 비극성 꼬리는 그리스(grease)와 기름(oil)을 녹이고, 극성 머리는 물에 녹는다. 대부분의 트라이아실글리세롤은 탄화수소 사슬에 2~3개의 서로 다른 R기를 가지고 있으므로 비누는 일반적으로 2~3개의 서로 다른 **카복실레이트 염**의 혼합물이 된다.

비누화 반응(saponification)은 '비누'를 뜻하는 라틴어 sapo에서 유래되었다.

비누는 일반적으로 비계(돼지), 양지(소 또는 양), 코코넛유 또는 팜유로 만들어진다. 모든 비누는 동일한 방식으로 작동하지만 지질 공급원에 따라 약간 다른 특성을 가지고 있다. 지방산의 탄소 사슬 길이와 불포화 부위의 수는 비누의 특성에 부분적으로나마 영향을 미친다.

## 12.6 인지질

**인지질**(phospholipid)은 인 원자를 포함하고 있는 지질이다. 일반적으로 **포스포아실글리세롤**(phosphoacylglycerol)과 **스핑고마이예린**(sphingomyelins)이라는 두 가지 종류의 인지질이 있다. 12.7절에서 알아보겠지만 두 종류 모두 식물과 동물의 세포막에서 거의 대부분 발견된다. 다음은 트라이아실글리세롤, 포스포아실글리세롤 및 스핑고마이엘린의 일반적인 구조적 특징을 비교하는 구획 도식이다.

**트라이아실글리세롤** **포스포아실글리세롤** **스핑고마이엘린**

인지질은 2개의 H(수소) 원자를 R기로 대체하여 형성된 인산($H_3PO_4$)의 유기 유도체로 생각할 수 있다. 이러한 유형의 작용기를 포스포다이에스터(phosphodiester)라고 한다. 세포에서는 인의 나머지 OH기가 양성자를 잃어 포스포다이에스터에 알짜 음전하(net negative charge)를 띠게 한다.   트라이아실글리세롤 스핑고마이엘린

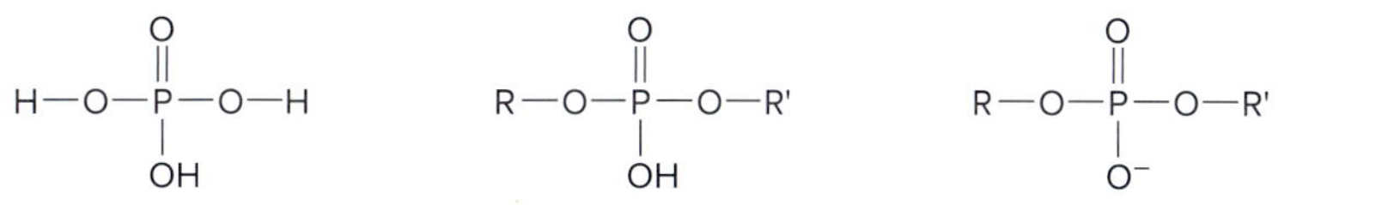

인산($H_3PO_4$) 포스포다이에스터 세포에서 발견되는 포스포다이에스터

## 12.6A 포스포아실글리세롤

**포스포아실글리세롤**(phosphoacylglycerol) (또는 **포스포아실글리세라이드**(phosphoglycerides)는 인지질의 가장 평범한 형태이다. 이것은 대부분의 세포막의 주요 지질 구성 성분이다. 그 구조는 이전 절에서 공부한 트라이아실글리세롤과 비슷하지만 한 가지 중요한 차이점이 있다. 글리세롤에 붙어 있는 두 하이드록시기만이 지방산과 에스터 형성 반응을 한다. 세 번째 OH기는 포스포다이에스터 부분이며, 이것은 저분자량 알코올에서 유도된 알킬기(R″)에도 결합한다.

**포스포아실글리세롤의 일반 구조**

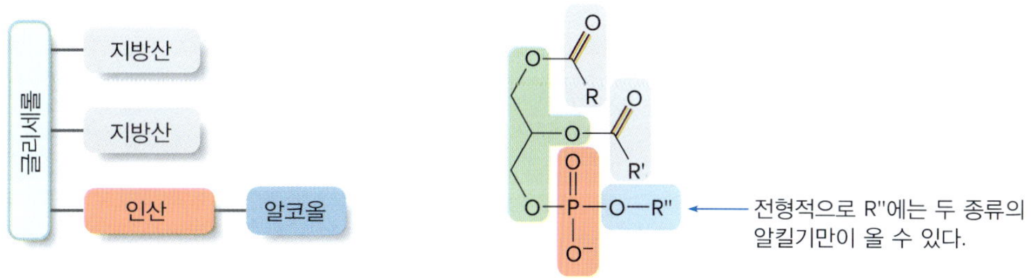


눈에 띄는 두 가지 유형의 포스포아실글리세롤 분자들이 있다. 이들 분자는 포스포다이에스터에서 R″기의 종류가 다르다.

- R”= $CH_2CH_2NH_3^+$일 경우 그 분자는 **세팔린**(cephalin) 또는 포스파티딜에탄올아민(phosphatidylethanolamine)이라 부른다.
- R”= $CH_2CH_2N(CH_3)_3^+$일 경우 그 분자는 **레시틴**(lecithin) 또는 포스파티딜콜린(phosphatidylcholine)이라 부른다.

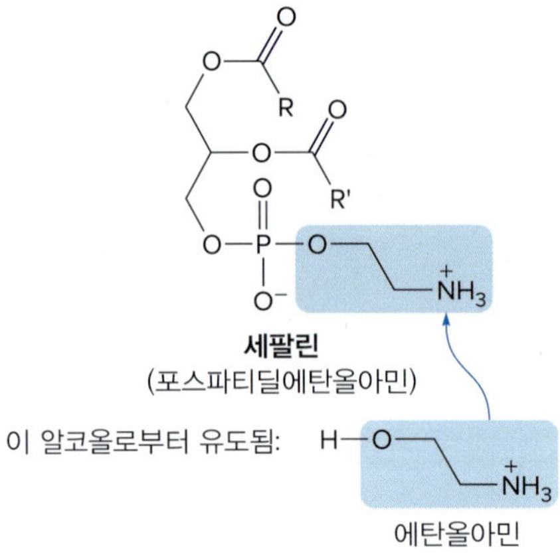


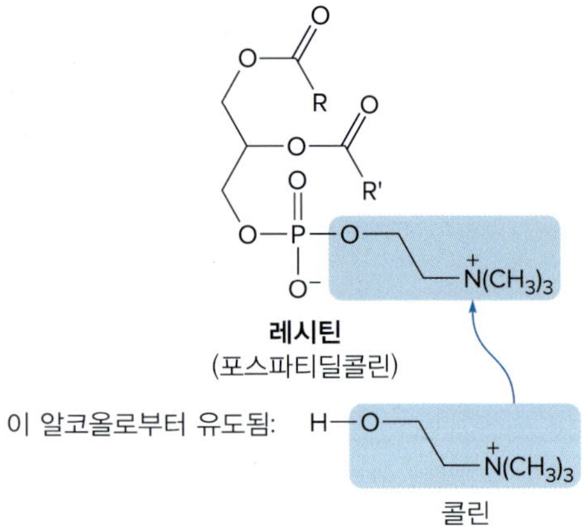


포스포아실글리세롤의 인이 포함된 곁가지 사슬(side chain)은 트라이아실글리세롤과 다르다. 2개의 지방산 곁가지 사슬은 서로 평행하게 놓인 2개의 비극성의 '꼬리'를 형성하는 반면, 분자의 포스포다이에스터의 말단은 전하를 띠거나 극성의 '머리'이다. 포스포아실글리세롤의 3차원 구조는 **그림 12.1**에 나타나 있다.

그림 12.1 포스포아실글리세롤의 3차원 구조

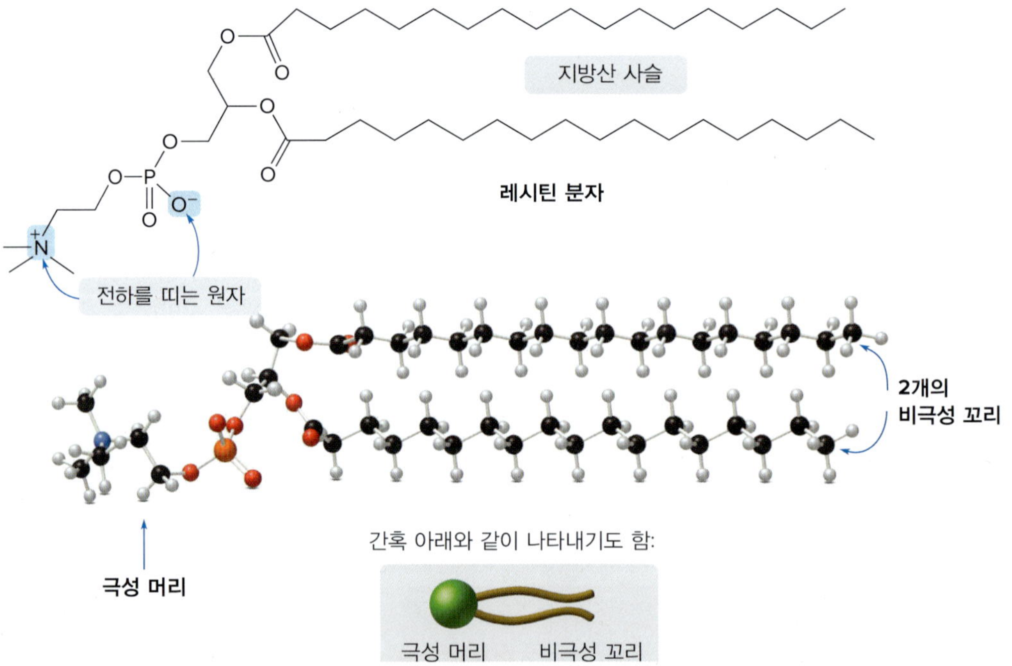


포스포아실글리세롤은 명확하게 구별된 두 부분이 있다. 지방산의 긴 곁가지 사슬로 인한 2개의 비극성을 띤 꼬리 부분과 전하를 띠고 있는 포스포다이에스터 때문에 강한 극성을 띤 머리 부분이다.

### 예제 12.6 포스포아실글리세롤의 구조 그리기

스테아르산 분자 2개로 합성되는 세팔린의 구조를 그리시오.

**분석**

세팔린의 일반적인 구조에서는 R와 R′기의 자리에 스테아르산의 탄소 18개짜리 포화 지방산으로 치환한다. 세팔린에서는 $-CH_2CH_2NH_3^+$가 포스포다이에스터 부분을 이룬다.

**해답**

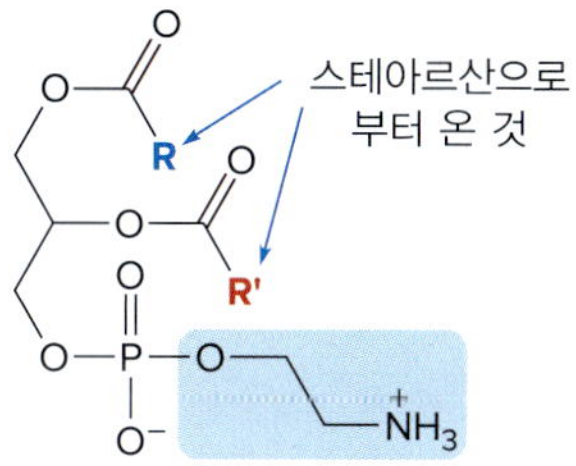


일반적인 구조

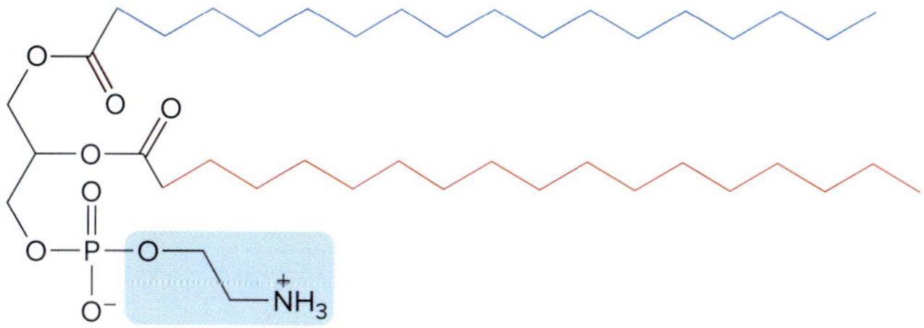

답

**연습문제 12.6**
올레산과 팔미트산을 지방산의 사슬을 포함하는 2개의 서로 다른 세팔린의 구조를 그리시오.

## 12.6B 스핑고마이엘린

**스핑고마이엘린**(sphingomyelin)은 두 번째로 흔한 주 인지질로서 트라이아실글리세롤과 포스포아실글리세롤과는 두 가지 중요한 점에서 차이가 있다.

- 스핑고마이엘린은 구조상 글리세롤의 골격과는 다르다. 대신에 스핑고미엘린은 스핑고신(sphingosine)으로부터 유도된다.
- 스핑고마이엘린에는 에스터기가 없다. 대신에 단일 지방산은 아마이드 결합(amide bond)을 형성하면서 탄소 골격과 연결되어 있다.

포스포아실글리세롤처럼 스핑고마이엘린에는 에탄올아민(ethanolamine) 또는 **콜린**(choline)으로부터 유도된 포스포다이에스터(phosphodiester)가 있다. 결과적으로 스핑고마이엘린 또한 1개의 극성(이온성) 머리와 2개의 비극성 꼬리가 있다. 다음은 스핑고마이엘린의 한 예이다.

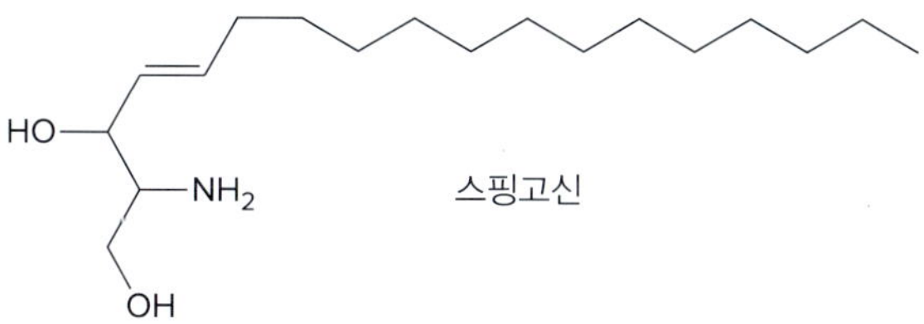

스핑고신

스핑고마이엘린의 일반적인 구조

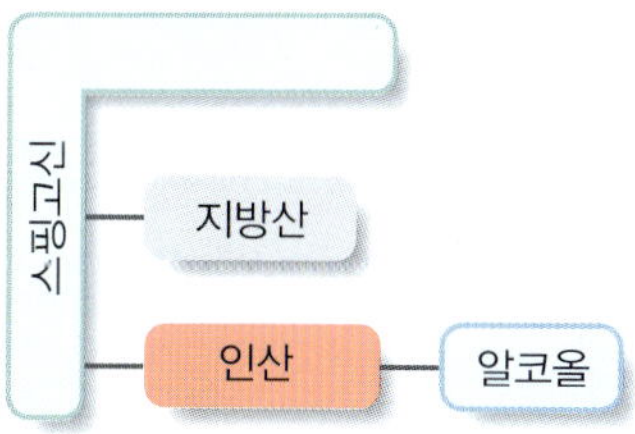


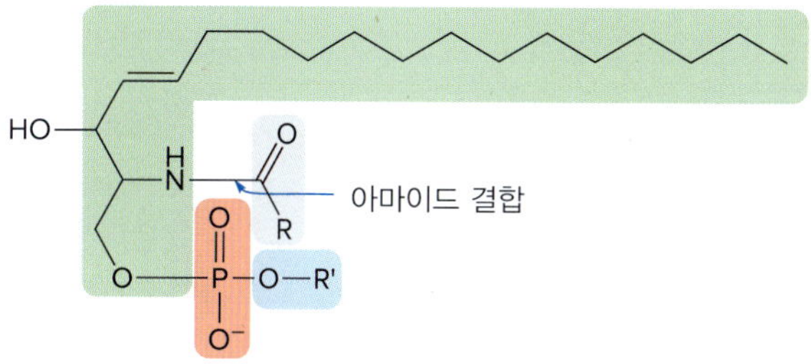


$R' = CH_2CH_2\overset{+}{N}H_3$ 또는
$CH_2CH_2\overset{+}{N}(CH_3)_3$

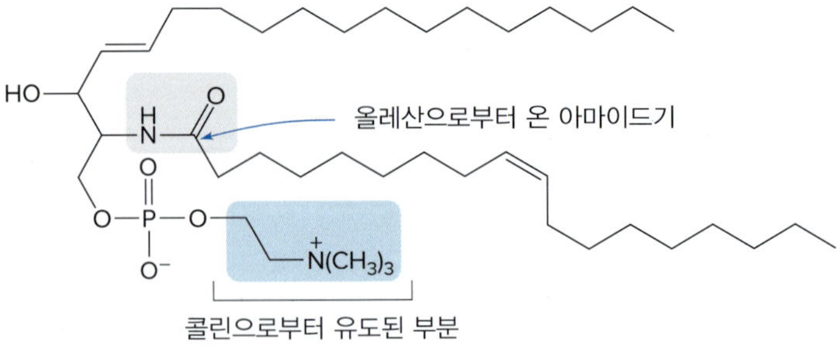


스핑고마이엘린

**그림 12.2**에서는 가장 보편적인 가수 분해성 지질인 트라이아실글리세롤, 포스포아실글리세롤, 스핑고마이엘린의 구조적 특징을 비교했다.

**그림 12.2** 트라이아실글리세롤, 포스포아실글리세롤, 스핑고마이엘린의 비교

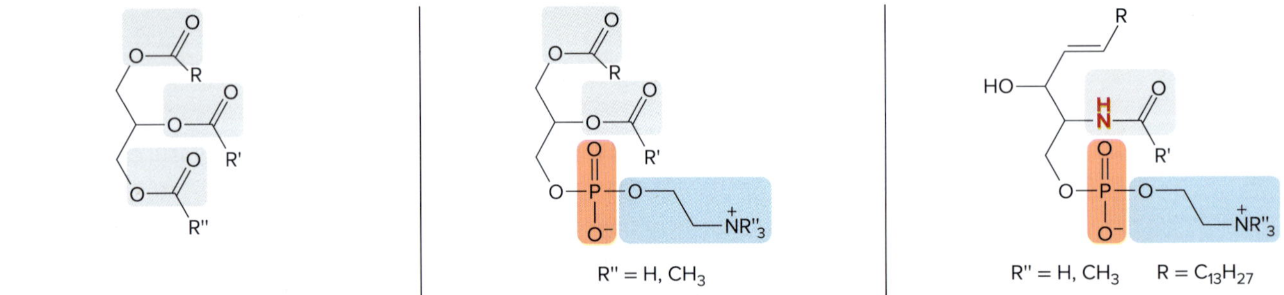


- 트라이아실글리세롤은 3개의 비극성 곁가지 사슬이 있다.
- 글리세롤이 기본 틀 구조가 된다.
- 지방산 3개로부터 형성되는 에스터 3개가 있다.

- 포스포아실글리세롤은 2개의 비극성 곁가지 사슬 꼬리와 1개의 이온성 머리가 있다.
- 글리세롤이 기본 틀 구조가 된다.
- 지방산 2개로부터 형성되는 에스터 2개가 있다.
- 글리세롤의 말단 탄소에 포스포다이에스터가 연결되어 있다.

- 스핑고마이엘린은 2개의 비극성 곁가지 사슬 꼬리와 1개의 이온성 머리가 있다.
- 스핑고신이 기본 틀 구조가 된다.
- 스핑고마이엘린은 에스터가 아닌 아마이드가 있다.
- 스핑고신의 말단 탄소에 포스포다이에스터가 연결되어 있다.

## 12.7 세포막

**세포막**(cell membrane)은 화학이 어떻게 생체에서 작동하는지를 보여 주는 아름다운 복합체의 예이다.

### 12.7A 세포막의 구조

생체 기관의 기본 단위는 **세포**(cell)이다. 세포질은 세포 안의 수용성 매질로서 세포막에 의해 세포 외부의 물과는 분리되어 있다. 세포막은 아주 상반된 두 가지 기능을 수행한다. 세포막은 이온과 분자가 세포 안팎으로 통과하는 것을 막는 장벽 역할도 하지만 동시에 선택적으로 투과성이 있어 영양소가 들어오고 노폐물이 나가는 것을 허용하기도 한다. 인지질, 특히 포스포아실글리세롤은 세포막의 주요 구성 요소이다. 인지질은 친수성 극성 머리와 C—C 및 C—H 결합으로 구성된 2개의 비극성 꼬리로 이루어져 있다. 인지질이 물과 혼합되면, 이온성 머리가 바깥쪽으로, 그리고 비극성 꼬리가 안쪽으로 향하는 **지질 이중층**(lipid bilayer)이라는 배열로 조립된다. 극성 머리는 극성 용매 $H_2O$와 정전기적으로 상호 작용하는 반면, 비극성 꼬리는 수많은 **런던 분산력**(London dispersion force)에 의해 근접하게 유지된다.

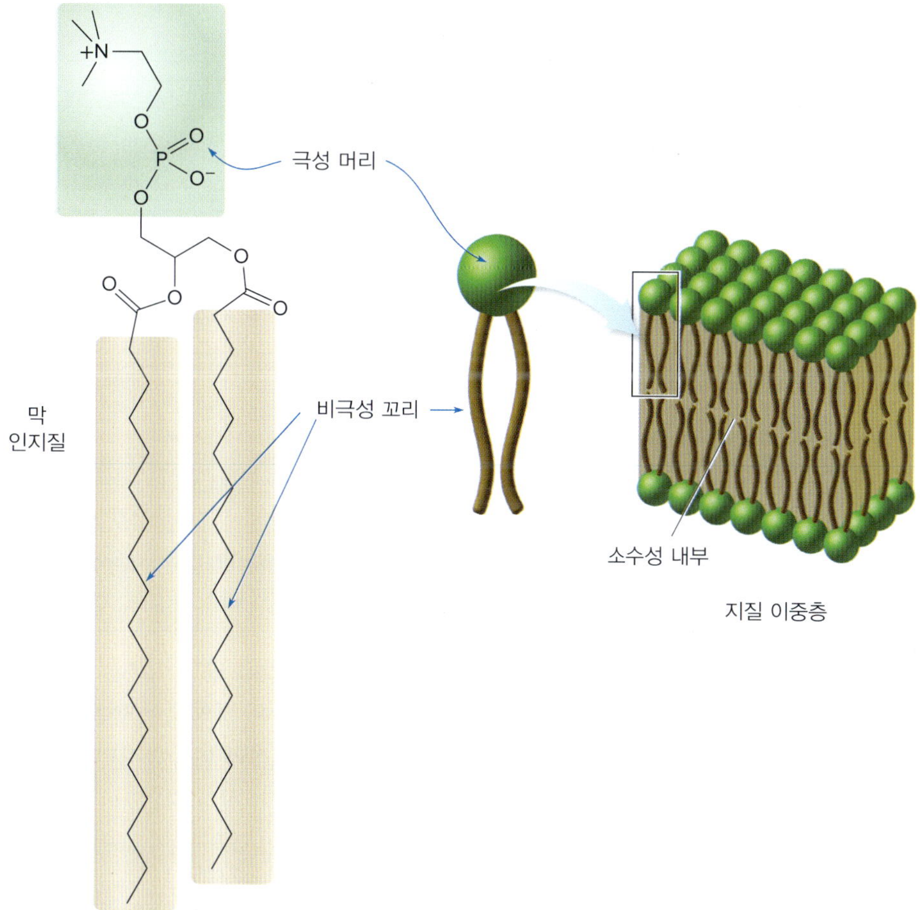


세포막은 지질 이중층으로 구성되어 있다(**그림 12.3** 참조). 인지질의 전하를 띠고 있는 머리는 세포의 수용성인 내부 및 외부를 향한다. 비극성 꼬리는 막의 소수성 내부를 형성하여 외부로부터 세포를 보호하는 불용성 장벽 역할을 한다. 인지질 내 지방산이 무엇인지가 이 이중층의 견고함을 결정한다. 포화 지방산이라면 지질 이중층 내부에 잘 쌓이며 그 막은 덜 유동적이다. 만약 불포화 지방산이 많다면 비극성 꼬리가 잘 쌓이질 않아 이중층이 더 유동적이게 된다.

**그림 12.3** 세포막의 구성

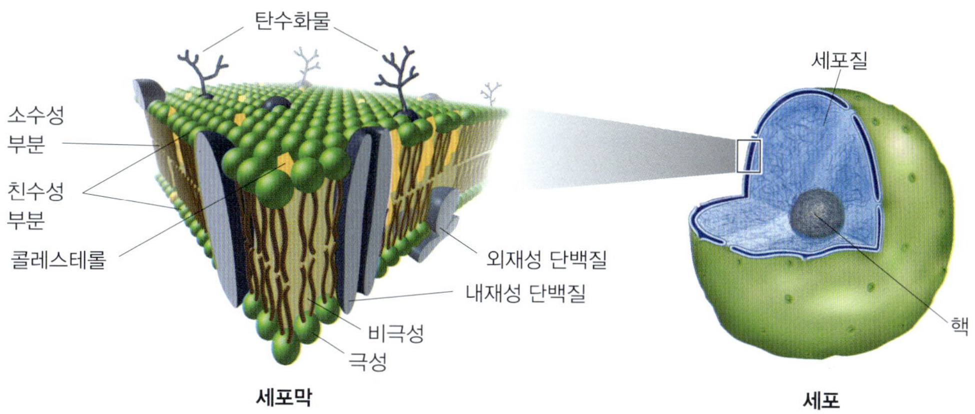


세포막은 이중층의 외부를 향해 배열된 인지질의 친수성 극성 머리를 갖는 지질 이중층으로 구성되며, 여기서 세포막은 세포 내부 및 외부의 극성 친수성 환경과 상호 작용할 수 있다. 인지질의 소수성 꼬리는 이중층 내부에 배열되어 한쪽에서 다른 쪽으로 여러 화학종들이 이동하는데 있어 선택적으로 투과시킬 수 있는 '기름이 많은(greasy)' 층을 형성한다.

인지질 이중층이 세포막의 주요 구조를 형성하지만 단백질과 콜레스테롤도 막에 묻혀 있다. **외재성 단백질**(peripheral protein)은 한쪽만 밖으로 뻗어 있는 상태로 막 안에 위치하고 있다. **내재성 단백질**(integral protein)은 전체 이중층을 관통하며 뻗어 있다. 막 표면의 일부 지질과 단백질은 탄수화물에 결합되어 당지질(glycolipid)과 당 단백질(glycoprotein)을 형성한다. 극성 탄수화물 사슬은 주변의 수용성 환경으로 확장된다.

### 12.7B 세포막을 통한 물질 수송

어떻게 세포막 한쪽에 있는 물속의 분자 또는 이온이 세포막의 비극성 내부를 통과하여 다른 쪽으로 이동할 수 있을까? 여기에는 다양한 종류의 물질 수송 메커니즘이 일어난다(그림 12.4 참조).

$O_2$ 및 $CO_2$와 같은 작은 분자는 단순히 세포막을 통해 농도가 높은 곳에서 낮은 곳으로 확산하여 이동할 수 있다. 더 큰 극성 분자와 일부 이온의 경우에는 단순 확산이 너무 느리거나 불가능하므로 용이한 **촉진 확산**(facilitated transport) 과정이 발생한다. $Cl^-$ 또는 $HCO_3^-$, 글루코스 분자와 같은 이온은 내재성 단백질에 의해 만들어진 된 통로를 통해 이동한다.

특히, $Na^+$, $K^+$ 및 $Ca^{2+}$와 같은 몇몇 이온은 농도 차이를 이겨 내려 세포막을 가로질러 이동해야 한다. 그 말은 농도가 낮은 영역에서 높은 농도 영역으로 이동해야 한다는 뜻이다. 이러한 방식으로 이온이 막을 가로질러 이동하려면 에너지 공급이 필요한데 이러한 과정을 **능동 수송**(active transport)이라고 한다. 신경 자극이 근육을 수축시킬 때마다 능동 수송이 발생한다. 이 과정에서 에너지가 공급되어 농도 차이를 이겨 내고 $K^+$이 세포 외부에서 내부로 이동한다.

그림 12.4 물질이 세포막을 통과하는 방식

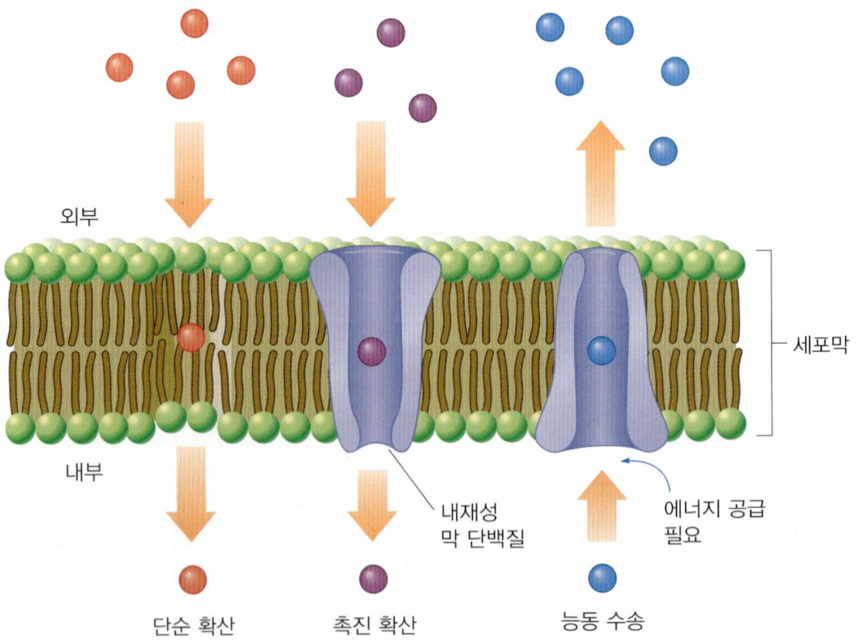


## 12.8 스테로이드 호르몬

많은 **생물학적 활성 스테로이드**는 내분비샘에서 분비되는 호르몬이다. 호르몬은 유기체의 한 부위에서 합성되어 다른 부위에서 반응을 일으키는 분자이다. 스테로이드 호르몬에 이어서 두 가지 중요한 부류는 **성 호르몬**(sex hormone)과 **부신 피질 스테로이드**(adrenal cortical steroid)이다.

여성 호르몬에는 **에스트로겐**(estrogen)과 **프로게스틴**(progestin)의 두 가지 유형이 있다.

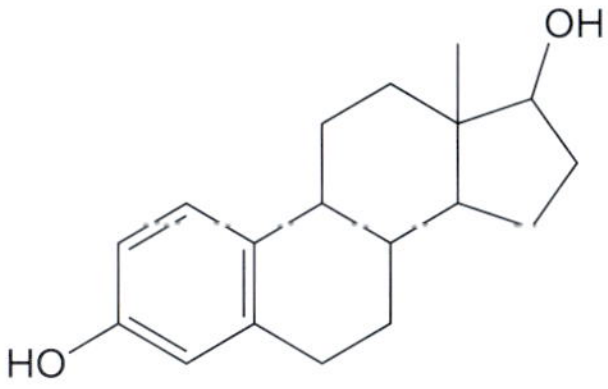

에스트라다이올

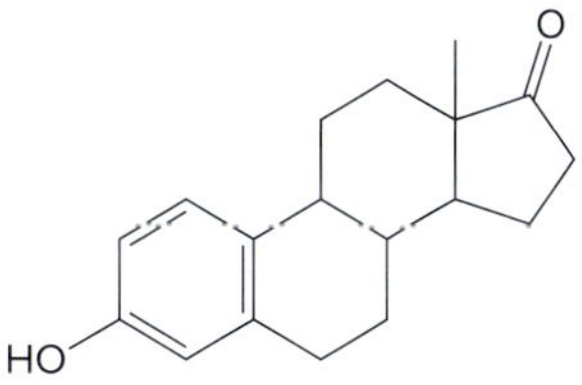

에스트론

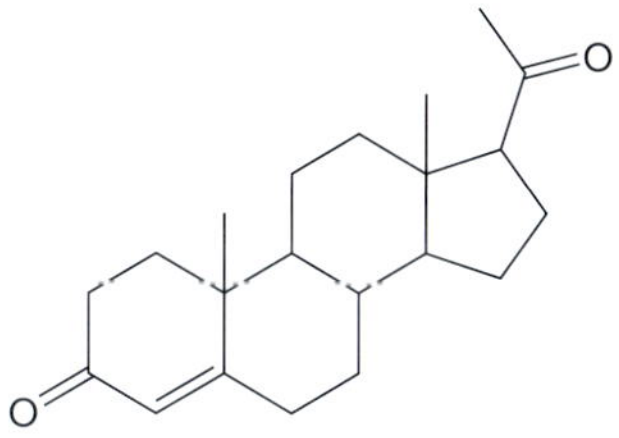

프로게스테론

- 에스트라다이올(estradiol)과 에스트론(estrone)은 난소에서 합성되는 에스트로겐이다. 이것은 여성의 2차 성징 발달을 조절하고 월경 주기를 조절한다.
- 프로게스테론은 종종 '임신 호르몬'이라고 불리는 프로게스틴이다. 수정란 이식을 위한 자궁 준비를 담당한다.

남성 호르몬은 **안드로겐**(androgen)이라고 부른다.

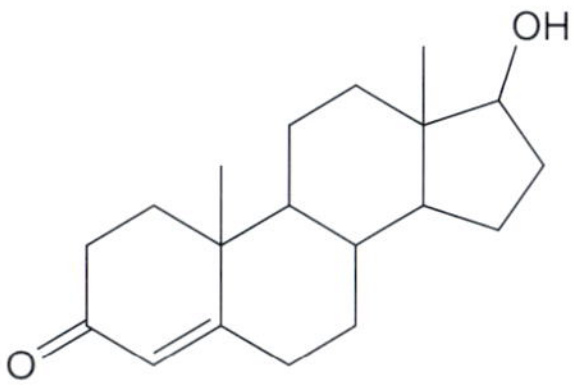

테스토스테론

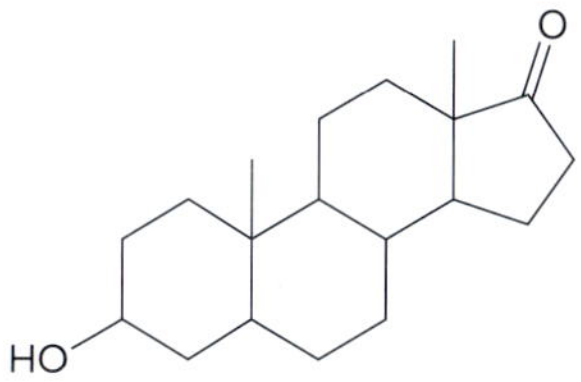

안드로스테론

- **테스토스테론**(testosterone)과 **안드로스테론**(androsterone)은 고환에서 합성되는 안드로겐이다. 이것은 남성의 2차 성징 발달, 즉 얼굴 털의 성장, 근육량 증가, 목소리의 변화를 제어한다.

**건강 노트**

일부 보디빌더는 근육량을 늘리기 위해 단백 동화 스테로이드를 사용한다. 장기간 또는 과도하게 사용할 경우 고혈압, 간 손상 및 심혈관 질환을 포함한 많은 건강 문제를 일으킬 수 있다.

**단백 동화 스테로이드**(anabolic steroids)라고 불리는 합성 안드로겐 유사체는 근육 성장을 촉진한다. 이것은 수술 후 회복될 때까지 사용 부족으로 근육이 위축된 환자를 돕기 위해 처음 개발되었다. 그 이후로 선수와 보디빌더가 사용하게 되었지만 경쟁 스포츠에서는 사용이 허용되지 않는다. 장기간 사용하면 많은 신체적, 정신적 문제가 발생한다.

스타노졸롤(stanozolol), 난드롤론(nandrolone) 및 테트라하이드로게스트리논(tetrahydrogestrinone)과 같은 단백 동화 스테로이드는 테스토스테론과 동일한 효과가 있지만 더 안정적인 물질이어서 빠르게 대사되지는 않는다. 2000년 시드니 올림픽에서 단거리 달리기 스타 매리언 존스 선수가 사용했던 성능 향상 약물인 테트라하이드로게스트리논(THG 또는 The Clear라고도 함)은 처음에는 도핑을 위한 소변 검사에서 발견되지 않았기 때문에 '디자이너 스테로이드'로 간주되었다. 화학 구조와 특성이 결정된 후 2004년 스포츠에서 금지된 단백 동화 스테로이드 목록에 추가되었다.

**건강 노트**

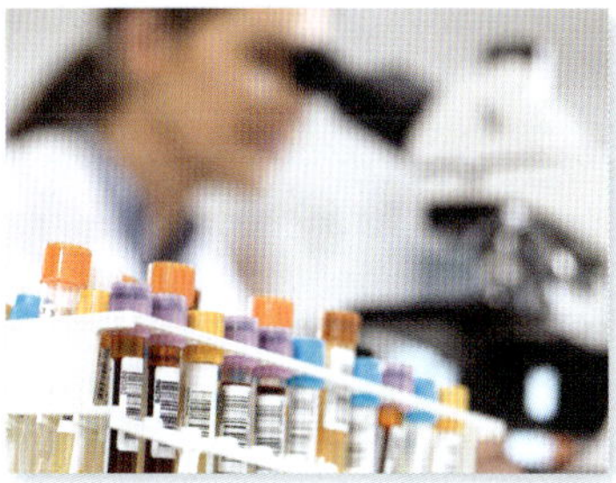

올림픽에서는 세계도핑금지기구(WADA)가 규정한 소변과 혈액 검사를 통해 서로 경쟁하는 선수가 사용할만한 금지 물질을 검출한다.

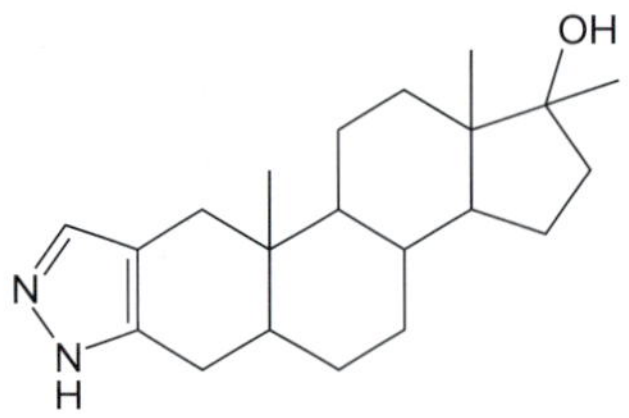

스타노졸롤

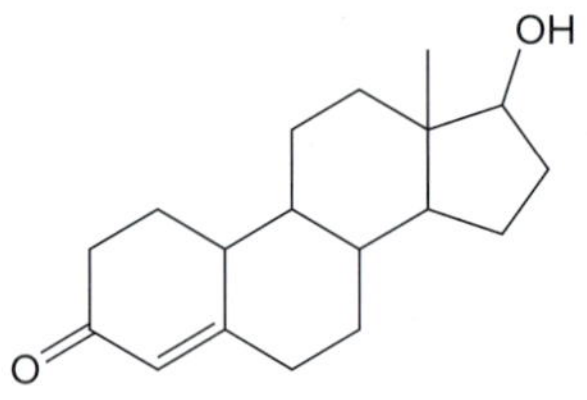

난드롤론

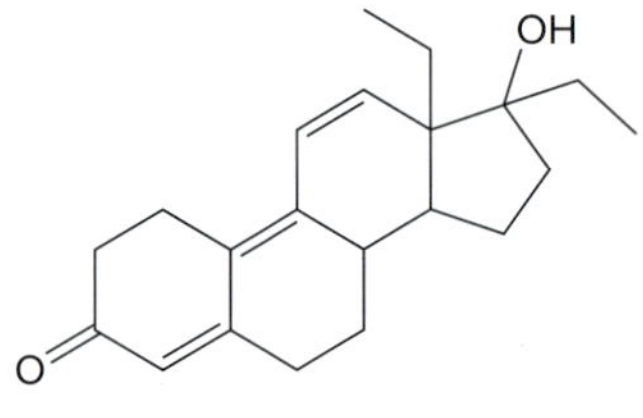

테트라하이드로게스트리논

스테로이드 호르몬의 두 번째 그룹에는 **부신 피질 스테로이드**(adrenal cortical steroid)가 포함된다. 이러한 호르몬의 세 가지 예는 **알도스테론**(aldosterone), **코르티손**(cortisone) 및 **코르티솔**(cortisol)이다. 이 모든 화합물은 부신의 바깥층에서 합성된다. 알도스테론은 체액의 $Na^+$ 및 $K^+$ 농도를 조절하여 혈압과 부피를 조절한다. 코르티손과 코르티솔은 항염증제 역할을 하며, 탄수화물 대사를 조절한다.

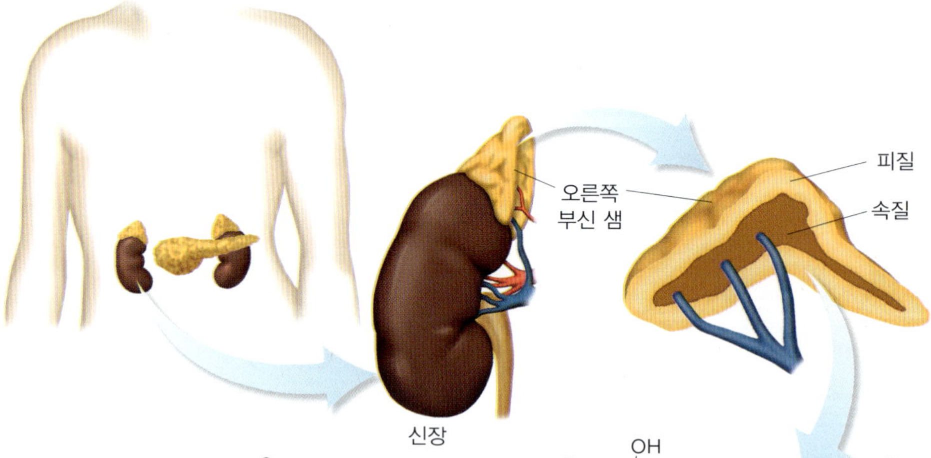


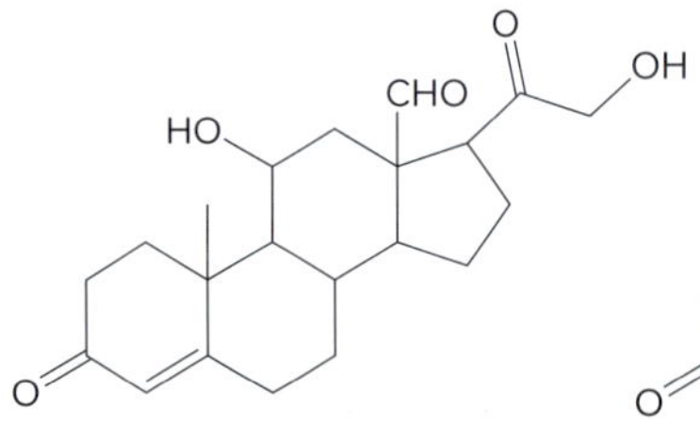

알도스테론

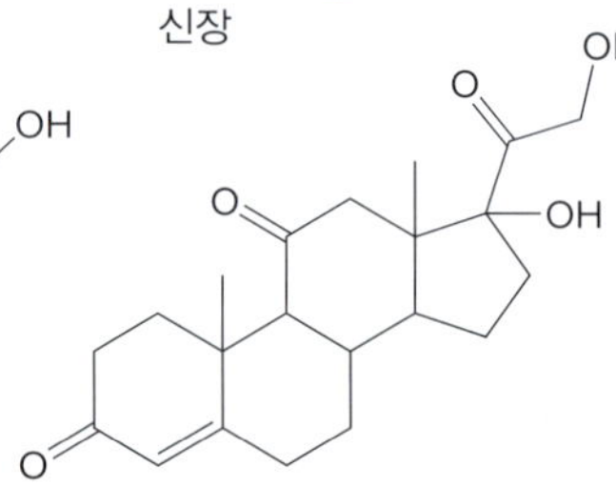

코르티손

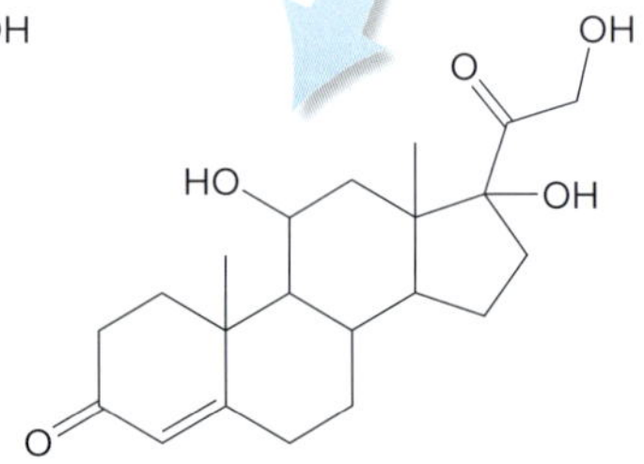

코르티솔

코르티손 및 이와 관련된 화합물은 장기 이식 수술 후 거부 반응를 억제하고 많은 알러지 및 자가 면역 질환을 치료하는 데 사용된다. 이러한 스테로이드를 장기간 사용하면 뼈 손실 및 고혈압과 같은 원치 않는 부작용이 발생할 수 있다. 널리 사용되는 합성 대체 물질인 프레드니손(prednisone)은 유사한 항염증 특성을 가지고 있지만 경구 복용이 가능하다.

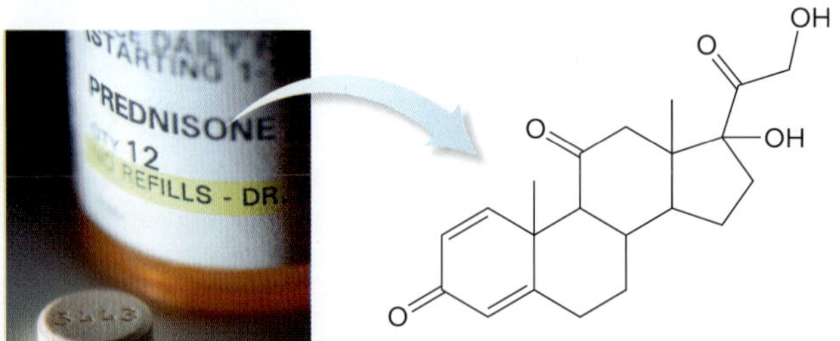


프레드니손
(합성 스테로이드)

## 종합문제

### 지질의 일반적인 특성

**12.1** 다음 중 어느 화합물이 지질인지 고르시오.

a. 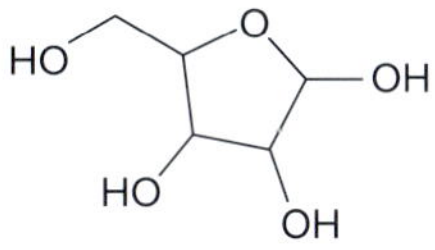
리보스

b. 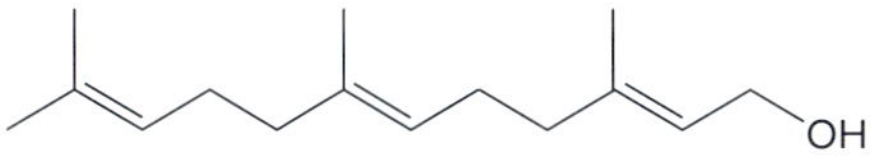
파네솔
(은방울꽃)

c. 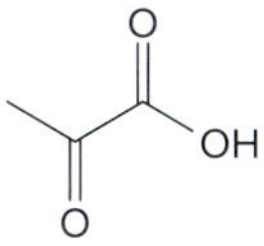
피루브산

**12.2** 왁스는 다음 중 어떤 용매에 녹을 수 있는지 고르시오.
a. $H_2O$ b. $CH_2Cl_2$ c. $CH_3CH_2OCH_2CH_3$

### 지방산, 왁스, 트라이아실글리세롤

**12.3** 녹는점이 증가하는 순으로 다음 지방산을 나열하시오.
$CH_3(CH_2)_{16}COOH$,
$CH_3(CH_2)_7CH{=}CH(CH_2)_7COOH$,
$CH_3(CH_2)_5CH{=}CH(CH_2)_7COOH$

**12.4** 녹는점이 증가하는 순으로 다음 지방산을 나열하시오.

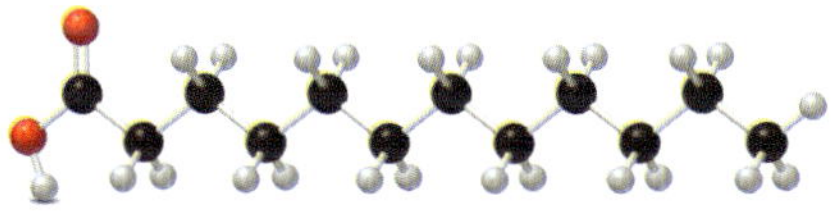
**A**

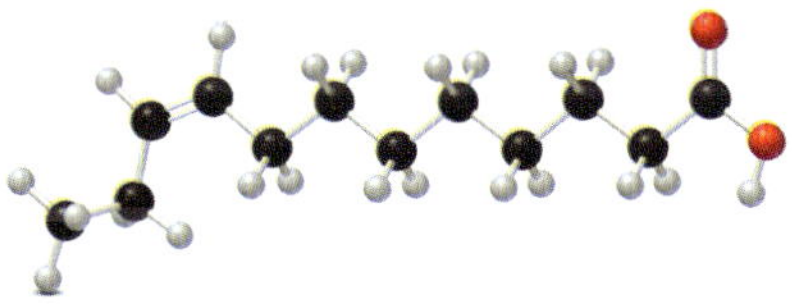
**B**

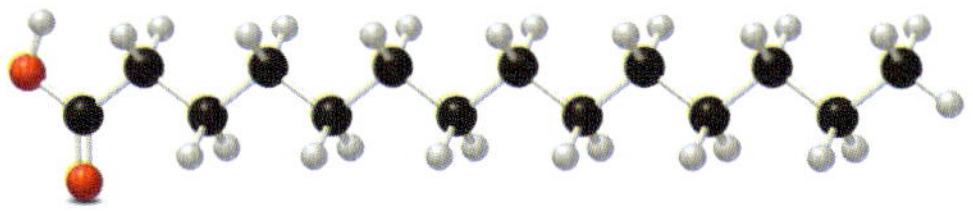
**C**

**12.5** 몇몇 생선 기름은 복합 불포화 지방산인 7,10,13,16,19 도코사펜타엔산(7,10,13,16,19-docosapentaenoic acid)으로부터 합성되는 트라이아실을 포함하고 있다. 다음 질문에 답하시오.

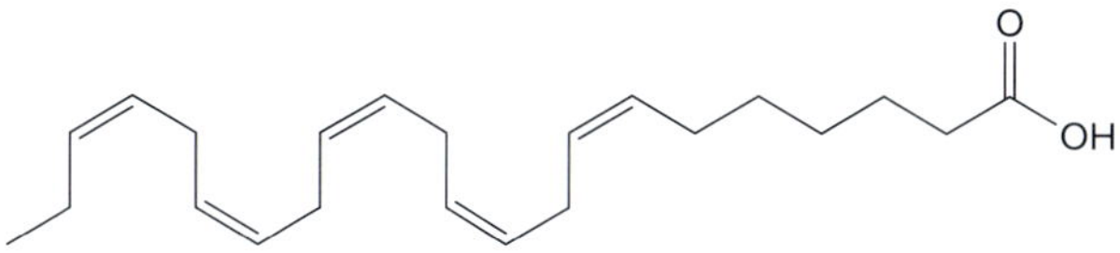

7,10,13,16,19-도코사펜타엔산
(7,10,13,16,19-docosapentaenoic acid)

a. 이 지방산의 친수성 부분과 소수성 부분을 표기하시오.
b. 이 분자의 모든 이중 결합이 트랜스 형태인 이성질체와 비교했을 때 이 지방산의 녹는점이 높을 것인지, 아니면 낮을 것인지 설명하시오.
c. 상온에서 이 지방산이 액체상일지, 아니면 고체상일지 예상하시오.
d. 이러한 지방산은 어떤 형태의 오메가-n인가?

**12.6** 공-막대 모델로 다음과 같이 나타낸 지방산 A가 있다고 가정할 때 다음 질문에 답하시오.

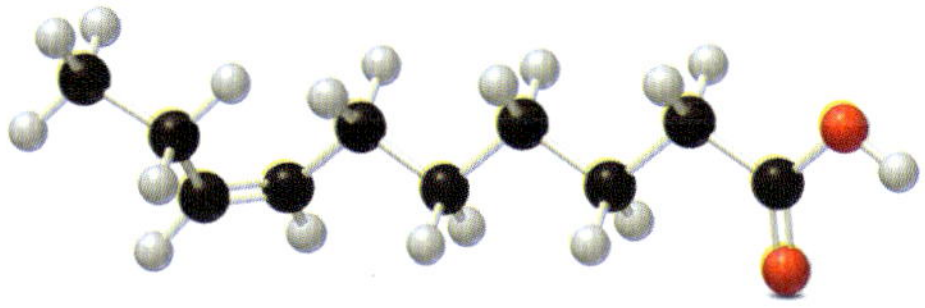
**A**

a. 시스 형태의 A 분자의 골격 구조식을 그리시오.
b. 이 지방산은 어떠한 형태의 오메가-n산인가?
c. A 분자의 광학 이성체를 그리시오.
d. A 분자와 $CH_3(CH_2)_{10}OH$로부터 만들어질 수 있는 왁스의 구조를 그리시오.

**12.7** 팔미트산 [$CH_3(CH_2)_{14}COOH$]과 다음 알코올들이 반응하여 만들어질 수 있는 왁스의 구조를 그리시오.
a. $CH_3(CH_2)_{21}OH$
b. $CH_3(CH_2)_{11}OH$
c. $CH_3(CH_2)_9OH$

**12.8** 황산 수용액으로 처리되었을 때 다음 왁스는 어떤 가수 분해 생성물을 만들 것인가?
a. $CH_3(CH_2)_{16}COO(CH_2)_{17}CH_3$
b. $CH_3(CH_2)_{12}COO(CH_2)_{25}CH_3$
c. $CH_3(CH_2)_{14}COO(CH_2)_{27}CH_3$

**12.9** 다음 질문에 답하시오.
a. 다음 중 어떤 식품에 불포화 트라이아실글리세롤이 풍부한가?
b. 다음 중 어떤 식품에 포화 트라이아실글리세롤이 풍부한가?
c. 어떤 식품에 트랜스 지방이 있을 것 같은가?

A

B

C

**12.10** 다음 설명에 부합하는 트라이아실글리세롤을 그리시오.

a. 라우르산, 미리스트산, 리놀레산으로부터 만들어지는 트라이아실글리세롤

b. 2개의 시스 이중 결합과 1개의 지방산 곁가지 사슬이 있는 불포화 트라이아실글리세롤

c. 탄소 14개짜리 지방산 3개로로 이루어진 포화 트라이아실글리세롤

**12.11** 염기성 환경에서 가수 분해가 될 경우 아래와 같이 공-막대 모형으로 나타낸 소듐 카복실레트만을 생성할 트라이아실글리세롤의 구조를 그리시오.

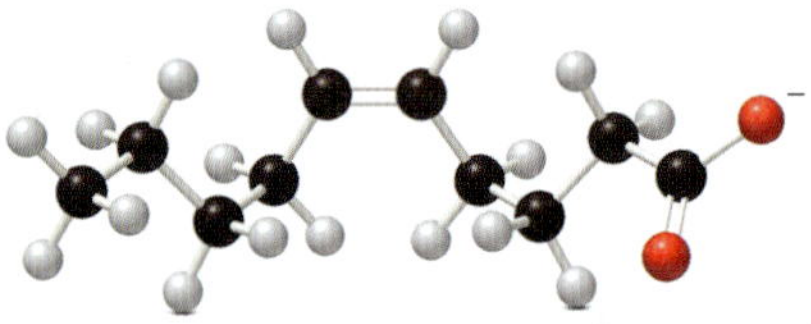

$Na^+$

**12.12** 다음 네 종류의 화합물을 고려할 때

[1] 지방산(fatty acid),

[2] 비누(soap),

[3] 왁스(wax),

[4] 트라이아실글리세롤(triacylglycerol)

각각의 화합물에 대해 다음 물음에 답하시오.

a. 일반적인 구조를 그리시오.

b. 특별한 분자의 예를 들어 구조를 그리시오.

c. 수용성인지 불용성인지 나타내시오.

d. 유기 용매 헥세인[$CH_3(CH_2)_4CH_3$]에 대하여 가용성인지, 난용성인지 표기하시오.

**12.13** 사진에 보이는 음식에 관한 각각의 설명이 옳은지 또는 옳지 않은지를 나타내시오.

a. 트랜스 트라이아실글리세롤이 들어 있다.

b. 포화 트라이아실글리세롤이 들어 있다.

c. 스테아르산으로부터 유도되는 트라이아실글리세롤의 함량이 높다.

d. 이러한 음식을 많이 섭취하는 것이 심장병 발생률 증가와 연관이 있다.

**12.14** 다음의 트라이아실글리세롤에 관한 다음 질문에 답하시오.

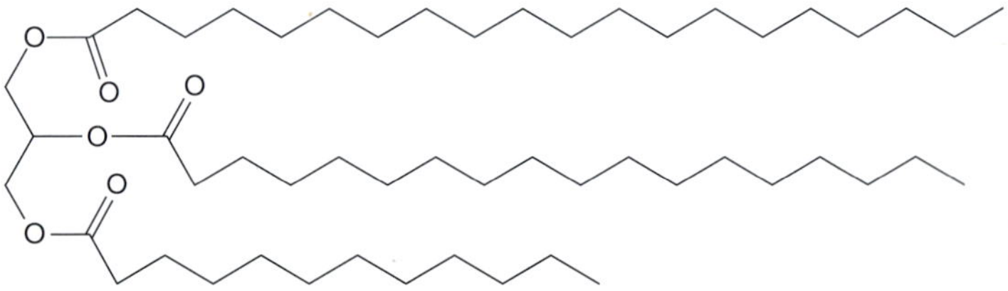

a. 이 트라이아실글리세롤이 만들어지기 위해 어떤 지방산이 사용되었는가?

b. 상온에서 이 트라이아실글리세롤이 고체 상태인지, 아니면 액체상태인지 예측하시오.

c. 어느 부분이 소수성인가?

d. 어느 부분이 친수성인가?

e. 트라이아실글리세롤이 황산 수용액과 반응했을 때 생성되는 가수 분해 결과물은 무엇인가?

**12.15** 다음 조건에서 트라이아실글리세롤이 가수 분해되었을 때의 생성물을 그리시오.

[1] 물과 $H_2SO_4$ [2] 물과 NaOH

a. 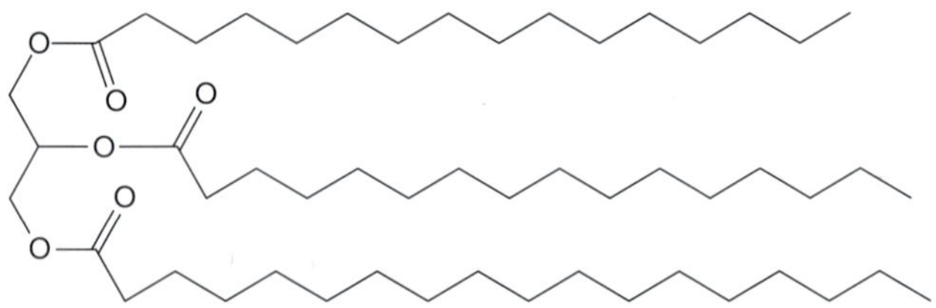

b. 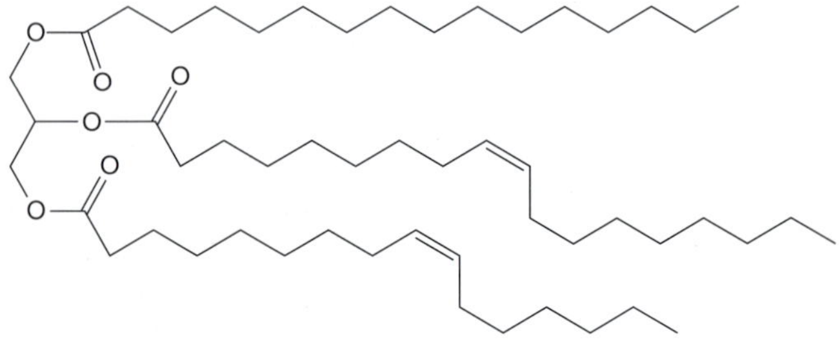

### 인지질과 세포막

**12.16** 다음 중 어떤 것이 인지질인가?

a. 트라이아실글리세롤
b. 류코트리엔(leukotriene)
c. 스핑고마이엘린
d. 지방산

**12.17** 다음 각 실명에 해당하는 인지질을 그리시오.

a. 2개의 팔미톨레산으로부터 합성된 세팔린
b. 2개의 라우르산으로부터 합성된 포스파티딜콜린
c. 스테아르산과 에탄올아민으로부터 합성된 스핑고마이엘린

**12.18** 세포막을 통과하여 분자나 이온을 수송할 때 단순 확산과 촉진 확산의 차이가 무엇인가? 각 과정에 의해 세포막을 통과하는 이온이나 분자의 예를 들어 설명하시오.

### 스테로이드

**12.19** 단백 동화 스테로이드인 4-안드로스텐-3,17-디온(4-androstene-3,17-dione)의 구조를 그리시오.
여기서 '안드로(andro)' 구조에 관한 설명은 다음과 같다. 안드로란 4번 탄소(C4)와 5번 탄소(C5) 사이에 이중 결합이 있고 10번 탄소(C10)와 13번 탄소에 메틸기가 연결되어 있고, 3번 탄소(C3)와 17번 탄소(C17)에 카복실기가 있는 테트라아실 스테로이드(tetracyclic steroid) 골격 구조를 말한다.

**12.20** 지질 단백질 입자 중 콜레스테롤만이 혈액을 통해 이동하는 이유는 무엇인가?

**12.21** 페노피브레이트(fenofibrate)는 심혈관 질환의 위험이 있는 환자에게 혈중 콜레스테롤 수치를 낮추기 위해 사용하는 약물로서 지질 단백질 입자를 파괴하는 역할을 한다. 그리하여 혈중 지질의 수준을 낮춘다. 페노피브레이트는 아래에 표시한 에스터기가 가수 분해되면서 페노피브르산(fenofibric acid)이라는 활성 약물로 변환된다. 페노피브르산의 구조는 무엇인가?

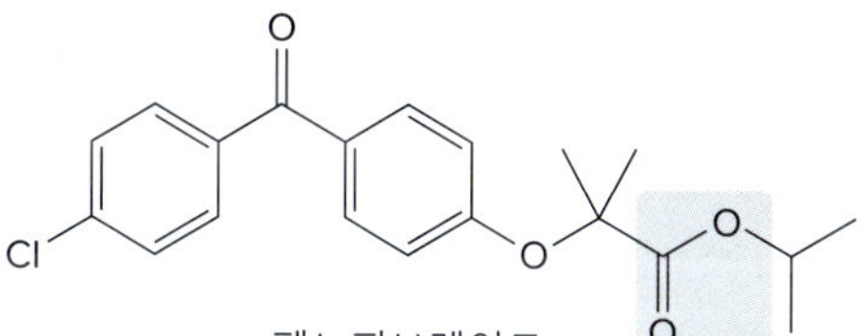
페노피브레이트

**12.22** 다음 질문에 답하시오.

a. 에스트로겐과 안드로겐의 구조를 그리시오.
b. 두 스테로이드에서 구조적으로 유사한 부분은 무엇인가?
c. 두 스테로이드에서 구조적으로 다른 모양은 무엇인가?
d. 각 스테로이드의 생물학적 활동에 대해 서술하시오.

### 일반 질문

**12.23** 다음 각 형태의 지질에 맞는 예를 제시하시오.

a. 단일 불포화 지방산
b. 총 30개의 탄소로 이루어진 왁스
c. 포화 트라이아실글리세롤
d. 에탄올아민 스핑고마이엘린

**12.24** 다음 물질에 관하여 생각해 보자.

[1] 글리세롤, [2] 지방산,
[3] 인산(phosphate)기, [4] 에스터기,
[5] 카복실기, [6] 5각형 고리,
[7] 스테로이드 골격

어떤 물질이 다음 지질에서 발견되는가?

a. 프로스타글란딘
b. 안드로겐
c. 트라이아실글리세롤
d. 왁스

**12.25** 다음은 세 가지 유형의 일반적인 지질 구조를 나타낸 구획 도식이다. 각각의 도식에 해당하는 용어는 무엇인가? (단, 각 도식에 해당하는 용어가 하나 이상일 수도 있다)

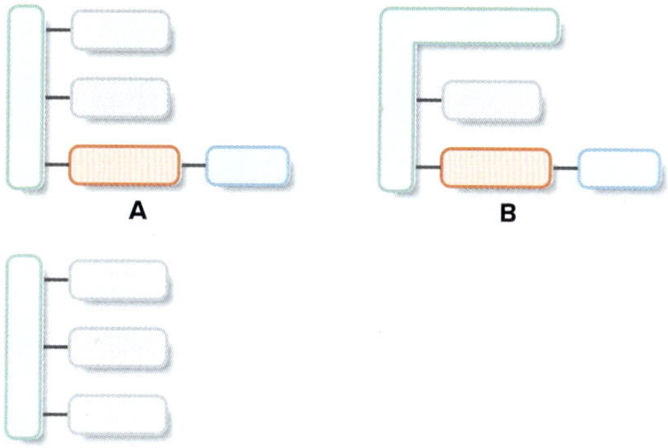
A B C

a. 인지질
b. 트라이아실글리세롤
c. 가수 분해성 지질
d. 스핑고마이엘린
e. 포스포아실글리세롤

**12.26** 어떤 그림이 포스포아실글리세롤을 나타낸 비누 분자인가? 각 화합물의 극성 머리와 비극성 꼬리에 해당하는 구조적 특징은 무엇인가?

A B

CHAPTER 13

# 탄수화물

Carbohydrates

식용 설탕에는 사탕수수에서 얻은 단맛의 수크로스가 들어 있다.


13.1 소개

13.2 단당류

13.3 단당류의 고리 형태

13.4 단당류의 산화와 환원

13.5 이당류

13.6 다당류

**탄수화물을 왜 공부해야 할까**

이 장에서는 지구 바이오매스의 약 50%를 차지하는 자연에서 가장 큰 유기 분자 영역인 탄수화물에 대해 살펴본다. 탄수화물은 3개의 탄소 원자를 포함할 수도 또는 수천 개의 탄소 원자를 포함할 수도 있기 때문에 단순할 수도 복잡할 수도 있다. 세포에서 에너지를 위해 대사되는 글루코스, 식용 설탕의 수크로스, 식물과 나무 줄기의 셀룰로스(cellulose)가 모두 탄수화물(carbohydrate)의 예이다. 세포 표면의 탄수화물은 혈액형을 결정하고 탄수화물은 세포의 모든 유전 정보를 전달하는 DNA의 중추를 형성한다. 주로 탄소-탄소와 탄소-수소 결합으로 구성된 12장의 지질과는 달리, 탄수화물은 극성 작용기가 많으며 그 구조와 성질은 유기 화학의 기본 원리를 적용하여 이해될 수 있다.

## 13.1 소개

일반적으로 당과 전분이라고 하는 **탄수화물**은 폴리하이드록시 알데하이드 및 케톤 또는 이들로 가수 분해될 수 있는 화합물이다. 역사적으로 탄수화물이라는 단어는 단순 탄수화물의 분자식이 $C_n(H_2O)_n$으로 작성되어 탄소 수화물이 될 수 있기 때문에 이러한 부류의 화합물들에 주어진 용어이다.

탄수화물은 다음과 같이 세 그룹으로 분류된다.

- **단당류**(monosaccharide) (13.2~13.4절 참조)
- **이당류**(disaccharide) (13.5절 참조)
- **다당류**(polysaccharide) (13.6절 참조)

단당류 또는 단순 당은 가장 간단한 탄수화물이다. 꿀의 두 가지 주요 성분인 **글루코스**(glucose)와 프룩토스(fructose)는 단당류이다. 글루코스는 탄소 6개 사슬의 한쪽 끝에 알데하이드가 있고 프룩토스에는 케톤이 있다. 다른 모든 탄소 원자에는 **하이드록시기**가 결합되어 있다. 단당류는 가수 분해에 의해 더 단순한 화합물로 전환될 수 없다.

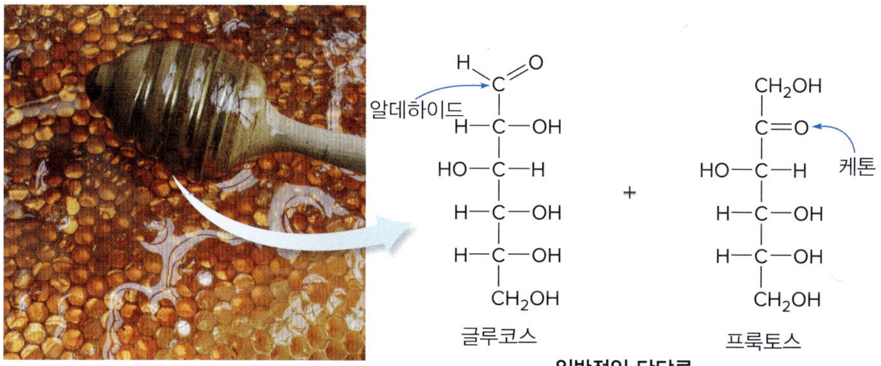


꿀

일반적인 단당류

이당류는 2개의 단당류가 서로 결합하여 구성된다. 우유의 주요 탄수화물인 **락토스**(lactose)는 이당류이다. 이당류는 적어도 하나의 아세탈 탄소-2개의 OR(알콕시)기에 단일 결합된 탄소 원자-가 있다. 이당류는 **카보닐**(carbonyl)**기**를 포함하지 않지만 13.5절에서 배울 알데하이드 또는 케톤을 포함하는 단순한 단당류로 가수 분해된다.

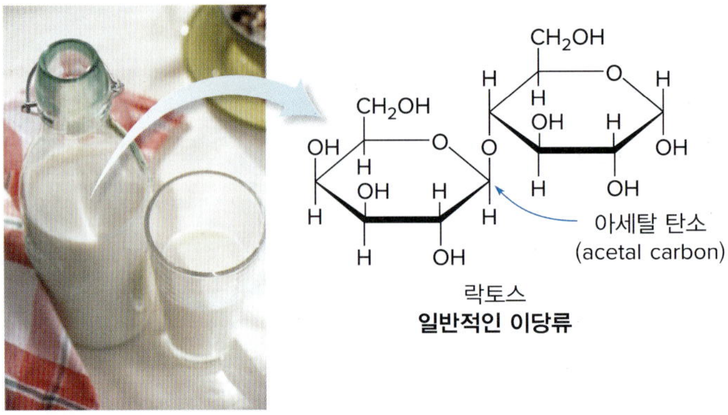


락토스
**일반적인 이당류**

**다당류**에는 3개 이상의 단당류가 결합되어 있다. 식물의 씨앗과 뿌리에서 발견되는 주요 탄수화물인 선분(starch)은 수백 개의 글루코스 분사가 결합된 나당류이나. 이당류와 바찬가지로 다당류는 아세탈기를 가지고 있지만 카보닐기는 없으며, 카보닐기를 포함하는 단순한 단당류로 가수 분해된다. 파스타, 빵, 쌀, 감자는 다량의 전분을 포함하는 식품이다.

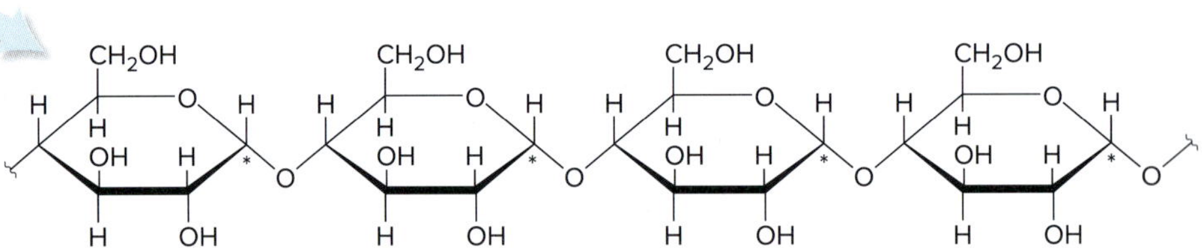

전분 중 한 형태
**다당류**
[아세탈 탄소는 *표로 표기했음]

탄수화물은 화학 에너지의 저장고이다. 탄수화물은 태양의 에너지를 사용하여 이산화탄소와 물을 글루코스와 산소로 전환하는 과정인 **광합성**(photosynthesis)을 통해 녹색 식물과 조류에서 합성된다. 대기 중의 거의 모든 산소는 광합성에서 만들어진다. 식물은 전분과 셀룰로스와 같은 다당류 형태로 글루코스를 저장한다(13.6절 참조).

광합성 과정에서 녹색 잎의 엽록소(chlorophyll)는 $CO_2$와 $H_2O$를 글루코스와 $O_2$로 변환한다.

**광합성**(photosynthesis)으로
에너지가 저장된다.

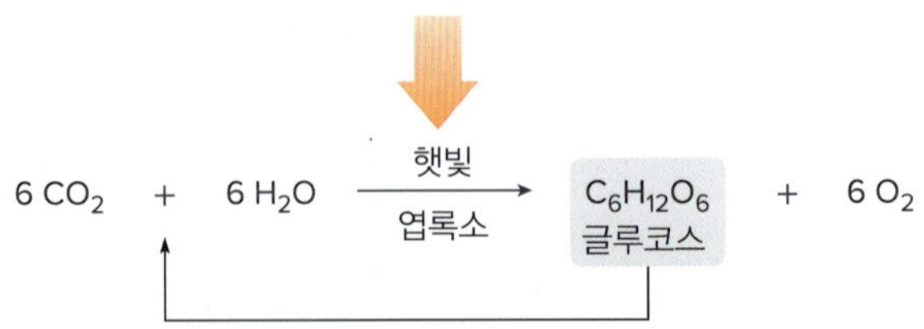


$$6\,CO_2 + 6\,H_2O \xrightarrow[\text{엽록소}]{\text{햇빛}} C_6H_{12}O_6\ (\text{글루코스}) + 6\,O_2$$

**대사 과정**(metabolism)으로
에너지는 방출된다.

글루코스 결합에 저장된 에너지는 글루코스가 대사될 때 방출된다. 글루코스의 산화는 이산화탄소, 물 및 많은 에너지를 만드는 다단계 과정이다. 지질의 대사는 탄수화물의 대사보다 g당 더 많은 에너지를 제공하지만, 글루코스는 운동 중 에너지가 폭발적으로 필요할 때 선호되는 공급원이다. 글루코스는 수용성이므로 혈류를 통해 조직으로 빠르고 쉽게 이동할 수 있다.

## 13.2 단당류

가장 단순한 탄수화물인 단당류는 일반적으로 사슬에 3~6개의 탄소 원자를 가지고 있으며, 말단 탄소(C1 번호를 가지는 첫 번째 탄소) 또는 인접한 탄소(C2 번호를 가지는 두 번째 탄소)에 **카보닐기**가 있다. 대부분의 탄수화물에서 나머지 탄소 원자 각각에는 **하이드록시기**(hydroxyl group)가 있다. 단당류는 수직으로 그려지며 카보닐기가 윗부분(또는 근처)에 있다.

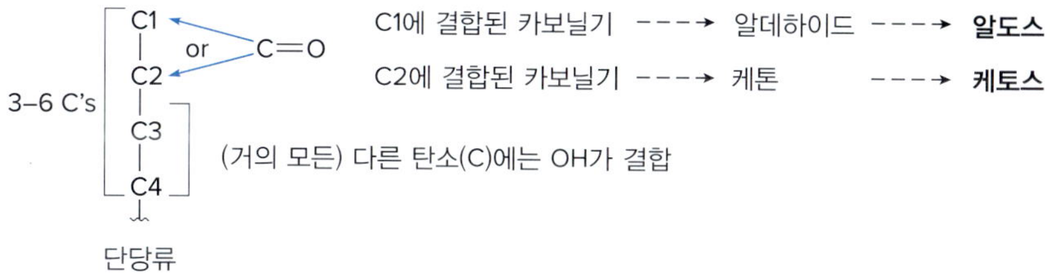


- 첫 번째 탄소 C1에 카보닐기가 있는 단당류는 **알도스**(aldose)라고 하는 **알데하이드**이다.
- 두 번째 탄소 C2에 카보닐기가 있는 단당류는 **케토스**(ketose)라고 하는 **케톤**이다.

글리세르알데하이드(glyceraldehyde)는 가장 단순한 알도스(aldose)이고, 다이하드록시아세톤(dihydroxyacetone)은 가장 단순한 케토스(ketose)이다. 글리세르알데하이드와 다이하이드록시아세톤은 모두 같은 분자식 $C_3H_6O_3$를 가지므로 **구조 이성질체**(constitutional isomers)이다. 즉, 분자식은 같지만 원자 배열이 다르다. 글루코스는 가장 흔한 알도스이다.

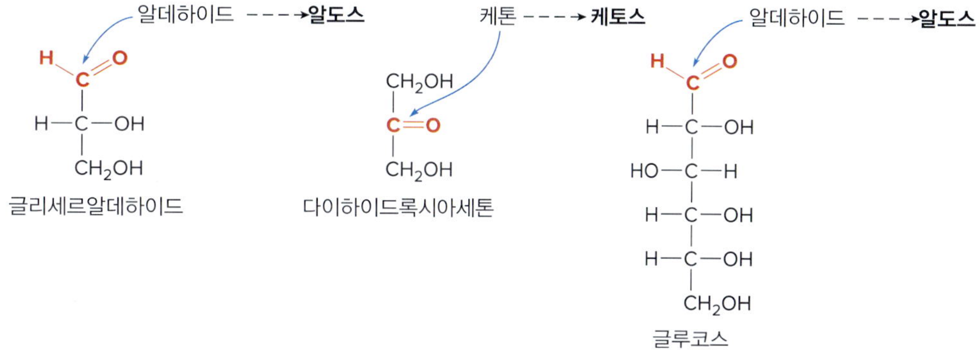


모든 탄수화물에는 관용명(common name)이 있다. 가장 단순한 알데하이드인 글리세르알데하이드(glyceraldehyde) 및 가장 단순한 케톤인 다이하이드록시아세톤(dihydroxyacetone)은 이름이 접미사 – 오스(-ose)로 끝나지 않는 유일한 단당류이다.

단당류는 사슬의 탄소 개수가 특징이다.

- **삼탄당**(**트라이오스**, triose)은 3개의 탄소가 있다.
- **사탄당**(**테트로스**, tetrose)은 4개의 탄소가 있다.
- **오탄당**(**펜토스**, pentose)은 5개의 탄소가 있다.
- **육탄당**(**헥소스**, hexose)은 6개의 탄소가 있다.

이 용어는 알도스 및 케토스라는 단어와 결합되어 단당류의 탄소 원자 개수와 알데하이드 또는 케톤 함유 여부를 나타낸다. 따라서 글리세르알데하이드는 알도트라이오스(탄소 3개와 알데하이드 1개), 다이하이드록시아세톤은 케토트라이오스(탄소 3개와 케톤 1개), 글루코스는 알도헥소스(탄소 6개와 알데하이드 1개)이다.

### 예제 13.1 단당류 분류하기

카보닐기의 유형과 사슬의 탄소 개수에 따라 다음 각 단당류를 분류하시오.

a. 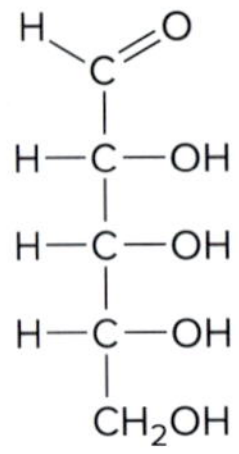

리보스(ribose)

b. 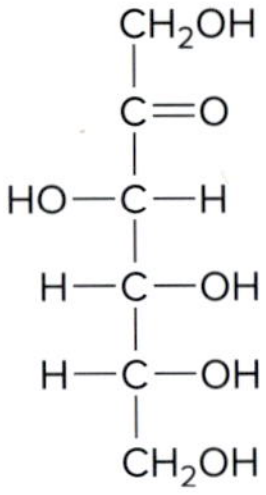

프룩토스(fructose)

**분석**

단당류를 알도스 또는 케토스로 표시하기 위해 카보닐기의 유형부터 확인한다. 알도스는 C1에서 C=O를 가지므로 수소 원자가 카보닐 탄소에 결합된다. 케토스는 카보닐 탄소에 결합된 2개의 탄소를 가지고 있다. 사슬의 탄소 개수를 세어 접미사, 즉 -트라이오스(-triose), -테트로스(-tetrose) 등을 결정한다.

**해답**

a. 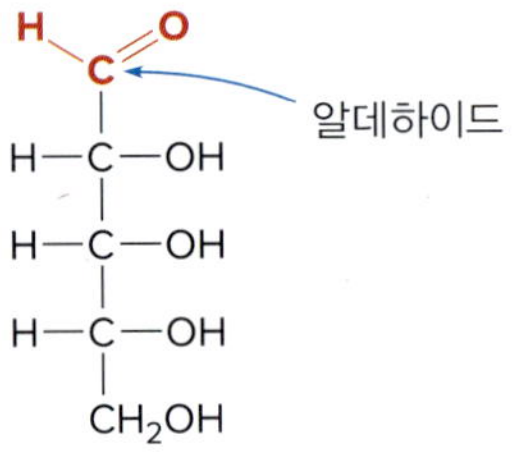


리보스
사슬에는 탄소(C)가 총 5개
**답:** 알도펜토스(aldopentose)

b. 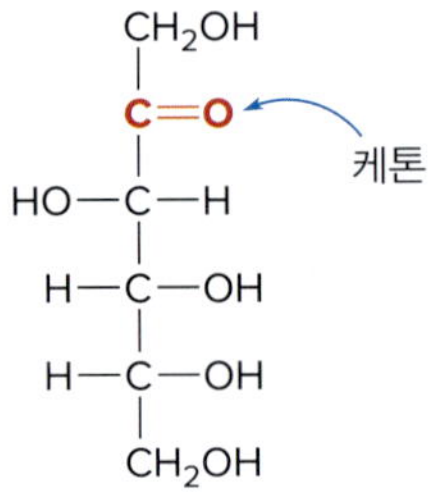


푸룩토스
사슬에는 탄소(C)가 총 6개
**답:** 케토헥소스(ketohexose)

### 연습문제 13.1

카보닐기의 유형과 사슬의 탄소 개수에 따라 다음의 각 단당류를 분류하시오.

a. 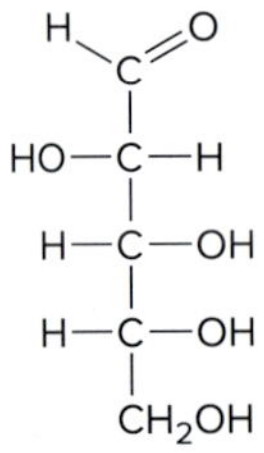

아라비노스
(arabinose)

b. 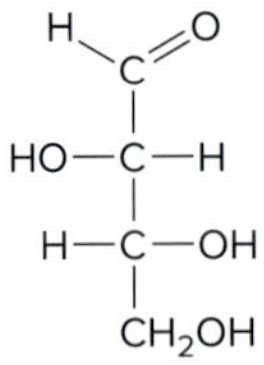

트레오스
(threose)

c. 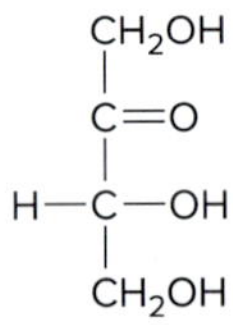

에리트룰로스
(erythrulose)

단당류는 모두 단맛이 나지만 상대적인 단맛은 매우 다양하다. 단당류는 녹는점이 높은 극성 화합물이다. **수소 결합**(hydrogen bond)이 가능한 극성 작용기가 너무 많기 때문에 높은 수용성을 띤다.

## 13.2A 피셔 투영식(Fischer Projection Formula)

탄수화물 구조의 눈에 띄는 특징은 **카이랄성 중심**(chirality center)이 존재한다는 것이다. 다이하이드록시아세톤을 제외한 모든 탄수화물은 하나 이상의 카이랄성 중심이 있다. 가장 단순한 알도스인 글리세르알데하이드는 하나의 카이랄성 중심-하나의 탄소 원자가 4개의 다른 기와 결합됨-을 가지고 있다. 따라서 두 가지 가능한 **거울상 이성질체**(enantiomer), 즉 포개지지 않는 거울상(mirror image) 구조가 있다.

카이랄성 중심과 거울상 이성질체는 8.2절에서 처음 소개되었다.

**글리세르알데하이드의 2개의 거울상 이성질체**

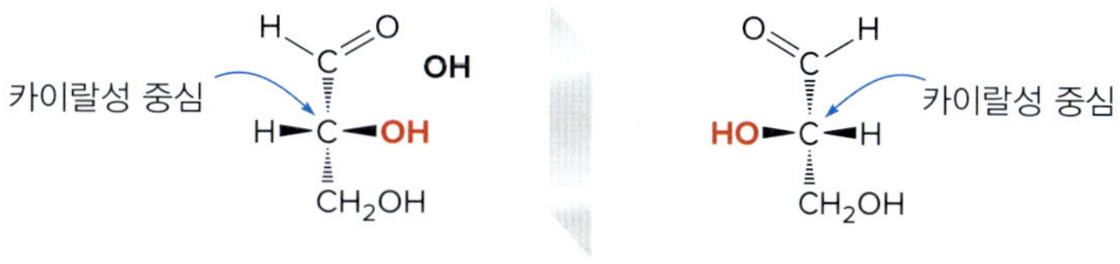


자연 발생인 이성질체
D-글리세르알데하이드

OH가 오른쪽에 결합

자연 발생이 아닌 이성질체
L-글리세르알데하이드

OH가 왼쪽에 결합

글리세르알데하이드의 거울상 이성질체는 자연 발생적이다. 편의상 탄수화물을 나타낼 때 쓰는 방식으로서 맨 위에 알데하이드가 연결된 탄소 사슬이 수직으로 그려질 때, 자연적으로 발생하는 거울상 이성질체는 탄소 사슬의 오른쪽에 OH기가 그려진다. 두 거울상 이성질체를 구별하기 위해 접두사 D와 L이 이름 앞에 온다. 따라서 자연적으로 발생하는 거울상 이성질체는 D-글리세르알데하이드로 표시되고, 자연적으로 발생하지 않는 이성질체는 L-글리세르알데하이드이다.

**건강 노트**

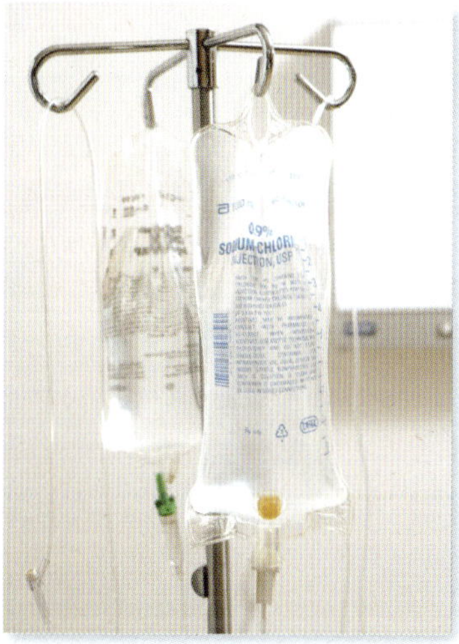

5% 정맥 글루코스(덱스트로스, dextrose) 용액은 환자에게 열량과 수분을 보충해 준다.

**피셔 투영식**(Fischer projection formula)은 일반적으로 단당류의 카이랄성 중심을 나타내는 데 이용된다. 8.5절에서 피셔 투영식은 십자형을 사용하여 수평 결합(쐐기형 결합)이 앞으로 나오고, 수직 결합(점선 쐐기형 결합)이 뒤로 가면서 사면체 탄소를 나타낸다. 피셔 투영식은 다음과 같다.

- 탄소 원자는 십자가의 두 선의 교차점에 있다.
- 수평 결합은 쐐기형 결합으로서 종이 위로 튀어나온다.
- 수직 결합이 점선 쐐기형 결합으로서 종이 속으로 들어간다.

피셔 투영식을 사용하면 D-글리세르알데하이드는 다음과 같이 나타낼 수 있다.

D-글리세르알데하이드　　　피셔 투영식

### 13.2B 2개 이상의 카이랄성 중심이 있는 단당류

피셔 투영식은 여러 카이랄성 중심을 포함하는 알도헥소스와 같은 화합물에도 사용된다. 예를 들어, 글루코스는 아래 구조로서 4개의 카이랄성 중심이 표시되어 있다. 이 분자를 피셔 투영식으로 변환하기 위해 분자의 상단에는 알데하이드가 있는 수직 탄소 골격으로 나타내고, 그 밖에 수평 결합은 앞쪽으로 튀어나온 결합(쐐기형 결합)이라고 가정한다. 피셔 투영식에서 각 카이랄성 중심은 각 선의 교차점으로 대체하여 표기한다.

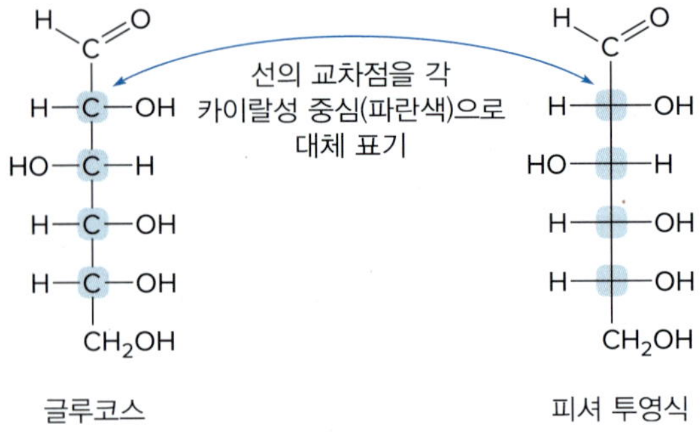


철자 D와 L은 카이랄성 중심이 많은 단당류를 포함한 모든 단당류를 표시하는 데 사용된다. 카보닐기에서 가장 멀리 떨어진 카이랄성 중심의 배향 상태(configuration)는 단당류가 D형인지 L형인지를 결정한다.

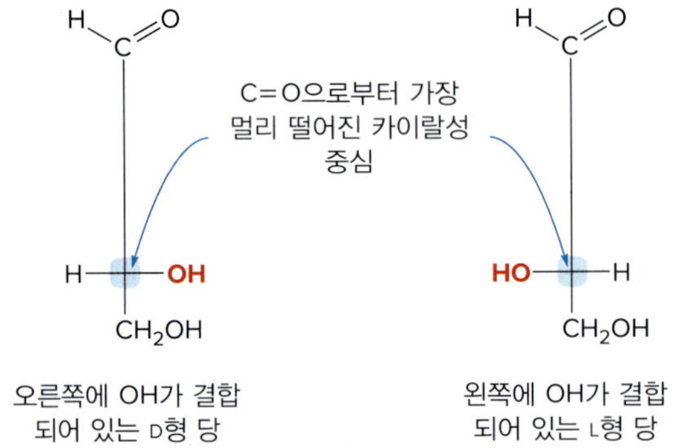


- D-글리세르알데하이드와 같이 D형 단당류는 카보닐에서 가장 먼 카이랄성 중심에 OH기가 오른쪽에 있다.
- L-글리세르알데하이드와 같이 L형 단당류는 카보닐에서 가장 먼 카이랄성 중심에 OH기가 왼쪽에 있다.

글루코스(glucose)와 다른 모든 자연 발생적인 당은 D형 당이다. 자연적으로 발생하지 않는 화합물인 L-글루코스(L-glucose)는 D-글루코스(D-glucose)의 거울상 이성질체이다. L-글루코스에서 모든 카이랄성 중심의 배향 상태는 반대이다.

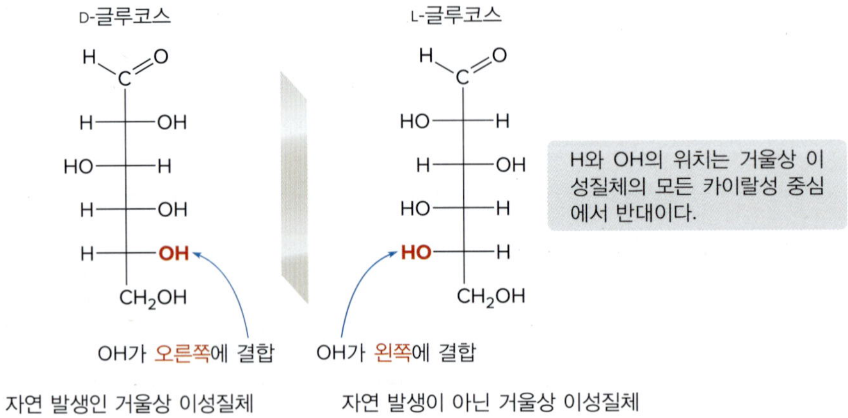

### 예제 13.2 단당류의 입체적 특성 판단하기

알도펜토스 리보스(aldopentose ribose)에 대해 다음 질문에 답하시오.

a. 모든 카이랄성 중심을 표시하시오.
b. D형 또는 L형 단당류인지 분류하시오.
c. 거울상 이성질체를 그리시오.

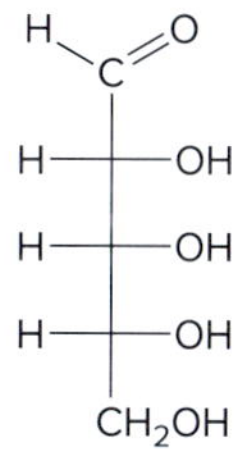

리보스

#### 분석

- 카이랄성 중심에는 탄소 원자 주위에 4개의 다른 기가 있다.
- D와 L은 카보닐기에서 가장 먼 카이랄성 중심에 있는 OH기의 위치에 의해 결정된다. D형 당은 오른쪽에 OH기가 있고, L형 당은 왼쪽에 OH기가 있다.
- 거울상 이성질체를 그리려면 각 기가 원래 화합물의 기들이 반사되도록 거울상 이미지를 그린다.

#### 해답

a. 리보스에 H와 OH기를 모두 포함하는 3개의 탄소는 파란색으로 표시된 카이랄성 중심이다.

b. 리보스는 카보닐에서 가장 먼 위치의 카이랄성 중심에 결합되어 있는 OH기가 오른쪽에 있기 때문에 D형 당이다.

c. D-리보스의 거울상 이성질체인 L-리보스는 탄소 사슬의 왼쪽에 3개의 OH기를 모두 가지고 있다.

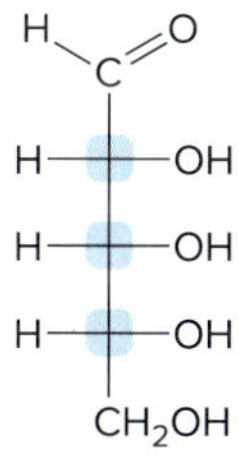

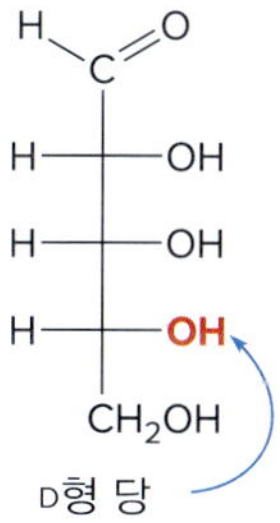

D형 당

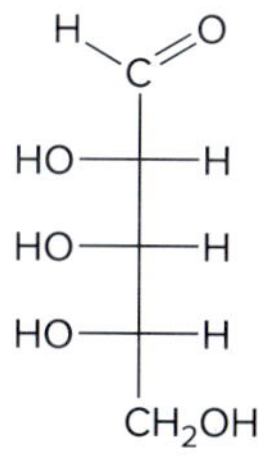

거울상 이성질체

### 연습문제 13.2

각 단당류에 대해 다음 물음에 답하시오.

[1] 모든 카이랄성 중심을 표시하시오.

[2] 단당류를 D 또는 L로 분류하시오.

[3] 거울상 이성질체를 그리시오.

a. 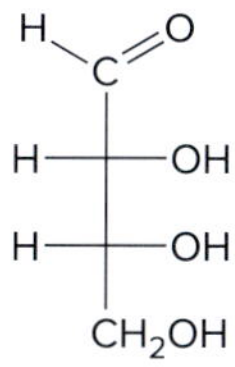

b. 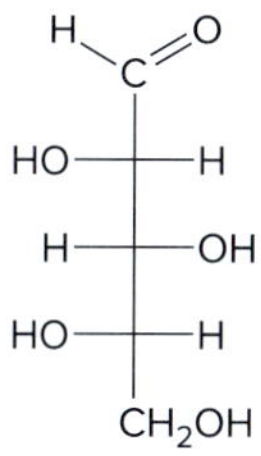

c. 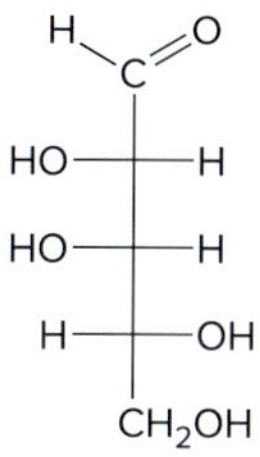

## 13.2C 일반적인 단당류

자연에서 가장 일반적인 단당류는 알도헥소스인 D-글루코스(D-glucose)와 D-갈락토스(D-galactose) 및 케토헥소스인 D-프룩토스(D-fructose)이다.

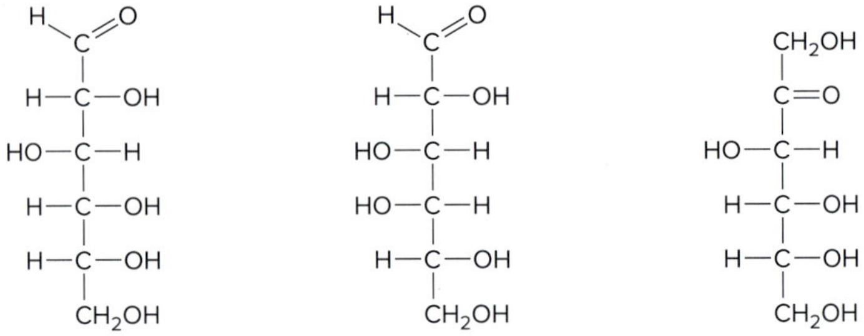

D-글루코스 D-갈락토스 D-프룩토스

덱스트로스(dextrose)라고도 불리는 **글루코스**(glucose)는 혈중 혈당을 측정할 때 언급되는 당이다. 가장 풍부한 단당류이다. 글루코스는 다당류 전분과 셀룰로스를 구성하는 성분이다. 혈액으로 운반되는 탄수화물인 글루코스는 대사될 때 세포에 에너지를 공급한다. 정상적인 혈당 수치는 70~110 mg/dL이다. 과도한 글루코스는 다당류 글리코겐(polysaccharide glycogen)(13.6절 참조) 또는 지방(fat)으로 전환된다.

**건강 노트**

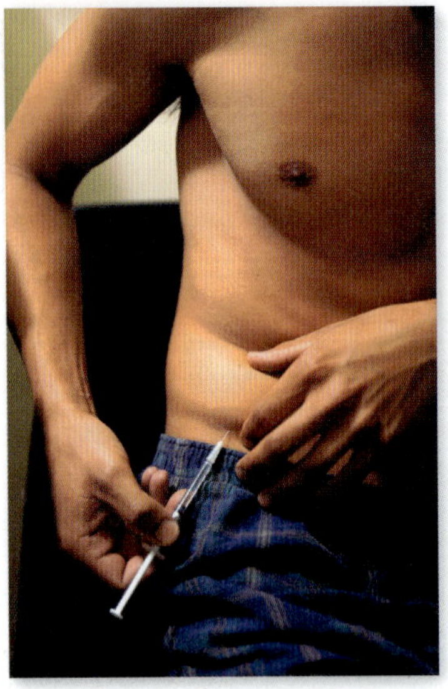

당뇨병 환자가 복용하는 인슐린 주사는 적절한 혈당 수치를 유지하는 데 도움이 된다.

췌장에서 생성되는 단백질인 인슐린(insulin)은 혈당 수치를 조절한다. 인슐린은 식사 후 글루코스 농도가 증가하면 글루코스의 각 조직으로의 흡수와 글리코겐으로의 전환을 촉진한다. 당뇨병 환자의 경우에는 혈당 수치를 적절하게 조절하기에는 인슐린이 부족하여 글루코스 농도가 상승한다. 식이 요법과 일일 인슐린 접종 또는 다른 약물을 사용하는데 있어 세심하게 주의를 기울이면 대부분의 당뇨병 환자는 정상적인 글루코스 수치를 유지할 수 있다. 당뇨병 환자는 제대로 관리하지 않을 경우 심혈관 질환, 만성 신부전, 실명 등 다른 많은 합병증이 발생할 수 있다.

**갈락토스**(유당, galactose)는 이당류 락토스를 구성하는 2개의 단당류 중 하나이다(13.5절 참조). 갈락토스는 하나밖에 없는 카이랄성 중심에서 수소 원자와 하이드록시기의 위치가 다르기 때문에 글루코스의 카이랄성 이성질체이다.

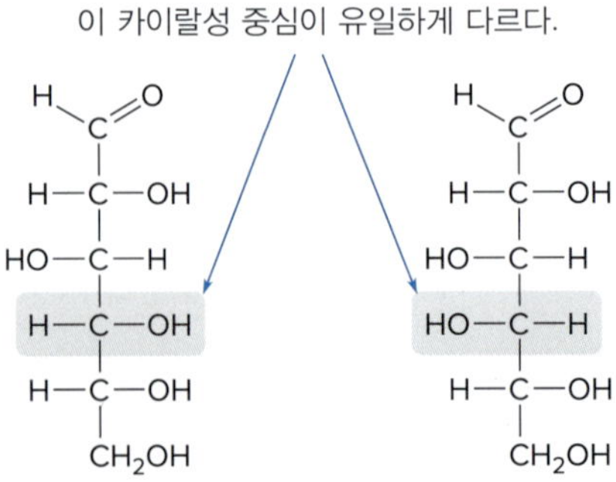


D-글루코스 D-갈락토스

**건강 노트**

갈락토스혈증(galactosemia)이 있는 사람은 우유와 우유에서 추출한 모든 제품을 피해야 한다.

희귀 유전 질환인 갈락토스혈증(galactosemia) 환자는 갈락토스 대사에 필요한 효소가 부족하다. 갈락토스가 축적되어 백내장, 간경변 및 정신 지체를 포함한 다양한 신체적 문제를 유발한다. 갈락토스혈증은 신생아 선별 검사에서 발견될 수 있으며, 갈락토스가 함유된 모든 유제품을 피하려면 이 혈증을 앓고 있는 유아에게 콩을 재료로 하여 제조된 분유를 먹여야 한다.

**소비자 노트**

일부 '라이트(lite)' 식품은 동일한 단맛에 대해 함유하는 설탕보다 절반의 프룩토스만을 사용하기 때문에 섭취 열량이 적다.

**프룩토스**(과당, fructose)는 이당류 당을 형성하는 2개의 단당류 중 하나이다(13.5절 참조). 프룩토스는 꿀에서 발견되는 케토헥소스이며, g당 동일한 열량에 대해 일반 설탕보다 거의 2배 가까이 더 달다.

## 13.3 단당류의 고리 형태

9.6절에서 알데하이드 또는 케톤이 알코올 1 당량과 반응하여 같은 탄소에 하이드록시(OH)기와 알콕시(OR)기를 포함하는 화합물인 **헤미아세탈**(hemiacetal)을 형성한다는 것을 배웠다.

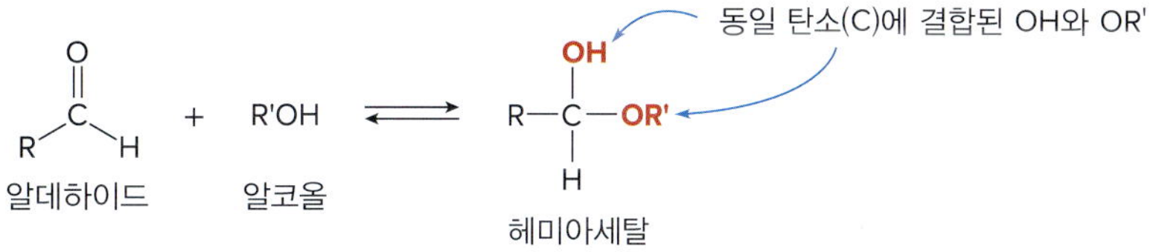


일반적으로 고리 형태가 아닌 반응물의 헤미아세탈은 불안정하다. 그러나 화합물이 하이드록시기와 알데하이드 또는 케톤을 모두 포함하는 경우 분자 내 고리화 반응은 안정한 고리형 헤미아세탈을 생성한다.

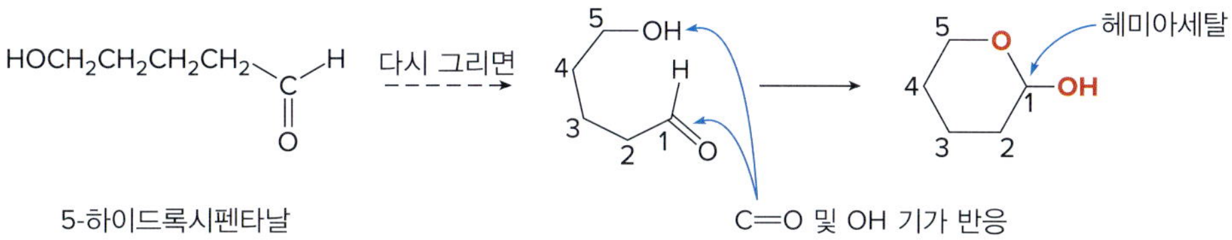


헤미아세탈의 일부인 탄소 원자는 **아노머 탄소**(anomeric carbon)라고 불리는 새로운 카이랄성 중심이다. 따라서 아노머(anomer)라고 불리는 두 가지 다른 생성물이 형성된다.

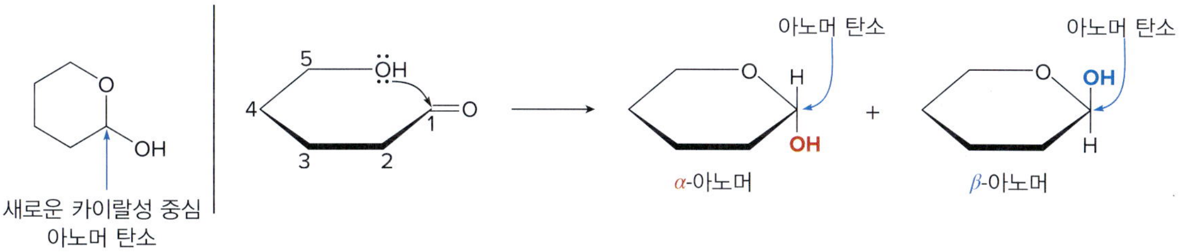


- α-아노머(α-anomer)는 고리 아래에 OH기가 그려져 있다(빨간색으로 표시).
- β-아노머(β-anomer)는 고리 위에 OH기가 그려져 있다(파란색으로 표시).

### 13.3A D-글루코스의 고리 형태

13.2절의 단당류는 고리 형태가 아닌 카보닐 화합물로 보이지만 단당류의 하이드록시 및 카보닐기는 분자 내에서 고리화를 거쳐 **헤미아세탈**(hemiacetal)을 형성한다. 이 절에서는 D-글루코스를 이용하여 그 과정을 설명하고 고리 형태의 알도헥소스를 그리는 일반적인 방법을 알아본다.

육각형 고리를 형성하는데 있어 글루코스의 5개 OH기 중 어느 것이 카보닐 그룹으로부터 적절한 거리로 떨어져 있을까? 카보닐에서 가장 먼 카이랄성 중심(C5)에 있는 산소 원자는 카보닐 탄소로부터 연결된 여섯 번째 원자이며, 그 위치는 고리 구조를 형성하기에 적절한 거리에 위치이며 헤미아세탈을 만들면서 육각형 고리를 형성한다.

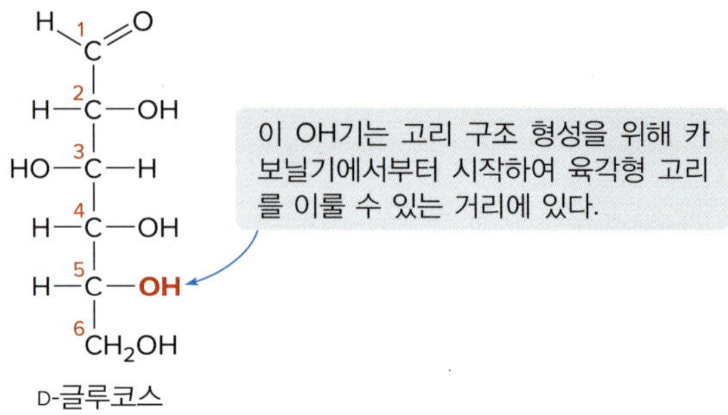


아래 그림 A에서 이 비고리 형태의 구조를 고리형 헤미아세탈로 변환하려면, 먼저 탄소 뼈대를 시계 방향으로 90 ° 회전하여 그림 B의 모습으로 만든다. 그러면 그림 A에서 탄소 뼈대의 오른쪽의 기는 그림 B에서 탄소 사슬 아래에 위치하게 된다. 그런 다음 뼈대를 구부려서 알데하이드의 카보닐기에 가까운 5번 탄소(C5)에 가까워지도록 OH기를 위치시켜 그림 C를 완성한다. 이 과정에서 사슬 끝에 있는 $CH_2OH$기는 탄소 골격 위로 자연스럽게 위치하게 된다. 그림 A, B, C는 모두 D-글루코스의 각자 다른 표현이라는 점을 유념해야 한다. 비록 분자는 회전하고 구부러져 있지만 탄소 골격과 치환기의 상대적 배열은 변하지 않았다.

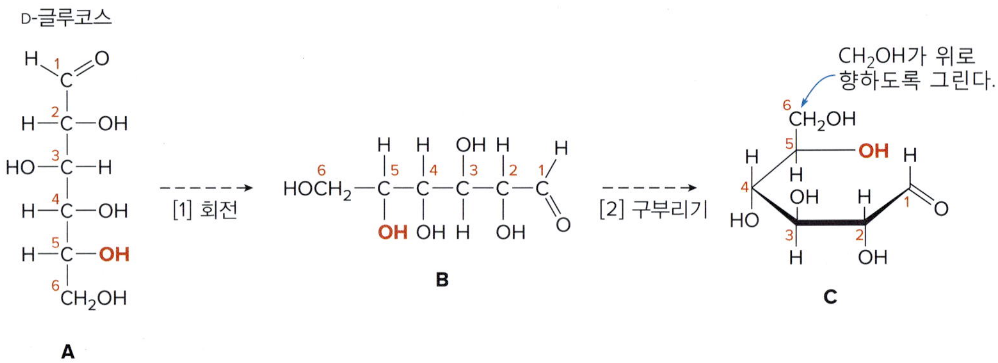


이제 5번 탄소(C5)의 OH기와 알데하이드 카보닐 사이의 반응에 의해서 형성될 고리형 헤미아세탈을 그릴 준비가 된 것이다. 고리 형성이 새로운 카이랄성 중심을 만들기 때문에 D-글루코스에는 $\alpha$-아노머와 $\beta$-아노머의 두 가지 고리 형태의 구조가 있다.

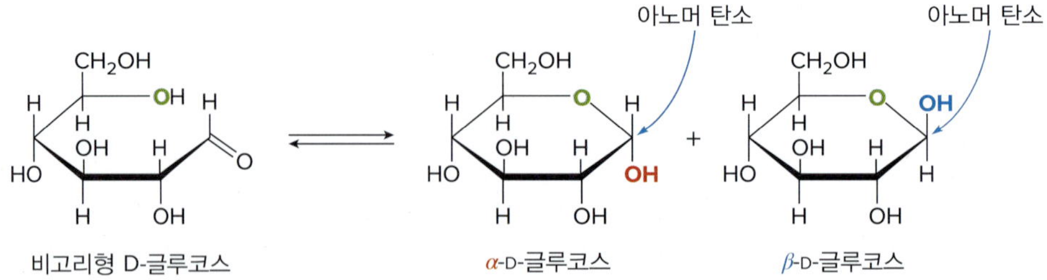


- $\alpha$-D-글루코스라고 하는 $\alpha$-아노머는 아노머 탄소 아래에 OH기가 있다(빨간색으로 표시).
- $\beta$-D-글루코스라고 하는 $\beta$-아노머는 아노머 탄소 위에 OH기가 있다(파란색으로 표시).

글루코스와 다른 당의 고리형 헤미아세탈을 나타내는 데 사용하는 이 납작한 육각형 고리를

그림 13.1 D-글루코스의 세 가지 형태

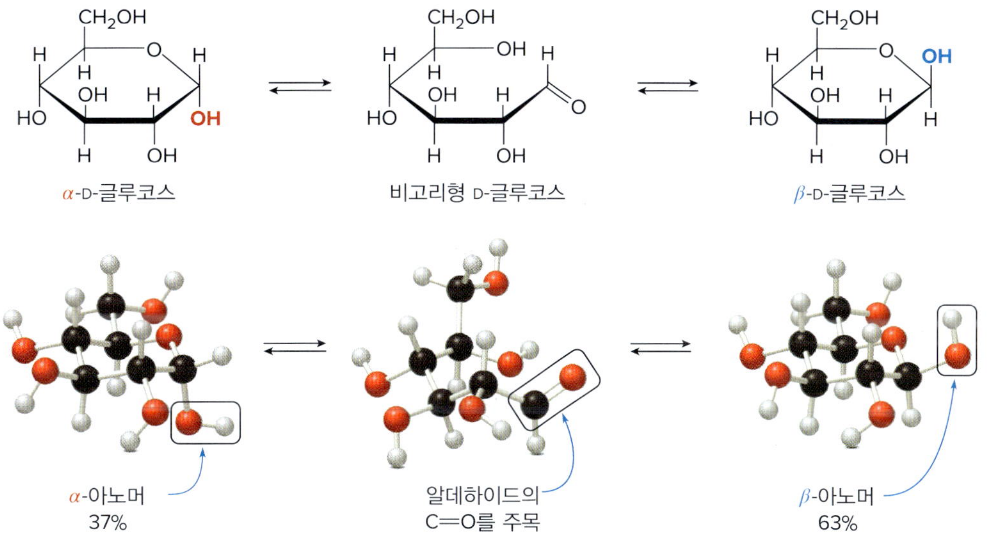


하워드 투영도(Haworth projections)는 육각형 글루코스의 고리를 평평한 육각형으로 나타내지만 실제로는 3차원 모형과 같이 고리가 주름져 있다. (참고: 5.5절의 사이클로헥세인의 공-막대 모형)

**하워드 투영도**(Haworth projection)라고 한다.

따라서 D-글루코스는 실제로 세 가지 다른 형태, 즉 비고리형 알데하이드와 2개의 고리형 헤미아세탈로 존재하며, 이것들은 모두 평형 상태로 존재한다. 물론 각각의 고리형 헤미아세탈은 분리/정제하여 따로 결정화하여 정제할 수 있지만, 어느 하나의 형태의 화합물이라도 용액 속에 녹게 된다면 위 세 가지 형태의 평형 혼합물이 생성된다. 이 과정을 **변광 회전**(mutarotation)이라고 한다. 평형 상태에서 혼합물은 37%의 α-아노머, 63%의 β-아노머, 그리고 미량의 비고리형 알데하이드만을 포함한다. 세 가지 형태의 D-글루코스에 대한 3차원 모형은 그림 13.1과 같다.

## 13.3B 하워드 투영도(Haworth Projection)

모든 알도헥소스는 주로 하워드 투영도를 통해 일반적으로 나타낼 수 있는 고리형 헤미아세탈로 존재한다. 비고리형 단당류를 하워드 투영으로 변환하려면 다음 소개되는 단계별로 절차를 따른다.

### 고리형 알도헥소스의 하워드 투영도 그리기

**예** 하워드 투영도를 이용하여 D-마노스(D-mannose)의 두 아노머 구조를 그리시오.

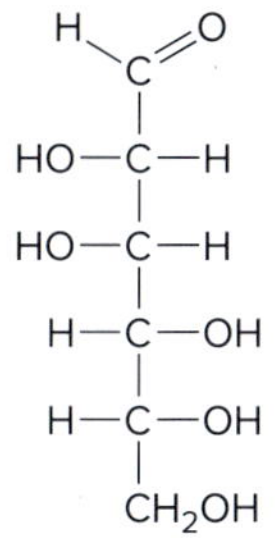

D-마노스

**단계 [1]** 육각형의 오른쪽 상단 모서리에 산소 원자를 놓고 그 산소 원자의 왼쪽에 있는 첫 번째 탄소에 $CH_2OH$기를 추가한다.

- 자연적으로 발생하는 D형 당의 경우 $CH_2OH$기는 육각형 고리가 이루는 평면의 위로 그린다.

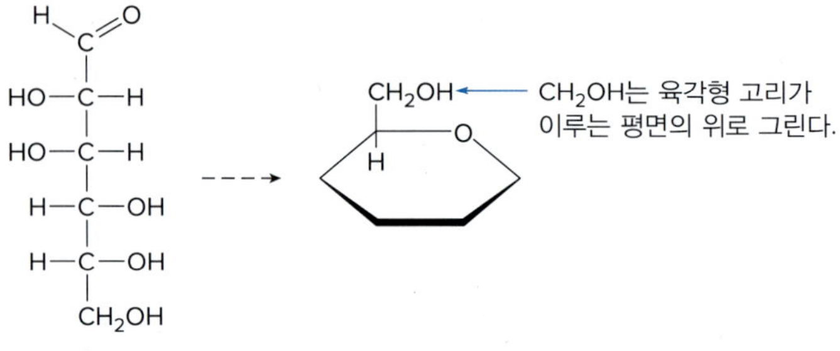


D-마노스

**단계 [2]** 위의 산소 원자에서 시계 방향으로 보았을 때 첫 번째 탄소에 아노머 탄소를 위치시킨다.

- $\alpha$-아노머의 경우 OH기는 D형 당에서 아래 방향으로 그린다.
- $\beta$-아노머의 경우 OH기는 D형 당에서 위 방향으로 그린다.

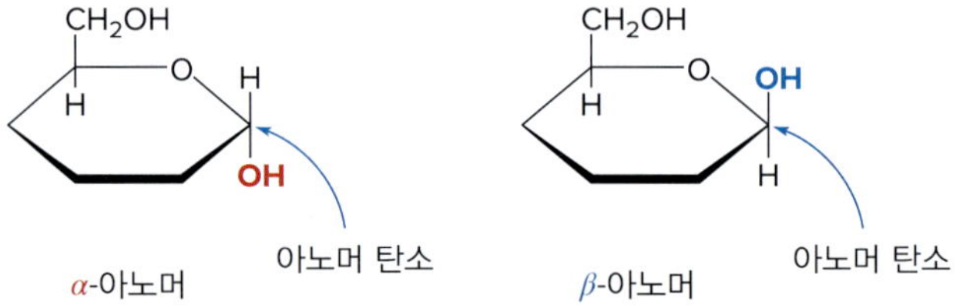


**단계 [3]** 고리를 따라 시계 방향으로 보면서 나머지 3개의 탄소(C2~C4)에 치환기(OH 및 H)를 추가한다.

- 탄소 골격의 오른쪽에 있는 치환체(빨간색으로 표시)는 하워드 투영에서 아래로 그린다.
- 탄소 골격의 왼쪽에 있는 치환체(파란색으로 표시)는 하워드 투영법에서 위로 그린다.

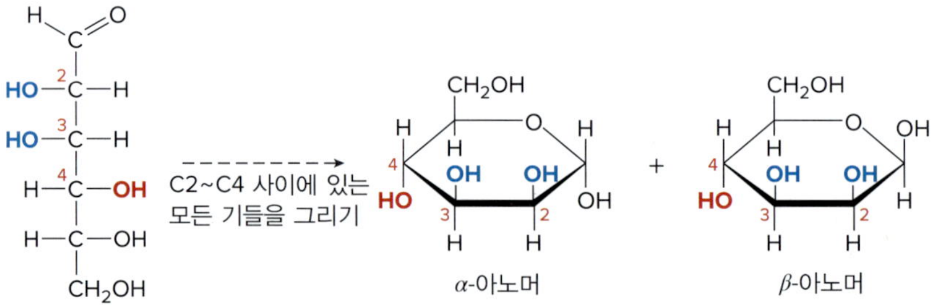


**예제 13.3 비고리형 알도 헥소스의 하워드 투영도 그리기**

D-갈락토스의 $\alpha$-아노머를 그리시오.

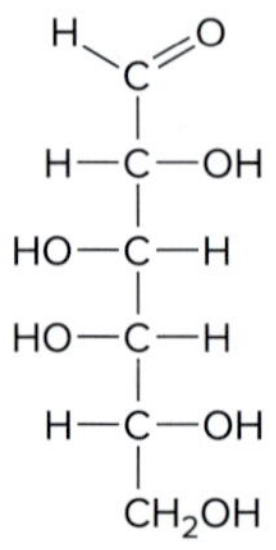

D-갈락토스

### 분석 및 해답

[1] 오른쪽 상단에 산소 원자가 오도록 육각형을 그린다. 고리에서 그 O 원자의 왼쪽에 있는 첫 번째 탄소에 $CH_2OH$를 추가로 그린다.

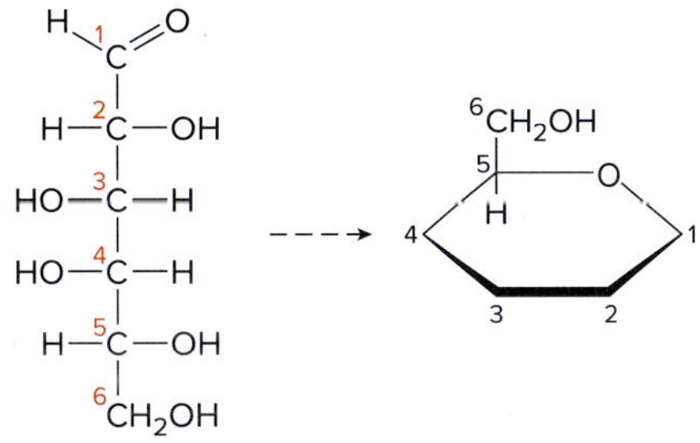

D-갈락토스

[2] 위의 O 원자에서 시계 방향으로 따져 보았을 때 첫 번째 탄소를 아노머 탄소로 그린다.

- α-아노머는 OH기가 아래로 내려간다.

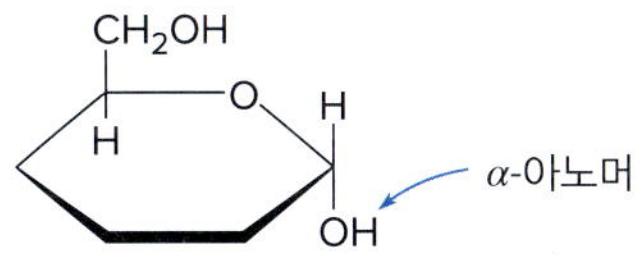


[3] 나머지 3개의 탄소(C2~C4)에 OH기와 H 원자를 추가한다.

- 비고리 형태의 구조에서 오른쪽에 있는 기들은 육각형 고리의 아래에 그리고, 비고리 형태의 구조에서 왼쪽에 있는 기들은 육각형 고리의 위에 그린다.

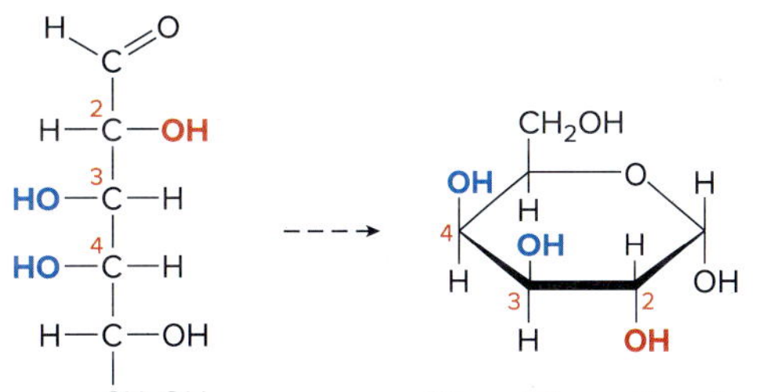

고리형 D-갈락토스의 α-아노머

### 연습문제 13.3

하워드 투영도를 이용하여 각 알도헥소스가 표시된 아노머로 변환하시오.

a. 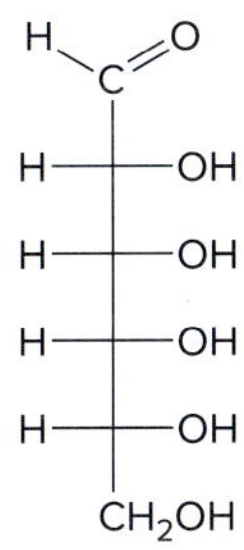

α-아노머

b. 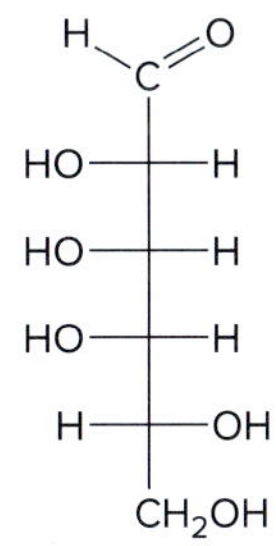

β-아노머

c. 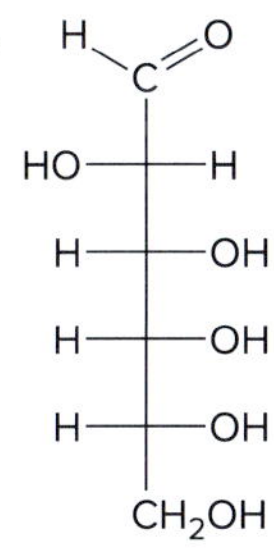

α-아노머

### 13.3C 케토헥소스인 프룩토스의 고리 형태

**특정 단당류(특히, 알도펜토스 및 케토헥소스)는 용액에서 육각형 고리가 아닌 오각형 고리를 형성한다.** 고리의 크기가 원자 1개 만큼만 더 작다는 점을 제외한다면 육각형 고리를 그리는 것과 동일한 원리가 여기서도 동일하게 적용된다.

- 고리 형성은 헤미아세탈 탄소에서 2개의 아노머를 형성한다. D형 당의 경우 OH기는 $\alpha$-아노머의 새로운 카이랄성 중심에서 아래로, $\beta$-아노머에서는 위쪽으로 그려진다.

예를 들어, D-프룩토스는 카보닐기가 1번 탄소(C1)의 알데하이드가 아닌 2번 탄소(C2)의 케톤이기 때문에 헤미아세탈을 이루면서 오각형 고리를 형성한다. 프룩토스의 고리 구조는 오각형 고리에 결합된 2개의 $CH_2OH$기를 포함하며 그중 하나는 아노머 탄소에 연결되어 있다.

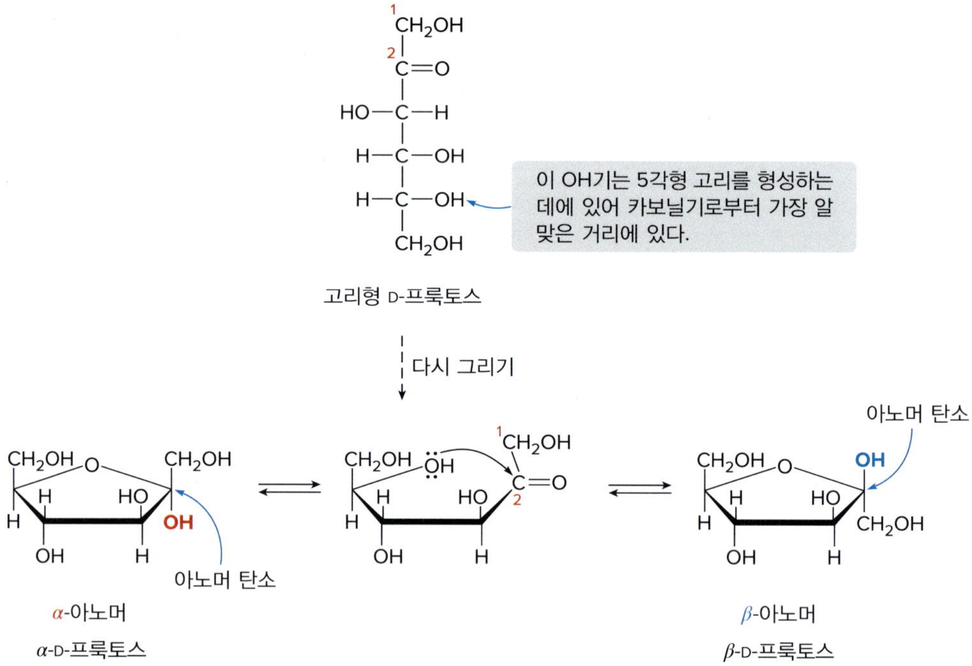


고리 형태의 두 D-프룩토스는 오각형 고리가 있다.

**예제 13.4 오각형 고리에서 아노머 이름 짓기**

각 오각형 고리에서 아노머 탄소를 찾고 화합물을 $\alpha$- 또는 $\beta$-아노머로 표시하시오.

a. 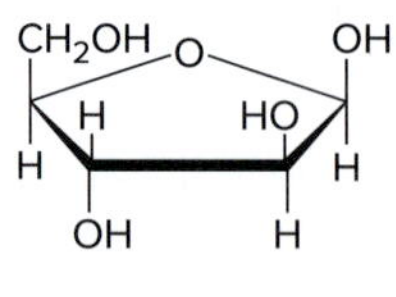

b. 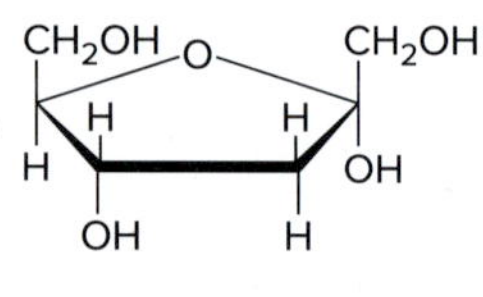

**분석**

- 고리의 일부인 OH기와 O 원자에 아노머 탄소가 결합된다.
- $\alpha$-아노머에서 OH기는 아래에 있다. $\beta$-아노머에서 OH기는 위에 있다.

**해답**

각 부분에서 아노머 탄소 C는 파란색으로 표기했다.

a.에서는 $\beta$-아노머를 형성하면서 OH기가 위로 그려져 있다.

b.에서는 $\alpha$-아노머를 형성하면서 OH기가 아래로 그려져 있다.

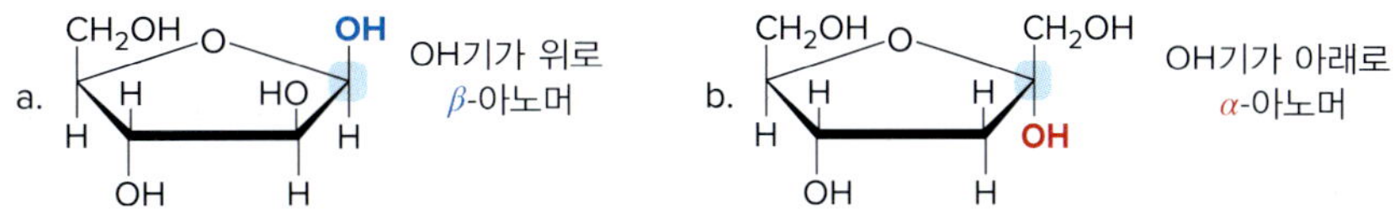


**연습문제 13.4**

각 화합물에서 아노머 탄소를 찾고 화합물을 $\alpha$- 또는 $\beta$-아노머로 표시하시오.

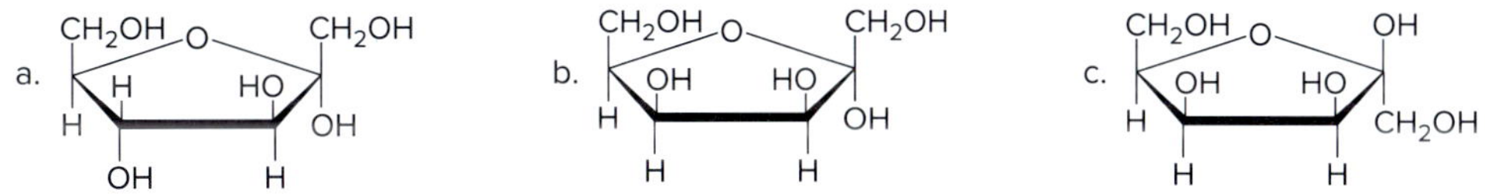


## 13.4 단당류의 산화와 환원

단당류의 비고리형 형태의 알데하이드기의 카보닐기는 알코올로의 환원과 카복실산으로의 산화라는 두 가지 일반적인 반응에 참여한다. 비고리 형태의 구조가 미량으로 존재할 수는 있지만 **르샤틀리에 원리**(Le Châtelier's principle)의 원리에 의해서 화학 평형이 유리하게 이동할 수 있다. 비고리 형태의 카보닐기가 시약과 반응하여 평형 농도가 감소하면 이를 보완하기 위해 평형이 이동한다. 이에 더 많은 비고리형 구조가 생성되며, 이것은 이후에 추가로 반응할 수 있다.

### 13.4A 알데하이드 카보닐기의 환원

다른 알데하이드처럼 팔라듐(Pd) 금속의 존재 하에서 수소($H_2$)를 사용하여 알도스의 카보닐기는 1차 알코올로 환원된다(9.5절). 이러한 알코올은 '설탕 알코올'이라는 의미의 **알디톨**(alditol)이라고 한다. 예를 들어, $H_2$와 Pd로 D-글루코스를 환원시키면 일반적으로 솔비톨(sorbitol)이라고 하는 글루시톨(glucitol)이 생성된다.

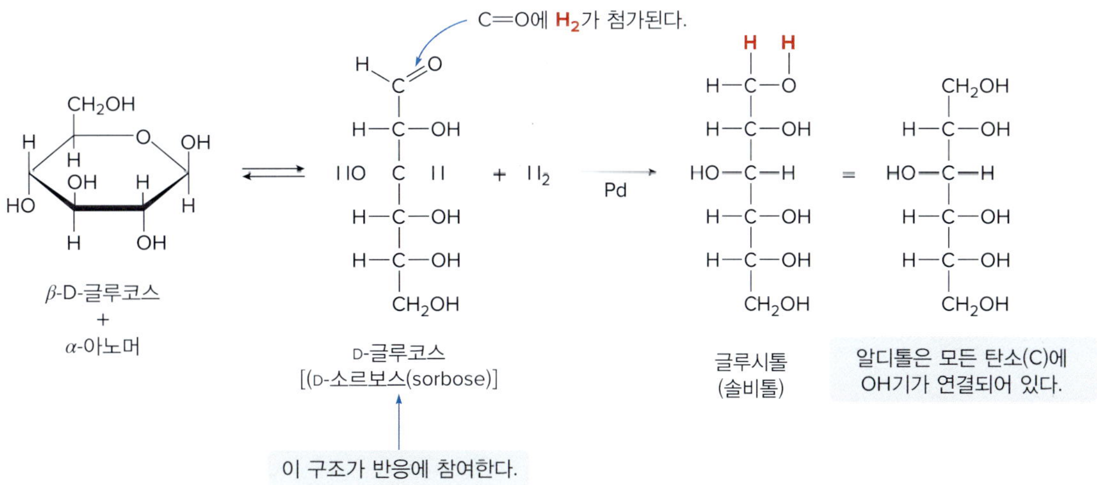


단맛이 식용 설탕(수크로스)의 60%인 솔비톨은 다양한 무설탕 사탕과 껌의 감미료로 사용된다.

**소비자 노트**

자일리톨(Xylitol, 예제 13.5)은 무가당, 즉 무설탕 제품의 대체 감미료로 사용된다.

### 예제 13.5 $H_2$와 반응을 한 알디톨의 환원 생성물 그리기

D-자일로스(D-xylose)가 Pd 촉매 하에 $H_2$로 처리될 때 생성되는 화합물의 구조를 그리시오. 이러한 제품인 자일리톨은 무설탕 껌 및 기타 제품에 사용되는 감미료이다.

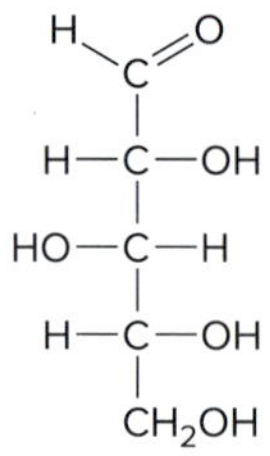

D-자일로스

**분석**

- C=O 결합을 찾은 후 이중 결합에서 하나의 결합을 끊어 낸다고 생각한다.
- 시약의 H—H 결합도 끊어진다고 생각하고 C=O의 각 원자에 하나씩 H 원자를 결합하여 새로운 C—H 및 O—H 결합을 형성한다.

**해답**

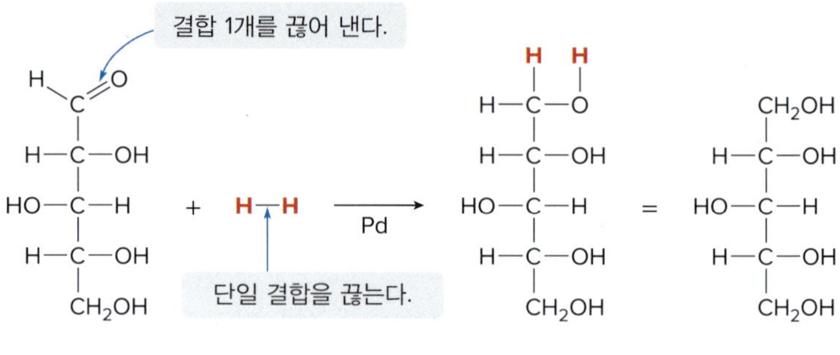


### 연습문제 13.5

다음 각 알도스를 Pd 촉매 하에 $H_2$로 처리하면 어떤 화합물이 생성되는가?

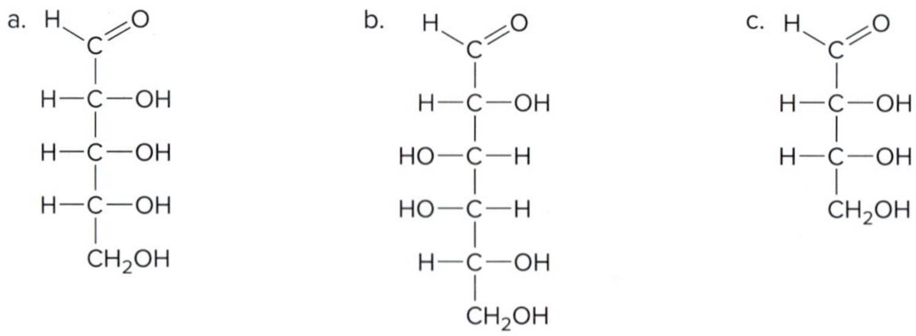


## 13.4B 알데하이드 카보닐기의 산화

알도스의 **알데하이드 카보닐**(aldehyde carbonyl)은 다양한 시약으로 쉽게 산화되어 카르복실기를 형성하여 **알돈산**(aldonic acid)을 생성한다. 예를 들어, D-글루코스는 **베네딕트 시약**(Benedict's reagent)이라고 하는 $Cu^{2+}$ 시약을 이용하여 산화되어 글루콘산(gluconic acid)을 형성한다. 이 과정에서 파란색을 띠는 $Cu^{2+}$가 $Cu^{+}$로 환원되어 붉은 벽돌색의 $Cu_2O$를 형성함에 따라 특징적인 색상 변화가 발생한다.

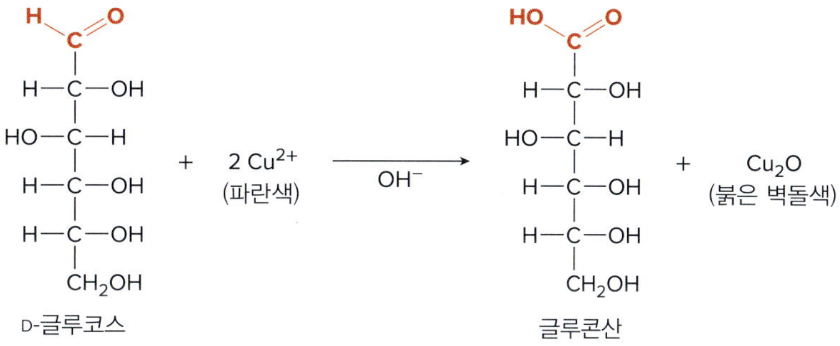


생성물인 카복실산이 반응 물질인 알데하이드보다 하나 더 많은 C—O 결합을 갖기 때문에 이 반응은 산화이다. 베네딕트 시약으로 산화되는 탄수화물을 **환원당**(reducing sugar)이라고 한다. 베네딕트 시약의 $Cu^{2+}$는 반응 중에 $Cu^{+}$로 환원되기 때문이다. 베네딕트 시약과 반응하지 않는 당의 경우는 **비환원당**(nonreducing sugar)이라고 한다. 모든 알도스는 환원당이다.

놀랍게도 케토스도 환원당이다. 케토스는 쉽게 산화되는 알데하이드가 없지만 염기성 반응 조건에서 구조상 재배열(rearrangement)이 되면 결국 알도스가 되어서 베네딕트 시약으로 산화될 수 있다. 그러한 것이 가능하도록 케토스에는 $CH_2OH$기에 인접하여 케톤 카보닐기가 있다. 예를 들어, 프룩토스는 알도스로 재배열된 다음에 알도스산으로 산화된다. 따라서 프룩토스는 환원당이다.

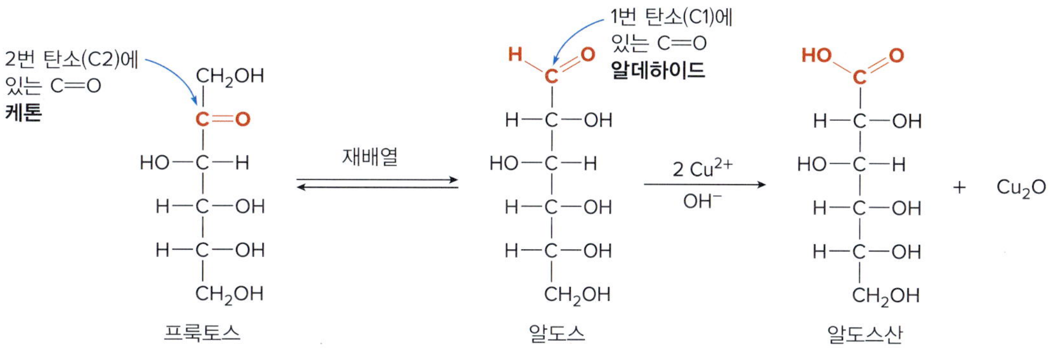


### 예제 13.6 알도스의 산화 생성물 그리기

베네딕트 시약(Benedict's reagent)으로 다음 각 단당류가 산화되었을 때의 생성물을 그리시오.

a. 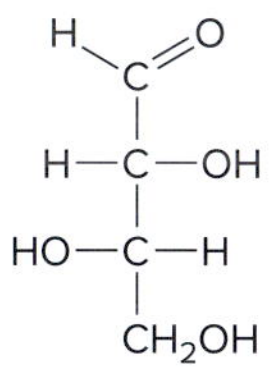

L-트레오스
(L-threose)

b. 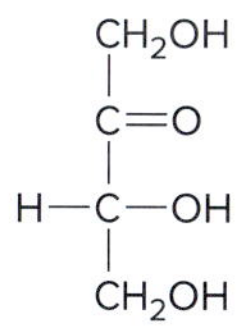

D-에리트룰로스
(D-erythrulose)

**분석**

알도스의 산화 생성물을 얻으려면 CHO기를 COOH로 전환해야 한다. 케토스가 산화하려면 우선 카보닐기를 첫 번째 탄소(C1)로 이동하여 알데하이드를 만드는 케토스의 알도스로의 재배열이 있어야 한다. 그런 다음 CHO기를 COOH로 변환한다.

**해답**

a.의 L-트레오스(L-threose)는 알도스이므로 산화 생성물을 바로 그릴 수 있다.

b.의 D-에리트룰로스(D-erythrulose)는 케토스이므로 산화하기 전에 재배열이 일어난다.

a.

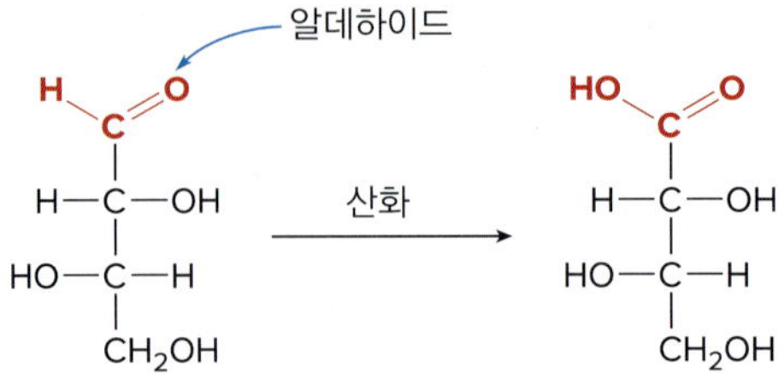


L-트레오스

b.

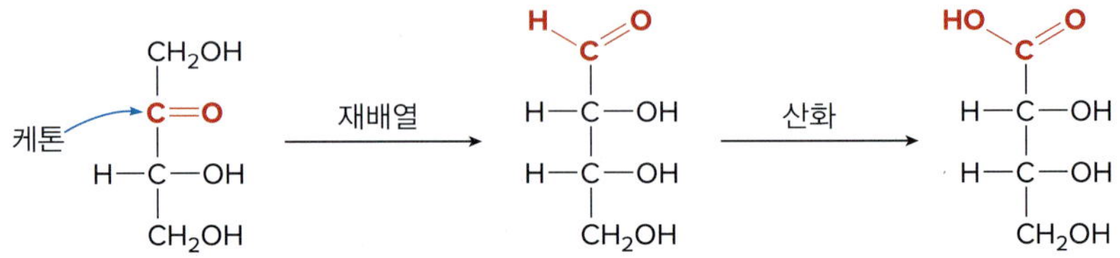


D-에리트룰로스

**연습문제 13.6**

다음 각 단당류가 산화되면 어떤 알돈산(aldonic acid)이 생성되는가?

a.

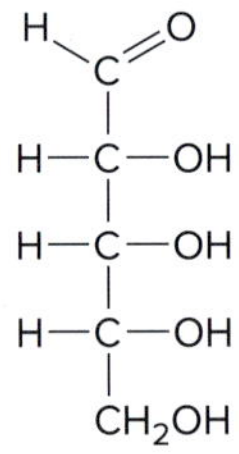

b.

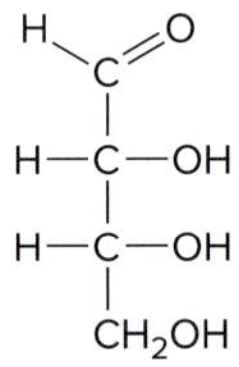

c.

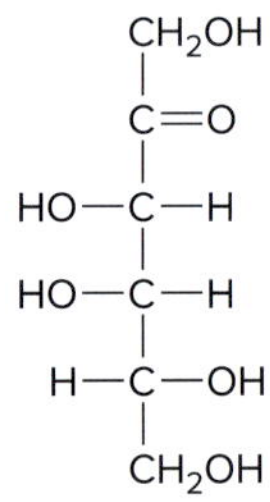

## 13.5 이당류

**이당류**(disaccharide)는 2개의 단당류로 구성된 탄수화물이다. 이당류는 동일한 탄소에 결합된 2개의 알콕시기(OR기)가 있는 화합물인 아세탈이다. 9.6절에서 등장한 헤미아세탈과 알코올의 반응이 아세탈(acetal)을 형성한다는 점을 상기한다.

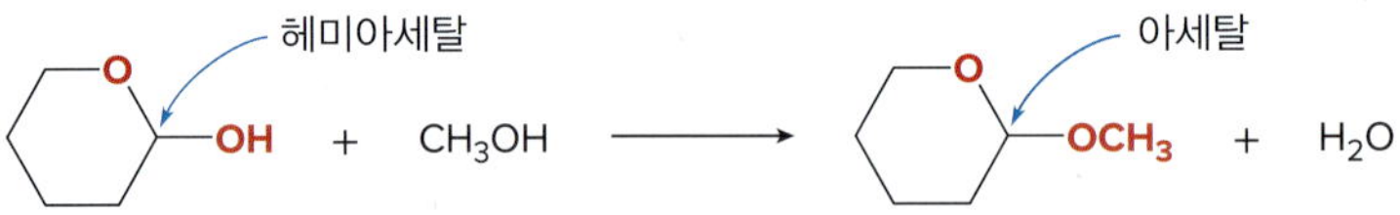


비슷한 방식으로 한 단당류의 헤미아세탈이 두 번째 단당류의 하이드록시기와 반응하여 아세탈을 형성할 때 이당류가 생성된다. 두 고리를 함께 연결하는 새로 생성되는 C—O 결합을 **글리코사이드 결합**(glycosidic linkage)이라고 한다.

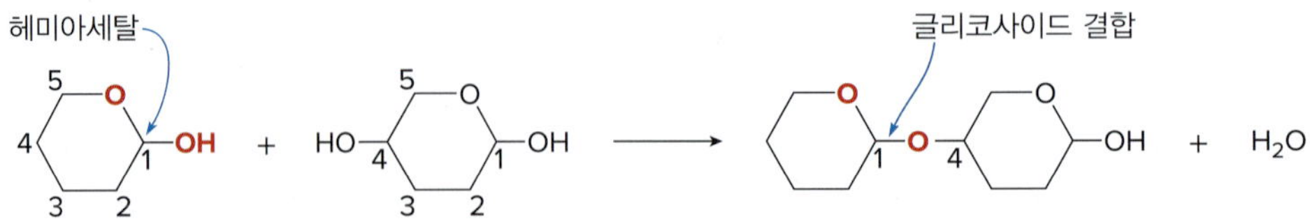


이당류의 일반적인 구조

[아세탈의 산소는 빨간색으로 표기]

2개의 단당류 고리는 오각형일 수도 또는 육각형일 수도 있다. 모든 이당류에는 고리를 연결

말토스(maltose)는 맥주 제조에 사용되는 보리에서 얻은 액체로서 맥아(malt)에서 그 이름이 유래되었다.

하는 최소 1개의 아세탈이 있다. 각 고리는 고리마다 존재하는 2개의 산소 원자와 결합을 하는 탄소인 아노머 탄소를 시작으로 하여 번호를 매긴다.

이당류에서 두 단당류를 연결하는 글리코사이드 결합은 구조 A와 B에서 하워드 투영도로 나타내었을 때 두 가지 다른 방식 방향으로 배치하여 나타낼 수 있다.

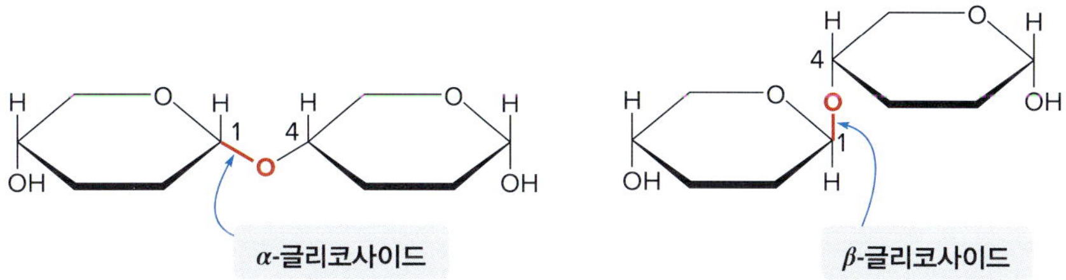


**아래** 방향 글리코사이드 결합

1→4-$\alpha$-글리코사이드 결합

**A**

**위** 방향 글리코사이드 결합

1→4-$\beta$-글리코사이드 결합

**B**

- $\alpha$-글리코사이드($\alpha$-glycoside)에는 단당류를 연결하는 아세탈을 포함하는 고리가 형성하는 평면 아래로 향하는 글리코사이드 연결(glycosidic linkage)이 있다.
- $\beta$-글리코사이드($\beta$-glycoside)에는 단당류를 연결하는 아세탈을 포함하는 고리가 형성하는 평면 위로 향하는 글리코사이드 연결(glycosidic linkage)이 있다.

숫자는 이당류에 결합된 고리를 구성하는 원자의 위치를 나타내는 데 사용한다. 이당류 A는 글리코사이드 결합이 아래로 향하고 한 고리의 1번 탄소(C1)를 다른 고리의 4번 탄소(C4)에 연결하기 때문에 **1→4-$\alpha$-글리코사이드 결합**을 가지고 있다. 이당류 B는 글리코사이드 결합이 위로 향하고 한 고리의 C1을 다른 고리의 C4에 연결하기 때문에 **1→4-$\beta$-글리코사이드 결합**을 가지고 있다.

예제 13.7은 이당류 **말토스**(maltose)의 이러한 구조적 특징을 보여 준다. 전분의 가수 분해에 의해 형성되는 말토스는 보리와 같은 곡물에서 발견된다. 말토스는 두 분자의 글루코스로 이루어져 있다.

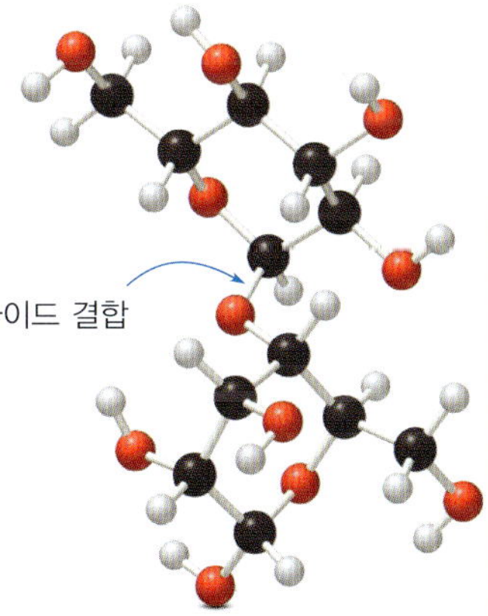


말토스

### 예제 13.7 글리코사이드 결합 찾기 및 구별하기

a. 말토스에서 글리코사이드 결합을 찾는다.

b. 두 고리상의 탄소 원자에 번호를 매긴다.

c. 글리코사이드 결합을 $\alpha$ 또는 $\beta$로 분류하고 숫자를 매겨 결합 위치를 지정한다.

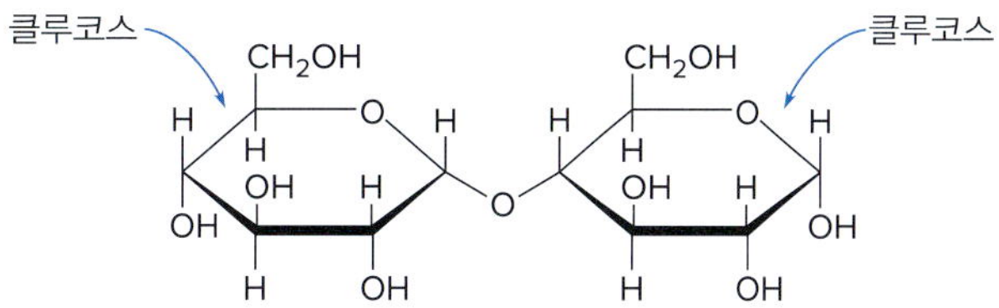


말토스

#### 분석 및 해답

a. 및 b. 글리코사이드 결합은 2개의 단당류를 연결하는 빨간색으로 표시된 아세탈의 C—O 결합이다. 각 고리는 2개의 산소 원자에 결합된 탄소인 아노머 탄소를 시작으로 하여

번호가 매겨진다.

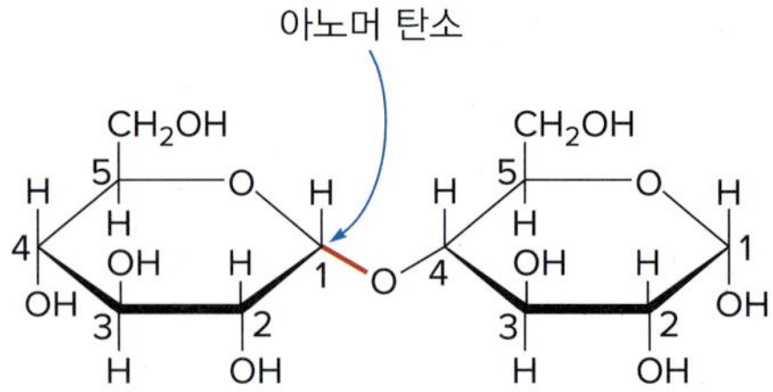


c. 말토스는 C—O 결합이 아래로 향하고 있기 때문에 $\alpha$-글리코사이드 결합이 있다. 글리코사이드 결합은 한쪽 고리의 C1을 다른 고리의 C4에 연결하므로 말토스는 1→4-$\alpha$-글리코사이드 결합이 있다.

**연습문제 13.7**

a. 셀로비오스(cellobiose)에서 글리코사이드 결합을 찾는다.
b. 두 고리상의 탄소 원자에 번호를 매긴다.
c. 글리코사이드 결합의 $\alpha$ 또는 $\beta$를 구별하고 숫자를 매겨 결합된 위치를 지정한다.

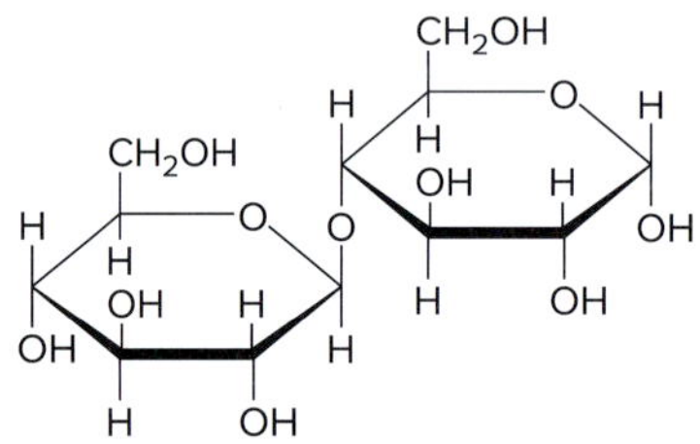

셀로비오스

이당류의 가수 분해는 C—O 글리코사이드 결합을 끊어서 2개의 단당류를 생성한다. 예를 들어, 말토스의 가수 분해는 2개의 글루코스 분자를 생성한다.

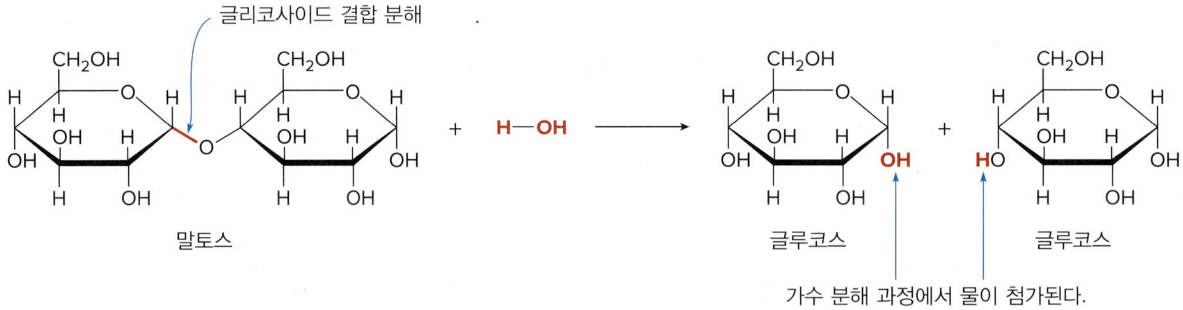


**예제 13.8 이당류의 가수 분해 생성물 그리기**

다음 이당류가 물로 가수 분해될 때 얻게 되는 생성물을 그리시오.

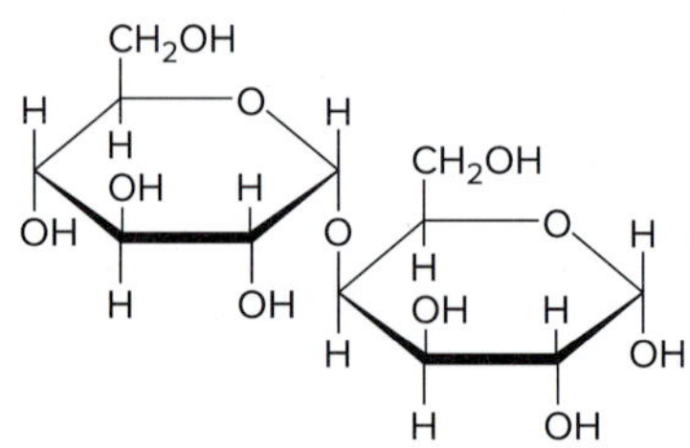

**분석**

우선 두 단당류를 연결하는 아세탈인 C—O 결합이 있는 글리코사이드 결합을 찾는다. 결합 전체에 $H_2O$ 분자의 일부분을 붙이면서 C—O 결합을 끊는다.

**해답**

2개의 단당류는 글리코사이드 결합이 끊어지면서 생성된다.

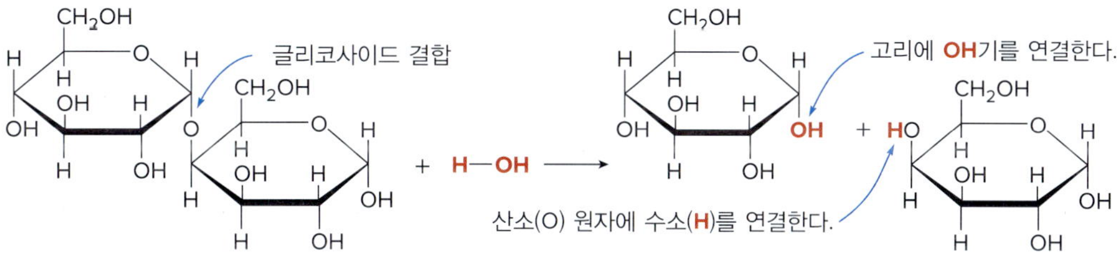


**연습문제 13.8**

셀로비오스(cellobiose, 연습문제 13.7 참조)를 물로 가수 분해하면 어떤 단당류가 생성되는가?

## 13.6 다당류

**다당류**(polysaccharide)에는 함께 결합된 3개 이상의 단당류가 있다. 자연에서 흔한 세 가지 다당류는 **셀룰로스**(cellulose), **전분**(starch) 및 **글리코겐**(glycogen)이며, 각각은 글리코사이드 결합으로 연결된 반복적인 글루코스 단위로 구성되어 있다.

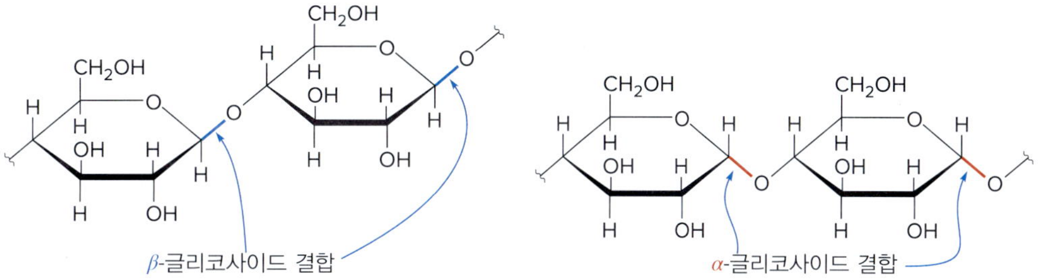


**셀룰로스–반복 구조** **녹말 및 글리코겐–반복 구조**

- **셀룰로스**에는 1→ 4-$\beta$- 글리코사이드 결합으로 연결된 글루코스 고리가 있다.
- **전분과 글리코겐**에는 1→ 4-$\alpha$-글리코사이드 결합으로 연결된 글루코스 고리가 있다.

### 13.6A 셀룰로스

**셀룰로스**(cellulose)는 거의 모든 식물의 세포벽에서 발견되며, 나무, 식물 줄기, 풀을 지지하고 단단하게 한다(그림 13.2 참조). 목재, 면화 및 아마는 주로 셀룰로스로 구성되어 있다.

셀룰로스는 1→4-$\beta$-글리코사이드 결합으로 결합된 반복되는 글루코스 단위로 구성된 곁가지 사슬이 없는 고분자(unbranched polymer)이다. $\beta$-글리코사이드 연결은 판(sheet) 형태로 쌓이는 셀룰로스 분자의 긴 선형 사슬을 만들어 광범위한 3차원 배열을 만든다.

**그림 13.2** 셀룰로스

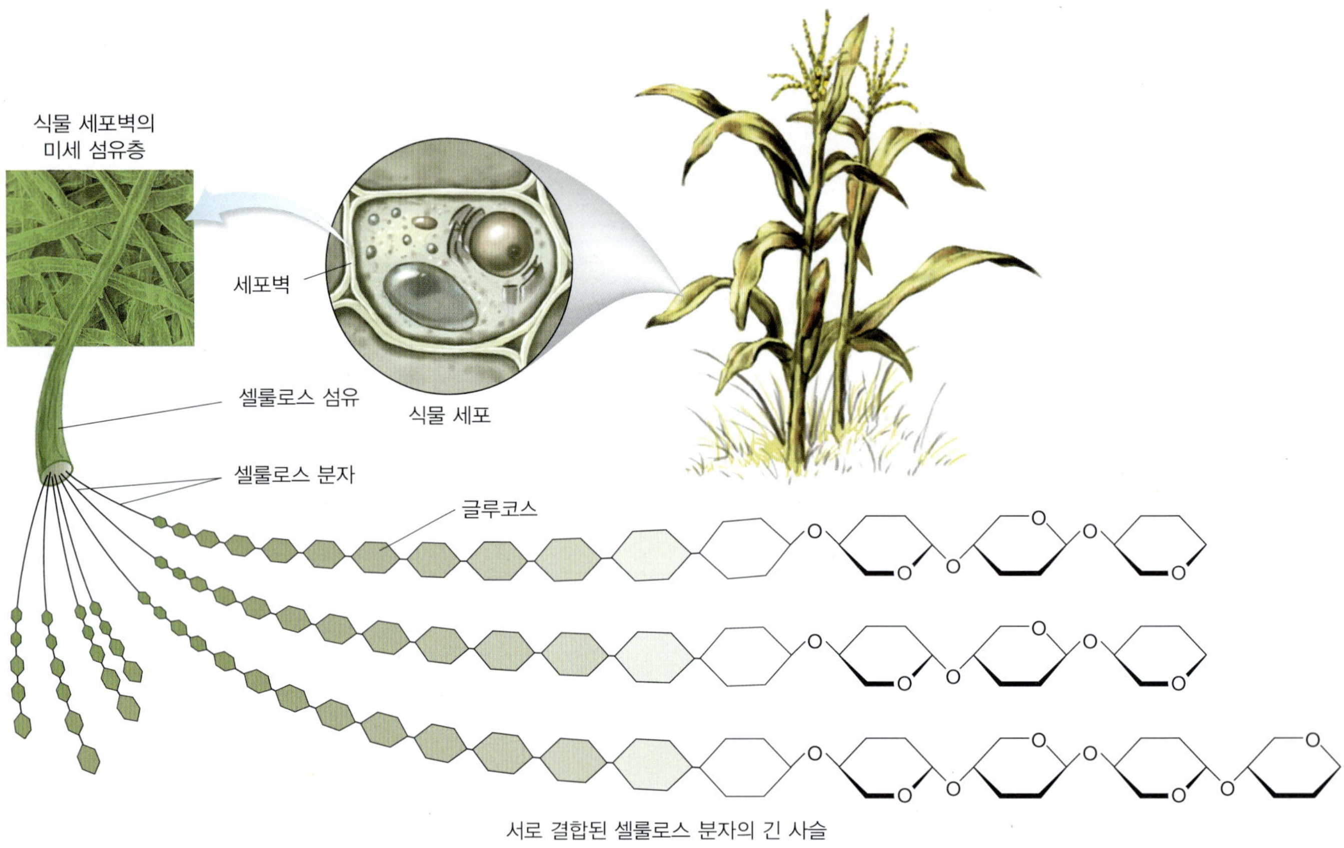


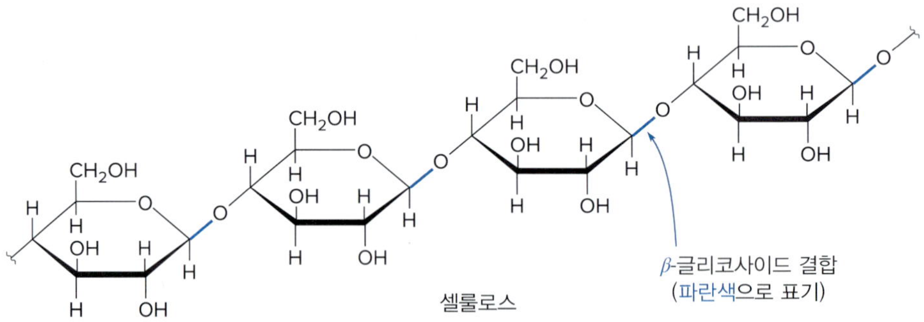


일부 세포에서 셀룰로스는 **β-글리코사이데이즈**(β-glycosidase)라는 효소에 의해 가수 분해되어 모든 β-글리코사이드 결합을 절단하여 글루코스를 형성한다. 사람은 이 효소를 가지고 있지 않아서 직접적으로 셀룰로스를 소화할 수 없다. 반면에 소, 사슴, 낙타와 같은 반추 동물은 소화계에 이 효소를 지닌 박테리아가 있어 풀과 잎을 섭취함으로써 영양적 이점을 얻을 수 있다.

식단에 들어 있는 불용성 섬유질의 대부분은 셀룰로스이며, 이는 소화되지 않고 소화계를 통과한다. 셀룰로스가 풍부한 식품에는 통밀 빵, 현미 및 밀기울 시리얼이 있다. 섬유질은 우리에게 영양을 제공하지 않더라도 식단의 중요한 성분이다. 섬유질은 더 쉽게 제거될 수 있도록 고체 배설물의 부피를 증가시킨다.

미루나무(cottonwood tree)의 바깥 껍질은 주로 다당류 셀룰로스이며, 안쪽 껍질에는 아스피린과 관련된 자연 발생 진통제인 살리신(salicin)도 포함되어 있다. 태평양 북서부의 아메리카 원주민은 미루나무 껍질과 잎을 사용하여 상처를 치료했다. 미루나무 씨앗은 솜털에 묻혀 있어 씨앗이 흩어지기 위해 멀리 날아갈 수 있다.

## 13.6B 전분

**전분**(starch)은 식물의 씨앗과 뿌리에서 발견되는 주요 탄수화물이다. 옥수수, 쌀, 밀, 감자는 다량의 전분을 포함하는 일반적인 식품이다. 전분은 α-글리코사이드 결합에 의해 반복되는 글루코스 단위로 구성된 고분자이다. 전분의 두 가지 일반적인 형태는 **아밀로스**(amylose)와 **아밀로펙틴**(amylopectin)이다.

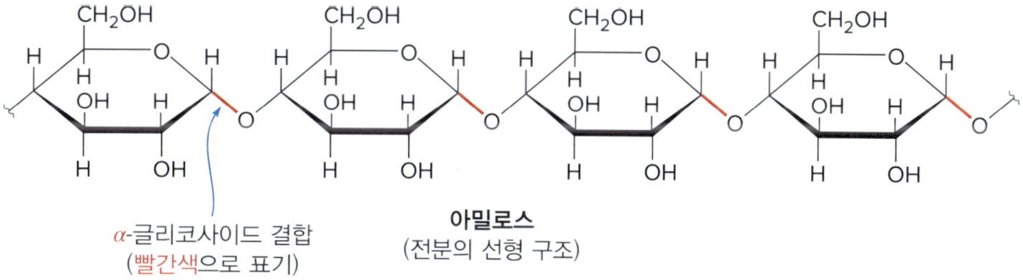


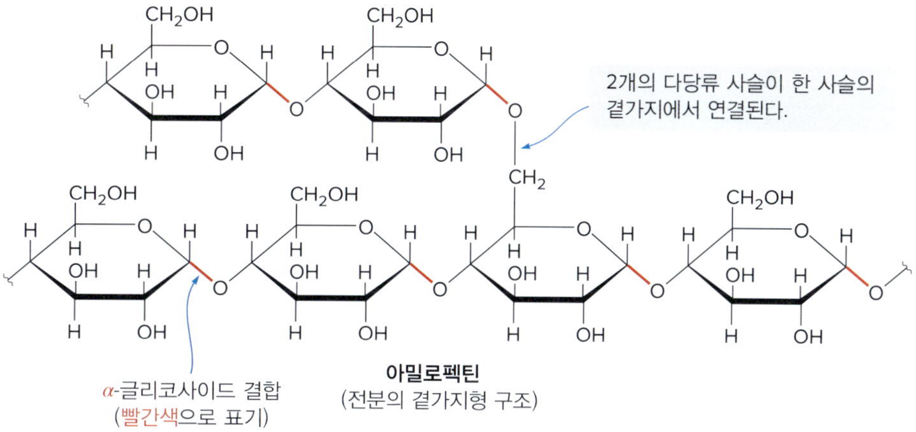


**환경 노트**

땅콩 모양의 생분해성 포장용 스티로폼은 이제 곡물에서 얻은 전분으로 생산할 수 있다. 수용성 전분으로 구성되어 있기 때문에 물과 혼합하여 배수구로 씻어 버릴 수 있다.

전분 분자의 약 20%를 차지하는 **아밀로스**는 **1→4-α-글리코사이드 결합**을 가진 곁가지 사슬이 없는 골격(unbranched skeleton)의 글루코스 분자를 포함한다. 이러한 연결로 인해 아밀로스 사슬은 나선형 배열을 하여 셀룰로스의 선형 사슬과는 상당히 다른 3차원 형태를 이룬다(그림 13.3 참조).

전분 분자의 약 80%를 차지하는 **아밀로펙틴**은 **α-글리코사이드 결합**으로 결합된 글루코스 단위 분자의 뼈대로 이루어져 있지만 사슬을 따라서 상당한 곁가지가 포함되어 있다. 아밀로펙틴의 선형 결합은 아밀로스와 유사한 **1→4-α-글리코사이드 결합**에 의해 형성된다.

두 가지 형태의 전분은 모두 수용성이다. 이 두 전분 분자에 달려 있는 OH기는 3차원 구조상 안쪽에 묻혀 있지 않기 때문에 물 분자와 수소 결합이 가능하여 셀룰로스보다 더 큰 수용성이다.

아밀로스와 아밀로펙틴은 모두 글리코사이드 결합이 끊어지면서 글루코스로 가수 분해된다. 인간의 소화기계에는 이 과정을 촉매하는 데 필요한 아밀라제 효소가 있다. 밀가루, 쌀 및 옥수수 또띠야로 만든 빵과 파스타는 모두 쉽게 소화되는 전분이 원료이다.

그림 13.3 전분 – 아밀로스와 아밀로펙틴

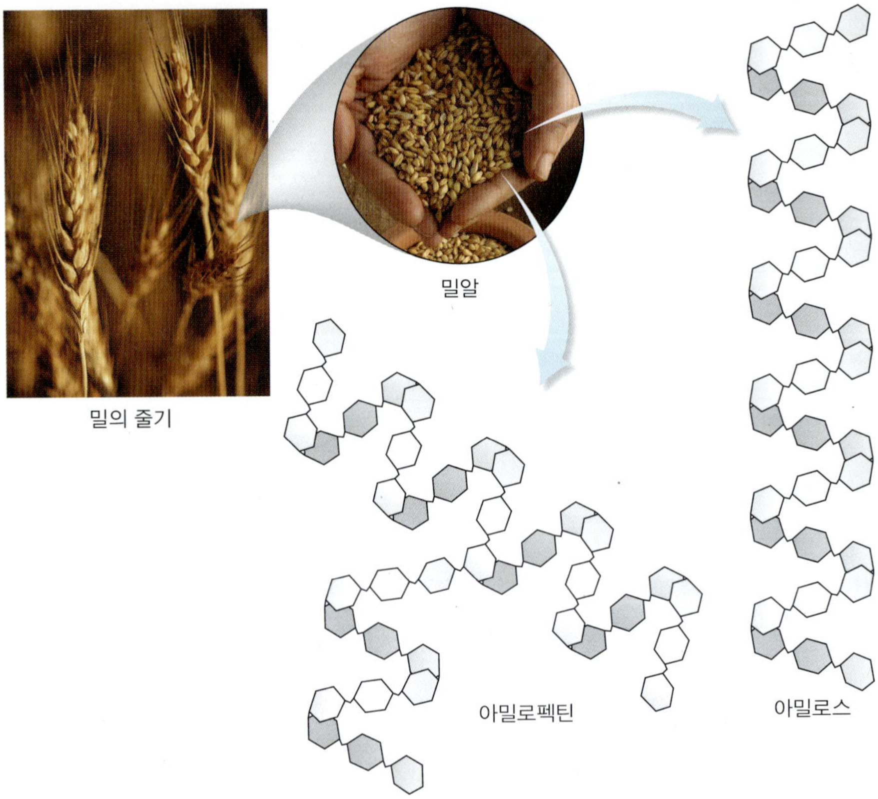


### 13.6C 글리코겐

**글리코겐**(glycogen)은 동물 체내에 다당류를 저장하는 주된 형태이다. $\alpha$–글리코사이드 결합을 하고 있는 글루코스 고분자인 글리코겐은 아밀로펙틴과 유사한 분지 구조를 가지고 있지만 곁가지 사슬이 훨씬 더 광범위하게 펼쳐져 있다(그림 13.4 참조). 글리코겐은 주로 간과 근육에 저장된다. 글루코스가 세포의 에너지로서 요구될 때 글루코스 단일 분자는 글리코겐 고분자의 끝에서 가수 분해된 이후 에너지 방출과 함께 추가 대사된다. 글리코겐은 매우 많은 곁가지 사슬 구조이기 때문에 수많은 가지 끝마다 글루코스 단위 분자가 있어 신체가 필요할 때마다 결합이 끊어져 분리될 수 있다.

그림 13.4 글리코겐

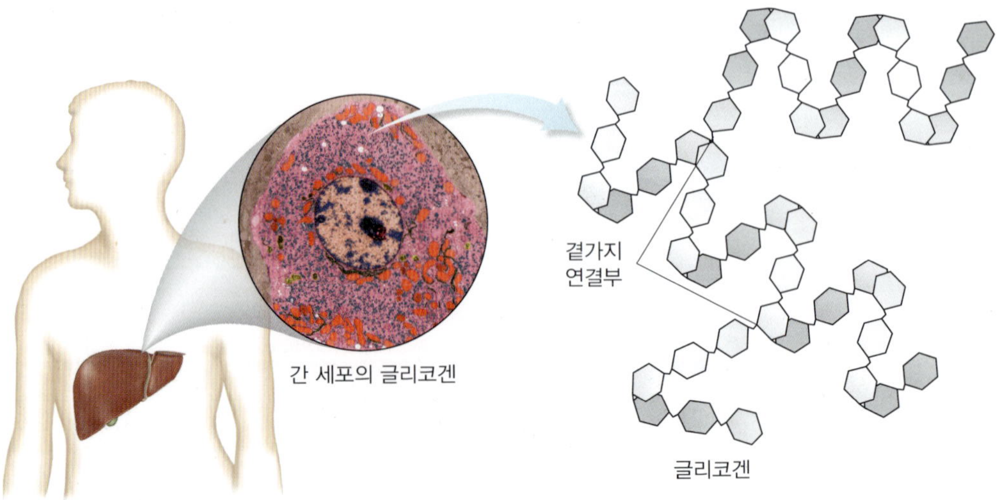

## 종합문제

### 단당류

**13.1** 각 화합물 유형의 구조를 그리시오.
a. L-알도펜토스(L-aldopentose)
b. D-알도테트로스(D-aldotetrose)
c. 5-단소 알디톨(five-carbon alditol, 단소 5개짜리 알디톨)

**13.2** 카보닐기의 유형과 사슬의 탄소 개수에 따라 각 단당류를 분류하시오.

a. 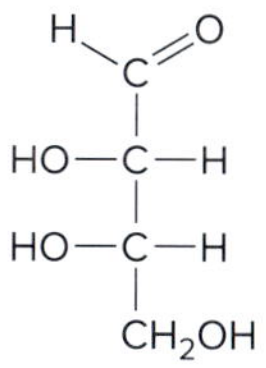

b. 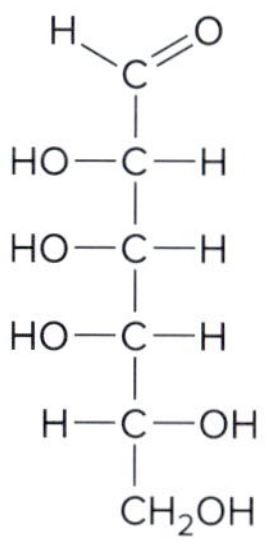

c. 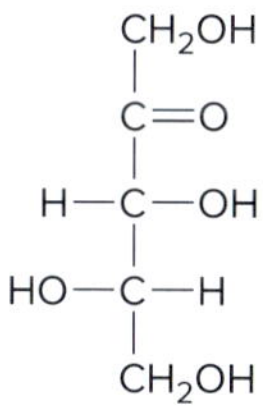

**13.3** 다음 질문에 답하시오.
a. 카보닐기의 유형과 사슬의 탄소 개수에 따라 각 단당류를 분류하시오.
b. 각 화합물에서 카이랄성 중심을 찾으시오.

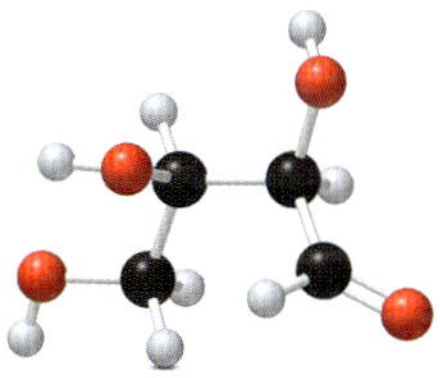
A

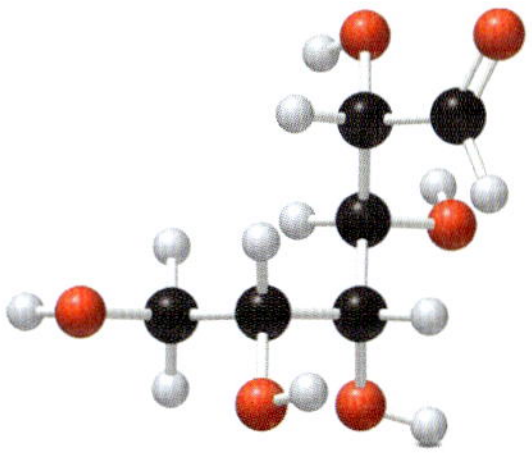
B

**13.4** 다음 질문에 답하시오.
a. 공-막대 모형으로 표현된 단당류의 피셔 투영식을 그리고, D형 또는 L형 당으로 표시하시오.
b. 단당류를 카보닐기의 유형과 포함하는 탄소 개수로 분류하시오.

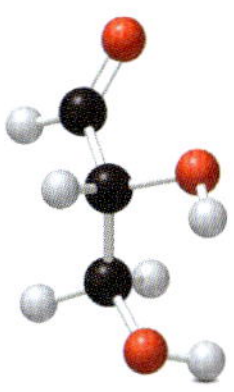

**13.5** 종합문제 13.2의 각 화합물에 대해 다음 질문에 답하시오.
a. 모든 카이랄성 중심을 표시하시오.
b. 화합물을 D 또는 L 단당류로 분류하시오.
c. 거울상 이성질체를 그리시오.
d. 피셔 투영식으로 그리시오.

**13.6** 다음 단당류 A, B, C를 보고 생각해 보자.

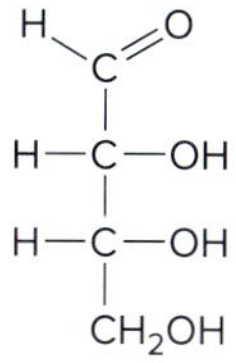
A

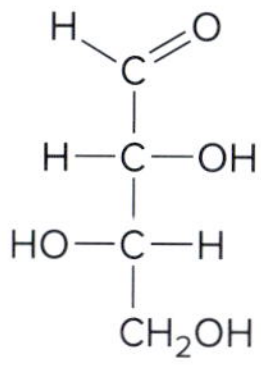
B

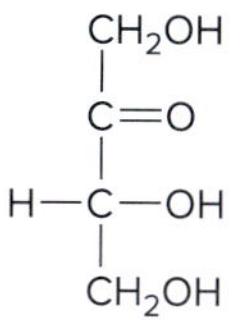
C

a. 입체 이성질체 관계인 단당류들은 무엇인가?
b. 서로 구조 이성질체 관계인 두 화합물을 찾으시오.
c. B의 거울상 이성질체를 그리시오.
d. A에 대하여 피셔 투영식을 그리시오.

**13.7** 하워드 투영도를 사용하여 다음 D형 단당류의 $\alpha$- 및 $\beta$-아노머를 그리시오.

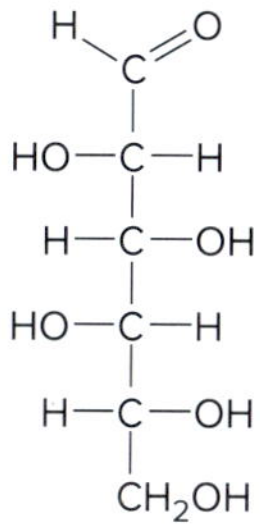

**13.8** 다음 질문에 답하시오.
a. 주어진 단당류의 헤미아세탈 탄소를 표시하고, 아노머 탄소의 OH기를 찾으시오.
b. 다른 모든 OH 그룹을 1차, 2차 또는 3차로 표시하시오.

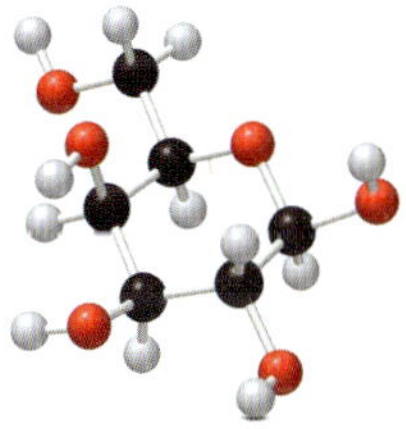

**13.9** 다음 고리형 단당류을 살펴보고 다음 질문에 답하시오.

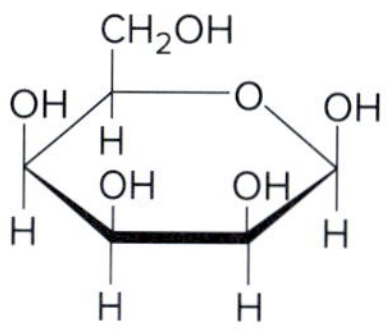

a. 헤미아세탈 탄소를 표시하시오.
b. 단당류를 $\alpha$- 또는 $\beta$-아노머로 표시하시오.
c. 다른 종류의 아노머를 그리시오.
d. C2에서 치환기의 배열이 다른 입체 이성질체를 그리시오.

**13.10** 각 단당류에 대해 다음 질문에 답하시오.

[1] 모든 아세탈 및 헤미아세탈 탄소를 표시하시오.

[2] 아노머 탄소를 표시하시오.

[3] 화합물을 $\alpha$- 또는 $\beta$-아노머로 구별하시오.

a. 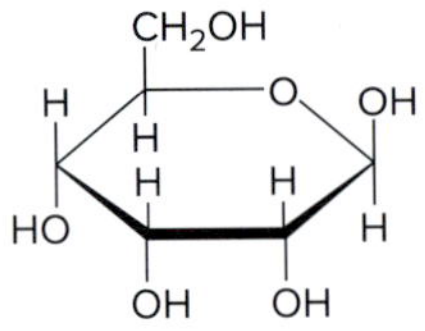

b. 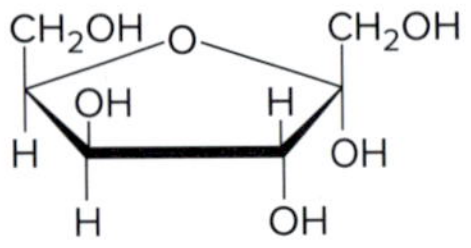

**13.11** 알도펜토스는 고리 형태로 오각형 고리로 존재한다. 다음 각 알도펜토스에 대해 다음 질문에 답하시오.

[1] 헤미아세탈 탄소를 표시하시오.

[2] 단당류를 $\alpha$- 또는 $\beta$-아노머로 구별하시오.

a. 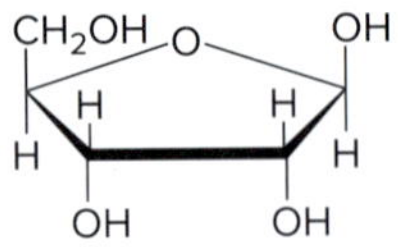

b. 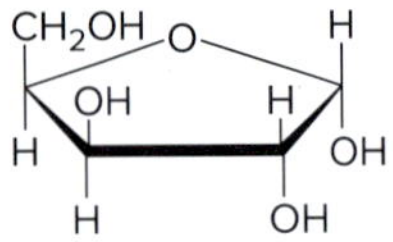

**13.12** 각 화합물을 단당류 또는 알돈산 또는 알디톨로 구별하시오.

a. 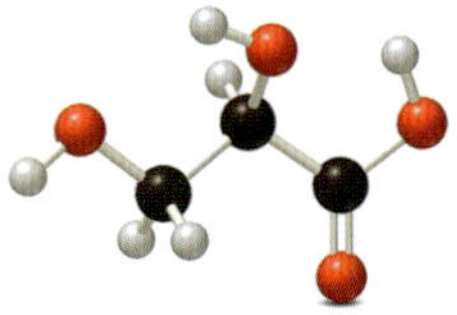

b. 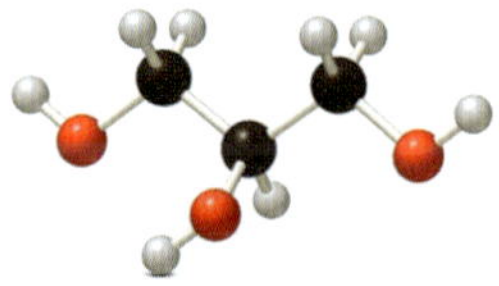

c. 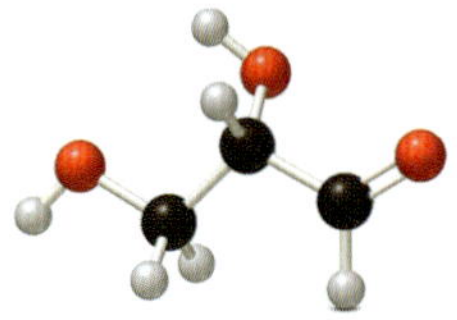

**13.13** 각 단당류를 다음 시약으로 처리할 경우 생성되는 유기물을 그리시오.

[1] $H_2$, Pd [2] $Cu^{2+}$, $OH^-$

a. 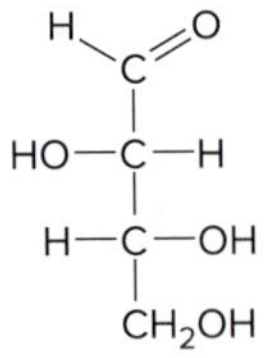

b. 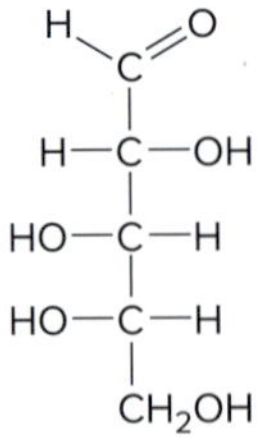

c. 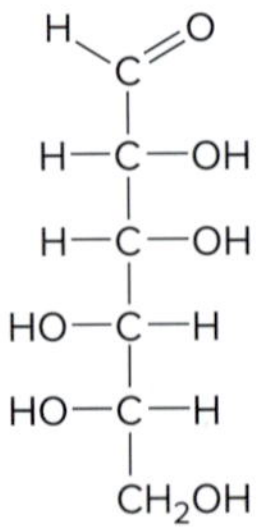

**13.14** 각 화합물을 베네딕트 시약으로 처리하면 어떤 생성물이 만들어지는가?

a. 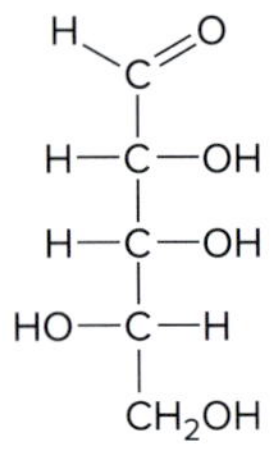

b. 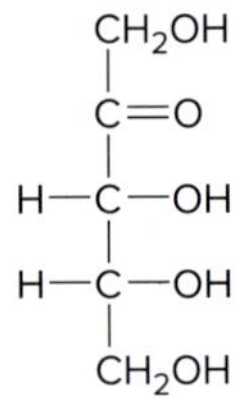

**13.15** 각 이당류가 가수 분해되면 어떤 단당류들이 형성되는가?

a. 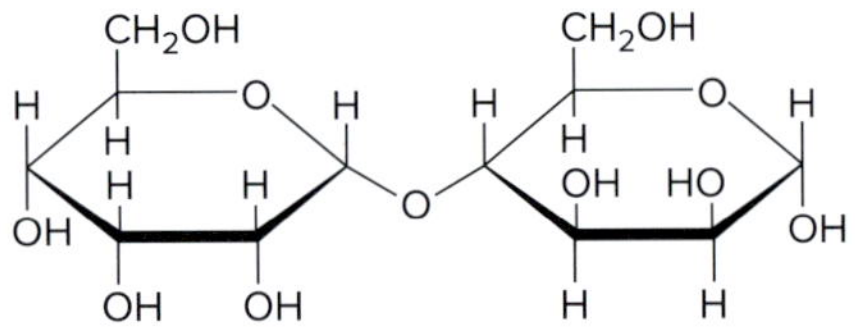

b. 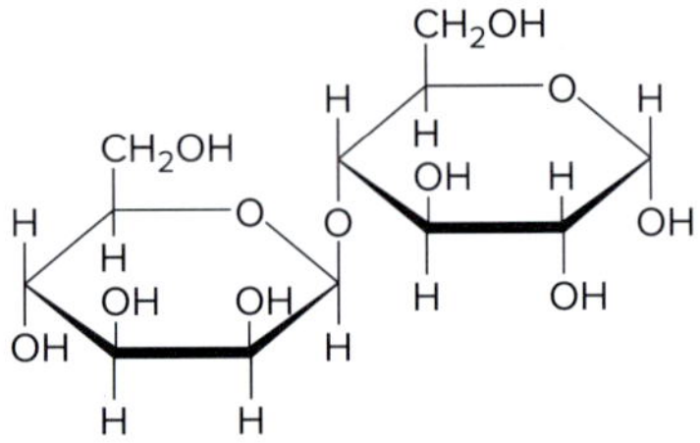

## 이당류와 다당류

**13.16** 다음 다당류 A와 B를 아밀로펙틴인지 글리코겐인지 구별하시오. 그 다음 설명이 각각 두 다당류 중 어느 것에 해당하는지, 또는 둘 모두에 해당되는지, 아니면 둘 다 해당하지 않는지를 판단하시오.

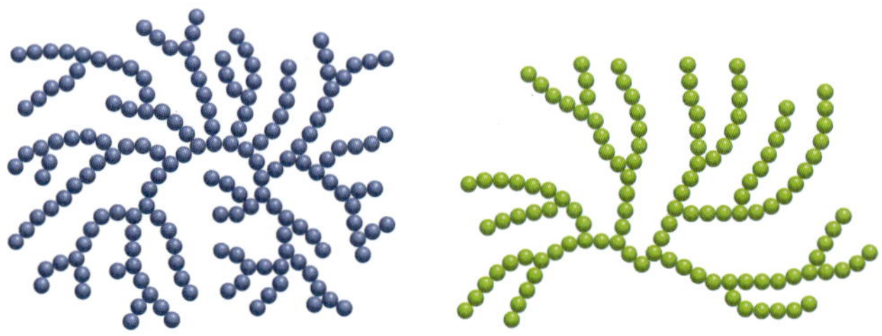

A B

a. 이 다당류는 1→4-$\alpha$-글리코사이드 결합이 있다.

b. 이 다당류는 간에 저장된다.

c. 이 다당류는 빵과 파스타에서 발견된다.

d. 이 다당류는 갈락토스 단위 분자들로 이루어져 있다.

**13.17** 그림에서 단당류를 단일 파란색 공으로 표시했다고 가정했을 때, 아래 그림 중 질문에 알맞은 것은 어느 것인가?

a. 락토스인가?

b. 셀룰로스인가?

c. 아밀로펙틴인가?

A B C

**13.18** 2개의 육각형 고리가 $\alpha$-글리코사이드 결합을 하는 이당류의 구조를 그리시오.

**13.19** 이당류 아이소말토스(isomaltose)를 살펴보고 다음 질문에 답하시오.

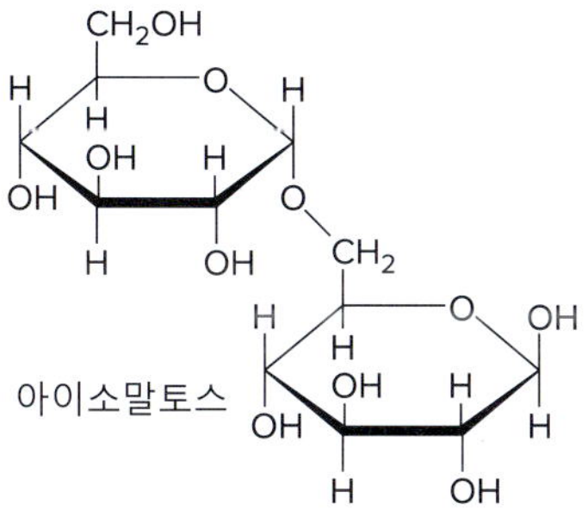


a. 아이소말토스의 아세탈과 헤미아세탈을 표시하시오.
b. 각 단당류 고리의 원자에 번호를 매기시오.
c. 위 글리코사이드 결합이 $\alpha$인지 또는 $\beta$인지 분류하되 숫자를 사용하여 그 위치까지 나타내시오.
d. 위 헤미아세탈이 $\alpha$-아노머와 $\beta$-아노머 중 어느 것으로 그려져 있는가?
e. 이 아이소말토스가 가수 분해되면 어떤 단당류들이 생성되는가?

**13.20** 1→4-$\beta$-글리코사이드 결합으로 연결된 2개의 갈락토스 단위 분자들로 형성된 이당류의 구조를 그리시오(갈락토스의 고리형 구조는 예제 13.3에서 참고한다).

**13.21** 셀룰로스와 아밀로스는 어떤 면에서 유사한가? 셀룰로스와 아밀로스의 구조는 어떤 점이 다른가?

**13.22** 3개의 갈락토스 단위 분자가 1→4-$\alpha$-글리코사이드 결합으로 연결된 다당류에 대하여 간단히 짧은 부분으로 그려서 나타내시오(갈락토스의 고리 구조는 예제 13.3에서 참조한다).

**13.23** 다음 각 사진의 물질을 구성하는 주된 이당류 또는 다당류는 무엇인가?

a.  b.  c. 

**13.24** 다음 단당류를 보고 질문에 답하시오.

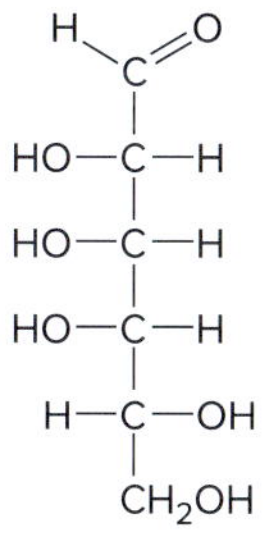


a. 단당류는 D형 당인가, 아니면 L형 당인가?
b. 카보닐의 유형과 사슬의 원자 수로 단당류를 분류하시오.
c. 거울상 이성질체를 그리시오.
d. 카이랄성 중심을 표시하시오.
e. 고리 형태의 $\alpha$-아노머로 그리시오.
f. 이 단당류를 베네딕트 시약으로 처리하면 어떤 화합물이 만들어지는가?
g. 이 단당류를 $H_2$와 Pd로 처리하면 어떤 생성물이 만들어지는가?
h. 이 단당류가 환원당인지 비환원당인지 밝히시오.

CHAPTER 14

# 아미노산, 단백질 및 효소

## Amino Acids, Proteins, and Enzymes

14.1 소개

14.2 아미노산

14.3 아미노산의 산–염기 역할

14.4 펩타이드

14.5 단백질

14.6 단백질 가수 분해 및 변성

14.7 효소–특징과 분류

14.8 효소는 어떻게 작용하는가


고래는 근육에 고농도의 단백질 마이오글로빈을 가지고 있다. 마이오글로빈은 산소와 결합하여 고래가 장시간 잠수하는 동안 산소 저장소 역할을 한다.

## 아미노산, 단백질 및 효소를 왜 공부해야 할까

네 가지 주된 생체분자 부류(지질, 탄수화물, 단백질 및 핵산) 중에서 단백질은 가장 광범위한 기능을 발휘한다. 예를 들어, **케라틴**(keratin)과 **콜라겐**(collagen)은 긴 불용성 섬유를 형성하여 조직을 강하게 하고 유지되도록 한다. 머리카락, 뿔, 발굽, 손톱은 모두 케라틴으로 이루어져 있다. 콜라겐은 뼈, 결합 조직, 힘줄 및 연골에서 발견된다. **막 단백질**(membrane protein)은 세포막을 통해 작은 유기 분자와 이온을 운반한다. 혈당 수치를 조절하는 호르몬인 **인슐린**(insulin)과 폐에서 조직으로 산소를 운반하는 **헤모글로빈**(hemoglobin)은 단백질이다. **효소**(enzyme)는 세포 기능의 모든 부분의 촉매 역할을 하고 조절하는 단백질이다. 이 장에서는 단백질과 그 주요 성분인 아미노산에 관하여 공부한다.

### 건강 노트

고기, 생선, 콩, 견과류는 모두 고단백 식품이다.

## 14.1 소개

**단백질**(protein)은 아미노산이 결합하여 형성되는 수많은 아마이드 결합 가지는 생물학적 분자이다.

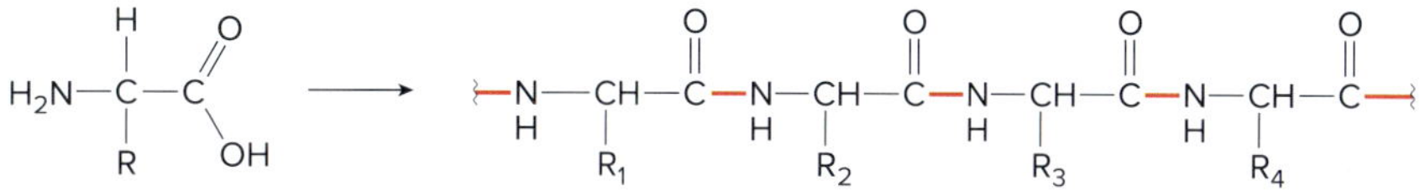


단백질이라는 단어는 '제일 중요한'을 의미하는 그리스어 proteios에서 유래했다. 단백질은 인체 전반에 걸쳐서 합성되며 건조 중량으로 보았을 때 체중의 약 50%를 차지한다(**그림 14.1** 참조). 머리카락, 피부, 손톱의 케라틴 및 결합 조직의 콜라겐과 같은 섬유 단백질은 조직과 세포

그림 14.1 인체의 단백질

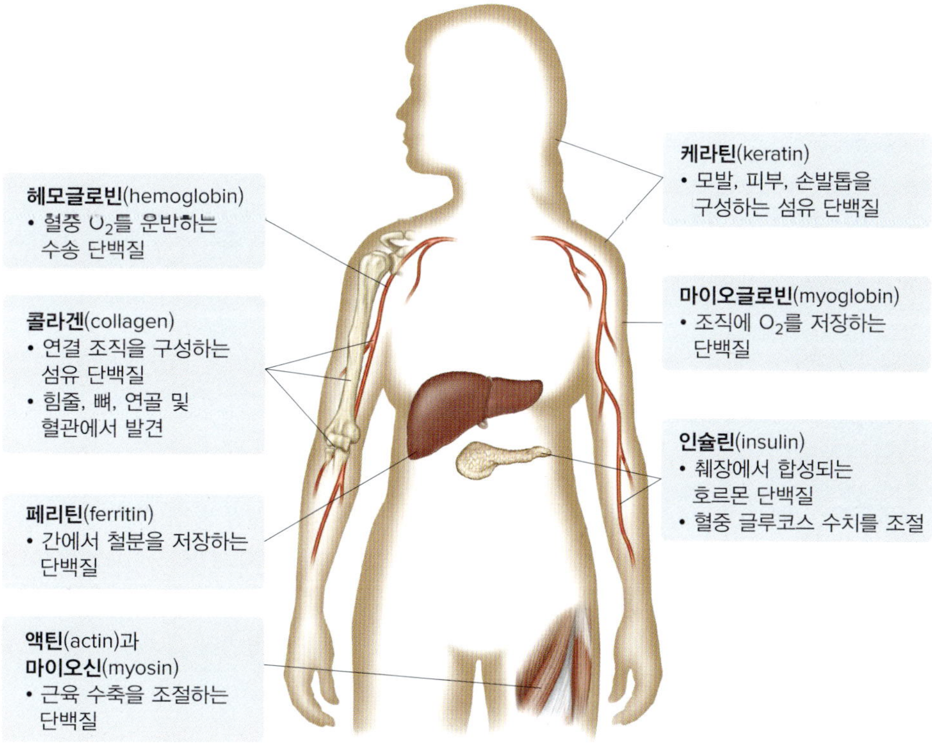

**표 14.1 일일 단백질 섭취 권장량**

| 종류 | 일일 섭취량 (단백질 g/kg 체중) |
|---|---|
| 유아(1~3살) | 1.1 |
| 소아(4~13년) | 0.95 |
| 청소년(14~18년) | 0.85 |
| 성인 | 0.8 |

출처: 미국 식약청

를 유지하고 구조화한다. 호르몬 단백질과 효소 단백질은 신체의 신진대사를 조절한다. 수송 단백질(transport protein)은 혈액을 통해 물질을 운반하고 저장 단백질(storage protein)은 여러 장기에 원소와 이온을 저장한다. 수축성 단백질(contractile protein)은 근육의 운동을 제어하고 면역글로불린(immunoglobulin)은 이물질로부터 신체를 방어하는 단백질이다.

필요할 때 사용하기 위해 신체가 저장하는 지질 및 탄수화물과 달리 단백질은 저장되지 않으므로 매일 섭취해야 한다. 성인의 현재 일일 섭취 권장량은 체중 kg당 단백질 0.8g이다. 아이들은 성장과 유지를 위해 단백질을 필요로 하기 때문에 표 14.1에 나타난 것처럼 일일 섭취 권장량은 더 높다. 미국의 평균 단백질 섭취량은 종종 필요량의 2배이다.

## 14.2 아미노산

단백질의 특성과 구조를 이해하려면 먼저 단백질을 구성하는 아미노산에 대해 배워야 한다.

### 14.2A 일반적인 아미노산의 특징

아미노산에는 **아미노기**($NH_2$)와 **카복실기**(COOH)의 두 가지 작용기가 있다. 대부분 자연적으로 발생하는 아미노산에서 아미노기는 카보닐기에 인접한 탄소인 $\alpha$-탄소에 결합되어 $\alpha$-아미노산을 만든다.

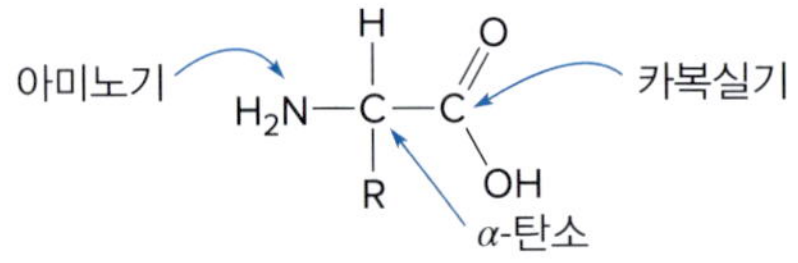

$\alpha$-아미노산

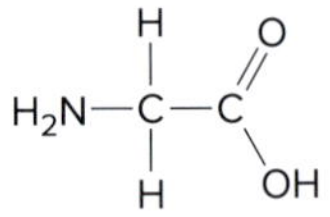
글리신
가장 간단한 아미노산

단백질에서 자연적으로 생성되는 20개의 아미노산은 $\alpha$-탄소에 결합된 R기에 따라 그 종류가 결정된다. R기는 아미노산의 **곁가지 사슬**(side chain)이다. **글리신**(glycine)이라고 하는 가장 단순한 아미노산은 R=H인 셈이다. 다른 곁가지 사슬은 단순한 알킬기이거나 OH, SH, COOH 또는 $NH_2$와 같은 또 다른 작용기가 될 수 있다. 표 14.2에서는 단백질에서 발생하는 20가지 일반적인 아미노산의 구조를 나열했다.

- 곁가지 사슬에 추가적으로 COOH기가 있는 아미노산을 산성 아미노산이라고 한다.
- 곁가지 사슬에 추가 염기성 N 원자가 있는 것을 염기성 아미노산이라고 한다.
- 기타 모든 아미노산은 중성 아미노산이다.

표 14.2의 구조는 혈액의 생리학적 pH에서 아미노산의 하전된 형태를 보여 준다.

모든 아미노산은 3개의 철자 또는 1개 문자로 표기하는 축약된 일반명이 있다. 예를 들어, 글리신은 종종 3개의 철자로 된 약어인 Gly 또는 하나의 문자인 G로 나타낸다. 이러한 약어는 표 14.2에도 나타나 있다.

자연에서 아미노산은 모든 원자가 전하를 띠지 않는 중성 분자로서만 존재하지 않는다. 아미노산에는 염기($NH_2$기)와 산 (COOH기)이 포함되어 있기 때문에 산에서 염기로 양성자가 이동하면 양전하와 음전하를 모두 포함하는 **쯔비터 이온**(zwitterion)이라는 염(salt)이 형성된다. 이 염은 녹는점이 높으며, 수용성이다.

**표 14.2**의 구조는 혈액의 생리학적 pH에서 아미노산의 하전된 형태를 보여 준다.

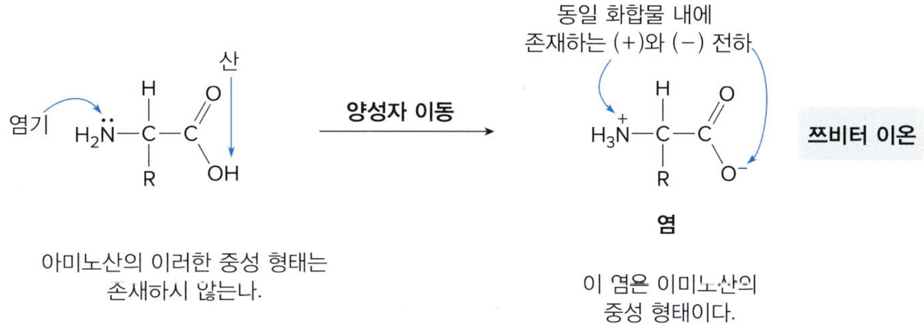


단백질 합성에 필요한 20개 아미노산 중 인체에서는 10개만이 합성된다. **필수 아미노산**(essential amino acid)이라고 하는 나머지 10개는 음식물로부터 얻어야 하고 거의 매일 일정하게 섭취해야 한다. 동물성 식품이 포함되어 있는 식단을 통해 필요한 모든 아미노산을 쉽게 얻을 수 있다.

**건강 노트**

식단에서 쌀과 두부는 모든 필수 아미노산을 제공한다. 밀가루 빵에 바른 땅콩버터 샌드위치도 마찬가지이다.

보통 식물에는 모든 필수 아미노산의 충분한 양이 있지 않기 때문에 채식 위주로 식단을 짤 때에는 영양 균형을 신중하게 고려해야 한다. 곡물(밀, 쌀, 옥수수)은 라이신이 적고 콩류(콩, 완두콩, 땅콩)는 메티오닌이 적지만 이러한 식품을 함께 넣고 식단을 짜면 필요한 모든 아미노산을 제공한다.

## 14.2B 아미노산의 입체화학

가장 간단한 아미노산인 글리신을 제외하고 다른 모든 아미노산은 $\alpha$-탄소가 카이랄성 중심-4개의 다른 기와 결합된 탄소-이다. 따라서 알라닌($R=CH_3$)과 같은 아미노산은 쐐기형과 점선 쐐기형, 그리고 피셔 투영식으로 3차원적인 표현을 통해 아래에 그려진 두 가지 가능한 거울상 이성질체로 표현될 수 있다.

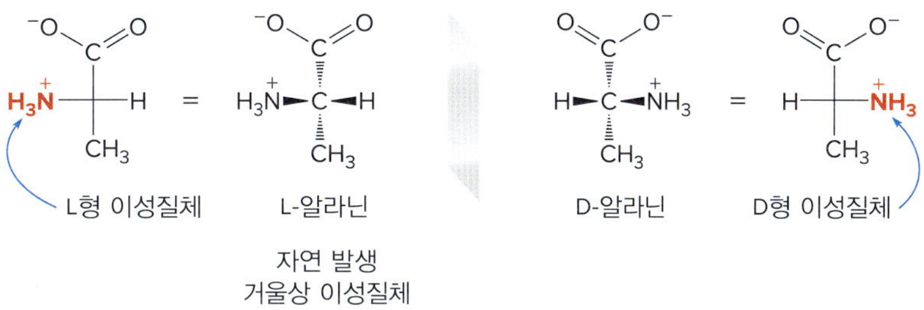


단당류와 마찬가지로 접두사 D와 L은 아미노산의 카이랄성 중심에 연결된 기들의 배열을 지정하는 데 사용된다. $-COO^-$기가 맨 위에 있고 R기가 맨 아래에 있는 수직 탄소 사슬로 그린다고 했을 때 다음과 같다.

- L형 아미노산은 피셔 투영식의 왼쪽에 $-NH_3^+$기가 있다. 자연 발생의 보통의 아미노산은 L형 이성질체이다.
- D형 아미노산은 피셔 투영식의 오른쪽에 $-NH_3^+$기가 있다. D형 아미노산은 자연에서 드물게 생성된다.

**표 14.2 자연적으로 생성되는 보통의 아미노산 20가지**

| 중성 아미노산 | | | | | |
|---|---|---|---|---|---|
| 이름 | 구조 | 약어 | 이름 | 구조 | 약어 |
| 알라닌 (Alanine) | 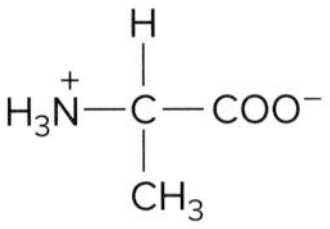 | Ala A | 페닐알라닌 (Phenylalanine*) | 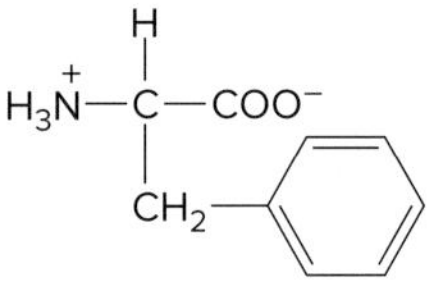 | Phe F |
| 아스파라긴 (Asparagine) | 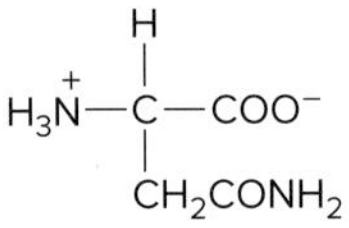 | Asn N | 프롤린 (Proline) | 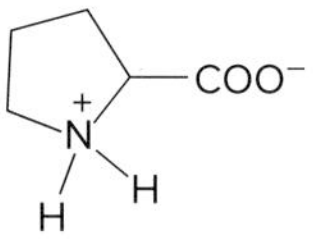 | Pro P |
| 시스테인 (Cysteine) | 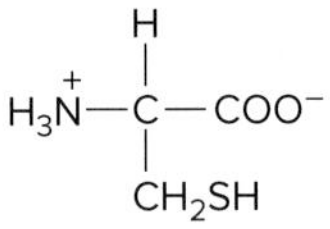 | Cys C | 세린 (Serine) | 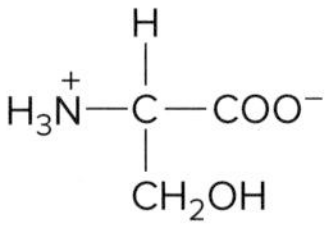 | Ser S |
| 글루타민 (Glutamine) | 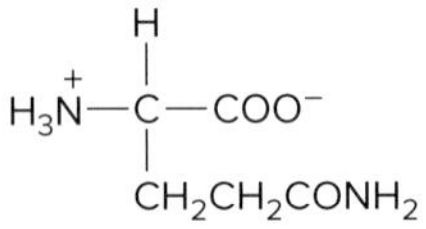 | Gln Q | 트레오닌 (Threonine*) | 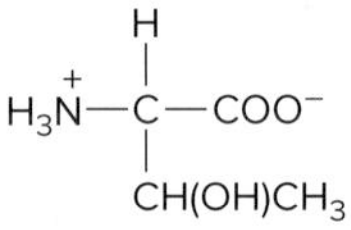 | Thr T |
| 글리신 (Glycine) | 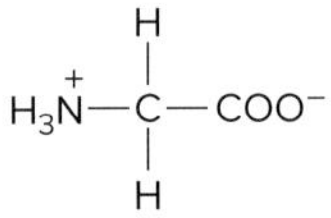 | Gly G | 트립토판 (Tryptophan*) | 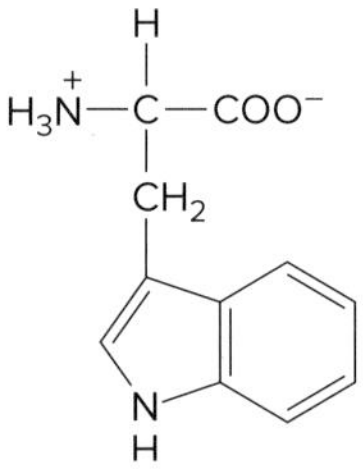 | Trp W |
| 아이소루신 (Isoleucine*) | 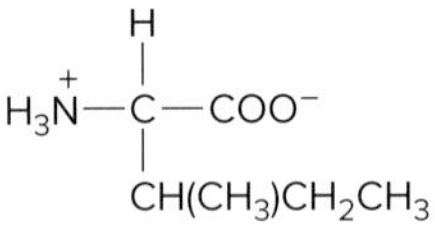 | Ile I | 타이로신 (Tyrosine) | 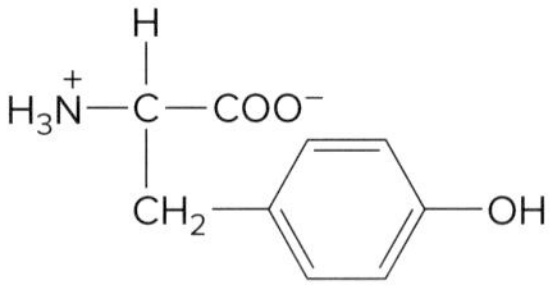 | Tyr Y |
| 루신 (Leucine*) | 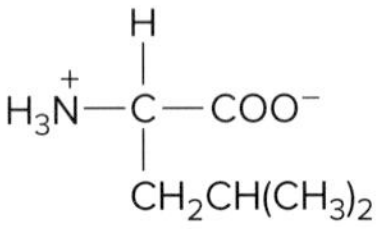 | Leu L | 발린 (Valine*) | 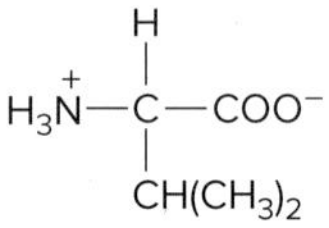 | Val V |
| 메티오닌 (Methionine*) | 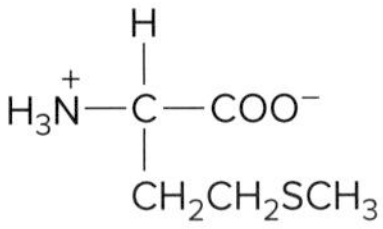 | Met M | | | |
| 산성 아미노산 | | | 염기성 아미노산 | | |
| 이름 | 구조 | 약어 | 이름 | 구조 | 약어 |
| 아스파라트산 (Aspartic acid) | 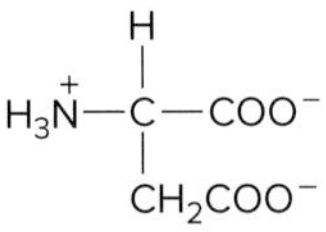 | Asp D | 아르기닌 (Arginine*) | 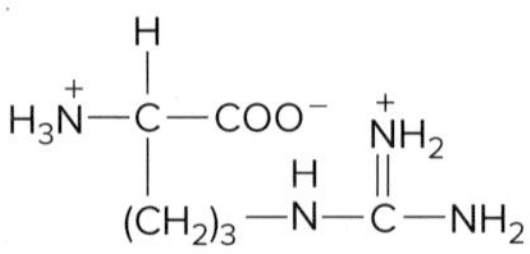 | Arg R |
| 글루탐산 (Glutamic acid) | 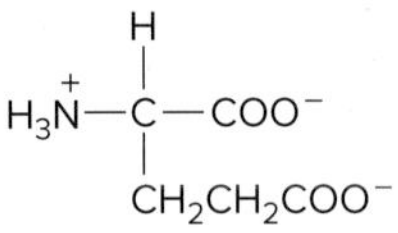 | Glu E | 히스티딘 (Histidine*) | 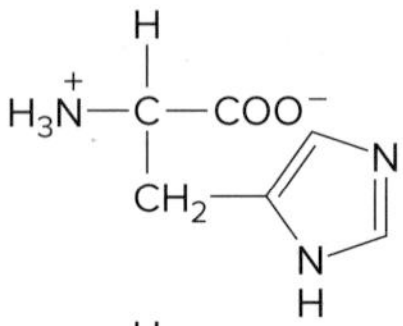 | His H |
| | | | 라이신 (Lysine*) | 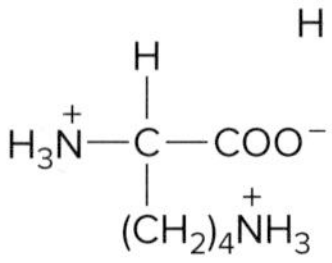 | Lys K |

필수 아미노산은 별표(*)로 표시했음.

**건강 노트**

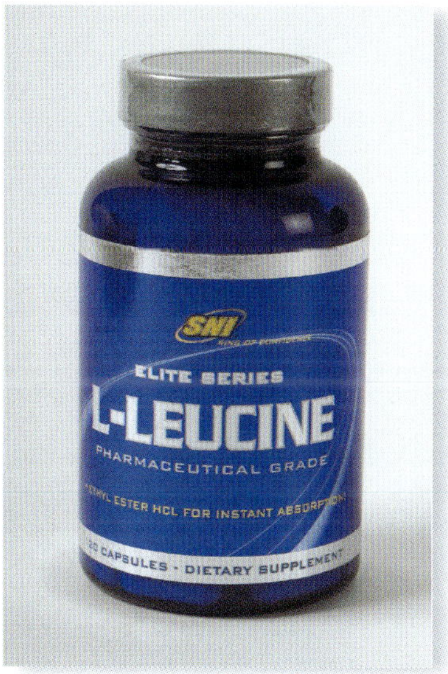


필수 아미노산 루신(leucine)은 보디빌더의 근육 손실을 예방하고 부상 후 근육 조직의 복원에 도움이 되는 건강 보조제로 판매된다.

**예제 14.1 피셔 투영식 그리기**

각 아미노산을 대한 피셔 투영식으로 그리시오.

a. L-루신 b. D-시스테인

**분석**

피셔 투영식에서 아미노산을 그리려면 $-COO^-$기를 맨 위에, R 기를 맨 아래에 배치한다. L형 이성질체는 왼쪽에 $-NH_3^+$가 있고, D형 이성질체는 오른쪽에 $-NH_3^+$가 있다.

**해답**

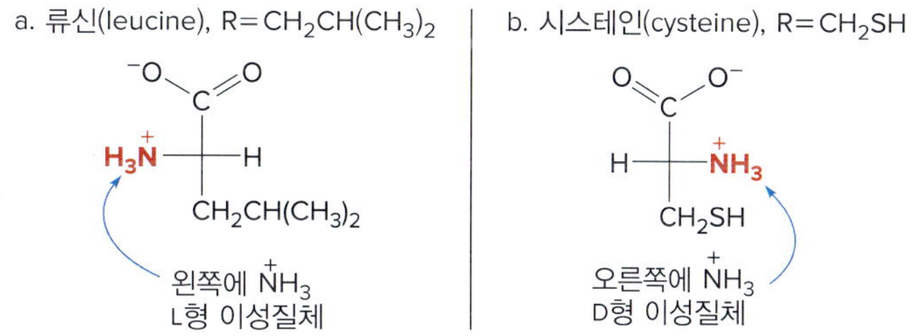


a. 루신은 $R=CH_2CH(CH_3)_2$이고, $NH_3^+$가 왼쪽에 있는 L형 이성질체

b. 시스테인은 $R=CH_2SH$이고, $NH_3^+$가 오른쪽에 있는 D형 이성질체

**연습문제 14.1**

피셔 투영식에서 각 아미노산의 두 거울상 이성질체를 모두 그리고, D형 또는 L형으로 표시하시오.

a. 페닐알라닌(phenylalanine) b. 메티오닌(methionine)

## 14.3 아미노산의 산-염기 역할

**소비자 노트**

글루탐산의 소듐염인 MSG(글루탐산 소듐, 표 14.2)는 통조림 수프 등의 가공식품에서 조미료로 사용되는 일반적인 식품 첨가물이다.

14.2절에서 언급했듯이 아미노산에는 **염기성 아미노기**($NH_2$)와 **산성 카복실기**(COOH)가 모두 있다. 결과적으로 산에서 염기로 양성자가 전달되면 양전하와 음전하를 모두 포함하는 염인 쯔비터 이온(zwitterion)이 형성된다. 이 쯔비터 이온은 전기적으로 중성이다. 즉, 이 염의 알짜 전하는 0이다.

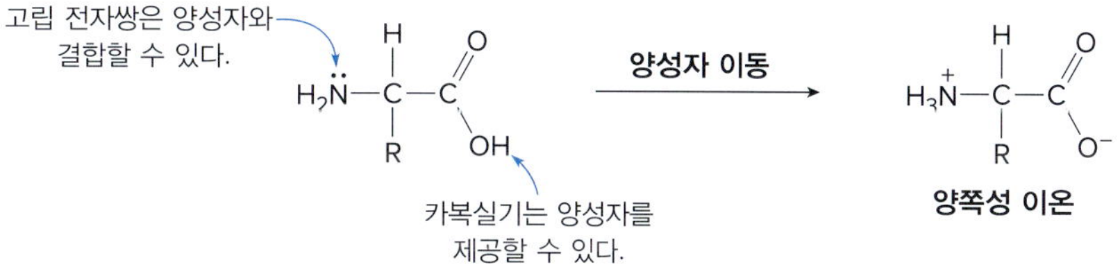


실제로 아미노산은 용해되는 수용액의 pH에 따라 다양한 형태로 존재할 수 있다. 용액의 pH가 약 6이면 알라닌($R=CH_3$) 및 기타 중성 아미노산이 쯔비터 이온 형태(A)로 존재하며 알짜 전하가 없다. 이 형태에서 카복실기는 알짜 음전하, 즉 **카복실레이트 음이온**(carboxylate anion)이 되며, 아미노기는 알짜 양전하(**암모늄 양이온**, ammonium cation)가 된다.

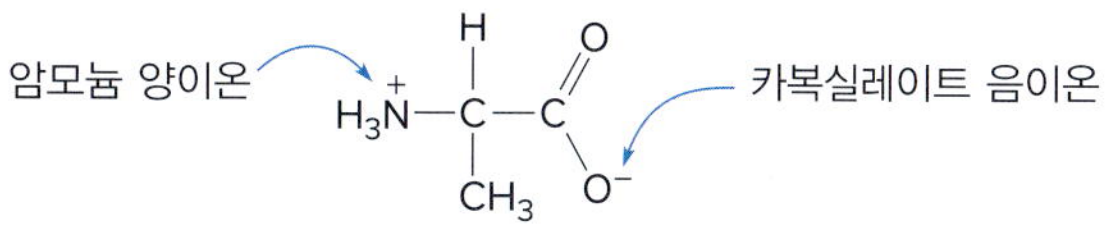


알라닌
알짜 전하 없음
**A**
pH ≈ 6

pH를 2 이하로 낮추기 위해 강산을 첨가하면 카복실레이트 음이온은 양성자를 얻고 아미노산은 알짜 양전하를 띠게 된다(B 형태).

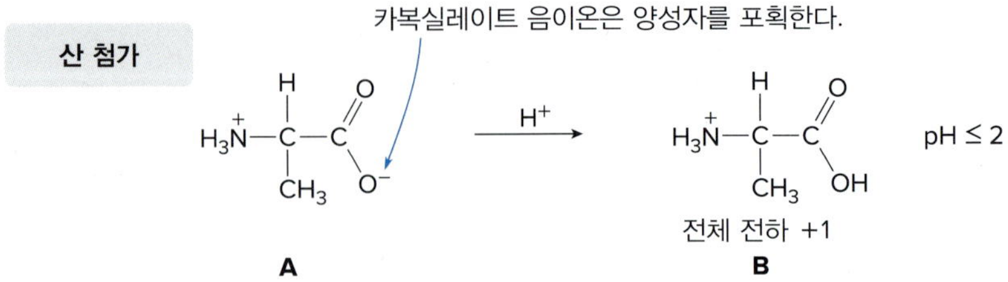


A에 강염기를 첨가하여 pH를 10 이상으로 올리면 암모늄 양이온은 양성자를 잃고 아미노산은 알짜 음전하(C 형태)를 띠게 된다.

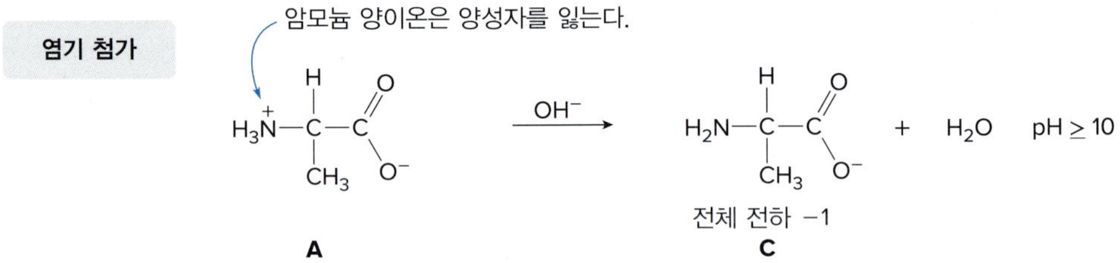


따라서 알라닌은 용해되는 용액의 pH에 따라 세 가지 형태 중의 한 형태로 존재한다. 생리학적인 pH 7.4에서 중성 아미노산은 주로 쯔비터 이온 형태이다.

- 아미노산이 주로 중성 형태로 존재하는 pH를 **등전점**이라고 하며, 간략하게 *pI*로 표기한다.

중성 아미노산의 등전점은 일반적으로 약 6이다. 양성자를 잃을 수 있는 추가 카복실기를 갖는 산성 아미노산(표 14.2 참조)의 *pI* 값은 더 낮다(약 3). 양성자와 결합할 수 있는 추가 염기성 질소 원자가 있는 세 가지 염기성 아미노산의 *pI* 값은 더 높다(7.6~10.8).

### 예제 14.2 주어진 pH 조건에서 아미노산의 구조 판단하기

각 pH에서 아미노산 글리신(glycine)의 구조를 그리시오.

a. 6 b. 2

c. 11

#### 분석

- 중성 아미노산은 pH ≈ 6인 등전점에서 쯔비터 이온 형태(알짜 전하 없음)로 존재한다. 쯔비터 이온 형태의 중성 아미노산은 표 14.2에 나타나 있다.
- 낮은 pH(≤2)에서 카복실레이트 음이온은 양성자와 결합하고 아미노산은 알짜 양전하(+1)가 된다.
- 높은 pH(≥10)에서 암모늄 양이온은 양성자를 잃고 아미노산은 알짜 음전하(−1)가 된다.

**해답**

a. pH＝6일 때 글리신의 형태는 중성 쯔비터 형태가 우세하다.

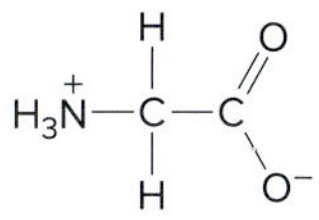

중성
pH = 6

b. pH＝2이고 글리신의 알짜 전하는 ＋1이다.

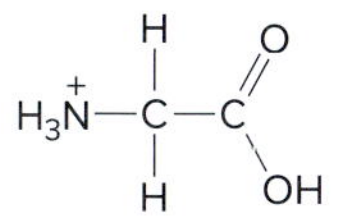

전하 +1
pH = 2

c. pH＝11이고 글리신의 알짜 전하는 －1이다.

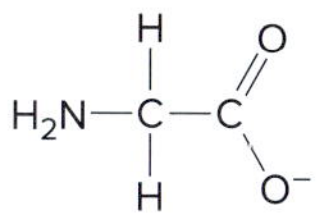

전하 −1
pH = 11

**연습문제 14.2**

각 pH에서 아미노산 발린의 구조를 그리시오. 또 등전점에서 발린의 우세한 형태는 무엇인가?

a. 6　　b. 2　　c. 11

## 14.4 펩타이드

**아미노산**이 아마이드 결합으로 결합되면 더 큰 분자인 **펩타이드**(peptide)와 **단백질**(protein)을 형성한다.

- 다이펩타이드(dipeptide)에는 1개의 아마이드 결합으로 결합된 2개의 아미노산이 있다.
- 트라이펩타이드(tripeptide)에는 2개의 아마이드 결합으로 연결된 3개의 아미노산이 있다.

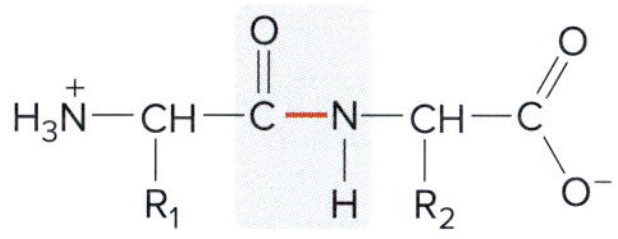

다이펩타이드

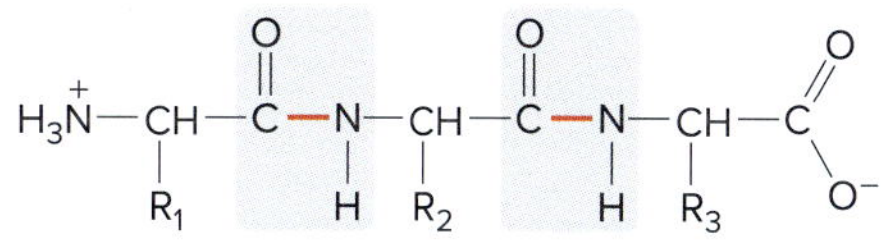

트라이펩타이드

[아마이드 결합은 빨간색으로 나타내었음]

**폴리펩타이드**(polypeptide)와 단백질은 모두 긴 선형 사슬로 결합된 많은 아미노산으로 이루어져 있지만, 단백질이라는 용어는 일반적으로 40개 이상의 아미노산으로 구성된 고분자일 경우에 사용한다.

- 펩타이드와 단백질에서의 아마이드 결합을 **펩타이드 결합**이라고 한다.
- 연결되어 있는 각각의 아미노산을 **아미노산 잔기**(residue)라고 한다.

다이펩타이드를 형성하려면 한 아미노산의 $-NH_3^+$기가 또 다른 아미노산의 카복실레이트($-COO^-$)와 아마이드 결합을 형성하고, 이때 빠져나오는 $H_2O$ 분자의 원소들이 제거되어야 한다. 각 아미노산에는 두 작용기가 모두 있기 때문에 2개의 다른 다이펩타이드가 형성될 수 있다. 이를 알라닌(Ala)과 세린(Ser)의 경우로 나타낼 경우 다음의 다이펩타이드 A와 B가 만들어질 수 있다.

1. 알라닌의 $-COO^-$기는 세린의 $-NH_3^+$기와 결합할 수 있다.

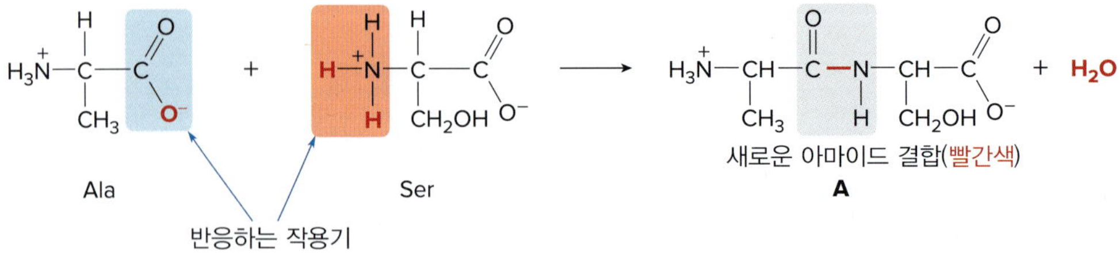


2. 세린의 $-COO^-$기는 알라닌의 $-NH_3^+$기와 결합할 수 있다.

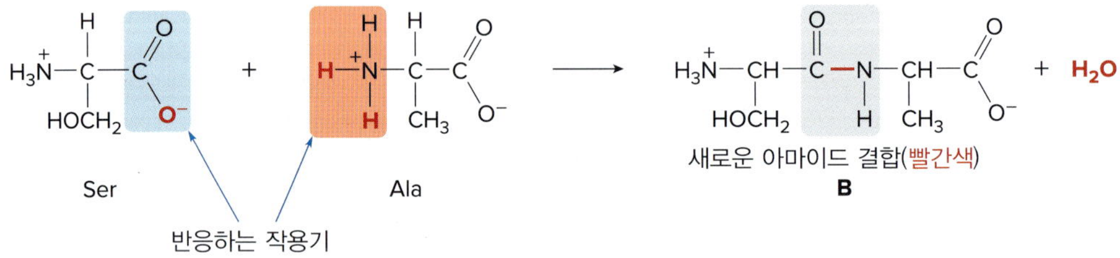


다이펩타이드 A와 B는 서로 **구조 이성질체**(constitutional isomer)이다. 둘 다 사슬의 한쪽 끝에는 암모늄 양이온($-NH_3^+$)이 있고, 다른 쪽 끝에는 카복실레이트 음이온($-COO^-$)이 있다.

- $\alpha$-탄소에 자유 $-NH_3^+$기가 있는 아미노산을 N-말단(N-terminal) 아미노산이라고 한다.
- $\alpha$-탄소에 자유 $-COO^-$기가 있는 아미노산을 C-말단(C-terminal) 아미노산이라고 한다.

관례상 N-말단 아미노산은 항상 사슬의 왼쪽 끝에 오도록 표기하고, C-말단 아미노산은 오른쪽 끝에 오도록 표기한다.

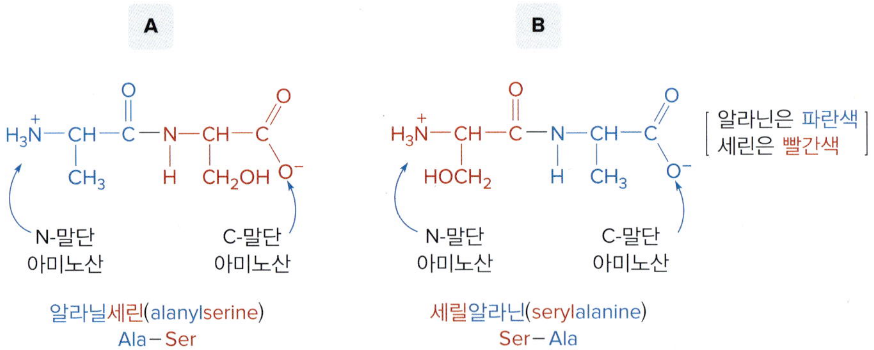


펩타이드는 C-말단 아미노산의 유도체로서 명명한다. 펩타이드 이름은 다음과 같이 만든다.

- 표 14.2의 이름을 사용하여 C-말단 아미노산의 이름을 선택한다.
- C-말단 아미노산의 치환기를 따라 왼쪽에서 오른쪽 순으로 다른 모든 아미노산의 이름을 선택하여 부른다. 아미노산 이름의 ~인(-ine) 또는 ~산(-ic acid) 끝을 접미사 ~일(-yl)로 변경한다.

따라서 C-말단 아미노산으로 세린을 갖는 펩타이드 A는 **알라닐세린**(alanylserine)이라 하고, C-말단 아미노산으로 알라닌을 갖는 펩타이드 B는 **세릴알라닌**(serylalanine)이라고 한다.

펩타드는 N-말단에서 C-말단까지 사슬의 아미노산에 대해 철자를 1개 또는 3개를 기호로 써서 축약할 수 있다. 따라서 Ala-Ser는 N-말단에 알라닌이 있고 C-말단에 세린이 있는 반면,

Ser–Ala는 N-말단에 세린이 있고 C-말단에 알라닌이 있다는 의미이다.

### 예제 14.3 펩타이드의 N-말단 아미노산과 C-말단 아미노산 구별하기

각 펩타이드의 N-말단 및 C-말단 아미노산을 표시하시오.

a. 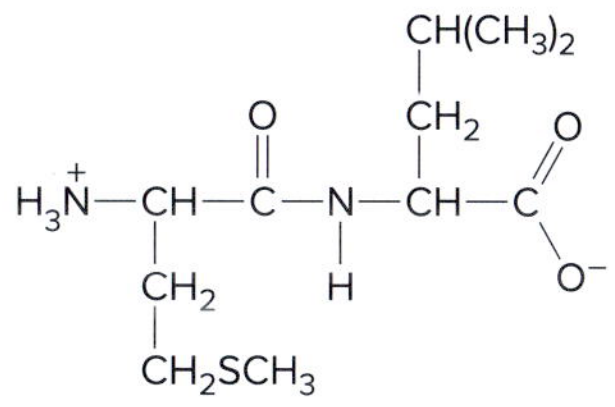

b. Tyr–Pro–Glu–His

c. TSFMMQNA

**분석**

- α-탄소에 자유로운 $-NH_3^+$기가 있는 아미노산은 사슬의 왼쪽 끝에 그려진 N-말단 아미노산이다.
- α-탄소에 자유로운 $-COO^-$기가 있는 아미노산은 사슬의 오른쪽 끝에 그려진 C-말단 아미노산이다.

**해답**

N-말단 아미노산은 파란색으로 표시하고, C-말단 아미노산은 빨간색으로 표시했다.

a. 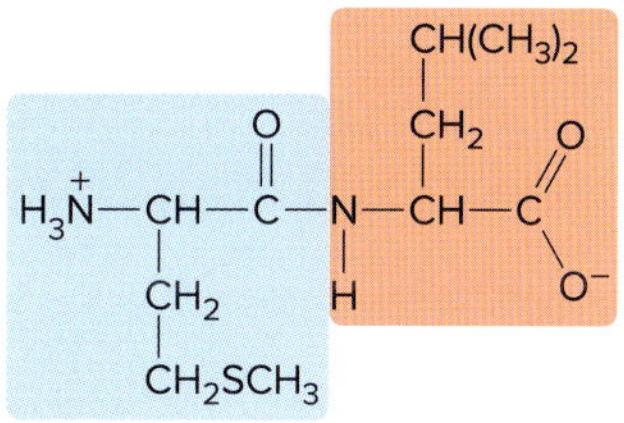

b. Tyr–Pro–Glu–His

c. TSFMMQNA

### 연습문제 14.3

각 펩타이드에서 N-말단 및 C-말단 아미노산을 식별하시오.

a. 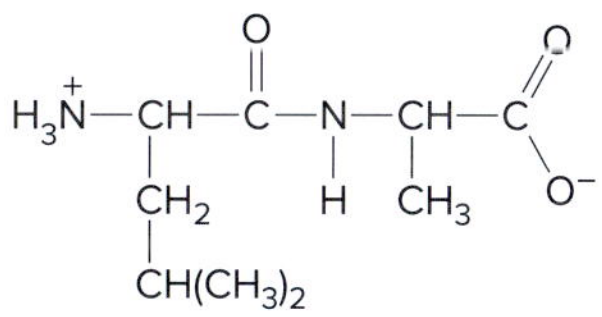

b. Arg–His–Asn–Tyr

c. 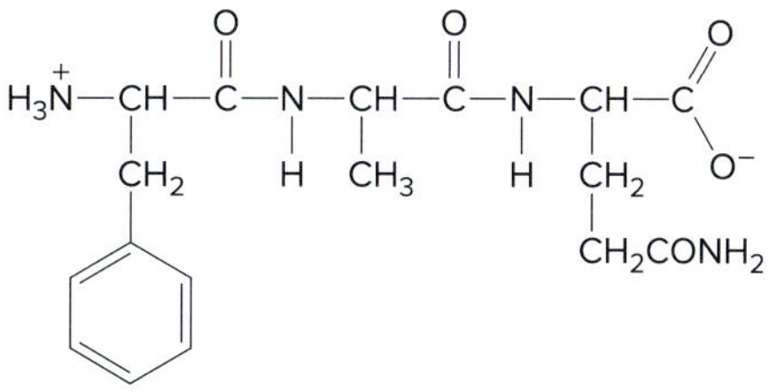

d. Val–Thr–Pro–Phe

구성 성분인 아미노산으로부터 만들어질 펩타이드를 그리는 방법이 다음에 설명되어 있다.

## 2개의 아미노산으로 다이펩타이드 그리기

**예** 다이펩타이드 Val–Gly의 구조를 그리고, N-말단과 C-말단 아미노산에 표시를 하시오.

**단계 [1]** 왼쪽에서 오른쪽 순으로 개별 아미노산의 구조를 그린다.

- 펩타이드의 아미노산을 식별하기 위해 철자 3개로 나타낸 기호를 사용한다. 여기에서 Val은 발린(valine)이고 Gly는 글리신(glycine)이다.
- 인접 아미노산의 $-NH_3^+$기 옆에 한 아미노산의 $-COO^-$를 배치하여 아미노산 구조를 그린다.
- 항상 왼쪽에는 $-NH_3^+$기를, 오른쪽에는 $-COO^-$기를 그린다.

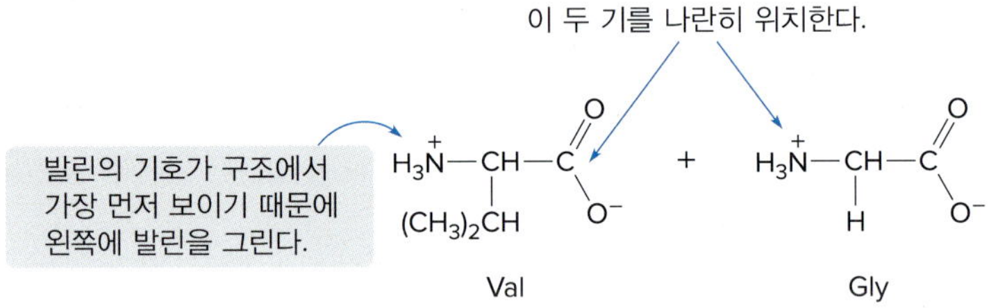


**단계 [2]** 인접한 $-COO^-$ 및 $-NH_3^+$기를 서로 연결한다.

- 첫 번째 아미노산의 카보닐 탄소를 두 번째 아미노산의 N 원자에 결합하여 새로운 아마이드 결합을 만든다.

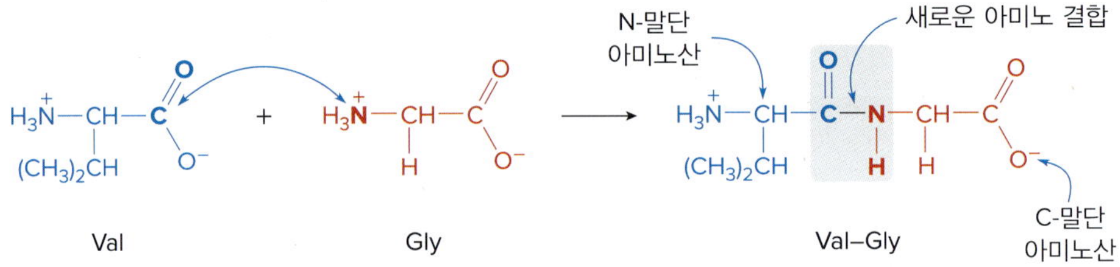


- 발린은 $\alpha$-탄소에 자유로운 $-NH_3^+$기가 있기 때문에 N-말단 아미노산이다.
- 글리신은 $\alpha$-탄소에 자유로운 $-COO^-$기가 있기 때문에 C-말단 아미노산이다.

### 예제 14.4 다이펩타이드 구조 그리기

다이펩타이드 Ala–Gln의 구조를 그리시오.

**분석 및 해답**

**[1] 왼쪽에서 오른쪽 순으로 개별 아미노산의 구조를 그린다.**

- 표 14.2를 사용하여 각 철자 3개로 나타낸 기호에 해당하는 구조를 찾는다. Ala는 알라닌(alanine)이고 Gln은 글루타민(glutamine)이다.
- (왼쪽에 그린) $-NH_3^+$기가 있는 아미노산의 옆에 하나의 (오른쪽에 그린) 아미노산의 $-COO^-$를 배열한다.

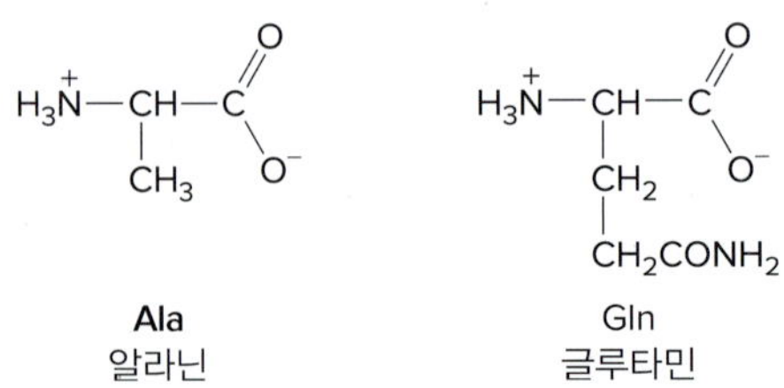

**[2] 인접한 $-COO^-$ 및 $-NH_3^+$ 기를 서로 연결한다.**

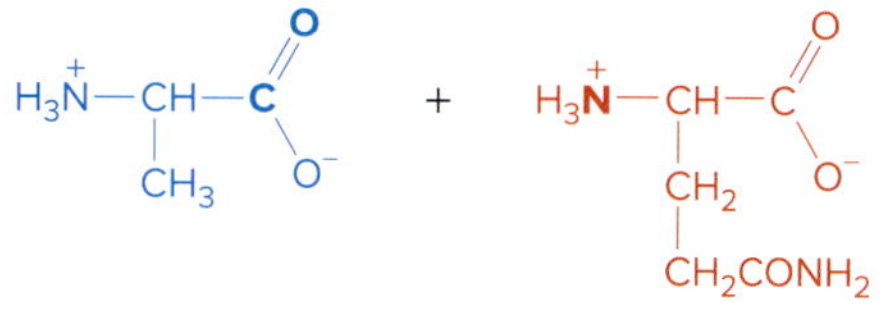


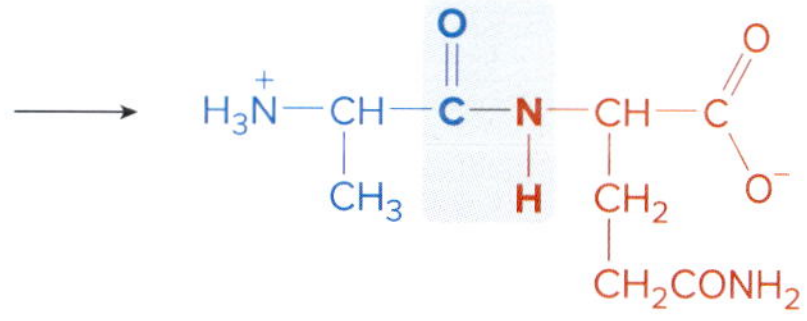


### 연습문제 14.4

각 다이펩타이드의 구조를 그리시오.

a. Gly–Phe　　b. Gln–Ile　　c. Leu–Cys

### 예제 14.5 펩타이드를 구성하는 아미노산 파악하기

다음 트라이펩타이드를 형성하는 데 사용되는 개별 아미노산이 무엇인지 밝히시오. 트라이펩타이드의 이름은 무엇인가?

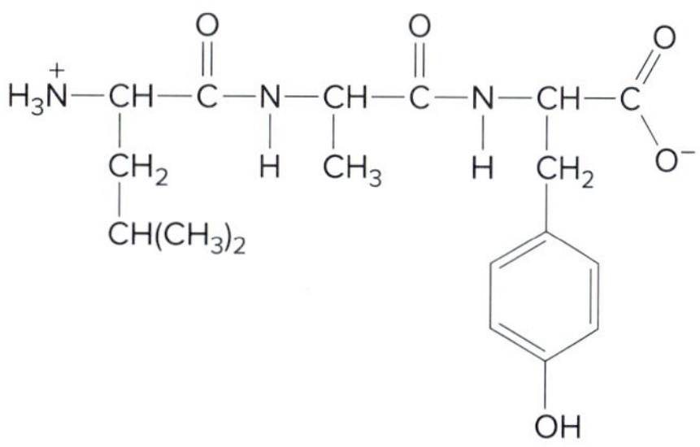

#### 분석

- 펩타이드에서 아마이드 결합을 찾는다.
- 개별 아미노산의 구조를 그리기 위해 물을 추가하여 아마이드 결합을 끊는다.
- 카보닐 탄소에 $O^-$를 추가하여 카복실레이트 음이온 $-COO^-$를 형성하고, N 원자에 2개의 H를 추가하여 $-NH_3^+$를 형성한다.
- 표 14.2와 비교하여 아미노산을 확인한다.
- 펩타이드 이름을 지정하려면 [1] C- 말단 아미노산의 이름을 지정한다. [2] 이름 끝에 있는 ~인(-ine) [또는 ~산(-ic acid)]을 접미사 ~일(-yl)로 변경하여 다른 아미노산을 치환기로 지정한다. 치환기 아미노산의 이름을 왼쪽에서 오른쪽으로 순서대로 넣는다.

#### 해답

펩타이드를 형성하는 아미노산을 결정하려면 거꾸로 작업한다. 아미노산을 함께 연결하는 아마이드 결합을 빨간색으로 끊는다. 이것은 루신, 알라닌 및 타이로신을 형성한다.

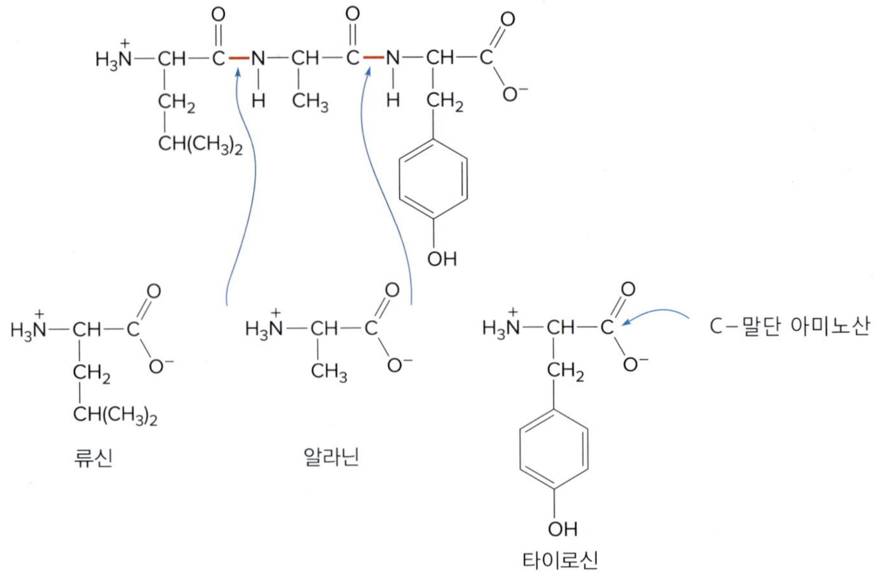


트라이펩타이드는 루신(leucine)과 알라닌(alanine)을 치환체로 하는 C-말단 아미노산, 타이로신(tyrosine)의 유도체로 명명된다. 따라서 트라이펩타이드는 **루실알라닐타이로신**(leucylalanyltyrosine)으로 명명된다.

**연습문제 14.5**

각 다이펩타이드에서 개별 아미노산을 구별한 다음, 철자 3개로 나타내는 약어를 사용하여 다이펩타이드의 이름을 밝히시오.

a. 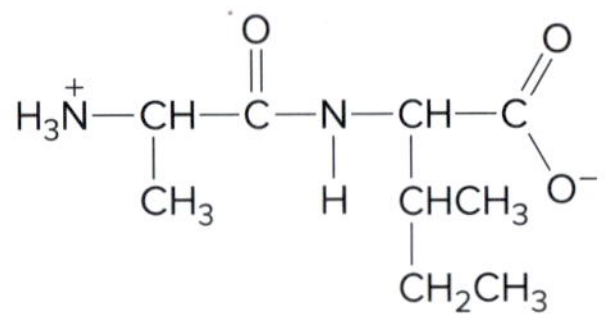

b. 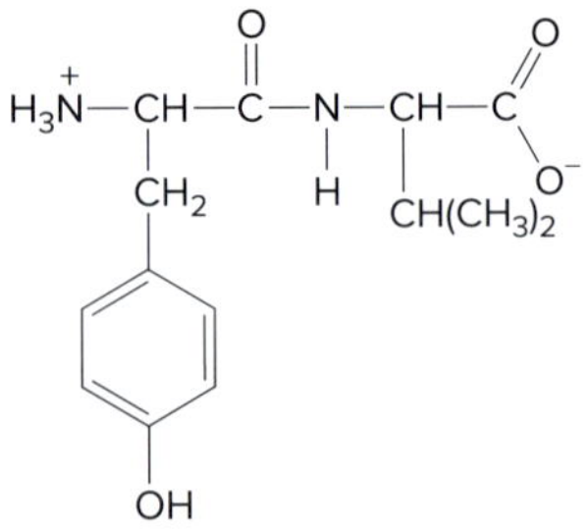

## 예제 14.6 펩타이드를 구성하는 아미노산 파악하기

공-막대 모형으로 나타낸 다이펩타이드에서 펩타이드 결합을 찾고 다이펩타이드를 구성하는 아미노산이 무엇인지 밝히시오. 아미노산에 대한 철자 3개로 나타내는 약어를 사용하여 다이펩타이드의 이름을 밝히시오.

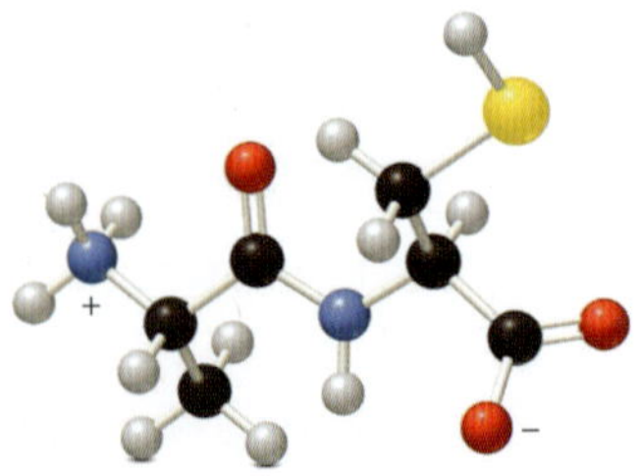

**분석**

- 공-막대 모형을 구조식으로 변환한다. 펩타이드 결합은 두 아미노산을 함께 연결하는 아

마이드 결합이다.

- 아미노산의 곁가지 사슬을 확인하고 표 14.2를 사용하여 이름을 결정한다.
- 먼저 N-말단 아미노산이 있는 아미노산의 철자 3개로 나타내는 약어를 쓰고, 그 다음에 C-말단 아미노산을 이용하여 다이펩타이드의 이름을 지정한다.

**해답**

펩타이드 결합은 탄소 원자가 산소에 이중으로 결합되고 질소에 단일 결합된 아마이드 결합이다.

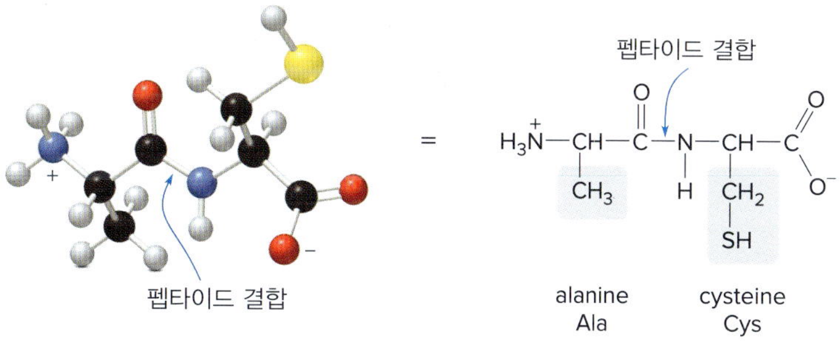


펩타이드 뼈대에서 확장되듯 나타나 있는 두 아미노산의 곁가지 사슬인 R기를 살펴보면 이들이 알라닌(alanine)과 시스테인(cysteine)임을 식별할 수 있다(표 14.2 참조). 다이펩타이드는 먼저 N-말단 아미노산(알라닌)으로 명명되고, 그 다음으로 세 글자 약어인 Ala-Cys를 사용하여 C-말단 아미노산(시스테인)이 이어진다.

**연습문제 14.6**

공-막대 모형으로 나타낸 다이펩타이드에서 펩타이드 결합을 찾고 다이펩타이드를 구성하는 아미노산이 무엇인지 밝히시오. 아미노산에 대한 철자 3개로 나타내는 약어를 사용하여 다이펩타이드의 이름을 밝히시오.

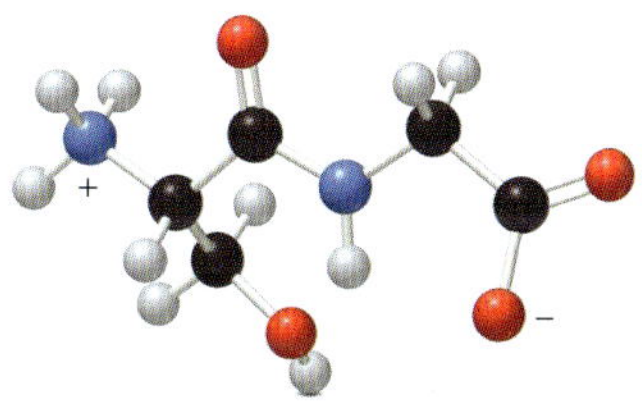

## 14.5 단백질

모든 살아 있는 세포의 구조와 기능을 담당하는 아미노산의 큰 중합체인 단백질(protein)을 이해하려면 단백질의 **1차, 2차, 3차 및 4차 구조**(primary, secondary, tertiary, and quaternary structure)라고 하는 네 가지 수준의 구조를 배워야 한다.

### 14.5A 1차 구조

단백질의 주요 구조는 펩타이드 결합에 의해 함께 결합된 특정 아미노산 서열이다. 이 1차 구조의 가장 중요한 요소는 아미노산을 연결하는 아마이드 결합이다.

아마이드의 카보닐 탄소는 **삼각 평면**(trigonal planar) 기하 구조을 가지고 있다. 펩타이드 결합에 관련된 6개의 원자는 모두 같은 평면에 있다. 모든 결합 각도는 120°이고 C═O 및 N—H 결합은 서로 180° 방향이다. 결과적으로 단백질의 골격은 단백질 분자의 일부의 3차원 구조에서 볼 수 있듯이 지그재그 배열을 한다.

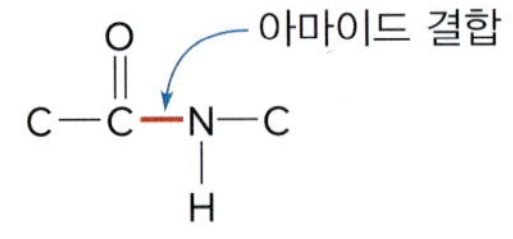


펩타이드 결합

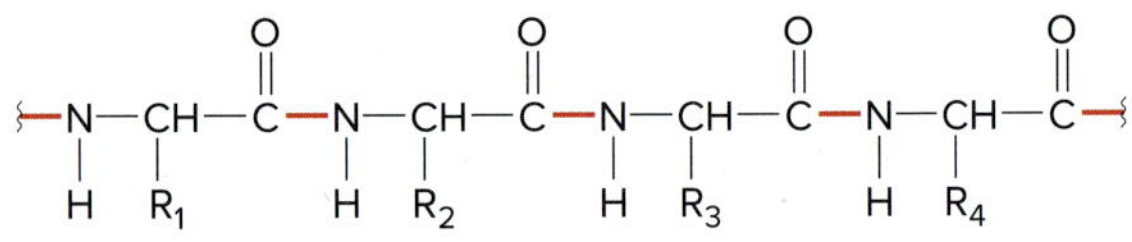

[아마이드 결합은 빨간색으로 표기]

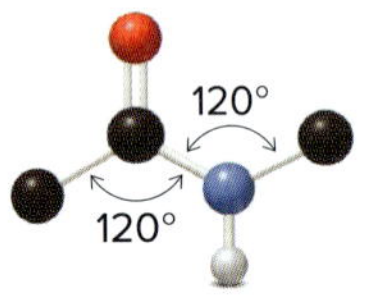


이 6개의 원자들이
한 평면 위에 있다.

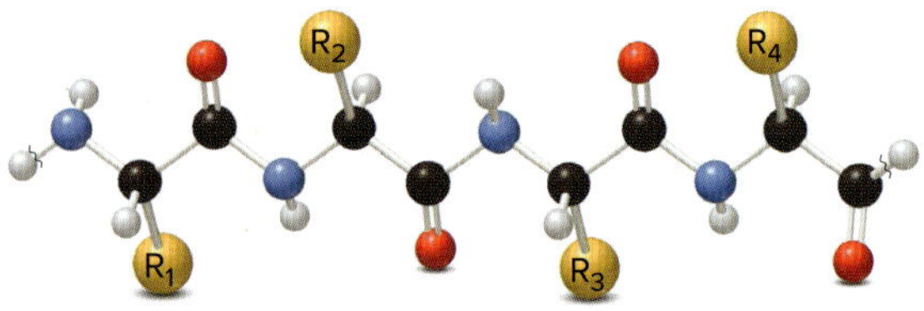

단백질의 기본 구조(정확한 아미노산 서열)는 단백질의 모든 특성과 기능을 결정한다. 단일 아미노산을 다른 아미노산으로 대체하면 매우 다른 특성을 얻을 수 있다.

### 14.5B 2차 구조

단백질의 국소 영역의 3차원 배열을 **2차 구조**(secondary structure)라고 한다. 이러한 영역은 한 아마이드의 N—H 양성자와 다른 아마이드의 C═O 산소 사이의 수소 결합으로 인해 발생한다. 특히, 안정적인 두 가지 배열을 **$\alpha$-나선**($\alpha$-helix)과 **$\beta$-주름 판상**($\beta$-pleated sheet)이라고 한다.

**$\alpha$-나선**은 그림 14.2와 같이 펩타이드 사슬이 오른손잡이 또는 시계 방향의 나선으로 비틀릴 때 형성된다. 몇 가지 중요한 기능이 $\alpha$-나선의 특징이다.

- 나선이 한 바퀴 회전할 때마다 3.6개의 아미노산이 있다.
- N—H 및 C═O 결합은 나선의 축을 따라 반대 방향을 가리킨다.
- 한 아미노산의 C═O기를 사슬을 따라 더 멀리 떨어진 N—H기 4개의 아미노산 잔기와 수소 결합을 한다.
- 아미노산의 R기는 나선의 중심에서 바깥쪽으로 뻗어 나간다.

근육의 마이오신과 머리카락의 $\alpha$-케라틴은 모두 거의 대부분 $\alpha$-나선으로 구성된 단백질이다.

**$\beta$-주름 판상**은 그림 14.3과 같이 **가닥**(strands)이라고 하는 2개 이상의 펩타이드 사슬이 나란히 정렬될 때 만들어진다. 모든 $\beta$-주름 판상에는 다음과 같은 특성이 있다.

- C═O 및 N—H 결합은 판의 평면에 있다.
- 수소 결합은 종종 근처 아미노산 잔기의 N—H와 C═O기 사이에서 형성된다.
- R기는 판상의 평면 위와 아래에 배치되며 주어진 가닥을 따라 한 면에서 다른 면으로 번갈아 가며 나타난다.

$\beta$-주름 판상의 배열은 알라닌 및 글리신과 같은 작은 R기를 가진 아미노산이 있을 경우에 가능성이 높다. 더 큰 R기를 사용하면 입체 상호 작용으로 인해 사슬이 서로 가까워지므로 판이 수소 결합으로는 안정화되지 않는다.

그림 14.2 $\alpha$-나선의 두 가지 다른 그림

(a) 오른손잡이 $\alpha$-나선 (b) $\alpha$-나선의 뼈대

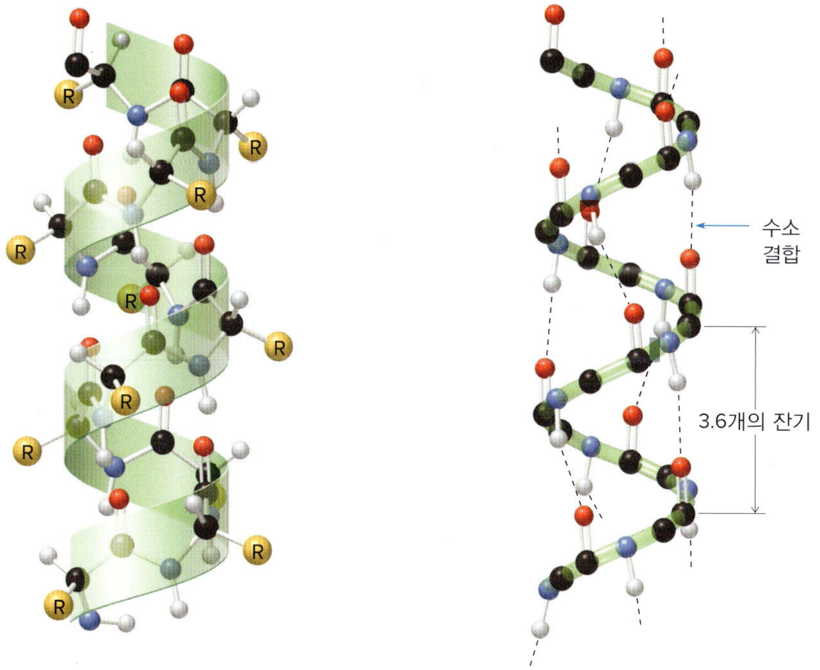


- $\alpha$-나선의 모든 원자가 표현으로 그려져 있다.
- 모든 C═O 결합은 위를 향하고 모든 N—H 결합은 아래를 향한다.

- 이 그림에서는 펩타이드 뼈대만을 나타내었다.
- 서로 떨어져 있는 4개 잔기의 아미노산의 C═O와 N—H 사이의 수소 결합이 있음을 보여 준다.

그림 14.3 $\beta$-주름 판상의 삼차원 구조

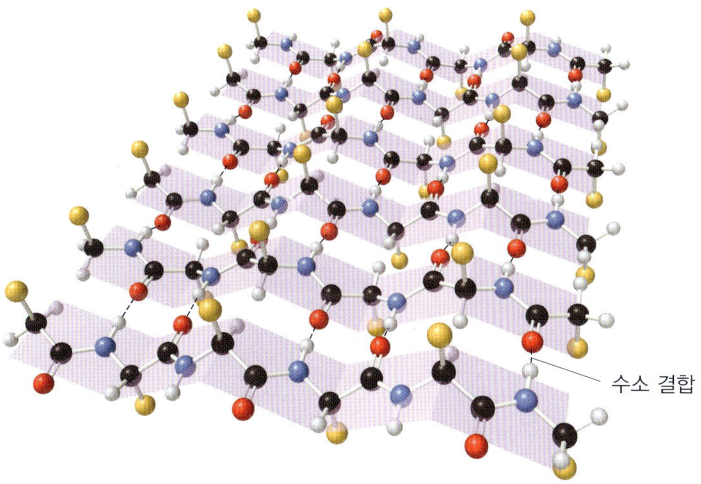


$\beta$-주름 판상은 수소 결합에 의해 결합된 펩타이드 사슬의 연장된 가닥으로 구성된다. C═O 및 N—H 결합은 판상의 평면에 있는 반면, R기(노란색 공으로 표시)는 평면 위와 아래에서 번갈아 가며 나타난다.

대부분의 단백질은 $\alpha$-나선 및 $\beta$-주름 판상의 영역을 가지고 있으며, 이러한 배열 중 하나에 의해서만 특성화될 수 없는 색다른 영역도 있다. 이차 구조의 이러한 영역을 나타내기 위한 간편한 모양의 표기가 사용된다(그림 14.4 참조). 특히 $\alpha$-나선에는 평평한 나선형 리본이 사용되며 $\beta$-주름 판상에는 평평한 넓은 화살표가 사용된다. 이러한 표현은 종종 단백질 구조를 설명하기 위해 **리본 다이어그램**(ribbon diagram)에서 사용된다.

단백질은 구조의 다양한 측면을 보여 주기 위해 다양한 방식으로 그려진다. 그림 14.5는 식물과 동물 모두에서 발견되는 효소인 라이소자임 단백질의 세 가지 다른 표현을 보여 준다. 라이소자임은 박테리아 세포벽에서 결합의 가수 분해를 촉매하여 결합을 약화시켜 종종 박테리아를 파열시킨다.

거미줄은 $\beta$-주름 판상 영역과 $\alpha$-나선 영역을 가지고 있기 때문에 강하지만 탄력 있는 단백질이다(그림 14.6 참조). $\alpha$-나선형 영역은 펩타이드 사슬이 꼬여서 (완전히 확장되지 않음) 늘어날 수 있기 때문에 실크에 탄력성을 부여한다. $\beta$-주름 판상 영역은 거의 완전히 확장되어 더 이상 늘릴 수는 없지만 고도로 정렬된 3차원 구조는 실크에 강도를 부여한다. 따라서 거미줄은 유익한 특성을 가진 두 가지 유형의 2차 구조를 모두 가지므로 거미가 활용하기에 알맞다.

그림 14.4 단백질 구조를 표기하는 간편 기호

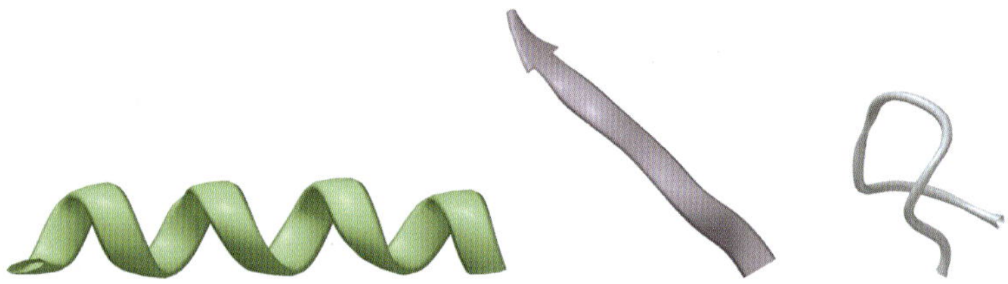


그림 14.5 라이소자임

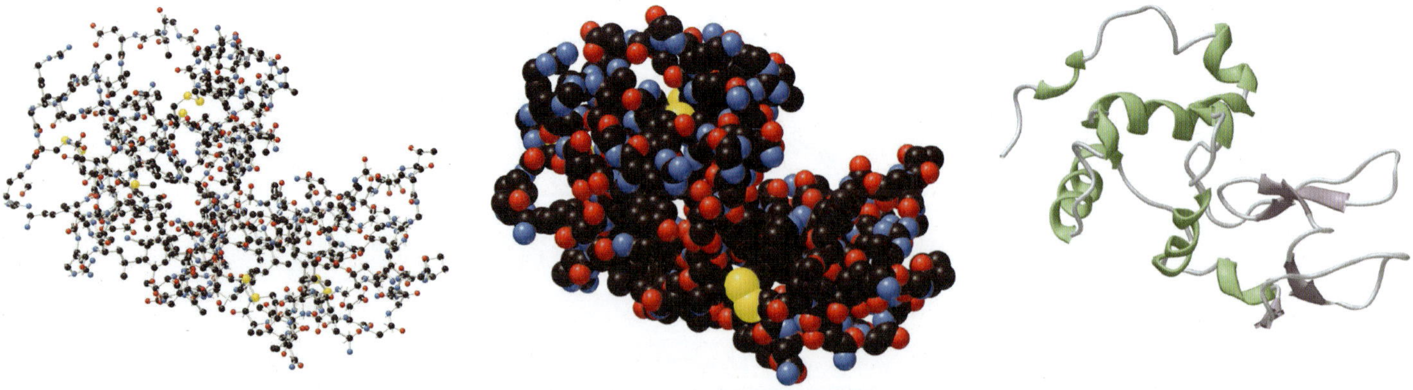


(a) 라이소자임의 공-막대 모형은 색상으로 구분된 C, N, O 및 S 원자를 갖는 단백질 뼈대 구조를 보여 준다. 이와 같은 표시법으로 각각의 아미노산의 위치를 아주 명확하게 나타낸다. (b) 공간채움 모형은 효소의 뼈대 구조에 있는 각 원자에 대해 색상을 달리하는 공을 사용하여 원자가 공간을 차지하여 어떻게 채우는지 보여 준다. (c) 리본 다이어그램은 다른 두 표현에서 명확하지 않은 $\alpha$-나선 및 $\beta$-주름 판상의 영역을 보여 준다.

그림 14.6 거미줄

거미줄의 실크는 탄력 있고 강하게 만드는 α-나선 및 β-주름 판상 영역을 가지고 있다. 녹색 코일은 α-나선형 영역을 나타내고, 자주색 화살표는 β-주름 판상 영역을 나타낸다. 얇은 회색선은 α-나선 또는 β-주름 판상이 아닌 단백질의 다른 영역을 나타낸다.

## 14.5C 3차 및 4차 구조

전체 펩타이드 사슬이 취하는 3차원 모양을 **3차 구조**(tertiary structure)라고 한다. 펩타이드는 일반적으로 안정성을 극대화하는 모양으로 접힌다. 세포의 친수성 환경에서 단백질은 종종 많은 수의 극성 및 하전된 기를 외부 표면에 배치하는 방식으로 접혀서 쌍극자-쌍극자 및 물과의 수소 결합 상호 작용을 최대화한다. 이것은 일반적으로 단백질 내부에 대부분의 비극성 곁가지 사슬을 배치하며, 여기서 이러한 소수성 기 사이의 **런던 분산력**(London dispersion force)은 분자를 안정화시키는 데도 도움이 된다.

또 극성 작용기는 물 분자뿐만 아니라 서로 **수소 결합**(hydrogen bond)을 하고 $-COO^-$ 및 $-NH_3^+$와 같은 전하를 띤 곁가지 사슬이 있는 아미노산은 **정전기적 상호 작용**(electrostatic interactions)에 의해 3차 구조를 안정화할 수 있다.

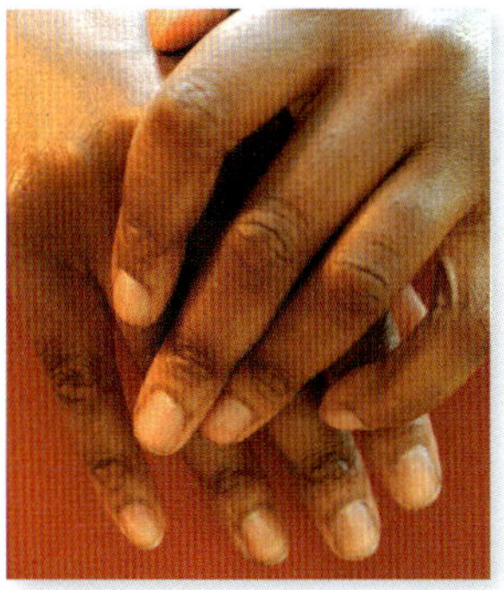

손톱을 구성하는 단백질의 많은 이황화 결합은 손톱을 강하고 단단하게 만든다.

이황화 결합은 두 가지 다른 방식으로 이루어진다.

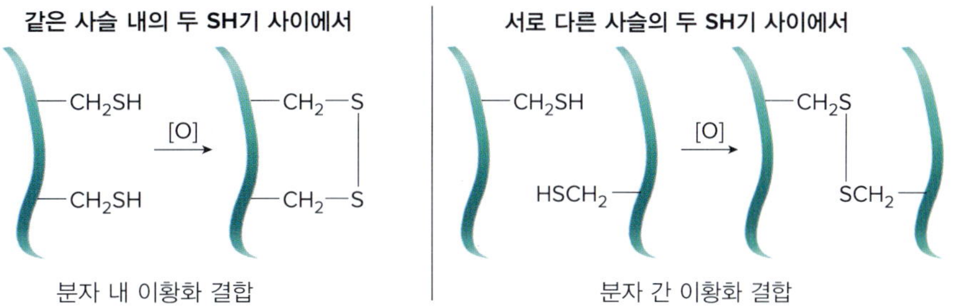


마지막으로 **이황화 결합**(disulfide bond)은 3차 구조를 안정화시키는 유일한 공유 결합이다. 이러한 강한 결합은 동일한 폴리펩타이드 사슬 또는 동일한 단백질의 다른 폴리펩타이드 사슬에 있는 2개의 시스테인 잔기의 산화에 의해 형성된다.

예를 들어, **인슐린**(insulin)은 그림 14.7과 같이 2개의 분자 간 이황화 결합에 의해 공유 결합된 2개의 분리된(A 및 B 사슬로 표시된) 폴리펩타이드 사슬로 구성된다. 분자 내 이황화 결합도 있는 A 사슬에는 21개의 아미노산 잔기가 있는 반면, B 사슬에는 30개의 아미노산 잔기가 있다.

그림 14.8은 **폴리펩타이드 사슬**의 2차 및 3차 구조를 안정화시키는 다양한 종류의 분자 내 힘을 개략적으로 보여 준다. 비극성 탄소-탄소 및 탄소-수소 결합만 있는 인근 아미노산 잔기는 런던 분산력에 의해 안정화된다. 곁가지 사슬에 하이드록시기(OH)와 아미노기($NH_2$)를 포함하는 아미노산은 분자 간 수소 결합을 할 수 있다.

2개 이상의 접힌 폴리펩타이드 사슬이 하나의 단백질 복합체로 모일 때 채택되는 모양을 단백질의 **4차 구조**(quaternary structure)라고 한다. 각각의 개별 폴리펩타이드 사슬은 전체 단백질의

### 그림 14.7 인슐린

인슐린은 2개의 이황화 결합으로 결합된 2개의 A 및 B 사슬로 표기된 폴리펩타이드 사슬로 구성된 작은 단백질이다. 추가 이황화 결합은 A 사슬 내의 두 시스테인 잔기를 연결한다.

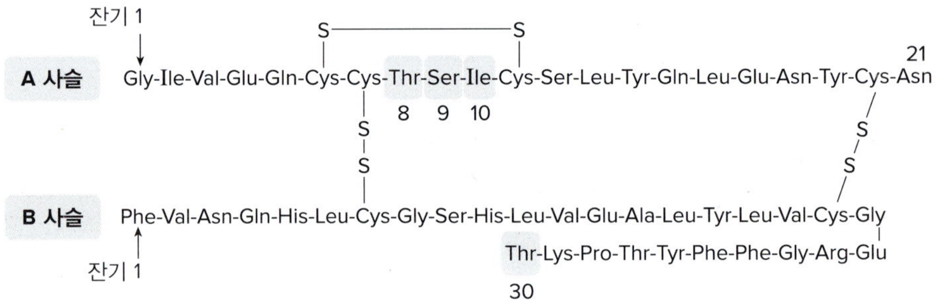


랑게르한스 섬이라고 불리는 췌장의 세포군에 의해 합성되는 인슐린은 혈당 수치를 조절하는 단백질이다.

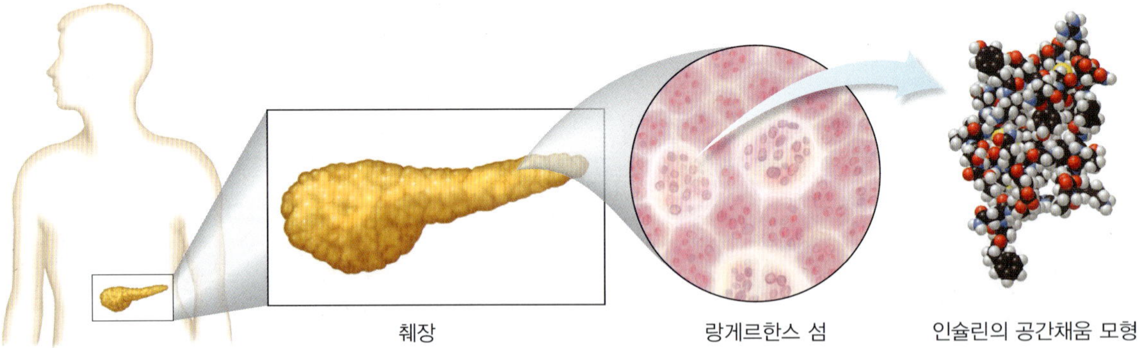


인슐린이 상대적으로 또는 완전히 부족하면 당뇨병이 발생한다. 이 질병과 관련된 많은 이상 증세는 인슐린 주사로 조절할 수 있다. 최근 유전공학 기술을 통해 인간 인슐린을 사용할 수 있기 전까지는 당뇨병 환자가 사용하는 모든 인슐린은 돼지와 소에서 얻었다. 이 인슐린 단백질의 아미노산 서열은 인간 인슐린의 아미노산 서열과 약간 다르다. 돼지 인슐린은 1개의 아미노산만 다른 반면, 소 인슐린은 3개의 다른 아미노산을 가지고 있다. 이는 다음 표에 나타나 있다.

| | A 사슬 | | | B 사슬 |
|---|---|---|---|---|
| 잔기의 위치 → | 8 | 9 | 10 | 30 |
| 인간 인슐린 | Thr | Ser | Ile | Thr |
| 돼지 인슐린 | Thr | Ser | Ile | Ala |
| 소 인슐린 | Ala | Ser | Val | Ala |

**소단위**(subunit)라고 불린다. 예를 들어, **헤모글로빈**(hemoglobin)은 촘촘한 3차원 형태의 분자 간 힘에 의해 결합된 2개의 $\alpha$ 및 2개의 $\beta$ 소단위으로 구성된다. 헤모글로빈의 독특한 기능은 4개의 소단위가 모두 함께 있을 때만 가능하다.

네 가지 수준의 단백질 구조가 그림 14.9에 요약되어 있다.

그림 14.8 2차 및 3차 단백질 구조의 안정화 상호 작용

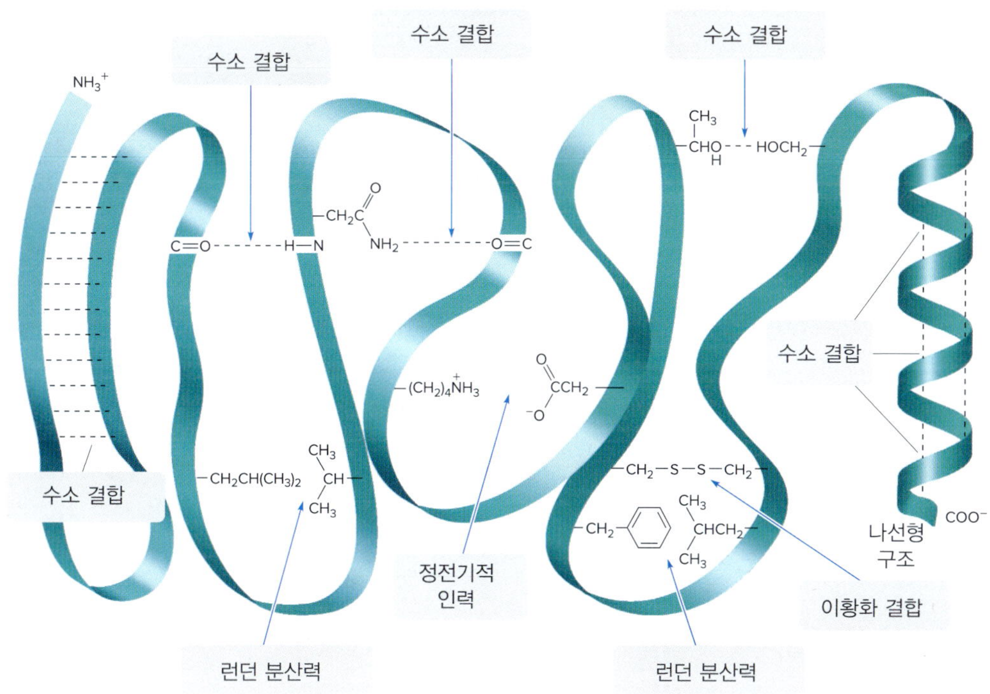


그림 14.9 단백질의 1차, 2차, 3차 및 4차 구조

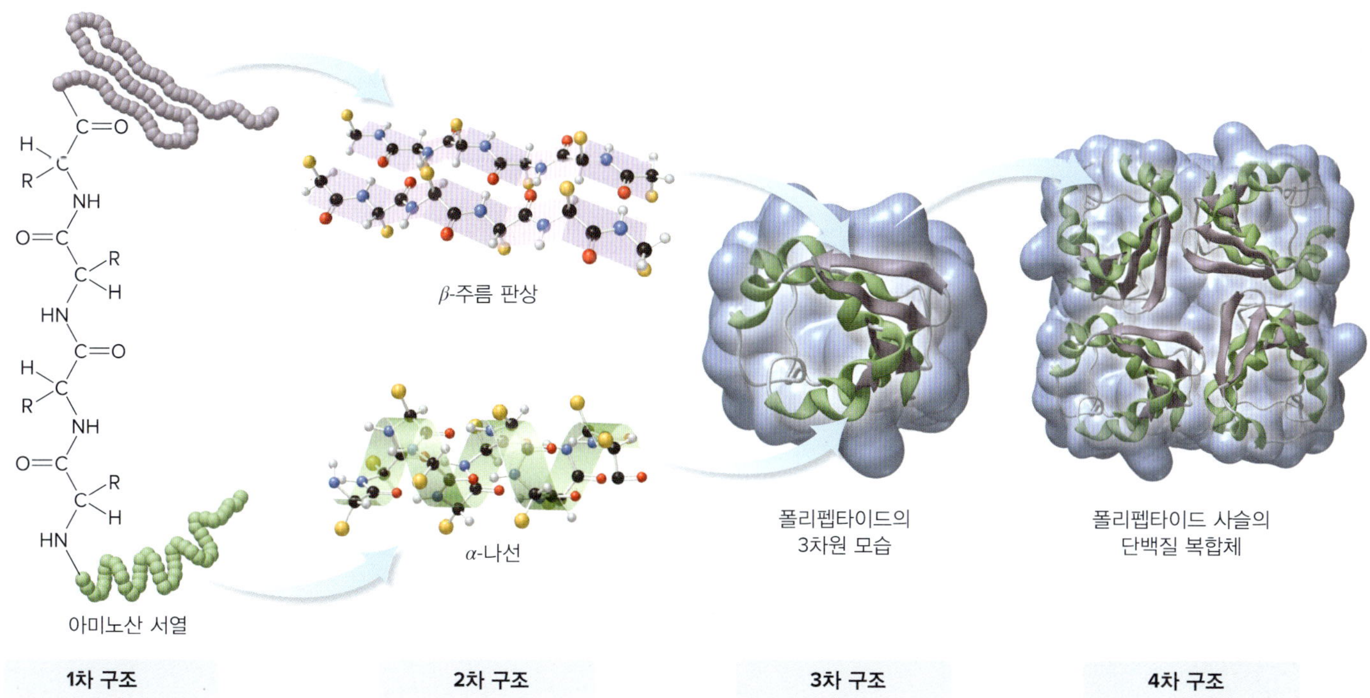

## 14.6 단백질 가수 분해 및 변성

단백질의 성질은 어떤 수준이든 단백질 구조가 훼손될 때 크게 변경되고 때로는 완전히 파괴된다.

### 14.6A 단백질 가수 분해

다른 아마이드 결합과 마찬가지로 단백질의 펩타이드 결합은 수용액의 산, 염기 또는 특정 효소로 처리하면 가수 분해된다.

- 단백질에서 아마이드 결합의 가수 분해는 1차 구조를 구성하는 개별 아미노산을 형성한다.

예를 들어, 트라이펩타이드 Ile–Gly–Phe에서 아마이드 결합의 가수 분해는 아미노산 아이소루신(isoleucine), 글리신(glycine) 및 페닐알라닌(phenylalanine)을 형성한다. 각 아마이드 결합이 끊어지면 $H_2O$의 원소들이 추가되어 한 아미노산에서 카복실레이트 음이온($-COO^-$)을 형성하고, 다른 아미노산에서 암모늄 양이온($-NH_3^+$)을 형성한다.

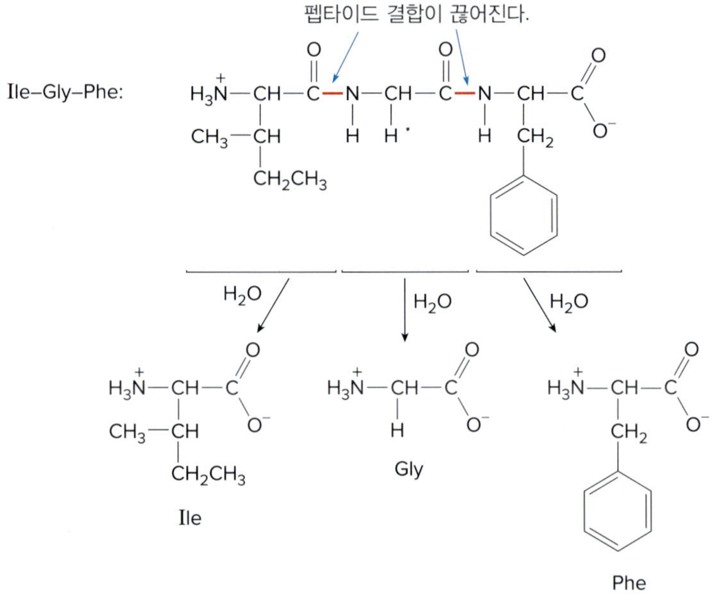


식이 단백질 소화의 첫 번째 단계는 단백질 골격 구조의 아마이드 결합을 가수 분해하는 것이다. 위의 산성 위액에 있는 효소 펩신(pepsin)은 아마이드 결합의 일부를 절단하여 더 작은 펩타이드를 형성한다. 이 펩타이드는 소장으로 가고 효소 트립신(trypsin)과 키모트립신(chymotrypsin)에 의해 개별 아미노산으로 더 분해된다.

식단에서 단백질은 다양한 필요한 영양을 제공한다. 탄수화물 및 지질과 마찬가지로 단백질은 에너지로 대사될 수 있다. 또 가수 분해에 의해 생성된 개별 아미노산은 신체에 필요한 새로운 단백질을 만들기 위한 출발 물질로 사용된다. 마찬가지로 아미노산의 N 원자는 질소를 포함하는 다른 생체 분자에 통합된다.

### 예제 14.7 펩타이드의 가수 분해 생성물 그리기

신경 펩타이드 류-엔케팔린(leu-enkephalin)의 가수 분해에 의해 형성된 아미노산의 구조를 그리시오.

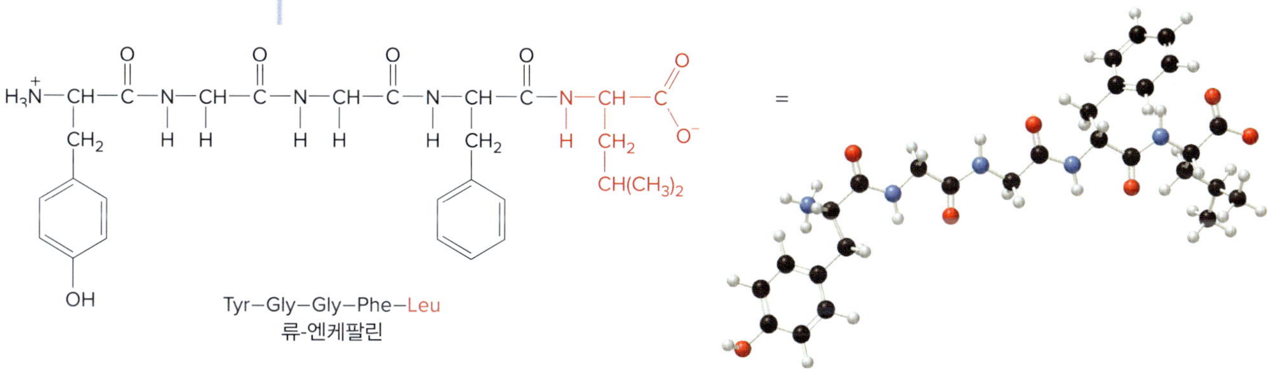


#### 분석

단백질 또는 펩타이드 기본 골격 구조에서 각 아마이드 결합을 찾는다. 가수 분해 산물을 그리기 위해 $H_2O$의 원소를 추가하여 한 아미노산에 카복실레이트 음이온($-COO^-$)을 만들고 다른 아미노산에 암모늄 양이온($-NH_3^+$)을 만들어서 각 아마이드 결합을 끊는다.

#### 해답

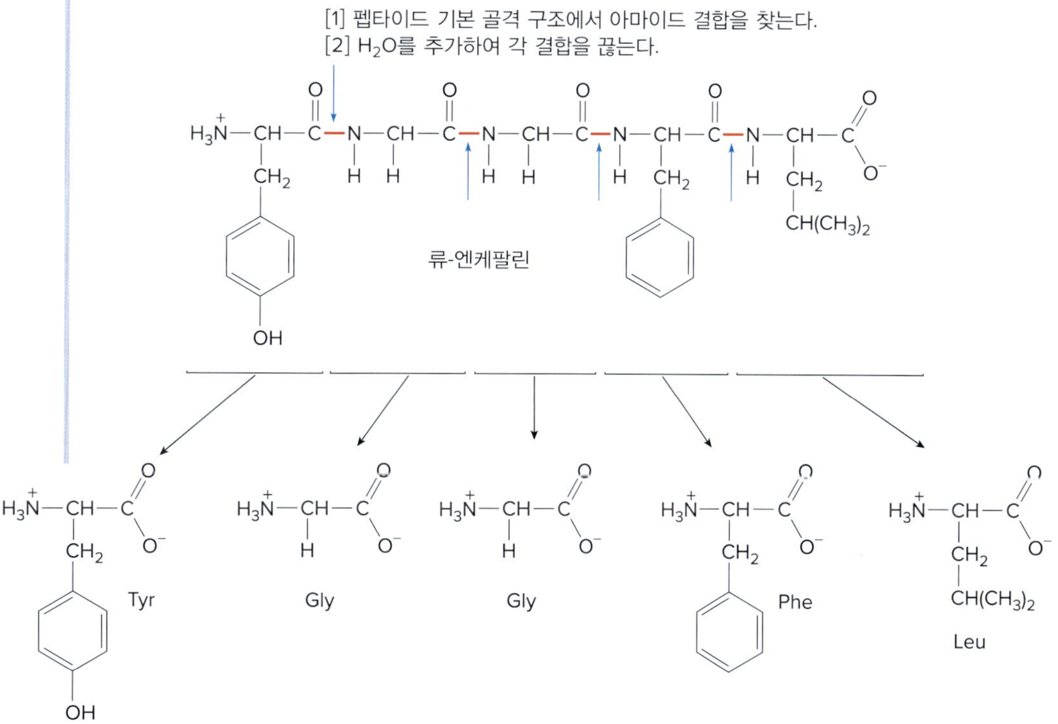


### 연습문제 14.7

각 트라이펩타이드의 가수 분해에 의해 형성된 생성물의 구조를 그리시오.

a. Ala–Leu–Gly b. Ser–Thr–Phe c. Leu–Tyr–Asn

### 14.6B 단백질 변성

단백질의 2차, 3차 또는 4차 구조가 변질되면 단백질의 성질도 변경되고 생물학적 활성이 종종 손실된다.

달걀 흰자를 요리하거나 휘저으면 흰자에 있는 구형 단백질을 변성시켜 불용성 단백질로 만든다.

- **변성**(denaturation)은 단백질의 기본 구조를 이루고 있는 아마이드 결합을 끊지 않고 단백질의 모양만 변하는 과정이다.

고온, 산, 염기 및 심지어 교반은 단백질을 특정 형태로 유지하는 비공유 상호 작용을 방해할 수 있다. 열은 비극성 아미노산 사이의 약한 런던 힘(London forces)을 분해한다. 열, 산 및 염기는 2차 및 3차 구조의 대부분을 차지하는 극성 아미노산 사이의 수소 결합 상호 작용을 방해한다. 결과적으로 변성은 구형 단백질을 알 수 없는 무작위의 루프(loop) 구조로 풀어 버린다.

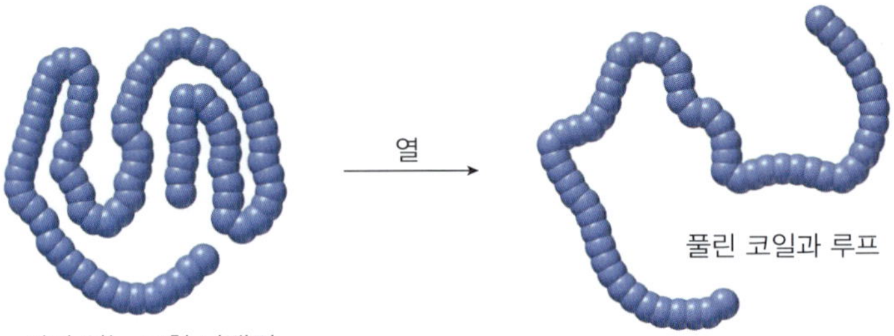


변성은 종종 구형 단백질의 수용성을 낮춘다. 구형 단백질은 일반적으로 내부의 소수성 영역으로 접혀 외부 표면에 남아 있는 극성의 잔기와 물의 상호 작용을 극대화한다. 이 상호 작용은 단백질을 수용성으로 만든다. 단백질이 변성되면 더 많은 소수성 영역이 노출되고 단백질은 종종 수용성 성질을 잃는다.

주방에서 단백질 변성의 많은 예를 찾아볼 수 있다. 우유는 시간이 경과됨에 따라 젖산을 생성하는 효소로 인해 신맛이 난다. 산은 또한 우유 단백질을 변성시켜 불용성 침전물을 생성한다. 달걀 흰자의 주요 단백질인 오발부민(ovalbumin)은 달걀을 삶거나 튀길 때 변성되어 고체를 형성한다. 달걀 흰자를 격렬하게 휘젓는 것조차도 단백질을 변성시켜 레몬 머랭 파이를 얹는 데 사용되는 뻣뻣한 머랭을 형성한다.

## 14.7 효소—특징과 분류

**효소**(enzyme)는 모든 생물체의 반응을 위한 생물학적 촉매 역할을 하는 단백질이다. 모든 촉매와 마찬가지로 효소는 반응 속도를 증가시키지만 그 과정에서 촉매 자체가 영구적으로 변하지는 않는다. 더욱이 반응 평형의 위치는 효소에 의해 변경되지 않으며 출발 물질 및 생성물의 상대적 에너지도 변경되지 않는다.

효소는 인체에서 발생하는 생물학적 반응에 매우 중요하며, 그 역할이 정상적으로 작동하지 않는다면 생체 반응이 너무 느리게 진행되어 결국 소용이 없게 된다. 인체에서의 효소는 일반적으로 pH 약 7.4 및 온도 37°C의 매우 특정한 생리적 조건에서 반응을 촉진해야 한다.

### 14.7A 효소의 특징

효소는 일반적으로 두 가지 특징을 보이는 수용성 구형 단백질이다.

- 효소는 반응 속도를 크게 향상시킨다. 효소 촉매 반응은 유사한 비촉매 반응보다 $10^6$ ~ $10^{12}$배 더 빠를 수 있다.
- 효소는 높은 특이성이 있다.

효소의 특이성은 다양하다. 카탈라제(catalase)와 같은 일부 효소는 단일 반응만을 촉진한다. 카탈라제는 과산화수소($H_2O_2$)를 $O_2$ 및 $H_2O$로 전환하는 것을 촉진한다.

$$2\ H_2O_2(l) \xrightarrow{\text{촉매성 효소}} 2\ H_2O(l) + O_2(g)$$

카복시펩티다제 A(carboxypeptidase A)와 같은 효소는 다양한 기질과 특정 유형의 반응을 촉진한다. 단백질을 분해하는 소화 효소인 카복시펩티다제 A는 특정 유형의 펩타이드 결합(단백질의 C-말단에 가장 가까운 아마이드 결합)의 가수 분해를 촉진한다.

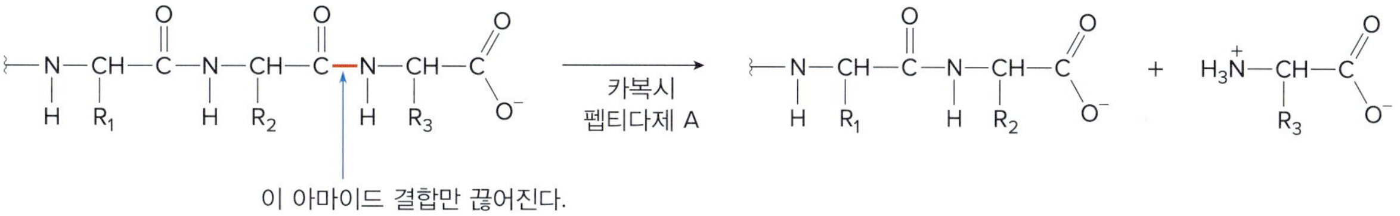


젖산(lactate)에서 피루브산(pyruvate)의 전환은 젖산 탈수소 효소에 의해 촉진된다. 이 반응을 수행하려면 **보조 인자**(cofactor)도 필요하다.

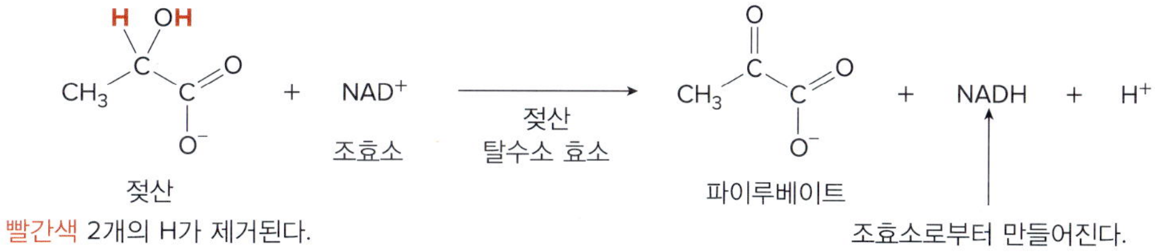


- 보조 인자는 효소 촉매 반응이 일어나기 위해 필요한 금속 이온 또는 비단백질 유기 분자이다.

$NAD^+$(nicotinamide adenine dinucleotide)는 젖산을 피루브산으로 산화시키는 보조 인자이다. 효소 보조 인자 역할을 하는 유기 화합물을 **조효소**(coenzyme)라고 한다. 젖산 탈수소 효소가 이 산화 반응을 크게 가속화하는 반면, $NAD^+$는 실제로 기질인 젖산을 산화시키는 조효소이다. $NAD^+$는 조효소로 사용되는 일반적인 생물학적 산화제이다.

효소 보조 인자로서 금속 이온이 필요하다는 점은 우리 식단에 미량의 특정 금속이 존재해야 하는 이유가 된다. 예를 들어, 특정 산화 반응을 촉매하는 효소는 전자 전달에 필요한 보조 인자로 $Fe^{2+}$ 또는 $Cu^{2+}$를 필요로 한다.

### 14.7B 효소의 분류

효소는 촉매 작용을 하는 반응 유형에 따라 여섯 가지 범주로 분류된다.

- **산화 환원 효소**(oxidoreductase)는 산화–환원 반응을 촉진한다.

기질이 산화되거나 환원되면 조효소가 필요하다. 조효소는 산화제 또는 환원제 역할을 한다. 예를 들어, 젖산 탈수소 효소는 조효소 NADH(니코틴 아마이드 아데닌 다이뉴클레오타이드,

nicotinamide adenine dinucleotide)를 사용하여 피루브산이 젖산으로 되는 환원을 촉진한다. 젖산 탈수소 효소는 피루브산을 젖산으로 환원시키는 것뿐만 아니라 젖산을 피루브산으로 산화시키는 것도 촉진한다.

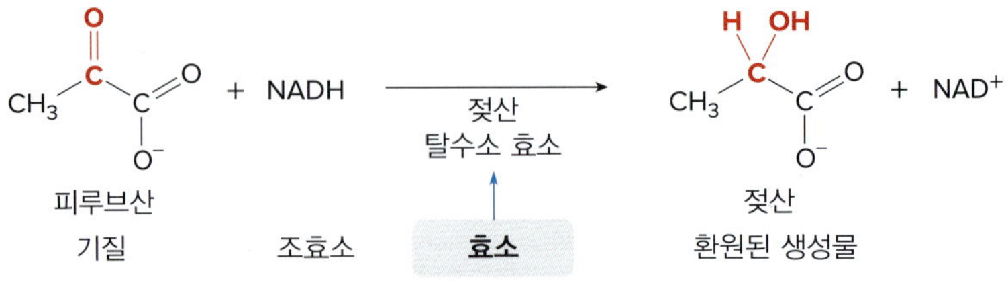


산화 환원 효소는 산화를 촉진할 때 **산화 효소**(oxidase), 환원을 촉진할 때 **환원 효소**(reductase), 산화–환원 반응 중에 2개의 수소 원자가 제거되거나 추가될 때 **탈수소 효소**(dehydrogenase)로 분류된다.

- 전이 효소(transferase)는 한 분자에서 다른 분자로 변할 수 있도록 작용기의 전이를 촉진한다.

예를 들어, **트랜스아미나제**(transaminase)는 아미노기($NH_2$)의 전달을 촉매하고 **키나제**(kinase)는 인산염의 전달을 촉진한다. 알라닌 트랜스아미나제는 알라닌에서 $\alpha$-케토글루타레이트($\alpha$-ketoglutarate)로의 아미노기의 이동을 촉매하여 피루브산과 글루타메이트를 형성한다. 이 과정은 아미노산의 대사를 개시한다.

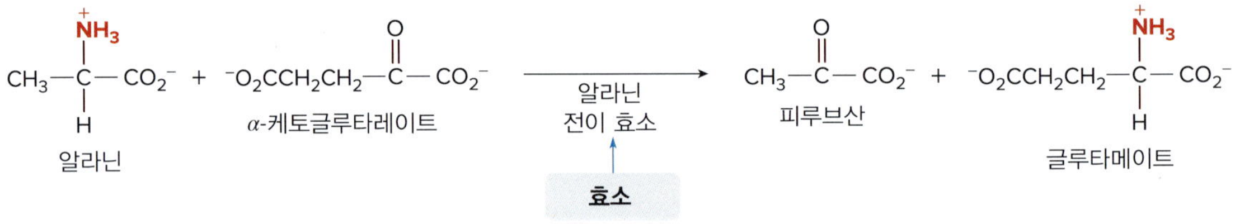


- **가수 분해 효소**(hydrolase)는 가수 분해(물로 결합을 절단) 반응을 촉진한다.

예를 들어, 트라이아실글리세롤(triacylglycerol)의 소화는 3개의 에스터가 글리세롤과 지방산으로 가수 분해되는 것으로 시작되며 **리파제**(lipase)라고 하는 가수 분해 효소로 인해 일어난다.

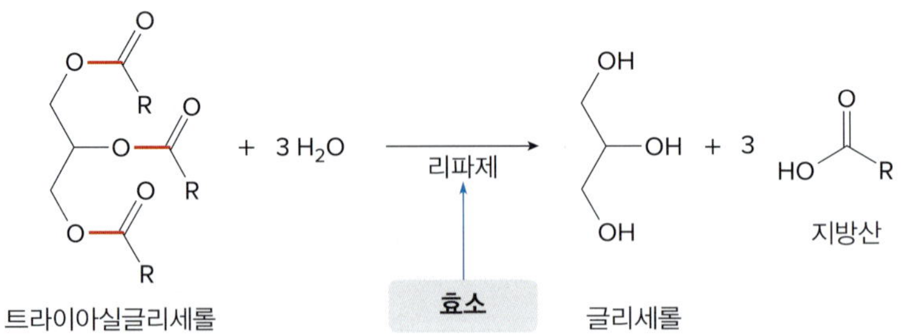


지질의 가수 분해를 촉진하는 리파제 외에도 다른 하위 수준의 가수 분해 효소에는 단백질 가수 분해를 촉진하는 **프로테아제**(protease)와 핵산에서 인산염 결합의 가수 분해를 촉진하는 **뉴클레아제**(nuclease)가 포함된다. 카복시펩티다제 A(carboxypeptidase A)는 프로테아제이다.

- **이성질화 효소**(isomerases)는 한 이성질체에서 다른 이성질체로의 전환을 촉진한다.

글루코스 대사에 있어 한 단계는 트라이오스 포스페이트(triose phosphate) 이성질화 효소에 의해 촉매되는 다이하이드록시아세톤 포스페이트(dihydroxyacetone phosphate)를 글리세르알데하이드 3-포스페이트(glyceraldehyde 3-phosphate)로 하나의 이성질체를 다른 이성질체로 바꾸는 **이성질체화**(isomerization)하는 과정이다.

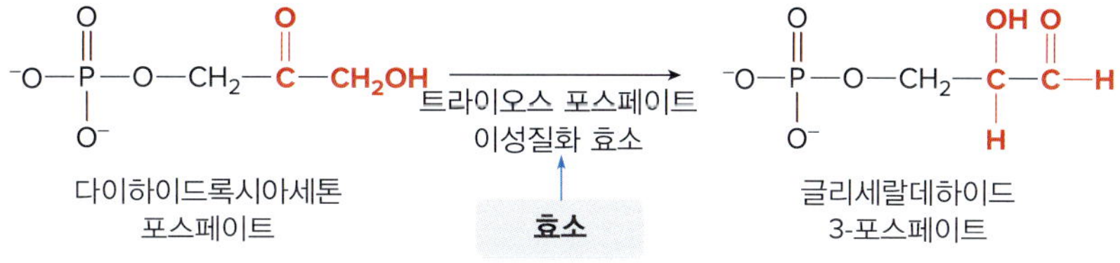


다이하이드록시아세톤 포스페이트의 케톤과 1차 알코올은 동일한 분자식을 가진 알데하이드와 2차 알코올로 이성질체화된다.

• 리아제(lyase)는 이중 결합에 분자를 첨가하거나 이중 결합 형성을 위해 분자를 제거하는 반응을 촉매한다.

시트르산 회로(citric acid cycle)에서 푸마르산(fumarate)에 $H_2O$를 첨가하는 반응은 분해 효소인 푸마라제(fumarase)에 의해 촉진된다.

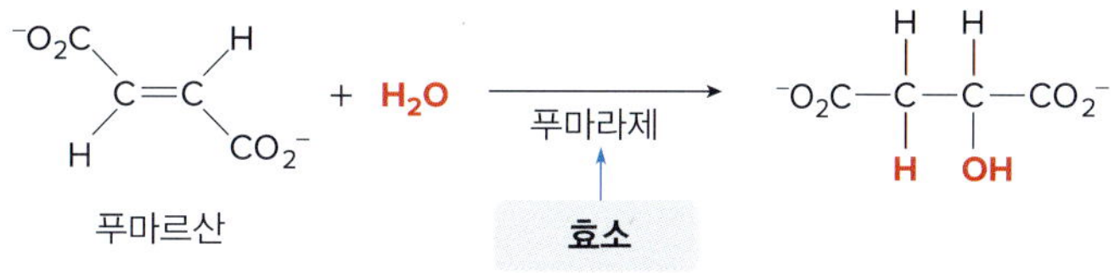


분해 효소는 $H_2O$ 제거를 촉진할 때 **탈수 효소**(dehydrase), $CO_2$ 제거를 촉진할 때 **탈탄산 효소**(decarboxylase), 이중 결합에 $H_2O$와 같은 작은 분자의 추가를 촉진할 때 **합성 효소**(synthase)로 분류된다. 푸마라제는 합성 효소이다.

• 리가제는 가수 분해 반응에서 에너지 방출과 함께 결합 형성을 촉진한다.

리가제 효소는 두 분자의 결합을 촉진한다. 이 과정은 종종 에너지 면에서 불리하기 때문에 가수 분해 반응에서 방출된 에너지는 반응을 유도하는 데 사용된다. 에너지 면에서 가장 일반적인 유리한 가수 분해 반응은 아데노신 5′-트라이포스페이트(ATP, adenosine 5–triphesphate)의 아데노신 5′-다이포스페이트(ADP, adenosine 5′-diphosphate) 및 $HPO_4^{2-}$로의 전환이다. 이것을 일컬어 두 가지 반응이 서로 짝을 이룬다고 한다.

예를 들어, 옥살로아세테이트(oxaloacetate)를 형성하기 위해 피루브산(pyruvate)과 $CO_2$의 반응에 필요한 에너지는 ATP를 ADP로 가수 분해함으로써 제공된다. 이 반응은 피루브산 탈탄산 효소(pyruvate carboxylase)에 의해 촉진된다.

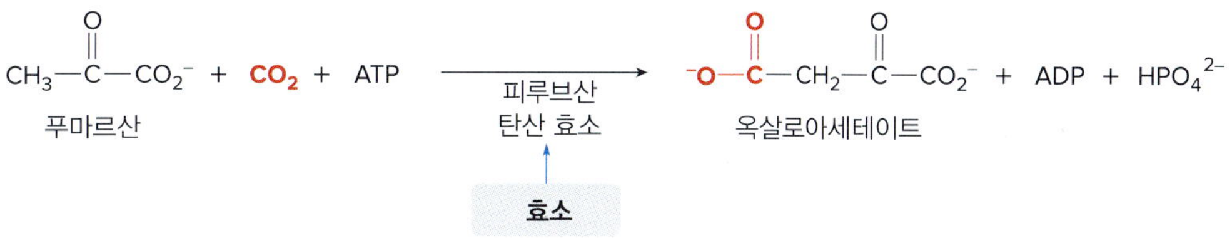


표 14.3에서는 효소의 일반적인 부류를 요약했다.

**표 14.3 효소의 분류**

| 효소의 분류 및 하위 분류 | 촉진하는 반응 |
|---|---|
| **산화 환원 효소(oxidoreductase)** | **산화-환원 반응** |
| • 산화 효소(oxidase) | • 산화 반응 |
| • 환원 효소(reductase) | • 환원 반응 |
| • 탈수소 효소(dehydrogenase) | • 수소(H) 2개가 첨가되거나 제거되는 반응 |
| **전이 효소(transferase)** | **작용기 이동** |
| • 트랜스아미나제(transaminase) | • $NH_2$기의 이동 |
| • 키나제(kinase) | • 인산기(phosphate)의 이동 |
| **가수 분해 효소(hydrolase)** | **가수 분해** |
| • 리파제(lipase) | • 지질 에스터의 가수 분해 |
| • 프로테아제(protease) | • 단백질 내 아마이드 결합 가수 분해 |
| • 뉴클레아제(nuclease) | • 핵산의 가수 분해 |
| **이성질화 효소(isomerase)** | **이성질체화** |
| **리아제(lyase)** | **이중 결합에 첨가하는 반응 또는 이중 결합을 만들기 위한 제거 반응** |
| • 탈수 효소(dehydrase) | • $H_2O$의 제거 반응 |
| • 탈탄산 효소(decarboxylase) | • $CO_2$의 제거 반응 |
| • 합성 효소(synthase) | • 이중 결합에 작은 분자를 첨가하는 반응 |
| **리가제(ligases)** | **ATP의 가수 분해가 유발되는 결합 형성 반응** |
| • 탄산 효소(carboxylase) | • 기질과 $CO_2$ 사이의 결합 형성 |

### 예제 14.8 효소의 분류

다음 각 반응에 사용되는 효소를 분류하시오.

a.

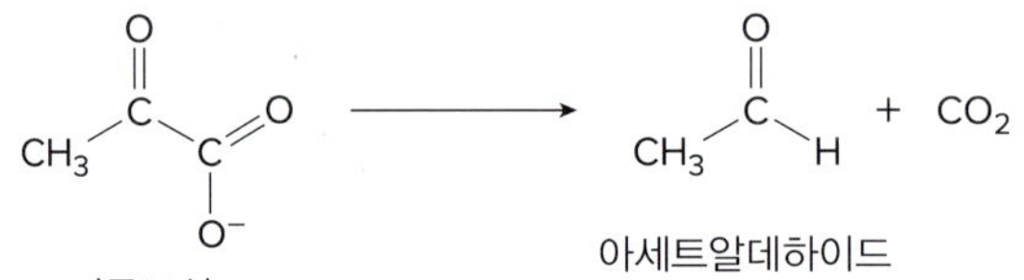

피루브산 아세트알데하이드

b.

**분석**

반응에서 변화하는 작용기에 근거하여 표 14.3을 사용하여 효소를 분류하시오.

**해답**

a. 반응은 이중 결합에서 분자($CO_2$)의 손실을 포함하므로 효소는 리아제(lyase)이다. $CO_2$가 제거되기 때문에 분해 효소는 탈탄산 효소로 분류된다.

b. 이 반응은 가수 분해(물에 의한 결합 절단)를 포함하므로 효소는 가수 분해 효소이다. 가수 분해는 다이펩타이드에서 아마이드 결합을 절단하기 때문에 가수 분해 효소는 프로테아제(protease)로 하위로 분류된다.

**연습문제 14.8**

다음 각 반응을 촉진하는 효소의 종류는 무엇인가?

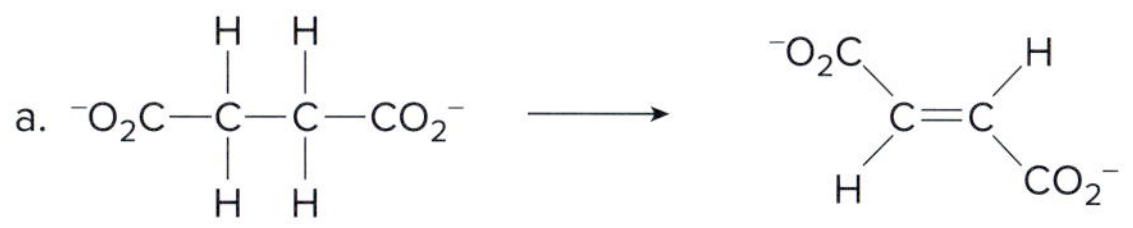

숙신산(succinate) 푸마르산염(fumarate)

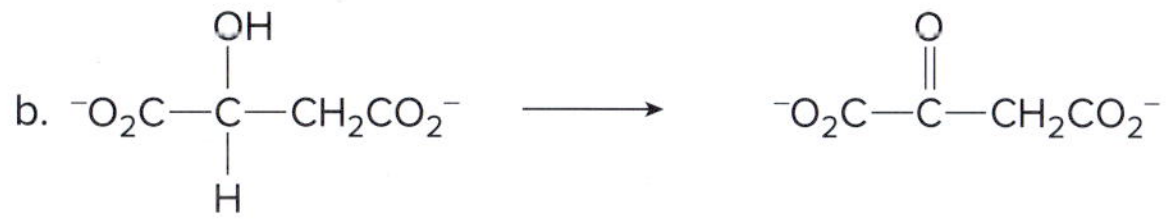

말산염(malate) 옥살로아세트산(oxaloacetate)

## 14.7C 효소의 명명

효소의 이름은 일반적으로 두 부분으로 이루어진다.

- 첫 번째 부분은 효소가 작용하는 기질을 나타낸다.
- 두 번째 부분은 촉진된 반응의 종류를 구분한다(표 14.3 참조).

따라서 **숙신산 탈수소 효소**(succinate dehydrogenase)는 기질 숙신산에서 2개의 수소 원자를 제거하는 것을 촉매하고, **피루브산 탈탄산 효소**(pyruvate decarboxylase)는 기질 피루브산에서 $CO_2$의 손실을 촉진한다.

일부 오래된 효소 이름은 여전히 일반명으로 사용된다. 이름은 접미사 ~아제(-ase 또는 ~에이즈)를 추가하여 기질의 이름에서 파생된다. 따라서 이당류인 **락토스**(lactose)의 가수 분해는 효소 **락타제**(lactase 또는 락테이즈)에 의해 촉진된다. 또 일부 효소는 촉매 작용을 하는 기질이나 반응 유형과 관련이 없는 이름으로 여전히 사용된다. 그 예로는 단백질 가수 분해를 촉매하는 소화 효소인 **트립신**(trypsin), **키모트립신**(chymotrypsin) 및 **펩신**(pepsin)이 있다.

**예제 14.9 효소의 이름 짓기**

다음 반응을 촉진하는 효소의 이름을 적어 보시오

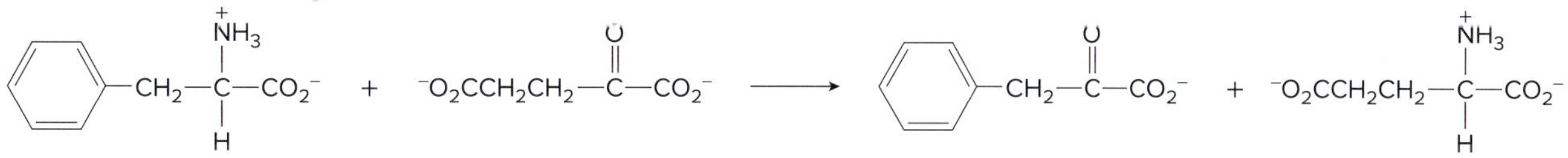

페닐알라닌

**분석**

변화하는 작용기를 조사하여 발생하는 반응 유형을 판단한다. 표 14.3의 반응 유형 이름을 기질 이름에 추가한다.

**해답**

이 반응은 페닐알라닌(phenylalanine)에서 다른 반응물로 아미노(amino)기를 전달하는 것을 포함하므로 효소는 전이 효소, 즉 **트랜스아미나제**(transaminase)이다. 기질의 이름이 페닐알라닌이기 때문에 효소를 **페닐알라닌 트랜스아미나제**(phenylalanine transaminase)라고 부를 수 있다.

**연습문제 14.9**

다음 각 반응을 촉매하는 효소의 이름을 제안하시오.

a. ATP에서 글리세롤(glycerol)로의 인산염 이동
b. 푸마레이트(fumarate)에 물 첨가
c. 글루코스 6-인산(glucose 6-phosphate)의 과당 6-인산(frutose 6-phosphate)으로의 이성질화

## 14.8 효소는 어떻게 작용하는가

효소는 기질과 결합하여 **효소-기질 복합체**(enzyme-substrate complex)를 형성하는 **활성 자리**(active site)라는 영역이 있다. 활성 자리는 종종 다양한 유형의 분자 간 힘으로 기질에 끌리는 아미노산을 포함하는 작은 구멍이다. 때로는 효소의 극성 아미노산이 기질과 수소 결합을 형성하거나 비극성 아미노산이 소수성 상호 작용을 안정화시킨다.

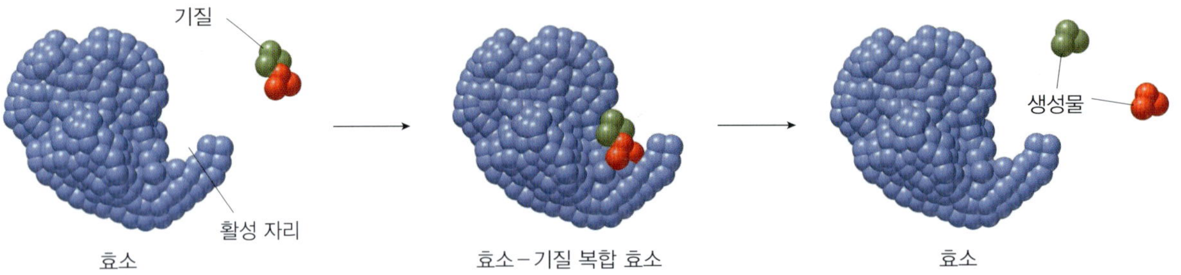


### 14.8A 효소 특이성

효소의 활성 자리에 대한 기질의 특이성을 설명하기 위해 두 가지 모델이 제안되었다. **자물쇠-열쇠 모형**(lock-and-key model)과 **유도-적합 모형**(induced-fit model)이다.

자물쇠-열쇠 모형에서 활성 자리의 모양은 고정되어 있다. 기질의 3차원 기하학은 촉매 작용이 일어나는 활성 자리의 모양과 정확히 일치해야 한다. 자물쇠-열쇠 모형은 많은 효소 반응에서 관찰되는 높은 특이성을 설명한다.

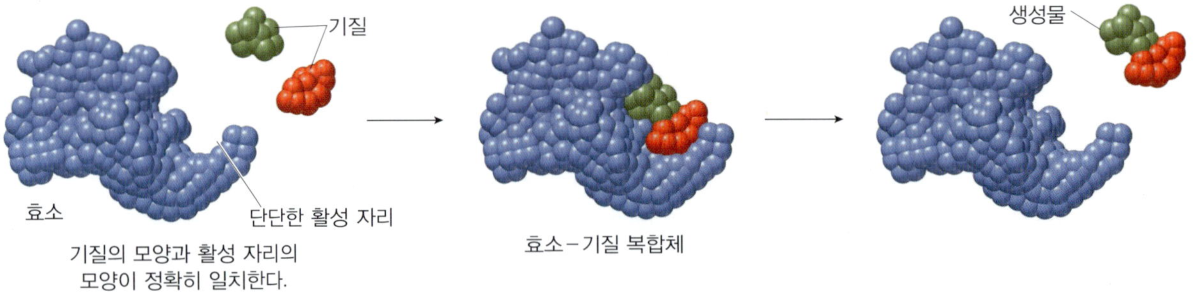


유도-적합 모형에서 활성 자리의 모양은 더 유연하다. 기질과 효소가 상호 작용할 때 활성 자리의 모양이 기질의 모양에 맞게 조정될 수 있다고 간주한다.

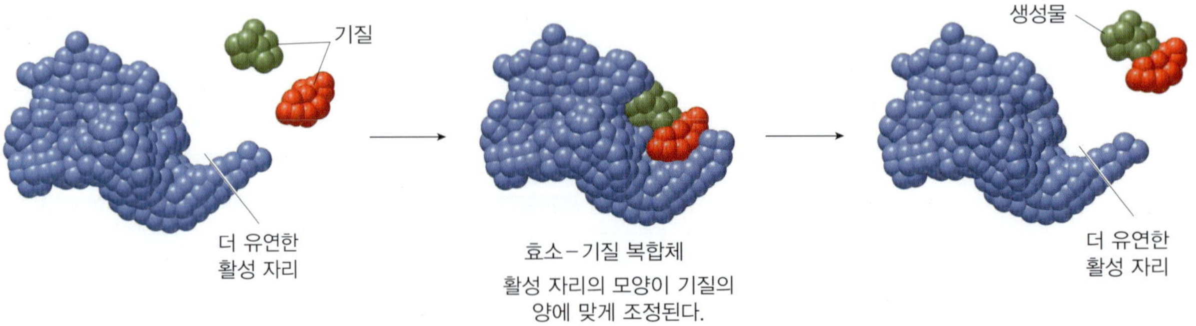

그림 14.10 헥소키나제(hexokinase)-유도 적합 모형의 예

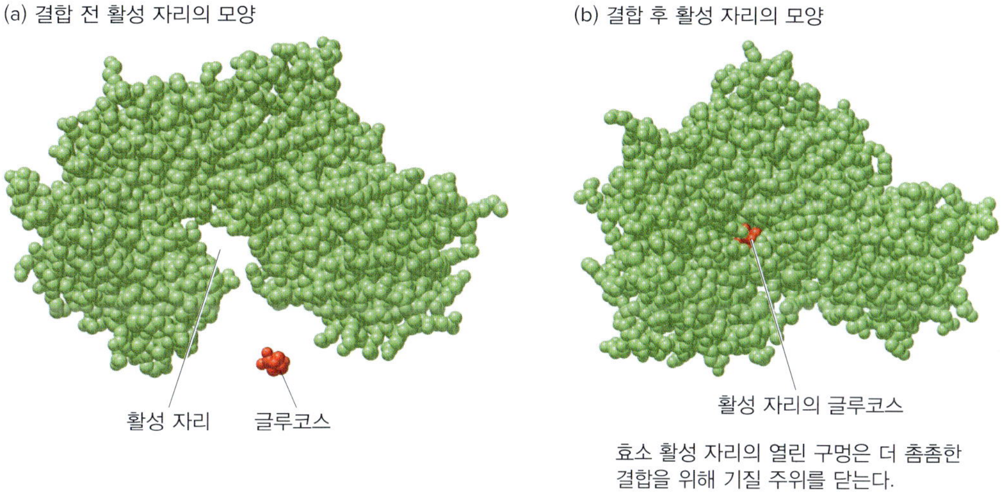


(a) 자유 효소에는 글루코스 분자에 맞는 작은 열린 구멍이 있다.
(b) 일단 결합되면 공동은 효소-기질 복합체에서 글루코스 분자를 좀 더 단단히 둘러싼다.

이 모형은 일부 효소가 더 다양한 기질과의 반응을 촉진하는 이유를 설명하는 데 종종 사용된다. 활성 자리와 기질의 모양은 여전히 합리적으로 유사해야 하지만 일단 결합되면 활성 부위의 모양이 결합되지 않은 효소의 활성 자리와 다르다. 유도-적합 모형의 잘 특성화된 예는 그림 14.10에 나타낸 효소인 헥소키나제에 대한 글루코스의 결합에서 찾아볼 수 있다.

### 14.8B 효소 활성에 영향을 미치는 요인

효소의 활성은 온도와 pH의 영향을 받는다. 온도가 증가하면 대부분의 화학 반응 속도가 증가한다. 효소 촉매 반응 또한 온도가 증가함에 따라 최대 활성이 발생할 때(종종 약 37°C)까지 속도가 증가한 다음 활성이 빠르게 감소한다. 더 높은 온도에서 효소는 변성되기 시작하고 50~60°C에서 그 활성은 보통 파괴된다. 그림 14.11(a)는 효소 촉매 반응 속도가 온도에 따라 어떻게 변하는지를 보여 준다.

그림 14.11 효소 활동에 영향을 미치는 요인

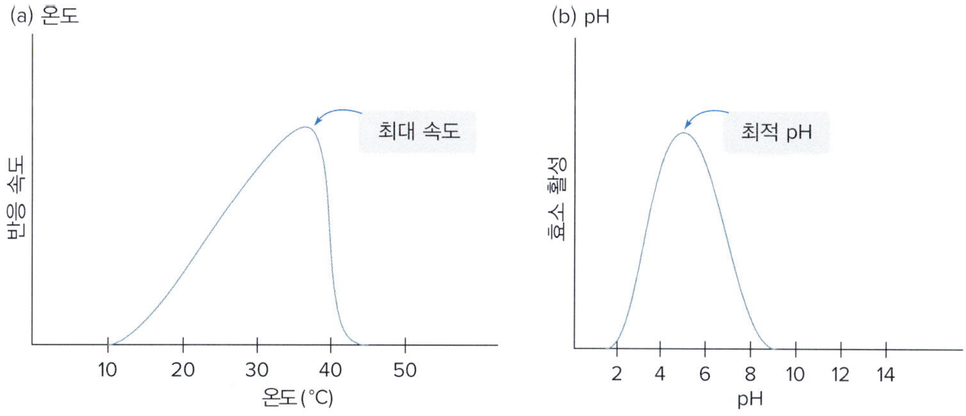


(a) 효소 촉매 반응은 효소가 변성되기 전까지 온도가 증가함에 따라 속도가 증가한다. 그리고 나서 반응 속도가 급격히 감소한다. 이 그래프에 표시된 효소의 최대 속도는 약 37°C에서 나타낸다.

(b) 최적 pH는 효소의 촉매 활성이 최대인 pH이다. 이 그래프에 표시된 효소는 pH 5에서 최대 활성을 가진다.

효소 활성은 pH에도 영향을 받는다. 각 효소는 촉매 작용이 최대 속도로 발생하는 최적의 pH를 가지고 있다. 세포의 효소는 약 7.4의 최적 pH를 가지고 있지만 위의 위액에서 분비되는 펩신(pepsin)과 같은 소화 효소는 최적의 pH가 2이다. 그림 14.11(b)는 최적 pH가 5인 효소의 활성이 pH에 따라 어떻게 변하는지를 보여 준다.

### 14.8C 다른 자리 입체성 조절

때때로 효소의 활성은 활성 부위가 아닌 다른 위치에서 조절 인자(regulator)라고 하는 분자의 결합에 의해 영향을 받는다. 이러한 효소를 **다른 자리 입체성 효소**(allosteric enzyme)라 하고, 그 과정을 **다른 자리 입체성 조절**(allosteric control)이라고 한다.

- 다른 자리 입체성 조절(allosteric control)은 활성 자리에 기질과 결합하는 능력에 영향을 미치는 부위에 조절 인자가 결합하는 것이다.

조절 인자의 결합은 단백질의 모양을 변화시켜 반응 속도를 높이거나 낮출 수 있다.

- **음성 다른 자리 입체성 조절**(negative allosteric control)은 조절 인자가 활성 자리에서 기질과 결합할 수 없게 만들어 반응 속도를 감소시킬 때 발생한다.
- **양성 다른 자리 입체성 조절**(positive allosteric control)은 조절 인자가 활성 자리에서 기질과 더 잘 결합할 수 있게 만들어 반응 속도를 증가시킬 때 발생한다.

그림 14.12는 음성 및 양성 다른 자리 입체성 조절의 차이점을 보여 준다.

그림 14.12 다른 자리 입체성 조절

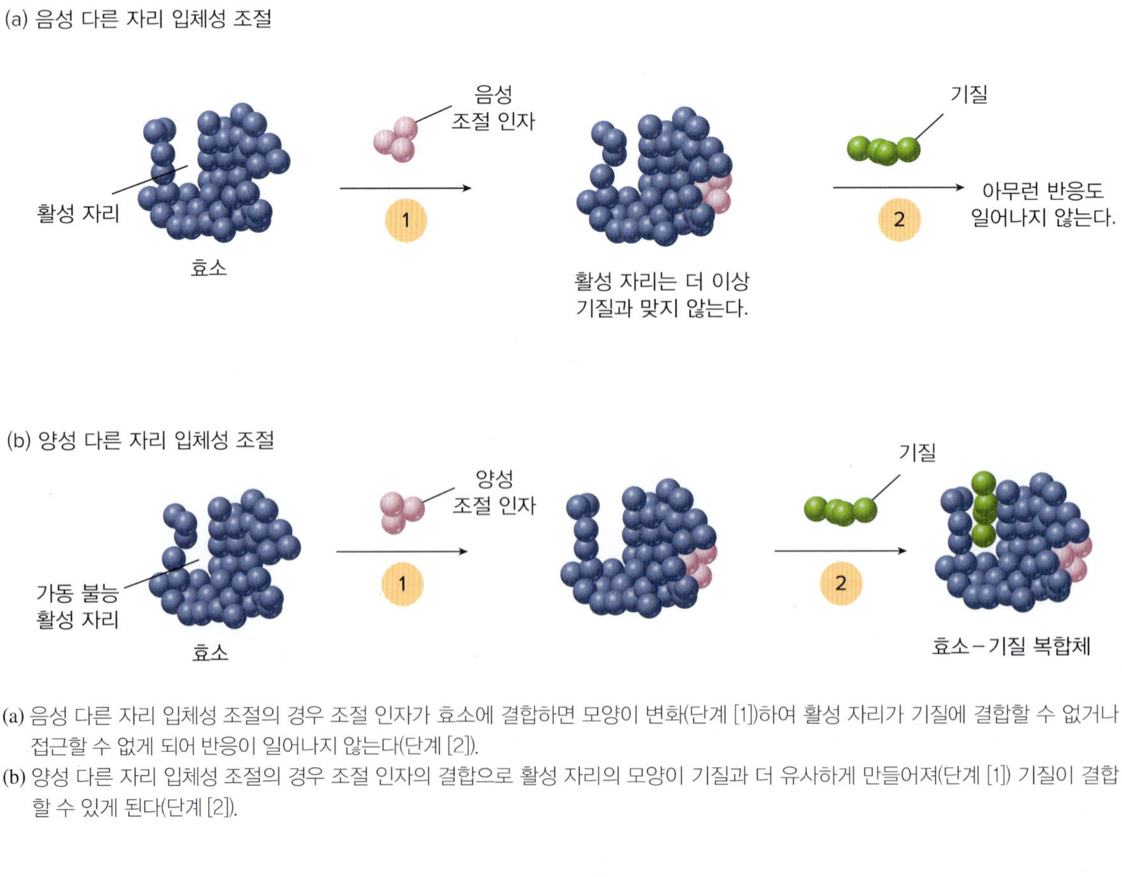


(a) 음성 다른 자리 입체성 조절의 경우 조절 인자가 효소에 결합하면 모양이 변화(단계 [1])하여 활성 자리가 기질에 결합할 수 없거나 접근할 수 없게 되어 반응이 일어나지 않는다(단계 [2]).
(b) 양성 다른 자리 입체성 조절의 경우 조절 인자의 결합으로 활성 자리의 모양이 기질과 더 유사하게 만들어져(단계 [1]) 기질이 결합할 수 있게 된다(단계 [2]).

### 14.8D 효소 억제제

효소에 결합하고 그 과정에서 효소의 활동을 크게 바꾸거나 파괴하는 물질을 **억제제**(inhibitor)라고 한다. 억제제는 효소에 가역적으로 또는 비가역적으로 결합할 수 있다.

- **가역적 억제제**(reversible inhibitor)는 효소에 결합하지만 억제제가 떨어져 나오면 효소의 활성이 회복된다.
- **비가역적 억제제**(irreversible inhibitor)는 효소에 공유 결합함으로써 그 활성을 영구적으로 파괴한다.

**페니실린**(penicillin)은 박테리아 세포벽 합성에 필요한 효소인 글리코펩타이드 트랜스펩티다제(glycopetide transpeptidase)에 비가역적으로 결합하기 때문에 박테리아를 죽이는 항생제이다. 페니실린은 효소의 하이드록시기(OH)에 결합하고 효소를 비활성화하여 세포벽 생성을 중단하고 박테리아를 죽인다. 페니실린은 세포벽이 아닌 유연한 세포막으로 둘러싸여 있는 인간 세포에는 영향을 미치지 않는다.

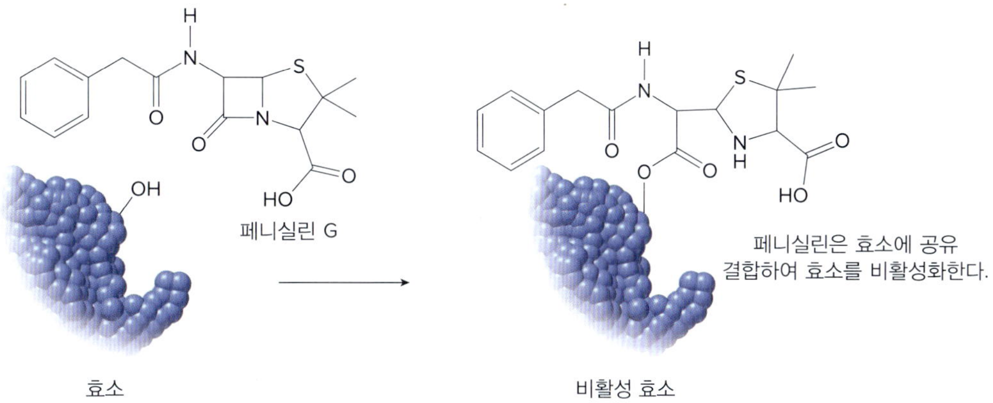


가역적 억제는 **경쟁적**(competitive)이거나 **비경쟁적**(noncompetitive)일 수 있다.

**비경쟁 억제제**(noncompetitive inhibitor)는 효소에 결합하지만 활성 자리에서는 결합하지 않으므로 음성 다른 자리 입체성 조절을 한다. 억제제는 효소가 모양을 변화시켜 활성 자리가 더 이상 기질에 결합할 수 없도록 한다. 비경쟁 억제제가 더 이상 효소에 결합되지 않으면 정상적인 효소 활동이 재개된다.

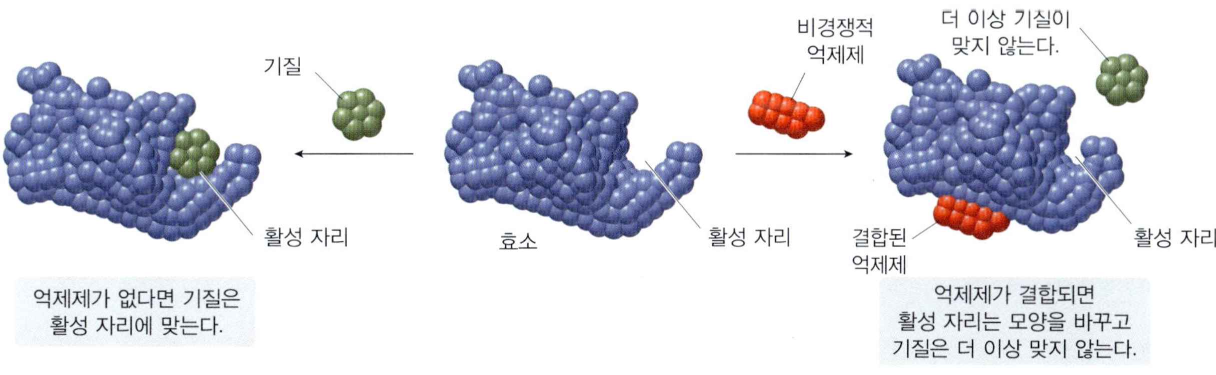


경쟁 억제제는 기질과 유사한 모양과 구조를 가지므로 활성 자리에 결합하면서 기질과 경쟁한다. 항생제 **설포닐아마이드**(sulfanilamide)는 박테리아의 파라-아미노벤조산(*p*-aminobenzoic acid)에서 비타민 엽산을 합성하는 데 필요한 효소의 경쟁적 억제제이다. 설포닐아마이드가 활성 자리에 결합하면 파라-아미노벤조산이 엽산(folic acid)으로 전환될 수 없으므로 박테리

아가 성장하고 번식할 수 없다. 사람은 엽산을 합성하지 않고 음식물로 섭취하기 때문에 설포닐아마이드는 인간 세포에 영향을 주지 않는다.

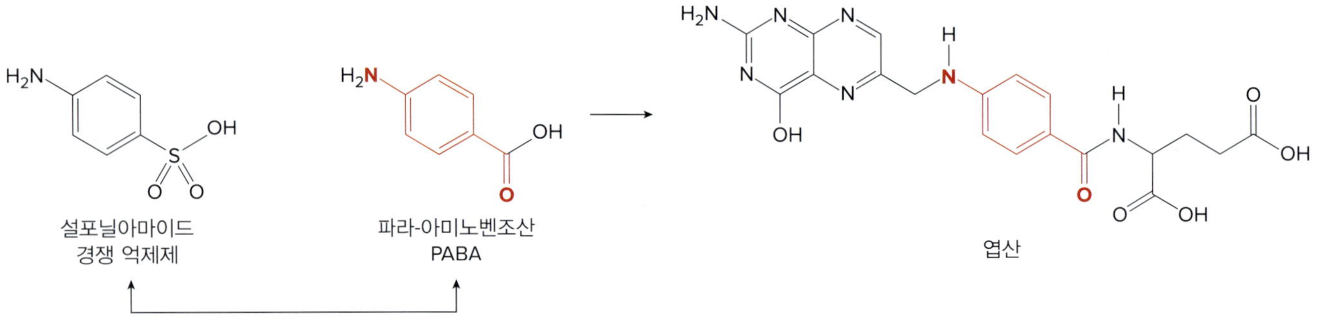


## 14.8E 효소원

때로는 효소가 비활성 형태로 합성된 다음 필요할 때 활성 형태로 전환된다. 효소의 비활성 전구체를 **효소원**(zymogen) 또는 **효소 전구체**(proenzyme)라고 한다. 종종 효소원은 펩타이드 사슬에 추가 아미노산을 포함하며, 활성화가 필요할 때 절단된다.

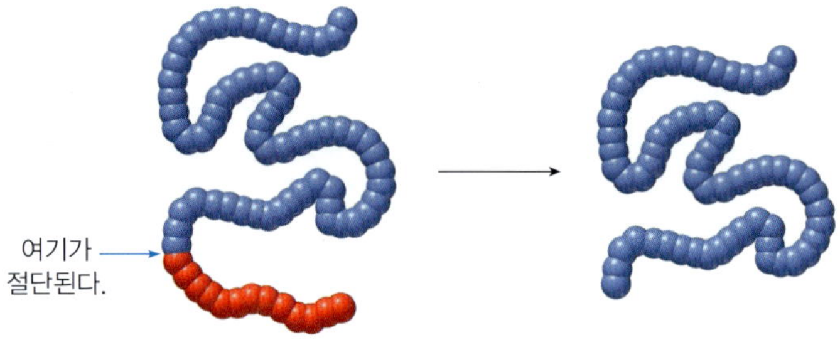


예를 들어, 소화 효소인 트립신(trypsin)과 키모트립신(chymotrysin)은 각각 효소원인 트립시노겐(trypsinogen)과 키모트립시노겐(chymotrypsinogen)으로 췌장에서 합성된다. 효소원으로서 이러한 단백질은 비활성 상태이므로 췌장을 구성하는 단백질을 소화하지 못한다. 그러나 그들이 소장으로 들어갈 때 일부 아미노산은 펩타이드 사슬에서 제거되어 활성 효소를 만들고, 단백질 소화 중에 펩타이드 결합의 가수 분해를 촉진한다.

## 종합문제

### 아미노산

**14.1** 아미노산 알라닌은 실온에서 고체이고 녹는점이 315°C인 반면, 피루브산($CH_3COCO_2H$)은 분자량이 비슷하지만 끓는점이 165°C이므로 실온에서 액체이다. 이러한 차이의 원인을 설명하시오.

**14.2** 다음과 같은 조건을 만족하는 자연 발생 아미노산의 구조를 그리시오.

a. 1차 알코올 포함
b. 아마이드 포함
c. 방향족 고리가 있는 필수 아미노산
d. 곁사슬에 3차 탄소 원자가 있는 중성 아미노산

**14.3** 각 아미노산에 대해 다음 물음에 답하시오.

[1] 피셔 투영법에서 1개의 거울상 이성질체를 그리시오.
[2] 아미노산을 중성, 산성 또는 염기성으로 분류하시오.
[3] 철자 3개로 나타내는 기호로 표기하시오.
[4] 한 글자 기호로 표기하시오.

a. 류신 b. 트립토판
c. 라이신 d. 아스파르트 산

**14.4** 각 아미노산의 두 거울상 이성질체를 그리고, D 또는 L로 표시하시오.

a. 메티오닌 b. 아스파라긴

**14.5** 각 아미노산에 대해 다음 물음에 답하시오.

[1] 이름을 적으시오.
[2] 철자 3개로 나타내는 기호를 표기하시오.
[3] 한 글자 약어를 적으시오.
[4] 아미노산을 중성, 산성 또는 염기성으로 분류하시오.

a.
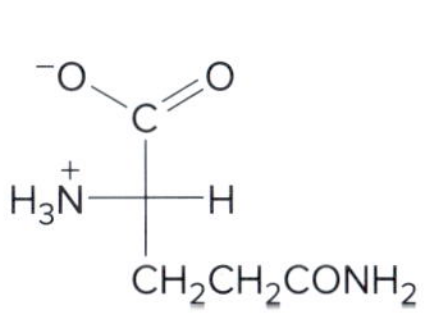


b.
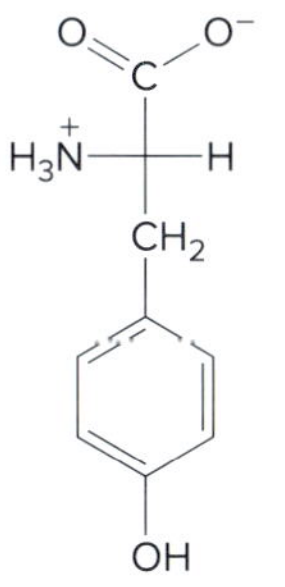


### 아미노산의 산-염기 특성

**14.6** 다음 물음에 답하시오.

a. 공-막대 모형에서 모두 전하를 띠지 않은 원자로 나타낸 아미노산의 정체를 밝히시오.
b. 아미노산의 철자 3개로 나타내는 기호 및 한 글자 기호로 표기하시오.
c. 이 아미노산이 등전점에서 존재하는 형태를 그리시오.

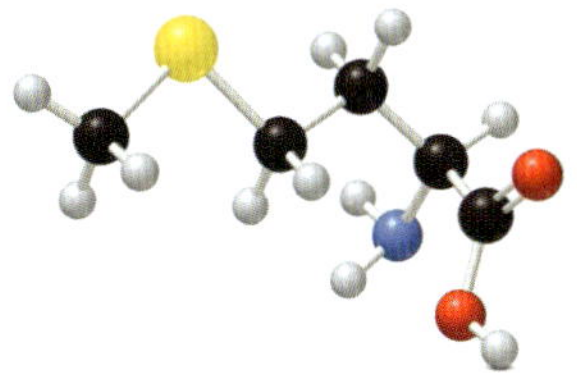

**14.7** 각 pH에서 아미노산 루신을 그리시오. 또 등전점에서 루신이 나타내는 형태는 무엇인가?

a. 6 b. 10 c. 2

### 펩타이드

**14.8** 공-막대 모형에 표시된 다이펩타이드에서 펩타이드 결합을 찾고, 다이펩타이드를 형성하는 아미노산의 종류를 밝히시오. 아미노산에 대한 철자 3개로 쓰는 기호를 사용하여 다이펩타이드의 이름을 나타내시오.

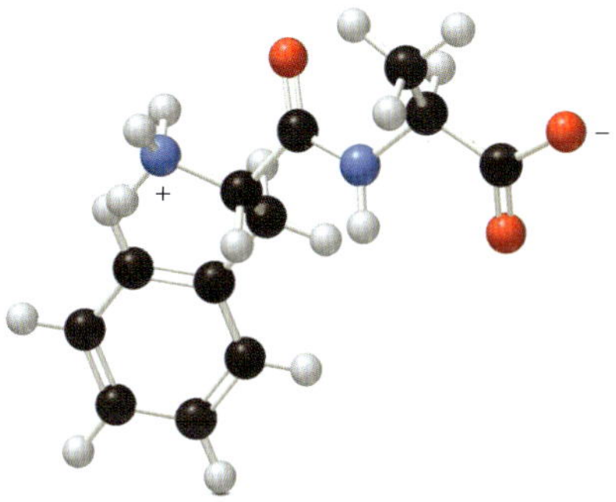


**14.8** 봉독의 주요 독소인 멜리틴(melittin)은 서열 GIGAVLKVLTT GLPALISWIKRKRQQ(아미노산에 대해 한 글자 약어 사용)를 갖는 펩타이드로 구성되어 있다.

a. 얼마나 많은 아마이드 결합이 펩타이드 사슬의 아미노산에 연결되는가?
b. N-말단 아미노산의 이름을 지정하시오.
c. C-말단 아미노산의 이름을 지정하시오.

**14.9** 다음 질문에 답하시오.

a. 발린(valine)과 페닐알라닌(phenylalanine)을 결합하여 형성될 수 있는 두 가지 가능한 다이펩타이드의 구조를 그리시오.

b. 각 다이펩타이드에서 N-말단 및 C-말단 아미노산을 표시하시오.

c. 철자 3개로 나타내는 기호를 사용하여 각 펩타이드의 이름을 적으시오.

**14.11** 각 트라이펩타이드에 대해 다음 질문에 답하시오.

[1] 트라이펩타이드의 구조를 그리시오.

[2] 아마이드 결합을 표시하시오.

[3] N-말단 및 C-말단 아미노산을 확인하시오.

[4] 아미노산에 대한 철자 3개로 나타내는 기호를 사용하여 펩타이드의 이름을 적으시오.

a. 류실 발릴 트립토판

b. 페닐 알라닐 세릴 트레오닌

**14.12** 각 트라이펩타이드에 대해 다음 질문에 답하시오.

[1] 펩타이드를 형성하는 아미노산들의 정체를 밝히시오.

[2] N- 말단 및 C- 말단 아미노산을 표기하시오.

[3] 철자 3개로 쓰는 기호를 사용하여 트라이펩타이드의 이름을 적으시오.

a.

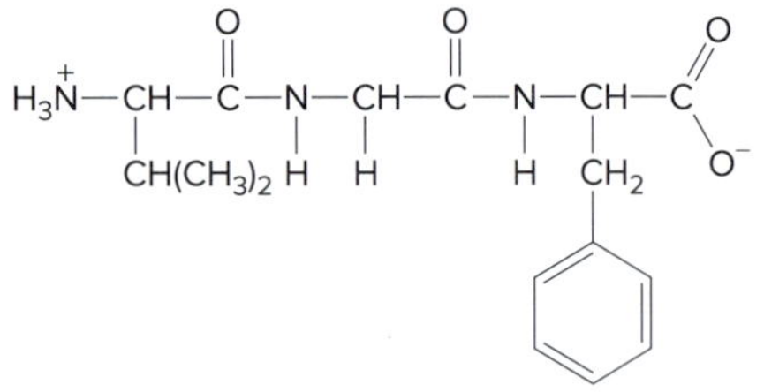

b.

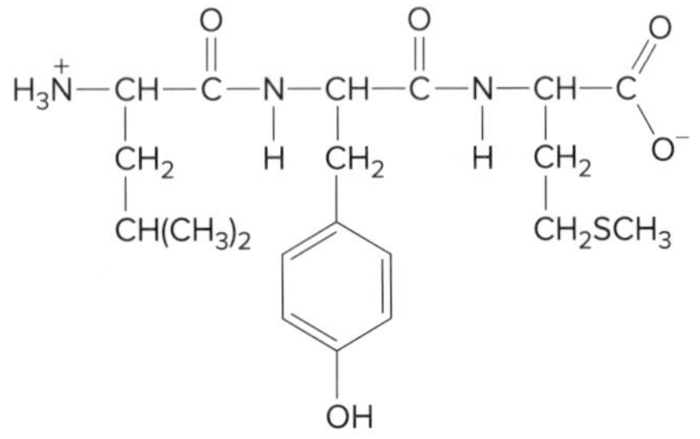

**14.13** 공-막대 모형에 묘사된 트라이펩타이드가 가수 분해되면 어떤 아미노산이 생성되는가?

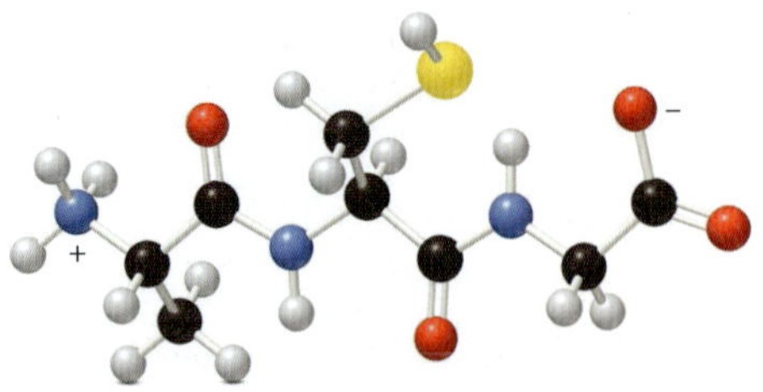

**14.14** 문제 14.12의 트라이펩타이드가 가수 분해될 때 생성되는 아미노산의 구조를 그리시오.

**14.15** 브라디키닌(bradykinin)은 평활근 수축을 자극하고 혈관을 확장하며 통증을 유발하고 봉독의 성분인 노나펩타이드(nonapeptide)이다. 브라디키닌 1 몰이 가수 분해되어 형성될 아미노산의 구조를 그리고, 각 아미노산의 몇 몰이 형성되는지 설명하시오.

Arg–Pro–Pro–Gly–Phe–Ser–Pro–Phe–Arg
브라디키닌

**14.16** 키모트립신은 특정 펩타이드 결합만 가수 분해하는 소화 효소이다. 즉, 아마이드 결합의 카보닐기는 페닐알라닌, 타이로신 또는 트립토판에서 유래해야 한다. 키모트립신으로 다음 펩타이드의 가수 분해에 의해 형성된 아미노산과 펩타이드의 구조를 그리시오.

Gly–Tyr–Gly–Ala–Phe–Val

## 단백질

**14.17** 다음 아미노산 각 쌍의 곁사슬에서 어떤 유형의 분자 간 힘이 존재하는가?

a. 아이소류신(isoleucine) 및 발린(valine)

b. 트레오닌(threonine) 및 페닐알라닌(phenylalanine)

c. Lys 및 Glu

d. Arg 및 Asp

**14.18** 다음 각 두 펩타이드 중에서 런던(London) 분산력이 주로 존재하는 곁사슬이 있는 아미노산으로 구성된 펩타이드는 무엇인가?

a. Met–Gly–Leu–Phe–Gln–Ala 또는 Lys–Gly–Arg–Tyr–Trp–Glu

b. Tyr–Asp–Leu–Lys–His 또는 Phe–Asn–Leu–Leu–Met

**14.19** 다음 그림의 각 영역(A~C)에 어떤 유형의 단백질 구조가 보이는가? 1차 구조, $\alpha$-나선, $\beta$-주름 판상, 3차 구조 또는 4차 구조 중에서 선택하시오.

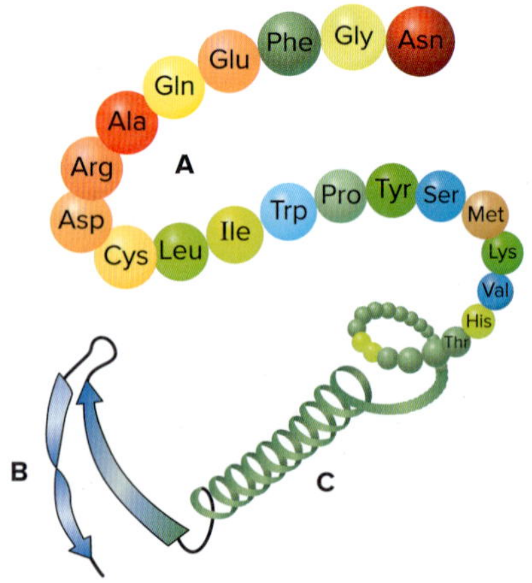


**14.20** 아미노산 아스파라긴(asparagine)과 세린(serine)의 구조를 그리고, 두 곁사슬 사이에 수소 결합이 어떻게 가능한지 보이시오.

**14.21** 다음 단백질 리본 다이어그램에서 2차 구조 영역을 표시하시오.

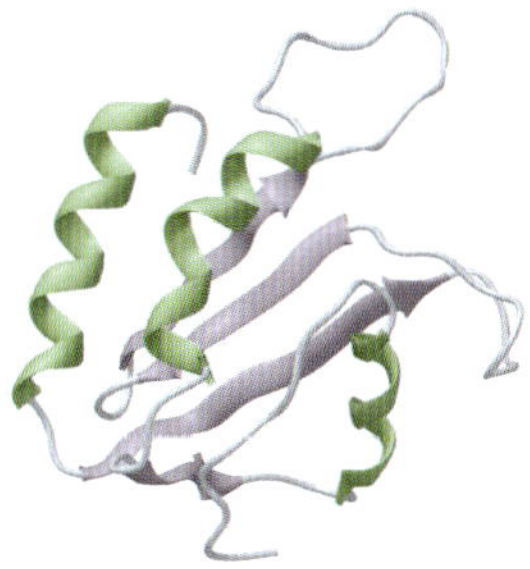

**14.22** $\alpha$-케라틴과 헤모글로빈을 다음 각 항목에 대해 비교하여 설명하시오.

a. 2차 구조
b. 수용성
c. 기능
d. 인체에서 발견되는 위치

**14.23** 단백질이 변성될 때 1차, 2차, 3차 및 4차 구조는 어떻게 영향을 받는가?

**14.24** 각 단백질 또는 펩타이드의 기능 또는 생물학적 활성을 설명하시오.

a. 인슐린
b. 마이오글로빈
c. $\alpha$-케라틴
d. 키모트립신
e. 옥시토신

## 효소

**14.25** 효소와 기질에 대해 주어진 그림을 이용하여 다음 질문에 답하시오.

a. 어느 그림이 효소-기질 복합체를 나타낸 것인가?
b. 어느 그림이 경쟁적 억제를 설명한 것인가?
c. 어느 그림이 비경쟁적 억제를 표현한 것인가?

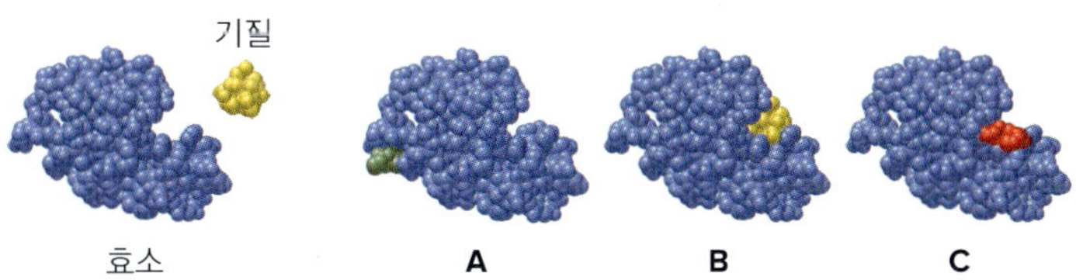


**14.26** 다음 각 반응을 촉진하는 효소의 종류는 무엇인가?

a.
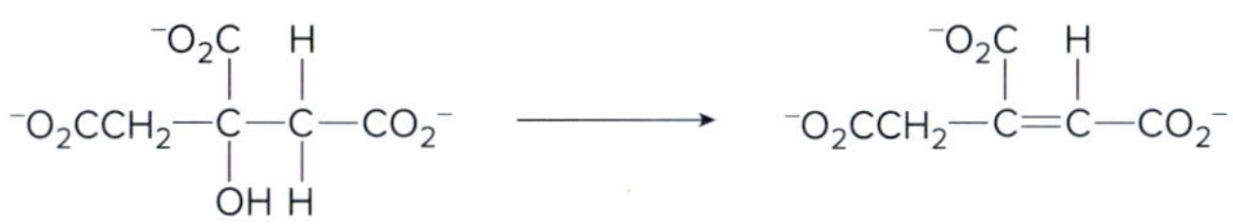

b.
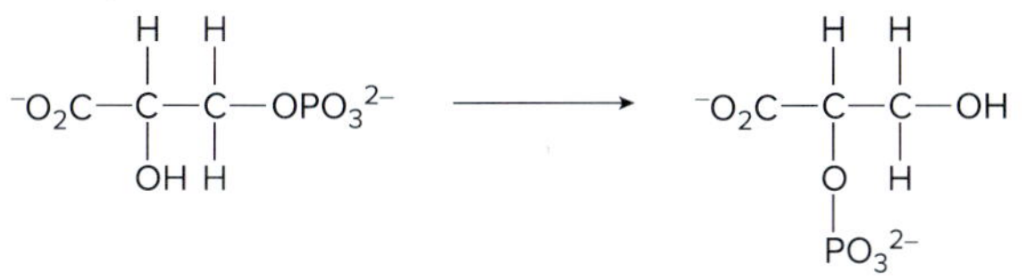

**14.27** 어떤 종류의 효소가 다음 반응을 촉진하는가?

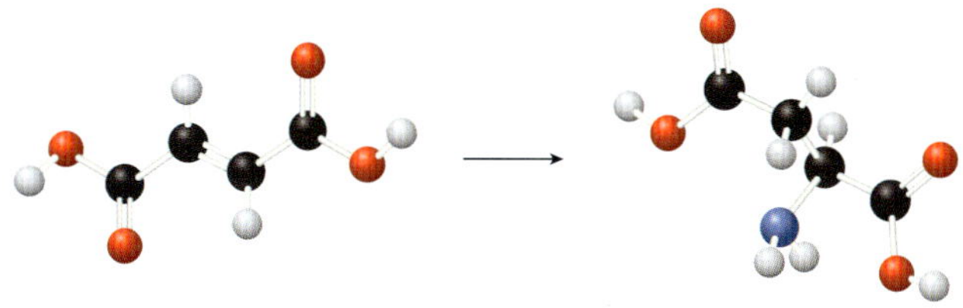

**14.28** 다음 각 효소에 의해 어떤 종류의 반응이 촉진되는가?

a. 시트르산 탈탄산 효소
b. 옥살산 환원 효소
c. 세린 트랜스아미나제

**14.29** 효소 A와 B에 대한 효소 활성 대 pH 그래프를 사용하여 질문에 답하시오.

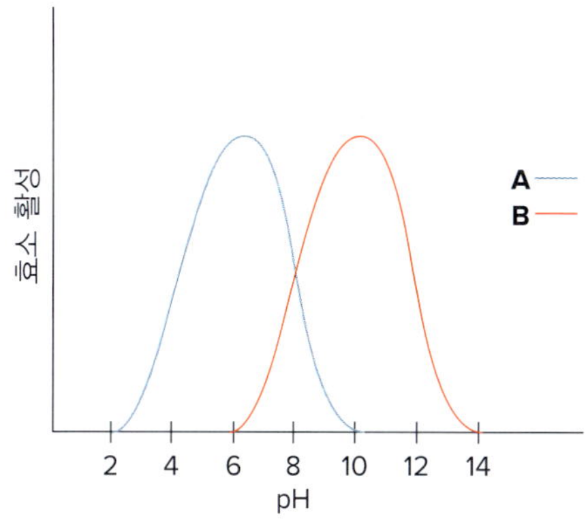


a. 효소 A의 최적 pH는 얼마인가?
b. 효소 B의 최적 pH는 얼마인가?
c. pH 4에서 더 높은 활성을 갖는 효소는 무엇인가?
d. pH 9에서 활성이 더 높은 효소는 무엇인가?

**14.30** 양성 및 음성 다른 자리 입체성 조절의 차이점은 무엇인가?

**14.31** 효소 억제제는 고혈압 치료에 어떻게 사용되는가? 사용된 약물과 억제된 효소의 구체적인 예를 들어 설명하시오.

**14.32** 비경쟁적 억제 과정을 설명하기 위해 효소, 기질 및 억제제에 대해 주어진 표현을 사용하여 설명하시오.

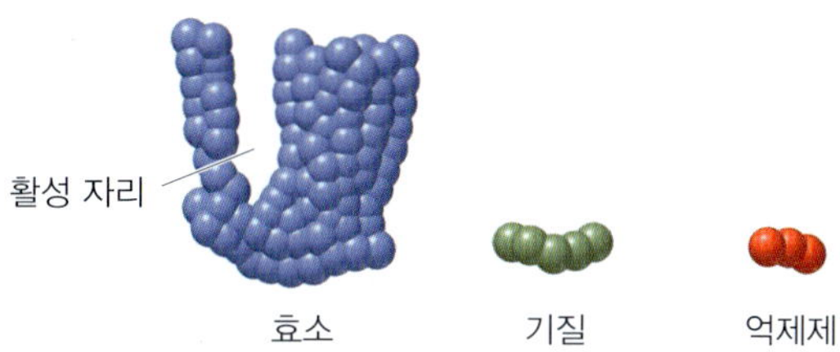

# 정답

## 1장 연습문제

**1.1** a. pure substance  b. mixture

**1.2** a. megaliter  b. millisecond  c. centigram  d. deciliter

**1.3** a. 4  c. 2  e. 3  g. 7  i. 4
b. 5  d. 4  f. 3  h. 2  j. 5

**1.4** a. 1.3  b. 0.0025  c. 3,800

**1.5** a. 37  b. 0.000 007 93  c. 32  d. 3,100

**1.6** a. 28.0 cm  b. 127.5 mL  c. 30. mg  d. 2.08 s

**1.7** a. $9.32 \times 10^4$  c. $6.78 \times 10^6$  e. $4.52 \times 10^{12}$
b. $7.25 \times 10^{-4}$  d. $3.0 \times 10^{-5}$  f. $2.8 \times 10^{-11}$

**1.8** a. 6,500  c. 0.037 80  e. 2,221,000
b. 0.000 032 6  d. 104,000,000  f. 0.000 000 000 45

**1.9** a. $\frac{0.621\ \text{mi}}{1\ \text{km}}$  $\frac{1\ \text{km}}{0.621\ \text{mi}}$  c. $\frac{454\ \text{g}}{1\ \text{lb}}$  $\frac{1\ \text{lb}}{454\ \text{g}}$
b. $\frac{1000\ \text{mm}}{1\ \text{m}}$  $\frac{1\ \text{m}}{1000\ \text{mm}}$  d. $\frac{1000\ \mu\text{g}}{1\ \text{mg}}$  $\frac{1\ \text{mg}}{1000\ \mu\text{g}}$

**1.10** a. 250 dL  b. 1,130 g  c. 81 cm  d. 100 mm

**1.11** a. 1.91 km  b. 0.7 L  c. 140 cm

**1.12** 83.3 °F or 302 K

**1.13** a,b,c: **B**

**1.14** 7.13 g

## 1장 종합문제

**1.1** a. element  b. compound  c,d: mixture

**1.2**

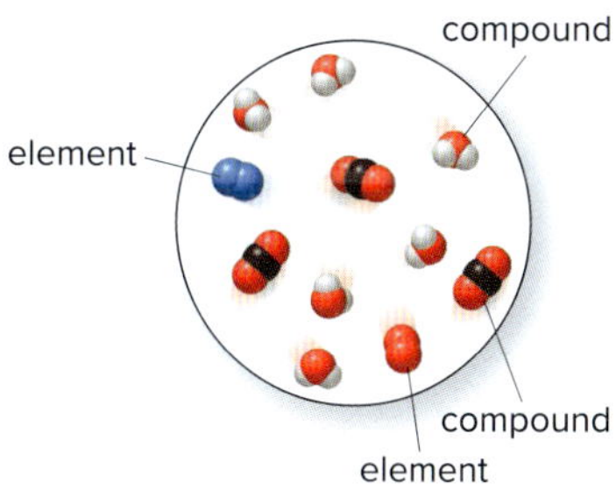


**1.3** a. **D**  b. **B**

**1.4** a. physical  b. chemical  c. physical

**1.5** This is a physical change, because the compound $CO_2$ is unchanged in this transition. The same "particles" exist at the beginning and end of the process.

**1.6** a. 76.5 °F  b. three  c. 24.7 °C

**1.7** a. 10 cloves: exact number
2 tablespoons: inexact number
b. 5 puppies: exact number
10 1b: inexact number

**1.8** a. 5 dL  b. 10 mg  c. 5 cm  d. 10 Ms

**1.9** a. 4  b. 2  c. 3  d. 2  e. 3  f. 4  g. 4  h. 2

**1.10** a. 25,400  d. 0.123
b. 1,250,000  e. 195
c. 0.001 27  f. 197

**1.11** a. 22  b. 21.97  c. 5.4  d. 50.1  e. 100  f. 1,044

**1.12** a. $1.234 \times 10^3$ g  c. $5.244 \times 10^6$ L  e. $4.4 \times 10^4$ km
b. $1.62 \times 10^{-5}$ m  d. $5.62 \times 10^{-3}$ g

**1.13** a. 340,000,000  b. 0.000 058 22  c. 300  d. 0.000 000 068 6

**1.14** a. $4.44 \times 10^3$  b. $5.6 \times 10^{-5}$  c. $1.3 \times 10^8$  d. $9.8 \times 10^{-4}$

**1.15** a. $4.00 \times 10^{-4}$ g  c. $8.0 \times 10^{-5}$ g
b. $2 \times 10^{-3}$ g  d. $3.4 \times 10^3$ mg

**1.16** 52.3 kg

**1.17** a. 1,500 g  b. 3.3 lb  c. 53 oz

**1.18** 0.060 mg mercury

**1.19** a. 130 cm  b. 1.4 L  c. 99.9 °F

**1.20** $190 U.S.

**1.21** a. 127 °F or 326 K  b. 177 °C or 450. K

**1.22** a. −10 °C  b. −50 °F

**1.23** a. **A** = corn oil; **B** = water; **C** = corn syrup
b. **A** 28 g; **B** 50. g; **C** 137 g

**1.24**

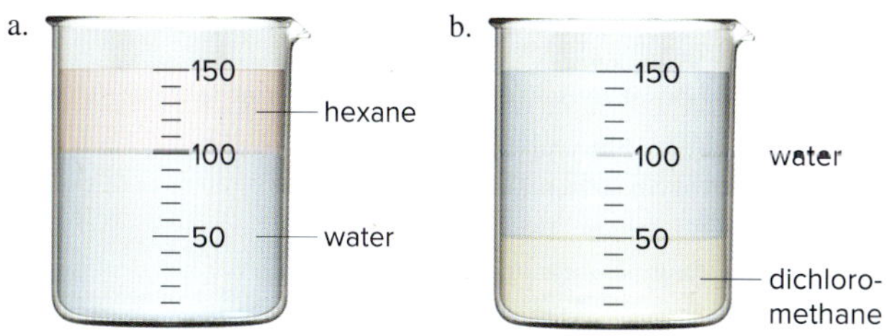


**1.25** 1.01 g/mL

**1.26** 0.974 kg

**1.27** a. heptane  b. olive oil  c. water  d. water

## 2장 연습문제

**2.1** a. 4 hydrogens, 1 carbon  c. 6 hydrogens, 2 carbons, 1 oxygen
b. 3 hydrogens, 1 nitrogen

**2.2** $C_8H_{10}N_4O_2$

**2.3** a. 1  b. 4  c. 1  d. 2  e. 3  f. 2

2.4 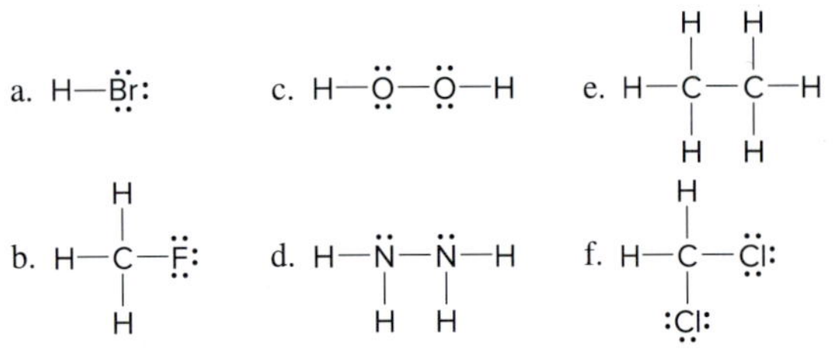

2.5 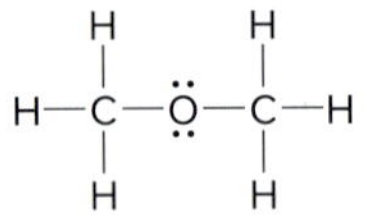

2.6 

2.7 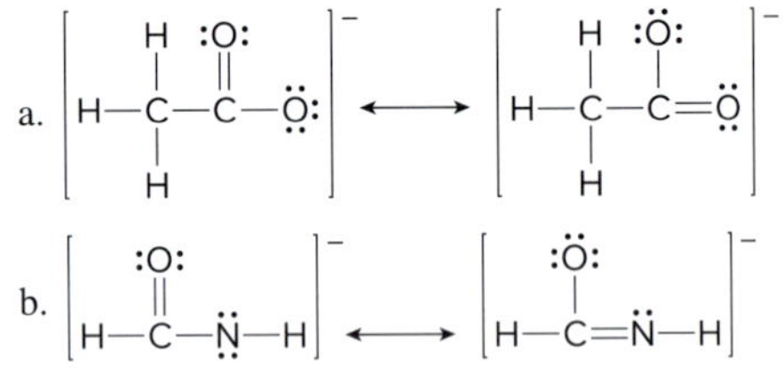

2.8 a. bent c. trigonal pyramidal
b. tetrahedral d. trigonal planar

2.9 a. polar c. nonpolar e. polar
b. ionic d. polar f. polar

2.10 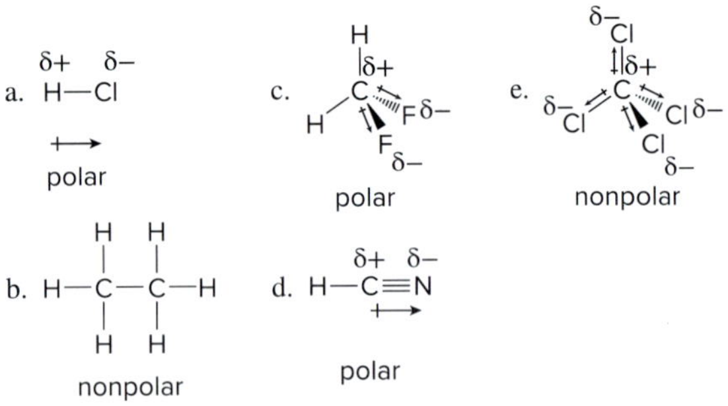


## 2장 종합문제

2.1 a. carbon (black), oxygen (red)
b. carbon (black), hydrogen (gray), chlorine (green)

2.2 a. gold, astatine, silver
b. nitrogen, sodium, nickel
c. sulfur, silicon, tin
d. calcium, chromium, chlorine
e. phosphorus, lead, platinum
f. titanium, tantalum, thallium

2.3 a,c,e: element b,d: compound

2.4 a. cesium c. chlorine e. fluorine
b. ruthenium d. beryllium f. cerium

2.5 a. sodium: metal, alkali metal, main group element
b. silver: metal, transition metal
c. xenon: nonmetal, noble gas, main group element
d. platinum: metal, transition metal
e. uranium: metal, inner transition metal
f. tellurium: metalloid, main group element

2.6 a. LiCl: ionic; the metal Li donates electrons to chlorine.
HCl: covalent; H and Cl share electrons because both are nonmetals and the electronegativity difference is not large enough for electron transfer to occur.
b. KBr: ionic; the metal K donates electrons to bromine.
HBr: covalent; H and Br share electrons because the electronegativity difference is not large enough for electron transfer to occur.

2.7 a. 4 bonds, 0 lone pairs c. 1 bond, 3 lone pairs
b. 2 bonds, 2 lone pairs d. 3 bonds, 1 lone pair

2.8 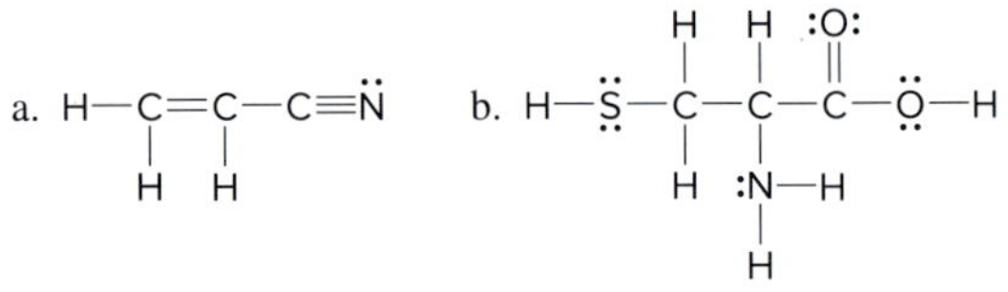

2.9 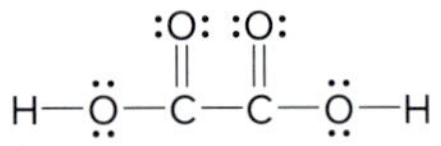

2.10 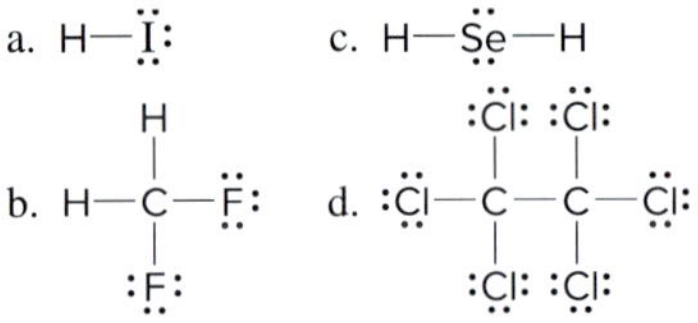

2.11 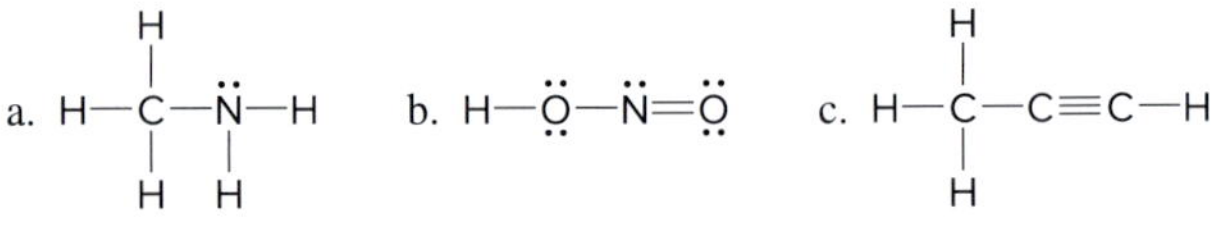

2.12 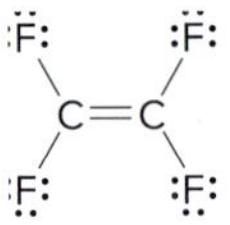

2.13 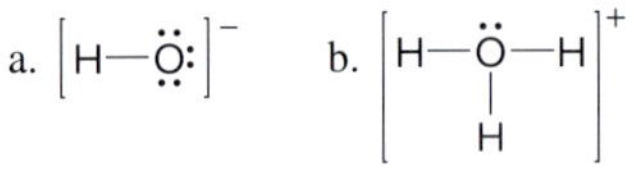

2.14 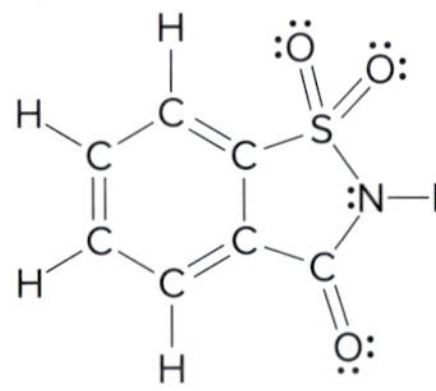

2.15 A resonance structure is one representation of an electron arrangement with a given placement of atoms. A resonance hybrid is a composite of two or more resonance structures.

2.16 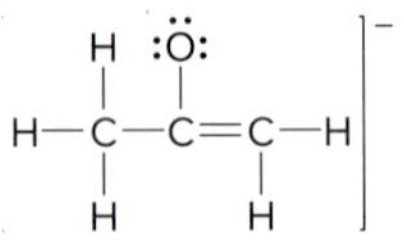

2.17 a. resonance structures b. not resonance structures

2.18 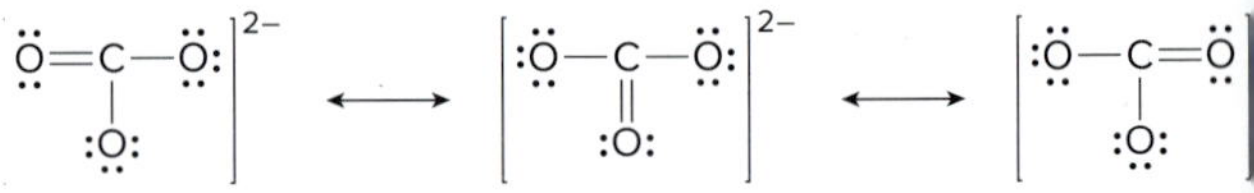

**2.19** a., c.

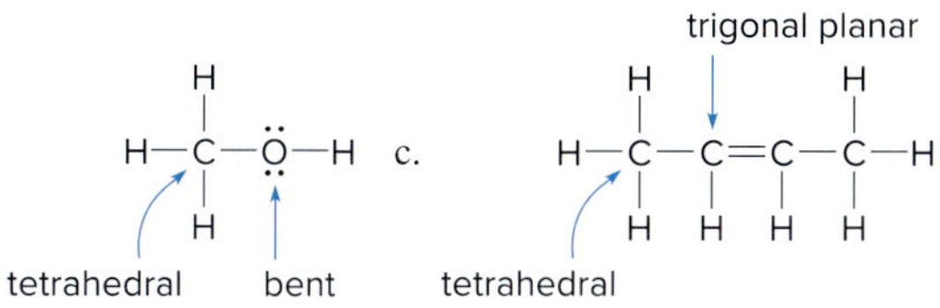


b. $\ddot{N}F_3$ — trigonal pyramidal

**2.20** a. **A** b. **B** c. **B**

**2.21** a., c.

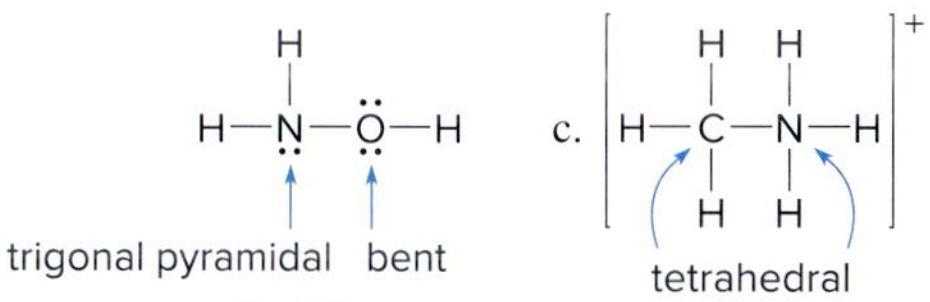


b.

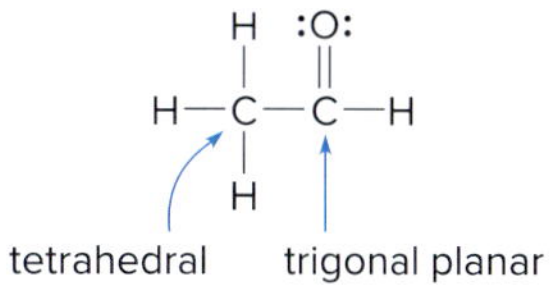


**2.22** a. [1] A linear geometry means two groups, so no lone pairs. [2] $BeCl_2$
b. [1] A bent geometry generally means four groups, so two lone pairs. [2] $H_2O$

**2.23** a.

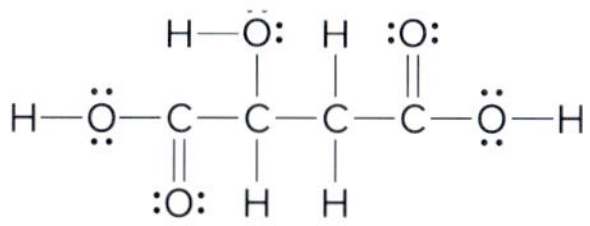

b. **A,** trigonal planar
**B,** bent
**C,** tetrahedral

**2.24**

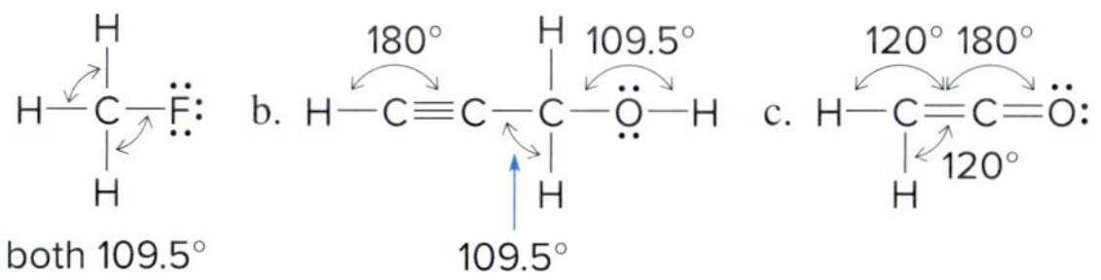


**2.25**

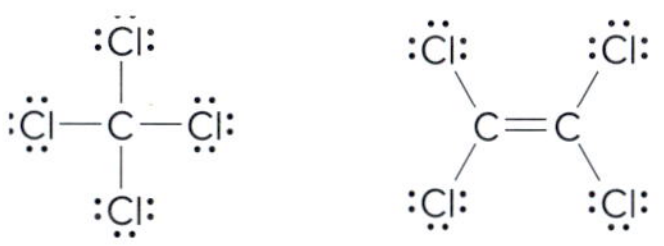

$CCl_4$ is tetrahedral because carbon has four substituents. Each C in $C_2Cl_4$ has trigonal planar geometry because each carbon has three substituents.

**2.26** a. Se < S < O b. Na < P < Cl c. Na < Li < Be

**2.27** **B** < **C** < **A**
sulfur chlorine fluorine

**2.28** a,b,c: covalent d. ionic

**2.29** a. nonpolar b. polar c. polar d. polar e. nonpolar

**2.30** a. C—O b. C—F c. Si—C

**2.31**

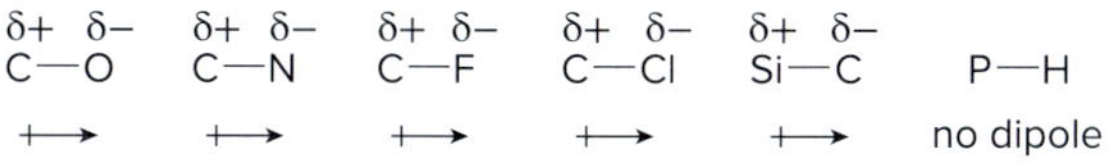


**2.32** a.

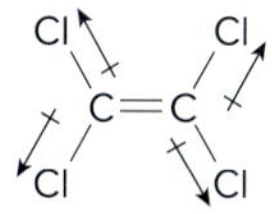

polar bonds, nonpolar compound

b.

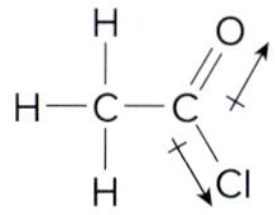

polar bonds, polar compound

**2.33** $CHCl_3$ has a net dipole, making it polar. $CCl_4$ has four polar bonds but no net dipole because the four bonds have dipoles that cancel one another.

**2.34** **A** a.

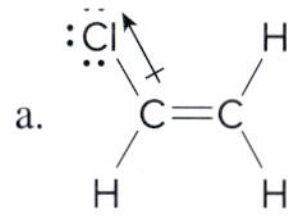

b. one polar C—Cl bond
c. polar molecule

**B** a.

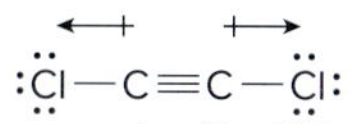

b. two polar C—Cl bonds
c. nonpolar molecule

**2.35** a. 20 valence electrons
b,c:

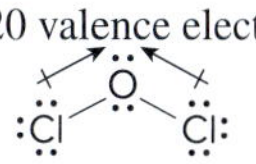

d. bent
e. The compound is polar because the two bond dipoles do not cancel.

## 3장 연습문제

**3.1** a, c

**3.2** a, b, d

**3.3** a. $HCl(g) + NH_3(g)$ — acid, base
c. $OH^-(aq) + HSO_4^-(aq)$ — base, acid
b. $CH_3COOH(l) + H_2O(l)$ — acid, base

**3.4** a. $H_3O^+$ b. HI c. $H_2CO_3$

**3.5** a. HS c. CN c. $SO_4^{2-}$

**3.6** a. $H_2O(l) + HI(g) \rightleftharpoons I^-(aq) + H_3O^+(aq)$
base, acid, conjugate base, conjugate acid
b. $Br^-(aq) + HNO_3(aq) \rightleftharpoons HBr(aq) + NO_3^-(aq)$
base, acid, conjugate acid, conjugate base

**3.7** **A:** weak acid; $H_3O^+$, $HNO_2$, $NO_2^-$ present
**B:** strong acid; $H_3O^+$, $Br^-$ present

**3.8** **D < F < E**

**3.9** a. $H_2SO_4$ is the stronger acid; $H_3PO_4$ has the stronger conjugate base.
b. HCl is the stronger acid; HF has the stronger conjugate base.
c. $H_2CO_3$ is the stronger acid; $NH_4^+$ has the stronger conjugate base.
d. HF is the stronger acid; HCN has the stronger conjugate base.

**3.10** a. $HPO_4^{2-} < H_2PO_4^- < H_3PO_4$
b. HCN < $CH_3COOH$ < HF

**3.11** reactants

**3.12** a. 6 b. 12 c. 5 d. 11

**3.13** a. $1 \times 10^{-13}$ M basic
b. $1 \times 10^{-7}$ M neutral
c. $1 \times 10^{-3}$ M acidic

**3.14** a. 5.74 b. 11.036 c. 4.06 d. 10.118

**3.15** a. $6 \times 10^{-11}$ M b. $2 \times 10^{-8}$ M c. $5 \times 10^{-5}$ M

3.16 $H_2SO_4(aq) + CaCO_3(s) \longrightarrow CaSO_4(aq) + \underbrace{H_2O(l) + CO_2(g)}_{\text{from } H_2CO_3}$

## 3장 종합문제

3.1 a, d, f

3.2 a, d, e, f

3.3 a. $H_2S$ b. $HCO_3^-$ c. $HNO_2$ d. 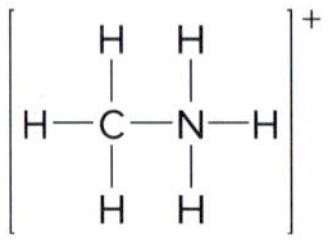

3.4 a. $NO_2^-$ b. $NH_3$ c. $HO_2^-$

3.5 a. $NO_2^-$ b. $CO_3^{2-}$

3.6 a. 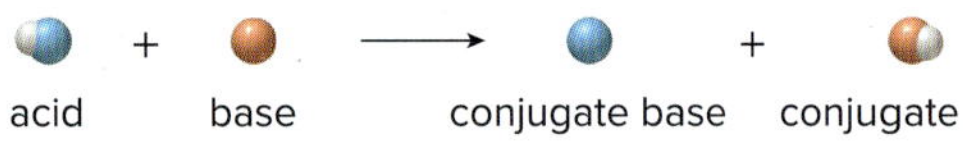


b. 

3.7 a. $HI(g)$ acid — $I^-(aq)$ conjugate base
$NH_3(g)$ base — $NH_4^+(aq)$ conjugate acid
b. $HCOOH(l)$ acid — $HCOO^-(aq)$ conjugate base
$H_2O(l)$ base — $H_3O^+(aq)$ conjugate acid
c. $HSO_4^-(aq)$ base — $H_2SO_4(aq)$ conjugate acid
$H_2O(l)$ acid — $OH^-(aq)$ conjugate base

3.8 a. $H_2CO_3$ b. $CO_3^{2-}$

3.9 a. $H_2O$ b. $(CH_3NH_3)^+$

3.10 $HNO_3(aq) + H_2O(l) \longrightarrow H_3O^+(aq) + NO_3^-(aq)$

3.11 **A** represents HCl because it shows a fully dissociated acid.
**B** represents HF because it is only partially dissociated.

3.12 a. **B** b. **A**

3.13 a. $CH_3COOH$ (stronger acid)
$H_2O$ (stronger conjugate base)
b. $H_3PO_4$ (stronger acid)
$HCO_3^-$ (stronger conjugate base)
c. $H_2SO_4$ (stronger acid)
$HSO_4^-$ (stronger conjugate base)

3.14 a. **A** b. **B** c. **B**

3.15

| | Acid | Formula | Conjugate Base | Formula |
|---|---|---|---|---|
| a. | strong | $H_2SO_4$ | weak | $HSO_4^-$ |
| b. | weak | HOBr | strong | $OBr^-$ |
| c. | strong | $HNO_3$ | weak | $NO_3^-$ |
| d. | weak | $HCO_2H$ | strong | $HCO_2^-$ |

3.16 a. $HSO_4^-$ stronger acid
$SO_4^{2-}$ conjugate base
$H_2PO_4^-$
$HPO_4^{2-}$ conjugate base, stronger base
b. $CH_3COOH$ stronger acid
$CH_3COO^-$ conjugate base
$CH_3CH_2COOH$
$CH_3CH_2COO^-$ conjugate base, stronger base

3.17 a. **B** b. **B** c. **A**

3.18 0.14

3.19 a. $H_3PO_4(aq) + CN^-(aq) \rightleftharpoons H_2PO_4^-(aq) + HCN(aq)$
acid — conjugate acid
products favored
b. $Br^-(aq) + HSO_4^-(aq) \rightleftharpoons SO_4^{2-}(aq) + HBr(g)$
acid — conjugate acid
reactants favored
c. $CH_3COO^-(aq) + H_2CO_3(aq) \rightleftharpoons CH_3COOH(aq) + HCO_3^-(aq)$
acid — conjugate acid
reactants favored

3.20 a. True
b. False. A solution with a pH of 2 is 100 times more acidic than a solution with a pH of 4.

3.21

| $[H_3O^+]$ | $[OH^-]$ | pH | Classification |
|---|---|---|---|
| $5.3 \times 10^{-3}$ | $1.9 \times 10^{-12}$ | 2.28 | acidic |
| $5.0 \times 10^{-7}$ | $2.0 \times 10^{-8}$ | 6.30 | acidic |
| $4 \times 10^{-5}$ | $2.5 \times 10^{-10}$ | 4.4 | acidic |
| $1.5 \times 10^{-5}$ | $6.8 \times 10^{-10}$ | 4.82 | acidic |

3.22 a. $1 \times 10^{-12}$ M c. $1.6 \times 10^{-2}$ M
b. $1 \times 10^{-1}$ M d. $1.3 \times 10^{-9}$ M

3.23 a. 2.60 b. 12.17

3.24 HCl is fully dissociated to $H_3O^+$ and $Cl^-$ and $CH_3COOH$ is not fully dissociated.

3.25 a. $HBr(aq) + KOH(aq) \longrightarrow KBr(aq) + H_2O(l)$
b. $2\ HNO_3(aq) + Ca(OH)_2(aq) \longrightarrow 2\ H_2O(l) + Ca(NO_3)_2(aq)$
c. $HCl(aq) + NaHCO_3(aq) \longrightarrow NaCl(aq) + H_2O(l) + CO_2(g)$
d. $H_2SO_4(aq) + Mg(OH)_2(aq) \longrightarrow 2\ H_2O(l) + MgSO_4(aq)$

3.26 $2\ HNO_3(aq) + CaCO_3(s) \longrightarrow Ca(NO_3)_2(aq) + CO_2(g) + H_2O(l)$

3.27 a. 루이스 염기 및 브뢴스테드-로우리 염기
b. 루이스 염기
c. 둘 다 아님
d. 루이스 염기

3.28 a. 브뢴스테드-로우리 산
b. 루이스 산
c. 루이스 산
d. 둘 다 아님

3.29 a. 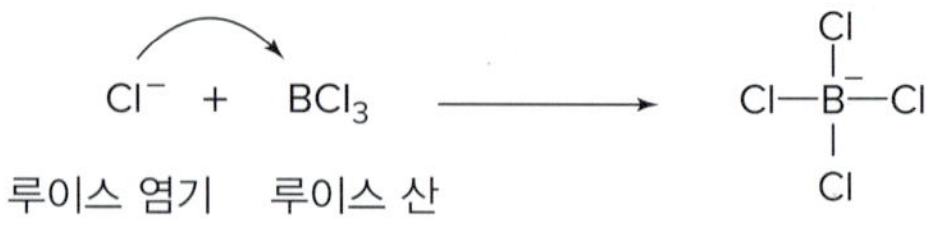


b. 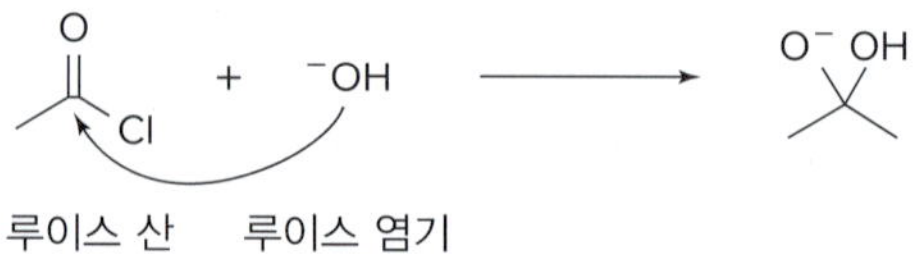


3.30 a. 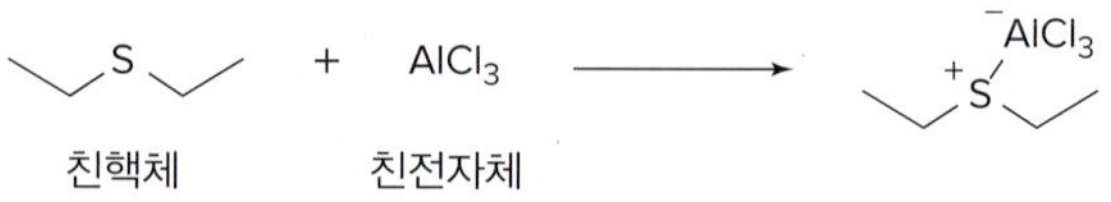

b. 

친핵체 친전자체

c. 

친전자자체 친핵체

**3.31** a. $(CH_3CH_2)_3C-\overset{+}{O}H_2$

b. $(CH_3CH_2)_3C-\overset{+}{O}(CH_3)H$

c. $(CH_3CH_2)_3C-\overset{+}{O}(CH_3)_2$

d. $(CH_3CH_2)_3C-\overset{+}{N}H_3$

e. $(CH_3CH_2)_3C-\overset{+}{N}(CH_3)_2H$

## 4장 연습문제

**4.1** a. 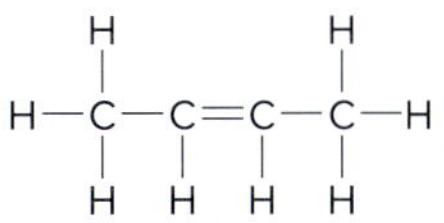

d. 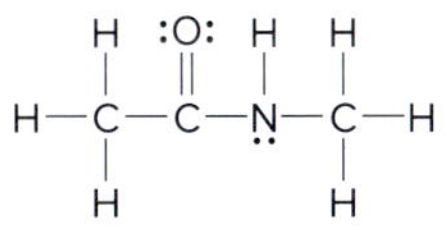

b. 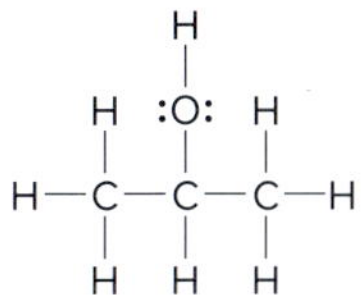

e. 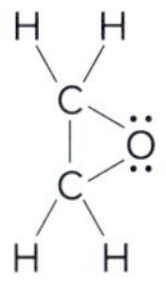

c. 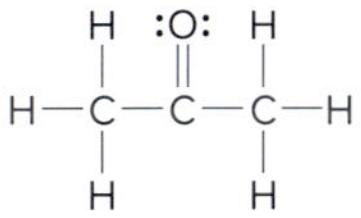

**4.2** a. (1), (2) both trigonal planar
b. (1) linear; (2) tetrahedral; (3) bent
c. (1) trigonal planar; (2) bent
d. (1) trigonal planar; (2) linear

**4.3** (1) bent; (2) linear; (3), (4) trigonal planar; (5) bent; (6) tetrahedral

**4.4** a. $CH_3(CH_2)_3CH_3$ c. $CH_3CH_2O(CH_2)_2OH$
b. $Br(CH_2)_2Br$ d. $CH_3CH_2C(CH_3)_3$

**4.5** a. 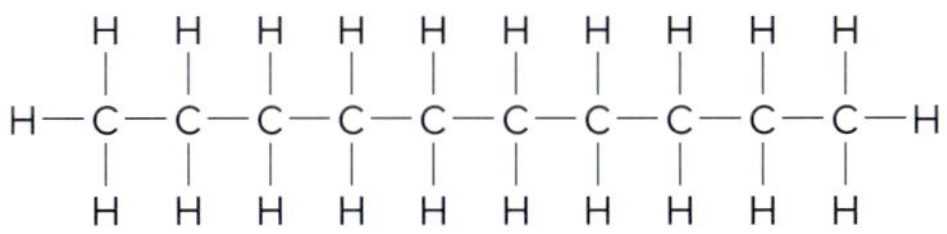

b. 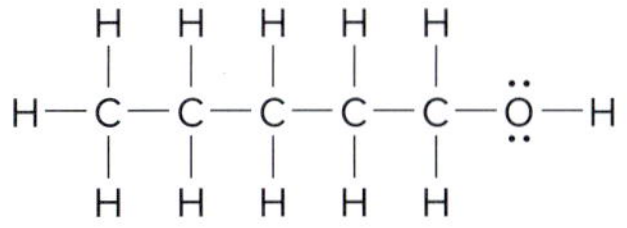

c. 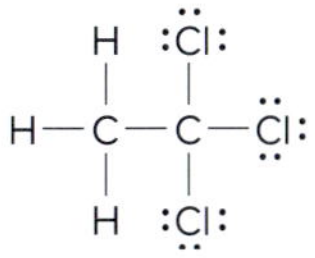

d. 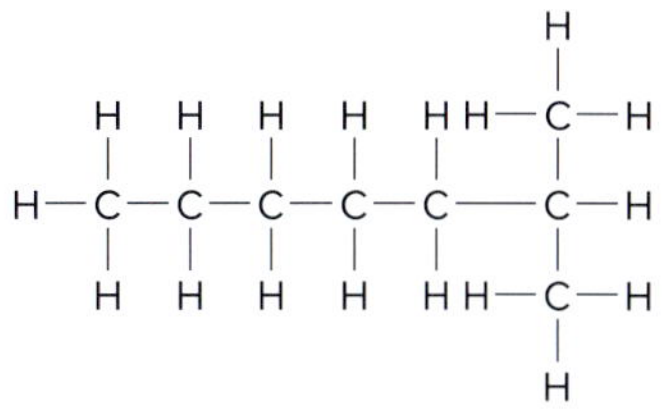

e. 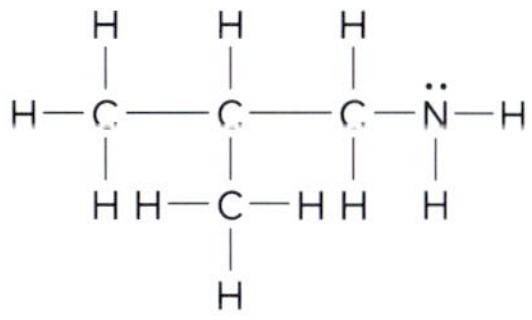

**4.6** a. 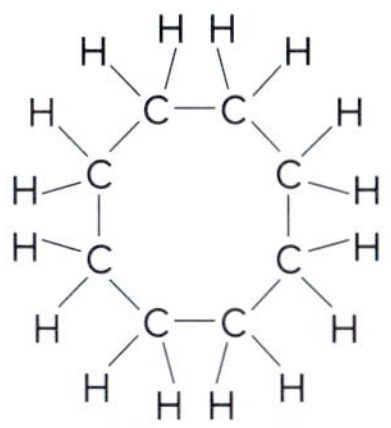

c. 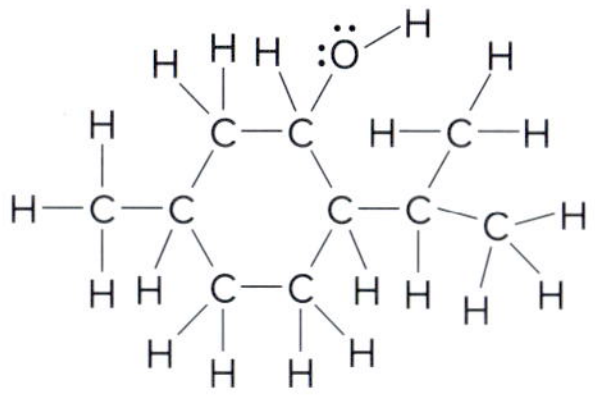

b. 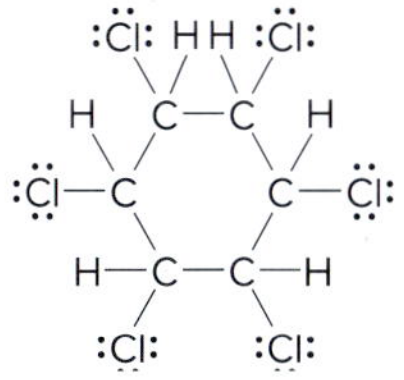

**4.7**

| C1: 1 H | C3: 3 H's | C5: 2 H's | C7: 1 H |
|---|---|---|---|
| C2: 1 H | C4: 0 H's | C6: 2 H's | C8: 3 H's |

**4.8** a. 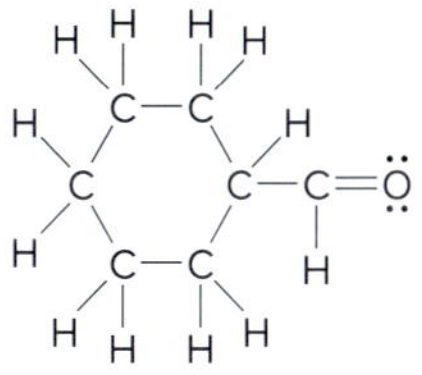

aldehyde

b. 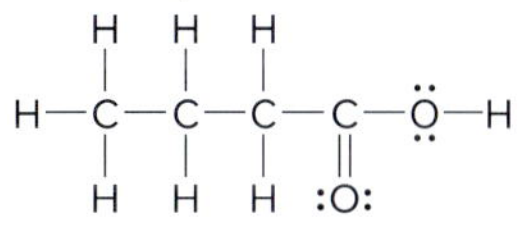

carboxylic acid

c. 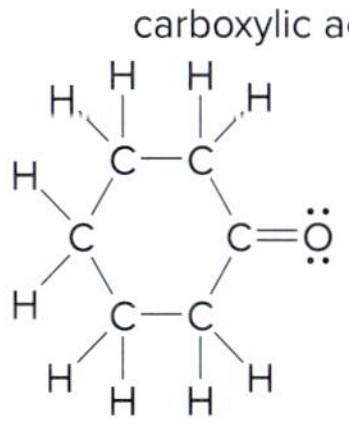

ketone

d. 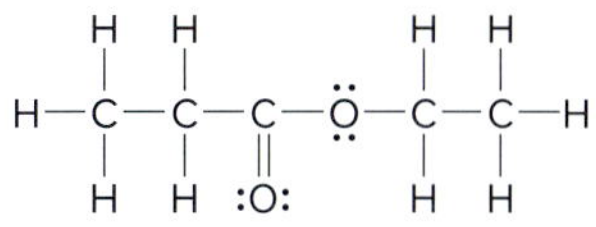

ester

e. 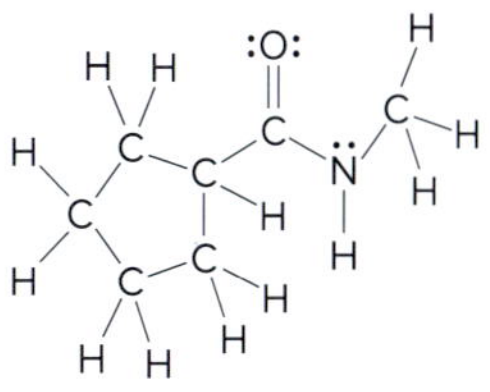

amide

**4.9** amide, aromatic ring, ether, hydroxyl, amine

**4.10** a. $CH_3CH_2OCH_2CH_3$, ether
b. $CH_3CH_2CH{=}CHCH_2CHO$, alkene, aldehyde

**4.11** a. nonpolar; all nonpolar bonds
b. polar; one polar C═O bond
c. Nonpolar; the four bond dipoles cancel.
d. Polar; the polar C—N and N—H bond dipoles don't cancel.

**4.12** a. insoluble
b. soluble
c. insoluble

## 4장 종합문제

**4.1** inorganic: (a), (b) organic: (c)

**4.2** a. 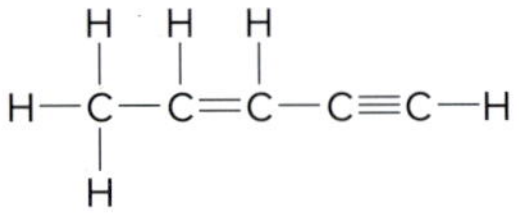
c. 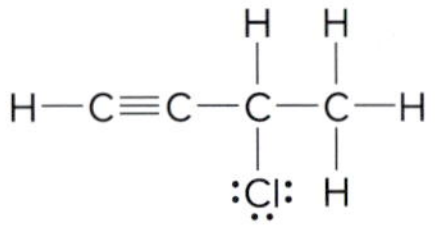
b. 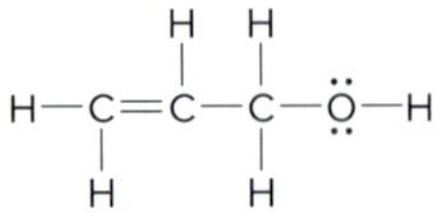
d. 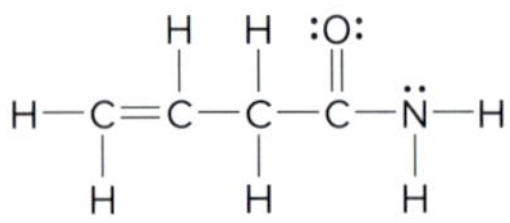

**4.3** a. (1) trigonal planar; (2) linear
b. (1) tetrahedral; (2) bent; (3) tetrahedral

**4.4** a. (1) and (2) 180° c. (1) and (2) 109.5°
b. (1) and (2) 120°

**4.5** (1) bent; (2) trigonal planar; (3) tetrahedral; (4) trigonal pyramidal

**4.6** Each C is surrounded by three groups, so each carbon is trigonal planar giving 120° bond angles.

**4.7** a. $CH_3(CH_2)_2C(CH_3)_3$ c. $CH_3(CH_2)_2CHO$
b. $(CH_3)_2CHCH_2O(CH_2)_2CH_3$

**4.8** a. 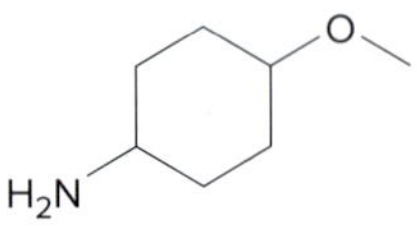
b. 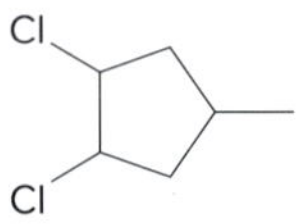

**4.9** a. 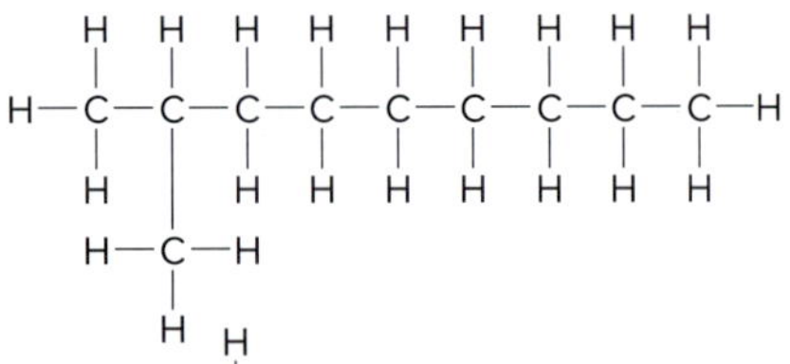
b. 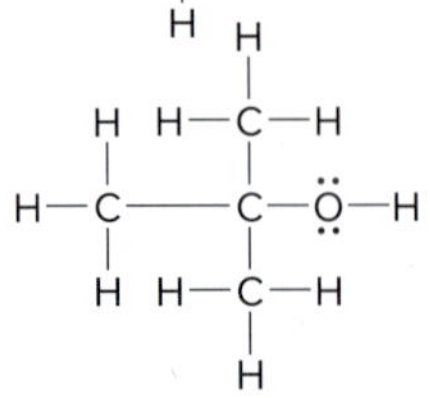
c. 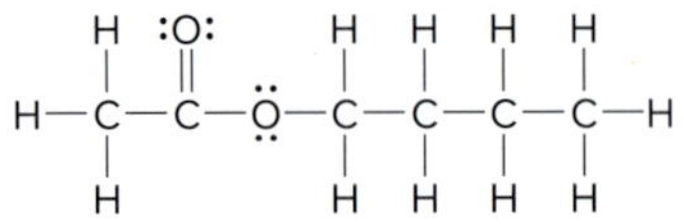
d. 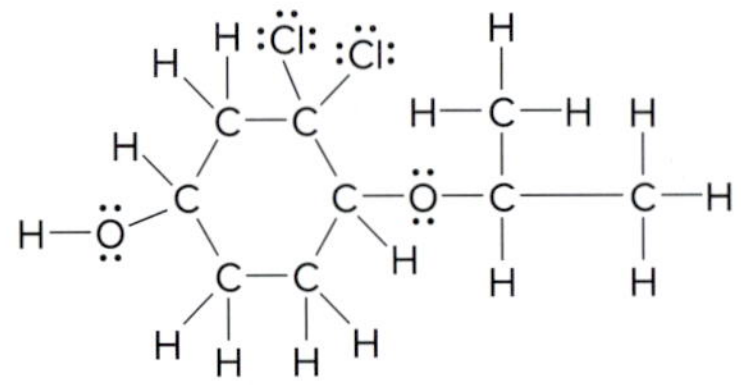

**4.10** a. 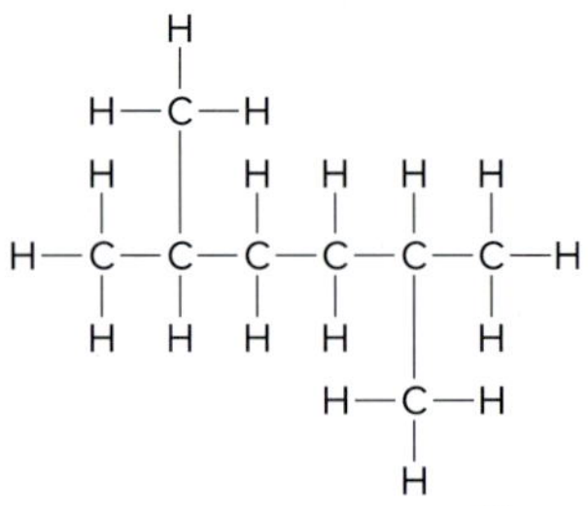
b. 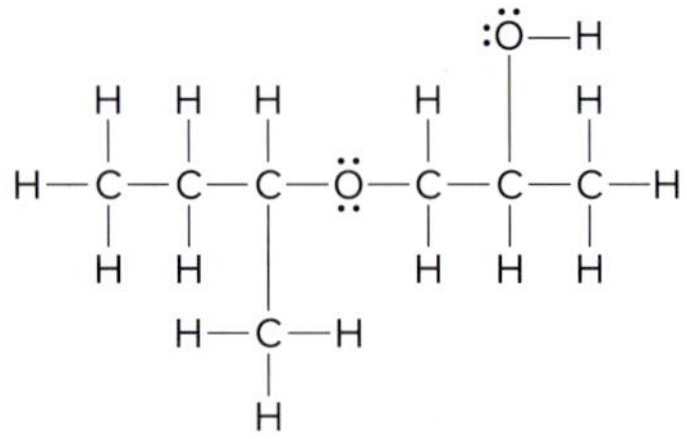

**4.11** a.
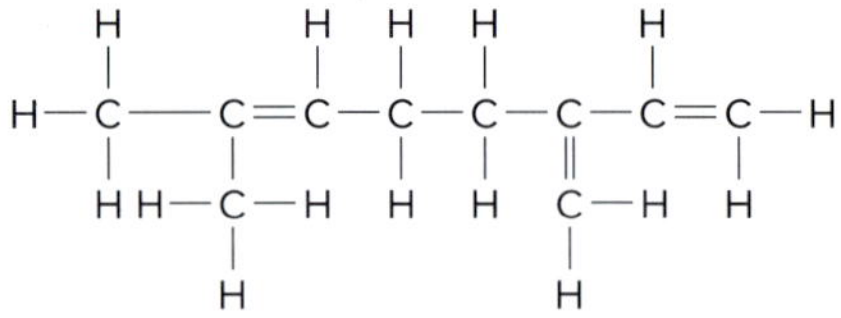
A
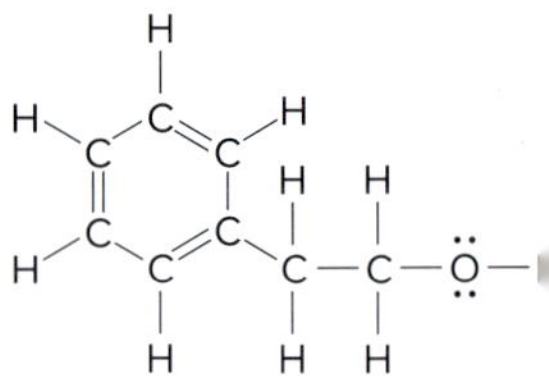
B

b.
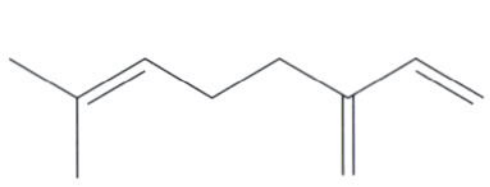
A
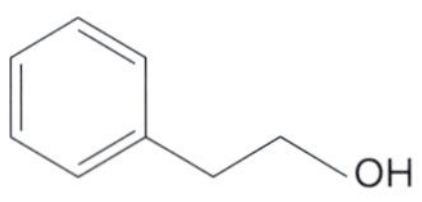
B

**4.12** a. $(CH_3)_3CHCH_2CH_3$ (Five bonds to C)
b. $CH_3(CH_2)_4CH_3OH$ (Five bonds to C)
c. $(CH_3)_2C{=}CH_3$ (Five bonds to C)
d. 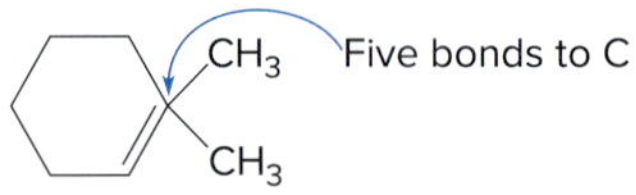

e. 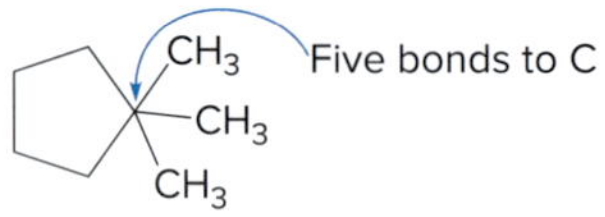


**4.13** 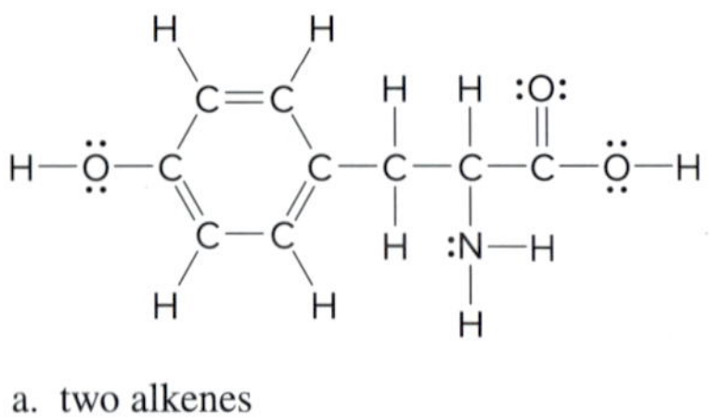

**4.14** a. two alkenes
b. ketone
c. ester

**4.15** a. ester
b. two alkenes, two alkynes, one hydroxyl
c. hydroxyl, ether, aldehyde, aromatic ring

**4.16** two hydroxyl groups, aromatic ring, amine

**4.17** $(CH_3)_2C{=}CHCH_2CH_2C(CH_3){=}CHCHO$, two alkenes, aldehyde

**4.18** a. $HC{\equiv}C{-}CH_3$

b. $CH_3CH_2CH_2OH$

c. $CH_3CH_2CHO$

d. $CH_3CH_2\overset{O}{\overset{\|}{C}}CH_3$

**4.19** alkane $CH_3CH_2CH_2CH_2CH_3$ $C_5H_{12}$

alkene 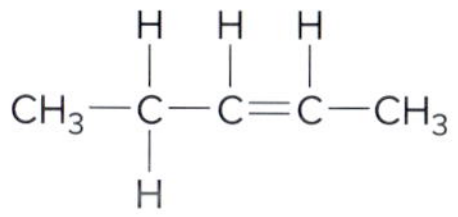 $C_5H_{10}$

alkyne 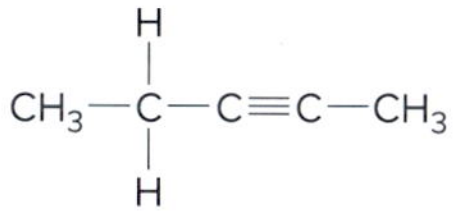 $C_5H_8$

**4.20** NaCl dissolves in water but not in dichloromethane and cholesterol dissolves in dichloromethane but not in water.

**4.21** a.

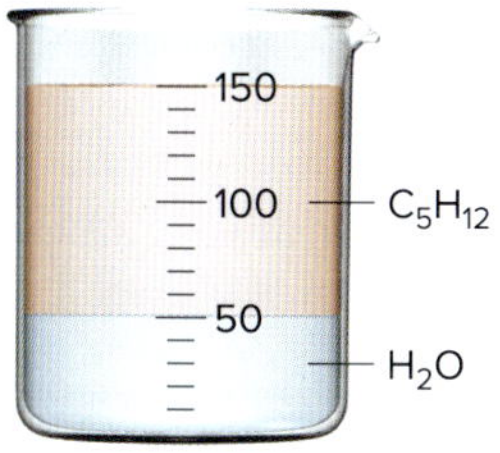


b.

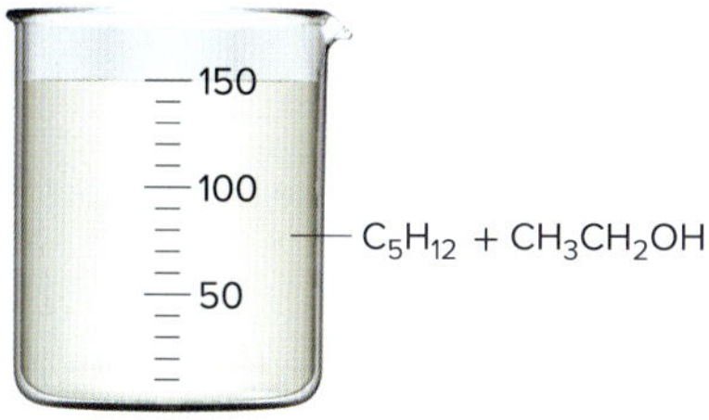


c.

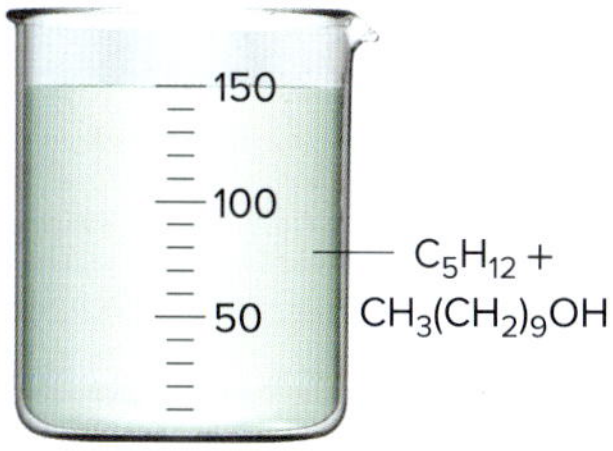


**4.22** Net dipoles and molecular geometry will determine whether a molecule is polar or nonpolar. When a molecule has polar bonds, we must determine whether the bond dipoles cancel or reinforce.

**4.23** a. 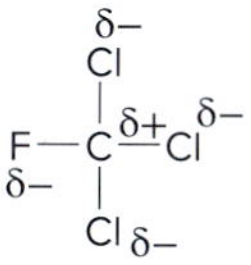 b. 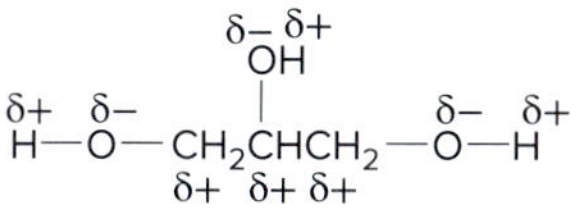

**4.24** a. nonpolar b. polar c. polar

**4.25** Ethylene glycol is more water soluble because it contains two polar hydroxyl groups capable of hydrogen bonding.

**4.26** Sucrose has multiple OH groups and this makes it water soluble. 1-Dodecanol has a long hydrocarbon chain and a single OH group, so it is not water soluble.

**4.27** Fat-soluble vitamins will persist in tissues and accumulate, whereas any excess of water-soluble vitamins will be excreted in the urine.

**4.28** Vitamin E is a fat-soluble vitamin, making it soluble in organic solvents and insoluble in water.

**4.29** a. Yes, there are just enough H's to give each C four bonds.

b. No, there are too many H's.

c. Yes, if you put the three C's in a ring, each C gets two H's.

**4.30** a. $CH_3CH_2CH_2NHCH_3$

b. 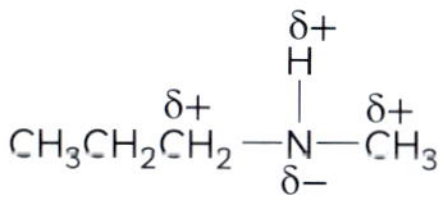

c. trigonal pyramidal around N

d. This is a polar molecule. The bond dipoles don't cancel.

**4.31** a. $C_9H_{11}NO_2$ c. seven d. water soluble

b,e: Polar bonds are in **bold.**

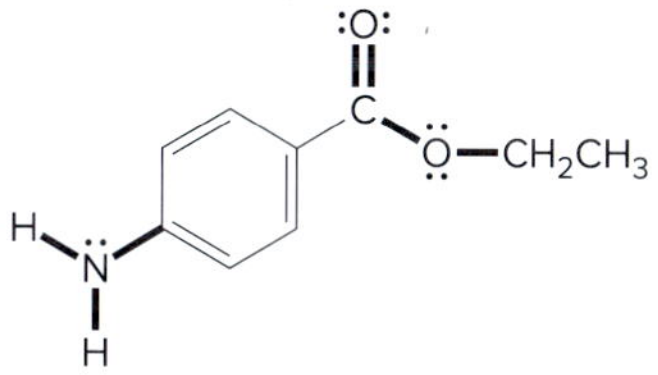

**4.32**

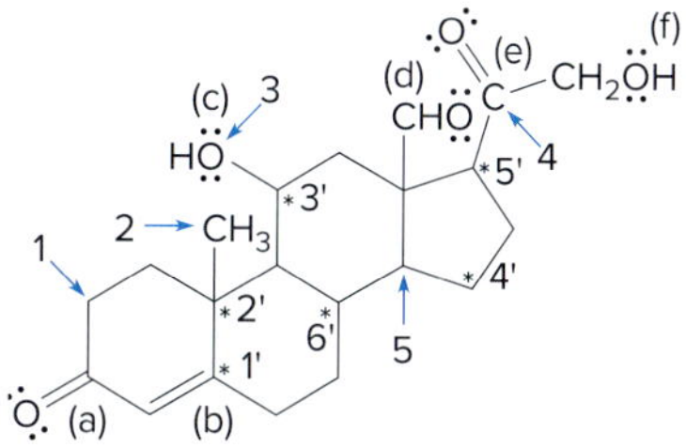

a. functional groups:

| | |
|---|---|
| (a) ketone | (d) aldehyde |
| (b) alkene | (e) ketone |
| (c) hydroxyl | (f) hydroxyl |

b. Each O needs two lone pairs.

c. 21 C's

d. number of H's at atom:

1'–0 H's

2'–0 H's

3'–1 H

4'–2 H's

5'–1 H

6'–1 H

e. shape at each atom:

1–tetrahedral

2–tetrahedral

3–bent

4–trigonal planar

5–tetrahedral

f. 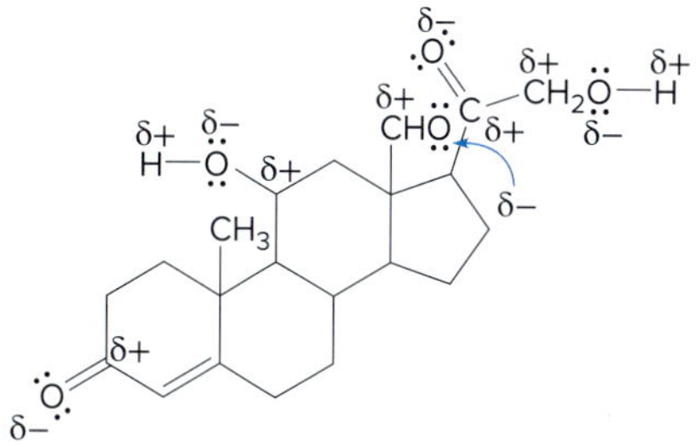

4.33 The waxy coating will prevent loss of water from leaves and will keep leaves crisp.

## 5장 연습문제

5.1 a. not isomers b. isomers c. isomers d. not isomers

5.2 

5.3 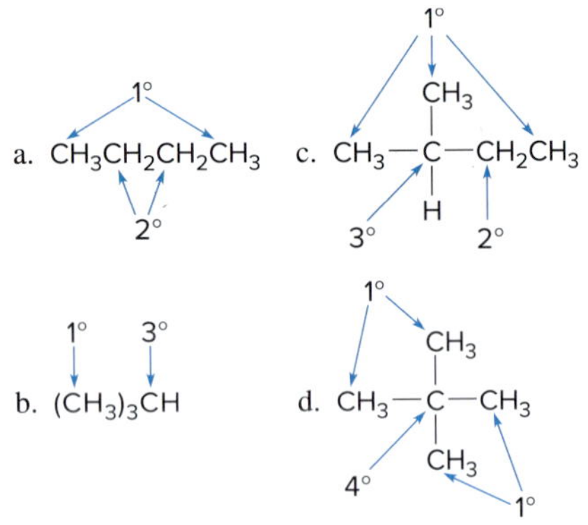

5.4 a. 3-methylpentane
b. 4-methyl-5-propylnonane
c. 2,4-dimethylhexane

5.5 a. 2,3-dimethylpentane
b. 4-ethyloctane

5.6 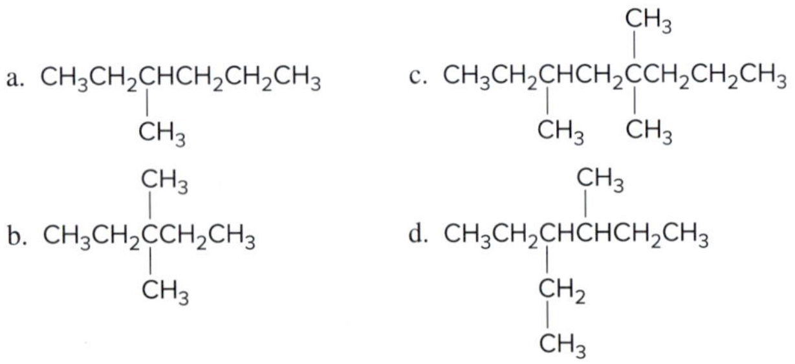

5.7 a. methylcyclobutane
b. 1,1-dimethylcyclohexane
c. 1-ethyl-3-propylcyclopentane
d. 1-ethyl-4-methylcyclohexane

## 5장 종합문제

5.1 64

5.2 $C_{27}H_{56}$

5.3 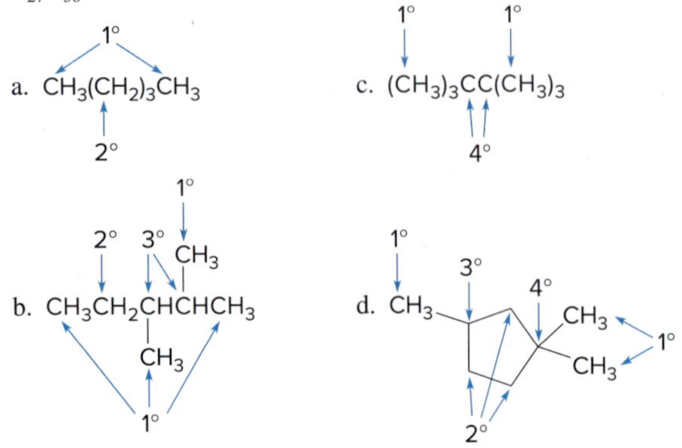

5.4 a,c,d: constitutional isomers b. identical

5.5 a. identical b. constitutional isomers c. constitutional isomers

5.6 a,d: constitutional isomers b,c,e: identical

5.7 a. 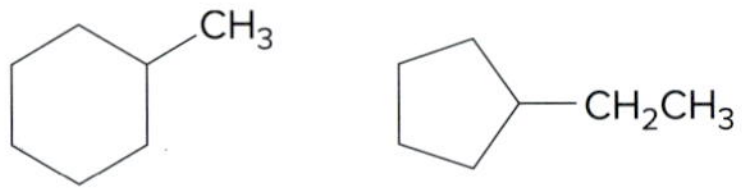
b. $CH_3CH_2CH_2CH_2CH_2OH$ $CH_3OCH_2CH_2CH_2CH_3$
c. $CH_3CH_2CH_2Cl$ 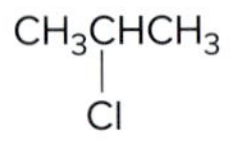

5.8 a. 9 b. 7

5.9 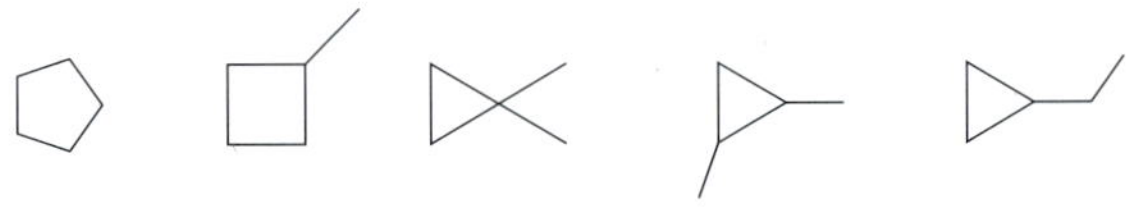

5.10 hexane; 2-methylpentane; 3-methylpentane; 2,2-dimethylbutane; 2,3-dimethylbutane

5.11 a. 4-methylheptane b. ethylcyclopentane

5.12 a. 3-methylheptane
b. 3,5-dimethyloctane
c. 3,3-diethylhexane
d. 4-ethyl-2,6-dimethyloctane
e. 6-ethyl-2-methyloctane
f. 2,2,8,8-tetramethyldecane

5.13 a. cyclooctane
b. methylcyclopropane
c. 1,1,2,2-tetramethylcyclobutane
d. 1,3-diethylcyclohexane

5.14 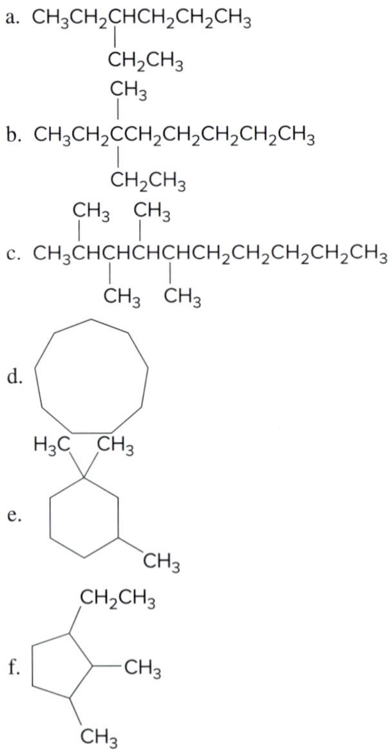

5.15 a. 2-methylbutane: Number to give $CH_3$ the lower number, 2 not 3.
b. methylcyclopentane: no number assigned if only one substituent
c. 2-methylpentane: five-carbon chain
d. 2,5-dimethylheptane: longest chain not chosen
e. 1,3-dimethylcyclohexane: Number to give the second substituent the lower number.
f. 1-ethyl-2-propylcyclopentane: lower number assigned alphabetically

**5.16**

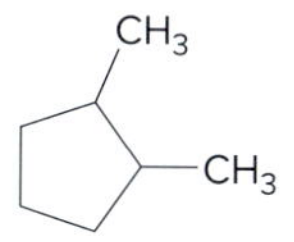

1,2-dimethylcyclopentane

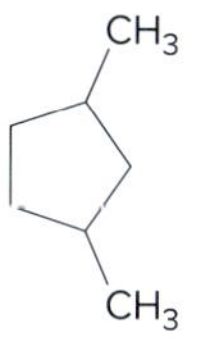

1,3-dimethylcyclopentane

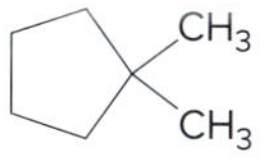

1,1-dimethylcyclopentane

**5.17** a. 

b. 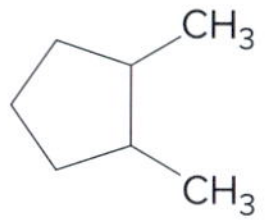

c. 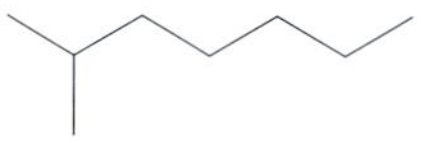

**5.18** a. 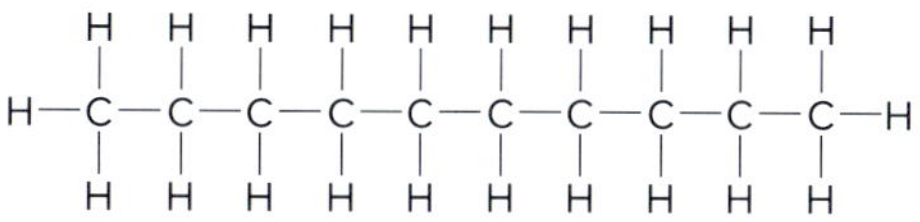

b. 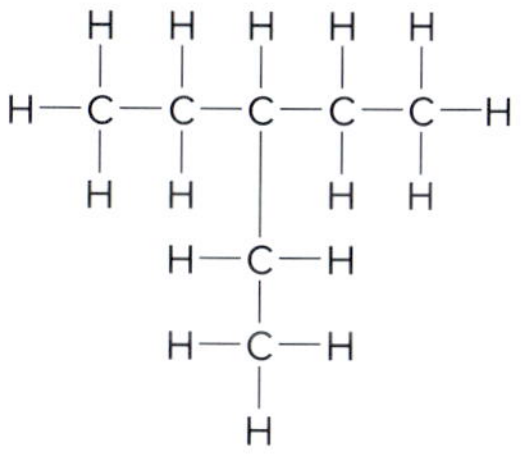

c. 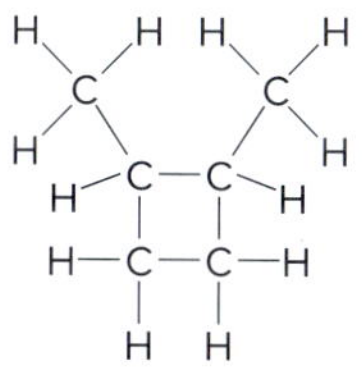

**5.19** a. 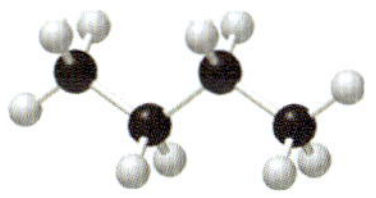 b. 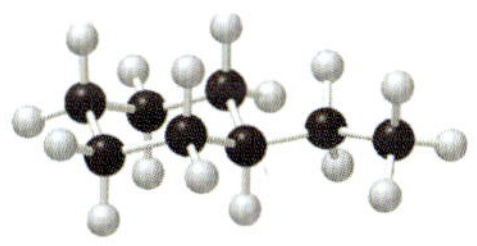

**5.20** a. $(CH_3)_4C$, $(CH_3)_2CHCH_2CH_3$, $CH_3CH_2CH_2CH_2CH_3$
b. $(CH_3)_2CHCH(CH_3)_2$, $CH_3CH_2CH_2CH(CH_3)_2$, $CH_3(CH_2)_4CH_3$

**5.21** Hexane is a nonpolar hydrocarbon and is soluble in organic solvents but not in water.

**5.22** a. $2\ CH_3CH_3 + 7\ O_2 \longrightarrow 4\ CO_2 + 6\ H_2O$
b. $(CH_3)_2CHCH_2CH_3 + 8\ O_2 \longrightarrow 5\ CO_2 + 6\ H_2O$

**5.23** a. $2\ CH_3CH_2CH_3 + 7\ O_2 \longrightarrow 6\ CO + 8\ H_2O$
b. $2\ CH_3CH_2CH_2CH_3 + 9\ O_2 \longrightarrow 8\ CO + 10\ H_2O$

**5.24** $C_6H_{12}O_6 + 6\ O_2 \longrightarrow 6\ CO_2 + 6\ H_2O$

**5.25** a. $CH_3Br$ b. 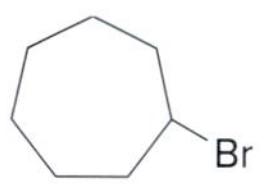 c. 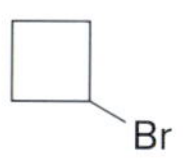

**5.26** a. $CO_2 + H_2O$
b. $(CH_3)_3CC(CH_3)_2CH_2Cl$
c. $(CH_3)_3CC(CH_3)_2CH_2Br$

## 6장 연습문제

**6.1** a. 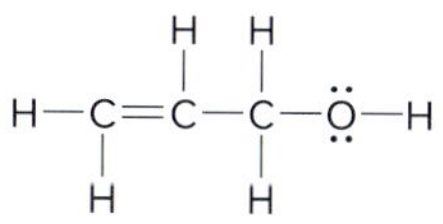

b. 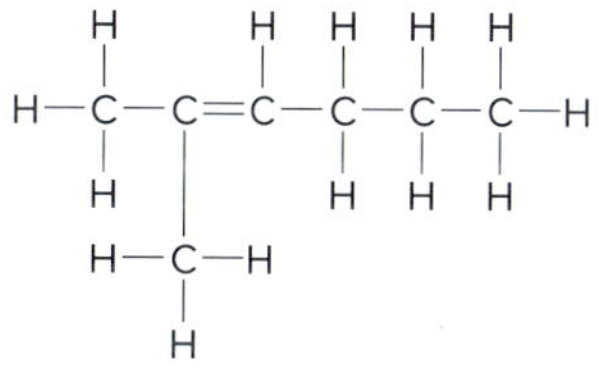

c. 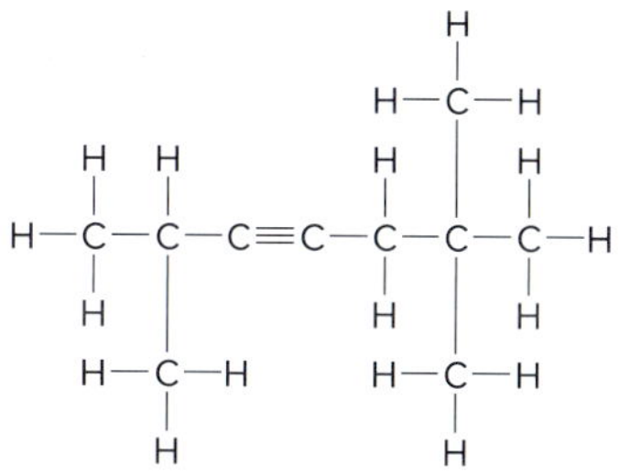

**6.2** a. 3-methyl-1-pentene
b. 3-ethyl-3-heptene
c. 2,4-heptadiene
d. 3-ethylcyclopentene

**6.3** a. 4,5-dimethyl-1-octene
b. 2,3-dimethyl-2-hexene

**6.4** a. 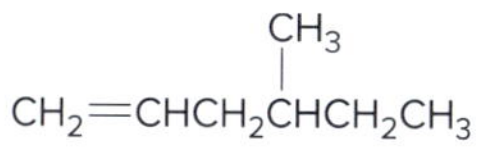

b. 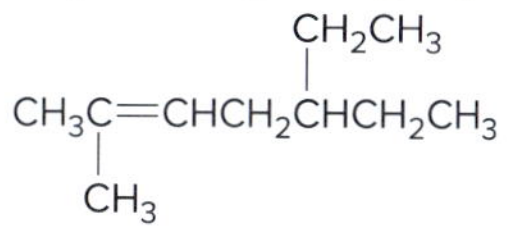

c. 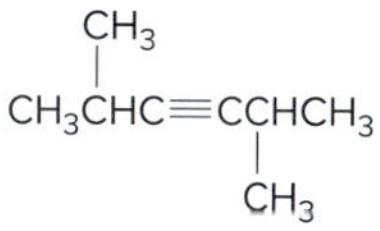

d. 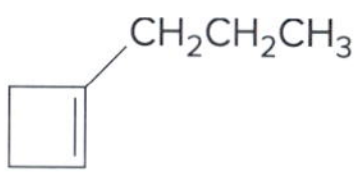

e. 

f. 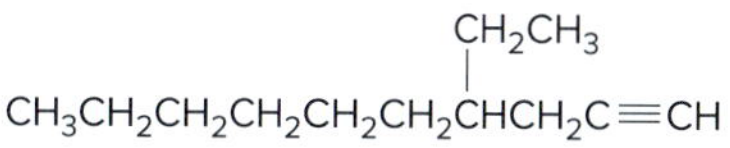

**6.5** a. 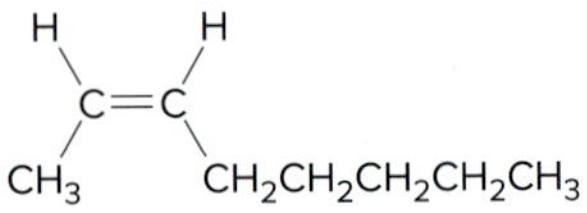

b. 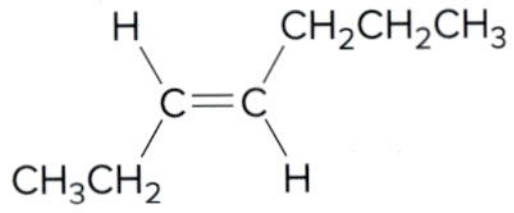

c. 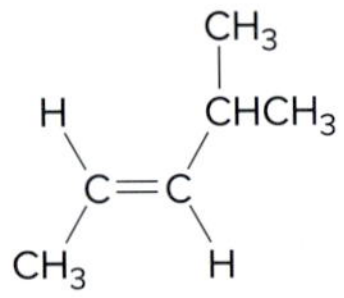

**6.6** a. constitutional isomers
b. stereoisomers
c. constitutional isomers

**6.7** a. $CH_3CH_2CH_2CH_2CH_2CH_3$

b. 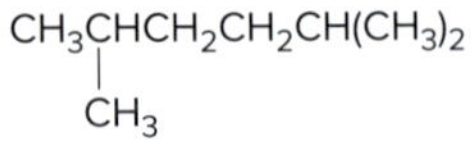

c. 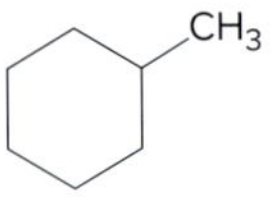

**6.8** a. 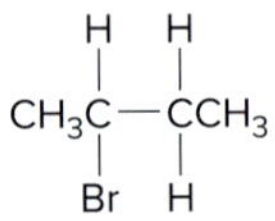

b. 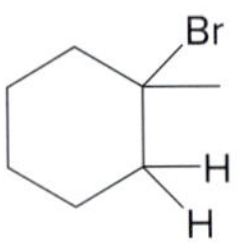

c. 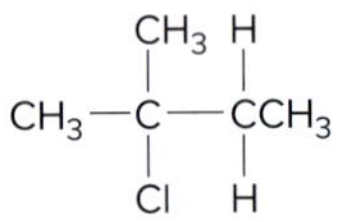

d. 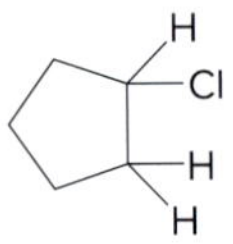

**6.9** a. $CH_3CH(OH)CH_2CH_3$
b. $CH_3CH_2CH(OH)CH_3$
c. 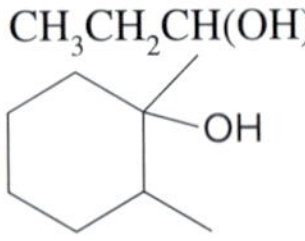

**6.10** a. 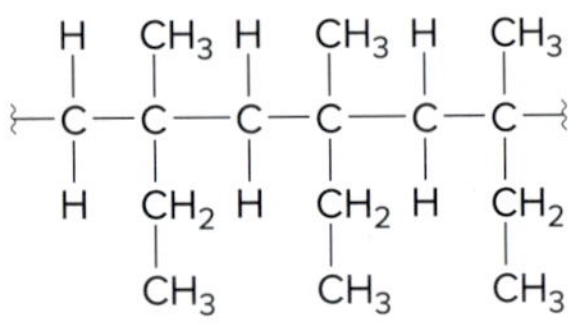

b. 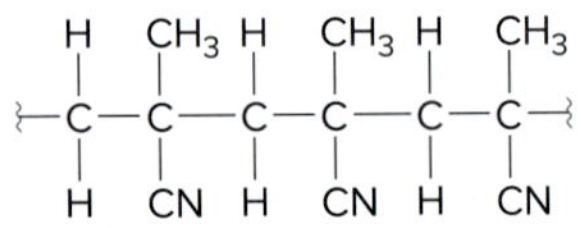

c. 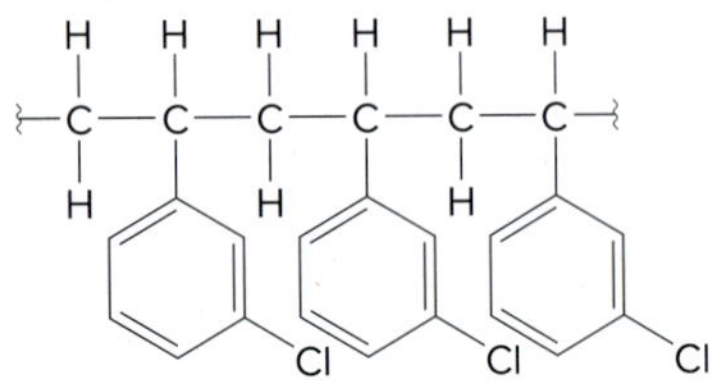

**6.11** a. propylbenzene
b. *p*-ethyliodobenzene
c. *m*-butylphenol
d. 2-bromo-5-chlorotoluene

## 6장 종합문제

**6.1** a. $C_{10}H_{12}O$
b. aromatic ring, alkene, ether
c. trans
d. 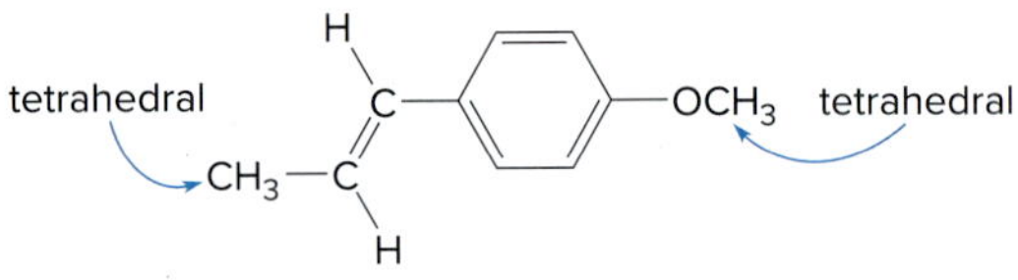


All other C's are trigonal planar.

**6.2** a. $C_{10}H_{22}$ b. $C_{10}H_{20}$ c. $C_{10}H_{18}$

**6.3** $HC{\equiv}CCH_2CH_2CH_3$ $CH_3C{\equiv}CCH_2CH_3$ 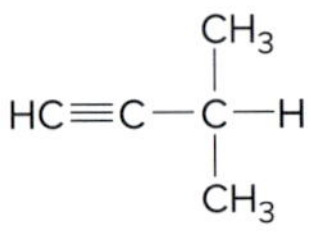

**6.4** a. 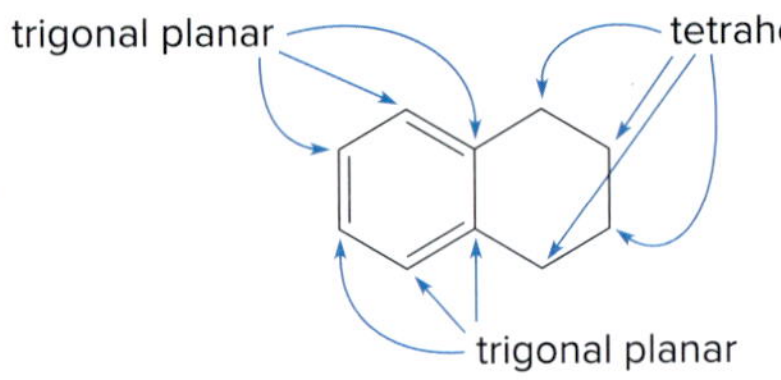


b. 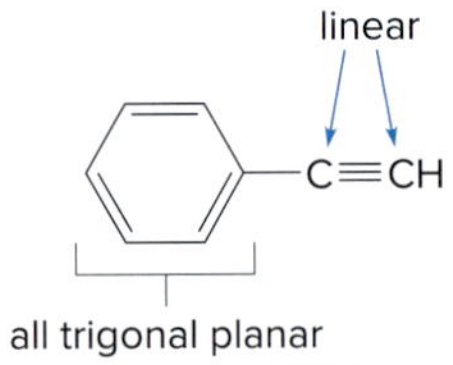


c. 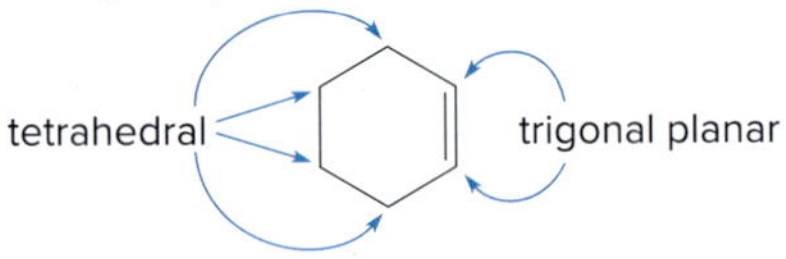


**6.5** a. 2-ethyl-1-butene b. 2-hexyne

**6.6** a. 5,5-dimethyl-1-hexene
b. 3-ethyl-5,7-dimethyl-3-octene
c. 2-ethyl-1-heptene
d. 5,5-dimethyl-2-hexyne
e. 6-ethyl-5,6-dimethyl-2-octyne
f. 3,3-dimethyl-1,5-hexadiene

**6.7** a. 5-ethyl-2-methyl-2-heptene b. 3,4-diethyl-5-methyl-3-octene

**6.8** a. 4-methylcyclohexene b. 3,3-diethylcyclobutene

**6.9** a. 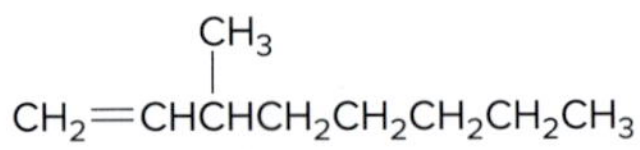

b. 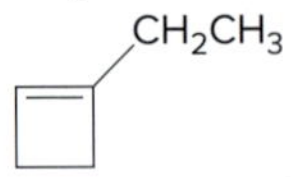

c. 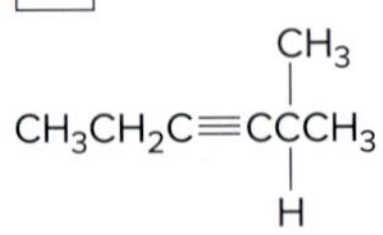

d. 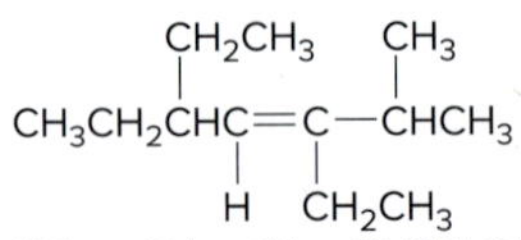

e. $CH_2{=}CH{-}CH{=}CHCH_2CH_2CH_3$

f. 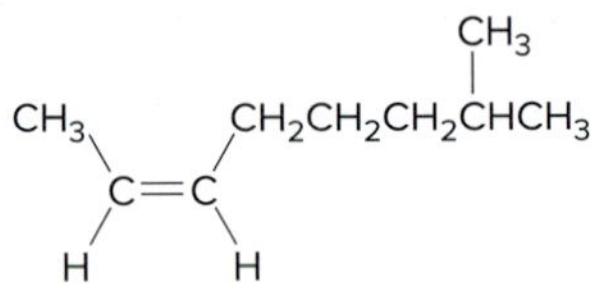

**6.10** a. Assign lower number to alkene: 2-methyl-2-hexene.
b. five-carbon chain: 2-pentene
c. Number to put the C=C between C1 and C2, and then give the first substituent the lower number: 1,6-dimethylcyclohexene.
d. seven-carbon chain: 3-methyl-1-heptyne

**6.11** trans

**6.12**

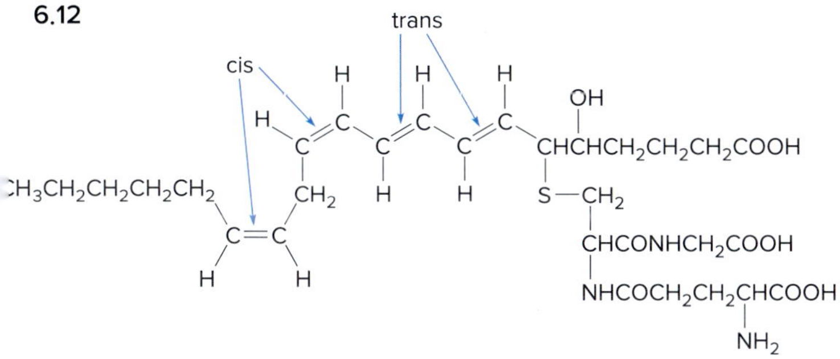


**6.13** cis alkene, *cis*-4-methyl-2-pentene

**6.14** a.

*cis*-2-nonene

*trans*-2-nonene

b.

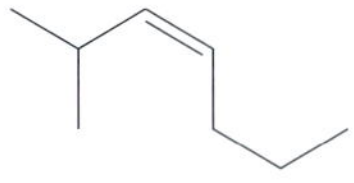

*cis*-2-methyl-3-heptene

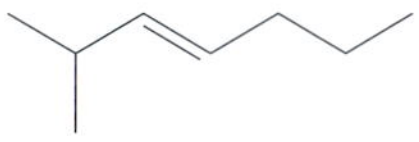

*trans*-2-methyl-3-heptene

**6.15**

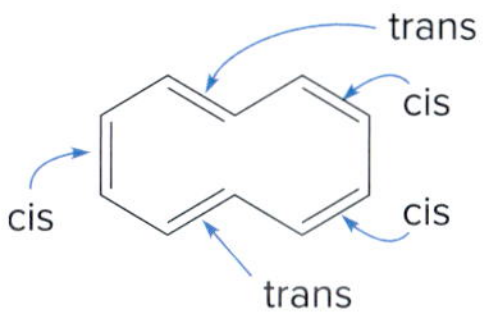


**6.16** a. identical
b. constitutional isomers

**6.17** a. constitutional isomers
b. stereoisomers
c. constitutional isomers

**6.18** a. $CH_3CH_2CH_2CH_2CH_2CH_3$
b. $(CH_3)_2CHCH_2CH_2CH_2CH_3$
c.

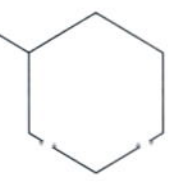

d.

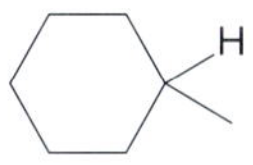

**6.19** a.

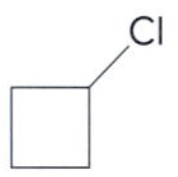

b. $(CH_3)_2C(Cl)-C(H)(CH_3)_2$

c. $CH_3CH(Cl)CH_2CH(CH_3)_2$

d.

**6.20** a.

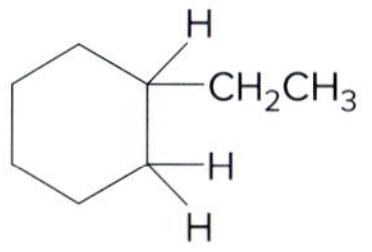

b.

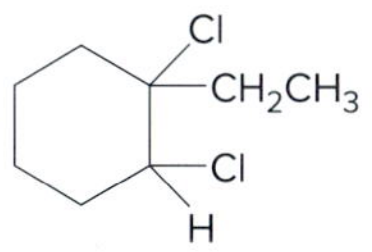

c.

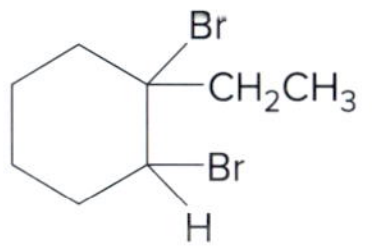

d.

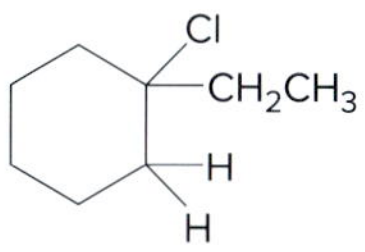

e.

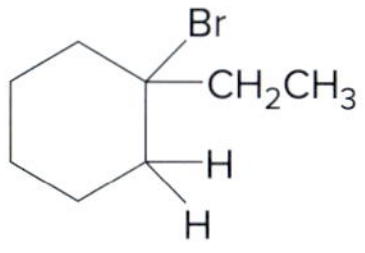

f.

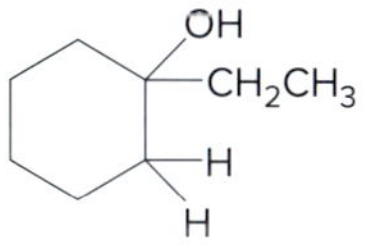

**6.21** $CH_2{=}CH_2$ reagent: HBr

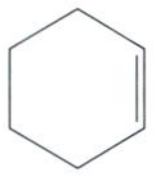

reagent: HCl

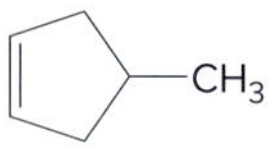

reagent: $Cl_2$

$CH_2{=}CHCH_2CH(CH_3)_2$ reagent: $Br_2$

**6.22**

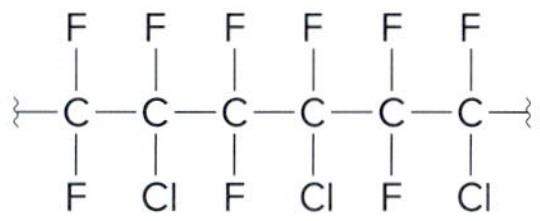

**6.23** a.

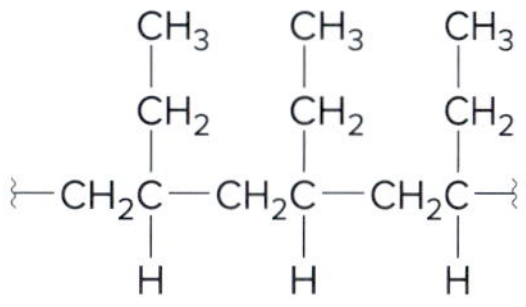

b.

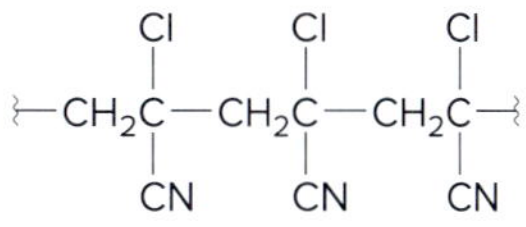

**6.24** $CH_2{=}C(Cl)Br$

**6.25**

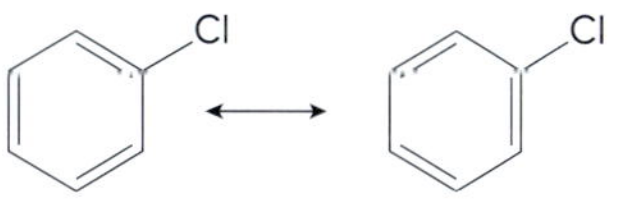

**6.26** a. *p*-chloroethylbenzene
b. *o*-bromofluorobenzene

**6.27** a. *m*-chloronitrobenzene
b. *p*-nitroaniline
c. *o*-butylethylbenzene
d. 2,5-dichlorophenol

**6.28**

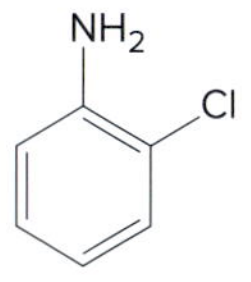

*o*-chloroaniline

*p*-chloroaniline

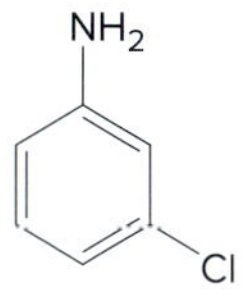

*m*-chloroaniline

**6.29** a. 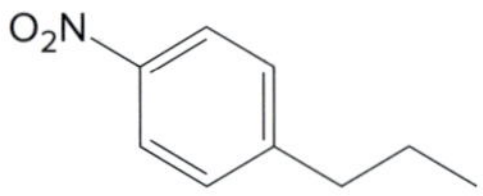

d. 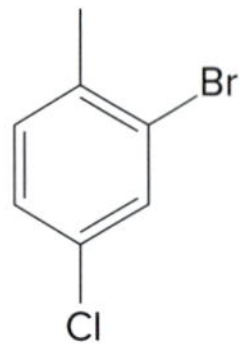

b. 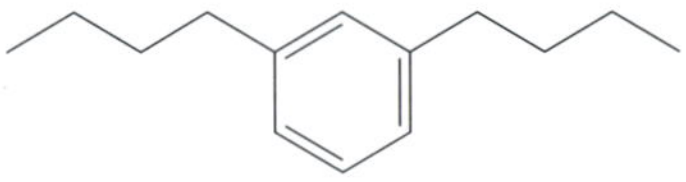

e. 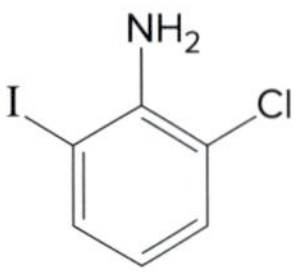

c. 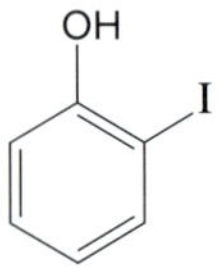

**6.30** a. 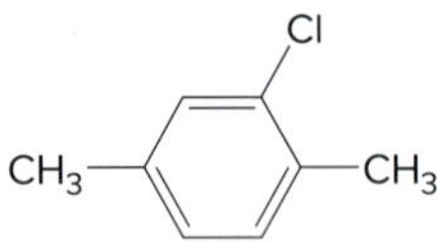

c. 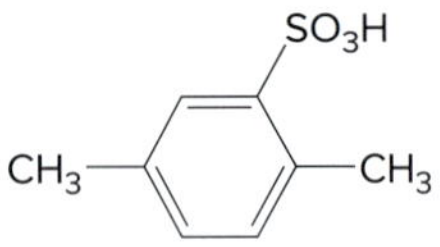

b. 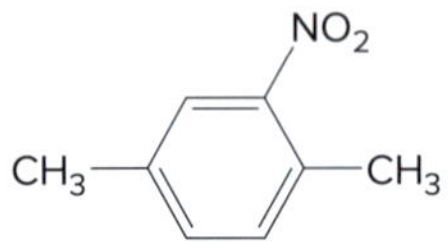

**6.31** 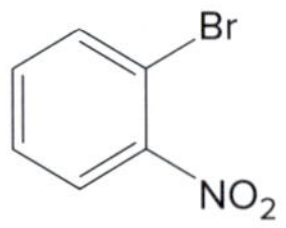

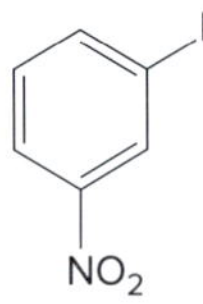

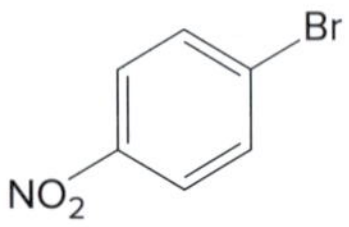

## 7장 연습문제

**7.1** a. 3° b. 1° c. 2°

**7.2** a. 2-heptanol c. 2-methylcyclohexanol
b. 4-ethyl-3-hexanol d. 5-ethyl-6-methyl-3-nonanol

**7.3** a. $CH_3-\underset{H}{\underset{|}{C}}=CH_2$

b. 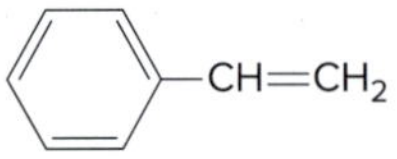

c. 

**7.4** a. $CH_3\underset{O}{\underset{\|}{C}}CH_2CH_2CH_3$ c. 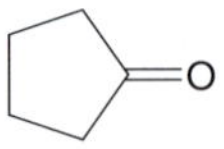

b. $(CH_3)_3CCH_2\overset{O}{\overset{\|}{C}}-OH$ d. no reaction

**7.5** a. $CH_3(CH_2)_5OCH_3$ c. $CH_3(CH_2)_6OH$
b. 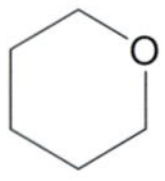 d. $CH_3(CH_2)_5OCH_3$

**7.6** a. 1-methoxybutane (or butyl methyl ether)
b. methoxycyclohexane
c. dipropyl ether

**7.7** a. 3-pentanethiol
b. cyclohexanethiol
c. 5-ethyl-1-heptanethiol

## 7장 종합문제

**7.1** a. 1° b. 3° c. 2° d. 2°

**7.2** a. 2° b. 3° c. 2° d. 1°

**7.3** a. $CH_3CH_2\overset{OH}{\overset{|}{C}}HCH_2CH_2CH_3$ c. $CH_3CH_2\underset{CH_3}{\underset{|}{\overset{CH_3}{\overset{|}{C}}}}-Br$

b. $CH_3-O-CH_2CH_2CH_2CH_2CH_3$

**7.4**
$CH_3-O-\underset{CH_3}{\underset{|}{C}}HCH_2CH_3$ $CH_3-O-CH_2CH_2CH_2CH_3$ $CH_3-\underset{CH_3}{\underset{|}{\overset{CH_3}{\overset{|}{C}}}}-O-CH_3$

$CH_3CH_2CH_2OCH_2CH_3$ $CH_3-\underset{H}{\underset{|}{\overset{CH_3}{\overset{|}{C}}}}-O-CH_2CH_3$ $(CH_3)_2CHCH_2OCH_3$

**7.5** $CH_3CH_2CH_2SH$

**7.6** a. 2-methyl-3-pentanol b. 1-chloro-2-methylcyclopentane

**7.7** a. $CH_3CH_2C(CH_3)_2CH(OH)CH_3$
b. 2°
c. 3,3-dimethyl-2-pentanol

**7.8** a. 2-pentanol d. 4-butylcyclohexanol
b. 3,3-dimethyl-2-hexanol e. 2,2-dimethylcyclobutanol
c. 4-ethyl-6-methyl-1-heptanol f. 2,5-diethylcyclopentanol

**7.9** a. $CH_3CH_2\overset{OH}{\overset{|}{C}}HCH_2CH_2CH_3$
b. $CH_3CH_2CH_2OH$
c. 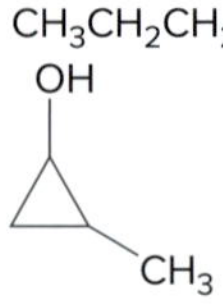
d. $\overset{OH}{\overset{|}{C}}H_2\overset{OH}{\overset{|}{C}}HCH_2CH_3$
e. $CH_3CH_2-\underset{H}{\underset{|}{\overset{CH_3}{\overset{|}{C}}}}-\underset{CH_3}{\underset{|}{\overset{CH_3}{\overset{|}{C}}}}-\underset{OH}{\underset{|}{\overset{H}{\overset{|}{C}}}}-CH_2CH_3$
f. $HOCH_2CH_2\underset{CH_3}{\underset{|}{\overset{H}{\overset{|}{C}}}}CH_2\underset{CH_3}{\underset{|}{\overset{H}{\overset{|}{C}}}}CH_2CH_3$

**7.10** a. 1-ethoxybutane (or butyl ethyl ether)
b. 2-ethoxypentane
c. ethoxycyclopentane

**7.11** $CH_3CH_2CH_2CH_2CH_2CH_2CH_2OH$ 1-heptanol

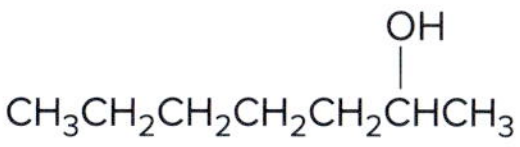
2-heptanol

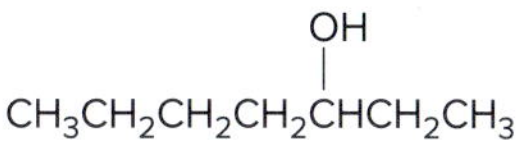
3-heptanol

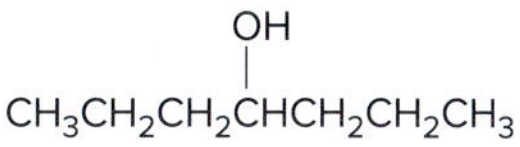
4-heptanol

**7.12** a. 4-bromoheptane
b. 1-chloro-3-methylcyclobutane
c. 1-pentanethiol

**7.13** a. 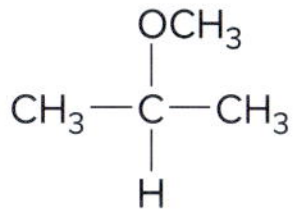
b. 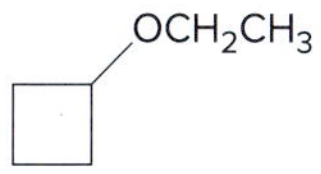
c. 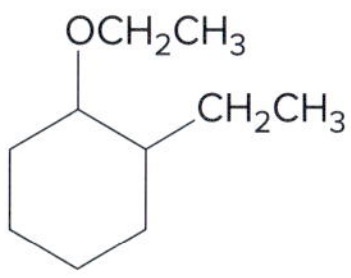
d. $CH_3CH_2CH_2CH_2Cl$
e. 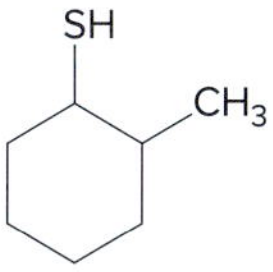
f. 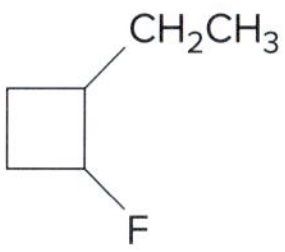

**7.14** a. $CH_3CH_2CH_2I$ b. $HOCH_2CH_2OH$ c. $CH_3CH_2CH_2OH$

**7.15** **B < A < C**

**7.16** Ethanol is a polar molecule capable of hydrogen bonding with itself and water. The greater intermolecular forces make its boiling point higher. Both ethanol and dimethyl ether have only two carbons and can hydrogen bond to $H_2O$, so both are water soluble.

**7.17** **A:** bp = 98 °C
**B:** bp = 118 °C

**7.18** a. 
b. 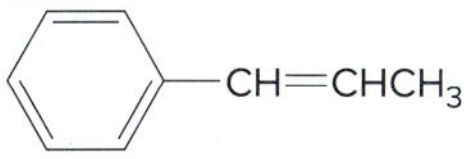
c. $CH_3CH{=}CHCH_2CH_2CH_3$ (major product) + $CH_2{=}CH(CH_2)_3CH_3$
d. 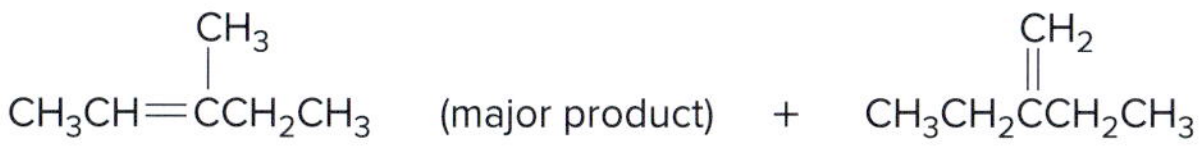

**7.19** a. $CH_3CH{=}CHCH_2CH_2CH_3$ and $CH_3CH_2CH{=}CHCH_2CH_3$
b. The carbons of both double bonds are bonded to an equal number of H's; therefore, roughly equal amounts of both isomers are formed.

**7.20** a. 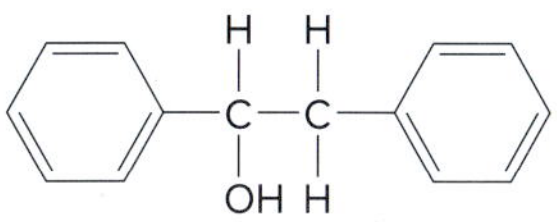
b. 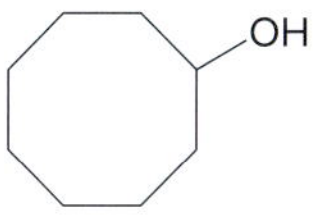

**7.21** a. 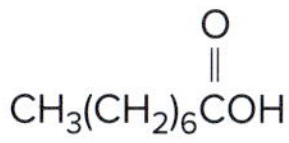
b. 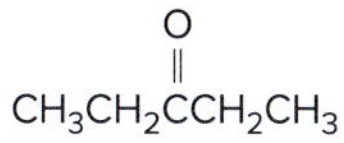
c. 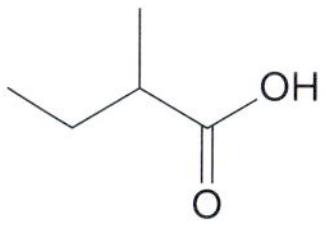
d. no reaction

**7.22** 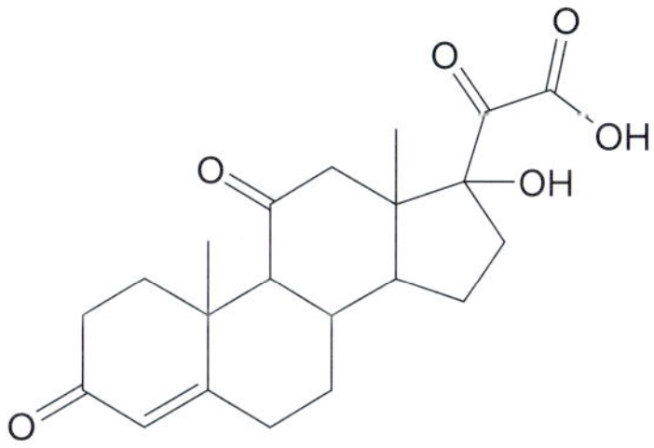

**7.23** a. 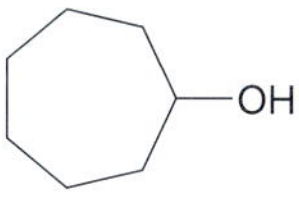
b. 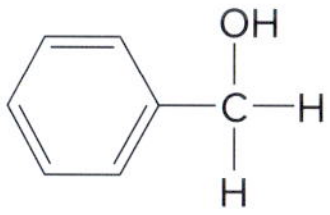

**7.24** a. $CH_3CH_2CH_2CH{=}CHCH_2CH_3$ b. 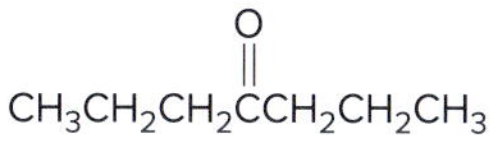

**7.25** $CH_3CH_2CH_2CH_2CH_2CH_2CH_2OH$

**7.26** $(CH_3)_3COH$

**7.27** a. 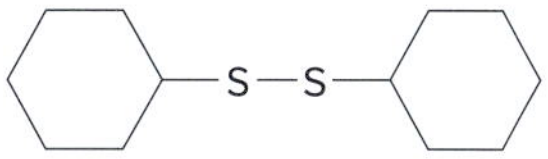
b. $CH_3(CH_2)_4S—S(CH_2)_4CH_3$

**7.28** a. $CH_3SH$ and $HSCH_2CH_2CH_3$
b. $CH_2{=}CHCH_2SH$ and $HSCH_2CH_2CH_3$

## 8장 연습문제

**8.1** a. constitutional isomers
b. identical
c. stereoisomers

**8.2** a. 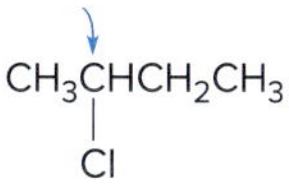
b. none
c. 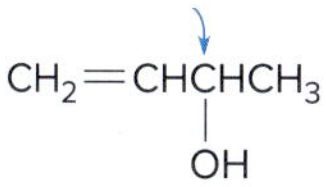
d. 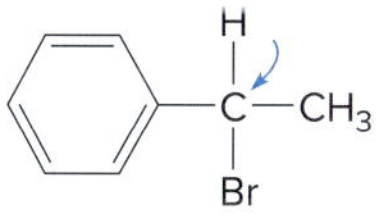

**8.3** 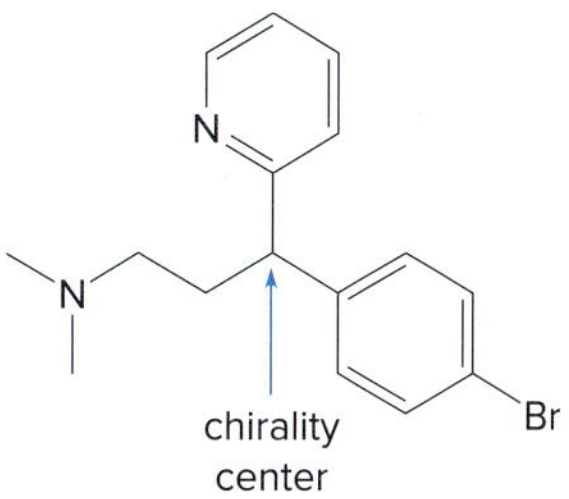


**8.4** a. 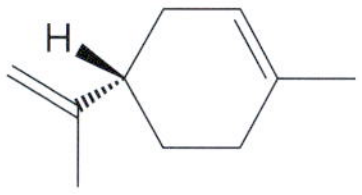
b. 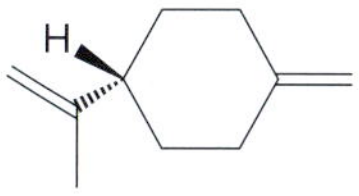

8.5 a. 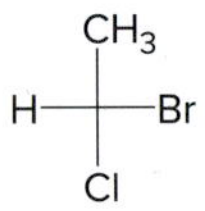 b. 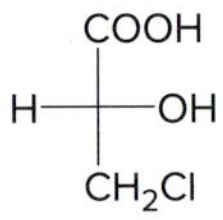

8.6 a. levorotatory
b. +32

8.7 a. **Z** b. **Y** c. **Z** and **W** d. **Y** and **X**

## 8장 종합문제

8.1 a,c: achiral b. chiral

8.2 a. 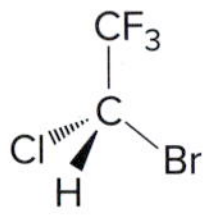
chiral
b. 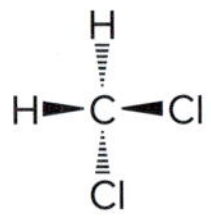
achiral

8.3 **B** enantiomer; **C** identical

8.4 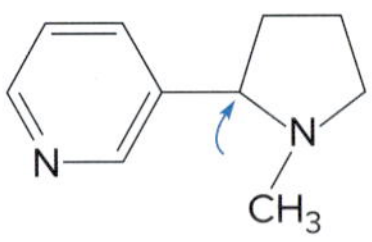

8.5 a. none
b. 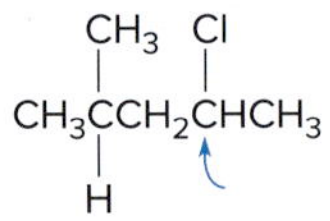
c. 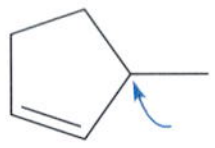
d. none

8.6 a. none b. 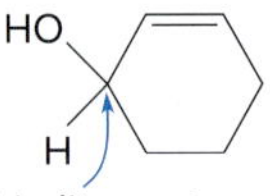
chirality center

8.7 a. 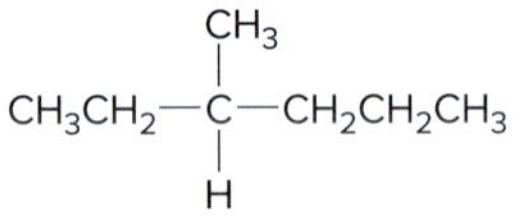
b. 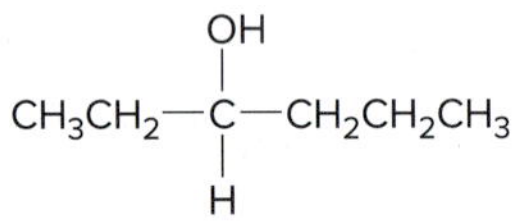

8.8 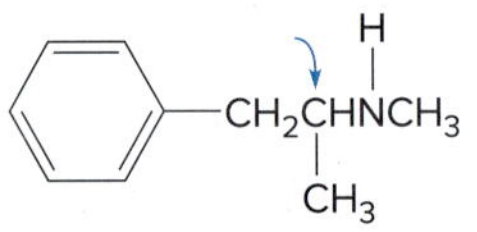

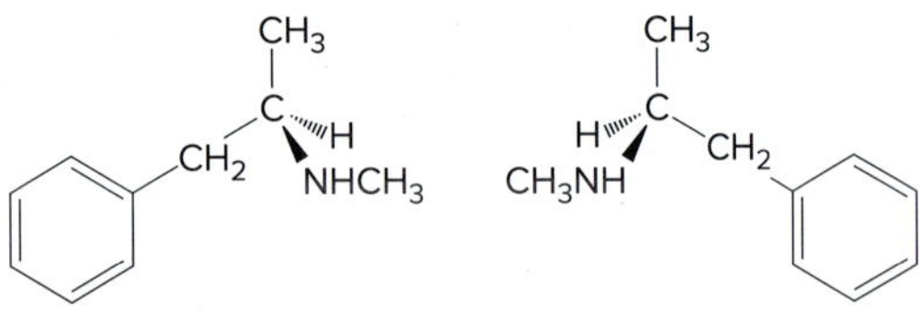

8.9 a. identical
b. enantiomers

8.10 a. constitutional isomers
b. enantiomers
c. identical
d. diastereomers

8.11 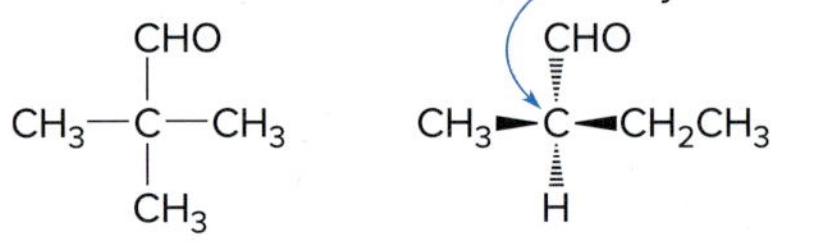


$CH_3CH_2CH_2CH_2CHO$

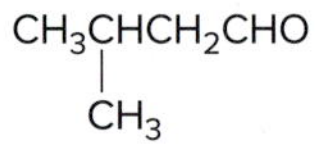

8.12 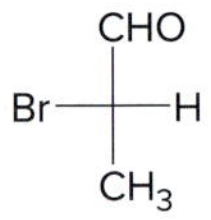

8.13 a. 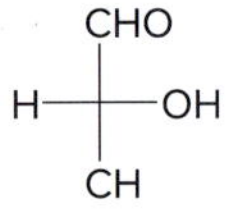 b. 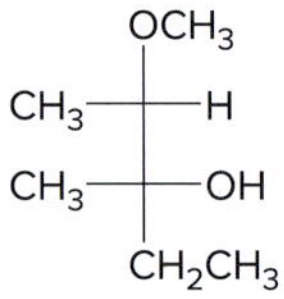

8.14 a. 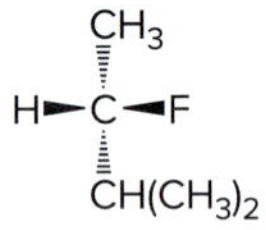 b. 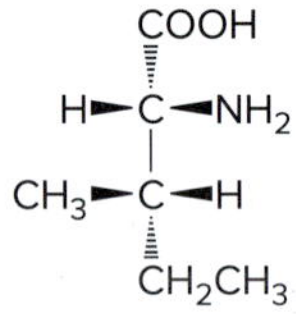

8.15 a. identical b,c: enantiomers

8.16 a. An optically active compound rotates the plane of polarized light. An optically inactive compound does not rotate the plane of polarized light.
b. one possibility: $CH_3CH_2CH_2CH_2OH$
c. one possibility:
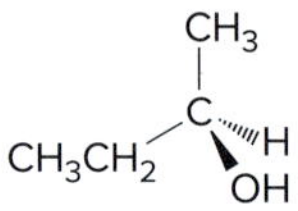
chiral and optically active

8.17 a. optically active
b. optically inactive

8.18 a. dextrorotatory
b. −52
c. 22 g

8.19 a. 1,2,5,6: diastereomers 3,4: enantiomers
b. 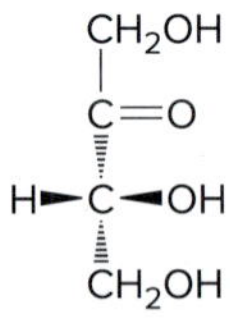

8.20 They are diastereomers because they are not mirror images of one another.

## 9장 연습문제

9.1 a. 5-methylhexanal
b. 3,3,4,4-tetramethylpentanal
c. 2,5,6-trimethyloctanal

9.2 a. 4-methyl-3-heptanone
b. 2 methylcyclopentanone
c. 2,2-dimethyl-3-heptanone

**9.3** a. 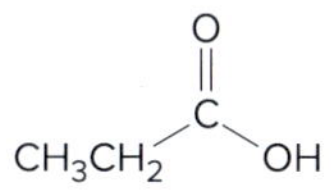 c. 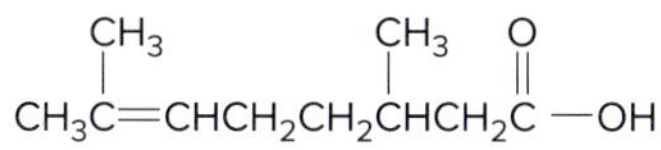

b. no reaction

**9.4** a. 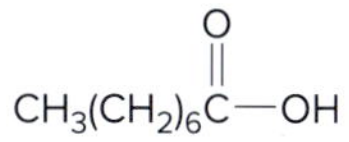 c. 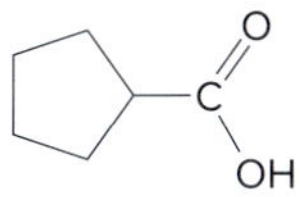

b,d: no reaction

**9.5** a.  c. 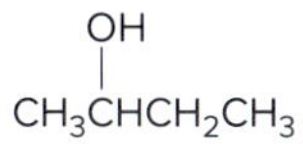

b. 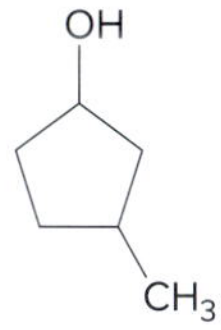 d. 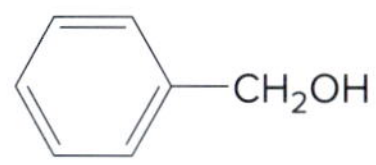

**9.6** a. 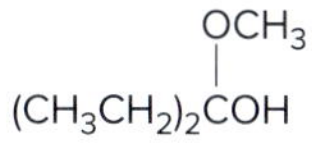 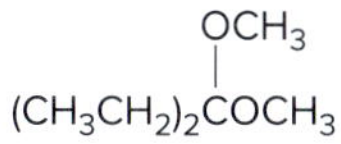

hemiacetal acetal

b. 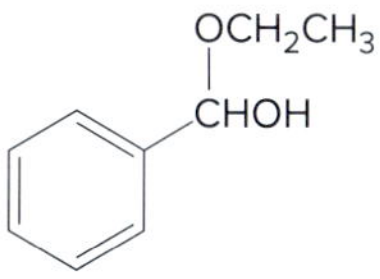 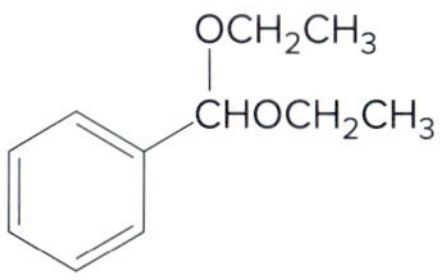

hemiacetal acetal

**9.7** a. ether
b. acetal
c. hemiacetal
d. acetal

**9.8**

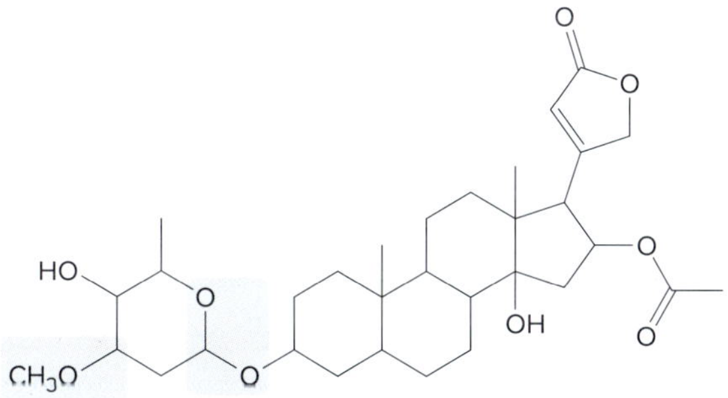

ether acetal oleandrin

**9.9**

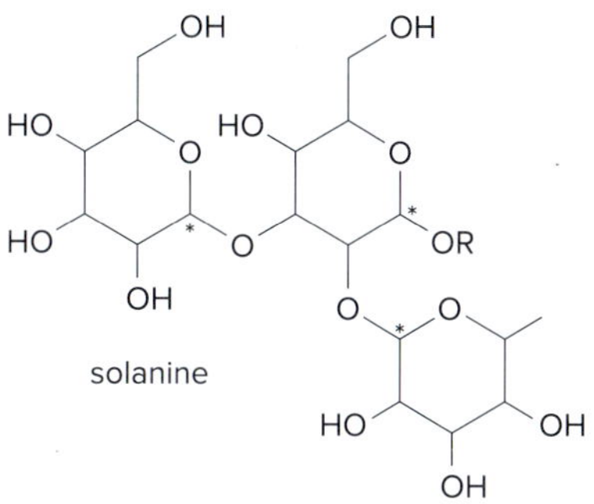

Acetal carbons are labeled with (*).

**9.10** a. 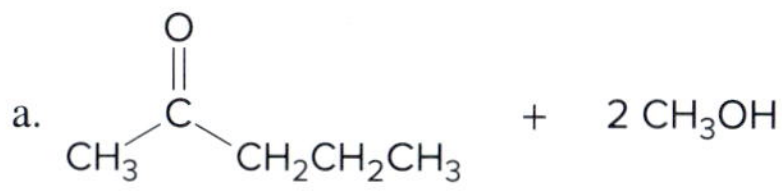

b. 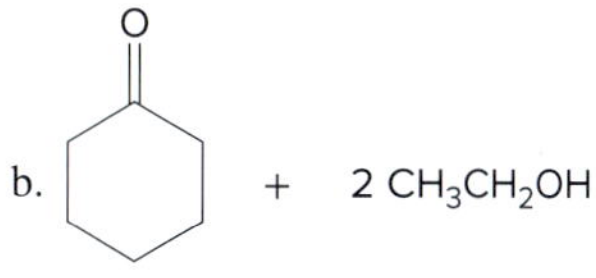

c. 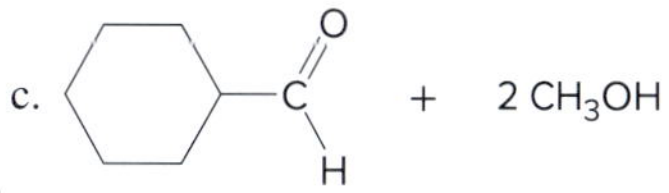

## 9장 종합문제

**9.1** a. 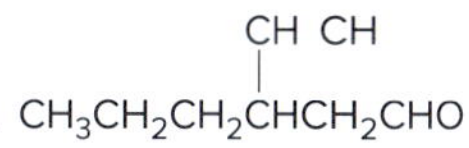 c. 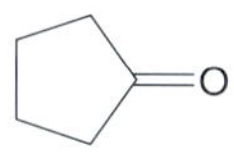

b. 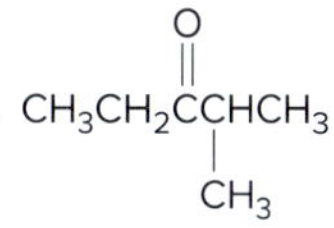 d. 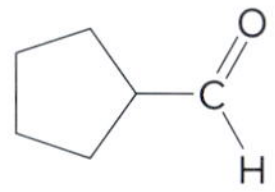

**9.2** a. Both are trigonal planar.
b. C=O is polar and C=C is not.
c. Both functional groups undergo addition reactions.

**9.3** a. 2-methylpentanal b. 3-ethylcyclohexanone

**9.4** a. 3-methylhexanal d. 6,6-diethyl-2,2-dimethyloctanal
b. 3,5-dimethylheptanal e. *p*-chlorobenzaldehyde
c. 3-propylhexanal

**9.5** a. 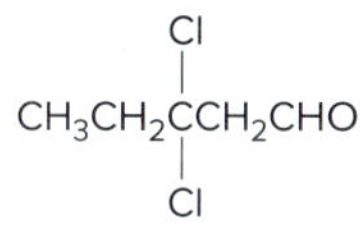 c. 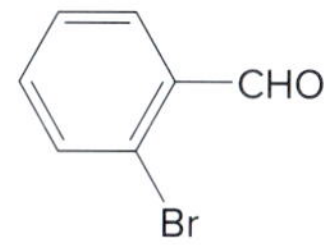

b. 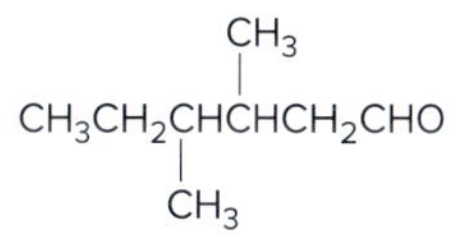 d. 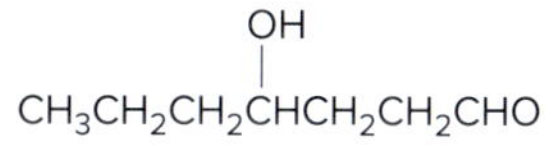

**9.6** a. 4-methyl-2-pentanone
b. 2,6-dimethylcyclohexanone
c. *o*-butylacetophenone
d. 2,4-dimethyl-3-hexanone
e. 3-chlorocyclopentanone

**9.7** a. 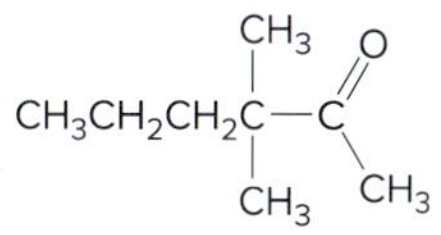 c. 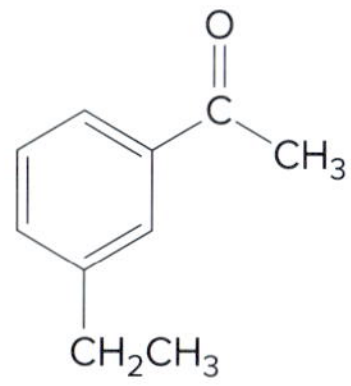

b. 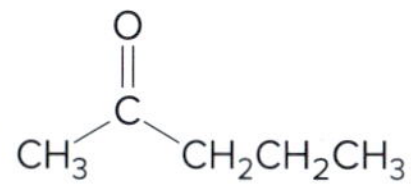 d. 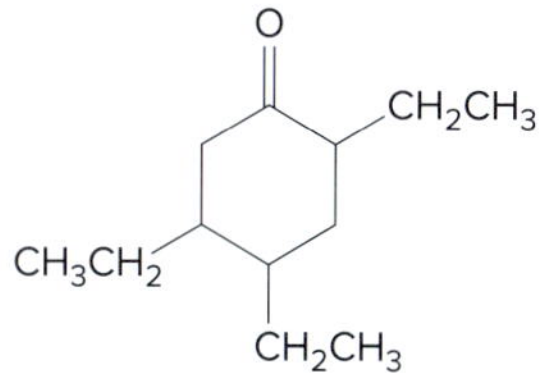

**9.8**

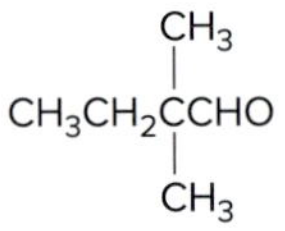
2,2-dimethylbutanal

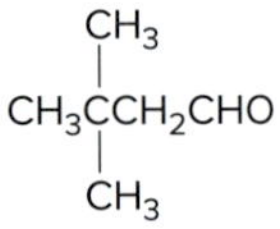
3,3-dimethylbutanal

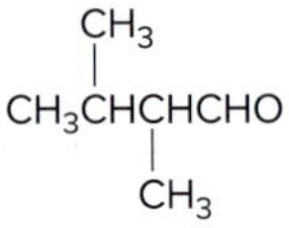
2,3-dimethylbutanal

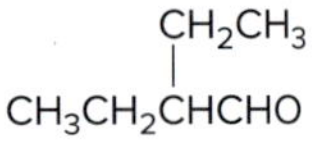
2-ethylbutanal

**9.9** a. 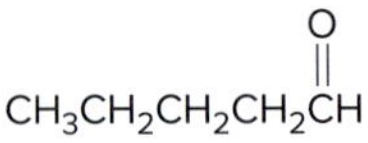
pentanal

b. 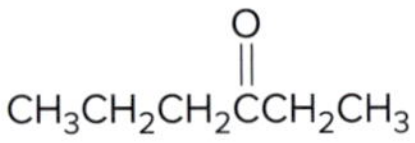
3-hexanone

c. 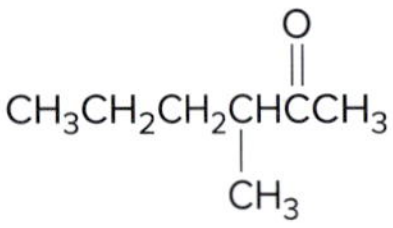
3-methyl-2-hexanone

d. 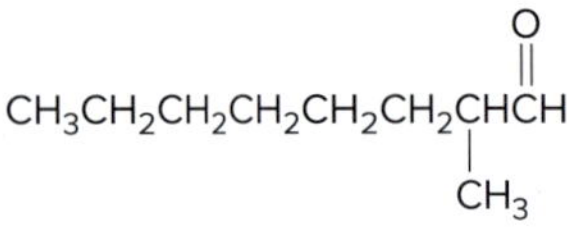
2-methyloctanal

**9.10**

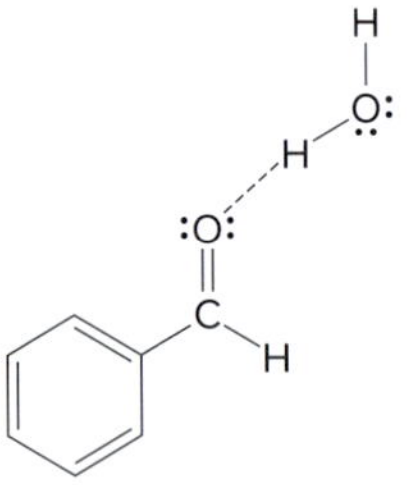

**9.11** a. $(CH_3)_3CCH_2CHO$

b. 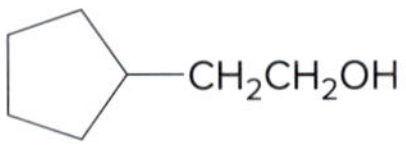

**9.12** **C < A < B**

**9.13** a. insoluble b. soluble c. insoluble

**9.14** a. $CH_3(CH_2)_4COOH$

b. 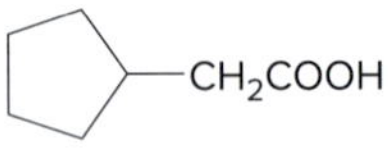

c. no reaction

d. $CH_3(CH_2)_4COOH$

**9.15** a. $CH_3(CH_2)_4COOH$

b. 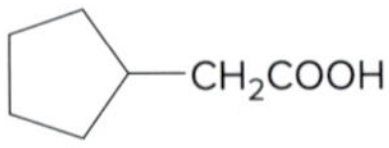

c. no reaction

d. no reaction

**9.16** a,b: 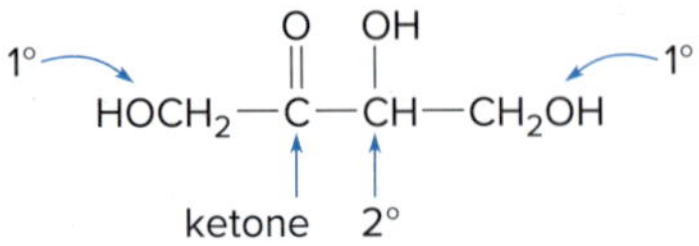


c. no reaction

d. 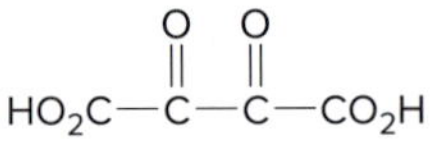

**9.17** a. 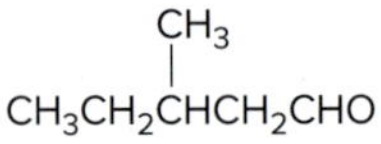

b. 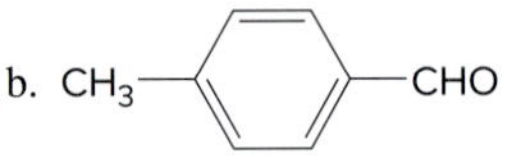

**9.18** a. 

b. 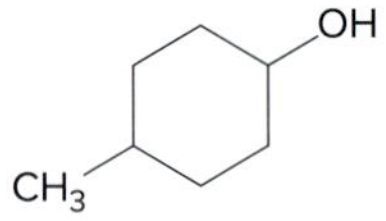

c. 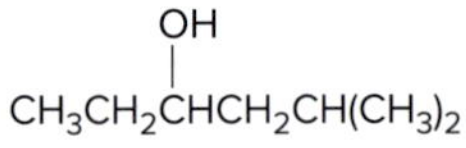

d. $CH_3(CH_2)_7OH$

**9.19** 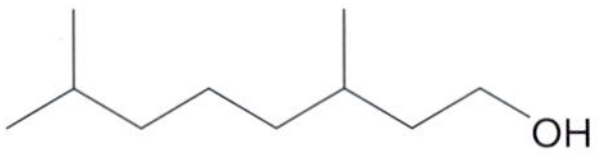

**9.20** a. 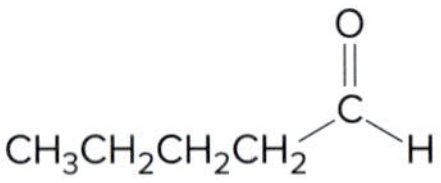

b. 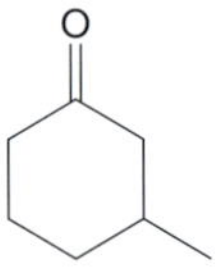

**9.21** 1-Methylcyclohexanol is a 3° alcohol and cannot be produced from the reduction of a carbonyl compound.

**9.22** a. 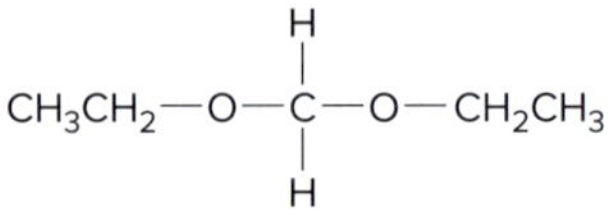

b. 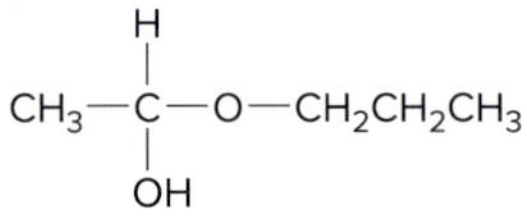

c. 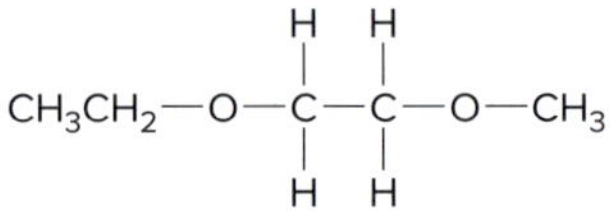

d. 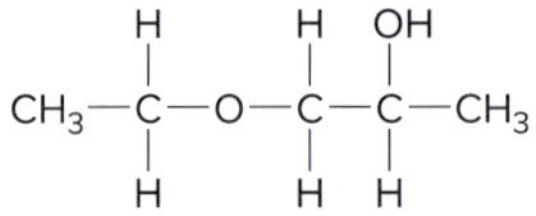

**9.23** a. hemiacetal b. two ethers

**9.24** a,b: 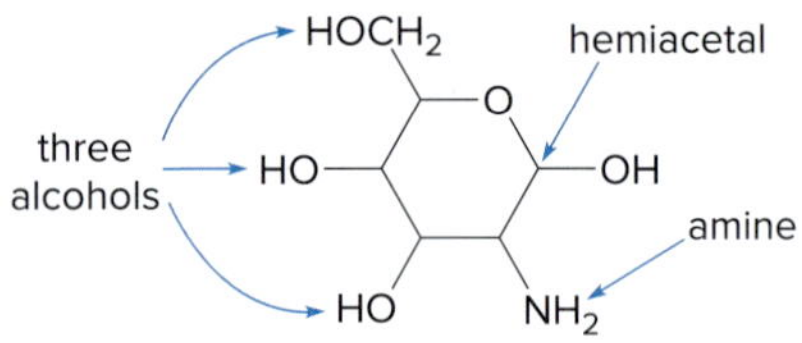


**9.25** a. 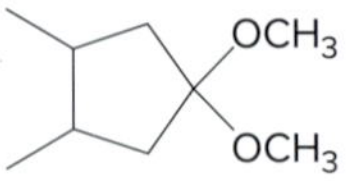

b. $CH_2(OCH_3)_2$

c. 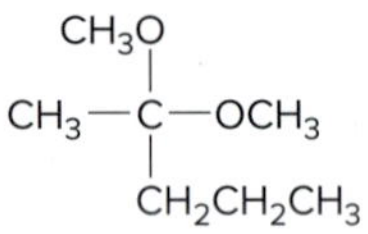

d. 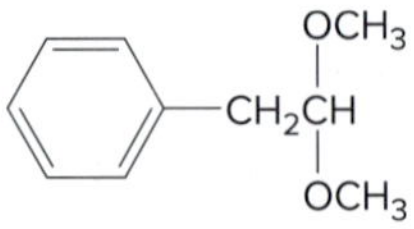

**9.26** a. 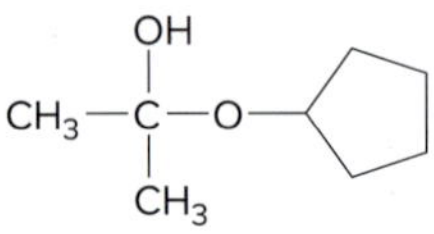

b. 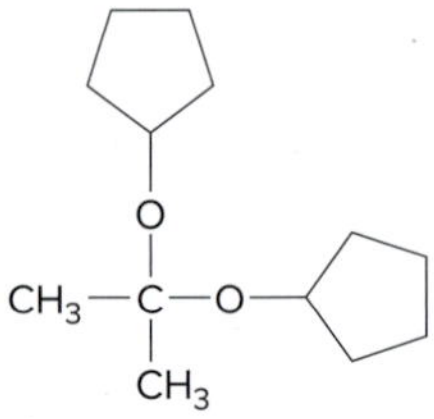

**9.27** a. 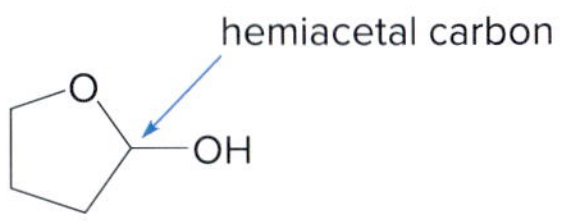


b. 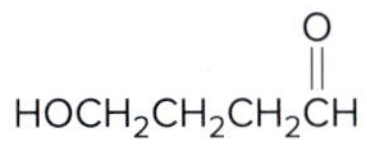


c. 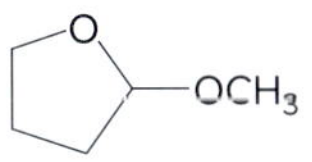


**9.28** 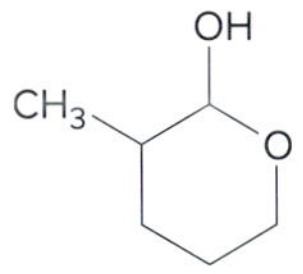


**9.29** a. 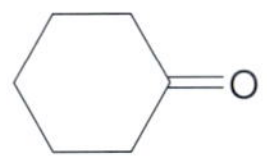 + 2 $HOCH_2CH_2CH_3$

b. 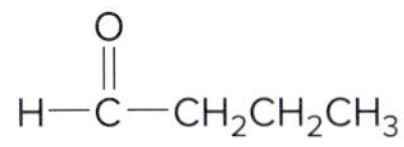 + 2 $HOCH_3$


**9.30** a. 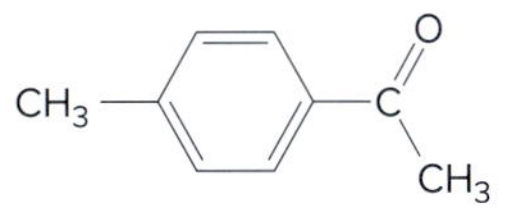


c. seven

b. *p*-methylacetophenone

d. 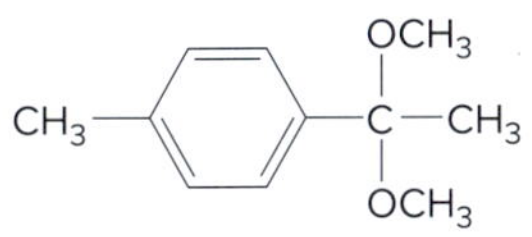


**9.31** a. 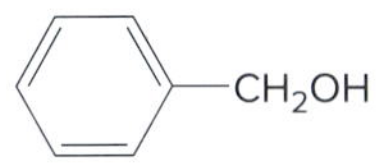


d. 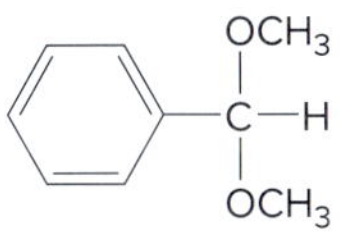


b. 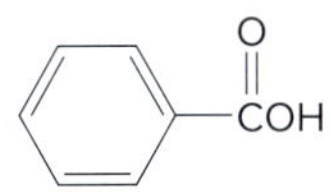


e. 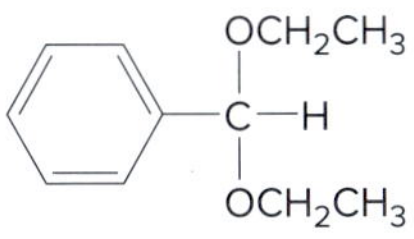


c. 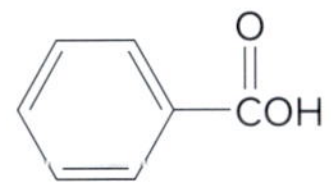


f. 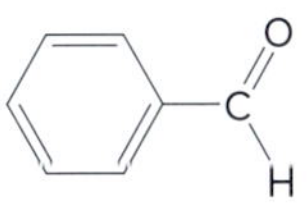


+ 2 $CH_3CH_2OH$

**9.32** a. 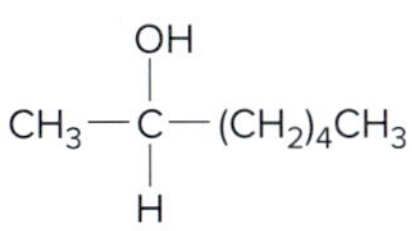


e. 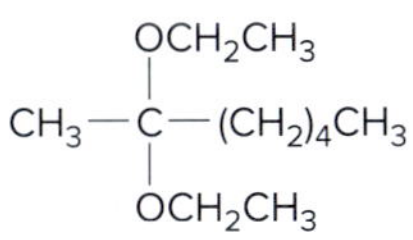


b,c: no reaction

f. 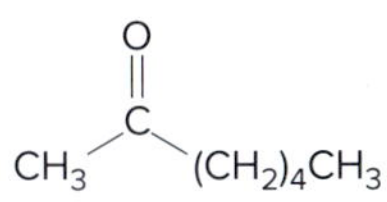


+ 2 $CH_3CH_2OH$

d. 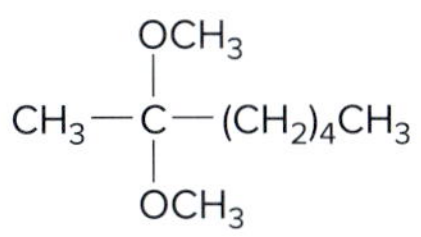


**9.33**

$CH_2{=}CHCH_2CH_2CHO$ $CH_3CH{=}CHCH_2CHO$ $CH_3CH_2CH{=}CHCHO$

## 10장 연습문제

**10.1** a. 3,3-dimethylhexanoic acid
b. 4-chloropentanoic acid
c. 2,4-diethylhexanoic acid

**10.2** a. methyl hexanoate
b. ethyl benzoate
c. propyl pentanoate

**10.3** a. 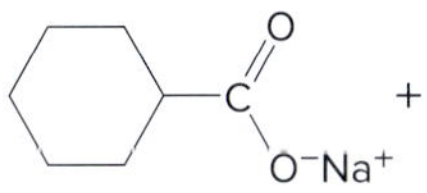 + $H_2O$


b. 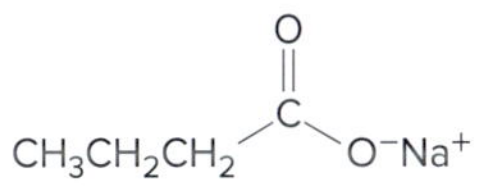 + $Na^+HCO_3^-$


**10.4** a. $CH_3(CH_2)_3CO_2H$
b. $CH_3(CH_2)_6CO_2^-Li^+$
c. $CH_3CO_2H$

**10.5** a. sodium butanoate
b. lithium benzoate

**10.6** a. 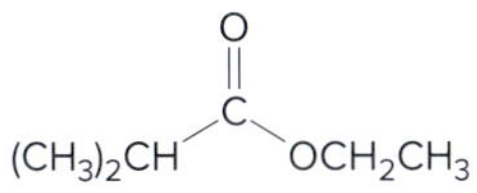


c. 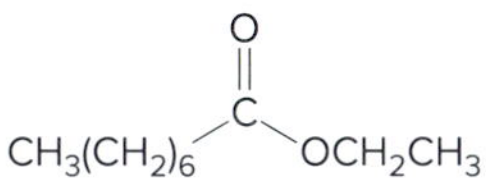


b. 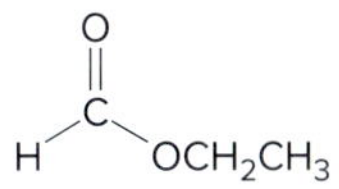


d. 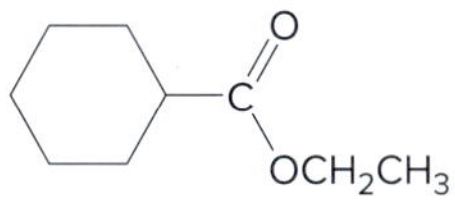


**10.7** a. 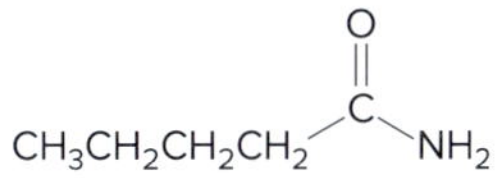


b. 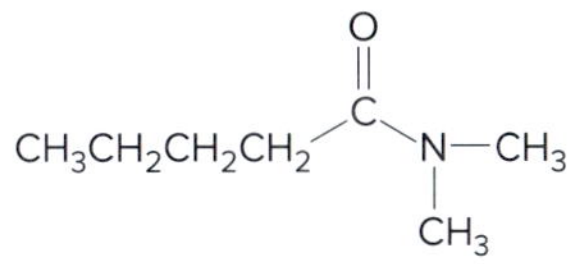


c. 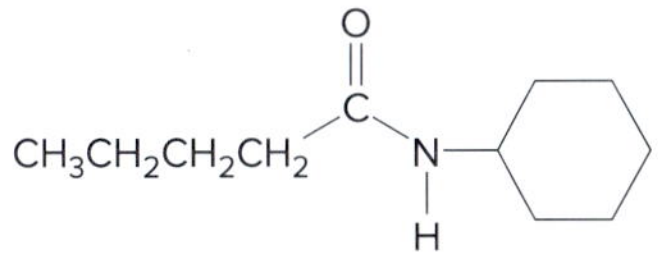


d. 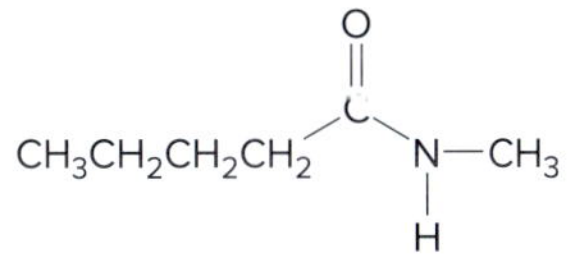


**10.8** a. 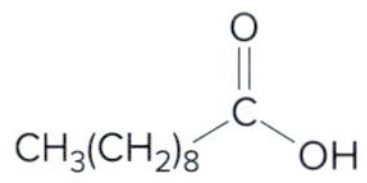 + $CH_3OH$


b. 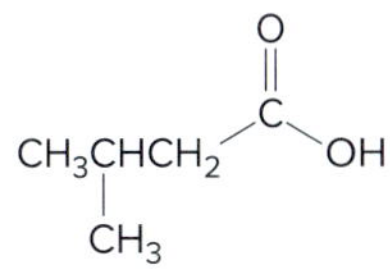 + $CH_3CH_2OH$


c. 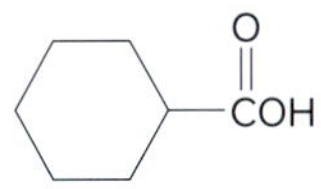 + $CH_3CH_2CH_2OH$

**10.9** a. 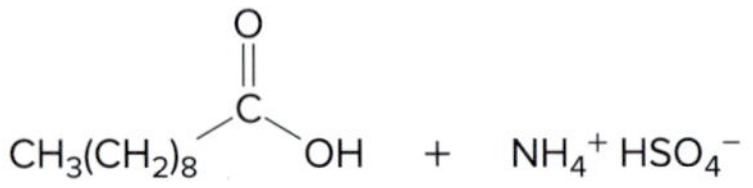

b. 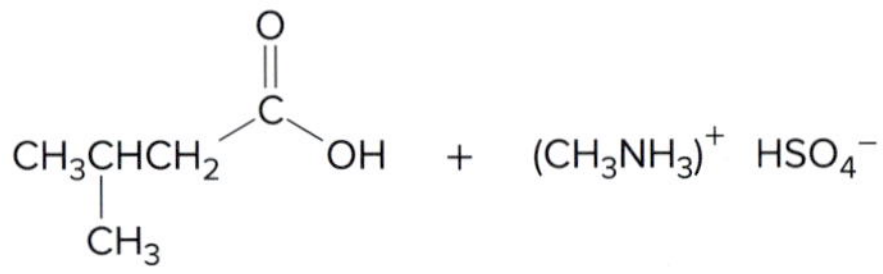

c. 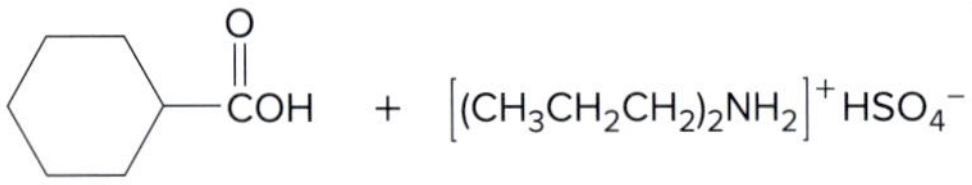

**10.10** 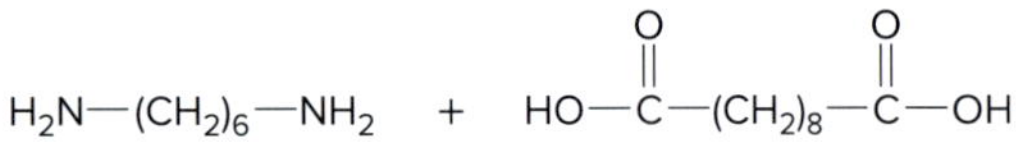

## 10장 종합문제

**10.1** a. 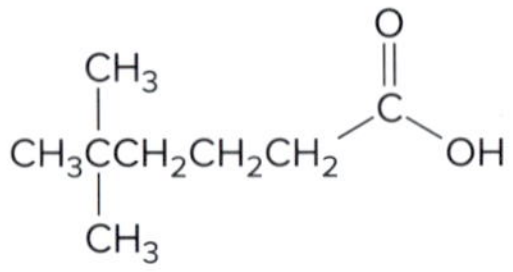 c. 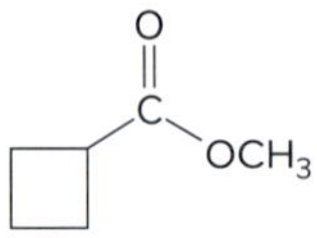

b. 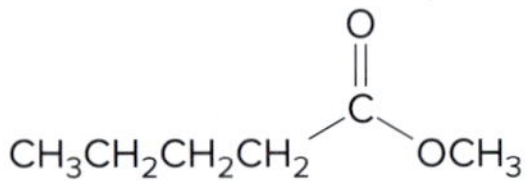

**10.2** a. 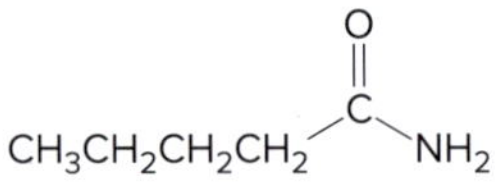 c. 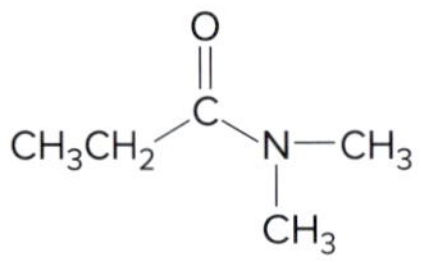

b. 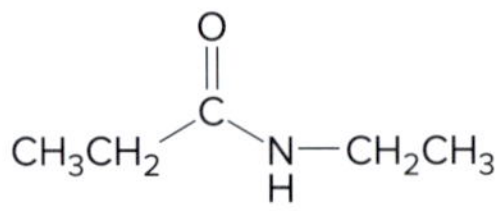

**10.3** a. 4-methylpentanamide b. ethyl formate c. *o*-chlorobenzoic acid

**10.4** a. 4-methylpentanoic acid c. 2-ethylheptanoic acid
b. 4,5-diethyloctanoic acid

**10.5** a. propyl butanoate b. butyl benzoate

**10.6** a. hexanamide b. *N*-ethyl-*N*-methylbenzamide

**10.7** a. formamide c. 2-hydroxybutanoic acid
b. lithium acetate d. propyl propanoate

**10.8** octyl acetate

**10.9** a. 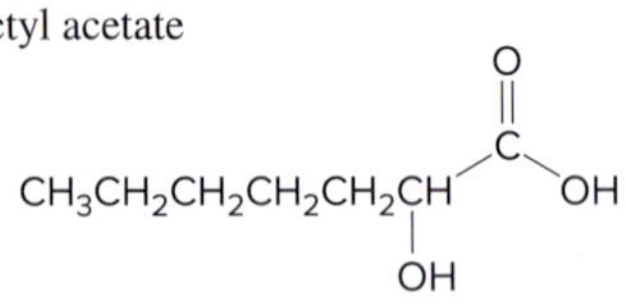

b. 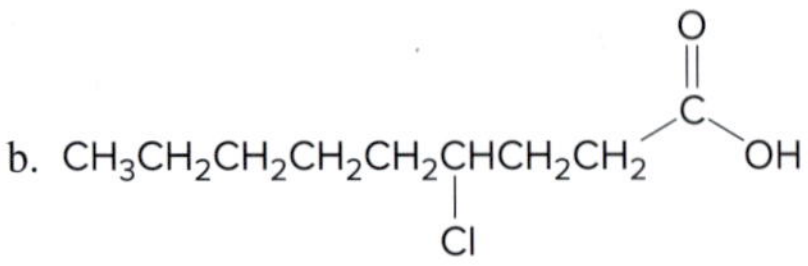

c. 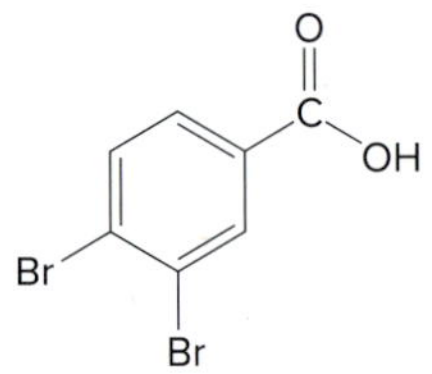 e. 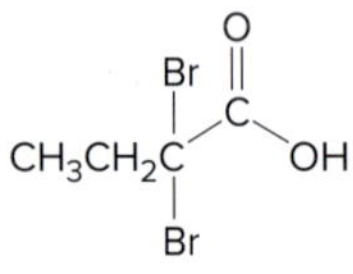

d. 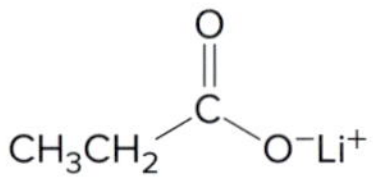 f. 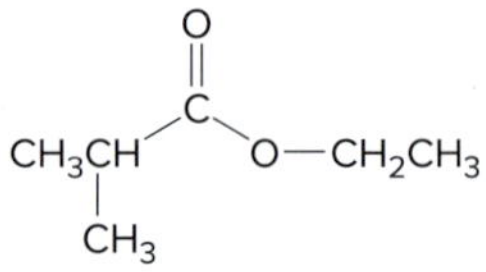

**10.10** a. 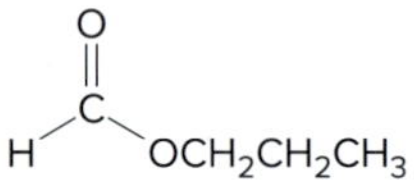

b. 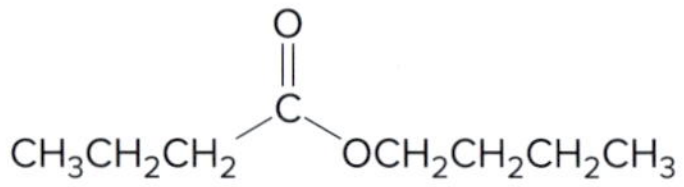

c. 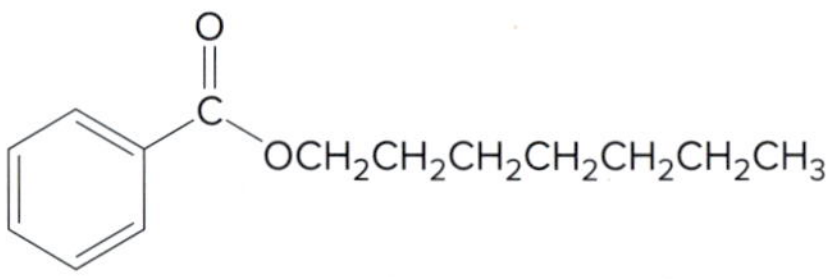

d. 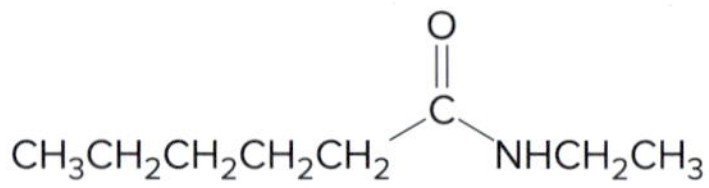

e. 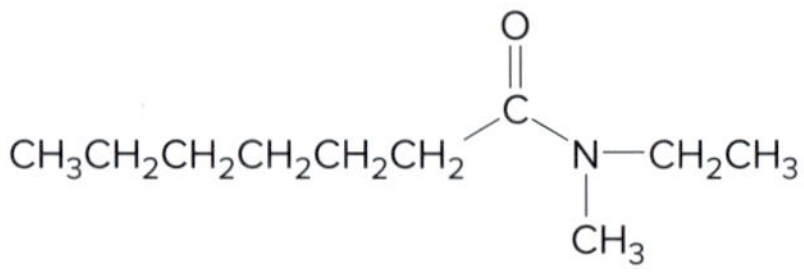

**10.11** a. $HCO_2CH_3$ can hydrogen bond to water.
b. $CH_3CH_2COOH$ can hydrogen bond to itself and to water.

**10.12** $CH_3CH_2CH(CH_3)_2 < CH_3CH_2COCH_3 < CH_3CH_2CO_2H$

**10.13** $CH_3CH_2CONH_2$ can intermolecularly hydrogen bond, so it has stronger intermolecular forces.

**10.14** a. 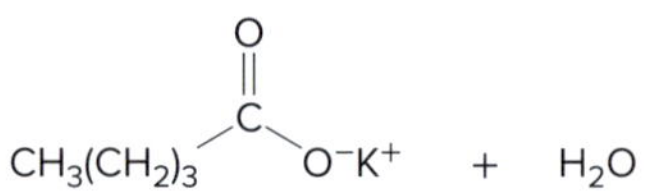

b. 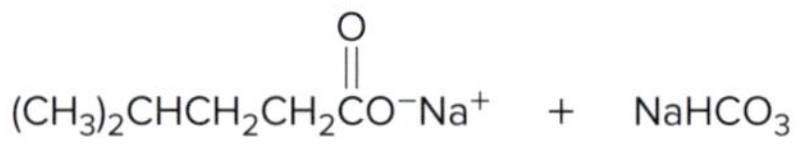

**10.15** a. 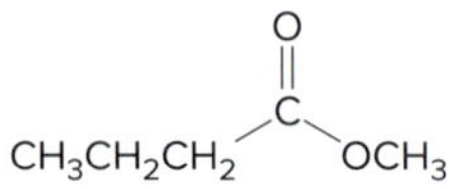

b. 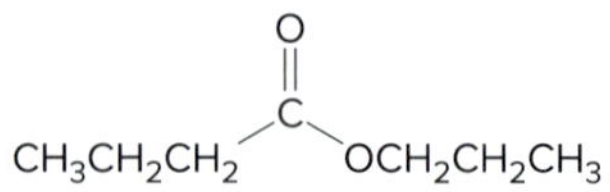

c. 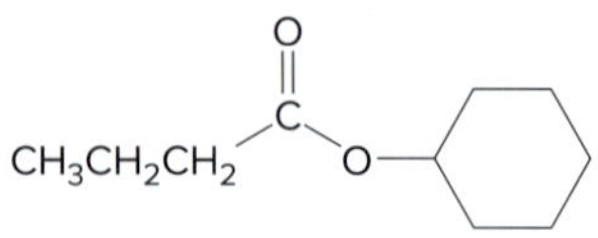

d. 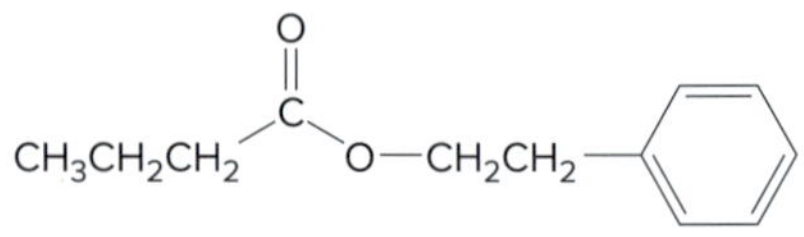

**10.16** 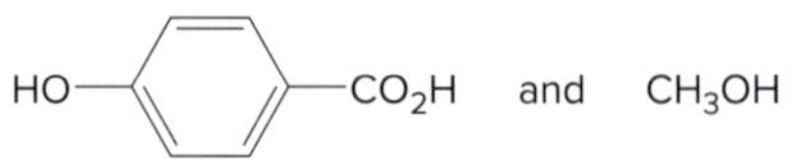

10.17 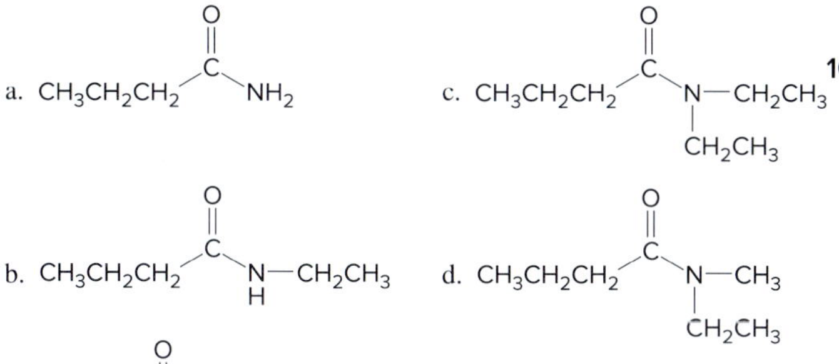

10.18 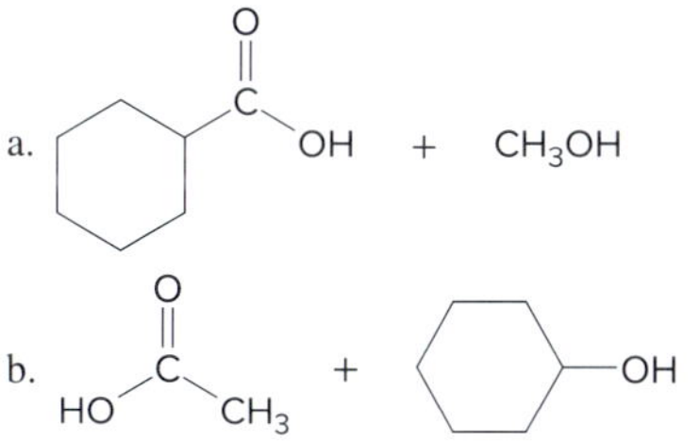

10.19 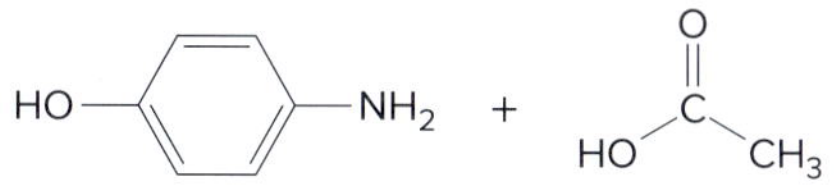

10.20 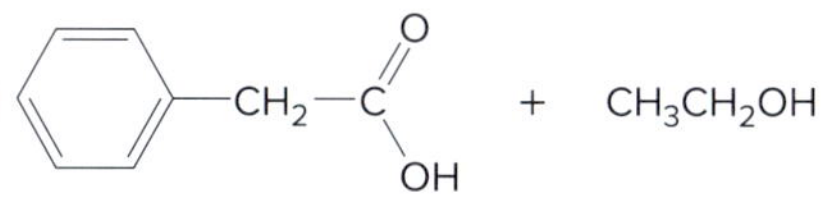

10.21 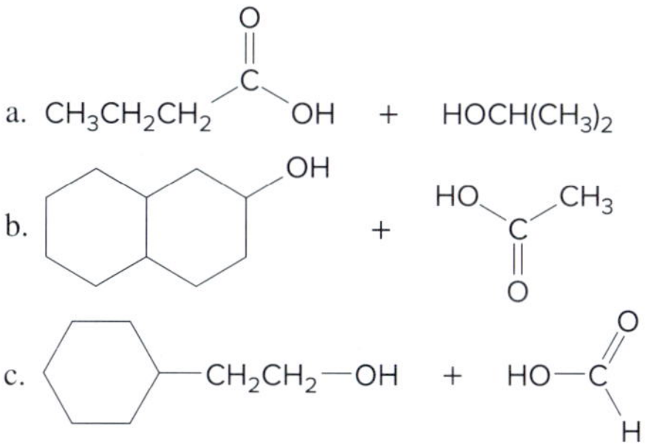

10.22 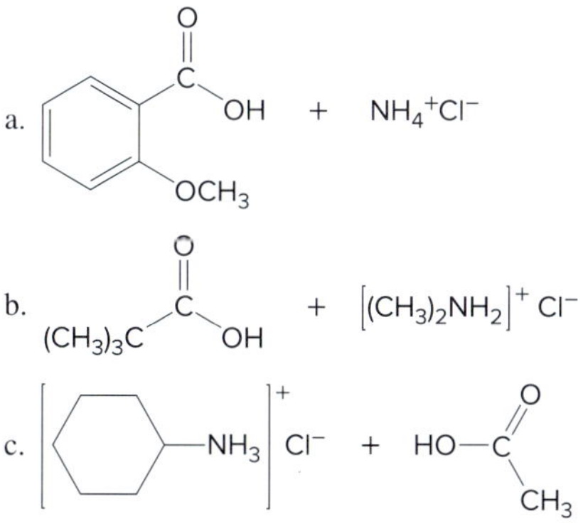

10.23 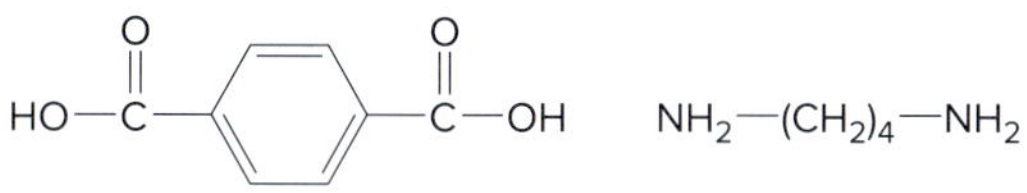

10.24

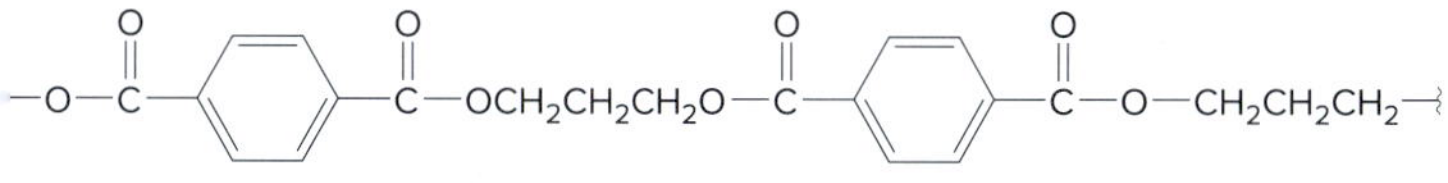

10.25 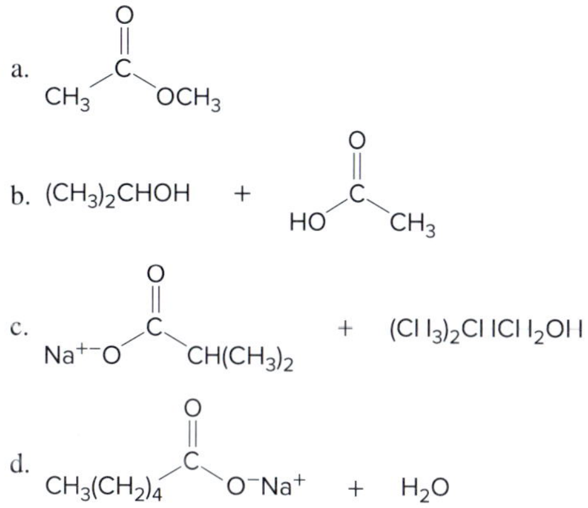

10.26 a. 5-methylhexanoic acid

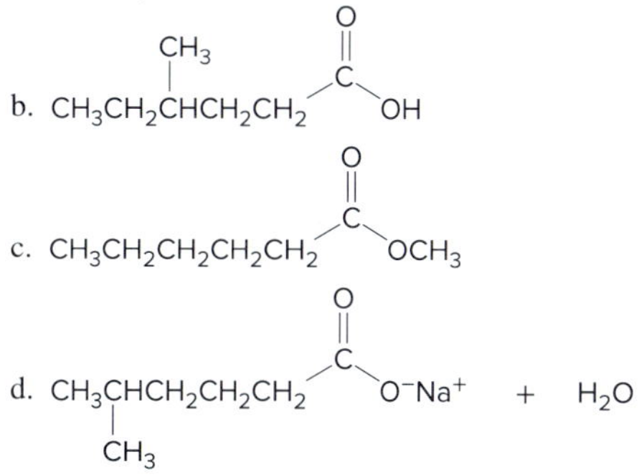

e. **A** is insoluble in $H_2O$, but soluble in organic solvent.

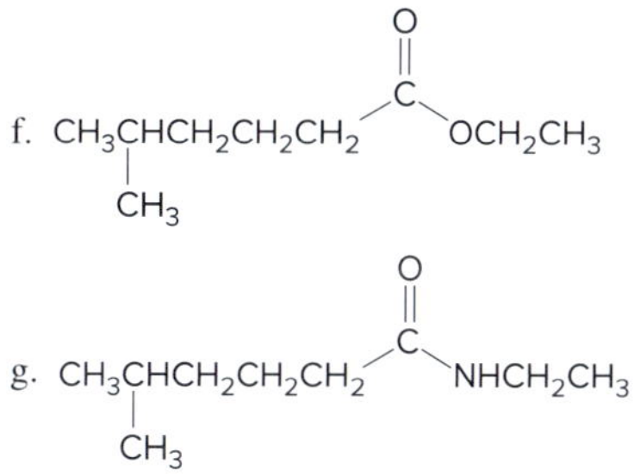

## 11장 연습문제

11.1 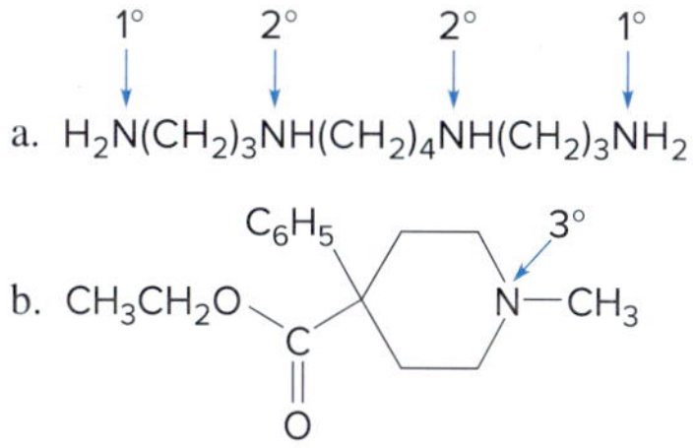

11.2 a. 2-butanamine
b. *N*-methyl-1-propanamine
c. *N,N*-dimethylcyclohexanamine
d. dibutylamine

11.3 a. $(CH_3)_2CHCH_2NH_2$
b. $(CH_3)_2CHCH_2OH$

11.4 a. $(CH_3CH_2NH_3)^+ + Cl^-$
b. $[(CH_3CH_2)_2NH_2]^+ + Cl^-$
c. $[(CH_3CH_2)_3NH]^+ + Cl^-$

**11.5** a. methylammonium chloride
b. dipropylammonium bromide
c. ethyldimethylammonium acetate

**11.6** a. insoluble
b,c,d: soluble

## 11장 종합문제

**11.1** 2° amide and 3° amine

**11.2**

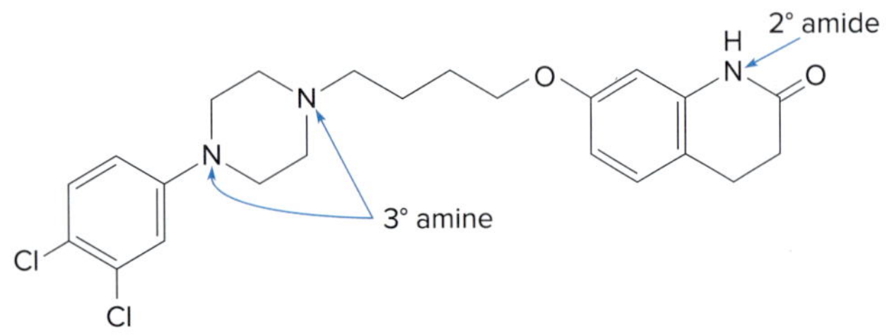


**11.3** a. 2° b. 3°

**11.4** a. **C**
b. **D**
c. **B**
d. **A**

**11.5** a. **H**
b. **F**
c. **E**
d. **G**

**11.6** a. cyclohexanamine
b. *N*-ethyl-*N*-methylaniline

**11.7** a. diethylamine
b. 3-octanamine
c. *N*-methyl-3-hexanamine
d. *N*-ethyl-2-heptanamine

**11.8** a. $CH_3CH_2CH_2CH_2CH_2CH_2CH_2CH_2CH_2CH_2NH_2$

b.

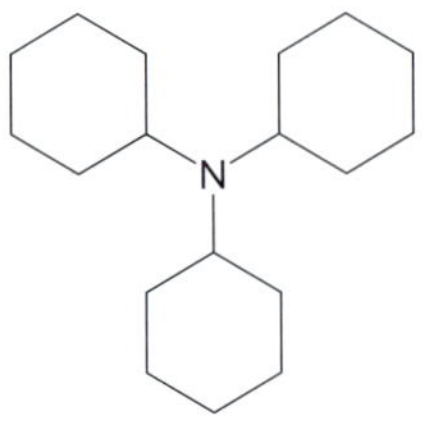

c.

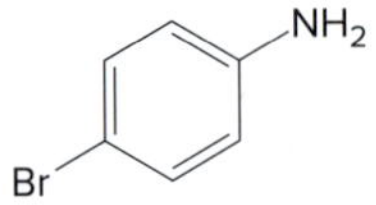

d.

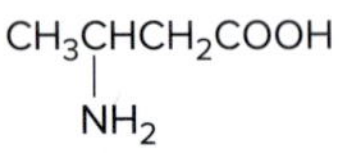

e.

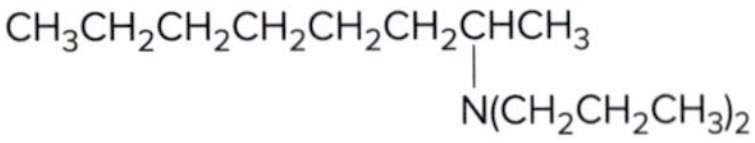

f. $CH_3CH_2NHCH_2CH_2CH_2CH_2CH_2CH_3$

**11.9** a. $[(CH_3CH_2CH_2)_2NH_2]^+\ Cl^-$

b. $(CH_3CH_2CH_2CH_2NH_3)^+\ Br^-$

c.

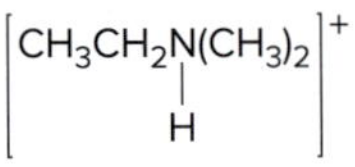

**11.10**

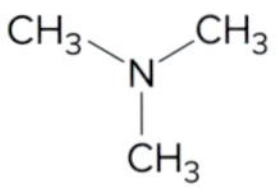 $CH_3CH_2CH_2NH_2$ $CH_3CH_2NHCH_3$ 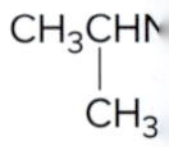

trimethylamine 1-propanamine *N*-methylethanamine 2-propana

**11.11** Pyridine is capable of hydrogen bonding with water, so it is more water soluble. Pyridine has a higher boiling point than benzene.

**11.12** a. $CH_3(CH_2)_5NH_2$
b. $CH_3(CH_2)_9NH_2$

**11.13**

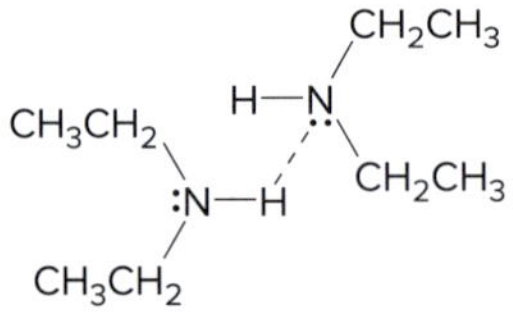

**11.14** Primary amines can hydrogen bond to each other, whereas 3° amines cannot. Therefore, 1° amines will have higher boiling points than 3° amines of similar size. Any amine can hydrogen bond to water, so both 1° and 3° amines have similar solubility properties.

**11.15** a. $CH_3CH_2NH_2 + H_2O \longrightarrow (CH_3CH_2NH_3)^+ + OH^-$
b. $(CH_3CH_2)_2NH + H_2O \longrightarrow [(CH_3CH_2)_2NH_2]^+ + OH^-$
c. $(CH_3CH_2)_3N + H_2O \longrightarrow [(CH_3CH_2)_3NH]^+ + OH^-$

**11.16** a. $[CH_3CH_2CH_2NH(CH_3)_2]^+ + Cl^-$

b.

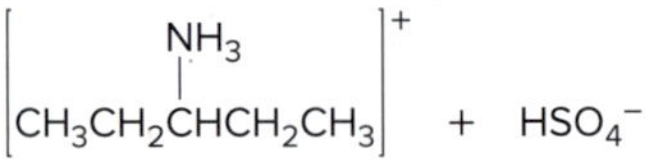

c.

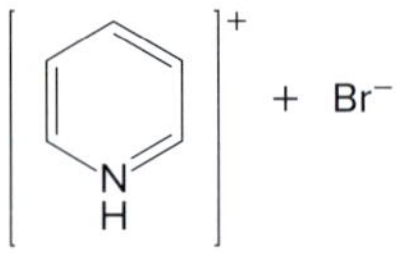

d.

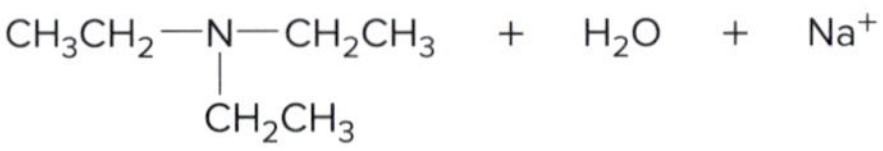

**11.17** a.

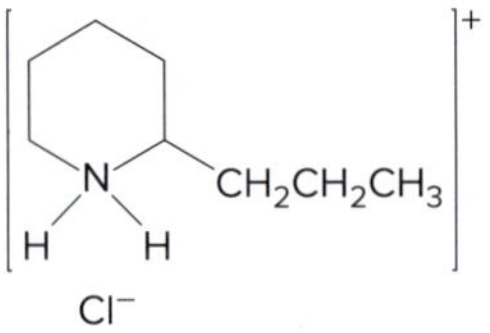

b.

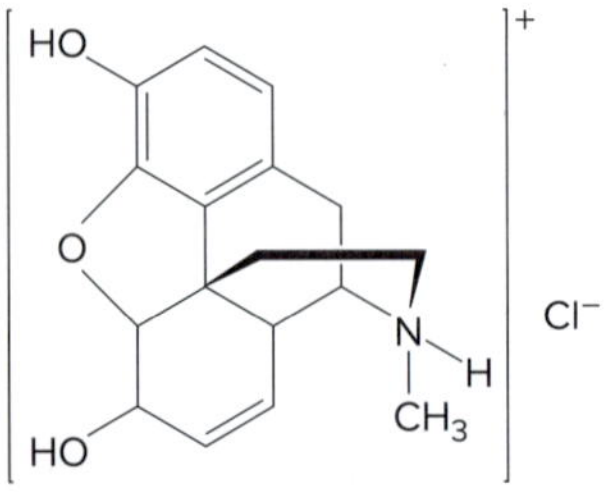

**11.18** piperidine

**11.19** Caffeine is a mild stimulant, imparting a feeling of alertness after consumption. It also increases heart rate, dilates airways, and stimulates the secretion of stomach acid. These effects are observed because caffeine increases glucose production, making an individual feel energetic.

**11.20** An alkaloid solution is slightly basic because its amine pulls off a proton from water, forming $OH^-$.

**11.21** Dopamine affects brain processes that control movement, emotions, and pleasure. Normal dopamine levels give an individual a pleasurable, satisfied feeling. Increased levels result in an intense "high." Drugs such as heroin, cocaine, and alcohol increase dopamine levels. When there is too little dopamine in the brain, an individual loses control of fine motor skills and Parkinson's disease results.

**11.22** Serotonin plays an important role in mood, sleep, perception, and temperature regulation. We get sleepy after eating a turkey dinner on Thanksgiving because the unusually high level of tryptophan in turkey is converted to serotonin. A deficiency of serotonin causes depression.

**11.23** a. 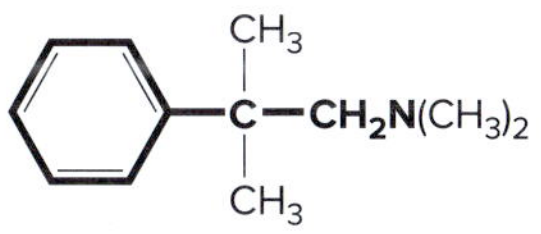

c. 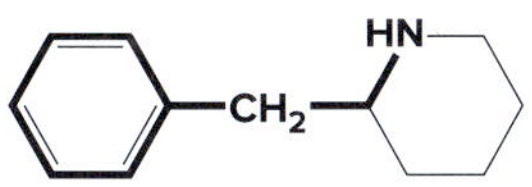

**11.24** 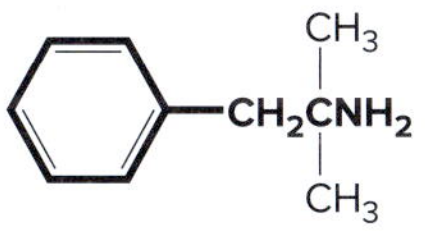

**11.25** a,b: 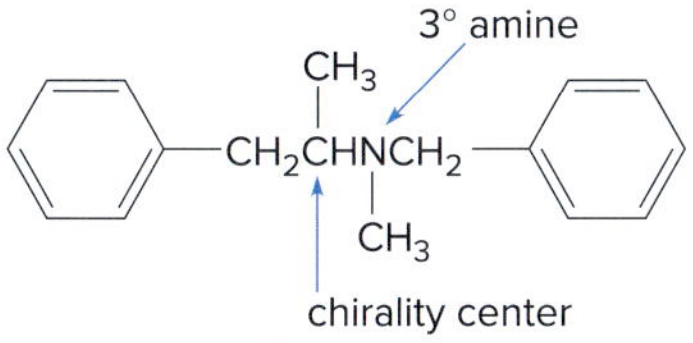


c. 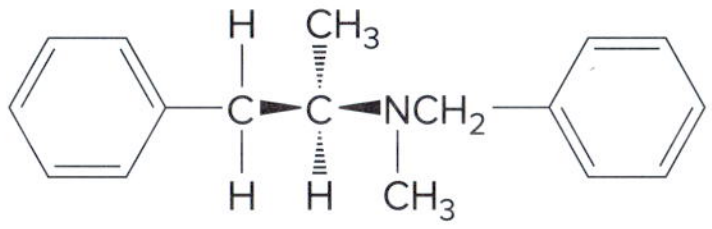

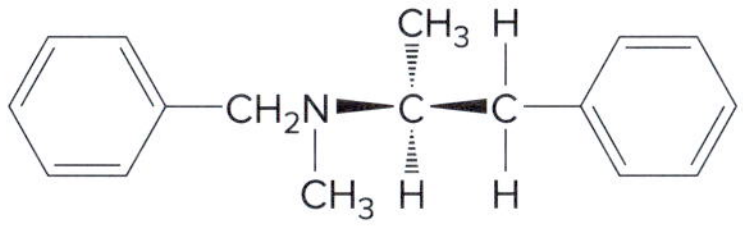

d. 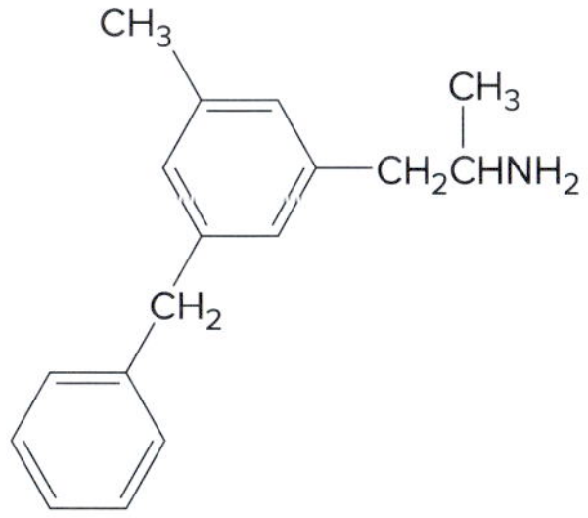

e. 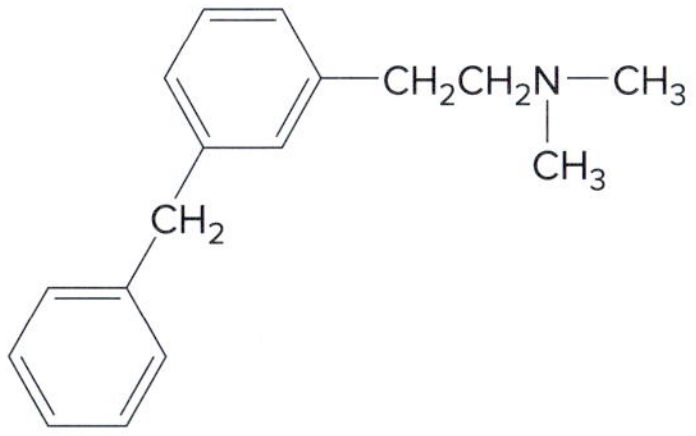

f. 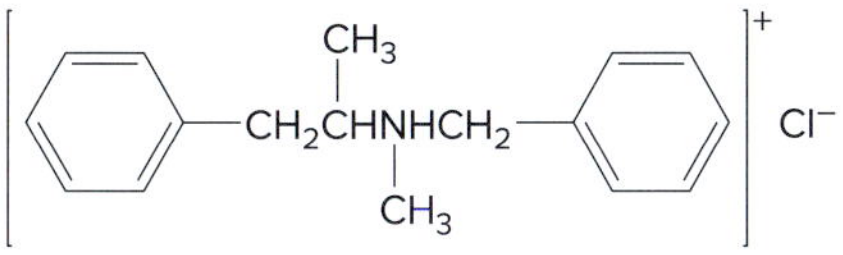

g. 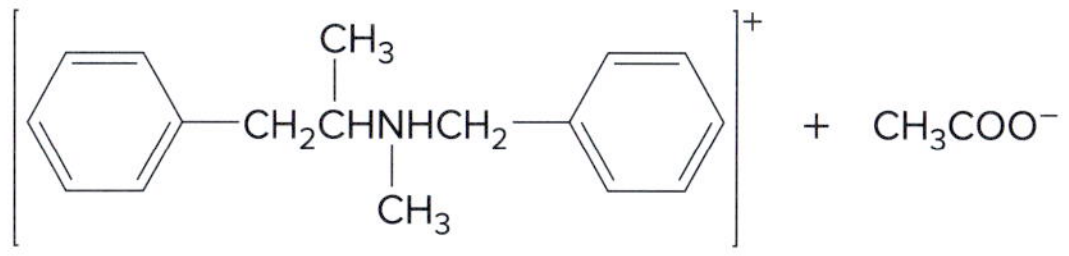

**11.26** a,b,c,d: 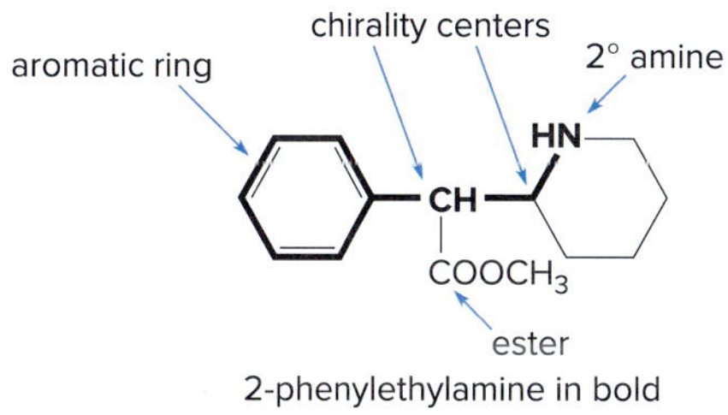


e. 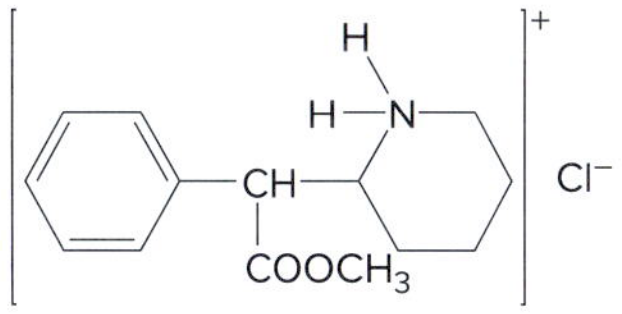

## 12장 연습문제

**12.1** b and c

**12.2** a,b:

A = 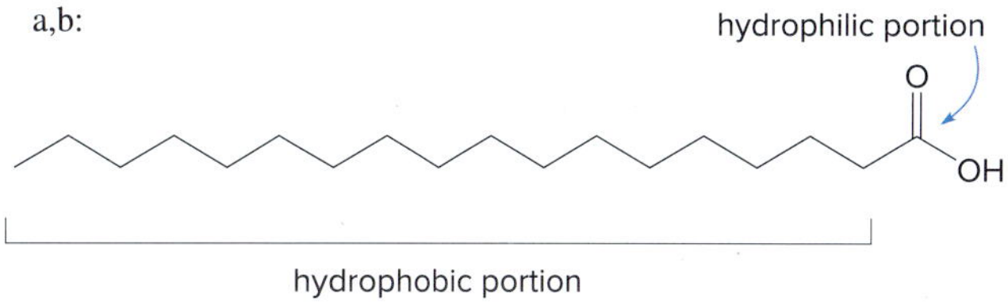


B = 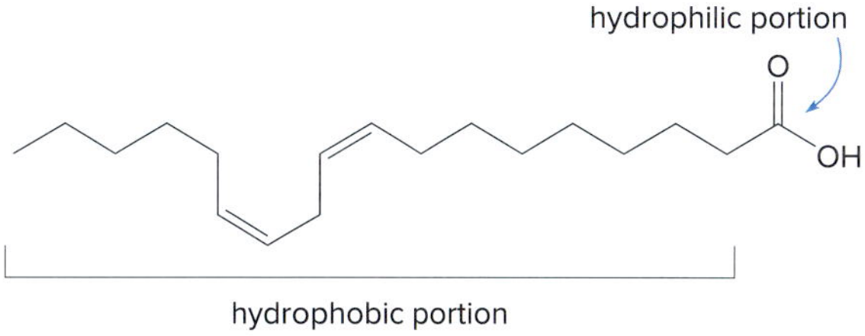


c. **A** will have the higher melting point because **A** is a saturated fatty acid and the molecules can pack together better.

**12.3** a. $CH_3(CH_2)_{16}\overset{O}{\overset{\|}{C}}O(CH_2)_9CH_3$ c. $CH_3(CH_2)_{16}\overset{O}{\overset{\|}{C}}O(CH_2)_{29}CH_3$

b. $CH_3(CH_2)_{16}\overset{O}{\overset{\|}{C}}O(CH_2)_{11}CH_3$

**12.4** 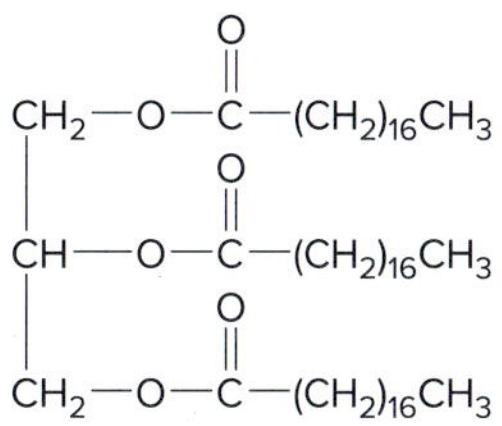

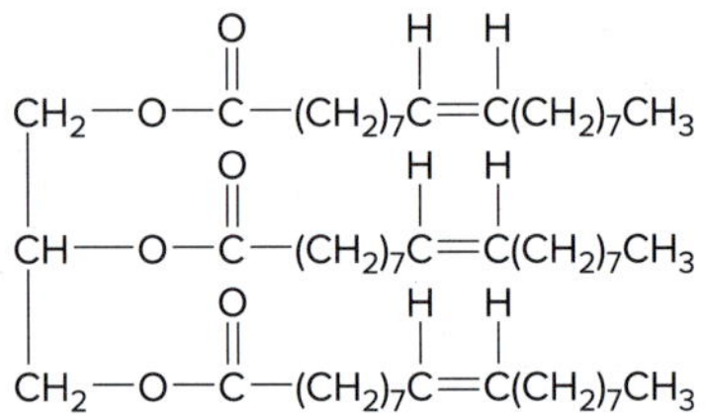

12.5 a. 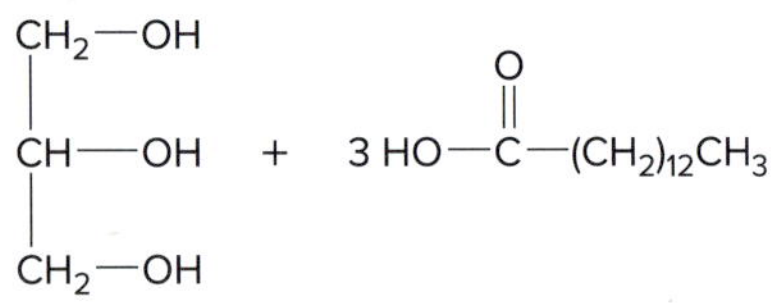

b. 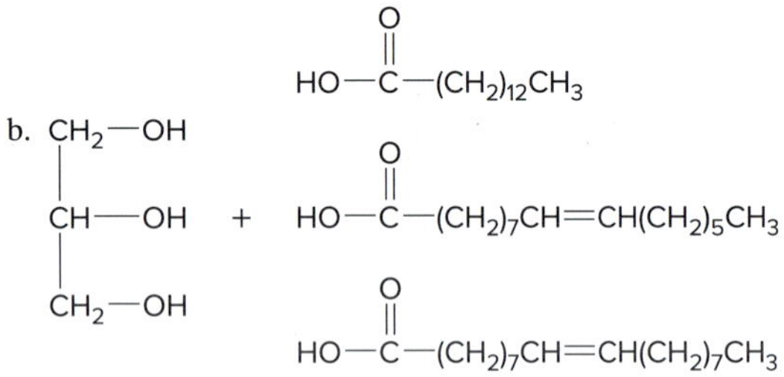

12.6

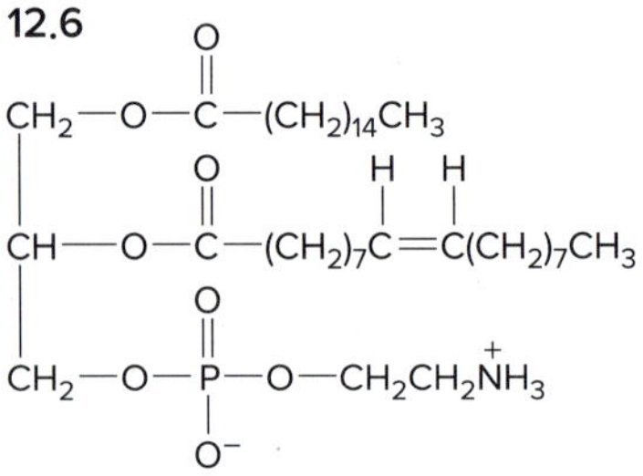

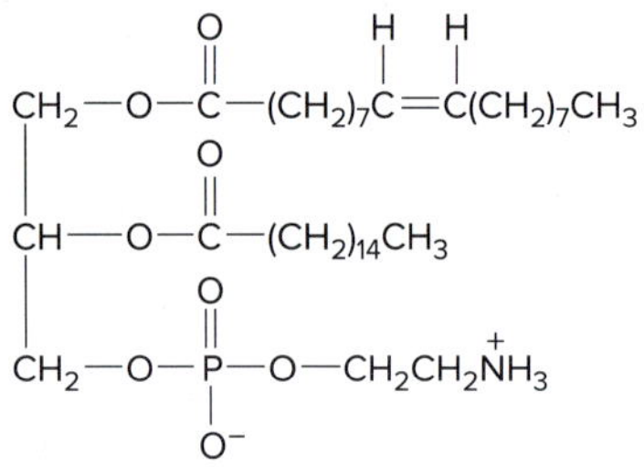

12.7 a. $CH_3(CH_2)_{14}\overset{\overset{O}{\|}}{C}O(CH_2)_{21}CH_3$

b. $CH_3(CH_2)_{14}\overset{\overset{O}{\|}}{C}O(CH_2)_{11}CH_3$

c. $CH_3(CH_2)_{14}\overset{\overset{O}{\|}}{C}O(CH_2)_{9}CH_3$

12.8 a. $CH_3(CH_2)_{16}COOH + HO(CH_2)_{17}CH_3$
b. $CH_3(CH_2)_{12}COOH + HO(CH_2)_{25}CH_3$
c. $CH_3(CH_2)_{14}COOH + HO(CH_2)_{27}CH_3$

12.9 a. **B** b. **C** c. **A**

12.10 a. 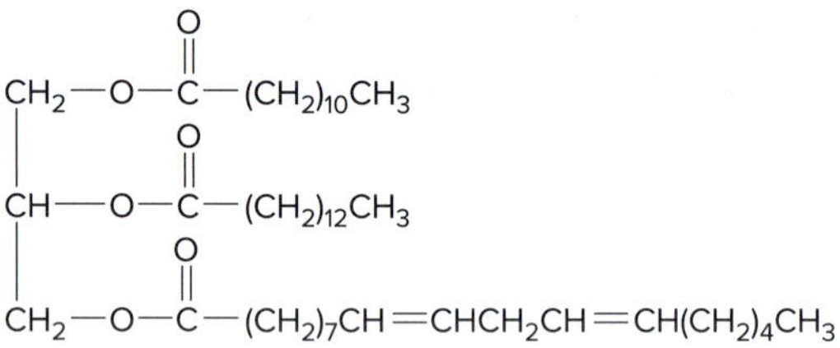

b. 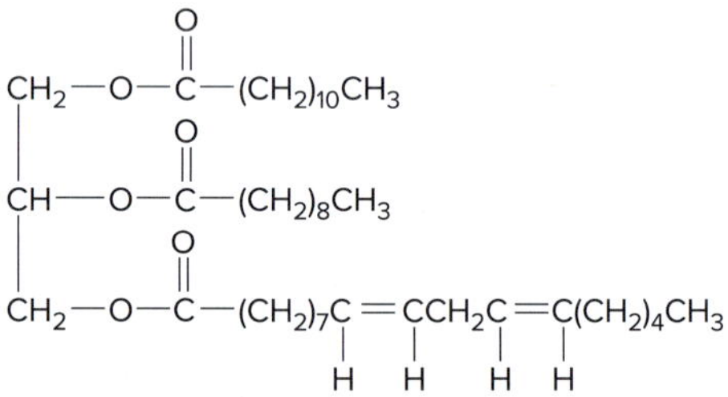

c. 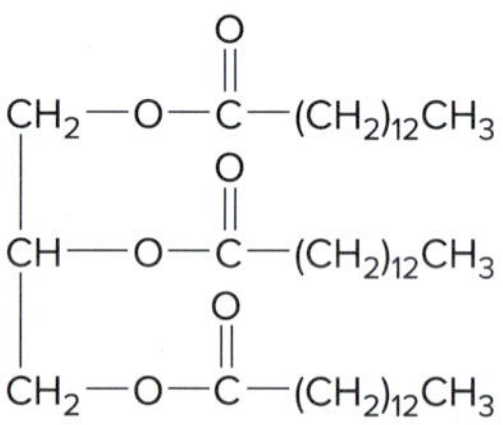

12.11 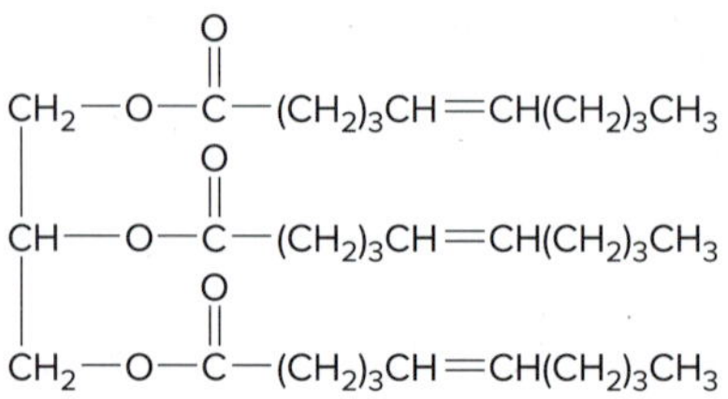

## 12장 종합문제

12.1 b.

12.2 b and c

12.3 $CH_3(CH_2)_5CH{=}CH(CH_2)_7COOH$, $CH_3(CH_2)_7CH{=}CH(CH_2)_7COOH$, $CH_3(CH_2)_{16}COOH$

12.4 **B** < **A** < **C**

12.5 a.

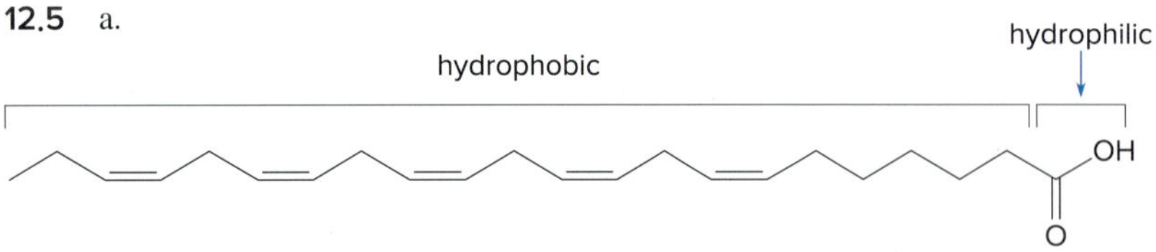


b. The melting point would be lower than the melting point of the trans isomer.
c. liquid
d. omega-3 fatty acid

12.6 a. 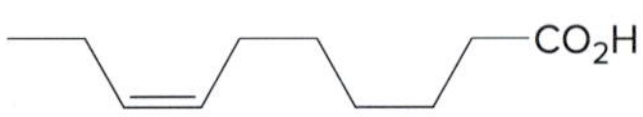

b. omega-3 acid

c. 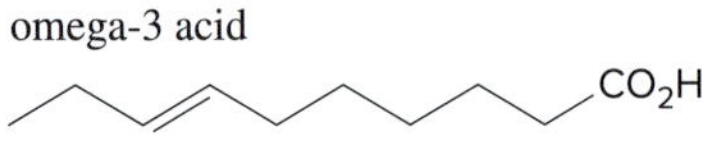

d. 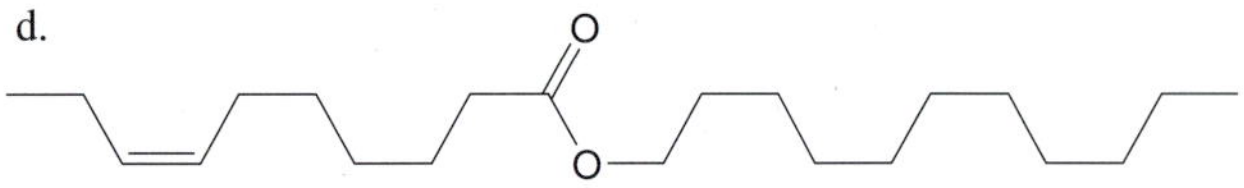

12.12

| Compound | a. General Structure | b. Example | c. Water Soluble (Y/N) | d. Hexane Soluble (Y/N) |
|---|---|---|---|---|
| [1] Fatty acid | RCOOH | $CH_3(CH_2)_{10}CO_2H$ | N | Y |
| [2] Soap | $RCOO^-Na^+$ | $CH_3(CH_2)_{10}CO_2^-Na^+$ | Y | N |
| [3] Wax | RCOOR' | $CH_3(CH_2)_6CO_2(CH_2)_7CH_3$ | N | Y |
| [4] Triacylglycerol | 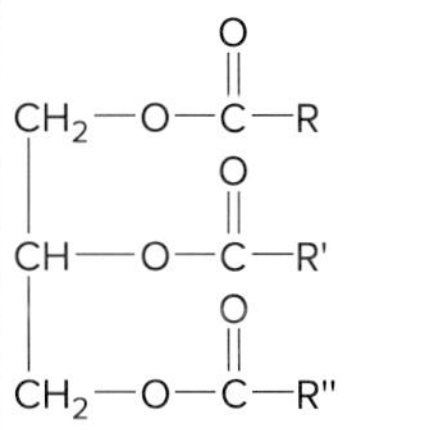 | 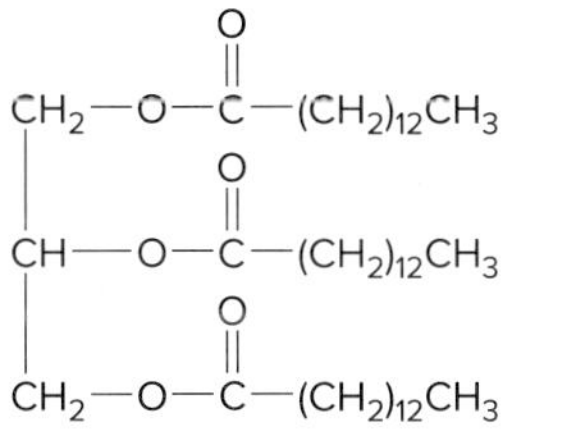 | N | Y |

**12.13** a. false b,c,d: true

**12.14** a. arachidic acid, stearic acid, and lauric acid
b. solid
c. The long hydrocarbon chains are hydrophobic.
d. The ester linkages are hydrophilic.
e. 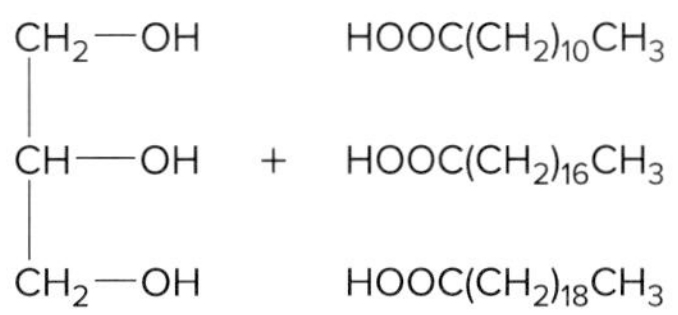

**12.15** a. 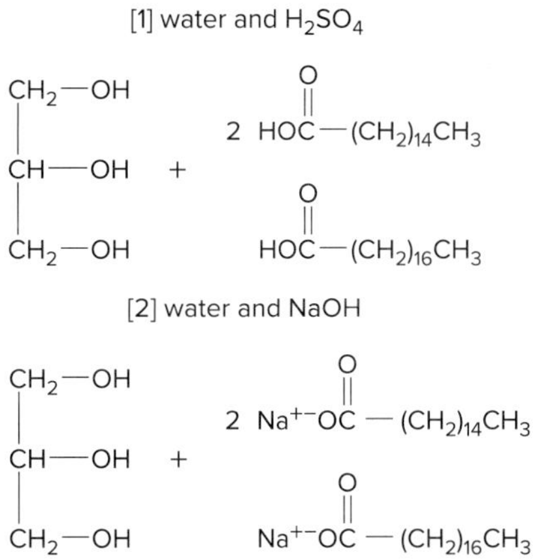

b. 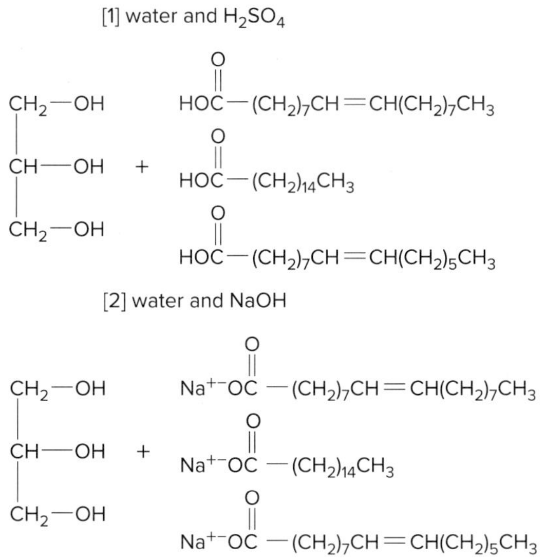

**12.16** c.

**12.17** a. 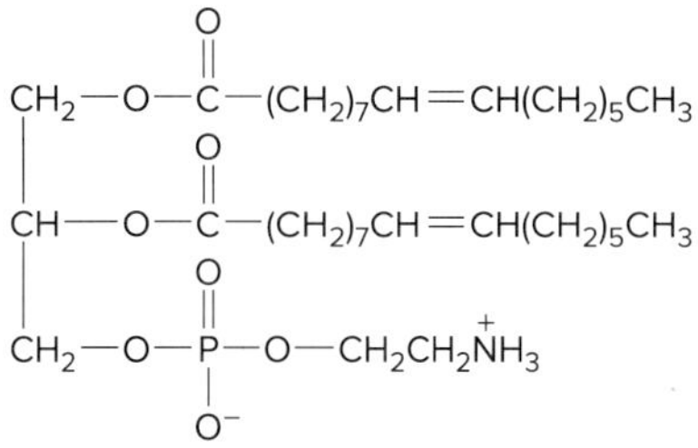

b. 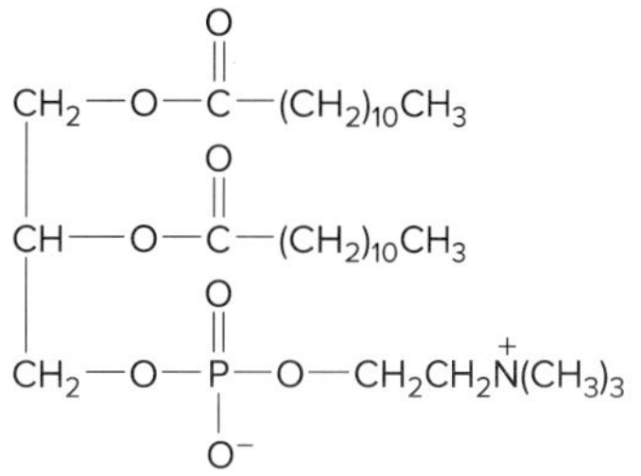

c. 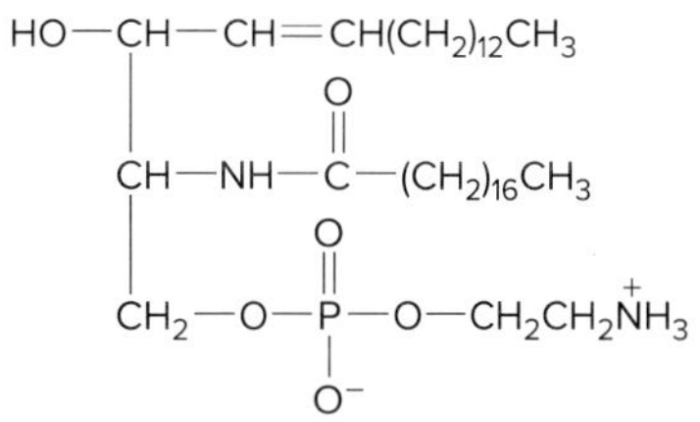

**12.18** Diffusion is the movement of small molecules through a membrane along a concentration gradient. Facilitated transport is the transport of molecules through channels in a cell membrane. $O_2$ and $CO_2$ move by diffusion, whereas glucose and $Cl^-$ move by facilitated transport.

**12.19** 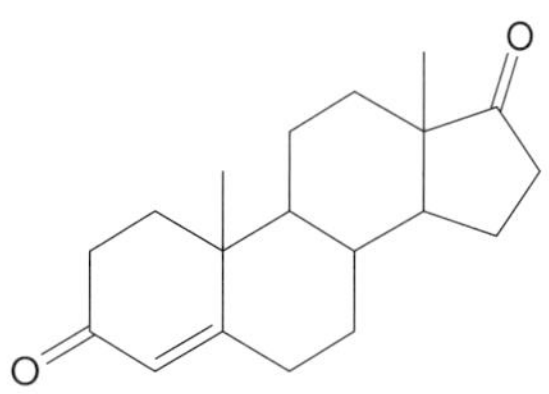

**12.20** Cholesterol is insoluble in the aqueous medium of the bloodstream. By being bound to a lipoprotein particle, it can be transported in the aqueous solution.

**12.21**

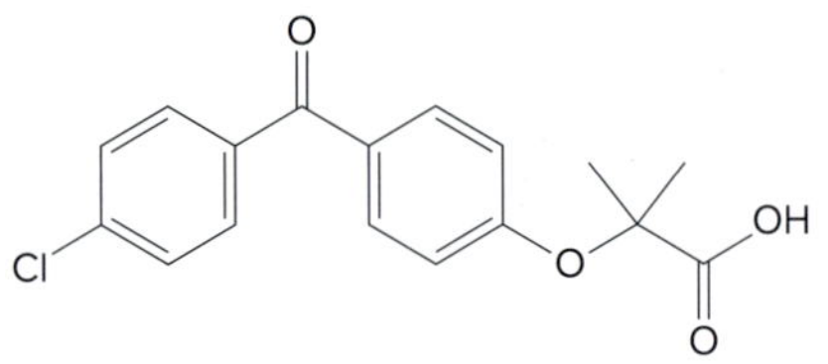

**12.22** a.

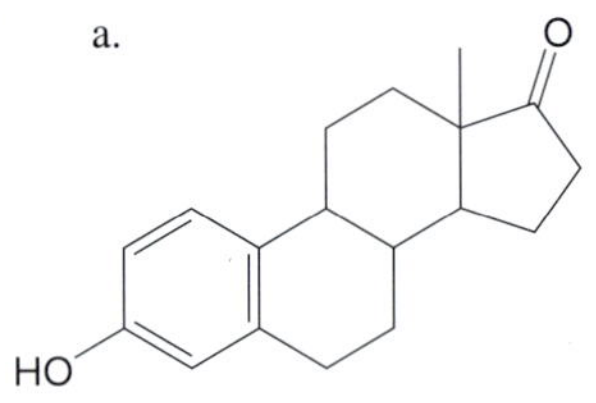

estrone

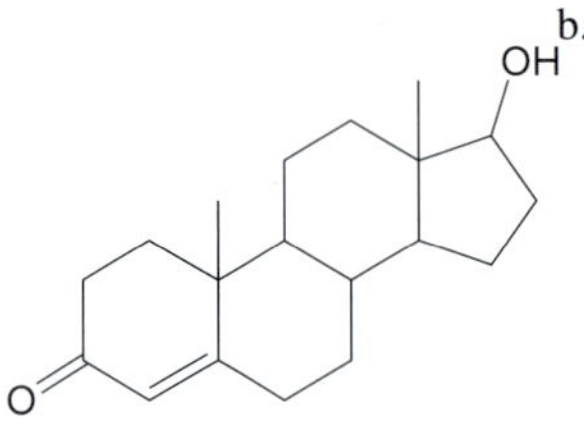

testosterone

b. The estrogen (left) and androgen (right) both contain the four rings of the steroid skeleton. Both contain a methyl group bonded to C13.

c. The estrogen has an aromatic A ring and a hydroxyl group on this ring. The androgen has a carbonyl on the A ring but does not contain an aromatic ring. The androgen also contains a C=C in the A ring and an additional $CH_3$ group at C10. The D rings are also different. The estrogen contains a carbonyl at C17 and the androgen has an OH group.

d. Estrogens, synthesized in the ovaries, control the menstrual cycle and secondary sexual characteristics of females. Androgens, synthesized in the testes, control the development of male secondary sexual characteristics.

**12.23** a.

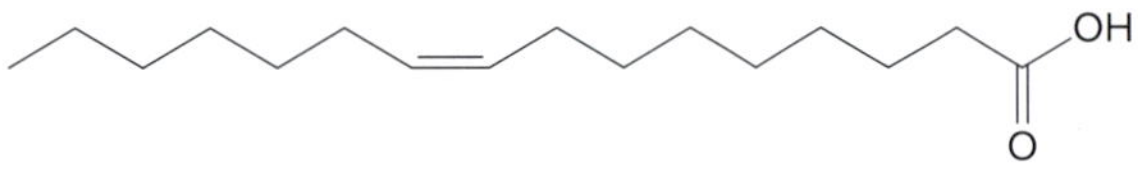

b. $CH_3(CH_2)_{12}COO(CH_2)_{15}CH_3$

c.

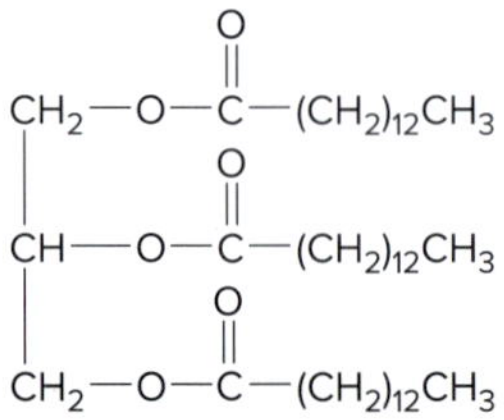

d.

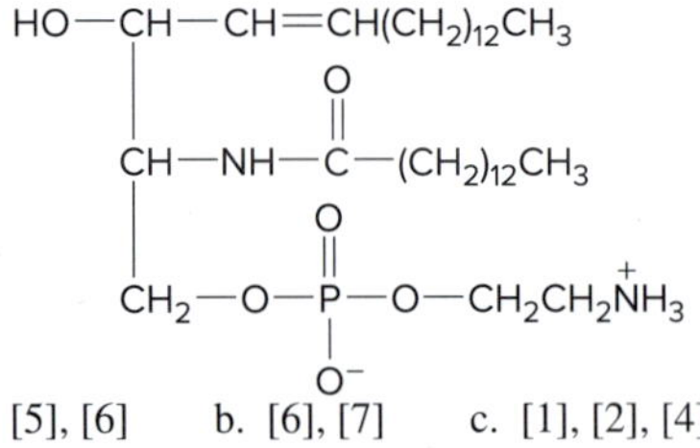

**12.24** a. [5], [6]  b. [6], [7]  c. [1], [2], [4]  d. [2], [4]

**12.25** **A:** a, c, e  **B:** a, c, d  **C:** b, c

**12.26** **A** represents a soap, and **B** represents a phosphoacylglycerol. Both compounds have ionic polar heads and nonpolar tails with many C—C and C—H bonds derived from fatty acids.

## 13장 연습문제

**13.1** a. aldopentose  b. aldotetrose  c. ketotetrose

**13.2** a.

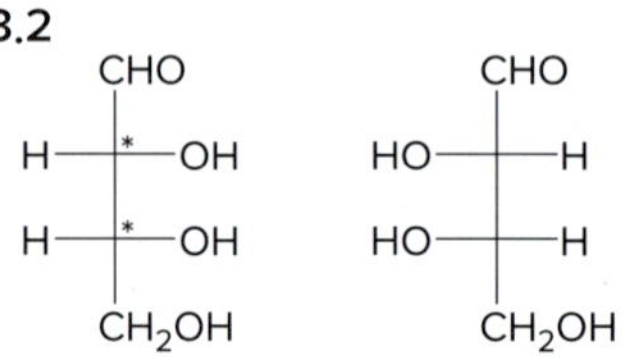

D  enantiomer

c.

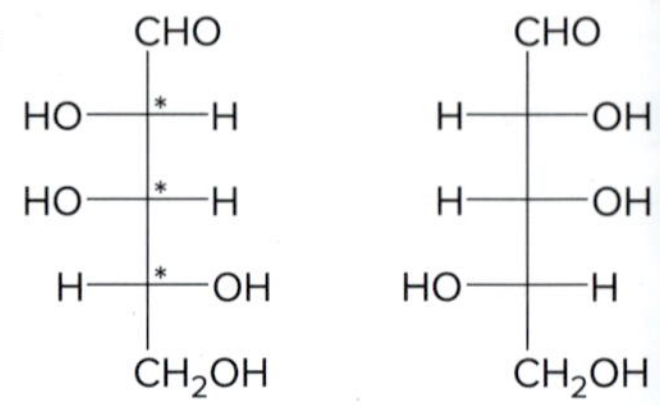

D  enantiomer

b.

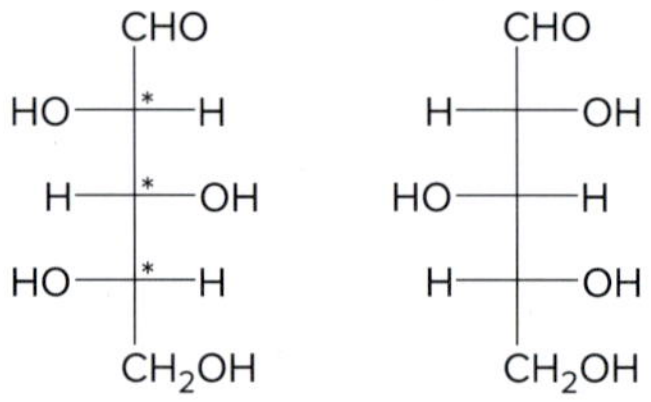

L  enantiomer

* chirality center

**13.3** a.

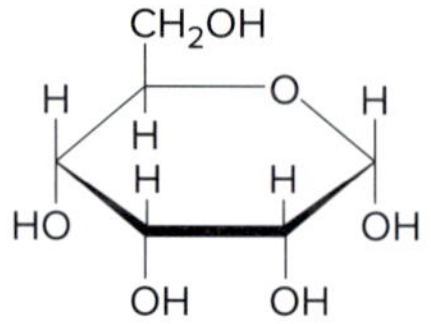

c.

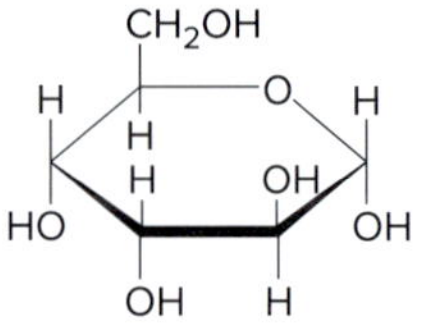

b.

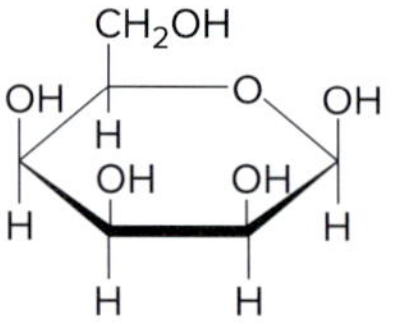

**13.4** a.

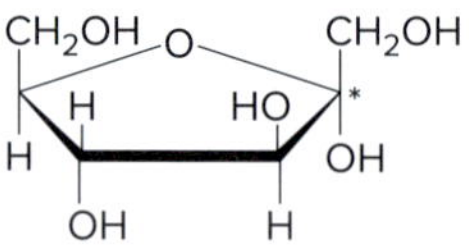

α anomer

c.

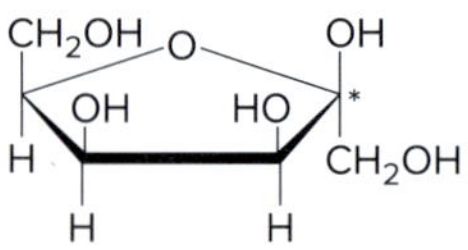

β anomer

b.

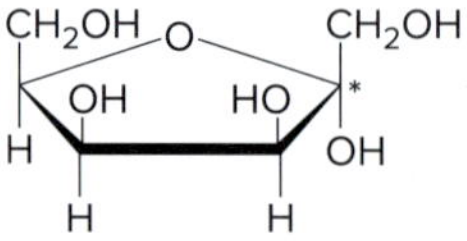

α anomer

* anomeric C

**13.5** a.

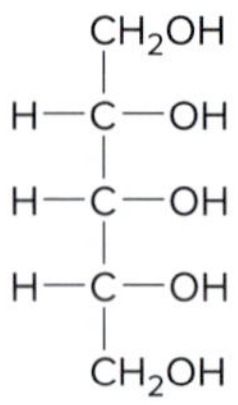

b.

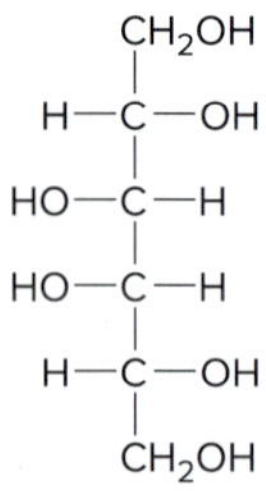

c.

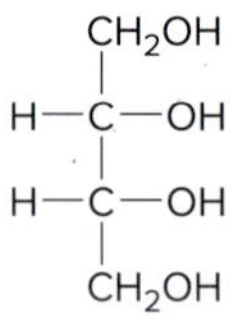

**13.6** a.

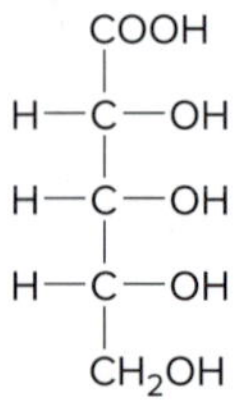

b.

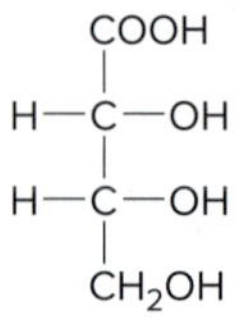

c.

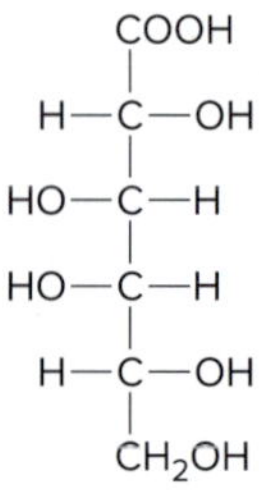

13.7 1 → 4-β-disaccharide

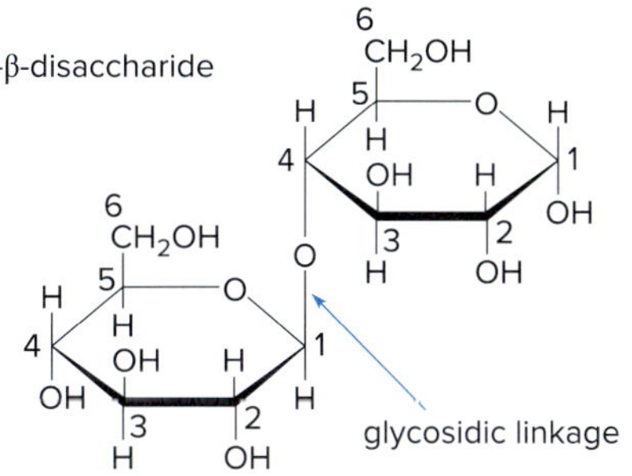


13.8

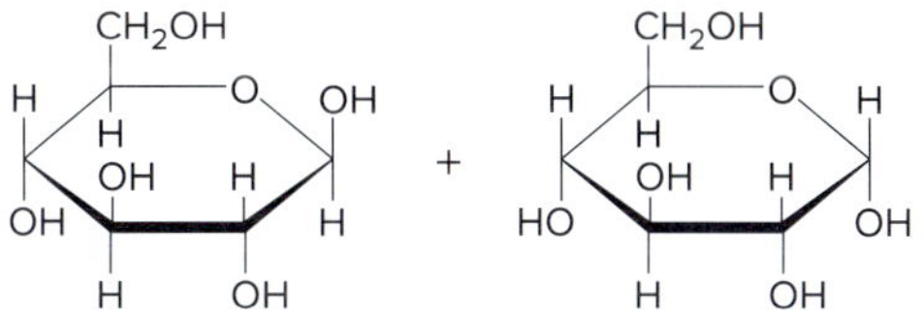

## 13장 종합문제

13.1 a.

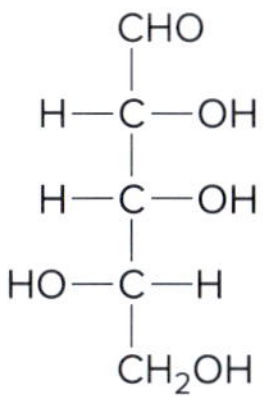

b.

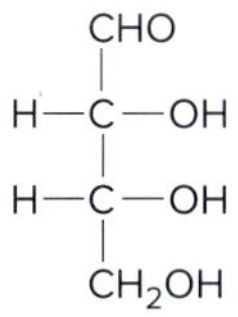

c.

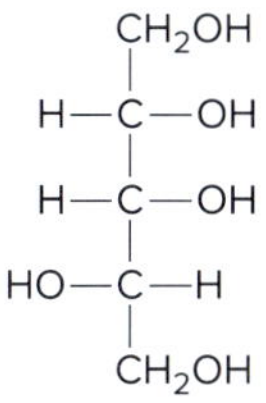

13.2 a. aldotetrose b. aldohexose c. ketopentose

13.3

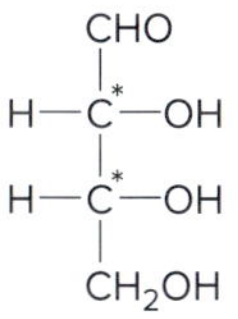

**A**
aldotetrose
* chirality center

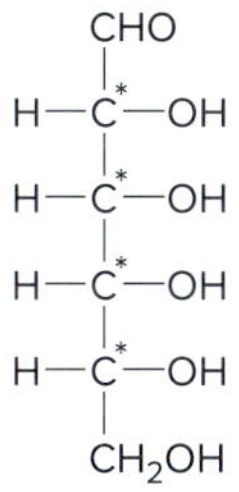

**B**
aldohexose

13.4 a.

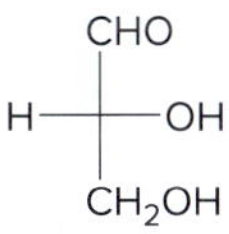

b. aldotriose

13.5 a.

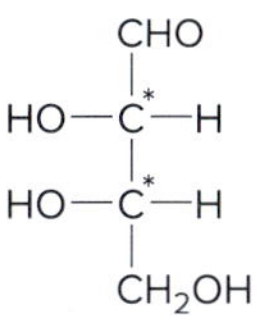

L-tetrose

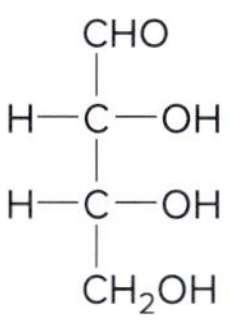

enantiomer

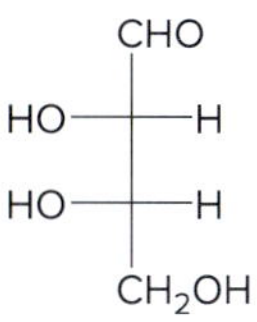

Fischer projection

b.

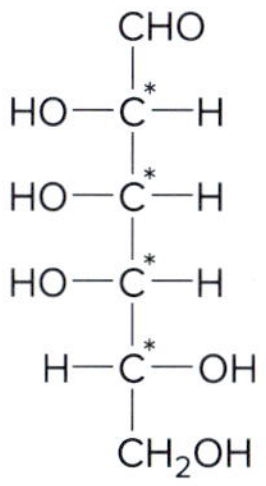

D-hexose

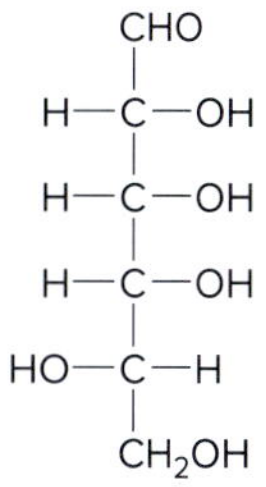

enantiomer

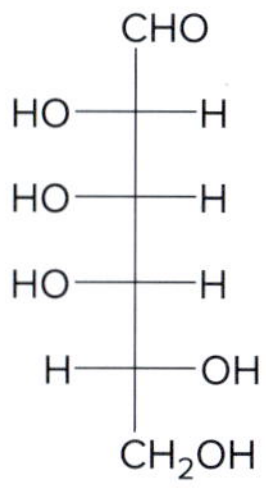

Fischer projection

c.

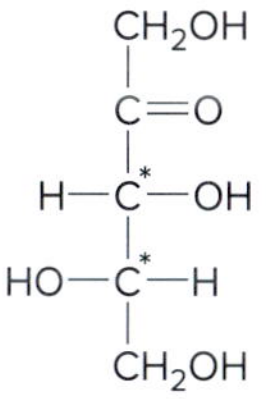

L-pentose

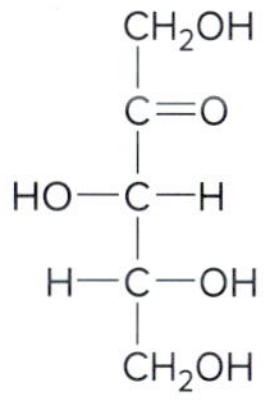

enantiomer

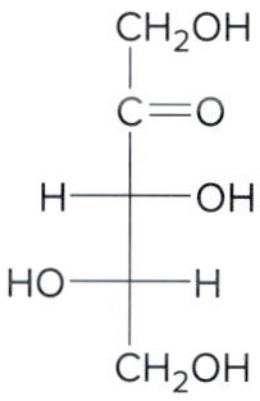

Fischer projection

* chirality center

13.6 a. **A** and **B**
b. **B** and **C** (or **A** and **C**)
c.

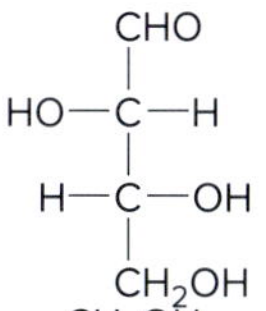

d.

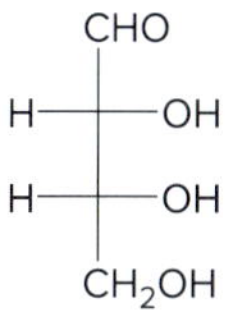

13.7

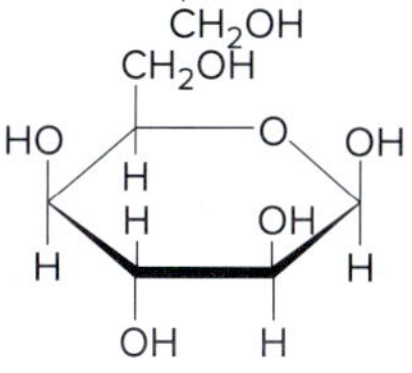

β anomer

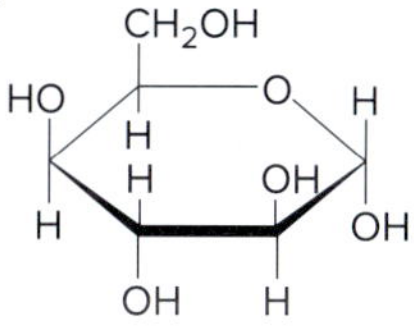

α anomer

13.8 Using a skeletal structure:

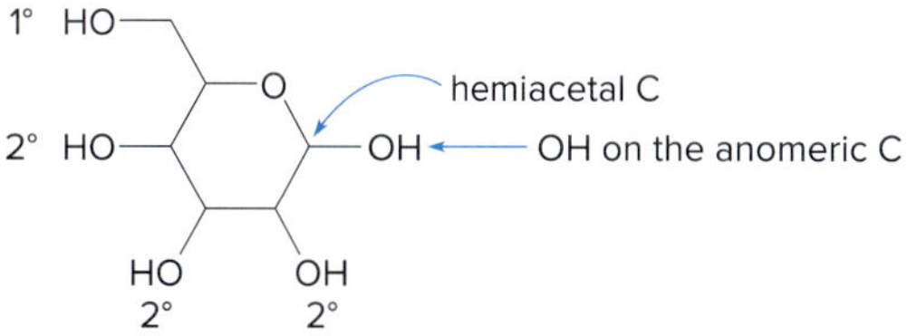


13.9

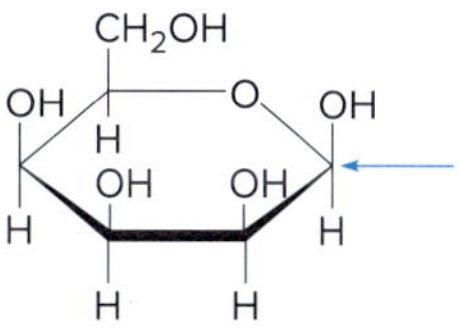

a. hemiacetal carbon
b. β anomer

c.

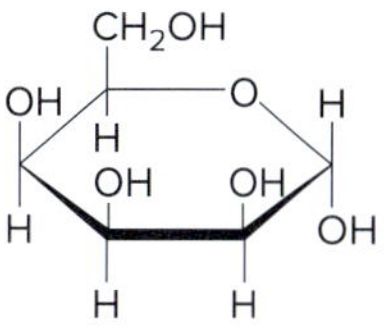

d.

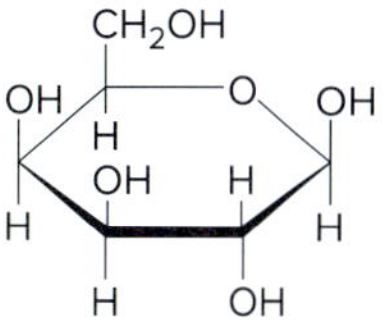

**13.10** a.

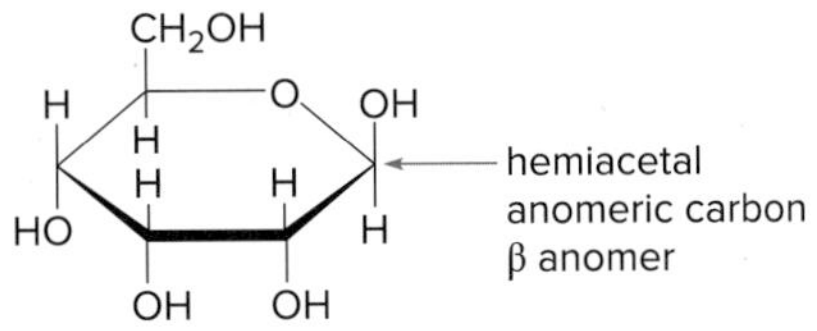


b.

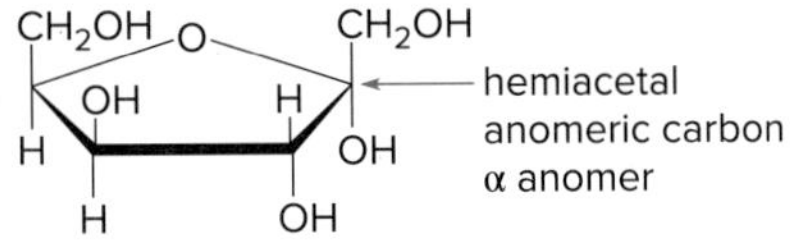


**13.11** a.

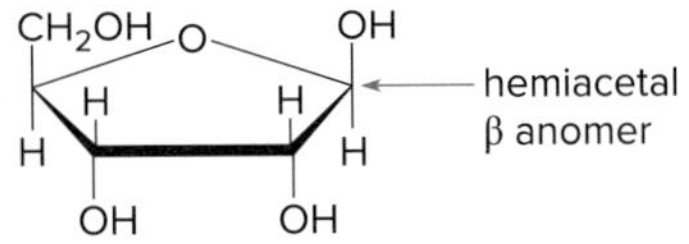


b.

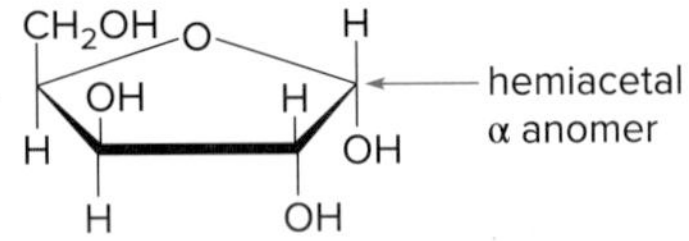


**13.12** a. aldonic acid b. alditol c. monosaccharide

**13.13** a. [1]

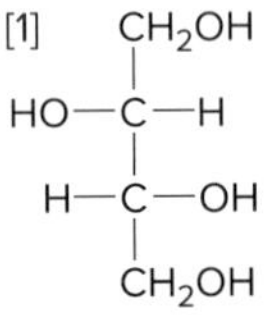

[2]

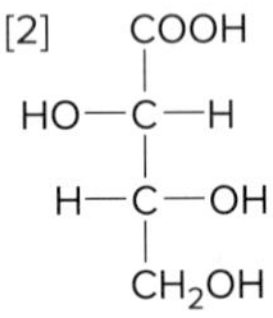

b. [1]

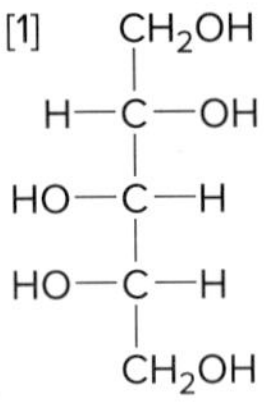

[2]

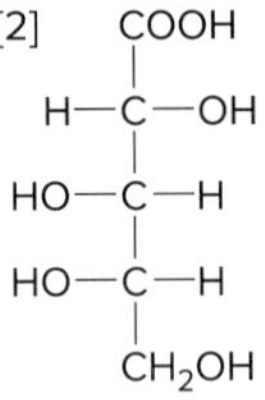

c. [1]

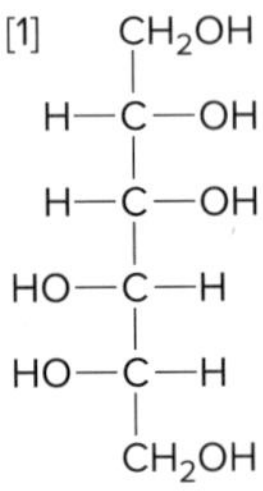

[2]

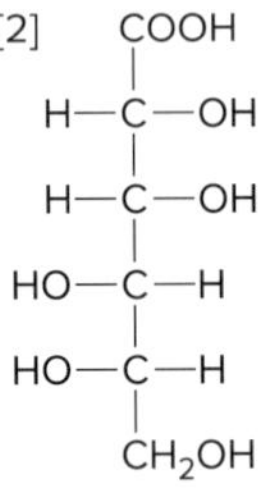

**13.14** a.

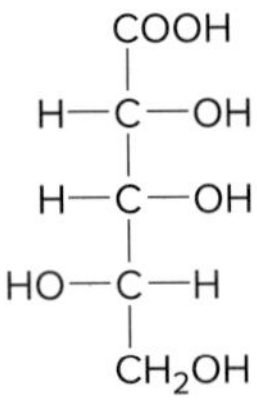

b.

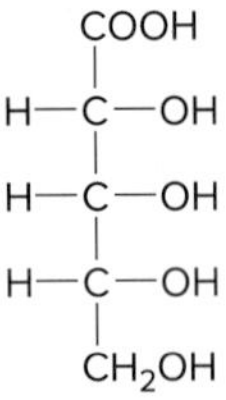

**13.15** a.

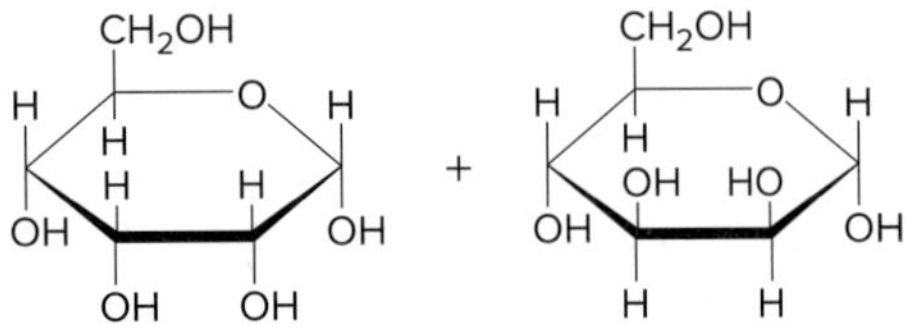

b.

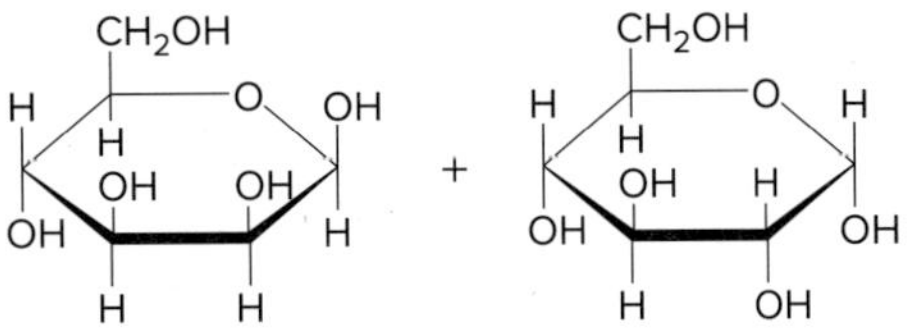

**13.16** **A** = glycogen **B** = amylopectin

a. both b. **A** c. **B** d. neither

**13.17** a. **A** b. **C** c. **B**

**13.18**

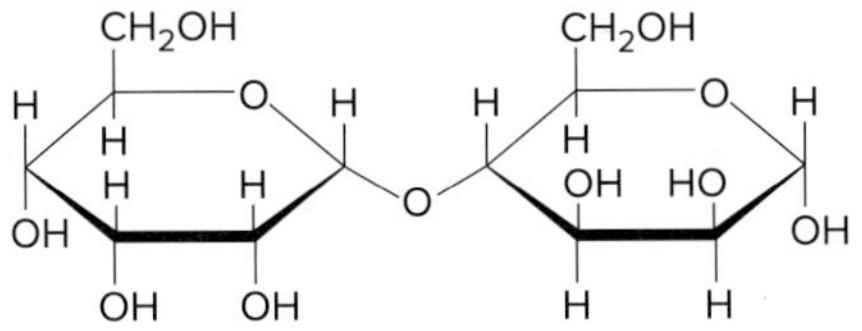

**13.19** a,b:

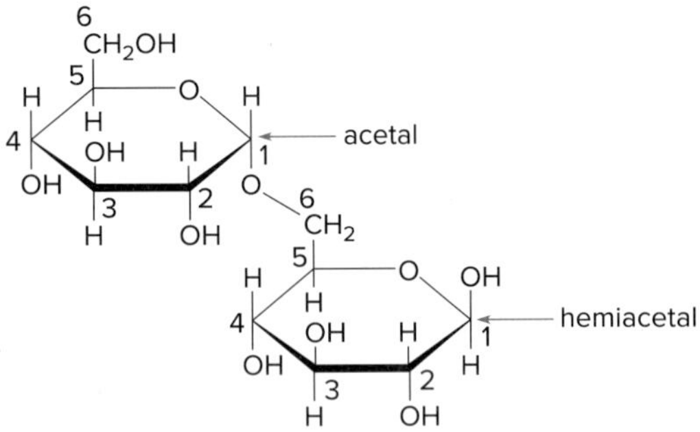


c. 1→6-α-glycosidic linkage

d. β anomer

e.

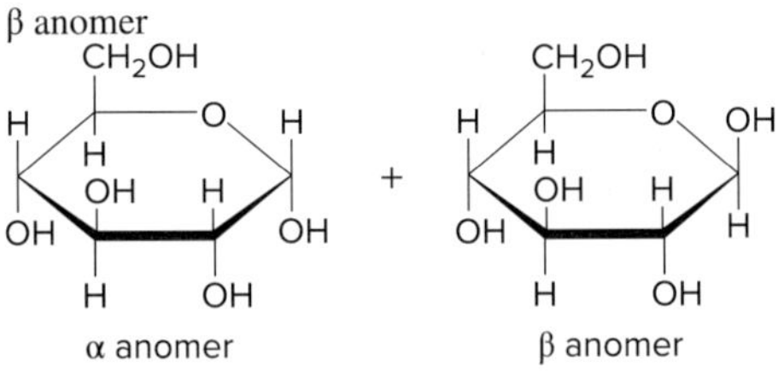


**13.20**

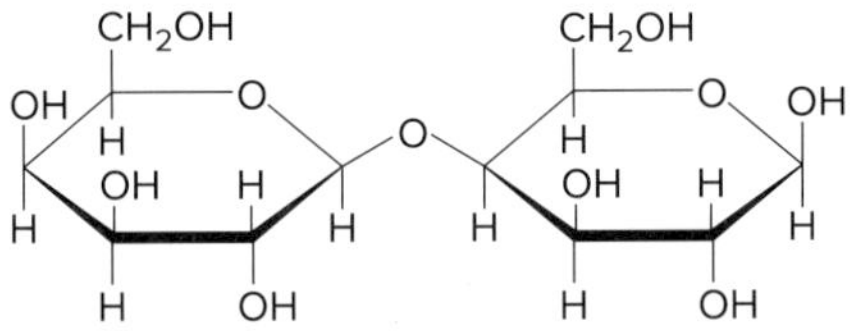

**13.21** Cellulose and amylose are both composed of repeating glucose units. In cellulose the glucose units are joined by a 1→4-β-glycosidic linkage, but in amylose they are joined by an α-(1→4) linkage. This leads to very different three-dimensional shapes, with cellulose forming sheets and amylose forming helices.

**13.22**

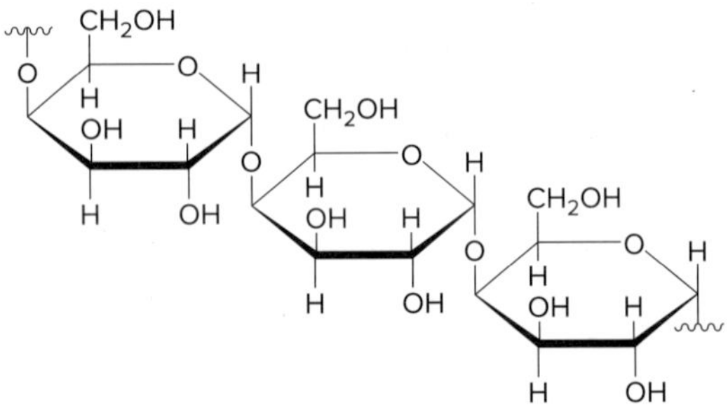

**13.23** a. starch

b. cellulose

c. lactose

**13.24** a. D sugar

b. aldohexose

c.

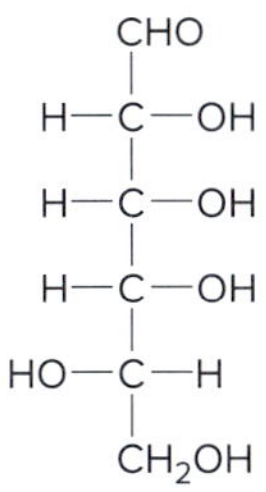

enantiomer

d.

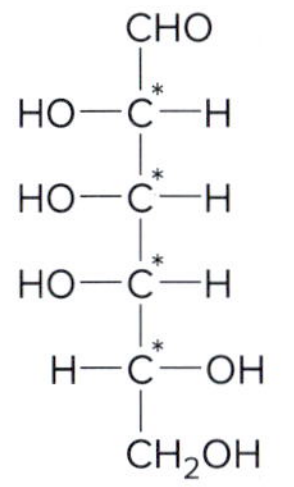

* chirality center

e.

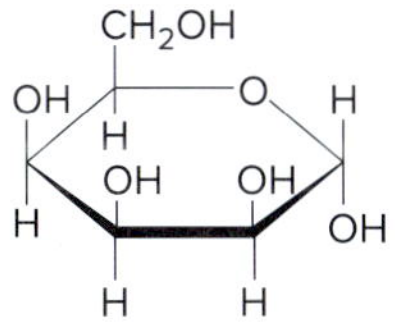

f.

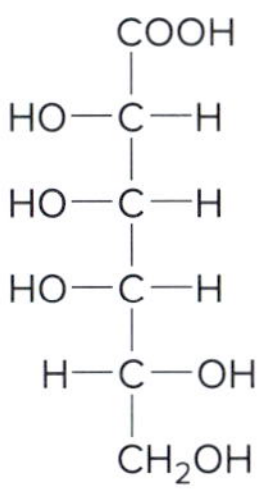

g.

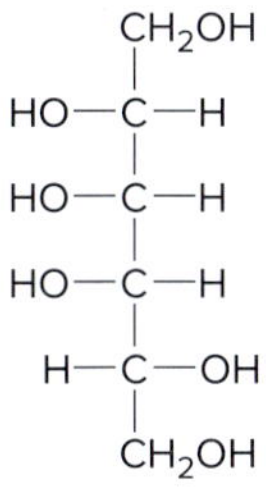

h. a reducing sugar

## 14장 연습문제

**14.1** a.

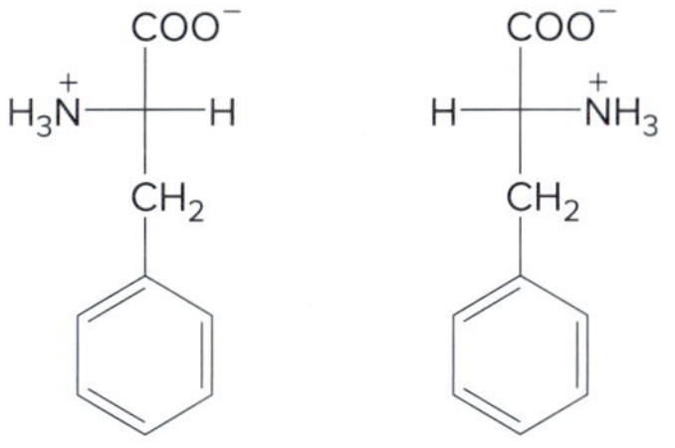

L D

b.

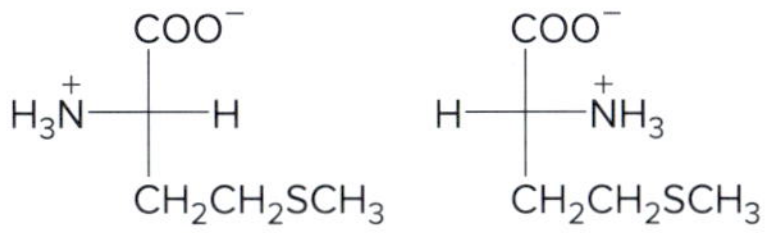

L D

**14.2** a.

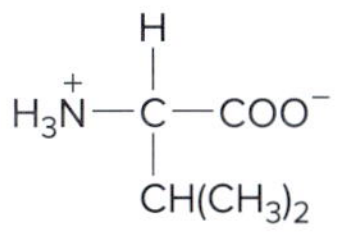

predominant at p$I$

b.

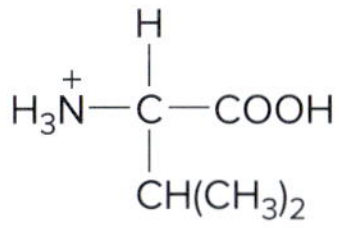

c.

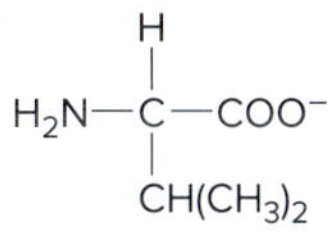

**14.3**
a. N-terminal: leucine C-terminal: alanine
b. N-terminal: arginine C-terminal: tyrosine
c. N-terminal: phenylalanine C-terminal: glutamine
d. N-terminal: valine C-terminal: phenylalanine

**14.4** a.

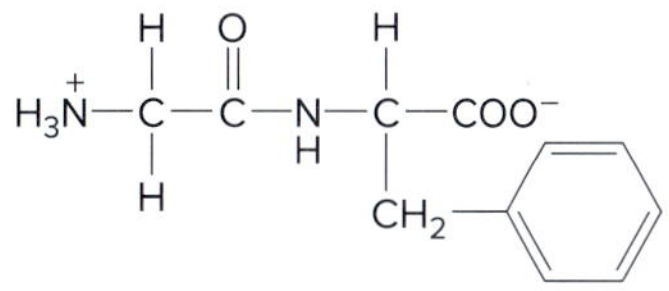

b.

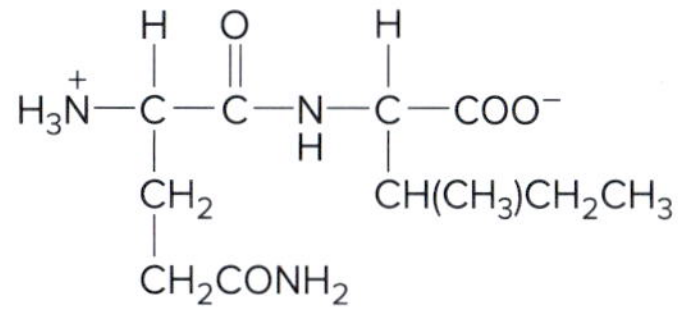

c.

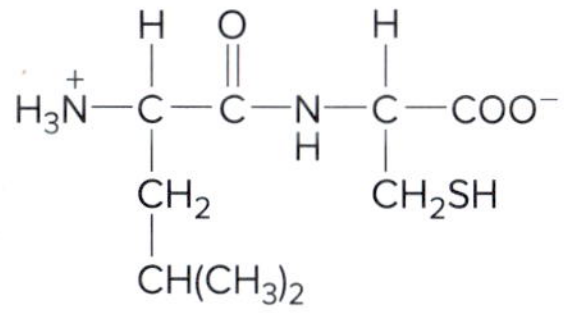

**14.5** a. alanine and isoleucine: Ala–Ile b. tyrosine and valine: Tyr–Val

**14.6**

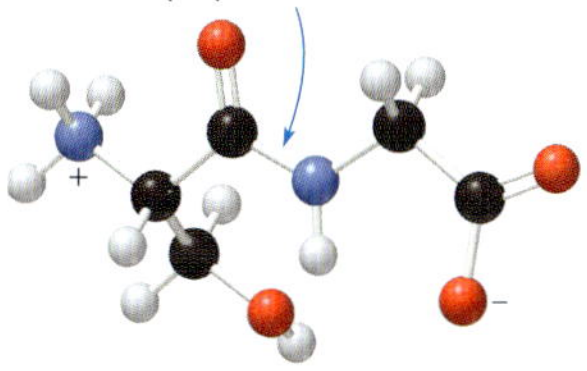


**14.7** a.

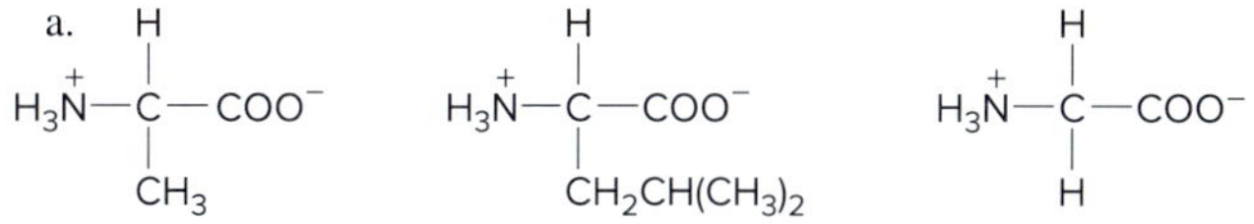

b.

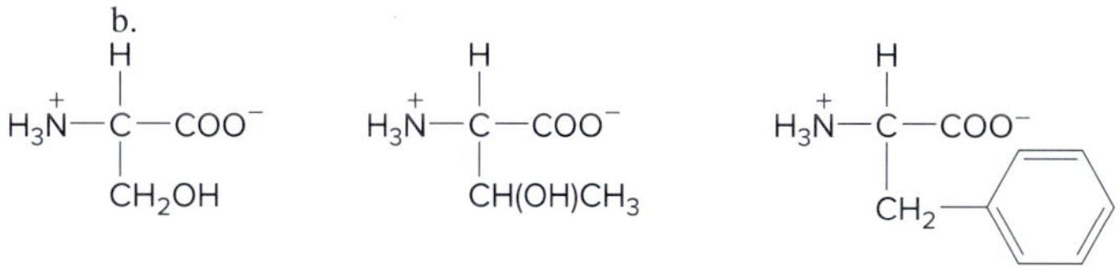

c.

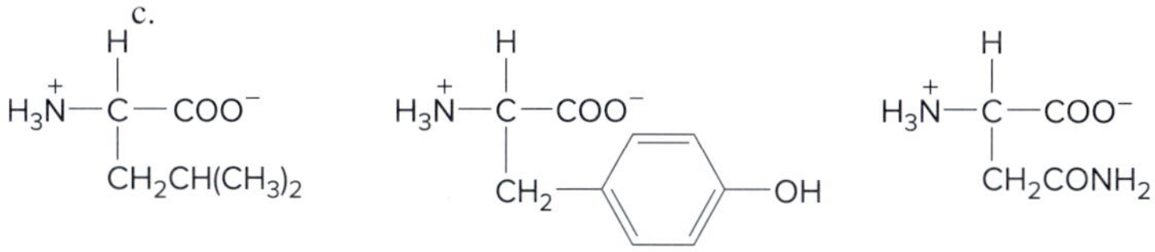

**14.8** a,b: dehydrogenase

**14.9** a. glycerol kinase
b. fumarate synthase
c. glucose 6-phosphate isomerase

## 14장 종합문제

**14.1** Alanine is an ionic salt with strong electrostatic forces, leading to its high melting point and making it a solid at room temperature. Pyruvic acid has much weaker intermolecular forces, so it is a liquid at room temperature.

**14.2** 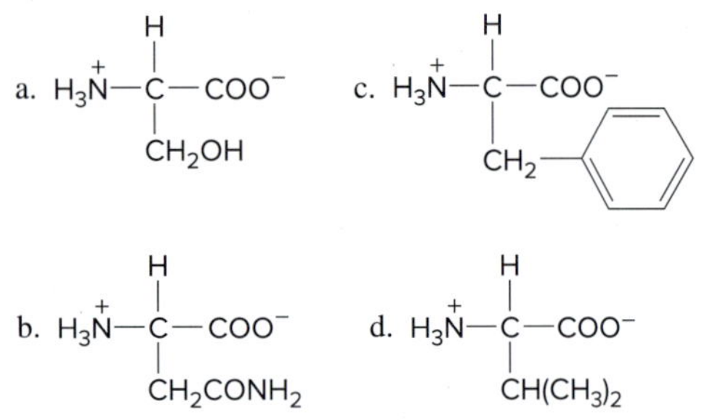

**14.3**

| | [1] | [2] | [3] | [4] |
|---|---|---|---|---|
| a. | 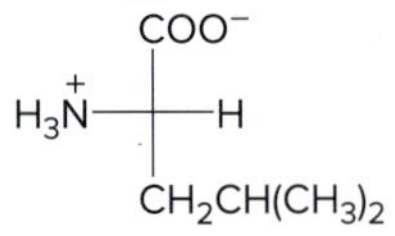 | neutral | Leu | L |
| b. | 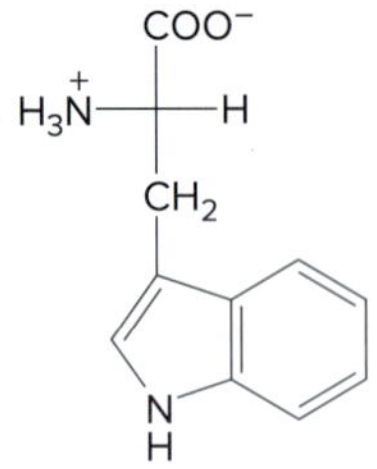 | neutral | Trp | W |
| c. | 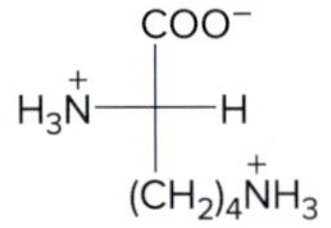 | basic | Lys | K |
| d. | 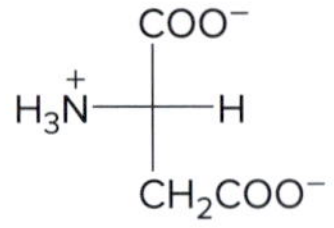 | acidic | Asp | D |

**14.4** a. 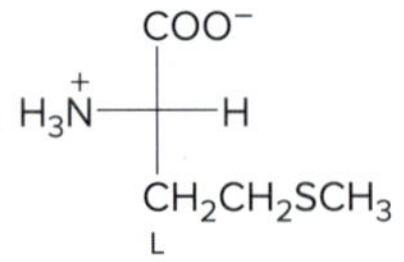 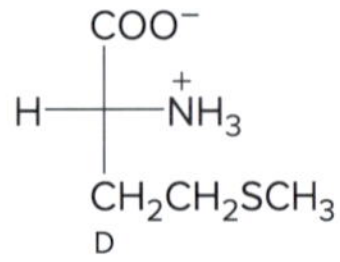

b. 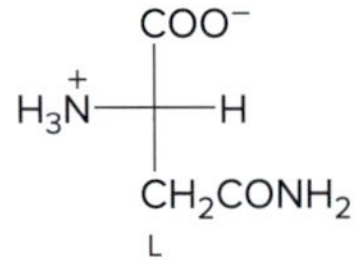 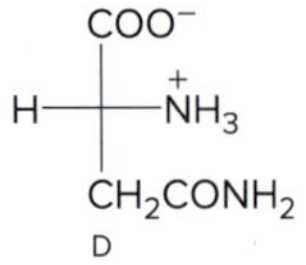

**14.5**

| | [1] | [2] | [3] | [4] |
|---|---|---|---|---|
| a. | glutamine | Gln | Q | neutral |
| b. | tyrosine | Tyr | Y | neutral |

**14.6** a,b,c:

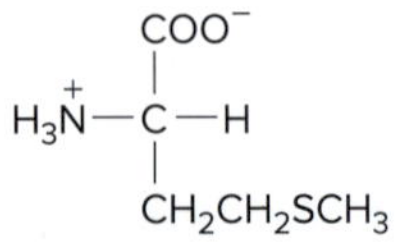

Met

M

methionine

neutral form present at the isoelectric point

**14.7** a. 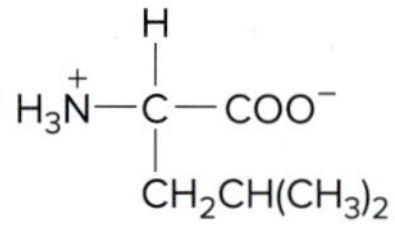

predominant form at p*I*

b. 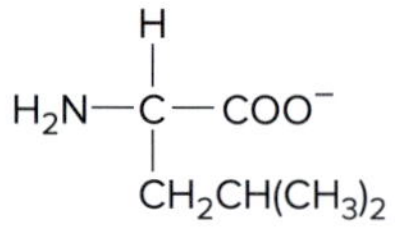

c. 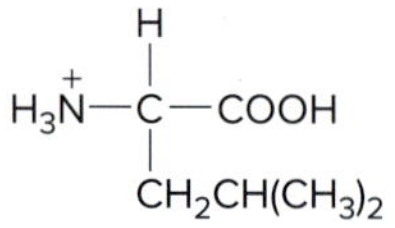

**14.8**

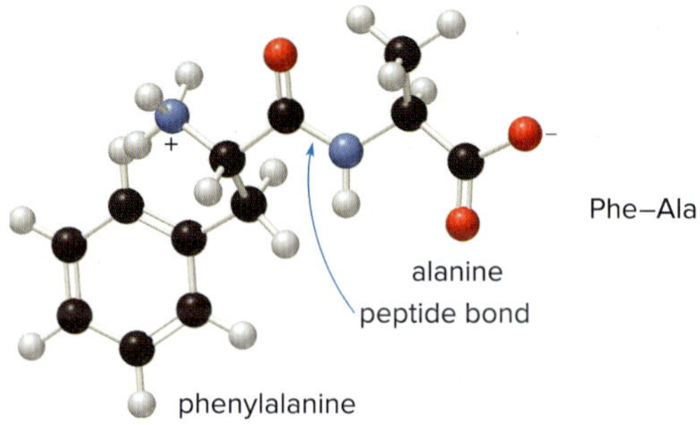


**14.9** a. 25

b. glycine

c. glutamine

**14.10** a,b,c:

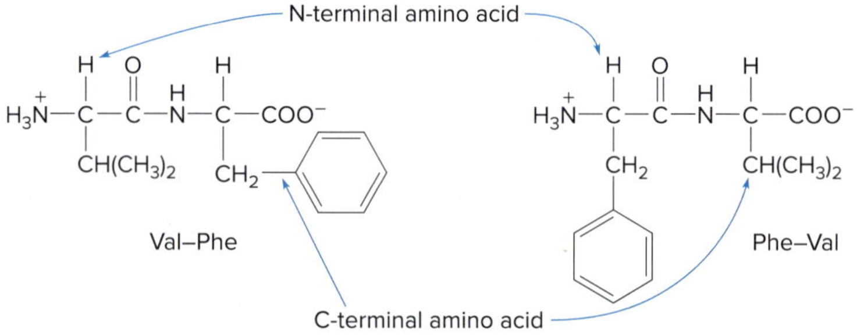


**14.11** a. [1] 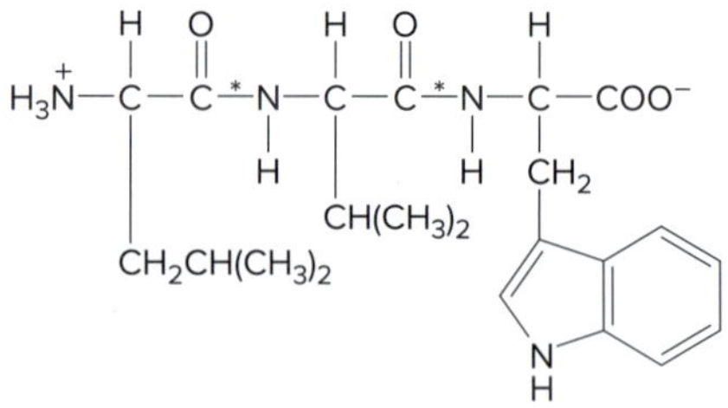

[2] * amide bonds labeled

[3] N-terminal: leucine
C-terminal: tryptophan

[4] Leu–Val–Trp

b. [1] 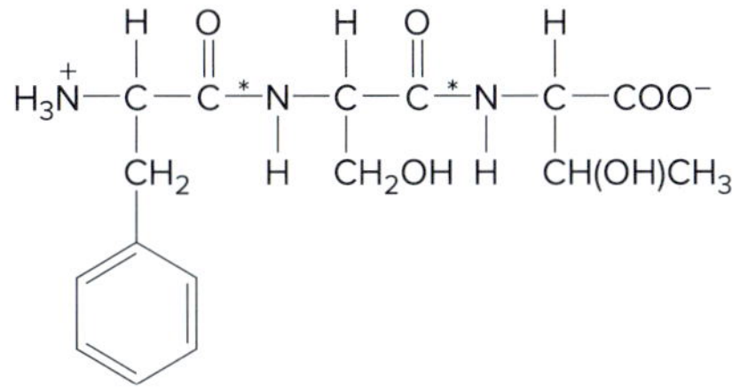

[2] * amide bonds labeled

[3] N-terminal: phenylalanine
C-terminal: threonine

[4] Phe–Ser–Thr

**14.12** a. [1], [2] valine: N-terminal, glycine, phenylalanine: C-terminal
[3] Val–Gly–Phe
b. [1], [2] leucine: N-terminal, tyrosine, methionine: C-terminal
[3] Leu–Tyr–Met

**14.13** alanine, cysteine, glycine

**14.14** a.

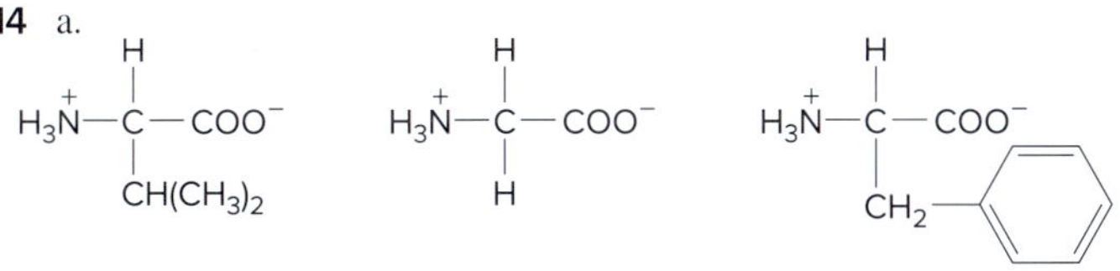

b.

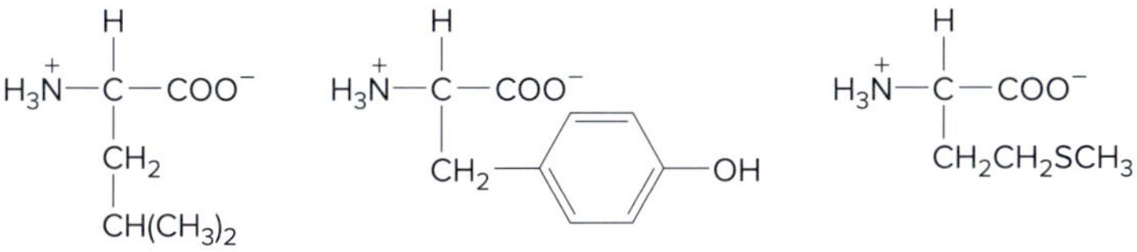

**14.15**

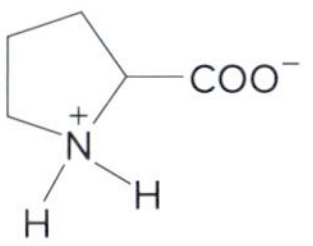

3 moles Pro

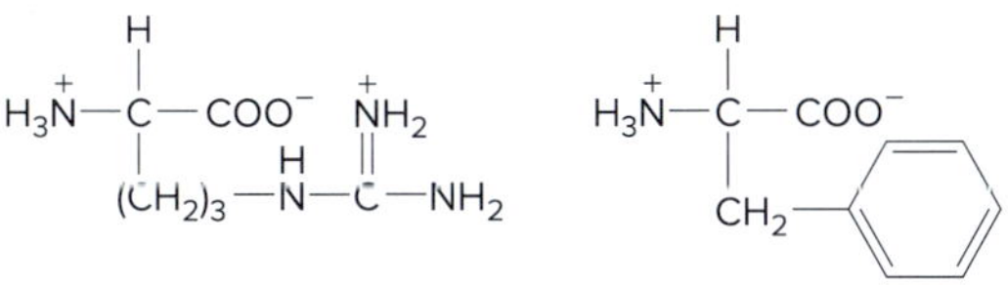

2 moles each, Arg and Phe

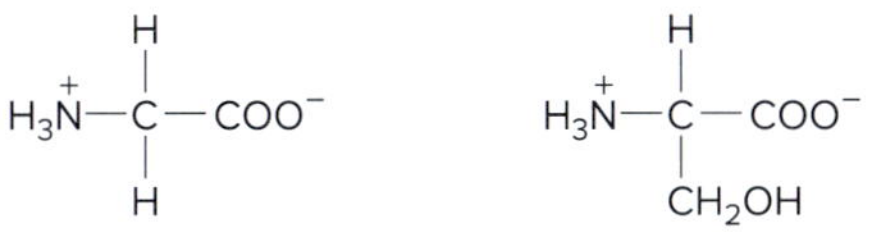

1 mole each, Gly and Ser

**14.16** 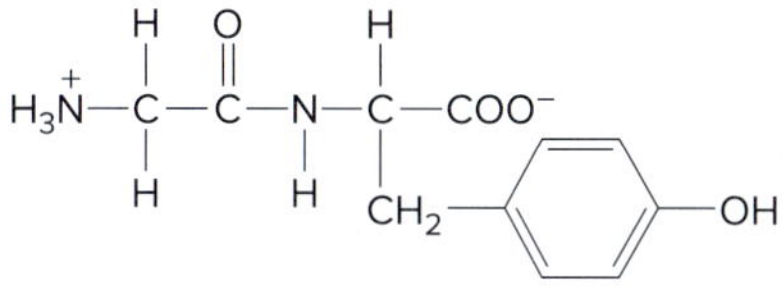

Gly–Tyr

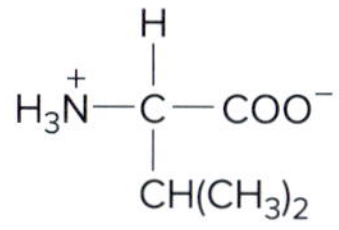

Val

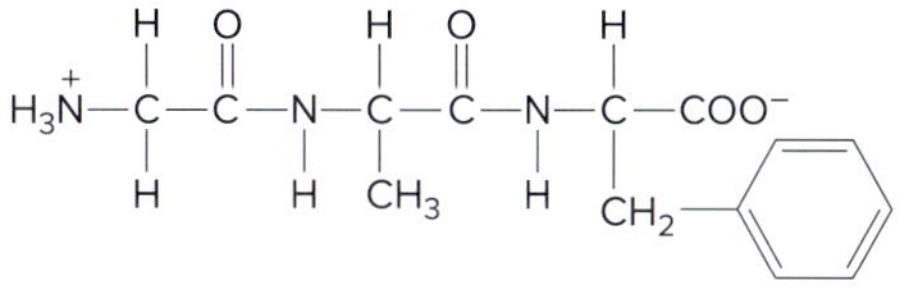

Gly–Ala–Phe

**14.17** a. London dispersion forces
b. London dispersion forces
c. electrostatic
d. electrostatic

**14.18** a. Met–Gly–Leu–Phe–Gln–Ala
b. Phe–Asn–Leu–Leu–Met

**14.19** **A** = primary structure
**B** = β-pleated sheet
**C** = α-helix

**14.20** 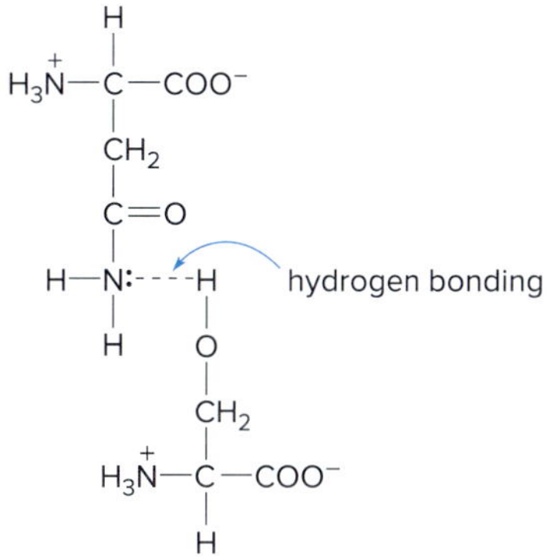


**14.21** 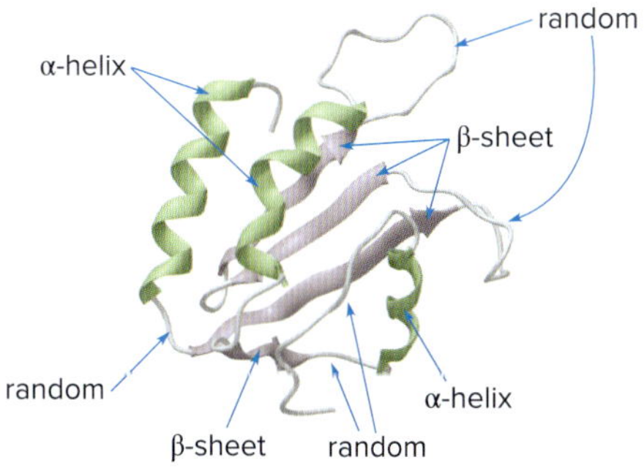


**14.22**

| | a. Secondary Structure | b. $H_2O$ Solubility | c. Function | d. Location |
|---|---|---|---|---|
| Hemoglobin | Globular with much α-helix | Soluble | Carries oxygen to tissues | Blood |
| Keratin | α-Helix | Insoluble | Firm tissues | Nail, hair |

**14.23** When heated, a protein's primary structure is unaffected. The 2°, 3°, and 4° structures may be altered.

**14.24** a. Insulin is a hormone that controls glucose levels.
b. Myoglobin stores oxygen in muscle.
c. α-Keratin forms hard tissues such as hair and nails.
d. Chymotrypsin is a protease that hydrolyzes peptide bonds.
e. Oxytocin is a hormone that stimulates uterine contractions and induces the release of breast milk.

**14.25** a. **B** b. **C** c. **A**

**14.26** a. dehydrase
b. isomerase

**14.27** synthase

**14.28** a. loss of $CO_2$ from citrate
b. reduction of oxalate
c. transfer of $NH_2$ from serine to another compound

**14.29** a. 6 c. **A**
b. 10 d. **B**

**14.30** In positive allosteric control, a regulator makes the active site more able to bind the substrate, and the reaction rate increases. In negative allosteric control, a regulator makes the active site less able to bind the substrate, and the reaction rate decreases.

**14.31** Captopril inhibits the angiotensin-converting enzyme, blocking the conversion of angiotensinogen to angiotensin. This reduces the concentration of angiotensin, which in turn lowers blood pressure.

**14.32**

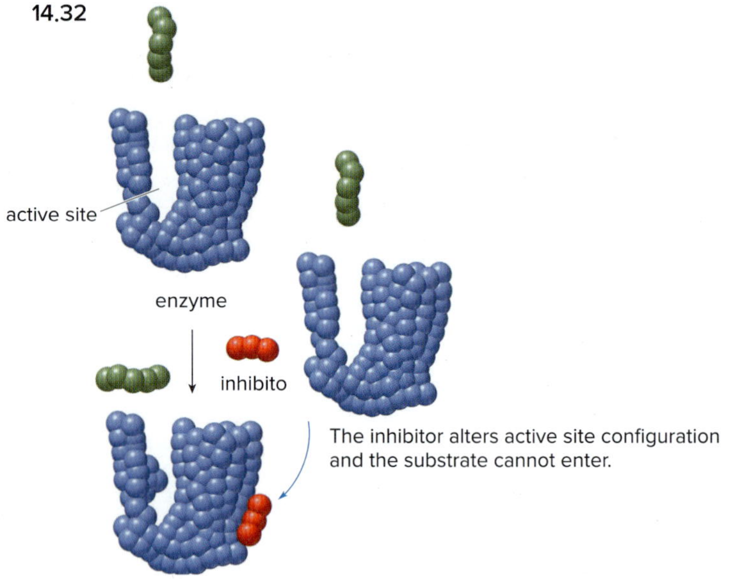

# 찾아보기


## ㄱ

가수 분해 효소(hydrolase) 390
가수 분해성 314
가역적 억제제(reversible inhibitor) 397
갈락토스 346
개별 결합의 극성 72
거울 화학 221
거울상 221
거울상 이성질체(enantiomer) 223, 227, 229, 343
결합 쌍극자 134
곁가지 사슬(side chain) 368
고도 불포화 트라이아실글리세롤 320
고리형 아마이드 266
고리형 알케인 143
고리형 에스터 266
고리형 케톤 244
고리형 헤미아세탈 255
고립 전자쌍 56
고분자 285
고유 회전도 233
고체 22
골격 구조 119, 123
공간 채우기 53
공-막대 53
공-막대 모형 119
공명 구조 64, 184
공명 안정화되었다 65
공유 결합 133
공유 결합 화합물 51, 133
과학적 표기법 36
광학적으로 비활성 233
광학적으로 활성 232, 233
광합성(photosynthesis) 340
구경꾼 이온 102
구조 이성질체(constitutional isomer) 145, 219, 229, 341, 374
국제 단위 체계 27
굽은 구조 68
그램 30
그리스(grease) 279
극성 71, 133
극성 공유 결합 71
극성 머리 278
극성 분자 245
글라이콜 199
글루코스(glucose) 256, 339, 346
글리세롤 201, 320
글리신(glycine) 368
글리코겐(glycogen) 359, 362
글리코사이드 결합(glycosidic linkage) 356
금속 52
금속염 325
기가 28
기름 321
기체 22

## ㄴ

나일론 286
나일론 6,6 286
내재성 단백질(integral protein) 332
네오펜테인 146
노르에피네프린(norepinephrine) 306, 307
뉴런(neuron) 305
뉴클레아제(nuclease) 390
능동 수송(active transport) 332
니코틴 293, 309

## ㄷ

다당류(polysaccharide) 339, 340, 359
다른 자리 입체성 조절(allosteric control) 396
다른 자리 입체성 효소(allosteric enzyme) 396
다이메틸 에터 145
다이아민 298
다이에틸 에터 128
다이엔 168
다이올 199
다이크로뮴산 포타슘 205, 247
다이클로로메테인 213
다중 결합 62, 127, 247
단당류 339
단량체 286
단백 동화 스테로이드(anabolic steroids) 333
단백질(protein) 293, 367, 373
단백질 가수 분해 386
단순 확산 332
단위 28
단일 결합 171
델타 71
도(°) 43
도파민(dopamine) 306, 307
등전점 372

## ㄹ

락타제 256

락탐(lactam) 266
락토스(lactose) 256, 339
락톤(lactone) 266
런던 분산력(London dispersion force) 330, 383
레시틴(lecithin) 327
로우리 79
루이스 구조 57
르샤틀리에 원리(Le Châtelier's principle) 280, 353
리놀레산 316
리놀렌산 316
리본 다이어그램(ribbon diagram) 382
리자트립탄 308
리터 28
리파제(lipase) 390

ㅁ

마르코브니코프 규칙 178
마이셀(micelles) 279
막 단백질(membrane protein) 367
말토스(maltose) 357
메가 28
메타 185
메탄올 114, 117
메탐페타민 295
메테인 112, 116
메틸아민 117
멜라토닌(melatonin) 273
모르핀 300
모체 사슬 150
무게 29
무스콘(muscone) 251
물리적 성질 23
물질 21
미리클 팔미테이트 319
미터 29
밀도 44
밀리 29

ㅂ

반올림 33
방향족 아민 297
방향족 화합물 127, 183
베네딕트 시약 354
벤젠 183
벤젠 고리 183
벤젠 유도체 184
벤조산 소듐 277
벤조카인 274
벤즈알데하이드 243
변광 회전(mutarotation) 349
변성(denaturation) 388
보조 인자(cofactor) 389
복합 트라이글리세롤 320
부분 입체 이성질체 235
부신 피질 스테로이드 333, 334
부피 44
분자 55
분자 내(intramolecular) 반응 256
불포화 지방산 316
불포화 탄화수소 166, 316
붕소 63
뷰테인 133, 145
뷰틸 151
브뢴스테드 79
브뢴스테드-로우리 염기 83
비가역적 억제제(irreversible inhibitor) 397
비결합 전자쌍 56
비경쟁 억제제(noncompetitive inhibitor) 397
비고리형 알케인 143
비고리형 케톤 244
비고리형 헤미아세탈 255
비극성 70, 133
비극성 꼬리 278
비금속 52
비누 278, 326
비누화 283
비대칭 탄소 223
비중 44
비카이랄 222
비타민 293
비환원당(nonreducing sugar) 355

ㅅ

사염화탄소 212
사이클로 프로페인 113
사이클로알케인 156
사이클로펜탄올 123
사이클로헥세인 123, 143
사탄당(테트로스) 341
사포닌(saponins) 278
산 79
산 촉매 반응 288
산 해리 평형 상수($K_a$) 274
산성 카복실기(COOH) 371
산-염기 평형 274
산화 204, 246
산화 반응 202
산화 환원 효소(oxidoreductase) 389
산화 효소(oxidase) 390
살리실산(salicylic acid) 281
삼각 피라미드 68, 294
삼중 결합 61, 165
삼탄당(트라이오스) 341
상태의 변화 23
생물학적 활성 스테로이드 332
설포닐아마이드(sulfanilamide) 397
설폰화 반응 189
섭씨 43
성 호르몬(sex hormone) 333
세로토닌(serotonin) 306, 307
세로토닌 재흡수 억제제 308
세르트랄린 308
세릴알라닌(serylalanine) 374
세팔린 327
세포(cell) 330
세포막(cell membrane) 330
셀룰로스(cellulose) 359
소낭(vesicles) 305
소단위(subunit) 385
소르브산 포타슘 277

소수성 316
수마트립탄 308
수상 돌기 305
수소 결합(hydrogen bond) 245, 342, 383
수소 첨가 반응 176
수소화 반응 176, 250
수화 반응 179
숙신산 탈수소 효소 393
순수한 물질 24
숫자 28
스테아르산 316
스핑고마이엘린 327, 329
스핑고마이예린 326
시냅스 305
시스 220
시스 이성질체 172
시스 – 트랜스 이성질체 171
신경 전달 물질(neurotransmitters) 293, 305
십자형 식 230
싸이올 127, 195
쌍극자 71

ㅇ

아노머 탄소(anomeric carbon) 347
아닐린 297
아릴 할라이드 188
아마이드(amide) 128, 241, 265
아마이드(RCONR′2) 265
아미노기(amino group, $NH_2$) 298, 368
아미노산 잔기(residue) 373
아민(amines) 127, 293
아민 염 284
아밀로스(amylose) 361
아밀로펙틴(amylopectin) 361
아세탈 252
아세트산 205
아세트산 프로필 266
아세트아미노펜 274
아세트알데하이드 205, 243
아세틸렌 113, 115, 168
아세틸콜린 306, 309
아스피린(aspirin) 281
아실 화합물 266
아실기(RCO) 266
아이소뷰테인 145
아이소펜테인 146
아이소프로필 알코올 201
아트로핀(atropine) 300, 301
안드로겐(androgen) 333
안드로스테론 333
알데하이드 128, 241, 341
알데하이드 카보닐(aldehyde carbonyl) 354
알도스(aldose) 341
알도스테론 334
알돈산(aldonic acid) 354
알디톨(alditol) 353
알라닐세린(alanylserine) 374
알짜 쌍극자 208
알짜 이온 반응식 102
알카인 127, 165
알칼로이드 300
알케인 127, 143
알켄 127, 165, 247
알코올 126, 127, 145, 179, 195
알콕시기(OR′) 265
알킬 할라이드 178, 195, 211
알킬기 150, 195
암모늄 양이온[$(CH_3)_3NH^+$] 302, 371
암모늄 염(ammonium salts) 303
암모니아 117
액체 22
양방향 화살표 65
양성 다른 자리 입체성 조절(positive allosteric control) 396
양성자 80
양성자 수용체 301
양성자 주개 274
양쪽머리 화살표 184
양쪽성 87
억제제(inhibitor) 397
에스터(ester) 128, 241, 265
에스터(RCOOR′) 265
에스트로겐(estrogen) 333
-에인 152
에탄올 112, 126, 145
에터 127, 145, 195, 254
에테인 113, 116
에틸렌 113, 116, 165
에폭사이드 207
염기 79
염기성 아미노기($NH_2$) 371
염산 81
염소화 반응 188
염화소듐 133
오르토 185
오메가-n산 316
오탄당(펜토스) 341
옥살산 266
올레산 316
왁스 318
외재성 단백질(peripheral protein) 332
용해도 135, 246, 276
우회전성 233
운데케인 143
원소 25
원자가 껍질 전자쌍 반발 이론 65
유도-적합 모형(induced-fit model) 394
유효 숫자 31
육탄당(헥소스) 341
은 거울 247
음성 다른 자리 입체성 조절(negative allosteric control) 396
의자 형태 157
이당류(disaccharide) 339, 356
이성질체 171
이성질체화(isomerization) 391
이성질화 효소(isomerases) 390
이온 결합 화합물 133
이온성 무기 화합물 133
이원자 분자 55
이중 결합 62, 165
인 63
인슐린(insulin) 367, 384
인지질 326

입체 이성질체 171, 173, 219, 223
입체 중심 223

## ㅈ

자물쇠-열쇠 모형(lock-and-key model) 394
자이체프 규칙 203
전기음성도 70, 134
전분(starch) 359, 361
전체적인 모양 72
접두사 150
접미사 150
정전기적 상호 작용(electrostatic interactions) 383
제거 반응 202
조효소(coenzyme) 389
좌회전성 233
주기율표 52
준금속 52
지방 321
지방산 315
지용성 비타민 315
지질(lipid) 313
지질 이중층(lipid bilayer) 330
질량 29, 44
짝산 85
짝산-염기 쌍 85
짝염기 85, 275
쯔비터 이온(zwitterion) 368

## ㅊ

천연 섬유 285
첨가 반응 175, 249
촉진 확산(facilitated transport) 332
축색 돌기 305
축약 구조 119, 120, 166
축합 고분자 286, 288
치환(substitution) 279
치환 반응 160, 187
치환기 150
친수성 316

## ㅋ

카다베린 298
카보닐기(C=O) 128, 241, 265, 339, 341
카복실기(COOH) 265, 368
카복실레이트 염 326
카복실레이트 음이온(carboxylate anion) 371
카복실산(carboxylic acids) 81, 128, 241, 246, 265
카복실산(RCOOH) 265
카복실산 음이온 274
카복실산의 염 277
카이랄 221
카이랄 분자 223
카이랄 화합물 227
카이랄성 222
카이랄성 중심 223, 342
카페인 293
카프로산(caproic acid) 273
캡사이신 266
케라틴(keratin) 367
케블라(Kevlar) 286
케토스(ketose) 341
케톤 128, 241, 341
켈빈 43
코데인 300
코르티손 334
코르티솔 334
콜라겐 367
콜레스테롤 135, 313
콜린(choline) 329
퀴닌(quinine) 300, 301
클로로메테인 213
클로로포름 212
키나제(kinase) 390

## ㅌ

타이로신 307
탄수화물 339
탄수화물 화학 256
탄화수소 127
탈수 반응 202
탈수 효소(dehydrase) 391
탈수소 효소(dehydrogenase) 390
탈탄산 효소(decarboxylase) 391
테스토스테론 333
트라이글리세라이드 320
트라이스테아린 323
트라이아실글리세롤 313, 320, 327
트라이에스터 320
트라이에틸아민 298
트라이올 199
트랜스 220
트랜스 이성질체 172
트랜스아미나제(transaminase) 390
트립토판 307

## ㅍ

파라 185
파이롤 298
파이롤리딘 298
팔미트산 316
페니실린(penicillin) 397
펜테인 146
펩타이드(peptide) 373
편광계 232
편광면 232
편광의 회전 233
편광판 232
평면 편광 232
포스포아실글리세라이드 327
포스포아실글리세롤 326, 327
포화 지방산 316
포화 탄화수소 166
폴리아마이드 285, 286
폴리에스터(polyester) 285, 288
폴리에틸렌 127, 181
폴리에틸렌 테레프탈레이트 288
폴리펩타이드(polypeptide) 373
폴리펩타이드 사슬 384
폼산($HCO_2H$) 273
폼알데하이드 114, 243
프로게스틴(progestin) 333

프로테아제(protease) 390
프로페인 113, 144
프로펜 179
프로필 151
프룩토스(과당) 347
플루옥세틴 252, 308
피루브산 덜단산 효소 393
피리딘 298
피셔 에스터화(Fischer esterification) 280
피셔 투영식(Fischer projection formula) 230, 343
피페리딘 298
필수 아미노산(essential amino acid) 369
필수 지방산 316

## ㅎ

하워드 투영도(Haworth projection) 349
하이드로늄 이온 79
하이드록시기(hydroxyl group) 126, 195, 339, 341
할로 알케인 212
할로젠 원자 195
할로젠 첨가 반응 177
할로젠화 반응 159, 177
할로젠화 수소 첨가 반응 178
할로젠화 알킬 127
합성 고분자 181
합성 섬유 285
합성 효소(synthase) 391
해리 반응 88
헤로인(heroin) 300
헤모글로빈(hemoglobin) 367, 385
헤미아세탈(hemiacetal) 252, 347
헤테로 고리 293
헤테로 고리 화합물 298
헤테로 원자 114
헥산산[$CH_3(CH_2)_4COOH$] 273
헥세인 135
호르몬 293
혼성 184
혼합물 24
화씨 43
화학 21
화학식 53
화학적 메시지 305
화학적 성질 24
화합물 25
환산 인자 39
환원 249
환원 효소(reductase) 390
환원당(reducing sugar) 355
활성 자리(active site) 394
황 63
회전 149
효소(enzyme) 284, 367, 388
효소 전구체(proenzyme) 398
효소-기질 복합체(enzyme-substrate complex) 394
효소원(zymogen) 398

## 기타

1→4-$\alpha$-글리코사이드 결합 357, 361
1→4-$\beta$-글리코사이드 결합 357
1-뷰텐 203
1차 구조 379
1차 알코올 250
1차(1°) 아마이드 266
1차(1°) 아민 293
2,2-다이메틸프로페인 146
2-메틸뷰테인 146
2-뷰탄올 203
2-뷰텐 171, 203
2차 구조 380
2차 알코올 250, 251
2차(2°) 아마이드 266
2차(2°) 아민 293
2-프로판올 201
3차 구조(tertiary structure) 383
3차(3°) 아마이드 266
3차(3°) 아민 293
4차 구조(quaternary structure) 384
4차 암모늄 이온 293

ADP 391
ATP 391
DEET 282
$NAD^+$(nicotinamide adenine dinucleotide) 389
NADH 389
OR(알콕시) 252
pH 척도 97
Tollens 시약 247
VSEPR 이론 115
$\alpha$-글리코사이드 결합 361
$\alpha$-나선($\alpha$-helix) 380
$\beta$-글리코사이데이즈($\beta$-glycosidase) 360
$\beta$-주름 판상 380

**감수**

이경림

**번역**

김민경 · 박경호 · 이경림 · 정윤성

(가나다 순)

4판

SMITH

핵심 유기화학

General, Organic, & Biological

CHEMISTRY

2020년 12월 30일 4판 1쇄 펴냄

**지은이** Janice Gorzynsky Smith

**옮긴이** 김민경 · 박경호 · 이경림 · 정윤성

**펴낸이** 류원식 | **펴낸곳 교문사**

**편집팀장** 김경수 | **책임편집** 이진숙 | **표지디자인** 신나리 | **본문편집** 홍익 m&b

**주소** (10881) 경기도 파주시 문발로 116(문발동 536-2)

**전화** 031-955-6111~4 | **팩스** 031-955-0955

**등록** 1968. 10. 28. 제406-2006-000035호

**홈페이지** www.gyomoon.com | E-mail genie@gyomoon.com

ISBN 978-89-363-2126-0 (93430)

**값** 33,000원

# Common Functional Groups in Organic Chemistry

| Type of Compound | General Structure | Example | Functional Group |
|---|---|---|---|
| Alcohol | R—ÖH | $CH_3$—ÖH | −OH<br>hydroxyl group |
| Aldehyde | 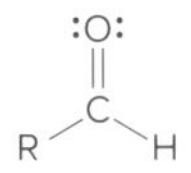 | 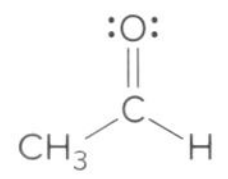 | C=O<br>carbonyl group |
| Alkane | R—H | $CH_3CH_3$ | – – |
| Alkene | 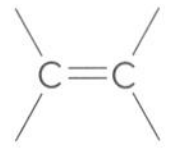 | 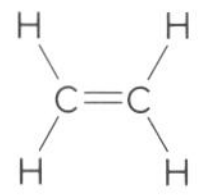 | double bond |
| Alkyl halide | R—X:<br>(X = F, Cl, Br, I) | $CH_3$—Br: | −X<br>halo group |
| Alkyne | —C≡C— | H—C≡C—H | triple bond |
| Amide | 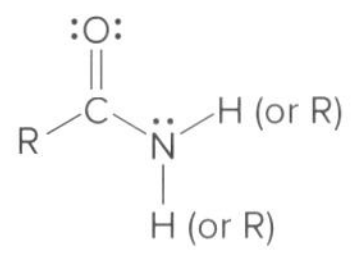 | 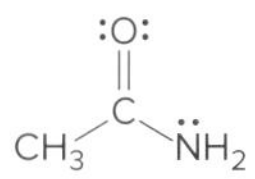 | $-CONH_2$,<br>−CONHR,<br>$-CONR_2$ |
| Amine | R−$\ddot{N}H_2$ or<br>$R_2\ddot{N}H$ or $R_3\ddot{N}$ | $CH_3-\ddot{N}H_2$ | $-NH_2$<br>amino group |
| Aromatic compound |  |  | benzene ring |
| Carboxylic acid | 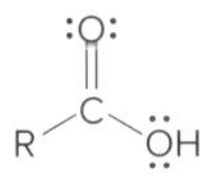 | 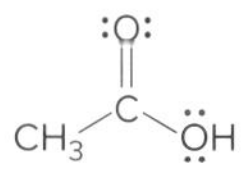 | −COOH<br>carboxyl group |
| Ester | 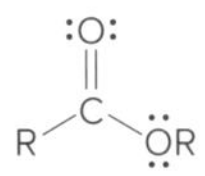 | 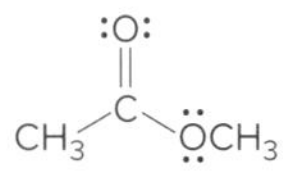 | −COOR |
| Ether | R—Ö—R | $CH_3$—Ö—$CH_3$ | −OR<br>alkoxy group |
| Ketone | 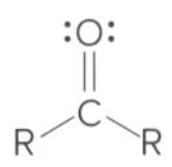 | 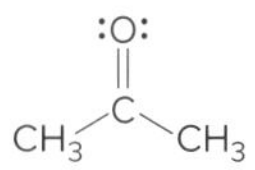 | C=O<br>carbonyl group |
| Thiol | R—S̈H | $CH_3$—S̈H | −SH<br>sulfhydryl group |

## Common Metric Prefixes

| Prefix | Symbol | Numerical Value |
|---|---|---|
| giga- | G | $10^{9}$ |
| mega- | M | $10^{6}$ |
| kilo- | k | $10^{3}$ |
| deci- | d | $10^{-1}$ |
| centi- | c | $10^{-2}$ |
| milli- | m | $10^{-3}$ |
| micro- | μ | $10^{-6}$ |
| nano | n | $10^{-9}$ |

## Useful Conversion Factors

| Length | Mass | Volume |
|---|---|---|
| 1 m = 100 cm = 1,000 mm | 1 kg = 1,000 g | 1 L = 1,000 mL |
| 1 cm = 10 mm | 1 g = 1,000 mg | 1 mL = 1 $cm^3$ = 1 cc |
| 2.54 cm = 1 in. | 1 kg = 2.20 lb | 946 mL = 1 qt |
| 1 m = 39.4 in. | 454 g = 1 lb | 1 L = 1.06 qt |
| 1 km = 0.621 mi | 28.3 g = 1 oz | 29.6 mL = 1 fl oz |
| **Temperature** | **Pressure** | **Energy** |
| $T_F = 1.8(T_C) + 32$ | 1 atm = 14.7 psi | 1 kcal = 1,000 cal |
| $T_C = (T_F - 32)/1.8$ | 1 atm = 760 mm Hg | 1 cal = 4.184 J |
| $T_K = T_C + 273$ | 1 mm Hg = 1 torr | |

## Physical Constants

| | |
|---|---|
| Avogadro's number | $6.02 \times 10^{23}$ particles/mol |
| Universal gas constant ($R$) | 0.0821 L · atm/(mol · K) or 62.4 L · mm Hg/(mol · K) |
| Volume of one mole of gas at STP | 22.4 L |

## Common Element Colors Used in Molecular Art

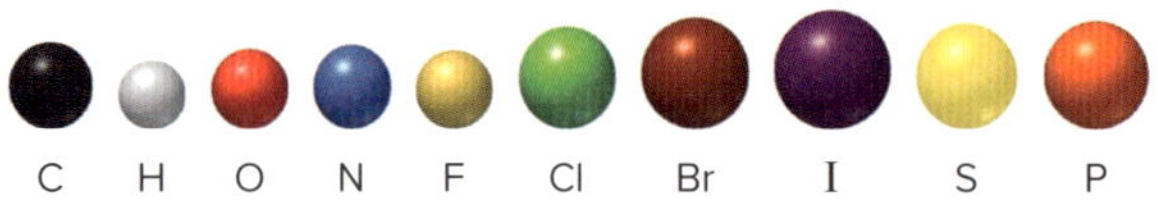